📱 저자직강 동영상 강의
www.pass100.co.kr

길잡이
건축기사 실기 기본서

2025 최신판

강병두 저

본서의 특징

- 최신 시방서(KCS) 및 구조기준(KDS)에 맞춘 내용 및 해설
- 건축공사 표준시방서(KCS 41 00 00, 2021년) 적용
- 구조재료공사 표준시방서(KCS 14 00 00, 2022년) 적용
- 가설공사 표준시방서(KCS 21 00 00, 2022년) 적용
- 건축구조기준(KDS 41 00 00, 2022년) 적용
- 구조설계기준(KDS 14 00 00, 2022년) 적용
- 기출문제의 정밀 분석을 통한 핵심 요약정리
- 최신 기출문제 수록

질의응답 사이트 운영
http://www.kkwbooks.com
도서출판 건기원

도서출판 건기원

머리말

대학은 건축공학과 건축학으로 분화하여 학생들을 양성하고 있다. 특히, 건축공학의 경우 4년제 학과로 시공, 구조, 설비, 계획 등을 포함한 건축 엔지니어를 양성한다. 이러한 건축공학과 관련한 자격시험 중에는 건축기사 자격시험이 있다. 건축기사 자격시험 중 건축기사 실기시험은 실무적인 관점에서 건축시공, 건축적산, 공정관리, 품질관리 및 건축구조 등의 분야에서 주관식으로 출제된다.

최근의 출제 경향을 살펴보면, 출제범위는 더욱 광범위하고 문제내용은 현장실무와 관련된 깊이 있는 문제가 자주 출제되며 또한 최근 개정된 시방서와 기준을 중심으로 출제되고 있다. 따라서 저자는 건축실무와 대학강의 등을 통해 습득한 다양한 경험과 시중에 판매되는 서적, 최신의 시방서(KCS)와 구조기준(KDS)은 물론 NCS(국가직무능력표준)를 바탕으로 건축기사 실기시험의 원년도부터 최근까지 출제된 모든 문제들을 철저하고 완벽히 분석하여 수험생들이 짧은 시간 동안 효율적인 학습이 될 수 있도록 정리하였다.

이 책은 건축시공, 건축적산, 공정관리, 품질관리 및 건축구조 총 5편으로 구성되었으며, 내용적인 특징은 다음과 같다.

첫째, 건축시공은 건축공사 표준시방서(KCS 41 00 00, 2021년 개정), 구조재료공사 표준시방서(KCS 14 00 00, 2022년 개정), 가설공사 표준시방서(KCS 21 00 00, 2022년 개정), 건축구조기준(KDS 41 00 00, 2022년 개정), 구조설계기준(KDS 14 00 00, 2022년 개정) 등 최근 개정된 시방서와 구조기준을 바탕으로 문제해설을 하여 학생들의 혼란을 최소화하였다.

둘째, 특히 건축시공은 SI단위계를 반영하였고 새로운 출제기준에 따라 추가된 부분을 반영하였다. 또한 이 교재는 건축기사 실기시험을 준비하는 학생들에게 좋은 지침서가 될 수 있도록 이론, 내용 및 형식을 간단·명료하고 체계적으로 정리하여 시간을 절약할 수 있도록 하였다.

셋째, 건축적산은 한 눈에 내용 파악이 될 수 있도록 정리하여 수험생들의 편의를 제공하였다. 또한 건축적산에서는 문제와 관련한 많은 내용의 설명과 그림을 삽입하여 독학으로도 문제를 해결할 수 있도록 하였다.

넷째, 공정관리는 공정표 작성에서부터 공기조정 및 공기단축까지 수험생이 직접 학습하여도 이해될 수 있도록 쉽고 상세하게 설명하였다.

다섯째, 건축구조의 구조역학에서는 그림과 자세한 해설로 수험생이 이해하기 쉽게 구성하였고 핵심적인 내용에서는 예제 문제를 더욱 상세히 다루었다. 또한 철근콘크리트구조와 강구조(철골구조)의 해석 및 설계에서는 건축구조기준(KDS 41 00 00, 2022년 개정), 구조설계기준(KDS 14 00 00, 2022년 개정) 등을 근간으로 하여 기본 이론에서 예제 문제까지 기준에 맞춰 내용을 충실히 하였다.

여섯째, 기출문제와 예상문제의 핵심 내용들을 본문의 우측에 정리하여 학생들의 학습량을 최소화하고 학습시간을 줄일 수 있도록 하였다.

건축기사 실기시험은 일반적으로 문제은행식으로 출제되므로 과년도문제가 제일 중요하다. 또한 최근 개정된 시방서와 구조기준이 최근문제에서 중요하게 다루어져 자주 출제되므로 이를 중요하게 다루어야 한다. 따라서 본서는 과년도문제, 시방서 및 구조기준의 내용을 빠짐없이 다루고자 노력하였음을 밝혀둔다. 수험생들은 본서의 내용 하나하나를 철저히 이해하고 습득하여 건축기사 시험에 합격하여 영광을 누리길 바란다.

이 교재를 집필하기 위해 학회, 협회 및 관련 서적 등 훌륭한 자료와 내용을 참고하였으나 미리 양해를 구하지 못한 점에 대해 진심으로 사의를 표하며 부족하고 미흡한 부분들은 계속하여 보완·수정할 수 있도록 많은 관심과 고견을 부탁드립니다.

항상 가족이라는 든든한 후원자가 있기에 정진할 수 있었습니다. 끝으로 이 교재가 완성되도록 지원과 노력을 아끼지 않으신 출판사 사장님과 관계자 여러분들께 진심으로 감사를 드립니다.

저자 씀

출제기준(실기)

직무분야	건설	중직무분야	건축	자격종목	건축기사	적용기간	2025.01.01. ~ 2029.12.31.

실기과목명	주요항목	세부항목
건축시공실무	1. 해당 공사 분석	1. 계약사항 파악하기 / 2. 공사내용 분석하기 / 3. 유사공사 관련자료 분석하기
	2. 공정표 작성	1. 공종별 세부공정관리계획서 작성하기 2. 세부공정내용파악하기 3. 요소작업(Activity)별 산출내역서작성하기 4. 요소작업(Activity) 소요공기 산정하기 5. 작업순서관계표시하기 / 6. 공정표작성하기
	3. 진도관리	1. 투입계획 검토하기 / 2. 자원관리 실시하기 / 3. 진도관리계획 수립하기 4. 진도율 모니터링하기 / 5. 진도 관리하기 / 6. 보고서 작성하기
	4. 품질관리 자료관리	1. 품질관리 관련자료 파악하기 2. 해당 공사 품질관리 관련자료 작성하기
	5. 자재 품질관리	1. 시공기자재보관계획수립하기 / 2. 시공기자재검사하기 3. 검사·측정시험장비관리하기
	6. 현장환경점검	1. 환경점검계획수립하기 / 2. 환경점검표작성하기 3. 점검실시 및 조치하기
	7. 현장착공관리(6수준)	1. 현장사무실개설하기 / 2. 공동도급관리하기 3. 착공관련인·허가법규검토하기 / 4. 보고서작성·신고하기 5. 착공계(변경)제출하기
	8. 계약관리	1. 계약관리하기 / 2. 실정보고하기 / 3. 설계변경하기
	9. 현장자원관리	1. 노무관리하기 / 2. 자재관리하기 / 3. 장비관리하기
	10. 하도급관리	1. 발주하기 / 2. 하도급업체선정하기 / 3. 계약·발주처신고하기 4. 하도급업체계약변경하기
	11. 현장준공관리	1. 예비준공검사하기 / 2. 준공하기 / 3. 사업종료보고하기 4. 현장사무실철거 및 원상복구하기 / 5. 시설물인수·인계하기
	12. 프로젝트파악	1. 건축물의 용도파악하기
	13. 자료조사	1. 사례조사하기 / 2. 관련도서검토하기 / 3. 지중주변환경조사하기
	14. 하중검토	1. 수직하중검토하기 / 2. 수평하중검토하기 / 3. 하중조합검토하기
	15. 도서작성	1. 도면작성하기
	16. 구조계획	1. 부재단면 가정하기
	17. 구조시스템계획	1. 구조형식 사례검토하기 / 2. 구조시스템 검토하기 3. 구조형식 결정하기
	18. 철근콘크리트 부재	1. 철근콘크리트 구조 부재 설계하기
	19. 강구조 부재설계	1. 강구조 부재 설계하기

실기과목명	주요항목	세부항목
	20. 건축목공시공계획수립	1. 설계도면검토하기 / 2. 공정표작성하기 / 3. 인원투입계획하기 4. 자재장비투입계획하기
	21. 검사하자보수	1. 시공결과확인하기 / 2. 재작업검토하기 / 3. 하자원인파악하기 4. 하자보수계획하기 / 5. 보수보강하기
	22. 조적미장공사시공계획수립	1. 설계도서검토하기 / 2. 공정관리계획하기 / 3. 품질관리계획하기 4. 안전관리계획하기 / 5. 환경관리계획하기
	23. 방수시공계획수립	1. 설계도서검토하기 / 2. 내역검토하기 / 3. 가설계획하기 4. 공정관리계획하기 / 5. 작업인원투입계획하기 6. 자재투입계획하기 / 7. 품질관리계획하기 8. 안전관리계획하기 / 9. 환경관리계획하기
	24. 방수검사	1. 외관검사하기 / 2. 누수검사하기 / 3. 검사부위손보기
	25. 타일석공시공계획수립	1. 설계도서검토하기 / 2. 현장실측하기 / 3. 시공상세도작성하기 4. 시공방법절차검토하기 / 5. 시공물량산출하기 6. 작업인원자재투입계획하기 / 7. 안전관리계획하기
	26. 검사보수	1. 품질기준확인하기 / 2. 시공품질확인하기 / 3. 보수하기
	27. 건축도장시공계획수립	1. 내역검토하기 / 2. 설계도서검토하기 / 3. 공정표작성하기 4. 인원투입계획하기 / 5. 자재투입계획하기 6. 장비투입계획하기 / 7. 품질관리계획하기 8. 안전관리계획하기 / 9. 환경관리계획하기
	28. 건축도장시공검사	1. 도장면의 상태확인하기 / 2. 도장면의 색상확인하기 3. 도막두께확인하기
	29. 철근콘크리트시공계획수립	1. 설계도서검토하기 / 2. 내역검토하기 / 3. 공정표작성하기 4. 시공계획서작성하기 / 5. 품질관리계획하기 6. 안전관리계획하기 / 7. 환경관리계획하기
	30. 시공 전 준비	1. 시공상세도 작성하기 / 2. 거푸집 설치 계획하기 3. 철근가공 조립계획하기 / 4. 콘크리트 타설 계획하기
	31. 자재관리	1. 거푸집 반입·보관하기 / 2. 철근 반입·보관하기 3. 콘크리트 반입검사하기
	32. 철근가공조립검사	1. 철근절단가공하기 / 2. 철근조립하기 / 3. 철근조립검사하기
	33. 콘크리트양생 후 검사보수	1. 표면상태 확인하기 / 2. 균열상태 검사하기 / 3. 콘크리트보수하기
	34. 창호시공계획수립	1. 사전조사실측하기 / 2. 협의조정하기 / 3. 안전관리계획하기 4. 환경관리계획하기 / 5. 시공순서계획하기
	35. 공통가설계획수립	1. 가설측량하기 / 2. 가설건축물시공하기 / 3. 가설동력및용수확보하기 4. 가설양중시설설치하기 / 5. 가설환경시설설치하기
	36. 비계시공계획수립	1. 설계도서작성검토하기 / 2. 지반상태확인보강하기 3. 공정계획작성하기 / 4. 안전품질환경관리계획하기 5. 비계구조검토하기
	37. 비계검사점검	1. 받침철물기자재설치검사하기 / 2. 가설기자재조립결속상태검사하기 3. 작업발판안전시설재설치검사하기

실기과목명	주요항목	세부항목
	38. 거푸집동바리시공계획수립	1. 설계도서작성검토하기 / 2. 공정계획작성하기 3. 안전품질환경관리계획하기 / 4. 거푸집동바리구조 검토하기
	39. 거푸집동바리검사점검	1. 동바리설치 검사하기 / 2. 거푸집설치 검사하기 / 3. 타설전중점검 보정하기
	40. 가설안전시설물설치 점검해체	1. 가설통로설치점검 해체하기 / 2. 안전난간설치점검 해체하기 3. 방호선반설치점검 해체하기 / 4. 안전방망설치점검 해체하기 5. 낙하물방지망설치점검 해체하기 / 6. 수직보호망설치점검 해체하기 7. 안전시설물해체점검정리하기
	41. 수장시공계획수립	1. 현장조사하기 / 2. 설계도서검토하기 3. 공정관리계획하기 / 4. 품질관리계획하기 5. 안전환경관리계획하기 / 6. 자재인력장비투입계획하기
	42. 검사마무리	1. 도배지검사하기 / 2. 바닥재검사하기 / 3. 보수하기
	43. 공정관리계획수립	1. 공법 검토하기 / 2. 공정관리계획하기 / 3. 공정표작성하기
	44. 단열시공계획수립	1. 자재투입양중계획하기 / 2. 인원투입계획하기 3. 품질관리계획하기 / 4. 안전환경관리계획하기
	45. 검사	1. 육안검사하기 / 2. 물리적 검사하기 / 3. 화학적 검사하기
	46. 지붕시공계획수립	1. 설계도서 확인하기 / 2. 공사여건 분석하기 / 3. 공정관리 계획하기 4. 품질관리 계획하기 / 5. 안전관리 계획하기 / 6. 환경관리 계획하기
	47. 부재제작	1. 재료관리하기 / 2. 공장제작하기 / 3. 방청도장하기
	48. 부재설치	1. 조립준비하기 / 2. 가조립하기 / 3. 조립검사하기
	49. 용접접합	1. 용접준비하기 / 2. 용접하기 / 3. 용접 후 검사하기
	50. 볼트접합	1. 재료검사하기 / 2. 접합면관리하기 / 3. 체결하기 / 4. 조임검사하기
	51. 도장	1. 표면처리하기 / 2. 내화도장하기 / 3. 검사보수하기
	52. 내화피복	1. 재료공법선정하기 / 2. 내화피복시공하기 / 3. 검사보수하기
	53. 공사준비	1. 설계도서 검토하기 / 2. 공작도 작성하기 / 3. 품질관리 검토하기 4. 공정관리 검토하기
	54. 준공 관리	1. 기성검사준비하기 / 2. 준공도서작성하기 3. 준공검사하기 / 4. 인수·인계하기

■ http://www.q-net.or.kr〉정기시험〉자격정보〉국가자격종목별상세정보

차례

■ 제1편 건축시공

I 총론 ······ 1-3

Lesson 1 건축시공의 개론 및 건설업과 건설경영 ······ 1-4
1. 건축시공의 개론 ······ 1-4
2. 건설업과 건설산업 환경분석 ······ 1-5
3. 건축생산 조직 ······ 1-6
4. 건설생산체계 ······ 1-7
5. 공사계획 ······ 1-7
6. 공사관리 ······ 1-9
7. VE ······ 1-10
8. LCC ······ 1-12
9. 건축생산 합리화 기법 ······ 1-13
● 기출 및 예상 문제 ······ 1-14

Lesson 2 건설계약 ······ 1-22
1. 전통적인 계약방식 ······ 1-22
2. 업무범위에 따른 계약방식 ······ 1-25
3. 기타 ······ 1-28
● 기출 및 예상 문제 ······ 1-29

Lesson 3 입찰, 계약, 건설클레임 및 시방서 ······ 1-37
1. 건설공사 입찰 ······ 1-37
2. 건설공사 계약 ······ 1-40
3. 클레임의 관리 ······ 1-41
4. 건설보증제도, 기술개발보상제도 및 표준공기제도 ······ 1-42
5. 시방서 ······ 1-42
6. 용어정의 및 해설 ······ 1-43
● 기출 및 예상 문제 ······ 1-45

II 가설공사 ······ 1-53

Lesson 4 가설공사의 개요, 가설건물 및 규준틀 ······ 1-54
1. 가설공사의 개요 ······ 1-54
2. 가설건물 ······ 1-55

3. 줄쳐보기, 규준틀 및 기준점 ·· 1-56
◎ 기출 및 예상 문제 ·· 1-58

| Lesson 5 | 비계 및 안전시설 ·· 1-61

1. 비계 ··· 1-61
2. 안전시설 ··· 1-65
◎ 기출 및 예상 문제 ·· 1-67

Ⅲ 토공사 ·· 1-71

| Lesson 6 | 토공사 계획, 흙의 분류 및 흙의 성질 ·· 1-72

1. 토공사의 개요 ··· 1-72
2. 흙의 분류 ··· 1-72
3. 흙의 성질 ··· 1-73
◎ 기출 및 예상 문제 ·· 1-76

| Lesson 7 | 지반조사, 지반개량 공법 및 지하수 대책 ·· 1-79

1. 지반조사 ··· 1-79
2. 지반개량 공법 ··· 1-84
3. 흙막이 굴착 시 지하수 대책 ··· 1-87
◎ 기출 및 예상 문제 ·· 1-88

| Lesson 8 | 터파기 및 흙막이벽 ·· 1-98

1. 터파기 ··· 1-98
2. 흙막이벽 ··· 1-101
◎ 기출 및 예상 문제 ·· 1-107

| Lesson 9 | 지하연속벽 흙막이, 탑다운 공법, 굴착기계 및 계측관리 ············ 1-114

1. 지하연속벽 흙막이 ··· 1-114
2. 탑다운(역구축, 역타설) 공법 ··· 1-118
3. SPS 공법 ·· 1-119
4. 토공 장비 ··· 1-120
5. 계측관리 항목 및 기기 ··· 1-123
6. 용어정의 및 해설 ··· 1-123
◎ 기출 및 예상 문제 ·· 1-124

Ⅳ 지정 및 기초공사 ········· 1-133

Lesson 10 부동침하, 부력 및 기초와 지정 ········· 1-134
1. 부동침하 ········· 1-134
2. 부력 ········· 1-135
3. 기초 ········· 1-136
4. 지정 ········· 1-137
● 기출 및 예상 문제 ········· 1-139

Lesson 11 각종 말뚝지정 및 말뚝박기 ········· 1-145
1. 기성콘크리트말뚝 ········· 1-145
2. 강재말뚝 ········· 1-146
3. 현장타설콘크리트말뚝(제자리콘크리트말뚝) ········· 1-147
4. 말뚝박기 ········· 1-151
● 기출 및 예상 문제 ········· 1-154

Ⅴ 철근콘크리트공사 ········· 1-161

Lesson 12 개요 ········· 1-162
1. 정의와 기본 개념 ········· 1-162
2. 크리프와 건조수축 ········· 1-162
● 기출 및 예상 문제 ········· 1-164

Lesson 13 철근공사 ········· 1-165
1. 철근의 분류 ········· 1-165
2. 공작도의 작성과 철근의 반입, 저장 및 가공 ········· 1-166
3. 철근의 이음 및 정착 ········· 1-167
4. 철근의 피복두께와 철근의 순간격 ········· 1-170
5. 철근조립 및 철근프리패브 공법 ········· 1-171
● 기출 및 예상 문제 ········· 1-173

Lesson 14 거푸집공사 ········· 1-179
1. 개요 ········· 1-179
2. 거푸집의 구성요소 ········· 1-180
3. 거푸집 및 동바리의 검토 ········· 1-181
4. 거푸집 시공 및 해체 ········· 1-183
5. 거푸집 공법 ········· 1-186

| ● 기출 및 예상 문제 | 1-190 |

Lesson 15 콘크리트의 재료 ··· 1-203
1. 시멘트 ··· 1-203
2. 골재 ·· 1-206
3. 비빔 용수 ··· 1-208
4. 혼화재료 ··· 1-208
● 기출 및 예상 문제 ·· 1-213

Lesson 16 콘크리트의 성질, 시험 및 내구성 ············· 1-219
1. 콘크리트의 성질 ··· 1-219
2. 콘크리트시험 ··· 1-222
3. 콘크리트의 내구성 ··· 1-224
4. 철근의 부식 ·· 1-226
5. 균열 ·· 1-227
6. 보수 및 보강 ·· 1-228
● 기출 및 예상 문제 ·· 1-230

Lesson 17 콘크리트의 배합설계 및 시공 ··················· 1-240
1. 콘크리트의 배합설계 ··· 1-240
2. 콘크리트의 시공 ··· 1-245
3. 현장 품질관리 ··· 1-253
4. 콘크리트의 이음 ··· 1-254
● 기출 및 예상 문제 ·· 1-257

Lesson 18 각종 콘크리트 ··· 1-270
1. 레디믹스트 콘크리트 ··· 1-270
2. 한중 콘크리트 ··· 1-272
3. 서중 콘크리트 ··· 1-273
4. ALC ··· 1-274
5. 경량골재 콘크리트 ··· 1-275
6. 차폐용 콘크리트(중량 콘크리트) ···································· 1-276
7. 매스 콘크리트 ··· 1-277
8. 섬유보강 콘크리트 ··· 1-278
9. AE 콘크리트(공기연행 콘크리트) ·································· 1-278
10. 유동화 콘크리트 ··· 1-279

11. 고성능 콘크리트 ·· 1-279
12. 고강도 콘크리트 ·· 1-279
13. 고내구성 콘크리트 ·· 1-280
14. 고유동 콘크리트 ·· 1-280
15. 제치장 콘크리트 ·· 1-281
16. 폴리머 콘크리트 ·· 1-281
17. 프리팩트 콘크리트 ·· 1-282
18. 프리스트레스트 콘크리트 ·· 1-282
19. 압입 콘크리트 ·· 1-283
20. 숏크리트(뿜칠 콘크리트) ··· 1-284
21. 기타 콘크리트와 용어정의 및 해설 ·· 1-284
● 기출 및 예상 문제 ·· 1-287

Ⅵ 강구조공사 ··· 1-303

Lesson 19 개요 및 강구조공사의 공장가공 ··· 1-304
1. 정의 ·· 1-304
2. 강구조공사의 공장가공 ··· 1-305
● 기출 및 예상 문제 ·· 1-309

Lesson 20 강구조 부재의 접합 ·· 1-313
1. 일반볼트접합(대용볼트접합) ·· 1-313
2. 고장력볼트접합 ·· 1-314
3. 용접접합 ··· 1-318
4. 리벳접합 ··· 1-328
5. 핀접합 ·· 1-329
● 기출 및 예상 문제 ·· 1-330

Lesson 21 현장세우기, 내화피복 공법 및 기타 ······································ 1-343
1. 현장세우기 ·· 1-343
2. 강구조의 내화피복 공법 ·· 1-347
3. 데크플레이트와 스터드볼트 ·· 1-348
4. 기타 ·· 1-349
5. 용어정의 및 해설 ·· 1-351
● 기출 및 예상 문제 ·· 1-352

Ⅶ 조적공사 ······ 1-363

Lesson 22 벽돌공사 ······ 1-364
1. 벽돌의 종류 및 재료 ······ 1-364
2. 벽돌쌓기 ······ 1-365
3. 모르타르 및 줄눈 ······ 1-371
4. 조적조 벽체의 균열 및 백화 ······ 1-372
● 기출 및 예상 문제 ······ 1-374

Lesson 23 블록공사 ······ 1-384
1. 일반사항 ······ 1-384
2. 단순조적블록공사 ······ 1-385
3. 보강콘크리트블록공사 ······ 1-387
4. 거푸집블록공사 ······ 1-388
● 기출 및 예상 문제 ······ 1-389

Lesson 24 돌공사 ······ 1-393
1. 석재의 종류 및 특징 ······ 1-393
2. 석재 가공마무리 및 주의사항 ······ 1-393
3. 돌쌓기, 돌붙이기 및 바닥돌깔기 ······ 1-395
4. 테라조와 캐스트스톤 ······ 1-396
● 기출 및 예상 문제 ······ 1-397

Ⅷ 목공사 ······ 1-401

Lesson 25 목재의 개요, 성질, 방부법 및 철물 ······ 1-402
1. 일반사항 ······ 1-402
2. 목재의 성질 ······ 1-403
3. 목재의 품질검사, 건조, 연소 및 부식 ······ 1-404
4. 고정철물 및 교착제 ······ 1-406
● 기출 및 예상 문제 ······ 1-408

Lesson 26 목재의 가공, 제품, 세우기 및 수장 ······ 1-413
1. 목재의 가공 ······ 1-413
2. 목재의 제품 ······ 1-415
3. 세우기 ······ 1-415
4. 수장 ······ 1-415

◎ 기출 및 예상 문제 ··· 1-418

IX 지붕, 홈통 및 방수공사 ··· 1-423

Lesson 27 지붕공사 및 홈통공사 ··· 1-424
1. 지붕공사 ··· 1-424
2. 홈통공사 ··· 1-427
◎ 기출 및 예상 문제 ·· 1-428

Lesson 28 방수공사 ·· 1-431
1. 방수공사의 개요 ·· 1-431
2. 멤브레인방수 ··· 1-432
3. 아스팔트방수 ··· 1-432
4. 합성고분자 시트방수 ·· 1-435
5. 도막방수 ··· 1-437
6. 시멘트액체방수 ·· 1-437
7. 실링방수 ··· 1-438
8. 바깥벽방수(외벽방수) ·· 1-440
9. 지하실방수 ··· 1-441
10. 합성고분자방수 ··· 1-441
◎ 기출 및 예상 문제 ·· 1-442

X 미장 및 타일공사 ··· 1-451

Lesson 29 미장공사 ·· 1-452
1. 미장재료 ··· 1-452
2. 시멘트 모르타르 바름 ·· 1-454
3. 회반죽 바름 ·· 1-455
4. 인조석 바름과 테라조 바름 ··· 1-456
5. 바닥강화재 바름 ·· 1-457
◎ 기출 및 예상 문제 ·· 1-458

Lesson 30 타일공사 ·· 1-464
1. 제품 및 분류 ·· 1-464
2. 타일 시공 ··· 1-465
3. 테라코타 ··· 1-469
◎ 기출 및 예상 문제 ·· 1-470

XI 창호 및 유리공사 ··········· 1-473

Lesson 31 창호 및 유리공사 ··········· 1-474
  1. 창호공사 ··········· 1-474
  2. 유리공사 ··········· 1-479
  ● 기출 및 예상 문제 ··········· 1-483

XII PC공사 및 외벽공사 ··········· 1-491

Lesson 32 PC공사 및 외벽공사 ··········· 1-492
  1. PC공사 ··········· 1-492
  2. 커튼월공사 ··········· 1-494
  3. ALC 패널 공사 ··········· 1-498
  ● 기출 및 예상 문제 ··········· 1-499

XIII 마감, 기타 공사 및 유지관리 ··········· 1-505

Lesson 33 마감, 기타 공사 및 유지관리 ··········· 1-506
  1. 도장공사(칠공사) ··········· 1-506
  2. 합성수지공사 ··········· 1-508
  3. 금속공사 ··········· 1-510
  4. 단열공사 ··········· 1-511
  5. 도배공사 ··········· 1-512
  6. 바닥공사 ··········· 1-512
  7. 기타 공사 ··········· 1-513
  8. 건축물의 유지관리 ··········· 1-514
  ● 기출 및 예상 문제 ··········· 1-515
  • 참고문헌 ··········· 1-522

제2편 건축적산

Lesson 1 건축적산의 일반기준 ··········· 2-3
  1. 일반사항 ··········· 2-3
  2. 견적 ··········· 2-3

3. 원가관리 ·· 2-4
4. 공사비의 구성 및 내용 ··· 2-6
5. 견적서 ··· 2-8
6. 적산업무 ·· 2-9
7. 표준품셈의 적용기준 ·· 2-10
● 기출 및 예상 문제 ·· 2-12

Lesson 2 가설공사의 수량 ·· 2-19
1. 공통 가설공사 ·· 2-19
2. 직접 가설공사 ·· 2-20
● 기출 및 예상 문제 ·· 2-24

Lesson 3 토공사의 수량 ·· 2-27
1. 터파기 ··· 2-27
2. 토량산출 ·· 2-29
3. 토량환산계수 ·· 2-32
4. 화물자동차의 적재량 ·· 2-34
5. 토공사용 기계 ·· 2-34
● 기출 및 예상 문제 ·· 2-36

Lesson 4 콘크리트의 각 재료량 ··· 2-42
1. 콘크리트 $1m^3$의 각 재료량 ··· 2-42
2. 콘크리트 펌프 ·· 2-43
● 기출 및 예상 문제 ·· 2-44

Lesson 5 거푸집면적 및 콘크리트량 산출 ························· 2-47
1. 일반사항 ·· 2-47
2. 적산순서 ·· 2-48
3. 거푸집 면적과 콘크리트량 ··· 2-49
● 기출 및 예상 문제 ·· 2-58

Lesson 6 철근수량 ··· 2-64
1. 일반사항 ·· 2-64
2. 각 부분별 철근수량 산출 방법 ·· 2-65
● 기출 및 예상 문제 ·· 2-82

| Lesson 7 | 강구조공사의 수량 | 2-96 |

    1. 일반사항 · 2-96

    2. 강구조공사의 수량산출 · 2-96

    ◉ 기출 및 예상 문제 · 2-98

| Lesson 8 | 조적 및 타일공사의 수량 | 2-102 |

    1. 벽돌공사 · 2-102

    2. 블록공사 · 2-106

    3. 타일공사 · 2-107

    ◉ 기출 및 예상 문제 · 2-108

| Lesson 9 | 목공사의 수량 | 2-113 |

    1. 개요 · 2-113

    2. 목재의 재적계산 · 2-114

    ◉ 기출 및 예상 문제 · 2-116

| Lesson 10 | 기타 공사의 수량 | 2-119 |

    1. 방수공사 · 2-119

    2. 미장공사 · 2-119

    3. 도장공사 · 2-120

    4. 지붕공사 · 2-120

    ◉ 기출 및 예상 문제 · 2-121

| Lesson 11 | 종합적산 | 2-125 |

    ◉ 기출 및 예상 문제 · 2-127

    • 참고문헌 · 2-136

제3편   공정관리

| Lesson 1 | 공정관리의 개요 | 3-3 |

    1. 공정관리 · 3-3

    2. 공정표 · 3-4

    ◉ 기출 및 예상 문제 · 3-8

| Lesson 2 | 네트워크 공정표의 작성 | 3-11 |

1. 네트워크 용어와 기호 ··· 3-11
2. 네트워크 공정표의 구성요소 ·· 3-11
3. 네트워크 작성 ··· 3-13
4. 네트워크 공정표의 일정계산 ·· 3-20
5. 네트워크 공정표의 여유시간 ·· 3-21
6. 주공정선 ·· 3-22
● 기출 및 예상 문제 ··· 3-23

| Lesson 3 | 네트워크 공정표와 횡선식 공정표 | 3-42 |

1. 데이터에 의한 횡선식 공정표 작성 ·· 3-42
2. 횡선식 공정표에 의한 네트워크 공정표 작성 ··································· 3-44
● 기출 및 예상 문제 ··· 3-45

| Lesson 4 | 공기단축의 개요 | 3-47 |

1. 정의 ·· 3-47
2. 공기조정 기법 ··· 3-47
3. 공기(Time)와 공사비(Cost) ··· 3-48
● 기출 및 예상 문제 ··· 3-50

| Lesson 5 | 공기단축 방법 및 최적공기 산정 | 3-53 |

1. MCX 기법에 의한 공기단축 ·· 3-53
2. SAM 기법에 의한 공기단축 ·· 3-56
3. 최적공기 산정 ··· 3-59
● 기출 및 예상 문제 ··· 3-62

| Lesson 6 | 진도관리 및 자원배당 | 3-74 |

1. 진도관리 ·· 3-74
2. 자원배당 ·· 3-74
● 기출 및 예상 문제 ··· 3-76

제4편 품질관리

Lesson 1 품질관리의 개요 ········· 4-3
  1. 품질관리 ········· 4-3
  2. 품질경영 ········· 4-5
  ◉ 기출 및 예상 문제 ········· 4-6

Lesson 2 통계적 품질관리 ········· 4-8
  1. 개요 ········· 4-8
  2. 데이터의 분류 ········· 4-8
  3. 데이터의 정리 ········· 4-8
  ◉ 기출 및 예상 문제 ········· 4-10

Lesson 3 종합적 품질관리 ········· 4-13
  1. 품질관리(QC) 도구 ········· 4-13
  ◉ 기출 및 예상 문제 ········· 4-16

Lesson 4 토질시험 ········· 4-21
  1. 흙의 구성 ········· 4-21
  2. 흙의 성질 ········· 4-21
  ◉ 기출 및 예상 문제 ········· 4-22

Lesson 5 시멘트시험 ········· 4-23
  1. 시멘트의 재료시험 ········· 4-23
  2. 시멘트 비중시험 ········· 4-23
  3. 시멘트 분말도시험 ········· 4-24
  4. 시멘트 응결시간시험 ········· 4-24
  5. 시멘트 안정성시험 ········· 4-24
  6. 시멘트 모르타르 강도시험 ········· 4-25
  ◉ 기출 및 예상 문제 ········· 4-26

Lesson 6 골재시험 ········· 4-29
  1. 골재의 체가름시험 ········· 4-29
  2. 골재의 수량 및 비중 ········· 4-29
  3. 공극률 및 실적률 ········· 4-31
  ◉ 기출 및 예상 문제 ········· 4-32

| Lesson 7 | 콘크리트시험 | 4-39 |

1. 콘크리트의 성능시험 ···································· 4-39
2. 슬럼프시험 ··· 4-39
3. 콘크리트의 압축강도시험 ···························· 4-40
4. 콘크리트의 인장강도시험 ···························· 4-41
5. 콘크리트 휨강도시험 ·································· 4-41
● 기출 및 예상 문제 ······································· 4-42

| Lesson 8 | 기타 시험 | 4-46 |

1. 콘크리트 벽돌 및 블록 시험 ······················· 4-46
2. 석재시험 ·· 4-46
3. 금속재료의 시험 ··· 4-47
4. 역청재료의 침입도시험 ······························· 4-47
● 기출 및 예상 문제 ······································· 4-48

제5편 건축구조

| Lesson 1 | 구조역학 | 5-3 |

1. 구조물의 특성 및 판별 ······························· 5-3
2. 정정 구조물의 해석 ··································· 5-5
3. 탄성체의 성질 ··· 5-17
4. 구조물의 변형 ··· 5-26
5. 부정정 구조물의 해석 ······························· 5-30
● 기출 및 예상 문제 ····································· 5-43

| Lesson 2 | 철근콘크리트구조 | 5-76 |

1. 철근콘크리트 구조설계 일반 ······················ 5-76
2. 보의 해석과 설계 ······································ 5-80
3. 전단설계 ··· 5-85
4. 철근의 정착과 이음 ··································· 5-88
5. 사용성과 내구성 ·· 5-90
6. 기둥 ··· 5-93
7. 슬래브 ·· 5-94

  8. 기초, 벽체와 옹벽 ·· 5-98
  ◉ 기출 및 예상 문제 ·· 5-103

| Lesson 3 | 강구조 ··· 5-141 |

  1. 강구조설계 일반 ·· 5-141
  2. 접합의 기본 ·· 5-144
  3. 인장재 ·· 5-154
  4. 압축재 ·· 5-156
  5. 휨재 ·· 5-159
  ◉ 기출 및 예상 문제 ·· 5-164
 • 참고문헌 ·· 5-198

제6편   과년도 출제 문제

- 2018년 1회(2018.4.14 시행) ·· 6-3
- 2018년 2회(2018.6.30 시행) ··· 6-13
- 2018년 3회(2018.11.10 시행) ······································· 6-23
- 2019년 1회(2019.4.13 시행) ··· 6-33
- 2019년 2회(2019.6.29 시행) ··· 6-44
- 2019년 3회(2019.11.9 시행) ··· 6-55
- 2020년 1회(2020.5.24 시행) ··· 6-65
- 2020년 2회(2020.7.25 시행) ··· 6-76
- 2020년 3회(2020.10.17 시행) ······································· 6-88
- 2020년 4회(2020.11.14 시행) ······································· 6-98
- 2020년 5회(2020.11.19 시행) ····································· 6-108
- 2021년 1회(2021.4.25 시행) ······································· 6-118
- 2021년 2회(2021.7.10 시행) ······································· 6-127
- 2021년 3회(2021.11.14 시행) ····································· 6-136
- 2022년 1회(2022.5.7 시행) ··· 6-145
- 2022년 2회(2022.7.24 시행) ······································· 6-155
- 2022년 3회(2022.11.19 시행) ····································· 6-166
- 2023년 1회(2023.4.23 시행) ······································· 6-176
- 2023년 2회(2023.7.22 시행) ······································· 6-185
- 2023년 3회(2023.11.5 시행) ······································· 6-195

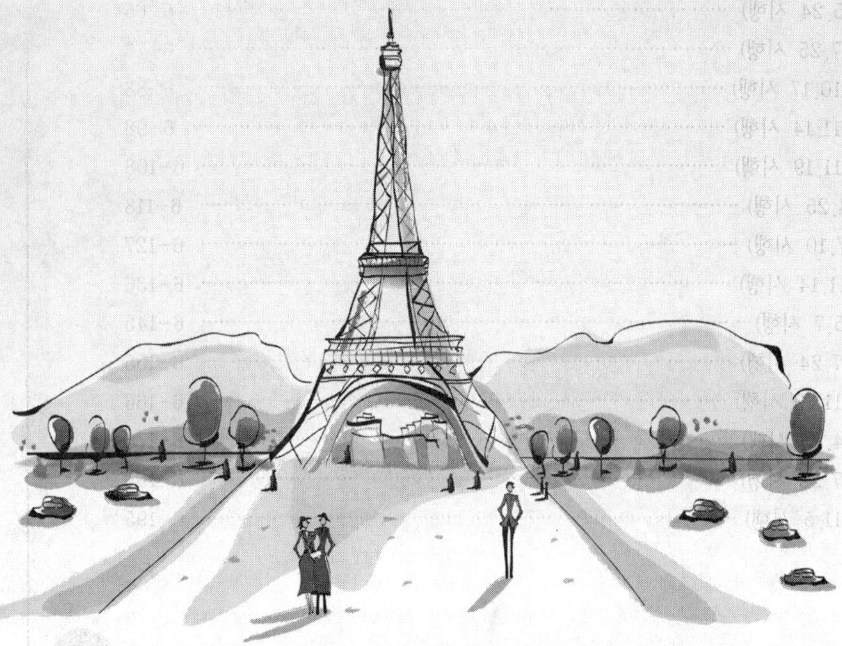

건/축/기/사/실/기 **제1편**

건축시공

I. 총론
II. 가설공사
III. 토공사
IV. 지정 및 기초공사
V. 철근콘크리트공사
VI. 강구조공사
VII. 조적공사
VIII. 목공사
IX. 지붕, 홈통 및 방수공사
X. 미장 및 타일공사
XI. 창호 및 유리공사
XII. PC공사 및 외벽공사
XIII. 마감, 기타 공사 및 유지관리

I

총론

Lesson 1 건축시공의 개론 및 건설업과 건설경영
Lesson 2 건설계약
Lesson 3 입찰, 계약, 건설클레임 및 시방서

Lesson 01. 건축시공의 개론 및 건설업과 건설경영

☀1 건축시공의 개론

1. 건축시공의 정의

건축시공이란 구조, 기능, 미의 3요소를 갖춘 건축물을 최저공비로 최단기간 내에 완성시키는 건축술로써 건축생산이라고도 한다.

2. 건축부품의 3S 시스템 (99③, 01③, 07①)

① 단순화(Simplification)
② 규격화(Standardization)
③ 전문화(Specialization)

3. 공사관계자(건축생산조직)

1) 공사관계자의 종류 (06②)

구분	내용
건축주 (발주자, 시행주)	① 건설공사를 건설업자에게 도급하는 자를 말한다. 다만, 수급인으로서 도급 받은 건설공사를 하도급하는 자를 제외한다.[1] ② 건물의 신축, 개축 등을 기획하고 발주하는 주체로서 국가, 지방자치단체, 공단, 민간기업, 개인 등이다.
설계자	건축주의 의도와 요구를 파악하여 도급자의 선정, 계약, 소요자재구입, 시공방법의 지도 등을 하는 일정한 자격이 있는 건축사이다.
시공자 (도급자)	건축주와 공사계약을 맺고 설계도 및 시방서에 의해 감리자의 승인을 받아 공사를 시행하는 자이다.
공사감리자	건축주의 위탁을 받아 공사가 설계대로 시공되는지 여부를 확인, 지도, 감독하는 자이다.

2) 건축주와 도급자의 권리와 의무 (93②)

구분	건축주	도급자
권리	완성된 건축물 인수의 권리	공사비 청구의 권리
의무	공사비 지불의 의무	기간내 건축물 완성의 의무

---

[1] 건설산업기본법, 제2조 제7항

핵심 Point

● 건축의 3요소 (예상)
① 구조
② 기능
③ 미

● 건축시공에서 커뮤니케이션을 좋게 하는 방법 (예상)
① 현장작업을 줄인다.
② 작업을 반복적으로 한다.
③ 작업을 표준화한다.
④ 작업을 문서화한다.
⑤ 작업을 코드화한다.

● 건축부품의 3S 시스템
(99③, 01③, 07①)
① 단순화(Simplification)
② 규격화(Standardization)
③ 전문화(Specialization)

● 발주 (참고)
공사나 용역의 거래를 주문하는 것이다.

● 도급 (참고)
일정 기간 안에 끝내야 할 일을 한꺼번에 맡거나 맡기는 것이다.

● 발주자 (06②)
건설공사를 건설업자에게 도급하는 자, 수급인으로서 도급 받은 건설공사를 하도급하는 자를 제외

● 공사감리자 (06②)
건축물이 설계도서대로 시공되는지의 여부를 확인 및 감독하는 자

4. 도급자 (98③)

구분	내용
원도급자	건축주와 직접 도급계약을 한 시공업자이다.
재도급자	도급자가 공사의 경비와 이윤을 빼고, 도급공사의 전부를 건축주와 관계없이 다른 공사자에게 도급주어 시행하는 자이다.
하도급자	원도급자가 공사를 부분적으로 분할하여 제3자에게 도급주어 시행하는 자이다.
재하도급자	하도급자가 공사의 경비와 이윤을 빼고, 다시 제3자에게 도급주어 시행하는 자이다.

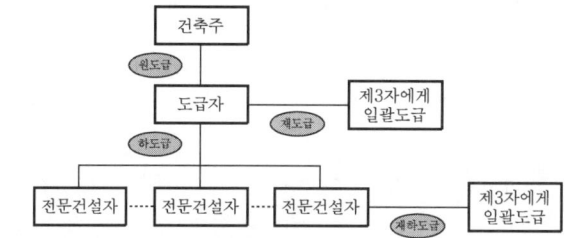

(주) 재도급과 재하도급은 금지하고 있다.

【 건설현장의 도급 】

5. 고용형태에 따른 건설노무자 (90③, 92③, 94②, 96②, 00①)

종류	내용
직용노무자	원도급자에게 직접 고용되어 임금을 받는 노무자로서 잡역 등의 미숙련 노무자가 많다.
정용노무자	직종별 전문업자 혹은 하도급자에 상시 종속되어 있는 기능노무자로서 출력일수에 따라 임금을 받는다.
임시고용노무자	날품노무자로서 보조노무자이고 임금이 저렴하다.

2 건설업과 건설산업 환경분석[2]

1. 건설업의 경영지표

① 성장성 지표 ② 안정성 지표
③ 수익성 지표 ④ 생산성 지표

---
[2] 김문한 외 공저, 「건설경영공학」, 기문당, 1999, pp.13~22.

핵심 Point

● 건축주와 도급자의 권리와 의무 (93②)
가. 건축주
  ① 권리 : 완성된 건축물 인수의 권리
  ② 의무 : 공사비 지불의 의무
나. 도급자
  ① 권리 : 공사비 청구의 권리
  ② 의무 : 기간내 건축물 완성의 의무

● 도급자의 종류 (98③)
① 원도급자 : 건축주와 직접 도급계약을 한 시공업자
② 재도급 : 도급공사의 전부를 건축주와 관계없이 다른 공사자에게 도급주어 시행하는 것
③ 하도급 : 원도급자가 공사를 부분적으로 분할하여 제3자에게 도급주어 시행하는 것

● 노무자 (참고)
공사현장에서 주로 육체노동에 종사하여 그 보수(임금)를 받는 자이다.

● 하도급의 필요성 (참고)
① 원도급자와 하도급간의 역할 분담
② 자원의 효율적 이용
③ 건전한 하부구조 형성

● 하도급 선정시 고려사항 (참고)
① 신용 ② 기술
③ 능력 ④ 소재지
⑤ 단가

● 고용형태에 따른 건설노무자 (00①)
① 직용노무자 : 원도급자에게 직접 고용되어 임금을 받는 노무자로서 잡역 등의 미숙련 노무자가 많다.
② 정용노무자 : 직종별 전문업자 혹은 하도급자에 상시 종속되어 있는 기능노무자로서 출력일수에 따라 임금을 받는다.
③ 임시고용노무자 : 날품노무자로서 보조노무자이고 임금이 저렴하다.

2. 건설산업 환경분석의 내용 (06②)

① 일반 경제지표
② 정부의 투자계획 및 제도
③ 건설수요 예상물량
④ 잠정적 고객
⑤ 경쟁자의 능력
⑥ 자원공급력(인력, 자재, 하도급자 등)
⑦ 지역별 특수조건(제도 등)

3 건축생산 조직

1. 조직운영의 원칙

① 지령계통의 통일
② 통제의 한계
③ 동질적인 직무할당
④ 권한의 위임

2. 조직의 형태

1) 직계식 조직(Line Organization) (06③)

건설사업에서 전통적으로 사용되어 온 것으로, 사업성격이 분명하고 단순하며 각 업무가 분절되어도 서로 큰 영향을 미치지 않은 경우에 적합하지만 CM 등이 적용되는 대규모 공사에는 부적합하고 자칫 관료적이 되기 쉬운 건설관리 조직형태이다.

2) 기능식 조직(Functional Organization)

업무를 기능중심으로 각각 분할하여 책임자를 만들고 각 책임자가 근로자에게 지시하는 조직형태이다.

3) 조합식 조직(Line & Staff Organization)

직계식 조직과 기능식 조직의 장점을 조합한 것으로써 라인(직계)이란 목적달성을 위한 직무와 권한을 갖고, 스태프(참모)란 그 목적달성에 대한 권고와 조언을 한다. 패스트 트랙 공사에 적합하다.

4) 전담반 조직(Task Force Organization) (10③)

다양한 기능조직에서 일정기간 본 부서를 떠나 한시적으로 팀을 구성하여 주어진 임무를 완수한 후 다시 본래의 조직으로 복귀하는 조직형태로써 긴급공사, 중요공사 및 일정기간에 완료해야 하는 공사 등에 유리하다.

5) 매트릭스 조직(Matrix Organization)

전담반 조직의 프로젝트팀 운영의 장점과 기능식 조직의 직능적인 장점을 결합시킨 조직형태이다.

4 건설생산체계

1. 개요

건축 프로젝트의 발굴에서부터 해체까지의 전 과정을 말한다.

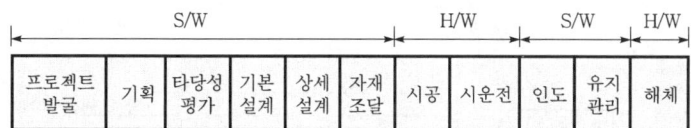

2. 건축시공 기술의 분류 (04②)

1) 하드웨어 기술

　① 시공　　　　② 시운전　　　　③ 해체

2) 소프트웨어 기술

　① 프로젝트 발굴　　　② 기획
　③ 타당성 평가　　　　④ 기본설계
　⑤ 상세설계　　　　　⑥ 자재조달
　⑦ 인도　　　　　　　⑧ 유지관리

5 공사계획

1. 공사계획의 요소 및 순서

1) 일정계획에 영향을 주는 주요한 요인

　① 건축물의 규모　　　② 거푸집의 존치기간 및 전용횟수
　③ 동절기의 외기온도　④ 강우, 강설, 바람 등의 기후조건

2) 공기를 지배하는 1차적 요소

　① 건물의 구조　　② 건물의 규모　　③ 건물의 용도

• 건설생산을 위한 시행단계 (참고)
① 기획 및 설계단계
② 조달단계
③ 공사단계
④ 시운전 및 유지관리단계
⑤ 건물의 해체관리단계

• 건설공사에서 타당성 조사의 효과 (참고)
① 경제성 없는 사업의 억제
② 사업의 부실화 예방
③ 투자의 우선순위 선정
④ 미비한 사업계획에 대한 사전보완
⑤ 시행자에게 자료제공 및 분석

• 건축시공 기술의 분류 (04②)
가. 하드웨어 기술
　① 시공
　② 시운전
　③ 해체
나. 소프트웨어 기술
　① 프로젝트 발굴
　② 기획
　③ 타당성 평가
　④ 기본설계
　⑤ 상세설계
　⑥ 자재조달
　⑦ 인도
　⑧ 유지관리

3) **시공계획의 순서** (07②)
   ① 사전조사   ② 기본계획
   ③ 상세계획   ④ 관리계획

4) **착공단계에서의 공사계획 순서** (95②, 96③⑤, 98①, 99⑤, 01②)
   ① 현장원 편성   ② 공정표 작성
   ③ 실행예산편성과 조정   ④ 하도급자의 선정
   ⑤ 가설준비물 결정   ⑥ 재료선정
   ⑦ 재해예방

5) **도급계약 체결 후 시공순서** (85①, 86③)
   ① 가설공사   ② 토공사
   ③ 지정 및 기초공사   ④ 구체공사
   ⑤ 방수 및 방습공사   ⑥ 지붕 및 홈통공사
   ⑦ 외벽 마무리공사   ⑧ 창호공사
   ⑨ 내부 마무리공사

2. 건축 프로젝트

1) **정의**

   건축 프로젝트란 건축물을 한정된 기간 내에 제한된 자원을 이용하여 최소의 비용으로 완성하고자 하는 과정의 집합이다.

2) **건축 프로젝트의 전개과정** (98⑤, 05②)
   ① 프로젝트 착상 및 타당성 분석   ② 설계
   ③ 구매 및 조달   ④ 시공
   ⑤ 시운전 및 완공   ⑥ 인도

3. 건축 프로젝트의 식전(式典, 예식) (92③, 07③)

예식 순서	내용
기공식	착공식이며 공사착수시에 행하는 의식이다.
정초식	기초공사 완료시에 행하는 의식(기초의 일부에 정초석 설치)이다.
상량식	강구조, 목구조는 기둥을 세우고 지붕 마룻대 올리기가 완료될 때 행하는 의식이고, 콘크리트구조에서는 콘크리트 지붕공사가 완료되었을 때 행하는 의식이다. 입주상량이라 한다.
낙성식	공사 완료시에 행하는 의식이다.

핵심 Point

● 시공계획의 순서 (07②)
① 사전조사
② 기본계획
③ 상세계획
④ 관리계획

● 공사계획의 일반적인 순서 (95②, 96③⑤, 98①, 99⑤, 01②)
① 현장원 편성
② 공정표 작성
③ 실행예산편성과 조정
④ 하도급자의 선정
⑤ 가설준비물 결정
⑥ 재료선정
⑦ 재해예방

● 도급계약 체결 후 공사 순서 (85①, 86③)
① 가설공사
② 토공사
③ 지정 및 기초공사
④ 구체공사
⑤ 방수 및 방습공사
⑥ 지붕 및 홈통공사
⑦ 외벽 마무리공사
⑧ 창호공사
⑨ 내부 마무리공사

● 건축 프로젝트의 전개과정 (98⑤, 05②)
① 프로젝트 착상 및 타당성 분석
② 설계
③ 구매 및 조달
④ 시공
⑤ 시운전 및 완공
⑥ 인도

● 정초식, 상량식에 대한 설명 (92③, 07③)
① 정초식 : 기초공사 완료시에 행하는 의식
② 상량식 : 강구조, 목구조는 기둥을 세우고 지붕 마룻대 올리기가 완료될 때 행하는 의식이고, 콘크리트구조에서는 콘크리트 지붕공사가 완료되었을 때 행하는 의식

4. 건설공사 현장의 보고(報告) (98③)

① 일보
② 주보
③ 순보
④ 월보
⑤ 분기보

5. 건설정보 분류체계(Breakdown Structure)

1) 정의 및 목적

건설분야에 발생되는 모든 정보의 항목들을 분류목적에 따라 체계적으로 분류하고 도식화한 것이다.

2) 종류 (05②, 12②, 17①, 22①)

구분	내용
WBS	작업분류체계로 공사내용을 작업의 공종에 따라 분류한다.
OBS	조직분류체계로 공사내용을 관리조직에 따라 분류한다.
CBS	원가분류체계로 공사내용을 원가의 발생요인에 따라 분류한다.
BBS	업무분류체계로 공사내용을 업무내용에 따라 분류한다.

6 공사관리

1. 개요

1) 공사관리의 목표 및 상관관계 (89①, 91③, 98②, 01①, 04①)

공사의 요소	건축생산의 목표	공사관리의 목표	구분
품질	좋게	품질관리	① 3대 관리 : 품질관리, 공정관리, 원가관리
공사기한	빨리	공정관리	
경제성	저렴하게	원가관리	② 4대 관리 : 3대 관리 + 안전관리
안전성	안전하게	안전관리	③ 5대 관리 : 4대 관리 + 환경관리
환경	친환경	환경관리	

2) 목표 및 수단이 되는 관리 (94①, 03①)

목표가 되는 관리		수단이 되는 관리	
① 품질관리	② 공정관리	① 인력관리	② 자원관리
③ 원가관리	④ 안전관리	③ 설비관리	④ 자금관리

핵심 Point

● 건설공사 현장의 보고(報告) 중 주기가 짧은 것부터 긴 것 (98③)
① 일보
② 주보
③ 순보
④ 월보
⑤ 분기보

● 공사내용의 분류 방법에서 목적에 따른 Breakdown Structure의 종류 (05②, 12②)
① WBS(작업분류체계)
② OBS(조직분류체계)
③ CBS(원가분류체계)
④ BBS(업무분류체계)

● WBS의 정의 (17①, 22①)
WBS는 작업분류체계를 말하며, 건설분야에서 발생되는 모든 공사내용을 작업의 공종에 따라 분류한 것이다.

● 공사관리란 (참고)
여러 가지 관리목표에 따라 현장을 통제하는 기능을 가지며 품질관리, 공정관리, 원가관리, 안전관리, 노무관리, 장비관리, 구매관리 등이 포함된다.

● 건축시공(생산)관리 3대 목표 (89①, 91③, 98②, 01①, 04①)
① 품질관리
② 공정관리
③ 원가관리

● 목표 및 수단이 되는 관리 (94①, 03①)
가. 목표가 되는 관리
① 품질관리
② 공정관리
③ 원가관리
④ 안전관리
나. 수단이 되는 관리
① 인력관리
② 자원관리
③ 설비관리
④ 자금관리

2. 생산수단 및 생산목표 (89②, 94②)

생산수단	생산목표
① Man(인력 혹은 노무)	① Right Product(적정 생산물)
② Machine(기계 혹은 장비)	② Right Quality(적정 품질)
③ Material(재료 혹은 자재)	③ Right Quantity(적정 수량)
④ Money(자금)	④ Right Time(적정 공기)
⑤ Method(시공법 또는 기술)	⑤ Right Price(적정 가격)
⑥ Memory(기억)	

(주1) 품질관리의 4M은 ①~④, 품질관리의 5M은 ①~⑤, 품질관리의 6M은 ①~⑥
(주2) 공사관리의 생산수단을 6M이라 하며, 이 6M을 잘 이용하여야 5가지의 목표를 달성할 수 있다. 이 5가지 목표를 5R이라 한다.

3. 안전관리

1) 정의 및 목적
건설공사 과정에서 발생되는 결함으로 인한 사고의 예방을 위하여 이행되는 공사관리이다.

2) 재해예방의 기본원칙
① 예방가능의 원칙
② 손실우연의 원칙
③ 원인계기의 원칙
④ 대책선정의 원칙

(주) 대책선정의 원칙은 기술적(Engineering), 교육적(Education), 규제적(Enforcement) 대책을 통해 재해를 예방한다.

※7 VE(Value Engineering ; 가치공학)

1. 개요

1) 정의 (94①, 95⑤, 97④, 02②, 10③, 20③)
발주자가 요구하는 성능과 품질(Function)을 보장하면서 가장 저렴한 값(Cost)으로 공사를 수행하기 위한 수단을 찾고자 하는 체계적이고 과학적인 공사 방법이다.

2) 기본공식 (92④, 98④, 00②, 09②, 15③, 22①)

$$V = \frac{F}{C}$$

여기서, V : 가치(Value), F : 기능(Function), C : 비용(Cost)

핵심 Point

● 품질관리 중 5M (89②, 94②)
① Man(인력)
② Machine(기계)
③ Material(재료)
④ Money(자금)
⑤ Method(시공법)

● 생산목표 5가지(5R) (예상)
① Right Product(적정 생산물)
② Right Quality(적정 품질)
③ Right Quantity(적정 수량)
④ Right Time(적정 공기)
⑤ Right Price(적정 가격)

● 품질관리, 공정관리 및 원가관리 (참고)
① 품질관리란 수요자의 요구에 맞는 품질의 제품을 경제적으로 만들어내기 위한 모든 수단의 체계를 말한다.
② 공정관리란 주어진 공사기간 내에 예산에 맞춰 보다 우수하고 안전하게 건축물을 생산하기 위한 관리활동을 말한다.
③ 원가관리란 주어진 예산과 일정에 대해 원만한 공사진행과 예산집행이 이루어져 건축생산의 목표를 달성할 수 있도록 소요비용을 효율적으로 관리하고 통제하는 것이다.

● 안전관리의 목적 (참고)
① 근로자의 생명보호
② 기업 및 개인의 재산보호
③ 작업환경 개선

● 산업재해의 기본원인 4M (참고)
① 인간(Man)
② 기계(Machine)
③ 매체(Media)
④ 관리(Management)

● 안전대책의 3E (예상)
① 기술적(Engineering) 대책
② 교육적(Education) 대책
③ 규제적(Enforcement) 대책

3) VE의 가치향상의 방법 (08①)

기본공식	기능(F)	비용(C)	내용
$V = \dfrac{F}{C}$	→	↘	기능은 일정하게 하고, 비용은 내린다.
	↗	→	기능은 올리고, 비용은 일정하게 한다.
	↗	↘	기능은 올리고, 비용은 내린다.
	↗↗	↗	기능은 많이 올리고, 비용은 약간 올린다.
	↘	↘↘	기능은 약간 내리고, 비용은 많이 내린다.

2. VE의 필요성 및 사고방식

필요성	VE 활동을 통한 이익의 확대는 타 기업과의 경쟁 없이 이루어지며, 적은 투자로 큰 성과를 얻을 수 있다.
사고방식 (98①, 11③, 14③, 20③)	① 고정관념의 제거(아이디어 존중) ② 사용자 중심의 사고(고객본위) ③ 기능중심의 접근 ④ 조직적 노력 ⑤ 가치의 제고

3. VE의 수행단계 (00④, 01③, 07②, 08③, 13②, 15①, 17③)

단계	기본단계	세부단계
1단계	정보수집 및 기능분석단계	정보수집단계 ① 대상의 선정 ② 팀의 편성 ③ 정보의 수집 기능분석단계 ① 구성요소의 나열 ② 기능의 정의 ③ 기능의 분류
2단계	아이디어 창출단계	수집된 정보와 기능분석 자료를 바탕으로 많은 아이디어를 개발
3단계	대체안의 평가 및 개발단계	① 평가기준의 선정 및 가중 ② 대안평가 ③ 대안개발
4단계	제안 및 실시단계	VE의 결과를 최고 결정권자에게 제안하고, 실제로 프로젝트를 적용하는 단계

4. 대안을 도출하는 방법

① 브레인스토밍 ② 창조공학
③ 체크리스트 ④ 특성 리스트

핵심 Point

● VE의 정의 (94①, 95⑤, 97④, 02②, 10③, 20③)
발주자가 요구하는 성능과 품질을 보장하면서 가장 저렴한 값으로 공사를 수행하기 위한 수단을 찾고자 하는 체계적이고 과학적인 공사 방법

● VE의 기본공식 정의 (92④, 98④, 00②, 09②, 15③, 22①)

$$V = F/C$$

여기서, V : 가치
F : 기능
C : 비용

● VE의 가치향상의 방법 (08①)
① 기능은 일정하게 하고, 비용은 내린다.
② 기능은 올리고, 비용은 일정하게 한다.
③ 기능은 올리고, 비용은 내린다.
④ 기능은 많이 올리고, 비용은 약간 올린다.
⑤ 기능은 약간 내리고, 비용은 많이 내린다.

● VE의 효과 (참고)
① 원가절감
② 기업의 체질개선
③ 기업의 경쟁력 제고
④ 기술력 향상 및 축적
⑤ 조직의 활성화
⑥ 아이디어 창출을 통한 자기혁신

● VE의 사고방식 (98①, 11③, 14③, 20③)
① 고정관념의 제거
② 사용자 중심의 사고
③ 기능중심의 접근
④ 조직적 노력

5. 브레인스토밍(Brain Storming)

1) 개요
일종의 토의형식으로 5~8명이 한 팀이 되어 약 한 시간가량 자유롭게 의사를 개진하고 다른 사람의 의견도 들어보는 것이다.

2) 브레인스토밍의 원칙 (07①)
① 다른 사람의 아이디어를 비판하지 말 것
② 질 보다 양을 중시할 것
③ 먼저 나온 아이디어를 활용하여 다른 아이디어를 낼 것
④ 기록자는 전문성이 많은 사람이 할 것
⑤ 나온 아이디어를 재빨리 요약해서 기록할 것

6. VE 이외의 시공관리법

1) 종류
① SE(System Engineering) ② IE(Industrial Engineering)
③ OR(Operations Research) ④ QC(Quality Control)
⑤ TQC(Total Quality Control) ⑥ JIT(Just In Time)

2) JIT(적기공급생산) (07①)
① JIT(Just In Time)은 생산부문의 각 공정별로 작업량을 조정하여 중간 재고를 최소한으로 줄이는 관리체계이다.
② 생산에 있어 필요한 때 필요한 부품만을 확보하는 경영방식이다.

8 LCC(Life Cycle Cost ; 생애비용)

1. 정의 (07②③, 10①, 10③, 12③, 16①, 19③, 20③, 22①)
① 건축물의 기획, 설계, 시공에서부터 완공된 후의 유지관리 및 해체까지 이어지는 일련의 과정을 건물의 생애(수명)라 한다. 이러한 건물의 생애기간동안 소요되는 초기투자비 및 유지관리비 등의 총비용을 LCC라 한다.
② LCC=초기투자비+유지관리비
③ 건물을 건설시점에서 저가격을 추구하는 것보다 초기건설 비용과 유지관리 비용의 전체비용으로 경제성을 평가하는 기법이다.

핵심 Point

● VE의 기본추진절차 (00④, 01③, 08③, 17③)
① 대상선정
② 정보수집
③ 기능정의
④ 기능정리
⑤ 기능평가
⑥ 아이디어 발상
⑦ 평가
⑧ 제안
⑨ 실시

● VE의 기본추진절차를 4단계로 구분 (07②, 13②, 15①)
① 정보수집 및 기능분석단계
② 아이디어 창출단계
③ 대체안의 평가 및 개발단계
④ 제안 및 실시단계

● 브레인스토밍의 원칙 (07①)
① 다른 사람의 아이디어를 비판하지 말 것
② 질 보다 양을 중시할 것
③ 먼저 나온 아이디어를 활용하여 다른 아이디어를 낼 것
④ 기록자는 전문성이 많은 사람이 할 것
⑤ 나온 아이디어를 재빨리 요약해서 기록할 것

● JIT(Just In Time)의 정의 (07①)
생산부문의 각 공정별로 작업량을 조정하여 중간 재고를 최소한으로 줄이는 관리체계로서 생산에 있어 필요한 때 필요한 부품만을 확보하는 경영방식이다.

● LCC의 정의 (07②③, 10①, 10③, 12③, 16①, 19③, 20③, 22①)
건축물의 기획, 설계, 시공에서부터 완공된 후의 유지관리 및 해체까지 이어지는 일련의 과정을 건물의 생애(수명)라 한다. 이러한 건물의 생애기간동안 소요되는 초기투자비 및 유지관리비 등의 총비용을 LCC라 한다.

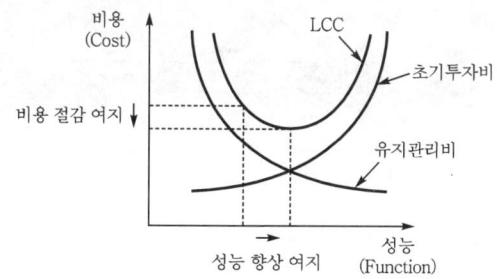

2. 원리

초기투자비가 많으면 성능이 좋아지면서 유지관리비가 적어진다.

☀9 건축생산 합리화 기법

1. CIC(Computer Integrated Construction) (01②)

    모든 건설단계에서 발생되는 각기 다른 형태의 정보들을 상호 연결시켜 건설생산 과정에 참여하는 참가자들이 모든 과정에 걸쳐 정보를 공유하고 상호 협조하여 하나의 팀으로 구성하는 건설정보의 통합화이다.

2. CALS(Continuous Acquisition & Life cycle Support, Computer Aided Logistic Support) (01③, 05③, 07②, 10①)

    건설사업자원 통합전산망으로 기획, 계약, 설계, 시공, 유지관리 등 건설활동 전 과정의 정보를 발주자 및 건설 관련자가 전산망을 통하여 신속히 교환, 공유토록 함으로써 건설산업을 지원하는 통합정보시스템이다.

3. EC(Engineering Constructor) (05②, 07②)

    종래의 단순한 시공업과 비교하여 건설사업의 발굴, 기획, 설계, 시공, 유지관리에 이르기까지 사업(Project) 전반에 관한 것을 종합, 기획 관리하는 업무영역의 확대를 말한다.

4. PMIS(Project Management Information System) (10③)

    건설사업과 관련된 발주자, 사업관리자, 사업자 간에 발생하는 각종 정보를 체계화, 종합화시킴으로써 최고 품질의 건축물을 건설하도록 지원하는 전산시스템이다. 건설산업관리시스템이라고 한다.

핵심 Point

● 건축생산 합리화 기법의 종류 (예상)
① CIC
② CALS
③ EDB
④ EC

● CIC의 정의 (01②)
모든 건설단계에서 발생되는 각기 다른 형태의 정보들을 상호 연결시켜 건설생산 과정에 참여하는 참가자들이 모든 과정에 걸쳐 정보를 공유하고 상호 협조하여 하나의 팀으로 구성하는 건설정보의 통합화이다.

● CALS의 정의 (01③, 05③, 07②, 10①)
건설사업자원 통합전산망으로 기획, 계약, 설계, 시공, 유지관리 등 건설활동 전 과정의 정보를 발주자 및 건설 관련자가 전산망을 통하여 신속히 교환, 공유토록 함으로써 건설산업을 지원하는 통합정보시스템

● CALS의 효과 (참고)
① 공기단축
② 원가절감
③ 품질향상
④ 신속한 정보교환

● EC의 정의 (05②, 07②)
종래의 단순한 시공업과 비교하여 건설사업의 발굴, 기획, 설계, 시공, 유지관리에 이르기까지 사업(Project) 전반에 관한 것을 종합, 기획 관리하는 업무영역의 확대를 말한다.

● PMIS의 정의 (10③)
건설산업관리시스템이라고 하며, 건설사업과 관련된 발주자, 사업관리자, 사업자 간에 발생하는 각종 정보를 체계화, 종합화시킴으로써 최고 품질의 건축물을 건설하도록 지원하는 전산시스템

기출 및 예상 문제

01 건축시공의 현대화 방안 중 건축부품의 품질향상과 대량생산을 위한 3S System이란 무엇을 말하는지 쓰시오. (3점)   •99 ③, 01 ③, 07 ①

① _____
② _____
③ _____

정답

1
① 단순화(Simplification)
② 규격화(Standardization)
③ 전문화(Specialization)

02 공사계약에 따른 건축주와 도급자의 기본적인 권리 및 의무에 대해 각각 기술하시오. (4점)   •93 ②

가. 건축주의 권리 : _____
나. 건축주의 의무 : _____
다. 도급자의 권리 : _____
라. 도급자의 의무 : _____

2
가. 건축주의 권리 : 완성된 건축물의 인수의 권리
나. 건축주의 의무 : 공사비 지불의 의무
다. 도급자의 권리 : 공사비 청구의 권리
라. 도급자의 의무 : 기간내 건축물완성의 의무

03 다음 (   ) 안에 도급공사에 관계하는 용어를 쓰시오. (5점)   •98 ③

> 건설공사를 완성하고 그 대가를 받는 영업을 (①)라(이라) 하고, 건축주와 직접 도급계약을 한 시공업자를 (②)라(이라) 하며, 이 도급공사의 전부를 건축주와는 관계없이 다른 공사자에게 도급주어 시행하는 것을 (③)라(이라) 하고, 부분적으로 분할하여 제3자인 전문건설업자에게 도급주어 시행하는 것을 (④)라(이라) 하는데, 현 건설업법에서는 위의 설명 중 (⑤)는(은) 금지되어 있다.

① _____ ② _____ ③ _____
④ _____ ⑤ _____

3
① 건설업
② 원도급자
③ 재도급
④ 하도급
⑤ 재도급

04 고용형태로 분류한 건설노무자에 대한 설명이다. 알맞은 용어를 쓰시오. (3점)

① 원도급자에게 직접 고용되어 임금을 받는 노무자로서 잡역 등 미숙련자가 많다.
② 직종별 전문업자 혹은 하도급자에 상시 종속되어있는 기능노무자로써 출력일수에 따라 임금을 받는다.
③ 날품노무자로서 보조노무자이고, 임금도 저렴하다.

① _____ ② _____ ③ _____

정답

4
① 직용노무자
② 정용노무자
③ 임시고용노무자

05 건설노무자 중 원도급자에게 직접 고용되어 임금을 받으며 잡역 등 미숙련노무자가 많은 노무 고용형태는? (1점)

•90 ③, 92 ③, 94 ②, 96 ②

_____

5
직용노무자

06 다음 설명에 알맞은 것을 쓰시오. (2점)

① 건설공사를 건설업자에게 도급하는 자, 수급인으로서 도급 받은 건설공사를 하도급하는 자를 제외한다.
② 공사가 설계도서 대로 시공되는지의 여부를 확인하고 시공방법을 지도, 조언하는 자를 말한다.

① _____ ② _____

6
① 발주자
② 공사감리자

07 경영전략을 수립하기 위한 건설산업 환경분석은 기회요소와 위협요소에 대한 표출작업이라 할 수 있다. 이를 대비하여 조사하여야 할 항목을 3가지 쓰시오. (3점)

•06 ②

① _____ ② _____ ③ _____

7
① 일반 경제지표
② 정부의 투자계획 및 제도
③ 건설수요 예상물량
④ 잠정적 고객
⑤ 경쟁자의 능력
⑥ 자원공급력
⑦ 지역별 특수조건

건/축/기/사/실/기

08 다음에서 설명하는 건설관리 조직의 명칭을 쓰시오. (3점) •06 ③

> 건설사업에서 전통적으로 사용되어 온 것으로, 사업성격이 분명하고 단순하며 각 업무가 분절되어도 서로 큰 영향을 미치지 않은 경우에 적합하지만 CM 등이 적용되는 대규모 공사에는 부적합하고 자칫 관료적이 되기 쉬운 건설관리 조직

09 전담반 조직(Task Force Organization)에 대해 설명하시오. (2점)
•10 ③

10 건축시공 기술을 분류할 때 해당되는 관리 항목을 3가지씩 쓰시오. (4점)
•04 ②

가. 하드웨어 기술
① _____ ② _____ ③ _____

나. 소프트웨어 기술
① _____ ② _____ ③ _____

11 다음 용어를 설명하시오. (4점) •92 ③, 07 ③

가. 정초식 : _____

나. 상량식 : _____

12 'LCC(Life Cycle Cost)'에 대해 간단히 설명하시오. (3점)
•07 ③, 10 ①, 10 ③, 12 ③, 16 ①, 19 ③, 20 ③, 22 ①

정답

8
직계식 조직
(Line Organization)

9
다양한 기능조직에서 일정기간 본 부서를 떠나 한시적으로 팀을 구성하여 주어진 임무를 완수한 후 다시 본래의 조직으로 복귀하는 조직형태로써 긴급공사, 중요공사 및 일정기간에 완료해야 하는 공사 등에 유리하다.

10
가. 하드웨어 기술
① 시공
② 시운전
③ 해체
나. 소프트웨어 기술
① 프로젝트 발굴
② 기획
③ 타당성 평가
④ 기본설계
⑤ 상세설계
⑥ 자재조달
⑦ 인도
⑧ 유지관리

11
가. 정초식 : 기초공사 완료시에 행하는 의식
나. 상량식 : 강구조, 목구조는 기둥을 세우고 지붕 마룻대 올리기가 완료될 때 행하는 의식이고, 콘크리트구조에서는 콘크리트 지붕공사가 완료되었을 때 행하는 의식이다. 입주상량(立柱上梁)이라 한다.

12
건축물의 기획, 설계, 시공에서부터 완공된 후의 유지관리 및 해체까지 이어지는 일련의 과정을 건물의 생애(수명)라 한다. 이러한 건물의 생애기간동안 소요되는 초기투자비 및 유지관리비 등의 총비용이다.

13. 공사계획의 일반적인 순서를 |보기|에서 골라 쓰시오. (4점)

•95 ②, 96 ③⑤, 98 ①, 99 ⑤, 01 ②

|보기|
- ㉮ 공정표 작성
- ㉯ 하도급자의 선정
- ㉰ 재료 선정 및 노력의 결정
- ㉱ 현장원 편성
- ㉲ 실행 예산편성과 조정
- ㉳ 가설준비물 결정
- ㉴ 재해예방

정답 13
㉱ → ㉮ → ㉲ → ㉯ → ㉳ → ㉰ → ㉴

14. 다음은 도급계약 체결 후에 해야 할 공사들이다. 공사의 일반적인 순서를 |보기|에서 골라 쓰시오. (5점)

•85 ①, 86 ③

|보기|
- ㉮ 기초공사
- ㉯ 방수, 방습공사
- ㉰ 창문달기
- ㉱ 구체공사
- ㉲ 가설공사
- ㉳ 내부 마무리공사

정답 14
㉲ → ㉮ → ㉱ → ㉯ → ㉰ → ㉳

15. 대형 건축물 프로젝트의 추진과정에서 순서에 맞게 ( )을 채우시오. (4점)

•98 ⑤, 05 ②

① 프로젝트 착상 및 타당성 분석	② (㉮)
③ 구매 및 조달	④ (㉯)
⑤ 시운전 및 완공	⑥ (㉰)

㉮ _____ ㉯ _____ ㉰ _____

정답 15
㉮ 설계
㉯ 시공
㉰ 인도

16. 건설공사 현장의 보고(報告) 중 주기가 짧은 것부터 긴 것을 |보기|에서 골라 쓰시오. (3점)

•98 ③

|보기|
㉮ 순보 ㉯ 분기보 ㉰ 일보 ㉱ 월보 ㉲ 주보

정답 16
㉰ → ㉲ → ㉮ → ㉱ → ㉯

(참고)
- 일보(日報) : 1일 단위의 보고
- 주보(週報) : 7일 단위의 보고
- 순보(旬報) : 10일 단위의 보고
- 월보(月報) : 1개월 단위의 보고
- 분기보(分期報) : 3개월 단위의 보고

17 공사내용의 분류방법에서 목적에 따른 Breakdown Structure의 3가지 종류를 쓰시오. (3점)
•05 ②, 12 ②

① _____ ② _____ ③ _____

정답

17
① WBS(작업분류체계)
② OBS(조직분류체계)
③ CBS(원가분류체계)
④ BBS(업무분류체계)

18 공사내용의 분류방법에서 목적에 따른 Breakdown Structure(건설정보분류체계)에서 WBS(Work Breakdown Structure)의 정의를 쓰시오. (3점)
•17 ①, 22 ①

18
WBS는 작업분류체계를 말하며, 건설분야에서 발생되는 모든 공사내용을 작업의 공종에 따라 분류한 것이다.

19 시공관리(건축생산관리) 3대 목표를 쓰시오. (3점)
•89 ①, 91 ③, 98 ②, 01 ①, 04 ①

① _____ ② _____ ③ _____

19
① 품질관리
② 공정관리
③ 원가관리

20 다음 |보기|의 각종 관리 중 목표가 되는 관리와 수단이 되는 관리로 분류하여 번호로 쓰시오. (4점)
•94 ①, 03 ①

┌─────────── 보기 ───────────┐
㉮ 원가관리   ㉯ 자원관리   ㉰ 설비관리
㉱ 품질관리   ㉲ 자금관리   ㉳ 공정관리
㉴ 인력관리
└──────────────────────────┘

가. 목표가 되는 관리 : _____
나. 수단이 되는 관리 : _____

20
가. 목표가 되는 관리
   ㉮, ㉱, ㉳
나. 수단이 되는 관리
   ㉯, ㉰, ㉲, ㉴

21 품질관리 중 5M을 쓰시오. (5점)
•89 ②, 94 ②

① _____ ② _____
③ _____ ④ _____
⑤ _____

21
① Man(인력)
② Machine(기계)
③ Material(재료)
④ Money(자금)
⑤ Method(시공법)

22 발주자가 요구하는 성능과 품질을 보장하면서 가장 저렴한 값으로 공사를 수행하기 위한 수단을 찾고자 하는 체계적이고 과학적인 공사방법은? (1점)

•95 ⑤, 97 ④, 02 ②

정답

22
VE

23 VE(Value Engineering) 기법에 대해 기술하시오. (1점)

•94 ①, 10 ③, 20 ③, 22 ①

23
발주자가 요구하는 성능과 품질을 보장하면서 가장 저렴한 값으로 공사를 수행하기 위한 수단을 찾고자 하는 체계적이고 과학적인 공사방법 혹은, 건축생산에 있어서 자재 및 관리기술의 대체로써 원가절감에 이용되는 기법

24 VE(Value Engineering) 개념에서 V=F/C식의 각 기호를 설명하시오. (3점)

•92 ④, 98 ④, 09 ②, 15 ③

① _____ ② _____ ③ _____

24
① V : 가치(Value)
② F : 기능(Function)
③ C : 비용(Cost)

25 건축생산을 비롯한 공업생산의 원가관리 수법의 하나인 VE(Value Engineering) 수법에서 물건 또는 서비스의 가치를 정의하는 식을 쓰시오. (2점)

•00 ②

25
V=F/C
여기서, V : 가치(Value)
F : 기능(Function)
C : 비용(Cost)

26 다음 |보기|에서 가치공학(Value Engineering)의 기본추진절차를 순서대로 나열하시오. (4점)

•00 ④, 01 ③, 08 ③, 17 ③

| 보기 |
㉮ 정보수집   ㉯ 기능정리   ㉰ 아이디어 발상
㉱ 기능정의   ㉲ 대상선정   ㉳ 제안
㉴ 기능평가   ㉵ 평가   ㉶ 실시

26
㉲ → ㉮ → ㉱ → ㉯ → ㉴ → ㉰ → ㉵ → ㉳ → ㉶

27 VE의 사고방식 4가지를 쓰시오. (4점)　　•98 ①, 11 ③, 14 ③, 20 ③

① _____　② _____
③ _____　④ _____

정답

27
① 고정관념의 제거
② 사용자중심의 사고
③ 기능중심의 접근
④ 조직적 노력

28 원가절감 기법인 VE의 가치향상 방법 4가지를 쓰시오. (4점)　•08 ①

① _____　② _____
③ _____　④ _____

28
① 기능은 일정하게 하고, 비용은 내린다.
② 기능은 올리고, 비용은 일정하게 한다.
③ 기능은 올리고, 비용은 내린다.
④ 기능은 많이 올리고, 비용은 약간 올린다.
⑤ 기능은 약간 내리고, 비용은 많이 내린다.

29 가치공학의 기본추진절차를 4단계로 구분하여 쓰시오. (4점)

•07 ②, 13 ②, 15 ①

① _____　② _____
③ _____　④ _____

29
① 정보수집 및 기능분석단계
② 아이디어 창출단계
③ 대체안 평가 및 개발단계
④ 제안 및 실시단계

30 브레인스토밍의 4대 원칙을 쓰시오. (4점)　　•07 ①

① _____
② _____
③ _____
④ _____

30
① 다른 사람의 아이디어를 비판하지 말 것
② 질 보다 양을 중시할 것
③ 먼저 나온 아이디어를 활용하여 다른 아이디어를 낼 것
④ 기록자는 전문성이 많은 사람이 할 것
⑤ 나온 아이디어를 재빨리 요약해서 기록할 것

31 적기공급생산인 JIT(Just In Time)의 정의를 쓰시오. (4점)　•07 ①

_____

31
생산부문의 각 공정별로 작업량을 조정하여 중간 재고를 최소한으로 줄이는 관리체계로서 생산에 있어 필요한 때 필요한 부품만을 확보하는 경영방식이다.

32 CALS(Continuous Acquisition and Life cycle Support)에 대해 설명하시오. (4점)　　　　　　　　　　•01 ③, 05 ③, 10 ①

_____

32
건설사업자원통합전산망으로 기획, 계약, 설계, 시공, 유지관리 등 건설활동 전 과정의 정보를 발주자 및 건설 관련자가 전산망을 통하여 신속히 교환, 공유토록 함으로써 건설산업을 지원하는 통합정보시스템

33 다음 설명이 가리키는 용어명을 쓰시오. (2점) •05 ②

"종래의 단순한 시공업과 비교하여 건설사업의 발굴, 기획, 설계, 시공, 유지관리에 이르기까지 사업(Project) 전반에 관한 것을 종합, 기획 관리하는 업무영역의 확대를 말한다."

정답 33
EC

34 다음 설명이 뜻하는 용어를 쓰시오. (3점) •07 ②, 10 ③

① 건설사업자원통합전산망으로 기획, 계약, 설계, 시공, 유지관리 등 건설활동 전 과정의 정보를 발주자 및 건설 관련자가 전산망을 통하여 신속히 교환, 공유토록 함으로써 건설산업을 지원하는 통합정보시스템
② 종래의 단순한 시공업과 비교하여 건설사업의 발굴, 기획, 설계, 시공, 유지관리에 이르기까지 사업(Project) 전반에 관한 것을 종합, 기획관리하는 업무영역의 확대
③ 건축물의 기획, 설계, 시공에서부터 완공된 후의 유지관리 및 해체까지 이어지는 일련의 과정을 건물의 생애(수명)라 한다. 이러한 건물의 생애기간동안 소요되는 초기투자비 및 유지관리비 등의 총비용

① _____ ② _____ ③ _____

34
① CALS
② EC
③ LCC

35 CIC(Computer Integrated Construction)에 대해 설명하시오. (3점) •10 ②

35
모든 건설 단계에서 발생되는 각기 다른 형태의 정보들을 상호 연결시켜 건설생산 과정에 참여하는 참가자들이 모든 과정에 걸쳐 정보를 공유하고 상호 협조하여 하나의 팀으로 구성하는 건설정보의 통합화이다.

36 PMIS(Project Management Information System)의 용어를 설명하시오. (3점) •10 ③

36
건설산업관리시스템이라고 하며, 건설사업과 관련된 발주자, 사업관리자, 사업자 간에 발생하는 각종 정보를 체계화, 종합화시킴으로써 최고 품질의 건축물을 건설하도록 지원하는 전산시스템이다.

Lesson 02° 건설계약

☼ 1 전통적인 계약방식

1. 종류 (94②, 08②)

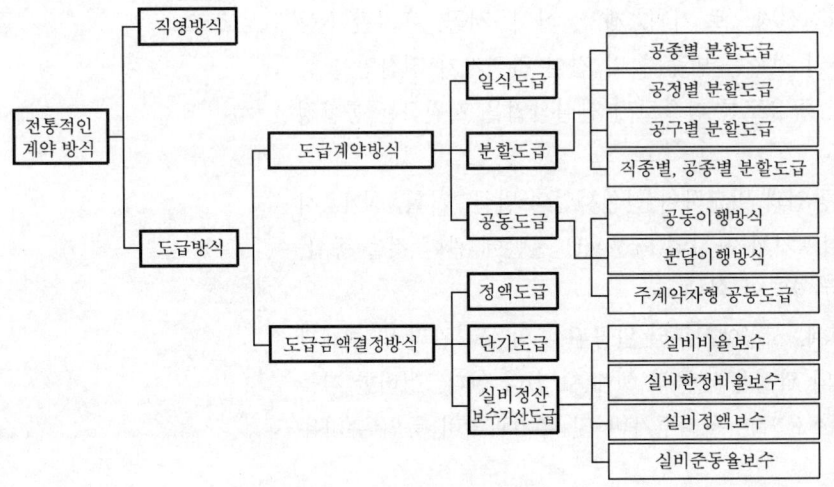

2. 직영방식

건축주 자신이 직접 공사계획을 세워 재료구입, 노무자 고용, 시공기계 및 가설재를 마련하고 자기의 책임 하에 직접 공사를 시행하는 방식이다.

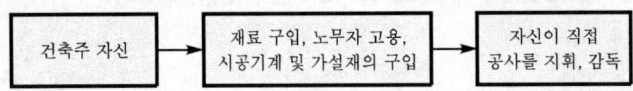

3. 일식도급

공사 전체를 한 도급자에게 맡겨 시공업무 일체를 일괄하여 시행시키는 방법으로 총도급 또는 일괄도급이라고도 한다.

4. 분할도급

1) 정의

공사를 유형별로 분류하여 각각 전문업자에게 분할하는 방식이다.

핵심 Point

- 공사수행방식에 따른 계약방식 (08②)
  ① 일식도급
  ② 분할도급
  ③ 공동도급

- 도급금액결정방식의 종류 (94②)
  ① 정액도급
  ② 단가도급
  ③ 실비정산보수가산도급

- 직영방식이 채택되는 경우 (참고)
  ① 공사내용이 간단하고, 시공과정이 용이한 경우
  ② 확실한 견적이 곤란하고, 설계변경이 예상될 경우
  ③ 저렴하고, 풍부한 노동력과 자재를 보유한 경우
  ④ 시급한 공사가 아닌 경우
  ⑤ 기밀을 요하는 중요 건축물(군사시설 등)
  ⑥ 특수공사, 난공사
  ⑦ 영리를 도외시한 확실한 공사

2) 종류 및 특징 (99①)

종류	내용
공종별 분할도급	설비공사를 건축공사와 분리하여 전문업자와 계약하는 방식이다.
공정별 분할도급	정지, 구체, 마무리공사 등 과정별로 도급을 주는 방식이다.
공구별 분할도급	① 대규모 공사에서 지역별로 발주하는 방식이다. ② 도급자에게 균등한 기회를 주며 공기단축, 시공기술 향상 및 공사의 높은 성과를 기대할 수 있다.
직종별, 공종별 분할도급	전문직별 또는 공종별로 분할하여 도급을 주는 방식이다.

5. 공동도급(Joint Venture Contract)

1) 정의 (99①)

대규모 공사의 시공에 있어서 시공자의 기술, 자본 및 위험 등의 부담을 분산, 감소시킬 목적으로 여러 개의 건설회사가 공동출자하여 일시적으로 한 회사의 입장에서 공사를 도급하는 방식이다.

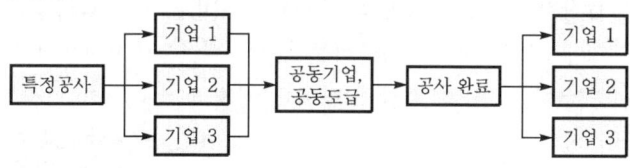

2) 장 · 단점 (95④, 96⑤, 98⑤, 09③, 11③, 18③)

장점	단점
① 융자력 증대 ② 위험의 분산 ③ 시공의 확실성 ④ 상호기술의 확충 ⑤ 공사 도급경쟁 완화수단	① 도급자 상호간의 이해 충돌 ② 경영방식의 차이에서 오는 능률저하 ③ 단일 회사의 도급공사보다 공사비 증대 ④ 현장 및 사무관리에 혼란 우려 ⑤ 책임소재가 불분명

3) 종류 (08②, 18①)

(1) 공동이행방식(Sponsor Ship)

여러 개의 회사가 일정비율에 따라 공동출자 하여 새로운 한 회사가 되며 그 회사의 책임 하에 시공하는 방식이다.

(2) 분담이행방식(Consortium)

전체공사를 각 회사가 분담(분할)하여 시공하는 방식이다.

(3) 주계약자형 공동도급방식(Partner Ship)

주계약자가 전체공사에 대하여 계획, 관리 및 조정의 역할을 수행하는 방식이다.

핵심 Point

● 공구별 분할도급의 설명 (99①)

도급자에게 균등한 기회를 주며 공기단축, 시공기술 향상 및 공사의 높은 성과를 기대할 수 있다.

● 공동도급의 설명 (99①)

대규모 공사의 시공에 있어서 시공자의 기술, 자본 및 위험 등의 부담을 분산, 감소시킬 수 있다.

● 공동도급의 특징 (참고)
① 손익부담의 공동계산
② 단일 목적성
③ 일시성

● 공동도급의 장 · 단점 (95④, 96⑤, 98⑤, 09③, 11③, 18③)

가. 장점
① 융자력 증대
② 위험의 분산
③ 시공의 확실성
④ 상호기술의 확충
⑤ 공사 도급경쟁 완화수단

나. 단점
① 도급자 상호간의 이해 충돌
② 경영방식의 차이에서 오는 능률저하
③ 단일 회사의 도급공사보다 공사비 증대
④ 현장 및 사무관리에 혼란 우려
⑤ 책임소재가 불분명

● 공동도급의 종류 (08②, 18①)
① 공동이행방식
② 분담이행방식
③ 주계약자형 공동도급방식

● 페이퍼 조인트의 정의 (00④, 07③, 13②)

서류상으로는 공동도급의 형태를 취하지만, 실질적으로는 한 회사가 공사 전체를 진행하고 나머지 회사는 하도급의 형태 또는 단순 이익배당 형태로 참여하는 서류상의 공동도급방식

4) 페이퍼 조인트(Paper Joint) (00④, 07③, 13②)

서류상으로는 공동도급의 형태를 취하지만, 실질적으로는 한 회사가 공사 전체를 진행하고 나머지 회사는 하도급의 형태 또는 단순 이익배당 형태로 참여하는 서류상의 공동도급방식이다.

6. 정액도급(Lump Sum Contract) (99①)

공사비 총액을 확정하고 계약하는 방식으로 공사발주와 동시에 공사비가 확정되어 관리업무가 간편하다.

7. 단가도급(Unit Price Contract)

공사금액을 구성하는 물공량 또는 단위 공사부분에 대한 단가만을 계약하고 공사완료 후 실시수량의 확정에 따라 청산하는 방식이다.

8. 실비정산보수가산도급(Cost Plus Fee Contract)

1) 정의 (99①, 07③, 18②)
   ① 공사의 실비를 건축주와 도급자가 확인, 정산하고 건축주는 미리 정한 보수율에 따라 도급자에게 그 보수액을 지불하는 방식이다.
   ② 양심적인 공사를 기대할 수 있으나, 공사비 절감 노력이 없어지고 공사기일이 연장되는 경향이 있다.

2) 장·단점 (96①)

장점	단점
① 양심 시공 기대 ② 양질 공사 기대	① 공사비 절감노력 결여 ② 공사기간 연장 우려

3) 종류 및 특징 (95⑤, 96①, 98①, 00⑤, 03③, 09②, 11②, 13①)

종류	총 공사비	특징
실비비율보수 가산식	A+Af	공사의 진척에 따라 정해진 시기에 실비(A)와 이 실비에 미리 계약된 비율을 곱한 금액(Af)을 보수로 지불하는 방식
실비한정비율 보수가산식	A´+A´f	공사의 실비(A´)에 한정을 두고 시공자는 이 실비 내에서 공사를 완성시키는 방식
실비정액보수 가산식	A+F	실비 여하를 막론하고 미리 계약된 일정액의 보수(F)만을 지불하는 방식
실비준동율보수 가산식	A+A×vari. f A+(F−A×vari. f)	실비를 미리 여러 단계로 분할하여 공사비가 각 단계의 금액보다 증가된 때는 비율보수 또는 정액보수를 체감하는 방식

여기서, A : 공사실비, A´ : 한정된 실비, f : 비율, Af : 비율보수, F : 정액보수

핵심 Point

● 정액도급의 정의 (99①)
공사비 총액을 확정하여 계약하는 방식으로 공사발주와 동시에 공사비가 확정되어 관리업무가 간편하다.

● 실비정산보수가산도급의 정의 (07③, 18②)
공사의 실비를 건축주와 도급자가 확인, 정산하고 건축주는 미리 정한 보수율에 따라 도급자에게 그 보수액을 지불하는 방식

● 실비정산보수가산도급의 설명 (99①)
양심적인 공사를 기대할 수 있으나, 공사비 절감 노력이 없어지고 공사기일이 연장되는 경향이 있다.

● 실비정산보수가산도급의 장점 (96①)
① 양심 시공 기대
② 양질 공사 기대

● 실비정산보수가산도급의 종류 (95⑤, 96①, 98①, 00⑤, 03③)
① 실비비율보수가산식
② 실비한정비율보수가산식
③ 실비정액보수가산식
④ 실비준동율보수가산식

● 실비한정비율보수가산식 (96①)
공사의 실비에 한정을 두고 시공자는 이 실비 내에서 공사를 완성시키는 방식

● 실비한정비율보수가산식에 따른 총공사금액 산정 (09②, 13①)
[계약조건]
① 한정된 실비 : 100,000,000원
② 보수비율 : 5%
총공사금액
=100,000,000+100,000,000×0.05=105,000,000원

2 업무범위에 따른 계약방식

1. 종류

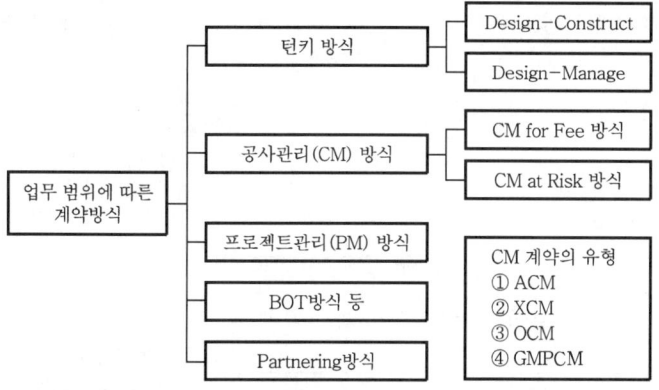

(주) 업무범위에 따른 계약방식을 공사수행방식이라고도 한다.

2. 턴키(설계·시공 일괄계약 ; Turn-Key Contract) 방식

1) 정의 (94①, 96④, 99①)

도급자가 대상계획의 기업, 금융, 토지조달, 설계, 시공, 기계·기구 설치, 시운전 및 조업지도까지 주문자가 필요로 하는 모든 것을 조달하여 주문자에게 인도하는 방식이다.

2) 장·단점 (96①, 97⑤, 11①, 12①)

구분	장점	단점
발주자 측면	① 책임한계가 명확 ② 최적대안의 선정 ③ 관리업무의 최소화 ④ 공기단축	① 사업내용의 불확실 ② 품질확보의 한계 ③ 사업관리의 한계 ④ 발주절차의 복잡성
도급자 측면	① 사업수행의 효율성 제고 ② 신기술 개발유도 ③ 위험관리 기회증진 ④ 전문화의 촉진	① 사업내용의 불확실 ② 입찰부담의 가중 ③ 중소기업의 참여기회 제한

3. 공사관리(CM ; Construction Management) 방식

1) 개요 (95⑤, 96④, 97④, 98①, 02②, 06②, 07③, 08③)

① CM이란 발주자의 이익확보의 측면에서 발주자의 대리인으로 실시설계단계에서부터 시공단계에 걸쳐 필요한 기술과 경험을 개인 또는 조직이 발주자에게 제공하는 설계와 시공의 통합관리 시스템이다.

핵심 Point

● 실비정산보수가산도급에서 각 방식의 총공사비 (11②)
① 실비비율보수 가산식
 $A + Af$
② 실비한정비율 보수가산식
 $A' + A'f$
③ 실비정액보수 가산식
 $A + F$
여기서, A : 공사실비
 A' : 한정된 실비
 f : 비율
 Af : 비율보수
 F : 정액보수

● 턴키 방식의 정의
 (94①, 96④)
도급자가 대상계획의 기업, 금융, 토지조달, 설계, 시공, 기계·기구 설치, 시운전 및 조업지도까지 주문자가 필요로 하는 모든 것을 조달하여 주문자에게 인도하는 방식

● 턴키 방식의 설명 (99①)
모든 요소를 포괄한 도급계약으로 주문자가 필요로 하는 모든 것을 조달 및 완수

● 턴키 방식의 장·단점
 (96①, 97⑤, 11①, 12①)
가. 장점
① 책임한계가 명확
② 최적대안의 선정
③ 관리업무의 최소화
④ 공기단축
⑤ 사업수행의 효율성 제고
⑥ 신기술 개발유도
⑦ 위험관리 기회증진
⑧ 전문화의 촉진

나. 단점
① 사업내용의 불확실
② 품질확보의 한계
③ 사업관리의 한계
④ 발주절차의 복잡성
⑤ 입찰부담의 가중
⑥ 중소기업의 참여기회 제한

② CMr(Construction Manager, 건설사업관리자)이란 발주자로부터 건설사업관리를 위탁받아 수행하는 자이다. 일반적으로 설계, 시공단계에서 사업을 수행할 수 있도록 설계자와 동시에 선정된 일정자격을 갖춘 종합건설회사(General Contractor)이다.

2) CM이 수행해야 할 주요 업무내용 (00①③, 03③)

① 사업관리 일반 ② 계약관리 ③ 사업비관리
④ 공정관리 ⑤ 품질관리 ⑥ 안전관리
⑦ 사업정보관리

3) 단계별 업무내용 (02①)

단계	업무내용
Pre-Design 단계 (기획단계)	사업의 타당성 검토 및 사업수행의 구체적 계획 수립
Design 단계 (설계단계)	비용의 분석 및 VE기법의 도입, 대안 공법의 검토
Pre-Construction 단계 (입찰·발주단계)	전문공종별 입찰자 선정 및 계약
Construction 단계 (시공단계)	설계도면, 시방서에 따른 공사진행 검사 및 검토
Post-Construction 단계 (유지관리단계)	사용계획 및 최종 인허가 및 유지관리

4) CM의 기본형태(계약방식)

(1) 정의 (04②, 07①, 10②, 19③, 20④)

CM for Fee 방식 (용역형 CM방식)	CM at Risk 방식 (시공책임형 CM방식)
발주자와 시공자가 직접 계약을 하고 CM은 설계 및 시공에 직접 관여하지 않고 건설사업 수행에 관한 발주자에 대한 대리인(Agent) 및 조정자(Coordinator)의 역할만을 하는 방식이다.	발주자와 CM이 계약을 하고 발주자와 합의된 계약 조건하에서 CM이 시공자 역할까지 하면서 하도급자를 선정하고 이윤을 추구할 수 있도록 하는 방식이다.

핵심 Point

● CM의 정의 (96④, 98①, 07③, 08③)

설계에서부터 각종 공사정보의 활용성 및 시공성을 고려하여 원가절감 및 공기단축을 꾀할 수 있는 설계와 시공의 통합 시스템.
혹은 발주자의 이익확보의 측면에서 발주자의 대리인으로 설계단계 및 시공단계에서 필요한 업무수행 즉, 기획, 설계, 시공, 감리 등에 필요한 기술과 경험을 개인 또는 조직이 발주자에게 제공하는 설계와 시공의 통합관리 시스템

● 설계에서부터 각종 공사정보의 활용성 및 시공성을 고려하여 원가절감 및 공기단축을 꾀할 수 있는 설계와 시공의 통합 시스템은? (95⑤, 97④, 02②, 08③)
CM

● 건설 프로젝트의 기획, 설계, 시공, 유지관리 등 전 과정에 대해 전부 또는 일부의 건설관리(CM)를 수행하는 자 (06②)
CMr

● CM의 주요 업무 (00①③, 03③)
① 사업관리 일반
② 계약관리
③ 사업비관리
④ 공정관리
⑤ 품질관리
⑥ 안전관리
⑦ 사업정보관리

● CM의 효과 (참고)
① 공기단축
② 원가절감
③ 품질확보
④ 설계자와 시공자의 의사소통 원할

(2) 장·단점 (06①)

구분	장점	단점
CM for Fee 방식 (용역형 CM 방식)	① 충실한 설계관리 및 검토 가능 ② 견제와 균형 ③ 설계-시공 통합관리 ④ 발주자의 적극적인 참여	① 공사행정 부담 증가 ② 발주자가 감당할 위험 증대 ③ 관리기능의 중첩 우려
CM at Risk 방식 (시공책임형 CM 방식)	① 충실한 설계관리 및 검토 가능 ② 발주자의 위험 감소 ③ 사업비 보장 ④ 설계-시공 연계 및 통합	① 시공계약에 예비비 과다계상 ② 발주자와 이해대립으로 적대적 관계 조성 우려 ③ 설계변경의 어려움

5) CM 계약의 유형 (07①)

계약유형	내용
ACM (Agency CM)	CM for Fee 방식의 기본 형태이며, 발주자에게 고용된 용역 형태로 공사관리자가 대리인 업무만 수행하는 기법
XCM (Extended CM)	CM의 본래 업무 외에 설계자, 시공자, 도급자로서의 복합업무를 수행하는 형태로 기능 확대형의 기법
OCM (Owner CM)	발주자가 CM 업무를 수행하는 형태로 공사관리자가 설계도 하고 시공도 하는 기법
GMPCM (Guaranteed Maximum Price CM)	계약 조건상 공사금액을 산정해 놓고 공사완료시에 최종공사비가 예상금액을 초과하지 않도록 하는 형태로 비용 한계선을 미리 정하고 관리하는 기법

4. 프로젝트관리(PM ; Project Management) 방식

프로그램관리 방식이라고도 하며, 건설 프로젝트의 기획단계에서부터 완공 및 시운전까지 발주자의 요구조건과 공사비, 공사기간 및 품질보장을 발주자에게 제공하는 종합적이고 포괄적인 관리기법이다.

구분	CM	PM
개념	건설 프로젝트의 시공단계에 국한된 관리(건설관리)	건설 프로젝트의 포괄적인 관리(사업관리)
비용부담	발주자의 추가비용 부담	발주자의 추가비용 부담 없음
특징	CMr이 발주자로부터 건설사업관리를 위탁받아 건설 프로젝트를 관리	발주자가 CM 회사를 이용하여 통합 프로젝트를 관리

5. 민간투자사업의 사업방식 (00④, 03②, 04①, 07②, 08①③, 10③, 11②, 13③, 14①③, 15③, 16①③, 17①②③, 19②, 20①, 20④⑤, 21①)

SOC시설(사회간접시설)에 대한 민간의 투자를 촉진하여 창의적이고 효율적인 시설의 확충 및 운영을 도모하여 국민경제의 발전에 이바지하기 위함이다. 종류로는 다음과 같다.

핵심 Point

● CM의 단계별 업무 (02①)
① Pre-Design 단계 : 사업의 타당성 검토 및 사업수행의 구체적 계획수립
② Design 단계 : 비용의 분석 및 VE 기법의 도입, 대안 공법의 검토
③ Pre-Construction 단계 : 전문공종별 입찰자 선정 및 계약
④ Construction 단계 : 설계도면, 시방서에 따른 공사진행 검사 및 검토
⑤ Pre-Construction 단계 : 사용계획 및 최종 인허가 및 유지관리

● CM for Fee 방식과 CM at Risk 방식 설명 (04②, 07①, 10②, 19③, 20④)
① CM for Fee 방식 : 발주자와 시공자가 직접 계약을 하고 CM은 설계 및 시공에 직접 관여하지 않고 건설사업 수행에 관한 발주자에 대한 대리인 및 조정자의 역할만을 하는 방식
② CM at Risk 방식 : 발주자와 CM이 계약을 하고 발주자와 합의된 계약 조건하에서 CM이 시공자 역할까지 하면서 하도급자를 선정하고 이윤을 추구할 수 있도록 하는 방식

● CM의 장점과 단점 (06①)
가. 장점
① 충실한 설계관리 및 검토 가능
② 견제와 균형
③ 설계-시공 통합관리
나. 단점
① 공사행정 부담 증가
② 발주자가 감당할 위험 증대
③ 관리기능의 중첩 우려

● CM 계약의 유형에 대한 설명 (07①)
① ACM : 공사관리자가 대리인 업무만 수행하는 기법
② XCM : 기능 확대형의 기법
③ OCM : 공사관리자가 설계도 하고 시공도 하는 기법
④ GMPCM : 비용 한계선을 미리 정하고 관리하는 기법

구분	내용
BOT (Build-Operate-Transfer)	사회간접시설의 확충을 위해 민간이 자금조달과 시설준공(Build) → 민간이 투자비 회수를 위해 일정기간 운영(Operate) → 소유권을 정부에 이전(Transfer)
BTO (Build-Transfer-Operate)	사회간접시설의 확충을 위해 민간이 자금조달과 시설준공 → 소유권을 정부에 이전 → 민간이 투자비 회수를 위해 일정기간 운영
BOO (Build-Own-Operate)	사회간접시설의 확충을 위해 민간이 자금조달과 시설준공(Build) → 시설물의 소유권(Own)을 갖고 운영(Operate)
BLT (Build-Lease-Transfer)	사회간접시설의 확충을 위해 민간이 자금조달과 시설준공(Build) → 민간이 투자비 회수를 위해 정부와 약정기간 동안 운영업자에게 리스로 임대(Lease) → 리스기간 종료 후에 소유권을 정부에 이전(Transfer)
BTL (Build-Transfer-Lease)	사회간접시설의 확충을 위해 민간이 자금조달과 시설준공 → 소유권을 정부에 이전 → 민간이 투자비 회수를 위해 정부와 약정기간 동안 운영업자에게 리스로 임대

6. 파트너링(Partnering) 방식 (00③, 16①③)

발주자와 수급자가 상호 신뢰를 바탕으로 팀을 구성하여 프로젝트의 성공과 상호 이익을 목표로 프로젝트를 공동으로 집행관리하는 방식이다.

3 기타

1. 성능발주 방식 (96④, 98①, 07③, 08①, 10③, 19②)

발주자는 설계에서 시공까지 건물의 요구성능만을 제시하고 시공자가 재료나 시공방법을 선택하여 요구성능을 실현하는 방식이다.

2. 설계와 시공의 의사소통 개선 방법 (94①, 98②)

① 턴키 방식
② 성능발주 방식
③ CM
④ EC
⑤ 파트너링 방식

Lesson 02

기출 및 예상 문제

01 도급공사의 설명을 읽고 해당되는 도급명을 쓰시오. (5점) •99 ①

① 대규모 공사의 시공에 있어서 시공자의 기술, 자본 및 위험 등의 부담을 분산, 감소시킬 수 있다.
② 양심적인 공사를 기대할 수 있으나, 공사비 절감 노력이 없어지고 공사기일이 연장되는 경향이 있다.
③ 모든 요소를 포괄한 도급계약으로 주문자가 필요로 하는 모든 것을 조달 및 완수한다.
④ 도급자에게 균등한 기회를 주며 공기단축, 시공기술 향상 및 공사의 높은 성과를 기대할 수 있다.
⑤ 공사비 총액을 확정하여 계약하는 방식으로 공사발주와 동시에 공사비가 확정되어 관리업무가 간편하다.

① _____ ② _____
③ _____ ④ _____
⑤ _____

02 공동도급(Joint Venture)의 장점과 단점을 각각 2가지씩 기술하시오. (4점) •98 ⑤

가. 장점
 ① _____ ② _____
나. 단점
 ① _____ ② _____

03 공동도급(Joint Venture)의 장점을 4가지만 쓰시오. (3점)
•95 ④, 96 ⑤, 09 ③, 11 ③, 18 ③

① _____
② _____
③ _____
④ _____

정답

1
① 공동도급
② 실비정산보수가산도급
③ 턴키도급
④ 공구별 분할도급
⑤ 정액도급

2
가. 장점
 ① 융자력 증대
 ② 위험의 분산
 ③ 시공의 확실성
 ④ 상호기술의 확충
 ⑤ 공사 도급경쟁 완화수단

나. 단점
 ① 도급자 상호간의 이해 충돌
 ② 경영방식의 차이에서 오는 능률저하
 ③ 단일 회사의 도급공사보다 공사비 증대
 ④ 현장 및 사무관리에 혼란 우려
 ⑤ 책임소재가 불분명

3
① 융자력 증대
② 위험의 분산
③ 시공의 확실성
④ 상호기술의 확충
⑤ 공사 도급경쟁 완화수단

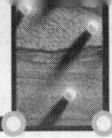

04 다음은 도급계약 방식의 설명이다. ( ) 안에 알맞은 용어를 쓰시오. (4점)
•08 ②, 18①

> 건설공사의 도급방식에는 공사수행방식에 따라 (①), 분할도급, 공동도급으로 구분할 수 있으며, 공동도급에는 공동이행방식, (②), 주계약자형 공동도급방식이 있다.

① _____ ② _____

정답

4
① 일식도급
② 분담이행 방식

05 컨소시엄(Consortium)공사에 있어서 페이퍼 조인트(Paper Joint)에 관하여 기술하시오. (3점)
•00 ④, 07 ③, 13 ②

_____

5
서류상(명목상)으로는 공동도급의 형태를 취하지만, 실질적으로는 한 회사가 공사 전체를 진행하고 나머지 회사는 하도급의 형태 또는 단순 이익배당 형태로 참여하는 서류상의 공동도급 방식

06 '실비정산보수가산도급'을 설명하시오. (1점)
•07 ③, 18 ②

_____

6
공사의 실비를 건축주와 도급자가 확인, 정산하고 건축주는 미리 정한 보수율에 따라 도급자에게 그 보수액을 지불하는 방식

07 실비정산식 계약제도의 장점을 2가지만 들고, 실비한정 비율보수가산식에 대해 기술하시오. (4점)
•96 ①

가. 장점
① _____ ② _____

나. 실비한정 비율보수가산식

7
가. 장점
① 양심 시공 기대
② 양질 공사 기대

나. 실비한정 비율보수가산식
공사의 실비에 한정을 두고 시공자는 이 실비 내에서 공사를 완성시키는 방식

08 공사비 지불 방식에 따른 도급 방식 중 실비정산보수가산도급에서 공사비 산정 방식의 종류를 4가지 쓰시오. (4점)
•95 ⑤, 98 ①, 00 ⑤, 03 ③

① _____ ② _____
③ _____ ④ _____

8
① 실비비율보수가산식
② 실비한정비율보수가산식
③ 실비정액보수가산식
④ 실비준동율보수가산식

Lesson 02

09 실비정산보수가산도급에서 |보기|의 기호를 이용하여 각 방식의 총 공사비 산정식을 쓰시오. (3점) •11 ②

```
┤보기├
A : 공사실비, A′ : 한정된 실비, f : 비율, Af : 비율보수, F : 정액보수
```

가. 실비비율보수가산식 : _____

나. 실비한정비율보수가산식 : _____

다. 실비정액보수가산식 : _____

정답

9
가. 실비비율보수가산식
  : A + Af
나. 실비한정비율보수가산식
  : A′ + A′f
다. 실비정액보수가산식
  : A + F

10 건축주와 시공자간에 다음과 같은 조건으로써 실비한정비율보수가산식을 적용한 시공계약을 체결하였다. 공사완료 후 실제소요공사비를 상호 확인한 결과 90,000,000원이었다. 이 때 건축주가 시공자에게 지불해야 하는 총공사금액은 얼마인지 산출하시오. (3점) •09 ②, 13 ①

```
[계약조건]
•한정된 실비 : 100,000,000원
•보수비율 : 5%
```

① 계산과정 : _____

② 답 : _____

10
① 계산과정
100,000,000 + 100,000,000
×0.05 = 105,000,000원
② 답 : 105,000,000원

11 턴키 베이스(Turn-Key Base)제도의 장점과 단점을 각각 3가지씩 쓰시오. (4점) •96 ①, 97 ⑤, 12 ①

가. 장점
 ① _____
 ② _____
 ③ _____

나. 단점
 ① _____
 ② _____
 ③ _____

11
가. 장점
 ① 책임한계가 명확
 ② 최적대안의 선정
 ③ 관리업무의 최소화
 ④ 공기단축
 ⑤ 사업수행의 효율성 제고
 ⑥ 신기술 개발유도
 ⑦ 위험관리 기회증진
 ⑧ 전문화의 촉진
나. 단점
 ① 사업내용의 불확실
 ② 품질확보의 한계
 ③ 사업관리의 한계
 ④ 발주절차의 복잡성
 ⑤ 입찰부담의 가중
 ⑥ 중소기업의 참여기회 제한

12 설계 · 시공 일괄계약 방식의 장점을 3가지 쓰시오. (3점)

① _____
② _____
③ _____

정답

12
① 책임한계가 명확
② 최적대안의 선정
③ 관리업무의 최소화
④ 공기단축
⑤ 사업수행의 효율성 제고
⑥ 신기술 개발유도
⑦ 위험관리 기회증진
⑧ 전문화의 촉진

13 Turn-Key의 도급계약제도에 대하여 기술하시오. (3점)

•94 ①, 96 ④

13
도급자가 대상계획의 기업, 금융, 토지조달, 설계, 시공, 기계·기구설치, 시운전 및 조업지도까지 주문자가 필요로 하는 모든 것을 조달하여 주문자에게 인도하는 방식

14 설계에서부터 각종 공사정보의 활용성 및 시공성을 고려하여 원가절감 및 공기단축을 꾀할 수 있는 설계와 시공의 통합 시스템은? (1점)

•95 ⑤, 97 ④, 02 ②, 08 ③

14
CM

15 CM(Construction Management)을 간단히 설명하시오. (2점)

•96 ④, 98 ①, 07 ③

15
설계에서부터 각종 공사정보의 활용성 및 시공성을 고려하여 원가절감 및 공기단축을 꾀할 수 있는 설계와 시공의 통합 시스템 혹은 발주자의 이익확보의 측면에서 발주자의 대리인으로 설계단계 및 시공단계에서 필요한 업무수행, 즉 기획, 설계, 시공, 감리 등에 필요한 기술과 경험을 개인 또는 조직이 발주자에게 제공하는 설계와 시공의 통합관리 시스템

16 사업관리(CM)란 건설의 전 과정에 걸쳐 프로젝트를 보다 효율적이고 경제적으로 수행하기 위하여 각 부분의 전문가들로 구성된 통합된 관리기술을 건축주에게 서비스하는 것을 말하는 데 그 주요 업무를 5가지 쓰시오. (5점)

•00 ①③, 03 ③

① _____ ② _____
③ _____ ④ _____
⑤ _____

16
① 사업관리 일반
② 계약관리
③ 사업비관리
④ 공정관리
⑤ 품질관리
⑥ 안전관리
⑦ 사업정보관리

17 다음 설명에서 알맞은 것을 쓰시오. (1점)

> 건설 프로젝트의 기획, 설계, 시공, 유지관리 등 전 과정에 대해 전부 또는 일부의 건설관리를 수행하는 자

정답 17
CMr

18 다음 공사관리 계약 방식에 대해 설명하시오. (4점)

가. CM for Fee 방식(용역형 CM)

나. CM at Risk 방식(시공책임형 CM)

정답 18
가. CM for Fee 방식 : 발주자와 시공자가 직접 계약을 하고 CM은 설계 및 시공에 직접 관여하지 않고 건설사업 수행에 관한 발주자에 대한 대리인 및 조정자의 역할만을 하는 방식
나. CM at Risk 방식 : 발주자와 CM이 계약을 하고 발주자와 합의된 계약 조건 하에서 CM이 시공자 역할까지 하면서 하도급자를 선정하고 이윤을 추구할 수 있도록 하는 방식

19 다음은 건설사업관리(CM)의 단계적 역할을 설명한 것이다. 해당 단계를 |보기|에서 골라 기호로 쓰시오. (3점)

|보기|
㉮ Design 단계 　　㉯ Pre-Construction 단계
㉰ Pre-Design 단계　㉱ Post-Construction 단계
㉲ Construction 단계

① 비용의 분석 및 VE 기법의 도입, 대안 공법의 검토단계
② 설계도면, 시방서에 따른 공사진행 검사 및 검토단계
③ 사업의 타당성 검토 및 사업수행의 구체적 계획수립단계

① _____ ② _____ ③ _____

정답 19
① ㉮
② ㉲
③ ㉰

20 CM계약의 장점과 단점을 2가시씩 쓰시오. (4점)

가. 장점
① _____ ② _____

나. 단점
① _____ ② _____

정답 20
가. 장점
① 충실한 설계관리 및 검토 가능
② 견제와 균형
③ 설계-시공 통합관리
④ 발주자의 적극적인 참여
나. 단점
① 공사행정 부담 증가
② 발주자가 감당할 위험 증대
③ 관리기능의 중첩 우려

21
다음 CM에 대한 설명을 읽고 맞는 것을 |보기|에서 고르시오. (4점)

|보기|
㉮ GMPCM ㉯ OCM ㉰ XCM ㉱ ACM

① 공사관리자가 대리인 업무만 수행하는 기법
② 비용 한계선을 미리 정하고 관리하는 기법
③ 공사관리자가 설계도 하고 시공도 하는 기법
④ 기능 확대형의 기법

① _____ ② _____
③ _____ ④ _____

정답 21
① ㉱
② ㉮
③ ㉯
④ ㉰

22
BOT(Build-Operate-Transfer-Contact) 방식을 설명하시오. (3점)

정답 22
사회간접시설의 확충을 위해 민간이 자금조달과 시설준공(Build) → 민간이 투자비 회수를 위해 일정기간 운영(Operate) → 소유권을 정부에 이전(Transfer)

23
BOT(Build-Operate-Transfer) 방식과 BTO(Build-Transfer-Operate) 방식의 차이점을 비교하여 설명하시오. (3점)

가. BOT 방식 : _____
나. BTO 방식 : _____

정답 23
가. BOT(Build-Operate-Transfer) : 사회간접시설의 확충을 위해 민간이 자금조달과 시설준공(Build) → 민간이 투자비 회수를 위해 일정기간 운영(Operate) → 소유권을 정부에 이전(Transfer)
나. BTO(Build-Transfer-Operate) : 사회간접시설의 확충을 위해 민간이 자금조달과 시설준공(Build) → 소유권을 정부에 이전(Transfer) → 민간이 투자비 회수를 위해 일정기간 운영(Operate)

24
BTO(Build-Transfer-Operate) 방식을 설명하시오. (3점)

정답 24
사회간접시설의 확충을 위해 민간이 자금조달과 시설준공(Build) → 소유권을 정부에 이전(Transfer) → 민간이 투자비 회수를 위해 일정기간 운영(Operate)

Lesson 02

25 BOT(Build-Operate-Transfer-Contact) 방식을 설명하고 이와 유사한 방식을 2가지 쓰시오. (5점) •11 ②, 20 ①

(가) BOT 방식 : _____

_____

(나) 유사한 방식
① _____
② _____

정답

25
가. BOT 방식 : 사회간접시설의 확충을 위해 민간이 자금조달과 시설준공(Build) → 민간이 투자비 회수를 위해 일정기간 운영(Operate) → 소유권을 정부에 이전(Transfer)
나. 유사한 방식
① BTO 방식
② BOO 방식

26 다음에서 설명하는 민간투자사업의 계약 방식의 명칭을 무엇이라 하는가? (4점) •13 ③

> 사회간접시설의 확충을 위해 민간이 자금조달과 시설준공을 하고 소유권을 정부에 이전한 후 민간이 투자비 회수를 위해 정부와 약정기간 동안 운영업자에게 리스로 임대하는 방식으로 최종 수요자에게 사용료를 부과해 투자비 회수가 어려운 시설을 짓는 데 주로 적용한다.

_____

26
BLT(Build-Lease-Transfer)

27 다음 설명이 뜻하는 용어를 쓰시오. (4점) •08 ①, 10 ③, 19 ②

① 사회간접시설의 확충을 위해 민간이 자금조달과 공사를 완성하여 투자액의 회수를 위해 일정기간 운영하고 공공에 양도하는 방식
② 사회간접시설의 확충을 위해 민간이 자금조달과 공사를 완성하여 공공에 양도하고 투자액의 회수를 위해 일정기간 운영하는 방식
③ 사회간접시설의 확충을 위해 민간이 자금조달과 공사를 완성하여 시설물의 운영과 소유권을 민간에 양도하는 방식
④ 발주자는 설계에서 시공까지 건물의 요구성능만을 제시하고 시공자가 재료나 시공방법을 선택하여 요구성능을 실현하는 방식

① _____ ② _____
③ _____ ④ _____

27
① BOT 방식
② BTO 방식
③ BOO 방식
④ 성능발주 방식

건/축/기/사/실/기

28 BTL(Build-Transfer-Lease)방식을 설명하시오. (2점)
•17 ②③, 20 ④⑤

29 파트너링 방식 계약제도에 관하여 설명하시오. (4점) •00 ③, 16 ①③

30 성능발주 방식을 간단히 설명하시오. (2점) •96 ④, 98 ①, 07 ③

31 건축생산에서 일반적으로 시공조직이 설계조직으로부터 독립되어 있는 관계로 설계와 시공 사이에 의사소통이 나쁘게 되어 여러 문제를 야기시키고 있다. 이를 해결하기 위한 방안을 |보기|에서 모두 골라 기호를 쓰시오. (3점) •94 ①

| 보기 |
㉮ Turn Key Base 발주   ㉯ 국내 건설시장의 해외 개방
㉰ 성능발주   ㉱ 제한 경쟁입찰 방식
㉲ Joint Venture   ㉳ Construction Management(CM)

32 설계와 시공의 의사소통의 개선방법을 계약이나 제도 또는 기법 측면에서 5가지 기술하시오. (5점) •98 ②

① _____ ② _____
③ _____ ④ _____
⑤ _____

정답

28
사회간접시설의 확충을 위해 민간이 자금조달과 시설 준공(Build) → 소유권을 정부에 이전(Transfer) → 민간이 투자비 회수를 위해 정부와 약정기간 동안 운영업자에게 리스로 임대(Lease)

29
발주자와 수급자가 상호 신뢰를 바탕으로 팀을 구성하여 프로젝트의 성공과 상호 이익을 목표로 프로젝트를 공동으로 집행 관리하는 방식

30
발주자는 설계에서 시공까지 건물의 요구성능만을 제시하고 시공자가 재료나 시공방법을 선택하여 요구성능을 실현하는 방식

31
㉮, ㉰, ㉳

32
① 턴키 방식
② 성능발주 방식
③ CM
④ EC
⑤ 파트너링 방식

Lesson 03 입찰, 계약, 건설클레임 및 시방서

☀ 1 건설공사 입찰[3]

1. 개요

공사도급의 계약체결에서 희망자에게 예정가격을 써내게 하는 일이다.

2. 종류

1) 특명입찰

(1) 정의 (95③, 96④, 05③, 10②, 11③, 18②, 22①)

건축주가 시공회사의 신용, 자산, 공사경력, 보유기자재, 기술 등을 고려하여 그 공사에 가장 적격한 단일 도급자를 지명하여 입찰시키는 방법이다. 수의계약이라고도 하며, 재입찰 후에도 낙찰자가 없을 때 최저 입찰 순으로 교섭하여 계약을 체결하는 것이다.

(2) 장·단점 (96①, 07①, 13③, 17②)

장점	단점
① 공사기밀 유지 가능	① 공사금액 결정이 불명확
② 우량시공 기대	② 불공평한 일이 내재
③ 입찰수속 간단	③ 공사비 증대의 우려

2) 공개경쟁입찰

(1) 정의 (95③, 10②, 11③, 18②, 22①)

입찰 참가자를 공모하여 모든 유자격자에게 참여할 수 있는 기회를 주는 방법이다. 일반경쟁입찰이라고도 한다.

(2) 장·단점 (97①)

장점	단점
① 기회가 균등	① 입찰사무가 복잡
② 담합의 우려가 적음	② 부적격자에게 낙찰될 우려
③ 경쟁으로 인한 공사비 절감	③ 과다경쟁으로 부실공사 우려

(주) 담합(Conference) : 입찰 전에 입찰 참가자들이 낙찰가와 낙찰자를 미리 협정한 후 입찰에 참가하는 것이다.

---

[3] 국가를 당사자로 하는 계약에 관한 법률, 시행령 및 시행규칙 등 참조

• 입찰제도의 설명 (95③, 11③, 18②, 22①)
① 특명입찰 : 해당 공사에 가장 적격한 단일 도급자를 지명하여 입찰시키는 방법이다.
② 공개경쟁입찰 : 입찰 참가자를 공모하여 모두 참가할 수 있는 기회를 준다. 그러나 부적격업자에게 낙찰될 우려가 있다.
③ 지명경쟁입찰 : 해당 공사에 적격이라고 인정되는 수 개의 도급자를 정하여 입찰시키는 방법이다.

• 특명입찰의 정의 (96④)
건축주가 시공회사의 신용, 자산, 공사경력, 보유기자재, 기술 등을 고려하여 그 공사에 가장 적격한 단일 도급자를 지명하여 입찰시키는 방법

• 특명입찰의 장·단점 (96①, 07①, 13③, 17②)
가. 장점
① 공사기밀 유지 가능
② 우량시공 기대
③ 입찰수속 간단
나. 단점
① 공사금액 결정이 불명확
② 불공평한 일이 내재
③ 공사비 증대의 우려

• 재입찰 후에도 낙찰자가 없을 때 최저 입찰 순으로 교섭하여 계약을 체결하는 것 (05③)
수의계약

3) 지명경쟁입찰

(1) 정의 (95③, 10②, 11③, 18②, 22①)

건축주가 해당 공사에 적격하다고 인정되는 수 개(3~7개)의 도급자를 선정하여 입찰시키는 방법이다.

(2) 장·단점

장점	단점
① 전문업자의 시공으로 시공상 신뢰성 확보 ② 부적격자 제거와 적정공사 기대	① 담합의 우려 ② 공사비가 공개경쟁입찰 보다 증가

3. 입찰순서 및 내용

1) 공개경쟁입찰 순서 (84①, 86②, 87①, 88③, 91①, 95①, 97③, 08①, 17②)

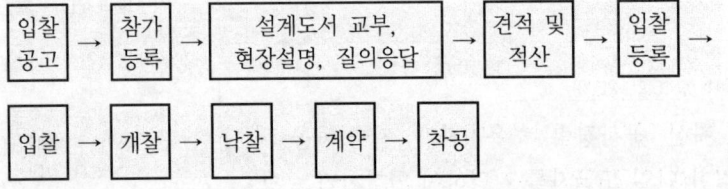

재입찰은 입찰 후 개찰결과, 입찰조건(내정가격의 초과 등)에 부합하지 않아 유찰되었을 경우, 입찰자 중 일정시간 내에 희망자로 하여금 재입찰시킨다. 하지만 다시 유찰되었을 경우, 희망자와 수의계약을 하거나 설계변경을 하여 다시 입찰에 부친다.

2) 내용

(1) 설계도서[4] (97③)

① 공사용 도면 ② 구조계산서 ③ 시방서

(2) 현장설명 시 필요한 사항[5] (99②)

① 현장 위치 및 부지현황
② 공사 개요(대지면적, 건축면적, 연면적, 건물구조 등)
③ 공사 범위(건축공사, 토목공사, 조경공사 등과 관련한 주요공사 표기)
④ 공사 기간
⑤ 관급자재 현황과 인도조건 및 운반거리·운반로
⑥ 주요자재 현황과 인도조건 및 운반거리·운반로

핵심 Point

● **경쟁입찰의 종류 (참고)**
① 공개경쟁입찰
② 지명경쟁입찰
③ 제한경쟁입찰

● **공개경쟁입찰의 장·단점** (97①)
가. 장점
① 기회가 균등
② 담합의 우려가 적음
③ 경쟁으로 인한 공사비 절감
나. 단점
① 입찰사무가 복잡
② 부적격자에게 낙찰될 우려
③ 과다경쟁으로 부실공사 우려

● **공개경쟁입찰 순서** (84①, 86②, 87①, 88③, 91①, 95①, 97③, 08①, 17②)
입찰공고 → 참가등록 → 설계도서 교부, 현장설명, 질의응답 → 견적 및 적산 → 입찰등록 → 입찰 → 개찰 → 낙찰 → 계약 → 착공

● 지명경쟁입찰 순서는 공개경쟁입찰 순서에서 입찰공고 대신 지명서 통지이며 이후는 동일한 순서이다.

● **설계도서** (97③)
① 공사용 도면
② 구조계산서
③ 시방서

● **현장설명 시 필요한 사항** (99②)
① 현장 위치 및 부지현황
② 공사 개요
③ 공사 범위
④ 공사 기간
⑤ 관급자재 현황과 인도조건 및 운반거리·운반로
⑥ 주요자재 현황과 인도조건 및 운반거리·운반로

---

[4] 건축법 제2조(정의), 2015.
[5] 현장설명서(안), 조달청, 2004.

4. 입찰제도 개선방안

1) PQ제(사전자격심사제, Pre-Qualification)

(1) 정의 (95⑤, 97④, 02②, 08③)

건설업체의 공사수행능력을 기술적 능력, 재무능력, 조직 및 공사능력 등 비가격 요인을 검토하여 가장 효율적으로 공사를 수행할 수 있는 업체에 입찰참가 자격을 부여하는 제도이다.

(2) 장·단점 (97①, 02③, 10①)

장점	단점
① 부실시공 방지 ② 부적격업체 사전배제 ③ 기업의 경쟁력 확보 ④ 입찰자 감소로 입찰시 소요시간과 비용 감소	① 자유경쟁원리에 위배 ② 평가의 공정성 의문 ③ 대기업에 유리 ④ 신규 참여업체는 불리 ⑤ PQ 통과 후 담합 우려

2) 부대입찰제 (11①, 20②)

입찰자로 하여금 산출내역서에 입찰금액을 구성하는 공사 중 하도급 부분, 하도급 금액 및 하수급인 등 하도급에 관한 사항을 기재하여 제출토록 하는 제도이다.

3) 대안입찰제 (06②, 11①, 15②, 20②)

도급자가 당초 작성한 설계서 상의 공종 중에서 대체가 가능한 공종에 대하여 기본방침의 변동없이 대체될 수 있는 동등 이상의 기능 및 효과를 가진 신공법, 신기술, 공기단축 등에 반영될 설계로서 당해 설계상의 가격이 당초 작성된 설계서 상의 가격보다 낮고 공사기간이 당초 작성된 설계서 상의 기간을 초과하지 아니하는 방법을 제시하여 입찰하는 방식이다.

5. 우편입찰제도 (05②)

기간입찰제도의 한 방법으로 일주일부터 한달 이내의 입찰기간을 정해 등기우편으로 입찰서를 접수하고, 입찰기간이 끝난 뒤 일주일 내로 정해지는 매각기일에 개찰을 해 낙찰자를 정하는 방법이다.

6. 낙찰자 선정 방식 (06②)

구분	내용
최저가 낙찰제	입찰자 중 예정가격 범위 내에서 최저가격으로 입찰한 자를 선정하는 제도이다.

핵심 Point

● PQ제도의 정의 (95⑤, 97④, 02②, 08③)

건설업체의 공사수행능력을 기술적 능력, 재무능력, 조직 및 공사능력 등 비가격 요인을 검토하여 가장 효율적으로 공사를 수행할 수 있는 업체에 입찰참가 자격을 부여하는 제도

● PQ제도의 장·단점 (97①, 02③, 10①)

가. 장점
① 부실시공 방지
② 부적격업체 사전배제
③ 기업의 경쟁력 확보
④ 입찰자 감소로 입찰시 소요시간과 비용 감소

나. 단점
① 자유경쟁원리에 위배
② 평가의 공정성 의문
③ 대기업에 유리
④ 신규 참여업체는 불리
⑤ PQ 통과 후 담합 우려

● 지명경쟁입찰 및 PQ제도에 의한 도급자 선정시 주요심사 내용 (참고)
① 시공경험 ② 기술능력
③ 경영상태 ④ 신인도

● 부대입찰제의 정의 (11①, 20②)

입찰자로 하여금 산출내역서에 입찰금액을 구성하는 공사 중 하도급 부분, 하도급 금액 및 하수급인 등 하도급에 관한 사항을 기재하여 제출토록 하는 제도이다.

● 대안입찰제의 정의 (06②, 11①, 15②, 20②)

도급자가 당초 작성한 설계서 상의 공종 중에서 대체가 가능한 공종에 대하여 기본방침의 변동없이 대체될 수 있는 동등 이상의 기능 및 효과를 가진 신공법, 신기술, 공기단축 등에 반영될 설계로서 당해 설계상의 가격이 당초 작성된 설계서 상의 가격보다 낮고 공사기간이 당초 작성된 설계서 상의 기간을 초과하지 아니하는 방법을 제시하여 입찰하는 방식이다.

구분	내용
저가 심의제	공사 예정가격의 85% 미만으로 입찰한 입찰자 중 당해 입찰가격으로 적정한 계약이행이 가능한지 여부를 세부 공종별로 심사하는 것이다.
적격심사 낙찰제 (20①)	국고 등의 부담이 되는 경쟁입찰에서는 예정가격 이하의 최저가격으로 입찰한 자의 순으로 당해 계약이행능력을 심사하여 낙찰자로 결정하는 제도이다.
제한적 평균가격 낙찰제(부찰제)	예정가격 이하로서 예정가격의 85% 이상 입찰한 자의 평균금액을 기준으로 하여 그 금액 이하로 가장 근접한 입찰가로 응찰한 자를 낙찰자로 결정하는 제도이다.
제한적 최저가 낙찰제	예정가격의 90% 이상 입찰한 자 중 입찰가가 가장 낮은 입찰자를 낙찰자로 선정하는 제도이다.
TES(Two Envelope System, 선기술 후가격 협상제도) (07③)	공사 입찰 시에 기술능력이 우수한 업체에 우선권을 주기 위한 제도로써, 기술제안서와 가격제안서를 분리하여 제출 받아 이들을 각기 평가한 후 낙찰자를 결정하는 제도이다.
종합심사 낙찰제 (21①)	예정가격 이하로 입찰한 입찰자 중 각 입찰자의 입찰가격, 공사수행능력 및 사회적 책임 등을 종합 심사하여 합산점수가 가장 높은 자를 낙찰자로 결정하는 제도이다.

(주) 1. 예정가격 : 입찰 또는 계약체결 전에 낙찰자 및 계약금액의 결정기준으로 삼기 위하여 미리 작성·비치하여 두는 가격이다.
2. 덤핑(Dumping) : 공사원가를 무시하고 저렴한 가격으로 공사를 도급 받는 일이다.

7. 건설사업의 공사시행 방식

구분	내용
순차적인 방식	사업계획, 설계, 구매, 시공, 시운전 등의 일련의 선행과정이 완료된 후 후속과정을 착수하는 방법이다.
설계·시공병행 방식 (Fast Track Method)	설계가 완벽하게 완료되지 않은 상태에서 부분적으로 완성된 설계도서를 바탕으로 시공하며, 시공과정 중에 나머지 설계부분을 완성하는 방법이다.

2. 건설공사 계약(Contract)

1. 개요

계약은 도급자는 공사를 완성할 것과 건축주는 공사비를 지불할 것을 약속하고 계약 당사자 간이 계약서에 기명날인함으로써 성립된다.

핵심 Point

● 우편입찰제도의 정의 (05②)
기간입찰제의 한 방법으로 일주일부터 한달 이내의 입찰기간을 정해 등기우편으로 입찰서를 접수하고, 입찰기간이 끝난 뒤 일주일 내로 정해지는 매각기일에 개찰을 해 낙찰자를 정하는 방법

● 낙찰자 선정 방식의 종류 (06②)
① 최저가 낙찰제
② 저가 심의제
③ 적격심사 낙찰제
④ 제한적 평균가격 낙찰제
⑤ 제한적 최저가 낙찰제
⑥ TES
⑦ 종합심사 낙찰제

● 적격심사 낙찰제의 정의 (20①)

● TES의 정의 (07③)

● 낙종합심사 낙찰제의 정의 (22①)

● 설계·시공병행 방식(Fast Track Method)의 정의 (예상)
설계가 완벽하게 완료되지 않은 상태에서 부분적으로 완성된 설계도서를 바탕으로 시공하며, 시공과정 중에 나머지 설계부분을 완성하는 방법

● 계약의 성립요건 (참고)
① 상호동의(의사표시)
② 당사자
   (당사자 2인 이상 존재)
③ 합법성
④ 정당한 계약서식
⑤ 약정(상호합의사항 명시)

2. **계약서(건축공사 표준계약서) 기재내용** (96③④, 98④, 00①)

   ① 공사내용(공사명, 대지위치) ② 공사기간
   ③ 도급금액 ④ 공사비 지불시기와 방법
   ⑤ 하자담보책임기간 ⑥ 하자보수보증금률
   ⑦ 지체상금률 ⑧ 계약보증금 등

3. **도급계약서 첨부서류** (92①, 93②)

   ① 계약서 ② 설계도면
   ③ 시방서 ④ 현장설명서, 질의응답서
   ⑤ 물량내역서 ⑥ 공정표
   ⑦ 지급재료 명세서 등

4. **계약변경(재계약) 사유** (99①, 03③)

   ① 계약사항의 변경 ② 설계도면과 시방서의 하자
   ③ 상이한 현장조건

5. **공사비 지불순서** (91③)

   ① 착공금(전도금) ② 중간불(기성불)
   ③ 준공불(완공불) ④ 하자보수보증금

3 클레임의 관리[6]

1. 정의

클레임(Claim)은 계약 당사자가 그 계약상의 조건에 대하여 계약서의 조정 또는 해석이나 금액의 지급, 공기의 연장 또는 계약서와 관계되는 기타의 구제를 권리로서 요구하는 것이다.[7]

2. 클레임의 유형 (05①)

① 공기지연 클레임 ② 공사범위 클레임
③ 공기촉진 클레임 ④ 현장조건변경 클레임

핵심 Point

● 계약서 기재내용 (96③④, 98④, 00①)
① 공사내용(공사명, 대지위치)
② 공사기간
③ 도급금액
④ 공사비 지불시기와 방법
⑤ 하자담보책임기간
⑥ 하자보수보증금률
⑦ 지체상금률
⑧ 계약보증금 등

● 도급계약서 첨부서류 (92①, 93②)
① 계약서
② 설계도면
③ 시방서
④ 현장설명서, 질의응답서
⑤ 물량내역서
⑥ 공정표
⑦ 지급재료 명세서 등

● 계약변경(재계약) 사유 (99①, 03③)
① 계약사항의 변경
② 설계도면과 시방서의 하자
③ 상이한 현장조건

● 공사비 지불순서 (91③)
① 착공금(전도금)
② 중간불(기성불)
③ 준공불(완공불)
④ 하자보수보증금

● 각종 공사비 (참고)
① 착공금(전도금)은 건축주가 도급자에게 공사착수와 동시에 지급하는 공사비
② 중간불(기성불)은 공사감리자의 승인에 의하여 기성고에 대하여 지급하는 공사비
③ 준공불(완공불)은 공사가 완료된 후 지급하는 공사비

● 클레임의 유형 (05①)
① 공기지연 클레임
② 공사범위 클레임
③ 공기촉진 클레임
④ 현장조건변경 클레임

---

6) 김문한 외 공저, 「건설경영공학」, 기문당, 1999, pp.483~488.
7) 미국 AIA(건축사협회)의 정의

3. 건설분쟁(클레임)의 해결방법 (02②, 05③)

① 협상(상호 협의) ② 조정 ③ 소송

※ 4 건설보증제도, 기술개발보상제도 및 표준공기제도

1. 건설보증제도

1) 개요 (05③)

공공 건설공사의 원활한 수행을 담보하기 위하여 체결한 정부(발주자)와 시공업자 및 보증기관 3자간의 채권, 채무 관계를 보증하는 것으로 공사계약자와 발주자간 공사계약 사항을 실행 보증회사(제3자)가 일정 수수료를 받고 보증해 주는 제도이다.

2) 계약제도상의 보증금 (03②, 06②)

① 입찰보증금 : 입찰금액의 5% 이상
② 계약보증금 : 계약금액의 10% 이상
③ 하자보수보증금 : 계약금액의 2~10%(일반 건축공사는 3%)

2. 기술개발보상제도 (05③)

공공 공사에서 신기술, 신공법을 적용하여 공사비 절감, 공기단축의 효과를 가져온 경우 계약금액을 감액하지 못하도록 하는 제도이다.

3. 표준공기제도 (05③)

발주기관이 설계와 시공에 필요한 공사기일을 표준화하여 무리한 공기단축과 부실시공을 방지하기 위한 제도이다.

※ 5 시방서(Specification)

1. 개요

1) 정의

설계도면에 표현할 수 없는 내용과 공사의 전반적인 사항을 공사지침이 되도록 설계자가 작성하는 설계도서의 일부이다.

핵심 Point

● 건설분쟁의 해결방법 (02②, 05③)
① 협상(상호 협의)
② 조정
③ 소송

● 조정의 정의 (참고)
제3자의 도움에 의해 당사자들이 결정할 수 있도록 하는 것으로 법적 구속력은 없다.

● 건설공사의 위험도관리 대응전략 (예상)
① 보증
② 보험
③ 위험도 회피
④ 손실감소와 위험도방지

● 건설보증제도 (05③)
공사계약자와 발주자간 공사계약 사항의 실행을 보증회사(제3자)가 일정 수수료를 받고 보증해 주는 제도

● 계약제도상의 보증금 (03②, 06②)
① 입찰보증금
② 계약보증금
③ 하자보수보증금

● 기술개발보상제도 (05③)
공공 공사에서 신기술, 신공법을 적용하여 공사비 절감, 공기단축의 효과를 가져온 경우 계약금액을 감액하지 못하도록 하는 제도

● 표준공기제도 (05③)
발주기관이 설계와 시공에 필요한 공사기일을 표준화하여 무리한 공기단축과 부실시공을 방지하기 위한 제도

2) 기재내용 (96②, 96④)
    ① 사용재료
    ② 공법, 공사 순서
    ③ 시공 기계·기구
    ④ 보양, 청소관리
    ⑤ 시공의 주의사항

2. 종류 및 우선순위

1) 종류 (98③, 00⑤, 04③, 07①)

종류	내용
일반시방서	공사기일 등 공사 전반에 걸친 비기술적인 사항을 규정한 시방서
표준시방서 (건축공사표준시방서, 공통시방서)	모든 공사의 공통적인 사항을 국토해양부(건설교통부)가 제정한 시방서
특기시방서 (전문시방서)	표준시방서에 기재하지 않는 특별한 사항을 기재한 시방서
공사시방서	특정 공사별로 건설공사 시공에 필요한 사항을 규정한 시방서
안내시방서	공사시방서를 작성하는 데 안내 및 지침이 되는 시방서
기술시방서	공사 전반의 기술적인 내용을 규정한 시방서
성능시방서	구조물의 요소나 전체에 대해 필요한 성능만을 명시해 놓은 시방서

2) 시방서와 설계도서의 우선순위 (01②)

조건	우선순위
설계도면과 공사시방서가 상이할 때	공사시방서
표준시방서와 전문시방서가 상이할 때	전문시방서
기본도면과 상세도면이 상이할 때	상세도면

☀6 용어정의 및 해설

1) Genecon(조합건설업 면허제도, General Construction) (18③)
엄격한 자격요건을 갖추면서 프로젝트의 전 단계에 걸쳐 공사를 추진할 수 있는 능력을 갖춘 종합건설업 면허제도이다.

2) 리드타임(Lead Time) (07③)
건설공사 계약체결 후 실제 현장공사 착수 시까지의 준비기간이다.

핵심 Point

● 시방서 기재내용 (96②, 96④)
① 사용재료
② 공법, 공사 순서
③ 시공 기계·기구
④ 보양, 청소관리
⑤ 시공의 주의사항

● 일반시방서, 표준시방서, 공사시방서, 안내시방서의 용어정의 (98③, 07①)
① 일반시방서 : 공사기일 등 공사 전반에 걸친 비기술적인 사항을 규정한 시방서
② 표준시방서(건축공사표준시방서, 공통시방서) : 모든 공사의 공통적인 사항을 국토해양부(건설교통부)가 제정한 시방서
③ 공사시방서 : 특정 공사별로 건설공사 시공에 필요한 사항을 규정한 시방서
④ 안내시방서 : 공사시방서를 작성하는 데 안내 및 지침이 되는 시방서

● 기술시방서, 성능시방서의 용어정의 (00⑤, 04③)
① 기술시방서 : 공사 전반의 기술적인 내용을 규정한 시방서
② 성능시방서 : 구조물의 요소나 전체에 대해 필요한 성능만을 명시해 놓은 시방서

● 시방서와 설계도서의 우선순위 (01②)
① 설계도면<공사시방서
② 표준시방서<전문시방서
③ 기본도면<상세도면

● 설계도서 해설의 우선순위 (예상)
① 공사시방서
② 설계도면
③ 전문시방서
④ 표준시방서
⑤ 산출내역서
⑥ 승인된 상세시공도면
⑦ 관계법령의 유권해석
⑧ 감리자의 지시사항

3) Constructability(시공성)
① 건설 프로젝트의 목적을 달성하기 위해 계획, 설계, 조달 및 현장업무에 시공지식과 경험을 최적으로 활용하기 위해 프로젝트 초기 단계에 투입되는 자원과 기술의 효과적이고 적절한 통합관리를 말한다.
② 생산성 향상, 공사비 절감, 공기단축 등이 목적이다.

4) 신기술 지정제도
국내 건설업체 및 개인이 개발한 신기술을 보호하기 위한 제도로써 민간 건설업체의 기술개발 의욕고취와 건설기술 발전 및 기술경쟁력 향상을 위해 필요한 제도이다. 작업방법, 작업순서 및 안전회의를 실시하는 것으로부터 유래되었다.

5) 시공 실명제
① 건축물의 착공에서 준공까지 시공에 참여한 모든 사람들을 실명화하여 건축물이 완공된 후에도 중대부실에 책임을 다할 수 있도록 한 제도이다.
② 건축물의 부실시공 방지, 품질확보, 책임의식 고취 및 안전시공 등을 위해서이다.

6) BIM(Building Information Modeling)
(1) 정의
건축, 토목, 플랜트를 포함한 건설 전 분야에서 시설물 객체의 물리적 혹은 기능적 특성에 의하여 시설물 수명주기 동안 의사결정을 하는데 신뢰할 수 있는 근거를 제공하는 디지털 모델과 그의 작성을 위한 업무절차를 포함하여 지칭한다.(국토해양부, 건축분야 BIM 적용가이드, 2010)

(2) 장점
① 공사 이전에 공비, 공기, 건물 성능 및 품질 등에 대해 예측 가능
② 설계(물량)의 누락 또는 치수 오기 등의 오류 감소
③ 시공성이 고려된 물량산출로 정확도 향상
④ 물량산출근거에 대한 확인 작업 간소화
⑤ 설계 및 시공상 문제들에 대한 빠른 대응
⑥ 시공후 보다 나은 시설물 유지관리

핵심 Point

● Genecon(조합건설업 면허제도)의 정의 (18③)
엄격한 자격요건을 갖추면서 프로젝트의 전 단계에 걸쳐 공사를 추진할 수 있는 능력을 갖춘 종합건설업 면허제도이다.

● 건설공사 계약체결 후 실제 현장공사 착수 시까지의 준비기간 (07③)
리드타임(Lead Time)

● BIM의 정의 (예상)
건축, 토목, 플랜트를 포함한 건설 전 분야에서 시설물 객체의 물리적 혹은 기능적 특성에 의하여 시설물 수명주기 동안 의사결정을 하는데 신뢰할 수 있는 근거를 제공하는 디지털 모델과 그의 작성을 위한 업무절차를 포함하여 지칭한다.

Lesson 03

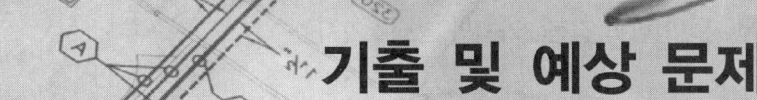
기출 및 예상 문제

01 다음은 입찰에 관한 종류이다. 간단히 설명하시오. (6점)

•95 ③, 10 ②, 11 ③, 18 ②, 22 ①

① 지명경쟁입찰 : _____

_____

② 특명입찰 : _____

_____

③ 공개경쟁입찰 : _____

_____

정답

1
① 지명경쟁입찰 : 해당 공사에 적격이라고 인정되는 수 개의 도급업자를 정하여 입찰시키는 방법이다.
② 특명입찰 : 해당 공사에 가장 적격한 단일 도급업자를 지명하여 입찰시키는 방법이다.
③ 공개경쟁입찰 : 입찰 참가자를 공모하여 모두 참가할 수 있는 기회를 준다. 그러나 부적격업자에게 낙찰될 우려가 있다.

02 건축주가 시공회사의 신용, 자산, 공사경력, 보유기자재, 기술 등을 고려하여 그 공사에 가장 적격한 단일 도급자를 지명하여 입찰시키는 방법은? (2점)

•96 ④

_____

2
특명입찰

03 특명입찰(수의계약)의 장·단점을 각각 2가지씩 쓰시오. (4점)

•96 ①, 07 ①, 13③, 17 ②

가. 장점
① _____
② _____

나. 단점
① _____
② _____

3
가. 장점
① 공사기밀 유지 가능
② 우량시공 기대
③ 입찰수속 간단

나. 단점
① 공사금액 결정이 불명확
② 불공평한 일이 내재
③ 공사비 증대의 우려

04 건설공사의 입찰방법 중 일반공개입찰의 장점 2가지와 단점 2가지를 쓰시오. (4점) •97 ①

가. 장점
① _____
② _____

나. 단점
① _____
② _____

정답

4
가. 장점
① 기회가 균등
② 담합의 우려가 적음
③ 경쟁으로 인한 공사비 절감
나. 단점
① 입찰사무가 복잡
② 부적격자에게 낙찰될 우려
③ 과다경쟁으로 부실공사 우려

05 공개경쟁입찰의 순서를 쓰시오. (4점) •84 ①, 86 ②, 88 ③, 91 ①, 97 ③

입찰공고 → (①) → (②) → (③) → (④) → 견적기간 → (⑤) → (⑥) → (⑦) → (⑧) → 계약

① _____ ② _____
③ _____ ④ _____
⑤ _____ ⑥ _____
⑦ _____ ⑧ _____

5
① 참가등록
② 설계도서 교부
③ 현장설명
④ 질의응답
⑤ 입찰등록
⑥ 입찰
⑦ 개찰
⑧ 낙찰

06 다음 |보기|에 있는 항목들은 공사도급에 관한 사항들이다. 공개경쟁입찰의 내용만 골라서 순서대로 쓰시오. (4점) •87 ①, 95 ①

─────────── 보기 ───────────
㉮ 시공계획   ㉯ 입찰공고   ㉰ 발주
㉱ 참가등록   ㉲ 입찰   ㉳ 견적
㉴ 현장설명   ㉵ 개찰   ㉶ 낙찰
㉷ 설계도서 열람 ㉸ 입실   ㉹ 질의응답
㉺ 계약

6
㉯ → ㉱ → ㉷ → ㉴ → ㉹ → ㉳ → ㉲ → ㉵ → ㉶ → ㉺

Lesson 03

07 공개경쟁입찰의 순서를 | 보기 | 에서 골라 쓰시오. (4점) •08 ①, 17 ②

```
─────────── 보기 ───────────
㉮ 입찰      ㉯ 현장설명    ㉰ 낙찰      ㉱ 계약
㉲ 견적      ㉳ 입찰등록    ㉴ 입찰공고
```

정답

7
㉴ → ㉯ → ㉲ → ㉳ → ㉮ → ㉰ → ㉱

08 설계도서란 건축공사와 관련된 포괄적인 의미를 말한다. 이것에 포함된 서류를 3가지만 쓰시오. (3점) •97 ③

① _____ ② _____ ③ _____

8
① 공사용 도면
② 구조계산서
③ 시방서

09 입찰과정에서 현장설명 시 필요한 사항을 4가지 쓰시오. (4점) •99 ②

① _____ ② _____
③ _____ ④ _____

9
① 현장 위치 및 부지현황
② 공사 개요
③ 공사 범위
④ 공사 기간
⑤ 관급자재 현황과 인도조건 및 운반거리 · 운반로
⑥ 주요자재 현황과 인도조건 및 운반거리 · 운반로

10 현행 건설계약 제도상 자주 사용되는 보증금의 종류 3가지를 쓰시오. (3점) •03 ②, 06 ②

① _____ ② _____ ③ _____

10
① 입찰보증금
② 계약보증금
③ 하자보수보증금

11 건설업체의 공사수행능력을 기술적 능력, 재무능력, 조직 및 공사능력 등 비가격 요인을 검토하여 가장 효율적으로 공사를 수행할 수 있는 업체에 입찰참가 자격을 부여하는 제도는? (1점)
•95 ⑤, 97 ④, 02 ②, 08 ③

11
PQ제도

12 입찰제도 개선방안 중 PQ제도의 장단점에 대하여 3가지씩 쓰시오. (6점)
• 97 ①, 02 ③, 10 ①

가. 장점
① _____
② _____
③ _____

나. 단점
① _____
② _____
③ _____

13 다음의 용어를 설명하시오. (4점)
• 06 ②, 11 ①, 15 ②, 20 ②

가. 부대입찰제 : _____
_____

나. 대안입찰제 : _____
_____

14 우편입찰제도에 관하여 기술하시오. (2점)
• 05 ②

_____
_____

15 입찰제도 중 낙찰자 선정 방식의 종류를 4가지 적으시오. (4점)
• 06 ②

① _____ ② _____
③ _____ ④ _____

정답

12
가. 장점
① 부실시공방지
② 부적격업체 사전배제
③ 기업의 경쟁력 확보
④ 입찰자 감소로 입찰시 소요시간과 비용 감소

나. 단점
① 자유경쟁원리에 위배
② 평가의 공정성 의문
③ 대기업에 유리
④ 신규 참여업체는 불리
⑤ PQ 통과 후 담합우려

13
가. 부대입찰제
 입찰자로 하여금 산출내역서에 입찰금액을 구성하는 공사 중 하도급 부분, 하도급 금액 및 하수급인 등 하도급에 관한 사항을 기재하여 제출토록 하는 제도이다.

나. 대안입찰제
 도급자가 당초 작성한 설계서 상의 공종 중에서 대체가 가능한 공종에 대하여 기본방침의 변동없이 대체될 수 있는 동등 이상의 기능 및 효과를 가진 신공법, 신기술, 공기단축 등에 반영될 설계로서 당해 설계상의 가격이 당초 작성된 설계서 상의 가격보다 낮고 공사기간이 당초 작성된 설계서 상의 기간을 초과하지 아니하는 방법을 제시하여 입찰하는 방식이다.

14
기간입찰제의 한 방법으로 일주일부터 한달 이내의 입찰기간을 정해 등기우편으로 입찰서를 접수하고, 입찰기간이 끝난 뒤 일주일 내로 정해지는 매각 기일에 개찰을 해 낙찰자를 정하는 방법

15
① 최저가 낙찰제
② 저가 심의제
③ 적격심사 낙찰제
④ 제한적 평균가격 낙찰제 (부찰제)
⑤ 제한적 최저가 낙찰제
⑥ TES

Lesson 03

16 입찰방식 중 적격심사 낙찰제에 관하여 간단히 설명하시오. (2점)

•20 ①

정답

16
적격심사 낙찰제는 국고 등의 부담이 되는 경쟁입찰에서는 예정가격 이하의 최저가격으로 입찰한 자의 순으로 당해 계약이행능력을 심사하여 낙찰자로 결정하는 제도이다.

17 TES(선기술 후가격 협상제도)를 설명하시오. (3점)

•07 ③

17
공사 입찰시에 기술능력이 우수한 업체에 우선권을 주기 위한 제도로써, 기술제안서와 가격제안서를 분리하여 제출 받아 이들을 각기 평가한 후 낙찰자를 결정하는 제도이다.

18 종합심사 낙찰제에 관하여 간단히 설명하시오. (2점)

•21 ①

18
종합심사 낙찰제는 예정가격 이하로 입찰한 입찰자 중 각 입찰자의 입찰가격, 공사수행능력 및 사회적 책임 등을 종합 심사하여 합산점수가 가장 높은 자를 낙찰자로 결정하는 제도이다.

19 건축주와 도급자의 당사자 간 계약체결 시 포함되어야 할 계약내용에 대하여 4가지만 쓰시오. (4점)

•96 ③④, 98 ④, 00 ①

① _____ ② _____
③ _____ ④ _____

19
① 공사내용(공사명, 대지위치)
② 공사기간
③ 도급금액
④ 공사비 지불시기와 방법
⑤ 하자담보책임기간
⑥ 하자보수보증금률
⑦ 지체상금률
⑧ 계약보증금 등

20 도급공사에서 도급계약서에 첨부되는 것을 3가지만 쓰시오. (3점)

•92 ①, 93 ②

① _____ ② _____ ③ _____

20
① 계약서
② 설계도면
③ 시방서
④ 현장설명서, 질의응답서
⑤ 물량내역서
⑥ 공정표
⑦ 지급재료 명세서 등

21 건축공사 진행과정 중 공사비 지급금의 명칭을 순서대로 쓰시오. (3점)

•91 ③

21
① 착공금(전도금)
② 중간불(기성불)
③ 준공불(완공불)
④ 하자보수보증금

22 계약을 체결한 후 공사의 수행 중에 발생할 수 있는 "계약변경(재계약)의 요인" 3가지를 쓰시오. (3점)   •99 ①, 03 ③

① _____ ② _____ ③ _____

정답

22
① 계약사항의 변경
② 설계도면과 시방서의 하자
③ 상이한 현장조건

23 계약서류 조항간의 문제 정의나 계약서류의 현장조건 또는 시공조건의 차이점에 의해 발생되는 문제점에 대해 발주자나 시공자가 이의를 제기하여 발생하는 클레임의 유형 4가지를 쓰시오. (4점)
•05 ①

① _____ ② _____
③ _____ ④ _____

23
① 공기지연 클레임
② 공사범위 클레임
③ 공기촉진 클레임
④ 현장조건변경 클레임

24 건설공사에서 계약분쟁의 해결 방법 3가지를 쓰시오. (3점)
•02 ②, 05 ③

① _____ ② _____ ③ _____

24
① 협상(상호 협의)
② 중재
③ 소송

25 시방서에 기재되어야 할 사항에 대하여 4가지만 쓰시오. (4점)
•96 ②, 96 ④

① _____ ② _____
③ _____ ④ _____

25
① 사용재료
② 공법, 공사순서
③ 시공 기계·기구
④ 보양, 청소관리
⑤ 시공의 주의사항

26 다음 설명이 의미하는 시방서명을 쓰시오. (4점)   •98 ③, 07 ①

① 공사기일 등 공사 전반에 걸친 비기술적인 사항을 규정한 시방서
② 모든 공사의 공통적인 사항을 건설교통부가 제정한 시방서
③ 특정 공사별로 건설공사 시공에 필요한 사항을 규정한 시방서
④ 공사시방서를 작성하는 데 안내 및 지침이 되는 시방서

① _____ ② _____
③ _____ ④ _____

26
① 일반시방서
② 표준시방서(건축공사 표준시방서, 공통시방서)
③ 공사시방서
④ 안내시방서

Lesson 03

27 다음 용어를 설명하시오. (4점) •00 ⑤, 04 ③

가. 기술시방서(Descriptive Specification) :
　_____

나. 성능시방서(Performance Specification) :
　_____

정답

27
가. 기술시방서 : 공사 전반의 기술적인 내용을 규정한 시방서
나. 성능시방서 : 구조물의 요소나 전체에 대해 필요한 성능만을 명시해 놓은 시방서

28 설계도면과 시방서상에 상이점이 발생한 경우 어느 것이 우선하는가를 쓰시오. (3점) •01 ②

① 설계도면과 공사시방서에 상이점이 있을 때
② 표준시방서와 전문시방서에 상이점이 있을 때
③ 도면 중에서 기본도면(1/100, 1/200 축척)과 상세도면(1/30, 1/50 축척)에 상이점이 있을 때

① _____ ② _____ ③ _____

28
① 공사시방서
② 전문시방서
③ 상세도면

29 다음 설명이 뜻하는 용어를 쓰시오. (5점) •05 ③

① 공공공사에서 신기술, 신공법을 적용하여 공사비의 절감, 공기단축의 효과를 가져온 경우 계약금액을 감액하지 못하도록 하는 제도
② 공사계약자와 발주자간 공사계약 사항을 실행 보증회사(제3자)가 일정 수수료를 받고 보증해 주는 제도
③ 발주기관이 설계와 시공에 필요한 공사기일을 표준화하여 무리한 공기단축과 부실시공을 방지하기 위한 제도
④ 재입찰 후에도 낙찰자가 없을 때 최저 입찰 순으로 교섭하여 계약을 체결하는 것
⑤ 건설업의 고부가가치를 추구하기 위해 종래의 단순시공에서 벗어나 설계, 엔지니어링, 프로젝트 전반사항을 종합, 관리, 기획하는 업무영역의 확대를 뜻하는 용어

① _____ ② _____ ③ _____
④ _____ ⑤ _____

29
① 기술개발보상제도
② 건설보증제도
③ 표준공기제도
④ 수의계약
⑤ EC화

Ⅱ 가설공사

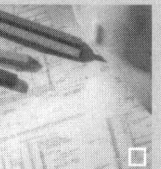

Lesson 4 가설공사의 개요, 가설건물 및 규준틀
Lesson 5 비계 및 안전시설

Lesson 04. 가설공사의 개요, 가설건물 및 규준틀

🌞 1 가설공사의 개요

1. 정의

가설공사는 본공사를 실시하기 위해 건축공사 기간 중에 임시로 설치하는 제반시설 및 수단으로 본공사 완료시 해체, 철거, 정리한다.

2. 구분 (00②④)

분류	공통가설공사	직접가설공사
정의	공사장 내에서 공통으로 사용되는 가설물	본 공사의 구조물을 위하여 설치하는 가설물
역할	간접적 역할	직접적 역할
항목	① 대지측량과 정리 ② 가설건물 : 현장사무소, 가설숙소, 기자재 창고, 공작소, 변전소, 화장실, 세면장 등 ③ 공사시설 : 가설울타리, 가설도로, 통신시설 ④ 양중·하역설비 ⑤ 운반설비 ⑥ 공사용 동력(전기)설비 ⑦ 용수설비 및 급·배수설비 ⑧ 가스 및 냉난방설비 등 ⑨ 환경안전 : 안전대책, 안전교육 및 교통정리 등의 시설	① 규준틀 : 수평규준틀, 세로규준틀, 귀규준틀 등 ② 먹매김 ③ 비계 ④ 보양(양생)설비 ⑤ 안전설비(시설) : 방호철망, 방호선반, 방호시트 등

3. 측량

1) 종류

구분	내용
대지측량	공사착공 전에 인접대지 및 도로와의 경계부 등을 측량하며, 경계측량과 현황측량이 있다.
평판측량	평판을 써서 거리, 각도, 수평 등의 측정을 하고 동시에 현장에서 즉시 작도하는 것이다.
고저측량 (06①) (수준측량, 레벨측량)	함자(Staff, 스태프)를 세우고 레벨(Level)을 이용하여 지구상의 필요한 각 점의 고저차를 측량하는 것이다.

핵심 *P*oint

● 공통가설과 직접가설의 항목 (00②④)

가. 공통가설 항목
① 가설건물
② 용수설비
③ 공사용 동력
④ 운반
⑤ 양중·하역설비
⑥ 숙소
⑦ 급·배수설비
⑧ 현장사무소
⑨ 공사용 전기설비
⑩ 기자재 창고

나. 직접가설 항목
① 규준틀
② 방호선반
③ 먹매김
④ 콘크리트 양생
⑤ 안전설비

● 대지상황을 조사하기 위한 세 가지 항목 (참고)
① 대지에 관한 조사
② 도로에 관한 조사
③ 인접건축물에 관한 조사

● 대지상황 조사 내용 중 대지에 관한 조사 항목 (참고)
① 대지의 경계선
② 면적치수
③ 대지의 형상
④ 대지의 고저차
⑤ 대지 안의 매설물 조사
⑥ 대지 안의 장애물 조사
⑦ 지반조사

2) 평판측량(Plane Table Surveying)

(1) 사용 기구 (92①, 93②, 95①, 06①)
① 평판　　　　　　② 앨리데이드
③ 삼각　　　　　　④ 구심기
⑤ 자침기　　　　　⑥ 다림추

(2) 설치조건(평판측량을 위한 표정작업) (92②, 96②)
① 정치 : 앨리데이드에 설치된 수준기로 수평이 되도록 설치한다.
② 정위 : 평판이 일정한 방향과 방위를 유지하도록 한다. 앨리데이드와 자침기를 이용한다.
③ 치심 : 평판의 측점을 표시하는 위치가 지상측점과 일치하도록 한다. 구심기와 다림추를 이용한다.

4. 가설설비계획 입안 시 유의사항 (03③)

가설 후 본공사에 지장을 주지 않도록
① 설치위치가 적당할 것
② 설치시기가 적당할 것
③ 설치규모가 적정할 것

❷ 가설건물

1. 구대(Over Bridge) (92④)

대지가 협소할 경우 적법한 절차에 따라 인근 보도의 상부에 설치하게 되는 현장사무소 등의 구조물이다.

2. 시멘트 창고의 관리 방법 (87④, 89③, 97②, 08②, 13①)

① 지붕 및 외벽은 방수 및 방습구조로 한다.
② 주위에 배수 도랑을 두고 누수를 방지한다.
③ 바닥은 지면에서 30 cm 이상의 높이로 한다.
④ 채광창을 제외한 통풍창은 두지 않는다.
⑤ 반입구와 반출구는 구분하여 반입 순서로 반출한다.
⑥ 3개월 이상 경과한 시멘트는 재시험 후 사용한다.
⑦ 쌓기 높이는 13포대 이하로 한다.(장기 저장 시 7포대 이하)

핵심 Point

● 고저측량(레벨측량)시 사용되는 기구 (06①)
① 스태프(Staff)
② 레벨

● 평판측량 시 사용되는 기구 (92①, 93②, 95①, 06①)
① 평판
② 앨리데이드
③ 삼각
④ 구심기
⑤ 자침기
⑥ 다림추

● 평판측량 설치조건(표정작업) (92②, 96②)
① 정치　② 정위　③ 치심

● 가설공사에 요구되는 공사요건 (참고)
① 해체성　② 안전성
③ 효율성　④ 전용성
⑤ 경제성

● 가설설비계획 입안 시 유의사항 (03③)
① 설치위치가 적당할 것
② 설치시기가 적당할 것
③ 설치규모가 적정할 것

● 구대의 정의 (92④)
대지가 협소할 경우 적법한 절차에 따라 인근 보도의 상부에 설치하게 되는 현장사무소 등의 구조물

● 시멘트 창고의 관리 방법 (87④, 89③, 97②, 08②, 13①)
① 지붕 및 외벽은 방수 및 방습구조로 한다.
② 주위에 배수 도랑을 두고 누수를 방지한다.
③ 바닥은 지면에서 30 cm 이상의 높이로 한다.
④ 채광창을 제외한 통풍창은 두지 않는다.
⑤ 반입구와 반출구는 구분하여 반입 순서로 반출한다.
⑥ 3개월 이상 경과한 시멘트는 재시험 후 사용한다.
⑦ 쌓기 높이는 13포대 이하로 한다.

3. 가설울타리

가설울타리의 높이는 1.8 m 이상으로 하고, 야간에도 잘 보이도록 발광시설을 설치한다.

4. 가설건축물 신고 시 제출 서류(건축법 시행규칙 제13조) (16①)

① 가설건축물축조신고서
② 배치도
③ 평면도
④ 대지사용승낙서(다른 사람이 소유한 대지인 경우)

3 줄쳐보기, 규준틀 및 기준점

1. 줄쳐보기(줄띄우기)

공사 착수에 있어서 설계도에 따라 대지에서 건물과 경계선, 도로, 인접건물 등과의 관계를 확인하기 위한 것으로 건축물의 형태에 맞춰 줄을 띄우거나 석회로 선을 긋는다.

2. 규준틀

1) 개요

줄쳐보기 실시 후 건축물의 위치 및 높이의 기준을 표시하기 위해 건축물의 모서리 및 기타 요소에 설치하는 가설물이다.

2) 종류

(1) 수평규준틀 (12①, 15②)

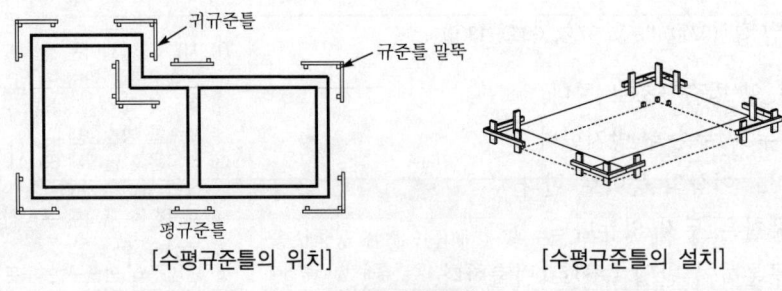

【 수평규준틀 】

① 기초 흙파기와 기초 공사 시 건물 각 부의 위치, 높이, 기초 너비, 길이를 결정하기 위한 것이다.

핵심 Point

● 가설울타리의 설치목적 (참고)
① 대지경계   ② 교통차단
③ 위험방지   ④ 도난방지
⑤ 미관확보   ⑥ 홍보효과

● 가설건축물의 기준 (건축법 시행령 제15조) (참고)
① 철근콘크리트구조 또는 철골철근콘크리트구조가 아닐 것
② 존치기간은 3년 이내일 것
③ 전기·수도·가스 등 새로운 간선 공급설비의 설치를 필요로 하지 아니할 것
④ 공동주택·판매시설·운수시설 등으로서 분양을 목적으로 건축하는 건축물이 아닐 것

● 가설건축물 신고 시 제출 서류 (16①)
① 가설건축물축조신고서
② 배치도
③ 평면도
④ 대지사용승낙서(다른 사람이 소유한 대지인 경우)

● 규준틀의 설치 효과 (예상)
① 시공정밀도 향상
② 공기단축
③ 작업량 감소

● 수평규준틀의 설치 목적 (12①, 15②)
① 기초 흙파기와 기초 공사 시 건물 각 부의 위치의 기준을 표시하기 위한 것이다.
② 건물의 높이, 기초 너비, 길이를 결정하기 위한 것이다.

● 수평규준틀에 기입할 사항 (예상)
① 터파기 폭
② 잡석지정 폭
③ 기초판 폭
④ 주각 폭

② 평규준틀과 귀규준틀이 있다. 평규준틀은 모서리 이외의 기둥 또는 내력벽마다 설치하고, 귀규준틀은 모서리 부위 등에 설치한다.
③ 기입할 사항 : 터파기 폭, 잡석지정 폭, 기초판 폭, 주각 폭

(2) 세로규준틀 8)

조적공사에서 고저 및 수직면의 기준으로 사용하기 위한 것이다.

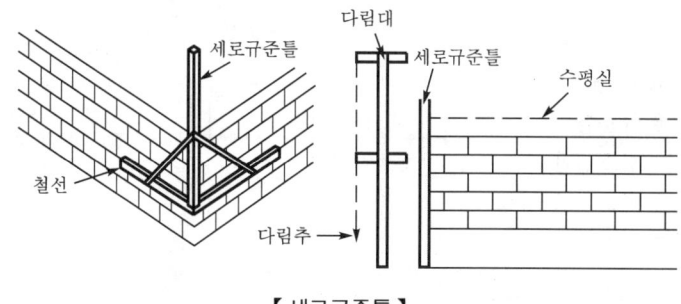

【 세로규준틀 】

3. 기준점(Bench Mark)

1) **정의** (92④, 93④, 96④, 04③, 07③, 09①, 10①, 11①, 13③, 14①, 16③, 18①, 20③, 21①, 22②)

① 건축공사 중 건축물의 고저에 기준이 되도록 건축물 인근에 설치하는 표시물이다.
② 건축물 높낮이의 기준이 되며 기존 공작물이나 신설한 말뚝 등의 높이의 기준을 표시하는 것이다.
③ 수준측량을 통해 설정한다.

2) **주의사항** (93④, 96④, 04③, 07③, 11①, 11②, 17①, 22②)

① 이동의 염려가 없는 곳에 설치한다.
② 현장 어디서나 바라보기 좋고 공사에 지장이 없는 곳에 설치한다.
③ 최소 2개소 이상, 여러 곳에 설치한다.
④ 지면(GL)에서 0.5~1 m 위치에 설치한다.

4. 대운반과 소운반

1) **대운반** (92①)

재료 등의 원거리 운반 또는 공사장까지의 운반이다.

2) **소운반** (92①)

공사장 내에서 재료 등의 근거리 운반 또는 사용장소까지의 운반이다.

---

8) 세로규준틀 관련 기출문제 등은 '제1편 Lesson 22. 벽돌공사'에서 정리하였음

기출 및 예상 문제

01 가설공사 항목 중 공통가설과 직접가설 항목을 |보기|에서 골라 기호로 쓰시오. (4점)
• 00 ②

|보기|
㉮ 가설건물   ㉯ 규준틀   ㉰ 용수설비
㉱ 공사용 동력   ㉲ 방호선반   ㉳ 먹매김
㉴ 운반   ㉵ 콘크리트 양생

가. 공통가설 항목 : _____
나. 직접가설 항목 : _____

정답

1
가. 공통가설 항목 :
㉮, ㉰, ㉱, ㉴
나. 직접가설 항목 :
㉯, ㉲, ㉳, ㉵

02 다음 |보기|에서 직접가설비와 간접가설비를 구분하여 기호로 쓰시오. (4점)
• 00 ④

|보기|
㉮ 양중·하역설비   ㉯ 숙소   ㉰ 급·배수설비
㉱ 운반설비   ㉲ 현장사무소   ㉳ 공사용 전기설비
㉴ 안전설비   ㉵ 기자재 창고

가. 직접가설비 : _____   나. 간접가설비 : _____

2
가. 직접가설비 : ㉴
나. 간접가설비 : ㉮, ㉯, ㉰,
㉱, ㉲, ㉳, ㉵

03 평판측량에 사용되는 기구의 명칭을 5가지 쓰시오. (4점)
• 92 ①, 93 ②, 95 ①

① _____ ② _____ ③ _____
④ _____ ⑤ _____

3
① 평판
② 앨리데이드
③ 삼각
④ 구심기
⑤ 자침기
⑥ 다림추

04 평판측량 시 평판을 설치할 때 만족시켜 주어야 하는 3가지 조건을 쓰시오. (3점)
• 96 ②

① _____ ② _____ ③ _____

4
① 정치
② 정위
③ 치심

05 측량개시 전에 표준 조정을 실시하는 데 이것을 표정이라 한다. 이 표정의 종류를 3가지 쓰시오. (3점)
•92 ②

① _____ ② _____ ③ _____

정답

5
① 정치
② 정위
③ 치심

06 평판측량과 레벨측량의 기구를 |보기|에서 각각 골라 기호를 쓰시오. (4점)
•06 ①

| 보기 |
| ㉮ 앨리데이드 ㉯ 평판 ㉰ 구심기 |
| ㉱ 다림추 ㉲ 자침기 ㉳ 레벨 |
| ㉴ 스태프(Staff) |

가. 평판측량 : _____
나. 레벨측량 : _____

6
가. 평판측량 : ㉮, ㉯, ㉰,
            ㉱, ㉲
나. 레벨측량 : ㉳, ㉴

07 가설설비계획의 입안 시 유의해야 할 사항을 3가지 쓰시오. (3점)
•03 ③

① _____ ② _____ ③ _____

7
가설 후 본공사에 지장을 주지 않도록
① 설치위치가 적당할 것
② 설치시기가 적당할 것
③ 설치규모가 적정할 것

08 대지가 협소할 경우 적법한 절차에 따라 인근 보도의 상부에 설치하게 되는 현장사무소 등의 구조물을 지칭하는 명칭은? (2점)
•92 ④

_____

8
구대

09 시멘트 창고의 관리 방법을 3가지만 쓰시오. (3점)
•87 ④, 89 ③, 97 ②, 08 ②, 13 ①

① _____
② _____
③ _____

9
① 지붕 및 외벽은 방수 및 방습구조로 한다.
② 주위에 배수 도랑을 두고 누수를 방지한다.
③ 바닥은 지면에서 30 cm 이상의 높이로 한다.
④ 채광창을 제외한 통풍창은 두지 않는다.
⑤ 반입구와 반출구는 구분하여 반입순서로 반출한다.
⑥ 3개월 이상 경과한 시멘트는 재시험 후 사용한다.
⑦ 쌓기 높이는 13포대 이하로 한다.

10 가설건축물 축조신고 시 구비서류를 3가지만 쓰시오. (3점) •16 ①

① _____
② _____
③ _____

11 가설공사에서 수평규준틀의 설치 목적을 2가지 쓰시오. (2점)
•12 ①, 15 ②

① _____
② _____

12 기준점(Bench Mark)을 설명하시오. (3점) •92 ④, 16 ③, 20 ③, 21 ①

_____

13 기준점(Bench Mark)의 정의 및 설치 시 주의사항을 3가지만 쓰시오. (5점) •93 ④, 96 ④, 04 ③, 07 ③, 10 ①, 11 ①, 11 ②, 13 ③, 14 ①, 17 ①, 18 ①, 22 ②

가. 정의 : _____

나. 주의사항
① _____
② _____
③ _____

14 다음 용어를 설명하시오. (4점) •92 ①

가. 대운반 : _____
나. 소운반 : _____

정답

10
① 가설건축물축조신고서
② 배치도
③ 평면도
④ 대지사용승낙서(다른 사람이 소유한 대지인 경우)

11
① 기초 흙파기와 기초 공사 시 건물 각 부의 위치의 기준을 표시하기 위한 것이다.
② 건물의 높이, 기초 너비, 길이를 결정하기 위한 것이다.

12
건축공사 중 건축물의 고저에 기준이 되도록 건축물 인근에 높이의 기준을 설치하는 표시물

13
가. 정의 : 건축공사 중 건축물의 고저에 기준이 되도록 건축물 인근에 높이의 기준을 설치하는 표시물

나. 주의사항
① 이동의 염려가 없는 곳에 설치한다.
② 현장 어디서나 바라보기 좋고 공사에 지장이 없는 곳에 설치한다.
③ 최소 2개소 이상, 여러 곳에 설치한다.
④ 지면(GL)에서 0.5~1m 위치에 설치한다.

14
가. 대운반 : 재료 등의 원거리 운반 또는 공사장까지의 운반이다.
나. 소운반 : 공사장 내에서 재료 등의 근거리 운반 또는 사용장소까지의 운반이다.

Lesson 05 비계 및 안전시설

☼1 비계

1. 개요

비계는 공사용 통로나 고소작업을 위하여 구조물의 주위에 조립, 설치되거나 단독으로 설치되는 가설구조물이다.

2. 외부비계의 설치기준

① 위치 : 구조체 내에서 0.3~0.45 m 떨어져 설치한다.
② 구조 : 쌍줄비계로 한다.
③ 재료 : 강관비계로 한다.

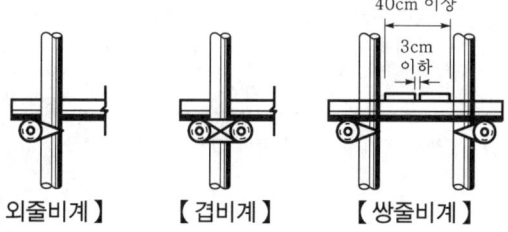

【외줄비계】 【겹비계】 【쌍줄비계】

3. 통나무비계, 강관비계, 강관틀비계

1) 각 비계의 비교 [9]

구분	강관비계(강관파이프비계)	강관틀비계
설치 순서	소요자재 현장반입→바닥면 고르기 및 다지기→베이스 플레이트 설치→비계기둥 설치→띠장→가새 및 버팀대→장선→발판 (86③)	-
비계기둥 간격	① 띠장방향 : 1.85 m 이하 ② 장선방향 : 1.5 m 이하 (89③, 08①)	-
하부고정	베이스 플레이트(밑받침 철물) 설치 (00③, 07①, 15①)	베이스 플레이트(밑받침 철물) 설치
기둥사이	비계기둥의 간격 1.85 m일	틀의 간격이 1.8 m일 때, 틀 사이

---

9) KCS 21 60 10 비계(3.3, 3.4), 국토교통부, 한국건설가설협회, 2022.

핵심 Point

● 비계의 활용성 (예상)
① 공사용 통로
② 고소작업

● 비계공사 시 고려사항 (참고)
① 작업에 편리한 높이와 넓이를 가질 것
② 낙하방지에 대한 안전상 결점이 없을 것
③ 작업하중에 견딜 수 있는 강도일 것
④ 반복사용으로 경제적일 것
⑤ 여러 작업에서 이용 가능할 것
⑥ 재료의 구득이 용이할 것

● 외부비계의 설치기준 (예상)
① 위치 : 구조체 내에서 0.3~0.4 m 떨어져 설치한다.
② 구조 : 쌍줄비계로 한다.
③ 재료 : 강관비계로 한다.

● 쌍줄비계는 비계기둥이 내측과 외측으로 2열이며, 내측 및 외측의 기둥에 각각 띠장을 연결하고 띠장과 띠장에 장선을 설치하고 그 위에 작업발판을 설치한다. 고층 건축물의 외부공사 등에 사용되는 일반적인 비계이며, 일반적인 비계는 쌍줄비계이면서 강관비계이다.

하중한도	때, 비계기둥 사이의 하중한도는 4.0kN 이하 (89③)	의 하중한도는 4.0kN 이하	
기둥1개에 작용하는 하중	비계기둥 1개에 작용하는 하중은 7.0kN 이하 (89③)	틀의 기둥 1개당 수직하중한도는 틀을 두꺼운 콘크리트 등의 견고한 기초 위에 설치할 때 24.5kN 이하	
띠장 간격	띠장의 수직간격 2.0 m 이하 (08①)	–	
장선 간격	① 장선간격 1.85 m 이하 ② 장선은 비계기둥과 띠장의 교차부에서는 비계기둥에 결속하고 그 중간 부분에서는 띠장에 결속 (89③, 08①)		
가새 및 수평재	① 수평길이 15 m마다 각도 40~60°로 설치 ② 비계기둥과 결속 (08①)	① 띠장방향은 각각의 세로틀 사이에 가새를 설치 ② 최상층 및 5층 이내마다 띠장틀 등의 수평재를 설치	
구조체와 연결	① 수직 : 5 m 내외 ② 수평 : 5 m 내외	① 수직 : 6 m 내외 ② 수평 : 8 m 내외 (93②, 98②, 17③)	
결속재 및 이음철물	① 수평연결부 : 이음관(커플링, Coupling) (97④, 00③, 07①) ② 수직 및 경사연결부 : 고정형 클램프, 회전(자재)형 클램프 (00③, 07①, 15①)	틀비계의 연결부 : 핀(Pin) 또는 나사못	

(주1) KS F 8013 기준에 의한 클램프(조임철물)는 용도와 체결방식에 따라 강관용 클램프와 강구조용 클램프로 구분한다.
(주2) 강관용 클램프는 고정형과 회전형이 있다.
(주3) 강구조용 클램프는 직교형, 평행형, 겸용형이 있다.
(주4) 띠장방향을 도리방향이라고 하고, 장선방향을 보방향 또는 간사이방향이라고 한다.

2) 각 비계의 기타 주요사항

(1) 통나무비계목의 시공순서 (85③)

① 비계기둥　② 띠장　③ 가새 및 버팀대
④ 장선　　　⑤ 발판

(2) 강관비계의 기둥 보강

비계기둥의 최고부에서부터 측정하여 31 m 이하는 2본의 강관으로 묶어세운다.

(3) 강관틀비계의 높이[10] (93②, 98②)

강관틀비계의 전체 높이는 원칙적으로 40 m를 초과할 수 없다. 전체 높이가 20 m를 초과하는 경우 또는 중량작업을 하는 경우에는 내력상 중요한 틀의 높이를 2 m 이하로 하고 주틀의 간격을 1.8 m 이하로 하여야 한다.

---
[10] KCS 21 60 10 비계 (3.4), 국토교통부, 한국건설가설협회, 2022

핵심 Point

【강관비계】

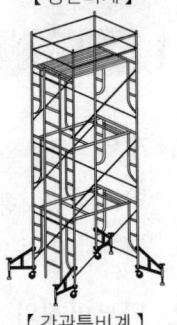
【강관틀비계】

● 강관파이프비계의 시공순서 (86③)
① 소요자재 현장반입
② 바닥면 고르기 및 다지기
③ 베이스 플레이트 설치
④ 비계기둥 설치
⑤ 띠장
⑥ 가새 및 버팀대
⑦ 장선
⑧ 발판

● 강관파이프비계의 설명 (89③, 08①)
기둥 간격은 띠장방향으로 (1.85) m 이하, 장선방향으로 (1.5) m 이하로 하고, 벽 이음재의 배치간격은 수평방향 및 수직방향 모두 (5.0) m 이하로 설치하며, 비계기둥 사이의 하중한도는 (4.0) kN 이하, 비계기둥 1개에 작용하는 하중은 (7.0) kN 이하로 한다. 띠장의 수직간격은 2 m 이하로 한다.
(주) KCS 21 60 10 (2022)에 맞게 수정하였음

● 커플링의 정의 (97④)
강관비계에서 수평부재의 연결에 쓰이는 이음관

● 강관비계에서 클램프의 종류 (15①)
① 고정형 클램프
② 회전형 클램프

(4) 강관틀비계의 보강재

띠장방향으로 길이 4 m 이하이고, 높이 10 m를 초과할 때는 높이 10 m 이내마다 띠장방향으로 버팀기둥을 설치한다.

【 강관비계용 부속철물 】

4. 시스템비계

1) 개요

시스템비계는 수직재, 수평재, 가새재 등 각각의 부재를 공장에서 제작하고 현장에서 조립하여 사용하는 조립형 비계로 고소작업에서 근로자가 작업 장소에 접근하여 작업할 수 있도록 설치하는 작업대를 지지하는 가설구조물이다.

2) 일체형 작업발판(안전발판)의 장점 (20②)

① 조립식 구조로 견고하며 비틀림이나 이탈이 없다.
② 설치 및 해체 작업의 안정성 확보된다.
③ 고층 설치와 큰 하중에도 비계는 구조적으로 안전하다.
④ 조립식 구조로 시공속도가 빠르다.
⑤ 넓은 작업 공간이 확보 가능하다.
⑥ 현장 사용 여건에 따라 설치 폭이 조절 가능하다.

핵심 Point

● 강관비계에서 하부고정을 위해 지반에 사용되는 철물 (15①)
베이스 플레이트

● 강관비계의 수직, 수평, 경사방향으로 연결, 이음, 고정용 부속철물 (00③, 07①)
① 이음관(커플링)
② 고정형 클램프
③ 회전형 클램프
④ 베이스 플레이트

● 강관비계의 해설 (참고)
① 띠장의 수직간격은 2.0 m 이하
② 수직방향 및 수평방향 5 m 내외의 간격으로 구조체와 연결
③ 비계기둥의 최고부에서부터 측정하여 31 m 이후부터는 2본의 강관으로 묶어세운다.

● 통나무비계의 시공순서 (85③)
① 비계기둥   ② 띠장
③ 가새 및 버팀대 ④ 장선
⑤ 발판

● 강관틀비계의 설명 (93②, 98②, 17③)
세로틀은 수직방향 (6) m, 수평방향 (8) m 내외의 간격으로 건축물의 구조체에 견고하게 긴결해야 하며 높이는 원칙적으로 (40) m를 초과할 수 없다.

● 일체형 작업발판(안전발판)의 장점 (20②)
① 조립식 구조로 견고하며 비틀림이나 이탈이 없다.
② 설치 및 해체 작업의 안정성 확보된다.
③ 고층 설치와 큰 하중에도 비계는 구조적으로 안전하다.
④ 조립식 구조로 시공속도가 빠르다.
⑤ 넓은 작업 공간이 확보 가능하다.
⑥ 현장 사용 여건에 따라 설치 폭이 조절 가능하다.

5. 달비계 (95④)

달비계는 건축물의 외부공사의 마감 및 수리 그리고 외벽청소를 위한 곤돌라(Gondola) 형식의 상자모양의 비계이다.

6. 말비계

주로 실내에서 높은 곳을 작업하기 위한 것으로 발목이나 벽걸이 말을 이용한다. 층고 3.6 m 이하의 내부공사에 사용함을 원칙으로 한다.

7. 경사로(비계다리) (88②, 91①, 97③)

① 경사로 지지기둥은 3 m 이내마다 설치한다.
② 경사로의 너비는 900 mm 이상으로 한다.
③ 인접 발판간의 틈새는 30 mm 이내가 되도록 한다.
④ 발판을 지지하는 장선은 1.8 m 이하의 간격으로 발판에 3점 이상 지지하도록 하여 경사로 보에 연결한다.
⑤ 발판의 끝단 돌출길이는 장선으로부터 200 mm 이하로 한다.
⑥ 발판은 장선에 2곳 이상 고정하고 이음은 겹침이음은 피하고 맞댐이음으로 한다.
⑦ 발판널에는 단면 15×30 mm 정도의 미끄럼막이를 300 mm 내외의 간격으로 고정시킨다.
⑧ 경사각은 30° 이하이고, 보통 17°(표준 경사는 4/10)로 하며, 미끄럼막이를 일정한 간격으로 설치한다.
⑨ 높이 7 m 이내마다와 계단의 꺾임 부분에는 계단참을 설치하고, 여기에서 각 층으로 출입할 수 있도록 연결한다.
⑩ 난간 손스침은 750 mm 이상으로 한다.
⑪ 비계다리의 설치개소는 1,600 m² 에 1개소 설치를 표준으로 한다.

핵심 Point

● 작업발판(비계발판)에 대한 설명 (참고)
① 작업발판은 높이가 2 m 이상인 고소작업 시 근로자가 안전하게 작업 및 이동할 수 있는 공간 확보를 위해 설치하는 발판이다.
② 작업발판의 전체 폭은 0.4 m 이상이고, 재료를 저장할 때는 폭이 최소한 0.6 m 이상이다. 최대 폭은 1.5 m 이내로 한다.
③ 작업발판을 붙여서 사용할 경우, 발판 사이의 틈 간격은 30 mm 이내로 한다.
④ 작업발판의 재료가 널재인 경우, 두께 40 mm 이상, 길이 2.5~3.5 m 내외로 한다.

● 달비계의 정의 (95④)
건축물의 외부공사의 마감 및 수리 그리고 외벽청소를 위한 곤돌라 형식의 상자모양의 비계

● 비계다리에 대한 설명 (89②, 91①, 97③)
비계다리 경사로의 너비는 최소 (900) mm 이상, 비계다리의 경사는 최대 (30)° 이하, 보통 (17)°로 하고, (7) m 이내마다 되돌음참을 설치한다.

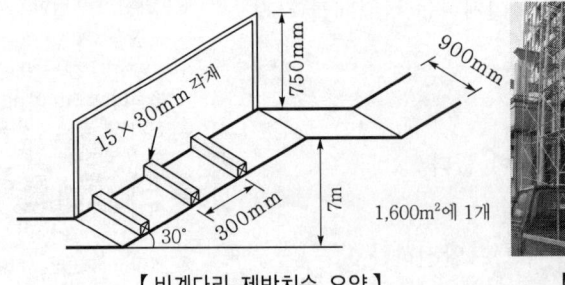

【 비계다리 제반치수 요약 】

【 비계다리 설치 】

2 안전시설

1. 추락재해 방지시설[11]

1) 개요
추락재해 방지시설은 건설현장 등의 고소작업 장소에서 추락으로 인한 근로자에 위험을 끼칠 우려가 있는 장소에 설치하는 안전시설이다.

2) 종류 및 내용 (01①)

종 류	내 용
추락방호망	① 추락방호망은 고소작업 중 근로자의 추락 및 물체의 낙하를 방지하기 위하여 수평으로 설치하는 보호망이다. ② 홀 내부, 구조체 내·외부 및 강구조물 하부 등에 설치한다.
안전난간	추락의 우려가 있는 통로, 작업발판의 가장자리 또는 개구부 주변 등의 장소에 임시로 조립하여 설치하는 수평난간대와 난간 기둥 등으로 구성된 난간이다.
개구부 수평보호덮개	근로자 또는 장비 등이 바닥 등에 뚫린 부분으로 떨어지는 것을 방지하기 위하여 설치하는 판재 또는 철판망이다.
리프트 승강구 안전문	리프트 승강구의 추락재해를 방지하기 위해 리프트 승강구에 설치하는 문이다.
엘리베이터 개구부용 난간틀	엘리베이터의 추락재해를 방지하기 위해 엘리베이터 개구부에 설치하는 난간이다.
수직형 추락방망	건설현장에서 근로자가 위험장소에 접근하지 못하도록 수직으로 설치하여 추락의 위험을 방지하는 안전방망이다.
안전대 부착설비	추락할 위험이 있는 높이 2 m 이상의 장소에서 근로자에게 안전대를 착용시킨 경우 안전대를 안전하게 걸어 사용할 수 있는 설비이다.
접근방지책	접근방지책은 지하구조물 터파기 부위, 공사용 장비의 작업구간 등 출입통제가 필요한 장소에 설치하는 안전시설이다.

(주) 비래(飛來)는 날아오는 물건, 떨어지는 물건이 주체가 되어서 사람에게 부딪혔을 경우를 말한다.

(추락방호망)

(낙하물방지망)

(방호선반)

【 각종 안전시설 】

핵심 Point

● 추락, 낙하, 비래 방지를 위한 안전설비 (01①)
① 추락방호망
② 안전난간
③ 개구부 수평보호덮개
④ 리프트 승강구 안전문
⑤ 엘리베이터 개구부용 난간틀
⑥ 수직형 추락방망
⑦ 안전대 부착설비
⑧ 접근방지책

● 추락방호망에 대한 설명 (참고)
① 추락방호망의 설치위치는 가능하면 작업면으로부터 가까운 지점에 설치하고, 작업면으로부터 망의 설치지점까지의 수직거리는 10 m 이내로 한다.
② 건축물 등의 바깥쪽으로 설치하는 경우 망의 내민길이는 벽면으로부터 3 m 이상 되도록 한다.
③ 강구조물 내부 또는 건축물이나 구조물 외부 등과 같이 내민보 형상의 지지대 등에 추락방호망을 설치하는 경우에는 설치지점으로부터 10 m 이상의 높이에서 시멘트 2포대 (80kg)를 포개어 묶은 중량물을 추락방호망의 중앙부에 낙하한 후 클램프 또는 전용철물의 손상이나 파괴 등이 없어야 한다

---

11) KCS 21 70 10 추락재해 방지시설 (1.3, 3.1~3.7), 국토교통부, 한국건설가설협회, 2022.

2. 낙하물재해 방지시설[12],[13] (00②, 01①)

1) 개요

낙하물재해 방지시설은 건설공사를 함에 있어 낙하물에 의하여 근로자, 통행인 및 통행차량 등에 위험을 끼칠 우려가 있는 장소에 설치하는 안전시설이다.

2) 종류 및 내용

종 류	내 용
낙하물방지망	바닥, 도로, 통로 및 비계 등에서 자재, 공구 등의 낙하로 인한 피해를 방지하기 위하여 개구부 및 비계 외부에 수평면과 20° 이상 30° 이하로 설치하는 망이다.
방호선반 (10①, 13③, 21①)	① 상부에서 작업도중 자재나 공구 등의 낙하로 인한 재해를 방지하기 위하여 개구부 및 비계 외부 안전 통로 출입구 상부에 설치하는 낙하물방지망 대신 설치하는 목재 또는 금속 판재이다. ② 낙하물에 의한 위험요소가 있는 주출입구 및 리프트 출입구 상부 등에 설치한다. ③ 근로자, 보행자 및 차량 등의 통행이 빈번한 곳의 첫 단은 낙하물방지망 대신에 방호선반을 설치한다.
수직보호망	가설구조물의 바깥 면에 설치하여 낙하물 및 먼지의 비산 등을 방지하기 위하여 수직으로 설치하는 보호망이다.
낙하물투하설비	높이가 3 m 이상인 장소로부터 물체를 투하하는 경우 물체의 비산 등을 방지하기 위하여 설치하는 설비이다.

핵심 Point

- 낙하물에 대한 위험방지물이나 방지시설 (00②)
  ① 낙하물방지망
  ② 방호선반
  ③ 수직보호망

- 방호선반에 대한 설명 (10①, 13③, 21①)
  상부에서 작업도중 자재나 공구 등의 낙하로 인한 재해를 방지하기 위하여 개구부 및 비계 외부 안전 통로 출입구 상부에 설치하는 낙하물방지망 대신 설치하는 목재 또는 금속 판재이다.

- 낙하물방지망의 설명 (참고)
  ① 내민길이는 비계 또는 구조체의 외측에서 수평거리 2 m 이상이다.
  ② 수평면과 방지망의 각도는 20~30° 이다.
  ③ 설치 높이는 10 m 이내 또는 3개 층마다 설치한다.
  ④ 낙하물방지망과 비계 또는 구조체와의 간격은 250 mm 이하이다.
  ⑤ 낙하물방지망의 이음은 겹침이음으로 하고 이음길이는 150 mm 이상이다.
  ⑥ 버팀대는 가로방향 1 m 이내, 세로방향 1.8 m 이내의 간격으로 강관을 이용하여 설치한다.

- 방호선반의 설명 (참고)
  ① 설치 높이는 지상으로부터 10 m 이내이다.
  ② 내민길이는 구조체의 최외측에서 수평거리 2 m 이상으로 하고, 수평면과의 경사각도는 20~30°로 한다.

---

12) KCS 21 70 05 안전시설공사 일반사항 (1.3), 국토교통부, 한국건설가설협회, 2022
13) KCS 21 70 15 낙하물재해 방지시설 (1.3, 3.1~3.3), 국토교통부, 한국건설가설협회, 2022

Lesson 05

기출 및 예상 문제

01 건축시공순서에 관한 사항에서 가설공사 중 단관파이프로 외부 쌍줄비계를 설치하는 일반적인 순서를 |보기|에서 골라 번호를 쓰시오. (5점) •86 ③

―| 보기 |―
㉮ Base Plate 설치   ㉯ 비계기둥 설치
㉰ 장선설치   ㉱ 바닥면의 고르기 및 다지기
㉲ 소요 자재량의 현장반입   ㉳ 띠장설치

정답

1
㉲ → ㉱ → ㉮ → ㉯ → ㉳ → ㉰

02 파이프비계에 대한 설명이다. 빈 칸을 완성하시오. (3점) •89 ③

기둥 간격은 띠장방향으로 (①) m 이하, 장선방향으로 (②) m 이하로 하고, 벽 이음재의 배치간격은 수평방향 및 수직방향 모두 (③) m 이하로 설치하며, 비계기둥 사이의 하중은 (④) kN 이하, 비계기둥 1개에 작용하는 하중은 (⑤) kN 이하로 한다. 띠장의 수직간격은 (⑥) m 이하로 한다.

① _____ ② _____
③ _____ ④ _____
⑤ _____ ⑥ _____

2
① 1.85
② 1.5
③ 5.0
④ 4.0
⑤ 7.0
⑥ 2.0

03 강관비계를 수직, 수평, 경사방향으로 연결 또는 이음, 고정시킬 때 사용하는 부속철물의 명칭을 3가지 쓰시오. (3점) •00 ③, 07 ①

① _____ ② _____
③ _____

3
① 이음관(커플링)
② 고정형 클램프
③ 회전형 클램프
④ 베이스 플레이트

04 다음 설명을 읽고 ( ) 안에 들어갈 적당한 부재 명칭을 쓰시오. (4점)
•08 ①

(가) 단관비계에서 (①)의 간격은 띠장방향으로 1.85m 이하, 장선방향으로 1.5m 이하로 벌려서 세우고 최고높이가 31m를 넘으면 두 개를 합쳐서 세워야 한다. 통나무비계에서 (②)은 최하부에서는 높이 3m 이하로 설치하고 그 위는 1.5m 내외로 설치하는 수평부재를 말한다. ①과 ②의 이음은 모두 겹침이음을 하는 것이 원칙이다.
(나) 단관비계에서 (③)의 간격은 1.85m 이내로 배치하고 (①)과 (②)에 결속한다. 강관틀비계에서 (④)는 도리방향으로 세로틀에 설치하며, 보통은 수평방향으로 14~15m 간격으로 설치되며 (①)에 모두 결속되어야 한다.

① _____ ② _____
③ _____ ④ _____

정답 4
① 비계기둥
② 띠장
③ 장선
④ 가새

05 비계공사에서 커플링(Coupling)을 간단히 설명하시오. (2점)
•97 ④

_____

정답 5
강관비계에서 수평부재의 연결에 쓰이는 이음관

06 다음 ( ) 안에 알맞은 용어를 쓰시오. (3점)
•15 ①

가설공사에 사용되는 고정용 부속철물 중 클램프의 종류에는 (①), (②)이(가) 있으며, 지반에 사용되는 철물에는 (③)가 있다.

① _____ ② _____ ③ _____

정답 6
① 고정용 클램프
② 회전형 클램프
③ 베이스 플레이트

07 강관틀비계의 설치에 관한 다음 설명 중 ( ) 안에 적합한 숫자를 적으시오. (3점)
•93 ②, 98 ②, 17 ③

세로틀은 수직방향 (①)m, 수평방향 (②)m 내외의 간격으로 건축물의 구조체에 견고하게 긴결해야 하며 높이는 원칙적으로 (③)m를 초과할 수 없다.

① _____ ② _____ ③ _____

정답 7
① 6
② 8
③ 40

Lesson 05

08 시스템비계에 설치하는 일체형 작업발판의 장점을 3가지만 적으시오. (3점)

•20 ②

① _____
② _____
③ _____

09 비계다리에 대한 설명이다. ( ) 안에 적당한 숫자를 쓰시오. (3점)

•88 ②, 91 ①, 97 ③

> 비계다리 경사로의 너비는 최소 (①)mm 이상, 비계다리의 경사는 최대 (②) 이하, 보통 (③)로 하고, (④)m 이내마다 되돌음참을 설치한다.

① _____ ② _____
③ _____ ④ _____

10 가설공사 시 추락, 낙하, 비래(飛來) 방지를 위한 안전설비의 종류를 3가지 쓰시오. (3점)

•01 ①

① _____ ② _____ ③ _____

11 직접가설공사 항목 중 낙하물에 대한 위험방지물이나 방지시설을 3가지 쓰시오. (3점)

•00 ②

① _____ ② _____ ③ _____

12 다음 용어에 대해 설명하시오. (4점)

•10 ①, 13 ③

(가) 기준점 : _____
(나) 방호선반 : _____

정답

8
① 조립식 구조로 견고하며 비틀림이나 이탈이 없다.
② 설치 및 해체 작업의 안정성 확보된다.
③ 고층 설치와 큰 하중에도 비계는 구조적으로 안전하다.
④ 조립식 구조로 시공속도가 빠르다.
⑤ 넓은 작업 공간이 확보 가능하다.
⑥ 현장 사용 여건에 따라 설치 폭이 조절 가능하다.

9
① 900
② 30°
③ 17°
④ 7

10
① 추락방호망
② 안전난간
③ 개구부 수평보호덮개
④ 리프트 승강구 안전문
⑤ 엘리베이터 개구부용 난간틀
⑥ 수직형 추락방망
⑦ 안전대 부착설비
⑧ 접근방지책
(주) 추락재해 방지시설이다.

11
① 낙하물방지망
② 방호선반
③ 수직보호망
(주) 낙하물재해 방지시설이다.

12
가. 기준점 : 건축공사 중 건축물의 고저에 기준이 되도록 건축물 인근에 높이의 기준을 설치하는 표시물이다.
나. 방호선반 : 상부에서 작업 도중 자재나 공구 등의 낙하로 인한 재해를 방지하기 위하여 개구부 및 비계 외부 안전 통로 출입구 상부에 설치하는 낙하물방지망 대신 설치하는 목재 또는 금속 판재이다.

13 공사시공 현장에서 공사 중 환경관리와 민원예방을 위해 설치운영하는 비산먼지 방지시설의 종류를 2가지 쓰시오. (정답예시 : 방진막. 단, 예시를 정답란에 쓰면 채점대상에서 제외함.) (2점) •21 ③

① _____ ② _____

정답

13
① 방진망(수직보호망)
② 세륜, 세차시설
③ 공사장 살수시설

토공사

- Lesson 6 토공사 계획, 흙의 분류 및 흙의 성질
- Lesson 7 지반조사, 지반개량 공법 및 지하수 대책
- Lesson 8 터파기 및 흙막이벽
- Lesson 9 지하연속벽 흙막이, 탑다운 공법, 굴착기계 및 계측관리

건축기사실기

Lesson 06 토공사 계획, 흙의 분류 및 흙의 성질

※1 토공사의 개요

토공사는 주로 건물의 기초나 지하실을 만들기 위한 정지, 흙막이, 흙파기, 되메우기, 지하수 및 우수처리 등의 공사를 말한다.

※2 흙의 분류

1. 개요

흙은 암반, 돌, 모래, 실트, 진흙, 롬 등으로 구성되며, 흙의 성질에 따라 크게 모래질지반(사질지반)과 진흙질지반(점토질지반)으로 구분한다.

2. 흙의 분류

1) 공학적 성질에 의한 분류

(1) 사질토(조립토)

모래 및 자갈 등으로 주로 모래 성분이 많고, 점착력이 아주 적은 흙이다.

(2) 점성토(세립토)

점성을 가진 흙으로 진흙 성분이 많고, 내부마찰각이 아주 적은 흙이다.

2) 사질토와 점성토의 비교

구분	사질토(모래)	점성토(점토)
투수계수	크다	작다
압밀성	작다	크다
압밀속도 및 압밀기간	빠르고, 단기압밀침하	느리고, 장기압밀침하
가소성 및 점착력	없다	있다
불교란시료	채집하기 곤란	비교적 채집용이
건조수축	수축하기 어렵다	수축하기 쉽다
내부마찰각	있다	없다

핵심 Point

● 토공사와 관련된 기본용어

① 절토(切土, Cutting) : 터깎기 혹은 땅깎기라 하며, 평지를 만들기 위해 흙을 깎아내는 것
② 성토(盛土, Banking, Filling) : 터돋우기 또는 흙쌓기라 하며, 흙을 쌓는 것
③ 정지(整地, Grading) : 터고르기라 하며, 땅을 고르게 만드는 것
④ 굴토(掘土, Excavation) : 흙파기라 하며, 구조물의 기초를 설치하기 위해 적당한 깊이로 땅을 파는 것
⑤ 매토(埋土, Backfilling) : 되메우기라 하며, 기초파기 한 부분에(공사완료 후) 흙을 다시 메우는 것
⑥ 배토(排土, Ridging) : 흙을 밀어붙여 제거하는 작업
⑦ 다짐(Tamping, Compaction) : 흙이나 잡석, 콘크리트 등을 다져서 밀실하게 만드는 것

● 부지 내 조사항목 (예상)
① 부지의 상황
② 매설물
③ 공작물

● 부지주변 조사항목 (예상)
① 교통상황
② 매설물
③ 공작물
④ 인접구조물

● 지반상태의 조사항목 (예상)
① 지반구조
② 지층의 토질성상
③ 지하수의 상태

※ 3. 흙의 성질

1. 지반의 종류와 허용지내력[14] (89③, 95②, 97①, 04①, 10②, 14③)

【 지반의 허용지내력(kN/m²) 】

지반의 종류		장기응력에 대한 허용지내력	단기응력에 대한 허용지내력
경암반	화강암, 석록암, 편마암, 안산암 등의 화성암 및 굳은 역암 등의 암반	4,000	각각 장기응력에 대한 허용지내력 값의 1.5배로 한다. (일반적으로 단기 허용지내력 =장기허용지내력 ×2)
연암반	편암, 판암의 수성암의 암반	2,000	
	혈암, 토단반 등의 암반	1,000	
자갈		300	
자갈과 모래와의 혼합물		200	
모래섞인 점토 또는 롬토		150	
모래 또는 점토		100	

(주) 롬토(Loam) : 모래(Sand)+실트(Silt)+점토(Clay)의 혼합물

2. 전단강도

1) 정의 (96④, 98①, 06③)

전단강도란 흙에 관한 역학적 성질로서 기초의 극한지지력을 알 수 있다. 따라서 기초의 하중이 흙의 전단강도 이상이 되면 흙은 붕괴되고, 기초는 침하되며, 이하이면 흙은 안정되고, 기초는 지지된다.

2) 전단강도 공식 (95⑤, 99②, 08②, 15①)

전단강도 공식을 쿨롱의 법칙이라 하며, 다음과 같다.

$$전단강도(\tau) = c + \sigma \tan\phi = 점착력 + 마찰력$$

여기서, c : 점착력, $\tan\phi$: 마찰계수, ϕ : 내부마찰각, σ : 파괴면에 수직인 힘

3) 점토와 모래의 전단강도

구분			비고
전단강도	모래	$\tau = \sigma \tan\phi$ = 마찰력	모래의 점착력 c는 0이다.
	점토	$\tau = c$ = 점착력	점토의 내부마찰각 ϕ는 0이다.

핵심 Point

● AASHTO 분류법에 의한 흙 입자의 크기 (참고)
① 자갈 : 2~75 mm
② 모래 : 0.05~2 mm
③ 실트 : 0.002~0.05 mm
④ 점토 : 0.002 mm 미만

● 통일분류법(USCS)에 의한 흙 입자의 크기 (참고)
① 자갈 : 4.75~75 mm
② 모래 : 0.075~4.75 mm
③ 실트와 점토 : 0.075 mm 미만

● 자갈과 모래의 구분 (KS F 2324)
① 자갈 : 4.75 mm 체에 남는 양이 50% 이상
② 모래 : 4.75 mm 체를 통과하는 양이 50% 이상

● 지내력의 크기 순서 (89③, 95②, 97①, 04①)
① 경암판>연암반>자갈>자갈과 모래의 반섞이>모래섞인 점토>점토
② 굳은 역암>편암>자갈>자갈과 모래의 혼합물>모래섞인 점토>점토

● 장기허용지내력의 크기와 단기허용지내력과 장기허용지내력의 관계 (10②, 14③)
가. 장기허용지내력
① 경암반 : 4,000kN/m²
② 연암반 : 2,000kN/m²
③ 자갈과 모래의 혼합물 : 200kN/m²
④ 모래 : 100kN/m²
나. 단기허용지내력 =장기허용지내력×2

● 전단강도의 정의 (96④, 98①, 06③)
전단강도란 흙에 관한 역학적 성질로서 기초의 극한지지력을 알 수 있다. 따라서 기초의 하중이 흙의 전단강도 이상이 되면 흙은 (붕괴)되고, 기초는 (침하)되며, 이하이면 흙은 (안정)되고, 기초는 (지지)된다.

---

[14] 건축물의 구조기준 등에 관한 규칙 [별표 8], 국토교통부, 2021.12.9.

3. 투수성

1) 개요
투수성을 이용한 대표적인 공법으로 샌드드레인 공법과 웰포인트 공법이 있다.

2) 다시(Darcy)의 법칙 (90②, 95④, 98⑤)
투수계수를 확인한다.

4. 흙의 압밀과 다짐

1) 압밀과 압밀침하 (95④, 01③, 03③, 12①, 15②, 20①)
① 압밀은 점토지반에서 재하(在荷, Loading)에 의해 간극수가 제거되어 침하되는 현상이다.
② 압밀침하는 점토지반에서 재하(在荷, Loading)에 의해 간극수가 제거되어 침하되는 것이다.
③ 압밀은 주로 점토에서 발생된다.
④ 점토의 압밀침하는 투수성이 나쁘므로 장기압밀침하 한다.

2) 다짐 (20①)
① 다짐은 사질지반에서 재하(在荷, Loading)에 의해 공기가 제거되어 침하되는 현상이다.
② 침하는 주로 사질토에서 발생된다.
③ 사질토의 다짐에 의한 침하는 단기압밀침하 한다.

5. 예민비 (92②, 95④, 03①, 07③, 12①, 15②, 17②, 18②, 19③, 22②)
① 흙의 이김에 의해서 약해지는 정도를 표시하는 것이다.
② 예민비(Sensitivity Ratio)= $\dfrac{\text{자연시료의 강도}}{\text{이긴시료의 강도}}$
③ 강도는 일축압축강도이다.
④ 사질토의 예민비는 거의 1이며, 점토질의 예민비는 1보다 크다.

6. 흙의 연경도시험(Atterberg's Limit, 함수량에 따른 흙의 변화)
(97④, 08③, 11①, 15②, 21①)

흙의 함수량 변화에 따라 성질이 변화하는 데 그 때의 함수비를 수축한계, 소성한계, 액성한계라 한다.

핵심 Point

- 전단강도 공식 (95⑤, 99②, 08②, 15①)
  전단강도(τ) = $c + \sigma \tan\phi$
  여기서, c : 점착력
  $\tan\phi$: 마찰계수
  ϕ : 내부마찰각
  σ : 파괴면에 수직인 힘

- 다시의 법칙 (90②, 95④, 98⑤)
  투수계수의 확인

- 압밀의 정의 (95④, 12①, 15②, 20①)
  점토지반에서 재하에 의해 간극수가 제거되어 침하되는 현상

- 압밀침하의 정의 (01③, 03③)
  점토지반에서 재하에 의해 간극수가 제거되어 침하되는 것

- 다짐의 정의 (20①)
  사질지반에서 재하에 의해 공기가 제거되어 침하되는 현상

- 예민비의 정의 (95④, 03①, 07③, 12①, 15②, 17②, 18②, 19③, 22②)
  흙의 이김에 의해서 약해지는 정도를 표시하는 것

- 예민비의 공식 (92②, 18②, 22②)
  예민비= $\dfrac{\text{자연시료의 강도}}{\text{이긴시료의 강도}}$

- 함수량에 따른 흙의 변화 (97④, 08③, 11①, 15②, 21①)
  ① 전건상태
  ② 소성한계
  ③ 소성상태
  ④ 액성한계
  ⑤ 질컥한 액성상태

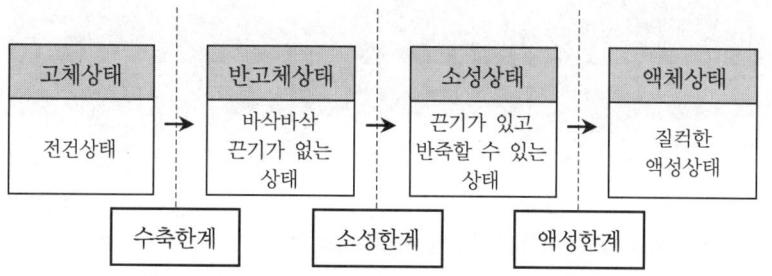

7. 기타

1) 피압수 (01③, 03③)
지형과 지반의 상태에 따라 정수압에 비해 높은 압력을 가진 지하수이다.

2) 간극수압
지중 토립자 중의 상향수압으로 공극압 또는 공극수압이라고도 한다.

3) 액상화(Liquefaction) 현상
① 사질지반이 진동 및 지진 등의 급속하중에 의해 전단저항력을 상실하고 마치 액체와 같이 거동하는 현상이다.
② 액상화 현상이 발생하면 부동침하, 지반이동, 소규모 건축물의 부상 등이 발생된다.
③ 방지대책으로는 느슨한 모래지반, 지하수위 그리고 진동에 대해 이 중 하나의 요소를 감소시켜 액상화 발생을 억제하는 것이다.

핵심 Point

● 피압수의 정의 (01③, 03③)
지형과 지반의 상태에 따라 정수압에 비해 높은 압력을 가진 지하수이다.

● 간극수압의 정의 (예상)
지중 토립자 중의 상향수압

● 액상화 현상의 정의 (예상)
사질지반이 진동 및 지진 등의 급속하중에 의해 전단저항력을 상실하고 마치 액체와 같이 거동하는 현상

기출 및 예상 문제

01 다음 |보기|의 지반 중에서 지내력이 큰 것부터 순서를 기호로 쓰시오. (3점)
•89 ③, 95 ②, 97 ①, 04 ①

| 보기 |
㉮ 자갈   ㉯ 자갈과 모래의 반섞이   ㉰ 경암반
㉱ 모래섞인 점토   ㉲ 연암반   ㉳ 점토

정답

1
㉰ → ㉲ → ㉮ → ㉯ → ㉱ → ㉳
(주) 경암반(굳은 역암) → 연암반(편암) → 자갈 → 자갈섞인 모래(자갈섞인 점토) → 모래섞인 점토 → 점토(진흙)

02 다음은 지반의 종류와 허용지내력을 나타내고 있다. ( )에 적당한 지내력과 단기허용지내력과 장기허용지내력의 관계를 쓰시오. (5점)
•10 ②, 14 ③

가. 장기허용지내력도
① 경암반 (㉮)kN/m²
② 연암반 (㉯)kN/m²
③ 자갈과 모래와의 혼합물 (㉰)kN/m²
④ 모래 (㉱)kN/m²

나. 단기허용지내력도
단기허용지내력도 = 장기허용지내력도 × (㉲)

2
㉮ 4,000
㉯ 2,000
㉰ 200
㉱ 100
㉲ 2

03 흙의 전단강도 식을 쓰고, 각 기호가 나타내는 것을 쓰시오. (4점)
•95 ⑤, 99 ②, 08 ②, 15 ①

3
전단강도(τ) = $c + \sigma \tan\phi$

여기서, c : 점착력
$\tan\phi$: 마찰계수
ϕ : 내부마찰각
σ : 파괴면에 수직인 힘

04 흙의 전단강도에 관한 설명 중 ( ) 안의 내용을 |보기| 중 골라 기재하시오. (4점)

•96 ④, 98 ①, 06 ③

|보기|
- ㉮ 지지
- ㉯ 안정
- ㉰ 침하
- ㉱ 붕괴
- ㉲ 안전
- ㉳ 융기

전단강도란 흙에 관한 역학적 성질로서 기초의 극한 지지력을 알 수 있다. 따라서 기초의 하중이 흙의 전단강도 이상이 되면 흙은 (①)되고, 기초는 (②)되며, 이하이면 흙은 (③)되고, 기초는 (④)된다.

① _____ ② _____
③ _____ ④ _____

정답

4
① ㉱
② ㉰
③ ㉯
④ ㉮

05 '압밀'을 설명하시오. (2점)

•95 ④, 12 ①, 15 ②

5
점토지반에서 재하에 의해 간극수가 제거되어 침하되는 현상

06 '압밀침하'를 정의하시오. (2점)

•01 ③, 03 ③

6
점토지반에서 재하에 의해 간극수가 제거되어 침하되는 것

07 압밀(Consolidation)과 다짐(Compaction)의 차이점을 비교하여 설명하시오. (3점)

•20 ①

7
① 압밀은 점토지반에서 재하(在荷, Loading)에 의해 간극수가 제거되어 침하되는 현상이다.
② 다짐은 사질지반에서 재하(在荷, Loading)에 의해 공기가 제거되어 침하되는 현상이다.

08 흙의 성질 중 예민비의 식을 쓰고 간단히 설명하시오. (4점)

•95 ④, 07 ③, 12 ①, 15 ②, 18 ②, 22 ②

① 식 : _____
② 설명 : _____

8
① 예민비
$= \dfrac{\text{자연시료의 강도}}{\text{이긴시료의 강도}}$
② **설명** : 흙의 이김에 의해서 약해지는 정도를 표시하는 것으로 이긴시료의 강도에 대한 자연시료의 강도의 비이다.

09 점토에 있어서 자연시료는 어느 정도 강도가 있으나, 이것의 함수율을 변화시키지 않고 이기면 약해지는 성질이 있다. 이러한 흙의 이김에 의해서 약해지는 정도를 표시하는 것을 무엇이라 하는가? (2점)
•03 ①

> **9**
> 예민비

10 자연상태의 시료를 운반하여 압축강도를 시험한 결과 8MPa이었고, 그 시료를 이긴시료로 하여 압축강도를 시험한 결과는 5MPa이었다면 이 흙의 예민비를 구하시오. (3점)
•92 ②, 17 ②

> **10**
> 예민비 = $\dfrac{\text{자연시료의 강도}}{\text{이긴시료의 강도}}$
> = $\dfrac{8}{6}$ = 1.60

11 흙은 일반적으로 물을 포함하고 있으며 그 함수량의 변화에 따라 아래와 같이 그 성질이 변화한다. ( ) 안에 알맞은 표현을 쓰시오. (2점)
•97 ④, 08 ③

| 전건상태 → (①) → 소성상태 → (②) → 질컥한 액성상태 |

① _____ ② _____

> **11**
> ① 소성한계
> ② 액성한계

12 흙은 일반적으로 물을 포함하고 있으며 그 함수량의 변화에 따라 그 성질이 변화한다. 다음 보기의 ( ) 안에 알맞은 표현을 쓰시오. (2점)
•11 ①, 15 ②, 21 ①

―| 보기 |―
흙이 소성상태에서 반고체 상태로 옮겨지는 경계의 함수비를 (①)라 하고, 액성상태에서 소성상태로 옮겨지는 함수비를 (②)라고 한다.

① _____ ② _____

> **12**
> ① 소성한계
> ② 액성한계

13 '피압수'를 정의하시오. (2점)
•01 ③, 03 ③

> **13**
> 지형과 지반의 상태에 따라 정수압에 비해 높은 압력을 가진 지하수

Lesson 07 지반조사, 지반개량 공법 및 지하수 대책

☼ 1 지반조사

1. 개요

건축물의 기초구조 설계, 토공사 및 기초공사의 시공에 필요한 자료를 얻기 위하여 실시하는 조사로 기초파기 방법, 기초의 크기, 지하수위 등을 파악할 수 있다.

2. 지반조사 순서 (07②)

① 사전조사　　② 예비조사
③ 본조사　　　④ 추가조사

3. 지하탐사법 (087②, 97③, 1②)

1) 터파보기(시험파기)

굳은 층이 극히 얕거나 중량이 적은 소규모 건물의 경우, 대지의 일부분을 시험파기 하여 그 지층의 상태를 살펴보고 내력을 추정한다.

2) 짚어보기(탐사간)

지름 9 mm 정도 철봉을 땅속에 박아보아 저항, 울림 및 침하력에 의한 손짐작으로 지반의 단단함을 판단한다. 짚어보기는 수 개소를 시행하여 지층의 깊이를 추정한다.

3) 물리적 지하탐사

광대한 대지의 지하구성층의 개략적 탐사를 통해 조사한다.

4. 사운딩시험(Sounding Test, 관입시험)

1) 정의 (00①, 19①)

로드에 붙인 저항체를 지중에 넣고 관입, 회전, 인발 등의 저항으로부터 토층의 성상을 탐사하는 방법이다.

핵심 Point

● 지반조사 순서 (07②)
① 사전조사
② 예비조사
③ 본조사
④ 추가조사

● 기초설계에 필요한 자료를 얻기 위한 지반조사는 예비조사와 본조사로 나누어 실시한다. (참고)

● 지하탐사법의 종류 (01②)
① 터파보기
② 짚어보기(탐사간)
③ 물리적 지하탐사

● 지반조사 방법 (87②, 97③)
① 터파기 : 대지의 일부분을 시험파기 하여 그 지층의 상태를 보고 내력을 추정
② 짚어보기 : 수 개소 시행하여 지층의 깊이를 추정
③ 물리적 지하탐사 : 광대한 대지의 지하구성층의 개략적 탐사
④ 베인테스트 : 극히 연약한 점토지반의 조사
⑤ 보링 : 토질의 시료를 채취하여 지층의 상황을 판단

● 사운딩의 정의와 종류 (00①, 19①)
가. 정의 : 로드에 붙인 저항체를 지중에 넣고 관입, 회전, 인발 등의 저항으로부터 토층의 성상을 탐사하는 방법이다.
나. 종류
① 표준관입시험
② 스웨덴식 관입시험
③ 화란식 관입시험
④ 베인테스트

2) 종류 (00①)

(1) 표준관입시험(Standard Penetration Test)
(90②, 93③, 95②,95③ ④, 96④, 97② ③, 98⑤, 01②, 04①, 10① ③, 19③)

① 개요
  ㉠ 주로 사질지반의 밀도(지내력)를 측정하거나 선단의 샘플러로부터 시료를 조사하여 토질주상도를 작성한다.
  ㉡ 로드 선단에 샘플러를 부착하여 로드 상단에서 질량 63.5kg의 추를 760 mm 높이에서 자유낙하시켜 300 mm 관입시킬 때의 타격횟수 N을 구하고 동시에 샘플러로 시료를 채취한다.

  (주) **Penetrometer** (90②, 95③)
  토질의 관입저항을 측정하는 시험기로서 토층의 분포 및 지지력 산정, 지반개량 효과 확인 및 표준관입시험의 N치에 대한 비교 및 보정용으로 사용된다.

② N 값과 흙의 상대밀도 (16①)

【표준관입시험의 N 값과 흙의 상대밀도】

사질지반		점토지반	
N 값	상대밀도	N 값	상대밀도
0~4	매우 느슨(Very Loose)	0~2	매우 연약(Very Soft)
4~10	느슨(Loose)	2~4	연약(Soft)
10~30	보통(Medium)	4~8	보통(Medium)
30~50	조밀(Dense)	8~15	단단(Stiff)
50 이상	매우 조밀(Very Dense)	15~30	매우 단단(Very Stiff)
-	-	30 이상	경질(Hard)

(2) 베인테스트(Vane Test) (87②, 90②, 92③, 93③, 95② ④, 97② ③, 98⑤, 04①, 09③, 10③, 17③, 19③)

① 점토의 점착력을 판별하기 위한 시험으로 극히 연약한 점토지반의 조사에 사용된다.
② 보링구멍을 이용하여 +자형 날개의 베인전단시험기(베인테스터)를 지반에 때려 박고, 회전시킬 때의 회전력으로 점토의 점착력을 판별한다.

5. 보링(Boring)

1) 정의 (87②, 97③, 11③)

① 지중에 철관을 꽂아 천공한 후 토질의 시료를 채취하여 지층의 상황을 판단하는 토질조사법이다.
② 토질조사에서 가장 중요하며, 주로 점토층에서 시험한다.

핵심 Point

● 표준관입시험의 목적
(90②, 93③, 95②④, 97②, 98⑤, 04①, 10③, 19③)
사질지반의 밀도(지내력) 측정

● 표준관입시험 설명
(95③, 10①)
로드 선단에 샘플러를 부착하여 로드 상단에서 질량 63.5kg의 추를 760 mm 높이에서 자유낙하시켜 300 mm 관입시킬 때의 타격횟수 N을 구한다.

● 표준관입시험의 순서
(3단계)(96④, 97③, 01②)
① 로드 선단에 샘플러를 부착한다.
② 로드 상단에서 질량 63.5kg의 추를 760 mm 높이에서 자유낙하 한다.
③ 300 mm 관입시킬 때의 타격횟수 N을 구한다.

● 표준관입시험에서 N값에 따른 모래의 상대밀도 (16①)
① 0~4 : 매우 느슨
② 4~10 : 느슨
③ 10~30 : 보통
④ 30~50 : 조밀
⑤ 50 이상 : 매우 조밀

● Penetrometer의 관련 시험
(90②, 95③)
토질시험

● 베인테스트의 정의
(09③, 17③)
보링구멍을 이용하여 +자형 날개를 지반에 때려 박고, 회전시킬 때의 회전력으로 점토의 점착력을 판별한다.

● 베인테스트의 목적
(87②, 90②, 92③, 93③, 95④, 97②③, 98⑤, 04①, 10③, 19③)
① 점토(진흙)의 점착력 판별
② 극히 연약한 점토지반의 조사

● 토질주상도의 정의 (참고)
지질조사를 하는 지역의 지층 순서를 결정하는 데 이용하는 단면도이다.

2) 목적 (17②)

① 토질의 분포파악　　② 토층의 구성파악
③ 토질 주상도 작성　　④ 지하수위 조사
⑤ 토질시험을 위한 교란시료 및 불교란시료 채취
⑥ 보링 공내에 표준관입시험 등의 원위치시험

(주) 보링의 최종 목적은 기초구조 설계의 근거 마련이다.

3) 보링 구성기구 (93③, 95②, 97②)

① 로드(Rod, 막대기)　　② 비트(Bit, 충격날, 굴착날)
③ 케이싱(Casing, 외관)　　④ 코어튜브(Core Tube)
⑤ 오거(Auger, 송곳)　　⑥ 와이어로프(Wire Rope)

4) 종류 (94③, 95③④, 97④, 02②, 03①, 06②, 07②③, 09②, 11②③, 12③, 13②, 14②, 16①③, 20④, 21③, 22③)

구분	내용
오거 보링	주로 깊이 10 m 이내에 사용되며, 점토층에 적합하며, 오거를 회전시키면서 지중에 압입, 굴착하고 여러 번 오거를 인발하여 교란시료를 채취하는 방법
수세식 보링	비교적 연약한 토사에 수압을 이용하여 탐사하는 방식이며, 깊이 30 cm 정도의 연질층에 사용하며, 외경 50~60 mm관을 이용하여 천공하면서 흙과 물을 동시에 배출시키는 방법
충격식 보링	경질층을 깊이 파는 데 이용되는 방식이며, 충격날을 60~70 cm 정도 낙하시키고 그 낙하충격에 의해 파쇄된 토사를 퍼내어 지층상태를 판단하는 방법
회전식 보링	지층 변화를 연속적으로 정확히 알고자 할 때 사용하는 방식이며, 충격날을 회전시켜 천공하므로 토층이 흐트러질 우려가 적은 방법

6. 샘플링(Sampling, 시료채취)

1) 개요

지반의 토질을 판별하기 위해 시료를 채취하는 방법이다.

2) 종류 (90②, 93③, 95②④, 97②, 98⑤ 04①, 10③, 19③)

구분	내용
딘월 샘플링	시료채취기의 튜브가 얇은 살로 된 것으로 연약 점토질의 시료채취에 적당하다.
콤포짓 샘플링	샘플링 튜브 살두께가 두꺼운 것으로 다소 굳은 점토질 및 다소 다져진 모래채취에 적당하다.
덴션 샘플링	경질점토의 채취에 적당하다.
포일 샘플링	연약지반의 전 길이에 걸쳐 완전히 연결된 시료를 채취하기에 적당하다. 거의 완전한 토질시험이 가능하다.

핵심 Point

● 보링의 정의
(87②, 97③, 11③)
토질의 시료를 채취하여 지층의 상황을 판단

● 보링의 정의
(87②, 97③, 11③)
① 토질의 분포파악
② 토층의 구성파악
③ 토질 주상도 작성
④ 지하수위 조사
⑤ 토질시험을 위한 교란시료 및 불교란시료 채취
⑥ 보링 공내에 표준관입시험 등의 원위치시험

● 보링의 최종 목적 (예상)
기초구조 설계의 근거 마련

● 보링의 4대 구성기구
(93③, 95②, 97②)
① 로드　② 비트
③ 케이싱　④ 코어튜브

● 보링의 종류 (94③, 95④, 09②, 11②③, 12③, 14②, 16①③, 20④)
① 오거 보링　② 수세식 보링
③ 충격식 보링　④ 회전식 보링

● 각종 보링의 설명 (95③, 97④, 02②, 03①, 06②, 07②③, 13②, 21③, 22③)
① 수세식 보링 : 비교적 연약한 토사에 수압을 이용하여 탐사하는 방식
② 충격식 보링 : 경질층을 깊이 파는 데 이용되는 방식
③ 회전식 보링 : 지층의 변화를 연속적으로 비교적 정확히 알고자 할 때 사용하는 방식

● 교란시료 및 불교란시료의 정의 (참고)
① 교란시료 : 자연상태에서 흐트러진 상태의 시료를 채취하여 토질의 물리적 특성을 파악하는 것
② 불교란시료 : 자연상태에서 흐트러지지 않은 상태의 시료를 채취하여 토질의 역학적 특성을 파악하는 것

7. 토질시험(Soil Test)[15]

구분	종류	
흙의 물리시험	① 흙의 입도시험 ③ 흙의 소성한계시험 ⑤ 흙의 밀도시험	② 흙의 액성한계시험 ④ 흙의 함수비시험
흙의 역학시험	① 흙의 다짐시험 ③ 흙의 압밀시험 ⑤ 흙의 직접전단시험	② 흙의 일축 압축시험 ④ 흙의 투수시험 ⑥ 흙의 삼축 압축시험

8. 지내력시험(Loading Test, 재하시험)

1) 개요 (07③, 13②, 19③)

평판재하 또는 시험말뚝을 이용하여 기초지반의 지지력 산정과 지반반력계수를 산정하는 시험이다.

2) 종류[16] (01①, 07①③, 12③, 15②)

① 평판재하시험   ② 말뚝재하시험

3) 평판재하시험(Plate Bearing Test)

(1) 개요 (07③)

예정 기초 바닥면(저면) 위에 재하판을 놓고 오일잭 등으로 하중을 가하여 매회 발생되는 침하량을 다이얼게이지로 측정한 후 허용지지력을 산정하는 시험이다.

(2) 일반사항[17] (88③, 90④, 91②, 94②, 97②⑤, 99③, 00②⑤)

① 시험 기구
  ㉠ 유압잭은 용량이 490 kN 이상이다.
  ㉡ 재하판은 두께 25 mm 이상, 지름이 300 mm, 400 mm, 750 mm 인 강재 원판을 표준으로 하고 등치 면적의 정사각형 철판으로 해도 된다.
  ㉢ 변위계는 다이얼게이지나 LVDT이고, 좌우 2개의 변위계로 침하량을 측정하여 평균치를 사용한다.

  (주1) KDS 41 20 00 기준에서 평판재하시험의 재하판은 지름 300 mm (면적 $0.0707\ m^2$ 또는 $707\ cm^2$)를 표준으로 한다.
  (주2) 이전에는 $2,000\ cm^2 (0.2\ m^2)$ 이상의 원형이나 각형을 표준으로 하였고, 보통 $45 \times 45\ cm$(45 cm각)의 재하판을 사용하였다.

핵심 Point

- 딘월 샘플링 (93③, 95②, 97②, 04①, 10③, 19③)
  연약 점토질의 시료채취

- 콤포짓 샘플링 (90②, 95④, 98⑤)
  굳은 지층의 시료채취

- 지내력시험의 정의 (07③, 13②, 19③)
  평판재하 또는 시험말뚝을 이용하여 기초지반의 지지력 산정과 지반반력계수를 산정하는 시험이다.

- 지내력시험의 종류 (01①, 07①③, 12③, 15②)
  ① 평판재하시험
  ② 말뚝재하시험

- 지내력시험(평판재하시험)의 설명 (88③, 97②, 00⑤)
  ① 시험은 예정 기초 바닥면에서 행한다.
  ② 하중시험용 재하판은 정방형 혹은 원형의 면적 $2,000\ cm^2$의 것을 표준으로 하고, 보통 45 cm 각의 것이 사용된다.
  (주) KDS 41 20 00 기준에서 평판재하시험의 재하판은 지름 300 mm를 표준으로 한다.
  ③ 매회 재하는 10kN(1 tf) 이하 또는 예상파괴하중의 1/5 이하로 하고, 각 재하에 의한 침하가 멎을 때까지의 침하량을 측정한다.
  (주) KS F 2444 기준에서 하중증가는 계획된 시험 목표 하중의 8단계로 나누고 누계적으로 동일 하중을 흙에 가한다.

---

15) 건축공사 표준시방서 (03010), 국토교통부, 대한건축학회, 2016.
16) KDS 41 20 00 건축물 기초구조 설계기준 (2.1), 국토교통부, 대한건축학회, 2019.
17) KS F 2444, 얕은 기초의 평판재하시험 방법, 산업표준심의회, 2019.

② 시험 방법
　㉠ 시험은 예정 기초 바닥면(저면)에서 행한다.
　㉡ 시험 위치는 최소한 3개소로 한다.
　㉢ 시험 개소 사이의 거리는 최대 재하판 지름의 5배 이상이다.
　㉣ 재하판은 35 kN/m²의 초기 접지압으로 가한 상태로 안정시킨다.
　㉤ 하중 증가는 계획된 시험 목표하중의 8단계로 나누고 누계적으로 동일 하중을 흙에 가한다.
　㉥ 재하 시간 간격은 각 단계별 하중 증가 후, 최소 15분 이상 하중을 유지해야 하며, 침하가 정지하거나 침하 비율이 일정하게 될 때까지 하중을 유지하도록 한다.
　㉦ 침하량 측정은 하중 재하가 된 시점에서 그리고 하중이 일정하게 유지되는 동안 15분까지는 1, 2, 3, 5, 10, 15분에 각각 침하를 측정하고 이후에는 동일 시간 간격으로 측정한다.
　㉧ 침하정지는 15분까지 침하량을 측정한 이후에 10분당 침하량이 0.05 mm/min 미만이거나 15분간 침하량이 0.01 mm 이하이거나 1분간의 침하량이 그 하중 강도에 의한 그 단계에서의 누적 침하량의 1% 이하인 경우이다.
　㉨ 시험 종료는 시험하중이 허용하중의 3배 이상이거나 누적 침하량이 재하판 지름의 10%를 초과하는 경우에 시험을 멈춘다.
　㉩ 단기허용지내력은 항복하중 및 극한하중(파괴하중)의 2/3 중 작은 값으로 한다.18)
　㉪ 장기허용지내력＝단기허용지내력의 1/2
　　(주1) KDS 41 20 00 기준에서 평판재하시험의 최대 재하중은 지반의 극한지지력 또는 예상되는 설계하중의 3배로 한다.
　　(주2) 극한하중은 시험 종료일 때의 하중으로 한다. 예를 들어 재하판 지름이 300 mm이면 30 mm 침하 시점의 하중이 극한하중이다. 만약 침하량 30 mm 이전에 침하정지가 되면 침하정지 때의 하중을 극한하중으로 한다.

(3) **다이얼게이지(Dial Gauge)** (90②, 92③, 95③ ⑤, 01②)

지내력시험 등에서 종방향의 미세한 변형량을 시계형으로 확대시켜 정확한 침하량을 측정하는 기구이다.

4) **말뚝재하시험**
① 사용 예정인 말뚝의 안정성 검토를 위해 실제와 가까운 상태에서 하중을 가하여 지지력을 확인하는 시험이다.
② 재하시험의 수량은 전체 말뚝 개수의 1% 이상(말뚝이 100개 미만인 경우에도 최소 1개) 실시하거나 구조물별로 1회 실시한다.

핵심 Point

- 지내력 산정 (90④, 91②, 94②, 97⑤, 99③, 00②)

- 지내력시험 순서 (예상)
① 시험면 터파기
② 재하판 설치
③ 하중틀 설치
④ 재하 및 침하량 측정
⑤ 단기허용지내력 산출
⑥ 장기허용지내력 산출

- 지반의 지내력 결정항목 (예상)
① 흙의 밀도
② 내부마찰각
③ 응집력
④ 지하상수면의 위치
⑤ 기초의 크기

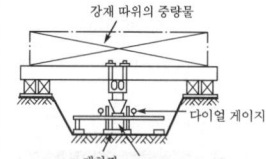

【평판재하시험】

- 다이얼게이지 용어설명 (92③, 95⑤, 01②)
종방향의 미세한 변형량을 시계형으로 확대시켜 정확한 침하량을 측정하는 기구이다.

- 다이얼게이지의 관련 시험 (90②, 95③)
지내력시험

---

18) KDS 41 20 00 건축물 기초구조 설계기준 (4.4), 국토교통부, 대한건축학회, 2019.

9. 말뚝박기시험

1) 개요
공사착수 전에 지지지반이나 시공법의 확인을 위해 사용되는 말뚝, 내력을 확인하는 말뚝 및 재하시험용의 말뚝 등이 있다.

2) 방법 (93②, 98②, 05③)
① 시험말뚝은 실제말뚝과 같은 조건이어야 한다.
② 연속적으로 박되 휴식시간을 두지 말아야 한다.
③ 소정의 침하량에 도달하면 무리하게 박지 않는다.
④ 수직으로 정확하게 박는다.
⑤ 최종 관입량은 5~10회 타격한 평균값을 사용한다.
⑥ 타격횟수 5회의 총 관입량이 6 mm 이하인 경우 거부현상으로 본다.
⑦ 기초면적 1,500 m²까지는 2개, 3,000 m²까지는 3개의 시험말뚝을 설치한다.

● 말뚝박기시험의 방법 (93②, 98②, 05③)
① 타격횟수 5회 총관입량이 6 mm 이하인 경우 거부현상으로 본다.
② 기초면적 1,500 m²까지는 2개, 3,000 m²까지는 3개의 시험말뚝을 설치한다.

【 말뚝박기시험 】

● 지중응력의 분포도 (참고)
① 점성토

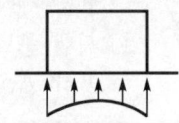

② 사질토

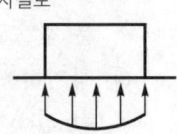

※ 2 지반개량 공법

1. 개요

1) 정의
지반개량 공법은 연약지반에 대해 지반의 지지력 증대와 기초의 부동침하 방지를 위해 흙의 성질을 인위적으로 개량하는 것이다.

2) 목적 (95④, 96⑤, 00①)
① 지반의 지지력 증대
② 기초의 부동침하 방지
③ 지하 굴착시 안전성 확보
④ 기초의 보강
⑤ 말뚝의 가로 저항력 증대

● 지반개량의 목적 (95④, 96⑤, 00①)
① 지반의 지지력 증대
② 기초의 부동침하 방지
③ 지하 굴착시 안전성 확보
④ 기초의 보강
⑤ 말뚝의 가로 저항력 증대

3) 지반개량 공법의 구분 (16②)

구분	종류
점토지반 개량공법	① 재하법 ② 치환법 ③ 탈수법(샌드드레인 공법, 페이프드레인 공법, 생석회 공법) ④ 동결법 ⑤ 전기화학고결법
사질지반 개량공법	① 다짐법 ② 응결법(약액주입법, 고결법) ③ 웰포인트공법

● 점토지반 개량공법 2가지와 그 중에서 1가지를 간단히 설명 (16②)
1. 점토지반 개량공법
① 재하법 ② 치환법
③ 탈수법 ④ 동결법
⑤ 전기화학고결법
2. 탈수법
주로 연약 점토질지반에서 간극수를 탈수하여 지내력을 증가시키는 공법이다.

2. 종류 (95①④, 96③⑤, 00①, 16②, 19③)

1) 재하법(압밀법)

(1) 정의
연약지반을 강제적으로 압밀시켜 지반의 강도 증가와 구조물의 부동침하를 방지시키기 위한 공법이다. 종류로는 선행재하공법, 과재하공법 및 사면선단재하공법 등이 있다.

(2) 선행재하공법(Preloading Method) (04③)
구조물에 상당하는 무게를 미리 연약지반 위에 일정기간 방치하여 연약지반을 압밀시키는 공법이다. 성토공법이라고도 한다.

2) 치환법 (96①, 04③)
연약한 지반의 흙을 양호한 흙으로 전체를 바꾸어 지반을 개량하는 공법이다. 종류로는 굴착치환, 활동치환 및 폭파치환 등이 있다.

3) 탈수법 (16②)

(1) 정의
주로 연약 점토질지반에서 간극수를 탈수하여 지내력을 증가시키는 공법이다.

(2) 종류 (99①, 04②, 08①, 13②)
① 웰포인트 공법 ② 샌드드레인 공법
③ 페이퍼드레인 공법 ④ 생석회 공법

(3) 웰포인트 공법(Well Point Method) (98②, 99⑤, 01③, 05③, 07①, 09③, 13③, 21①)

① 연약 사질지반에서 탈수를 이용해 지반을 개량하기 위한 공법이다.
② 지름 약 200 mm의 특수파이프를 상호 2 m 내외의 간격으로 관입하여 모래를 투입한 후 진동다짐하여 탈수 통로로 탈수시키는 공법이다. 일종의 배수 공법이다.

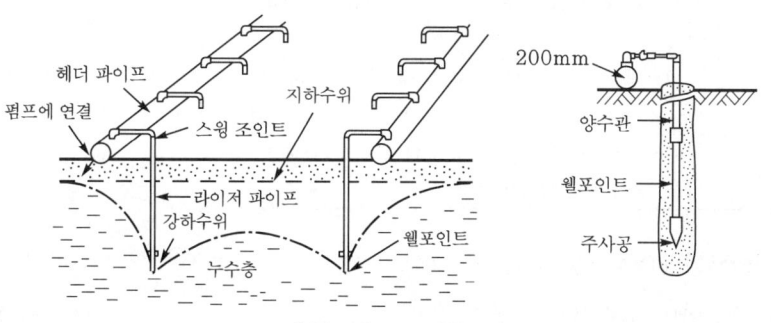

【 웰포인트 공법 】

핵심 Point

● 지반개량의 종류 (95①④, 96③⑤, 00①, 19③)
① 재하법
② 치환법
③ 탈수법
④ 다짐법
⑤ 응결법(주입법)
⑥ 동결법
⑦ 전기화학 고결법

● 선행재하법의 정의 (04③)
구조물에 상당하는 무게를 미리 연약지반 위에 일정기간 방치하여 연약지반을 압밀시키는 공법

● 치환법의 정의 (96①, 04③)
연약한 지반의 흙을 양호한 흙으로 전체를 바꾸어 지반을 개량하는 공법

● 탈수법의 종류 4가지 (99①, 04②, 08①, 13②)
① 웰포인트 공법
② 샌드드레인 공법
③ 페이퍼드레인 공법
④ 생석회 공법

● 웰포인트 공법의 시공순서 (예상)
① 집수관 설치
② 가로관 설치
③ 펌프 설치
④ 지반내 지하수 펌핑

● 사질지반의 대표적인 탈수법 (98②, 99⑤, 01③, 05③, 07①, 08②, 09③, 13③, 21①)
웰포인트 공법

(4) 샌드드레인 공법(Sand Drain Method) (93①, 94④, 95②, 97①, 98②, 99⑤, 01③, 04①, 05③, 07①, 09②③, 11①, 12②, 13③, 14③, 16①, 17③, 20②, 21①②)

① 연약 점토질지반에서 탈수를 이용해 지반을 개량하기 위한 공법이다.
② 지반지름 400~600 mm 구멍을 뚫고 모래를 넣은 후, 성토 및 기타 하중을 가하여 점토질지반을 압밀함으로써 탈수하는 공법이다.

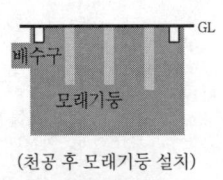
(천공 후 모래기둥 설치)

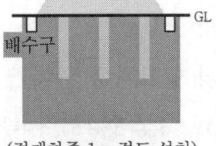
(적재하중 1m 정도 설치)

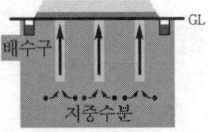
(지중수분을 배수구로 배출)

(지반암밀)

【 샌드드레인 공법 】

(5) 페이퍼드레인 공법(Paper Drain Method) (10③, 11①, 20③)
점토질지반에서 모래말뚝 대신 흡수지를 삽입하여 탈수시키는 공법이다.

(6) 생석회 공법 (10③, 11①, 20③)
점토질지반에서 모래말뚝 대신 산화칼슘(생석회)을 채워 넣어 탈수시키는 공법이다. 케미코 파일 공법이라고도 한다.

4) 다짐법

(1) 정의
주로 사질지반을 기계적으로 다짐하여 지내력을 증대시키는 공법이다.

(2) 종류(진공다짐압입 공법의 종류) (98⑤, 99⑤, 01③, 05①, 06③)

종류	내용
바이브로 플로테이션 공법	사질지반에 대해 진동과 물다짐을 이용한 공법이다.
바이브로 컴포저 공법	바이브로 플로테이션 공법과 원리는 비슷하나 성능이 우수하다.
샌드컴팩션 파일 공법	연약한 사질지반 중에 단단하게 압축된 모래말뚝을 형성하는 방법이다.

5) 응결법(약액주입법, 고결법) (93①, 95②, 97①, 04①, 05②)
① 시멘트, 약액 등을 주입하여 고결시키는 공법이다.
② 시멘트 그라우팅(Cement Grouting)이라고도 한다.

핵심 Point

● 점토지반의 대표적인 탈수법 (98②, 99⑤, 01③, 05③, 07①, 08②, 09③, 13③)
샌드드레인 공법

● 샌드드레인 공법의 목적 및 방법 (94④, 11①)
① 목적: 연약 점토질지반에서 탈수를 이용해 지반을 개량하기 위한 공법
② 방법: 지반에 구멍을 뚫고 모래를 넣은 후, 성토 및 기타 하중을 가하여 점토질지반을 압밀함으로써 탈수하는 공법

【 배수구 】

● 샌드드레인 공법의 정의 (09②, 10①, 12②, 14③, 16①, 17③, 20②, 21①②)
연약 점토질지반의 탈수를 이용해 지반을 개량하기 위한 공법으로 지반에 구멍을 뚫고 모래를 넣은 후, 성토 및 기타 하중을 가하여 점토질 지반을 압밀함으로써 탈수하는 공법

● 페이퍼드레인 공법의 정의 (10③, 11①, 20③)
점토질지반에서 모래말뚝 대신 흡수지를 삽입하여 탈수시키는 공법이다.

● 생석회 공법의 정의 (10③, 11①, 20③)
점토질지반에서 모래말뚝 대신 산화칼슘(생석회)을 채워 넣어 탈수시키는 공법이다. 케미코 파일 공법이라고도 한다.

● 지반다짐 공법의 종류 (98⑤, 99⑤, 01③, 05①, 06③)
① 바이브로 플로테이션 공법
② 바이브로 컴포저 공법
③ 샌드컴팩션 파일 공법

③ 시멘트 그라우팅은 지반의 차수, 지반의 보강, 차수와 보강의 병행 등의 세 가지 목적으로 사용된다.

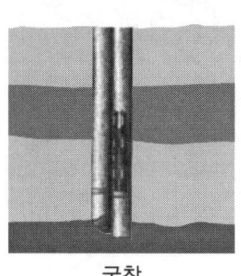 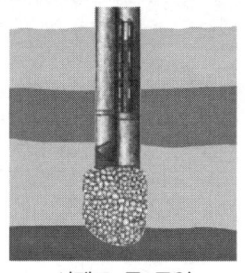 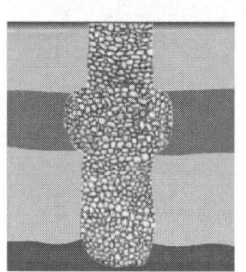

굴착 　　　　시멘트 죽 주입 　　　　완성
【 시멘트 처리 공법 】

6) 동결법 (93①, 95②, 97①, 04① ③)

지반에 파이프를 박고 액체질소나 프레온가스를 주입하여 지하수를 동결시켜 차단하는 공법이다.

7) 전기화학 고결법

점토질지반 속의 물을 전기화학적으로 고결시키는 공법이다.

☀ 3　흙막이 굴착 시 지하수 대책

1. 개요

공사에 지장을 주는 용수, 우수, 유수 등의 배수 및 지수처리를 통해 지반의 안정, 터파기 공사의 안전, 법면 또는 흙막이의 안전 등을 고려하기 위한 공법이다.

2. 배수 공법

① 지하수위를 강제로 낮추어 터파기 공사의 효율성을 증대시키고 지반안정을 시키기 위한 공법이다.
② 배수 공법의 종류로는 집수정 공법, 깊은 우물 공법, 웰포인트 공법, 진공 깊은 우물 공법이 있다.

3. 지수 공법

① 지반을 굴착할 때 솟아오르는 물(용수)을 차단하는 공법이다.
② 지수 공법의 종류로는 흙막이 공법, 약액주입 공법, 고결법이 있다.

핵심 Point

● 샌드드레인 공법, 그라우팅 공법, 동결법의 공통점
(93①, 95②, 97①, 04①, 05②)
지반개량 공법

● 시멘트 그라우팅의 목적 (예상)
① 지반의 차수
② 지반의 보강

● 약액주입법(그라우팅)의 주입효과 판정 시험 (22②)
① 현장투수시험
② 색소판별법
③ 표준관입시험

● 응결법의 원리 (참고)
지반의 누수방지 또는 지반개량을 위해 지반내부의 틈 또는 굵은 알 사이의 공극에 시멘트 죽(Cement Paste) 등을 주입하여 흙의 투수성을 저하하는 공법이다

● 동결법의 정의 (04③)
지반에 파이프를 박고 액체질소나 프레온가스를 주입하여 지하수를 동결시켜 차단하는 공법

● 배수 공법의 종류 (예상)
① 집수정 공법
② 깊은 우물 공법
③ 웰포인트 공법
④ 진공 깊은 우물 공법

● 지수 공법의 종류 (예상)
① 흙막이 공법
② 약액주입 공법
③ 고결법

기출 및 예상 문제

01 지반조사의 순서 중 ( ) 안에 알맞은 말을 쓰시오. (2점) •07 ②

(①) → (②) → 본조사 → (③)

① _____ ② _____ ③ _____

정답

1
① 사전조사
② 예비조사
③ 추가조사

02 지반조사의 방법 중 지하탐사법에 의한 것을 모두 골라 쓰시오. (3점)
•01 ②

┤보기├
㉮ 터파보기   ㉯ 철관박아 넣기   ㉰ 베인테스트
㉱ 탐사간   ㉲ 시료채취   ㉳ 대개시료채취
㉴ 관입시험   ㉵ 하중시험   ㉶ 물리적 탐사법

2
㉮, ㉱, ㉶

03 지반조사 방법이 적절한 지반조사 대상을 |보기|에서 골라 기입하시오. (5점) •87 ②, 97 ③

┤보기├
㉮ 터파기   ㉯ 보링   ㉰ 베인테스트
㉱ 짚어보기   ㉲ 물리적 지하탐사

① 극히 연약한 점토지반의 조사
② 광대한 대지의 지하구성층의 개략적 탐사
③ 수 개소 시행하여 지층의 깊이를 추정
④ 토질의 시료를 채취하여 지층의 상황을 판단
⑤ 대지의 일부분을 시험파기 하여 그 지층의 상태를 보고 내력을 추정

① _____ ② _____
③ _____ ④ _____
⑤ _____

3
① ㉰
② ㉲
③ ㉱
④ ㉯
⑤ ㉮

04 지반조사의 방법 중 사운딩을 간략히 설명하고, 탐사방법을 3가지 쓰시오. (6점)

•00 ①, 19 ①

가. 정의 : _____

나. 종류 : _____

05 표준관입시험 순서를 3단계로 나누어 간략하게 쓰시오. (3점)

•96 ④, 97 ③, 01 ②, 10 ①

① _____
② _____
③ _____

06 표준관입시험에서 표준 샘플러를 관입량 30 cm에 달하는데 요하는 타격회수 N 값이 답란과 같을 때 추정할 수 있는 모래의 상대밀도를 ( )에 써 넣으시오. (4점)

•16 ①

N 값	모래의 상대밀도
0~4	① ( )
4~10	② ( )
10~30	③ ( )
50 이상	④ ( )

07 시험에 관계되는 것을 |보기|에서 골라 번호를 쓰시오. (4점)

•93 ③, 95 ②, 97 ②, 04 ①, 10 ③, 19 ③

―――――| 보기 |―――――
㉮ 딘월 샘플링(Thin Wall Sampling)   ㉯ 베인시험(Vane Test)
㉰ 표준관입시험   ㉱ 정량분석시험

① 진흙의 점착력   ② 지내력
③ 연한 점토   ④ 염분

① _____ ② _____ ③ _____ ④ _____

정답

4

가. 정의 : 로드에 붙인 저항체를 지중에 넣고 관입, 회전, 인발 등의 저항으로부터 토층의 성상을 탐사하는 방법이다.

나. 종류
  ① 표준관입시험
  ② 스웨덴식 관입시험
  ③ 화란식 관입시험
  ④ 베인테스트

5
① 로드 선단에 샘플러를 부착한다.
② 로드 상단에서 질량 63.5 kg의 추를 760 mm 높이에서 자유낙하 한다.
③ 300 mm 관입시킬 때의 타격횟수 N을 구한다.

6
① 매우 느슨
② 느슨
③ 보통
④ 매우 조밀

7
① ㉯
② ㉰
③ ㉮
④ ㉱

08 다음 설명이 뜻하는 용어를 쓰시오. (2점)   •09 ③, 17 ③

> 보링구멍을 이용하여 +자 날개를 지반에 때려 박고, 회전시킬 때의 회전력으로 지반의 점착력을 판별하는 지반조사 시험

_____

정답

8
베인테스트(Vane Test)

09 다음에 알맞은 토질시험법을 │보기│에서 골라 번호를 쓰시오. (4점)
•90 ②, 95 ④, 98 ⑤

┤보기├
㉠ Darcy's Law   ㉡ Vane Test
㉢ Composite Sampling ㉣ Standard Penetration Test

① 굳은 지층의 시료채취   ② 사질지반의 밀도측정
③ 점토질의 점착력 확인   ④ 투수계수 확인

① _____ ② _____ ③ _____ ④ _____

9
① ㉢
② ㉣
③ ㉡
④ ㉠

10 보링의 목적을 3가지 쓰시오. (3점)   •17 ②

① _____ ② _____ ③ _____

10
① 토질의 분포파악
② 토층의 구성파악
③ 토질 주상도 작성
④ 지하수위 조사
⑤ 토질시험을 위한 교란시료 및 불교란시료 채취
⑥ 보링 공내에 표준관입시험 등의 원위치시험

11 보링의 4대 구성 기구명 중 3가지를 쓰시오. (3점)   •92 ②, 95 ①

① _____ ② _____ ③ _____

11
① 로드
② 비트
③ 케이싱
④ 코어튜브

12 다음은 지반조사법 중 보링에 대한 설명이다. 알맞은 용어를 쓰시오. (3점)
•95 ⑤, 97 ④, 02 ②, 03 ①, 06 ②, 07 ②③, 13②

① 비교적 연약한 토사에 수압을 이용하여 탐사하는 방식
② 경질층을 깊이 파는 데 이용되는 방식
③ 지층의 변화를 연속적으로 비교적 정확히 알고자 할 때 사용하는 방식

① _____ ② _____ ③ _____

12
① 수세식 보링
② 충격식 보링
③ 회전식 보링

13 지반조사를 위한 보링(Boring)의 종류를 3가지 쓰시오. (3점)

•94 ③, 95 ④, 09 ②, 11 ②③, 12 ③, 16 ①③, 20 ④

① _____ ② _____ ③ _____

정답

13
① 오거 보링
② 수세식 보링
③ 충격식 보링
④ 회전식 보링

14 지반조사 시 실시하는 보링(Boring)의 정의와 종류 4가지를 쓰시오. (4점)

•11 ③

가. 정의 : _____

나. 종류
① _____ ② _____
③ _____ ④ _____

14
가. 정의 : 토질의 시료를 채취하여 지층의 상황을 판단하는 방법
나. 종류
① 오거 보링
② 수세식 보링
③ 충격식 보링
④ 회전식 보링

15 다음 설명에 해당하는 보링 방법을 쓰시오. (4점) •14 ②, 21 ③, 22 ③

┤ 보기 ├
① 충격날을 60~70 cm 정도 낙하시키고 그 낙하충격에 의해 파쇄된 토사를 퍼내어 지층상태를 판단하는 방법
② 충격날을 회전시켜 천공하므로 토층이 흐트러질 우려가 적은 방법
③ 오거를 회전시키면서 지중에 압입, 굴착하고 여러 번 오거를 인발하여 교란시료를 채취하는 방법
④ 깊이 30 cm 정도의 연질층에 사용하며, 외경 50~60 mm관을 이용하여 천공하면서 흙과 물을 동시에 배출시키는 방법

① _____ ② _____
③ _____ ④ _____

15
① 충격식 보링
② 회전식 보링
③ 오거 보링
④ 수세식 보링

16 지내력시험의 방법 2가지를 쓰시오. (2점) •01 ①, 07 ①, 12 ③, 15 ②

① _____ ② _____

16
① 평판재하시험
② 말뚝재하시험

17 다음 용어를 설명하시오. (4점)   •07 ③, 13②, 19 ③

　가. 예민비 : _____

　나. 지내력시험 : _____

　다. 지내력시험의 종류 : _____

정답

17
가. 예민비 : 흙의 이김에 의해서 약해지는 정도를 표시하는 것
나. 지내력시험 : 평판재하 또는 시험말뚝을 이용하여 기초지반의 지지력 산정과 지반반력계수를 산정하는 시험
다. 지내력시험의 종류 : 평판재하시험, 말뚝재하시험

18 다음은 지내력시험(재하시험)에 대한 설명이다. ( ) 안에 적당한 사항을 채우시오. (3점)   •97 ②, 00 ⑤

　가. 시험은 예정 (①)에서 행한다.
　나. 재하시험용 재하판은 지름 (②) mm의 것을 표준으로 한다.
　다. 하중 증가는 계획된 시험 목표하중의 (③)단계로 나누고 누계적으로 동일 하중을 흙에 가한다.
　라. 재하 시간 간격은 각 단계별 하중 증가 후, 최소 (④)분 이상 하중을 유지해야 하며, 시험 종료는 시험하중이 허용하중의 (⑤)배 이상이거나 누적 침하량이 재하판 지름의 (⑥)%를 초과하는 경우에 시험을 멈춘다.

18
① 기초 바닥면(저면)
② 300
③ 8
④ 15
⑤ 3
⑥ 10
(주) 최신 KS F 2444와 KDS 41 20 00 기준에 맞게 수정하였음

19 지내력시험 결과가 다음과 같을 때 단기 및 장기허용지내력은? (4점)   •91 ②, 94 ②, 00 ②

───────── 보기 ─────────
[지내력시험 결과]
㉮ 재하판의 크기 : 300 mm
㉯ 침하곡선에서 항복상태를 보일 때의 하중 : 140 kN
㉰ 총 침하량이 30 mm에 도달했을 때의 하중 : 180 kN

① 단기허용지내력 : _____
② 장기허용지내력 : _____

19
① 재하판의 넓이
$= \pi \times 0.3^2/4 = 0.0707 m^2$
② 항복하중의 허용지내력
$= \dfrac{140 kN}{0.0707 m^2}$
$= 1,980.59 kN/m^2$
③ 극한하중의 허용지내력
$= \dfrac{180 \times (2/3) kN}{0.0707 m^2}$
$= 1,697.65 kN/m^2$
④ 단기허용지내력
$= \min(1,980.59, \ 1,697.65)$
$= 1,697.65 kN/m^2$
⑤ 장기허용지내력
$= 1,697.65 \times \dfrac{1}{2}$
$= 848.83 kN/m^2$
(주) 기출문제를 KS F 2444의 최신 기준에 맞게 일부 수정하였음.

20 접지하중 재하판의 지름을 300 mm로 하여 지내력시험을 한 결과는 다음 그림과 같다. 다음 결과를 이용하여 장기허용지내력도를 구하시오. (단, 제반실험장치 및 방법은 표준적인 방법에 따른 것으로 가정한다.) (3점)

•90 ④, 97 ⑤

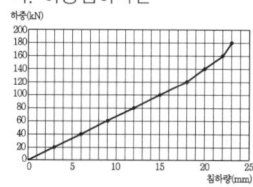

정답

20
① 재하판의 넓이
  $= \pi \times 0.3^2/4 = 0.0707 m^2$
② 항복하중의 허용지내력
  $= \dfrac{120 kN}{0.0707 m^2}$
  $= 1,697.65 kN/m^2$
③ 극한하중의 허용지내력
  $= \dfrac{175 \times (2/3) kN}{0.0707 m^2}$
  $= 1,650.50 kN/m^2$
④ 단기허용지내력
  $= min(1,697.65, 1,650.50)$
  $= 1,650.50 kN/m^2$
⑤ 장기허용지내력
  $= 1,650.50 \times \dfrac{1}{2}$
  $= 825.25 kN/m^2$
(주) 기출문제를 KS F 2444의 최신 기준에 맞게 일부 수정하였음

21 어느 건축현장의 지반조사를 위하여 지내력시험을 실시하였더니, 하중과 침하량의 관계가 다음 표와 같이 조사되었다. 이때, 하중침하량 곡선도를 작도하고, 시험대상 지반의 장기허용지내력을 구하시오. (단, 재하판의 지름은 300 mm이고, 총 침하량 30 mm일 때의 하중 : 250 kN이다.) (5점)

•99 ③

하중(kN)	20	40	60	80	100	120	140	160	180
침하량(mm)	3	6	9	12	15	18	20	22	23

가. 하중침하곡선 :

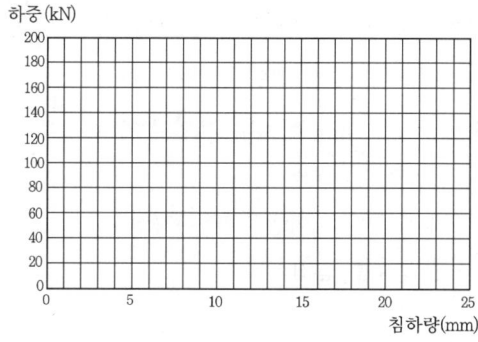

나. 장기허용지내력 :

21
가. 하중침하곡선

나. 허용지내력
① 재하판의 넓이
  $= \pi \times 0.3^2/4 = 0.0707 m^2$
② 항복하중의 허용지내력
  $= \dfrac{120 kN}{0.0707 m^2}$
  $= 1,697.65 kN/m^2$
③ 극한하중의 허용지내력
  $= \dfrac{250 \times (2/3) kN}{0.0707 m^2}$
  $= 2,357.85 kN/m^2$
④ 단기허용지내력
  $= min(1,697.65, 2,357.85)$
  $= 1,697.65 kN/m^2$
⑤ 장기허용지내력
  $= 1,697.65 \times \dfrac{1}{2}$
  $= 848.83 kN/m^2$
(주) 기출문제를 KS F 2444의 최신 기준에 맞게 일부 수정하였음

22 각종 시험에 사용되는 기구를 | 보기 |에서 골라 쓰시오. (5점)

•90 ②, 95 ③

| 보기 |
㉮ 다이얼게이지(Dial Gauge)   ㉯ 에어미터(Air Meter)
㉰ 슈미트해머(Schmidt Hammer)   ㉱ 페니트로미터(Penetro Meter)
㉲ 드롭해머(Drop Hammer)

① 토질시험 : (   )
② 콘크리트 공기량측정 : (   )
③ 지내력시험 : (   )
④ 콘크리트 강도측정 : (   )
⑤ 말뚝관입시험 : (   )

정답

22
① ㉱
② ㉯
③ ㉮
④ ㉰
⑤ ㉲

23 종방향의 미세한 변형량을 시계형으로 확대시켜 정확한 침하량을 측정하는 기구로서 지내력시험에 이용되는 기구명을 쓰시오. (1점)

•95 ⑤, 01 ②

23
다이얼게이지

24 기성 콘크리트말뚝 지정공사의 시험말뚝박기에 대한 다음 설명 중 (   ) 안에 적합한 숫자를 쓰시오. (4점)

•93 ②, 98 ②, 05 ③

가. 타격횟수 (①)회에 총관입량이 (②) mm 이하인 경우의 말뚝은 박히는 데 거부현상을 일으킨 것으로 본다.

나. 기초면적이 (③) m² 까지는 2개의 단일시험말뚝을 설치하고, (④) m² 까지는 3개의 단일시험말뚝을 설치한다.

24
가. ① 5
     ② 6
나. ③ 1,500
     ④ 3,000

25 지반개량 공법 5가지를 쓰시오. (5점)

•95 ①, 96 ③, 19 ③

①_____ ②_____
③_____ ④_____
⑤_____

25
① 재하법
② 치환법
③ 탈수법
④ 다짐법
⑤ 응결법(주입법)
⑥ 동결법
⑦ 전기화학 고결법

Lesson 07

26 지반개량의 목적과 지반개량 공법을 각각 3가지씩 쓰시오. (4점)

•95 ④, 96 ⑤, 00 ①

가. 지반개량의 목적
① _____ ② _____ ③ _____

나. 지반개량의 공법
① _____ ② _____ ③ _____

정답

26
가. 지반개량의 목적
① 지반의 지지력 증대
② 기초의 부동침하 방지
③ 지하 굴착시 안전성 확보
④ 기초의 보강
⑤ 말뚝의 가로 저항력 증대

나. 지반개량의 공법
① 재하법　② 치환법
③ 탈수법　④ 다짐법
⑤ 응결법(주입법)
⑥ 동결법
⑦ 전기화학 고결법

27 '지반의 흙을 양호한 흙으로 전체 바꾸어서 지반을 개량하는 방법'을 뜻하는 용어를 쓰시오. (1점)

•96 ①

27
치환법

28 지반개량 공법 중 탈수 공법의 종류를 4가지 쓰시오. (4점)

•99 ①, 04 ②, 08 ①, 13 ②

① _____ ② _____
③ _____ ④ _____

28
① 웰포인트 공법
② 샌드드레인 공법
③ 페이퍼드레인 공법
④ 생석회 공법

29 지반개량 공법에 대한 설명이다. 올바른 용어를 채우시오. (3점)

•04 ③

연약층의 흙을 양질의 흙으로 교체하는 방법을 (①) 공법이라고 하며, 지반에 파이프를 박고 액체질소나 프레온가스를 주입하여 지하수를 동결시켜 차단하는 것을 (②) 공법이라고 한다. 또한 구조물에 상당하는 무게를 미리 연약지반 위에 일정기간 방치하여 연약지반을 압밀시키는 것을 (③) 공법이라고 한다.

① _____ ② _____ ③ _____

29
① 치환
② 동결
③ 선행재하

30 지반개량 공법 중 탈수법에서 다음의 토질에 적당한 대표적 공법을 각각 1가지씩 쓰시오. (2점)　•98 ②, 01 ③, 05 ③, 08 ②, 09 ③, 13 ③

　　가. 사질토 : _____

　　나. 점토질 : _____

정답

30
가. 사질토 : 웰포인트 공법
나. 점토질 : 샌드드레인 공법

31 다음 지반탈수 공법의 명칭을 쓰시오. (4점)　•99 ⑤, 07 ①, 21 ①

① 점토질지반의 대표적인 탈수 공법으로서 지반지름 40~60 cm 구멍을 뚫고 모래를 넣은 후, 성토 및 기타 하중을 가하여 점토질지반을 압밀함으로써 탈수하는 공법을 무슨 공법이라고 하는가?

② 사질지반의 대표적인 탈수 공법으로서 지름 약 20 cm 특수 파이프를 상호 2m 내외 간격으로 관입하여 모래를 투입한 후 진동다짐하여 탈수 통로를 형성시켜 탈수하는 공법을 무슨 공법이라고 하는가?

　　① _____　② _____

31
① 샌드드레인 공법
② 웰포인트 공법

32 샌드드레인(Sand Drain) 공법의 목적을 설명하고, 방법을 쓰시오. (4점)
　•94 ④, 08 ③

　　가. 목적 : _____
　　나. 방법 : _____

32
가. 목적 : 연약 점토질지반에서 탈수를 이용해 지반을 개량하기 위한 공법
나. 방법 : 지반에 구멍을 뚫고 모래를 넣은 후, 성토 및 기타 하중을 가하여 점토질지반을 압밀함으로써 탈수하는 공법

33 지반개량 공법에서 진동다짐압입 공법 2가지를 쓰시오. (2점)
　•98 ⑤, 99 ⑤, 01 ③, 05 ①, 06 ③

　　① _____　② _____

33
① 바이브로 플로테이션 공법
② 바이브로 컴포저 공법
③ 샌드컴팩션 말뚝 공법

34 지반개량 공법 중 샌드드레인 공법에 대하여 기술하시오. (4점)
　•09 ②, 10 ①, 12 ②, 14 ③, 16 ①, 17 ③, 20 ②, 21 ②

34
연약 점토질지반의 탈수를 이용해 지반을 개량하기 위한 공법으로 지반에 구멍을 뚫고 모래를 넣은 후, 성토 및 기타 하중을 가하여 점토질 지반을 압밀함으로써 탈수하는 공법

35 |보기|에 열거한 공법들을 분류에 따라 골라 번호를 쓰시오. (4점)

•93 ①, 95 ②, 97 ①, 04 ①, 05 ②

|보기|
- ㉮ 칼웰드 공법(리버스 서큘레이션 공법)
- ㉯ 샌드드레인 공법
- ㉰ 베노토 공법
- ㉱ 동결 공법
- ㉲ 그라우팅 공법
- ㉳ 이코스 공법

가. 제자리콘크리트말뚝 공법 : _____

나. 지반개량 공법 : _____

36 연약 점토질지반의 개량공법 두 가지를 적고 그 중에서 한 가지를 선택하여 간단히 설명하시오. (5점)

•11 ①

가. 연약 점토질지반의 개량공법

① _____ ② _____

나. 설명

_____

37 지반개량을 위한 탈수법 중 다음 공법에 대하여 설명하시오. (4점)

•10 ③, 20 ③

가. 페이퍼드레인 공법 : _____

나. 생석회 공법 : _____

38 점토질지반의 개량공법 2가지와 그 중에서 1가지를 선택하여 간단히 설명하시오. (4점)

•16 ②

가. 점토지반 개량공법

① _____ ② _____

나. ( ) : _____

정답

35
가. 제자리콘크리트말뚝 공법 : ㉮, ㉰, ㉳
나. 지반개량 공법 : ㉯, ㉱, ㉲

(주) 기출문제 출제년도에 따라 리버스 서큘레이션 공법이 칼웰드 공법으로 대체되어 출제되기도 하였음

36
가. 연약 점토질지반의 개량공법
 ① 샌드드레인 공법
 ② 페이퍼드레인 공법
 ③ 생석회 공법
나. 설명
 샌드드레인 공법 : 연약 점토질지반에서 탈수를 이용해 지반을 개량하기 위한 공법으로 지반지름 400~600mm 구멍을 뚫고 모래를 넣은 후, 성토 및 기타 하중을 가하여 점토질지반을 압밀함으로써 탈수하는 공법이다.
(주) 지반개량 공법을 적고 설명하라고 하면 재하법, 치환법, 탈수법, 다짐법 등을 적고 설명하며, 연약 점토질지반인 경우 점토질지반에서 대표적인 공법을 적고 설명한다.

37
가. 페이퍼드레인 공법 : 점토질지반에서 모래말뚝 대신 흡수지를 삽입하여 탈수시키는 공법이다.
나. 생석회 공법 : 점토질지반에서 모래말뚝 대신 산화칼슘(생석회)을 채워 넣어 탈수시키는 공법이다.

38
가. 점토지반 개량공법
 ① 재하법
 ② 치환법
 ③ 탈수법
 ④ 동결법
 ⑤ 전기화학고결법
나. 탈수법 : 주로 연약 점토질지반에서 간극수를 탈수하여 지내력을 증가시키는 공법이다.

Lesson 08 터파기 및 흙막이벽

1 터파기

1. 일반사항

1) 개요
기초공사를 하기 위해 땅을 파는 일로써 기초파기 또는 흙파기라고 한다.

2) 흙의 부피증가율과 휴식각

(1) 굴착에 의한 흙의 부피증가율 (93③, 98②, 99⑤)

종류	부피증가율(%)	종류	부피증가율(%)
경암	70~90	점토	20~45
연암	30~60	점토+자갈	35
모래 또는 자갈	15	보통 흙 (점토+모래+자갈)	30

(2) 흙의 휴식각 (94①, 97②, 98②, 01①, 12③)

① 흙입자 간의 부착력, 응집력을 무시할 때, 즉 마찰력만으로 중력에 대하여 정지하는 흙의 사면각도를 흙의 휴식각이라 한다.
② 터파기 경사각은 터파기에 있어 경사면을 해결하는 파기의 경사를 말하며, 경사각은 휴식각의 2배이다.

2. 흙파기 형식에 의한 분류(공법) (89①)

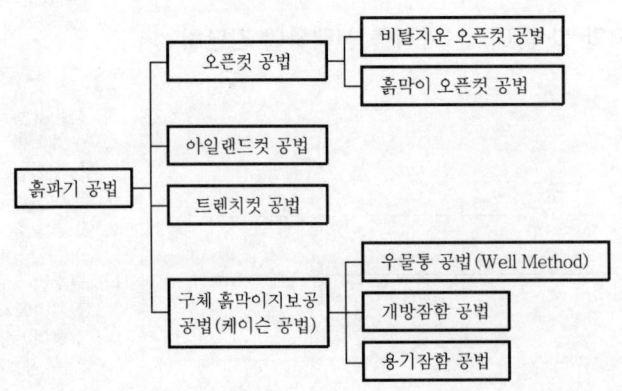

● 핵심 Point

● 굴착에 의한 토량의 증가 순서 (93③, 98②, 99⑤)
① 암석(30~90%)
② 점토, 모래, 자갈의 혼합토(30%)
③ 점토(20~45%)
④ 모래 또는 자갈(15%)

● 흙의 휴식각의 정의 (94①, 97②, 98②, 01①, 12③)
흙입자 간의 부착력, 응집력을 무시할 때, 즉 마찰력만으로서 중력에 대하여 정지하는 흙의 사면각도

● 흙파기 모양에 의한 분류 (참고)
① 구덩이파기
② 줄파기
③ 온통파기

● 흙파기 형식에 의한 분류 (89①)
① 오픈컷 공법
② 아일랜드컷 공법
③ 트렌치컷 공법
④ 구체 흙막이지보공 공법 (케이슨 공법)

3. 오픈컷 공법(Open Cut Method)

1) 비탈지운 오픈컷 공법
흙막이지보공(버팀대)없이 굴착단면을 경사면으로 유지하면서 굴착하는 공법이다.

2) 흙막이 오픈컷 공법

(1) 자립 공법
지보공 없이 흙막이벽만으로 토압을 지지하면서 굴착하는 공법이다.

(2) 버팀대 공법
흙막이벽의 토압을 버팀대(지보공)로 지지하면서 굴착하는 공법이다.

(3) 어스앵커 공법(Earth Anchor Method) (93④, 94②, 95④, 98⑤, 12③, 15③, 19①)

① 버팀대 대신 흙막이벽의 바깥쪽에 어스앵커를 설치하여 토압을 지지하면서 굴착하는 공법이다. 타이백 공법(Tie Back Method) 혹은 지반정착 공법이라고도 한다.

② 어스앵커 공법의 특징 (11③, 17②)
  ㉠ 버팀대(지보공) 없이 깊은 굴착이 가능하며 경제적이다.
  ㉡ 굴착작업 공간이 넓어 기계화 시공이 가능하다.
  ㉢ 버팀대와 지주가 없어 가설재가 절약된다.
  ㉣ 부분굴착 시공이 가능하여 공구분할이 용이하다.
  ㉤ 굴착에 있어 공기단축이 가능하다.

③ 앵커의 구성 및 설치

구분	내용
앵커의 구성	일반적인 주입앵커는 앵커헤드, 인장재, 타이백 등으로 구성된다.
앵커의 설치	㉠ 앵커 상호간의 간격은 상하 좌우로 1.2~2.0 m 이상의 간격으로 한다. ㉡ 앵커체는 수평에서 하향 10~45° 범위의 경사각으로 한다.

④ 어스앵커의 시공순서 (90①, 93④, 96②, 99②, 03③)

Type (I)	Type (II)
㉠ 엄지말뚝박기 ㉡ 흙막이벽판 설치 ㉢ 앵커용 보링 ㉣ 앵커 그라우팅 ㉤ 띠장 설치 ㉥ 인장시험	㉠ 어미말뚝을 박는다. ㉡ 흙파기를 한다. ㉢ 토류판을 설치한다. ㉣ 어스앵커 드릴로 구멍을 뚫는다. ㉤ PC 케이블을 삽입하고, 그라우트 한다. ㉥ 띠장을 설치한다. ㉦ 앵커를 긴장 및 정착시킨다.

핵심 Point

● 흙막이 오픈컷 공법의 종류 (예상)
① 자립 공법
② 버팀대 공법
③ 어스앵커 공법

● 어스앵커 공법의 정의 (93④, 94②, 95④, 98⑤, 12③, 15③, 19①)
버팀대 대신 흙막이벽의 바깥쪽에 어스앵커를 설치하여 토압을 지지하면서 굴착하는 공법

● 어스앵커 공법의 특징 (11③, 17②)
① 버팀대(지보공) 없이 깊은 굴착이 가능하며 경제적이다.
② 굴착작업 공간이 넓어 기계화 시공이 가능하다.
③ 버팀대와 지주가 없어 가설재가 절약된다.
④ 부분굴착 시공이 가능하여 공구분할이 용이하다.
⑤ 굴착에 있어 공기단축이 가능하다.

● 어스앵커 공법의 시공순서 (93④, 96②, 99②, 03③)
① 엄지말뚝박기
② 흙막이벽판 설치
③ 앵커용 보링
④ 앵커 그라우팅
⑤ 띠장 설치
⑥ 인장시험

● Earth Anchor Tie Back에 의한 흙막이 시공순서 (90①)
① 어미말뚝을 박는다.
② 흙파기를 한다.
③ 토류판을 설치한다.
④ 어스앵커 드릴로 구멍을 뚫는다.
⑤ PC 케이블을 삽입하고, 그라우트 한다.
⑥ 띠장을 설치한다.
⑦ 앵커를 긴장 및 정착시킨다.

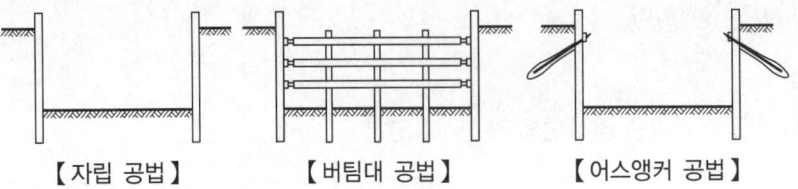

【자립 공법】 【버팀대 공법】 【어스앵커 공법】

4. 아일랜드컷 공법(Island Cut Method)

1) **정의** (90③, 92③, 94②, 96②, 97④, 09②, 13②, 17②, 21①)

   먼저 중앙부를 굴착한 후 기초구조물을 축조하고 버팀대로 지지하며 주변부를 굴착하고 나머지 지하구조물을 완성하는 터파기 공법이다.

2) **시공순서** (93①, 94②, 05②, 17②)

   ① 흙막이 설치 ② 중앙부 굴착
   ③ 중앙부 기초구조물 축조 ④ 버팀대 설치
   ⑤ 주변부 흙파기 ⑥ 지하구조물 완성

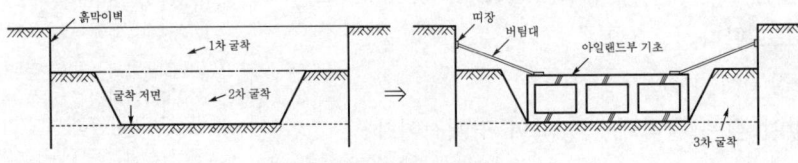

【아일랜드컷 공법】

5. 트렌치컷 공법(Trench Cut Method)

1) **정의** (09②, 13②, 21①)

   먼저 주변부를 굴착한 후 기초구조물을 축조하고 버팀대로 지지하며 중앙부를 굴착하고 나머지 기초구조물을 완성하는 터파기 공법이다.

2) **시공순서**

   ① 흙막이 설치 ② 주변흙 굴착
   ③ 주변부 기초구조물 축조 ④ 버팀대 설치
   ⑤ 중앙부 굴착 ⑥ 지하구조물 완성

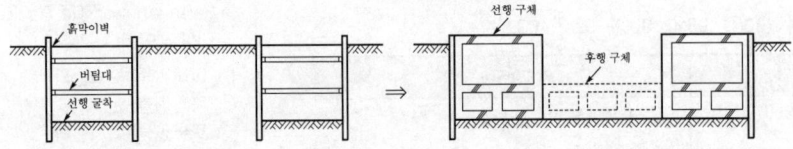

【트렌치컷 공법】

6. 구체 흙막이지보공 공법

1) **개요**

   흙막이벽의 역할과 구조체 역할과 지보공 역할을 함께 하는 공법이다.

핵심 Point

【버팀대 공법에 의한 공사 장면】

● 앵커의 종류 중 사용 방법에 의한 분류 (참고)
① 영구앵커 ② 가설앵커
③ 시험앵커 ④ 관리앵커

● 앵커의 종류 중 정착지반의 지지 방식에 의한 분류 (참고)
① 마찰형 앵커
② 지압형 앵커
③ 복합형 앵커

● 어스앵커에 사용되는 인장재의 종류 (참고)
① PC 강선 ② PC 강연선
③ PC 강봉

● 어미말뚝(엄지말뚝)의 정의 (참고)
땅파기에서 H 혹은 I형강 말뚝을 사용하여 흙막이판과 더불어 흙막이벽을 이루어 배면의 토압 및 수압을 직접 지지하는 수직 휨부재

● 아일랜드컷 공법의 정의 (90③, 92③, 94②, 96②, 97④, 09②, 13②, 17②, 21①)
터파기 공사시 중앙부를 굴착한 후 기초구조물을 축조하고 버팀대로 지지하며 주변부를 굴착하고 나머지 지하구조물을 완성하는 터파기 공법

● 아일랜드컷 공법의 시공순서 (93①, 94②, 05②, 17②)
① 흙막이 설치
② 중앙부 굴착
③ 중앙부 기초구조물 축조
④ 버팀대 설치
⑤ 주변부 흙파기
⑥ 지하구조물 완성

2) 종류 (02②, 06③, 13③)

종류	내용
우물통 공법 (Well Method)	건물의 기둥 위치에 3.0~3.5 m 지름의 심초우물을 파고 기초를 축조한다.

개방잠함 공법
(Open Caisson Method)
	(1) 개요
	    토압과 수압이 적은 지반에서 사용되는 공법이다. 케이슨 공법이라고도 한다.
	(2) 시공순서 (89③, 92③, 08①)
	    ① 지하구조체 지상구축 ② 하부의 중앙흙을 파내어 침하
	    ③ 중앙부 기초구축 ④ 주변 기초구축

용기잠함 공법 (Pneumatic Caisson Method)	토압과 수압이 대단히 크고 지층을 깊이 굴착할 때 사용되는 공법이다. 최하부 작업실을 밀폐시키고 압축공기를 채워 물과 토사의 유입을 방지하면서 굴착한 후 잠함을 침하시키는 특수침하 공법이다.

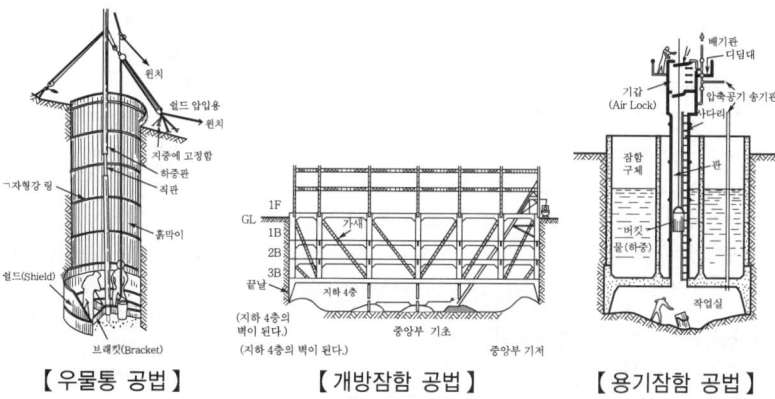

【우물통 공법】   【개방잠함 공법】   【용기잠함 공법】

※2 흙막이벽

1. 개요

흙막이란 건물의 기초와 지하구조물 시공을 위한 지하굴착시에 주변 지반의 붕괴, 침하 및 이동을 방지할 목적으로 설치하는 것이다.

2. 흙막이의 안전성

1) 터파기 완료 후 인접건물의 침하원인 (98②, 12③, 19②)

① 히빙파괴   ② 보일링
③ 파이핑 현상   ④ 지하수위 변화
⑤ 흙막이벽 배면의 뒤채움 불량

핵심 Point

● **트렌치컷 공법의 정의** (09②, 13②, 21①)
주변부를 굴착한 후 기초구조물을 축조하고 버팀대로 지지하며 중앙부를 굴착하고 나머지 기초구조물을 완성하는 터파기 공법

● **아일랜드컷 공법과 트렌치컷 공법의 공통특징 (예상)**
① 연약지반에 적용이 가능하다.
② 넓은 면적의 얕은 굴착에 유리하다.
③ 깊은 기초에는 부적당하다.
④ 이중 작업으로 공기가 길어진다.

● **구체 흙막이지보공 공법의 정의 (예상)**
흙막이벽의 역할과 더불어 구조체 역할, 지보공 역할을 함께 하는 공법이다.

● **지하구조체, 흙막이지보공(버팀대)의 역할을 하는 공법** (02②, 06③, 13③)
① 우물통 공법
② 개방잠함 공법
③ 용기잠함 공법

● **개방잠함의 시공순서** (89③, 92③, 08①)
① 지하구조체 지상구축
② 하부의 중앙흙을 파내어 침하
③ 중앙부 기초구축
④ 주변 기초구축

● **케이슨병(Caisson Disease) (참고)**
고압환경에서 보통기압으로 되돌아 올 때 일어나는 여러 가지 장애로 잠수병 또는 감압병, 잠함병이라고도 한다.

● **흙막이 지하공사를 위한 사전조사 (참고)**
① 지반의 형상
② 지하수의 상태
③ 주변건물의 상태
④ 지하 매설물

2) 흙막이 및 지반의 안전
(널말뚝 산정 시 고려사항, 흙막이 붕괴원인, 지하수 발생문제)

(1) 히빙파괴 (89③, 93①, 94①, 00②③, 05①, 09②, 10②, 12①③, 13③, 17①, 19③, 20③)

정의	히빙파괴(Heaving Failure)는 연약 점토지반에서 흙의 중량과 지표 적재하중으로 인해 흙이 안으로 밀려 불룩하게 되는 현상이다.
대책	① 흙막이를 경질지반까지 도달 ② 지반개량 공법(샌드드레인 공법, 페이퍼드레인 공법, 생석회 공법) ③ 지반 위의 하중 제거

(2) 보일링 (93①, 00③, 01②, 05①, 08②, 09②, 12①③, 13②③, 17①, 20③)

정의	보일링(Boiling, Quick Sand)은 사질지반에서 지하수와 피압수로 인해 저면 사질지반의 지지력이 상실되는 현상이다.
대책	① 흙막이를 경질지반까지 도달 ② 웰포인트 공법으로 지하수위 저하 ③ 약액주입 등으로 굴착지면의 지수

(3) 파이핑 현상 (93①, 00③, 05①, 13③)

정의	파이핑(Piping) 현상은 흙막이벽의 부실공사로 인해 흙막이벽에 뚫린 구멍 또는 이음새를 통하여 물이 공사장 내부바닥으로 새어나와 파이프작용을 하는 현상이다.
대책	① 흙막이의 수밀시공　② 지하수위 저하 ③ 지반고결

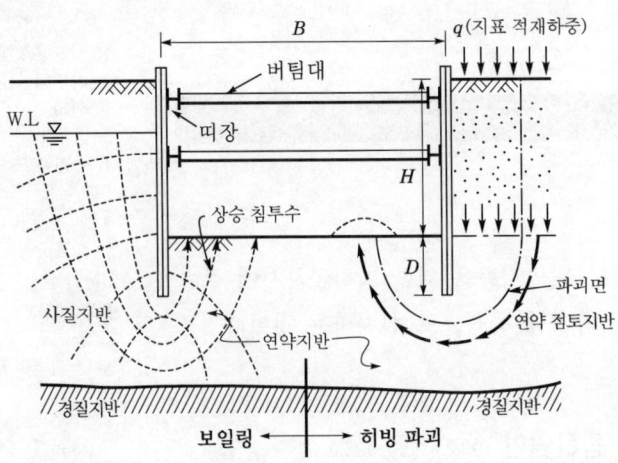

핵심 Point

● 터파기 완료 후 인접건물의 침하원인 (98②, 12③, 19②)
① 히빙파괴
② 보일링
③ 파이핑 현상
④ 지하수위 변화
⑤ 흙막이벽 배면의 뒤채움 불량

● 흙막이 안전대책 (참고)
① 지하수 대책 수립
② 연약지반의 지반개량
③ 강성이 큰 흙막이 설치
④ 충분한 근입깊이 확보
⑤ 계측관리 실시

● 히빙파괴의 정의 (89③, 93①, 94①, 00②③, 05①, 10②, 12①③, 13③, 19③)
연약 점토지반에서 흙의 중량과 지표 적재하중으로 인해 흙이 안으로 밀려 불룩하게 되는 현상

● 히빙파괴의 대책 (09②, 17①, 20③)
① 흙막이를 경질지반까지 도달
② 지반개량
③ 지반 위의 하중 제거

● 보일링의 정의 (93①, 00③, 05①, 08②, 12①③, 13③)
사질지반에서 지하수, 피압수로 인해 저면 사질지반의 지지력을 상실하는 현상

● 보일링의 대책 (01②, 09②, 13②, 17①, 20③)
① 흙막이를 경질지반까지 도달
② 웰포인트 공법으로 지하수위 저하
③ 약액주입 등으로 굴착지면의 지수

● 파이핑 현상의 정의 (93①, 00③, 05①, 13③)
흙막이벽의 부실공사로써 흙막이벽의 뚫린 구멍 또는 이음새를 통하여 물이 공사장 내부바닥으로 파이프작용을 하는 현상

3) 측압의 분포와 안전 조건

(1) 측압의 분포 (00②, 09①, 16①, 22①)

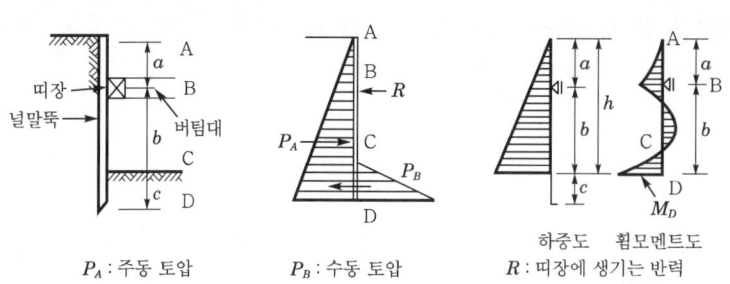

P_A : 주동 토압 P_B : 수동 토압 R : 띠장에 생기는 반력

하중도   휨모멘트도

(2) 안전 조건
띠장(버팀대)의 반력(R) + 수동토압(P_B) ≥ 주동토압(P_A)

(3) 띠장과 버팀대

구분	내용
띠장 (Wale)	주로 휨모멘트를 부담하는 휨재로서 흙막이벽체가 받는 측압을 버팀대, 귀잡이 등에 전달하는 수평지지대이다.
버팀대 (Strut)	주로 압축력을 부담하는 압축재로서 흙막이벽에 직각방향으로 설치되어 띠장을 직접 지지해 주는 수평지지대이다.

3. 흙막이의 종류 (03②)

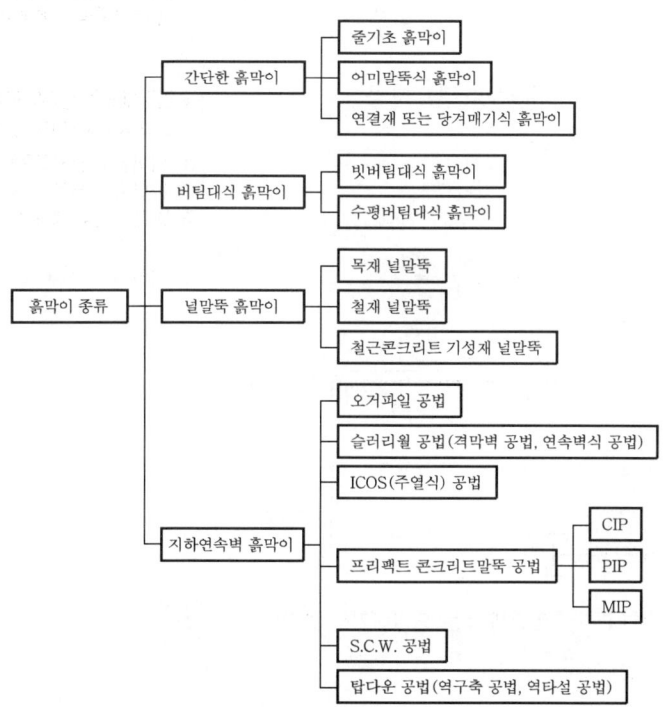

핵심 Point

- 파이핑 현상의 대책 (예상)
  ① 흙막이의 수밀시공
  ② 지하수위 저하
  ③ 지반고결

- 수평버팀대식 흙막이에 작용하는 응력 (00②, 09①, 16①, 22①)

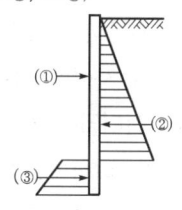

  ① 버팀대의 반력
  ② 주동토압
  ③ 수동토압

- 아래의 흙막이 측압에서 안전 조건을 설명하시오. (예상)

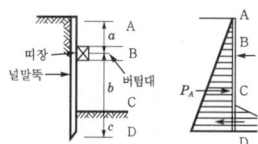

안전 조건 : 띠장(버팀대)의 반력(R) + 수동토압(P_B) ≥ 주동토압(P_A)

- 주동토압의 분포도 설명 (참고)

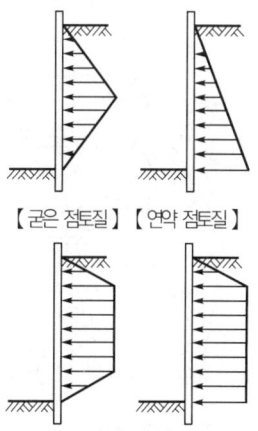

【굳은 점토질】【연약 점토질】

【굳은 사질토】【연약 사질토】

4. 간단한 흙막이

1) 줄기초 흙막이

깊이 1.5 m, 너비 1 m 정도를 팔 때 옆벽이 무너질 것을 고려하여 널판, 띠장, 버팀대를 사용한 간단한 흙막이이다.

2) 어미말뚝식 흙막이

(1) 개요

흙막이 널말뚝 대신에 어미말뚝을 사용한 흙막이로 H형강 등을 박고 그 사이에 널을 가로 대거나 하는 흙막이이다.

(2) 어미말뚝(엄지말뚝)과 흙막이판 시공[19]

① 어미말뚝의 간격은 1~2 m 범위로 하되 1.5 m를 표준으로 한다.
② 어미말뚝은 정확하게 연직으로 설치하며, 그 연직도는 근입깊이의 1/100 이내가 되도록 한다.
③ 어미말뚝의 선단은 굴착 밑면 아래로 2 m 이상 근입한다.

3) 연결재 또는 당겨매기식 흙막이

(1) 개요

지반이 연약하여 버팀대로 지지하기 곤란한 넓은 대지에 사용하는 흙막이로 흙막이말뚝과 널말뚝 상부에 ㄱ자 형강 또는 각재를 연결하거나 로프로 끌어당기는 흙막이이다.

(2) 시공순서 (91①, 97④)

① 어미말뚝(엄지말뚝)   ② 널말뚝(토류판) 시공
③ 널말뚝 상부 띠장(ㄱ자 형강)   ④ 흙파기
⑤ 연결재 및 로프 당겨매기

> **핵심 Point**
>
> ● 지하수위의 높고 낮음에 따른 영향 (예상)
> 가. 지하수위가 높을 때
> ① 흙막이벽의 측압 증대
> ② 지수벽의 시공비 증대
> ③ 보일링 및 파이핑 증대
> 나. 지하수위가 낮을 때
> ① 주변지반의 압밀침하
> ② 주변 우물 고갈
> ③ 인접건물의 부동침하
> ④ 도로의 침하
>
> ● 흙막이의 종류 (03②)
> ① 간단한 흙막이
> ② 버팀대식 흙막이
> ③ 널말뚝 흙막이
> ④ 지하연속벽 흙막이

【 어미말뚝식 흙막이 】

> ● 연결재 또는 당겨매시식 흙막이의 시공순서 (91①, 97④)
> ① 어미말뚝(엄지말뚝)
> ② 널말뚝(토류판) 시공
> ③ 널말뚝 상부 띠장(ㄱ자 형강)
> ④ 흙파기
> ⑤ 연결재 및 로프 당겨매기

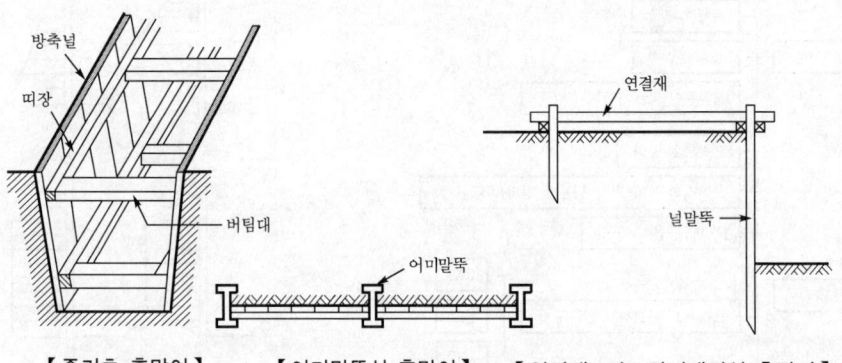

【 줄기초 흙막이 】   【 어미말뚝식 흙막이 】   【 연결재 또는 당겨매기식 흙막이 】

---

19) KCS 21 30 00 가설흙막이 공사 (3.6), 국토교통부, 한국건설가설협회, 2022.

5. 버팀대식 흙막이

1) 빗버팀대식 흙막이

(1) 개요

규준대를 설치한 후 그 사이로 널말뚝을 박고 띠장을 댈 부분까지 온통파기를 하고, 버팀말뚝과 빗버팀대를 대고 주변부 흙을 파낸다.

(2) 설치순서

① 줄파기　　② 규준대대기
③ 널말뚝박기　④ 중앙부 흙파기
⑤ 띠장대기　　⑥ 버팀말뚝 및 버팀대대기
⑦ 주변부 흙파기

2) 수평버팀대식 흙막이

(1) 개요

규준대를 설치한 후 그 사이로 널말뚝을 박고 띠장을 댈 부분까지 온통파기를 하고 받침기둥을 박은 다음 수평버팀대를 대고 중앙부와 주변부 흙을 파낸다.

(2) 설치순서 (94①, 95③, 97②)

① 줄파기　　② 규준대대기
③ 널말뚝박기　④ 흙파기
⑤ 받침기둥박기　⑥ 띠장대기
⑦ 버팀대대기　⑧ 중앙부 흙파기
⑨ 주변부 흙파기

6. 널말뚝 흙막이

1) 개요

지상에서부터의 삽입으로 흙막이벽을 형성하기 위한 부재이다.

2) 종류

(1) 나무 널말뚝

① 재료는 낙엽송, 소나무 등의 생나무를 사용한다.
② 흙막이 높이(깊이)는 4 m 정도까지 사용하고, 그 이상일 때는 강재 널말뚝을 사용한다.
③ 널말뚝의 두께는 길이의 1/60 이상 또는 50 mm 이상이다.
④ 널말뚝의 너비는 두께의 3배 이하 또는 250 mm 이하이다.
⑤ 나무 널은 일반적으로 오늬쪽매, 반턱쪽매, 제혀쪽매 등으로 한다.

핵심 Point

● 빗버팀대식 흙막이의 설치순서 (예상)
① 줄파기
② 규준대대기
③ 널말뚝박기
④ 중앙부 흙파기
⑤ 띠장대기
⑥ 버팀말뚝 및 버팀대대기
⑦ 주변부 흙파기

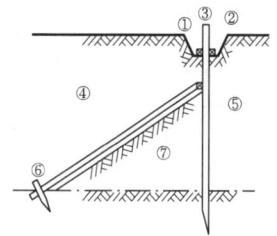

【 빗버팀대식 흙막이 】

● 수평버팀대식 흙막이의 설치순서 (94①, 95③, 97②)
① 줄파기
② 규준대대기
③ 널말뚝박기
④ 흙파기
⑤ 받침기둥박기
⑥ 띠장대기
⑦ 버팀대대기
⑧ 중앙부 흙파기
⑨ 주변부 흙파기

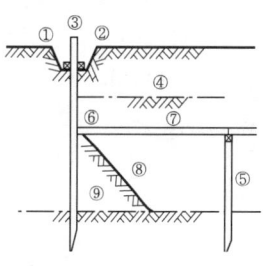

【 수평버팀대식 흙막이 】

● 널말뚝의 요구사항 (참고)
① 부재의 높은 강성
② 부재의 수밀성 확보
③ 부재의 침하방지

【오늬쪽매】　　　【반턱쪽매】　　　【제혀쪽매】

(2) 강재 널말뚝(Steel Sheet Pile)

구분	내용
개요	① 강재 널말뚝의 조인트 부분을 강제(强制)로 맞물리게 하여 지중에 박아 넣은 흙막이이다. ② 용수가 많고, 토압이 크며, 기초가 깊을 때 사용한다.
강재 널말뚝의 종류 (99①, 99②, 01①)	① 테라루즈식(Terres Rouges) ② 유니버설 조인트식(Universal Joint) ③ 심플렉스식(Simplex) ④ 라르센식(Larsen) ⑤ 유에스 스틸식(U.S. Steel) ⑥ 랜섬식(Ransom) ⑦ 라크완느식(Lackwanna)

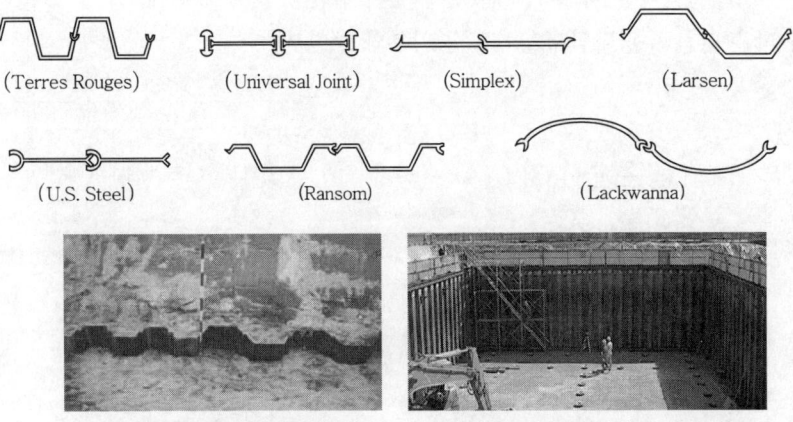

(Terres Rouges)　(Universal Joint)　(Simplex)　(Larsen)

(U.S. Steel)　(Ransom)　(Lackwanna)

【강재 널말뚝 타입】　　【강재 널말뚝 설치 후 굴착】

(3) 철근콘크리트 기성재 널말뚝(기성 콘크리트말뚝)

① 프리캐스트콘크리트를 널말뚝으로 사용한다.
② 길이는 3~7 m, 너비는 400~500 mm, 두께는 50~150 mm 정도이다.

핵심 Point

- 널말뚝 흙막이의 종류 (예상)
① 나무 널말뚝
② 강재 널말뚝
③ 철근콘크리트 기성재 널말뚝(기성 콘크리트말뚝)

- 나무 널말뚝 쪽매이음의 종류 (예상)
① 오늬쪽매
② 반턱쪽매
③ 제혀쪽매

- 강재 널말뚝의 종류 (99①, 99②, 01①)
① 테라루즈식
② 유니버설 조인트식
③ 심플렉스식
④ 라르센식
⑤ 유에스 스틸식
⑥ 랜섬식
⑦ 라크완느식

Lesson 08

기출 및 예상 문제

01 다음 |보기|의 토질 중에서 굴착에 의한 토량이 가장 크게 증가하는 것부터 순서대로 그 번호를 쓰시오. (4점)   •93 ③, 98 ②, 99 ⑤

┤보기├
㉮ 점토
㉯ 점토, 모래, 자갈의 혼합토
㉰ 모래 또는 자갈
㉱ 암석

정답

1
㉱, ㉯, ㉮, ㉰
※ 점토, 모래, 자갈의 혼합토는 보통흙을 의미한다.

02 다음 (   ) 안에 알맞은 용어를 |보기|에서 골라 기호를 쓰시오. (3점)   •94 ①, 98 ②, 01 ①

┤보기├
㉮ 압축력   ㉯ 마찰력   ㉰ 중력
㉱ 응집력   ㉲ 지내력

흙의 휴식각이란 흙입자간의 부착력, (①)을 무시한 때, 즉 (②)만으로서 (③)에 대하여 정지하는 흙의 사면각도이다.

① _____ ② _____ ③ _____

2
① ㉱
② ㉯
③ ㉰

03 흙의 휴식각을 간단히 설명하시오. (3점)   •97 ②, 12 ③

3
흙입자 간의 부착력, 응집력을 무시한 때, 즉 마찰력만으로서 중력에 대해 정지하는 흙의 사면각도

04 흙파기 형식에 의한 흙파기 공법을 3가지 쓰시오. (3점)   •89 ①

① _____ ② _____ ③ _____

4
① 오픈컷 공법
② 아일랜드컷 공법
③ 트렌치컷 공법
④ 구체 흙막이지보공 공법 (케이슨 공법)

05 어스앵커(Earth Anchor) 공법에 대하여 설명하시오. (3점)

•93 ④, 94 ②, 95 ④, 98 ⑤, 12 ③, 15 ③, 19 ①

정답 5
버팀대 대신 흙막이벽의 바깥쪽에 어스앵커를 설치하여 토압을 지지하면서 굴착하는 공법

06 흙막이 공사에 사용하는 어스앵커(Earth Anchor)공법의 특징을 4가지 쓰시오. (4점)

•11 ③, 17 ②

① _____
② _____
③ _____
④ _____

정답 6
① 버팀대(지보공) 없이 깊은 굴착이 가능하며 경제적이다.
② 굴착작업 공간이 넓어 기계화 시공이 가능하다.
③ 버팀대와 지주가 없어 가설재가 절약된다.
④ 부분굴착 시공이 가능하여 공구분할이 용이하다.
⑤ 굴착에 있어 공기단축이 가능하다.

07 토류벽을 이용한 수직터파기 공법의 순서를 |보기|에서 골라 번호를 쓰시오. (4점)

•93 ④, 96 ②, 99 ②, 03 ③

┤보기├
㉮ 앵커용 보링   ㉯ 엄지말뚝박기
㉰ 인장시험   ㉱ 띠장설치
㉲ 앵커 그라우팅   ㉳ 흙막이벽판 설치

정답 7
㉯ → ㉳ → ㉮ → ㉲ → ㉱ → ㉰
(주) 어스앵커 공법의 시공순서이다.

08 Anchor Tie Back에 의한 흙막이 시공순서를 |보기|에서 골라 번호를 쓰시오. (6점)

•90 ①

┤보기├
㉮ 어미말뚝을 박는다.   ㉯ 흙파기를 한다.
㉰ 토류판을 설치한다.   ㉱ 앵커를 긴장 및 정착시킨다.
㉲ 띠장을 설치한다.   ㉳ 어스앵커 드릴로 구멍을 뚫는다.
㉴ PC 케이블을 삽입하고, 그라우트한다.

정답 8
㉮ → ㉯ → ㉰ → ㉳ → ㉴ → ㉲ → ㉱

Lesson 08

09 아일랜드컷(Island Cut) 공법을 설명하시오. (3점)

• 90 ③, 92 ③, 94 ②, 96 ②, 97 ④, 17 ②

_____

정답

9
터파기 공사시 중앙부분을 먼저 파고 기초를 축조한 다음 버팀대로 지지하여 주변 흙을 파내고 지하구조물을 완성하는 터파기 공법이다.

10 다음 설명에 해당하는 흙파기 공법의 명칭을 쓰시오. (4점)

• 09 ②, 13 ②, 21 ①

가. 구조물 위치 전체를 동시에 파내지 않고 측벽이나 주열선 부분만을 먼저 파내고 그 부분의 기초와 지하구조체를 축조한 다음 중앙부의 나머지 부분을 파내어 지하구조물을 완성하는 공법

나. 중앙부의 흙을 먼저 파고 그 부분에 기초 또는 지하구조체를 축조한 후 이것을 지점으로 하여 흙막이 버팀대를 경사지게 또는 수평으로 가설하여 널말뚝 부근의 흙을 마저 파내는 공법

가. _____ 나. _____

10
가. 트렌치컷 공법
나. 아일랜드컷 공법

11 아일랜드식 터파기 공법의 시공순서를 번호로 쓰시오. (4점)

• 93 ①, 94 ②

┌─────────── 보기 ───────────┐
㉮ 중앙부 기초구조물 축조   ㉯ 주변부 흙파기
㉰ 버팀대 설치   ㉱ 지하구조물 완성
㉲ 중앙부 굴착   ㉳ 흙막이 설치
└────────────────────────────┘

11
㉳ → ㉲ → ㉮ → ㉰ → ㉯ → ㉱

12 아일랜드식 터파기 공법의 시공순서에서 번호에 들어갈 내용을 쓰시오. (4점)

• 05 ②, 17 ②

흙막이 설치 → (①) → (②) → (③) → (④) → 지하구조물 완성

① _____ ② _____
③ _____ ④ _____

12
① 중앙부 굴착
② 중앙부 기초구조물 축조
③ 버팀대 설치
④ 주변부 흙파기

13 흙막이 공법 중 그 자체가 지하구조물이면서 흙막이 및 버팀대 역할을 하는 공법을 |보기|에서 모두 골라 기호로 쓰시오. (3점)

•02 ②, 06 ③, 13 ③

―| 보기 |―
㉮ 지반정착(Earth Anchor) 공법
㉯ 개방잠함(Open Caisson) 공법
㉰ 수평버팀대 공법
㉱ 강재 널말뚝(Sheet Pile) 공법
㉲ 우물통(Well) 공법
㉳ 용기잠함(Pneumatic Caisson) 공법

> 정답
> **13**
> ㉯, ㉲, ㉳

14 개방잠함(Open Caisson)의 시공순서를 |보기|에서 골라 기호로 쓰시오. (3점)

•89 ③, 92 ③, 08 ①

―| 보기 |―
㉮ 지하구조체 지상 설치   ㉯ 중앙부 기초구축
㉰ 주변 기초구축   ㉱ 하부 중앙흙을 파서 침하

> **14**
> ㉮ → ㉱ → ㉯ → ㉰

15 히빙파괴의 정의와 형상을 표현하시오. (5점)

•89 ③, 94 ①, 00 ②, 10 ②, 12 ①③, 19 ③

가. 히빙파괴의 정의 :

나. 히빙파괴의 형상 :

> **15**
> 가. **히빙파괴의 정의** : 연약 점토지반에서 흙의 중량과 지표 적재하중으로 인해 흙이 안으로 밀려 볼록하게 되는 현상
> 나. **히빙파괴의 형상**
>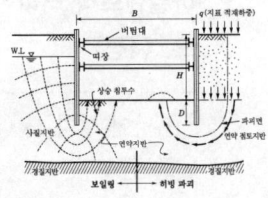

16 다음 설명이 뜻하는 용어를 쓰시오. (2점)

•08 ②, 12 ①

흙막이벽을 이용하여 지하수위 이하의 사질토지반을 굴착하는 경우에 생기는 현상으로 사질토 속을 상승하는 물의 침투압에 의해 모래가 입자사이의 평형을 잃고 액상화되는 현상

> **16**
> 보일링

17 다음 그림에서와 같이 터파기를 했을 경우 인접건물의 주위 지반이 침하할 수 있는 원인을 5가지 쓰시오.(단, 일반적으로 인접하는 건물보다 깊게 파는 경우) (5점)

•98 ②, 12 ③, 19 ②

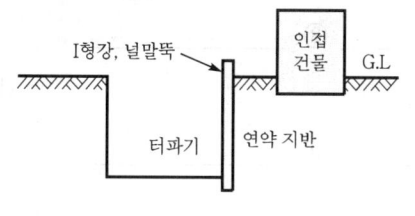

① _____   ② _____
③ _____   ④ _____
⑤ _____

정답

17
① 히빙파괴
② 보일링
③ 파이핑 현상
④ 지하수위 변화
⑤ 흙막이벽 배면의 뒤채움 불량

18 굴착지반의 안정성에 대해 검토했을 때 보일링 파괴(Boiling Failure)가 예상되는 경우, 이에 대한 대책 2가지를 쓰시오. (4점)

•01 ②, 13②

① _____
② _____

18
① 흙막이를 경질지반까지 도달
② 웰포인트 공법으로 지하수위 저하
③ 약액주입 등으로 굴착지면의 지수

19 다음 흙막이벽 공사에서 발생되는 현상을 쓰시오. (3점)

•93 ①, 00 ③, 05 ①, 12 ③, 13③

① 시트 파일 등의 흙막이벽 좌측과 우측의 토압 차로써 즉, 흙막이 밑부분의 흙이 재하하중 등의 영향으로 기초파기 하는 공사장 안으로 흙막이벽 밑을 돌아서 미끄러져 올라오는 현상
② 모래질지반에서 흙막이벽을 설치하고 기초파기 할 때의 흙막이벽 뒷면수위가 높아서 지하수가 흙막이벽을 돌아서 지하수가 모래와 같이 솟아오르는 현상
③ 흙막이벽의 부실공사로서 흙막이벽의 뚫린 구멍 또는 이음새를 통하여 물이 공사장 내부 바닥으로 스며드는 현상

① _____   ② _____   ③ _____

19
① 히빙파괴
② 보일링
③ 파이핑 현상

20 굴착공사시 발생하는 Heaving파괴와 Boiling현상에 대한 방지대책을 3가지 쓰시오. (3점)

•09 ②, 13 ②, 17 ①, 20 ③

가. Heaving 파괴에 대한 방지대책

① _____ ② _____ ③ _____

나. Boiling 현상에 대한 방지대책

① _____ ② _____ ③ _____

정답

20
가. 히빙파괴에 대한 방지대책
① 흙막이를 경질지반까지 도달
② 지반개량
③ 지반 위의 하중 제거
나. 보일링현상에 대한 방지대책
① 흙막이를 경질지반까지 도달
② 웰포인트공법으로 지하수위 저하
③ 약액주입 등으로 굴착지면의 지수

21 수평버팀대식 흙막이에 작용하는 응력이 아래의 그림과 같을 때 ( )에 알맞은 말을 |보기|에서 골라 기호를 쓰시오. (3점)

•00 ②, 09①, 16①, 22 ①

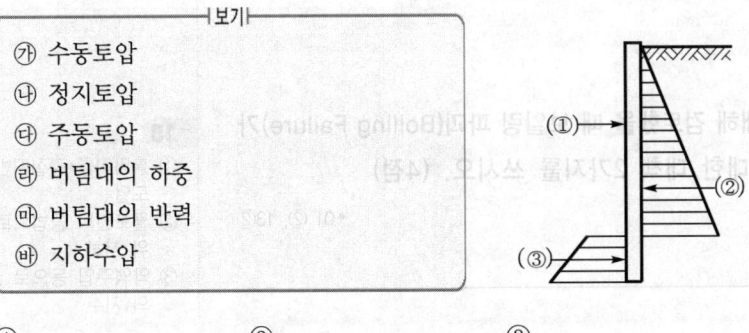

┌─── 보기 ───┐
㉮ 수동토압
㉯ 정지토압
㉰ 주동토압
㉱ 버팀대의 하중
㉲ 버팀대의 반력
㉳ 지하수압

① _____ ② _____ ③ _____

21
① ㉲
② ㉰
③ ㉮

22 흙막이는 토질, 지하층수, 기초 깊이 등에 따라 그 공법을 달리하는데 흙막이의 형식을 4가지 쓰시오. (4점)

•03 ②

① _____ ② _____
③ _____ ④ _____

22
① 간단한 흙막이
② 버팀대식 흙막이
③ 널말뚝 흙막이
④ 지하연속벽 흙막이

23 연결재 또는 당겨매기식 흙막이 공법의 시공순서를 다음 |보기|에서 골라 기호를 쓰시오. (3점)

•91 ①, 97 ④

┌─── 보기 ───┐
㉮ 로프 당겨매기   ㉯ 말뚝 상부 띠장(자 형강)
㉰ 널말뚝   ㉱ 흙파기
㉲ 어미말뚝

23
㉲ → ㉰ → ㉯ → ㉮ → ㉱

24 수평버팀대의 흙막이 공법의 시공순서를 쓰시오. (4점)

• 94 ①, 95 ③, 97 ②

줄파기 → (①) → (②) → 흙파기 → (③) → (④) → 중앙부 흙파기 → 주변부 흙파기

① _____ ② _____
③ _____ ④ _____

정답

24
① 규준대대기
② 널말뚝박기
③ 받침기둥박기
④ 띠장 및 버팀대대기

25 강재 널말뚝(Steel Sheet Pile)의 종류에 대해 4가지 쓰시오. (4점)

• 99 ①, 99 ②, 01 ①

① _____ ② _____
③ _____ ④ _____

25
① 테라루즈식
② 유니버설 조인트식
③ 심플렉스식
④ 라르센식
⑤ 유에스 스틸식
⑥ 랜섬식
⑦ 라크완느식

Lesson 09. 지하연속벽 흙막이, 탑다운 공법, 굴착기계 및 계측관리

1 지하연속벽 흙막이

1. 개요

지하연속벽 흙막이는 공사현장에서 지중에 깊은 도랑(트렌치)을 천공한 후 도랑 내에 철근 또는 보강 강재를 넣고 콘크리트를 타설하여 흙막이벽을 형성하는 것이다.

2. 슬러리월(Slurry Wall) 공법

1) 정의 (96②, 03②, 16③, 19②)

슬러리월 공법은 벤토나이트액을 이용하여 지반을 굴착하고 철근망을 삽입한 후 콘크리트를 타설하여 지중에 구성된 철근콘크리트 연속벽체를 구성하는 공법이다. 격막벽 또는 연속벽식 공법이라고도 한다.

2) 특징 (00②, 10②, 20②)

장점	단점
① 저소음, 저진동	① 공사비가 고가
② 도심근접 시공 유리	② 콘크리트의 품질관리에 유의
③ 흙막이, 구조체, 옹벽, 차수벽 역할	③ 수평방향의 연속성이 결여
④ 강성, 차수성 우수	④ 고도의 경험과 기술이 필요
⑤ 자유로운 형상, 치수가 가능	⑤ 연결부의 구조적 처리가 미흡
⑥ 깊은 심도까지 가능	

3) 자재, 재료 및 시공

(1) 가이드월(Guide Wall, 안내벽) (03③)

지하연속벽 시공시 굴착작업에 앞서 굴착구 양측에 설치하는 것으로 굴착구 인접지반의 붕락을 방지하고 굴착기계의 진입을 유도하며 철근망의 거치를 위해 설치하는 가설벽이다.

(2) 가이드월의 역할 (03②, 15②)

① 인접지반의 붕락방지   ② 굴착기계의 진입유도
③ 철근망의 거치

핵심 Point

● 지하연속벽 흙막이의 정의 (예상)
지하연속벽은 공사현장에서 지중에 깊은 도랑(트렌치)을 천공한 후 도랑 내에 철근 또는 보강 강재를 넣고 콘크리트를 타설하여 흙막이벽을 형성하는 것이다.

● 지하연속벽 흙막이의 종류 (예상)
① 슬러리월 공법
② ICOS 공법(주열식 공법)
③ 프리팩트콘크리트말뚝 공법
④ S.C.W 공법

● 슬러리월의 정의 (96②, 03②, 16③, 19②)
벤토나이트액을 이용하여 지반을 굴착하고 철근망을 삽입한 후 콘크리트를 타설하여 지중에 구성된 철근콘크리트 연속벽체

● 지하연속벽(슬러리월) 공법의 장점과 단점 (00②, 10②, 20②)
(1) 장점
  ① 저소음, 저진동
  ② 도심근접 시공 유리
  ③ 흙막이, 구조체, 옹벽, 차수벽 역할
  ④ 강성, 차수성 우수
(2) 단점
  ① 공사비가 고가
  ② 콘크리트의 품질관리에 유의
  ③ 수평방향의 연속성이 결여
  ④ 고도의 경험과 기술이 필요

(3) 엔드 파이프(End Pipe)의 역할
   ① 지수, 차수의 역할을 한다.
   ② 벽체 상호간이 물려 있게 한다.
   ③ Inter Locking Pipe 혹은 Stop End Tube라고도 한다.

(4) 벤토나이트(Bentonite, 안정액) 용액
   ① 개요
      이수(泥水) 또는 현탄액이라고도 하며, 점토광물질로서 비중이 큰 안정액으로 팽창성을 가지고 있어 굴착면의 붕괴방지와 지하수의 침수를 방지할 수 있다.
   ② 사용 목적 (99⑤, 02③, 10③, 20④)
      ㉠ 슬라임의 부유 배제   ㉡ 굴착면의 붕괴방지
      ㉢ 지수효과   ㉣ 굴착부의 마찰저항 감소
   (주) 슬라임(Slime) : 굴착토사 중에서 지상으로 배출되지 않고 굴착저면 부근에 남아 있다가 굴착 중지와 동시에 곧바로 침전된 것과 순환수 혹은 공내수 중에 떠 있던 미립자가 굴착 중지 후 시간이 경과함에 따라 서서히 굴착 저면 부근에 침전한 점착성의 찌꺼기이다.

(5) 공벽토사의 붕괴방지법 (92④, 94③)
   ① 벤토나이트용액 주입
   ② 케이싱(Casing) 박기

(6) 트레미관(Tremie Pipe) (97③, 01②, 03③)
   ① 물, 이수 중의 콘크리트치기를 할 때 보통 안지름 250 mm 이상으로 하고 관선단이 항상 채워진 콘크리트 중에 묻히도록 하여 콘크리트 타설을 용이하게 하기 위한 관이다.
   ② 수중 콘크리트 타설에 이용되는 상단부의 머리부분에 구멍을 가진 수밀성이 있는 관이다.

4) **시공순서** (90④, 93①③, 96②)

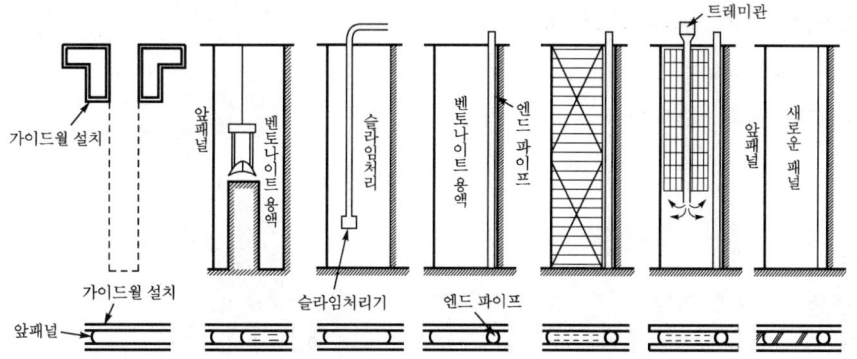

핵심 Point

● 가이드월(안내벽)의 정의 (03③)
지하연속벽 시공시 굴착작업에 앞서 굴착구 양측에 설치하는 것으로 굴착구 인접지반의 붕락을 방지하고 굴착기계의 진입을 유도하는 가설벽

● 가이드월의 역할 (03②, 15②)
① 인접지반의 붕락방지
② 굴착기계의 진입유도
③ 철근망의 거치

● 가이드월의 스케치 (15②)

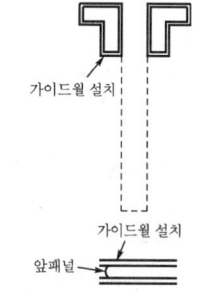

● 벤토나이트용액의 사용 목적 (99⑤, 02③, 10③, 20④)
① 슬라임의 부유 배제
② 굴착면의 붕괴방지
③ 지수효과
④ 굴착부의 마찰저항 감소

● 공벽토사의 붕괴방지법 (92④, 94③)
① 벤토나이트용액 주입
② 케이싱 박기

● 트레미관의 정의 (97③, 01②, 03③)
① 물, 이수 중의 콘크리트 치기를 할 때 보통 안지름 250mm 이상으로 하고 관 선단이 항상 채워진 콘크리트 중에 묻히도록 하여 콘크리트 타설을 용이하게 하기 위한 관
② 수중 콘크리트 타설에 이용되는 상단부의 머리부분에 구멍을 가진 수밀성이 있는 관

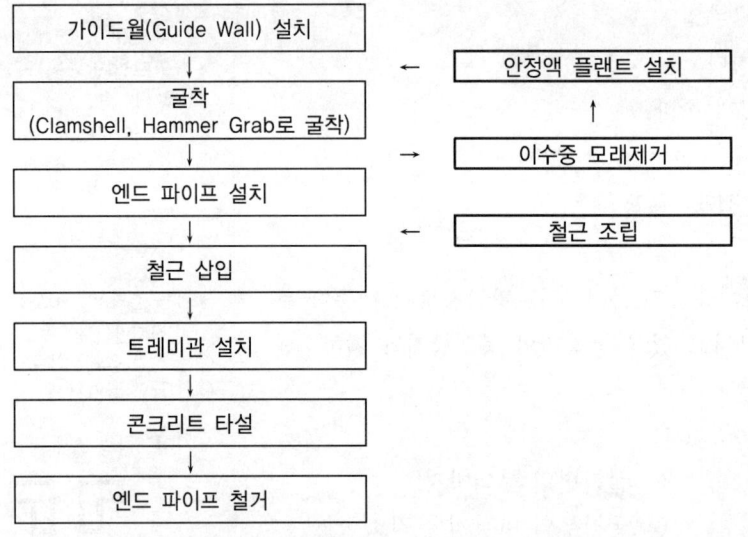

핵심 Point

- 지하연속벽(슬러리월) 공법의 시공순서 (90④, 93①③, 96②)

가. Type (I)
① Guide Wall 설치
② 굴착
③ 안정액 투입
④ Inter Locking Pipe 설치
⑤ 철근망 설치
⑥ 콘크리트 타설
⑦ Inter Locking Pipe 인발
⑧ 양생

나. Type (II)
① Guide Wall 설치
② 굴착
③ 슬라임 제거
④ Stop End Tube 설치
⑤ 철근망 설치
⑥ 트레미관 설치
⑦ 콘크리트 타설
⑧ Stop End Tube 인발

【크램셀로 굴착하는 전경】

(주) 안정액 : 굴착구의 붕괴를 방지하며 안정액의 순환시 굴착토사를 굴착구멍 바닥으로부터 굴착구멍 외부로 배출하기 위해 사용하는 벤토나이트 등의 현탁액이다.

3. ICOS 공법(주열식 공법)

1) 개요

지중에 구멍을 케이싱관 없이 하나 거름으로 뚫고 벤토나이트액으로 그 주위의 흙을 응결시켜 굴착한 후, 콘크리트를 부어 넣고 다시 그 사이를 뚫어 콘크리트를 부어 넣어 지하연속벽을 만드는 공법이다.

2) 시공순서 (88②, 96④)

① 말뚝구멍을 하나 걸러가며 천공
② 말뚝구멍에 콘크리트 타설
③ 말뚝과 말뚝 사이에 다른 말뚝구멍 천공
④ 다음 말뚝구멍에 콘크리트 타설하여 지수벽 완성

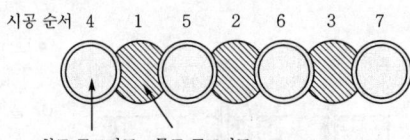

【이코스 공법 시공순서】

- ICOS 공법의 시공 순서 (88②, 96④)
① 하나 걸러가며 말뚝구멍 천공
② 콘크리트 타설
③ 말뚝과 말뚝 사이에 다른 말뚝구멍 천공
④ 다음 말뚝구멍에 콘크리트 타설하여 지수벽 완성

3) 특징 (96①, 98①, 14③)

① 저소음, 저진동
② 도심근접 시공 유리
③ 흙막이, 구조체, 옹벽, 차수벽 역할
④ 강성, 차수성 우수
⑤ 슬러리월 공법에 비해 가격이 저렴

- 주열식(ICOS) 공법의 특징 (96①, 98①, 14③)
① 저소음, 저진동
② 도심근접 시공 유리
③ 흙막이, 구조체, 옹벽, 차수벽 역할
④ 강성, 차수성 우수

- 주열식 말뚝의 배치방법 (참고)
① 독립형
② 접선형
③ 직선 오버랩형(겹침형)
④ 지그재그형(어긋매김형)

4. 프리팩트콘크리트말뚝(Prepacked Concrete Pile) 공법

1) 개요

지중에 관을 박고 그 속에 자갈을 채운 후 주입관을 이용하여 유동성이 좋은 모르타르를 압입하여 만드는 제자리콘크리트말뚝의 하나이다.

2) 종류

(1) CIP 공법(Cast In Place Pile) (93③, 96②⑤, 99③, 03①, 09①, 16①)

① 보링기로 지반을 천공한 후 조립된 철근 및 조골재를 공내에 채우고 모르타르를 주입하여 현장에서 말뚝을 조성하는 공법이다.

② 시공순서 (96⑤, 99③, 03①)
㉠ 보링기로 지반천공   ㉡ 철근조립 후 삽입
㉢ 모르타르 주입용 파이프 설치   ㉣ 자갈 다져넣기
㉤ 모르타르 주입   ㉥ 말뚝완성

(2) PIP 공법(Packed In Place Pile) (93③, 96②, 09①, 16①)

스크루 오거로 지반을 천공하고 흙과 오거를 끌어 올리면서 오거 선단을 통하여 모르타르를 주입하여 현장에서 말뚝을 조성하는 공법이다.

(3) MIP 공법(Mixed In Place Pile) (93③, 96②, 09①, 16①)

① 굴착한 구멍 및 주위의 자연토질과 시멘트 경화제를 오거 등으로 혼합하여 소일시멘트화하고 그 속에 H형강 등을 삽입하여 현장에서 말뚝을 조성하는 공법이다.

② 흙과 모르타르를 혼합하여 소일콘크리트말뚝(Soil Concrete Pile)을 형성하는 공법이다.

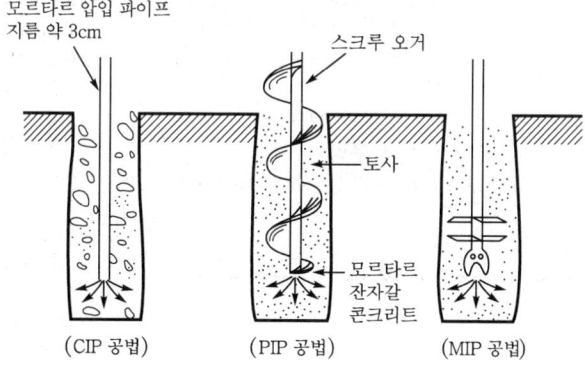

【 프리팩트콘크리트말뚝 】

핵심 Point

● 프리팩트콘크리트말뚝의 종류(93③, 09①, 16①)
① CIP(Cast In Place Pile)
② PIP(Packed In Place Pile)
③ MIP(Mixed In Place Pile)

● CIP, PIP, MIP의 정의 (96②)
① CIP 공법 : 보링기로 지반을 굴착한 후 공내에 조립된 철근 및 조골재를 채우고 모르타르를 주입하여 시공하는 현장말뚝 공법
② PIP 공법 : 스크루 오거로 지반을 천공하고 흙과 오거를 끌어 올리면서 오거 선단을 통하여 유출되는 모르타르를 주입하여 시공하는 현장말뚝 공법
③ MIP 공법 : 굴착한 구멍 및 주위의 자연토질과 시멘트 경화제를 오거 등으로 혼합하여 소일시멘트화 하고 그 속에 H형강 등을 삽입하여 조성된 현장말뚝 공법

● CIP의 시공순서 (96⑤, 99③, 03①)
① 철근조립
② 모르타르 주입용 파이프 설치
③ 자갈 다져넣기
④ 모르타르 주입

【 프리팩트콘크리트말뚝 】

5. S.C.W(Soil Cement Wall) 공법

1) 개요

일종의 MIP로써, 어스 오거(Earth Auger)로 천공하고 흙과 시멘트 경화제를 오거 등으로 혼합하여 소일시멘트(Soil Cement)화 하고 그 속에 H형강 등을 압입하여 주열식 지하연속벽을 조성하는 공법이다.

2) 특징 (90③, 97④, 03③)

① 저소음, 저진동
② 도심근접 시공 유리
③ 흙막이, 구조체, 옹벽, 차수벽 역할
④ 강성, 차수성 우수
⑤ 자유로운 형상, 치수가 가능
⑥ 깊은 심도까지 가능

❷ 탑다운(Top-Down, 역구축, 역타설) 공법

1. 개요

지하연속벽(Slurry Wall)에 의해 지하층 외부의 옹벽과 지하층 기둥을 토공사에 앞서 완료하고 1층 슬래브를 시공한 후 이를 버팀대로 활용하여 버팀대 해체과정 없이 지상층과 지하층을 동시에 작업하여 완성하는 공법이다.

2. 특징 (96①, 98③, 00②, 01②, 02①, 06③, 09②, 11①, 16②, 17③, 19②, 21②, 22②)

장점	단점
① 지상, 지하 동시 작업으로 공기단축 ② 전천후 시공 가능 ③ 1층 슬래브를 선시공함으로써 작업공간 활용 가능 ④ 인접건물에 악영향이 적음 ⑤ 굴착소음방지 및 분진방지 ⑥ 흙막이의 우수한 안정성	① 지하층 밑에서 작업하므로 작업능률 저하 ② 정밀한 시공계획 필요 ③ 공사비 증대 우려 ④ 지하공사시 환기 및 전기시설이 필수

3. 시공순서

1단계	① 슬러리월 완성 ② 강관 케이싱을 설치하여 굴착 후 강구조 기둥 설치 ③ 지상에서 기초철근을 조립하여 설치한 후 콘크리트 타설 ④ 지상 1층 슬래브의 콘크리트 타설

2단계	① 지하 1층 굴착 및 작업완료 ② 타워크레인 설치 및 지상구조물 작업준비
3단계	① 지하 2, 3층 슬래브 작업완료 후 지하 4층 굴착작업 ② 지상 2층에서 5층까지 작업완료
4단계	① 지하 작업완료 ② 지상 작업완료

4. 탑다운 공법 적용에 따른 공기단축 이유

1) 기상변화에 따른 이유 (05①, 06②, 12②, 17②, 20⑤)

1층 바닥의 구조체가 완료되면 1층 바닥을 작업장으로 이용할 수 있다. 따라서 기상변화에 적은 영향을 받으면서 공사를 진행할 수 있으므로 공기를 단축할 수 있다.

2) 공정순서에 따른 이유

지상층과 지하층을 동시에 시공할 수 있으므로 공기를 단축할 수 있다.

3 SPS 공법(Strut as Permanent System Method)

1. 정의(건축기술지침, 대한건축학회, 대우건설, 공간예술사, 2006년) (15①)

① 지하연속벽에 의해 지하층 외부의 옹벽과 지하층 기둥을 토공사에 앞서 완료하고 1층의 강구조 보를 시공한 후 이를 스트럿(버팀대)으로 활용하여 스터럿의 해체 없이 영구 강구조 지하구조물을 완료하는 동시에 지하층 및 지상층 공사를 병행하는 공법이다.

② 가설 스트럿(버팀대) 공법의 성능을 개선한 공법으로 영구 구조물 흙막이 버팀대 공법이라고도 한다.

2. 특징 (12①, 14②, 20①)

장점	단점
① 지상, 지하 동시 작업으로 공기단축 ② 전천후 시공 가능 ③ 1층 슬래브를 부분적으로 선시공함으로써 작업공간 활용 가능 ④ 인접건물에 악영향이 적음 ⑤ 굴착소음방지 및 분진방지 ⑥ 흙막이의 우수한 안정성 ⑦ 가설 버팀대의 설치 및 해체 공정이 없음	① 지하층 밑에서 작업하므로 작업능률 저하 ② 정밀한 시공계획 필요 ③ 공사비 증대 우려 ④ 지하공사 시 환기 및 전기시설이 필수

3. 시공순서

흙막이벽 시공 → 기둥 천공 및 설치 → 지상 1층 바닥 굴토 및 띠장 설치 → 지상 1층 보 설치 및 슬래브 부분 시공 → 지하 1층 및 하부층 반복 시공 → 최하층 굴토 및 기초시공 → 지상 및 지하층 골조공사

❈ 4 토공 장비

1. 토공장비 선정시 고려사항 (03②, 17②)

① 굴착깊이(장비의 규모)   ② 흙의 처리(야적장과의 거리, 반출거리)
③ 흙의 종류   ④ 공사기간(장비의 유형, 크기, 수)

2. 토공기계

1) 굴착용 (89②, 92②③, 96④, 97②, 00④, 18②, 20⑤)

종류	특징
파워셔블 (Power Shovel)	① 기계가 서 있는 지반보다 높은 곳 굴착 ② 굴착깊이는 2 m 정도이고 경질기반에 적당
드래그셔블(Drag Shovel) =백호(Backhoe)	① 기계가 서 있는 지반보다 낮은 곳 굴착 ② 굴착깊이는 5~8 m 정도이고 경질지반에 적당
크램셸 (Clamshell)	① 좁은 곳의 수직 굴착 ② 낮은 곳의 흙을 좁고, 깊게 판다. ③ 지하연속벽 공사에 사용한다. ④ 굴착깊이 최대 18 m 연약지반, 사질지반 굴착에 적당
드래그라인 (Dragline)	① 지반보다 낮은 연질의 흙을 긁어모으거나 판다. ② 넓은 범위의 수직굴착에 유리 ③ 굴착깊이는 8 m 정도이고 연약지반에 적당
트렌처 (Trencher)	① 일정한 폭의 구덩이를 연속으로 판다. ② 좁고 깊은 도랑파기에 적당

【 파워셔블 】

【 드래그셔블(백호) 】

【 크램셸 】

핵심 Point

● **SPS 공법과 탑다운 공법의 차이** (참고)

탑다운 공법과의 차이는 탑다운 공법은 1층 슬래브를 완성시킨 후 이를 버팀대로 활용하여 지상층과 지하층을 동시에 완성하는 반면, SPS 공법은 1층 보만 완성시키고 1층 슬래브는 부분적으로 완성시킨 후 1층 보를 버팀대로 활용하여 지하층을 완성시킨 이후 지상층을 완성시킨다.

● **IPS 공법** (참고)

H-Beam 받침대, 띠장과 강선으로 구성된 IPS 시스템을 흙막이 벽체에 거치한 뒤 강선에 긴장력을 가하여 굴착으로 인한 토압을 지지하면서 버팀대 없이 지하층을 완성시키는 공법이다.

● **기계화 시공의 필요성** (참고)
① 건물의 대형화
② 건물의 고층화
③ 노동력 절감의 필요성
④ 시공 생산성 향상

● **기계화 시공의 장점** (참고)
① 공기단축
② 공비절감
③ 품질향상
④ 인력으로 불가능한 공사 해소
⑤ 노동력 절감

● **토공장비 선정시 고려사항** (03②, 17②)
① 굴착깊이 ② 흙의 처리
③ 흙의 종류 ④ 공사기간

● **굴착용 토공기계** (92②, 97②)
① 스크레이퍼 : 토사운반
② 그레이더 : 정지작업
③ 셔블로더 : 토사적재
④ 백호 : 도랑파기
⑤ 크램셸 : 깊은 우물통파기

【크램셸 버킷】　　【드래그라인】　　【트렌처】

2) 상차용 (89②, 92②③, 97②)

종류	특징
로더(Loader)	굴착한 토사의 상차작업
포크리프트(Forklift)	창고 하역, 벽돌, 목재 등을 나르는 지게차

【로더】　　【포크리프트】

3) 배토 · 정지용 (89②, 92②③, 97②, 10③)

종류	특징 및 용도
불도저(Bulldozer)	① 운반거리 50~60 m 이하의 배토작업 ② 최대 운반거리 100 m
그레이더(Grader)	땅고르기(노면정리, 정지) 기계
스크레이퍼(Scraper)	① 흙을 긁어모아 적재하여 토사운반 ② 운반거리 100~150 m

【불도저】　　【그레이더】　　【스크레이퍼】

4) 다짐용 (00②)

지반밀도를 증대시키고 흡수성을 적게 하기 위한 다짐에 사용되며, 종류로는 롤러(Roller), 램머(Rammer) 및 플레이트 컴팩터(Plate Compactor) 등이 있다.

핵심 Point

● 굴착용 토공기계 (89②, 92③, 96④, 00④, 18②, 20⑤)
① 로더 : 굴착한 토사의 상차작업
② 파워셔블 : 기계가 서 있는 지반보다 높은 곳 굴착
③ 불도저 : 운반거리 50~60m 이하의 배토작업
④ 드래그셔블(백호) : 기계가 서 있는 지반보다 낮은 곳 굴착
⑤ 크램셸 : 좁은 곳의 수직굴착. 낮은 곳의 흙을 좁고, 깊게 판다. 지하연속벽 공사에 사용한다.
⑥ 드래그라인 : 지반보다 낮은 연질의 흙을 긁어모으거나 판다.
⑦ 트렌처 : 일정한 폭의 구덩이를 연속으로 판다.

● 정지용 장비의 종류와 특징 및 용도 (10③)
가. 불도저(Bulldozer)
 ① 운반거리 50~60 m 이하의 배토작업
 ② 최대 운반거리 100 m
나. 그레이더(Grader)
 땅고르기(노면정리, 정지) 기계
다. 스크레이퍼(Scraper)
 ① 흙을 긁어모아 적재하여 토사운반
 ② 운반거리 100~150 m

● 흙의 다짐에 적합한 기계 (00②)
① 롤러
② 램머
③ 플레이트 컴팩터

【롤러】

【램머】

【플레이트 컴팩터】

5) 운반용

(1) 비자주식
　① 엘리베이터 타워　② 컨베이어

(2) 자주식 (96④, 01②)
　① 덤프트럭(Dump Truck)　② 트레일러(Trailer)
　③ 트랙터(Tractor)

6) 크레인 부착장비 (91②, 98④)
　① 파일드라이버　② 드래그라인
　③ 크램셸　④ 파워셔블
　⑤ 드래그셔블(백호)

① 파일드라이버
② 드래그라인
③ 크레인
④ 크램셸
⑤ 파워셔블
⑥ 드래그셔블(백호)

【크레인 부착장비】

● 자주식 운반용 장비 (96④, 01②)
① 덤프트럭
② 트레일러
③ 트랙터

● 크레인 부착장비 (91②, 98④)
① 파일드라이버
② 드래그라인
③ 크램셸
④ 파워셔블
⑤ 드래그셔블(백호)

● 계측관리의 목적 (예상)
① 시공 전후의 안전성 확보
② 위험 징후에 대처
③ 시공법 개선 및 유지보수에 대한 정보 획득
④ 설계보완 및 검토자료 축적
⑤ 민원대비를 위한 계측자료 수집

※5 계측관리 항목 및 기기

(95②, 97①, 99④, 01②, 04②③, 05①, 06③, 08②, 09①, 11②, 12②, 13①, 14①③, 15③, 17②, 18①, 20④, 21②)

관리항목	관리내용	측정기기
지하수	지하수위 측정	Water Level Meter(지하수위계)
	간극수압 측정	Piezometer(간극수압계)
주변	도로, 매설관, 주변지반, 주변건물의 침하	Level and Staff(지표면 침하계)
	주변건물의 기울기	Tiltmeter(건물 경사계)
흙막이벽	측압, 수동토압	Earth(Soil) Pressure Gauge(토압계)
	두부변형, 침하	Transit(트랜싯) Level and Staff(지표면 침하계)
	지중 수평변위	Inclinometer(지중 경사계)
	지중 수직변위	Extension Meter
	응력	Strain Gauge(변형률계)
지보공 (버팀대)	버팀대 축력 및 하중	Load Cell(하중계)
	버팀대 온도	온도계
	버팀대 변형	Strain Gauge(변형률계)
	버팀대, 띠장의 변형, 지지말뚝의 침하, 올라옴	Level and Staff(지표면 침하계)

※6 용어정의 및 해설

1) **NSTD(Non Supporting Top-Down, 무지보 역타설 공법)**
   기존의 Top-Down 공법의 단점인 콘크리트 양생기간 중 작업대기를 개선하기 위해 강구조 기둥틀을 이용하여 동바리와 거푸집의 반복 설치, 해체, 운반 등의 공정을 단순화시킨 Top-Down 공법이다.

2) **JSP(Jumbo Special Pile) 공법**
   연약지반을 개량하기 위한 공법이며, 시멘트 페이스트를 초고압의 에어제트를 사용하여 연약지반에 주입한 후 고결시켜 지반의 내력을 증가시키는 방법이다.

핵심 Point

● 계측관리에서 중점관리 사항 (참고)
① 흙막이 배면의 지반침하
② 굴착저면의 히빙파괴 및 보일링
③ 흙막이 배면의 지하수

● 계측기기 및 용도 (95②, 97①, 99④, 01②, 04②③, 05①, 08②, 09①, 11②, 14①③, 15③, 17②)
① Piezometer : 간극수압 측정
② Earth Pressure Gauge : 토압 측정
③ Water Level Meter : 지하수위 측정
④ Level and Staff : 지표면 침하 측정
⑤ Inclinometer : 지중 흙막이벽의 수평변위 측정
⑥ Strain Gauge : 응력 및 변형 측정
⑦ Load Cell : 하중 측정
⑧ Extension Meter : 지중 수직변위 측정
⑨ Tiltmeter : 인접건물의 기울기 측정

● 흙막이의 계측관리시 계측에 사용되는 측정장비 (06③, 12②, 18①, 20④)
① Earth(Soil) Pressure Gauge (토압계)
② Strain Gauge(변형률계)
③ Level and Staff(지표면 침하계)
④ Inclinometer(지중 경사계)
⑤ Load Cell(하중계)

● 계측기기의 설치위치 (13①, 21②)
① 토압계(Earth Pressure Gauge) : 흙막이벽의 인접지점
② 하중계(Load Cell) : 버팀대 또는 Earth Anchor 설치 지점
③ 경사계(Inclinometer) : 흙막이 및 인접 구조물의 주변지반
④ 변형률계(Strain Gauge) : 버팀대 또는 흙막이 벽체

기출 및 예상 문제

01 슬러리월(Slurry Wall) 공법에 대하여 서술하고, Guide Wall의 설치 목적을 2가지 쓰시오. (4점)   • 03 ②

가. 슬러리월 공법
_____
_____

나. Guide Wall 설치 목적
① _____
② _____

정답

1

가. 슬러리월 공법 : 벤토나이트액을 이용하여 지반을 굴착하고 철근망을 삽입한 후 콘크리트를 타설하여 지중에 구성된 철근콘크리트 연속벽체를 구성하는 공법

나. Guide Wall 설치 목적
① 인접지반의 붕락방지
② 굴착기계의 진입유도
③ 철근망의 거치

02 슬러리월(Slurry Wall) 공법에 대한 정의를 설명한 것이다. 다음 빈칸을 채우시오. (3점)   • 93 ③, 09 ①, 16 ③

> 벤토나이트 슬러리(Bentonite Slurry)의 안정액을 사용하여 지반을 굴착하고 (①)을 설치하고 (②)을 삽입한 후 (③)를 타설하여 지중에 시공된 철근콘크리트 연속벽체

① _____ ② _____ ③ _____

2

① 가이드월(Guide Wall)
② 철근망
③ 콘크리트

03 다음은 슬러리월(Slurry Wall) 공법에 관한 설명이다. ( ) 안에 알맞은 용어를 각각 쓰시오. (3점)   • 19 ②

> 특수 굴착기와 공벽붕괴방지용 (①)을(를) 이용, 지중굴착하여 여기에 (②)을(를) 세우고 (③)을(를) 타설하여 연속적으로 벽체를 형성하는 공법이다. 타 흙막이 벽에 비하여 차수효과가 높으며 역타공법 적용시나 인접 건축물에 피해가 예상될 때 적용하는 저소음, 저진동 공법이다.

① _____ ② _____ ③ _____

3

① 안정액(벤토나이트용액)
② 철근망
③ 콘크리트

04 흙막이 공법 중 지하연속벽 공법의 장점과 단점을 각각 2가지씩 쓰시오. (4점)

(1) 장점
  ① _____ ② _____
(2) 단점
  ① _____ ② _____

05 지하연속벽(Slurry Wall) 시공시 굴착작업에 앞서 굴착구 양측에 설치하는 것으로 굴착구 인접지반의 붕락을 방지하고 굴착기계의 진입을 유도하는 가설벽은? (1점)

_____

06 다음 중 슬러리월(Slurry Wall) 공법에서 가이드월(Guide Wall)을 스케치(Sketch)하고, 설치 목적 2가지를 서술하시오. (4점)

가. 스케치(Sketch) : _____
나. 설치 목적
  ① _____ ② _____

07 제자리콘크리트말뚝을 제작하기 위해 지반에 구멍을 판 후 벤토나이트용액을 넣어주는 목적 3가지를 쓰시오. (3점)

① _____
② _____
③ _____

08 제자리콘크리트말뚝 시공시 공벽토사의 붕괴를 방지하기 위한 방법에 대해 2가지를 쓰시오. (4점)

① _____ ② _____

정답

4
(1) 장점
  ① 저소음, 저진동
  ② 도심근접 시공 유리
  ③ 흙막이, 구조체, 옹벽, 차수벽 역할
  ④ 강성, 차수성 우수
(2) 단점
  ① 공사비가 고가
  ② 콘크리트의 품질관리에 유의
  ③ 수평방향의 연속성이 결여
  ④ 고도의 경험과 기술이 필요

5
가이드월

6
가. 스케치(Sketch)

나. 설치 목적
  ① 인접지반의 붕락방지
  ② 굴착기계의 진입유도
  ③ 철근망의 거치

7
① 슬라임의 부유 배제
② 굴착면의 붕괴방지
③ 지수효과
④ 굴착부의 마찰저항 감소

8
① 벤토나이트용액 주입
② 케이싱 박기

09 물, 이수 중의 콘크리트치기를 할 때 보통 안지름 250 mm 이상으로 하고 관 선단이 항상 채워진 콘크리트 중에 묻히도록 하여 콘크리트 타설을 용이하게 하기 위한 관을 무엇이라 하는가? (1점)

•97 ③, 01 ②

정답
9 트레미관

10 수중콘크리트 타설에 이용되는 상단부의 머리부분에 구멍을 가진 수밀성이 있는 관은? (1점)

•03 ③

10 트레미관

11 슬러리월(Slurry Wall)의 시공순서를 아래 |보기|에서 골라 쓰시오. (4점)

•90 ④, 96 ②

| 보기 |
| ㉮ 철근조립 ㉯ Guide Wall 설치 ㉰ 철망삽입 |
| ㉱ 굴착   ㉲ 트레미관 설치 |

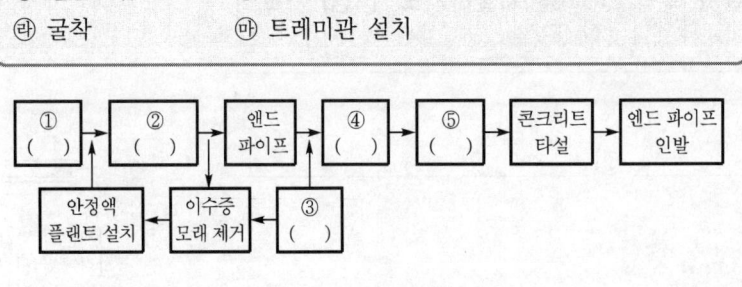

11
① ㉯
② ㉱
③ ㉮
④ ㉰
⑤ ㉲

12 지하연속벽(Slurry Wall) 공법의 1 Panel 시공순서를 |보기|에서 골라 기호로 쓰시오. (5점)

•93 ①, 93 ③

| 보기 |
| ㉮ Guide Wall 설치   ㉯ 굴착 |
| ㉰ 안정액 투입   ㉱ 양생 |
| ㉲ 콘크리트 타설   ㉳ Inter Locking Pipe 설치 |
| ㉴ 철근망 설치   ㉵ Inter Locking Pipe 인발 |

12
㉮ → ㉯ → ㉰ → ㉳ → ㉴
→ ㉲ → ㉵ → ㉱

Lesson 09

13 이코스(ICOS) 파일 공법의 지수 흙막이벽 시공순서를 쓰시오. (단, 4가지로 나누어 간략하게 서술하시오.) (4점) •88 ②, 96 ④

① _____ ② _____
③ _____ ④ _____

정답

13
① 하나 걸러가며 말뚝구멍 천공
② 콘크리트 타설
③ 말뚝과 말뚝 사이에 다른 말뚝구멍 천공
④ 다음 말뚝구멍에 콘크리트 타설하여 지수벽 완성

14 주열식 지하연속벽 공법의 특징 4가지를 쓰시오. (4점) •96 ①, 98 ①, 14 ③

① _____ ② _____
③ _____ ④ _____

14
① 저소음, 저진동
② 도심근접 시공 유리
③ 흙막이, 구조체, 옹벽, 차수벽 역할
④ 강성, 차수성 우수

15 프리팩트콘크리트말뚝의 종류를 3가지 쓰시오. (3점) •16 ①

① _____ ② _____ ③ _____

15
① CIP(Cast In Place Pile)
② PIP(Packed In Place Pile)
③ MIP(Mixed In Place Pile)

16 지하흙막이 공사의 지하연속벽 공법에 대하여 설명하시오. (8점) •96 ②

① MIP 공법 : _____
② CIP 공법 : _____
③ PIP 공법 : _____
④ 격막벽 공법 : _____

16
① MIP 공법 : 굴착한 구멍 및 주위의 자연토질과 시멘트 경화제를 오거 등으로 혼합하여 소일시멘트화하고 그 속에 H형강 등을 삽입하여 조성된 현장말뚝 공법
② CIP 공법 : 보링기로 지반을 굴착한 후 공내에 조립된 철근 및 조골재를 채우고 모르타르를 주입하여 시공하는 현장말뚝 공법
③ PIP 공법 : 스크루 오거로 지반을 천공하고 흙과 오거를 끌어 올리면서 오거 선단을 통하여 유출되는 모르타르를 주입하여 시공하는 현장말뚝 공법
④ 격막벽 공법 : 벤토나이트액을 이용하여 지반을 굴착하고 철근망을 삽입한 후 콘크리트를 타설하여 지중에 구성된 철근콘크리트 연속벽체를 구성하는 공법

17 CIP 공법으로 콘크리트말뚝 지정을 실시할 경우 시공순서를 기호로 쓰시오. (3점) •96 ⑤, 99 ③, 03 ①

┤ 보기 ├
㉮ 자갈 다져넣기   ㉯ 모르타르 주입
㉰ 철근 조립   ㉱ 모르타르 주입용 파이프 설치

17
㉰ → ㉱ → ㉮ → ㉯

18 S.C.W(Soil Cement Wall) 공법의 특징을 5가지 기술하시오. (5점)
• 90 ③, 97 ④, 03 ③

① _____ ② _____
③ _____ ④ _____
⑤ _____

정답

18
① 저소음, 저진동
② 도심근접 시공 유리
③ 흙막이, 구조체, 옹벽, 차수벽 역할
④ 강성, 차수성 우수
⑤ 형상, 치수가 자유롭다.
⑥ 깊은 심도까지 굴착 가능

19 역타설 공법(Top-Down Method)의 장점을 3가지 쓰시오. (3점)
• 96 ①, 98 ③, 00 ②, 01 ②, 02 ①, 06 ③, 09 ②, 11 ①, 16 ②, 17 ③, 19 ②, 21 ②, 22 ②

① _____
② _____
③ _____

19
① 지상, 지하 동시 작업으로 공기단축
② 전천후 시공 가능
③ 1층 슬래브를 선시공함으로써 작업공간 활용 가능
④ 인접건물에 악영향이 적음
⑤ 굴착소음방지 및 분진방지
⑥ 흙막이의 우수한 안정성

20 기존의 공법은 기초를 축조하여 상부로 시공해 나가는 공법이지만 탑다운 공법(Top-Down Method)은 지하구조물의 시공순서를 지상에서부터 시작하여 점차 깊은 지하로 진행하며, 완성하는 공법으로서 여러 장점을 갖고 있다. 이 장점 중 기상변화의 영향이 적어 공기단축을 꾀할 수 있는 데 그 이유를 설명하시오. (3점)
• 05 ①, 06 ②, 12 ②, 17 ②, 20 ⑤

_____
_____

20
1층 바닥의 구조체가 완료되면 1층 바닥을 작업장으로 이용할 수 있다. 따라서 기상변화에 적은 영향을 받으면서 공사를 진행할 수 있으므로 공기를 단축할 수 있다.

21 다음 설명에 해당하는 공법의 명칭을 쓰시오. (2점)
• 15 ①

> 가설 스트럿(Strut)이 흙막이벽을 지지하지 않고 강구조 기둥과 보를 스트럿(버팀대)으로 활용하여 스트럿의 해체 없이 영구 강구조 지하구조물을 완성하는 공법

21
SPS 공법

22. SPS(Strut as Permanent System Method) 공법의 장점을 4가지 쓰시오. (4점)
• 12 ①, 14 ②, 20 ①

① _____ ② _____
③ _____ ④ _____

정답 22
① 지상, 지하 동시 작업으로 공기단축
② 전천후 시공 가능
③ 1층 슬래브를 부분적으로 선시공함으로써 작업공간 활용 가능
④ 인접건물에 악영향이 적음
⑤ 굴착소음방지 및 분진방지
⑥ 흙막이의 우수한 안정성
⑦ 가설 버팀대의 설치 및 해체 공정이 없음

23. 토공 장비 선정 시 고려해야 할 기본적인 요소 4가지를 기술하시오. (4점)
• 03 ②, 17 ②

① _____ ② _____
③ _____ ④ _____

정답 23
① 굴착 깊이
② 흙의 처리
③ 흙의 종류
④ 공사기간

24. 운반공사에 사용되는 자주식 장비를 3종류 기재하시오. (3점)
• 96 ④, 01 ②

① _____ ② _____ ③ _____

정답 24
① 덤프트럭
② 트레일러
③ 트랙터

25. 연관 있는 것끼리 줄을 그으시오. (5점)
• 96 ④, 00 ④, 20 ⑤

① 드래그셔블(백호) •　　• ㉮ 기계보다 높은 곳을 판다.
② 크램셸 •　　• ㉯ 기계보다 낮은 곳을 판다.
③ 파워셔블 •　　• ㉰ 일정한 폭의 구덩이를 연속으로 판다.
④ 드래그라인 •　　• ㉱ 낮은 곳의 흙을 좁고, 깊게 판다. 지하연속벽 공사에 사용한다.
⑤ 트렌처 •　　• ㉲ 지반보다 낮은 연질의 흙을 긁어 모으거나 판다.

정답 25
① ㉲
② ㉱
③ ㉮
④ ㉯
⑤ ㉰

26. 다음 측정기별 용도를 ( ) 안에 쓰시오. (2점)
• 95 ②, 97 ①, 99 ④, 04 ②, 05 ①, 08 ②, 09 ①, 11 ②, 14 ①, 17 ②

① Piezometer : (　　　　　　　　)
② Earth Pressure Meter : (　　　　　　　　)

정답 26
① Piezometer : 간극수압 측정
② Earth Pressure Meter : 토압 측정

27 다음 토공작업에 필요한 장비명을 쓰시오. (5점) •89 ②, 92 ③

① 굴착한 토사의 상차작업
② 기계가 서 있는 지반보다 높은 곳 굴착
③ 운반거리 50~60 m 이하의 배토작업
④ 기계가 서 있는 지반보다 낮은 곳 굴착
⑤ 좁은 곳의 수직굴착

① _____ ② _____ ③ _____
④ _____ ⑤ _____

정답

27
① 로더
② 파워셔블
③ 불도저
④ 드래그셔블(백호)
⑤ 크램셸

28 다음 각종 장비가 유효하게 쓰여질 수 있는 작업명을 |보기|에서 골라 번호로 쓰시오. (5점) •92 ②, 97 ②

|보기|
㉮ 토사적재   ㉯ 깊은 우물통 파기   ㉰ 도랑파기
㉱ 다지기   ㉲ 정지작업   ㉳ 토사운반
㉴ 배토작업

① 스크레이퍼 : _____
② 그레이더 : _____
③ 셔블로더 : _____
④ 백호 : _____
⑤ 크램셸 : _____

28
① ㉳
② ㉲
③ ㉮
④ ㉰
⑤ ㉯

29 다음은 토공사에 사용되는 기계 기구의 설명이다. ( ) 안에 알맞은 장비명을 기재하시오. (4점) •18 ②

① 장비가 서 있는 곳보다 높은 곳의 굴착에 사용된다.
② 장기가 서 있는 곳보다 낮은 열질의 흙을 긁어모으거나 판다.

① _____ ② _____

29
① 파워셔블
② 드래그라인

30 건설 장비 중 크레인에 부착할 수 있는 장비에 대하여 3가지를 쓰시오. (3점) •91 ②, 98 ④

① _____ ② _____ ③ _____

정답

30
① 파일드라이버
② 드래그라인
③ 크램셸
④ 파워셔블
⑤ 드래그셔블(백호)

31 아래의 단면도와 같은 줄기초 공사에 있어서 흙의 다짐에 적합한 기계장비를 |보기|에서 모두 골라 기호로 쓰시오. (3점) •00 ②

|보기|
㉮ Drag Shovel   ㉯ Rammer
㉰ 소형 진동 Roller   ㉱ Loader
㉲ Plate Compactor   ㉳ Scraper

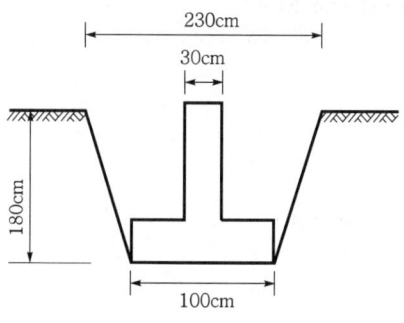

31
㉯, ㉰, ㉲

32 다음 계측기의 종류에 맞는 용도를 골라 줄로 이으시오 (6점) •04 ③, 14 ③

(종류)   (용도)
① Piezometer   •   • ㉮ 하중 측정
② Inclinometer   •   • ㉯ 인접건물의 기울기 측정
③ Load Cell   •   • ㉰ Strut 변형측정
④ Extension Meter   •   • ㉱ 지중 수평변위 측정
⑤ Strain Gauge   •   • ㉲ 지중 수직변위 측정
⑥ Tiltmeter   •   • ㉳ 간극수압의 변화 측정

32
① ㉳
② ㉱
③ ㉮
④ ㉲
⑤ ㉰
⑥ ㉯

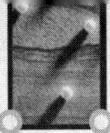

건/축/기/사/실/기

33 토공사용 기계 중 정지용 기계장비 종류 3가지를 쓰고 특징을 기술하시오. (3점)　•10 ③

① _____
② _____
③ _____

34 지하 토공사 중 계측관리와 관련된 항목을 골라 번호를 쓰시오. (4점)
　•97 ①, 01 ②, 13 ①, 15 ③

───── 보기 ─────
㉮ Strain Gauge　　　　㉯ 경사계(Inclinometer)
㉰ Water Level Meter　㉱ Level and Staff

① 지표면 침하측정 (　　　　)
② 지중 흙막이벽 수평변위 측정 (　　　　)
③ 지하수위 측정 (　　　　)
④ 응력측정(엄지말뚝, 띠장에 작용하는 응력측정) (　　　　)

35 흙막이의 계측관리시 계측에 사용되는 측정장비 3가지를 쓰시오. (3점)　•06 ③, 12 ②. 18 ①, 20 ④

① _____　② _____　③ _____

36 흙막이의 계측관리 시 구조물 계측기기에 적합한 설치위치를 한 가지씩 쓰시오. (4점)　•13 ①, 21 ②

① 토압계 : _____　　② 하중계 : _____
③ 경사계 : _____　　④ 변형률계 : _____

정답

33
가. 불도저(Bulldozer)
　① 운반거리 50~60 m 이하의 배토작업
　② 최대 운반거리 100 m
나. 그레이더(Grader)
　땅고르기(노면정리, 정지)기계
다. 스크레이퍼(Scraper)
　① 흙을 긁어모아 적재하여 토사운반
　② 운반거리 100~150 m

34
① ㉱
② ㉯
③ ㉰
④ ㉮

35
① Earth(Soil) Pressure Gauge (토압계)
② Strain Gauge(변형률계)
③ Level and Staff(지표면 침하계)
④ Inclinometer(지중 경사계)
⑤ Load Cell(하중계)

36
① 토압계(Earth Pressure Gauge) : 흙막이벽의 인접지점
② 하중계(Load Cell) : 버팀대 또는 Earth Anchor 설치 지점
③ 지중 경사계(Inclinometer) : 흙막이 및 인접 구조물의 주변지반
④ 변형률계(Strain Gauge) : 버팀대 또는 흙막이 벽체

IV

지정 및 기초공사

- **Lesson 10** 부동침하, 부력 및 기초와 지정
- **Lesson 11** 각종 말뚝지정 및 말뚝박기

Lesson 10 부동침하, 부력 및 기초와 지정

☼1 부동침하(不同沈下)

1. 개요

1) 정의
구조물의 기초지반이 침하함에 따라 구조물의 여러 부분에서 불균등하게 침하를 일으키는 현상이다. 부등침하라고도 한다.

2) 원인 (90②, 93③, 95⑤, 97③)
① 연약지반 ② 경사지반 ③ 이질지반 ④ 낭떠러지
⑤ 일부 증축 ⑥ 지하수위 변경 ⑦ 지하구멍 ⑧ 메운땅 흙막이
⑨ 이질지정 ⑩ 일부 지정

3) 부동침하와 벽체의 균열(부동침하의 결과) (93③)

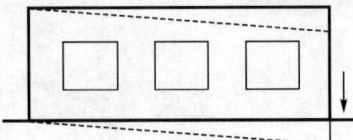
【 조적조 벽체의 부동침하 】

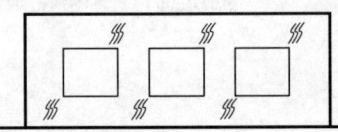
【 부동침하 후 균열발생 】

2. 방지대책 (02①)

구분	내용
상부구조에 대한 대책	① 건물을 경량화 할 것 ② 이웃건물의 거리를 넓게 할 것 ③ 건물의 평면길이를 짧게 할 것 ④ 건물의 중량을 균등배분 할 것 ⑤ 건물의 강성을 높일 것
기초구조에 대한 대책 (06②, 12②, 15①, 17②, 20①)	① 마찰말뚝을 사용할 것 ② 지하실을 설치할 것 ③ 경질지반에 지지할 것 ④ 복합기초를 사용할 것
지반에 대한 대책	치환법, 탈수법, 다짐법, 주입법, 동결법 및 재하법 등의 지반개량 공법으로 지반의 성질을 개량한다.

핵심 Point

● 부동침하와 균열 (참고)
부동침하는 상부구조에 강제변형을 주어 인장응력과 압축응력이 발생되고 균열은 인장응력의 직각방향으로 발생된다.

● 부동침하의 원인 (90②, 93③, 95⑤, 97③)
① 연약지반
② 경사지반
③ 이질지반
④ 낭떠러지
⑤ 일부 증축
⑥ 지하수위 변경
⑦ 지하구멍
⑧ 메운땅 흙막이
⑨ 이질지정
⑩ 일부 지정

● 조적조 벽체의 부동침하에 의한 균열 (93③)
① 조적조 벽체의 부동침하
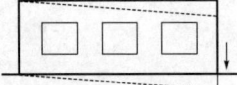

② 부동침하 후 균열발생

3. 언더피닝 공법(Underpinning Method)

1) 개요 (88②, 90③, 92③, 94①②, 95④, 96②, 08③, 14②, 15①, 18③, 19③, 22③)
① 굴착공사 중 기존 건축물의 지반이 연약할 경우 기존 건축물의 기초와 지정을 보강하는 공법이다.
② 기존 건축물 가까이에서 신축공사를 하고자 할 때, 기존 건축물의 지반과 기초를 보강하거나 새로운 기초를 삽입하는 공법이다.

2) 종류 (03②, 07①, 08③, 10①, 11③, 14②, 15①, 18③, 19②)
① 2중 널말뚝 공법
② 현장타설 콘크리트말뚝 공법
③ 강재말뚝 공법
④ 모르타르 및 약액주입 공법

【 현장타설 콘크리트말뚝으로 보강 】

【 강재말뚝으로 보강 】

❷ 부력

1. 정의
부력(浮力)은 건축물의 하부에 존재하는 지하수위보다 건축물 밑면의 위치가 더 낮아 건축물 저면에 양압력이 작용하여 건축물을 떠오르게 하는 지하수의 힘이다.

2. 부상의 방지대책 (04③, 09②, 12①, 14①, 20①, 22③)

종 류	내 용
영구배수 공법	구조물 하부로 침투 유입되는 지하수를 유공관의 끝 부분에 집수정을 설치하여 강제로 영구히 배수하는 방법이다.
사하중 공법	구조물 자중이 부력보다 크도록 하는 방법이다.
부상방지용 영구앵커 공법	기초바닥 아래 암반층에 부상방지용 록앵커를 설치하여 강제적으로 저항시키는 방법이다.
인장파일 공법	미니파일(마이크로파일)을 마찰말뚝처럼 사용하여 지반의 강성을 높여 지반보강을 통해 부력을 방지하는 방법이다.
조합형 공법	각 공법의 장점만을 고려하거나 서로 보완하는 방법이다.

핵심 Point

● 부동침하의 방지대책(02①)
가. 상부구조에 대한 대책
① 건물을 경량화 할 것
② 이웃건물의 거리를 넓게 할 것
③ 건물의 평면길이를 짧게 할 것
④ 건물의 중량을 균등배분 할 것
⑤ 건물의 강성을 높일 것
나. 기초구조에 대한 대책
① 마찰말뚝을 사용할 것
② 지하실을 설치할 것
③ 경질지반에 지지할 것
④ 복합기초를 사용할 것

● 기초구조물에 대한 부동침하의 방지대책(06②, 12②, 15①, 17②, 20①)
① 마찰말뚝을 사용할 것
② 지하실을 설치할 것
③ 경질지반에 지지할 것
④ 복합기초를 사용할 것

● 언더피닝 공법의 정의 (88②, 90③, 92③, 94①②, 95④, 96②, 08③, 14②, 15①, 18③, 19③)
굴착공사 중 기존 건축물의 지반이 연약할 경우 기존 건축물의 기초와 지정을 보강하는 공법이다.

● 언더피닝 공법의 종류 (03②, 07①, 08③, 10①, 11③, 14②, 18③, 19②)
① 2중 널말뚝 공법
② 현장타설 콘크리트말뚝 공법
③ 강재말뚝 공법
④ 모르타르 및 약액주입 공법

● 언더피닝을 적용해야 하는 경우 (17②, 22③)
① 기존 건축물의 기초 지지력이 불충분하여 기초지정을 보강할 경우
② 기초의 지지면을 더 깊은 경질지반에 기초를 옮길 경우
③ 기울어진 건축물을 바로 세울 경우
④ 인접 터파기에서 기존 건축물의 침하방지가 필요한 경우

3 기초

1. 지정 및 기초의 정의 (95①, 06③, 12③, 19①, 20④)

구분	내용
기초슬래브 (기초판)	상부구조의 응력을 지반 또는 지정에 전달하는 구조부분이다.
지정	기초슬래브를 지지하기 위하여 기초판 하부를 보강한 구조부분이며, 잡석 및 말뚝 등의 부분이다.
기초	① 기초슬래브와 지정을 총칭한 것으로 기초구조라고도 한다. ② 건축물의 최하부에서 건물의 상부하중을 받아 지반에 안전하게 전달하는 구조부분이다.

2. 기초의 분류

1) 기초판 형식에 따른 분류

구분	내용
독립기초	기둥 하나에 기초판이 하나인 기초
복합기초 (96⑤, 00①)	2개 이상의 기둥을 1개의 기초판에 받치게 한 기초
연속기초(줄기초)	벽 또는 일렬의 기둥을 연속된 기초판에 받치게 한 기초
온통기초(전면기초)	건물 하부 전체 또는 지하실 전체를 기초판으로 구성한 기초

2) 지정 형식에 따른 분류

① 직접기초 ② 말뚝기초
③ 피어기초 ④ 잠함기초

3) 플로팅기초(Floating Foundation, 부력기초) (06①)

연약지반에서 굴착한 흙의 중량이 건물의 중량 이하가 되도록 만든 기초이며 온통 기초와 동일하게 건물 하부 전체 또는 지하실 전체를 기초판으로 구성한다.

핵심 Point

● 부상의 방지대책 (04③, 09②, 12①, 14①, 20①, 22③)
① 영구배수 공법
② 사하중 공법
③ 부상방지용 영구앵커 공법
④ 인장파일 공법
⑤ 조합형 공법

● 지정 및 기초의 정의 (95①, 06③, 12③, 19①, 20④)
① 기초 : 기초슬래브와 지정을 총칭한 것으로 기초구조라고도 함
② 지정 : 기초슬래브를 지지하기 위하여 기초판 하부를 보강한 구조부분이며, 잡석 및 말뚝 등의 부분

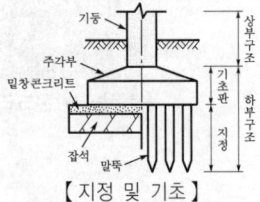
【지정 및 기초】

● 기초판 형식에 따른 기초의 분류 (예상)
① 독립기초
② 복합기초
③ 연속기초(줄기초)
④ 온통기초

● 복합기초의 정의 (96⑤, 00①)
2개 이상의 기둥을 1개의 기초판에 받치게 한 기초

● Floating Foundation의 정의 (06①)
연약지반에서 굴착한 흙의 중량이 건물의 중량 이하가 되도록 만든 기초이며 온통 기초와 동일하게 건물 하부 전체 또는 지하실 전체를 기초판으로 구성한다.

Lesson 10

✦ 4 지정

1. 보통 지정 (89③)

지정의 종류	내용 및 특징
잡석지정	(1) 개요 　지름 100~250 mm 정도의 호박돌을 옆세워 깔고 그 사이에 메꿈자갈을 다져 넣은 것이다. (2) 목적 (91③, 93②, 96①) 　① 이완된 지표면의 다짐 　② 기초 콘크리트두께 절감 　③ 기초판 하부의 배수처리 　④ 기초 콘크리트 타설시 흙이 섞이지 않게 하기 위한 것 (3) 시공 순서 (85③, 89②) 　① 기초 굴착　　　② 잡석 깔기 　③ 사춤자갈 깔기　④ 다짐 　⑤ 밑창콘크리트 타설
모래지정	지반이 연약하나 하부 2 m 이내에 굳은 층이 있어 말뚝을 박을 필요가 없을 때 그 부분을 파내고 모래를 넣어 300 mm마다 물다짐한 지정으로 총 1 m 정도 설치한다.
자갈지정	굳은 지반에 지름 45 mm 정도의 자갈을 두께 60 mm 정도로 깔고 잔자갈을 채운 것이다.
긴주춧돌지정	비교적 지반이 깊고 말뚝을 사용할 수 없는 간단한 건물에서 잡석다짐 위에 긴주춧돌을 세운 것이다.
밑창콘크리트 지정	(1) 개요 　① 배합비 1 : 3 : 6 정도로 잡석다짐 위에 두께 60 mm 정도의 무근콘크리트를 타설하여 양생한다. 　② 설계기준압축강도는 18 MPa 이상이다. (2) 용도 　① 먹줄치기용　　　② 거푸집 설치가 용이 　③ 잡석유동 방지용　④ 철근 배근이 용이

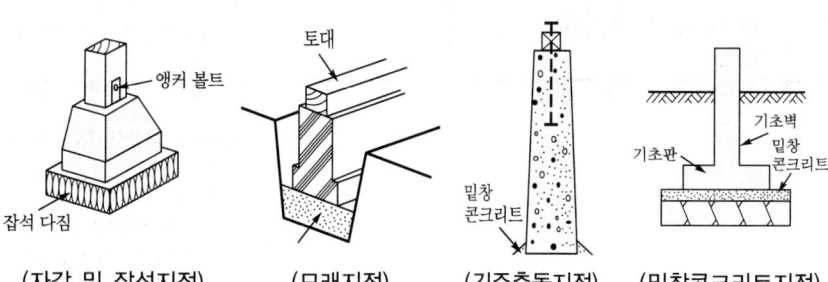

【 보통 지정의 종류 】
(자갈 및 잡석지정)　(모래지정)　(긴주춧돌지정)　(밑창콘크리트지정)

핵심 Point

● 지정공사의 목적 (참고)
① 기초 터파기면의 밑자리 정리
② 기초 콘크리트 두께 절감
③ 지반의 지지력 증대

● 잡석지정의 목적 (91③, 93②, 96①)
① 이완된 지표면의 다짐
② 기초 콘크리트두께 절감
③ 기초판 하부의 배수처리
④ 기초 콘크리트 타설시 흙이 섞이지 않게 하기 위한 것

● 잡석지정의 시공순서 (85③, 89②)
① 기초 굴착　② 잡석 깔기
③ 사춤자갈 깔기 ④ 다짐
⑤ 밑창콘크리트 타설

● 보통 지정의 설명 (89③)
① 잡석지정 : 지름 100~250 mm 정도의 호박돌을 옆 세워 깔고 그 사이에 메꿈자갈을 다져 넣은 것이다.
② 모래지정 : 지반이 연약하나 하부 2 m 이내에 굳은 층이 있어 말뚝을 박을 필요가 없을 때 그 부분을 파내고 모래를 넣어 300 mm마다 물다짐한 지정으로 총 1 m 정도 설치한다.
③ 자갈지정 : 굳은 지반에 지름 45 mm 정도의 자갈을 두께 50~100 mm 정도로 깔고 잔자갈을 채운 것이다.
④ 긴주춧돌지정 : 비교적 지반이 깊고 말뚝을 사용할 수 없는 간단한 건물에서 잡석다짐 위에 긴주춧돌을 세운 것이다.
⑤ 밑창콘크리트지정 : 배합비 1 : 3 : 6 정도로 잡석다짐 위에 두께 60 mm 정도의 무근콘크리트를 타설하여 양생한다.

● 모래지정의 시공 순서 (참고)
① 터파기 및 터고르기
② 모래채움
③ 물다짐
④ 버림콘크리트 타설

2. 말뚝지정

1) 지지 기능상 분류

(1) 지지말뚝 (99⑤)

연약지반을 관통하여 굳은 지반에 도달시켜 말뚝선단의 지지력에 의하는 말뚝이다.

(2) 무리말뚝(마찰말뚝) (99⑤)

① 연약층이 깊어 굳은 지반에 지지할 수 없을 때 말뚝과 지반의 마찰력에 의하는 말뚝으로 사질지반에 적당하다.

② 시공순서(가장자리 → 중앙) (98④, 03③)
  ㉠ 표토 걷어내기
  ㉡ 수평규준틀 설치
  ㉢ 말뚝중심잡기
  ㉣ 가장자리 말뚝박기
  ㉤ 중앙부 말뚝박기
  ㉥ 말뚝머리 정리(두부정리)

2) 재료상 분류[20] (99⑤)

말뚝의 종별	나무말뚝	기성콘크리트 말뚝	강재(H형강) 말뚝	현장타설(제자리) 콘크리트 말뚝
재료	소나무, 낙엽송, 오엽송(잣나무) 등	철근콘크리트, 프리스트레스트콘크리트 등	H형강, 강관	H형강, 강관
말뚝 간격 (87②, 89③, 92④, 13①, 16①)	2.5d 이상 또한 600 mm 이상	2.5d 이상 또한 750 mm 이상	2.0d 이상 또한 750 mm 이상	2.0d 이상 또한 d+1,000 mm 이상
	여기서, d : 말뚝머리 지름 (주) 연단거리는 1.25d 이상			
길이	• 보통 4.5~5.4 m • 최대 7 m	• 보통 6~10 m • 최대 12 m	• 보통 30 m • 최대 70 m	• 최대 30 m
기타	상수면 이하에 둔다(∵ 공기를 배제하여 목재의 부패 방지).	① 지름 : 200~600 mm ② 길이 : 지름의 45배 이하(보통 25배), 최대 15 m(운반관계상 12 m)	15m 정도의 제품을 이어박아 70m 정도까지 가능	

> **핵심 Point**
>
> ● 지지말뚝과 무리말뚝의 정의 (99⑤)
> ① 지지말뚝 : 연약지반을 관통하여 굳은 지반에 도달시켜 말뚝선단의 지지력에 의하는 말뚝
> ② 무리말뚝 : 연약층이 깊어 굳은 층에 지지할 수 없을 때 말뚝과 지반의 마찰력에 의하는 말뚝
>
> ● 무리말뚝의 시공순서(98④, 03③)
> ① 표토 걷어내기
> ② 수평규준틀 설치
> ③ 말뚝중심잡기
> ④ 가장자리 말뚝박기
> ⑤ 중앙부 말뚝박기
> ⑥ 말뚝머리 정리(두부정리)
>
> ● 말뚝지정의 종류 (99⑤)
> ① 나무말뚝
> ② 기성콘크리트말뚝
> ③ 강재말뚝
> ④ 제자리콘크리트말뚝
>
> ● 나무말뚝을 상수면 이하에 두는 이유 (예상)
> 목재가 수분을 흡수하여 공기가 완전히 배제되면 목재의 부패를 방지할 수 있다.
>
> ● 말뚝의 종류별 간격의 한도 (87②, 89③, 92④)
> ① 나무말뚝 : 2.5d 이상 또한 600 mm 이상
> ② 기성콘크리트말뚝 : 2.5d 이상 또한 750 mm 이상
> ③ 제자리콘크리트말뚝 : 2.0d 이상 또한 d+1,000 mm 이상
> 여기서, d : 말뚝머리 지름
>
> ● 말뚝 중심간격 (13①, 16①)
> ① 나무말뚝 : 2.5d 이상 또한 600 mm 이상
> ② 기성콘크리트말뚝 : 2.5d 이상 또한 750 mm 이상
> ③ 강재말뚝 : 2.0d(다만, 폐관 강관말뚝의 경우 2.5d) 이상 또한 750 mm 이상
> ④ 현장타설콘크리트말뚝 : 2.0d 이상 또한 d+1,000 mm 이상
> 여기서, d : 말뚝머리 지름

---

[20] KDS 41 20 00 건축물 기초구조 설계기준 (4.4) 국토교통부, 대한건축학회, 2019.

Lesson 10

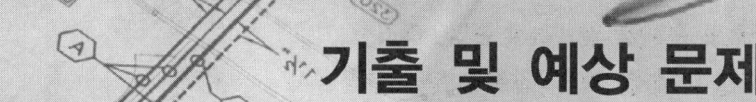

기출 및 예상 문제

01 건축물의 부동침하 원인에 대하여 5가지를 쓰시오. (5점)

•90 ②, 93 ③, 95 ⑤, 97 ③

① _____ ② _____ ③ _____
④ _____ ⑤ _____

정답

1
① 연약지반
② 경사지반
③ 이질지반
④ 낭떠러지
⑤ 일부 증축
⑥ 지하수위 변경
⑦ 지하구멍
⑧ 메운땅 흙막이
⑨ 이질지정
⑩ 일부 지정

02 조적조 건물이 다음 그림과 같이 부동침하 되었다. 이때 벽체에 발생되는 균열을 그리시오. (3점)

•93 ③

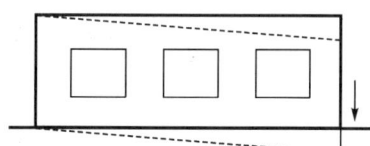

2

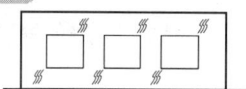

(인장축에 대해 직각방향으로 균열이 발생한다.)

03 건물의 부동침하를 방지하기 위한 기초구조물의 상부구조물에 대한 대책을 각각 2가지씩 쓰시오. (4점)

•02 ①

가. 기초구조물에 대한 방지대책
① _____
② _____

나. 상부구조물에 대한 방지대책
① _____
② _____

3
가. 기초구조물에 대한 대책
① 건물을 경량화 할 것
② 이웃건물의 거리를 넓게 할 것
③ 건물의 평면길이를 짧게 할 것
④ 건물의 중량을 균등배분 할 것
⑤ 건물의 강성을 높일 것
나. 상부구조물에 대한 대책
① 마찰말뚝을 사용할 것
② 지하실을 설치할 것
③ 경질지반에 지지할 것
④ 복합기초를 사용할 것

04 기초의 부동침하는 구조적으로 문제를 일으키게 된다. 이러한 기초의 부동침하를 방지하기 위한 대책 중 기초구조물의 부동침하 방지 대책 4가지를 쓰시오. (4점)   •06 ②, 12 ②, 15①, 17 ②, 20 ①

① _____ ② _____
③ _____ ④ _____

정답

4
① 마찰말뚝을 사용할 것
② 지하실을 설치할 것
③ 경질지반에 지지할 것
④ 복합기초를 사용할 것

05 '지반이 연약하여 건축물의 하중을 견디지 못할 경우 지반을 보강하는 것'을 무엇이라 하는가? (1점)   •95 ④

_____

5
언더피닝 공법

06 '기존 건축물 가까이에서 신축공사를 하고자 할 때, 기존 건축물의 지반과 기초를 보강하는 것'을 무엇이라 하는가? (1점)   •96 ②

_____

6
언더피닝 공법

07 언더피닝을 적용해야 하는 경우를 3가지 쓰시오. (4점)   •17 ②, 22 ③

① _____
② _____
③ _____

7
① 기존 건축물의 기초 지지력이 불충분하여 기초지정을 보강할 경우
② 기초의 지지면을 더 깊은 경질지반에 기초를 옮길 경우
③ 기울어진 건축물을 바로 세울 경우
④ 인접 터파기에서 기존 건축물의 침하방지가 필요한 경우

08 언더피닝을 설명하고, 그 공법을 2가지 쓰시오. (4점)   •08 ③, 14 ②, 18 ③, 19 ③

가. 언더피닝 : _____
_____

나. 종류 :
① _____ ② _____

8
가. 언더피닝 : 굴착공사 중 기존 건축물의 지반이 연약할 경우 기존 건축물의 기초와 지정을 보강하는 공법
나. 종류
① 2중 널말뚝 공법
② 현장타설 콘크리트말뚝 공법
③ 강재말뚝 공법
④ 모르타르 및 약액주입 공법

09 언더피닝 공법에 대하여 간단히 설명하시오. (2점)

•88 ②, 90 ③, 92 ③, 94 ①②

_____

_____

정답

9
굴착공사 중 기존 건축물의 지반이 연약할 경우 기존 건축물의 기초와 지정을 보강하는 공법

10 지하구조물 축조 시 인접구조물의 피해를 막기 위해 실시하는 언더피닝(Underpinning) 공법의 종류 4가지를 쓰시오. (4점)

•03 ②, 07 ①, 10 ①, 11 ③, 15 ①

① _____ ② _____
③ _____ ④ _____

10
① 2중 널말뚝 공법
② 현장타설 콘크리트말뚝 공법
③ 강재말뚝 공법
④ 모르타르 및 약액주입 공법

11 지하구조물은 지하수위에서 구조물 밑면까지의 깊이만큼 부력을 받아 건물이 부상하게 되는데, 이것에 대한 방지대책을 4가지 기술하시오. (4점)

•04 ③, 09 ②, 12 ①, 14 ①, 20 ①

① _____ ② _____
③ _____ ④ _____

11
① 영구배수 공법
② 사하중 공법
③ 부상방지용 영구앵커 공법
④ 인장파일 공법
⑤ 조합형 공법

12 매입말뚝 중에서 마이크로 말뚝의 정의와 장점 두 가지를 쓰시오. (4점)

(1) 정의 : _____

(2) 장점 : _____

12
(1) 정의
소형시공장비를 사용할 수 있는 마이크로파일(미니파일)을 마찰말뚝처럼 사용하여 지반의 강성을 높여 지반보강을 통해 부력을 방지하는 방법이다.
(2) 장점
① 주변 마찰력을 이용하므로 지반개량효과도 얻을 수 있다.
② 소형장비를 사용하므로 협소한 공간에서 시공이 용이하다.

13 기초와 지정의 차이점을 기술하시오. (4점) •95 ①, 06 ③, 12 ③, 20 ④

가. 기초 : _____

나. 지정 : _____

13
가. 기초 : 기초슬래브와 지정을 총칭한 것으로 기초구조라고도 함
나. 지정 : 슬래브를 지지하기 위한 것으로 잡석, 말뚝 등의 부분

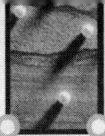

14 기초구조를 기초와 지정으로 나눌 때 각각의 역할에 대하여 설명하시오. (4점)

가. 기초 : _____

나. 지정 : _____

정답

14
가. 기초 : 기초슬래브와 지정을 총칭한 것으로 건축물의 최하부에서 건물의 상부하중을 받아 지반에 안전하게 전달하는 구조부분이다.
나. 지정 : 기초슬래브를 지지하기 위한 것으로 기초판 하부에 보강한 구조부분이다.

15 '기초의 종류 중 2개 이상의 기둥을 하나의 기초에 연결 지지시키는 기초방식'을 무엇이라 하는가? (1점)

_____

15
복합 기초

16 기초공사에서 Floating Foundation에 관하여 설명하시오. (3점)

_____
_____

16
연약지반에서 굴착한 흙의 중량이 건물의 중량 이하가 되도록 만든 기초이며 온통 기초와 동일하게 건물 하부 전체 또는 지하실 전체를 기초판으로 구성한다.

17 잡석지정을 하는 목적을 3가지 쓰시오. (3점)

① _____
② _____
③ _____

17
① 이완된 지표면의 다짐
② 기초 콘크리트두께 절감
③ 기초판 하부의 배수처리
④ 기초 콘크리트 타설시 흙이 섞이지 않게 하기 위한 것

18 다음에 설명하는 말뚝의 용어명을 쓰시오. (2점)

① 연약층이 깊어 굳은 층에 지지할 수 없을 때 말뚝과 지반의 마찰력에 의하는 말뚝은?
② 연약지반을 관통하여 굳은 지반에 도달시켜 말뚝선단의 지지력에 의하는 말뚝은?

① _____ ② _____

18
① 무리말뚝(마찰말뚝)
② 지지말뚝

19 잡석지정의 시공순서를 쓰시오. (5점)   •85 ③, 89 ②

① _____ ② _____

③ _____ ④ _____

⑤ 밑창콘크리트 타설

정답

19
① 기초굴착
② 잡석 깔기
③ 사춤자갈 깔기
④ 다짐

20 다음 (   ) 속에 적당한 말을 넣으시오. (2점)   •98 ④

> 무리말뚝에 있어서 말뚝박기는 지지력이 증가하도록 (①)을 먼저 막고, 점차 (②)을 박는 순서로 진행한다.

① _____ ② _____

20
① 주변
② 중앙

21 무리말뚝 기초공사에 관한 사항이다. 일반적인 시공순서를 |보기| 에서 골라 기호로 쓰시오. (4점)   •03 ③

> |보기|
> ㉮ 수평규준틀 설치   ㉯ 중앙부 말뚝박기
> ㉰ 가장자리 말뚝박기   ㉱ 말뚝 중심잡기
> ㉲ 표토 걷어내기   ㉳ 말뚝머리 정리

21
㉲ → ㉮ → ㉱ → ㉯ → ㉰ → ㉳

22 지정 및 기초공사에서 지정말뚝의 종류를 3가지 쓰시오. (3점)   •99 ⑤

① _____
② _____
③ _____

22
① 나무말뚝
② 기성콘크리트말뚝
③ 강재말뚝
④ 제자리콘크리트말뚝

23 기초말뚝 박기에 있어 말뚝 종류별 간격의 한도에 대하여 설명하시오. (6점)　•89 ③, 92 ④

　가. 나무말뚝 : _____
　나. 기성콘크리트말뚝 : _____
　다. 제자리콘크리트말뚝 : _____

정답

23
가. 나무말뚝 : 2.5d 또한 60 cm 이상
나. 기성콘크리트말뚝 : 2.5d 또한 75 cm 이상
다. 제자리콘크리트말뚝 : 2.0d 이상 또한 d+1,000 mm 이상
여기서, d는 말뚝머리지름

24 다음 ( ) 안에 알맞은 숫자를 써 넣으시오. (2점)　•16 ①

기성콘크리트말뚝을 타설할 때, 그 중심간격은 말뚝머리지름의 (①)배 이상 또한 (②)mm 이상으로 한다.

① _____　② _____

24
① 2.5
② 750

25 현장에서 항타(말뚝박기)가 완료된 그림이다. 여기에 알맞은 기초판의 크기를 그려 넣고 필요한 최소 치수를 기입하시오. (단, 기성콘크리트 파일 : d=400 mm)　(예상)

　⊕　　⊕ ← φ=400

　⊕　　⊕

25
① 기성콘크리트말뚝의 간격
　≥max(2.5d, 750mm)
　=max(2.5×400mm, 750mm)
　=max(1,000mm, 750mm)
　=1,000mm
② 연단거리≥1.25d
　=1.25×400
　=500mm

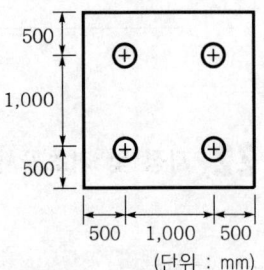
(단위 : mm)

26 다음 ( ) 안에 알맞은 숫자를 순서대로 옳게 적으시오. (2점)　•13 ①

현장타설 콘크리트말뚝을 배치할 때 그 중심간격은 말뚝머리지름의 (①)배 이상 또한 말뚝머리지름에 (②)mm를 더한 값 이상으로 한다.

① _____　② _____

26
① 2.0
② 1,000

Lesson 11. 각종 말뚝지정 및 말뚝박기

건축기사실기

🌞 1 기성콘크리트말뚝

1. 개요

기성콘크리트말뚝(Precast Concrete Pile, PC Pile)은 대부분 공장에서 미리 제작된 콘크리트말뚝이며, 기성말뚝이라고도 한다.

2. 종류

1) 원심력 콘크리트말뚝

(1) 원심력 철근콘크리트말뚝(RC말뚝, KS F 4301)

특수형틀에 원심력을 이용하여 제작된 중공 철근콘크리트말뚝이다.

(2) 프리텐션 방식 원심력 PC말뚝(원심력 프리스트레스트콘크리트말뚝, PC말뚝, KS F 4303)

특수형틀에 원심력을 이용하여 만든 프리텐션 방식의 프리스트레스트 콘크리크말뚝이다.

(3) 프리텐션 방식 원심력 고강도 콘크리트말뚝(원심력 고강도 프리스트레스트콘크리트말뚝, PHC말뚝, KS F 4306) (06①)

① 원심력을 이용하여 만든 콘크리트의 설계기준압축강도가 80MPa 이상인 프리텐션 방식의 고강도 콘크리트말뚝이다.

② 고성능 감수제 또는 고온·고압 증기양생(오토클레이브 양생) 등을 이용한다.

2) 진동다짐 콘크리트말뚝

말뚝을 제조할 때, 원심력에 의한 다짐 대신 진동에 의한 다짐으로 콘크리트말뚝을 제조하는 것이다.

3. 이음 방식 (96⑤, 98①, 00⑥, 01②, 03①)

① 충전식 이음
② 장부식 이음
③ 볼트식 이음
④ 용접식 이음

핵심 Point

● 기성콘크리트말뚝의 양생 방법 (참고)
① 습윤양생
② 증기양생
③ 오토클레이브 양생

● 원심력 콘크리트말뚝의 종류 (예상)
① 원심력 철근콘크리트말뚝 (RC말뚝)
② 프리텐션 방식 원심력 PC말뚝(원심력 프리스트레스트콘크리트말뚝, PC말뚝)
③ 프리텐션 방식 원심력 고강도 콘크리트말뚝(원심력고강도 프리스트레스트콘크리트 말뚝, PHC말뚝)

● 프리텐션 방식 원심력 PC 말뚝(PC말뚝)의 특징 (예상)
① 균열발생이 적다.
② 강재부식이 없다.
③ 내구성이 양호하다.
④ 휨에 대한 변형이 작다.

● PHC말뚝의 양생방법 및 제조방법 (06①)
PHC파일을 만드는 과정에서는 (고온·고압 증기양생 또는 오토클레이브 양생)을 하며, (프리텐션 방식)을 이용해서 제작한다.

● 기성콘크리트말뚝의 파손 유형 (참고)
① 두부파손(압축파손)
② 전단파손
③ 횡균열
④ 횡균열
⑤ 종균열
⑥ 선단파손
⑦ 이음부 파손

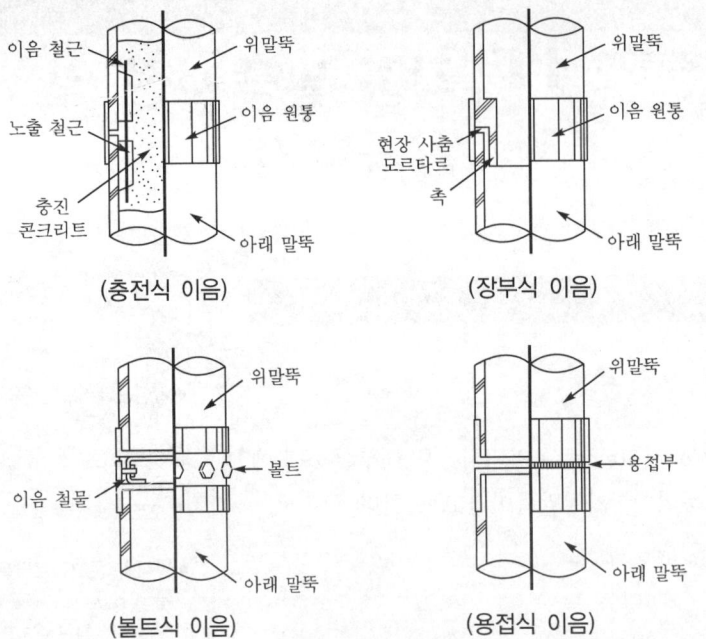

【이음 방식】

4. 말뚝의 선단(先端)(KS F 4306) (03①)

공법	선단부의 구조(형상)
타입 공법(압입 공법)	평탄형 또는 요철형의 폐쇄형
갱내굴착 공법(중굴 공법)	개방형
프리보링 공법	폐쇄형, 개방형

5. 제품의 호칭방법(KS F 4303, 4306) (00②)

구분		내용
PHC-A · 450-12	PHC	프리텐션 방식 원심력 고강도 콘크리트말뚝 (원심력 고강도 프리스트레스트콘크리트말뚝)
	A · 450	A종, 말뚝 바깥지름 450mm
	12	말뚝길이 12m

2 강재말뚝

1. 개요

종류로는 강관말뚝과 H형강말뚝 등이 있다.

핵심 Point

- 기성콘크리트말뚝의 파손 원인과 대책 (참고)

가. 파손 원인
① 지반조사의 부실
② 시공계획의 미흡
③ 말뚝 자체의 강도 부족
③ 운반 및 보관의 부주의
④ 부적정 해머의 사용
⑤ 편타 등의 시공 미숙

나. 파손 대책
① 지반조사 철저
② 적정 해머 사용
③ 관입량 확인
④ 편타방지
⑤ 타격횟수 조정
⑥ 적재 단수 준수
⑦ 이동, 운반, 보관상태 점검
⑧ 이음부 상태 확인

- 기성콘크리트말뚝의 이음 방식 (96⑤, 98①, 00⑤, 01②, 03①)

① 충전식 이음
② 장부식 이음
③ 볼트식 이음
④ 용접식 이음

- 압입 공법에서 채용되는 말뚝의 선단부 형상의 종류 (03①)

① 평탄형
② 요철형

- 말뚝의 선단 (참고)
① 폐쇄형(평탄형과 요철형)

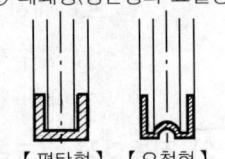

【평탄형】 【요철형】

② 개방형

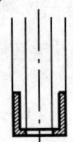

2. 특징 (01①, 20②)

장점	단점
① 경질지반에도 사용 가능 ② 지지력이 크다. ③ 이음이 안전하고 길이조절이 용이 ④ RC말뚝에 비해 경량이고 운반 용이 ⑤ 상부구조와 결합이 용이 ⑥ 균질한 재료의 대량생산 가능	① 지중에서 부식 우려 ② 재료비가 고가

3. 부식방지법 (01③, 05③)

① 판두께 증가법 ② 도장법
③ 전기도금법   ④ 시멘트 피복법

※ 3. 현장타설콘크리트말뚝(제자리콘크리트말뚝)

1. 개요

1) 정의
지반에 구멍을 미리 뚫어 놓고 콘크리트를 현장에서 타설하여 조성하는 말뚝이다. 제자리콘크리트말뚝이라고도 한다.

2) 종류 (91②, 92④, 95②, 09②, 16③)

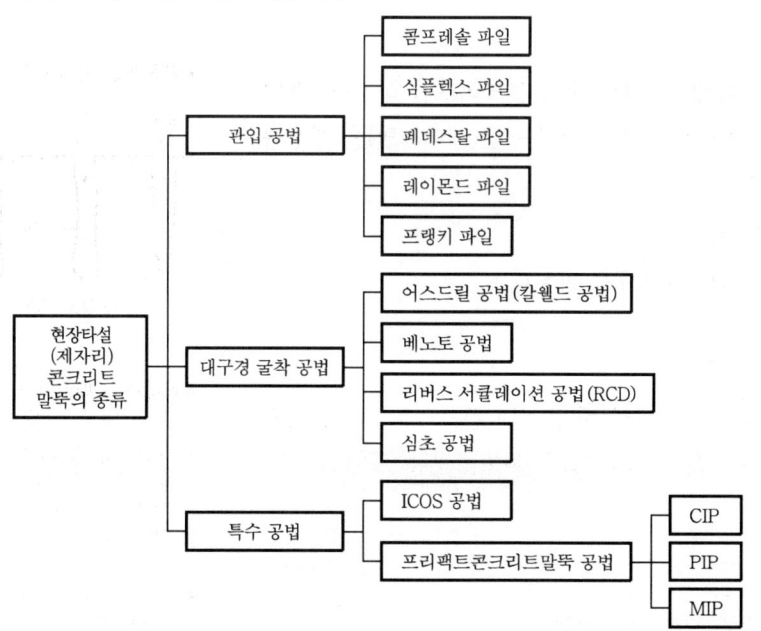

핵심 Point

● 기성콘크리트말뚝의 표기 방법 (00②)
PHC-A · 450-12
① PHC : 프리텐션 방식 원심력 고강도 콘크리트말뚝
② A · 450 : A종, 말뚝 바깥지름 450mm
③ 12 : 말뚝길이 12m

● 강관말뚝 지정의 특징 (01①, 20②)
① 경질지반에도 사용 가능
② 지지력이 크다.
③ 이음이 안전하고 길이조절이 용이
④ RC말뚝에 비해 경량이고 운반 용이
⑤ 상부구조와 결합이 용이
⑥ 균질한 재료의 대량생산 가능
⑦ 지중에서 부식 우려
⑧ 재료비가 고가

● 강말뚝의 부식방지법 (01③, 05③)
① 판두께 증가법
② 도장법
③ 전기도금법
④ 시멘트 피복법

● 제자리콘크리트말뚝 공법의 종류 (91②, 92④, 95②, 09②, 16③)
① 콤프레솔 파일
② 심플렉스 파일
③ 페데스탈 파일
④ 레이몬드 파일
⑤ 프랭키 파일
⑥ 어스드릴 공법(칼웰드 공법)
⑦ 베노토 공법
⑧ 리버스 서큘레이션 공법 (RCD)
⑨ ICOS 공법
⑩ 프리팩트콘크리트말뚝 공법

● 특수 공법의 ICOS 공법과 프리팩트콘크리트말뚝 공법은 말뚝의 역할 및 흙막이 벽의 역할을 동시에 할 수 있다.

3) 주의사항

(1) 시공상 주의사항 [21]

① 말뚝구멍은 토사붕괴를 막기 위해 케이싱(Casing, 보호관) 또는 벤토나이트용액을 이용한다.

② 물과 이수 중의 콘크리트 타설은 트레미관을 이용한다.

(2) 구조강도상 주의사항 [22]

① 현장타설콘크리트말뚝의 선단부는 지지층에 확실히 도달시켜야 한다.

② 주철근은 4개 이상 또한 설계단면적의 0.25% 이상으로 하고 띠철근 또는 나선철근으로 보강한다.

③ 철근의 피복두께는 60 mm 이상으로 한다.

2. 관입 공법

1) 콤프레솔 파일(Compressol Pile) (93④, 06③)

원뿔 추를 자유낙하시켜 구멍을 뚫고 콘크리트를 타설하며, 둥근 추로써 다짐하고, 평면 추로 마무리하면서 말뚝을 완성하는 공법이다.

2) 심플렉스 파일(Simplex Pile) (93④, 06③)

굳은 지반에 강관(외관)을 박고 콘크리트를 타설한 후 무거운 추로 다지며 강관을 빼내면서 말뚝을 완성하는 공법이다.

3) 페데스탈 파일(Pedestal Pile)

(1) 개요

내외관을 박은 후 내관을 빼내고, 외관 내에 콘크리트를 타설한 후 내관으로 다지면서 점차 외관도 빼내어 선단에 구근(페데스탈)을 형성하여 말뚝을 완성하는 공법이다.

(2) 시공순서 (94②, 98②, 02②, 06②)

① 내외관의 2중관을 소정의 위치까지 박는다.

② 내관을 빼낸다.

③ 외관 내에 콘크리트를 넣는다.

④ 내관을 넣어 다지며 외관을 서서히 빼 올리며 콘크리트를 구근형으로 다진다.

---

21) 신현식 외 6인, 「건축시공학」, 문운당, 1998, pp.140~141.
22) KDS 41 20 00 건축물 기초구조 설계기준 (4.4), 국토교통부, 대한건축학회, 2019.

● 콤프레솔 파일, 심플렉스 파일, 레이몬드 파일의 정의 (93④, 06③)

① 콤프레솔 파일 : 끝이 뾰족한 추로 천공하고, 속에 넣은 콘크리트를 끝이 둥근 추로 다져 넣은 다음 평면진 추로 다진다.

② 심플렉스 파일 : 굳은 지반에 외관을 처박고 콘크리트를 추로 다져 넣으며 외관을 빼낸다.

③ 레이몬드 파일 : 얇은 철판의 외관에 심대를 넣어 처박은 후 심대를 빼내고 콘크리트를 다져 넣는다.

● 콤프레솔 파일 (참고)

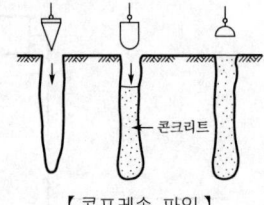

【콤프레솔 파일】

● 페데스탈 파일의 시공순서 (94②, 98②, 02②, 06②)

① 내외관의 2중관을 소정의 위치까지 박는다.
② 내관을 빼낸다.
③ 외관 내에 콘크리트를 넣는다.
④ 내관을 넣어 다지며 외관을 서서히 빼 올리며 콘크리트를 구근형으로 다진다.

Lesson 11

4) 레이몬드 파일(Raymond Pile) (93④, 06③)

① 내외관을 박은 후 내관을 빼내고, 외관 내에 콘크리트를 타설한 후 내관으로 다지면서 외관을 땅속에 남긴 채로 말뚝을 완성하는 공법이다.
② 외관을 땅속에 남기므로 유각 제자리콘크리트말뚝이라고도 한다.

5) 프랭키 파일(Franky Pile) (13②)

① 강관(외관)을 박고 콘크리트를 타설한 후 추로써 콘크리트를 다지면서 강관을 빼내어 말뚝을 완성하는 공법이다.
② 합성말뚝(콘크리트말뚝+나무말뚝)을 형성시킬 수 있는 유일한 말뚝이다.

(주) 합성말뚝은 이질 재료의 말뚝을 이어서 한 개의 말뚝으로 구성하는 것이다.

3. 대구경 굴착 공법

1) 어스드릴(Earth Drill) 공법 (93①, 95②, 97①, 03③, 05②)

① 회전식 드릴링 버킷(Drilling Bucket)에 의해 지중에 필요 깊이까지 굴착하고, 그 굴착공에 철근을 삽입하여 콘크리트를 타설하여 말뚝을 조성하는 공법이다. 기계가 간단하고, 기동성이 있다.
② 어스드릴 공법을 칼웰드(Calweld) 공법이라고도 한다.

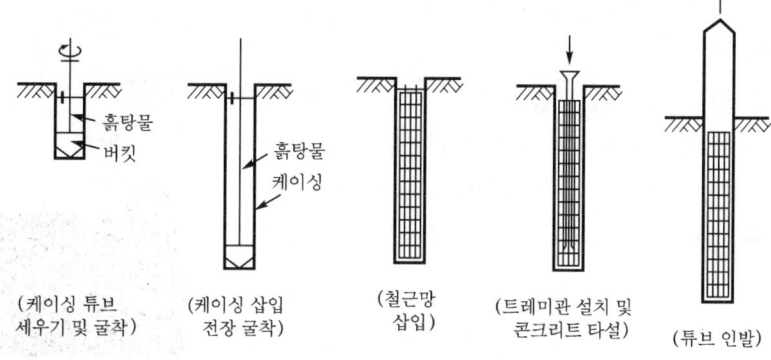

【어스드릴 공법】

2) 베노토(Benoto) 공법(All Casing 공법)

(1) 개요 (90④, 93①, 95②, 97①, 98③, 03③, 04①, 05②, 09②)

특수 고안된 케이싱 튜브를 좌회전과 우회전 운동의 반복에 의해 요동시키면서 지반의 마찰저항을 감소시켜 유압잭으로 압입하면서 공벽 파괴를 방지하고 해머 그래브로 굴착 후 철근을 삽입하고 콘크리트를 충전하면서 케이싱 튜브를 빼내어 말뚝을 조성하는 공법이다.

핵심 Point

● 합성말뚝의 정의(13②)
합성말뚝은 이질 재료의 말뚝을 이어서 한 개의 말뚝으로 구성하는 것이다.

● 칼웰드 공법, 베노토 공법, 리버스 서큘레이션 및 이코스 공법의 공통점 (93①, 95②, 97①, 03③, 04①, 05②)
제자리콘크리트말뚝 공법

● 어스드릴 공법의 정의 (03③)
회전식 Drilling Bucket에 의해 지중에 필요 깊이까지 굴착하고, 그 굴착공에 철근을 삽입하여 콘크리트를 타설하여 말뚝을 조성하는 공법

● 어스드릴(칼웰드) 공법의 시공순서 (참고)
① 케이싱 튜브 세우기
② 굴착
③ 철근망 삽입
④ 트레미관 설치
⑤ 콘크리트 타설
⑥ 케이싱 튜브(스탠드 파이프) 인발

【어스드릴 공법용 버킷】

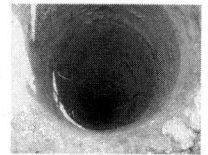
【어스드릴 공법의 굴착완료】

(2) 시공순서 (00①, 04②)
① 케이싱 튜브세우기 ② 해머 그래브로 굴착
③ 철근망 넣기 ④ 트레미관 삽입
⑤ 콘크리트 타설 ⑥ 케이싱 튜브 인발

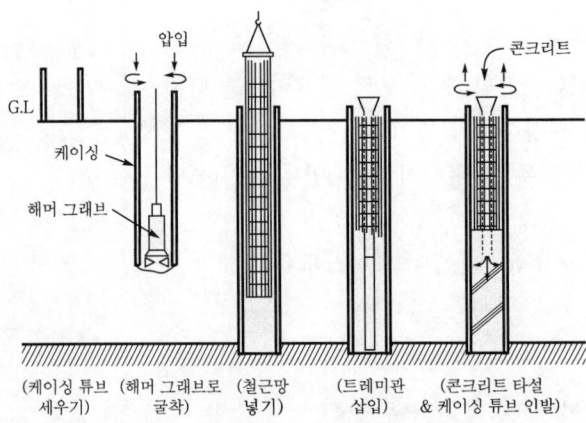
【 베노토 공법 】

3) 리버스 서큘레이션 드릴(Reverse Circulation Drill) 공법
(00②, 03③, 04①)

① 굴착구멍 내에서 지하수위보다 2 m 이상 높게 물을 채우고 $20\,kN/m^2$ ($2\,tf/m^2$)의 압력에 의해 붕괴를 방지할 수 있으며 파낸 흙과 물을 배출하며 말뚝을 구축한다.
② 특수 비트의 회전으로 굴착된 토사를 드릴 로드(Drill Rod) 내의 물과 함께 공외로 배출하여 침전지에 토사를 침전시킨 후 물을 다시 공내에 환류시키면서 굴착한 후 철근망을 삽입하고 트레미관에 의해 콘크리트를 타설하면서 말뚝을 조성하는 공법이다.

4. 특수 공법

1) ICOS 공법 (93①, 95②, 97①, 04①, 05②)

말뚝이라기 보다는 지하연속벽으로 말뚝구멍을 하나 거름으로 뚫고 콘크리트를 부어 넣은 후 다시 그 사이를 뚫어 콘크리트를 부어 넣어 만드는 공법이다.

2) 프리팩트콘크리트말뚝 (93③, 09①)

① CIP 말뚝(Cast In Place Pile)
② PIP 말뚝(Packed In Place Pile)
③ MIP 말뚝(Mixed In Place Pile)

핵심 Point

● 베노토 공법의 정의 (90④, 98③, 03③, 09②)

특수 고안된 케이싱 튜브를 좌회전과 우회전 운동의 반복에 의해 요동시키면서 지반의 마찰저항을 감소시켜 유압잭으로 압입하면서 공벽 파괴를 방지하고 해머 그래브로 굴착 후 철근을 삽입하고 콘크리트를 충전하면서 케이싱 튜브를 빼내어 말뚝을 조성하는 공법

● 베노토 공법의 시공순서 (6단계) (00①)
① 케이싱 튜브세우기
② 해머 그래브로 굴착
③ 철근망 넣기
④ 트레미관 삽입
⑤ 콘크리트 타설
⑥ 케이싱 튜브 인발

● 베노토 공법의 시공순서 (5단계) (04②)
① 케이싱 튜브세우기 및 굴착
② 철근망 넣기
③ 트레미관 삽입
④ 콘크리트 타설
⑤ 케이싱 튜브 인발

【 해머 그래브 굴착 】

● 리버스 서큘레이션 드릴 공법의 정의 (00②)

굴착구멍 내에서 지하수위보다 2 m 이상 높게 물을 채우고 $20\,kN/m^2$ ($2\,tf/m^2$)의 압력에 의해 붕괴를 방지할 수 있으며 파낸 흙과 물을 배출하며 말뚝을 구축한다.

4 말뚝박기

1. 말뚝박기 공법의 종류

1) 타입말뚝공법(소음 및 진동 공법)

(1) 개요

타입말뚝공법은 기성말뚝을 해머로 타격하여 지지층까지 관입시키는 공법이다. 타입공법이라고도 한다. 항타공법과 선굴착 후 항타공법으로 구분할 수 있다.

(2) 종류

① 항타공법

각종 해머를 이용해 말뚝을 타격하여 말뚝을 소요깊이까지 박은 후 소요의 지지력을 확보하는 것이다. 타격공법이라고도 한다. 항타공법에서 사용되는 해머의 종류와 특징은 다음 표와 같다.

종 류	특 징
드롭해머 (Drop Hammer) (90②, 95③)	㉠ 추를 로프에 달고 윈치로 감아 올린 후 낙하시켜 해머로 말뚝을 타격하여 지반에 관입시키는 기계이다. ㉡ 말뚝관입시험을 실시한다.
증기해머 (Steam Hammer)	증기력에 의해 해머를 위아래로 움직이며 말뚝을 타격하여 지반에 관입시키는 기계이다.

디젤해머
(Diesel Hammer)
(14②)
	㉠ 디젤기관을 이용하여 피스톤의 낙하에 의한 실린더 내의 혼합가스의 폭발력으로 말뚝을 타격하여 지반에 관입시키는 기계이다.
	㉡ 장점
	  ⓐ 운전 준비가 간단하며, 이동이 용이하다.
	  ⓑ 소규모 현장에도 사용할 수 있고, 적용성이 높다.
	  ⓒ 말뚝두부의 손상이 적고, 다른 해머에 비해 경질지반에서도 작업이 가능하다.
	  ⓓ 단위시간당 타격횟수가 많고, 타격력이 크다.
	㉢ 단점
	  ⓐ 해머의 낙하높이 조절이 불가능하다.
	  ⓑ 타격으로 인한 소음, 지반진동 및 매연 등이 발생한다.
	  ⓒ 연약지반에서 시공능률이 저하된다.

진동해머 (Vibro Hammer)	말뚝머리에 진동기를 설치하여 말뚝에 큰 강제진동을 전달하여 말뚝과 지반 사이의 마찰저항을 줄이면서 진동기 및 말뚝의 중량으로 말뚝을 지반에 관입시키는 기계이다.
유압해머 (Hydro Hammer)	유압에 의해 해머를 위아래로 움직이며 말뚝을 타격하여 지반에 관입시키는 기계이다.

(주) 1. 항타는 말뚝선단이 지지층에서 말뚝지름의 3배 이상 관입하도록 타격하는 것이다.
    2. 경타는 말뚝선단이 천공 깊이 하단부로부터 말뚝지름의 2배 이내에 도달하도록 타격하는 것이다. 즉, 굴착 바닥면에 말뚝선단이 안착될 수 있도록 타격하는 것이다.

핵심 Point

● 리버스 서큘레이션 드릴 공법의 정의 (03③)

특수 비트의 회전으로 굴착된 토사를 드릴 로드(Drill Rod) 내의 물과 함께 공외로 배출하여 침전지에 토사를 침전시킨 후 물을 다시 공내에 환류시키면서 굴착한 후 철근망을 삽입하고 트레미관에 의해 콘크리트를 타설하면서 말뚝을 조성하는 공법

【리버스 서큘레이션 비트】

● 드롭해머의 관련시험 (90②, 95③)

말뚝관입시험

● 디젤해머의 장점과 단점 (14②)

(1) 장점
 ① 운전 준비가 간단하며, 이동이 용이하다.
 ② 소규모 현장에도 사용할 수 있고, 적용성이 높다.
 ③ 말뚝두부의 손상이 적고, 다른 해머에 비해 경질지반에서도 작업이 가능하다.
 ④ 단위시간당 타격횟수가 많고, 타격력이 크다.
(2) 단점
 ① 해머의 낙하높이 조절이 불가능하다.
 ② 타격으로 인한 소음, 지반진동 및 매연 등이 발생한다.
 ③ 연약지반에서 시공능률이 저하된다.

● 매입(埋入)과 매립(埋立) (참고)

① 매입(埋入)은 기성 제품의 말뚝 등을 미리 지반 속에 뚫은 구멍에 넣는 것이다.
② 매립(埋立)은 해안, 호수 및 저지대 등의 우묵한 땅을 토사와 돌 등으로 채우는 것이다.

② 선굴착 후 항타공법

타입 위치에 미리 어스오거로 말뚝머리지름 정도의 크기로 소정의 심도까지 굴착하고, 이 굴착 구멍에 말뚝을 세워 넣고, 해머로 타격하여 지지층에 관입시키는 공법이다. 프리보링 병용 타격공법, 천공 후 직항 타공법 또는 선굴착 병용 타격공법이라고도 한다.

2) **매입말뚝공법(저소음 및 저진동 공법)** (00②, 01①, 02③, 04③, 10②, 15①)

(1) 개요

지반에 굴착 구멍을 천공한 후 시멘트풀을 주입하고 기성말뚝을 삽입한 다음 필요에 따라 말뚝에 타격을 가하여 지지지반에 말뚝을 안착시키는 공법이다. 일반적으로 저소음 및 저진동 공법이다. 매입공법이라고도 한다. 선굴착공법과 내부굴착공법으로 구분할 수 있다.

(2) 종류

① 선굴착공법(프리보링공법)

종 류	특 징
선굴착 후 최종 경타공법(선굴착 후 최종 항타공법, 프리보링 최종 타격공법)	㉠ 지지층 부근까지 굴착액을 주입하면서 어스오거로 굴착하고, 이 굴착한 구멍에 말뚝을 세워 넣고, 지지지반까지 해머로 최종 경타하여 지지층에 관입시키는 공법이다. ㉡ 시공 순서 (06①) ⓐ 어스 오거 드릴로 구멍 굴착 ⓑ 소정의 지지층 확인 ⓒ 시멘트액(말뚝주변 고정액) 주입 ⓓ 기성콘크리트말뚝 삽입(세워넣기) ⓔ 기성콘크리트말뚝 경타 ⓕ 소정의 지지력 확보
선굴착 후 선단근고공법(프리보링 선단근고공법, 시멘트밀크공법)	일반적으로 시멘트 밀크공법이라고 불리며, 굴착액을 주입하면서 어스오거로 굴착한 후, 근고정액 및 말뚝 주면 고정액을 주입하면서 어스오거를 들어 올리고, 말뚝을 이 굴착 구멍에 넣고 말뚝을 압입 또는 경타하여 근고정액과 말뚝 주면 고정액의 경화에 의해 지지력을 확보하는 공법이다.

② 내부굴착공법(중굴공법)

종 류	특 징
내부굴착 후 최종 경타공법 (DRA, PRD공법 등)	말뚝 중공부에 삽입한 어스오거에 의해 말뚝 선단부의 지반을 굴착하면서 말뚝을 지지층 부근까지 침설하고, 그 후 해머로 최종 경타하여 관입시키는 공법이다.
회전압입 선단근고 공법	말뚝 선단의 특수 철물과 말뚝 중공부에 삽입한 로드에 의해 굴착수를 토출하면서 말뚝 선단 철물에 회전을 주어서 침설하여 말뚝 선단부를 근고정하는 공법이다.

○ 핵심 **Point**

● 기성콘크리트말뚝 공법 중 저소음, 저진동 공법의 종류와 설명 (00②, 01①, 02③, 04③, 15①)
① 선굴착 후 최종 경타공법
② 선굴착 후 선단근고공법
③ 내부굴착 후 최종 경타공법
④ 회전압입 선단근고공법

● 프리보링 병용 타격공법의 시공순서 (06①)
① 어스 오거 드릴로 구멍 굴착
② 소정의 지지층 확인
③ 시멘트액(말뚝주변 고정액) 주입
④ 기성콘크리트말뚝 삽입(세워넣기)
⑤ 기성콘크리트말뚝 경타
⑥ 소정의 지지력 확보

● 기성콘크리트말뚝 공법 중 무소음, 무진동 공법의 종류와 설명 (10②)
① 프리보링공법 : 지지층 부근까지 굴착액을 주입하면서 어스 오거로 굴착하고, 이 굴착한 구멍에 말뚝을 세워 넣고, 지지 지반까지 해머로 타격하여 지지층 안에 관입시키는 공법이다.
② 중굴공법 : 말뚝 중공부에 삽입한 어스 오거에 의해 말뚝 선단부의 지반을 굴착하고, 토사를 배출하면서 자침 또는 압입에 의해 말뚝을 지지층 부근까지 침설한 후, 해머로 말뚝 머리를 타격하여 말뚝을 지지층에 관입시키는 공법이다.
③ 회전압입공법 : 말뚝 선단에 철물을 부착하여 말뚝 중공부에 로드를 삽입하고, 선단 철물의 노즐에서 굴착수를 토출하면서 말뚝 선단 철물에 회전을 주어 말뚝을 지지층까지 침설한 후 말뚝 선단부를 근고정 구근을 축조하는 공법이다.
④ 수사법 : 말뚝의 선단에 제트파이프를 박아 고압수를 분출시켜 지반을 고르게 하면서 말뚝을 타격하여 삽입하는 공법이다.

(주) 1. 수사법(Water Jet) : 수사법은 말뚝의 선단에 제트파이프를 박아 고압수를 분출시켜 지반을 고르게 하면서 말뚝을 타격하여 삽입하는 공법이다.
2. 굴착액 : 굴착 중의 구멍 벽 붕괴 방지를 목적으로 한 액이다.
3. 말뚝 주면 고정액 : 굴착 공벽과 말뚝 주면의 틈새를 충전하고, 경화 후 말뚝 주면 마찰저항 및 말뚝에 수평력이 작용할 경우 지반의 저항을 확보하는 것을 목적으로 한 시멘트, 물 등의 혼합액이다.
4. 말뚝 선단 고정액 : 말뚝 선단부를 지지지반에 정착시키고, 경화 후 연직지지력을 확보하는 것을 목적으로 한 시멘트, 물 등의 혼합액이다.

2. 말뚝박기 시공순서

1) 일반적 시공순서
① 지반조사　　　　　② 표토제거
③ 수평규준틀 설치　　④ 말뚝중심보기
⑤ 재료반입 및 검수　　⑥ 항타(말뚝박기)
⑦ 말뚝머리 정리(두부 정리)

2) 공동주택의 기초 시공순서 (90①)
① 터파기　　　　　　② 말뚝박기
③ 말뚝머리 자르기　　④ 버림콘크리트
⑤ 먹줄치기　　　　　⑥ 거푸집 설치
⑦ 철근배근　　　　　⑧ 콘크리트 부어넣기

● 공동주택의 기초 시공순서 (90①)
① 터파기
② 말뚝박기
③ 말뚝머리 자르기
④ 버림콘크리트
⑤ 먹줄치기
⑥ 거푸집 설치
⑦ 철근배근
⑧ 콘크리트 부어넣기

【 재료반입 】

【 검수 】

【 항타(말뚝박기) 】

【 말뚝머리정리(두부정리) 】

기출 및 예상 문제

01 프리스트레스트 파일의 종류인 PHC말뚝에 대한 설명이다. ( ) 안에 알맞은 것을 쓰시오. (2점) •06 ①

> PHC 파일을 만드는 과정에서는 (①)양생을 하며, (②)을 이용해서 제작한다.

① _____ ② _____

정답

1
① 고온·고압 증기(오토클레이브)
② 프리텐션 방식

02 기성콘크리트말뚝의 이음 방법 3가지를 쓰시오. (3점) •96 ⑤, 98 ①, 00 ⑤, 01 ②

① _____ ② _____ ③ _____

2
① 충전식 이음
② 장부식 이음
③ 볼트식 이음
④ 용접식 이음

03 기초에 사용되는 압입 공법에서 채용되는 말뚝은 단부 형태에 따라 구분되며 말뚝길이가 지지 지반까지 이르지 못할 경우 이어서 사용하게 되는데 이용 방법도 구분된다. 이들의 종류를 각각 2가지씩 나열하시오. (4점) •03 ①

가. 선단부 형상의 종류
① _____ ② _____

나. 말뚝이음의 종류
① _____ ② _____

3
가. 선단부 형상의 종류
  ① 평탄형
  ② 요철형
나. 말뚝이음의 종류
  ① 충전식 이음
  ② 장부식 이음
  ③ 볼트식 이음
  ④ 용접식 이음

04 강관말뚝지정의 특징을 3가지 쓰시오. (3점) •01 ①, 20 ②

①
②
③

4
① 경질지반에도 사용 가능
② 지지력이 크다.
③ 이음이 안전하고 길이 조절이 용이
④ RC말뚝에 비해 경량이고 운반 용이
⑤ 상부구조와 결합이 용이
⑥ 균질한 재료의 대량생산 가능
⑦ 지중에서 부식 우려
⑧ 재료비가 고가

05 기성 말뚝재에 표시되는 다음의 표기가 의미하는 바를 쓰시오. (3점)

•00 ②

> 보기
> PHC － A·450 － 12
> ①   ②   ③

① _____
② _____
③ _____

정답

5
① PHC : 프리텐션 방식 원심력고강도 콘크리트말뚝
② A·450 : A종, 말뚝 바깥지름 450mm
③ 12 : 말뚝길이 12m

06 강말뚝(Steel Pipe)의 부식방지대책 2가지를 쓰시오. (4점)

•01 ③, 05 ③

① _____ ② _____

6
① 판두께 증가법
② 도장법
③ 전기도금법
④ 시멘트 피복법

07 다음 설명에 맞는 제자리콘크리트말뚝 공법을 적으시오. (3점)

•93 ④, 06 ③

① 끝이 뾰족한 추로 천공하고, 속에 넣는 콘크리트를 끝이 둥근 추로 다져 넣은 다음 평면진 추로 다진다.
② 굳은 지반에 외관을 처박고 콘크리트를 추로 다져 넣으며 외관을 빼낸다.
③ 얇은 철판의 외관에 심대를 넣어 처박은 후 심대를 빼내고 콘크리트를 다져 넣는다.

① _____ ② _____ ③ _____

7
① 콤프레솔 파일
② 심플렉스 파일
③ 레이몬드 파일

08 제자리콘크리트말뚝 공법 5가지 쓰시오. (5점)

•91 ②, 94 ④, 95 ②, 09 ②, 16 ③

① _____ ② _____ ③ _____
④ _____ ⑤ _____

8
① 콤프레솔 파일
② 심플렉스 파일
③ 페데스탈 파일
④ 레이몬드 파일
⑤ 프랭키 파일
⑥ 어스드릴 공법(=칼웰드 공법)
⑦ 베노토 파일
⑧ 리버스 서큘레이션 공법 (RCD)
⑨ ICOS 공법
⑩ 프리팩트콘크리트말뚝 공법

건/축/기/사/실/기

09 페데스탈 파일의 시공순서를 기호로 쓰시오. (3점) •02 ②, 06 ②

| 보기 |
㉮ 내관을 빼낸다.
㉯ 외관 내에 콘크리트를 넣는다.
㉰ 내관을 넣어 콘크리트를 다지며 외관을 서서히 빼 올리며 콘크리트를 구근형으로 다진다.
㉱ 외관과 내관의 2중관을 동시에 소정위치까지 박는다.

정답

9
㉱ → ㉮ → ㉯ → ㉰

10 |보기|에 열거한 공법들을 분류에 따라 골라 쓰시오. (4점)
•93 ①, 95 ②, 97 ①, 04 ①, 05 ②

| 보기 |
㉮ 칼웰드 공법(리버스 서큘레이션 공법)   ㉯ 샌드드레인 공법
㉰ 베노토 공법   ㉱ 동결 공법
㉲ 그라우팅 공법   ㉳ 이코스 공법

가. 제자리콘크리트말뚝 공법 : _____

나. 지반개량 공법 : _____

10
가. 제자리콘크리트말뚝 공법 : ㉮, ㉰, ㉳
나. 지반개량 공법 : ㉯, ㉱, ㉲

(주) 기출문제 출제년도에 따라 리버스 서큘레이션 공법이 칼웰드 공법으로 대체되어 출제되기도 하였음

11 페데스탈(Pedestal)말뚝의 시공을 4단계로 나누어 순서대로 설명하시오. (4점) •94 ②, 98 ②

① _____
② _____
③ _____
④ _____

11
① 내외관의 2중관을 소정의 위치까지 박는다.
② 내관을 빼낸다.
③ 외관 내에 콘크리트를 넣는다.
④ 내관을 넣어 다지며 외관을 서서히 빼 올리며 콘크리트를 구근형으로 다진다.

12 다음 용어에 대해 기술하시오. (4점) •13 ②

가. 재하시험 : _____

나. 합성말뚝 : _____

12
가. 재하시험 : 평판재하 또는 시험말뚝을 이용하여 기초지반의 지지력 산정과 지반반력계수를 산정하는 시험이다.
나. 합성말뚝 : 합성말뚝은 이질재료의 말뚝을 이어서 한 개의 말뚝으로 구성하는 것이다.

13 제자리콘크리트말뚝에 관한 공법의 명칭을 기록하시오. (3점)

• 03 ③

① 회전식 Drilling Bucket에 의해 지중에 필요 깊이까지 굴착하고, 그 굴착공에 철근을 삽입하여 콘크리트를 타설하여 말뚝을 조성하는 공법

② 특수 비트의 회전으로 굴착된 토사를 Drill Rod 내의 물과 함께 공외로 배출하여 침전지에 토사를 침전시킨 후 물을 다시 공내에 환류시키면서 굴착한 후 철근망을 삽입하고 트레미관에 의해 콘크리트를 타설하면서 말뚝을 조성하는 공법

③ 특수 고안된 Casing Tube를 좌회전과 우회전 운동의 반복에 의해 요동시키면서 지반의 마찰저항을 감소시켜 유압잭으로 압입하면서 공벽 파괴를 방지하고 Hammer Grab로 굴착 후 철근을 삽입하고 콘크리트를 충전하면서 Casing Tube를 빼내면서 말뚝을 조성하는 공법

① _____ ② _____
③ _____

정답

13
① 어스드릴 공법
② 리버스 서큘레이션 공법
③ 베노토 공법

14 대구경 제자리말뚝을 시공하는 공법 중 베노토 공법의 시공순서 5단계를 순서대로 기술하시오. (3점)

• 04 ②

① _____ ② _____
③ _____ ④ _____
⑤ _____

14
① 케이싱 튜브세우기 및 굴착
② 철근망 넣기
③ 트레미관 삽입
④ 콘크리트 타설
⑤ 케이싱 튜브 인발

15 베노토 공법(Benoto Method)에 대하여 쓰시오. (2점)

• 90 ④, 98 ③, 09 ②

_____
_____
_____

15
특수 고안된 케이싱 튜브를 좌회전과 우회전 운동의 반복에 의해 요동시키면서 지반의 마찰저항을 감소시켜 유압잭으로 압입하면서 공벽 파괴를 방지하고 해머 그래브로 굴착 후 철근을 삽입하고 콘크리트를 충전하면서 케이싱 튜브를 빼내어 말뚝을 조성하는 공법

16 다음 ( ) 안에 알맞은 말을 쓰시오. (3점)   •00 ②

> 제자리콘크리트말뚝 공법 중 굴착 구멍의 붕괴를 방지하기 위하여 물을 채우는 대표적인 공법은 (①) 공법이며, 이 공법은 지하수위보다 (②)m 이상 높게 물을 채워서 (③)tf/m² 이상의 정수압을 유지해야 한다.

① _____ ② _____ ③ _____

정답

16
① 리버스 서큘레이션
② 2
③ 2(20kN/m²)

17 제자리콘크리트말뚝의 기계굴착 공법에서 베노토 공법(Benoto Method)의 시공순서이다. 다음 |보기|를 보고 ( ) 안에 적합한 공정명을 고르시오. (4점)   •00 ①

|보기|
㉮ 트레미관 삽입   ㉯ 철근망 조립   ㉰ 레미콘 주문
㉱ 케이싱 튜브 인발   ㉲ 철근망 넣기   ㉳ 케이싱 튜브세우기

(①) → (굴착) → (②) → (③) → (콘크리트 타설) → (④)

17
① ㉳
② ㉯
③ ㉮
④ ㉱

18 기성말뚝의 타격공법에서 주로 사용하는 디젤 해머(Diesel Hammer)의 장점 또는 단점을 3가지만 쓰시오. (3점)   •14 ②

장점
① _____
② _____
③ _____

단점
① _____
② _____
③ _____

18
(1) 장점
① 운전 준비가 간단하며, 이동이 용이하다.
② 소규모 현장에도 사용할 수 있고, 적용성이 높다.
③ 말뚝두부의 손상이 적고, 다른 해머에 비해 경질지반에서도 작업이 가능하다.
④ 단위시간당 타격횟수가 많고, 타격력이 크다.
(2) 단점
① 해머의 낙하높이 조절이 불가능하다.
② 타격으로 인한 소음, 지반진동 및 매연 등이 발생한다.
③ 연약지반에서 시공능률이 저하된다.

19
기성콘크리트말뚝을 기초로 사용하고자 할 때, 도심지에서 사용할 수 있는 무소음, 무진동 공법을 |보기|에서 모두 골라 쓰시오. (4점)

• 01 ①, 04 ③

| 보기 |
| ㉮ Steam Hammer 공법 ㉯ 압입(회전압입) 공법 |
| ㉰ Vibro Floatation 공법 ㉱ 중공굴착(중굴) 공법 |
| ㉲ Preboring 공법 ㉳ Diesel Hammer 공법 |
| ㉴ 수사법(Water Jet) |

정답

19
㉯, ㉱, ㉲, ㉴

20
기성콘크리트말뚝을 사용한 기초공사에 사용 가능한 저소음 및 저진동 공법을 4가지 쓰시오. (4점)

• 00 ②, 02 ③, 15 ①

① _____ ② _____
③ _____ ④ _____

20
① 프리보링 공법
② 수사법
③ 중굴 공법
④ 회전압입 공법

21
기성콘크리트말뚝을 사용한 기초공사에 사용 가능한 저소음 및 저진동 공법을 3가지로 쓰고 설명하시오. (3점)

• 10 ②

① _____
② _____
③ _____

21
① 선굴착 후 최종 경타공법 : 지지층 부근까지 굴착액을 주입하면서 어스오거로 굴착하고, 이 굴착한 구멍에 말뚝을 세워 넣고, 지지지반까지 해머로 최종 경타하여 지지층에 관입시키는 공법이다.
② 선굴착 후 선단근고공법 : 굴착액을 주입하면서 어스오거로 굴착한 후, 근고정액 및 말뚝 주면 고정액을 주입하면서 어스오거를 들어 올리고, 말뚝을 이 굴착 구멍에 넣고 말뚝을 압입 또는 경타하여 근고정액과 말뚝 주면 고정액의 경화에 의해 지지력을 확보하는 공법이다.
③ 내부굴착 후 최종 경타공법 : 말말뚝 중공부에 삽입한 어스오거에 의해 말뚝 선단부의 지반을 굴착하면서 말뚝을 지지층 부근까지 침설하고, 그 후 해머로 최종 경타하여 관입시키는 공법이다.
④ 회전압입 선단근고공법 : 말뚝 선단의 특수 철물과 말뚝 중공부에 삽입한 로드에 의해 굴착수를 토출하면서 말뚝 선단 철물에 회전을 주어서 침설하여 말뚝 선단부를 근고정하는 공법이다.

22
프리보링 공법 작업순서를 |보기|에서 골라 기호를 쓰시오. (3점) • 06 ①

| 보기 |
| ㉮ 어스 오거 드릴로 구멍굴착 ㉯ 소정의 지지층 확인 |
| ㉰ 기성콘크리트말뚝 경타 ㉱ 시멘트액 주입 |
| ㉲ 기성콘크리트말뚝 삽입 ㉳ 소정의 지지력 확보 |

22
㉮ → ㉯ → ㉱ → ㉲ → ㉰ → ㉳

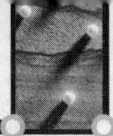

건/축/기/사/실/기

23 공동주택 건축물의 기초를 시공하고자 한다. 시공순서를 |보기|에서 골라 기호를 쓰시오. (6점) •90 ①

―| 보기 |―
㉮ 터파기   ㉯ 말뚝머리 자르기
㉰ 먹줄치기   ㉱ 철근배근
㉲ 거푸집 설치   ㉳ 버림콘크리트
㉴ 콘크리트 부어넣기   ㉵ 말뚝박기

정답

23
㉮ → ㉵ → ㉯ → ㉳ → ㉰ → ㉲ → ㉱ → ㉴

V

철근콘크리트공사

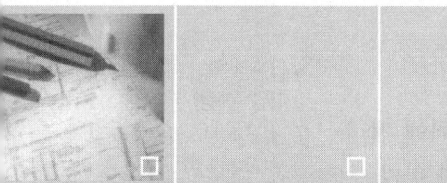

- **Lesson 12** 개요
- **Lesson 13** 철근공사
- **Lesson 14** 거푸집공사
- **Lesson 15** 콘크리트의 재료
- **Lesson 16** 콘크리트의 성질, 시험 및 내구성
- **Lesson 17** 콘크리트의 배합설계 및 시공
- **Lesson 18** 각종 콘크리트

Lesson 12 개요

1 정의와 기본 개념

1. **정의**

   콘크리트에 강봉을 묻어 넣어 두 재료가 일체로 되게 하여 외력에 저항하도록 한 것으로 철근콘크리트(Reinforced Concrete, RC)라 한다. 강봉을 철근(Reinforcing 혹은 Reinforcement)이라 한다.

2. **철근콘크리트 성립의 이유** (05②, 10②)

   ① 철근과 콘크리트 사이의 부착강도가 크다.
   ② 콘크리트가 철근의 부식을 방지한다.
   ③ 두 재료의 선팽창계수가 거의 같다.
   　㉠ 콘크리트의 선팽창계수 : $1.0 \sim 1.3 \times 10^{-5}$/℃
   　㉡ 철근의 선팽창계수 : 1.2×10^{-5}/℃

3. **내화성과 내구성**

   (1) 내화성은 고온의 열에도 타지 않고 견디는 성질이다.
   (2) 내구성은 시간의 경과에 따라 콘크리트 및 구조물의 성질이 변질되거나 변형되지 않고 오래 견디는 성질이다.

2 크리프와 건조수축

1. **크리프(Creep)**

   1) **정의** (93④, 94②, 98③, 09②, 10②, 11②, 20①, 22①)

   하중의 증가 없이 시간이 경과함에 따라 콘크리트에 발생되는 소성변형을 크리프라 한다.

핵심 Point

- 철근콘크리트구조의 성립 이유 (예상)
  ① 철근과 콘크리트 사이의 부착강도가 크다.
  ② 콘크리트가 철근의 부식을 방지한다.
  ③ 두 재료의 선팽창계수가 거의 같다.

- 철근콘크리트의 선팽창계수를 이용한 부재의 길이 변화량 (05②, 10②)
  ① 온도차이 : 10℃
  ② 부재길이 : 10m
  ③ 선팽창계수 : 1.0×10^{-5}/℃
  ④ 부재의 길이 변화량
  　$= 1.0 \times 10^{-5}$/℃$\times 10$℃
  　$\times 1,000$cm$= 0.1$cm

- 고온에 의한 철근과 콘크리트의 강도변화 (참고)
  ① 철근은 약 600℃에서 항복점이 약 1/2 정도가 되고, 약 800℃에서 항복점이 약 10% 정도가 되며, 약 900℃ 이상에서는 완전 파괴된다.
  ② 콘크리트는 약 350℃ 이상이면 강도가 급격히 저하된다.

- 철근콘크리트 구조에서 내구성을 결정짓는 제1요인 (참고)
  콘크리트의 중성화

- 크리프의 정의 (93④, 94②, 98③, 09②, 10②, 11②, 20①, 22①)
  하중의 증가 없이 시간이 경과함에 따라 콘크리트에 발생되는 소성변형

2) 크리프의 증가 원인 (11①)
   ① 재하기간 중 습도가 낮을수록 크리프는 증가한다.
   ② 재하개시 재령이 짧을수록 크리프는 증가한다.
   ③ 재하 응력이 낮을수록 크리프는 증가한다.
   ④ 시멘트풀(시멘트페이스트)의 양이 많을수록 크리프는 증가한다.
   ⑤ 단면의 치수가 작을수록 크리프는 증가한다.
   ⑥ 밀실하지 않은 골재를 사용할수록 증가한다.
   ⑦ 골재 입도가 부적당하여 공극이 많을수록 증가한다.
   ⑧ 잔골재율이 클수록 증가한다.
   ⑨ 물결합재비(물시멘트비)가 클수록 증가한다.
   ⑩ 철근비가 적을수록 증가한다.
   ⑪ 대기 중의 온도가 높을수록 증가한다.
   ⑫ 배합이 나쁠수록 증가한다.
   ⑬ 공기량이 증가할수록 증가한다.
   ⑭ 재하속도가 빠를수록 증가한다.
   ⑮ 다짐이 나쁠수록 증가한다.

2. 건조수축(Shrinkage)

1) 정의
   수화하고 남은 수분이 대기 중에서 증발하면 콘크리트의 체적이 수축하는 현상을 건조수축이라 한다.

2) 건조수축의 증가 원인
   ① 시멘트의 분말도가 높을수록 증가한다.
   ② 골재의 탄성계수(강도)가 작을수록 증가한다.
   ③ 골재의 흡수율을 클수록 증가한다.
   ④ 골재의 실적률이 작을수록 증가한다.
   ⑦ 굵은골재의 최대 치수가 작을수록 증가한다.
   ⑧ 골재 입도가 부적당하여 공극이 많을수록 증가한다.
   ⑨ 잔골재율이 클수록 증가한다.
   ⑩ 물결합재비(물시멘트비)가 클수록 증가한다.
   ⑬ 철근비가 적을수록 증가한다.
   ⑮ 대기 중의 상대습도가 낮을수록 증가한다.
   ⑯ 대기 중의 온도가 높을수록 증가한다.
   ⑰ 부재의 단면치수가 작을수록 증가한다.

핵심 Point

● 경화된 콘크리트에서 크리프의 증가 원인 (11①)
① 재하기간 중 습도가 낮을수록 크리프는 증가
② 재하개시 재령이 짧을수록 크리프는 증가
③ 재하 응력이 낮을수록 크리프는 증가
④ 시멘트풀(시멘트페이스트)의 량이 많을수록 크리프는 증가
⑤ 단면의 치수가 작을수록 크리프는 증가

● 강구조물 주위에 철근배근을 하고 그 위에 콘크리트를 타설하여 일체가 되게 한 것으로 초고층 구조물 하층부의 복합구조물로 많이 사용하는 구조 (19①)
철골철근콘크리트구조(SRC조)

● 건조수축의 정의 (예상)
수화하고 남은 수분이 대기 중에서 증발하면 콘크리트의 체적이 수축하는 현상

● 경화된 콘크리트에서 건조추축의 증가 원인 (예상)
① 시멘트의 분말도가 높을수록 증가한다.
② 골재의 탄성계수(강도)가 작을수록 증가한다.
③ 골재의 흡수율을 클수록 증가한다.
④ 골재의 실적률이 작을수록 증가한다.

기출 및 예상 문제

01 철근콘크리트의 선팽창계수가 $1.0 \times 10^{-5}/℃$이라면, 10m 부재가 10℃의 온도변화시 부재의 길이 변화량은 몇 cm인가? (3점)

• 05 ②, 10 ②

정답

1
• 온도차이 : 10℃
• 부재길이 : 10 m
• 선팽창계수 : $1.0 \times 10^{-5}/℃$
∴ 부재의 길이 변화량
  $= 1.0 \times 10^{-5}/℃ \times 10℃$
  $\times 1,000 \text{ cm} = 0.1 \text{ cm}$

02 콘크리트의 크리프(Creep) 현상에 대하여 쓰시오. (3점)

• 93 ④, 94 ②, 98 ③, 09 ②, 10 ②, 11 ②, 20 ①, 22 ①

2
하중의 증가 없이 시간이 경과함에 따라 콘크리트에 발생되는 소성변형

03 경화된 콘크리트의 크리프에 대한 설명이다. 옳은 것은 O, 틀린 것은 X로 표시하시오. (5점)

• 11 ①

① 재하기간 중 습도가 높을수록 크리프는 커진다. ( )
② 재하개시 재령이 짧을수록 크리프는 커진다. ( )
③ 재하 응력이 클수록 크리프는 커진다. ( )
④ 시멘트풀의 량이 적을수록 크리프는 커진다. ( )
⑤ 단면의 치수가 작을수록 크리프는 커진다. ( )

3
① (X)
② (O)
③ (O)
④ (X)
⑤ (O)

04 다음 [보기]에서 설명하는 구조의 명칭을 쓰시오. (3점)

―― 보기 ――
강구조물 주위에 철근배근을 하고 그 위에 콘크리트를 타설하여 일체가 되게 한 것으로 초고층 구조물 하층부의 복합구조물로 많이 사용된다.

4
철골철근콘크리트구조
(SRC조)

건축기사실기

Lesson 13 철근공사

1 철근의 분류

1. 강재의 종류에 따른 분류

종류	내용	
원형철근	① 마디와 리브가 없는 보통 철근 ② 지름은 φ로 표시(φ9, φ12 등) ③ 종류 : SR240, SR300 등	원형철근과 이형철근의 역학적인 차이는 부착력의 차이이다.
이형철근 (18①)	① 마디와 리브가 있는 철근 ② 지름은 D로 표시(D10, D22 등) ③ 종류 : SD300, SD400, SD500, SD600, SD700, SD400W, SD500W, SD400S, SD500S 등	

(주) 1. SR : 원형철근(Round Steel Bar)
2. SD : 이형철근(Deformed Steel Bar)
3. SR 400 및 SD 400의 400은 하위 항복강도가 400MPa 이상이다.

2. 철근의 용도에 따른 분류

종류	내용
주철근	① 설계하중에 의하여 그 단면적이 정해지는 철근이다. ② 정철근과 부철근이 있다.
온도철근 (94①, 04②, 09①, 11③, 15②, 20⑤)	수축과 온도변화에 따른 콘크리트의 균열을 방지하고, 응력을 분포시킬 목적으로 주철근과 직각방향으로 배치한 보조적인 철근이다. 온도조절철근이라고도 한다.
배력철근 (18①)	하중을 분산시키거나 균열을 제어할 목적으로 주철근과 직각에 가까운 방향으로 배치한 보조 철근이다.
전단철근 (사인장철근)	사인장응력을 받는 철근으로 전단보강철근이라고도 한다.
늑근 (Stirrup)	주철근(정철근 또는 부철근)에 직각으로 둘러 감은 전단철근이다.
띠철근 (대근, Tie Bar, Hoop) (09①)	① 철근콘크리트 기둥의 주철근에 소정의 간격으로 둘러싼 수평방향의 보조적인 철근이다. ② 목적(역할) 　㉠ 주철근의 좌굴방지(가장 중요) 　㉡ 주철근의 위치 고정 　㉢ 기둥의 전단보강 　㉣ 피복두께 유지

핵심 Point

● 이형철근

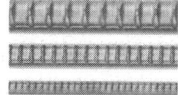

● 원형철근과 이형철근의 역학적 차이 (예상)
부착력의 차이

● 1MPa = 1N/mm²

● 온도조절철근의 정의 (94①, 04②, 09①, 11③, 15②, 20⑤)
수축과 온도변화에 따른 콘크리트의 균열을 방지하고, 응력을 분포시킬 목적으로 주철근과 직각방향으로 배치한 보조적인 철근

● 온도철근의 목적 (참고)
① 균열의 방지
② 응력의 분산
③ 주철근 간격 유지
④ 콘크리트의 건조수축이나 온도변화에 의한 수축 감소

● 이형철근과 배력철근의 정의 (18①)
① 이형철근 : 철근과 콘크리트와의 부착력을 증가시키기 위해 마디와 리브가 있는 철근이다.
② 배력철근 : 하중을 분산시키거나 균열을 제어할 목적으로 주철근과 직각에 가까운 방향으로 배치한 보조 철근이다.

☼ 2 공작도의 작성과 철근의 반입, 저장 및 가공

1. 공작도의 작성 (87③, 93④, 94④)

정의	철근구조도에 의거하여 현장에서 실제 공작을 하기 위한 모양, 치수, 지름, 길이, 수량 등을 명확히 기입한 도면이다.
종류	① 기초상세도 ② 기둥 및 벽 상세도 ③ 보상세도 ④ 바닥상세도

2. 철근의 반입, 저장 및 가공

1) 반입 및 저장
가공 및 조립 순서에 따라 반입하며, 종류별, 지름별로 구분하여 놓고, 직접 지면에 닿지 않게 지면에서 100 mm 이상 띄워서 놓는다.

2) 검사 및 시험[23] (12①)
① 현장에 반입된 철근 품질의 만족 여부를 시공하기 전에 검사한다.
② 철근콘크리트용 봉강 시험의 항목으로는 분석시험, 기계시험(인장시험 및 굽힘시험), 모양치수 및 무게 측정 등이 있다(KS D 3504).

3) 구부리기 (가공) 및 조립[24],[25] (92②)
① 철근의 가공은 철근상세도에 표시된 형상과 치수가 일치하게 한다.
② 철근의 구부리기는 기준의 최소 내면 반지름 이상으로 한다.
③ 철근은 상온에서 가공하는 것을 원칙으로 한다.

4) 갈고리

(1) 목적
갈고리(Hook)는 부착강도를 증대시키기 위해서이다.

(2) 갈고리의 설치위치[26] (92②, 95④, 96⑤, 05③, 13②)
① 원형철근의 단부 ② 스터럽의 단부
③ 띠철근의 단부
④ 기둥 및 보(지중보 제외)의 돌출부 철근의 단부
⑤ 표준갈고리로 정착하는 보의 인장철근의 단부
⑥ 굴뚝 철근의 단부

---

[23] KCS 14 20 10 일반콘크리트 (2.5), 국토교통부, 한국콘크리트학회, 2022.
[24] KCS 14 20 11 철근공사 (3.1), 국토교통부, 한국콘크리트학회, 2022.
[25] KDS 14 20 50 콘크리트구조 철근상세 설계기준 (4.1), 국토교통부, 한국콘크리트학회, 2021.
[26] 건축공사 표준시방서 (05020), 국토교통부, 대한건축학회, 2006.

핵심 Point

● 띠철근(대근)의 목적 (09①)
① 주철근의 좌굴방지(가장 중요)
② 주철근의 위치 고정
③ 기둥의 전단보강
④ 피복두께 유지

● 철근공사의 순서 (87③)
① 공작도 작성
② 철근의 반입
③ 저장
④ 검사 및 시험
⑤ 가공
⑥ 조립
⑦ 조립 검사

● 철근공작도의 정의와 종류 (93④, 94④)
가. 정의 : 철근구조도에 의거하여 현장에서 실제 공작을 하기 위한 모양, 치수, 지름, 길이, 수량 등을 명확히 기입한 도면
나. 종류
① 기초상세도
② 기둥 및 벽 상세도
③ 보상세도
④ 바닥상세도

● 철근의 공작도 작성의 목적 (참고)
① 시공정밀도 유지
② 시공관리 원활
③ 시공량 및 재료량 절감
④ 시공기준 설정

● 철근의 현장 입고 시 철근 품질확인을 위한 시험검사 (12①)
① 인장시험
② 굽힘시험(휨시험)

● 후크(Hook)를 반드시 두어야 할 곳 (95④, 96⑤, 05③, 13②)
① 원형철근의 단부
② 스터럽의 단부
③ 띠철근의 단부
④ 기둥 및 보(지중보 제외)의 돌출부 철근의 단부
⑤ 표준갈고리로 정착하는 보의 인장철근의 단부
⑥ 굴뚝 철근의 단부

(3) 표준갈고리

① 주철근의 표준갈고리는 180° 표준갈고리 [그림 (a)]와 90° 표준갈고리 [그림 (b)]로 분류된다.
② 스터럽과 띠철근의 표준갈고리는 90° 표준갈고리 [그림 (c), (d)]와 135° 표준갈고리 [그림 (e)]로 분류된다.

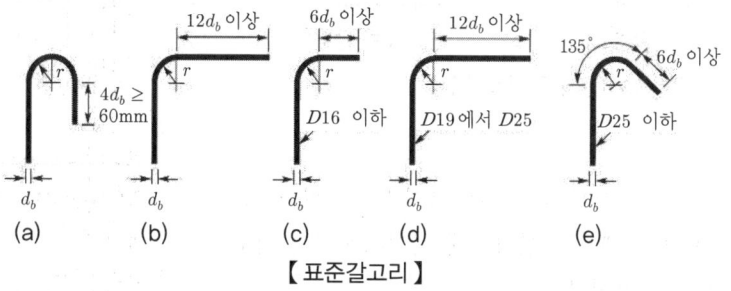

【 표준갈고리 】

핵심 Point

- 갈고리철근의 종류 (예상)
  ① 180° 갈고리
  ② 135° 갈고리
  ③ 90° 갈고리

- 표준갈고리의 분류 (참고)
  가. 주철근의 표준갈고리
     ① 180° 표준갈고리
     ② 90° 표준갈고리
  나. 스터럽과 띠철근의 표준갈고리
     ① 90° 표준갈고리
     ② 135° 표준갈고리

- 주철근의 크기에 따라 구부리는 최소 내면 반지름(r)
  ① D10~D25 : $3d_b$
  ② D29~D35 : $4d_b$
  ③ D38 이상 : $5d_b$

3 철근의 이음 및 정착

1. 이음 및 정착

1) **이음위치 선정 시 주의사항** (99③)
   ① 이음위치는 응력이 큰 곳은 피한다.
   ② 이음은 엇갈리게 한다.
   ③ 한 곳에 반수 이상의 철근을 잇지 않는다.
   ④ D35를 초과하는 철근은 겹침이음을 할 수 없다(용접이 원칙이다).
   ⑤ 기둥의 주철근은 하부 바닥판의 500 mm부터 층높이의 3/4 이하까지 잇는다.
   ⑥ 보의 주철근은 반드시 압축부에서 잇는다.

2) **정착위치** (88③, 90①, 97②, 06②)
   ① 기둥의 주철근 : 기초판에 정착
   ② 큰보의 주철근 : 기둥에 정착
   ③ 작은보의 주철근 : 큰보에 정착
   ④ 직교하는 단부 보밑에 기둥이 없을 때 : 보 상호간에 정착
   ⑤ 벽철근 : 기둥, 보 또는 바닥판에 정착
   ⑥ 바닥철근 : 보 또는 벽체에 정착
   ⑦ 지중보의 주철근 : 기초 또는 기둥에 정착
   ⑧ 계단철근 : 보에 정착

- 이음위치 선정 시 주의사항 (99③)
  ① 이음위치는 응력이 큰 곳은 피한다.
  ② 이음은 엇갈리게 한다.
  ③ 한 곳에 반수 이상의 철근을 잇지 않는다.
  ④ D35를 초과하는 철근은 겹침이음을 할 수 없다.(용접이 원칙이다.)
  ⑤ 기둥의 주철근은 하부 바닥판의 500mm부터 층높이의 3/4 이하까지 잇는다.
  ⑥ 보의 주철근은 반드시 압축부에서 잇는다.

- 철근의 정착위치 (88③, 90①, 97②, 06②)
  ① 기둥의 주철근 : 기초판에 정착
  ② 큰보의 주철근 : 기둥에 정착
  ③ 작은보의 주철근 : 큰보에 정착
  ④ 직교하는 단부 보밑에 기둥이 없을 때 : 보 상호간에 정착
  ⑤ 벽철근 : 기둥, 보 또는 바닥판에 정착
  ⑥ 바닥철근 : 보 또는 벽체에 정착
  ⑦ 지중보의 주철근 : 기초 또는 기둥에 정착
  ⑧ 계단철근 : 보에 정착

3) 정착길이의 도식 (89①, 96④⑤, 99②⑤)

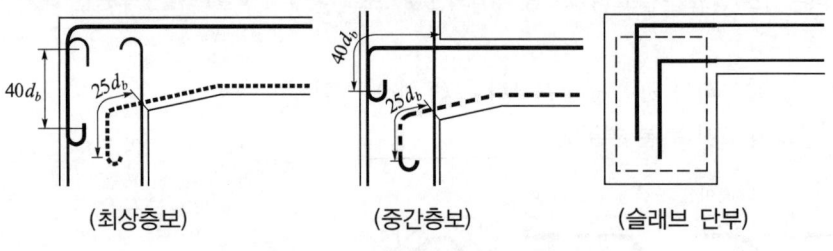

【 최상층보 및 중간층보 등의 정착길이 】

4) 헌치(Hunch) (02①)

보의 응력은 일반적으로 기둥과 접합부 부근에서 크게 되어 단부의 응력에 맞는 단면으로 보 전체를 설계하면 현저하게 비경제적이기 때문에 단부에만 크게 하여 보강한 것이다.

2. 철근이음의 종류 (96①, 97③, 99④, 02③, 05③, 13①, 16①, 20④)

1) 겹침이음

① 철근을 나란히 겹쳐서 이어나가는 것으로 부착력에 의하는 것이다.
② D35를 초과하는 철근은 겹침이음을 할 수 없다.
③ 겹침이음의 완료 시 검사항목은 이음위치 및 이음길이 등이다.

2) 용접이음

(1) 개요

① 철근을 서로 맞대거나 겹친 후 아크 및 전류를 이용하여 용접하는 것이다.
② 용접이음의 검사항목은 외관검사, 용접부의 완료 시 검사항목은 결함 및 인장시험 등이다.

(2) 특징 (93③, 99②)

장점	단점
① 단순한 가공과 적은 가공면적 ② 적은 조직변화로 인해 철근의 강도 보장 ③ 공사비 저렴(철근의 절약) ④ 철근 조립부의 단순화로 인해 콘크리트 타설 용이	① 숙련공 필요 ② 용접부 검사 난해 ③ 강풍, 강우, 강설시 작업중지 ④ 작업상 불리 　(철근공, 용접공이 동시작업 시행)

핵심 Point

- 이음 및 정착길이에서 철근의 지름이 다를 경우 가는 철근을 기준으로 한다.
- 정착길이의 도식 (89①, 96④⑤, 99②⑤)
  ① 최상층보

  ② 중간층보
  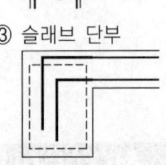
  ③ 슬래브 단부

- 헌치(Hunch) 02①
  보의 응력은 일반적으로 기둥과 접합부 부근에서 크게 되어 단부의 응력에 알맞은 단면으로 보 전체를 설계하면 현저하게 비경제적이기 때문에 단부에만 크게 하여 보강한 것

- 철근이음의 종류 (96①, 97③, 99④, 02③, 05③, 13①, 16①, 20④)
  ① 겹침이음
  ② 용접이음
  ③ 가스압접이음
  ④ 기계적 이음

- 용접이음방법의 장점 (93③, 99②)
  ① 단순한 가공과 적은 가공면적
  ② 적은 조직변화로 인해 철근의 강도 보장
  ③ 공사비 저렴(철근의 절약)
  ④ 철근 조립부의 단순화로 인해 콘크리트 타설 용이

3) 가스압접이음

(1) 개요 (03③)

철근의 단면을 산소-아세틸렌 불꽃 등을 사용하여 가열하고, 기계적 압력을 가하여 맞댐이음하는 것이다. 가스압접이음의 완료 시 검사항목은 이음위치, 외관검사, 초음파탐사검사 및 인장시험 등이다.

(2) 압접방법[27]

① 철근의 가공은 재축에 직각으로 정확하게 절단하여 가공한다.
② 압접장치의 가압능력은 철근 단면에 대해 30 MPa 이상 유지한다.
③ 압접 1개소당 접합 소요시간은 3~4분 정도이다.
④ 접합온도는 1,200~1,300 ℃를 유지한다.
⑤ 압접하는 2개 철근의 압접면 사이 간격은 1 mm 이하로 한다.
⑥ 압접 돌출부 지름은 철근지름의 $1.4(1.4d_b)$배 이상이다.
⑦ 압접 돌출부 깊이는 철근지름의 $1.2(1.2d_b)$배 이상이다.
⑧ 철근 중심축의 편심량은 철근지름의 $1/5(1/5d_b)$ 이하이다.

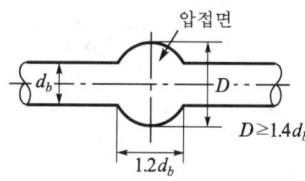

(3) 압접금지 사항 (02②, 09①, 13②, 17③)

① 철근지름 차가 6 mm 이상인 경우
② 철근 재질이 서로 다른 경우
③ 철근 항복강도가 서로 다른 경우
④ 강풍, 강우, 강설 시
⑤ 철근 중심축 편심량이 철근지름의 $1/5(1/5d_b)$ 이상인 경우

4) 기계적 이음(Mechanically Coupled)

철근의 이음부위에 슬리브(Sleeve) 압착, 슬리브(Sleeve) 충전, 나사(Coupler, 너트)이음 등을 이용한 철근이음이다. 기계적 이음의 완료 시 검사항목은 이음위치, 외관검사, 인장시험 및 잔류변형량 등이다.

---

27) 건축공사 표준시방서 (05020), 국토교통부, 대한건축학회, 2006.

핵심 Point

- **가스압접이음의 정의 (03③)**
  철근의 단면을 산소-아세틸렌 불꽃 등을 사용하여 가열하고, 기계적 압력을 가하여 맞댐이음하는 것이다.

- **압접방법 (예상)**
  ① 압접장치의 가압능력은 철근 단면에 대해 30 MPa 이상 유지한다.
  ② 압접 1개소당 접합 소요시간은 3~4분 정도이다.
  ③ 접합온도는 1,200~1,300℃를 유지한다.
  ④ 압접하는 2개 철근의 압접면 사이 간격은 1 mm 이하로 한다.
  ⑤ 철근 중심축의 편심량은 철근지름의 $1/5(1/5d_b)$ 이하이다.

- **압접금지 사항 (02②, 09①, 13②, 17③)**
  ① 철근지름 차가 6mm 이상인 경우
  ② 철근 재질이 서로 다른 경우
  ③ 철근 항복강도가 서로 다른 경우
  ④ 강풍, 강우, 강설 시
  ⑤ 철근 중심축 편심량이 철근지름의 $1/5(1/5d_b)$ 이상인 경우

- **철근이음의 종류 (참고)**
  ① 겹침이음
  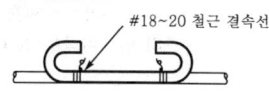
  ② 용접이음
  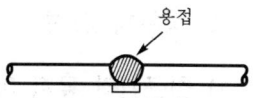
  ③ 가스압접이음
  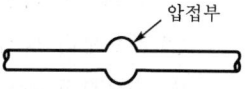
  ④ 기계적 이음
  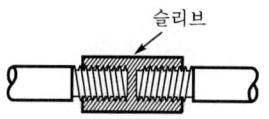

☀ 4 철근의 피복두께와 철근의 순간격

1. 피복두께의 정의 및 목적

1) 피복두께의 정의 (97①, 01②, 10②, 20②)

콘크리트의 표면에서 제일 외측에 가까운 철근(띠철근 혹은 스터럽)의 표면까지의 거리이다.

2) 피복두께 확보 목적 (96①, 97②, 02②, 06②, 08①, 10②, 20②)

① 내구성　　　　　② 내화성
③ 부착성　　　　　④ 콘크리트 타설 시의 유동성 확보

3) 철근의 최소 피복두께 [28]

환경조건과 부재의 종류			최소 피복두께(mm)
옥외의 공기나 흙에 접하지 않는 콘크리트	보, 기둥 [f_{ck} ≥40MPa이면 10mm를 저감시킬 수 있다.]		40
	슬래브, 벽체, 장선	D35 이하 철근	20
		D35 초과 철근	40
	쉘, 절판부재		20
흙에 접하거나 옥외의 공기에 직접 노출되는 콘크리트	D19 이상 철근		50
	D16 이하 철근		40
흙에 접하여 콘크리트를 친 후 영구히 흙에 묻혀 있거나 수중에 있는 콘크리트			75
수중에서 타설하는 콘크리트			100

(주1) 피복두께의 시공허용오차는 10mm 이내로 한다.
(주2) 설계피복두께(표준피복두께)는 최소 피복두께에서 10mm를 더한 값 이상으로 한다.
(주3) 설계피복두께(표준피복두께)와 최소 피복두께를 혼돈하지 않도록 한다.

2. 철근의 간격

1) 철근간격 유지 이유 (03①, 07②, 10①, 12②, 13③, 14①, 22②)

① 콘크리트 타설 시의 유동성 확보
② 재료분리 방지
③ 소요강도 확보

핵심 Point

- 기계적 이음의 종류 (예상)
  ① 슬리브 압착
  ② 슬리브 충전
  ③ 나사이음

- 피복두께의 정의 (97①, 01②, 10②, 20②)
  콘크리트의 표면에서 제일 외측에 가까운 철근의 표면까지의 거리

- 피복두께 확보 목적 (96①, 97②, 02②, 06②, 08①, 10②, 20②)
  ① 내구성
  ② 내화성
  ③ 부착성
  ④ 콘크리트 타설시의 유동성 확보

- 다음 부재의 최소 피복두께 (예상)
  ① 보, 기둥(옥내) : 40 mm
  ② 슬래브, 벽체(D35 이하, 옥내) : 20 mm
  ③ 흙에 접하는 옥외의 옹벽(D25 이하) : 50 mm
  ④ 기초 : 75 mm

- 피복두께의 결정요인 (참고)
  ① 흙과의 접촉유무
  ② 구조부재(부분)의 종별
  ③ 실내외(옥내외) 여부
  ④ 콘크리트의 강도
  ⑤ 철근의 지름

- 철근간격 유지 이유 (03①, 07②, 10①, 12②, 13③, 14①, 22②)
  ① 콘크리트 타설 시의 유동성 확보
  ② 재료분리 방지
  ③ 소요강도 확보

---

28) KDS 14 20 50 콘크리트구조 철근상세 설계기준 (4.3), 국토교통부, 한국콘크리트학회, 2022.

2) 철근의 간격제한 [29] (92③, 95②, 97①, 04③, 07③, 09③, 16②)

구분		주철근의 간격제한
보	동일 평면에서 평행하는 철근 사이의 수평 순간격(보의 주철근의 최소 수평 순간격)	최소 수평 순간격 $\geq \max\left(25\,mm,\ 1.0d_b,\ \dfrac{4}{3}G\right)$
	상단과 하단에 2단 이상으로 배치된 경우	① 상하 철근은 동일 연직면 내에 배치되어야 함 ② 상하 철근의 순간격은 25 mm 이상
기둥	나선철근 또는 띠철근이 배근된 압축부재에서 축방향철근의 순간격	최소 수평 순간격 $\geq \max\left(40\,mm,\ 1.5d_b,\ \dfrac{4}{3}G\right)$

여기서, G : 굵은골재의 공칭 최대치수 (mm)
d_b : 이형철근의 공칭지름 (mm)

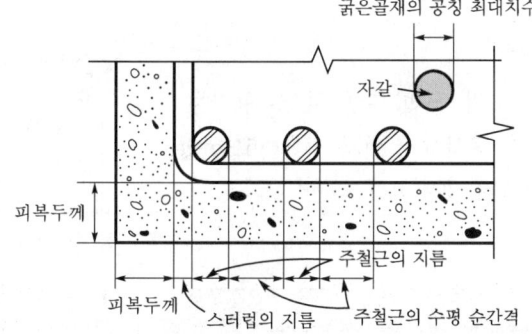

5 철근조립 및 철근프리패브 공법

1. 철근조립 순서

1) **철근콘크리트구조(RC조)의 철근조립** (95③, 98⑤, 18②)
   ① 기초철근 ② 기둥철근
   ③ 벽철근   ④ 보철근
   ⑤ 바닥철근 ⑥ 계단철근

2) **철골철근콘크리트구조(SRC조)의 철근조립** (99②)
   ① 기초철근 ② 기둥철근
   ③ 보철근   ④ 벽철근
   ⑤ 바닥철근 ⑥ 계단철근

---
29) KDS 14 20 50 콘크리트구조 철근상세 설계기준 (4.2), 국토교통부, 한국콘크리트학회, 2022.

핵심 Point

● 철근의 중심간격 (참고)
보 부재에서 주철근의 최소 중심간격은 '최소 수평 순간격 + d_b'이다.

● 굵은골재의 최대 공칭치수 (참고)
굵은골재의 최대 공칭치수(G)는 개별 철근, 다발철근, 긴장재 또는 덕트 사이 최소 순간격의 3/4이다.

● 주철근의 최소 수평 순간격 (09③, 16②)
최소 수평 순간격
$\geq \max(25\,mm,\ 1.0d_b,\ 4/3\,G)$

● 철근의 간격제한 및 철근 배근 개수 (92③, 95②, 97①, 04③, 07③, 09③)
최소 수평 순간격
$\geq \max(25\,mm,\ 1.0d_b,\ 4/3\,G)$

● 철근콘크리트구조(RC조)의 철근조립 순서 (95③, 98⑤, 18②)
① 기초철근
② 기둥철근
③ 벽철근
④ 보철근
⑤ 바닥철근
⑥ 계단철근

● 철골철근콘크리트구조(SRC조)의 철근조립 순서 (99②)
① 기초철근
② 기둥철근
③ 보철근
④ 벽철근
⑤ 바닥철근
⑥ 계단철근

3) 기초 및 기둥의 철근조립 (00②, 05③)

① 거푸집 위치 먹줄치기　② 철근간격 표시
③ 직교철근 배근　　　　　④ 대각선철근 배근
⑤ 스페이서 설치　　　　　⑥ 기둥의 주철근 설치
⑦ 띠근(Hoop) 끼우기

【 기초철근 】

【 기둥철근 】

【 보철근 】

2. 철근프리패브 공법

1) 정의

철근프리패브 공법(Pre-fab, 철근 선조립 공법)은 단위 부재(기둥, 보, 슬래브, 벽체 등)의 철근을 부위별로 공장에서 먼저 제작하고 현장에서는 조립 및 설치만 하게 한 철근조립 공법이다.

2) 특징 (14②)

장점	단점
① 철근 가공 정밀도 향상	① 부피증가로 운반비 상승
② 철근 손실 감소	② 접합부의 응력손상 우려
③ 현장 노동력 절감	③ 가공공장이 필요
④ 공기단축	④ 이동 중 선조립 철근의 변형 우려

핵심 Point

● 기초 및 기둥의 철근조립 순서 (00②, 05③)
① 거푸집 위치 먹줄치기
② 철근간격 표시
③ 직교철근 배근
④ 대각선철근 배근
⑤ 스페이서 설치
⑥ 기둥의 주철근 설치
⑦ 띠근 끼우기

● 철근 Pre-fab 공법의 정의 (예상)
단위 부재(기둥, 보, 슬래브, 벽체 등)의 철근을 부위별로 공장에서 먼저 제작하고 현장에서는 조립 및 설치만 하게 한 철근조립 공법

● 철근 선조립(Pre-fab) 공법의 장점 (14②)
① 철근 가공 정밀도 향상
② 철근 손실 감소
③ 현장 노동력 절감
④ 공기단축

Lesson 13

기출 및 예상 문제

01 '온도조절철근(Temperature Bar)'이란 무엇을 말하는지 간단히 쓰시오. (3점)
•94 ①, 04 ②, 09 ①, 11 ③, 15 ②, 20 ⑤

_____

02 다음 용어를 정의하시오. (4점)   •18 ①

가. 이형철근 : _____

나. 배력철근 : _____

03 철근콘크리트 기둥에서 띠철근(Hoop)의 역할을 2가지 쓰시오. (2점)
•09 ①

① _____ ② _____

04 철근공작도(Shop Drawing)의 정의를 설명하고, 그 종류를 3가지 쓰시오. (4점)
•93 ④, 94 ④

가. 정의 : _____

나. 종류 : ① _____ ② _____ ③ _____

05 철근 단부에서 반드시 갈고리(Hook)를 두어야 할 철근을 골라 쓰시오. (3점)
•13 ②

① 원형철근	② 스터럽
③ 띠철근	④ 지중보 돌출부 부분의 철근
⑤ 굴뚝철근	

정답

1
수축과 온도변화에 따른 콘크리트의 균열을 방지하고, 응력을 분포시킬 목적으로 주철근과 직각방향으로 배치한 보조적인 철근

2
① **이형철근** : 철근과 콘크리트와의 부착력을 증가시키기 위해 마디와 리브가 있는 철근이다.
② **배력철근** : 하중을 분산시키거나 균열을 제어할 목적으로 주철근과 직각에 가까운 방향으로 배치한 보조철근이다.

3
① 주철근의 좌굴방지
② 주철근의 위치 고정
③ 기둥의 전단보강
④ 피복두께 유지

4
가. 정의 : 철근구조도에 의거하여 현장에서 실제 공작을 하기 위한 모양, 치수, 지름, 길이, 수량 등을 명확히 기입한 도면
나. 종류
 ① 기초상세도
 ② 기둥 및 벽 상세도
 ③ 보상세도
 ④ 바닥상세도

5
①, ②, ③, ⑤

06 현장에 반입된 철근은 시험편을 채취한 후 시험을 하여야 하는데, 그 시험의 종류를 2가지만 쓰시오. (2점)
•12 ①

① _____ ② _____

정답

6
① 인장시험
② 굽힘시험(휨시험)

07 철근의 Hook를 반드시 두어야 할 곳을 5가지를 쓰시오. (5점)
•95 ④, 96 ⑤, 05 ③

① _____ ② _____
③ _____ ④ _____
⑤ _____

7
① 원형철근의 단부
② 스터럽의 단부
③ 띠철근의 단부
④ 기둥 및 보(지중보 제외)의 돌출부 철근의 단부
⑤ 표준갈고리로 정착하는 보의 인장철근의 단부
⑥ 굴뚝 철근의 단부

08 철근 공사에 있어 이음 위치의 선정 시 주의할 사항을 3가지 쓰시오. (3점)
•99 ③

① _____ ② _____ ③ _____

8
① 이음위치는 응력이 큰 곳은 피한다.
② 이음은 엇갈리게 한다.
③ 한 곳에 반수 이상의 철근을 잇지 않는다.
④ D35를 초과하는 철근은 겹침이음을 할 수 없다.
⑤ 기둥의 주철근은 하부 바닥판의 500mm부터 층높이의 3/4 이하까지 잇는다.
⑥ 보의 주철근은 반드시 압축부에서 잇는다.

09 다음 철근의 정착위치를 ( ) 속에 쓰시오. (5점)
•88 ③, 90 ①, 97 ②

① 기둥의 주철근 : (   )
② 큰 보의 주철근 : (   )
③ 지중보의 주철근 : (   ) 또는 (   )
④ 벽철근 : (   ), (   ) 또는 (   )
⑤ 바닥철근 : (   ) 또는 (   )

9
① 기초
② 기둥
③ 기초 또는 기둥
④ 기둥, 보 또는 바닥
⑤ 보 또는 벽체

10 기둥의 주철근은 (①), 큰 보의 주철근은 (②), 작은 보의 주철근은 (③), 직교하는 단부보 하부에 기둥이 없을 때 보 상호간에, 바닥철근은 보 또는 (④)에 정착한다. ( ) 안에 알맞은 것을 |보기|에서 골라 쓰시오. (4점)
•06 ②

| 보기 |
㉮ 벽체   ㉯ 기초   ㉰ 큰 보
㉱ 기둥   ㉲ 지붕

① _____ ② _____
③ _____ ④ _____

10
① ㉯
② ㉱
③ ㉰
④ ㉮

11 철근콘크리트구조 보의 최상층보와 중간층보 단부의 철근(상하부철근)정착길이와 위치는 ①~④로 표시하여 도해하시오. (단, 철근지름 : d_b) (6점)

•96 ④, 99 ②

가. 최상층보 나. 중간층보

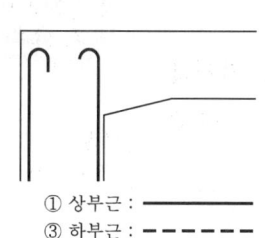

① 상부근 : ─────
③ 하부근 : ─────

② 상부근 : ─────
④ 하부근 : ─────

정답

11
가. 최상층보
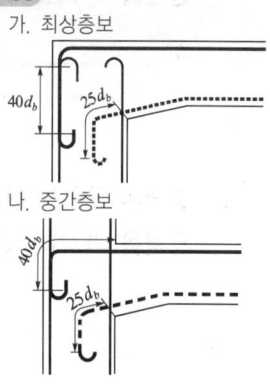
나. 중간층보

12 다음 그림을 보고 철근의 정착길이에 해당되는 부분을 굵은선으로 표시하시오. (6점)

•89 ①, 96 ⑤, 99 ⑤

가. 최상층보의 단부 나. 일반층보의 단부 다. 슬래브의 단부

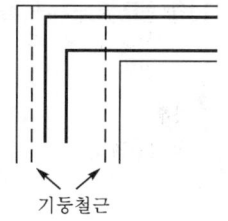 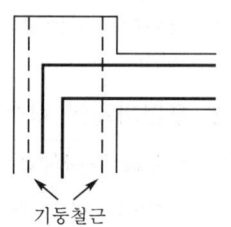 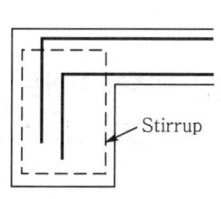

기둥철근 기둥철근 Stirrup

12
가.
나.
다.
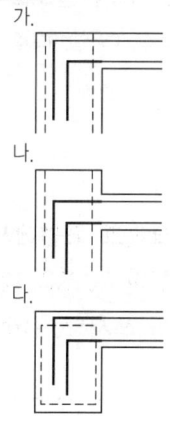

13 다음 설명에 해당되는 용어를 쓰시오. (1점)

•02 ①

보의 응력은 일반적으로 기둥과 접합부 부근에서 크게 되어 단부의 응력에 맞는 단면으로 보 전체를 설계하면 현저하게 비경제적이기 때문에 단부에만 크게 하여 보강한 것이다.

13
헌치

14 철근콘크리트 공사 시 활용되는 철근이음 방식 4가지 쓰시오. (4점)

•96 ①, 97 ③, 99 ④, 02 ③, 05 ③, 13 ①, 16 ①, 20 ④

① _____ ② _____
③ _____ ④ _____

14
① 겹침이음
② 용접이음
③ 가스압접이음
④ 기계적 이음

15 철근공사 시 이음을 겹침이음으로 하지 않고 용접이음으로 한 경우 장점을 3가지 쓰시오. (3점) •93 ③, 99 ②

① _____ ② _____ ③ _____

16 철근의 단면을 산소-아세틸렌 불꽃 등을 사용하여 가열하고, 기계적 압력을 가하여 맞댐이음하는 것은? (1점) •03 ③

_____

17 철근콘크리트 공사에서 철근이음을 하는 방법으로 가스압접이 있는데, 가스압접으로 이음을 할 수 없는 경우를 3가지 쓰시오. (3점)
•02 ②, 09 ①, 13 ②, 17 ③

① _____ ② _____ ③ _____

18 콘크리트 표면에서 제일 외측에 가까운 철근의 표면까지의 치수를 말하며 RC조의 내화성, 내구성을 정하는 중요한 요소를 나타내는 용어를 쓰시오. (1점) •97 ①, 01 ②, 10 ②

_____

19 철근콘크리트구조에서 철근 피복두께의 확보 목적 4가지를 쓰시오. (4점) •96 ①, 97 ②, 02 ②, 03 ①, 06 ②, 07 ②, 08 ①, 10 ①②, 12 ②, 13 ③, 14 ①

① _____ ② _____
③ _____ ④ _____

20 철근콘크리트 공사를 하면서 철근 간격을 일정하게 유지하는 이유를 3가지 쓰시오. (3점) •03 ①, 07 ②, 10 ①, 12 ②, 13 ③, 14 ①, 22 ②

① _____ ② _____ ③ _____

정답

15
① 단순한 가공과 적은 가공면적
② 적은 조직변화로 인해 철근의 강도 보장
③ 공사비 저렴(철근의 절약)
④ 철근조립부의 단순화로 인해 콘크리트 타설 용이

16 가스압접이음

17
① 철근지름 차가 6mm 이상인 경우
② 철근재질이 서로 다른 경우
③ 철근 항복강도가 서로 다른 경우
④ 강풍, 강우, 강설 시
⑤ 철근 중심축 편심량이 철근지름의 1/5($1/5d_b$) 이상인 경우

18 피복두께

19
① 내구성
② 내화성
③ 부착성
④ 콘크리트 타설 시의 유동성 확보

20
① 콘크리트 타설 시의 유동성 확보
② 재료분리 방지
③ 소요강도 확보

21 보의 단면으로 늑근(Stirrup 철근)과 주철근(인장철근)까지 그림으로 도시한 후 피복두께의 정의와 철근 피복두께의 유지목적을 2가지 적으시오. (5점) •20 ②

(1) 그림

(2) 피복두께의 정의
_____

(3) 피복두께의 유지목적
① _____ ② _____

정답

21
(1) 그림

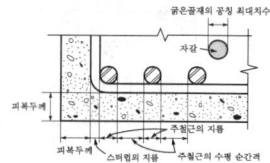

(2) 피복두께의 정의
콘크리트의 표면에서 제일 외측에 가까운 철근(띠철근 혹은 스터럽)의 표면까지의 거리이다.

(3) 피복두께의 유지목적
① 내구성
② 내화성
③ 부착성
④ 콘크리트 타설시의 유동성 확보

22 다음은 기준에 의한 철근의 간격과 관련한 설명이다. ( )를 채우시오. (3점) •09 ③, 16 ②

> 철근과 철근의 수평 순간격은 굵은 골재 최대치수 (①)배 이상, (②)mm 이상, 이형철근 공칭지름의 (③)배 이상으로 한다.

① _____ ② _____ ③ _____

22
① 4/3
② 25
③ 1.0
(주1) 철근의 간격 기준은 KDS(건축구조기준)를 따름

23 다음 그림과 같은 철근콘크리트 T형 보에서 하부의 주철근이 1단으로 배치될 때 배치 가능한 개수를 구하시오. (단, 보의 피복두께는 30mm이고, 늑근은 D10@200이며 주철근은 D16을 이용하고, 사용 콘크리트의 굵은 골재 최대치수는 20mm이며, 이음정착은 고려하지 않는 것으로 한다.) (3점) •92 ③, 95 ②, 97 ①, 04 ③, 07 ③

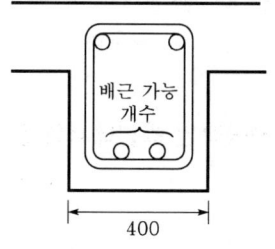

23
$b \geq 2 \times$ (피복두께+늑근지름) $+ n \times$ 주철근지름 $+(n-1) \times$ 주철근 최소 수평 순간격
b : 40cm, 피복두께 : 3cm
늑근지름 : 1cm, 주철근개수 : n
주철근지름 : 1.6cm
주철근의 최소 수평 순간격 :
$\geq \max(25mm, 1.0d_b, 4/3G)$
$\geq \max(25mm, 1.0 \times 16, 4/3 \times 20)$
$\geq \max(25, 16, 27)$
$\geq 27mm$
주철근의 최소 수평 순간격 = 27mm
$400 \geq 2 \times (30+10) + n \times 16 + (n-1) \times 27$
$n \leq 8.1$
∴ 1단 배근인 경우, 최대 8개까지 가능하다.

24 일반적인 건축물의 철근조립 순서를 |보기|에서 골라 쓰시오. (4점)

•95 ③, 98 ⑤, 18 ②

| 보기 |
| ㉮ 기둥철근 ㉯ 기초철근 ㉰ 보철근
| ㉱ 바닥철근 ㉲ 계단철근 ㉳ 벽철근

정답 24
㉯ → ㉮ → ㉳ → ㉰ → ㉱ → ㉲

25 철골철근콘크리트의 철근조립 순서를 다음 |보기|에 의해 순서대로 작성하시오. (3점)

•99 ②

| 보기 |
| ㉮ 계단철근 ㉯ 기초철근 ㉰ 벽철근
| ㉱ 슬래브 철근 ㉲ 기둥철근 ㉳ 보철근

정답 25
㉯ → ㉲ → ㉳ → ㉰ → ㉱ → ㉮

26 다음은 기초철근 조립에 대한 항목들이다. |보기|에서 조립순서에 맞게 기호로 쓰시오. (4점)

•00 ②, 05 ③

| 보기 |
| ㉮ 기둥의 주철근 설치 ㉯ 철근간격 표시
| ㉰ 대각선철근 배근 ㉱ 띠근(Hoop) 끼우기
| ㉲ 스페이서 설치 ㉳ 직교철근 배근
| ㉴ 거푸집 위치 먹줄치기

정답 26
㉴ → ㉯ → ㉳ → ㉰ → ㉲ → ㉮ → ㉱

27 철근공사에서 철근 선조립(Pre-fab) 공법의 시공적인 측면에서의 장점 3가지를 쓰시오. (3점)

•14 ②

① _____ ② _____ ③ _____

정답 27
① 철근 가공 정밀도 향상
② 철근 손실 감소
③ 현장 노동력 절감
④ 공기단축

Lesson 14. 거푸집공사

☼ 1 개요

1. 정의

유동성 있는 굳지 않은 콘크리트가 경화되어 강도를 발현하고 자립할 수 있을 때까지 콘크리트를 지지하는 가설구조물이다.

2. 거푸집의 역할과 구비조건

1) 거푸집의 역할(목적) (92④, 07②)

① 콘크리트의 형상과 치수 유지
② 경화에 필요한 수분누출 방지
③ 외기의 영향 차단
④ 콘크리트 표면의 품질확보

2) 거푸집의 구비조건(요구성능) (91③, 96③, 06②)

① 정밀성
② 안전성
③ 수밀성
④ 해체성, 시공성
⑤ 전용성, 경제성

3. 거푸집공사의 주의사항 (06③)

① 형상 및 치수가 정확하고 변형이 안 되게 한다.
② 외력에 견딜 수 있는 구조로 한다.
③ 널은 시멘트풀(시멘트페이스트)이 새지 않는 구조로 한다.
④ 조립 및 해체가 용이하게 한다.
⑤ 반복사용이 가능하게 한다.
⑥ 바닥판 및 보의 중앙부는 처짐변형을 감안하여 캠버(Camber, 솟음)를 이용 스팬의 1/300~1/500 정도 치켜 올린다.
⑦ 비계나 가설물에 연결하지 않는다.
⑧ 목재와 철재 지주의 근접사용을 금지한다.

핵심 Point

● 거푸집 및 동바리가 견디어야 할 하중(참고)
① 시공시의 연직하중
② 시공시의 수평하중
③ 콘크리트의 측압

● 거푸집의 역할 (92④, 07②)
① 콘크리트의 형상과 치수 유지
② 경화에 필요한 수분누출 방지
③ 외기의 영향 차단
④ 콘크리트 표면의 품질확보

● 거푸집의 구비조건(요구성능) (91③, 96③, 06②)
① 정밀성 ② 안전성
③ 수밀성
④ 해체성, 시공성
⑤ 전용성, 경제성

● 거푸집공사의 주의사항 (06③)
① 형상 및 치수가 정확하고 변형이 안 되게 한다.
② 외력에 견딜 수 있는 구조로 한다.
③ 널은 시멘트풀(시멘트페이스트)이 새지 않는 구조로 한다.
④ 조립 및 해체가 용이하게 한다.
⑤ 반복사용이 가능하게 한다.
⑥ 바닥판 및 보의 중앙부는 처짐변형을 감안하여 캠버(Camber, 솟음)를 이용 스팬의 1/300~1/500 정도 치켜 올린다.
⑦ 비계나 가설물에 연결하지 않는다.
⑧ 목재와 철재 지주의 근접사용을 금지한다.

2. 거푸집의 구성요소

1. 거푸집널

거푸집널은 콘크리트의 측압 등의 하중을 최초로 전달받아 멍에로 전달한다. 종류로는 목재, 합판, 패널 및 유로폼 등이 있다.

2. 지지부재 (15③, 22①)

① 장선(띠장)은 콘크리트의 측압을 거푸집널에서 멍에에 전달시키는 부재이다.
② 멍에는 장선에 작용하는 측압을 동바리 또는 긴결재에 전달하는 부재이다.
③ 동바리(지주, 받침기둥, Support)는 멍에에 작용하는 하중을 받아 바닥판 혹은 지반에 전달하는 부재이다.

3. 부속자재 및 기구 (88③, 90③, 92③, 95③⑤, 01②③, 07①, 09①③, 11②, 13①②, 17③, 18③, 21①)

부속자재 및 기구	내용
긴결재 (Form Tie, 긴장재)	거푸집의 간격을 유지하며 측압에 의해 벌어지는 것을 막는 긴장재이다.
격리재 (Separator)	거푸집이 오므라지는 것을 방지하고 거푸집 상호간의 간격을 유지하기 위한 자재이다.
간격재 (Spacer)	① 슬래브 등에 배근되는 철근이 거푸집에 밀착되는 것을 방지하기 위한 굄재이다. ② 종류로는 모르타르제품, 콘크리트제품, 강(철재)제품, 플라스틱제품 및 세라믹제품 등이 있다. (00①)
박리제 (Form Oil)	① 거푸집을 떼기 쉽게 바르는 물질이다. ② 종류로는 동식물유, 중유, 석유, 아마유, 파라핀 및 합성수지 등이 있다.
와이어클리퍼	거푸집 공사에서 거푸집 긴장철선을 콘크리트 경화 후 절단하는 절단기이다.
칼럼밴드	① 기둥 거푸집의 고정 및 측압 버팀용이다. ② 일종의 긴결재이다.
드롭헤드	철재 거푸집에서 사용되는 철물로써 지주를 제거하지 않고 슬래브 거푸집만 제거할 수 있도록 한 철물이다.
인서트(Insert)	콘크리트에 달대와 같은 설치물을 고정하기 위해 매입하는 철물이다.

핵심 Point

● 거푸집널의 종류에 따른 분류 (참고)
① 목재   ② 합판
③ 패널   ④ 유로폼

● 잭서포트(Jack Support)의 정의 (15③)
잭서포트는 상판 구조물의 과다한 하중과 진동으로 인한 균열 및 붕괴를 방지하기 위해 설치하는 동바리로서 높낮이 조절이 수월하여 신속한 설치와 해체가 가능하다.

● 강관 동바리(파이프 서포트) (참고)

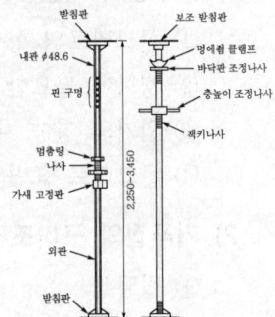

● 긴결재, 격리재 및 간격재의 정의 (88③, 95③, 01③, 07①, 09①③, 11②, 13①②, 17③, 18③, 21①)
① 긴결재 : 거푸집의 간격을 유지하며 측압에 의해 벌어지는 것을 막는 긴장재
② 격리재 : 거푸집이 오므라지는 것을 방지하고 거푸집 상호간의 간격을 유지하기 위한 자재
③ 간격재 : 슬래브 등에 배근되는 철근이 거푸집에 밀착되는 것을 방지하기 위한 굄재

● 철근 간격재의 종류 (00①)
① 모르타르제품
② 콘크리트제품
③ 강(철재)제품
④ 플라스틱제품
⑤ 세라믹제품

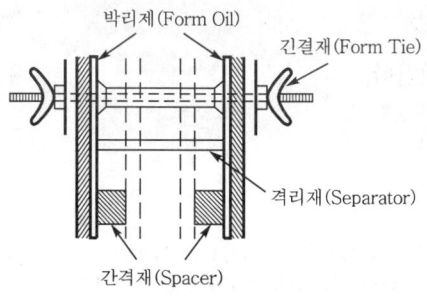

【긴결재, 격리재, 박리재】

✱3 거푸집 및 동바리의 검토

1. 거푸집 및 동바리의 설계 시 검토 사항

① 콘크리트 시공시의 연직하중
② 콘크리트 시공시의 수평하중
③ 콘크리트의 측압
④ 동바리의 강도 및 변형

2. 거푸집 설계용 콘크리트의 측압

1) 개요

콘크리트의 측압은 굳지 않은 콘크리트가 기둥이나 벽의 거푸집에 미치는 압력이다.

2) 계산용 하중

(1) 분류

① 생콘크리트중량   ② 작업하중
③ 충격하중   ④ 생콘크리트의 측압

(2) 적용 (90②, 03①)

구분	고려하중
슬래브 및 보의 밑면 거푸집 (수평 거푸집)	생콘크리트의 중량, 작업하중, 충격하중
기초, 보, 기둥, 벽 등의 측면 거푸집 (수직 거푸집)	생콘크리트의 중량, 생콘크리트의 측압

(주) 거푸집 자중은 무시한다.

핵심 Point

● 철근 간격재의 사용 목적 (참고)
① 거푸집과 철근의 간격 유지
② 철근과 철근의 간격 유지
③ 피복두께 유지

● 박리제의 정의 (01③, 07①, 11②, 17③)
거푸집을 떼기 쉽게 바르는 물질

● 와이어클리퍼의 정의 (88③, 95③⑤, 01②, 09③, 13①)
거푸집 공사에서 거푸집 긴장 철선을 콘크리트 경화 후 절단하는 절단기

● 칼럼밴드의 정의 (17③)
기둥 거푸집의 고정 및 측압 버팀용으로 주로 합판 거푸집에 사용되는 것

● 드롭헤드의 정의 (92③)
철재 거푸집에서 사용되는 철물로써 지주를 제거하지 않고 슬래브 거푸집만 제거할 수 있도록 한 철물

● 캠버의 정의 (22①)
바닥판, 보의 중앙부 처짐변형을 감안하여 스팬의 1/300~1/500 정도 치켜 올려주는 기구

● 인서트의 정의 (88③, 95③, 09③, 18③)
콘크리트에 달대와 같은 설치물을 고정하기 위해 매입하는 철물

● 거푸집 및 동바리의 설계 시 검토 사항 (예상)
① 시공시의 연직하중
② 시공시의 수평하중
③ 콘크리트의 측압
④ 동바리의 강도 및 변형

● 거푸집 구조 계산 고려 하중 (예상)
① 연직하중
② 수평하중
③ 콘크리트 측압

3) 거푸집 설계용 콘크리트측압 [30] (00⑤)

일반 콘크리트용 측압은 아래 식에 의한다.

$$p = WH$$

여기서, p : 콘크리트의 측압(kN/m²)
W : 굳지 않은 콘크리트의 단위중량(kN/m³)
　　　콘크리트의 단위중량은 철근의 중량을 포함한 보통 콘크리트는 24 kN/m³, 제1종 경량골재콘크리트 20 kN/m³ 그리고 제2종 경량골재콘크리트는 17 kN/m³이다.
H : 콘크리트의 타설 높이(m)

4. 측압에 영향을 주는 요소
(92②, 94①, 96③, 98⑤, 06①, 07①, 10①, 12②, 15③, 17③, 20②)

요소별 항목	콘크리트측압에 미치는 영향
슬럼프	슬럼프값이 클수록 측압은 크다.
배합	부배합이 빈배합보다 측압은 크다.
벽두께(거푸집의 수평단면)	단면이 두꺼울수록 측압은 크다.
부어넣기 속도	속도가 빠를수록 측압은 크다.
부어넣기 방법	높은 곳에서 낙하시켜 충격을 주면 측압은 크다.
대기 중의 습도	습도가 높을수록 측압은 크다.
콘시스턴시	묽은 콘크리트일수록 측압은 크다.
콘크리트의 비중	비중이 클수록 측압이 크다.
콘크리트의 온도 및 기온	온도가 낮을수록 측압은 크다.
거푸집 표면의 평활도	표면이 평활할수록 측압은 크다.
거푸집의 투수성 및 누수성	투수성 및 누수성이 작을수록 측압은 크다.
바이브레이터의 사용	바이브레이터를 사용하여 다질수록 측압은 크다.
시멘트의 종류	응결시간이 빠른 것을 사용할수록 측압은 작다.
거푸집의 강성	거푸집의 강성이 클수록 측압은 크다.
강구조량 또는 철근량	강구조량 또는 철근량이 작을수록 측압은 크다.

5. 콘크리트헤드 (01③, 07①③, 09①, 11③, 15①, 16①, 20⑤)

콘크리트헤드(Concrete Head)는 타설된 콘크리트 윗면으로부터 최대 측압면까지의 거리이다. 콘크리트를 연속하여 타설하면, 부어넣기 높이의 상승에 따라 측압도 증가하나 어느 일정한 높이에서는 측압이 증가하지 않고 최대 측압이 일정하게 된다.

핵심 Point

● 거푸집 설계에서 고려하는 하중 (90②, 03①)
가. 슬래브 및 보의 밑면 거푸집
① 생콘크리트 중량
② 작업하중
③ 충격하중

나. 기초, 보, 기둥, 벽 등의 측면 거푸집
① 생콘크리트의 중량
② 생콘크리트의 측압

● 콘크리트측압에 영향을 주는 요소 (98⑤, 06①)
① 부어넣기(타설)의 속도
② 콘시스턴시
③ 콘크리트의 비중
④ 콘크리트의 온도 및 기온
⑤ 거푸집 표면의 평활도
⑥ 거푸집의 투수성 및 누수성
⑦ 거푸집의 수평단면
⑧ 바이브레이터의 사용
⑨ 부어넣기 방법
⑩ 시멘트의 종류
⑪ 거푸집의 강성
⑫ 강구조량 또는 철근량
⑬ 대기습도

● 무근콘크리트 기둥의 측압 산정 (00⑤)
① $W = 24\text{kN/m}^3$
② $H = 3.6\text{m}$
③ $p = WH$
　　$= 24 \times 3.6$
　　$= 86.40\text{kN/m}^2$

● 콘크리트측압이 크게 걸리는 경우 (92②, 94①, 96③, 10①, 15③, 20②)
① 슬럼프값 : 크다 > 작다
② 배합 : 부배합 > 빈배합
③ 벽두께 : 두껍다 > 얇다
④ 부어넣기 속도 : 빠르다 > 늦다
⑤ 대기 중의 습도 : 높다 > 낮다

● 건축 현장의 콘크리트 부어넣기 과정에서 거푸집 측압에 영향을 줄 수 있는 요인 (12②, 17③)
① 슬럼프값
② 부어넣기(타설)의 속도
③ 바이브레이터의 사용
④ 콘크리트의 비중

---

[30] KCS 14 20 12 거푸집 및 동바리 (1.6), 국토교통부, 한국콘크리트학회, 2022.

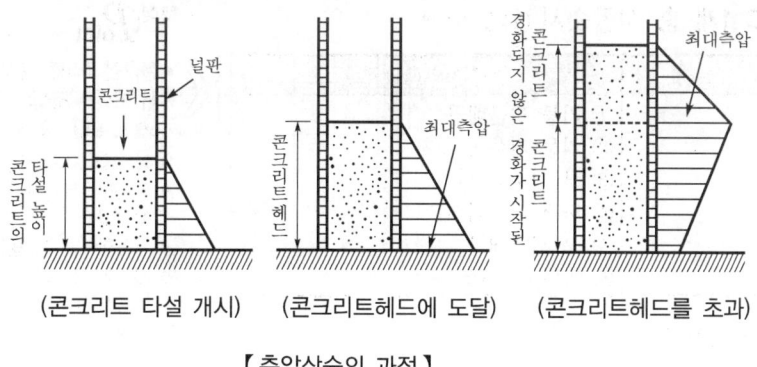

【측압상승의 과정】

✦ 4 거푸집 시공 및 해체

1. **거푸집 시공 시 고려사항**

   ① 강도   ② 정밀도
   ③ 경제성   ④ 공사의 간편성

2. **시공순서**

1) **철근콘크리트 공사에서 형틀(거푸집) 조립 작업순서** (05③)

   ① 기둥   ② 보받이 내력벽
   ③ 큰 보   ④ 작은 보
   ⑤ 바닥   ⑥ 외벽

2) **철근콘크리트 공사의 시공순서** (84①, 85②, 86①②, 88③, 91①, 97④)

Type (Ⅰ)	Type (Ⅱ)
① 기초 옆, 지중보 거푸집 설치	① 기초 옆 거푸집 설치
② 기초판 철근배근, 지중보 철근배근	② 기둥철근의 기초에 정착
③ 기둥철근을 기초에 정착	③ 기초콘크리트 부어넣기
④ 기초판(지하실 바닥, 지중보) 콘크리트 타설	④ 기둥철근의 배근 완성
⑤ 기둥 철근배근	⑤ 기둥 거푸집 설치
⑥ 기둥 거푸집, 벽 한쪽 거푸집 설치	⑥ 보 및 바닥판 거푸집 설치
⑦ 벽의 철근배근	⑦ 보 및 바닥판 철근배근
⑧ 벽의 판편 거푸집 설치	⑧ 기둥콘크리트 부어넣기
⑨ 보 밑창판, 옆판 및 바닥판 거푸집 설치	⑨ 보 및 바닥판 콘크리트 부어넣기
⑩ 보의 철근배근	
⑪ 바닥판 철근배근	
⑫ 기둥, 벽, 보, 바닥판 콘크리트 타설	

핵심 Point

● **생콘크리트의 측압** (07①)
생콘크리트의 측압은 슬럼프값이 (클)수록, 벽두께가 (두꺼울)수록, 부어넣기 속도가 (빠를)수록, 대기습도가 (높을)수록 크다.

● **콘크리트헤드의 정의** (01③, 07①③, 09①, 11③, 15①, 16①, 20⑤)
타설된 콘크리트 윗면으로부터 최대 측압면까지의 거리

● **기둥 및 벽의 콘크리트헤드 및 측압** (참고)
① 기둥은 콘크리트 부어넣은 윗면으로부터 1m에서 약 $25kN/m^2$ 이다.
② 벽은 콘크리트 부어넣은 윗면으로부터 0.5m에서 약 $10kN/m^2$ 이다.

● **철근콘크리트 공사에서 형틀(거푸집) 조립 작업순서** (05③)
① 기둥
② 보받이 내력벽
③ 큰 보
④ 작은 보
⑤ 바닥
⑥ 외벽

● **철근콘크리트 공사의 거푸집 조립순서** (84②)
① 기둥 거푸집
② 큰 보 거푸집
③ 작은 보 거푸집
④ 바닥 거푸집
⑤ 외벽 거푸집

● **기초공사 완료 후 RC 1개층 시공순서** (87③)
① 기둥 철근배근
② 기둥 거푸집 설치
③ 보 거푸집 설치
④ 바닥 거푸집 설치
⑤ 보 철근배근
⑥ 바닥 철근배근

3) 기초공사 완료 후 RC 1개 층 시공순서 (84②, 87③)

Type (I)	Type (II)
① 기둥 거푸집	① 기둥 철근배근
② 큰 보 거푸집	② 기둥 거푸집 설치
③ 작은 보 거푸집	③ 보 거푸집 설치
④ 바닥 거푸집	④ 바닥 거푸집 설치
⑤ 외벽 거푸집	⑤ 보 철근배근
	⑥ 바닥 철근배근

3. 콘크리트 타설에 따른 거푸집 사고[31]

1) 거푸집 사고의 요인
① 콘크리트의 과대 측압
② 지주, 보강재, 조임철물의 강도 부족 또는 배치의 부적절

2) 시멘트풀(시멘트페이스트)의 누출을 발견하였을 때 (06③)
넝마 등으로 신속히 메운 다음 급결 모르타르나 석고 등과 같은 급경성 재료로 누출부위를 막거나, 각목이나 철판 또는 판자를 붙여 막는다.

4. 거푸집의 해체와 존치기간

1) 거푸집의 존치기간 결정 요인 (90②, 04①)
① 시멘트 종류　　② 천후(날씨)　　③ 평균기온
④ 하중　　⑤ 양생법(보양법)　　⑥ 부위
⑦ 콘크리트 압축강도

2) 거푸집의 존치기간 [32],[33]
(88②, 92④, 98④, 07②, 09①②, 12②, 15①, 17①, 18②, 19①, 20②)

① 기초, 보, 기둥, 벽 등의 측면 거푸집널(수직거푸집널) 해체는 시험에 의해 콘크리트의 압축강도가 [표 1]의 값을 만족할 때 시행하도록 한다. 특히, 내구성이 중요한 구조물에서는 콘크리트의 압축강도가 10MPa 이상일 때 거푸집널을 해체할 수 있다. 다만, 거푸집널 존치기간 중 평균기온이 10℃ 이상인 경우는 콘크리트 재령이 [표 2]의 재령 이상 경과하면 압축강도시험을 하지 않고도 해체할 수 있다.

② 슬래브 및 보의 밑면, 아치 내면의 거푸집널(수평거푸집널)의 해체는 콘크리트의 압축강도가 [표 1]을 만족할 때 시행하도록 한다.

③ 보, 슬래브 및 아치 하부의 거푸집널은 원칙적으로 동바리를 해체한 후에 해체하도록 한다. 그러나 구조계산으로 안전성이 확보된

핵심 Point

● 철근콘크리트 공사 시공순서 (84①, 85②, 86①②, 88③, 91①, 97④)
① 기초 옆, 지중보 거푸집 설치
② 기초판 철근배근, 지중보 철근배근
③ 기둥철근을 기초에 정착
④ 기초판(지하실 바닥, 지중보) 콘크리트 타설
⑤ 기둥 철근배근
⑥ 기둥 거푸집, 벽 한쪽 거푸집 설치
⑦ 벽의 철근배근
⑧ 벽의 딴편 거푸집 설치
⑨ 보 밑창판, 옆판 및 바닥판 거푸집 설치
⑩ 보의 철근배근
⑪ 바닥판 철근배근
⑫ 기둥, 벽, 보, 바닥판 콘크리트 타설

● 거푸집 사고방지대책 (참고)
① 콘크리트 측압의 실태 파악
② 조임철물의 강도 관점에서 거푸집 시공계획의 검토 및 확인

● 거푸집에서 시멘트풀(시멘트페이스트)의 누출을 발견하였을 때 현장에서 취할 수 있는 조치 (06③)
넝마 등으로 신속히 메운 다음 급결 모르타르나 석고 등과 같은 급경성 재료로 누출부위를 막거나, 각목이나 철판 또는 판자를 붙여 막는다.

● 거푸집 존치기간 결정 요인 (90②, 04①)
① 시멘트 종류
② 천후
③ 평균기온
④ 하중
⑤ 양생법(보양법)
⑥ 부위
⑦ 콘크리트 압축강도

---

31) 정상진 외 7인, 「건축시공학」, 기문당, 1998, pp.278~281.
32) KCS 14 20 12 거푸집 및 동바리 (3.3), 국토교통부, 한국콘크리트학회, 2022.
33) KCS 21 50 05 거푸집 및 동바리공사 일반사항 (3.9), 국토교통부, 한국건설가설협회, 2022.

동바리를 현 상태대로 유지하도록 설계·시공된 경우 콘크리트를 10℃ 이상 온도에서 4일 이상 양생한 후 사전에 책임기술자의 검토 확인 후 담당원의 승인을 받아 해체할 수 있다.

【표 1】 콘크리트의 압축강도를 시험할 경우 거푸집널의 해체 시기

부재		콘크리트 압축강도(f_{cu})
기초, 보, 기둥, 벽 등의 측면(수직재의 측면)		5 MPa 이상
슬래브 및 보의 밑면, 아치 내면 (수평재의 밑면)	단층구조인 경우	설계기준압축강도의 2/3배 이상 또한, 최소강도 14MPa 이상
	다층구조인 경우	설계기준압축강도 이상 또한, 최소강도 14MPa 이상

【표 2】 콘크리트의 압축강도를 시험하지 않을 경우 거푸집널의 해체 시기
 (기초, 보, 기둥 및 벽의 측면)

시멘트의 종류 평균기온	조강포틀랜드시멘트	보통포틀랜드시멘트 고로슬래그시멘트(1종) 포틀랜드포졸란시멘트(A종) 플라이애시시멘트(1종)	고로슬래그시멘트(2종) 포틀랜드포졸란시멘트(B종) 플라이애시시멘트(2종)
20℃ 이상	2일	4일(3일)	5일(4일)
10℃ 이상 20℃ 미만	3일	6일(4일)	8일(6일)

(주1) 괄호 밖은 KCS 14 20 12 기준이고, 괄호 안은 KCS 21 50 05 기준이다.

3) 받침기둥(동바리, 지주) 바꿔 세우기

(1) 개요[34] (93③)

① 받침기둥은 거푸집널의 전용을 위해 기준의 강도 이상을 만족할 경우 동바리를 해체하며, 동바리 해체 후 콘크리트의 자중은 슬래브, 보 및 기둥 등이 부담한다.

② 받침기둥 바꿔 세우기(받침기둥 재설치)는 거푸집널의 전용을 위해 동바리를 해체한 후에도 슬래브나 보 등의 부재에 충격하중 및 작업하중이 재하 될 경우 새로운 동바리를 재설치하는 것이다.

③ 연속하여 시공하는 다층 구조의 경우 타설층을 포함하여 최소 3개 층에 걸쳐 동바리를 존치하거나 적절하게 재설치 한다.

④ 받침기둥 바꿔 세우기는 원칙적으로 하지 않는다. 부득이 바꿔 세우기를 할 경우, 다음을 고려하여 공사감독자의 승인을 받는다.

⑤ 받침기둥 바꿔 세우기는 콘크리트의 압축강도가 설계기준압축강도의 2/3 이상이 된 후에 한다.

(2) 순서 (84①, 93③)

① 큰 보   ② 작은 보   ③ 바닥판

---
34) KCS 14 20 12 거푸집 및 동바리 (3.3), 국토교통부, 한국콘크리트학회, 2022.

핵심 Point

● 거푸집의 존치기간 (92④, 98④, 07②, 15①)

기초, 보, 기둥, 벽 등의 측면 거푸집널의 해체는 콘크리트의 압축강도가 (5) MPa 이상에 도달한 것이 확인될 때까지이며, 슬래브 및 보의 밑면, 아치 내면의 거푸집널의 해체는 다층구조인 경우, 설계기준압축강도의 (100) % 이상의 콘크리트 압축강도가 얻어진 것이 확인될 때까지이며, 계산결과에 관계없이 받침기둥을 해체 시 콘크리트의 압축강도는 (14) MPa 이상이어야 한다.

● 콘크리트의 압축강도 시험을 하지 않고 떼어낼 수 있는 콘크리트의 재령(일) (09②, 12②, 17①, 18②, 19①, 20②)

㈜ 좌측 【표 2】 일수 채워 넣기

● 거푸집의 존치기간 (09①)

① 기초, 보, 기둥, 벽 등의 측면 거푸집널 존치기간은 콘크리트의 압축강도가 (5) MPa 이상

② 다만, 거푸집널 존치기간 중 평균기온이 10℃ 이상 20℃ 미만이고, 보통포틀랜드시멘트를 사용한 경우는 콘크리트 재령 (6 또는 4)일이 경과하면 압축강도시험을 하지 않고도 해체

(주) 6은 KCS 14 20 12 기준이고, 4는 KCS 21 50 05 기준이다.

● 지주 바꾸어 세우기 시기 (93③)

받침기둥 바꿔 세우기는 콘크리트의 압축강도가 설계기준압축강도의 2/3 이상이 된 후에 한다.

● 지주 바꾸어 세우기 순서 (84①, 93③)

① 큰 보
② 작은 보
③ 바닥판

5. 거푸집 공법

1. 종류

1) 일반 거푸집의 종류(재료에 따른 분류)
① 목재 거푸집
② 합판 거푸집
③ 메탈폼(금속 거푸집, 패널)
④ 유로폼
⑤ 섬유재 거푸집

2) 시스템 거푸집의 종류

구분	종류
벽체전용시스템 거푸집(10②)	① 갱폼(대형패널 거푸집) ② 클라이밍폼 ③ 슬라이딩폼 ④ 슬립폼
바닥전용시스템 거푸집	플라잉폼(테이블폼)
벽체+바닥전용시스템 거푸집	터널폼
연속 공법(활동 공법)	① 수직 이동은 슬라이딩폼 및 슬립폼이 있다. ② 수평 이동은 트래블링폼이 있다.

2. 일반 거푸집

1) 메탈폼(Metal Form) (92①, 93③)
① 철재 거푸집으로 표면이 매끄러워 제치장용 거푸집으로 사용되는 거푸집이다.
② 강철, 금속재의 콘크리트용 거푸집으로 제치장용에 사용된다.

2) 유로폼(Euro Form)
경량형강과 합판으로 대형벽판, 바닥판을 짜서 간단히 조립할 수 있게 된 거푸집이다. 거푸집과 거푸집을 연결하는 핀(Pin)을 웨지핀이라 한다.

3) 섬유재 거푸집(Textile Form)
콘크리트 타설 직후 불필요한 물을 제거하기 위해 섬유를 붙인 거푸집이다.

3. 시스템 거푸집

1) 개요

(1) 정의
미리 제작된 대형 유닛의 거푸집널을 현장에서 사용한 후 다음 장소로 그대로 사용할 수 있도록 한 거푸집이다.

핵심 Point

● 벽체전용시스템 거푸집의 종류 (10②)
① 갱폼(대형패널 거푸집)
② 클라이밍폼
③ 슬라이딩폼
④ 슬립폼

● 메탈폼의 정의 (92①, 93③)
① 철재 거푸집으로 표면이 매끄러워 제치장용 거푸집으로 사용되는 거푸집
② 강철, 금속재의 콘크리트용 거푸집으로 제치장용에 사용

● 메탈폼의 장점 (참고)
① 조립이 간단하다.
② 전용성이 높다.
③ 제치장 콘크리트에 유리하다.
④ 내구성 및 수밀성이 우수하다.

● 유로폼의 정의 (예상)
가장 초보적인 시스템 거푸집으로 경량형강과 합판으로 대형벽판, 바닥판을 짜서 간단히 조립할 수 있게 된 거푸집

● 유로폼

● 시스템 거푸집의 발전방향 (참고)
① 거푸집의 대형화
② 공장제작 및 조립
③ 기계에 의한 운반 및 설치
④ 거푸집의 유닛화
⑤ 부재의 경량화
⑥ 높은 전용횟수

● 갱폼의 정의 (96④, 99④, 01③, 07①)
사용할 때마다 작은 부재의 조립, 분해를 반복하지 않고 대형화, 단순화 하여 한 번에 설치하고 해체하는 거푸집 시스템

2) 갱폼(Gang Form, 대형패널 거푸집)

(1) 개요 (96④, 99④, 01③, 07①)

① 사용할 때마다 작은 부재의 조립, 분해를 반복하지 않고 대형화, 단순화 하여 한 번에 설치하고 해체하는 거푸집 시스템이다.
② 벽체전용 거푸집으로 대형패널 거푸집이라고도 한다.

(2) 특징 (00④, 01③, 03②, 09①, 10②, 11③, 13①, 15①, 19②)

장점	단점
① 조립, 해체가 생략되어 인력 절감	① 대형 양중장비가 필요
② 줄눈 감소로 마감 단순화 및 비용 절감	② 초기 투자비 과다
③ 기능공의 기능도에 적은 영향	③ 기능공의 교육 및 작업숙달 기간이 필요

3) 클라이밍폼(Climbing Form) (99④)

① 벽체용 거푸집으로 거푸집과 벽체 마감공사를 위한 비계틀을 일체로 조립하여 한꺼번에 인양시켜 설치하는 거푸집이다.
② 벽체전용 거푸집이다.

4) 플라잉폼(Flying Form, Flying Shore Form)

(1) 개요 (99④, 05③)

① 바닥에 콘크리트를 타설하기 위한 거푸집으로써 거푸집판, 장선, 멍에, 서포트 등을 일체로 제작하여 부재화 한 거푸집 공법이다.
② 바닥전용 거푸집으로 테이블폼(Table Form)이라고도 한다.

(2) 특징 (00④, 02①, 05②)

장점	단점
① 조립, 분해가 생략되어 공기단축	① 대형 양중장비가 필요
② 적은 거푸집 처짐	② 초기 투자비 과다
③ 기능도에 영향이 적음	③ 기능공의 교육 및 작업숙달 기간이 필요
④ 주요 부재의 재사용 가능 (전용횟수가 많다)	
⑤ 인력 절감	

【갱폼】

【클라이밍폼】

【플라잉폼】

핵심 Point

● 갱폼의 장·단점 (00④, 01③, 03②, 09①, 10②, 11③, 13①, 15①, 19②)

가. 장점
① 조립, 해체가 생략되어 인력 절감
② 줄눈의 감소로 마감 단순화 및 비용 절감
③ 기능공의 기능도에 적은 영향

나. 단점
① 대형 양중장비가 필요
② 초기 투자비 과다
③ 기능공의 교육 및 작업 숙달 기간이 필요

● 클라이밍폼의 정의 (99④)
벽체용 거푸집으로 거푸집과 벽체 마감공사를 위한 비계틀을 일체로 조립하여 한꺼번에 인양시켜 설치하는 거푸집

● 플라잉폼의 정의 (99④)
바닥에 콘크리트를 타설하기 위한 거푸집으로써 거푸집판, 장선, 멍에, 서포트 등을 일체로 제작하여 부재화 한 거푸집 공법

● 거푸집판, 장선, 멍에, 서포트 등을 일체로 제작하여 수평, 수직방향으로 이동하는 바닥전용 거푸집 (05③)
플라잉폼 또는 테이블폼

● 플라잉폼의 장점 (00④, 02①, 05②)
① 조립, 분해가 생략되어 공기단축
② 적은 거푸집 처짐
③ 기능도에 영향이 적다.
④ 주요 부재의 재사용 가능
⑤ 인력 절감

● 터널폼의 정의 (97①, 01②)
대형 형틀로서 슬래브와 벽체의 콘크리트 타설을 일체화하기 위한 것으로 Twin Shell Form과 Mono Shell Form으로 구성되는 형틀

5) 터널폼(Tunnel Form)
(92①, 94④, 95③, 97①, 01②, 04①, 08②, 10①, 11①, 12③, 14③, 16②, 18②, 20⑤)

① 한 구획 전체의 벽판과 바닥면을 ㄱ자형, ㄷ자형의 기성재 거푸집으로 아파트 공사에 주로 사용되는 거푸집이다.
② 벽체+바닥전용 거푸집이다.
③ 대형 형틀로서 슬래브와 벽체의 콘크리트 타설을 일체화하기 위한 것으로 트윈셀폼과 모노셀폼으로 구성되는 형틀이다.

6) 슬라이딩폼(Sliding Form)
(92①, 93③, 95③, 96③④, 99④, 14③, 16②, 18①, 20⑤, 22②③)

① 수평적 또는 수직적으로 반복된 구조물을 시공이음이 없이 균일한 형상으로 시공하기 위하여 거푸집을 요크로 연속적으로 이동시키면서 콘크리트를 타설하여 구조물을 시공하는 거푸집 공법이다.
② 사일로, 교각, 건물의 코어 부분 등 단면형상의 변화가 없는 수직으로 연속된 콘크리트구조물에 사용되는 거푸집이다.
③ 수직방향으로 연속작업이 가능한 공법이다.

7) 슬립폼(Slip Form) (96③, 15②, 18③)

① 전망탑, 급수탑 등 단면형상에 변화가 있는 수직으로 연속된 콘크리트구조물에 사용되는 거푸집이다.
② 돌출물이 있는 구조물에 사용하게 한 수직활동 거푸집이다.
③ 수직방향으로 연속작업이 가능한 공법이다.

【터널폼】

【슬라이딩폼】

【슬립폼】

8) 트래블링폼(Traveling Form) (96③④, 15②, 18①③, 19③, 22③)

① 트래블러라고 하는 가동골조에 지지된 이동식 거푸집이다.
② 수평방향으로 연속작업이 가능한 거푸집이다.
③ 장선, 멍에, 동바리 등이 일체로 유닛화한 대형, 수평이동 거푸집이다.
④ 이동식 거푸집, 수평이동(활동) 거푸집이다.

9) 무지주 공법(수평지지보)

(1) 개요 (01①)

받침기둥 없이 보를 걸어서 거푸집널을 지지하는 공법으로 무지주 공법이라 한다.

(2) 종류 (92③, 94④, 01①③, 04①, 07①, 08②, 11①, 12③)

① 보우빔 : 신축이 불가능한 무지주 공법의 수평지지보
② 페코빔 : 신축이 가능한 무지주 공법의 수평지지보

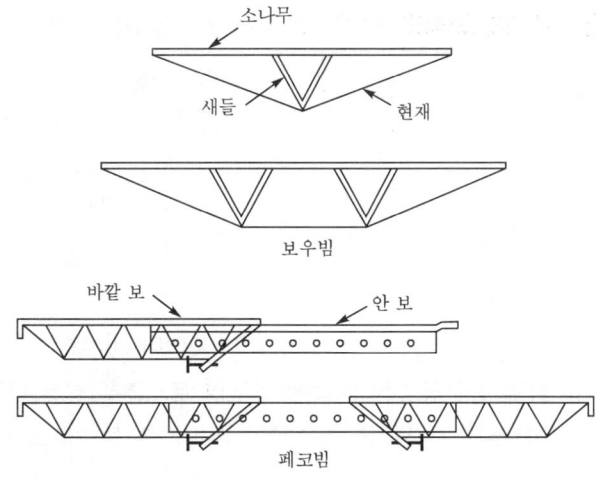

【 수평지지보 】

10) 와플폼(Waffle Form) (92③, 93③, 94④, 95③, 96②③, 97①, 01②, 04①, 06①, 08②, 11①, 12③, 14③, 18①, 22②③)

① 격자천장형식을 만들 때 사용되는 거푸집이다.
② 무량판구조 또는 평판구조에서 2방향 장선 바닥판구조가 가능하도록 특수 상자모양으로 된 기성재 거푸집이다.
③ 무량판구조란 RC조 구조 방식에서 보를 사용하지 않고 바닥슬래브를 직접 기둥에 지지시키는 구조 방식이다.

11) 데크 플레이트(Deck Plate) (18①, 22③)

강구조의 보에 걸어 지주 없이 쓰이는 바닥판이며, 거푸집체로 사용될 수 있도록 제작된 골형 플레이트로써 구조체로 사용한다.

12) Half PC 슬래브(반두께 슬래브) (09①)

콘크리트구조물의 일부분을 미리 프리캐스트콘크리트로 제작하여 거푸집 대용으로 사용하고, 여기에 현장타설콘크리트를 합성하여 구조물을 만드는 방식이다.

【 와플폼 】

【 와플폼의 시공 】

【 무량판구조 】

> **핵심 Point**
>
> ● 수평지지보의 종류 (01①)
> ① 보우빔
> ② 페코빔
>
> ● 보우빔의 정의 (92③)
> 신축이 불가능한 무지주 공법의 수평지지보
>
> ● 페코빔의 정의 (92③, 94④, 01③, 04①, 07①, 08②, 11①, 12③)
> 신축이 가능한 무지주 공법의 수평지지보
>
> ● 와플폼의 정의 (95③, 96③, 14③)
> 격자천장형식을 만들 때 사용되는 거푸집
>
> ● 와플폼의 정의 (92③, 93③, 94④, 96②, 97①, 04①, 06①, 08②, 11①, 12③, 18①, 22②③)
> 무량판구조 또는 평판구조에서 2방향 장선 바닥판구조가 가능하도록 특수 상자모양으로 된 기성재 거푸집
>
> ● 무량판구조의 정의 (97①, 01②)
> RC조 구조 방식에서 보를 사용하지 않고 바닥슬래브를 직접 기둥에 지지시키는 구조 방식
>
> ● Half PC 슬래브의 정의 (09①)
> 콘크리트구조물의 일부분을 미리 프리캐스트콘크리트로 제작하여 거푸집 대용으로 사용하고, 여기에 현장타설콘크리트를 합성하여 구조물을 만드는 방식

기출 및 예상 문제

01 콘크리트에 이용되는 거푸집의 역할 3가지를 쓰시오. (3점) •92 ④, 07 ②

① _____ ② _____ ③ _____

02 거푸집이 갖추어야 할 구비조건 4가지를 쓰시오. (4점) •91 ③, 96 ③, 06 ②

① _____ ② _____
③ _____ ④ _____

03 콘크리트 공사 중 거푸집 짜기 시공상 주의사항에 대하여 5가지를 쓰시오. (5점) •06 ③

①
②
③
④
⑤

04 잭서포트(Jack Support)에 대하여 설명하시오. (3점) •15 ③

_____

05 다음이 설명하는 용어를 쓰시오. (4점) •22 ②

① 보나 트러스 등에서 그의 정상적 위치 또는 형상으로부터 상향으로 구부려 올리는 것이나 구부려 올린 크기
② 거푸집의 일부로 소정의 형상과 치수의 콘크리트가 되도록 고정 또는 지지하기 위한 지주

① _____ ② _____

정답

1
① 콘크리트의 형상과 치수 유지
② 경화에 필요한 수분누출 방지
③ 외기의 영향 차단
④ 콘크리트 표면의 품질확보

2
① 정밀성
② 안전성
③ 수밀성
④ 해체성, 시공성
⑤ 전용성, 경제성

3
① 형상 및 치수가 정확하고, 변형이 안 되게 한다.
② 외력에 견딜 수 있는 구조로 한다.
③ 널은 시멘트풀이 새지 않는 구조로 한다.
④ 조립 및 해체가 용이하게 한다.
⑤ 반복사용이 가능하게 한다.
⑥ 바닥판 및 보의 중앙부는 처짐변형을 감안하여 캠버(Camber, 솟음)를 이용 스팬의 1/300~1/500 정도 치켜올린다.
⑦ 비계나 가설물에 연결하지 않는다.
⑧ 목재와 철재 지주의 근접 사용을 금지한다.

4
잭서포트는 상판구조물의 과다한 하중과 진동으로 균열 및 붕괴를 방지하기 위해 설치하는 동바리로서 높낮이 조절이 수월하여 신속한 설치와 해체가 가능하다.

5
① 캠버(솟음)
② 동바리

06 철근콘크리트공사에 이용되는 '스페이서(spacer)'를 설명하시오. (2점)
•09 ①, 13 ②, 21 ①

_____

정답

6
슬래브 등에 배근되는 철근이 거푸집에 밀착되는 것을 방지하기 위한 굄재이다.

07 철근콘크리트 공사에서 철근의 간격재(Spacer)를 2가지 쓰시오. (3점)
•00 ①

① _____ ② _____

7
① 모르타르제품
② 콘크리트제품
③ 강(철재)제품
④ 플라스틱제품
⑤ 세라믹제품

08 다음은 거푸집 공사에 관계되는 용어설명이다. 알맞은 용어를 쓰시오. (7점)
•88 ③, 95 ③, 09 ③, 11 ②, 13 ①, 17 ③, 18 ③

① 슬래브에 배근되는 철근이 거푸집에 밀착하는 것을 방지하기 위한 간격재(굄재)
② 벽거푸집이 오므라지는 것을 방지하고 간격을 유지하기 위한 격리재
③ 거푸집 긴장철선을 콘크리트 경화 후 절단하는 절단기
④ 콘크리트에 달대와 같은 설치물을 고정하기 위하여 매입하는 철물
⑤ 거푸집의 간격을 유지하며 벌어지는 것을 막는 긴장재
⑥ 기둥 거푸집의 고정 및 측압 버팀용으로 주로 합판 거푸집에 사용되는 것
⑦ 거푸집의 탈형과 청소를 용이하게 만들기 위해 합판 거푸집 표면에 미리 바르는 것

① _____ ② _____
③ _____ ④ _____
⑤ _____ ⑥ _____
⑦ _____

8
① 간격재(Spacer)
② 격리재(Separator)
③ 와이어클리퍼 (Wire Clipper)
④ 인서트(Insert)
⑤ 긴결재(Form Tie, 긴장재)
⑥ 칼럼밴드(Column Band)
⑦ 박리제(Form Oil)

09 콘크리트 부어넣기 속도가 10~20m/h, 높이 3.6m인 무근콘크리트 기둥의 측압을 구하시오. (단, 철근 중량을 포함한 굳지 않은 콘크리트의 단위중량=24kN/m³, 측압에 영향을 미치는 다른 요소는 고려하지 않는다.) (4점)
•00 ⑤

_____

9
① $W = 24\text{kN/m}^3$
② $H = 3.6\text{m}$
③ $p = WH$
   $= 24 \times 3.6$
   $= 86.40\text{kN/m}^2$

10 다음의 거푸집을 계산할 때 고려하여야 할 것을 |보기|에서 모두 골라 쓰시오. (4점) •90 ②, 03 ①

― 보기 ―
㉮ 적재하중   ㉯ 생콘크리트의 중량
㉰ 작업하중   ㉱ 안전하중
㉲ 충격하중   ㉳ 생콘크리트의 측압력
㉴ 고정하중

㉮ 슬래브 및 보의 밑면 거푸집 : _____

㉯ 기초, 보, 기둥, 벽 등의 측면 거푸집 : _____

정답

10
가. 슬래브 및 보의 밑면 거푸집 : ㉯, ㉰, ㉲
나. 기초, 보, 기둥, 벽 등의 측면 거푸집 : ㉯, ㉳

11 콘크리트 타설 시 거푸집에 미치는 콘크리트측압에 영향을 주는 요소를 4가지 쓰시오. (4점) •98 ⑤, 06 ①

① _____ ② _____
③ _____ ④ _____

11
① 부어넣기(타설)의 속도
② 콘시스턴시
③ 콘크리트의 비중
④ 콘크리트의 온도 및 기온
⑤ 거푸집 표면의 평활도
⑥ 거푸집의 투수성 및 누수성
⑦ 거푸집의 수평단면
⑧ 바이브레이터의 사용
⑨ 부어넣기 방법
⑩ 시멘트의 종류
⑪ 거푸집의 강성
⑫ 강구조량 또는 철근량
⑬ 대기습도

12 거푸집 측압에 영향을 주는 요소는 여러 가지가 있지만, 건축 현장의 콘크리트 부어넣기 과정에서 거푸집 측압에 영향을 줄 수 있는 요인을 3가지 쓰시오. (3점) •12 ②, 17 ③

① _____ ② _____ ③ _____

12
① 슬럼프값
② 부어넣기(타설)의 속도
③ 바이브레이터의 사용
④ 콘크리트의 비중

13 콘크리트를 타설할 때 거푸집의 측압이 증가되는 요인을 4가지 쓰시오. (4점) •15 ③, 20 ②

① _____ ② _____
③ _____ ④ _____

13
① 슬럼프값이 클수록 측압은 크다.
② 부배합이 빈배합보다 측압은 크다.
③ 벽두께 단면이 두꺼울수록 측압은 크다.
④ 부어넣기 속도가 빠를수록 측압은 크다.
⑤ 높은 곳에서 낙하시켜 충격을 주면 측압은 크다.

14 다음 항목별 콘크리트의 측압이 크게 걸리는 경우의 번호를 쓰시오. (5점)

•92 ②, 94 ①, 96 ③, 10 ①

가. 슬럼프 : ① 크다 ② 작다
나. 배합 : ① 부배합 ② 빈배합
다. 벽두께 : ① 두껍다 ② 얇다
라. 부어넣기 속도 : ① 빠르다 ② 늦다
마. 대기 중의 습도 : ① 높다 ② 낮다

정답
14
가. ①
나. ①
다. ①
라. ①
마. ①

15 다음 설명의 ( ) 안에 알맞은 말을 |보기|에서 골라 쓰시오. (4점)

•07 ①

|보기|
클, 작을, 두꺼울, 얇을, 빠를, 느릴, 높을, 낮을

생콘크리트의 측압은 슬럼프값이 (①)수록, 벽두께가 (②)수록, 부어넣기 속도가 (③)수록, 대기습도가 (④)수록 크다.

① _____ ② _____
③ _____ ④ _____

15
① 클
② 두꺼울
③ 빠를
④ 높을

16 생콘크리트 측압에서 콘크리트 헤드(Concrete Head)에 대하여 간략하게 쓰시오. (2점)

•07 ③, 09 ①, 11 ③, 15 ①

16
타설된 콘크리트 윗면으로부터 최대 측압면까지의 거리

17 다음의 첫 번째 그림을 참조하여 콘크리트 측압의 변화를 2회로 나누어 타설하는 경우와 2차 타설 시의 측압으로 구분하여 도시하시오. (단, 최대 측압 부분은 굵은선으로 표시하시오.) (4점)

•22 ⑤

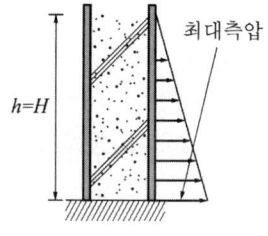
【한 번에 타설】

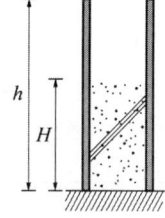
【2회 분할 타설】

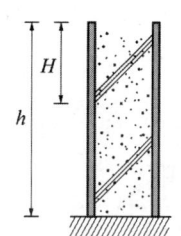
【2차 타설시 측압】

17
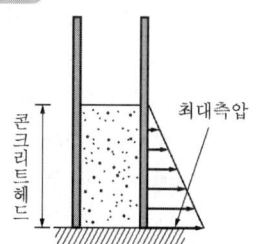
【2회 분할 타설】

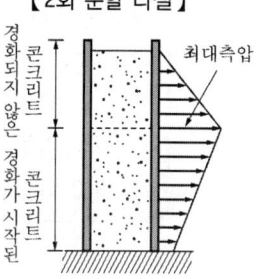
【2차 타설 시 측압】

18 철근콘크리트 공사의 거푸집 조립순서를 번호순으로 나열하시오. (5점)

•84 ②

㉮ 바닥   ㉯ 큰 보
㉰ 외벽   ㉱ 기둥
㉲ 작은 보

정답
18
㉱ → ㉯ → ㉲ → ㉮ → ㉰

19 철근콘크리트 공사에서 형틀(거푸집) 가공조립은 정밀하고 견고하게 조립되어야 설계도 형상에 의하여 콘크리트 구조체를 형성할 수 있다. |보기|의 구조 부위별 형틀(거푸집) 조립작업 순서를 맞게 그 기호 순으로 나열하시오.

•05 ③

─────| 보기 |─────
㉮ 보받이 내력벽   ㉯ 외벽
㉰ 기둥   ㉱ 큰 보
㉲ 바닥   ㉳ 작은 보

19
㉰ → ㉮ → ㉱ → ㉳ → ㉲ → ㉯

20 RC조 일반건축물 1개 층의 시공순서를 |보기|에서 골라 기호로 쓰시오. (5점)

•84 ①, 85 ②, 86 ①②, 88 ③, 91 ①, 97 ④

─────| 보기 |─────
㉮ 기초 옆, 지중보 거푸집 설치
㉯ 보의 철근배근
㉰ 기둥 철근배근
㉱ 보 밑창판, 옆판 및 바닥판 거푸집 설치
㉲ 바닥판 철근배근
㉳ 기초판 철근배근, 지중보 철근배근
㉴ 지초판(지하실바닥, 지중보) 콘크리트 타설
㉵ 기둥, 벽, 보, 바닥판 콘크리트 타설
㉶ 기둥철근을 기초에 정착
㉷ 벽의 철근배근
㉸ 기둥 거푸집, 벽 한쪽 거푸집 설치
㉹ 벽의 반편 거푸집 설치

20
㉮ → ㉳ → ㉶ → ㉴ → ㉰
→ ㉸ → ㉷ → ㉹ → ㉱ →
㉯ → ㉲ → ㉵

Lesson 14

21 RC조 지상 1층 건축물의 골조공사에 관한 사항이다. 시공순서를 |보기|에서 골라 기호를 쓰시오. (6점)　•04 ③

|보기|
- ㉮ 기둥철근 기초에 정착
- ㉯ 보 밑 마닥판 철근배근
- ㉰ 기둥 철근배근
- ㉱ 벽 내부 거푸집 및 기둥 거푸집 설치
- ㉲ 콘크리트치기
- ㉳ 벽 철근배근
- ㉴ 기초판, 기초 보 철근배근
- ㉵ 보 및 바닥판 거푸집 설치
- ㉶ 기초판 및 기초 보 콘크리트치기
- ㉷ 기초 및 기초 보 옆 거푸집 설치
- ㉸ 벽 외부 거푸집 설치

정답

21
㉷ → ㉴ → ㉮ → ㉶ → ㉰ →
㉱ → ㉳ → ㉸ → ㉵ →
㉯ → ㉲

22 기초공사가 완료된 후 철근콘크리트구조 1개 층 건축 시공순서를 골라 쓰시오. (5점)　•87 ③

- ㉮ 보 철근배근
- ㉯ 기둥 거푸집 설치
- ㉰ 바닥 철근배근
- ㉱ 기둥 철근배근
- ㉲ 보 거푸집 설치
- ㉳ 바닥 거푸집 설치

22
㉱ → ㉯ → ㉲ → ㉳ → ㉮
→ ㉰

23 건축 시공순서에 관한 사항 중에서 RC조 건축물 독립기초의 일반적인 시공순서를 |보기|에서 골라 쓰시오. (6점)　•88 ①

|보기|
- ㉮ 기둥철근 기초에 정착
- ㉯ 기초거푸집 위치 먹줄놓기
- ㉰ 기초판 철근배근
- ㉱ 콘크리트 부어넣기
- ㉲ 잡석다짐
- ㉳ 기초 옆면 거푸집 설치
- ㉴ 밑창콘크리트 타설
- ㉵ 양생

23
㉲ → ㉴ → ㉯ → ㉳ → ㉰
→ ㉮ → ㉱ → ㉵

24 거푸집에서 시멘트풀의 누출을 발견하였을 때 현장에서 취할 수 있는 조치를 쓰시오. (2점)   •06 ③

_____
_____

정답

24
넝마 등으로 신속히 메운 다음 급결 모르타르나 석고 등과 같은 급경성 재료로 누출부위를 막거나, 각목이나 철판 또는 판자를 붙여 막는다.

25 거푸집 존치기간에 영향을 미치는 것을 4가지 쓰시오. (4점)   •90 ②, 04 ①

① _____ ② _____
③ _____ ④ _____

25
① 시멘트 종류
② 천후
③ 평균기온
④ 하중
⑤ 양생법(보양법)
⑥ 부위
⑦ 콘크리트 압축강도

26 건축공사표준시방서에서 정한 거푸집의 존치기간에 대한 내용이다. ( ) 안을 채우시오. (3점)   •98 ④, 07 ②, 15 ①

> 기초, 보, 기둥, 벽 등의 측면 거푸집널의 해체는 콘크리트의 압축강도가 (①)MPa 이상에 도달한 것이 확인될 때까지이며, 슬래브 및 보의 밑면, 아치 내면의 거푸집널의 해체는 다층구조인 경우, 설계기준압축강도의 (②)% 이상의 콘크리트 압축강도가 얻어진 것이 확인될 때까지이며, 계산결과에 관계없이 받침기둥을 해체 시 콘크리트의 압축강도는 (③) MPa 이상이어야 한다.

① _____ ② _____ ③ _____

26
① 5
② 100
③ 14

27 건축공사표준시방서에서 정한 거푸집의 존치기간에 대한 내용이다. ( ) 안을 채우시오. (4점)   •09 ①

> 기초, 보, 기둥, 벽 등의 측면 거푸집널의 존치기간은 콘크리트의 압축강도가 (①)MPa 이상에 도달한 것이 확인될 때까지로 한다. 다만, 거푸집널 존치기간 중 평균기온이 10℃ 이상 20℃ 미만이고 보통포틀랜드시멘트를 사용한 경우는 콘크리트 재령 (②)일이 경과하면 압축강도시험을 하지 않고도 해체할 수 있다.

① _____ ② _____

27
① 5
② 6(4)
(주) 괄호 밖은 KCS 14 20 12 기준이고, 괄호 안은 KCS 21 50 05 기준이다.

28 다음 표는 건축공사표준시방서 기준에 따른 거푸집널 존치기간 중의 평균기온이 10℃ 이상인 경우에 콘크리트의 압축강도 시험을 하지 않고 거푸집을 떼어 낼 수 있는 콘크리트의 재령(일)을 나타낸 표이다. ( )에 알맞은 숫자를 쓰시오. (4점)

•09 ②, 12 ②, 17 ①, 18 ②, 19 ①, 20 ②

【콘크리트의 압축강도를 시험하지 않을 경우 거푸집널의 해체 시기
(기초, 보, 기둥 및 벽의 측면)】

시멘트의 종류 평균기온	조강포틀랜드시멘트	보통포틀랜드시멘트 고로슬래그시멘트(1종)	고로슬래그시멘트(2종) 포틀랜드포졸란시멘트(2종)
20℃ 이상	(①)일	(③)일	5일
10℃ 이상 20℃ 미만	(②)일	6일	(④)일

[정답] 28
① 2
② 3
③ 4(3)
④ 8(6)
(주1) 괄호 밖은 KCS 14 20 12 기준이고, 괄호 안은 KCS 21 50 05 기준이다.

29 다음 설명 중 ( ) 안에 적당한 문구를 넣으시오. (4점) •93 ③

거푸집 작업에서 받침기둥 바꿔 세우기는 콘크리트의 압축강도가 (①) 이상이 된 후에 하며, 순서는 (②)의 일부분에서부터 제거하여 바꾸어 세운 다음 (③), (④)의 순서로 한다.

① _____ ② _____
③ _____ ④ _____

[정답] 29
① 2/3
② 큰 보
③ 작은 보
④ 슬래브

30 시공 등급이 보통인 경우 콘크리트의 압축강도시험에 의해 거푸집의 제거시기를 정할 때 거푸집 위치별로 각각의 기준값을 쓰시오. (4점)

•92 ④

가. 기초, 보, 기둥, 벽 등의 측면 거푸집 : _____

나. 슬래브 및 보의 밑면 거푸집 : _____

[정답] 30
가. 기초, 보, 기둥, 벽 등의 측면 거푸집 : 5MPa
나. 슬래브 및 보의 밑면 거푸집 : 설계기준압축강도의 2/3 이상

31 건축시공현장 담당원의 승인하에 철근콘크리트의 거푸집 지주를 바꾸어 세우는 순서를 쓰시오. (5점)

•84 ①

① _____ ② _____ ③ _____

[정답] 32
① 큰 보
② 작은 보
③ 슬래브

32 다음 │보기│ 중에서 옳은 것을 고르시오. (5점)

┤보기├
㉮ 격리재 : 거푸집 간격을 유지
㉯ 박리제 : 거푸집을 쉽게 떼어낼 수 있도록 거푸집면에 칠하는 약재
㉰ 콘크리트헤드 : 타설된 콘크리트 윗면으로부터 최대 측압면까지의 거리
㉱ 페코빔 : 신축이 가능한 무지주 공법
㉲ 갱폼 : 사용할 때마다 작은 부재의 조립, 분해를 반복하지 않고 대형화, 단순화하여 한 번에 설치하고 해체하는 거푸집 시스템

33 다음 설명에 알맞은 용어를 쓰시오. (6점)

① 철재 거푸집으로 표면이 매끄러워 제치장용 거푸집으로 사용된다.
② 연속적으로 끌어올리는 거푸집으로 사일로 등에 사용되는 거푸집
③ ㄱ자형, ㄷ자형의 기성재 거푸집으로 아파트 공사에 주로 사용되는 거푸집

① _____ ② _____ ③ _____

34 다음에 설명된 공법의 명칭을 기록하시오. (4점)

① 사용할 때마다 작은 부재의 조립, 분해를 반복하지 않고 대형화, 단순화하여 한 번에 설치하고 해체하는 거푸집 시스템
② 벽체용 거푸집으로 거푸집과 벽체 마감공사를 위한 비계틀을 일체로 조립하여 한꺼번에 인양시켜 설치하는 공법
③ 바닥에 콘크리트를 타설하기 위한 거푸집으로서 거푸집판, 장선, 멍에, 서포트 등을 일체로 제작하여 부재화 한 거푸집 공법
④ 수평적 또는 수직적으로 반복된 구조물을 시공이음이 없이 균일한 형상으로 시공하기 위하여 거푸집을 연속적으로 이동시키면서 콘크리트를 타설하여 구조물을 시공하는 거푸집 공법

① _____ ② _____
③ _____ ④ _____

○ 정답

32
㉮, ㉯, ㉰ ㉱, ㉲

33
① 메탈폼
② 슬라이딩폼
③ 터널폼

34
① 갱폼
② 클라이밍폼
③ 플라잉폼
④ 슬라이딩폼

Lesson 14

35 시공이 빠르고 이음이 없는 수밀한 콘크리트 구조물을 완성할 수 있는 벽체전용시스템 거푸집의 종류를 3가지 쓰시오. (3점) •10 ②

① _____ ② _____ ③ _____

정답

35
① 갱폼
② 클라이밍폼
③ 슬라이딩폼
④ 슬립폼

36 다음 설명에 해당하는 거푸집의 명칭을 쓰시오. (3점)
•93 ③, 06 ①

① 강철, 금속재의 콘크리트용 거푸집으로 제치장용에 쓰임
② 무량판구조 또는 평판구조에서 2방향 장선 바닥판구조가 가능하도록 특수 상자모양으로 된 기성재 거푸집
③ 콘크리트를 부어넣으면서 거푸집을 수직방향으로 이동시켜 연속작업을 할 수 있게 된 거푸집으로 사일로, 굴뚝 등에 적합

① _____ ② _____ ③ _____

36
① 메탈폼
② 와플폼
③ 슬라이딩폼

37 다음 콘크리트 공사용 거푸집에 대하여 설명하시오. (10점)
•95 ③, 96 ④, 10 ①, 14 ③, 16 ②, 18 ②, 20 ⑤, 22 ②

가. 슬라이딩폼(Sliding Form) : _____

나. 와플폼(Waffle Form) : _____

다. 터널폼(Tunnel Form) : _____

라. 트래블링폼 공법 : _____

마. 대형패널 공법 : _____

37
가. 슬라이딩폼 : 사일로, 교각, 건물의 코어부분 등 단면형상의 변화가 없는 수직으로 연속된 콘크리트 구조물에 사용되는 거푸집
나. 와플폼 : 격자천장형식을 만들 때 사용되는 거푸집
다. 터널폼 : ㄱ자형, ㄷ자형의 기성재 거푸집으로 아파트 공사에 주로 사용되는 거푸집
라. 트래블링폼 공법 : 장선, 멍에, 동바리 등이 일체로 유닛화한 대형, 수평이동 거푸집
마. 대형패널 공법 : 사용할 때마다 작은 부재의 조립, 분해를 반복하지 않고 대형화, 단순화 하여 한 번에 설치하고 해체하는 거푸집 시스템

38 다음 설명과 같은 거푸집을 다음의 |보기|에서 골라 쓰시오. (5점)

•96 ③, 19 ③

|보기|
㉮ Slip Form   ㉯ Traveling Form   ㉰ Deck Plate
㉱ Sliding Form   ㉲ Waffle Form

① 사일로, 교각, 건물의 코어부분 등 단면형상의 변화가 없는 수직으로 연속된 콘크리트 구조물에 사용
② 전망탑, 급수탑 등 단면형상에 변화가 있는 수직으로 연속된 콘크리트 구조물에 사용
③ 장선, 멍에, 동바리 등이 일체로 유닛화한 대형, 수평이동 거푸집
④ 철골조 보에 걸어 지주 없이 쓰이는 바닥판
⑤ 격자천장형식을 만들 때 사용하는 거푸집

① _____   ② _____   ③ _____
④ _____   ⑤ _____

정답
38
① ㉱
② ㉮
③ ㉯
④ ㉰
⑤ ㉲

---

39 다음 설명에 해당하는 용어를 쓰시오. (2점)

•97 ①, 01 ②

① RC조 구성 방식에서 보를 사용치 않고 바닥 슬래브를 직접 기둥에 지지시키는 구조 방식을 무엇이라고 하는가?
② 대형 형틀로서 슬래브와 벽체의 콘크리트 타설을 일체화 하기 위한 것으로 Twin Shell Form과 Mono Shell Form으로 구성되는 형틀은?

① _____   ② _____

39
① 무량판 구조
② 터널폼

---

40 시스템 거푸집 중에서 플라잉폼(Flying Form)의 장점 3가지를 쓰시오. (3점)

•00 ④, 02 ①, 05 ②

①
②
③

40
① 조립, 분해가 생략되어 공기 단축
② 적은 거푸집 처짐
③ 기능도에 영향이 적다.
④ 주요 부재의 재사용 가능 (전용횟수가 많다.)
⑤ 인력 절감

Lesson 14

41 사용할 때마다 작은 부재의 조립, 분해를 반복하지 않고 대형화, 단순화 하여 한 번에 설치하고 해체하는 거푸집을 총칭하여 시스템 거푸집이라고 한다. 이 시스템 거푸집 중 거푸집판, 장선, 멍에, 서포트 등을 일체로 제작하여 수평, 수직방향으로 이동하는 바닥전용 거푸집을 무엇이라고 부르는가? (2점)
• 05 ③

_____

정답

41
플라잉폼 또는 테이블폼

42 대형 시스템 거푸집 중에서 갱폼(Gang Form)의 장·단점을 각각 2가지씩 쓰시오. (4점)
• 00 ④, 01 ③, 03 ②, 09 ①, 10 ②, 11 ③, 13 ①, 15 ①, 19 ②

가. 장점
 ① _____ ② _____

나. 단점
 ① _____ ② _____

42
가. 장점
 ① 조립, 해체가 생략되어 인력 절감
 ② 줄눈의 감소로 마감 단순화 및 비용 절감
 ③ 기능공의 기능도에 적은 영향

나. 단점
 ① 대형 양중 장비가 필요
 ② 초기 투자비 과다
 ③ 기능공의 교육 및 작업 숙달기간이 필요

43 다음 용어를 간단히 설명하시오. (4점)
• 15 ②, 18 ③

① 슬립폼(Slip Form)

_____

② 트래블링폼(Travelling Form)

_____

43
① 슬립폼 : 전망탑, 급수탑 등 단면형상에 변화가 있는 수직으로 연속된 콘크리트 구조물에 사용되는 거푸집
② 트래블링폼 : 장선, 멍에, 동바리 등이 일체로 유닛화한 대형, 수평이동 거푸집

44 다음 설명에 적합한 용어명을 쓰시오. (3점)
• 94 ④, 96 ②, 97 ①, 04 ①, 08 ②, 11 ①, 12 ③

① 신축이 가능한 무지주 공법의 수평지지보
② 무량판구조에서 2방향 장선 바닥판구조가 가능하도록 된 기성재 거푸집
③ 벽식 철근콘크리트구조를 시공할 때 한 구획 전체의 벽판과 바닥판을 ㄱ자형 또는 ㄷ자형으로 짜는 거푸집

① _____ ② _____ ③ _____

44
① 페코빔
② 와플폼
③ 터널폼

45 다음에 설명된 공법의 명칭을 쓰시오. (4점) •18 ①, 22 ③

① 무량판구조에서 2방향 장선 바닥판구조가 가능하도록 특수 상자모양으로 된 기성재 거푸집
② 시스템거푸집으로 한 구간 콘크리트 타설 후 다음 구간으로 수평이동이 가능한 거푸집
③ 유닛거푸집을 설치하여 요크로 거푸집을 끌어올리면서 연속해서 콘크리트를 타설 가능한 수직활동 거푸집
④ 아연도금 철판을 절곡 제작하여 거푸집으로 사용하여 콘크리트 타설 후 사용 철판을 바닥하부 마감재로 사용

① _____ ② _____
③ _____ ④ _____

정답 45
① 와플폼
② 트래블링폼
③ 슬라이딩폼
④ 데크플레이트

46 무지주 공법의 수평지지보에 대하여 간단히 기술하고, 수평지지보의 종류를 2가지 쓰시오. (4점) •01 ①

가. 수평지지보 : _____

나. 종류
  ① _____ ② _____

정답 46
가. 수평지지보 : 받침기둥 없이 보를 걸어서 거푸집널을 지지하는 공법

나. 종류
① 보우빔
② 페코빔

47 다음 용어를 설명하시오. (6점) •92 ③

가. 보우빔(Bow Beam) : _____

나. 와플폼(Waffle Form) : _____

다. 드롭헤드(Drop head) : _____

정답 47
가. 보우빔 : 신축이 불가능한 무지주 공법의 수평지지보
나. 와플폼 : 격자천장형식을 만들 때 사용되는 거푸집
다. 드롭헤드 : 타설된 콘크리트 윗면으로부터 최대 측압면까지의 거리

48 '콘크리트구조물의 일부분을 미리 프리캐스트콘크리트로 제작하여 거푸집 대용으로 사용하고, 여기에 현장타설콘크리트를 협성하여 구조물을 만드는 방식'을 무엇이라 하는가? (1점) •09 ①

_____

정답 48
Half PC 슬래브 (반두께 슬래브)

Lesson 15 콘크리트의 재료

건축기사실기

✱ 1 시멘트

1. 개요

1) 정의
시멘트는 무기질 접착제 또는 광물질 풀을 말한다.

2) 시멘트의 주요 화합물[35] (12①, 16③)

구분	규산 2석회	규산 3석회	알루민산 3석회	알루민산철 4석회
분자식	$2CaO \cdot SiO_2$	$3CaO \cdot SiO_2$	$3CaO \cdot Al_2O_3$	$4CaO \cdot Al_2O_3 \cdot FeO_4$
화학식 약호	C_2S	C_3S	C_3A	C_4AF
수화반응속도	느림	빠름	아주 빠름	비교적 빠름
강도	28일 이후의 장기강도 지배	28일 이내의 단기강도 지배	1일이내의 단기강도 지배	강도에 거의 무관
수화열	낮음	높음	아주 높음	낮음
건조수축	중간	중간	크다	작다

(주) 수화반응은 시멘트와 물을 섞었을 때, 시멘트와 물과의 화학반응이다. 시멘트와 물이 화합하는 것을 수화라 하고, 그 생성물을 수화물이라 한다. 수화작용은 수화반응으로 인해 나타나는 시멘트의 응결 및 경화작용이다. 시멘트와 물과의 수화작용으로 인해 발생하는 열을 수화열이라 한다.

2. 시멘트의 종류 (03③, 08①, 10③, 14③, 17②, 22③)

구분	종류		한국산업규격(KS)
포틀랜드 시멘트 (Portland Cement)	보통포틀랜드시멘트	1종	KS L 5201
	중용열포틀랜드시멘트	2종	
	조강포틀랜드시멘트	3종	
	저열포틀랜드시멘트	4종	
	내황산염포틀랜드시멘트	5종	
혼합 시멘트	고로슬래그시멘트		KS L 5210
	플라이애시시멘트		KS L 5211
	포틀랜드포졸란시멘트(실리카시멘트)		KS L 5401

---
35) 정상진 외8인, 건축재료학, 기문당, 2004, p.40.

핵심 Point

● 시멘트의 역할 (참고)
콘크리트에서 재료를 결합시켜 경화시키는 역할을 한다.

● 시멘트의 3대 주성분 (참고)
① 석회(CaO)
② 실리카(SiO_2)
③ 알루미나(Al_2O_3)

● 화학식 약식기호표시 (참고)
① C=CaO
② S=SiO
③ A=Al_2O_3
④ F=Fe_2O_3

● 시멘트의 주요 화합물 (12①, 16③)
① 규산2석회(C_2S)
② 규산3석회(C_3S)
③ 알루민산3석회(C_3A)
④ 알루민산철4석회(C_4AF)

● 콘크리트의 28일 이후 장기강도에 관여하는 화합물 (12①, 16③)
규산2석회(C_2S ; $2CaO \cdot SiO_2$)

● 포틀랜드시멘트의 종류 (08①, 10③, 14③, 17②, 22③)
① 보통포틀랜드시멘트
② 중용열포틀랜드시멘트
③ 조강포틀랜드시멘트
④ 저열포틀랜드시멘트
⑤ 내황산염포틀랜드시멘트

● 혼합시멘트의 종류 (03③)
① 고로슬래그시멘트
② 플라이애시시멘트
③ 포틀랜드포졸란시멘트 (실리카시멘트)

3. 포틀랜드시멘트(Portland Cement)

종류	내용
보통포틀랜드시멘트 (1종)	① 시멘트 생산량의 약 80% 이상을 차지하고 있다. ② 밀도 : 3.05~3.15 g/cm³ (비중 : 3.05~3.15) ③ 단위용적 질량 : 1,500 kg/m³
중용열포틀랜드시멘트 (2종) (11①)	① 규산3석회(C_3S)와 알루민산3석회(C_3A)의 양을 적게 하고, 규산2석회(C_2S)의 양을 많게 하여 수화속도가 느린 시멘트이다. ② 수화열이 적고 조기강도가 낮으나 장기강도는 크며, 건조수축이 작아 균열방지 기능이 있다. ③ 차폐용 콘크리트(중량 콘크리트)와 매스 콘크리트 등에 사용된다.
조강포틀랜드시멘트(3종) (11①)	① 화합물 중 규산2석회(C_2S)의 양을 적게 하여 수화속도가 빠른 시멘트이다. ② 조기강도가 발현되고 화학적 저항성이 크며, 발열량과 수축이 크다.
저열포틀랜드시멘트 (4종)	보통포틀랜드시멘트보다 규산3석회(C_3S)와 알루민산3석회(C_3A)의 양을 아주 적게 한 시멘트이다.
내황산염포틀랜드시멘트 (5종)	황산염의 화학적 침식에 대한 저항성을 크게 하기 한 시멘트이다.

4. 혼합시멘트

종류	내용
고로슬래그시멘트	해수, 지하수 등에 대한 내수성이 가장 좋은 시멘트이다.
플라이애시시멘트	(1) 개요 댐 등의 대규모 건설 공사에 사용된다. (2) 특징 (00③, 16③) ① 워커빌리티 개선 ② 수밀성 증대 ③ 블리딩 및 재료분리 감소 ④ 조기강도 감소, 장기강도 증대 ⑤ 단위수량 감소 ⑥ 수화열 감소 ⑦ 건조수축 감소 ⑧ 화학적 저항성 증대(내구성 증대) ⑨ 알칼리성 감소(알칼리 골재반응 감소)
포틀랜드포졸란시멘트 (실리카시멘트)	특징은 플라이애시시멘트와 유사하다.

핵심 Point

● 중용열포틀랜드시멘트의 특징 (11①)
① 수화열이 적다.
② 조기강도는 작고, 장기강도는 크다.
③ 건조수축이 작다.
④ 내화학성, 내산성이 크다.
⑤ 작은 단위수량으로 워커빌리티가 좋다.
⑥ 대단면의 구조재 및 방사선 차단재로 사용

● 조강포틀랜드시멘트의 특징 (11①)
① 조기강도가 발현된다.
② 화학적 저항성이 크다.
③ 수밀성과 내구성이 좋다.
④ 양생기간이 짧아 경제적이다.
⑤ 발열량(수화열) 및 수축 크다.
⑥ 긴급공사 및 한중공사에 사용

● 고로슬래그(참고)
고로슬래그는 용광로에서 선철을 제조하는 과정에서 철광석 중의 암석 성분이 녹아 쇳물 위에 떠 있는 고온의 용융 슬래그(찌꺼기)를 공기 또는 물로써 냉각시켜 미분말화 한 것이다.

● 플라이애시(참고)
플라이애시는 석탄 화력발전소에서 미분탄의 연소에 의해 발생되는 석탄회를 전기 집진기에서 포집한 미분말 형태의 회분(재)이다.

● 플라이애시시멘트의 특징 (00③, 16③)
① 워커빌리티 개선
② 수밀성 증대
③ 블리딩 및 재료분리 감소
④ 조기강도 감소, 장기강도 증대
⑤ 단위수량 감소
⑥ 수화열 감소
⑦ 건조수축 감소
⑧ 화학적 저항성 증대(내구성 증대)
⑨ 알칼리성 감소(알칼리 골재반응 감소)

5. 특수 시멘트

종류	내용
백색포틀랜드시멘트 (11①)	① 순백색의 시멘트로 원료인 점토에서 산화철을 제거하거나 백색점토를 사용하여 만들며 성질은 보통포틀랜드시멘트와 비슷하다. ② 용도 : 착색재, 미장재, 치장줄눈용 및 인조석의 원료
알루미나시멘트	① 초조강성이다. 1일에 압축강도가 10~45 MPa이다. ② 한중 콘크리트, 동절기 공사, 해안 공사, 긴급 공사에 적합하다.

6. 시멘트의 분말도와 응결

1) 분말도(Fineness)

(1) 개요

① 시멘트의 클링커를 분쇄할 때 그 입자의 고운 정도를 나타낸다.
② 콘크리트의 워커빌리티, 공기량, 수밀성, 내구성 등에 영향을 준다.

(2) 분말도가 큰 시멘트의 성질

장점	단점
① 표면적 증대 ② 수화작용이 빠르고 초기강도 증대 ③ 높은 강도 증진율 ④ 블리딩 감소와 워커빌리티 개선	① 지나치게 미세할 경우 풍화의 우려 ② 건조수축에 의한 균열 증대

2) 응결

(1) 개요

표준묽기의 시멘트풀이 온도 20±1℃, 습도 80% 이상으로 유지하면서 유동적인 상태에서 형체를 유지할 수 있도록 엉기는 것이다.

(2) 응결속도 (05①, 18③)

① 분말도가 크면 빠르다.   ② 석고량이 적을수록 빠르다.
③ 온도가 높을수록 빠르다. ④ 습도가 낮을수록 빠르다.
⑤ W/C가 낮을수록 빠르다. ⑥ 시멘트가 풍화되면 늦어진다.
⑦ 알루민산3석회 성분이 많을수록 빠르다.

(3) 헛응결(False Set) (03①, 11③, 17①)

물을 부은 뒤, 10~20분에 퍽 굳어지고 다시 묽어지며 이후 순조로운 경과로 굳어가는 현상으로 이중응결이라고도 한다.

7. 시멘트의 풍화작용 (10③)

시멘트의 풍화작용은 시멘트가 대기 중에서 수분을 흡수하여 수화작용으로 수산화칼슘이 생기고 공기 중의 이산화탄소를 흡수하여 탄산칼슘(또는 탄산석회)를 생기게 하는 작용이다.

2 골재

1. 골재의 종류

1) 입자크기에 따른 분류 (건축공사표준시방서, 2013년 개정 기준)

(1) 잔골재(Fine Aggregate)

10 mm 체를 전부 통과하고 5 mm 체를 거의 다 통과하며 0.08 mm 체에 모두 남는 골재이다. 세골재(細骨材)라고도 한다.

(2) 굵은골재(Coarse Aggregate)

① 5 mm 체에 다 남는 골재이다. 조골재(粗骨材)라고도 한다.

② 굵은골재의 최대 치수는 질량으로 90 % 이상이 통과한 체 중 최소의 체 치수로 나타낸 굵은골재의 치수이다.

2) 생산 방식(제조 방법)에 따른 분류

① 자연골재(천연골재)　　② 인공골재

3) 비중(중량)에 따른 분류

분류	내용
경량골재	절건비중 2.0 이하의 골재이다.
보통골재	절건비중 2.5~2.65 정도의 골재이다.
중량골재	절건비중 2.7 이상의 골재이다.

2. 골재의 품질

1) 골재가 갖추어야 할 조건(요구품질) (90③, 99⑤, 16①)

① 청결하고 유해불순물이 없을 것
② 내구성과 내화성을 가질 것
③ 표면이 거칠고 둥글며, 입도가 적당할 것
④ 시멘트강도 이상으로 견고할 것
⑤ 내열적이고 내약품적일 것
⑥ 내마모성이 있을 것
⑦ 흡수율이 작을 것
⑧ 운모가 함유되지 않을 것

● 잔골재와 굵은골재의 정의 (예상)
① 잔골재 : 10 mm 체를 전부 통과하고 5 mm 체를 거의 다 통과하며 0.08 mm 체에 모두 남는 골재
② 굵은골재 : 5 mm 체에 다 남는 골재

● 체가름시험에 의한 굵은골재의 최대 치수 (예상)
굵은골재의 최대 치수는 질량으로 90 % 이상이 통과한 체 중 최소의 체 치수로 나타낸 굵은골재의 치수이다.

● 경량골재 및 중량골재의 목적 (예상)
① 경량골재 : 콘크리트의 중량 경감 및 단열
② 중량골재 : 방사선 차폐

● 굵은골재가 갖추어야 할 조건(요구품질) (90③, 99⑤, 16①)
① 청결하고 유해불순물이 없을 것
② 내구성과 내화성을 가질 것
③ 표면이 거칠고 둥글며, 입도가 적당할 것
④ 시멘트강도 이상으로 견고할 것
⑤ 내열적이고 내약품적일 것
⑥ 내마모성이 있을 것
⑦ 흡수율이 작을 것
⑧ 운모가 함유되지 않을 것

2) 보통골재의 품질기준 36)

골재 구분	절대건조밀도 (g/cm³)	흡수율 (%)	안정성 (%)	점토 덩어리(%)	0.08 mm 체 통과량 (%)	염화물 (NaCl)(%)
굵은골재	2.5 이상	3.0 이하	12 이하	0.25 이하	1.0 이하	–
잔골재	2.5 이상	3.0 이하	10 이하	1.00 이하	3.0 이하	0.04 이하

핵심 Point
- 표준시방서에서 요구하는 잔골재의 품질기준 (예상)
  ① 절대건조밀도 : 2.5g/cm³ 이상
  ② 흡수율 : 3.0% 이하
  ③ 점토량 : 1.0% 이하
  ④ 0.08 mm 체 통과량 : 3.0% 이하
  ⑤ 염화물(NaCl) : 0.04% 이하
  (주) 잔골재의 염화물(NaCl)을 염화물이온(Cl^-)량으로 환산하면 0.02%가 된다.

3. 골재의 함수상태 및 수량

1) 골재의 함수상태

골재의 함수상태	내용
절대건조상태	건조기에서 100~110℃로 24시간 이상 일정한 질량이 될 때까지 건조시킨 상태이다. 절건상태, 노건조상태라고도 한다.
기건상태	골재 내부에 약간의 수분이 있는 대기 중의 건조된 상태이다. 공기건조상태라고도 한다.
표면건조 포화상태	골재 내부의 공극에는 물로 포화되고 표면은 건조된 상태이다. 표면건조내부포수상태라고도 한다.
습윤상태	골재 내부는 물로 포화되어 있고 표면에서 물이 부착되어 있는 상태이다.

2) 골재의 수량 (94①, 95⑤, 98②, 01③, 05①, 09①, 19③)

수량	내용
함수량	습윤상태의 골재가 함유하는 전수량
흡수량	표면건조포수상태의 골재 중에 포함되는 물의 양
표면수량	함수량과 흡수량의 차이
유효흡수량	흡수량과 기건상태일 때 함유한 골재 내의 수량과의 차이

- 골재의 흡수량, 함수량, 표면수량 (94①, 98②, 01③, 05①, 19③)
  ① 골재의 흡수량 : 표면건조포수상태의 골재 중에 포함되는 물의 양
  ② 골재의 함수량 : 습윤상태의 골재가 함유하는 전수량
  ③ 골재의 표면수량 : 함수량과 흡수량의 차이

- 유효흡수량 (95⑤, 09①)
  흡수량과 기건상태일 때 함유한 골재내의 수량과의 차이

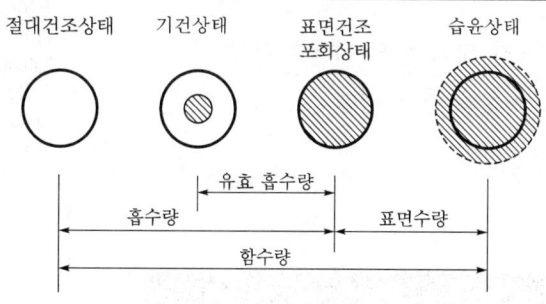

4. 유해불순물의 종류와 영향 (99①, 01①, 06③)

구분	영향	구분	영향
염화물(염분)	철근부식, 균열발생	유기불순물	강도 저하, 내구성저하
당분	응결지연	점토덩어리	균열발생, 수밀성 저하

- 콘크리트의 유해불순물의 영향 (99①, 01①, 06③)
  ① 염화물 : 철근부식
  ② 당분 : 응결지연
  ③ 유기불순물 : 강도 저하
  ④ 점토덩어리 : 균열발생

---
36) KS F 2527 콘크리트용 골재, 산업표준심의회, 2020.

5. 실적률과 공극률

1) 실적률

① 실적률은 용기에 채워진 골재 절대용적의 그 용기 용적에 대한 백분율로, 골재의 단위용적 질량을 골재의 절건밀도로 나눈 값의 백분율이다. 37)

② 실적률 + 공극률 = 1.0(100%)

③ 실적률의 범위는 모래 55~70%, 자갈 60~65%, 쇄석 및 경량골재 50~65%이다.

2) 공극률

공극률은 골재의 단위용적당 공극비율의 백분율이다.

6. 입도

정의	골재의 크고 작은 입자의 혼입 정도이다.
골재의 입도시험	체가름시험(KS F 2502)
조립률 (07①, 09②, 11①, 15②, 21②)	골재의 입도를 수량적으로 나타낸 것으로 체가름시험에 의해 구한다.
골재의 조립률	① 잔골재 : 2.3~3.1 ② 굵은골재 : 6~8

※ 3 비빔 용수

시멘트가 완전히 수화하는 데 필요한 물의 양은 시멘트 중량의 40% 이하이고, 시멘트풀 속의 물이 유동성을 갖기 위해 사용되는 수량은 시멘트중량의 45~60% 정도이다.

※ 4 혼화재료

1. 사용 목적

아직 굳지 않은 콘크리트 및 경화 콘크리트에 소요품질을 부여하고 콘크리트를 경제적으로 만들기 위한 목적으로 사용한다.

---

37) KS F 2523 골재에 관한 용어의 정의, 산업표준심의회, 2017.

핵심 Point

● 실적률 (참고)

실적률 (%)
$$= \frac{골재의\ 단위\ 용적\ 질량(kg/L)}{골재의\ 절건밀도(kg/L)} \times 100$$

여기서, 골재의 단위 용적 질량 (kg/L)
$$= \frac{용기\ 안의\ 시료의\ 질량(kg)}{용기의\ 용적(L)}$$

● 적당한 입도를 가진 골재로 콘크리트를 제조할 경우 현상 (참고)
① 단위수량 감소
② 재료분리현상 감소
③ 작은 단위시멘트량으로 소요품질의 콘크리트 가능

● 조립률의 정의 (07①, 09②, 11①, 15②, 21②)
골재의 입도를 수량적으로 나타낸 것으로 체가름시험에 의해 구한다.

● 상수돗물의 품질 (참고, KS F 4009)
① 색도 : 5도 이하
② 탁도(NTU) : 0.3 이하
③ 수소 이온 농도(PH) : 5.8~8.5
④ 증발 잔류물 : 500mg/L 이하
⑤ 염소 이온(Cl^-)량 : 250mg/L 이하
⑥ 과망간산칼륨 소비량 : 10mg/L 이하
⑦ 모르타르의 압축강도비 : 재령 7일 및 재령 28일에서 90% 이상

● 상수돗물 이외의 물의 품질 (참고, KS F 4009)
① 현탁 물질의 양 : 2g/L 이하
② 용해성 증발 잔류물의 양 : 1g/L 이하
③ 염소 이온(Cl^-)량 : 250mg/L 이하
④ 시멘트 응결 시간의 차 : 초결은 30분 이내, 종결은 60분 이내
⑤ 모르타르의 압축강도비 : 재령 7일 및 재령 28일에서 90% 이상

2. 분류

1) 혼화제(混和劑)

(1) 개요 (07③, 13②)

약품적으로 소량 사용되고, 배합설계 시 중량을 무시한다.

(2) 종류 (99① ⑤, 01③, 07③, 13②)

① 공기연행제(AE제)   ② 감수제, AE감수제   ③ 고성능 AE감수제
④ 유동화제   ⑤ 응결경화 조정제   ⑥ 기포제(발포제)
⑦ 방청제   ⑧ 방수제

(3) 기능(사용목적) (08①, 09③, 12③)

기능(사용목적)	분류
워커빌리티, 동결융해 저항성 개선	AE제, AE감수제
단위수량, 단위시멘트량 감소	감수제, AE감수제
큰 감수효과로 대폭적인 강도 증진	고성능 감수제, 고성능 AE감수제
유동성 개선	유동화제
응결경화시간 조절	응결촉진제, 응결지연제, 급결제
염화물에 대한 철근의 부식 억제	방청제
기포작용으로 인해 충전성 개선, 중량조절	기포제, 발포제
응집작용에 의한 재료분리 억제	증점제, 수중콘크리트용 혼화제

2) 혼화재(混和材)

(1) 개요 (07③, 13②)

비교적 다량 사용되고, 배합설계 시 중량을 고려한다.

(2) 종류 (99① ⑤, 01③, 04②, 07③, 13②)

① 포졸란   ② 플라이애시   ③ 고로슬래그
④ 규산백토   ⑤ 팽창혼화재   ⑥ 착색재
⑦ 실리카퓸

3. 표면활성제

1) 정의 (93④, 95②)

① 표면활성작용에 의해 콘크리트 중의 미세한 기포를 발생시키거나 시멘트 입자를 분산시키는 혼화제이다.
② 공기연행제(Air Entraining Agent), AE제 또는 분산제라 한다.
③ 물결합재비(물시멘트비)를 일정하게 하고 공기량을 1% 증가시킬 경우, 콘크리트의 압축강도가 4~6% 감소하고, 슬럼프값은 약 20 mm

---

Lesson 15

핵심 Point

● 혼화제와 혼화재의 구분 (07③, 13②)
① 혼화제 : 약품적으로 소량 사용되고 배합설계시 중량을 무시
② 혼화재 : 비교적 다량 사용되고 배합설계 시 중량을 고려

● 혼화제의 종류 (99① ⑤, 01③, 07③, 13②)
① 공기연행제(AE제)
② 감수제, AE감수제
③ 고성능 AE감수제
④ 유동화제
⑤ 응결경화 조정제
⑥ 기포제
⑦ 방청제

● 기포제(발포제)의 정의 (08①, 12③)
기포작용으로 인해 충진성을 개선하고 중량을 조절한다.

● 방청제의 정의 (08①, 12③)
염화물에 대한 철근의 부식을 억제한다.

● 혼화제의 사용목적 (09③)
① 워커빌리티, 동결융해 저항성 개선
② 단위수량, 단위시멘트량 감소
③ 큰 감수효과로 대폭적인 강도 증진
④ 유동성 개선
⑤ 응결경화시간 조절
⑥ 염화물에 대한 철근의 부식 억제
⑦ 기포작용으로 인해 충전성 개선, 중량조절
⑧ 응집작용에 의한 재료분리 억제

● 혼화재의 종류 (99① ⑤, 01③, 07③, 13②)
① 포졸란
② 플라이애시
③ 고로슬래그
④ 규산백토
⑤ 팽창혼화재
⑥ 착색재
⑦ 실리카퓸

증가하며 단위수량은 3% 감소하고 잔골재율은 0.5~1.0% 감소한다.

2) AE제의 사용 목적 (90②, 00④, 12②, 17①)

① 워커빌리티 개선
② 동결융해 저항성 증대
③ 내구성, 수밀성 증대
④ 알칼리 골재반응 감소
⑤ 단위수량 감소
⑥ 재료분리 감소(블리딩현상 감소)
⑦ 발열량 감소
⑧ 건조수축 감소

3) 종류

(1) AE제 (96①, 99②, 05①, 08①, 12③)

공기연행제로서 미세한 기포를 고르게 분포시킨다.

(2) 감수제(분산제)

계면활성작용으로 시멘트 입자를 분산시켜 유동성을 증가시키는 역할을 한다.

(3) AE감수제 (09②, 16①)

공기연행제로서 미세한 기포를 고르게 분포시키는 AE제의 성질과 계면활성 작용으로 시멘트 입자를 분산시켜 유동성을 증가시키는 감수제의 성질을 겸한 것이다.

4. 고성능 AE감수제

콘크리트 및 모르타르의 작업개선과 고강도 실현을 위하여 첨가하는 혼화제이다. 강도 증진, 작업성 개선 및 생산성 향상 등의 목적이다.

5. 유동화제

고성능 감수제의 일종으로 배합이나 경화된 콘크리트 품질의 변경 없이 유동성을 개선시키는 혼화제이다.

6. 응결촉진제와 응결지연제

1) 응결촉진제 (96①, 99②, 05①)

시멘트와 물과의 화학반응을 촉진시킨다.

2) 응결지연제 (96①, 99②, 05①)

시멘트와 물의 화학반응이 늦어지게 한다.

7. 발포제와 기포제

① 발포제는 시멘트와의 화학반응에 의해 특수 가스를 발생시켜 기포를 도입하는 것이다. 대표적인 제품으로는 ALC가 있다.

핵심 Point

● 대표적인 혼화재의 종류 (04②)
① 포졸란
② 플라이애시
③ 고로슬래그

● 표면활성제의 정의 (93④, 95②)
표면활성작용에 의해 콘크리트 중의 미세한 기포를 발생시키거나 시멘트 입자를 분산시키는 혼화제

● AE제의 사용 목적 (90②, 00④, 12②, 17①)
① 워커빌리티 개선
② 동결융해 저항성 증대
③ 내구성, 수밀성 증대
④ 알칼리 골재반응 감소
⑤ 단위수량 감소
⑥ 재료분리 감소
⑦ 발열량 감소
⑧ 건조수축 감소
(주1) AE제의 사용 목적은 AE 콘크리트의 특징과 같다.

● AE제의 정의 (96①, 99②, 05①, 08①, 12③)
공기연행제로서 미세한 기포를 고르게 분포시킨다.

● 굳지 않은 콘크리트에서 볼베어링 역할의 의미 (참고)
① 콘크리트 내의 공기포가 마찰을 줄여 내부온도 상승 억제
② 콘크리트의 혼합이 잘 되게 하여 워커빌리티 개선

● AE감수제의 정의 (09②, 16①)
공기연행제로서 미세한 기포를 고르게 분포시키는 AE제의 성질과 계면활성 작용으로 시멘트 입자를 분산시켜 유동성을 증가시키는 감수제의 성질을 겸한 것이다.

● 고성능 AE감수제의 사용 목적 (참고)
① 강도 증진
② 작업성 개선
③ 생산성 향상

② 기포제는 AE제를 사용하여 표면활성작용에 의해 콘크리트 중에 공기 거품을 도입하는 것이다.

8. 각종 혼화재

1) 포졸란(Pozzolan)

(1) 정의

포졸란은 그 자체로는 물과 반응하여 굳어지는 수경성이 없으나 콘크리트 중의 물에 용해되어 있는 수산화칼슘[$Ca(OH)_2$]과 상온에서 천천히 화합하여 물에 녹지 않는 화합물을 만들 수 있는 실리카질(SiO_2 등) 물질을 함유하고 있는 미분말 상태의 재료이다.[38]

(2) 특징 (92①)

① 워커빌리티 개선　　② 단위수량 감소
③ 수화열 감소　　　　④ 수밀성 증대
⑤ 화학적 저항성 증대(내구성 증대)
⑥ 블리딩 및 재료분리 감소
⑦ 조기강도 감소, 장기강도 증대

(주) 건조수축은 수화열이 감소하면 줄어드는 것이 일반적이나 고로슬래그를 첨가했을 경우 수화열은 감소하고 건조수축은 증가한다. 따라서 포졸란의 일반적인 특징은 건조수축에 대한 항목이 없다.

(3) 포졸란반응 (96③)

그 자체로는 물과 반응하여 굳어지는 수경성이 없는 물질이 상온의 물속에서 수산화칼슘과 반응하여 물에 녹지 않는 화합물을 만드는 반응이다.

2) 플라이애시(Fly Ash)

(1) 정의 (96③)

석탄 화력발전소에서 미분탄의 연소에 의해 발생되는 석탄회를 전기집진기에서 포집한 미분말 형태의 회분(재)이다.

(2) 특징

① 워커빌리티 개선　　② 단위수량 감소
③ 수화열 감소　　　　④ 수밀성 증대
⑤ 화학적 저항성 증대(내구성 증대)　⑥ 블리딩 및 재료분리 감소
⑦ 조기강도 감소, 장기강도 증대　⑧ 건조수축 감소
⑨ 알칼리성 감소(알칼리 골재반응 감소)

---

38) KCS 14 20 10 일반콘크리트 (1.3), 국토교통부, 한국콘크리트학회, 2022.

핵심 Point

● 고성능 AE감수제와 유동화제 (참고)
① 고성능 감수제는 뛰어난 감수작용을 이용하여 보통 콘크리트와 같은 작업성능을 가지면서 물시멘트비 저감을 주목적으로 한다.
② 유동화제는 감수시키지 않고 동일한 물시멘트비로 작업성이 뛰어난 콘크리트 제조를 주목적으로 한다.

● 응결촉진제의 정의 (96①, 99②, 05①)
시멘트와 물과의 화학반응을 촉진시킨다.

● 응결지연제의 정의 (96①, 99②, 05①)
시멘트와 물의 화학반응이 늦어지게 한다.

● 포졸란을 사용한 콘크리트의 특징 (92①)
① 워커빌리티 개선
② 단위수량 감소
③ 수화열 감소
④ 수밀성 증대
⑤ 화학적 저항성 증대
⑥ 블리딩 및 재료분리 감소
⑦ 조기강도 감소, 장기강도 증대

● 포졸란반응, 플라이애시, 고로슬래그의 정의 (96③)
① 포졸란반응 : 그 자체로는 물과 반응하여 굳어지는 수경성이 없는 물질이 상온의 물속에서 수산화칼슘과 반응하여 물에 녹지 않는 화합물을 만드는 반응이다.
② 플라이애시 : 석탄 화력발전소에서 미분탄의 연소에 의해 발생되는 석탄회를 전기 집진기에서 포집한 미분말 형태의 회분(재)이다.
③ 고로슬래그 : 용광로에서 선철을 제조하는 과정에서 철광석 중의 암석 성분이 녹아 쇳물 위에 떠 있는 고온의 용융슬래그(찌꺼기)를 공기 또는 물로써 냉각시켜 미분말화 한 것이다.

3) 고로슬래그(Blast-Furnace Slag)

(1) 정의 (96③)

용광로에서 선철을 제조하는 과정에서 철광석 중의 암석 성분이 녹아 쇳물 위에 떠 있는 고온의 용융슬래그(찌꺼기)를 공기 또는 물로써 냉각시켜 미분말화 한 것이다.

(2) 특징

① 수화열 감소　　　　　　② 수밀성 증대
③ 화학적 저항성 증대(내구성 증대)　④ 블리딩 및 재료분리 감소
⑤ 조기강도 감소, 장기강도 증대　⑥ 건조수축 증대
⑦ 알칼리성 감소(알칼리 골재반응 감소)
(주) 일반적으로 건조수축이 크므로 충분한 양생을 한다.

4) 실리카퓸(Silica Fume) (13③, 16①)

전기로에서 금속규소나 규소철을 생산하는 과정 중 부산물로 생성되는 매우 미세한 입자로써 고강도 콘크리트 제조 시 사용되는 포졸란계 혼화재이다.

5) 팽창재(Expansive Producing Admixtures)

시멘트 및 물과 혼합했을 경우 수화반응에 의해 모르타르 또는 콘크리트를 팽창시키는 혼화재이다.

6) 착색재 (13①, 16②)

① 빨강 : 산화 제2철　　　② 노랑 : 크롬산바륨
③ 파랑 : 군청　　　　　　④ 초록 : 산화크롬
⑤ 갈색 : 이산화망간　　　⑥ 검정 : 카본블랙

핵심 Point

- 포졸란반응이 있는 혼화재 (예상)
  ① 플라이애시 ② 고로슬래그 ③ 규산백토

- 미분탄을 사용하는 화력발전소의 연소배기가스 중에 포함된 미세한 석탄재를 집진기로 포집한 시멘트 혼화재를 무엇이라 하는가? (예상)
  플라이애시(Fly Ash)

- 전기로에서 금속규소나 규소철을 생산하는 과정 중 부산물로 생성되는 매우 미세한 입자로써 고강도 콘크리트 제조시 사용되는 포졸란계 혼화재의 명칭 (13③, 16①)
  실리카퓸(Silica Fume)

- 실리카퓸의 장점 (참고)
  ① 재료분리 감소
  ② 블리딩 감소
  ③ 강도 증진
  ④ 수밀성 증대
  ⑤ 수화열 감소
  ⑥ 화학적 저항성 증대

- 팽창재의 특징 (예상)
  ① 건조수축 방지
  ② 구조물의 균열 및 변형 방지

- 콘크리트 착색재에서 색깔 발현 재료 (13①, 16②)
  ① 빨강 : 산화 제2철
  ② 노랑 : 크롬산바륨
  ③ 파랑 : 군청
  ④ 초록 : 산화크롬
  ⑤ 갈색 : 이산화망간
  ⑥ 검정 : 카본블랙

Lesson 15

기출 및 예상 문제

01 시멘트의 주요화합물을 4가지 쓰고, 그중 콘크리트의 28일 이후 장기강도에 관여하는 화합물을 쓰시오. (5점) •12 ①, 16 ③

가. 주요화합물
① _____ ② _____
③ _____ ④ _____

나. 콘크리트의 28일 이후 장기강도에 관여하는 화합물
_____

02 KS L 5201 규정에서 정한 포틀랜드시멘트의 종류를 5가지 쓰시오. (5점) •08 ①, 10 ③, 14 ③, 17 ②, 22 ③

① _____ ② _____ ③ _____
④ _____ ⑤ _____

03 혼합시멘트의 종류에 대한 명칭 3가지를 쓰시오. (3점) •03 ③

① _____ ② _____ ③ _____

04 혼합시멘트 중 플라이애시시멘트의 특징 3가지를 쓰시오. (6점) •00 ③, 16 ③

① _____
② _____
③ _____

정답

1
가. 시멘트의 주요화합물
 ① 규산2석회
   (C_2S ; $2CaO \cdot SiO_2$)
 ② 규산3석회
   (C_3S ; $3CaO \cdot SiO_2$)
 ③ 알루민산3석회
   (C_3A ; $3CaO \cdot Al_2O_3$)
 ④ 알루민산철4석회
   (C_4AF ; $4CaO \cdot Al_2O_3 \cdot FeO_4$)
나. 콘크리트의 28일 이후 장기강도에 관여하는 화합물
 : 규산2석회(C_2S)

2
① 보통포틀랜드시멘트
② 중용열포틀랜드시멘트
③ 조강포틀랜드시멘트
④ 저열포틀랜드시멘트
⑤ 내황산염포틀랜드시멘트

3
① 고로슬래그시멘트
② 플라이애시시멘트
③ 포틀랜드포졸란시멘트
  (실리카시멘트)

4
① 워커빌리티 개선
② 수밀성 증대
③ 블리딩 및 재료분리 감소
④ 조기강도 감소, 장기강도 증대
⑤ 단위수량 감소
⑥ 수화열 감소
⑦ 건조수축 감소
⑧ 화학적 저항성 증대(내구성 증대)
⑨ 알칼리성 감소(알칼리 골재 반응 감소)

05 다음 특성과 용도에 관계되는 시멘트의 종류를 보기에 골라 적으시오. (3점)

•11 ①

| 보기 |
| 조강시멘트, 실리카시멘트, 내황산염시멘트, 중용열시멘트, 백색시멘트, 콜로이드시멘트, 고로슬래그시멘트 |

가. ① 특성 : 조기강도가 크고 수화열이 많으며 저온에서 강도의 저하율이 낮다.
   ② 용도 : 긴급공사 및 한중공사

나. ① 특성 : 석탄 대신 중유를 원료로 쓰며 제조시 산화철분이 섞이지 않도록 주의한다.
   ② 용도 : 미장재 및 인조석의 원료

다. ① 특성 : 내식성이 좋으며 발열량 및 수축률이 작다.
   ② 용도 : 대단면 구조재 및 방사선 차단재

가. _____ 나. _____ 다. _____

정답 5
가. 조강시멘트
나. 백색시멘트
다. 중용열시멘트

06 시멘트의 응결시간에 영향을 미치는 요소를 3가지 설명하시오. (3점)

•05 ①, 18 ③

① _____
② _____
③ _____

정답 6
① 분말도가 크면 빠르다.
② 석고량이 적을수록 빠르다.
③ 온도가 높을수록 빠르다.
④ 습도가 낮을수록 빠르다.
⑤ W/C가 낮을수록 빠르다.
⑥ 시멘트가 풍화되면 늦어진다.
⑦ 알루민산3석회(C_3A) 성분이 많을수록 빠르다.

07 시멘트의 풍화작용에 대한 설명에서 ( )안에 알맞은 말을 쓰시오. (3점)

•10 ③

| 보기 |
| 시멘트의 풍화작용은 시멘트가 대기 중에서 수분을 흡수하여 수화작용으로 (가)이 생기고 공기 중의 (나)를 흡수하여 (다)를 생기게 하는 작용이다. |

(가) _____ (나) _____ (다) _____

정답 7
(가) 수산화칼슘
(나) 이산화탄소
(다) 탄산칼슘 또는 탄산석회

08 철근콘크리트 공사에서 헛응결(False Set)에 대하여 기술하시오. (3점)

•03 ①, 11 ③, 17 ①

정답

8
물을 부은 뒤, 10~20분에 떡 굳어지고 다시 묽어지며 이후 순조로운 경과로 굳어가는 현상

09 콘크리트용 굵은골재(조골재)가 갖추어야 할 조건을 4가지만 쓰시오. (4점)

•90 ③, 99 ⑤, 16 ①

① _____ ② _____
③ _____ ④ _____

9
① 청결하고 유해불순물이 없을 것
② 내구성과 내화성을 가질 것
③ 표면이 거칠고 둥글며, 입도가 적당할 것
④ 시멘트강도 이상으로 견고할 것
⑤ 내열적이고 내약품적일 것
⑥ 내마모성이 있을 것
⑦ 흡수율이 작을 것
⑧ 운모가 함유되지 않은 것

10 콘크리트공사에서 골재의 유효 흡수량에 대해 기술하시오. (3점)

•95 ⑤, 09 ①

10
흡수량과 기건상태일 때 함유한 골재내의 수량과의 차이

11 다음 용어를 설명하시오. (3점)

•94 ①, 98 ②, 01 ③, 05 ①, 19 ③

가. 골재의 흡수량 : _____

나. 골재의 함수량 : _____

나. 골재의 표면수량 : _____

11
가. 골재의 흡수량 : 표면건조 포수상태의 골재 중에 포함되는 물의 양
나. 골재의 함수량 : 습윤상태의 골재가 함유하는 전수량
다. 골재의 표면수량 : 함수량과 흡수량의 차이

12 콘크리트의 제조과정에서 다음의 성분이 과량 함유된 경우 우려되는 대표적 피해현상은? (4점)

•99 ①, 01 ①, 06 ③

① 유기불순물 : _____
② 염화물 : _____
③ 점토덩어리 : _____
④ 당분 : _____

12
① 유기불순물 : 강도 저하
② 염화물 : 철근부식
③ 점토덩어리 : 균열발생
④ 당분 : 응결지연

13 '조립률'에 대해 쓰시오. (2점) •07 ①, 09 ②, 11 ①, 15 ②, 21 ②

___

정답

13
골재의 입도를 수량적으로 나타낸 것으로 체가름시험에 의해 구한다.

14 콘크리트의 혼합재료는 혼화제와 혼화재로 구분할 수 있다. 다음 혼화제 및 혼화재의 종류를 3가지 쓰시오. (4점) •99 ①, 99 ⑤, 01 ③

가. 혼화제
 ① _____ ② _____ ③ _____

나. 혼화재
 ① _____ ② _____ ③ _____

14
가. 혼화제의 종류
 ① 공기연행제(AE제)
 ② 감수제, AE감수제
 ③ 고성능 AE감수제
 ④ 유동화제
 ⑤ 응결경화 조정제
 ⑥ 기포제
 ⑦ 방청제
나. 혼화재의 종류
 ① 포졸란
 ② 플라이애시
 ③ 고로슬래그
 ④ 규산백토
 ⑤ 팽창혼화재
 ⑥ 착색재
 ⑦ 실리카퓸

15 다음은 혼화제 종류에 대한 설명들이다. 다음 설명이 뜻하는 혼화제 명칭을 쓰시오. (5점) •96 ①, 99 ②, 05 ①, 08 ①, 12 ③

① 공기연행제로서 미세한 기포를 고르게 분포시킨다.
② 시멘트와 물과의 화학반응을 촉진시킨다.
③ 화학반응이 늦어지게 한다.
④ 염화물에 대한 철근의 부식을 억제한다.
⑤ 기포작용으로 인해 충진성을 개선하고, 중량을 조절한다.

 ① _____ ② _____ ③ _____
 ④ _____ ⑤ _____

15
① AE제
② 응결촉진제
③ 응결지연제
④ 방청제
⑤ 기포제(발포제)

16 콘크리트의 혼합재료는 혼화제와 혼화재로 구분할 수 있다. 혼화제 및 혼화재의 정의를 쓰고, 종류를 쓰시오. (6점) •07 ③, 13 ②

가. 혼화제와 혼화재의 정의
 ① 혼화제 : _____
 ② 혼화재 : _____

나. 혼화제와 혼화재의 종류
 ① 혼화제 : _____
 ② 혼화재 : _____

16
가. 혼화제와 혼화재의 정의
 ① 혼화제 : 약품적으로 소량 사용되고 배합설계시 중량을 무시
 ② 혼화재 : 비교적 다량 사용되고 배합설계시 중량을 고려

나. 혼화제와 혼화재의 종류
 ① 혼화제 : 공기연행제(AE제), 감수제, AE감수제, 고성능 AE감수제, 유동화제, 응결경화 조정제, 기포제, 방청제
 ② 혼화재 : 포졸란, 플라이애시, 고로슬래그, 규산백토, 팽창혼화재, 착색재, 실리카퓸

Lesson 15

17 콘크리트 제조시에 최근에는 수화열 저감, 워커빌리티의 증대, 장기강도 발현, 수밀성 증대 등 다양한 장점을 얻고자 혼화재를 사용한다. 대표적인 혼화재를 3가지 쓰시오. (3점) •04 ②

① _____ ② _____ ③ _____

정답

17
① 포졸란
② 플라이애시
③ 고로슬래그

18 아직 굳지 않은 콘크리트 및 경화 콘크리트에 소요품질을 부여하기 위해 약품적으로 소량 사용되는 혼화제의 사용목적을 4가지만 쓰시오. (4점) •09 ③

① _____
② _____
③ _____
④ _____

18
① 워커빌리티, 동결융해 저항성 개선
② 단위수량, 단위시멘트량 감소
③ 큰 감수효과로 대폭적인 강도 증진
④ 유동성 개선
⑤ 응결경화시간 조절
⑥ 염화물에 대한 철근의 부식 억제
⑦ 기포작용으로 인해 충전성 개선, 중량조절
⑧ 응집작용에 의한 재료분리 억제

19 AE제의 사용 목적을 4가지 쓰시오. (4점) •90 ②, 00 ④, 12 ②, 17 ①

① _____ ② _____
③ _____ ④ _____

19
① 워커빌리티 개선
② 동결융해 저항성 증대
③ 내구성, 수밀성 증대
④ 알칼리 골재반응 감소
⑤ 단위수량 감소
⑥ 재료분리 감소
⑦ 발열량 감소
⑧ 건조수축 감소

20 철근콘크리트 공사에서 표면활성제에 대해 기술하시오. (3점) •93 ④, 95 ②

_____
_____

20
표면활성작용에 의해 콘크리트 중의 미세한 기포를 발생시키거나 시멘트 입자를 분산시키는 혼화제

21 'AE감수제'에 대해 설명하시오. (2점) •09 ②, 16 ①

_____
_____

21
공기연행제로서 미세한 기포를 고르게 분포시키는 AE제의 성질과 계면활성 작용으로 시멘트 입자를 분산시켜 유동성을 증가시키는 감수제의 성질을 겸한 것이다.

22 콘크리트에 포졸란을 넣었을 때의 성질 4가지를 쓰시오. (4점)

•92 ①

① _____ ② _____
③ _____ ④ _____

23 다음 용어를 설명하시오. (6점)

•96 ③

가. 포졸란반응 : _____

나. 플라이애시 : _____

다. 고로슬래그 : _____

24 전기로에서 금속규소나 규소철을 생산하는 과정 중 부산물로 생성되는 매우 미세한 입자로써 고강도 콘크리트 제조 시 사용되는 포졸란계 혼화재의 명칭을 쓰시오. (2점)

•13 ③, 16 ①

25 콘크리트의 착색재에서 다음의 색깔을 발현할 수 있는 재료를 보기에서 골라 번호를 적어시오. (4점)

•13 ①, 16 ②

① 카본블랙	② 군청
③ 크롬산바륨	④ 산화크롬
⑤ 산화 제2철	⑥ 이산화망간

① 초록색 : _____ ② 빨강색 : _____
③ 노랑색 : _____ ④ 갈 색 : _____

정답

22
① 워커빌리티 개선
② 단위수량 감소
③ 수화열 감소
④ 수밀성 증대
⑤ 화학적 저항성 증대(내구성 증대)
⑥ 블리딩 및 재료분리 감소
⑦ 조기강도 감소, 장기강도 증대

23
가. 포졸란반응 : 그 자체로는 물과 반응하여 굳어지는 수경성이 없는 물질이 상온의 물속에서 수산화칼슘과 반응하여 물에 녹지 않는 화합물을 만드는 반응이다.
나. 플라이애시 : 석탄 화력발전소에서 미분탄의 연소에 의해 발생되는 석탄회를 전기집진기에서 포집한 미분말 형태의 회분(재)이다.
다. 고로슬래그 : 용광로에서 선철을 제조하는 과정에서 철광석 중의 암석 성분이 녹아 쇳물 위에 떠 있는 고온의 용융슬래그(찌꺼기)를 공기 또는 물로써 냉각시켜 미분말화 한 것이다.

24
실리카퓸(Silica Fume)

25
① 초록색 : ④
② 빨강색 : ⑤
③ 노랑색 : ③
④ 갈 색 : ⑥

건축기사실기

Lesson 16. 콘크리트의 성질, 시험 및 내구성

☼ 1 콘크리트의 성질

1. 굳지 않은 콘크리트의 성질 (90③, 95②, 97①, 99④, 02③, 06②③, 09①, 21①)

콘크리트의 성질	내용
워커빌리티 (Workability, 시공연도)	① 묽기 정도 및 재료분리에 저항하는 정도 등 복합적 의미에서의 시공 난이 정도 ② 컨시스턴시에 의한 이어치기 난이 정도 및 재료분리에 저항하는 정도
컨시스턴시 (Consistency, 반죽질기)	① 단위수량의 다소에 따르는 혼합물의 묽기 정도 ② 수량에 의해 변화하는 콘크리트의 유동성 정도
플라스티시티 (Plasticity, 성형성)	① 구조체에 타설된 콘크리트가 거푸집에 잘 채워질 수 있는지의 난이 정도 ② 거푸집 등의 형상에 순응하여 채우기 쉽고, 분리가 일어나지 않는 성질
피니셔빌리티 (Finishability, 마감성)	① 도로 포장 등에서 골재의 최대 치수에 따르는 표면정리의 난이 정도 ② 마감성의 난이도를 표시하는 성질
펌프빌리티(압송성)	펌프에서 콘크리트가 잘 밀려가는지의 난이 정도
컴팩터빌리티(다짐성)	콘크리트의 다짐시 묽기에 따른 난이 정도

2. 워커빌리티에 영향을 주는 요인 (90②, 95②⑤, 96⑤, 98④, 99④, 01①)

요인	내용
단위수량	재료분리가 생기지 않는 범위 내에서 단위수량이 많을수록 증가
단위시멘트량	부배합이 빈배합보다 증가
시멘트 성질	분말도가 낮을 경우 증가
골재의 입도, 입형	조세립이 적당하고 입형이 둥글 경우 증가
공기량	공기포의 볼베어링 작용에 의해 증가
혼화재료	AE제, 감수제 등을 적당량 혼입할 경우 증가
비빔시간	비빔시간을 충분히 하면 증가
온도	온도가 낮을수록 증가

핵심 Point

● 굳지 않은 콘크리트 관련 용어정의 (90③, 95②, 97①, 99④, 02③, 06②③, 09①, 21①)

가. **워커빌리티(시공연도)**
 ① 묽기 정도 및 재료분리에 저항하는 정도 등 복합적 의미에서의 시공 난이 정도
 ② 컨시스턴시에 의한 이어치기 난이 정도 및 재료분리에 저항하는 정도

나. **컨시스턴시(반죽질기)**
 ① 단위수량의 다소에 따른 혼합물의 묽기 정도
 ② 수량에 의해 변화하는 콘크리트의 유동성 정도

다. **플라스티시티(성형성)**
 ① 구조체에 타설된 콘크리트가 거푸집에 잘 채워질 수 있는지의 난이 정도
 ② 거푸집 등의 형상에 순응하여 채우기 쉽고, 분리가 일어나지 않는 성질

라. **피니셔빌리티(마감성)**
 ① 도로 포장 등에서 골재의 최대 치수에 따르는 표면정리의 난이 정도
 ② 마감성의 난이도를 표시하는 성질

마. **펌프빌리티(압송성)** : 펌프에서 콘크리트가 잘 밀려가는지의 난이 정도

● 굳지 않은 콘크리트의 관련성 (99④)

① 워커빌리티 : 시공성
② 컨시스턴시 : 유동성
③ 스테빌리티 : 안정성
④ 컴팩터빌리티 : 다짐성
⑤ 모빌리티 : 가동성
⑥ 플라스티시티 : 성형성

3. 공기량

1) 개요 (08①)
① 콘크리트에 적당한 양의 인트레인드에어를 분포시키면 콘크리트의 워커빌리티 및 동결융해 저항성을 향상시키고 내구성을 증대시킨다.
② 공기량은 보통 콘크리트의 경우 4.5%이며 허용오차는 ±1.5%이다.

2) 특징

(1) 물결합재비를 일정하게 하고 공기량이 1% 증가할 경우
① 콘크리트의 압축강도가 4~6% 감소한다.
② 슬럼프값은 약 20mm 증가하며 단위수량은 3% 감소하고 잔골재율은 0.5~1.0% 감소한다.
③ 공기량이 1% 증가할 경우, 콘크리트의 압축강도가 감소하는 손실보다 슬럼프값이 증가하고 단위수량이 감소함으로 얻는 이익이 많다.

(2) 공기량의 성질 (94②, 05②, 08②, 12①)
① AE제의 혼입량이 증가하면 공기량은 증가한다.
② 시멘트의 분말도 및 단위시멘트량이 증가하면 공기량은 감소한다.
③ 잔골재 중에 미립분이 많으면 공기량은 증가하고, 잔골재율이 커지면 공기량은 증가한다.
④ 콘크리트의 온도가 낮아지면 공기량은 증가한다.
⑤ 컨시스턴시가 커지면 즉, 슬럼프값이 커지면(슬럼프값 180mm까지) 공기량은 증가한다.
⑥ 기계비빔이 손비빔보다 공기량이 증가한다(비빔시간 2~3분까지는 증가하나, 그 이상은 감소).
⑦ 진동기를 과다사용하면 AE 콘크리트에서 공기량이 많이 감소된다.
⑧ 골재의 입도가 작을수록 공기량은 증가한다.

3) 기타 (92④, 95①, 96①, 98⑤, 01③, 06②, 07①, 08③, 10②, 17② ③)

구분	내용
인트랩트에어 (Entrapped Air)	일반 콘크리트에 자연적으로 상호 연속된 부정형의 기포가 1~2% 함유된 것이다. 갇힌공기라고도 한다.
인트레인드에어 (Entrained Air)	AE제 등의 혼화제에 의해 콘크리트 속에 발생시킨 독립된 미세한 기포로 볼베어링 역할을 한다. 연행공기라고도 한다.
모세관공극 (Capillary Cavity)	콘크리트 입자 사이에 발생하는 모세관 모양의 불연속 공극이다.

(주) 볼베어링 : 굳지 않은 콘크리트에서 볼베어링 역할은 콘크리트 내의 공기포가 마찰을 줄여 내부온도 상승을 억제하고 콘크리트의 혼합이 잘 되게 하여 워커빌리티를 개선하게 된다.

핵심 Point

● 컨시스턴시에 영향을 미치는 요인 (예상)
① 단위수량
② 콘크리트 온도
③ 잔골재율
④ 공기연행

● 워커빌리티에 영향을 주는 요인 (90②, 95② ⑤, 96⑤, 98④, 99④, 01①)
① 단위수량
② 단위시멘트량
③ 시멘트 성질
④ 골재 입도, 입형
⑤ 공기량
⑥ 혼화재료
⑦ 비빔시간
⑧ 온도

● 공기량의 범위 (08①)
3.0~6.0%

● 공기량의 성질 (94②)
① AE제의 혼입량이 증가하면 공기량은 증가한다.
② 시멘트의 분말도 및 단위시멘트량이 증가하면 공기량은 감소한다.
③ 잔골재 중에 미립분이 많으면 공기량은 증가하고, 잔골재율이 커지면 공기량은 증가한다.
④ 콘크리트의 온도가 낮아지면 공기량은 증가한다.
⑤ 컨시스턴시가 커지면 즉, 슬럼프값이 커지면 공기량은 증가한다.

● 진동기를 과다 사용할 경우 (05②, 08②, 12①)
진동기를 과다 사용할 경우에는 (재료분리) 현상을 일으키고, AE 콘크리트에서는 (공기량)이 많이 감소된다.

● 인트랩트에어, 인트레인드에어 및 모세관 공극의 정의 (92④, 95①, 96①, 98⑤, 01③, 06②, 07①, 08③, 10②, 17② ③)
① 인트랩트에어 : 일반 콘크리트에 자연적으로 상호 연속된 부정형의 기포가 1~2% 함유된 것이다.

4) 경화 콘크리트 내부의 공극 크기 (04②)

① 겔공극 : 2.5~0.5 nm
② 모세관공극 : 15~0.05 μm
③ 인트레인드에어 : 0.025~0.25 mm(25~250 μm)
④ 인트랩트에어 : 자연기포로 비교적 크고 불규칙한 형태이다.

여기서, n(nano) : 10^{-9}, μ(micro) : 10^{-6}

4. 재료분리

1) 개요

비벼진 콘크리트의 시멘트, 물, 잔골재, 굵은골재가 균질해야 하나, 골재가 국부적으로 집중되거나 수분이 상부로 떠올라 재료가 분리되는 것이다.

2) 문제점

① 콘크리트의 강도 저하 ② 콘크리트의 수밀성 저하
③ 콘크리트의 블리딩 발생 ④ 건조수축에 의한 균열발생
⑤ 콘크리트와 철근의 부착력 저하

3) 원인 및 대책 (95⑤, 97⑤, 07①)

원인	대책
① 단위수량 및 물시멘트비가 클 때 ② 골재의 입도, 입형이 부적당할 때 ③ 혼화재료의 부적절한 사용 ④ 시공이 잘못되었을 때 ⑤ 시멘트풀의 분리 ⑥ 골재의 비중 차가 클 때	① 적정 물시멘트비 유지 ② 골재 입도가 적당하고 입형이 둥근 것 ③ 양질의 혼화제를 적정량 사용 ④ 운반 후 타설시 다시 비벼 넣는다. ⑤ 거푸집의 틈새를 없앤다. ⑥ 잔골재율을 증가시킨다.

5. 블리딩 및 레이턴스

1) 블리딩(Bleeding) (87①, 88①, 97②, 99④, 12③, 14③, 18③)

아직 굳지 않은 시멘트풀, 모르타르 및 콘크리트에 있어서 물이 윗면에 스며 오르는 현상이다.

2) 레이턴스(Laitance) (87①, 92③, 94①, 96①, 07③, 10②, 14③, 20①)

콘크리트를 부어넣은 후 블리딩 수의 증발에 따라 그 표면에 나오는 백색의 미세한 물질이다.

2. 콘크리트의 시험

1. 콘크리트의 품질관리시험 (04②③, 22①)

구분	시험의 종류 및 검사항목
타설 전	① 시멘트 강도시험 ② 골재의 체가름시험 ③ 수질시험
타설 중	① 슬럼프시험 ② 공기량시험 ③ 단위용적질량시험 ④ 염화물함유량 ⑤ 압축강도시험(압축강도시험용 공시체 제작)
타설 후 (경화 후)	① 콘크리트 비파괴시험[반발경도법(슈미트해머법) 등] ② 코어채취를 통한 압축강도시험 ③ 구조물의 재하시험 ④ 평탄성시험

2. 슬럼프시험

1) 개요

① 슬럼프콘에 콘크리트를 3회에 걸쳐 채워놓고, 각 25회 다진 다음, 콘을 들어 올렸을 때 가라앉은 높이로부터 반죽질기를 측정한다.
② 슬럼프값은 슬럼프시험에 있어서 콘크리트가 가라앉은 높이를 mm로 표시한 것이다. 슬럼프치 또는 간단히 슬럼프라고도 한다.

2) 슬럼프콘의 정의 (97③)

콘크리트의 슬럼프시험 시 사용되는 용기로써, 윗면의 안지름 100 mm, 밑면의 안지름 200 mm, 높이 300 mm인 콘(Cone) 모양이다.

3) 슬럼프손실(Slump Loss) (97①, 02②)

물을 부은 뒤, 시간이 경과함에 따라 콘크리트 응결에 따른 자유수의 감소와 반죽질기의 감소로 슬럼프값이 저하하는 것이다

4) 슬럼프플로(Slump Flow) (09②, 15②, 21②)

아직 굳지 않는 콘크리트의 유동성 정도를 나타내는 지표로 슬럼프콘을 들어 올린 후에 원모양으로 퍼진 콘크리트의 지름을 측정하여 나타낸다.

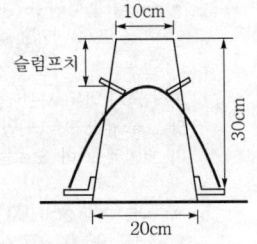

【슬럼프값】   【슬럼프시험 기구】    【굳지 않은 콘크리트시험】

핵심 Point

● **Water Gain 현상의 정의** (참고)
굳지 않은 콘크리트에서 물이 상승하여 표면에 고이는 현상

● 현장에 도착한 굳지 않은 콘크리트 타설 중 품질을 확인하는 시험의 종류 (04②③, 22①)
① 슬럼프시험
② 공기량시험
③ 단위용적질량시험
④ 염화물함유량시험

● **슬럼프콘의 정의** (97③)
콘크리트의 슬럼프시험시 사용되는 용기로써, 윗면의 안지름 100 mm, 밑면의 안지름 200 mm, 높이 300 mm인 콘(Cone) 모양이다.

● **슬럼프손실의 정의** (97①, 02②)
물을 부은 뒤, 시간이 경과함에 따라 콘크리트 응결에 따른 자유수의 감소와 반죽질기의 감소로 슬럼프값이 저하하는 것

● **슬럼프손실이 발생할 조건** (18②)
① 온도가 높을수록 발생한다.
② 운반거리가 멀면 발생한다.
③ 운반이 지연되었을 경우 발생한다.
④ 수분이 증발할 경우 발생한다.

● **슬럼프플로의 정의** (09②, 15②, 21②)
아직 굳지 않는 콘크리트의 유동성 정도를 나타내는 지표로 슬럼프콘을 들어올린 후에 원모양으로 퍼진 콘크리트의 지름을 측정하여 나타낸다.

3. 압축강도시험[39),40)]

1) 개요
① 압축강도가 경화한 콘크리트의 성질 가운데 가장 중요하다.
② 압축강도는 물결합재비와 시멘트의 강도에 의해 지배된다.
③ 원주형 공시체는 지름 150 mm, 높이 300 mm의 몰드에 콘크리트를 타설한 후 24시간 뒤에 탈형하고 20±2℃의 온도로 유지하면서 수중 또는 상대습도 95 % 이상의 습윤상태에서 양생하는 것이다.

2) 사용 콘크리트의 압축강도에 의한 콘크리트의 품질관리

시험방법	시기와 횟수	판정기준	
		$f_{ck} \leq 35$ MPa	$f_{ck} > 35$ MPa
KS F 2405. 다만, 재령 28일의 표준양생 공시체로 한다.	① 1일마다 1회 ② 구조물의 중요도와 공사의 규모에 따라 120 m³마다 1회 ③ 배합이 변경될 때마다 1회	① 연속 3회 시험값의 평균이 호칭강도 이상 ② 1회 시험값이 (호칭강도-3.5 MPa) 이상	① 연속 3회 시험값의 평균이 호칭강도 이상 ② 1회 시험값이 호칭강도의 90% 이상

(주1) 1회의 시험값은 공시체 3개의 압축강도시험 값의 평균값이다.
(주2) 호칭강도는 레디믹스트 콘크리트 주문 시 사용되는 콘크리트의 강도로써, 구조물 설계에서 사용되는 설계기준압축강도나 배합설계 시 사용되는 배합강도와는 구분되며, 기온, 습도, 양생 등 시공적인 영향에 따른 보정값을 고려하여 주문한 강도이다.
(주3) 설계기준압축강도는 콘크리트구조 설계에서 기준이 되는 콘크리트의 압축강도로써 설계기준강도와 동일한 용어이다.
(주4) 배합강도는 구조물에 사용되는 콘크리트의 압축강도가 소요의 강도를 갖기 위해서는 콘크리트 배합설계 시 목표로 정하는 압축강도이다.
(주5) 일반적인 건축공사에서 1회 압축강도시험은 120 m³마다 실시함으로 연속 3회 값은 3개조(1로트)의 평균으로 판정하고, 360 m³마다 9개의 공시체를 만들어 시험을 하는 것이다.

3) 압축강도시험의 파괴양상 (99①, 04②, 06①)

구분	파괴양상
저강도 콘크리트	최대 강도 이후 완만한 변형으로 변형률 0.004 정도에서 연성파괴
일반강도 콘크리트	최대 강도 이후 다소 완만한 변형으로 변형률 0.003~0.004 정도에서 연성파괴와 취성파괴의 중간정도의 압축파괴
고강도 콘크리트	최대 강도 이후 급격한 변형으로 변형률 0.003 정도에서 취성파괴

---
39) KS F 2403 콘크리트의 강도 시험용 공시체 제작 방법, 산업표준심의회, 2019.
40) KCS 14 20 10 일반콘크리트(1.3, 3.5), 국토교통부, 한국콘크리트학회, 2022.

핵심 Point

● 콘크리트의 반죽질기(시공연도) 측정 방법 (17③, 19①)
① 슬럼프시험
② 흐름시험
③ 구관입시험
④ 리몰딩시험
⑤ 비비시험

● 압축강도 1회 시험시기 (예상)
① 1일
② 120m³마다
③ 배합이 변경될 때마다

【원주공시체】

● KS F 4009에 따른 압축강도시험 횟수와 판정기준 (참고)
(1) 시기와 횟수
① 레디믹스트 콘크리트의 압축강도시험 횟수는 450 m³을 1로트로 하여 150 m³당 1회의 비율로 한다.
② 1회의 시험결과는 임의의 1개 운반차로부터 채취한 시료로 3개의 공시체를 제작하여 시험한 평균값으로 한다.
(2) 판정기준
① 1회의 시험결과는 구입자가 지정한 호칭강도 값의 85 % 이상이어야 한다.
② 3회의 시험결과 평균값은 구입자가 지정한 호칭강도 값 이상이어야 한다.

● 압축강도시험의 파괴양상 (99①, 04②, 06①)
① 저강도 콘크리트 : 최대 강도 이후 완만한 변형으로 변형률 0.004 정도에서 연성파괴
② 일반강도 콘크리트 : 최대강도 이후 다소 완만한 변형으로 변형률 0.003~0.004 정도에서 연성파괴와 취성파괴의 중간정도의 압축파괴
③ 고강도 콘크리트 : 최대 강도 이후 급격한 변형으로 변형률 0.003 정도에서 취성파괴

4. 경화한 콘크리트의 비파괴시험의 종류

(97①, 98②, 01①, 02①, 04①, 15③, 21①)

종류	내용
반발경도법 (슈미트해머법, Schmidt Hammer)	(1) 개요 (90②, 95③) 경화 콘크리트의 표면을 슈미트해머로 타격할 때의 반발경도로 압축강도를 추정한다. (2) 강도 보정 방법 (98④, 99⑤, 04③, 10②) ① 타격방향에 따른 보정 ② 재령에 따른 보정 ③ 압축응력 상태에 따른 보정 ④ 건조 상태에 따른 보정
초음파속도법 (초음파법)	서로 다른 위치에서 초음파가 도달하는 속도로 강도를 추정한다.
복합법	반발경도법과 초음파법을 병용하여 강도를 추정한다.
공진법	구조물의 고유주기를 이용하여 강도를 추정한다.

핵심 Point

- 콘크리트의 압축강도 추정을 위한 비파괴시험 (97①, 98②, 01①, 02①, 04①, 15③, 21①)
  ① 반발경도법(슈미트해머법)
  ② 초음파속도법
  ③ 복합법
  ④ 공진법

- 슈미트해머의 관련시험 (90②, 95③)
  콘크리트의 강도 측정시험

- 슈미트해머의 강도 보정 방법 (98④, 99⑤, 04③, 10②)
  ① 타격방향에 따른 보정
  ② 재령에 따른 보정
  ③ 압축응력 상태에 따른 보정
  ④ 건조 상태에 따른 보정

【슈미트해머법】

※ 3 콘크리트의 내구성

1. 내구성의 정의

구조물이 장기간에 걸친 외부의 물리적 또는 화학적 작용에 저항하여 변질되거나 변형되지 않고 소요의 공용기간 중 처음의 설계조건과 같이 오래 사용할 수 있는 구조물의 성능이다.

2. 콘크리트의 중성화(Carbonation)

1) 정의 (00①④, 01①②, 03①, 05③, 07②, 11①)

$$\underset{\text{수화작용}}{CaO+H_2O \rightarrow \underbrace{Ca(OH)_2+CO_2 \rightarrow CaCO_3+H_2O}_{\text{중성화(백화현상)}} \uparrow} \quad (pH\ 12\sim13 \rightarrow pH\ 5\sim8)$$

CaO : 석회석(시멘트 성분)
Ca(OH)$_2$: 수산화칼슘(강알칼리성,
　　　　　콘크리트가 강알칼리성이면
　　　　　철근이 부식이 안됨)
CO$_2$: 탄산가스
CaCO$_3$: 탄산칼슘

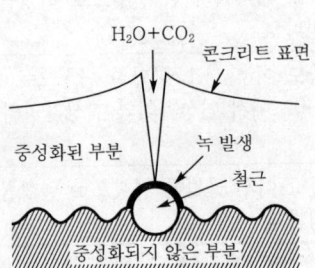

【콘크리트의 중성화】

- 콘크리트의 내구성을 저하시키는 주된 요인 (참고)
  ① 콘크리트의 중성화
  ② 알칼리골재반응
  ③ 염해
  ④ 동해
  ⑤ 화학적 침식

- 콘크리트의 중성화에 대한 정의(00①④, 01①②, 07②)
  경화된 콘크리트는 경화된 콘크리트는 강알칼리성이나 콘크리트 중의 수산화칼슘이 공기 중의 탄산가스와 결합하여 서서히 탄산칼슘으로 변하여 알칼리성을 상실하고 중성으로 되는 현상

경화된 콘크리트는 경화된 콘크리트는 강알칼리성이나 콘크리트 중의

수산화칼슘[Ca(OH)$_2$]이 공기 중의 탄산가스(CO_2)와 결합하여 서서히 탄산칼슘($CaCO_3$)으로 변하여 알칼리성을 상실하고 중성으로 되는 현상이다. 콘크리트의 탄산화라고도 한다.

(주1) 수화반응은 시멘트와 물을 섞었을 때, 시멘트와 물과의 화학반응이다.
(주2) 수화작용 식 : $CaO + H_2O \rightarrow Ca(OH)_2$
(주3) 중성화 식 : $Ca(OH)_2 + CO_2 \rightarrow CaCO_3 + H_2O$

2) 피해 및 대책 (00②③, 06③)

영향(피해)	대책
① 철근 방청력 상실 ② 콘크리트의 균열 ③ 내구성 저하 ④ 철근의 체적팽창	① 충분한 피복두께 확보 ② 밀실한 콘크리트의 타설 ③ 콘크리트의 표면마감(타일, 돌붙임 등) 철저 ④ 혼화제(AE제, 감수제, 유동화제 등) 사용 ⑤ 물결합재비(물시멘트비)를 낮게 한다.

3. 알칼리골재반응(Alkali Aggregate Reaction)

1) 정의 (92④, 95①, 99④, 00①, 01②, 04③, 08③, 10①, 15③, 17③)

시멘트 중의 알칼리성분과 골재 중의 실리카성분이 화학반응을 일으켜 콘크리트의 과도한 팽창을 유발시키는 현상이다.

2) 피해 및 대책 (97②, 00①, 06②, 10①, 10③, 12③, 13②, 15③, 19②, 21③)

영향(피해)	대책
① 균열부 수분침투 ② 중성화 촉진 ③ 철근부식 ④ 내구성 저하	① 반응성 골재의 사용금지 ② 저알칼리 시멘트 사용(0.6% 이하) ③ 콘크리트 1m^{3}당 총알칼리량 저감(3kg/m^3 이하) ④ 방수성 마감 ⑤ 혼화제를 사용하여 수분의 이동 감소

4. 염해(鹽害)

1) 정의 (00①④)

염분이 콘크리트에 침투되어 콘크리트의 알칼리성이 소실되는 것이다.

2) 염화물함유량 41),42)

(1) 잔골재

① 잔골재 절건질량 기준에 대해 염화물이온(Cl^-)량 : 0.02% 이하
② 염화나트륨(NaCl) 환산량 : 0.04% 이하

---

41) KS F 2527 콘크리트용 골재, 산업표준심의회, 2020.
42) KCS 14 20 10 일반콘크리트 (1.8, 2.1), 국토교통부, 한국콘크리트학회, 2022.

핵심 Point

● 콘크리트의 중성화에 대한 정의 (03①, 05③)

경화한 콘크리트는 시멘트의 수화생성물질로서 수산화석회를 유리하여 강알칼리성을 나타내고 수산화석회는 시간의 경과와 함께 콘크리트의 표면으로부터 공기 중의 탄산가스 영향을 받아 서서히 탄산석회로 변화하여 알칼리성을 소실하는 현상

● 콘크리트의 중성화 설명 (11①)

콘크리트의 중성화는 콘크리트 중의 (**수산화칼슘**)과 공기 중의 탄산가스(CO_2)가 결합하여 서서히 (**탄산칼슘**)으로 변하여 콘크리트가 알칼리성을 상실하게 되는 과정이다.

● 콘크리트의 중성화 반응식 (07②, 11①)

$Ca(OH)_2 + CO_2 \rightarrow CaCO_3 + H_2O$

● 콘크리트 내의 철근의 내구성에 영향을 주는 위험인자를 억제할 수 있는 방법 (06③)

① 충분한 피복두께 확보
② 밀실한 콘크리트의 타설
③ 콘크리트의 표면마감 철저
④ 혼화제(AE제 및 감수제) 사용
⑤ 물시멘트비를 낮게 한다.
(주) 콘크리트의 중성화에 대한 대책을 의미한다.

● 탄산가스(CO_2, 중성화)의 영향 (00③)

① 철근 방청력 상실
② 콘크리트 균열
③ 내구성 저하
④ 철근의 체적팽창

● 중성화의 저감대책 (00②)

① 충분한 피복두께 확보
② 밀실한 콘크리트의 타설
③ 콘크리트의 표면마감 철저
④ 혼화제(AE제 및 감수제) 사용
⑤ 물시멘트비를 낮게 한다.

(2) 콘크리트 (99②)

① 굳지 않은 콘크리트 중의 염화물이온(Cl^-)량 : $0.3kg/m^3$ 이하
② 철근 방청조치 시 콘크리트 중의 염화물이온(Cl^-)량 : $0.6kg/m^3$ 이하

3) 피해 및 대책 (95⑤, 96①, 98③, 99③, 01③, 03③, 05①, 09①, 13①, 18③, 20④, 22③)

염해의 영향(피해) 혹은 해사 사용시 영향	대책
① 철근 표면의 부동태 피막 파괴	① 염분 제거
② 철근의 부식	② 염분의 고정화
③ 철근의 팽창	③ 에폭시도막철근 사용
④ 콘크리트의 균열	④ 아연도금철근 사용
⑤ 콘크리트의 열화	⑤ 내식성 철근 사용
⑥ 콘크리트의 내구성 저하	⑥ 콘크리트에 방청제 혼합

(주) 염분의 고정화는 염분과 결합하여 용해도가 매우 낮은 안전한 화합물을 생성시켜 염분을 제거하는 것이다.

4 철근의 부식

1. 강재피해의 요소 (03②)

    ① 물
    ② 공기
    ③ 염분

2. 강재부식의 원인 (96③)

    ① 콘크리트의 중성화   ② 알칼리골재반응
    ③ 염해(염화물)   ④ 동결융해
    ⑤ 전기적 부식   ⑥ 건조수축
    ⑦ 피복두께 부족   ⑧ 과다수량

3. 방지법 (03②)

    ① 염분제거   ② 염분의 고정화
    ③ 에폭시도막철근 사용 ④ 아연도금철근 사용
    ⑤ 내식성 철근 사용   ⑥ 콘크리트에 방청제 혼합
    ⑦ 표면에 피막제 도포 ⑧ 충분한 피복두께 확보
    ⑨ 수밀성 콘크리트의 타설 ⑩ 물결합재비(물시멘트비)를 작게
    ⑪ 슬럼프값을 작게   ⑫ AE제, AE감수제 등 사용

핵심 Point

● 알칼리골재반응의 정의 (92④, 95①, 99④, 00①, 01②, 04③, 08③, 10①, 15③, 17③)
시멘트 중의 알칼리성분과 골재 중의 실리카성분이 화학반응을 일으켜 콘크리트의 과도한 팽창을 유발시키는 현상

● 알칼리골재반응의 방지 대책 (97②, 00①, 06②, 10①, 10③, 12③, 13②, 15③, 19②, 21③)
① 반응성 골재의 사용금지
② 저알칼리 시멘트 사용
③ 콘크리트 $1m^3$당 총알칼리량 저감
④ 방수성 마감
⑤ 혼화제를 사용하여 수분의 이동 감소

● 염해의 정의 (00①④)
염분이 콘크리트에 침투 또는 첨가되어 콘크리트의 알칼리성이 소실되는 것

● 해사 사용 시 철근콘크리트 구조물에 미치는 영향 (96①)
① 철근 부식
② 균열발생
③ 내구성 저하
④ 이상응결

● 염해에 따른 철근부식 방지 대책 (95⑤, 98③, 99③, 01③, 03③, 05①, 09①, 13①, 18③, 20④, 22③)
① 염분 제거
② 염분의 고정화
③ 에폭시도막철근 사용
④ 아연도금철근 사용
⑤ 내식성 철근 사용
⑥ 콘크리트에 방청제 혼합

● 콘크리트의 Cl^- 규정 (99②)
① 굳지 않은 콘크리트 중의 염화물이온량 : $0.3kg/m^3$ 이하
② 철근 방청조치 시 콘크리트 중의 염화물이온량 : $0.6kg/m^3$ 이하

● 강재피해의 3요소 (03②)
① 물
② 공기
③ 염분

5 균열

1. 개요[43]

주응력이 콘크리트의 인장강도를 초과할 때 발생한다.

2. 균열의 원인

원인	내용	
하중상 원인	① 국부하중 ③ 과하중 ⑤ 부동침하	② 지진 ④ 단면 및 철근량 부족
외적인 원인	① 환경 및 온도의 변화 ③ 동결융해 ⑤ 철근의 부식	② 부재 양면의 온도차 ④ 화재에 따른 표면가열 ⑥ 염화물
재료상 원인 (99①)	① 시멘트의 이상응결 ③ 콘크리트의 침하 및 블리딩 ⑤ 콘크리트의 건조수축 ⑦ 알칼리골재반응	② 시멘트의 이상팽창 ④ 시멘트의 수화열 ⑥ 콘크리트의 중성화 ⑧ 염화물

시공상 원인
(99①)
	① 장시간 비빔
	③ 철근의 피복두께 감소
	⑤ 불균일한 타설 및 다짐
	⑦ 이어치기면의 처리 불량
	⑨ 초기양생 불량
	(주) 1. ①, ②는 레미콘에 의해 생길 수 있는 균열원인(97②, 03①)
	  2. 시공상 균열에 대한 대책
	    ① 레미콘의 품질관리 철저 ② 현장의 품질관리 철저
	    ③ 양생 철저 ④ 시공절차 엄수
		② 타설시의 수량 증대
		④ 급속한 타설
		⑥ 거푸집의 처짐
		⑧ 경화 전 진동 및 충격
		⑩ 받침기둥의 침하

경화 후 원인 (99④)	① 콘크리트의 중성화 ③ 염해 ⑤ 동결융해	② 알칼리골재반응 ④ 콘크리트의 건조수축 ⑥ 철근부식

3. 균열의 방지 및 저감대책

① 팽창시멘트를 사용한다.
② 발열량과 수화열의 발생이 적은 시멘트를 사용한다.
③ 골재의 탄성계수(강도)가 큰 것을 사용한다.
④ 굵은골재의 최대 치수가 큰 것을 사용한다.
⑤ 골재의 입도와 입형이 양호한 것을 사용한다.
⑥ 잔골재의 사용량을 줄이고, 굵은골재의 사용량을 늘린다.
⑦ 적정 슬럼프값과 공기량을 준수한다.

---

43) 대한건축학회, 「건축학전서-8 건축시공」, 기문당, 1997.

핵심 Point

- **강재부식의 원인 (96③)**
  ① 콘크리트의 중성화
  ② 알칼리골재반응
  ③ 염해(염화물)
  ④ 동결융해
  ⑤ 전기적 부식
  ⑥ 건조수축
  ⑦ 피복두께 부족
  ⑧ 과다수량

- **철근부식의 방지법 (03②)**
  ① 염분제거
  ② 염분의 고정화
  ③ 에폭시도막철근 사용
  ④ 아연도금철근 사용
  ⑤ 내식성 철근 사용
  ⑥ 콘크리트에 방청제 혼합
  ⑦ 콘크리트 표면에 피막제 도포
  ⑧ 충분한 피복두께 확보
  ⑨ 밀실한 콘크리트의 타설
  ⑩ 물결합재비(물시멘트비)를 작게
  ⑪ 슬럼프값을 작게
  ⑫ AE제, AE감수제 등 사용
  ※ ①~⑥은 염해에 따른 철근부식방지대책과 동일하다.

- **균열폭 제어의 중요성 (참고)**
  ① 외관상 좋지 않다.
  ② 이용자에게 불안감 조성
  ③ 액체의 누출
  ④ 철근의 부식
  ⑤ 구조물의 내구성 저하

- **균열에 의한 장해의 종류 (참고)**
  ① 미관장해   ② 박락장해
  ③ 발청장해   ④ 진동장해
  ⑤ 누수장해   ⑥ 동결장해

- **콘크리트 균열의 재료상, 시공상 원인 (99①)**

  가. 재료상 원인
  ① 시멘트의 이상응결
  ② 시멘트의 이상팽창
  ③ 콘크리트의 침하 및 블리딩
  ④ 시멘트의 수화열
  ⑤ 콘크리트의 건조수축
  ⑥ 콘크리트의 중성화
  ⑦ 알칼리골재반응
  ⑧ 염화물

⑧ 물결합재비는 소요 범위 내에서 가능한 한 작게 한다.
⑨ 적정 양의 시멘트를 사용하고, 단위수량을 적게 한다.

4. 균열의 원인과 관련한 용어

균열의 종류	내용
소성침하에 의한 균열(침강균열) (97②, 03①)	① 콘크리트가 타설된 후 블리딩으로 인해 철근 하부에 블리딩 수가 모이거나 공극이 발생하여 철근을 따라 콘크리트 표면에 발생하는 균열이다. ② 경화 전 생기는 균열로 침강균열 또는 침하균열이라고도 한다.
소성수축에 의한 균열 (14②, 22②)	굳지 않은 콘크리트가 경화할 때 수분 증발량이 블리딩량을 초과할 경우 인장응력에 의해 콘크리트 표면에 발생하는 균열이다.
거푸집의 변화에 의한 균열	콘크리트가 점차로 유동성을 잃고 굳어져 가는 시점에서 거푸집 긴결 철물의 부족, 동바리의 부적절한 설치에 의한 부등침하 및 콘크리트의 측압에 따른 거푸집의 변형 등에 의해 발생하는 균열이다.
수화열에 의한 온도균열	수화반응에 따른 콘크리트 내부와 외부의 온도 차에 의한 균열이다.
건조수축에 의한 균열	콘크리트가 수화하는 데 필요한 물 이외의 잉여수의 건조로 인해 콘크리트가 수축하여 발생되는 균열이다.

※ 6 보수 및 보강

1. 정의

1) 보수
콘크리트의 균열, 곰보, 중성화, 화재, 동해, 화학적 침식 등의 결함으로 인해 보수가 필요하다.

2) 보강
설계오류, 시공불량, 과대하중 등에 의해 구조내력이 부족할 경우 보강이 필요하다.

2. 보수 공법

1) 표면처리 공법 (03①, 10①, 22③)
미세한 균열(균열 폭 0.2mm 이하) 부위에 퍼터수지로 충전하고 균열 표면에 보수재료를 씌우는 공법이다.

핵심 Point

나. 시공상 원인
① 장시간 비빔
② 타설시의 수량 증대
③ 철근의 피복두께 감소
④ 급속한 타설
⑤ 불균일한 타설 및 다짐
⑥ 거푸집의 처짐
⑦ 이어치기면의 처리 불량
⑧ 경화 전 진동 및 충격
⑨ 초기양생 불량
⑩ 받침기둥의 침하

● 레미콘에 의해 생길 수 있는 균열원인 (97②, 03①)
① 장시간 비빔
② 타설시의 수량 증대

● 콘크리트의 타설 후 재료에 의한 균열 (99④)
① 콘크리트의 중성화
② 알칼리골재반응
③ 염해
④ 콘크리트의 건조수축
⑤ 동결융해
⑥ 철근부식

● 침강균열의 정의 (97②, 03①)
콘크리트가 타설된 후 블리딩으로 인해 철근 하부에 블리딩 수가 모이거나 공극이 발생하여 철근을 따라 콘크리트 표면에 발생하는 균열

● 소성수축균열에 대한 설명 (14②, 22②)
굳지 않은 콘크리트가 경화할 때 수분 증발량이 블리딩량을 초과할 경우 인장응력에 의해 콘크리트 표면에 발생하는 균열이다.

● 수화열에 의한 온도균열에 대한 대책 (참고)
① 단위시멘트량을 줄임
② 타설 후 파이프냉각을 통해 내부온도 하강(파이프쿨링)
③ 사전냉각을 통해 사용재료 냉각(프리쿨링)
④ 콘크리트의 슬럼프값은 15cm 이하
⑤ 콘크리트의 타설온도는 35℃ 이하

2) 주입 공법 (03①, 10①, 22③)

균열부위에 주입 파이프를 설치하여 보수재(에폭시수지 등)를 저압저속으로 주입하는 공법이다.

3) 충전 공법

균열 폭이 비교적 큰 균열(0.5mm 이상) 보수에 사용되며, 균열 선을 따라 콘크리트를 V형 또는 U형으로 절단하고 보수재를 충전하는 공법이다.

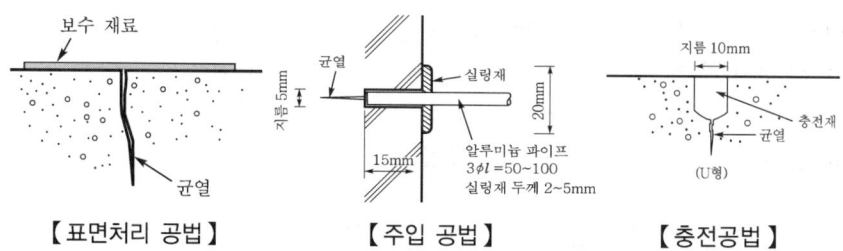

【 표면처리 공법 】   【 주입 공법 】   【 충전공법 】

3. 보강 공법 (02①, 06①, 12①, 17①, 20③)

균열의 종류	내용
탄소섬유접착 공법	탄소섬유판을 에폭시수지 등으로 콘크리트면에 부착시켜 탄소섬유판의 높은 인장저항성으로 보강하는 공법이다.
강판접착 공법	콘크리트 인장측에 강판을 접착시켜 기존 콘크리트와 강판을 일체화 하여 철근과 같은 보강효과(내력 증가)를 갖게 하는 공법이다.
앵커접합 공법	형강에 의한 보강을 할 경우, 기존 콘크리트에 설치된 앵커용 볼트에 강판을 끼워 너트조임으로 강판을 밀착시키는 공법이다.
단면증가법	가설부재에 콘크리트를 다져 넣어 단면을 증가시켜 내력 증강을 도모하는 공법이다.

   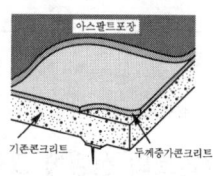

【 탄소섬유접착 공법 】 【 강판접착 공법 】 【 앵커접합 공법 】 【 단면증가법 】

4. 보수·보강 재료의 요구조건 (06②)

① 내구성
② 내화학성(내후성)
③ 충분한 접착력과 내력의 확보
④ 충전성(충진성)

핵심 Point

● 수화열에 의한(매스 콘크리트의) 온도균열을 제어하기 위한 양생법 (예상)
① 파이프냉각(Pipe-Cooling)
② 사전냉각(Pre-Cooling)

● 건조수축에 의한 균열에 대한 대책 (참고)
① 배합수량 감소
② 적합한 재료 선정
③ 건조수축 보강근 사용
④ 팽창시멘트 등을 사용
⑤ 최소 철근량 및 철근배근 간격 준수

● 표면처리 공법과 주입 공법의 정의 (03①, 10①, 16③, 22③)
① 표면처리 공법 : 미세한 균열 부위에 퍼터수지로 충전하고 균열표면에 보수재료를 씌우는 공법
② 주입 공법 : 균열부위에 주입 파이프를 설치하여 보수재를 저압저속으로 주입하는 공법

● 구조물의 균열발생시 보강 공법의 종류 (02①, 06①, 12①, 17①, 20③)
① 탄소섬유접착 공법
② 강판접착 공법
③ 앵커접합 공법
④ 단면증가법

● 콘크리트 구조물의 구조적인 균열에 대한 보수재료가 갖추어야 하는 요구조건 (06②)
① 내구성
② 내화학성(내후성)
③ 충분한 접착력과 내력의 확보
④ 충전성(충진성)

기출 및 예상 문제

01 다음 중 서로 연관이 있는 것 끼리 연결하시오. (6점)

•99 ④

① 워커빌리티(Workability)   •   • ㉮ 다짐성
② 컨시스턴시(Consistency)   •   • ㉯ 안정성
③ 스테빌리티(Stability)   •   • ㉰ 성형성
④ 컴팩터빌리티(Compactability) •   • ㉱ 시공성
⑤ 모빌리티(Mobility)   •   • ㉲ 가동성
⑥ 플라스티시티(Plasticity)   •   • ㉳ 유동성

정답

1
① ㉱
② ㉳
③ ㉯
④ ㉮
⑤ ㉲
⑥ ㉰

02 콘크리트 공사 시 다음 설명이 뜻하는 용어를 쓰시오. (4점)

•97 ①, 02 ③, 06 ②

① 수량에 의해 변화하는 콘크리트의 유동성의 정도
② 컨시스턴시에 의한 이어치기 난이도 정도 및 재료분리에 저항하는 정도
③ 마감성의 난이도를 표시하는 성질
④ 거푸집 등의 형상에 순응하여 채우기 쉽고, 분리가 일어나지 않는 성질

① _____   ② _____
③ _____   ④ _____

2
① 컨시스턴시(반죽질기)
② 워커빌리티(시공연도)
③ 피니셔빌리티(마감성)
④ 플라스티시티(성형성)

03 아직 굳지 않은 콘크리트의 성질에 요구되는 성능 4가지를 쓰시오. (4점)

•06 ③

① _____   ② _____
③ _____   ④ _____

3
① 워커빌리티(시공연도)
② 컨시스턴시(반죽질기)
③ 플라스티시티(성형성)
④ 피니셔빌리티(마감성)
⑤ 펌프빌리티(압송성)
⑥ 컴팩터빌리티(다짐성)
⑦ 스테빌리티(안정성)
⑧ 모빌리티(가동성)

04 다음 굳지 않은 콘크리트의 성상을 설명한 용어명을 쓰시오. (5점)

•90 ③, 95 ②, 09①, 21 ①

① 단위수량의 다소에 따른 혼합물의 묽기 정도
② 구조체에 타설된 콘크리트가 거푸집에 잘 채워질 수 있는지의 난이 정도
③ 도로 포장 등에서 골재의 최대 치수에 따르는 표면정리의 난이 정도
④ 펌프에서 콘크리트가 잘 밀려가는지의 난이 정도
⑤ 묽기 정도 및 재료분리에 저항하는 정도 등 복합적 의미에서의 시공 난이 정도

① _____   ② _____
③ _____   ④ _____
⑤ _____

정답 4
① 컨시스턴시(반죽질기)
② 플라스티시티(성형성)
③ 피니셔빌리티(마감성)
④ 펌프빌리티(압송성)
⑤ 워커빌리티(시공연도)

05 콘크리트의 시공연도(Workability)에 영향을 미치는 요인을 4가지 쓰시오. (4점)

•90 ②, 95 ②⑤, 96 ⑤, 98 ④, 99 ④, 01 ①

① _____   ② _____
③ _____   ④ _____

정답 5
① 단위수량
② 단위시멘트량
③ 시멘트 성질
④ 골재 입도, 입형
⑤ 공기량
⑥ 혼화재료
⑦ 비빔시간
⑧ 온도

06 다음은 콘크리트 중의 공기량의 변화에 대한 설명이다. 이 내용을 완성하시오. (5점)

•94 ②

① AE제의 혼입량이 증가하면 공기량은 (㉮) 한다.
② 시멘트의 분말도 및 단위시멘트량이 증가하면 공기량은 (㉯)한다.
③ 잔골재 중에 미립분이 많으면 공기량은 (㉰)하고, 잔골재율이 커지면 공기량은 (㉱)한다.
④ 콘크리트의 온도가 낮아지면 공기량은 (㉲)한다.
⑤ 컨시스턴스가 커지면 즉, 슬럼프값이 커지면 공기량은 (㉳)한다.

㉮ _____   ㉯ _____   ㉰ _____
㉱ _____   ㉲ _____   ㉳ _____

정답 6
㉮ 증가
㉯ 감소
㉰ 증가
㉱ 증가
㉲ 증가
㉳ 증가

07 다음 글을 읽고 ( ) 안에 들어갈 적당한 내용을 쓰시오. (1점)

콘크리트 공기량의 범위는 (①)~(②)%이다.

① _____ ② _____

정답 7
① 3
② 6

08 다음은 진동기를 과다사용 할 경우이다. ( ) 안에 알맞은 용어를 쓰시오. (2점)

진동기를 과다사용 할 경우에는 (①) 현상을 일으키고, AE 콘크리트에서는 (②)이 많이 감소된다.

① _____ ② _____

정답 8
① 재료분리
② 공기량

09 다음 용어에 대해 기술하시오. (6점)

① 인트랩트에어(Entrapped Air) : _____

② 인트레인드에어(Entrained Air) : _____

③ 모세관 공극(Capillary Cavity) : _____

정답 9
① 인트랩트에어 : 일반 콘크리트에 자연적으로 상호 연속된 부정형의 기포가 1~2% 함유된 것이다.
② 인트레인드에어 : AE제 등의 혼화제에 의해 콘크리트 속에 발생시킨 독립된 미세한 기포로 볼베어링 역할을 한다.
③ 모세관공극 : 콘크리트 입자 사이에 발생하는 모세관모양의 불연속 공극

10 다음 경화 콘크리트 내부의 공극의 종류를 나타낸 것 중 크기가 작은 것부터 큰 것의 순서를 번호로 나열하시오. (4점)

| 보기 |
㉮ 인트랩트에어   ㉯ 모세관공극
㉰ 겔공극   ㉱ 인트레인드에어

정답 10
㉰, ㉯, ㉱, ㉮

① 겔공극 : 2.5~0.5nm
② 모세관공극 : 15~0.05μm
③ 인트레인드에어 : 25~250μm
④ 인트랩트에어 : 자연기포로서 비교적 크고 불규칙한 형태이다.

(참고) n(nano) : 10^{-9}
μ(micro) : 10^{-6}

11 블리딩(Bleeding)을 간단히 설명하시오. (2점)

•87 ①, 88 ①, 97 ②, 99 ④, 12 ③, 18 ③

정답 11
아직 굳지 않은 시멘트풀, 모르타르 및 콘크리트에 있어서 물이 윗면에 스며 오르는 현상

12 다음 용어를 설명하시오. (4점)

•14 ③, 20 ①

가. 블리딩 : _____

나. 레이턴스 : _____

정답 12
가. 블리딩 : 아직 굳지 않은 시멘트풀, 모르타르 및 콘크리트에 있어서 물이 윗면에 스며 오르는 현상이다.
나. 레이턴스 : 콘크리트를 부어넣은 후 블리딩 수의 증발에 따라 그 표면에 나오는 백색의 미세한 물질이다.

13 콘크리트 재료분리의 원인 및 대책에 대하여 각각 3가지를 쓰시오. (4점)

•95 ⑤, 97 ⑤, 07 ①

가. 원인
① _____
② _____
③ _____

나. 대책
① _____
② _____
③ _____

정답 13
가. 원인
① 단위수량 및 물시멘트비가 클 때
② 골재의 입도, 입형이 부적당할 때
③ 혼화재료의 부적절한 사용
④ 시공이 잘못되었을 때
⑤ 시멘트풀의 분리

나. 대책
① 적정 물시멘트비 유지
② 골재의 입도가 적당하고, 입형이 둥글 것
③ 양질의 혼화제를 적정량 사용
④ 운반 후 타설시 다시 비벼 넣는다.
⑤ 거푸집의 틈새를 없앤다.

14 '콘크리트를 부어넣은 후 블리딩 수의 증발에 따라 그 표면에 발생하는 백색의 미세한 물질'을 뜻하는 용어를 쓰시오. (1점)

•87 ①, 92 ③, 94 ①, 96 ①, 07 ③, 10 ②

정답 14
레이턴스(Laitance)

15 현장에 도착한 굳지 않은 콘크리트의 타설 중 품질을 확인하는 시험의 종류 3가지를 나열하시오. (3점)

•04 ②③, 22 ①

① _____ ② _____ ③ _____

정답 15
① 슬럼프시험
② 공기량시험
③ 단위용적질량시험
④ 염화물함유량시험

16 슬럼프콘(Slump Cone)을 간단히 설명하시오. (2점) • 97 ③

17 콘크리트에서 슬럼프손실(Slump Loss)에 대해 설명하시오. (4점)
• 97 ①, 02 ②

18 '슬럼프플로'에 대해 설명하시오. (2점) • 09 ②, 15 ②, 21 ②

19 콘크리트 압축강도시험에서 대표적인 파괴양상에 대해 쓰시오. (3점)
• 99 ①, 04 ②, 06 ①

　가. 저강도 콘크리트 : _____

　나. 일반강도 콘크리트 : _____

　다. 고강도 콘크리트 : _____

20 콘크리트 압축강도를 조사하기 위해 슈미트해머를 사용할 때 반발경도를 조사한 후 추정강도를 계산할 때 실시하는 보정방안 3가지를 쓰시오. (3점)
• 98 ④, 99 ⑤, 04 ③, 10 ②

　① _____ ② _____ ③ _____

정답

16 콘크리트의 슬럼프시험시 사용되는 용기로써, 윗면의 안지름 100 mm, 밑면의 안지름 200 mm, 높이 300 mm인 콘(Cone) 모양이다.

17 물을 부은 뒤, 시간이 경과함에 따라 콘크리트 응결에 따른 자유수의 감소와 반죽질기의 감소로 슬럼프값이 저하하는 것

18 아직 굳지 않는 콘크리트의 유동성 정도를 나타내는 지표로 슬럼프콘을 들어올린 후에 원 모양으로 퍼진 콘크리트의 지름을 측정하여 나타낸다.

19
가. 저강도 콘크리트 : 최대 강도 이후 완만한 변형으로 변형률 0.004 정도에서 연성파괴
나. 일반강도 콘크리트 : 최대 강도 이후 다소 완만한 변형으로 변형률 0.003~0.004 정도에서 연성파괴와 취성파괴의 중간정도의 압축파괴
다. 고강도 콘크리트 : 최대 강도 이후 급격한 변형으로 변형률 0.003 정도에서 취성파괴
(주) 선형 탄성파괴는 주로 취성파괴를 의미한다.

20
① 타격방향에 따른 보정
② 재령에 따른 보정
③ 압축응력 상태에 따른 보정
④ 건조 상태에 따른 보정

Lesson 16

21 콘크리트 구조물의 압축강도를 추정하고 내구성 진단, 균열의 위치, 철근의 위치 등을 파악하는 데 있어서 구조체를 파괴하지 않고 비파괴적인 방법으로 측정하는 검사 방법을 4가지 쓰시오. (4점)

•97 ①, 98 ②, 01 ①, 02 ①, 04 ①, 15 ③, 21 ①

① _____ ② _____
③ _____ ④ _____

정답

21
① 반발경도법(슈미트해머법)
② 초음파속도법
③ 복합법
④ 공진법

22 각종 시험에 사용되는 기구를 |보기|에서 골라 쓰시오. (5점)

•90 ②, 95 ③

┤보기├
㉮ 다이얼게이지(Dial Gauge)
㉯ 에어미터(Air Meter)
㉰ 슈미트해머(Schmidt Hammer)
㉱ 페니트로미터(Penetro Meter)
㉲ 드롭해머(Drop Hammer)

① 토질시험 : (   )   ② 콘크리트 공기량 측정 : (   )
③ 지내력시험 : (   )   ④ 콘크리트 강도 측정 : (   )
⑤ 말뚝관입시험 : (   )

22
① ㉱
② ㉯
③ ㉮
④ ㉰
⑤ ㉲

23 경화한 콘크리트는 시멘트 수화생성물로서 수산화석회를 유리하여 강알칼리성을 나타내고 수산화석회는 시간의 경과와 함께 콘크리트의 표면으로부터 공기 중의 탄산가스 영향을 받아서 서서히 탄산석회로 변화하여 알칼리성을 소실하는 현상을 무엇이라 하는가? (2점)

•03 ①, 05 ③

23
콘크리트의 중성화

24 '콘크리트의 중성화'에 관한 용어에 대하여 기술하시오. (3점)

•00 ①④, 01 ①②

24
경화된 콘크리트는 경화된 콘크리트는 강알칼리성이나 콘크리트 중의 수산화칼슘이 공기 중의 탄산가스와 결합하여 서서히 탄산칼슘으로 변하여 알칼리성을 상실하고 중성으로 되는 현상

25 콘크리트 중성화의 정의와 반응식을 쓰시오. (4점) •07 ②

가. 정의 : _____

나. 반응식 : _____

정답

25
가. 정의 : 경화된 콘크리트는 강알칼리성이나 콘크리트 중의 수산화칼슘이 공기 중의 탄산가스와 결합하여 서서히 탄산칼슘으로 변하여 알칼리성을 상실하고 중성으로 되는 현상

나. 반응식
$Ca(OH)_2 + CO_2 \rightarrow CaCO_3 + H_2O$

26 콘크리트의 중성화에 대한 다음 (   ) 안을 채우시오. (4점) •11 ①

가. 콘크리트의 중성화는 콘크리트 중의 (①)과 공기 중의 탄산가스(CO_2)가 결합하여 서서히 (②)으로 변하여 콘크리트가 알칼리성을 상실하게 되는 과정이다.

나. 반응식
(③) + CO_2 → (④) + H_2O

① _____ ② _____
③ _____ ④ _____

26
① 수산화칼슘($Ca(OH)_2$)
② 탄산칼슘($CaCO_3$)
③ $Ca(OH)_2$
④ $CaCO_3$

27 콘크리트의 중성화에 대한 저감대책 4가지를 쓰시오. (4점) •00 ②

① _____ ② _____
③ _____ ④ _____

27
① 충분한 피복두께 확보
② 밀실한 콘크리트 타설
③ 콘크리트의 표면마감 철저
④ 혼화제(AE제 및 감수제) 사용
⑤ 물시멘트비를 낮게 한다.

28 우리나라에 유입되고 있는 중국에서 발생한 다량의 탄산가스(CO_2)가 철근콘크리트 구조물에 미치는 영향을 3가지 쓰시오. (3점) •00 ③

① _____ ② _____ ③ _____

28
① 철근 방청력 상실
② 콘크리트 균열
③ 내구성 저하
④ 철근의 체적팽창

29 철근콘크리트의 알칼리골재반응에 관한 용어에 대하여 기술하시오. (4점) •92 ④, 95 ①, 99 ④, 00 ①, 01 ②, 04 ③, 08 ③

29
시멘트 중의 알칼리성분과 골재 중의 실리카성분이 화학반응을 일으켜 콘크리트의 과도한 팽창을 유발시키는 현상

Lesson 16

30 철근콘크리트의 알칼리골재반응을 방지하기 위한 대책을 3가지 쓰시오. (3점)
•97 ②, 00 ①, 06 ②, 10 ③, 12 ③, 13 ②, 17 ③, 19 ②, 21 ③

① _____ ② _____ ③ _____

31 알칼리골재반응을 간략하게 설명하고 이에 대한 방지대책을 3가지 쓰시오. (5점)
•10 ①, 15 ③

(1) 정의 : _____

(2) 방지대책 : _____

32 '염해'에 관한 용어에 대하여 기술하시오. (3점)
•00 ①④

_____

33 해사 사용의 증가가 철근콘크리트 구조물에 미친 영향이 무엇인지 쓰시오. (3점)
•96 ①

_____

34 콘크리트의 워커빌리티 측정시험의 종류를 3가지만 쓰시오. (3점)
•17 ③, 19 ①

① _____ ② _____ ③ _____

35 염분을 포함한 바닷모래를 골재로 사용하는 경우 철근부식에 대한 방청상 유효한 조치를 4가지 쓰시오. (4점)
•95 ⑤, 98 ③, 99 ③, 01 ③, 03 ③, 05 ①, 09 ①, 13 ①, 20 ④, 22 ③

① _____ ② _____

③ _____ ④ _____

정답

30
① 반응성 골재의 사용금지
② 저알칼리시멘트 사용
③ 콘크리트 1m³당 총알칼리량 저감
④ 방수성 마감
⑤ 혼화제를 사용하여 수분의 이동 감소

31
(1) 정의
　시멘트 중의 알칼리성분과 골재 중의 실리카성분이 화학반응을 일으켜 콘크리트의 과도한 팽창을 유발시키는 현상
(2) 방지대책
　① 반응성 골재의 사용금지
　② 저알칼리시멘트 사용
　③ 콘크리트 1m³당 총알칼리량 저감
　④ 방수성 마감
　⑤ 혼화제를 사용하여 수분의 이동감소

32
염분이 콘크리트에 침투 또는 첨가되어 콘크리트의 알칼리성이 소실되는 것

33
① 철근 부식
② 균열발생
③ 내구성 저하
④ 이상응결

34
① 슬럼프시험
② 흐름시험
③ 구관입시험
④ 리몰딩시험
⑤ 비비시험

35
① 염분제거
② 염분의 고정화
③ 에폭시도막철근 사용
④ 아연도금철근 사용
⑤ 내식성 철근 사용
⑥ 콘크리트에 방청제 혼합

36 콘크리트 내의 Cl⁻에 대한 규정에 대하여 기술하시오. (4점)

•99 ②

정답

36
① 굳지 않은 콘크리트 중의 염화물이온량 : $0.3kg/m^3$ 이하
② 철근 방청조치시 콘크리트 중의 염화물이온량 : $0.6kg/m^3$ 이하

37 철근콘크리트 구조물의 균열이 발생하고, 철근이 녹스는 원인을 5가지 쓰시오. (5점)

•96 ③

① _____ ② _____ ③ _____
④ _____ ⑤ _____

37
① 콘크리트의 중성화
② 알칼리골재반응
③ 염해(염화물)
④ 동결융해
⑤ 전기적 부식
⑥ 건조수축
⑦ 피복두께 부족
⑧ 과다수량

38 콘크리트 내부의 철근이 부식되기 위해 필요한 3요소는 무엇이며, 이에 대한 대책은 이들 3요소를 억제하거나 콘크리트 중으로의 침투를 막으면 된다. 이를 위한 방법 3가지는 무엇인가? (6점) •03 ②

가. 강재피해의 요소   나. 피해방지대책
  ① _____   ① _____
  ② _____   ② _____
  ③ _____   ③ _____

38
가. 강재피해의 요소
  ① 물 ② 공기 ③ 염분
나. 피해방지대책
  ① 염분제거
  ② 염분의 고정화
  ③ 에폭시도막철근 사용
  ④ 아연도금철근 사용
  ⑤ 내식성 철근 사용
  ⑥ 콘크리트에 방청제 혼합
  ⑦ 콘크리트 표면에 피막제 도포
  ⑧ 충분한 피복두께 확보
  ⑨ 밀실한 콘크리트 타설
  ⑩ 물결합재비를 작게
  ⑪ 슬럼프값을 작게
  ⑫ AE제, AE감수제 등 사용

39 콘크리트 작업 시 발생되는 다음의 균열에 대해 설명하시오. (6점)

•97 ②, 03 ①

가. 침강균열 : _____
_____

나. 레미콘에 의해 생길 수 있는 균열원인 :
  ① _____ ② _____

39
가. 침강균열 : 콘크리트가 타설된 후 블리딩으로 인해 철근 하부에 블리딩 수가 모이거나 공극이 발생하여 철근을 따라 콘크리트 표면에 발생하는 균열
나. 레미콘에 의해 생길 수 있는 균열원인
  ① 장시간 비빔
  ② 타설시의 수량 증대

40 콘크리트의 소성수축균열(Plastic shrinkage crack)에 관하여 설명하시오. (3점)

•14 ②, 22 ②

40
굳지 않은 콘크리트가 경화할 때 수분 증발량이 블리딩량을 초과할 경우 인장응력에 의해 콘크리트 표면에 발생하는 균열이다.

Lesson 16

41 콘크리트 균열의 원인을 재료상, 시공상의 결함을 3가지씩 기술하시오. (6점)

•99 ①

가. 재료상의 원인

① _____ ② _____ ③ _____

나. 시공상의 원인

① _____ ② _____ ③ _____

42 콘크리트의 균열발생 요인 중에서 콘크리트 타설 후 재료에 의한 균열발생 원인을 3가지 쓰시오. (3점)

•99 ④

① _____ ② _____ ③ _____

43 다음 콘크리트의 균열보수법에 대하여 설명하시오. (4점)

•03 ①, 10 ①, 16 ③, 22 ③

가. 표면처리 공법 : _____
_____

나. 주입 공법 : _____
_____

44 콘크리트 구조물의 균열발생 시 보강 방법을 3가지 쓰시오. (3점)

•02 ①, 06 ①, 12 ①, 17 ①, 20 ③

① _____ ② _____ ③ _____

45 콘크리트 구조물의 구조적인 균열에 대한 보수재료가 갖추어야 하는 요구조건을 3가지 쓰시오. (3점)

•06 ②

① _____ ② _____ ③ _____

정답

41
가. 재료상의 원인
① 시멘트의 이상응결
② 시멘트의 이상팽창
③ 콘크리트의 침하 및 블리딩
④ 시멘트의 수화열
⑤ 콘크리트의 건조수축
⑥ 콘크리트의 중성화
⑦ 알칼리골재반응
⑧ 염화물

나. 시공상의 원인
① 장시간 비빔
② 타설시의 수량 증대
③ 철근의 피복두께 감소
④ 급속한 타설
⑤ 불균일한 타설 및 다짐
⑥ 거푸집의 처짐
⑦ 이어치기면의 처리 불량
⑧ 경화 전 진동 및 충격
⑨ 초기양생 불량
⑩ 받침기둥의 침하

42
① 콘크리트의 중성화
② 알칼리골재반응
③ 염해
④ 콘크리트의 건조수축
⑤ 동결융해
⑥ 철근부식

43
가. 표면처리 공법 : 미세한 균열 부위에 퍼터수지로 충전하고 균열표면에 보수재료를 씌우는 공법
나. 주입 공법 : 균열 부위에 주입 파이프를 설치하여 보수재를 저압저속으로 주입하는 공법

44
① 탄소섬유접착 공법
② 강판접착 공법
③ 앵커접합 공법
④ 단면증가법

45
① 내구성
② 내화학성(내후성)
③ 충분한 접착력과 내력의 확보
④ 충전성(충진성)

Lesson 17. 콘크리트의 배합설계 및 시공

💠 1 콘크리트의 배합설계

1. 개요

1) 콘크리트의 성질

(1) 콘크리트가 구비해야 할 성질(콘크리트의 요구조건) (94④)

① 소요의 강도　　② 내구성
③ 수밀성　　　　④ 균열저항성
⑤ 시공용이성　　⑥ 균일성
⑦ 경제성　　　　⑧ 철근 및 철골의 보호성능
⑨ 정확성

(2) 콘크리트 공사의 일정계획에 영향을 주는 요소 (93③, 95④)

① 강우　　② 기온
③ 바람　　④ 습도

2) 콘크리트의 배합설계 시 관련조건 (92③, 02③)

배합설계 관련조건	내용
반죽질기 조정	단위수량 혹은 단위시멘트량
점도 및 재료분리 조정	잔골재율 혹은 단위 굵은골재량
강도 고려	물결합재비(물시멘트비)
내구성 고려	AE제의 양

3) 배합의 표시법(배합설계의 종류) (98①, 99⑤)

배합설계의 종류	내용
절대용적배합	콘크리트 1m³에 소요되는 각 재료를 절대용적(m³)으로 표시한 배합.
질량배합 (중량배합)	콘크리트 1m³에 소요되는 각 재료를 질량(kg)으로 표시한 배합. 골재는 절건중량을 기준으로 한다.
표준계량용적배합	콘크리트 1m³에 소요되는 표준계량용적(m³)으로 표시한 배합. 단, 시멘트의 질량 1,500kg를 1m³으로 한다.
현장계량용적배합	콘크리트 1m³에 소요되는 각 재료 중 시멘트는 포대수, 골재는 용적(m³)으로 표시한 배합.

(주) 모든 배합은 굵은골재의 최대치수(mm), 슬럼프값(mm), 공기량(%), 물시멘트비(%)를 기입한다.

핵심 Point

● **콘크리트가 구비해야 할 성질(콘크리트의 요구조건)** (94④)
① 소요의 강도
② 균일성
③ 밀실성
④ 내구성
⑤ 시공용이성
⑥ 정확성
⑦ 경제성

● **콘크리트 강도에 영향을 미치는 요인** (참고)
① 시멘트 품질
② 골재의 입도
③ 골재의 품질
④ 물시멘트비(W/C)
⑤ 혼화재료
⑥ 배합
⑦ 비비기
⑧ 양생

● **콘크리트 공사의 일정계획에 영향을 주는 요소** (93③, 95④)
① 강우　　② 기온
③ 바람　　④ 습도

● **배합설계 시 관련조건** (92③, 02③)
① 반죽질기 조정 : 단위수량 혹은 단위시멘트량
② 점도 및 재료분리 조정 : 잔골재율 혹은 단위 굵은 골재량
③ 강도 고려 : 물시멘트비
④ 내구성 고려 : AE제의 양

● **배합설계의 종류** (98①, 99⑤)
① 절대용적배합
② 질량배합(중량배합)
③ 표준계량용적배합
④ 현장계량용적배합

4) 배합결정 요소(콘크리트 품질에 영향을 주는 요소) (88②)
  ① 물시멘트비
  ② 슬럼프값
  ③ 단위시멘트량
  ④ 단위수량
  ⑤ 잔골재율
  ⑥ 공기량

5) 배합설계의 순서 (88① ③, 91①, 93①, 94①, 95③, 04①, 06③, 08②)

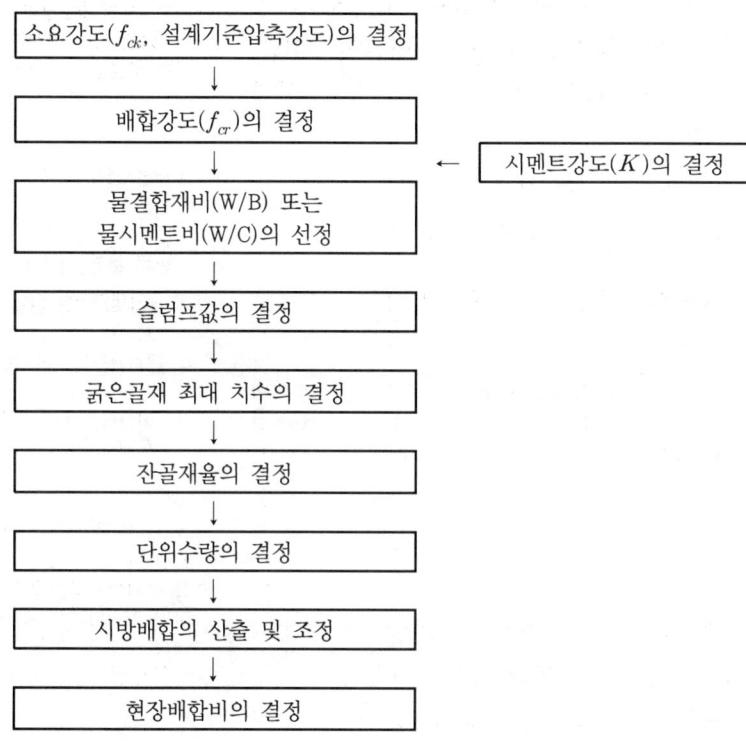

핵심 Point

● 콘크리트 배합 시 필수 기입 사항 (예상)
  ① 굵은골재의 최대 치수(mm)
  ② 슬럼프값(mm)
  ③ 공기량(%)
  ④ 물시멘트비(%)

● 콘크리트 배합결정 요소 (88②)
  ① 물시멘트비
  ② 슬럼프값
  ③ 단위시멘트량
  ④ 단위수량
  ⑤ 잔골재율
  ⑥ 공기량

● 콘크리트 배합설계 순서 (88① ③, 91①, 93①, 94①, 95③, 04①, 06③, 08②)
  ① 설계기준압축강도의 결정
  ② 소요강도의 결정
  ③ 배합강도의 결정
  ④ 시멘트강도의 결정
  ⑤ 물시멘트비의 선정
  ⑥ 슬럼프값의 결정
  ⑦ 굵은골재 최대 치수의 결정
  ⑧ 잔골재율의 결정
  ⑨ 단위수량의 결정
  ⑩ 시방배합의 산출 및 조정
  ⑪ 현장배합의 조정

6) 시방배합과 현장배합

구분	시험의 종류 및 검사항목
시방배합	소정 품질의 콘크리트가 얻어지는 배합(조건)으로 시방서에 의해 정한 배합이다. 계획배합이라고도 한다.
현장배합	시방배합의 콘크리트가 얻어지도록 현장에서 재료의 상태 및 계량방법에 따라 정한 배합이다.

2. 배합설계의 내용[44]

1) 소요강도(f_{ck}, 설계기준압축강도)

구조계산 시 필요한 28일 압축강도이다.

2) 품질기준강도(f_{cq})

콘크리트의 품질기준강도는 다음과 같다.

---

[44] KCS 14 20 10 일반콘크리트 (1.3, 2.2), 국토교통부, 한국콘크리트학회, 2022.

$$f_{cq} = \max(f_{ck}, f_{cd}) \text{ (MPa)}$$

여기서, f_{ck} : 콘크리트의 설계기준압축강도(MPa)
f_{cd} : 콘크리트의 내구성기준압축강도(MPa)

3) 호칭강도(f_{cn})

① 콘크리트의 주문 시 사용되는 콘크리트의 강도로써, 기온, 습도, 양생 등 시공적인 영향에 따른 보정값을 고려하여 주문하는 강도이다.
② 콘크리트의 호칭강도는 콘크리트 타설 일의 온도를 고려하여 설계기준압축강도 이상으로 정한다. [$f_{cn} \geq f_{ck}$]
③ 레디믹스트 콘크리트의 사용자는 아래 식에 따라 기온보정강도를 더하여 생산자에게 호칭강도(f_{cn})로 주문하여야 한다.

$$f_{cn} = f_{cq} + T_n = \max(f_{ck}, f_{cd}) + T_n \text{ (MPa)}$$

여기서, T_n : 기온보정강도(MPa)
(주) 보통포틀랜드시멘트를 사용한 콘크리트에 콘크리트 타설 일로부터 재령 28일 간의 예상평균기온의 범위가 8~18 ℃ 이면, 기온보정강도(T_n)는 3MPa이고, 4~8 ℃ 이면, 기온보정강도(T_n)는 6MPa이다.

4) 배합강도(f_{cr})

(1) 개요

① 콘크리트 배합설계 시 목표로 정하는 압축강도이다.
② 배합강도는 20±2 ℃ 표준양생한 공시체의 압축강도이다.
③ 표준양생은 제작된 콘크리트의 강도시험용 공시체를 20±2 ℃의 온도로 유지하면서 수중 또는 상대습도 95% 이상의 습윤상태에서 양생한 것이다.
④ 배합강도는 현장 콘크리트의 품질변동을 고려하여 호칭강도 이상으로 정한다. [$f_{cr} \geq f_{cn}$]

(2) 배합강도식 (93③)

① $f_{ck} \leq 35$ MPa인 경우
$f_{cr} = \max[f_{cn} + 1.34s, \ (f_{cn} - 3.5) + 2.33s]$ (MPa)
② $f_{ck} > 35$ MPa인 경우
$f_{cr} = \max[f_{cn} + 1.34s, \ 0.9f_{cn} + 2.33s]$ (MPa)

여기서, s : 압축강도의 표준편차(MPa)

5) 시멘트강도(K)

28일 압축강도(K_{28})를 기준으로 한다.

핵심 Point

● **호칭강도의 정의 (예상)**
콘크리트의 주문 시 사용되는 콘크리트의 강도로써 기온, 습도, 양생 등 시공적인 영향에 따른 보정값을 고려하여 주문하는 강도

● **보통포틀랜드시멘트를 사용한 재령 28일에 해당하는 콘크리트 강도의 기온에 따른 보정값(T_n) (참고)**
① 예상평균기온 18℃ 이상 : $T_n = 0$
② 예상평균기온 8~18℃ : $T_n = 0$ MPa
③ 예상평균기온 4~8℃ : $T_n = 6$ MPa

● **표준양생의 정의 (예상)**
제작된 콘크리트의 강도시험용 공시체를 20±2 ℃의 온도로 유지하면서 수중 또는 상대습도 95% 이상의 습윤상태에서 양생한 것이다.

● **콘크리트 배합강도(f_{cr})의 결정 (93③)**
① 품질기준강도(f_{cq})
$f_{cq} = \max(f_{ck}, f_{cd})$
② 호칭강도(f_{cn})
$f_{cn} = f_{cq} + T_n$
③ 배합강도(f_{cr})
$f_{cr} = \max[f_{cn} + 1.34s,$
$(f_{cn} - 3.5) + 2.33s]$(MPa)
(주) 최신 KCS 14 20 10 기준에 맞게 수정하였음.

6) 물결합재비(W/B)와 물시멘트비(W/C)

(1) 개요 (87①, 88①, 09①, 10②, 15①)

① 물결합재비(W/B)는 모르타르 또는 콘크리트에 포함된 시멘트풀 중의 결합재(시멘트+혼화재)에 대한 물의 질량비이다.
② 물시멘트비(W/C)는 모르타르 또는 콘크리트에 포함된 시멘트풀 중의 시멘트에 대한 물의 질량비이다.
③ 강도, 내구성, 수밀성에 영향을 미친다.

(2) 과다 시 문제점 (06③, 14②)

문제점	결과
강도 저하	잉여수에 의해 공극형성
재료분리	강도, 내구성, 수밀성 저하
블리딩현상	레이턴스 발생
건조수축	균열발생

(3) 물결합재비와 물시멘트비의 산정 공식 (90④, 94①, 02③)

① 물결합재비는 압축강도를 기준으로 정하는 경우 그 값은 다음과 같이 정하여야 한다.
  ㉠ 압축강도와 물결합재비와의 관계는 시험에 의하여 정하는 것을 원칙으로 한다. 이때 공시체는 재령 28일을 표준으로 한다.
  ㉡ 배합에 사용할 물결합재비(W/B)는 기준 재령의 결합재-물비(B/W)와 압축강도와의 관계식에서 배합강도에 해당하는 결합재-물비(B/W) 값의 역수로 한다.

$$f_{28} = a + b\left(\frac{B}{W}\right)$$

여기서, f_{28} : 재령 28일의 콘크리트 압축강도 (MPa)
  a, b : 시험에 의하여 정하는 상수
  B/W : 결합재-물비

② 소규모 공사에서 보통포틀랜드시멘트를 사용하고 혼화재를 쓰지 않는 보통 콘크리트에 대한 물시멘트비(W/C)는 다음과 같다.[45), 46)]

$$W/C = \min\left(\frac{21.5}{f_{28} + 21.0} \times 100, \ \frac{61}{f_{28}/K + 0.34}\right)(\%)$$

여기서, K : 시멘트강도(MPa)

---
45) 정상진 외 7인, 「건축시공학」, 기문당, 1998, p.333.
46) 장기인, 「건축시공학」, 보성각, 2000, p.198.

(4) 사용 시멘트에 따른 최대 물결합재비 47)

시멘트의 종류		최대값(%)
① 포틀랜드시멘트	② 고로슬래그시멘트(특급)	65
③ 포틀랜드포졸란시멘트(1종)	④ 플라이애시시멘트(1종)	
① 고로슬래그시멘트(1종)	② 포틀랜드포졸란시멘트(2종)	60
③ 플라이애시시멘트(2종)		

(5) 콘크리트 종류에 따른 최대 물결합재비(물시멘트비)(%)

콘크리트의 종류		최대값(%)
① 보통 콘크리트	② 한중 콘크리트	60
③ 경량 콘크리트	④ 고내구성 콘크리트	
① 차폐용 콘크리트	② 고강도 콘크리트	50
③ 수밀 콘크리트	④ 수중 콘크리트	
⑤ 고유동 콘크리트		

7) 단위수량의 결정

단위수량은 콘크리트 $1m^3$ 중의 물의 양이다.

8) 단위결합재량의 결정

① 단위결합재량은 콘크리트 $1\,m^3$ 중의 결합재량이다.
② 단위결합재량 증가 시 강도가 증가되고, 수화열이 증가(균열발생 원인)한다. $270\,kg/m^3$ 이하로 한다.

9) 굵은골재의 공칭 최대 치수 48)

(1) 굵은골재의 공칭 최대 치수의 산정

굵은골재의 공칭 최대 치수는 다음 값을 초과하지 않아야 한다.
① 거푸집 양 측면 사이의 최소 거리의 1/5
② 슬래브 두께의 1/3
③ 개별철근, 다발철근, 프리스트레싱 긴장재 또는 덕트 사이 최소 순간격의 3/4

(2) 굵은골재의 최대 치수 표준 (20①)

구조물의 종류	굵은골재의 최대 치수(mm)
일반적인 경우	20 또는 25
단면이 큰 경우	40
무근콘크리트	40 부재 최소 치수의 1/4을 초과해서는 안 됨

---

47) 건축공사 표준시방서 (05010), 국토교통부, 대한건축학회, 2016.
48) KCS 14 20 10 일반콘크리트 (2.2), 국토교통부, 한국콘크리트학회, 2022.

핵심 Point

● 다음 시멘트와 콘크리트의 최대 물시멘트비 (예상)
① 보통포틀랜드시멘트 : 65%
② 보통 콘크리트 : 60%

● 단위수량과 단위결합재량의 최댓값 (참고)
① 단위수량은 작업이 가능한 범위 내에서 최소화하고, $185\,kg/m^3$ 이하로 한다.
② 단위결합재량(시멘트량)은 $270\,kg/m^3$ 이하로 한다.

● 체가름시험에 의한 굵은골재의 최대 치수 (참고)
굵은골재의 최대 치수는 질량으로 90% 이상이 통과한 체 중 최소의 체 치수로 나타낸 굵은골재의 치수이다.

● 굵은골재의 최대 치수 결정요인 (참고)
① 부재 최소 치수
② 슬래브 두께
③ 철근의 최소 순간격
④ 구조물 및 부재의 종류

● 굵은골재의 공칭 최대 치수 산정 방법 (예상)
굵은골재의 공칭 최대 치수는 다음 값 중 가장 작은 값으로 한다.
① 거푸집 양 측면 사이의 최소 거리의 1/5
② 슬래브 두께의 1/3
③ 개별 철근, 다발철근, 프리스트레싱 긴장재 또는 덕트 사이 최소 순각격의 3/4

● 굵은골재의 최대 치수 표준 (20①)
① 일반적인 경우 : 20 또는 25 mm
② 단면이 큰 경우 : 40 mm
③ 무근콘크리트 : 40 mm

10) 슬럼프값(Slump Value)

(1) 개요
① 콘크리트의 컨시스턴시를 측정하는 정량적 수치이다.
② 워커빌리티(시공연도)의 양부를 판단한다.

(2) 표준 슬럼프값 49) (08①)

종류		슬럼프값(mm)
철근콘크리트	일반적인 경우	80~180
	단면이 큰 경우	60~150
무근콘크리트	일반적인 경우	50~180
	단면이 큰 경우	50~150

11) (절대)잔골재율(S/a) (11①)

$$S/a = \frac{잔골재의\ 절대용적}{전체골재의\ 절대용적} \times 100$$

12) 공기량(Slump Value)

공기량은 보통콘크리트와 포장콘크리트는 4.5%, 경량콘크리트는 4.5%, 고강도 콘크리트는 3.5%이고, 공기량의 허용오차는 각종 콘크리트에 대해 ±1.5%이다.

※ 2 콘크리트의 시공

1. 공사 관련 제출물 50)

1) 검사 및 시험계획서
철근콘크리트공사를 시작하기 전에 자재 및 현장 품질관리 기준에 따라 검사 및 시험계획서를 작성한다.

2) 시공계획서
설계도서의 내용, 구조물에 요구되는 성능, 소요품질, 안전성, 경제성, 공기 확보, 최적의 시공법, 적절한 품질관리를 정하여 작성한다.

핵심 Point

● 철근콘크리트의 표준 슬럼프값의 범위 (08①)
① 일반적인 경우 : 80~180mm
② 단면이 큰 경우 : 60~150mm

● 잔골재율 (참고)
잔골재율은 소요 시공연도(워커빌리티)를 얻을 수 있는 범위 내에서 가능한 한 적게 한다.

● 잔골재율의 정의 (11①)
전체골재에 대한 잔골재의 절대용적비를 백분율(%)로 나타낸 것이다.

● 단위시멘트량과 단위수량 (예상)
① 단위시멘트량 : 270kg/m³ 이하
② 단위수량 : 185kg/m³ 이하

● 단위수량 증가 시 콘크리트의 변화 (참고)
① 재료분리
② 건조수축으로 균열발생
③ 내구성 감소
④ 강도 저하

● 시공계획서의 기술내용 (참고)
① 공사의 개요
② 공사의 요건
③ 구조물의 요구성능
④ 콘크리트의 성능, 재료, 배합 등
⑤ 조직표, 노무계획
⑥ 재료사용계획
⑦ 시공기계, 시공설비
⑧ 가설비
⑨ 콘크리트공사에 관한 시공계획
⑩ 품질관리계획
⑪ 시공관리계획, 안전 및 위생계획
⑫ 검사 및 유지관리계획

---

49) KCS 14 20 10 일반콘크리트 (2.2), 국토교통부, 한국콘크리트학회, 2022.
50) KCS 14 20 10 일반콘크리트 (1.5), 국토교통부, 한국콘크리트학회, 2022.

3) 공사보고서

시공자는 공사 중에 작업의 공정, 시공상황, 관리상황과 승인 및 지시사항에 관한 내용의 보고서를 작성한다.

2. 재료의 계량

(1) 개요

재료는 질량계량을 원칙으로 하고, 계량은 현장배합에 의해 실시한다.

(2) 1회 계량분량계량의 허용오차[51]

구분	측정단위	허용오차	구분	측정단위	허용오차
시멘트	질량	-1%, +2%	골재	질량	±3%
물	질량 또는 부피	-2%, +1%	혼화제	질량 또는 부피	±3%
혼화재	질량	±2%			

(3) 계량장치 (90②, 92③, 95②⑤, 97①③, 99④, 01② 04②, 05①, 07③, 08②, 09①, 11②, 14①, 17②)

종류	내용
Inundator(이넌데이터)	모래의 용적 계량장치
Wacecreter(워세크리터)	물시멘트비를 일정하게 유지하면서 골재(재료)를 계량하는 장치
Dispenser(디스펜서)	AE제의 계량장치
Washington Meter, Air Meter (워싱턴미터, 에어미터)	굳지 않은 콘크리트 중의 공기량 측정

3. 비빔(Mixing, 믹싱)

1) 비빔 종류

(1) 기계비빔

① 믹서로 비비는 것이다.
② 재료 투입순서는 동시 투입하는 것이 이상적이다.
③ 실제 재료 투입순서는 '모래 → 시멘트 → 물 → 자갈'이다.

(2) 손비빔

① 재료 투입순서는 '모래 → 시멘트 → 자갈 → 물'이다.
② 건비빔 3회, 물비빔 4회 이상이다.

> **핵심 Point**
>
> ● 시공상세도면의 포함사항 (참고)
> ① 콘크리트 타설계획 및 구간
> ② 끊어치기 부위의 상세단면
> ③ 지하구조의 지수판 설치 및 상세도
> ④ 이음(균열유발이음, 콜트조인트, 신축이음, 시공이음 등)
> ⑤ 배근 시공도
>
> ● 시공계획 시 고려사항 (참고)
> ① 안전성
> ② 경제성
> ③ 공사기간
> ④ 공사비용
> ⑤ 환경보전
> ⑥ 환경창조
>
> ● 재료계량의 허용오차 (예상)
> ① 물, 시멘트 : ±1%
> ② 혼화재 : ±2%
> ③ 골재, 혼화제 : ±3%
>
> ● Inundator(이넌데이터)의 정의 (92③, 07③)
> 모래의 용적 계량장치
>
> ● Wacecreter(워세크리터)의 정의 (92③, 07③)
> 물시멘트비를 일정하게 유지하면서 골재를 계량하는 장치
>
> ● Dispenser(디스펜서)의 정의 (95②⑤, 97①, 99④, 01②, 04②, 05①, 08②, 09①, 11②, 14①, 17②)
> AE제의 계량장치
>
> ● Washington Meter(Air Meter)의 정의 (90②, 92③, 95②③, 97①③, 99④, 04②, 05①, 08②, 09①, 11②, 14①, 17②)
> 굳지 않은 콘크리트 중의 공기량 측정

---

51) KCS 14 20 10 일반콘크리트 (2.2), 국토교통부, 한국콘크리트학회, 2022.

2) 믹서의 종류

(1) 중력식 믹서

① 혼합통 안에 비빔재료를 넣고 드럼의 회전에 의하여 재료를 밀어 올려 중앙에서 자중에 의해 자유낙하와 상승을 반복하여 콘크리트를 혼합하는 것이다.

② 가경식 믹서와 불경식 믹서가 있다.52),53)

(주) 배치(Batch) : 1회에 비비는 콘크리트, 모르타르, 시멘트, 물 등의 양이다.

(2) 강제식 믹서

① 혼합통 안에 비빔재료를 넣고 동력에 의해 회전하는 날개 등으로 콘크리트를 혼합하는 것이다. 강제혼합식 믹서라고도 한다.54)

② 회전축이 연직인 팬식 믹서와 회전축이 수평인 1축 강제식 믹서 및 2축 강제식 믹서가 있다.

3) 배처플랜트(Batcher Plant)

(1) 배칭플랜트(Batching Plant)
한 비빔분(1회분)의 재료를 넣는 설비이다.

(2) 믹싱플랜트(Mixing Plant)
배칭플랜트에 비빔설비를 한 것이다.

(3) 배처플랜트(Batcher Plant) (92④, 95①, 08③, 17③)
물, 시멘트, 골재 등을 정확하고 능률적으로 자동으로 계량, 배합 및 비비기하여 주는 기계설비이다. 배치플랜트라고도 한다.

4) 다시비빔과 되비빔 (91③, 95②, 99②, 03③, 09①, 10③)

① 다시비빔(Remixing)은 아직 엉기지 않은 콘크리트를 시간 경과 또는 재료가 분리된 경우에 다시 비벼 쓰는 것이다.

② 되비빔(Retempering)은 콘크리트가 응결하기 시작한 것을 다시 비비는 것이다.

4. 운반

1) 운반장비의 구분

① 수평운반 : 트럭 믹서, 애지테이터 트럭, 벨트 컨베이어, 손수레, 콘크리트 펌프 등

② 수직운반 : 콘크리트 타워, 콘크리트 펌프, 슈트, 버킷 등

---

52) KS F 8008 가경식 믹서, 산업표준심의회, 2013.
53) KS F 8007 가경식 믹서, 산업표준심의회, 2013.
54) KS F 8008 강제혼합 믹서, 산업표준심의회, 2013.

핵심 Point

● 가경식 믹서와 불경식 믹서 (참고)

① 가경식 믹서는 동력에 의해 회전하는 혼합통 안에 1배치 분씩의 재료를 넣어서 콘크리트를 혼합하는 믹서로 혼합통을 기울여 콘크리트를 배출하는 것이다.

② 불경식 믹서는 동력에 의해 회전하는 혼합통 안에 1배치 분씩의 재료를 넣어서 콘크리트를 혼합하는 믹서로 혼합통을 기울이지 않고 콘크리트를 배출하는 것이다. 드럼 믹서(Drum Mixer)라고도 한다.

● 배처플랜트의 정의 (92④, 95①, 08③, 17③)
물, 시멘트, 골재 등을 정확하고 능률적으로 자동으로 계량, 배합 및 비비기하여 주는 기계설비이다.

● 다시비빔과 되비빔의 정의 (91③, 95②, 99②, 03③, 09①, 10③)

① 다시비빔(Remixing) : 아직 엉기지 않은 콘크리트를 시간 경과 또는 재료가 분리된 경우에 다시 비벼 쓰는 것

② 되비빔(Retempering) : 콘크리트가 응결하기 시작한 것을 다시 비비는 것

● 콘크리트 운반장비의 종류 (예상)

가. 수평운반
① 트럭 믹서
② 애지테이터 트럭
③ 벨트 컨베이어
④ 손수레
⑤ 콘크리트 펌프

나. 수직운반
① 콘크리트 타워
② 콘크리트 펌프
③ 슈트
④ 버킷

2) 콘크리트 펌프(Concrete Pump, 슈트크리트)

(1) 개요
콘크리트를 펌프의 피스톤을 이용하여 연속적으로 압송하는 것이다.

(2) 압송방식의 종류 (02②)
① 공기압축식 : 압축공기의 압력을 이용한 방식이다.
② 피스톤식 : 피스톤의 왕복운동을 이용한 방식이다.
③ 스퀴즈식 : 튜브 속의 콘크리트를 짜내는 방식이다.

(3) 특징 (99②)

장점	단점
① 기계화에 따른 노동력 절감	① 압송거리 제한
② 작업의 연속성	② 수송관이 중량이고 진동이 있음
③ 운반성능향상	③ 압송관의 폐색사고(펌프가 막히는 현상)
④ 기동성 및 작업의 능률향상	④ 된비빔 압송 시 난점

3) 콘크리트 타워에서의 타설순서 (90④)
① 믹서   ② 버킷   ③ 타워 호퍼
④ 경사 슈트   ⑤ 플로어 호퍼   ⑥ 손차
⑦ 타설

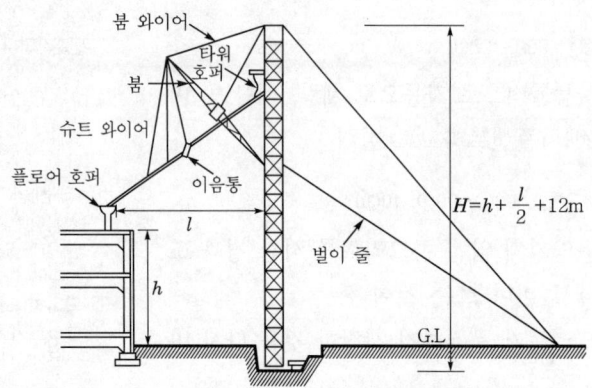

5. 타설(부어넣기)

1) 일반사항
① 콘크리트를 부어넣기 전에 배근, 배관, 거푸집 등을 점검하고 청소 및 물축이기를 한다.
② 비빔장소나 플로어 호퍼로부터 먼 곳에서 가까운 곳으로 부어넣으며, 가까이에서 수직으로 붓는다.
③ 낮은 곳에서 높은 곳으로 붓는다.

● 콘크리트 펌프의 압송방식 종류 (02②)
① 공기압축식
② 피스톤식
③ 스퀴즈식

● 콘크리트 펌프의 장·단점 (99②)
가. 장점
① 기계화에 따른 노동력 절감
② 작업의 연속성
③ 운반성능향상
④ 기동성 및 작업의 능률향상

나. 단점
① 압송거리 제한
② 수송관이 중량이고 진동이 있음
③ 압송관의 폐색사고
④ 된비빔 압송 시 난점

● 콘크리트 펌프에서 압력손실이 커지는 경우 (참고)
① 슬럼프값이 작을수록
② 수송관의 지름이 작을수록
③ 수송관이 길수록
④ 수송관이 굴곡일수록
⑤ 토출량이 많을수록

● 콘크리트 타워를 이용한 콘크리트 타설순서 (90④)
① 믹서   ② 버킷
③ 타워 호퍼   ④ 경사 슈트
⑤ 플로어 호퍼 ⑥ 손차
⑦ 타설

● 슈트(Chute) (참고)
타설하는 콘크리트를 중력으로 이동시키는 U자형의 홈통이나 관이다.

● 버킷(Bucket) (참고)
믹서로부터 배출된 콘크리트를 받아 타설할 장소로 운반하는 용기이다.

④ 부어넣기 전에 미리 계획된 구역 내에서는 연속적인 붓기를 하며, 한 구획 내에서는 콘크리트 표면이 수평이 되도록 부어넣는다.
⑤ 콘크리트 낙하거리는 1.5 m 이하로 한다.
⑥ 콘크리트를 2층 이상으로 나누어 타설할 경우 상층의 콘크리트는 하층의 콘크리트가 굳기 시작하기 전에 해야 한다.
⑦ 벽 또는 기둥과 같은 수직부재의 콘크리트를 타설할 경우 타설속도는 일반적으로 30분에 1~1.5 m 정도로 한다.
⑧ 벽은 수평으로 부어넣는다(1.5~1.8m 내외 간격).
⑨ 보는 양단에서 중앙으로 부어넣는다.
⑩ 계단은 하단부터 상단으로 올라가며 콘크리트를 타설한다.

2) 타설순서 (90①, 94②, 96②, 97②)
① 기초   ② 기둥   ③ 벽
④ 계단   ⑤ 보   ⑥ 바닥판

3) 타설 시 현장가수

(1) 현장가수할 경우 가장 중요한 결과와 이론적 원인 (93②)

구분	내용
가장 중요한 결과	콘크리트의 강도 저하
이론적 원인	물시멘트비의 증가에 따른 내부공극 증대

(2) 현장가수로 인한 문제점 (95⑤, 97⑤, 02①, 03①, 16③)
① 콘크리트의 강도 저하   ② 내구성, 수밀성 저하
③ 재료분리 발생   ④ 블리딩 증가
⑤ 건조수축에 따른 균열발생

4) 콘크리트의 비빔기로부터 타설이 끝날 때까지의 시간한도 [55]

외기온도	시간한도
25℃ 이상	1.5시간(90분) 이내
25℃ 미만	2시간(120분) 이내

6. 타설 공법

1) VH(Vertical Horizontal) 분리 타설 (05②, 11②)

기둥, 벽 등의 수직부재를 먼저 타설하고 보, 슬래브 등의 수평부재를 나중에 타설하는 공법이다.

---

55) KCS 14 20 10 일반콘크리트 (3.2), 국토교통부, 한국콘크리트학회, 2022.

2) VH(Vertical Horizontal) 동시 타설
수직부재와 수평부재를 일체의 타설 구획으로 동시에 타설하는 공법이다.

7. 이어치기

1) 개요
콘크리트를 부어넣다가 중단하고 시간간격을 두고 경화한 콘크리트에 접해서 새로운 콘크리트를 다시 부어넣는 것이다.

2) 이어치기 구획(주의사항) (90④)
① 구조물의 강도에 영향이 적은 곳에서 이어친다.
② 이음길이가 최소인 곳에서 이어친다.
③ 시공순서에 무리가 없는 곳에서 이어친다.
④ 응력방향에 수직 또는 수평으로 이어친다.

3) 이어치기 위치 (91②, 93③, 03②, 08①)

구분	이어치기 위치
보, 바닥판(슬래브)	스팬의 중앙부에서 수직
스팬 중앙부에 작은 보가 있는 바닥판	작은보의 중심으로부터 작은보 너비의 2배 정도 떨어진 곳에서 수직
기둥	기초판, 연결보, 바닥판 위에서 수평
벽	개구부(문꼴) 등 끊기 좋고 이음자리 막기와 떼어내기 편리한 곳에 수직 또는 수평
아치	아치축에 직각
캔틸레버	이어치기 하지 않음

4) 계속타설 중의 이어치기 허용 시간간격 56) (19③)

외기온도	이어치기 허용 시간간격
25℃ 이상	2.0시간(120분) 이내
25℃ 미만	2.5시간(150분) 이내

5) 이어치기 자리의 결함 (94③)
① 강도의 저하
② 누수발생
③ 마무리재의 균열
④ 구조체의 균열 증가

> **핵심 Point**
>
> ● VH(Vertical Horizontal) 분리 타설의 장점 (참고)
> ① 인건비 절감
> ② 공기단축
> ③ 슬래브 거푸집의 절감
> ④ 하층의 작업 공간확보
>
> ● 콘크리트 이어치기 시 주의사항 (90④)
> ① 구조물의 강도에 영향이 적은 곳에서 이어친다.
> ② 이음길이가 최소인 곳에서 이어친다.
> ③ 시공순서에 무리가 없는 곳에서 이어친다.
> ④ 응력방향에 수직 또는 수평으로 이어친다.
>
> ● 콘크리트 이어치기 위치 및 방법 (91②, 93③, 03②, 08①)
> ① 보, 바닥판 : 스팬의 중앙부에서 수직
> ② 스팬 중앙부에 작은 보가 있는 바닥판 : 작은보의 중심으로부터 작은보 너비의 2배 정도 떨어진 곳에서 수직
> ③ 기둥 : 기초판, 연결보, 바닥판 위에서 수평
> ④ 벽 : 개구부(문꼴) 등 끊기 좋고 이음자리 막기와 떼어내기 편리한 곳에 수직 또는 수평
> ⑤ 아치 : 아치축에 직각
>
> ● 콘크리트 계속타설 중 이어치기 허용 시간간격 (19③)
> ① 외기온도 25℃ 이상 : 2.0시간(120분) 이내
> ② 외기온도 25℃ 미만 : 2.5시간(150분) 이내
>
> ● 콘크리트 이어치기 자리의 결함 (94③)
> ① 강도의 저하
> ② 누수발생
> ③ 마무리재의 균열
> ④ 구조체의 균열 증가

---

56) KCS 14 20 10 일반콘크리트 (3.3), 국토교통부, 한국콘크리트학회, 2022.

6) 이어치기 처리 방법(시공 조인트 처리 방법) (94①, 96③, 99②)

구분	처리 방법
이음면	밀실하게 막아 콘크리트가 흘러내리거나 새지 않게 한다.
수평부재	이음부 청소를 철저히 하고 타설 전 시멘트풀를 도포한다.
수직부재	콘크리트에 재진동 다짐을 한다.
이음부처리	레이턴스를 철저히 제거하고 타설 전 시멘트풀을 도포한다.

7) 무근콘크리트 이음새의 전단력 보강 방법 (98③, 02①)

① 촉 또는 홈을 둔다.   ② 돌을 삽입한다.
③ 철근을 삽입한다.

8. 다짐(Vibrating)

1) 방법 (01②, 04①)

① 손다짐   ② 진동다짐
③ 거푸집 두드림   ④ 가압법
⑤ 원심력법   ⑥ 진공처리법

2) 진동기 종류 (98③, 99①, 06③)

구분	내용
꽂이식 진동기 (막대형 진동기, 봉형 진동기) (KS F 8004)	① 건축공사용으로 주로 사용되며, 동력에 의해 구동하는 봉 모양의 진동체를 콘크리트에 꽂아서 다지는 콘크리트용 진동기이다. 다른 진동기에 비해 다짐효과가 크다. ② 진동기의 효과 (97⑤, 99④) 빈배합 된비빔 → 빈배합 묽은비빔 → 부배합 묽은비빔 순으로 진동기의 효과가 떨어진다.
거푸집 진동기 (KS F 8005)	PC공장 등에서 동력에 의해 구동하는 진동체를 외부에서 거푸집에 진동을 가하여 콘크리트를 다지는 진동기이다.
표면 진동기	도로공사 등에서 콘크리트 상부에 직접 진동을 가하여 다지는 진동기이다.

4) 주의사항(요령) (99⑤)

① 수직으로 사용한다.
② 철근에 직접 닿지 않게 한다.
③ 삽입 깊이는 하층의 콘크리트 속으로 0.1m 정도 찔러 넣는다.
④ 삽입 간격은 0.5m 이하로 중복되지 않게 한다.
⑤ 1개소당 진동시간은 다짐할 때 시멘트풀이 표면 상부로 약간 부상하기까지 한다. 약 5~15초 정도이다.
⑥ 사용 후 서서히 제거하여 공극이 남지 않도록 한다.

핵심 Point

● 콘크리트 타설 시 시공 조인트 처리 방법 (94①, 96③, 99②)
① 이음면 : 밀실하게 막아 콘크리트가 흘러내리거나 새지 않게 한다.
② 수평부재 : 이음부 청소 철저히 하고 타설 전 시멘트풀를 도포한다.
③ 수직부재 : 콘크리트에 재진동 다짐을 한다.
④ 이음부처리 : 레이턴스를 철저히 제거하고 타설 전 시멘트풀을 도포한다.

● 무근콘크리트의 붓기 이음새의 전단력 보강 방법 (98③, 02①)
① 촉 또는 홈을 둔다.
② 돌을 삽입한다.
③ 철근을 삽입한다.

● 콘크리트 다짐 목적 (참고)
① 콘크리트를 밀실하게 충전
② 밀실한 콘크리트 확보
③ 소요강도와 내구성 확보
④ 재료분리 방지

● 굳지 않은 콘크리트의 다지기 방법 (01②, 04①)
① 손다짐
② 진동다짐
③ 거푸집 두드림
④ 가압법
⑤ 원심력법
⑥ 진공처리법

● 진동기의 종류와 정의 (98③, 99①, 06③)
① 꽂이식(막대형, 봉형) 진동기 : 콘크리트에 삽입시켜 사용하는 진동기
② 거푸집 진동기 : PC공장에서 거푸집 외부에 진동을 가하는 진동기
③ 표면 진동기 : 도로공사 등에서 콘크리트 상부에 직접 진동을 가하는 진동기

● 꽂이식(막대형) 진동기의 효과가 큰 것에서 작은 것으로의 순서 (97⑤, 99④)
① 빈배합 된비빔
② 빈배합 묽은비빔
③ 부배합 묽은비빔

⑦ 과도한 진동으로 재료분리가 일어나지 않도록 한다.
⑧ 굳기 시작한 콘크리트에는 진동을 주지 않는다.
⑨ 슬럼프값 150 mm 이하의 된비빔 콘크리트에 사용함을 원칙으로 한다.
⑩ 진동기 수는 1일 콘크리트 작업량 20 m³마다 1대를 사용하며, 대수 3대 또는 단수마다 예비 진동기 1대를 준비한다.
⑪ 진동기를 기준에 맞게 사용하면 재료분리 현상을 감소시키나 과다 사용하면 오히려 재료분리 현상을 일으킨다.

9. 양생(Curing, 보양)

1) 개요 (06②)

콘크리트를 부어넣은 다음 보호양육하여, 그 수화작용을 충분히 발휘시킴과 동시에 건조수축 및 외력에 의한 균열발생을 억제하고 오손, 변형, 파괴 등으로부터 아직 굳지 않은 콘크리트를 보호하는 것이다.

2) 양생 방법 (96④, 98③, 02③)

(1) 종류

종류	내용
습윤양생	일반적인 방법으로 보통 수중보양 또는 살수보양하여 습윤상태를 유지하면서 실시하는 양생이다. 매트, 모포를 적시거나 살수한다.
피막양생	표면에 피막 양생제를 뿌려 수분 증발을 방지하면서 실시하는 양생이다.
오토클레이브 양생	고온, 고압의 증기솥(오토클레이브) 속에서 상압보다 높은 압력으로 고온의 수증기를 사용하여 실시하는 양생이다.
증기양생	높은 온도(35℃ 이상)의 수증기 속에서 실시하는 촉진양생이다.
전기양생	저압교류를 통하여 전기저항에 의한 열을 이용한 것이다.

(2) 습윤상태로 보호하는 습윤양생 기간의 표준 [57]

일평균기온	보통포틀랜드시멘트	고로슬래그시멘트(2종) 플라이애시시멘트(종)	조강포틀랜드시멘트
15℃ 이상	5일	7일	3일
10℃ 이상	7일	9일	4일
5℃ 이상	9일	12일	5일

3) 촉진양생

콘크리트의 경화나 강도발현을 촉진하기 위해 실시하는 양생이다.

---

57) KCS 14 20 10 일반콘크리트 (3.4), 국토교통부, 한국콘크리트학회, 2022.

핵심 Point

【꽂이식 진동기】

【거푸집 진동기】

● 진동다짐기 사용시 주의사항 (99⑤)
① 수직으로 사용한다.
② 철근에 직접 닿지 않게 한다.
③ 삽입 깊이는 하층의 콘크리트 속으로 0.1 m 정도 찔러 넣는다.
④ 삽입 간격은 0.5 m 이하로 중복되지 않게 한다.
⑤ 1개소당 진동시간은 다짐할 때 시멘트풀이 표면 상부로 약간 부상하기까지 한다. 약 5~15초 정도이다.
⑥ 사용 후 서서히 제거하여 공극이 남지 않도록 한다.
⑦ 과도한 진동으로 재료분리가 일어나지 않도록 한다.
⑧ 굳기 시작한 콘크리트에는 진동을 주지 않는다.

● 콘크리트를 부어넣은 다음 수화작용을 충분히 발휘시킴과 동시에 건조 및 외력에 의한 균열발생을 방지하고 오손, 변형, 파괴에서 보호하는 것 (06②)
양생(보양)

● 콘크리트 양생 방법 (96④, 98③, 02③)
① 습윤양생
② 피막양생
③ 오토클레이브 양생
④ 증기양생
⑤ 전기양생

(주) 1. 피막양생은 습윤양생의 한 종류이다.
   2. 오토클레이브 양생, 증기양생, 전기양생 등은 촉진양생의 한 종류이다.

4) 주의사항 (89③, 96③)

① 경화 시까지 충격 및 하중을 가하지 않는다.
② 직사일광, 풍우, 서리, 눈 등에 노출면을 보호한다.
③ 양생온도(5℃ 이상)를 유지하여 급격한 건조를 방지한다.
④ 수화작용이 충분히 되도록 습윤상태를 유지한다.
⑤ 양생기간을 준수한다.
⑥ 콘크리트를 타설한 후 원칙적으로 1일간은 그 위를 보행하거나 중량물을 올려놓지 않는다.
⑦ 콘크리트를 타설한 후 초기 동해를 받을 염려가 있는 경우에는 한중 콘크리트에 준하여 초기 양생한다.
⑧ 하절기(서중콘크리트)에는 5일 이상 물을 뿌려 습윤상태를 유지한다.
⑨ 평균기온이 연속적으로 2일 이상 5℃ 미만인 경우 가열보온양생을 고려하여야 한다.

3 현장 품질관리

1. 콘크리트의 품질관리를 위한 시험검사 중 고려사항
① 콘크리트의 표면마무리
② 피복두께
③ 구조체 콘크리트의 강도

2. 콘크리트의 품질관리 검사 58)

구분	검사항목	
콘크리트의 받아들이기 품질검사	① 슬럼프	② 공기량
	③ 온도	④ 단위 질량
	⑤ 염소이온량	
	⑥ 배합(단위수량, 단위시멘트량), 물결합재비	
	⑦ 펌프빌리티	
워커빌리티의 검사	① 굵은골재 최대 치수	② 슬럼프값

3. 콘크리트 구조물 검사
① 표면상태의 검사
② 콘크리트 부재의 위치 및 형상 치수의 검사
③ 철근피복 검사
④ 구조물 중의 콘크리트 품질의 검사

---

58) KCS 14 20 10 일반콘크리트 (3.5), 국토교통부, 한국콘크리트학회, 2022.

핵심 Point

● 촉진양생의 종류 (참고)
① 오토클레이브 양생
② 증기양생
③ 온수양생
④ 전기양생
⑤ 적외선양생
⑥ 고주파양생

● 콘크리트 양생 시 주의사항 (89③, 96③)
① 경화 시까지 충격 및 하중을 가하지 않는다.
② 직사일광, 풍우, 서리, 눈 등에 노출면을 보호한다.
③ 양생온도를 유지하여 급격한 건조를 방지한다.
④ 수화작용이 충분히 되도록 습윤상태를 유지한다.
⑤ 양생기간을 준수한다.
⑥ 콘크리트를 타설한 후 1일간은 원칙적으로 그 위를 보행하거나 중량물을 올려놓지 않는다.

● 콘크리트의 품질관리를 위한 시험검사 중 고려사항 (예상)
① 콘크리트의 표면마무리
② 피복두께
③ 구조체 콘크리트의 강도

● 콘크리트의 받아들이기 품질관리 항목 (예상)
① 슬럼프
② 공기량
③ 온도
④ 단위 질량
⑤ 염소이온량
⑥ 배합(단위수량, 단위시멘트량), 물결합재비
⑦ 펌프빌리티

● 콘크리트 구조물 검사 (예상)
① 표면상태의 검사
② 콘크리트 부재의 위치 및 형상 치수의 검사
③ 철근피복 검사
④ 구조물 중의 콘크리트 품질의 검사

4. 콘크리트의 이음

1. 개요

이미 경화한 콘크리트에 이어서 콘크리트를 타설하거나 습기 및 온도 변화에 대한 신축과 팽창을 흡수하기 위해 설치하는 것이다. 줄눈(Joint)라고도 한다.

2. 종류

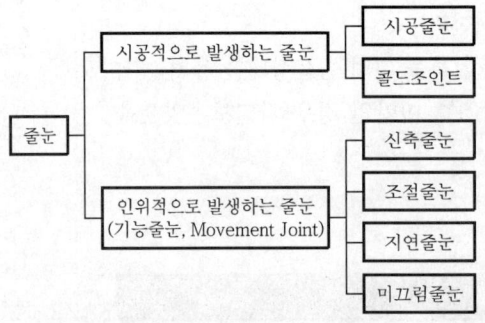

핵심 Point

● 콘크리트의 기능줄눈의 종류 (예상)
① 신축줄눈
② 조절줄눈
③ 지연줄눈
④ 미끄럼줄눈

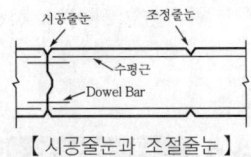

【 시공줄눈과 조절줄눈 】

● 시공줄눈의 정의 (91②, 95③④, 97②, 98③, 99④, 07③, 20①)
시공상 콘크리트를 한 번에 계속하여 부어 나가지 못할 때 생기는 줄눈

3. 시공줄눈(Construction Joint)

1) 개요 (91②, 95③④, 98③, 99④, 06①, 07③, 13③, 18②, 20①)

① 시공상 콘크리트를 한 번에 계속하여 부어 나가지 못할 때 생기는 줄눈이다.
② 계획적으로 발생시킨 줄눈이다.

2) 설치이유 및 설치위치

설치이유	설치위치
① 거푸집의 반복사용을 위해	① 구조물의 강도에 영향이 적은 곳
② 1일 콘크리트 작업의 한계	② 이음길이가 최소인 곳
③ 거푸집에 작용하는 생콘크리트의 하중 조정을 위해	③ 시공순서에 무리가 없는 곳
④ 대형 부재의 온도균열 방지를 위해	④ 응력방향에 수직 또는 수평으로

(주) 시공줄눈의 설치위치는 이어치기 구획과 동일하다.

● 시공줄눈 및 신축줄눈 (06①, 13③, 18①)

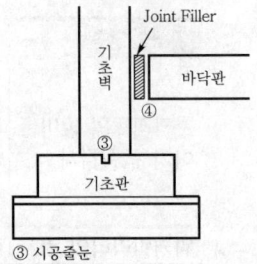

③ 시공줄눈
④ 신축줄눈

● 콜드조인트의 정의 (91②, 95③④, 97②, 98③, 99④, 02①, 07①③, 10②, 12③, 14①, 17③, 18②③, 22③)
기계고장, 휴식시간 등의 요인으로 콘크리트 타설 작업이 중단됨으로써 다음 배치의 콘크리트를 이어치기할 때 먼저 친 콘크리트가 응결 또는 경화함에 따라 일체화되지 않음으로 생기는 줄눈

4. 콜드조인트(Cold Joint)

1) 개요 (91②, 95③④, 97②, 98③, 99④, 02①, 07①③, 10②, 12③, 14①, 17③, 18②③, 22③)

① 기계고장, 휴식시간 등의 요인으로 콘크리트 타설 작업이 중단됨으로써 다음 배치의 콘크리트를 이어치기할 때 먼저 친 콘크리트가

응결 또는 경화함에 따라 일체화되지 않음으로 생기는 이음이다.
② 비계획적으로 발생되는 줄눈이다.

2) 영향(피해) (00②)
① 경화 후 균열발생
② 누수에 의해 철근부식
③ 구조물의 내구성 저하
④ 마감재 균열

3) 원인 및 대책 (00②)

원인	대책
① 타설 중 장비 고장 등에 의한 작업 중단 ② 레미콘 반입 지연	① 이어치기 시간 준수 ② 인원, 장비, 자재계획 수립 ③ 응결지연제 사용 ④ 콘크리트면의 습윤 유지 ⑤ 타설구획 설정

5. 신축줄눈(Expansion Joint)

1) 개요 (91②, 95③④, 98③, 99④, 02①, 06①, 07③, 13③, 18①②, 20①)

온도변화에 따른 팽창, 수축 혹은 부동침하, 진동 등에 의해 균열이 예상되는 위치에 설치하는 줄눈이다.

2) 신축줄눈의 연결재

(1) 슬립바(Slip Bar) (97④)

콘크리트 슬래브의 신축줄눈에서 인접한 슬래브를 서로 연결하고 수평을 유지하기 위해 삽입한 철근이다.

(2) 슬립바의 설치 (03②)

자유단에 설치하는 플라스틱캡은 끝 부분에 마스킹 테이프를 부착하여 콘크리트 타설시 모르타르가 침입하지 못하도록 한다.

(3) 신축줄눈에서 용접철망이 설치된 경우의 처리 방법 (03②)

신축줄눈에서 바닥판에 용접철망을 사용할 경우, 처리 방법은 줄눈의 좌우 양측으로 50mm 정도 떨어진 지점까지 설치하여 줄눈을 관통시키지 않는다.

【벽의 신축줄눈】

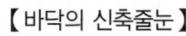
【바닥의 신축줄눈】

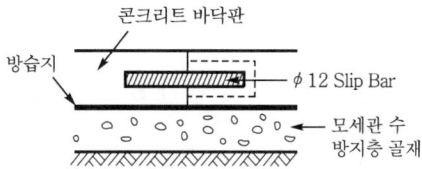
【신축줄눈에서의 슬립바】

6. 조절줄눈(Control Joint, 수축줄눈)
(91②, 95④, 98③, 02①, 06①, 07③, 11②, 13③, 15②, 17③, 18①②, 19①)

① 온도균열 및 콘크리트의 수축에 의한 균열을 제어하기 위해서 구조물의 길이방향에 일정 간격으로 단면 감소 부분을 만들어 그 부분에 균열이 집중되도록 하고, 나머지 부분에서는 균열이 발생하지 않도록 하여 균열이 발생한 위치에 대한 사후 조치를 쉽게 하기 위한 이음이다.
② 종류로는 줄눈재 끼움, 톱자르기 및 흠내기 등이 있다.

7. 지연줄눈(Delay Joint) (02①, 16②)

① 장 스팬의 구조물에 콘크리트의 건조수축 및 침하에 의한 콘크리트의 균열을 감소시킬 목적으로 설치하는 줄눈이다.
② 지연이음은 신축이음을 대체하는 경우로 많이 사용된다.

8. 미끄럼줄눈(Sliding Joint) (06①, 13③, 18②)

① 바닥판 또는 보의 지지를 단순지지로 만들기 위한 줄눈이다.
② 쉽게 활동할 수 있게 한 줄눈이다.

핵심 Point

● 조절줄눈의 정의 (91②, 95④, 98③, 07③, 11②, 15②, 17③, 18②, 19①)
① 균열을 전체 벽면 중의 일정한 곳에만 일어나도록 유도하는 줄눈
② 지반 등 안정된 위치에 있는 바닥판이 수축에 의하여 표면에 균열이 생기는 것을 방지하기 위해 설치하는 줄눈

● 조절줄눈 (06①, 13③, 18①)

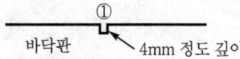

① 조절줄눈

● 지연줄눈의 정의 (02①, 16②)
장 스팬의 구조물(100m가 넘는)에 신축줄눈을 설치하지 않고, 건조수축을 감소시킬 목적으로 설치하는 줄눈

● 미끄럼줄눈 (06①, 13③, 18①)

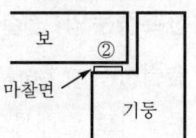

② 미끄럼줄눈

Lesson 17

기출 및 예상 문제

01 콘크리트 배합설계 시 고려하게 되는 "콘크리트가 구비해야 할 성질"에 대하여 5가지만 쓰시오. (5점)　•94 ④

① _____ ② _____
③ _____ ④ _____
⑤ _____

정답

1
① 소요의 강도
② 균일성
③ 밀실성
④ 내구성
⑤ 시공용이성
⑥ 정확성
⑦ 경제성

02 콘크리트 공사의 일정계획에 영향을 주는 요소를 4가지 쓰시오. (4점)　•94 ③, 95 ④

① _____ ② _____
③ _____ ④ _____
⑤ _____

2
① 강우
② 기온
③ 바람
④ 습도

03 다음 콘크리트 배합설계 시 가장 관련이 있는 것을 1가지 골라 번호로 쓰시오. (4점)　•92 ③, 02 ③

― 보기 ―
㉮ 단위수량 혹은 시멘트량
㉯ 굵은골재의 최대 치수
㉰ 잔골재율 혹은 단위 굵은골재량
㉱ AE제의 양
㉲ 물시멘트비

① 콘크리트 반죽질기 조정
② 콘크리트 점도 및 재료분리 조정
③ 콘크리트 강도 고려
④ 콘크리트 내구성 고려

3
① ㉮
② ㉰
③ ㉲
④ ㉱

04 콘크리트의 배합설계 종류 3가지를 쓰시오. (3점)   •98 ①, 99 ⑤

① _____
② _____
③ _____

정답 4
① 절대용적배합
② 질량배합(중량배합)
③ 표준계량 용적배합
④ 현장계량 용적배합

05 콘크리트의 배합을 결정하기 위한 요소를 4가지 쓰시오. (4점)   •88 ②

① _____ ② _____
③ _____ ④ _____

정답 5
① 물시멘트비
② 슬럼프값
③ 단위시멘트량
④ 단위수량
⑤ 잔골재율
⑥ 공기량

06 콘크리트의 표준 배합설계 순서를 |보기|에서 골라 기호를 쓰시오. (4점)   •91 ①, 93 ①, 04 ①, 08 ②

|보기|
㉮ 슬럼프값의 결정   ㉯ 시방배합의 산출 및 조정
㉰ 배합강도의 결정   ㉱ 물시멘트비의 선정
㉲ 잔골재율의 결정   ㉳ 소요강도의 결정
㉴ 굵은골재 최대 치수의 결정   ㉵ 현장배합의 조정
㉶ 시멘트강도의 결정   ㉷ 단위수량의 결정

_____

정답 6
㉳ → ㉰ → ㉶ → ㉱ → ㉮ → ㉴ → ㉲ → ㉷ → ㉯ → ㉵

07 콘크리트 배합설계 순서를 쓰시오. (4점)   •94 ①

소요강도 → (①) → (②) → (③) → (④) → (⑤) → 계획배합 결정

① _____ ② _____
③ _____ ④ _____
⑤ _____

정답 7
① 배합강도의 결정
② 시멘트강도의 결정
③ 물시멘트비의 결정
④ 슬럼프값의 결정
⑤ 시방배합의 결정

08 일반적인 콘크리트 배합설계의 순서를 8가지로 나누어 쓰시오. (5점)

• 95 ③, 06 ③

① _____ ② _____
③ _____ ④ _____
⑤ _____ ⑥ _____
⑦ _____ ⑧ _____

정답

8
① 소요강도의 결정
② 배합강도의 결정
③ 시멘트강도의 결정
④ 물시멘트비 선정
⑤ 슬럼프값 결정
⑥ 굵은골재 최대 치수 결정 (잔골재율 결정, 단위수량 결정)
⑦ 시방배합의 산출 및 조정
⑧ 현장배합의 결정

09 콘크리트공사의 배합설계에서 구조체 콘크리트의 강도관리 재령이 28일인 경우 배합강도 산정식에서 시멘트의 종류가 보통포틀랜드시멘트이고 예상 평균기온이 5℃ 이상 15℃ 미만인 경우 콘크리트 강도의 기온에 따른 보정값 T_n은 얼마인가? (2점)

• 09 ③

9
T_n = 3 MPa

참고
보통포틀랜드시멘트의 기온보정값 : T_n
① 예상평균기온 18℃ 이상 : T_n = 0
② 예상평균기온 8~18℃ : T_n = 0 MPa
③ 예상평균기온 4~8℃ : T_n = 6 MPa
(주) 최신 KCS 14 20 10 기준에 맞게 수정하였음

10 특기시방서에 설계기준압축강도(f_{ck})가 24MPa이고 내구성기준압축강도(f_{cd})가 27 MPa으로 규정되어 있을 때 보통포틀랜드시멘트를 사용하는 경우 콘크리트의 배합강도(f_{cr})를 구하시오. (단, 기온보정강도(T_n)는 3 MPa이고, 압축강도의 표준편차(s)는 $0.15f_{ck}$로 한다.) (4점)

• 93 ③

10
① 품질기준강도(f_{cq})
$f_{cq} = \max(f_{ck}, f_{cd})$
= max(24, 27) = 27MPa
② 호칭강도(f_{cn})
$f_{cn} = f_{cq} + T_n$
= 27+3 = 30MPa
③ 배합강도(f_{cr})
$s = 0.15 \times 24 = 3.6$
$f_{cr} = \max[f_{cn}+1.34s,$
$(f_{cn}-3.5)+2.33s]$(MPa)
= max[30+1.34×3.6,
(30−3.5)+2.33×3.6]
= max(34.8, 34.9) = 34.9
∴ 배합강도(f_{cr})는 34.9MPa
(주) 최신 KCS 14 20 10 기준에 맞게 수정하였음

11 콘크리트의 시방배합 결과 필요한 잔골재량이 300kg, 굵은골재량이 700kg이었다. 현장배합을 위한 검사결과 5mm체에 남는 잔골재량이 10%이고, 5mm체를 통과하는 굵은골재량이 10%일 때 수정된 굵은 골재량은 얼마인가? (4점) •08 ①

정답 11
$x + y = S + G$
$\left(1 - \dfrac{a}{100}\right) \times x + \left(\dfrac{b}{100}\right) \times y = S$
$\left(\dfrac{a}{100}\right) \times x + \left(1 - \dfrac{b}{100}\right) \times y = G$
위의 식에서 S는 시방배합의 모래량, G는 시방배합의 자갈량, a는 잔골재 중 5mm체에 남는 양, b는 굵은골재 중 5mm체를 통과한 양이고, 세 식 중에서 두 식을 이용하여 연립방정식을 풀면된다.
$x + y = 300 + 700 = 1000$
$\left(1 - \dfrac{10}{100}\right) \times x + \left(\dfrac{10}{100}\right) \times y = 300$
$x = 250$이고, $y = 750$이 되며 따라서 수정된 굵은골재량은 750kg이 된다.

12 '물시멘트비(W/C)'에 대하여 간략하게 설명하시오. (3점) •87 ①, 88 ①, 09 ①, 10 ②, 15 ①

정답 12
모르타르 또는 콘크리트에 포함된 시멘트풀 중의 시멘트에 대한 물의 질량비
[물의 질량/시멘트의 질량 ×100(%)]

13 보통포틀랜드시멘트(압축강도 K=30MPa)를 이용하여 재령 28일 콘크리트 압축강도 24MPa인 보통 콘크리트 제조에 필요한 물시멘트비를 구하시오. (3점) •90 ④, 94 ①, 02 ③

정답 13
$W/C = \min\left(\dfrac{21.5}{f_{28} + 21.0}, \dfrac{61}{f_{28}/K + 0.34}\right)$
$= \min\left(\dfrac{21.5}{24.0 + 21.0}, \dfrac{61}{24.0/30.0 + 0.34}\right)$
$= \min(0.4778, 0.5351)$
$= 0.4778$
$= 47.78(\%)$

14 콘크리트 타설 중 가수하여 물시멘트비가 큰 콘크리트로 시공하였을 경우 예상되는 결점을 4가지 쓰시오. (4점) •06 ③, 14 ②

①_____ ②_____
③_____ ④_____

정답 14
① 강도 저하
② 재료분리
③ 블리딩현상
④ 건조수축

15 '잔골재율(S/a)'을 설명하시오. (2점) •11 ①

정답 15
전체 골재에 대한 잔골재의 절대용적비를 백분율(%)로 나타낸 것이다.

Lesson 17

16 다음에 해당되는 콘크리트에 사용되는 굵은골재의 최대 치수를 기재하시오. (3점)

(1) 일반적인 경우 : (①) mm
(2) 단면이 큰 경우 : (②) mm
(3) 무근콘크리트 : (③) mm

① _____ ② _____ ③ _____

정답 16
① 일반적인 경우 : 20 또는 25 mm
② 단면이 큰 경우 : 40 mm
③ 무근콘크리트 : 40 mm

17 다음 글을 읽고 ( ) 안에 들어갈 적당한 내용을 쓰시오. (2점) •08 ①

(가) 건축공사표준시방서에서 규정한 철근콘크리트 표준 슬럼프값은 일반적인 경우 (①)mm이며, 단면이 큰 경우는 (②)mm 범위의 값이다.
(나) 콘크리트 공기량의 범위는 (③)%이다.

① _____ ② _____ ③ _____

정답 17
① 80~180
② 60~150
③ 3.0~6.0

18 콘크리트 공사에서 다음 설명에 알맞은 용어를 |보기|에서 골라 번호로 쓰시오. (4점) •92 ③, 07 ③

┤보기├
㉮ 디스펜서   ㉯ 이넌데이트   ㉰ 숏크리트
㉱ 컨시스턴시 ㉲ 워세크리터   ㉳ 레이턴스

① 물시멘트비를 일정하게 유지하면서 골재를 계량하는 장치
② 모래의 용적 계량장치
③ 모르타르를 압축공기로 분사하여 바르는 콘크리트 시공
④ 콘크리트를 부어넣은 후 블리딩수의 증발에 따라 그 표면에 나오는 미세한 물질

_____

정답 18
① ㉲
② ㉯
③ ㉰
④ ㉳

19 다음 측정기별 용도를 ( )에 쓰시오. (2점)
•95 ②⑤, 97 ①③, 99 ④ 01 ②, 04 ②, 05 ①, 08 ②, 09 ①, 11 ②, 14 ①, 17 ②

① Washington Meter : (_____)
② Dispenser : (_____)
③ Air Meter : (_____)

정답 19
① Washington Meter : 굳지 않은 콘크리트 중의 공기량 측정
② Dispenser : AE제의 계량장치
③ Air Meter : 굳지 않은 콘크리트 중의 공기량 측정기

20 각종 실험에 사용되는 기구를 |보기|에서 골라 쓰시오. (5점)

•90 ②, 95 ③

| 보기 |
| ㉮ Dial Gauge   ㉯ Air Meter
| ㉰ Schmidt Hammer ㉱ Penetro Meter
| ㉲ Drop Hammer |

① 토질시험
② 콘크리트 공기량 측정
③ 지내력 실험
④ 콘크리트 강도 측정
⑤ 말뚝관입시험

정답
20
① ㉱
② ㉯
③ ㉮
④ ㉰
⑤ ㉲

21 다음 각종 시험에 이용되는 기구 및 장비명을 |보기|에서 골라 번호를 쓰시오. (4점)

•92 ③

| 보기 |
| ㉮ 에어미터   ㉯ 워세크리터
| ㉰ 리머   ㉱ 다이얼게이지 |

① 시공 중 콘크리트 공기량 측정
② 종방향의 미세한 변형량을 시계형으로 확대시켜 정확한 침하량을 측정하는 기구로서 지내력시험에 이용
③ 물시멘트비가 일정할 때 골재계량
④ 펀치 또는 드릴로 뚫은 구멍의 지름을 정확히 보기 좋게 가다듬는 기구

21
① ㉮
② ㉱
③ ㉯
④ ㉰

22 '배처플랜트(Batcher Plant)'에 대해 간단히 설명하시오. (2점)

•92 ④, 95 ①, 08 ③, 17 ③

22
물, 시멘트, 골재 등을 정확하고 능률적으로 자동으로 계량, 배합 및 비비기하여 주는 기계설비이다.

23 콘크리트 펌프의 압송방식 종류를 2가지 쓰시오. (2점)

•02 ②

① _____ ② _____

23
① 공기압축식
② 피스톤식
③ 스퀴즈식

24. 콘크리트 공사에서 다시비빔(Remixing)과 되비빔(Retempering)에 관하여 기술하시오. (4점)
•91 ③, 95 ②, 99 ②, 03 ③, 09 ①, 10 ③

① 다시비빔(Remixing) : _____

② 되비빔(Retempering) : _____

정답 24
① 다시비빔(Remixing) : 아직 엉기지 않은 콘크리트를 시간 경과 또는 재료가 분리된 경우에 다시 비벼 쓰는 것
② 되비빔(Retempering) : 콘크리트가 응결하기 시작한 것을 다시 비비는 것

25. 콘크리트 펌프 공법의 장·단점을 각각 3가지씩 기록하시오. (4점)
•99 ②

가. 장점
① _____ ② _____ ③ _____

나. 단점
① _____ ② _____ ③ _____

정답 25
가. 장점
① 기계화에 따른 노동력 절감
② 작업의 연속성
③ 운반성능향상
④ 기동성 및 작업의 능률 향상
나. 단점
① 압송거리 제한
② 수송관이 중량이고 진동이 있음
③ 압송관의 폐색사고
④ 된비빔 압송시 난점

26. 다음 철근콘크리트 시공에 있어 콘크리트의 이행순서를 |보기|에서 골라 쓰시오. (4점)
•90 ④

| 보기 |
㉮ 버킷   ㉯ 믹서   ㉰ 타워호퍼
㉱ 경사슈트 ㉲ 플로어 호퍼 ㉳ 두 바퀴 손차

정답 26
㉯ → ㉮ → ㉰ → ㉱ → ㉲ → ㉳

27. 건축물 구조부 중에서 콘크리트를 부어넣는 시공순서를 |보기|에서 기호로 쓰시오. (4점)
•90 ①, 94 ②, 96 ②, 97 ②

| 보기 |
㉮ 보   ㉯ 기둥   ㉰ 바닥판
㉱ 계단   ㉲ 벽   ㉳ 기초

정답 27
㉳ → ㉯ → ㉲ → ㉱ → ㉮ → ㉰

28 콘크리트 시공 시 레미콘과 같이 미리 제조된 소정의 콘크리트에 현장에서 다시 물을 첨가하는 경우, 경화 후 콘크리트 품질에 초래될 것으로 예상되는 가장 중요한 결과와 그 이론적 원인에 대해 간단히 쓰시오. (4점) •93 ②

가. 가장 중요한 결과 : _____
나. 이론적 원인 : _____

정답

28
가. 가장 중요한 결과 : 콘크리트의 강도 저하
나. 이론적 원인 : 물시멘트비의 증가에 따른 내부공극 증대

29 콘크리트 타설 시 현장가수로 인한 문제점을 4가지 쓰시오. (4점)
•95 ⑤, 97 ⑤, 02 ①, 03 ①, 16 ③

① _____ ② _____
③ _____ ④ _____

29
① 콘크리트의 강도 저하
② 내구성, 수밀성 저하
③ 재료분리 발생
④ 블리딩 증가
⑤ 건조수축에 따른 균열발생

30 콘크리트 구조체 공사의 VH(Vertical Horizontal) 공법에 관하여 기술하시오. (4점) •05 ②, 11 ②

_____

30
기둥, 벽 등의 수직부재를 먼저 타설하고 보, 슬래브 등의 수평부재를 나중에 타설하는 공법

31 콘크리트 이어치기 시 주의사항을 4가지 쓰시오. (4점) •90 ④

① _____ ② _____
③ _____ ④ _____

31
① 구조물의 강도에 영향이 적은 곳에서 이어친다.
② 이음길이가 최소인 곳에서 이어친다.
③ 시공순서에 무리가 없는 곳에서 이어친다.
④ 응력방향에 수직 또는 수평으로 이어친다.

32 다음 각 부위에 콘크리트 이어치기 위치 및 방법에 대해 쓰시오. (5점) •91 ②, 93 ③

① 보, 바닥판 : _____
② 스팬 중앙부에 작은 보가 있는 바닥판 : _____
③ 기둥 : _____
④ 벽 : _____
⑤ 아치 : _____

32
① 보, 바닥판 : 스팬의 중앙부에서 수직
② 스팬 중앙부에 작은 보가 있는 바닥판 : 작은보의 중심으로부터 작은보 너비의 2배정도 떨어진 곳에서 수직
③ 기둥 : 기초판, 연결보, 바닥판 위에서 수평
④ 벽 : 개구부(문꼴) 등 끊기 좋고 이음자리 막기와 떼어내기 편리한 곳에 수직 또는 수평
⑤ 아치 : 아치축에 직각

Lesson 17

33 철근콘크리트 부재의 이어치기는 수직, 수평, 직각의 형태로 구분된다. 주어진 부재의 이어치기를 이들 3형태에 맞게 번호로 답하시오. (3점)
•03 ②, 08 ①

┤보기├
㉮ 보   ㉯ 기둥   ㉰ 슬래브
㉱ 벽   ㉲ 아치

① 수직 (   )   ② 수평 (   )   ③ 축에 직각 (   )

정답

33
㉮ 수직 : ㉮, ㉰, ㉱
㉯ 수평 : ㉯, ㉱
㉰ 축에 직각 : ㉲

34 콘크리트의 계속타설 중의 이어치기 허용 시간간격에 대해 다음 (   )을 완성하시오. (4점)
•19 ③

외기온도	이어치기 허용 시간간격
25℃ 이상	(①) 시간 이내
25℃ 미만	(②) 시간 이내

34
① 2.0
② 2.5

35 콘크리트 타설 시 시공 Joint 처리 방법이다. 공란에 알맞은 말을 쓰시오. (4점)
•94 ①, 96 ③, 99 ②

① 이음면은 _____
② 수평부재에서는 _____
③ 수직부재에서는 _____
④ 이음부처리는 _____

35
① 이음면 : 밀실하게 막아 콘크리트가 흘러 내리거나 새지 않게 한다.
② 수평부재 : 이음부 청소를 철저히 하고 타설 전 시멘트풀을 도포한다.
③ 수직부재 : 콘크리트에 재진동 다짐을 한다.
④ 이음부처리 : 레이턴스를 철저히 제거하고 타설 전 시멘트풀을 도포한다.

36 무근콘크리트의 붓기 이음새에 전단력을 보강하기 위한 방법 3가지를 쓰시오. (3점)
•98 ③, 02 ①

① _____ ② _____ ③ _____

36
① 촉 또는 홈을 둔다.
② 돌을 삽입한다.
③ 철근을 삽입한다.

37 굳지 않은 콘크리트의 다지기 방법 3가지를 쓰시오. (3점)
•01 ②, 04 ①

① _____ ② _____ ③ _____

37
① 손다짐
② 진동다짐
③ 거푸집 두드림
④ 가압법
⑤ 원심력법
⑥ 진공처리법

38 다음 물음에 대한 콘크리트 다짐에 이용되는 진동기의 종류를 쓰시오. (3점)　•99 ①

① 보통 공사에 많이 쓰이는 것으로 콘크리트에 삽입시켜 사용하는 것
② PC 공장에서 거푸집의 외부에 진동을 가하는 것
③ 도로공사 등에서 콘크리트 상면에 진동을 가하는 것

① _____　　② _____　　③ _____

정답

38
① 꽂이식(막대형, 봉형) 진동기
② 거푸집 진동기
③ 표면 진동기

39 다음 설명에 적합한 진동기의 명칭을 쓰시오. (3점)　•06 ③

① 콘크리트에 꽂아서 사용하여 진동에 의하여 콘크리트를 액상화시켜 다짐효과가 크다.
② 거푸집을 진동시키는 것으로 얇은 벽이나 공장제작 콘크리트에서 사용된다.
③ 타설된 콘크리트 위를 다짐하는 용도로 사용된다.

① _____　　② _____　　③ _____

39
① 꽂이식(막대형, 봉형) 진동기
② 거푸집 진동기
③ 표면 진동기

40 콘크리트 다짐에 이용되는 진동기의 종류를 쓰시오. (3점)　•98 ③

① _____　　② _____　　③ _____

40
① 꽂이식(막대형, 봉형) 진동기
② 거푸집 진동기
③ 표면 진동기

41 다음 |보기| 중 꽂이식 진동기의 효과가 가장 잘 발휘될 수 있는 것부터 순서대로 번호를 쓰시오. (3점)　•97 ⑤, 99 ④

|보기|
㉮ 빈배합 묽은 비빔　　㉯ 부배합 묽은 비빔
㉰ 빈배합 된비빔

41
㉯ → ㉮ → ㉰

42 건축 신축현장에 콘크리트를 타설할 때 진동다짐기 사용에 있어서 주의할 점을 4가지 쓰시오. (4점)

•99 ⑤

① _____
② _____
③ _____
④ _____

43 콘크리트를 부어넣은 다음 수화작용을 충분히 발휘시킴과 동시에 건조 및 외력에 의한 균열발생을 방지하고 오손, 변형, 파괴에서 보호하는 것을 무엇이라 하는가? (2점)

•06 ②

_____

44 콘크리트 타설 후 양생 방법의 종류를 4가지 쓰시오. (4점)

•96 ④, 98 ③, 02 ③

① _____ ② _____
③ _____ ④ _____

45 콘크리트 보양(Curing and Protecting)시 주의사항을 4가지 쓰시오. (4점)

•89 ③, 96 ③

① _____
② _____
③ _____
④ _____

46 콘크리트 시공과정 중 휴식시간 등으로 응결하기 시작한 콘크리트에 새로운 콘크리트를 이어칠 때 일체화가 저해되어 생기게 되는 줄눈은? (2점)

•07 ①, 14 ①, 22 ③

_____

정답

42
① 수직으로 사용한다.
② 철근에 직접 닿지 않게 한다.
③ 삽입깊이는 하층의 콘크리트 속으로 0.1m 정도 찔러 넣는다.
④ 삽입간격은 0.5m 이하로 중복되지 않게 한다.
⑤ 1개소당 진동시간은 다짐할 때 시멘트풀이 표면 상부로 약간 부상하기까지 한다. 약 5~15초 정도이다.
⑥ 사용 후 서서히 제거하여 공극이 남지 않도록 한다.
⑦ 과도한 진동으로 재료분리가 일어나지 않도록 한다.
⑧ 굳기 시작한 콘크리트에는 진동을 주지 않는다.
⑨ 슬럼프 150 mm 이하의 된비빔 콘크리트에 사용함을 원칙으로 한다.

43
양생(보양)

44
① 습윤양생
② 피막양생
③ 오토클레이브 양생
④ 증기양생
⑤ 전기양생

45
① 경화 시까지 충격 및 하중을 가하지 않는다.
② 직사일광, 풍우, 서리, 눈 등에 노출면을 보호한다.
③ 양생온도를 유지하여 급격한 건조를 방지한다.
④ 수화작용이 충분히 되도록 습윤상태를 유지한다.
⑤ 양생기간을 준수한다.
⑥ 콘크리트를 타설 한 후 1일간은 원칙적으로 그 위를 보행하거나 중량물을 올려놓지 않는다.

46
콜드조인트(Cold Joint)

47 다음 콘크리트 줄눈의 종류를 쓰시오. (4점)

① 콘크리트 작업관계로 경화된 콘크리트에 새로 콘크리트를 타설할 경우 발생하는 줄눈
② 온도변화에 따른 팽창, 수축 혹은 부동침하, 진동 등에 의해 균열이 예상되는 위치에 설치하는 줄눈
③ 균열을 전체 벽면 중의 일정한 곳에만 일어나도록 유도하는 줄눈
④ 장 Span의 구조물(100m가 넘는)에 신축줄눈(Expansion Joint)를 설치하지 않고, 건조수축을 감소시킬 목적으로 설치하는 줄눈

① _____ ② _____
③ _____ ④ _____

48 콘크리트의 각종 Joint에 대하여 설명하시오. (4점)

① 콜드조인트(Cold Joint) : _____
② 시공줄눈(Construction Joint) : _____
③ 조절줄눈(Control Joint) : _____
④ 신축줄눈(Expansion Joint) : _____

49 콜드조인트(Cold Joint)가 구조물(건물)에 미치는 영향을 간단히 쓰고 방지대책을 쓰시오. (5점)

가. 영향 : _____

나. 방지대책 : _____

50 '이음새 시공에서 슬립바(Slip Bar)'를 간단히 설명하시오. (2점)

_____

정답

47
① 콜드조인트(Cold Joint)
② 신축줄눈(Expansion Joint)
③ 조절줄눈(Control Joint)
④ 지연줄눈(Delay Joint)

48
① 콜드조인트(Cold Joint) : 기계고장, 휴식시간 등의 요인으로 콘크리트 타설 작업이 중단됨으로써 다음 배치의 콘크리트를 이어치기할 때 먼저 친 콘크리트가 응결 또는 경화함에 따라 일체화되지 않음으로 생기는 줄눈
② 시공줄눈(Construction Joint) : 시공상 콘크리트를 한 번에 계속하여 부어 나가지 못할 때 생기는 줄눈
③ 조절줄눈(Control Joint) : 온도균열 및 콘크리트의 수축에 의한 균열을 제어하기 위해서 구조물의 길이방향에 일정 간격으로 단면 감소 부분을 만들어 그 부분에 균열이 집중되도록 하고, 나머지 부분에서는 균열이 발생하지 않도록 하여 균열이 발생한 위치에 대한 사후 조치를 쉽게 하기 위한 줄눈
④ 신축줄눈(Expansion Joint) : 온도변화에 따른 팽창, 수축 혹은 부동침하, 진동 등에 의해 균열이 예상되는 위치에 설치하는 줄눈

49
가. 영향 : 누수의 원인이 되어 철근이 부식되어 구조물의 내구성 저하
나. 방지대책
① 이어치기 시간 준수
② 인원, 장비, 자재계획 수립
③ 응결지연제 사용
④ 콘크리트면의 습윤 유지
⑤ 타설구획 설정

50
콘크리트 슬래브의 신축줄눈에서 인접한 슬래브를 서로 연결하고 수평을 유지하기 위해 삽입한 철근

51 다음 |보기|에서 설명하는 줄눈의 명칭을 쓰시오. (3점)

―― 보기 ――
지반 등 안정된 위치에 있는 바닥판이 수축에 의하여 표면에 균열이 생기는 것을 방지하기 위해 설치하는 줄눈

정답 51
조절줄눈(Control Joint)

52 다음 그림을 보고 줄눈 이름을 쓰시오. (4점)

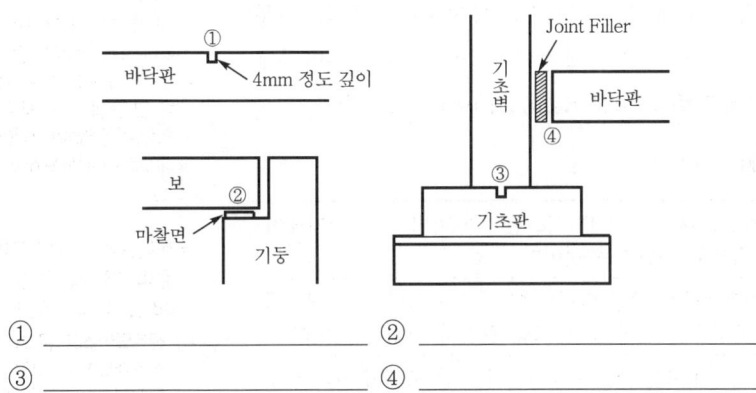

① _____ ② _____
③ _____ ④ _____

정답 52
① 조절줄눈(Control Joint)
② 미끄럼줄눈(Sliding Joint)
③ 시공줄눈(Construction Joint)
④ 신축줄눈(Expansion Joint)

53 다음 설명에 해당되는 알맞은 줄눈(Joint)을 적으시오. (3점)

구조물의 일부분을 일정 폭으로 남겨 두고 인접 부위의 콘크리트를 먼저 타설하여 초기 건조수축을 어느 정도 진행시킨 후 해당 스트립(strip) 부분을 마지막으로 타설하여 일체화하는 줄눈

정답 53
지연줄눈(Delay Joint)

54 다음에서 설명하는 줄눈의 명칭을 쓰시오. (2점)

콘크리트 경화 시 수축에 의한 균열을 방지하고 슬래브에서 발생하는 수평 움직임을 조절하기 위하여 설치한다. 벽과 슬래브, 외기에 접하는 부분 등 균열이 예상되는 위치에 약한 부분을 인위적으로 만들어 다른 부분의 균열을 억제하는 역할을 한다.

정답 54
조절줄눈(Control Joint)
(주1) 신축줄눈은 온도변화에 따른 팽창, 수축 혹은 부동침하, 진동 등에 의해 균열이 예상되는 위치에 설치하는 줄눈이다. 조절줄눈은 균열을 전체 벽면 또는 바닥판 중의 일정한 곳에만 일어나도록 유도하는 줄눈으로써 수축에 의하여 표면에 균열이 생기는 것을 방지하기 위해 설치하는 줄눈이다.

Lesson 18 각종 콘크리트

※1 레디믹스트 콘크리트(Ready Mixed Concrete)

1) 개요 (07②)
콘크리트 제조 전문 공장에서 배치플랜트에 의하여 콘크리트를 주문자의 요구에 맞는 배합으로 계량 및 혼합한 후 시공 현장에 운반차로 운반하여 사용하는 콘크리트로 레미콘(Remicon)이라고도 한다.

2) 종류 (89②, 90③, 95②, 08①, 09②, 16①)

센트럴믹스트 콘크리트	믹싱플랜트에서 고정 믹서로 완전히 비빈 것을 애지테이터 트럭으로 운반하는 것이다.
쉬링크믹스트 콘크리트	믹싱플랜트에서 고정 믹서로 어느 정도 비빈 것을 애지테이터 트럭으로 실어 운반 도중 완전히 비비는 것이다.
트랜싯믹스트 콘크리트	트럭 믹서에 모든 재료를 공급받아 운반 도중에 비비는 것이다.

3) 특징 (93②, 95④)

장점	단점
① 현장 내 재료 적치장 불필요 ② 공사 추진 및 소요량이 정확 ③ 균일한 품질 확보 ④ 부어넣는 수량에 따라 조절가능 ⑤ 비빔작업이 불필요	① 운반시간에 제한을 받음 ② 운반 도중 재료분리 우려 ③ 현장과 생산자의 긴밀한 협의가 필요

4) 공장선정 시 고려사항 (20③)
① 운반시간　　② 배출시간　　③ 콘크리트의 제조능력
④ 운반 차량의 수　⑤ 공장의 제조설비　⑥ 품질관리 상태

5) 레미콘 규격 (97①, 08②, 15③, 19③)

규격	내용
Remicon(보통 - 25 - 30 - 210) 　　　　　① 　② 　③ 　④	① 보통 : 사용 골재의 종류 ② 25 : 굵은골재의 최대 치수(mm) ③ 30 : 콘크리트의 호칭강도(MPa) ④ 210 : 슬럼프값(mm)

핵심 Point

● 레디믹스트 콘크리트의 정의 (07②)
콘크리트 제조 전문 공장에서 배치플랜트에 의하여 콘크리트를 주문자의 요구에 맞는 배합으로 계량 및 혼합한 후 시공 현장에 운반차로 운반하여 사용하는 콘크리트로 레미콘(Remicon)이라고도 한다.

● 레미콘의 종류와 그에 따른 정의 (89②, 90③, 95②, 08①, 09②, 16①)
① 센트럴믹스트 콘크리트 : 믹싱플랜트에서 고정 믹서로 완전히 비빈 것을 애지테이터 트럭으로 운반하는 것
② 쉬링크믹스트 콘크리트 : 믹싱플랜트에서 고정 믹서로 어느 정도 비빈 것을 애지테이터 트럭으로 실어 운반 도중 완전히 비비는 것
③ 트랜싯믹스트 콘크리트 : 트럭 믹서에 모든 재료를 공급받아 운반 도중에 비비는 것

● 레미콘의 장점 (93②, 95④)
① 현장 내 재료 적치장 불필요
② 공사 추진 및 소요량이 정확
③ 균일한 품질 확보
④ 부어넣는 수량에 따라 조절가능
⑤ 비빔작업이 불필요

● 공장선정 시 고려사항 (20③)
① 운반시간
② 배출시간
③ 콘크리트의 제조능력
④ 운반 차량의 수
⑤ 공장의 제조설비
⑥ 품질관리 상태

6) 품질에 대한 지정59),60)

(1) 압축강도시험 횟수와 판정기준 (08③)

기준	시기와 횟수	판정기준	
		$f_{ck} \leq 35$ MPa	$f_{ck} > 35$ MPa
KCS 14 20 10	① 1일마다 1회 ② 구조물의 중요도와 공사의 규모에 따라 120 m³ 마다 1회 ③ 배합이 변경될 때마다 1회	① 연속 3회 시험값의 평균이 호칭강도 이상 ② 1회 시험값이 (호칭강도:3.5 MPa) 이상	① 연속 3회 시험값의 평균이 호칭강도 이상 ② 1회 시험값이 호칭강도의 90% 이상
KS F 4009	① 콘크리트 압축강도시험 횟수는 450 m³를 1로트로 150 m³에 1회의 비율로 한다. ② 1회의 시험결과는 임의의 1개의 운반차로부터 채취한 시료로 3개의 공시체 제작하여 시험한 평균값으로 한다.	① 1회의 시험결과는 구입자가 지정한 호칭강도 값의 85% 이상이어야 한다. ② 3회의 시험결과 평균값은 구입자가 지정한 호칭강도 값 이상이어야 한다.	

(주1) 1회의 시험값은 공시체 3개의 압축강도시험 값의 평균값이다.
(주2) KCS 14 20 10 일반콘크리트의 기준에서 적용범위를 레디믹스트 콘크리트를 주문하여 사용하는 경우를 포함하고 있음으로 건설현장에서 KCS 14 20 10에 따른 기준을 적용하는 것이 옳을 것으로 판단한다.

(2) 공기량의 한도와 허용오차 (05②)

레디믹스트 콘크리트의 공기량은 보통 콘크리트의 경우 4.5%이며, 경량골재 콘크리트의 경우 5.5%로 하되, 공기량의 허용오차는 ±1.5%로 한다.

7) 현장 도착 시 검사사항61) (01③, 14②)

① 콘크리트의 강도   ② 슬럼프   ③ 슬럼프플로
④ 공기량   ⑤ 염화물함유량

8) 진행순서 (93④, 06①)

공장		이동 및 현장(60분, 최대 90분 이내)		
비빔시간	배출시간 (적재시간)	주행시간	대기시간	처리시간 (타설시간)
1분	2~3분	28분	20분	12분
혼합		적하		완료

---

59) KS F 4009 레디믹스트콘크리트, 산업표준심의회, 2022.
60) KCS 14 20 10 일반콘크리트(3.5), 국토교통부, 한국콘크리트학회, 2022.
61) KS F 4009, 레디믹스트콘크리트, 산업표준심의회, 2022.

핵심 Point

● 레미콘 규격 (97①, 08②, 15③, 19③, 22③)
Remicon(보통 - 25 - 30 - 210)
　　　　　① 　② 　③ 　④
① 보통 : 사용 골재의 종류
② 25 : 굵은골재의 최대 치수 (mm)
③ 30 : 콘크리트의 호칭강도 (MPa)
④ 210 : 슬럼프값(mm)

● KS F 4009 레디믹스트 콘크리트의 강도시험 (08③)
KS F 4009에 따른 레디믹스트 콘크리트의 강도는 규정에 따라 (3)회의 시험결과에 의해 검사 로트의 합부가 결정된다. 시험 횟수는 원칙적으로 (150) m³에 (1)회로 규정되어 있기 때문에 검사 로트의 크기가 (450) m³가 된다.

● 공기량의 한도와 허용오차 (05②)
레디믹스트 콘크리트의 공기량은 보통 콘크리트의 경우 (4.5)%이며, 경량골재 콘크리트의 경우 (5.5)%로 하되 공기량의 허용오차는 (±1.5)%로 한다.

● 슬럼프의 허용오차 (참고)

슬럼프	허용오차
25mm	±10mm
50~65mm	±15mm
80mm 이상	±25mm

● 레미콘의 현장 도착 시 검사사항 (01③)
① 콘크리트의 강도
② 슬럼프
③ 슬럼프플로
④ 공기량
⑤ 염화물함유량

● 레미콘 공장에서 현장타설까지의 진행순서 (93④, 06①)
① 비빔시간
② 배출시간(적재시간)
③ 주행시간
④ 대기시간
⑤ 처리시간(타설시간)

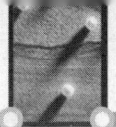

☀ 2 한중 콘크리트

1) 개요

(1) 정의62) (95②, 07②)

콘크리트 타설 일의 일평균기온이 4 ℃ 이하 또는 콘크리트 타설 완료 후 24시간 동안 일최저기온 0 ℃ 이하가 예상되는 조건이거나 그 이후라도 초기 동해 위험이 있는 경우에 시공하는 콘크리트이다.

(2) 구분 (95③)

한랭기	콘크리트 타설 후 월 평균기온이 2~10 ℃인 기간
극한기	콘크리트 타설 후 월 평균기온이 2 ℃ 이하인 기간

2) 문제점 및 대책

(1) 문제점 (02③, 05③, 08③)
① 수화반응이 지연되어 콘크리트의 응결 및 강도발현이 늦어진다.
② 초기 동해시 장기강도가 저하되어 내구성과 수밀성이 저하된다.
③ 영하 3℃에서 완전 동결된다.

(2) 대책 (95③, 04②, 07②, 08②, 11②, 14①, 16②, 19②)
① 물결합재비를 60 % 이하로 유지
② AE제 사용
③ 보온양생

3) 비비기 및 시공

(1) 재료의 가열 및 보온 (89③, 97④)

작업중 온도	가열재료 및 보온
0~4℃	간단한 주의와 보온
-3~0℃	물 또는 물과 골재를 가열 및 어느 정도의 보온 필요
-3℃ 이하	물과 골재의 가열 및 타설한 콘크리트의 적정온도 유지

(2) 가열한 재료의 믹서 투입순서 (85①)
① 골재　　　② 물　　　③ 시멘트

(3) 일반사항 (95③)
① 물결합재비(물시멘트비)는 60 % 이하로 한다.
② 각종 AE제 중 어느 한 종류는 반드시 사용한다.
③ 시멘트는 기온이 0 ℃ 이하일 때는 보온시설이 된 창고에 저장한다.

---

62) KCS 14 20 40 한중콘크리트 (1.1, 1.3), 국토교통부, 한국콘크리트학회, 2022.

핵심 Point

● 한중 콘크리트의 정의 (95②)

● 일평균기온의 정의 (참고)
하루(00~24시) 중 3시간별로 관측한 8회 관측값(03, 06, 09, 12, 15, 18, 21, 24시)을 평균한 기온이다.

● 한중 콘크리트의 문제점 (02③, 05③, 08③)

● 한중 콘크리트의 문제점에 대한 대책 (04②, 08②, 14①, 19②)

● 한중 콘크리트의 정의 및 대책 (07②)
한중 콘크리트의 특징은 일평균기온 (4)℃ 이하로 예상되며, 한중 콘크리트의 문제점에 대한 대책으로 W/C비는 원칙적으로 (60)% 이하이어야 하며, (AE제)를 사용해야 한다.

● 한중 콘크리트에서 재료의 가열순서 (89③, 97④)
① 물　② 모래　③ 자갈

● 극한기 콘크리트에서 가열한 재료의 믹서 투입순서 (85①)
① 골재　② 물　③ 시멘트

● 한중 콘크리트의 일반사항 (95③)
① 한중 콘크리트의 시공에서 콘크리트를 부어넣은 후 28일까지가 월평균기온이 (2 ~10)℃인 달을 포함하는 기간을 한랭기라 하고, 월평균기온이 (2)℃ 이하의 달을 포함하는 기간을 극한기라 한다.
② 시멘트는 기온이 (0)℃ 이하일 때는 보온시설이 된 창고에 저장한다.
③ 한중 콘크리트 시공에서 물의 사용량을 적게 하고 물시멘트비(W/C)는 (60)% 이하로 하며 표면활성제를 쓴다.

④ 시멘트는 어떤 방법에 의해서도 가열해서는 안 된다.
⑤ 골재를 65 ℃ 이상 가열하면 다루기가 어려워진다.
⑥ 먼저 가열한 물과 굵은골재, 다음에 잔골재를 넣어서 믹서 내의 골재 및 물의 온도가 40 ℃ 이하가 된 후 최후에 시멘트를 넣는다.
⑦ 타설할 때의 콘크리트 온도는 5~20 ℃의 범위에서 정한다.

4) 한중 콘크리트의 양생 63)

(1) 초기 양생 (10③, 11②, 16②, 21①)

① 콘크리트 타설 직후 초기 동해방지를 위해 실시하는 양생이다.
② 종류는 단열보온양생과 가열보온양생이 있다.
③ 초기 동해의 방지에 필요한 압축강도 5 MPa이 초기양생기간 내에 얻어지도록 한다.
④ 소요 압축강도가 얻어질 때까지 콘크리트의 온도를 5 ℃ 이상으로 유지하며, 또한 소요 압축강도에 도달한 후 2일간은 구조물의 어느 부분이라도 0 ℃ 이상이 되도록 유지한다.
⑤ 초기 강도 발현이 늦어지므로 적산온도를 이용하여 거푸집의 해체시기, 콘크리트 양생기간 등을 검토한다.
⑥ 양생온도가 달라져도 그 적산온도가 같으면 콘크리트 강도는 비슷하다고 본다.

(2) 보온양생 (04③)

① 초기양생 이후 소정의 강도를 얻기 위해 실시하는 양생이다.
② 종류는 급열양생(가열보온양생), 단열양생(단열보온양생), 피복양생 및 이들을 복합한 방법이 있다.

✲3 서중 콘크리트

1) 개요 64) (05②, 21②)

① 높은 외부기온으로 인하여 콘크리트의 슬럼프 또는 슬럼프플로 저하나 수분의 급격한 증발 등의 우려가 있을 경우에 시공되는 콘크리트이다.
② 일평균기온이 25 ℃를 초과하는 경우에 시공되는 콘크리트이다.
③ 서중 콘크리트를 서열기 콘크리트 또는 하절기 콘크리트라고도 한다.

---

63) KCS 14 20 40 한중콘크리트 (1.3), 국토교통부, 한국콘크리트학회, 2022.
64) KCS 14 20 41 서중콘크리트 (1.1), 국토교통부, 한국콘크리트학회, 2021.

핵심 Point

● 한중 콘크리트에 관한 사항 (11②, 16②)
① 한중 콘크리트는 초기 양생을 통해 콘크리트의 양생 종료 시의 소요 압축강도가 최소 (5) MPa 이상이 되게 한다.
② 한중 콘크리트의 물시멘트비는 원칙적으로 (60)% 이하이어야 한다.

● 한중 콘크리트에서 괄호에 공통적으로 들어갈 용어 (10③)
① 한중 콘크리트에서는 초기 강도 발현이 늦어지므로 (적산온도)를 이용하여 거푸집의 해체시기, 콘크리트 양생기간 등을 검토한다.
② 양생온도가 달라져도 그 (적산온도)가 같으면 콘크리트 강도는 비슷하다고 본다.
(주) 콘크리트의 전산온도는 콘크리트의 초기 강도를 얻기 위해 일일평균 양생온도에 총양생기간을 곱한 누적온도(양생온도×양생기간)이다.

● 한중 콘크리트의 보온양생 방법 (04③)
① 급열양생(가열보온양생)
② 단열양생(단열보온양생)
③ 피복양생

● 한중 콘크리트의 초기 양생 시 주의사항 (21①)
① 초기 동해의 방지에 필요한 압축강도 5 MPa이 초기양생기간 내에 얻어지도록 한다.
② 소요 압축강도가 얻어질 때까지 콘크리트의 온도를 5℃ 이상으로 유지한다.
③ 소요 압축강도에 도달한 후 2일간은 구조물의 어느 부분이라도 0 ℃ 이상이 되도록 유지한다.

● 급열양생(가열보온양생)시 사용되는 기구 (참고)
① 히터 매트
② 제트 히터
③ 스토브

2) 문제점 및 대책

(1) 문제점(콘크리트의 기온상승시 문제점) (02③, 04③, 05③, 06①, 08③, 10③)
① 슬럼프값 저하
② 연행공기량의 감소
③ 콜드조인트의 발생
④ 표면수분의 증발에 의한 균열발생
⑤ 온도균열의 발생
⑥ 장기강도 저하
⑦ 콘크리트 표층부의 밀실성 저하

(2) 대책 (08①, 12②)
① AE 감수제를 사용한다.
② 콘크리트의 운반 및 타설시간의 단축계획을 수립한다.
③ 중용열시멘트를 사용한다.
④ 온도 증가재료 방지대책 수립한다.
⑤ 물은 냉각수를 사용한다.
⑥ 골재는 사용 전에 충분한 습윤상태를 유지시킨다.
⑦ 기초지반을 적절한 습윤상태로 유지시킨다.
⑧ 골재냉각, 차양막 설치 등을 통해 타설온도를 낮춘다.
⑨ 과도한 혼합을 피한다.

3) 일반사항 (21②)
① 기온 10℃ 상승에 대해 단위수량은 2~5% 증가한다.
② 콘크리트는 비빈 후 즉시 타설하여야 하며, 지연형 감수제를 사용하는 등의 일반적인 대책을 강구한 경우라도 1.5시간 이내에 타설한다.
③ 콘크리트를 타설할 때의 콘크리트 온도는 35℃ 이하로 한다.
④ 콘크리트 타설 후 24시간 이상 습윤상태를 유지하고 5일 이상 양생을 실시한다.

※ 4 ALC(Autoclaved Lightweight Concrete)

1) 개요 (20①③)
① 콘크리트 속에 무수히 많은 기포를 발생시켜 고온고압증기양생 한 다공질 경량기포 콘크리트이다.
② 제조 시 필요한 재료는 석회질 원료(석회, 시멘트), 규산질 원료(고로슬래그, 플라이애시), 기포제 등이다.
② 기포도입방법으로는 가스발생에 의한 발포법과 기포제에 의한 기포법 등이 있다.

핵심 Point

● 시방서에 규정된 서중 콘크리트의 온도규정 (05②, 21②)
일평균기온이 25℃를 초과하는 경우에 시공되는 콘크리트

● 서중 콘크리트의 문제점 (02③, 05③, 08③)
슬럼프로스가 증대하고, 슬럼프가 저하하고 동일 슬럼프를 얻기 위해 단위수량이 증가한다.

● 서중 콘크리트 시공시 발생하는 문제점으로써 콘크리트 품질 및 시공면에 미치는 영향 (04③, 06①, 10③)
① 슬럼프값 저하
② 연행공기량의 감소
③ 콜드조인트의 발생
④ 표면수분의 증발에 의한 균열발생
⑤ 온도균열의 발생
⑥ 장기강도 저하
⑦ 콘크리트 표층부의 밀실성 저하

● 서중 콘크리트 시공 시 대책 (08①, 12②)
① AE 감수제를 사용한다.
② 콘크리트의 운반 및 타설시간의 단축계획을 수립한다.
③ 중용열시멘트를 사용한다.
④ 온도 증가재료 방지대책 수립한다.
⑤ 물은 냉각수를 사용한다.
⑥ 골재는 사용 전에 충분한 습윤상태를 유지시킨다.
⑦ 기초지반을 적절한 습윤상태로 유지시킨다.
⑧ 골재냉각, 차양막 설치 등을 통해 타설온도를 낮춘다.
⑨ 과도한 혼합을 피한다.

● ALC 제조 시 필요한 재료와 기포도입방법 (20①③)
(1) 재료
① 석회질 원료(석회, 시멘트)
② 규산질 원료(고로슬래그, 플라이애시)
③ 기포제
(2) 기포도입방법
① 발포법
② 기포법

2) 특징

(1) 장점 (98④, 00③)
   ① 경량성 ② 단열성 ③ 불연성, 내화성
   ④ 흡음성, 차음성 ⑤ 내구성 ⑥ 시공성(가공성)

(2) 단점
   ① 흡수성 ② 모서리 파손
   ③ 빠른 중성화 ④ 낮은 동결융해저항성

☆ 5 경량골재 콘크리트

1) 개요 [65]

(1) 정의
   ① 골재의 전부 또는 일부에 경량골재를 사용하여 설계기준압축강도가 15 MPa 이상, 기건 단위질량이 2,100 kg/m³ 이하의 범위인 콘크리트이다.
   ② 공기연행(AE) 콘크리트로 하는 것을 원칙으로 한다.

(2) 일반사항 (05②)

제한사항	내용	제한사항	내용
슬럼프값	80~210 mm	단위결합재량	최소 300 kg/m³
물결합재비	최대 60 %	공기량	5.5 %

2) 종류 (97②, 02①, 10①, 17①)

종류	내용
보통 경량골재 콘크리트	보통포틀랜드시멘트에 경량골재를 사용하여 만든 콘크리트
경량 기포 콘크리트(ALC)	콘크리트 중에 무수한 기포를 형성시킨 콘크리트
톱밥 콘크리트	시멘트, 모래, 톱밥을 혼합하여 만든 콘크리트
서모콘(Thermocon)	콘크리트 제작 시 골재는 전혀 사용하지 않고 물, 시멘트, 발포제만으로 만든 경량골재 콘크리트
신더 콘크리트	석탄재를 골재로 사용한 경량골재 콘크리트

핵심 Point

(주1) 발포법 : 시멘트 슬러지 중에서 화학반응을 이용해 가스를 발생시키는 방법

(주2) 기포법 : 시멘트 슬러지 중에 기포제를 이용해 기포를 발생시키는 방법

● ALC의 건축재료로서의 특징 (98④, 00③)
① 경량성
② 단열성
③ 불연성, 내화성
④ 흡음성, 차음성
⑤ 내구성
⑥ 시공성(가공성)

● 경량골재 콘크리트의 주요 사용목적 (참고)
① 중량경감 ② 단열

● 경량골재 콘크리트의 공기량 (05②)
5.5%

● 경량골재 콘크리트의 종류 (예상)
① 보통 경량골재 콘크리트
② 경량 기포 콘크리트(ALC)
③ 톱밥 콘크리트
④ 서모콘
⑤ 신더 콘크리트

● 서모콘의 정의 (02①, 10①, 17①)
콘크리트 제작 시 골재는 전혀 사용하지 않고 물, 시멘트, 발포제만으로 만든 경량골재 콘크리트

● 신더 콘크리트의 정의 (97②)
석탄재를 골재로 한 경량골재 콘크리트

---

[65] KCS 14 20 20 경량골재콘크리트(1.1), 국토교통부, 한국콘크리트학회, 2021.

3) 경량골재 콘크리트의 재료 (01②)

구분		내용
주재료	인공경량골재	팽창성 혈암, 팽창성 점토, 플라이애시 등을 주원료로 하여 인공적으로 소성한 인공경량골재
	천연경량골재	① 경석 화산자갈 ② 응회암 ③ 용암
혼화재료	발포제(기포제)	기포작용으로 인해 충전성을 개선하고, 중량을 조절하는 혼화제

4) 특징 (93④)

장점	단점
① 건물중량 경감(경량화) ② 운반, 타설노력 절감(성력화) ③ 단열, 내화, 방음 및 흡음성(방음성, 단열성, 내화성) 우수 ④ 냉·난방의 열손실 방지효과	① 시공이 번거롭다. ② 다공질이다. ③ 강도가 낮다. ④ 건조수축이 크다. ⑤ 흡수율이 크다. ⑥ 동해 저항성이 약하다.

5) 주의사항

① 경량골재는 일반적으로 충분히 물을 흡수(프리웨팅, Pre-Wetting)시키고 표면건조포수상태를 유지하여 사용한다.
② 배합은 소요강도와 워커빌리티 범위 내에서 단위수량을 적게 한다.
③ AE콘크리트로 하는 것(AE제를 사용하는 것)을 원칙으로 한다.
④ 경량골재 콘크리트의 피복두께는 보통 콘크리트의 피복두께 보다 10 mm를 더 증가시킨다.

6 차폐용 콘크리트(중량 콘크리트)

1) 개요

(1) 정의[66] (90①, 95②, 10①, 19③)

주로 생물체의 방호를 위하여 X선, γ선 및 중성자선을 차폐할 목적으로 사용되는 콘크리트로써, 중량골재를 사용하여 기건 단위중량 2,500 kg/m³ 이상인 콘크리트이다.

(2) 용도(목적) (01②, 10②, 13①)

방사선 차단용

---
66) KCS 14 20 34 방사선차폐용콘크리트 (1.3), 국토교통부, 한국콘크리트학회, 2021.

2) 재료 및 기타 (01②, 10②, 13①)

구분	내용
골재	① 중정석(Barite) ② 자철광(Magnetite) ③ 적철광(Mematite)
물결합재비와 슬럼프값	물결합재비는 50% 이하, 슬럼프값은 150mm 이하

> **핵심 Point**
> ● 방사선 차단효과가 있는 재료 (참고)
> ① 골재 : 중량골재(중정석, 자철광)
> ② 콘크리트 : 차폐용 콘크리트, 중용열 콘크리트
> ③ 마감재 : 납판
> ④ 미장재 : 바라이트 모르타르

※ 7 매스 콘크리트(Mass Concrete)

1) 개요 [67] (00③, 03①, 05①, 08②, 15③)

부재의 넓이가 넓은 평판구조에서 두께 0.8 m 이상, 하단이 구속된 벽체에서 두께 0.5 m 이상인 콘크리트이고, 콘크리트의 내부와 외부 온도차가 25℃ 이상으로 예상되는 콘크리트이다.

2) 문제점 및 대책

(1) 문제점 (02③, 05③, 08③)

수화열이 내부에 축적되어 콘크리트 온도가 상승하고 균열발생이 쉽다.

(2) 온도균열의 기본대책(주의사항) (09③, 12①, 13①, 14③, 18②, 19①, 20①, 21②)

① 수화열이 낮은 중용열시멘트를 사용한다.
② 단위시멘트량을 적게 한다.
③ 단위수량을 적게 한다.
④ AE 감수제 지연형, 감수제 지연형을 사용하여 수화반응을 억제한다.
⑤ 굵은골재의 최대 치수를 크게 한다.
⑥ 프리쿨링 또는 파이프쿨링 등의 냉각 방법을 사용한다.

3) 프리쿨링과 파이프쿨링(냉각 공법) (09③, 19②, 20④)

(1) 프리쿨링(선행냉각, Pre-Cooling)

매스 콘크리트의 시공에서 콘크리트를 타설하기 전에 콘크리트의 온도를 제어하기 위해 얼음이나 액체질소 등으로 콘크리트의 원재료의 일부 또는 전부를 냉각시키는 방법이다.

(2) 파이프쿨링(관로식냉각, Pipe-Cooling)

매스 콘크리트의 시공에서 콘크리트를 타설한 후 콘크리트의 내부 온도를 제어하기 위해 미리 묻어 둔 파이프 내부에 냉수를 강제적으로 순환시켜 콘크리트를 냉각하는 방법이다.

> ● 매스 콘크리트의 정의 (00③, 03①, 05①, 08②, 15③)
> 부재 단면치수가 0.8m 이상, 콘크리트 내·외부 온도 차가 25℃ 이상으로 예상되는 콘크리트
>
> ● 매스 콘크리트의 문제점 (02③, 05③, 08③)
> 수화열이 내부에 축적되어 콘크리트 온도가 상승하고 균열발생이 쉽다.
>
> ● 매스 콘크리트에서 온도균열의 기본대책 (09③, 12①, 13①, 14③, 18②, 19①, 20①, 21②)
> ① 중용열시멘트를 사용한다.
> ② 단위시멘트량을 적게 한다.
> ③ 프리쿨링 또는 파이프쿨링 방법을 사용한다.
>
> ● 프리쿨링과 파이프쿨링의 정의 (09③, 19②, 20④)
> ① 프리쿨링 : 콘크리트를 타설하기 전에 콘크리트의 온도를 제어하기 위해 얼음이나 액체질소 등으로 콘크리트의 원재료의 일부 또는 전부를 냉각시키는 방법
> ② 파이프쿨링 : 콘크리트를 타설한 후 콘크리트의 내부 온도를 제어하기 위해 미리 묻어 둔 파이프 내부에 냉수를 강제적으로 순환시켜 콘크리트를 냉각하는 방법

---

67) KCS 14 20 42 매스콘크리트 (1.1), 국토교통부, 한국콘크리트학회, 2022.

8 섬유보강 콘크리트(FRC, Fiber Reinforced Concrete)

1) 개요 68) (02③)

보강용 섬유를 혼입하여 주로 인성, 균열 억제, 내충격성 및 내마모성 등을 높인 콘크리트이다.

2) 섬유의 종류 (02③, 03③, 18②, 20④)

무기계 섬유	유기계 섬유
① 강섬유 ② 유리섬유 ③ 탄소섬유	① 아라미드섬유 ② 폴리프로필렌섬유 ③ 비닐론섬유 ④ 나일론섬유

9 AE 콘크리트(공기연행 콘크리트)

1) 개요 (95①, 08①)

① 콘크리트에 AE제(공기연행제)를 사용하여 0.025~0.25 mm의 미세한 독립기포를 발생시켜 콘크리트의 워커빌리티를 개선하고 동결융해 저항성이 향상시켜 내구성을 증대시킨 콘크리트이다.
② AE제, AE감수제 및 고성능 감수제 등의 공기연행제를 사용하여 콘크리트 중의 미세한 기포를 발생시킨다.
③ AE제, 감수제, AE감수제 및 고성능 AE감수제를 사용하는 콘크리트의 공기량은 굵은골재의 최대 치수에 따라 4~6% 범위의 값이다.
④ 공기량은 보통콘크리트와 포장콘크리트는 4.5%, 경량콘크리트는 4.5%, 고강도 콘크리트는 3.5%이고, 공기량의 허용오차는 각종 콘크리트에 대해 ±1.5%이다.

2) AE 콘크리트의 특징 (90②, 00④, 12②)

① 워커빌리티 개선
② 동결융해 저항성 증대
③ 내구성, 수밀성 증대
④ 알칼리골재반응 감소
⑤ 단위수량 감소
⑥ 재료분리 감소(블리딩현상 감소)
⑦ 발열량 감소
⑧ 건조수축 감소

핵심 Point

- **온도균열 (참고)**
  콘크리트가 수화반응을 할 때 발생되는 고온의 콘크리트 내부와 저온의 콘크리트 표면의 온도차에 의해 발생되는 균열이다. 매스 콘크리트, 한중 콘크리트, 댐 콘크리트 등에서 발생된다.

- **온도균열 증가 원인 (참고)**
  ① 수화열이 클수록
  ② 단위시멘트량이 많을수록
  ③ 부재단면이 클수록
  ④ 콘크리트의 내부와 외부의 온도 차가 클수록
  ⑤ 콘크리트 탄성계수가 클수록

- **섬유보강 콘크리트의 정의 (02③)**
  일반 콘크리트의 휨, 전단, 인장강도 및 균열저항성, 인성 등을 개선하기 위해 단섬유상 재료를 균등히 분산시켜 제조한 콘크리트

- **섬유보강 콘크리트 섬유의 종류 (02③, 03③, 18②, 20④)**
  ① 강섬유   ② 유리섬유
  ③ 탄소섬유 ④ 비닐론섬유

- **AE 콘크리트의 공기량에 대한 설명 (95①)**
  콘크리트에 AE제를 사용하여 0.025~0.25 mm의 미세한 독립기포의 발생으로 시공연도를 개선할 수 있다.

- **AE제 등을 사용한 콘크리트의 공기량 (95①, 08①)**
  AE제 등을 사용하는 콘크리트의 공기량은 굵은 골재의 최대 치수에 따라 (3.0~6.0)% 범위의 값이다.

---

68) KCS 14 20 22 섬유보강콘크리트 (1.3), 국토교통부, 한국콘크리트학회, 2022.

10 유동화 콘크리트

1) 개요 [69]
① 유동화 콘크리트는 미리 비빈 베이스 콘크리트에 유동화제를 첨가하여 유동성을 증대시킨 콘크리트이다.
② 베이스 콘크리트는 유동화 콘크리트를 제조할 때 유동화제를 첨가하기 전 기본배합의 콘크리트이다.

2) 문제점[슬럼프의 경시(經時)변화] (02③, 08③)
슬럼프의 경시변화가 보통 콘크리트보다 커서 여름에 30분, 겨울에는 1시간 정도에서 베이스 콘크리트의 슬럼프로 되돌아오는 경우도 있다.

3) 유동화 방법(제조 방법) (97②, 99①, 02②, 07①, 11①)
① 공장첨가 유동화법
② 공장첨가 현장유동화법
③ 현장첨가 유동화법

11 고성능 콘크리트

1) 개요
고강도, 고내구성 및 고유동성을 동시에 만족하는 콘크리트이다.

2) 종류 (99③, 02③)
① 고강도 콘크리트
② 고내구성 콘크리트
③ 고유동 콘크리트

12 고강도 콘크리트 (03①, 05①, 08②, 15③)

1) 정의 [70]
콘크리트의 설계기준압축강도가 보통 콘크리트 또는 중량골재 콘크리트에서 40 MPa 이상, 경량골재 콘크리트에서 27 MPa 이상인 콘크리트이다.

핵심 Point

● AE콘크리트의 특징 (90②, 00④, 12②)
① 워커빌리티 개선
② 동결융해 저항성 증대
③ 내구성, 수밀성 증대
④ 알칼리골재반응 감소
⑤ 단위수량 감소
⑥ 재료분리 감소
⑦ 발열량 감소
⑧ 건조수축 감소
(주) AE 콘크리트의 특징은 AE제의 사용목적과 같다.

● 유동화제 (참고)
① 고성능 감수제의 일종으로 배합이나 경화된 콘크리트 품질의 변경 없이 유동성을 개선시키는 혼화제이다.
② 높은 분산성능을 갖고 있으며 다량으로 혼입해도 콘크리트의 이상응결 지연, 경화불량, 과잉공기 등이 발생하지 않는다.

● 유동화 콘크리트의 문제점 (02③, 08③)
슬럼프의 경시변화가 보통 콘크리트보다 커서 여름에 30분, 겨울에는 1시간 정도에서 베이스 콘크리트의 슬럼프로 되돌아오는 경우도 있다.

● 유동화 콘크리트의 유동화 방법 (97②, 99①, 02②, 07①, 11①)
① 공장첨가 유동화법
② 공장첨가 현장유동화법
③ 현장첨가 유동화법

● 고성능 콘크리트의 종류 (99③, 02③)
① 고강도 콘크리트
② 고내구성 콘크리트
③ 고유동 콘크리트

● 고성능 콘크리트의 평가 방법 (참고)
① 유동성 평가시험
② 충전성 평가시험
③ 분리저항성 평가시험

---

69) KCS 14 20 31 유동화콘크리트 (1.3), 국토교통부, 한국콘크리트학회, 2021.
70) KCS 14 20 33 고강도콘크리트 (1.4), 국토교통부, 한국콘크리트학회, 2022.

2) 폭렬현상 [71] (14①, 17③, 18①, 20② ⑤)

고강도 콘크리트에서 화재 시 급격한 고온에 의해 내부 수증기압이 발생하고, 이 수증기압이 콘크리트의 인장강도보다 크게 되면 콘크리트 부재 표면이 심한 폭음과 함께 박리 및 탈락하는 현상이다.

3) 폭렬현상의 방지대책 (19①, 21②)

① 강섬유를 혼입한다.
② 철근의 피복두께를 증가시킨다.
③ 단위수량을 감소시킨다.
④ 흡수율이 적은 골재를 사용한다.
⑤ 흡수율이 적은 골재를 사용한다.

☼13 고내구성 콘크리트

1) 개요

높은 내구성을 필요로 하는 철근콘크리트구조에 사용하는 콘크리트이다.

2) 고내구성 콘크리트의 관련 기준 [72]

① 설계기준압축강도, 단위시멘트량 등

구분	설계기준 압축강도	단위시멘트량	물결합재비	단위수량	슬럼프값
보통 콘크리트	21~40MPa	300kg/m³	60%	175kg/m³ 이하	① 베이스콘크리트 : 120mm 이하 ② 유동화콘크리트 : 210mm 이하
경량골재 콘크리트	21~27MPa	330kg/m³	55%		

② 콘크리트 염화물함유량은 염소이온량으로 0.20kg/m³ 이하로 한다.
③ 타설 시의 콘크리트 온도는 3~30℃로 한다.

☼14 고유동 콘크리트

1. 정의 [73]

굳지 않은 상태에서 재료분리 없이 높은 유동성을 가지면서 다짐작업 없이 자기 충전성이 가능한 콘크리트이다.

핵심 Point

● 고강도 콘크리트의 정의 (03①, 05①, 08②, 15③)
건축구조물이 20층 이상이면서 기둥 크기를 적게 하도록 콘크리트 강도를 높게 하는 구조물에 사용되는 콘크리트로써 설계기준압축강도가 보통 콘크리트에서 40MPa 이상, 경량골재 콘크리트에서 27MPa 이상인 콘크리트이다.

● 폭렬현상의 정의 (14①, 17③, 18①, 20② ⑤)
고강도 콘크리트에서 화재 시 급격한 고온에 의해 내부 수증기압이 발생하고, 이 수증기압이 콘크리트의 인장강도보다 크게 되면 콘크리트 부재 표면이 심한 폭음과 함께 박리 및 탈락하는 현상이다.

● 폭렬현상의 방지대책 (19①, 21②)
① 강섬유를 혼입한다.
② 철근의 피복두께를 증가시킨다.
③ 단위수량을 감소시킨다.
④ 흡수율이 적은 골재를 사용한다.
⑤ 흡수율이 적은 골재를 사용한다.

---

[71] KCS 14 20 33 고강도콘크리트 (1.3), 국토교통부, 한국콘크리트학회, 2022.
[72] 건축공사 표준시방서 (05055), 국토교통부, 대한건축학회, 2016.
[73] KCS 14 20 32 고유동콘크리트 (1.3), 국토교통부, 한국콘크리트학회, 2022.

2. 고유동 콘크리트가 필요한 경우 74)

① 보통 콘크리트로는 충전이 곤란한 구조체인 경우
② 균질하고 정밀도가 높은 구조체를 요구하는 경우
③ 타설 작업의 합리화로 시간 단축이 요구되는 경우
④ 다짐 작업에 따르는 소음, 진동이 발생을 피해야 하는 경우

✵15 제치장 콘크리트(Exposed Concrete)

1) 개요 (00③, 03①, 05①, 08②, 15③)

① 부재나 건축물의 내외장 표면에 콘크리트 그 자체만이 나타나는 제물치장으로 마감한 콘크리트이다.
② 외장용 노출 콘크리트 혹은 제물치장 콘크리트라고도 한다.

2) 시공목적 (92③, 94③, 97④, 02①, 05②)

① 모양의 간소함
② 고도의 강도 추구
③ 재료절감
④ 건물자중 경감
⑤ 공사내용의 단일화
⑥ 안전성, 경제성 추구

✵16 폴리머 콘크리트(Polymer Concrete)

1) 개요 75)

결합재로 시멘트와 시멘트 혼화용 폴리머(또는 폴리머 혼화재)를 사용한 콘크리트이다.

(주) 시멘트 개질용 **폴리머 또는 폴리머 혼화재** : 시멘트풀, 모르타르 및 콘크리트의 개질을 목적으로 사용하는 시멘트 혼화용 폴리머 분산제 및 재유화형 분말수지의 총칭이다.

2) 특징 (04②, 09②, 16②)

① 수밀성 증대
② 내동결융해성
③ 내약품성
④ 내마모성, 내충격성
⑤ 방수성
⑥ 강도(압축, 인장, 휨)의 증대
⑦ 낮은 내화성(고속도로 포장 및 댐의 보수공사에 사용)

---

74) KCS 14 20 32 고유동콘크리트 (1.4), 국토교통부, 한국콘크리트학회, 2022.
75) KCS 14 20 23 폴리머시멘트콘크리트 (1.3), 국토교통부, 한국콘크리트학회, 2022.

핵심 Point

● 제치장 콘크리트의 정의 (00③, 03①, 05①, 08②, 15③)
콘크리트면에 미장을 하지 않고 직접 노출시켜 마무리한 콘크리트

● 제치장 콘크리트의 시공목적 (92③, 94③, 97④, 02①, 05②)
① 모양의 간소함
② 고도의 강도 추구
③ 재료절감
④ 건물자중 경감
⑤ 공사내용의 단일화
⑥ 안전성, 경제성 추구

● 플라스틱 콘크리트의 종류 (참고)
① 폴리머 콘크리트(레진 콘크리트)
② 폴리머함침 콘크리트
③ 폴리머시멘트 콘크리트

● 폴리머시멘트 콘크리트(플라스틱 콘크리트)의 특징 (04②, 09②, 16②)
① 수밀성 증대
② 내동결융해성
③ 내약품성
④ 내마모성, 내충격성
⑤ 방수성
⑥ 강도(압축, 인장, 휨)의 증대
⑦ 낮은 내화성

☀17 프리팩트 콘크리트(Prepacked Concrete)

1) 개요 (89②, 97①, 02①, 06①, 10①, 17①)
거푸집 안에 미리 굵은골재를 채워 넣은 후 그 공극 속으로 특수한 모르타르를 주입하여 만든 콘크리트이다.

2) 프리플레이스 콘크리트(Preplaced Concrete)
미리 거푸집 속에 특정한 입도를 가지는 굵은골재를 채워 넣고 그 간극에 모르타르를 주입하여 제조한 콘크리트이다. 76)

☀18 프리스트레스트 콘크리트(Prestressed Concrete)

1) 개요 77) (06①, 09①)
외력에 의하여 일어나는 응력을 소정의 한도까지 상쇄할 수 있도록 미리 인공적으로 그 응력의 분포와 크기를 정하여 내력을 준(Prestressed) 콘크리트이다. PSC 혹은 PS 콘크리트 등으로 약칭된다.

2) 특징

장점	단점
① 균열발생 억제	① 장비비 증대
② 우수한 내구성 및 복원성	② 보조재료 및 그라우팅 비용 소요
③ 장스팬의 구조물 가능	③ 진동 우려
④ 공기단축	④ 숙달된 제작 필요
⑤ 거푸집 및 가설재 등의 강재절약	⑤ 화재에 취약

3) 긴장재(PS 강재, 강현재)

(1) 긴장재의 종류 78) (97⑤, 05①, 08③, 10②, 16①)
  ① PC 강선
  ② PC 강연선
  ③ PC 경강선
  ④ PC 강봉

(2) 프리스트레스트 콘크리트의 정착구의 정착 공법 (97④, 00⑤, 04③)
  ① 쐐기식 공법
  ② 나사식 공법
  ③ 버튼헤드식 공법
  ④ 루프식 공법

---

76) KCS 14 20 23 프리플레이스트콘크리트(1.3), 국토교통부, 한국콘크리트학회, 2021.
77) KCS 14 20 53 프리스트레스트콘크리트(1.3), 국토교통부, 한국콘크리트학회, 2022.
78) KCS 14 20 50 프리스트레스트콘크리트(2.3), 국토교통부, 한국콘크리트학회, 2022.

핵심 Point

● 프리팩트 콘크리트의 정의 (89②, 97①, 02①, 06①, 10①, 17①)
거푸집 안에 미리 굵은골재를 채워 넣은 후 그 공극 속으로 특수한 모르타르를 주입하여 만든 콘크리트

● 프리스트레스트 콘크리트의 정의 (06①, 09①)
콘크리트의 인장응력이 생기는 부분을 미리 압축력을 주어 콘크리트의 인장강도를 증가시켜 휨저항을 크게 한 콘크리트

● 프리스트레스트 콘크리트에 이용되는 긴장재의 종류 (97⑤, 05①, 08③, 10②, 16①)
① PC 강선
② PC 강연선
③ PC 경강선
④ PC 강봉

● 프리스트레스트 콘크리트의 정착구의 정착 공법 (97④, 00⑤, 04③)
① 쐐기식 공법
② 나사식 공법
③ 버튼헤드식 공법
④ 루프식 공법

【쐐기식】

【나사식】

【버튼헤드식】

4) 공법 (89①, 90④, 91①, 92③, 94④, 95①②③, 96③⑤, 00①⑤, 04③, 05①②, 07③, 09②, 12②, 13③, 14③, 17②, 18③, 20②)

(1) 프리텐션법(Pre-tension Method)

구분	내용
개요	PS 강재에 인장력을 가한 상태에서 콘크리트를 타설, 경화한 후에 긴장을 풀어주는 방법이다.
시공 순서	① 강현재 긴장　　　　　② 콘크리트 타설 ③ 콘크리트 경화　　　　④ 강현재 양끝 절단

(2) 포스트텐션법(Post-tension Method)

구분	내용
개요	콘크리트를 타설하고 경화한 후에 미리 묻어둔 시스(Sheath)관 내에 PS 강재를 삽입하여 긴장시킨 후 정착하고 그라우팅하는 방법이다.
시공 순서	(1) Type(I) ① 시스 설치　　　　　　② 콘크리트 타설 및 경화 ③ 강현재 삽입 및 긴장　④ 그라우팅 (2) Type(II) ① 거푸집 조립　　　　　② 시스 설치 ③ 콘크리트 타설　　　　④ 콘크리트 경화 ⑤ 강현재 삽입　　　　　⑥ 강현재 긴장 ⑦ 강현재 고정　　　　　⑧ 그라우팅

5) 그라우팅[79] (94④, 96③)

① 경화 후에 긴장재와 시스관 사이에 충분한 부착강도가 발휘되도록 시스관 내에 PS 강재를 삽입하고 긴장시킨 후 시멘트풀을 채워 넣는 일이다.
② 그라우트의 물결합재비는 45% 이하이다.
③ 콘크리트의 압축강도는 7일 재령에서 27 MPa 이상 또는 28일 재령에서 30 MPa 이상이다.

※19 압입 콘크리트 (00③)

PC 제품이나 내진보강벽 등 폐쇄공간의 콘크리트를 타설하기 위해 콘크리트 펌프 등의 압송기계에 연결된 배관을 구조체 하부의 거푸집에 설치된 압입부에 직접 연결해서 유동성 있게 타설하는 콘크리트이다.

핵심 Point

● 프리스트레스트 콘크리트 공법에 따른 정의 (89①, 94④, 96③, 00①, 05①, 14③, 18③, 20②)
① 프리텐션법 : PS 강재에 인장력을 가한 상태에서 콘크리트를 타설, 경화한 후에 긴장을 풀어주는 방법
② 포스트텐션법 : 콘크리트를 쳐서 경화한 후에 미리 묻어둔 시스관 내에 PS 강재를 삽입하여 긴장시킨 후 정착하고 그라우팅하는 방법

● 프리스트레스트 콘크리트 공법의 시공순서 (95①, 04③, 09②, 12②, 17②)
가. Pre-tension 공법
① 강현재 긴장
② 콘크리트 타설
③ 콘크리트 경화
④ 강현재 양끝 절단
나. Post-tension 공법
① 시스 설치
② 콘크리트 타설
③ 강현재 삽입 및 긴장
④ 그라우팅

● 프리스트레스트 콘크리트 공법의 시공순서 (91①, 95②, 00⑤)
가. 프리텐션법
① PC 강재의 긴장
② 콘크리트 타설
③ PS 강재와 콘크리트의 부착
④ 프리스트레싱 포스를 콘크리트에 전달
나. 포스트텐션법
① 부재 내의 강재의 도관 설치
② 콘크리트 타설
③ PS 강재의 긴장
④ PS 강재와 콘크리트의 부착
⑤ 프리스트레싱 포스를 콘크리트에 전달

---

79) KCS 14 20 50 프리스트레스트콘크리트 (2.1), 국토교통부, 한국콘크리트학회, 2022.

☀20 숏크리트(Shotcrete, 뿜칠 콘크리트)

1) 개요 (00⑤, 01①, 04①, 07③, 09①, 11③, 14②, 19①)
① 압축공기로 모르타르를 뿜칠하여 시공하는 공법이다.
② 뿜칠 콘크리트(Sprayed Concrete) 또는 건나이트(Gunite)라고도 한다.
③ 터널이나 큰 공동(空洞)구조물의 라이닝, 비탈면, 법면 등의 박리, 박락의 방지와 터널, 댐 등의 보수·보강에 사용된다.

2) 종류 (01①, 04①)
① 시멘트건(Cement Gun)   ② 본닥터(Bonductor)
③ 제트크리트(Jetcrete)

3) 특징 (09①, 11③, 19①)

장점	단점
① 거푸집 불필요	① 리바운딩 되기 쉽다.
② 급속 시공 가능	② 리바운드에 따른 재료 손실
③ 시공기계가 소형	③ 평활한 표면이 곤란
④ 임의 방향에 대해 시공 가능	④ 시공중 분진발생
⑤ 곡면시공이 가능	⑤ 숙련된 시공자에 의해 품질결정
⑥ 플랜트에서 떨어진 협소한 장소에서 시공 가능	⑥ 수밀성이 다소 결여
⑦ 급경사면에서 시공 가능	
⑧ 물시멘트비가 적은 경우도 시공 가능	

☀21 기타 콘크리트와 용어정의 및 해설

1) 진공 콘크리트(Vacuum Concrete) (96①, 00③, 02①, 10①, 17①)
콘크리트를 타설한 직후에 매트, 진공펌프 등을 이용하여 콘크리트 속에 잔류해 있는 잉여수 및 기포 등을 제거함을 목적으로 하는 콘크리트이다.

2) 무근 콘크리트
① 보강근이 필요 없는 버림 콘크리트 혹은 바닥 콘크리트이다.
② 설계기준압축강도 18 MPa 이상이며, 슬럼프값은 180 mm 이하이다.

3) 수밀 콘크리트
① 콘크리트 자체의 밀도를 높여 수밀성이 큰 콘크리트 또는 투수성이

핵심 Point

● 포스트텐션 공법의 작업순서 (90④, 92③, 96⑤, 98③, 07③, 08③, 13③)
① 시스 설치
② 콘크리트 타설
③ 콘크리트 경화
④ 강현재 삽입
⑤ 강현재 긴장
⑥ 강현재 고정
⑦ 그라우팅

● 포스트텐션 공법의 작업순서 (05②)
① 거푸집 조립
② 시스 설치
③ 콘크리트 타설
④ 콘크리트 경화
⑤ 강현재 삽입
⑥ 강현재 긴장
⑦ 강현재 고정
⑧ 그라우팅

● 그라우팅의 정의 (94④, 96③)
경화 후에 긴장재와 시스관 사이에 충분한 부착강도가 발휘되도록 시스관 내에 PS 강재를 삽입하고 긴장시킨 후 시멘트 풀을 채워 넣는 일

● 압입 공법의 정의 (00③)
PC 제품이나 내진보강벽 등 폐쇄공간의 콘크리트를 타설하기 위해 콘크리트 펌프 등의 압송기계에 연결된 배관을 구조체 하부의 거푸집에 설치된 압입부에 직접 연결해서 유동성 있게 타설하는 공법

● 숏크리트의 정의와 종류 (00⑤, 01①, 04①, 07③)
가. 정의 : 압축공기로 모르타르를 뿜칠하여 시공하는 공법으로 뿜칠 콘크리트라고도 한다.
나. 종류
① 시멘트건
② 본닥터
③ 제트크리트

작은 콘크리트이다.
② 저장시설, 지하구조물, 수리구조물, 저수조, 수영장 등의 압력수가 작용하는 구조물에 사용된다.
③ 슬럼프값은 180 mm 이하이며, 타설이 용이할 때에는 120mm 이하로 한다.
④ 공기량은 4 % 이하이고, 물결합재비는 50 % 이하로 한다.

4) 순환골재 콘크리트
① 강자갈 대신 건설폐기물을 물리적 또는 화학적 처리과정 등을 통하여 순환골재 품질기준에 적합하게 만든 골재를 사용한 콘크리트이다.
② 순환골재는 건설폐기물을 물리적 또는 화학적 처리과정 등을 거쳐 콘크리트 공사용 재료로 사용할 수 있게 한 골재이다.
③ 순환골재의 품질은 다음 표와 같다.[80]

구분	순환굵은골재	순환잔골재
절대건조밀도(g/cm³)	2.5 이상	2.3 이상
흡수율(%)	3.0 이상	3.0 이상
입자모양 판정실적률(%)	55 이상	53 이상

5) 레올로지(Rheology)
① 물질의 변형과 유동에 관해 연구하는 것으로 유동학 혹은 유변학이라고도 한다.
② 굳지 않은 콘크리트나 모르타르에 대해 그 점성, 가소성, 식소트로피(Thixotropy), 탄성, 점탄성, 접착, 마찰 등의 각종 성질을 다룬다.
③ 굳지 않은 콘크리트나 모르타르에 대해 워커빌리티를 정량적으로 나타내어 평가한다.

6) 철근 X형 배근법
철근콘크리트 구조물의 기둥이나 보에 X자 형태로 배근하여 전단력을 향상시켜 내진성능을 높인 것이다.

7) 아바티즈(Abatis)
프리스트레스트 콘크리트의 프리텐션 방식에서 강선을 긴장시켜 정착시키는 지주이다.

8) 탬핑(Tamping)
콘크리트를 부어넣을 때 초기침하균열을 방지하기 위하여 콘크리트를 다지는 것이다.

---

80) KCS 14 20 21 순환골재콘크리트 (2.1), 국토교통부, 한국콘크리트학회, 2022.

핵심 Point

● 숏크리트의 정의와 장·단점 (09①, 11③, 14②, 19①)
(1) 정의 :
  압축공기로 모르타르를 뿜칠하여 시공하는 공법으로 뿜칠 콘크리트라고도 한다.
(2) 장점 :
  ① 거푸집이 불필요다.
  ② 급속 시공이 가능하다.
  ③ 곡면 시공이 가능하다.
(3) 단점 :
  ① 리바운딩이 되기 쉽다.
  ② 평활한 표면이 곤란하다.

【 숏크리트 시공 】

● 진공 콘크리트의 정의 (96①, 00③, 02①, 10①, 17①)
콘크리트를 타설한 직후에 매트, 진공펌프 등을 이용하여 콘크리트 속에 잔류해 있는 잉여수 및 기포 등을 제거함을 목적으로 하는 콘크리트

● 수밀 콘크리트에 대한 설명 (예상)
수밀 콘크리트의 소요 슬럼프값은 되도록 적게 하여 (180) mm 이하이며, 타설이 용이하면 (120) mm 이하이다. 워커빌리티를 개선하기 위해 공기량은 (4) % 이하이고, 물결합재비는 (50) % 이하로 한다.

9) 리탬핑(Retamping)

콘크리트를 부어넣은 후 침강으로 인한 균열을 방지하기 위하여 콘크리트의 표면을 다지는 것이다.

10) 모르타르바법

입도 조정용 골재, 시멘트 및 물을 혼합하여 모르타르바를 제작한 후 양생하여 최초 1일 및 2주 간격으로 6개월까지 길이를 측정하여 3개월에 0.05 % 미만 팽창, 6개월에 0.10 % 미만 팽창하면 유해한 것으로 판정하는 것이다.

11) 페놀프탈레인법

중성화 깊이(심도)를 측정하기 위한 방법으로 1% 페놀프탈레인용액을 콘크리트면에 분무하여 중성화의 발생정도를 측정한다.

Lesson 18

기출 및 예상 문제

01 레디믹스트 콘크리트에 대해 설명하시오. (3점) •07 ②

_____

정답

1
콘크리트 제조 전문 공장에서 배치플랜트에 의하여 콘크리트를 주문자의 요구에 맞는 배합으로 계량 및 혼합한 후 시공현장에 운반차로 운반하여 사용하는 콘크리트로 레미콘이라고도 한다.

02 다음은 레미콘 비비기와 운반방식에 따른 종류의 설명으로 |보기|에서 명칭을 골라 번호로 쓰시오. (3점) •90 ③, 95 ②, 08 ①

┤보기├
㉮ 센트럴 믹스트 콘크리트   ㉯ 트랜싯 믹스트 콘크리트
㉰ 쉬링크 믹스트 콘크리트

① 트럭믹서에 모든 재료가 공급되어 운반 도중에 비벼지는 것
② 믹싱플랜트 고정믹서에서 어느 정도 비빈 것을 트럭믹서에 실어 운반 도중 완전히 비비는 것
③ 믹싱플랜트 고정믹서로 비빔이 완료된 것을 애지테이터 트럭으로 운반하는 것

① _____ ② _____ ③ _____

2
① ㉯
② ㉰
③ ㉮

03 'Shrink Mixed Concrere'에 대해 설명하시오. (2점) •09 ②, 16 ①

_____
_____

3
믹싱플랜트에서 고정 믹서로 어느 정도 비빈 것을 애지테어터 트럭으로 실어 운반 도중 완전히 비비는 것

04 레미콘의 장점을 3가지 쓰시오. (3점) •93 ②, 95 ④

① _____
② _____
③ _____

4
① 현장 내 재료 적치장 불필요
② 공사 추진 및 소요량이 정확
③ 균일한 품질
④ 부어넣는 수량에 따라 조절가능
⑤ 비빔작업이 불필요

05
레미콘 공장을 현장에서 선정할 때 고려해야 할 유의사항을 3가지 쓰시오. (3점)

① _____ ② _____ ③ _____

정답 5
① 운반시간
② 배출시간
③ 콘크리트의 제조능력
④ 운반 차량의 수
⑤ 공장의 제조설비
⑥ 품질관리 상태

06
Ready Mixed Concrete의 규격(보통-25-30-210)에 대하여 3가지의 수치가 뜻하는 바를 쓰시오. (단, 단위까지 명확히 기재하시오.) (3점)

_____

정답 6
① 보통 : 사용 골재의 종류
② 25 : 굵은골재의 최대 치수 (mm)
③ 30 : 콘크리트의 호칭강도 (MPa)
④ 210 : 슬럼프값 (mm)

07
KS F 4009 레디믹스트 콘크리트의 강도시험과 관련하여 다음 ( )를 채우시오. (4점)

> 레디믹스트 콘크리트의 강도는 규정에 따라 (①)회의 시험결과에 의해 검사로트의 합부가 결정된다. 시험횟수는 원칙적으로 (②)m³에 1회로 규정되어 있기 때문에 검사로트의 크기가 (③)m³가 된다. 1회의 시험결과는 1로트 내의 임의의 한 운반차에서 동시에 채취한 3개 공시체 시험치의 평균값으로 나타낸다.

① _____ ② _____ ③ _____

정답 7
① 3
② 150
③ 450

08
Ready Mixed Concrete가 현장에 도착하여 타설될 때 시공자가 현장에서 일반적으로 행하여야 하는 품질관리 항목을 [보기]에서 모두 골라 기호로 쓰시오. (3점)

| 보기 |
㉮ 슬럼프시험	㉯ 물의 염소이온량 측정
㉰ 골재의 반응성	㉱ 공기량시험
㉲ 압축강도 측정용 공시체 제작	㉳ 시멘트의 알칼리량

정답 8
㉮, ㉱, ㉲

09 KS F 4009 규정에 의하면 레디믹스트 콘크리트의 공기량은 보통 콘크리트의 경우 (①)% 이며, 경량골재 콘크리트의 경우 (②)%로 하되 공기량의 허용오차는 ±(③)%로 한다. |보기|에서 정답을 고르시오. (3점)   •05 ②

|보기|
0.5, 1.0, 1.5, 2.0, 2.5, 3.0, 3.5, 4.0, 4.5, 5.0, 5.5, 6.0, 6.5, 7.0

① _____ ② _____ ③ _____

정답
9
① 4.5
② 5.5
③ 1.5

10 레디믹스트 콘크리트가 현장에 도착했을 때 검사사항 4가지를 쓰시오. (4점)   •01 ③

① _____ ② _____
③ _____ ④ _____

10
① 콘크리트의 강도
② 슬럼프
③ 슬럼프플로
④ 공기량
⑤ 염화물함유량

11 콘크리트 공사 시에 레미콘 공장에서 현장타설까지의 진행순서를 |보기|에서 번호를 골라 빈 곳을 채우시오. (4점)   •93 ④, 06 ①

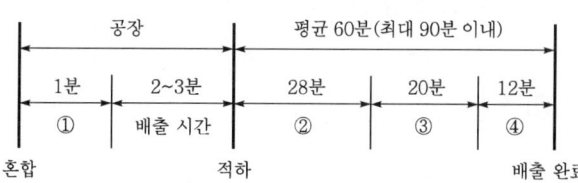

|보기|
㉮ 처리시간   ㉯ 대기시간   ㉰ 적재시간
㉱ 비빔시간   ㉲ 주행시간

11
① ㉱
② ㉲
③ ㉯
④ ㉮

12 한중 콘크리트의 문제점에 대한 대책을 |보기|에서 모두 골라 기호로 쓰시오. (3점)   •04 ②, 08 ②, 14 ①, 19 ②

|보기|
㉮ AE제 사용   ㉯ 응결지연제 사용
㉰ 보온양생   ㉱ 물시멘트비를 60% 이하로 유지
㉲ 중용열시멘트 사용   ㉳ Pre-cooling 방법 사용

12
㉮, ㉰, ㉱

13 '한중(寒中) 콘크리트'에 대하여 기술하시오. (4점)

정답

13
콘크리트 타설 일의 일평균기온이 4℃ 이하 또는 콘크리트 타설 완료 후 24시간 동안 일최저기온 0℃ 이하가 예상되는 조건이거나 그 이후라도 초기 동해 위험이 있는 경우에 시공하는 콘크리트

14 다음은 콘크리트 문제점을 설명한 것이다. 해당 콘크리트를 |보기|에서 골라 기호로 쓰시오. (4점)

| 보기 |
㉮ 서중 콘크리트	㉯ 한중 콘크리트
㉰ 유동화 콘크리트	㉱ 매스 콘크리트
㉲ 진공 콘크리트	㉳ 프리팩트 콘크리트

① 수화반응이 지연되어 콘크리트의 응결 및 강도 발현이 늦어진다.
② 슬럼프로스(Slump Loss)가 증대하고, 슬럼프값이 저하하고, 동일 슬럼프값을 얻기 위해 단위수량이 증가한다.
③ 슬럼프의 경시변화가 보통 콘크리트보다 커서 여름에 30분, 겨울에는 1시간 정도에서 베이스 콘크리트의 슬럼프로 되돌아오는 경우도 있다.
④ 수화열이 내부에 축적되어 콘크리트 온도가 상승하고, 균열발생이 쉽다.

① _____ ② _____
③ _____ ④ _____

14
① ㉯
② ㉮
③ ㉰
④ ㉱

15 한중 콘크리트의 특성에 대해 ( ) 안에 알맞은 내용을 쓰시오. (3점)

한중 콘크리트의 특징은 일평균기온 (①) 이하로 예상되며, 한중 콘크리트의 문제점에 대한 대책으로 W/C비는 원칙적으로 (②) 이하이어야 하며, (③)를 사용해야 한다.

① _____ ② _____ ③ _____

15
① 4℃
② 60%
③ AE제

16 한중 콘크리트 타설 시 콘크리트를 가열할 필요가 있을 때 재료의 가열순서를 3가지로 구분하여 쓰시오. (3점)   •89 ③, 97 ④

정답
16
물 → 모래 → 자갈

---

17 다음은 한중 콘크리트에 대한 사항이다. 다음 사항을 완성하시오. (3점)   •95 ③

가. 한중 콘크리트의 시공에서 콘크리트를 부어넣은 후 28일까지 월평균 기온이 (①)~(②)℃인 달을 포함하는 기간을 한냉기라 하고, 월평균기온이 (③)℃ 이하의 달을 포함하는 기간을 극한기라 한다.
나. 시멘트는 기온이 (④)℃ 이하일 때는 보온시설이 된 창고에 저장한다.
다. 한중 콘크리트 시공에서 물의 사용량은 적게 하고, 물시멘트비 (W/C)는 (⑤)% 이하로 하며, 표면활성제를 쓴다.

17
가. ① 2
　　② 10
　　③ 2
나. ④ 0
다. ⑤ 60

---

18 다음 |보기|는 한중 콘크리트에 관한 설명이다. ( ) 안에 알맞은 내용을 쓰시오. (4점)   •11 ②, 16 ②

|보기|
가. 한중 콘크리트는 초기 양생을 통해 콘크리트의 양생 종료 시의 소요 압축강도가 최소 (①)MPa 이상이 되게 한다.
나. 한중 콘크리트의 물시멘트비는 원칙적으로 (②)% 이하이어야 한다.

① _____   ② _____

18
① 5
② 60

---

19 다음 ( )에 공통적으로 들어갈 용어를 쓰시오. (2점)   •10 ③

|보기|
(가) 한중 콘크리트에서는 초기 강도 발현이 늦어지므로 ( )를 이용하여 거푸집의 해체시기, 콘크리트 양생기간 등을 검토한다.
(나) 양생온도가 달라져도 그 ( )가 같으면 콘크리트 강도는 비슷하다고 본다.

19
적산온도

20 한중 콘크리트의 보온양생 방법을 3가지 쓰시오. (3점)

① _____ ② _____ ③ _____

정답 20
① 급열양생(가열보온양생)
② 단열양생(단열보온양생)
③ 피복양생

21 한중 콘크리트 초기 양생 시 주의해야 할 점 3가지를 쓰시오. (3점)

① _____
② _____
③ _____

정답 21
① 초기 동해의 방지에 필요한 압축강도 5 MPa이 초기양생기간 내에 얻어지도록 한다.
② 소요 압축강도가 얻어질 때까지 콘크리트의 온도를 5℃ 이상으로 유지한다.
③ 소요 압축강도에 도달한 후 2일간은 구조물의 어느 부분이라도 0℃ 이상이 되도록 유지한다.

22 서중 콘크리트로서 시공해야 할 시기를 일률적으로 정하기는 곤란하나, 하루 기온을 중심으로 건축공사표준시방서에서 정하고 있는 기준에 대하여 설명하시오. (4점)

정답 22
일평균기온이 25℃를 초과하는 경우에 시공되는 콘크리트이다.

23 하절기 콘크리트 시공시 발생하는 문제점으로써 콘크리트 품질 및 시공면에서 미치는 영향에 대해 5가지를 쓰시오. (5점)

① _____ ② _____
③ _____ ④ _____
⑤ _____

정답 23
① 슬럼프값 저하
② 연행공기량의 감소
③ 콜드조인트의 발생
④ 표면수분의 증발에 의한 균열발생
⑤ 온도균열의 발생
⑥ 장기강도 저하
⑦ 콘크리트 표층부의 밀실성 저하

24 다음 ㅣ보기ㅣ에서 하절기 콘크리트 시공시 발생되는 문제점에 대한 대책을 골라 기호로 쓰시오. (3점)

ㅣ보기ㅣ
㉮ 단위시멘트량 증대   ㉯ AE 감수제 사용
㉰ 응결촉진제 사용   ㉱ 운반 및 타설시간의 단축계획 수립
㉲ 중용열시멘트 사용   ㉳ 온도 증가재료 방지대책 수립

정답 24
㉯, ㉱, ㉲, ㉳

25 다음 ( ) 안에 적당한 용어나 수치를 기입하시오. (3점)

높은 외부기온으로 인하여 콘크리트의 슬럼프저하나 수분의 급격한 증발 등의 염려가 있을 경우 시공되는 콘크리트로써 일평균기온이 25℃를 넘는 시기에 혼합·운반·타설 및 양생을 하는 경우 (①) 콘크리트의 적용을 받도록 규정하고 있다. 또한 이 콘크리트는 콘크리트를 비빈 후 즉시 타설하여야 하며, 지연형 감수제를 사용하는 등의 일반적인 대책을 강구한 경우라도 (②) 시간 이내에 타설하여야 하며, 콘크리트를 타설할 때의 콘크리트 온도는 (③) ℃ 이하로 한다.

① _____ ② _____ ③ _____

정답 25
① 서중(하절기)
② 1.5
③ 35

26 ALC(Autoclaved Lightweight Concrete)의 건축재료로서의 특징을 4가지 쓰시오. (4점)

① _____ ② _____
③ _____ ④ _____

정답 26
① 경량성
② 단열성
③ 불연성, 내화성
④ 흡음성, 차음성
⑤ 내구성
⑥ 시공성(가공성)

27 ALC(Autoclaved Lightweight Concrete, 경량기포콘크리트) 제조 시 필요한 재료를 2가지 쓰고, 기포제조방법을 쓰시오. (4점)

(1) 재료
① _____ ② _____

(2) 기포도입방법 : _____

정답 27
(1) 재료
① 석회질 원료(석회, 시멘트)
② 규산질 원료(고로슬래그, 플라이애시)
③ 기포제
(2) 기포도입방법
① 발포법
② 기포법
(주1) 발포법 : 시멘트 슬러지 중에서 화학반응을 이용해 가스를 발생시키는 방법
(주2) 기포법 : 시멘트 슬러지 중에 기포제를 이용해 기포를 발생시키는 방법

28 다음 설명한 콘크리트의 종류를 쓰시오. (3점)

① 콘크리트 제작 시 골재는 전혀 사용하지 않고 물, 시멘트, 발포제만으로 만든 경량골재 콘크리트
② 콘크리트 타설 후 Mat, Vacuum Pump 등을 이용하여 콘크리트 속에 잔류해 있는 잉여수 및 기포 등을 제거함을 목적으로 하는 콘크리트
③ 거푸집 안에 미리 굵은골재를 채워 넣은 후 그 공극 속으로 특수한 모르타르를 주입하여 만든 콘크리트

① _____ ② _____ ③ _____

정답 28
① 서모콘
② 진공 콘크리트
③ 프리팩트 콘크리트

29 경량골재 콘크리트를 제조하기 위한 재료에 대하여 쓰시오. (2점) •01 ②

① 주재료 : _____

② 혼화재료 : _____

30 경량골재 콘크리트의 장점을 3가지 쓰시오. (3점) •93 ④

① _____ ② _____ ③ _____

31 중량(차폐용) 콘크리트에 대하여 기술하시오. (4점)
•90 ①, 95 ②, 10 ①, 19 ③

_____

32 중량 콘크리트의 용도를 쓰고, 대표적으로 사용되는 골재 2가지를 쓰시오. (3점) •01 ②, 10 ②, 13 ①

① 용도 : _____

② 사용골재 : _____

33 매스 콘크리트 수화열 저감대책(온도균열의 기본대책)을 3가지 쓰시오. (3점) •12 ①, 14 ③, 19 ①, 20 ①, 21 ②

① _____

② _____

③ _____

34 다음의 용어를 설명하시오. (4점) •09 ③, 19 ②, 20 ④

① 프리쿨링 : _____

② 파이프쿨링 : _____

정답

29
① 주재료 : 인공경량골재, 천연경량골재
② 혼화재료 : 발포제(기포제)

30
① 건물중량 경감
② 운반, 타설노력 절감
③ 단열, 내화, 방음 및 흡음성 우수
④ 냉난방의 열손실 방지효과

31
주로 생물체의 방호를 위하여 X선, γ선 및 중성자선을 차폐할 목적으로 사용되는 콘크리트로써, 중량골재를 사용하여 기건 단위중량 2,500 kg/m³ 이상인 콘크리트이다.

32
① 용도 : 방사선 차단용
② 사용골재 : 중정석, 자철광

33
① 수화열이 낮은 중용열시멘트를 사용한다.
② 단위시멘트량을 적게 한다.
③ 단위수량을 적게 한다.
④ AE 감수제 지연형, 감수제 지연형을 사용하여 수화반응을 억제한다.
⑤ 굵은골재의 최대 치수를 크게 한다.
⑥ 프리쿨링 또는 파이프쿨링 등의 냉각 방법을 사용한다.

34
① 프리쿨링 : 매스 콘크리트의 시공에서 콘크리트를 타설하기 전에 콘크리트의 온도를 제어하기 위해 얼음이나 액체질소 등으로 콘크리트의 원재료의 일부 또는 전부를 냉각시키는 방법이다.
② 파이프쿨링 : 매스 콘크리트의 시공에서 콘크리트를 타설한 후 콘크리트의 내부 온도를 제어하기 위해 미리 묻어 둔 파이프 내부에 냉수를 강제적으로 순환시켜 콘크리트를 냉각하는 방법이다.

35 다음 설명이 뜻하는 콘크리트의 명칭을 써넣으시오. (4점)

•00 ③, 03 ①, 05 ①, 08 ②, 15 ③

① 콘크리트면에 미장을 하지 않고, 직접 노출시켜 마무리한 콘크리트
② 부재 단면치수 0.8m 이상, 콘크리트 내·외부 온도 차가 25℃ 이상으로 예상되는 콘크리트
③ 건축구조물 20층 이상이면서 기둥 크기를 작게 하도록 콘크리트 강도를 높게 하는 구조물에 사용되는 콘크리트로써 설계기준압축강도가 보통 콘크리트에서 40MPa 이상, 경량골재 콘크리트에서 27MPa 이상인 콘크리트
④ 콘크리트를 타설한 직후 매트를 씌운 다음 진공장치로 잉여수를 제거하면서 다짐하여 초기강도를 크게 한 콘크리트

① _____ ② _____
③ _____ ④ _____

정답
35
① 제치장 콘크리트
② 매스 콘크리트
③ 고강도 콘크리트
④ 진공 콘크리트

36 매스 콘크리트에서 온도균열의 기본대책을 |보기|에서 고르시오. (3점)

•09 ③, 13 ①, 18 ②

┌─────────── 보기 ───────────┐
㉮ 응결촉진제 사용   ㉯ 중용열시멘트 사용
㉰ Pre-Cooling 방법 사용 ㉱ 단위시멘트량 감소
㉲ 잔골재율 증가   ㉳ 물시멘트비 증가
└──────────────────────────┘

36
㉯, ㉰, ㉱

37 다음 ( ) 안에 알맞은 말을 쓰시오. (3점)

•02 ③

┌─────────────────────────────────┐
│ 콘크리트의 휨, 전단, 인장강도, 균열저항성, 인성 등을 개선하기 위│
│ 해 단섬유상 재료를 균등히 분산시켜 제조한 콘크리트를 (①) │
│ 콘크리트라 하며, 사용되는 섬유질 재료는 합성섬유, (②)섬유, │
│ (③)섬유 등이 있다.   │
└─────────────────────────────────┘

① _____ ② _____ ③ _____

37
① 섬유보강
② 강
③ 유리 또는 탄소 또는 비닐론

38 섬유보강 콘크리트에 사용되는 섬유의 종류를 3가지 쓰시오. (3점)

• 03 ③, 18 ②, 20 ④

① _____ ② _____ ③ _____

정답

38
① 강섬유
② 유리섬유
③ 탄소섬유
④ 비닐론섬유

39 AE 콘크리트의 공기량에 대하여 기술하시오. (4점)

• 95 ①

_____

39
콘크리트에 AE제를 사용하여 0.025~0.25mm의 미세한 독립기포의 발생으로 시공연도를 개선할 수 있다.

40 다음 글을 읽고 ( ) 안에 들어갈 적당한 내용을 쓰시오. (1점) • 08 ①

> AE제 등을 사용하는 콘크리트의 공기량은 굵은골재의 최대 치수에 따라 ( )% 범위의 값이다.

_____

40
3.0~6.0
(주) 공기량은 보통콘크리트와 포장콘크리트는 4.5%, 경량콘크리트는 4.5%, 고강도 콘크리트는 3.5%이고, 공기량의 허용오차는 각종 콘크리트에 대해 ±1.5%이다.

41 AE 콘크리트의 특징을 6가지만 쓰시오. (3점)

• 90 ②

① _____ ② _____ ③ _____
④ _____ ⑤ _____ ⑥ _____

41
① 워커빌리티 개선
② 동결융해 저항성 증대
③ 내구성, 수밀성 증대
④ 알칼리골재반응 감소
⑤ 단위수량 감소
⑥ 재료분리 감소
⑦ 발열량 감소
⑧ 건조수축 감소

42 유동화 콘크리트의 유동화 방법에 대해 3가지를 기술하시오. (3점)

• 97 ②, 99 ①, 02 ②, 07 ①, 11 ①

① _____ ② _____ ③ _____

42
① 공장첨가 유동화법
② 공장첨가 현장유동화법
③ 현장첨가 유동화법

43 고성능 콘크리트는 물리적 특성으로 구분하여 3가지 종류로서 고성능 콘크리트를 대별할 수 있다. 다음 고성능 콘크리트의 특성에 따른 3가지로 구분된 콘크리트 명칭을 쓰시오. (3점)

• 99 ③, 02 ③

① _____ ② _____ ③ _____

43
① 고강도 콘크리트
② 고내구성 콘크리트
③ 고유동 콘크리트

44 고강도 콘크리트의 폭렬현상에 대하여 설명하시오. (3점)
• 14 ①, 17 ③, 18 ①, 20 ② ⑤

_____
_____

정답

44
고강도 콘크리트에서 화재 시 급격한 고온에 의해 내부 수증기압이 발생하고, 이 수증기압이 콘크리트의 인장강도보다 크게 되면 콘크리트 부재 표면이 심한 폭음과 함께 박리 및 탈락하는 현상이다

45 콘크리트 구조물의 화재 시 급격한 고열현상에 의하여 발생하는 폭렬현상에 대한 방지대책을 2가지만 쓰시오. (4점)
• 19 ①, 21 ②

① _____ ② _____

45
① 강섬유를 혼입한다.
② 철근의 피복두께를 증가시킨다.
③ 단위수량을 감소시킨다.
④ 흡수율이 적은 골재를 사용한다.
⑤ 흡수율이 적은 골재를 사용한다.

46 제치장 콘크리트(Exposed Concrete)의 시공목적을 간략하게 4가지 쓰시오. (4점)
• 92 ③, 94 ③, 97 ④, 02 ①, 05 ②

① _____ ② _____
③ _____ ④ _____

46
① 모양의 간소함
② 고도의 강도추구
③ 재료절감
④ 건물 자중 경감
⑤ 공사내용의 단일화
⑥ 안전성, 경제성 추구

47 폴리머시멘트 콘크리트의 특성을 보통시멘트 콘크리트와 비교하여 4가지 기술하시오. (4점)
• 04 ②, 09 ②, 16 ②

① _____ ② _____
③ _____ ④ _____

47
① 수밀성 증대
② 내동결융해성
③ 내약품성
④ 내마모성, 내충격성
⑤ 방수성
⑥ 강도(압축, 인장, 휨)의 증대
⑦ 낮은 내화성

48 '프리팩트 콘크리트'를 설명하시오. (3점)
• 89 ②, 94 ④, 97 ①

_____
_____

48
거푸집 안에 미리 굵은골재를 채워 넣은 후 그 공극 속으로 특수한 모르타르를 주입하여 만든 콘크리트

49 콘크리트의 인장응력이 생기는 부분을 미리 압축력을 주어 콘크리트의 인장강도를 증가시켜 휨저항을 크게 한 콘크리트를 무엇이라고 말하는가? (2점)
• 06 ①, 09 ①

_____

49
프리스트레스트 콘크리트
(Prestressed Concrete)

50 프리스트레스트 콘크리트에 이용되는 긴장재의 종류를 3가지 쓰시오. (3점) •97 ⑤, 05 ①, 10 ②, 16 ①

① _____ ② _____ ③ _____

정답

50
① PC 강선
② PC 강연선
③ PC 경강선
④ PC 강봉

51 프리스트레스트 콘크리트의 정착구(定着具 : Anchorage)의 대표적인 정착 공법에 대하여 3가지를 쓰시오. (3점) •97 ④, 00 ⑤, 04 ③

① _____ ② _____ ③ _____

51
① 쐐기식 공법
② 나사식 공법
③ 버튼헤드식 공법
④ 루프식 공법

52 PC에 있어서 프리스트레스를 주는 방법에는 프리텐션 공법과 포스트텐션 공법이 있다. 부재의 제작과정을 각 공법에 따라 순서대로 기호로 쓰시오. (4점) •91 ①, 95 ②, 00 ⑤

┌─── 보기 ───
A : 프리스트레싱 포스를 콘크리트에 전달
B : 콘크리트 타설
C : PS 강재의 긴장
D : 부재내의 강재의 도관설치
E : PS 강재와 콘크리트의 부착
└─────────

① 프리텐션 공법 : _____
② 포스트텐션 공법 : _____

52
① 프리텐션 공법 :
  C-B-E-A
② 포스트텐션 공법 :
  D-B-C-E-A

53 프리스트레스트 콘크리트에서 다음 항에 대해서 간단하게 기술하시오. (6점) •89 ①, 94 ④, 96 ③, 00 ①, 05 ①, 14 ③, 18 ③, 20 ②

가. 프리텐션(Pre-tension)방식 : _____
_____

나. 포스트텐션(Post-tension)방식 : _____
_____

다. 그라우팅(Grouting) : _____
_____

53
가. 프리텐션방식 : PS 강재에 인장력을 가한 상태에서 콘크리트를 타설, 경화한 후에 긴장을 풀어주는 방법
나. 포스트텐션방식 : 콘크리트를 쳐서 경화한 후에 미리 묻어둔 시스관 내에 PS 강재를 삽입하여 긴장시킨 후 정착하고 그라우팅하는 방법
다. 그라우팅 : 경화 후에 긴장재와 시스관 사이에 충분한 부착강도가 발휘되도록 시스관 내에 PS 강재를 삽입하고 긴장시킨 후 시멘트풀을 채워 넣는 일

54
Pre-stressed Concrete 중 Post-tension 공법의 시공순서를 |보기|에서 골라 기호로 쓰시오. (4점)   •90 ④, 92 ③, 96 ⑤, 98 ③, 07 ③

|보기|
- ㉮ 콘크리트 경화
- ㉯ 강현재 고정
- ㉰ 시드(Sheathe) 설치
- ㉱ 강현재 긴장
- ㉲ 콘크리트 타설
- ㉳ 그라우팅
- ㉴ 강현재 삽입

정답 54
㉰ → ㉲ → ㉮ → ㉴ → ㉱ → ㉯ → ㉳

55
프리스트레스트 콘크리트의 작업명을 공정순으로 |보기|의 번호로 나열하시오. (단, 포스트텐션 공법임) (4점)   •05 ②

|보기|
- ㉮ 시스(Sheath) 설치
- ㉯ 강현재 고정
- ㉰ 강현재 삽입
- ㉱ 강현재 긴장
- ㉲ 콘크리트 타설
- ㉳ 그라우팅
- ㉴ 콘크리트 경화
- ㉵ 거푸집 조립

정답 55
㉵ → ㉮ → ㉲ → ㉴ → ㉰ → ㉱ → ㉯ → ㉳

56
Pre-stressed Concrete에서 Pre-tension 공법과 Post-tension 공법의 차이점을 시공순서를 바탕으로 쓰시오. (4점)
•95 ①, 04 ③, 09 ②, 12 ②, 17 ②

가. Pre-tension 공법 : _____

나. Post-tension 공법 : _____

정답 56
가. Pre-tension 공법
 ① 강현재 긴장
 ② 콘크리트 타설
 ③ 콘크리트 경화
 ④ 강현재 양끝 절단

나. Post-tension 공법
 ① 시스 설치
 ② 콘크리트 타설
 ③ 강현재 삽입 및 긴장
 ④ 그라우팅

57
숏크리트(Shotcrete)에 대하여 간단히 기술하고, 종류를 3가지 쓰시오. (4점)   •01 ①, 04 ①

가. 숏크리트 : _____

나. 종류
 ① _____ ② _____ ③ _____

정답 57
가. 숏크리트 : 압축공기로 모르타르를 뿜칠하여 시공하는 공법으로 뿜칠 콘크리트라고도 한다.

나. 종류
 ① 시멘트건
 ② 본닥터
 ③ 제트크리트

58 다음은 프리스트레스트 콘크리트의 공법과 관련된 내용이다. ( ) 안에 알맞은 용어를 채우시오. (4점) •13 ③

> 프리스트레스트 콘크리트에 사용되는 강재(강선, 강연선, 강봉)를 긴장재라고 총칭하며, (①) 공법에서 PC 강재의 삽입공간을 확보하기 위해서 콘크리트 타설 전 미리 매입하는 관(튜브)을 (②)라고 한다.

① _____ ② _____

정답
58
① 포스트텐션
② 시스

59 프리스트레스트 콘크리트와 관련하여 다음의 ( )를 채우시오. (3점) •08 ③

> ① 프리스트레스트 콘크리트 강재(강선, 강연선, 강봉)를 무엇이라 하는가? (㉮)
> ② 포스트텐션법은 (㉯) 설치, 콘크리트 타설, 콘크리트 경화 후 강재 삽입하여 긴장시킨 후 정착하고 (㉰)하는 방법이다.

㉮ _____ ㉯ _____ ㉰ _____

59
㉮ 긴장재
㉯ 시스
㉰ 그라우팅

60 숏크리트(Shotcrete) 공법의 정의를 설명하고, 공법의 장·단점을 각각 2가지씩 쓰시오. (6점) •09 ①, 11 ③, 14 ②, 19 ①

(1) 정의 : _____
(2) 장점 :
   ① _____ ② _____
(3) 단점 :
   ① _____ ② _____

60
(1) 정의 :
  압축공기로 모르타르를 뿜칠하여 시공하는 공법으로 뿜칠 콘크리트라고도 한다.
(2) 장점 :
  ① 거푸집이 불필요다.
  ② 급속 시공이 가능하다.
  ③ 곡면 시공이 가능하다.
(3) 단점 :
  ① 리바운딩이 되기 쉽다.
  ② 평활한 표면이 곤란하다.

61 '콘크리트를 부어넣은 표면에 진공매트장치를 씌워 콘크리트 중의 수분과 공기를 흡수하여 콘크리트 초기 가수량을 줄여 콘크리트의 강도를 증대시키고 내구성을 높인 콘크리트'를 뜻하는 용어를 쓰시오. (1점) •96 ①

_____

61
진공 콘크리트

62 다음에 설명한 공법의 명칭을 기록하시오. (4점) •00 ③

① 콘크리트 타설 직후에 매트, 진공 펌프 등을 이용해 콘크리트 내부의 수분 중 수화작용에 필요한 최소량을 제외한 수분을 제거하여 밀실한 콘크리트를 시공하는 공법

② PC 제품이나 내진보강벽 등 폐쇄공간의 콘크리트를 타설하기 위해 콘크리트 펌프 등의 압송기계에 연결된 배관을 구조체 하부의 거푸집에 설치된 압입부에 직접 연결해서 유동성 있는 콘크리트를 타설하는 공법

① _____ ② _____

정답

62
① 진공 콘크리트 공법
② 압입 공법

VI

강구조공사

- Lesson 19 개요 및 강구조공사의 공장가공
- Lesson 20 강구조 부재의 접합
- Lesson 21 현장세우기, 내화피복 공법 및 기타

Lesson 19. 개요 및 강구조공사의 공장가공

1 정의

1. 일반사항

1) 개요
건물의 뼈대를 각종 형강과 강판을 고장력볼트접합 및 용접접합 등으로 조립하는 공사이다. 철골공사라고도 한다.

2) 특징

장점	단점
① 내진성이고, 불연성이다.	① 비내화성(고열에 약함)
② 장스팬의 구조 가능하다.	② 고가이고 시공정밀도 요구된다.
③ 적당한 피복을 할 경우 내화성과 내구성을 갖는다.	③ 녹슬기 쉽다.
④ 고층화, 대형화가 가능하다.	④ 재료의 인성이 크다.
⑤ 균질도가 높아 신뢰할 수 있다.	⑤ 압축력에 대해 좌굴하기 쉽다.
⑥ 건물 중량의 경량화	⑥ 접합점은 용접 이외에 일체화로 보기 어렵다.

2. 재료

1) 강재

(1) 강재의 종류

구조용 강판, 강관, 형강, 선재, 봉강, 볼트 및 연결재 등과 부속재료

(2) 형강의 종류 (97④, 99③)

등변 L형강, 부등변 L형강, I형강, H형강, ㄷ형강, C형강, T형강, Z형강

2) 강재의 재료시험

① 인장 및 상온 휨시험을 한다.
② 단면이 다를 때마다, 중량 20 ton마다, 강재의 종류가 다를 때마다 1개씩 시험한다.

핵심 Point

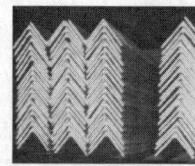
【 등변 L형강 】

【 I형강 】

【 H형강 】

【 ㄷ형강 】

● 강구조에 사용되는 형강의 종류 (97④, 99③)
① 등변 L형강 ② 부등변 L형강
③ I형강 ④ H형강
⑤ ㄷ형강 ⑥ C형강
⑦ T형강 ⑧ Z형강

● SM355 강재 기호의 의미 (참고)
① 첫 번째 S : Steel
② 두 번째 M : 용접구조용 압연강재
③ 355 : 항복강도 355 MPa

Lesson 19

☼ 2 강구조공사의 공장가공

1. 공장가공의 단계별 공정

1) 강구조공사의 공장가공 제작순서 (85①, 87②, 95③, 97①, 02②, 04①)

① 원척도 작성　　② 본뜨기
③ 변형 바로잡기　④ 금매김
⑤ 절단 및 가공　　⑥ 구멍뚫기
⑦ 가조립　　　　　⑧ 본조립
⑨ 검사　　　　　　⑩ 녹막이도장
⑪ 운반

2) 공작도 및 가공 등

공 정	내 용
변형 바로잡기	금긋기 전에 실시하며 상온에서 또는 가열로 교정한다.
금매김	본뜨기 형판으로 강재면에 강필로 구멍위치, 절단개소 등을 정확히 마킹한다. 마킹(Marking) 또는 금긋기라고도 한다.
절단[81] (98④, 99⑤, 06①, 12②, 15②, 20⑤)	(1) 강재 절단의 종류 　① 기계절단　　　② 가스절단 　③ 플라즈마절단　④ 레이즈절단 (2) 두께 13 mm 이하의 연결판, 보강재 등은 전단절단 할 수 있다.
가공	(1) 휨가공 　휨가공은 상온가공(냉간가공) 또는 열간가공으로 한다. (2) 지압면의 표면가공 　① 지압면의 면가공은 접지면적 2/3 이상에서 오차 0.5 mm 이하가 되어야 한다. 완전밀착 지지면 가공이라고도 한다. 　② 오차는 부분적으로 최대 1.0 mm까지 허용한다.

3) 구멍뚫기

(1) 공칭지름에 대한 구멍지름 (88② ③)

종류		공칭축 지름(d, mm)	구멍지름(D, mm)
볼트	고장력볼트	$d < 24$ $d \geq 24$	$d + 2.0$ $d + 3.0$
	일반볼트	–	$d + 0.5$
	앵커볼트	–	$d + 5.0$
리벳		$d < 20$ $d \geq 20$	$d + 1.0$ $d + 1.5$

핵심 Point

● 강구조공사의 공장가공 제작순서 (85①, 02②)
① 원척도 작성
② 본뜨기
③ 변형 바로잡기
④ 금매김
⑤ 절단 및 가공
⑥ 구멍뚫기
⑦ 가조립
⑧ 본조립
⑨ 검사
⑩ 녹막이도장
⑪ 운반

● 강구조공사의 공장가공 제작순서 (87②, 95③, 97①, 04①)
① 공작도 작성
② 원척도 작성
③ 형판뜨기
④ 변형 바로잡기
⑤ 마크표시
⑥ 절단 및 가공
⑦ 구멍뚫기
⑧ 가조립
⑨ 본조립
⑩ 도장

● 철골 절단 방법 (98④, 99⑤, 06①, 12②, 15②, 20⑤)
① 기계절단
② 가스절단
③ 플라즈마절단
④ 레이즈절단

● 볼트에 대한 구멍지름 (88③)
볼트 구멍은 볼트지름보다 0.5 mm 이상 커서는 안 된다.

● 리벳에 대한 구멍지름 (88②)
① 리벳의 지름 $d < 20$: 리벳지름에 가산한 크기 1.0 mm
② 리벳의 지름 $d \geq 20$: 리벳지름에 가산한 크기 1.5 mm

---

81) KCS 14 31 10 제작 (1.2), 국토교통부, 한국강구조학회, 2019.

(2) 종류 82)

종류	내용
펀칭 (Punching)	(1) 특징 ① 송곳뚫기(드릴링)에 비해 속도가 빠르다. ② 구멍 주위에 변형이 생기기 쉬워 밀착이 곤란하다. (2) 적용범위 ① 판 두께가 13 mm 이하의 강재 ② 고장력볼트 마찰부 사용금지
송곳뚫기 (Drilling) (92②, 94③)	(1) 특징 세밀가공을 요할 때 사용되고 펀칭에 비해 속도가 느리다. (2) 적용범위 ① 판 두께가 13mm 초과인 강재 ② 주철제 ③ 수조, 유조 ④ 부재의 두께가 일반볼트 등의 '공칭지름+3 mm' 이하라도 세밀가공을 요할 때 ⑤ 고장력볼트용

(3) 구멍가심(리밍, Reaming)

구멍을 깎아 수정하는 것으로 드리프트핀으로 바로잡고 리머로 가심한다.

(4) 드리프트핀(Drift Pin) (94①③, 95②, 98②, 00②)

강재 접합부의 구멍 중심을 맞추는 공구이다.

(5) 리머(Reamer) (92③, 94①③, 95②③⑤, 98②, 00③, 01②)

펀치 또는 드릴로 뚫은 구멍의 지름을 정확하고 보기 좋게 가다듬는 공구이다. 또는 구멍주위를 가심질하는 공구이다.

(6) 볼트 구멍의 치수 정밀도 83)

① 구멍뚫기 시, 볼트 구멍의 직각도는 1/20 이하이다.
② 제작 시 구멍중심선 축에서 구멍의 어긋남은 ±1 mm 이하이다.
③ 볼트그룹에서 처음 볼트와 마지막 볼트의 최대연단 거리의 오차는 ±2 mm 이하이다.
④ 마찰이음의 부재 조립인 경우, 구멍의 엇갈림은 1.0 mm 이하이고, 지압이음의 부재 조립인 경우, 구멍의 엇갈림은 0.5 mm 이하이다.

4) 가조립

① 뒤틀림과 변형이 생기지 않게 볼트, 핀 등으로 가조립하고 드리프트핀으로 부재구멍을 맞춘다.

핵심 Point

● 송곳뚫기를 하여야 하는 경우 (92②, 94③)
① 판 두께가 13 mm 초과인 강재
② 주철제
③ 수조, 유조
④ 부재의 두께가 일반볼트 등의 '공칭지름+3 mm 이하'라도 세밀가공을 요할 때
⑤ 고장력볼트용

【펀칭기를 이용한 시공】

【드릴을 이용한 시공】

● 드리프트핀 (94①③, 95②, 98②, 00③)
강재접합부의 구멍 중심을 맞추는 공구

● 리머의 정의 (92③, 94①③, 95②③⑤, 98②, 00③, 01②)
① 펀치 또는 드릴로 뚫은 구멍의 지름을 정확하고 보기 좋게 가다듬는 공구
② 구멍주위 가심질

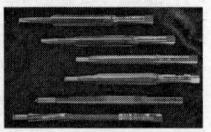
【리머】

---

82) KCS 14 31 10 제작 (3.4), 국토교통부, 한국강구조학회, 2019.
83) KCS 14 31 10 제작 (3.4), 국토교통부, 한국강구조학회, 2019.

② 각 부재에 사용하는 드리프트핀이나 볼트 수량은 조임 고장력볼트 수량의 25 % 이상(웨브판은 15 % 이상) 사용하는 것을 표준으로 한다.

5) 녹막이도장(방청도장)

(1) 바탕만들기

녹막이도장 전에 반드시 바탕만들기를 한다.

(2) 녹막이도장 횟수[84]

① 처음 1회째의 방청도장은 가공장에서 조립 전에 도장한다.
② 화학처리를 하지 않은 것은 표면처리 직후에 도장한다.
③ 부득하게 조립 후에 도장을 할 때에는 조립하면 밀착되는 면은 1회, 도장이 곤란하게 되는 면은 1~2회씩 조립 전에 도장한다.

(3) 녹막이도장 하기 전 금속표면의 오염물 처리[85],[86] (99①, 01①)

철재면의 도장공사 시 금속표면에 붙어 있는 오염물을 사전에 제거한다.

제거도구	① 와이어브러시 ② 숏블라스트 ③ 샌드블라스트 ④ 연마지(샌드페이퍼)
제거용제	① 휘발유 ② 벤졸 ③ 솔벤트 ④ 나프타

(4) 일반적인 도장의 작업 중지 조건[87]

① 도장하는 장소의 기온이 낮거나, 습도가 높고, 환기가 충분하지 못하여 도장건조가 부적당할 경우
② 주위의 기온이 5 ℃ 미만이거나 43 ℃ 이상일 경우
③ 상대습도가 85 %를 초과할 경우
④ 눈 또는 비가 올 때 및 안개가 끼었을 경우
⑤ 강설우, 강풍, 지나친 통풍, 도장할 장소의 더러움 등으로 인하여 물방울, 들뜨기, 흙먼지 등이 도막에 부착되기 쉬울 경우
⑥ 주위의 다른 작업으로 인해 도장작업에 지장이 있거나 도막이 손상될 우려가 있을 경우
⑦ 소지 표면온도가 이슬점 온도보다 3 ℃ 미만일 경우
⑧ 옥외에서 시공 시 강풍, 비, 눈 또는 이슬이 내리는 환경일 경우
⑨ 도장작업 시 주위에서 용접작업 등 불꽃을 유발할 수 있는 작업일 경우

핵심 Point

【임팩트렌치】

【토크렌치】

● **숏블라스트**(Shot Blast) (참고)
압축공기 등을 이용하여 날카로운 모가 없는 입자를 고속으로 금속표면에 뿜어내어 스케일, 녹, 도막 등을 제거하여 표면을 깨끗하게 마무리 가공하는 방법이다.

● **샌드블라스트**(Sand Blast) (참고)
압축공기 등을 이용하여 모래나 연마분을 고속으로 금속표면에 뿜어내어 밀스케일, 녹, 도막 등을 제거하여 표면을 깨끗하게 마무리 가공하는 방법이다.

● **밀스케일**(Mill Scale) (참고)
강재가 냉각될 때 표면에 생기는 산화철 표피이다.

● 녹막이도장 하기 전 금속표면의 오염물 제거도구 및 제거용제 (99①, 01①)

가. 제거도구
① 와이어브러시
② 숏블라스트
③ 샌드블라스트
④ 연마지(샌드페이퍼)

나. 제거용제
① 휘발유
② 벤졸
③ 솔벤트
④ 나프타

---

84) KCS 14 31 10 제작 (3.5), 국토교통부, 한국강구조학회, 2019.
85) KCS 14 31 10 제작 (3.1), 국토교통부, 한국강구조학회, 2019.
86) KCS 14 31 40 도장 (2.7), 국토교통부, 한국강구조학회, 2019.
87) KCS 14 31 40 도장 (1.2, 3.10), 국토교통부, 한국강구조학회, 2019.

(5) 녹막이도장 제외부분 (92①, 97②, 98①④, 99①, 01③, 03③, 06③, 14①, 18③, 19③, 22①)

① 현장 용접부에서 100 mm 이내
② 고장력볼트 접합부 마찰면
③ 콘크리트 부착 또는 매입 부분
④ 밀착 또는 회전하는 기계깎기 마무리면
⑤ 철골 조립에 의해 맞닿는 면
⑥ 밀폐되는 내면

6) 운반

(1) 개요

부재부호, 접합부호를 기입하여 현장세우기 순서에 따라 발송한다.

(2) 강구조 부재의 운반 시 조사 및 검토사항 (98①)

① 운반차량의 용량제한
② 운반차량의 길이제한
③ 수송 중 장애물 및 높이제한
④ 도로 및 교량의 중량제한
⑤ 운행시간

핵심 Point

● 녹막이도장 제외부분 (92①, 97②, 98①④, 99①, 01③, 03③, 06③, 14①, 18③, 19③, 22①)
① 현장 용접부에서 100 mm 이내
② 고장력볼트 접합부 마찰면
③ 콘크리트 부착 또는 매입 부분
④ 밀착 또는 회전하는 기계깎기 마무리면
⑤ 철골 조립에 의해 맞닿는 면
⑥ 밀폐되는 내면

● 매입과 매립 (참고)
① 매입(埋入) : 기성 제품의 말뚝 등을 미리 지반 속에 뚫은 구멍에 넣는 것
② 매립(埋立) : 해안, 호수 및 저지대 등의 우묵한 땅을 토사와 돌 등으로 채우는 것

● 강구조 부재의 운반 시 조사 및 검토사항 (98①)
① 운반차량의 용량제한
② 운반차량의 길이제한
③ 수송 중 장애물 및 높이제한
④ 도로 및 교량의 중량제한
⑤ 운행시간

Lesson 19

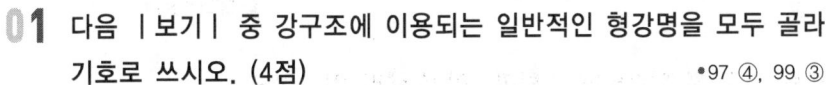

01
다음 |보기| 중 강구조에 이용되는 일반적인 형강명을 모두 골라 기호로 쓰시오. (4점)
•97 ④, 99 ③

┤보기├
㉮ B형강   ㉯ C형강   ㉰ E형강
㉱ H형강   ㉲ I형강   ㉳ K형강
㉴ L형강   ㉵ N형강   ㉶ T형강
㉷ Z형강

정답

1
㉯, ㉱, ㉲, ㉴, ㉶, ㉷

02
강구조공사의 공장가공 순서를 아래의 |보기|를 참고로 하여 번호로 쓰시오. (4점)
•85 ①, 02 ②

┤보기├
㉮ 구멍뚫기   ㉯ 가조립   ㉰ 본뜨기
㉱ 본조립   ㉲ 녹막이도장   ㉳ 변형 바로잡기
㉴ 원척도 작성   ㉵ 본조립 검사   ㉶ 절단 및 가공
㉷ 운반(현장반입) ㉸ 금매김

2
㉴ → ㉰ → ㉳ → ㉸ → ㉶ → ㉮ → ㉯ → ㉱ → ㉵ → ㉲ → ㉷

03
강구조공사에 있어서 공장제작 작업과정을 순서대로 쓰시오. (4점)
•87 ②, 95 ③, 97 ①, 04 ①

공작도 작성 → (①) → 형판뜨기 → (②) → 마크표시 → (③) → (④) → 가조립 → (⑤) → 도장

3
① 원척도 작성
② 변형 바로잡기
③ 절단 및 가공
④ 구멍뚫기
⑤ 본조립

04 강구조공사의 절단가공에서 절단 방법의 종류를 3가지 쓰시오. (3점)

•98 ④, 99 ⑤, 06 ①, 12 ②, 15 ②, 20 ⑤

① _____ ② _____ ③ _____

정답

4
① 기계절단
② 가스절단
③ 플라즈마절단
④ 레이즈절단

05 다음 각종 시험에 이용되는 기구 및 장비명을 |보기|에서 골라 번호를 쓰시오. (4점)

•92 ③

┤보기├
㉮ 에어미터　　㉯ 워세크리터
㉰ 리머　　　　㉱ 다이얼게이지

① 시공 중 콘크리트 공기량 측정
② 종방향의 미세한 변형량을 시계형으로 확대시켜 정확한 침하량을 측정하는 기구로써 지내력 시험에 이용
③ 물시멘트비가 일정할 때 골재계량
④ 펀치 또는 드릴로 뚫은 구멍의 지름을 정확히 보기 좋게 가다듬는 기구

① _____ ② _____
③ _____ ④ _____

5
① ㉮
② ㉱
③ ㉯
④ ㉰

06 다음 |보기|에서 A항과 관계있는 것을 B항에서 골라 쓰시오. (4점)

•94 ①③, 98 ②, 00 ③

┤보기├
[A항]
① 게이지라인(Gauge Line)
② 드리프트핀(Drift Pin)
③ 리머(Reamer)
④ 뉴매틱해머(Pneumatic Hammer)

[B항]
㉮ 현장 리벳치기용 공구
㉯ 강재 접합부의 구멍 중심을 맞추는 공구
㉰ 구멍 주위 가심질 공구
㉱ 볼트 등의 접합재를 치는데 한 열의 기준이 되는 중심선

6
① ㉱
② ㉯
③ ㉰
④ ㉮

07 강구조 접합 작업 중 구멍뚫기에서 송곳뚫기를 하여야 하는 경우에 대하여 3가지를 쓰시오. (3점) •92 ②, 94 ③

① _____
② _____
③ _____

정답 7
① 판 두께가 13 mm 초과인 강재
② 주철제
③ 수조, 유조
④ 부재의 두께가 일반볼트 등의 '공칭지름+3 mm 이하'라도 세밀가공을 요할 때
⑤ 고장력볼트용

08 다음 |보기|에서 A형과 관계 있는 것을 B형에서 골라 쓰시오. (4점) •95 ③

┤보기├
[A형]
① 뉴매틱해머   ② 스프링와셔
③ 임팩트렌치   ④ 리머

[B형]
㉮ 고장력볼트 조이기   ㉯ 현장 리벳치기
㉰ 구멍주위 가심질   ㉱ 대용볼트 조이기

정답 8
① ㉯
② ㉱
③ ㉮
④ ㉰

09 다음에서 설명하는 공구 및 기구를 쓰시오. (5점) •95 ⑤, 01 ②

① 펀치 또는 드릴로 뚫은 구멍의 지름을 정확하고 보기 좋게 가다듬는 공구
② 리벳치기 공구의 일종으로 불에 달군 리벳을 판금의 구멍에 넣고 그 머리를 누르면서 받쳐주는 공구
③ AE제의 계량장치
④ 거푸집 긴장철선을 콘크리트 경화 후 절단하는 절단기
⑤ 종방향의 미세한 변형량을 시계형으로 확대시켜 정확한 침하량을 측정하는 기구로서 지내력 시험에 이용되는 기구

① _____ ② _____
③ _____ ④ _____
⑤ _____

정답 9
① 리머
② 리벳홀더
③ 디스펜서
④ 와이어클리퍼
⑤ 다이얼게이지

10 강구조공사에서 관계있는 용어를 골라 짝지으시오. (5점) •95 ②

① 앵커볼트 • • ㉮ 구멍의 가심질
② 임팩트렌치 • • ㉯ 기둥 밑 고정
③ 리머 • • ㉰ 강재 접합부 구멍 맞추기
④ 턴버클 • • ㉱ 긴장역할
⑤ 드리프트핀 • • ㉲ 볼트 가조임

정답

10
① ㉯
② ㉲
③ ㉮
④ ㉱
⑤ ㉰

11 철(鐵)재면의 도장공사시에 금속표면에 붙어있는 유지(油脂)나 녹, 흑피, 기계유 등 여러 종류의 오염물을 닦아내는 도구 및 용제의 이름을 각각 2가지씩 기입하시오. (4점) •99 ①, 01 ①

가. 도구 : ( ) ( )
나. 용제 : ( ) ( )

11
가. 도구
① 와이어브러시
② 숏블라스트
③ 샌드블라스트
④ 연마지(샌드페이퍼)
나. 용제
① 휘발유
② 벤졸
③ 솔벤트
④ 나프타

12 강구조의 공장가공이 완료되는 단계에서 강재면에 녹막이도장을 1회 하고 현장으로 운반하는데, 이때 녹막이도장을 하지 않은 부분에 대하여 4가지를 쓰시오. (4점)
•92 ①, 97 ②, 98 ①④, 99 ①, 01 ③, 03 ③, 06 ③, 14 ①, 18 ③, 19 ③, 22 ①

① _____ ② _____
③ _____ ④ _____

12
① 현장 용접부에서 100 mm 이내
② 고장력볼트 접합부 마찰면
③ 콘크리트 부착 또는 매입 부분
④ 밀착 또는 회전하는 기계 깎기 마무리면
⑤ 철골 조립에 의해 맞닿는 면
⑥ 밀폐되는 내면

13 강구조 부재의 운반 시 조사 및 검토사항 4가지를 쓰시오. (4점) •98 ①

① _____ ② _____
③ _____ ④ _____

13
① 운반차량의 용량제한
② 운반차량의 길이제한
③ 수송 중 장애물 및 높이제한
④ 도로 및 교량의 중량제한
⑤ 운행시간

Lesson 20. 강구조 부재의 접합

1 일반볼트접합(Bolt, 대용볼트접합)

1. 개요
① 볼트 구멍지름과 볼트 공칭지름의 차이 때문에 밀착하지 않으며, 간단한 규모 이하의 건물에서만 적용한다.
② 영구적인 구조물에는 사용하지 못하고 가체결용으로만 사용한다.
③ 일반볼트의 구성은 볼트, 너트, 와셔로 이루어진다.
④ 볼트는 핸드렌치, 임팩트렌치 등으로 조인다.

2. 적용범위
① 진동, 충격 또는 반복응력을 받는 접합부에는 사용을 금지한다.
② 처마높이 9 m를 초과하고, 경간이 13 m를 초과하는 강구조의 구조 내력상 주요한 부분에는 볼트 사용을 금지한다.
③ 볼트구멍지름을 볼트의 공칭지름에 0.2 mm 이하를 더했을 경우 위의 규정에도 불구하고 볼트를 사용할 수 있다.

3. 볼트, 너트 및 와셔

1) 볼트 및 너트의 풀림방지

구분	내용
볼트의 길이	조임 종료 후 너트 밖에 3개 이상의 나사산이 나오도록 한다.
볼트구멍의 어긋남 수정	조립 판 사이에 0.5 mm 이상의 볼트구멍의 어긋남은 리머에 의해 수정없이 이음판을 교체한다.
너트의 풀림방지 (95③, 97④, 99③, 04①)	① 이중너트 사용 ② 너트 용접 ③ 콘크리트에 매입

2) 와셔

구분	내용
와셔의 역할	① 볼트의 조이는 힘을 등분포화 ② 볼트 내부의 국부적 지압방지
와셔의 종류	① 스프링와셔 ② 평와셔
스프링와셔의 용도 (95③)	대용볼트 조이기

핵심 Point

● 강구조의 접합 종류 (01①)
① 일반볼트접합
② 고장력볼트접합
③ 용접접합
④ 리벳접합

● 강구조의 접합종류와 설명 (특징) (99①, 96④)
① 일반볼트접합 : 볼트 구멍지름과 볼트 공칭지름의 차이 때문에 밀착하지 않으며, 간단한 규모 이하의 건물에서만 적용하는 접합
② 고장력볼트접합 : 접합된 판 사이에 강한 압축력이 작용하며 접합재 간의 마찰저항에 의해 힘이 전달되어 접합
③ 용접접합 : 강재를 국부적으로 가열하여 용융상태에서 접합
④ 리벳접합 : 가열한 리벳을 양판재의 구멍에 끼우고 압력을 이용하여 열간 타격으로 머리를 형성시켜 접합

【볼트】 　　【너트】

【스프링와셔】

● 너트의 풀림방지 (95③, 97④, 99③, 04①)
① 이중너트 사용
② 너트 용접
③ 콘크리트에 매입

4. 볼트 등의 접합 관련 용어

1) 볼트 등의 간격 관련 용어 (88②, 94①③, 98②, 00③, 11①)

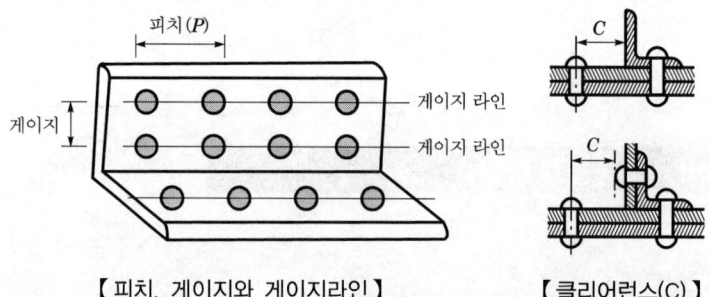

【 피치, 게이지와 게이지라인 】 【 클리어런스(C) 】

관련 용어	내용
피치	볼트 등의 접합재 구멍의 중심간 간격
게이지	게이지라인과 게이지라인 사이의 응력 수직방향 중심간격
게이지라인	볼트 등의 접합재를 치는데 한 열의 기준이 되는 중심선
클리어런스	볼트 등의 접합재와 수직재면과의 여유거리
그립	볼트 등의 접합재로 접합하는 판의 총두께
연단거리	볼트 등의 접합재 구멍에서 부재끝단까지 거리

2) 피치, 연단거리, 그립 등의 간격

최소 피치	표준 피치	최대 피치		연단거리		그립 (Grip)
		인장재	압축재	최소	최대	
2.5d	4d	min(12d, 30t) 이하	min(8d, 15t) 이하	1.25d 이상	min(12t, 15cm) 이하	5d 이하

단, d는 볼트 등의 접합재의 공칭지름, t는 얇은 판의 두께
(주) 고장력볼트의 경우, 구멍중심간 거리는 공칭지름의 2.5배를 최소거리로 하고 3배를 표준거리로 한다.

2 고장력볼트접합

1. 개요 (88③, 91①, 93①, 96④, 97③, 01①, 07②)

① 고장력볼트접합은 고탄소강 또는 합금강을 열처리하여 만든 항복강도 640 MPa 이상, 인장강도 800 MPa 이상인 볼트를 임팩트렌치나 토크렌치로 조여서 생기는 강한 압축력으로 피접합재 상호간에 생기는 마찰력을 통하여 전단력도 생기게 하는 접합방식이다.
② 고장력볼트 세트의 구성은 고장력볼트 1개, 너트 1개 및 와셔 2개로 구성한다.

핵심 Point

● 스프링와셔의 용도 (95③)
대용볼트 조이기

● 강구조의 접합종류와 주의사항 (93①, 97③)
가. 일반볼트접합
① 간단한 규모 이하의 건물에서만 적용한다.
② 영구적인 구조물에는 사용하지 못하고 가체결용으로만 사용한다.
③ 진동, 충격 또는 반복응력을 받는 접합부에는 사용을 금지한다.

나. 고장력볼트접합
① 접합부 마찰면 처리를 철저히 한다.
② 접촉면의 밀착 및 뒤틀림, 구부림이 없게 한다.
③ 조임 순서는 중앙에서 외측으로 한다.
④ 강우, 강풍시 체결작업을 중단한다.

다. 용접접합
① 용접결함을 방지한다.
② 용접면의 불순물을 제거한다.
③ 치수에 여분을 두어 용접한다.

라. 리벳접합
① 가열온도를 준수한다.
② 리벳구멍 크기를 준수한다.
③ 리벳치기 간격을 유지한다.
④ 불량리벳을 제거한다.

● 볼트접합 관련 용어 (88②, 94①③, 98②, 00③, 11①)
① 볼트 등의 접합재 구멍의 중심간 간격 : 피치
② 볼트 등의 접합재를 치는데 한 열의 기준이 되는 중심선 : 게이지라인
③ 볼트 중심을 연결한 선 사이의 중심간격 : 게이지

● 강구조 접합방법에서 마찰력으로 응력을 전달하는 접합방법 (07②)
고장력볼트접합

 【고장력볼트접합】  【고장력볼트 상세】  【각종 고장력볼트】

2. 주의사항 (93①, 97③)

① 접합부 마찰면 처리를 철저히 한다.
② 접촉면의 밀착 및 뒤틀림, 구부림이 없게 한다.
③ 조임순서는 중앙에서 외측으로 한다.
④ 강우, 강풍 시 체결작업을 중단한다.

3. 장점 (95⑤, 99①⑤, 03②, 07③, 09③, 12②)

① 접합부 변형이 작다. ② 응력전달이 원활하다.
③ 강성 및 내력이 크다. ④ 피로강도가 높다.
⑤ 저소음   ⑥ 노동력 절감, 공기단축
⑦ 현장설비가 간단하다. ⑧ 불량개소의 수정용이

4. 고장력볼트의 기호 및 종류

1) 고장력볼트의 기호 (07③)

F10T

여기서, F : 고장력마찰접합(Friction Grip Joint)
　　　 10 : 최소 인장강도의 값 1,000 MPa
　　　 T : 인장강도(Tensile Strength)
(주) 고장력볼트의 기계적 성질(재질)에 의한 종류는 F8T, F10T 및 F13T 등이 있다.

2) 특수형 볼트의 종류 (02③, 04③, 10②, 17②, 19①, 22②)

종류	내용
T/S 고장력볼트 또는 TC 볼트(볼트축 전단형 볼트)	토크컨트롤볼트로써 일정한 조임 토크계수값에서 볼트축 끝부분의 핀테일이 절단되는 방식이다.
PI 너트(너트 전단형 볼트)	두 겹의 특수 너트를 이용한 것으로 일정한 조임 토크계수값에서 너트가 절단되는 방식이다.
그립형 볼트	일반 고장력볼트를 개량한 것으로 일정한 조임 토크계수값에서 핀테일이 절단되며 조임이 확실한 방식이다.
지압형 볼트	지름보다 약간 작은 볼트구멍에 끼워 너트를 강하게 조이는 방식이다.

핵심 Point

● 고장력볼트의 각종 강도 (88③)
고장력볼트는 고탄소강 또는 합금강을 열처리하여 만든 항복강도 640 MPa 이상, 최소 인장강도 800 MPa 이상인 강도가 큰 볼트이다.

● 고장력볼트의 장점 (95⑤, 99①⑤, 03②, 07③, 09③, 12②)
① 접합부 변형이 작다.
② 응력전달이 원활하다.
③ 강성 및 내력이 크다.
④ 피로강도가 높다.
⑤ 저소음
⑥ 노동력 절감, 공기단축
⑦ 현장설비가 간단하다.
⑧ 불량개소의 수정용이

● F10T 고장력볼트의 기호에서 10의 의미 (07③)
최소 인장강도의 값 1,000 MPa

● 특수형 볼트의 종류 (02③)
① T/S 고장력볼트(볼트축 전단형 볼트)
② PI 너트(너트 전단형 볼트)
③ 그립형 볼트
④ 지압형 볼트

● 고장력볼트접합의 종류에 대한 설명 (04③, 10②)
① 토크콘트롤볼트로써 일정한 조임 토크계수값에서 볼트축이 절단 : T/S 고장력볼트(볼트축 전단형 볼트)
② 두 겹의 특수 너트를 이용한 것으로 일정한 조임 토크계수값에서 너트가 절단 : PI 너트(너트 전단형 볼트)
③ 일반 고장력볼트를 개량한 것으로 조임이 확실한 방식 : 그립형 볼트
④ 지름보다 약간 적은 볼트구멍에 끼워 너트를 강하게 조이는 방식 : 지압형 볼트

● T/S 고장력볼트(토크-전단형 고장력볼트)를 TC볼트라고도 함

5. 접합방식의 종류 (22③)

종류	내용
마찰접합	고장력볼트의 강력한 체결력에 의해 부재 간에 발생하는 마찰력에 의해 응력을 전달하는 접합방법으로 미끄럼이 허용되지 않는다.
지압접합	부재 간에 발생하는 마찰력과 볼트축의 전단력 및 부재의 지압력을 동시에 발생시켜 응력을 부담하는 접합방법으로 미끄럼이 허용된다.
인장접합	고장력볼트를 체결할 때 발생되는 압축력과 평형을 이루기 위해 접합부에 발생되는 인장력을 부담하는 접합방법으로 마찰력은 전혀 관여하지 않는다.

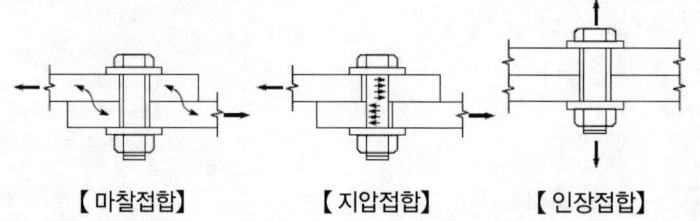

【마찰접합】　　【지압접합】　　【인장접합】

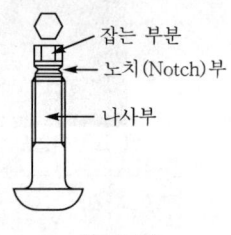

(시공 전)

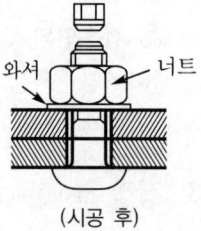

(시공 후)

【T/S 고장력볼트】

● 강구조 부재의 접합에 사용되는 고장력볼트 중 볼트의 장력관리를 손쉽게 하기 위한 목적으로 개발된 것으로 본조임 시 전용조임기를 사용하여 볼트의 핀테일이 파단될 때까지 조임 시공하는 볼트의 명칭 (19①, 22②)

T/S 고장력볼트 또는 토크-전단형 고장력 또는 볼트축 전단형 볼트

● 특수형 고력볼트(T/S 고장력볼트)의 부위별 명칭 (17②)

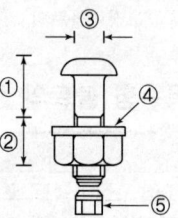

① 축부
② 나사부
③ 지름
④ 평와서
⑤ 핀테일

6. 마찰접합 시공

1) 마찰면의 준비 88) (16③)

(1) 개요

① 접합부 마찰면의 밀착성 유지에 주의한다.
② 볼트구멍 주변은 절삭 남김, 전단 남김 등을 제거한다.
③ 마찰면에는 도료, 기름, 오물 등이 없도록 충분히 청소하여 제거하며, 들뜬 녹은 와이어브러시 등으로 제거한다.
④ 구멍을 중심으로 지름의 2배 이상 범위의 녹, 흑피 등을 숏블라스트 또는 샌드블라스트로 제거한다.
⑤ 건축물의 경우 마찰면에 페인트를 칠하지 않고, 미끄럼계수가 0.5 이상 확보되도록 표면처리 한다.

2) 접합부의 단차 수정

접합부 표면의 높이 차이가 1mm 이하의 경우, 별도 처리가 불필요하고 1mm 초과의 경우 끼움판을 사용한다.

3) 고장력볼트의 구멍 어긋남의 수정

접합부 조립판 사이에 생긴 2mm 이하의 볼트구멍의 어긋남은 리머로 수정한다.

---

88) KCS 14 31 25 볼트 접합 및 핀 연결 (3.1), 국토교통부, 한국강구조학회, 2019.

4) 볼트 조임

(1) 고장력볼트 조임기기 (93②, 95② ③, 97②, 05①, 06②)
  ① 임팩트렌치(Impact Wrench)
  ② 토크렌치(Torque Wrench)

(2) 볼트 세트의 구성
볼트머리와 너트 밑에 와셔 1개씩 끼우고 너트를 회전시켜서 조인다.

(3) 볼트의 조임 축력
고장력볼트의 조임은 설계볼트장력 T_0에 10%를 증가시킨 표준볼트장력을 얻을 수 있도록 한다.

(2) 설계볼트장력 및 표준볼트장력 (09②, 10③, 13①, 16③)
  ① 설계볼트장력은 고장력볼트의 설계 시 전단강도를 구하기 위해서 사용된 값이다.
  ② 표준볼트장력은 마찰접합을 위한 모든 볼트 시공 시 장력의 풀림을 고려하여 설계볼트장력에 최소한 10 %를 할증하여 조여야 하는 표준 값이다.

(3) 조임순서
조임은 1차조임, 금매김(마킹), 본조임의 순으로 한다.

5) 조임방법

종류	내용
토크관리법	볼트가 탄성범위 내에 있다고 가정하고 조임력(Torque)과 볼트 축력이 비례한다는 것을 이용한 방법이다.
너트회전법	토크렌치를 사용하여 기준값까지 1차 체결한 후, 비틀림 원리를 이용하여 너트를 일정각도(120°) 만큼 회전시켜 조임을 관리하는 방법이다.
조합법	조합법은 토크관리법과 너트회전법을 조합한 것이다.
토크-전단형(T/S) 고장력볼트의 조임 (12①, 19②)	(1) 개요 　고장력볼트의 장력관리를 쉽게 하기 위한 목적으로 개발된 특수 고장력볼트 [토크-전단형(T/S) 고장력볼트, 토크시어볼트(Torque Shear)]이다. (2) 토크-전단형(T/S) 고장력볼트의 조임순서 　① 핀테일(Pin Tail)에 내측 소켓을 끼우고 렌치를 살짝 걸어 너트에 외측 소켓이 맞춰지도록 한다. 　② 렌치의 스위치를 켜 외측 소켓이 회전하며 핀테일이 절단 시까지 볼트를 체결한다. 　③ 핀테일이 절단되었을 때 외측 소켓이 너트로부터 분리되도록 렌치를 잡아당긴다. 　④ 팁 레버를 잡아당겨 내측 소켓에 들어 있는 핀테일을 제거한다.

핵심 Point

● **미끄럼계수의 확보를 위한 마찰면 처리** (16③)
접합부 마찰면의 밀착성 유지에 주의하며, 구멍을 중심으로 지름의 2배 이상 범위의 녹, 흑피 등을 숏블라스트 또는 샌드블라스트로 제거하고, 건축물의 경우 마찰면에 페인트를 칠하지 않고, 미끄럼계수가 0.5 이상 확보되도록 표면처리 한다.

● **임팩트렌치** (95②③, 97②, 06②)
볼트 가조임, 고장력볼트 조이기

● **표준볼트장력을 설계볼트장력과 비교하여 설명** (09②, 10③, 13①, 16③)
설계볼트장력은 고장력볼트의 설계 시 전단강도를 구하기 위해서 사용되는 값이며, 표준볼트장력은 마찰접합을 위한 모든 볼트 시공 시 장력의 풀림을 고려하여 설계볼트장력에 최소한 10 %를 할증하여 조여야 하는 표준 값이다.

【 금매김(Marking) 】

● **토크** (참고)
체결력을 얻기 위해 너트를 회전시키는 회전 힘으로 회전축의 모멘트

● **T/S 고장력볼트 시공순서** (12①, 19②)
① 핀테일에 내측 소켓을 끼우고 렌치를 걸어 너트에 외측 소켓을 맞춤
② 렌치의 스위치를 켜 외측 소켓을 회전하여 볼트 체결
③ 핀테일이 절단되었을 때 외측 소켓이 너트로부터 분리되도록 렌치를 잡아당김
④ 팁 레버를 잡아당겨 내측 소켓에 들어있는 핀테일을 제거

6) 조임 후의 검사(체결검사) (22②)

종류	내용
토크관리법	① 조임 완료 후 각 볼트군의 10%의 볼트 개수를 표준으로 하여 토크렌치에 의하여 조임검사를 실시한다. ② 조임검사 결과 평균 토크의 ±10% 이내이면 합격이다. ③ 볼트 여장은 너트 면에서 돌출된 나사산이 1~6개의 범위이면 합격이다.
너트회전법	① 조임 완료 후 모든 볼트에 대해서 1차조임 후에 표시한 금매김의 어긋남에 이상이 없으면 합격이다. ② 1차조임 후에 너트회전량이 120±30°의 범위에 있으면 합격이다. ③ 볼트 여장은 너트 면에서 돌출된 나사산이 1~6개의 범위이면 합격이다.

7) 조임검사를 행하는 볼트의 수 (93②, 05①)

각 볼트군에 대한 볼트 수의 10% 이상 또한 최소 1개 이상

7. 지압접합 시공

1) 조임방법

지압접합부의 볼트 조임은 밀착조임으로 한다.

2) 조임검사

① 조임 완료 후 각 볼트군의 10%의 볼트 개수를 표준으로 하여 임팩트렌치로 최대로 조여서 접합판이 완전히 접착된 상태이면 합격이다.
② 볼트 여장은 너트 면에서 돌출된 나사산이 1~6개의 범위이면 합격이다.

※ 3 용접접합

1. 개요 (91①, 93①, 96④, 97③, 01①)

용접(Weld)접합은 두 개 이상의 강재를 국부적으로 가열하여 용융상태에서 접합한다.

2. 주의사항 (93①, 97③)

① 용접결함 방지   ② 용접면의 불순물 제거
③ 치수에 여분을 두어 용접

핵심 Point

● 토크관리법에 의한 조임검사 방법 (참고)
토크렌치로 조였을 때 평균 토크의 ±10% 이내이면 합격

● 너트회전법에 의한 검사 (22②)
1차조임 후에 너트회전량이 120±30°의 범위에 있으면 합격

● 고장력볼트 조임기구 및 검사개수 (93②, 05①)
가. 고장력볼트 조임기기
① 임팩트렌치
② 토크렌치
나. 조임검사를 행하는 볼트의 수
각 볼트군에 대한 볼트 수의 10% 이상 또한 최소 1개 이상

● 밀착조임(Snug Tightened Condition) (참고)
임팩트렌치로 수회 또는 일반렌치로 최대로 조여서 접합판이 서로 충분히 밀착한 상태가 된 볼트 조임이다.

● 용접기구에 따른 종류 (예상)
① 피복아크용접(SMAW)
② 가스메탈아크용접(GMAW)
③ 플럭스코어드아크용접(FCAW)
④ 서브머지드아크용접(SAW)
⑤ 일렉트로슬래그아크용접(ESAW)

● 용접이음의 형식 (예상)
① 그루브용접
② 필릿용접
③ 플러그용접
④ 슬롯용접

3. 특징 (96①, 12②, 14①, 20⑤)

장점	단점
① 무진동, 무소음	① 접합부 검사가 곤란
② 응력전달이 확실	② 숙련공이 필요
③ 수밀성, 기밀성에 유리	③ 용접부의 취성파괴 우려
④ 건물의 경량화	④ 피로강도가 낮음
⑤ 강재의 절약	⑤ 용접열에 의한 변형, 왜곡
⑥ 접합두께의 제한이 없음	⑥ 응력집중에 민감
⑦ 간편하며 강성확보가 용이	

4. 아크용접

1) 개요

금속 심선에 플럭스(Flux)가 피복된 용접봉과 금속 모재 사이에 아크를 발생시키고, 발생한 아크열(약 600℃)을 이용하여 용접봉과 모재를 용융시켜 용접하여 접합한다.

2) 아크용접의 종류 (97④, 99③, 01③, 04①)

구분	내용
직류아크용접	주로 공장용접에 사용되며, 일하기 쉽다.
교류아크용접	주로 현장용접에 사용되며, 저가이고 고장이 적다.

3) 아크용접봉(심선+피복제)

구분	내용
심선	모재와 동질 이상이며 순도가 높은 것을 사용한다.
플럭스(Flux) (89②)	용접봉의 피복제 역할을 하는 분말상의 재료이다.
피복제(Flux)의 역할 (91②, 94④, 97①, 99③, 06①, 12③)	① 아크 주변의 공기를 차단하여 용적(Slug)의 산화와 질화를 방지한다. ② 함유원소를 이온화해 아크를 안정시킨다. ③ 용융금속을 탈산 및 정련한다. ④ 용착금속에 합금원소를 첨가한다. ⑤ 고온의 금속표면의 산화를 방지한다. ⑥ 고온의 금속표면의 냉각 응고속도를 늦춘다.

5. 그루브용접(맞댐용접, 홈용접)

1) 개요 (08③, 17①, 20④)

접합 부재 면에 홈(Groove)을 만들어(개선하여) 그 사이에 용착금속으로 채우는 용접이다.

2) 종류

① 완전용입 그루브용접   ② 부분용입 그루브용접

3) 그루브용접의 모양에 대한 명칭 및 앞벌림 형태

(1) 그루브용접의 모양에 대한 명칭 (00③, 17①)

그루브용접의 모양에 대한 명칭	개선형상의 각 부 치수 기호	
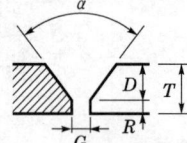	T	이음부 판두께(mm)
	D	개선깊이(mm)
	R	루트면(mm)
	G	루트간격(mm)
	α	개선각도(°)

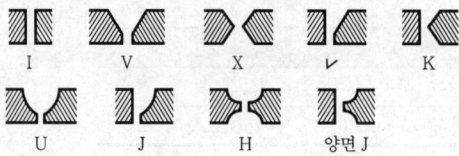

【개선형상의 각 부 치수 기호 적용 예】

(2) 그루브용접의 앞벌림 형태 (89②)

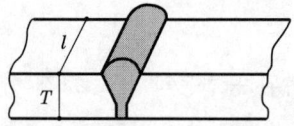

I, V, X, V, K, U, J, H, 양면 J

(3) 용접의 융합부 상세 (97①, 08②)

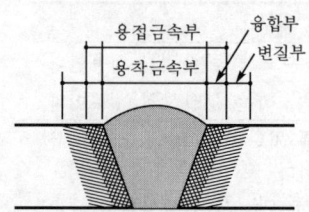

구분	내용
변질부	용접으로 인하여 모재의 조직 등의 성질이 변화한 부분이다.
융합부	용접에서 모재와 용착금속이 녹아 혼합된 부분이다.
용접금속부	용접에 의해 녹아서 모재의 일부와 융합 응고된 금속부분이다.
용착금속부	용접으로 용접봉이 녹아서 모재와 섞이지 않고 생긴 금속부분이다.

(4) 일반사항

구분	내용
유효목두께	① 완전용입 그루브용접의 유효목두께는 모재의 두께(t)로 한다. ② 두께가 다를 경우, 얇은 쪽의 판두께이다.
유효길이	재축에 직각으로 측정한 접합부의 폭으로 한다.
보강살붙임	판두께의 10% 이하의 보강살붙임을 한 후 끝마무리를 한다.

핵심 Point

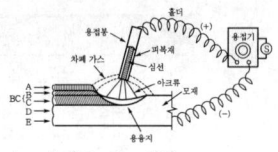

A : 슬래그   B : 덧살
C : 용융부   BC : 용착금속부
D : 열영향부
E : 열영향을 받지 않는 부분
【아크용접 상세】

● 용입(Penetration) (참고)
용접 전의 모재면에서 잰 용접부의 깊이이다.

● 그루브용접의 모양에 대한 명칭 (00③, 17①)

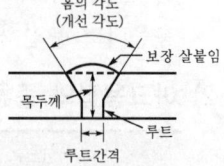

● 그루브용접의 앞벌림 형태 (89②)

I, V, X, V, K, U, J, H, 양면 J

● 용접의 융합부 상세 (97①, 08②)

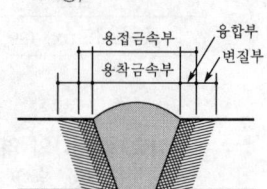

● 가우징(Gouging) (참고)
용착금속을 녹인 후 강한 공기로 불어내어 깨끗하게 홈을 파는 작업이다.

6. 필릿용접(모살용접)

1) 개요 (17①, 20④)

목두께의 방향이 면과 45° 또는 거의 45°를 이루게 하는 용접이다.

2) 필릿용접의 모양에 대한 명칭 (17①)

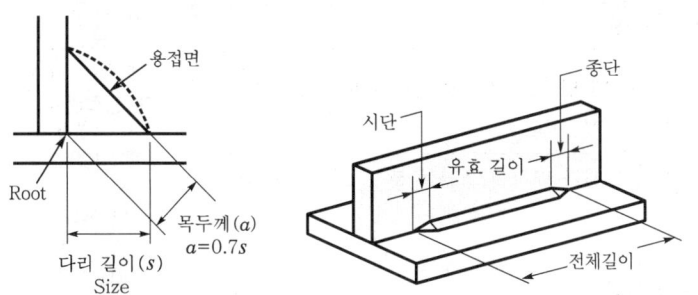

3) 일반사항 (08③)

구분	내용
경사각의 허용값	용접부분에서 두 부재에 대한 경사각의 허용값은 60~120° 이하
필릿용접의 유효길이	필릿용접의 이유효길이=용접의 전체길이(용접전장)−2×s
유효목두께	필릿용접의 유효목두께는 용접치수의 0.7로 한다($a=0.7s$).
살덧붙임	살덧붙임은 $0.1s+1\text{mm}$ 이하이다.

7. 검사 및 시험

1) 용접부 검사 (88③, 93④, 96②, 97④⑤, 99④, 11②, 13①③, 16③, 20②, 22③)

구분	종류
용접착수 전	① 청소 상태 ② 트임새 모양 ③ 모아대기법 ④ 구속법 ⑤ 자세의 적부 ⑥ 홈 각도, 간격 및 치수 ⑦ 부재의 밀착
용접작업 중	① 운봉 ② 전류 ③ 용접봉 ④ 제1층 용접 완료상태 ⑤ 아크 전압 ⑥ 용접 속도 ⑦ 밑면 따내기
용접완료 후	① 외관 판단 ② X선 및 γ선 투과 ③ 자기초음파 ④ 침투수압 ⑤ 절단검사 ⑥ 필릿의 크기 ⑦ 균열 및 언더컷 유무

2) 용접부 비파괴시험 방법 (99④, 03①, 06②, 08①, 11①, 14①, 17③, 20①)

① 방사선 투과시험(RT)   ② 초음파 탐상시험(UT)
③ 자분(자기분말) 탐상시험(MT)   ④ 침투 탐상시험(PT)

8. 용접결함과 용접변형

1) 용접결함의 종류 (87①, 91③, 92③, 93①③, 96③, 97②, 98⑤, 05③, 08②, 09①, 10②, 12③, 13③, 14③, 15②③, 19①, 21②, 22②)

종류	내용
크랙(Crack)	공기구멍 또는 선상조직 용접의 구속 또는 살붙임의 불량 등으로 생기는 갈라짐
공기구멍(Blow Hole)	용융금속이 응고할 때 방출되어야 할 가스가 남아서 생기는 용접부의 구멍(빈자리)
슬래그 감싸들기	① 피복제 심선과 모재가 변하여 생긴 회분이 용착금속 내에 혼입된 것 ② 원인 　㉠ 용접전류의 불안정　㉡ 운봉속도의 부적당 　㉢ 용접봉의 결함 ③ 대책 　㉠ 적정전류의 공급　㉡ 용접속도의 준수 　㉢ 적당한 용접봉의 선택
언더컷	용접상부에 따라 모재가 녹아 용착금속이 채워지지 않고 홈으로 남게 된 부분
오버랩	용접금속과 모재가 융합되지 않고 겹쳐지는 것
크레이터	용접길이의 끝 부분에 우묵하게 파진 부분
용입부족	용착금속이 채워지지 않고 홈으로 남게 된 부분
피시아이(은점)	용접 작업 시 용착금속 단면에 생기는 작은 은색의 점

 크랙 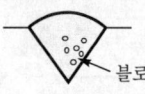 블로홀  슬래그 함입 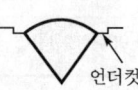 언더컷

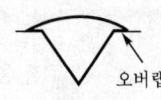 오버랩  크레이터 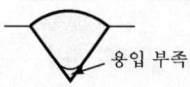 용입 부족

2) 용접결함 중 과대전류에 의한 결함 (10②, 17①)
① 크랙　　　　　　　　② 공기구멍(블로홀)
③ 언더컷　　　　　　　④ 크레이터

3) 용접결함의 원인 (96②, 98④)
① 용접전류의 불안정　　② 운봉속도의 부적당
③ 용접봉의 결함　　　　④ 용접각도의 불량
⑤ 모재의 불량　　　　　⑥ 이음부에 이물질 부착
⑦ 용접부의 개선 정밀도 불량　⑧ 숙련도 미숙
⑨ 잘못된 용접순서

핵심 Point

● 용접부 검사 (16③, 20②)
가. 용접착수 전
　① 청소 상태
　② 홈 각도, 간격 및 치수
　③ 부재의 밀착
나. 용접작업 중
　① 아크 전압
　② 용접 속도
　③ 밑면 따내기
다. 용접완료 후
　① 필릿의 크기
　② 균열, 언더컷 유무

● 용접부의 비파괴시험 방법
(99④, 03①, 06②, 08①, 11①, 14①, 17③, 20①)
① 방사선 투과시험(RT)
② 초음파 탐상시험(UT)
③ 자분 탐상시험(MT)
④ 침투 탐상시험(PT)

● 용접결함의 종류
(91③, 92③, 96③, 98⑤, 08②, 12③, 13③, 14③, 15③)
① 크랙
② 공기구멍
③ 슬래그 감싸들기
④ 언더컷
⑤ 오버랩
⑥ 크레이터
⑦ 용입부족

● 오버랩, 언더컷, 슬래그 감싸들기, 공기구멍의 용어정의 (87①, 93①③, 97②, 05③, 09①, 19①, 21②)
① 오버랩 : 용접금속과 모재가 융합되지 않고 겹쳐지는 것
② 언더컷 : 용접상부에 따라 모재가 녹아 용착금속이 채워지지 않고 홈으로 남게 된 부분
③ 슬래그 감싸들기 : 피복제 심선과 모재가 변하여 생긴 회분이 용착금속 내에 혼입된 것, 혹은 용접봉의 피복제 용해물인 회분이 용착금속 내에 혼입된 것
④ 공기구멍(블로홀) : 모재불량, 오손, 불량용접 등으로 생기는 길쭉하게 된 구멍, 혹은 용융금속이 응고할 때 방출되어야 할 가스가 남아서 생기는 용접부의 빈자리

4) 용접결함의 방지대책

① 적정전류의 공급　　② 용접속도의 준수
③ 적당한 용접봉의 선택　　④ 예열 및 후열 실시

5) 예열 [89]

구분	내용
예열을 해야 하는 경우	① 탄소당량이 0.44%를 초과 ② 경도시험에 의한 최고 경도가 370을 초과 ③ 모재의 표면온도가 0℃ 이하
최대 예열온도	230℃ 이하
예열 범위	용접선의 양측 100 mm 및 아크 전방 100 mm의 범위 내의 모재
표면온도 0℃ 이하의 예열	모재의 표면온도가 0℃ 이하인 경우 20℃ 이상 예열

9. 용접기호 (18①, 20② ③)

1) 그루브용접기호

용접의 종류	기호	적용 예	
V형	V		화살의 반대측에서 V형 그루브용접
X형	X		양측에서 X형 그루브용접

2) 필릿용접기호

용접의 종류	기호	적용 예	
편면용접	▷		화살의 반대측에서 편면 필릿용접
병렬용접	▷		양측에서 병렬 필릿용접
엇모용접	▷		양측에서 엇모 필릿용접

핵심 Point

● 슬래그 감싸들기의 원인과 대책 (15②, 22②)
가. 원인
① 용접전류의 불안정
② 운봉속도의 부적당
③ 용접봉의 결함
나. 대책
① 적정전류의 공급
② 용접속도의 준수
③ 적당한 용접봉의 선택

● 용접결함 중 과대전류에 의한 결함 (10②, 17①)
① 크랙　② 공기구멍(블로홀)
③ 언더컷　④ 크레이터

● 용접결함 중 과소전류에 의한 결함 (예상)
① 슬래그 감싸들기
② 오버랩
③ 용입부족

● 용접결함의 원인 (96②, 98④)
① 용접전류의 불안정
② 운봉속도의 부적당
③ 용접봉의 결함
④ 용접각도의 불량
⑤ 모재의 불량
⑥ 이음부에 이물질 부착
⑦ 용접부의 개선 정밀도 불량
⑧ 숙련도 미숙
⑨ 잘못된 용접순서

● 용접결함의 방지대책 (예상)
① 적정전류의 공급
② 용접속도의 준수
③ 적당한 용접봉의 선택
④ 예열 및 후열 실시

● 용접기호에 따른 도면 표기 (18①)
① 개선각 45°
② 화살표 방향
③ 현장용접
④ 간격 3mm

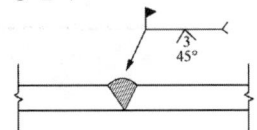

---

[89] KCS 14 31 31 용접 (3.4), 국토교통부, 한국강구조학회, 2019.

3) 기본 용접기호(용접의 형식)
① 수평선의 상(上) : 용접은 화살표가 달고 있는 면의 반대면에 시행
② 수평선의 하(下) : 용접은 화살표가 달고 있는 면에 시행

4) 용접기호의 예제 (92④, 94③, 98②, 02①, 04②③, 14②, 21②)

(1) 그루브용접의 예제

기호표시	용접부	실형(의미)
		① V형 완전용입 그루브용접 ② 개선깊이(D) : 18mm ③ 루트간격(G) : 3mm ④ 개선각도(α) : 60°
		① V형 완전용입 그루브용접 ② 이음부 판두께(T) : 12mm ③ 개선깊이(D) : 11mm ④ 루트간격(G) : 2mm ⑤ 개선각도(α) : 90° ⑥ 루트면(R) : 1mm

(2) 필릿용접의 예제 (92④, 94③, 98②, 04③)

기호표시	용접부	실형(의미)
		① 병렬연속 필릿용접 ② 화살표 전면의 용접치수 : 9mm ③ 화살표 후면의 용접치수 : 6mm
		① 병렬단속 필릿용접 ② 용접치수 : 13mm ③ 용접길이 : 50mm ④ 피치 : 150mm
		① 엇모단속 필릿용접 ② 화살표 전면의 용접치수 : 6mm ③ 화살표 후면의 용접치수 : 9mm ④ 용접길이 : 50mm ⑤ 피치 : 300mm

---

핵심 Point

● 용접기호의 의미 (20②)

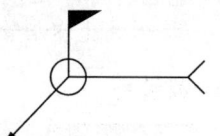

① 온둘레현장용접
② 특별지시

● 용접기호의 의미 (02①, 21②)

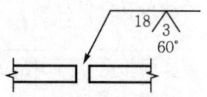

① V형 완전용입 그루브용접
② 개선깊이(홈의 길이) : 18mm
③ 루트간격(틈새 간격) : 3mm
④ 개선각(홈의 각도) : 60°

● 용접부 기호에 대해 기호의 수치를 모두 표시 (14②)

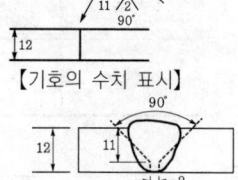

【기호의 수치 표시】

【참고】실형(의미)
① V형 완전용입 그루브용접
② 이음부 판두께(T) : 12mm
③ 개선깊이(D) : 11mm
④ 루트간격(G) : 2mm
⑤ 개선각도(α) : 90°
⑥ 루트면(R) : 1mm

● 용접기호의 의미 (92④, 94③, 98②, 04③)

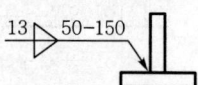

① 병렬단속 필릿용접
② 용접치수(Size) : 13mm
③ 용접길이(Length) : 50mm
④ 피치(Pitch) : 150mm

10. 용접자세 및 명칭

1) 용접자세의 표시기호 90) (00①)

구분	기호	내용
아래보기자세 (Flat, 하향자세)	F	용접금속이 빠르고 쉽게 용착되어 용접이 용이하고 그 결과도 좋으며, 가장 좋고, 가장 경제적인 용접을 할 수 있다.
위보기자세 (Overhead, 상향자세)	O	작업도 어렵고, 결과도 좋지 않을 수 있다.
수평자세 (Horizontal)	H	공장용접에서 하향과 함께 수평용접이 유리하다.
수직자세 (Vertical)	V	현장에서는 수직 혹은 상향 용접의 경우도 생긴다.

 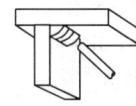 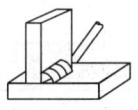 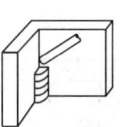

아래보기자세(F)　　위보기자세(O)　　수평자세(H)　　수직자세(V)

【필릿용접자세】

2) 용접모양에 따른 명칭 (98②, 00③④)

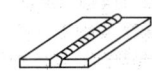 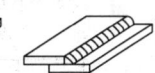 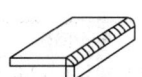 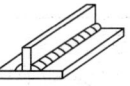 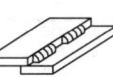

그루브용점　　겹침 필릿용접　　모서리 필릿용접　　T자 양면 필릿용접　　단속 필릿용접

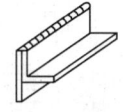 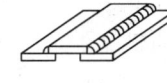 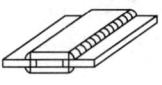 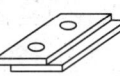

갓용점　　　　덧판용접　　　　양면 덧판용접　　　산지용접

3) 용접부 관련 명칭 (02①②, 08③, 11③, 14①, 15③, 16②, 19①③, 20④, 21③, 22②③)

(1) 스칼럽(Scallop)

강구조 부재의 용접 시, 이음이나 접합부위에서 용접선이 교차하는 것을 피하기 위하여 한쪽의 부재에 설치(모따기)한 홈이다.

(2) 엔드탭(End Tab)

개선이 있는 용접의 양끝의 전체 단면을 완전한 용접으로 하기 위해 그리고 공기구멍, 크레이터 등의 용접결함이 생기기 쉬운 용접 비드의 시작과 끝 지점에 용접을 하기 위해 용접접합 하는 모재의 양단에 부착하는 보조 강판이다.

---

90) KCS 14 31 31 용접 (3.3), 국토교통부, 한국강구조학회, 2019.

핵심 Point

- 용접자세의 표시기호 (00①)
  ① F : 아래보기자세
  ② O : 위보기자세
  ③ H : 수평자세
  ④ V : 수직자세

- 용접자세는 일반적으로 아래보기자세 또는 수평자세로 한다.

- 용접모양에 따른 명칭 (98②, 00③④)

- 비드(Bead) (참고)
  용접에서 용접봉이 1회 통과할 때 용재표면에 용착된 금속층

- 스칼럽, 엔드탭의 용어정의 (02①, 08③, 14①, 15③, 16②, 19③, 21③, 22②③)
  ① 스칼럽 : 강구조 부재의 용접 시, 이음이나 접합부위에서 용접선이 교차하는 것을 피하기 위하여 한쪽의 부재에 설치(모따기)한 홈이다.
  ② 엔드탭 : 개선이 있는 용접의 양끝의 전체 단면을 완전한 용접으로 하기 위해 그리고 공기구멍, 크레이터 등의 용접결함이 생기기 쉬운 용접 비드의 시작과 끝 지점에 용접을 하기 위해 용접접합 하는 모재의 양단에 부착하는 보조 강판이다.

(3) 뒷댐재(Back Strip, 뒷받침쇠)

그루브용접을 한쪽 면으로만 실시하는 경우, 충분한 용접을 확보하고 용융금속의 용락을 방지할 목적으로 루트 뒷면에 금속판 등으로 받치는 받침쇠이다.

(주) 패스(Pass) : 용접봉이 진행방향으로 1회 통과하는 용접조작이다.

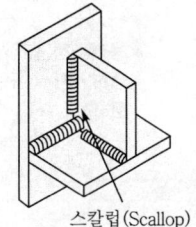
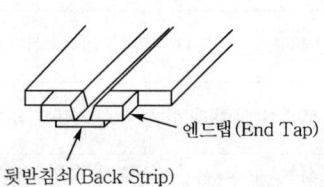

> **핵심 Point**
>
> ● 뒷댐재의 정의 (14①, 19①, 22③)
>
> 그루브용접을 한쪽 면으로만 실시하는 경우, 충분한 용접을 확보하고 용융금속의 용락을 방지할 목적으로 루트 뒷면에 금속판 등으로 받치는 받침쇠이다.
>
> ● 용접부 상세의 명칭 (02②, 11③, 20④)
>
>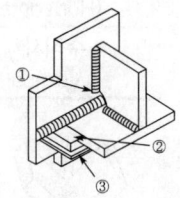
>
> ① 스칼럽(Scallop, 곡선모따기)
> ② 엔드탭(End Tab, 보조강판)
> ③ 뒷댐재(Back Strip, 뒷받침쇠)

11. 기온에 따른 용접 불가능

기온	용접여부
기온이 -5℃ 이하인 경우	용접해서는 안 된다.
기온이 -5~5℃인 경우	접합부로부터 100 mm 범위의 모재 부분을 가열하여 용접한다.

12. 메탈터치 및 용접 관련 용어

1) 메탈터치(Metal Touch)

(1) 개요 (02①, 08③, 12①, 15③, 20①, 21②)

강구조 기둥의 이음부를 가공하여 상하부 기둥의 밀착을 좋게 하여 일정 이상의 축력을 하부 기둥 밀착면에 직접 전달시키는 이음 방법이다.

> ● 메탈터치의 정의 (02①, 08③, 12①, 15③, 20①, 21②)
>
> 강구조 기둥의 이음부를 가공하여 상하부 기둥의 밀착을 좋게 하여 일정 이상의 축력을 하부 기둥 밀착면에 직접 전달시키는 이음 방법이다.

(2) 메탈터치 이음의 개념도와 마감면의 정밀도 [91] (12①)

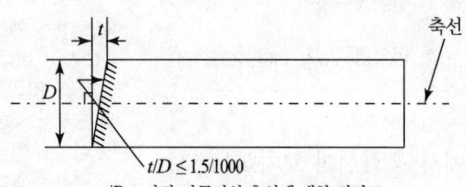

t/D : 마감 가공면의 축선에 대한 직각도
D : 마감 가공면의 단면 폭

> ● 메탈터치 이음의 개념도와 마감면의 정밀도 (12①)
>
>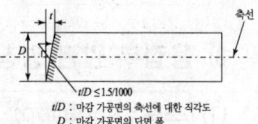
>
> $t/D \leq 1.5/1000$
> t/D : 마감 가공면의 축선에 대한 직각도
> D : 마감 가공면의 단면 폭

2) 용접 관련 용어

용어	내용
슬러그(Slug)	용접할 때 열의 발생에 따라 용접봉의 선단에 형성되는 물방울모양의 용접액으로 용적(容滴)이라 한다.
슬래그(Slag)	제강할 때에 생기는 비금속성 찌꺼기이다.

---
91) KCS 14 31 10 제작 (3.3), 국토교통부, 한국강구조학회, 2019.

스패터(Spatter) (00③)	① 용접 시에 비산하는 슬래그 및 금속입자가 경화된 것이다. ② 와이어브러시 등으로 제거한다.
비드(Bead)	용접에서 용접봉이 1회 통과할 때 용재표면에 용착된 금속층이다.
위빙(Weaving)	용접봉을 용접방향에 대하여 직각으로 움직여가며 용접하는 운봉법이다.
위핑(Weeping)	용접봉의 운봉을 가로로 왔다갔다 움직여 용착금속을 녹여 붙이는 것이다.

13. 접합혼용 시 응력분담 (91②)

① 용접을 먼저하고 고장력볼트 체결 시 용접이 전 응력을 부담한다.
② 고장력볼트를 먼저 체결하고, 용접할 때 각각 응력을 부담한다.
③ 일반볼트, 고장력볼트, 용접, 리벳 등을 같이 사용할 때 용접이 전 응력을 부담한다.
④ 고장력볼트와 리벳을 같이 사용할 때 각각 응력을 부담한다.
⑤ 리벳과 일반볼트를 같이 사용할 때 리벳이 전 응력을 부담한다.

> 용접 > 고장력볼트 = 리벳 > 일반볼트

14. 각종 보강재와 관련 재료 (95②, 16③, 20④, 21①)

구분	내용
인장재	① 턴버클(Turn Buckle) ② 클레비스(Clevis) ③ 슬리브 너트(Sleeve Nut)
트러스	타이로드(Tie Rod)
강구조 바닥	데크플레이트(Deck Plate)
강구조 보와 콘크리트 바닥	시어커넥터(Shear Connector)
기둥과 보의 접합	① 톱앵글(Top Angle) ② 접합 플레이트(Plate)

(주) 1. **턴버클**: 강구조공사에서 와이어 로프 등의 철선을 팽팽히 잡아당기는데 사용되는 나사가 있는 조임 기구이다.
2. **클레비스**: 강구조 등에서 인장재의 단부 또는 연결부분의 접합재로 U자형 갈고리로 된 것이다.
3. **슬리브 너트**: 턴버클, 클레비스 등에 사용되는 이음용의 너트이다.
4. **데크플레이트**: 강구조의 보에 걸어 지주 없이 쓰이는 바닥판이며, 거푸집으로 사용될 수 있도록 제작된 골형 플레이트이다.
5. **시어커넥터**: 합성보에서 슬래브와 강구조 보를 일체화시켜 전단력에 저항하도록 한 부재이다. 전단 연결재의 종류로는 스터드볼트, ㄷ형강, 나선철근 등이 있다.
6. **거셋플레이트**: 강구조의 이음 또는 맞춤에서 부재를 접합하기 위해 사용되는 강판이다.

핵심 Point

● 스패터(Spatter)의 정의 (00③)
용접 시에 비산하는 슬래그 및 금속입자가 경화된 것

● 위빙의 목적 (참고)
① 용착너비의 증가
② 열영향의 방지
③ 공기구멍 방지

● 접합혼용 시 응력분담 (91②)
용접 > 고장력볼트 = 리벳 > 일반볼트

● 턴버클(Turn Buckle)의 역할 (95②)
긴장시키는 역할

● 각종 부재와 관련한 보강재 (예상)
① 인장재: 턴버클
② 트러스: 타이로드
③ 강구조 바닥: 데크플레이트
④ 강구조 보와 콘크리트 바닥: 시어커넥터

● 데크플레이트, 시어커넥터 및 거셋플레이트의 정의 (16③, 20④, 21①)
① 데크플레이트
강구조의 보에 걸어 지주 없이 쓰이는 바닥판이며, 거푸집으로 사용될 수 있도록 제작된 골형 플레이트이다.
② 시어커넥터
합성보에서 슬래브와 강구조 보를 일체화시켜 전단력에 저항하도록 한 부재이다. 전단 연결재의 종류로는 스터드볼트, ㄷ형강, 나선철근 등이 있다.
③ 거셋플레이트
강구조의 이음 또는 맞춤에서 부재를 접합하기 위해 사용되는 강판이다.

4. 리벳접합

1. 개요 (91①, 93①, 96④, 97③, 01①)

① 리벳(Rivet)접합은 가열한 리벳을 양 판재의 구멍에 끼우고 압력을 이용하여 열간 타격으로 머리를 형성시켜 접합한다.
② 일반적으로 둥근머리 리벳이 주로 사용되고, 가열온도(900~1,000℃)를 준수하고, 600℃ 이하로 냉각된 것은 사용할 수 없다.

2. 주의사항 (93①, 97③)

① 가열온도를 준수한다. ② 리벳구멍 크기를 준수한다.
③ 리벳배치 간격을 유지한다. ④ 불량리벳을 제거한다.

3. 종류(머리모양) (92②, 04①)

구분		둥근머리 리벳	평머리 리벳		민머리 리벳	
			긴평머리 일 때	뒷면평머리 일 때	표면민머리 일 때	뒷면평머리 일 때
종별		⬡	⬡	⬡	⬡	⬡
도시법	공장리벳	○	◎	⊚	⊘	⊘	⊘
	현장리벳	●	⦿	⦿	⊘	⊘	⊘

4. 리벳치기

1) 리벳치기 공구
(89③, 90②, 93③④, 94①③, 95②③⑤, 97②, 98②, 00③, 01②, 06②)

공구	내용
조리벳	공장 리벳치기 공구
뉴매틱해머	현장 리벳치기 공구
리벳홀더	불에 달군 리벳을 판금의 구멍에 넣고 그 머리를 누르면서 받쳐주는 공구
스냅툴	리벳 해머 끝에 끼워 리벳머리를 만드는데 사용
드리프트핀	① 끝이 가늘게 된 핀으로 강재 접합부 구멍 맞추기 공구 ② 리벳구멍 중심을 맞추는 공구
리머	리벳구멍을 가심질 하는 공구
드라이비트	리벳접합이나 콘크리트 못을 박을 때 화약의 폭발력을 이용하여 박는 공구

핵심 Point

● 머리모양에 따른 리벳종류 (92②, 04①)
① 둥근머리 리벳
② 평머리 리벳
③ 민머리 리벳

● 리벳치기 공구 및 기구 4가지 (90②, 93③)
① 조리벳
② 뉴매틱해머
③ 리벳홀더
④ 스냅툴
⑤ 드리프트핀
⑥ 리머
⑦ 드라이비트

● 리벳치기 공구의 용어정의 (93④, 94①③, 95②③⑤, 97②, 98②, 00③, 01②, 06②)
① 드리프트핀 : ㉠ 강재 접합부에 구멍이 잘 맞지 않을 경우 그 구멍에 쳐박아 당겨 맞춤에 쓰이는 공구명 ㉡ 리벳구멍 중심을 맞추는 공구
② 뉴매틱해머 : 현장 리벳치기 공구
③ 리벳홀더 : 불에 달군 리벳을 판금의 구멍에 넣고 그 머리를 누르면서 받쳐주는 공구

● 드라이비트의 정의 (89③)
리벳접합이나 콘크리트 못을 박을 때 화약의 폭발력을 이용하여 박는 공구

2) 리벳치기 작업

(1) 일반사항 (94①)
① 리벳치기 소요 인원 : 3인 1조(달구기, 받침대기, 해머공)이다.
② 리벳의 가열온도 : 900~1,000℃가 적당하다.
③ 철골의 1ton당 리벳 수 : 300~400개이다.

(2) 작업순서
① 접합부　　　　② 가새　　　　③ 귀잡이

5. 불량 리벳

1) 리벳의 불량사항 (91②, 94④)
① 건들거리는 것　　　　② 머리모양이 틀린 것
③ 머리가 갈라진 것　　　④ 머리의 축심이 일치하지 않는 것
⑤ 머리가 판에 밀착되지 않는 것　⑥ 강재 간에 틈이 있는 것

2) 불량 리벳 제거기기
① 치핑 해머(Chipping Hammer)
② 리벳 커터(Rivet Cutter)
③ 드릴(Drill)

(주) 치핑 해머(Chipping Hammer) : 용접할 때 슬래그 및 스패터의 제거, 용착금속의 열간충격, 용접부의 뒷면 손질 등 다목적으로 사용되는 강재 해머이다.

※ 5 핀(Pin)접합

아치의 지점, 트러스의 단부 및 주각부 또는 인장재의 접합부에 사용한다.

핵심 Point

● 리벳치기 시 가열온도와 철골의 1ton당 리벳 수 (94①)
① 리벳의 가열온도 : 900~1,000℃가 적당
② 철골의 1ton당 리벳 수 : 300~400개

● 리벳의 불량사항 (91②, 94④)
① 건들거리는 것
② 머리모양이 틀린 것
③ 머리가 갈라진 것
④ 머리의 축심이 일치하지 않는 것
⑤ 머리가 판에 밀착되지 않는 것
⑥ 강재 간에 틈이 있는 것

기출 및 예상 문제

01 강구조 부재의 접합방법 3가지를 쓰시오. (3점) •01 ①

① _____ ② _____ ③ _____

02 강구조에 사용되는 접합(Joint)의 종류를 3가지 쓰고, 간단히 기술하시오. (6점) •91 ①, 96 ④

① _____
② _____
③ _____

03 강구조의 접합방법 3가지를 열거하고, 각 접합 시 주의사항을 기술하시오. (6점) •93 ①, 97 ③

가. _____
_____
나. _____
_____
다. _____
_____

정답

1
① 일반볼트접합
② 고장력볼트접합
③ 용접접합
④ 리벳접합

2
① 일반볼트접합 : 볼트 구멍 지름과 볼트 공칭지름의 차이 때문에 밀착하지 않으며, 간단한 규모 이하의 건물에서만 적용하는 접합
② 고장력볼트접합 : 접합된 판 사이에 강한 압축력이 작용하며 접합재 간의 마찰저항에 의해 힘이 전달되어 접합
③ 용접접합 : 강재를 국부적으로 가열하여 용융상태에서 접합
④ 리벳접합 : 가열한 리벳을 양판재의 구멍에 끼우고 압력을 이용하여 열간 타격으로 머리를 형성시켜 접합

3
가. 일반볼트접합
① 간단한 규모 이하의 건물에서만 적용한다.
② 영구적인 구조물에는 사용하지 못하고 가체결용으로만 사용한다.
③ 진동, 충격 또는 반복응력을 받는 접합부에는 사용을 금지한다.
나. 고장력볼트접합
① 접합부 마찰면 처리를 철저히 한다.
② 접촉면의 밀착 및 뒤틀림, 구부림이 없게 한다.
③ 조임 순서는 중앙에서 외측으로 한다.
다. 용접접합
① 용접결함을 방지한다.
② 용접면의 불순물을 제거한다.
③ 치수에 여분을 두어 용접한다.
라. 리벳접합
① 가열온도를 준수한다.
② 리벳구멍 크기를 준수한다.
③ 리벳배치 간격을 유지한다.

Lesson 20

04 가설공사 등에 쓰이는 일반 볼트의 경우, 너트의 풀림을 방지할 수 있는 방법에 대하여 3가지만 쓰시오. (3점) •95 ③, 97 ④, 99 ③, 04 ①

① _____ ② _____ ③ _____

정답

4
① 이중너트 사용
② 너트용접
③ 콘크리트에 매입

05 다음에서 설명하는 강구조 볼트접합의 용어를 쓰시오. (3점)
•88 ②, 94 ① ③, 98 ②, 00 ③, 11 ①

① 볼트 등의 접합재 구멍의 중심간 간격
② 볼트 등의 접합재를 치는데 한 열의 기준이 되는 중심선
③ 게이지라인과 게이지라인 사이의 응력 수직방향 중심간격

① _____ ② _____ ③ _____

5
① 피치
② 게이지라인
③ 게이지

06 강구조 접합방법에서 마찰력으로 응력을 전달하는 접합방법은 무엇인가? (2점) •07 ②

_____

6
고장력볼트접합

07 강구조공사 시 고장력볼트 조임의 장점에 대하여 5가지를 쓰시오. (5점)
•95 ⑤, 99 ① ⑤, 03 ②, 07 ③, 09 ③

① _____ ② _____
③ _____ ④ _____
⑤ _____

7
① 접합부 변형이 적다.
② 응력 전달이 원활하다.
③ 강성 및 내력이 크다.
④ 피로강도가 높다.
⑤ 저소음
⑥ 노동력 절감, 공기단축
⑦ 현장설비가 간단하다.
⑧ 불량개소의 수정용이

08 강구조공사에서 고장력볼트 조임과 용접의 장점을 각각 2가지씩 쓰시오. (4점) •12 ②

가. 고장력볼트 조임의 장점
① _____ ② _____

나. 용접의 장점
① _____ ② _____

8
가. 고장력볼트 조임의 장점
① 접합부 변형이 적다.
② 응력 전달이 원활하다.
③ 강성 및 내력이 크다.
④ 피로강도가 높다.
⑤ 저소음
⑥ 노동력 절감, 공기단축
⑦ 현장설비가 간단하다.
⑧ 불량개소의 수정용이

나. 용접의 장점
① 무진동, 무소음
② 응력전달이 확실
③ 수밀성, 기밀성에 유리
④ 건물의 경량화
⑤ 강재의 절약
⑥ 접합두께의 제한이 없음
⑦ 간편하며 강성 확보가 용이

09 고장력볼트의 조임은 표준볼트의 장력을 얻을 수 있도록 1차조임, 금매김, 본조임의 순서로 행한다. 표준볼트장력을 얻을 수 있는 볼트의 등급인 고장력볼트 F10T에서 10의 의미는? (2점) •07 ③

정답

9
최소 인장강도의 값
1,000 MPa

10 강구조공사 시 각 부재의 결합을 위해 사용되는 고장력볼트 중 특수형의 볼트 종류를 4가지 쓰시오. (4점) •02 ③

① _____ ② _____
③ _____ ④ _____

10
① T/S 고장력볼트(볼트축 전단형 볼트)
② PI 너트(너트 전단형 볼트)
③ 그립형 볼트
④ 지압형 볼트

11 강구조공사에서 고장력볼트접합의 종류에 대한 설명이다. 이에 알맞은 용어를 쓰시오. (4점) •04 ③, 10 ②

① 토크콘트롤볼트로써 일정한 조임 토크치에서 볼트축이 절단
② 두 겹의 특수 너트를 이용한 것으로 일정한 조임 토크계수값에서 너트가 절단
③ 일반 고장력볼트를 개량한 것으로 조임이 확실한 방식
④ 지름보다 약간 적은 볼트구멍에 끼워 너트를 강하게 조이는 방식

① _____ ② _____
③ _____ ④ _____

11
① T/S 고장력볼트(볼트축 전단형 볼트)
② PI 너트(너트 전단형 볼트)
③ 그립형 볼트
④ 지압형 볼트

12 강구조공사에서 고장력볼트 조임에 쓰이는 기기 2가지와 일반적으로 각 볼트군에 대하여 조임검사를 행하는 표준볼트의 수에 대해 쓰시오. (3점) •93 ②, 05 ①

가. 조임기기
① _____ ② _____

나. 조임검사를 행하는 볼트의 수
_____

12
가. 고장력볼트 조임기기
① 임팩트렌치
② 토크렌치

나. 조임검사를 행하는 볼트의 수
각 볼트군에 대한 볼트 수의 10% 이상 또는 최소 1개 이상

13 다음 보기는 T/S(Torque Shear) 고장력볼트의 순서와 관련된 내용이다. 시공순서에 알맞게 번호를 나열하시오. (3점) •12 ①, 19 ②

―| 보기 |―
① 팁 레버를 잡아당겨 내측 소켓에 들어있는 핀테일(Pintail)을 제거
② 렌치의 스위치를 켜 외측 소켓이 회전하며 핀테일이 절단 시까지 볼트를 체결
③ 핀테일이 절단되었을 때 외측 소켓이 너트로부터 분리되도록 렌치를 잡아당김
④ 핀테일에 내측 소켓을 끼우고 렌치를 살짝 걸어 너트에 외측 소켓이 맞춰지도록 함

14 강구조 부재의 접합에 사용되는 고장력볼트 중 볼트의 장력관리를 손쉽게 하기 위한 목적으로 개발된 것으로 본조임 시 전용 조임기를 사용하여 볼트의 핀테일이 파단될 때까지 조임 시공하는 볼트의 명칭을 쓰시오. (3점) •19 ①, 22 ②

15 강구조공사에서 활용되는 표준볼트장력을 설계볼트장력과 비교하여 설명하시오. (2점) •09 ②, 10 ③, 13 ①

16 강구조공사 고장력볼트의 마찰접합 및 인장접합에서는 설계볼트장력 및 표준볼트장력과 미끄럼계수의 확보가 반드시 보장되어야 한다. 이에 대한 방법을 서술하시오. (4점) •16 ③

가. 설계볼트장력

나. 표준볼트장력

다. 미끄럼계수의 확보를 위한 마찰면 처리

정답

13
④ → ② → ③ → ①

14
T/S 고장력볼트 또는 토크-전단형 고장력 또는 볼트축 전단형 볼트

15
설계볼트장력은 고장력볼트의 설계 시 전단강도를 구하기 위해서 사용되는 값이며, 표준볼트장력은 마찰접합을 위한 모든 볼트 시공 시 장력의 풀림을 고려하여 설계볼트장력에 최소한 10%를 할증하여 조여야 하는 표준 값이다.

16
가. 설계볼트장력 : 설계볼트장력은 고장력볼트의 설계 시 전단강도를 구하기 위해서 사용된 값이다.
나. 표준볼트장력 : 표준볼트장력은 마찰접합을 위한 모든 볼트 시공 시 장력의 풀림을 고려하여 설계볼트장력에 최소한 10%를 할증하여 조여야 하는 표준 값이다.
다. 미끄럼계수의 확보를 위한 마찰면 처리 : 접합부 마찰면의 밀착성 유지에 주의하며, 구멍을 중심으로 지름의 2배 이상 범위의 녹, 흑피 등을 숏블라스트 또는 샌드블라스트로 제거하고, 건축물의 경우 마찰면에 페인트를 칠하지 않고, 미끄럼계수가 0.5 이상 확보되도록 표면처리 한다.

17 강구조의 접합방법 중 용접의 장점을 4가지 쓰시오. (4점) •96 ①, 14 ①

① _____ ② _____
③ _____ ④ _____

18 강구조공사의 접합방법 중 용접의 단점을 2가지 쓰시오. (4점)
•20 ⑤

① _____ ② _____

19 강구조 부재의 아크용접에 대한 설명 중 직류와 교류를 사용할 경우의 특징을 |보기|에서 골라 번호로 쓰시오. (4점) •97 ④, 99 ③, 01 ③, 04 ①

| 보기 |
㉮ 고장이 적다.   ㉯ 일하기 쉽다.
㉰ 가격이 저렴하다. ㉱ 공장용접에 많이 쓰인다.
㉲ 현장용접에 많이 쓰인다.

① 직류아크용접 : _____
② 교류아크용접 : _____

20 강구조공사의 용접접합에서 아크용접의 경우 용접봉의 피복제는 금속산화물, 탄산염, 셀룰로오스 탈산재 등을 심선에 도포한 것이다. 피복제의 역할 4가지를 쓰시오. (4점) •91 ②, 94 ④, 97 ①, 99 ③, 06 ①, 12 ③

① _____ ② _____
③ _____ ④ _____

21 강구조공사에서 용접부의 비파괴시험 방법의 종류를 3가지 쓰시오. (3점) •03 ①, 06 ②, 08 ①, 11 ①, 14 ①, 17 ③, 20 ①

① _____ ② _____ ③ _____

정답

17
① 무진동, 무소음
② 응력전달이 확실
③ 수밀성, 기밀성에 유리
④ 건물의 경량화
⑤ 강재의 절약
⑥ 접합두께의 제한이 없음
⑦ 간편하며 강성 확보가 용이

18
① 접합부 검사가 곤란
② 숙련공이 필요
③ 용접부의 취성파괴 우려
④ 피로강도가 낮음
⑤ 용접열에 의한 변형, 왜곡
⑥ 응력집중에 민감

19
① 직류아크용접 : ㉯, ㉱
② 교류아크용접 : ㉮, ㉰, ㉲

20
① 아크 주변의 공기를 차단하여 용적의 산화, 질화를 방지한다.
② 함유원소를 이온화해 아크를 안정시킨다.
③ 용융금속을 탈산, 정련한다.
④ 용착금속에 합금원소를 첨가한다.
⑤ 고온의 금속표면의 산화를 방지한다.
⑥ 고온의 금속표면의 냉각 응고속도를 늦춘다.

21
① 방사선 투과시험(RT)
② 초음파 탐상시험(UT)
③ 자분(자기분말) 탐상시험(MT)
④ 침투 탐상시험(PT)

22
강구조 부재의 용접 시 융합부에 대한 다음 도식을 보충 설명하시오. (3점)   •97 ①, 08 ②

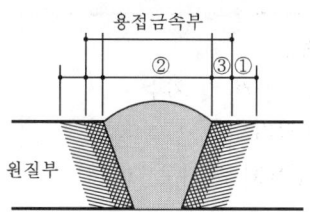

① _____ ② _____ ③ _____

23
다음 그루브용접의 각 부 모양에 대한 명칭을 쓰시오. (4점) •00 ③

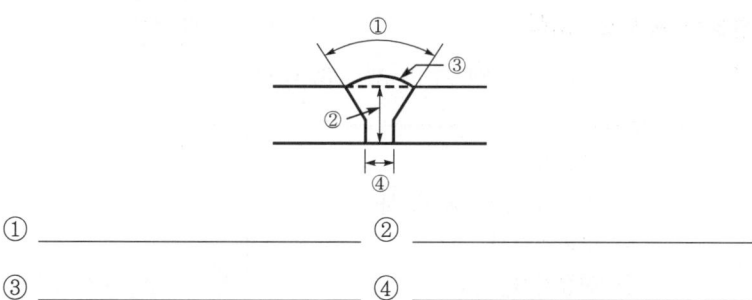

① _____ ② _____
③ _____ ④ _____

24
강구조의 용접과 관련하여 다음 설명에 해당되는 답을 기재하시오. (4점)   •08 ③

① 접하는 두 부재 간의 사이를 트이게 하여 홈(Groove)을 만들고 그 사이에 용착금속으로 채워 두 부재를 접합하는 용접의 접합방식을 무엇이라 하는가?

② 필릿용접에서 유효용접길이는 필릿용접의 총길이에 용접치수의 몇 배를 공제한 값으로 하는가?

① _____ ② _____

정답

22
① 변질부
② 용착금속부
③ 융합부

23
① 홈의 각도
② 목두께
③ 보강살붙임
④ 루트간격

24
① 그루브용접(맞댐용접, 홈용접)
② 2

25 용접부의 검사항목이다. 보기에서 골라 알맞은 고정에 해당 번호를 쓰시오. (3점)

• 16 ③, 20 ②

┤보기├
① 아크 전압   ② 용접 속도
③ 청소 상태   ④ 홈 각도, 간격 및 치수
⑤ 부재의 밀착 ⑥ 필릿의 크기
⑦ 균열, 언더컷 유무 ⑧ 밑면 따내기

(1) 용접착수 전 : _____
(2) 용접착수 중 : _____
(3) 용접착수 후 : _____

정답

25
(1) 용접착수 전 : ③, ④, ⑤
(2) 용접착수 중 : ①, ②, ⑧
(3) 용접착수 후 : ⑥, ⑦

26 강구조의 용접과정에 따른 검사순서를 쓰고, 각 검사단계의 검사항목을 |보기|에서 골라 번호를 쓰시오. (6점)

• 88 ③, 93 ④, 96 ②, 97 ④⑤, 99 ④, 11 ②, 13 ③, 22 ③

┤보기├
㉮ 절단검사   ㉯ 운봉검사
㉰ 트임새 모양   ㉱ X선 및 γ선 투과검사
㉲ 모아대기검사   ㉳ 구속법검사
㉴ 초음파검사   ㉵ 전류검사
㉶ 침투수압검사   ㉷ 자세의 적부검사
㉸ 용접봉검사

① _____ : _____
② _____ : _____
③ _____ : _____

26
① 용접착수 전 : ㉰, ㉲, ㉳, ㉸
② 용접작업 중 : ㉯, ㉵, ㉷
③ 용접완료 후 : ㉮, ㉱, ㉴, ㉶

27 다음 설명에 해당되는 용접결함의 용어를 쓰시오. (4점)

• 93 ①③, 97 ②, 05 ③, 09 ①, 19 ①

① 용접봉의 피복제 용해물인 회분이 용착금속 내에 혼합된 것
② 용융금속이 응고할 때 방출되어야 할 가스가 남아서 생기는 용접부의 빈자리
③ 용접금속과 모재가 융합되지 않고 단순히 겹쳐지는 것
④ 용접금속이 홈에 차지 않고 가장자리가 남게 된 부분

① _____ ② _____
③ _____ ④ _____

27
① 슬래그 감싸들기
② 공기구멍(블로홀)
③ 오버랩
④ 언더컷

28 용접부 검사에서 용접 착수 전에 실시하는 검사 항목을 3가지 쓰시오. (3점)

① _____ ② _____ ③ _____

정답

28
① 트임새 모양
② 모아대기
③ 구속법
④ 자세의 적부

29 강구조의 시공에서 발생할 수 있는 용접결함을 6가지 쓰시오. (3점)

•91 ③, 92 ③, 96 ③, 98 ⑤, 08 ②, 12 ③, 13 ③, 14 ③, 15 ③

① _____ ② _____ ③ _____
④ _____ ⑤ _____ ⑥ _____

29
① 크랙
② 공기구멍
③ 슬래그 감싸들기
④ 언더컷
⑤ 오버랩
⑥ 크레이터
⑦ 용입부족

30 강구조 용접결함 중 오버랩(Overlap)과 언더컷(Undercut)을 개략적으로 도시하시오. (4점)

30
① 오버랩(Overlap) — 겹침
② 언더컷(Undercut) — 빈틈

31 강구조공사 시 용접결함의 원인을 4가지 쓰시오. (4점) •96 ②, 98 ④

① _____ ② _____
③ _____ ④ _____

31
① 용접전류의 불안정
② 운봉속도의 부적당
③ 용접봉의 결함
④ 용접각도의 불량
⑤ 모재의 불량
⑥ 이음부에 이물질 부착
⑦ 용접부의 개선 정밀도 불량
⑧ 숙련도 미숙
⑨ 잘못된 용접순서

32 다음은 강구조공사에서 용접결함의 종류이다. 강구조 용접공사에서 과대전류에 의한 용접결함을 고르시오. (3점) •10 ②, 17 ①

|보기|
① 슬래그 감싸들기 ② 언더컷 ③ 오버랩
④ 블로홀 ⑤ 크랙 ⑥ 피트
⑦ 용입부족 ⑧ 크레이터 ⑨ 피시아이

32
②, ④, ⑤, ⑧

【참고】
과대전류 : 언더컷, 블로홀, 크랙, 크레이터
과소전류 : 슬래그 감싸들기, 오버랩, 용입부족

33 강구조공사 용접결함 중 슬래그 감싸들기의 원인 및 대책 2가지를 쓰시오. (3점)

•15 ②, 22 ②

가. 원인
① _____ ② _____

나. 대책
① _____ ② _____

정답

33
가. 원인
① 용접전류의 불안정
② 운봉속도의 부적당
③ 용접봉의 결함

나. 대책
① 적정전류의 공급
② 용접속도의 준수
③ 적당한 용접봉의 선택

34 용접부를 주어진 [조건]에 따라 용접기호를 도면에 표기하시오. (4점)

•18 ①

┌─── 조건 ───┐
① 개선각 45°   ② 화살표 방향
③ 현장용접   ④ 간격 3mm

34
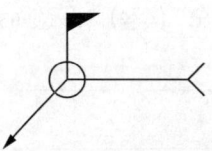

35 그림과 같은 용접 표시에서 알 수 있는 사항을 기입하시오. (3점)

•20 ②

35
① 온둘레현장용접
② 특별지시

36 다음 용접기호로서 알 수 있는 사항을 4가지 쓰시오. (4점)

•02 ①, 21 ②

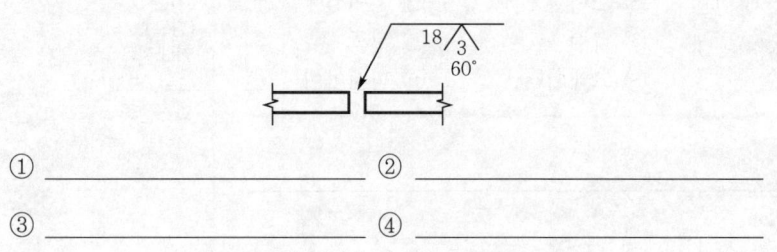

① _____ ② _____
③ _____ ④ _____

36
① V형 완전용입 그루브용접
② 개선깊이(홈의 길이)
  : 18 mm
③ 루트간격(트임새 간격)
  : 3 mm
④ 개선각(홈의 각도)
  : 60°

37 그림과 같은 용접부의 기호에 대해 기호의 수치를 모두 표기하여 제작 상세를 도시하시오. (단, 기호의 수치를 모두 표기) (4점) •14 ②

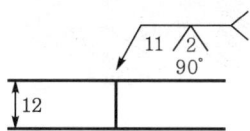

37

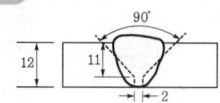

【참고】실형(의미)
① V형 완전용입 그루브용접
② 이음부 판두께(T) : 12 mm
③ 개선깊이(D) : 11 mm
④ 루트간격(G) : 2 mm
⑤ 개선각도(α) : 90°
⑥ 루트면(R) : 1 mm

38 다음 용접기호로서 알 수 있는 모든 사항을 쓰시오. (4점)
•92 ④, 94 ③, 98 ②, 04 ③

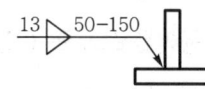

38
① 병렬 단속 필릿용접
② 용접치수(Size) : 13 mm
③ 용접길이(Length) : 50 mm
④ 피치(Pitch) : 150 mm

39 강구조 공사에서 다음 상황에 맞는 용접기호를 완성하시오. (6점)
•20 ③

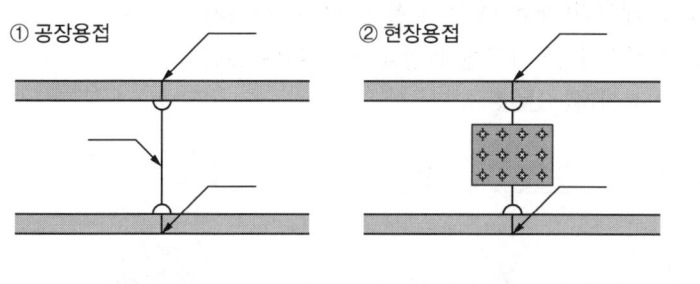

39

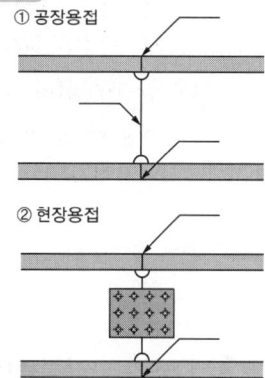

40 용접자세 표현기호가 의미하는 방향은? (4점) •00 ①

① F : _____ ② H : _____
③ V : _____ ④ O : _____

40
① F : 아래보기자세
② H : 수평자세
③ V : 수직자세
④ O : 위보기자세

41 다음 강구조에서 용접 모양에 따른 명칭을 쓰시오. (4점)

•98 ②, 00 ③ ④

① _____ ② _____ ③ _____
④ _____ ⑤ _____ ⑥ _____
⑦ _____ ⑧ _____ ⑨ _____

정답

41
① 그루브용접
② 겹친 필릿용접
③ 모서리 필릿용접
④ T자 양면 필릿용접
⑤ 단속 필릿용접
⑥ 갓용접
⑦ 덧판용접
⑧ 양면 덧판용접
⑨ 산지용접

42 강구조공사에 사용되는 용어를 설명하였다. 알맞은 용어를 쓰시오. (3점)

•02 ①, 08 ③, 15 ③, 16 ②, 21 ③

① 강구조 부재 용접 시 이음 및 접합수위의 용접선이 교차되어 재용접된 부위가 열 영향을 받아 취약해지기 때문에 모재에 부채꼴모양의 모따기를 한 것
② 강구조 기둥의 이음부를 가공하여 상부와 하부 기둥 밀착을 좋게 하며, 축력의 50%까지 하부 기둥 밀착면에 직접 전달시키는 이음 방법
③ 공기구멍(Blow Hole), 크레이터(Crater) 등의 용접결함이 생기기 쉬운 용접 비드(Bead)의 시작과 끝 지점에 용접을 하기 위해 용접 접합하는 모재의 양단에 부착하는 보조 강판

① _____ ② _____ ③ _____

42
① 스캘럽(Scallop)
② 메탈터치(Metal Touch)
③ 엔드탭(End Tab)

43 다음의 고장력볼트의 조임방법 중 너트회전법에 대한 그림을 보고, 합격 또는 불합격 여부를 판정하고 불합력은 그 이유를 간단히 쓰시오. (6점)

•22 ②

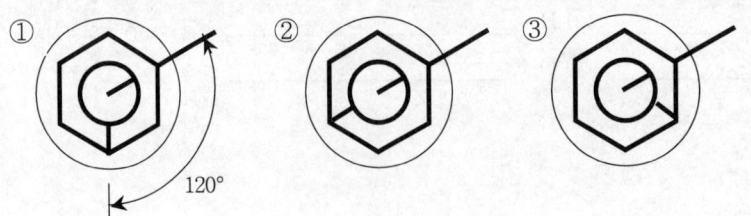

43
① 합격
② 불합격, 회전 과다
③ 불합격, 회전 부족

① _____ ② _____ ③ _____

44 그림과 같은 강구조 용접부의 상세에서 ①, ②, ③의 명칭을 기술하시오. (3점)
•02 ②, 11 ③, 20 ④

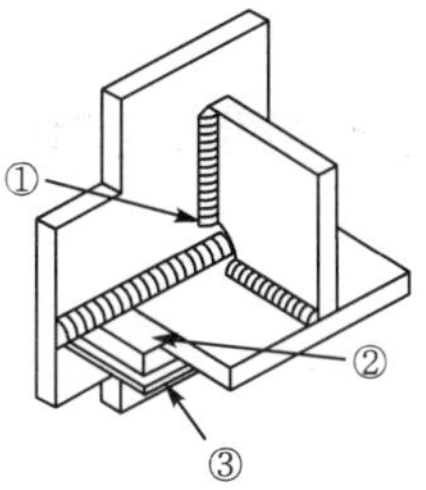

① _____ ② _____ ③ _____

45 다음 용어를 설명하시오. (6점) •14 ①, 19 ①③, 20 ④, 22 ②, 22 ③
① 스캘럽(Scallop) : _____
② 엔드탭(End Tab) : _____
③ 뒷댐재(Back Strip) : _____

46 스패터(Spatter)를 설명하시오. (2점) •00 ③
_____

47 강구조 접합에서 |보기|와 같은 여러 가지 접합방식이 혼용되어 있는 경우 내력계산에서 먼저 고려하는 사항부터 순서대로 번호를 쓰시오. (단, 같은 차원에서 고려하는 것은 =로 표시한다.) (4점)
•91 ②

| 보기 |
㉮ 리벳접합   ㉯ 일반볼트접합
㉰ 용접접합   ㉱ 고장력볼트접합

정답

44
① 스캘럽(Scallop, 곡선모따기)
② 엔드탭(End Tab, 보조 강판)
③ 뒷댐재(Back Strip, 뒷받침쇠)

45
① 스캘럽(Scallop) : 강구조 부재의 용접 시, 이음이나 접합부위에서 용접선이 교차하는 것을 피하기 위하여 한쪽의 부재에 설치(모따기)한 홈이다.
② 엔드탭(End Tab) : 개선이 있는 용접의 양끝의 전체 단면을 완전한 용접으로 하기 위해 그리고 공기구멍, 크레이터 등의 용접결함이 생기기 쉬운 용접 비드의 시작과 끝 지점에 용접을 하기 위해 용접접합하는 모재의 양단에 부착하는 보조 강판이다.
③ 뒷댐재(Back Strip, 뒷받침쇠) : 그루브용접을 한쪽 면으로만 실시하는 경우, 충분한 용접을 확보하고 용융금속의 용락을 방지할 목적으로 루트 뒷면에 금속판 등으로 받치는 받침쇠이다.

46
용접 시에 비산하는 슬래그 및 금속입자가 경화된 것

47
㉰ > ㉱ = ㉮ > ㉯

48 강구조에서 메탈터치 이음(Metal Touch Joint)에 대한 개념을 간략하게 그림으로 그리고 메탈터치 이음을 설명하시오. (4점)

•12 ①, 20 ①, 21 ②

49 강재접합부에 구멍이 잘 맞지 않을 경우 그 구멍에 처박아 당겨맞춤에 쓰이는 공구명은? (1점)

•93 ④

정답

48
(1) 메탈터치 이음의 개념도와 마감면의 정밀도

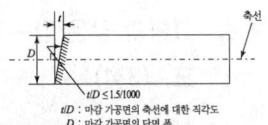

$t/D \leq 1.5/1000$
t/D : 마감 가공면의 축선에 대한 직각도
D : 마감 가공면의 단면 폭

(2) 메탈터치 이음
강구조 기둥의 이음부를 가공하여 상하부 기둥의 밀착을 좋게 하여 일정 이상의 축력을 하부 기둥 밀착면에 직접 전달시키는 이음 방법이다.

49
드리프트핀

Lesson 21. 현장세우기, 내화피복 공법 및 기타

☼ 1 현장세우기

1. 강구조 세우기 작업순서
(84①, 88②, 90④, 95③, 96③, 97①⑤, 98⑤, 00⑤, 07②, 07③, 11①, 13②, 15①)
① 현장 시공도 작성
② 주각부 중심 먹매김(중심 내기)
③ 앵커볼트 매입(앵커볼트 설치)
④ 기초상부 고름질(기둥 밑바닥 Leveling 조정)
⑤ 세우기 기계 준비   ⑥ 부재반입
⑦ 세우기   ⑧ 세우기 검사
⑨ 가조립   ⑩ 변형 바로잡기
⑪ 본조립(본접합)   ⑫ 접합부 검사
⑬ 도장   ⑭ 완성

2. 현장세우기 작업

1) 현장세우기를 위한 강구조 시공도에 삽입할 사항 (03②)
① 주심, 벽심과 강구조의 주심과의 관계
② 강구조와 앵커볼트와의 관계
③ 기초와 앵커볼트와의 관계
④ 각 부분 부재의 개체중량

2) 주각부의 부재별 명칭 (91①, 95①, 00⑤, 04②)

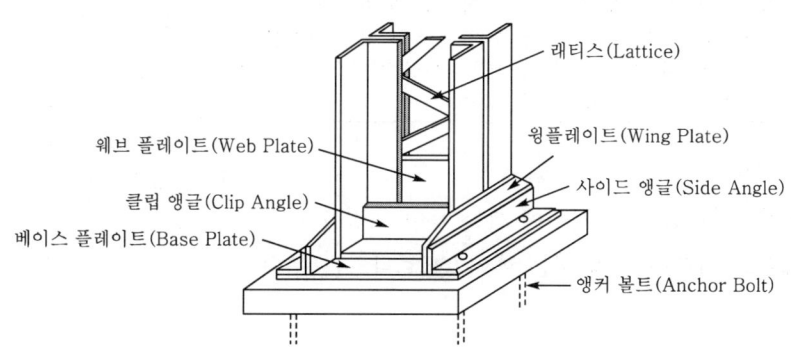

핵심 Point

● 강구조 세우기 공사의 시공순서 (96③, 98⑤, 13②)
① 앵커볼트 매입
② 세우기
③ 볼트 가조임
④ 변형 바로잡기
⑤ 볼트 본조임
⑥ 접합부 검사
⑦ 도장

● 강구조 세우기 공사의 시공순서 (07②, 11①)
① 앵커볼트 매입
② 기초콘크리트 타설
③ 세우기
④ 가조립
⑤ 변형 바로잡기
⑥ 본조립
⑦ 도장

● 강구조 기둥 공사의 작업흐름 (88②, 95③, 07③, 15①)
① 현장 시공도 작성
② 중심 내기
③ 앵커볼트 매입
④ 기둥 밑바닥 Leveling 조정
⑤ 세우기 기계 준비
⑥ 부재반입
⑦ 세우기
⑧ 세우기 검사
⑨ 본접합
⑩ 접합부 검사
⑪ 도장
⑫ 완성

● 현장세우기를 위한 강구조 시공도에 삽입할 사항 (03②)
① 주심, 벽심과 강구조의 주심과의 관계
② 강구조와 앵커볼트와의 관계
③ 기초와 앵커볼트와의 관계
④ 각 부분 부재의 개체중량

3) 앵커볼트 (95②)

강구조에서 기초에 기둥 밑을 고정하기 위해 사용되는 철물이다.

4) 앵커볼트의 매입공법(베이스플레이트의 지지 공법)

(97④, 99①③, 00③, 02②, 10③, 17②, 21②)

종류	내용
고정매입공법	앵커볼트를 정확한 위치에 설치한 후 콘크리트를 타설하는 공법이다.
가동매입공법 (이동식매입공법)	앵커볼트의 위치가 콘크리트 타설 후 조정할 수 있도록 볼트 상부에 얇은 철판 통을 넣거나 스티로폼 등으로 보호하는 방법이다.
나중매입공법	앵커볼트를 묻을 구멍을 내두었다가 나중에 고정하는 공법으로 앵커볼트 지름이 작을 때 사용한다.

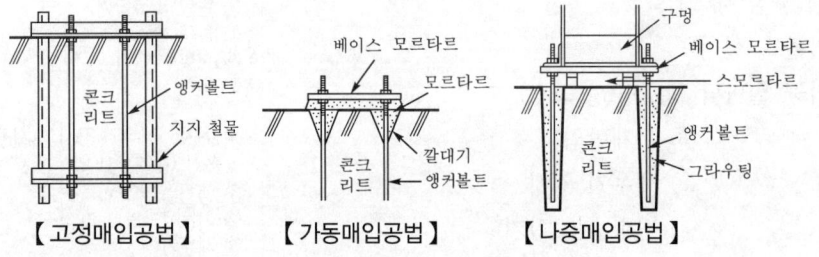

【고정매입공법】　　【가동매입공법】　　【나중매입공법】

5) 기초상부 고름질(기둥 밑창 고르기) 방법

(94②, 95①④, 99②, 00③⑤, 03③, 05③, 07③, 11②)

종류	내용
전면바름 마무리법	기둥 저면의 주위에 30 mm 이상 넓게 지정된 높이로 수평으로 베이스모르타르를 바르고 경화 후 세우기를 한다.
나중채워넣기 중심바름법	기둥 저면의 중심부만 지정높이만큼 수평으로 베이스모르타르를 바르고 기둥을 세운 후 사방에서 모르타르를 다져 넣는 방법이다.
나중채워넣기 +자 바름법	기둥 저면에 +자형으로 지정높이만큼 수평으로 베이스모르타르를 바르고 기둥을 세운 후 그 주위에 모르타르를 다져 넣는 방법이다.
나중채워넣기법	베이스플레이트 중앙에 구멍을 내어 기초 위의 베이스플레이트 4귀에 와셔 등 철판 굄을 써서 높이 및 수평조절을 하고 기둥을 세운 후 베이스모르타르를 베이스플레이트의 중앙부 구멍에 다져 넣는 것이다.

6) 베이스모르타르 (05③, 12②)

강구조 기둥의 베이스플레이트와 기초 사이에 까는 높이 조정용 모르타르이며, 베이스플레이트 하부에 채워 넣는 베이스모르타르는 무수축모르타르로 한다.

핵심 Point

● 강구조 세우기 현장작업 순서 (84①, 90④, 97①⑤, 00⑤)
① 기초 주각부 중심 먹매김
② 앵커볼트 설치
③ 기초상부 고름질
④ 강구조 세우기
⑤ 가조립
⑥ 변형 바로잡기
⑦ 본조립
⑧ 접합부 검사
⑨ 도장
⑩ 완성

● 강구조에서 주각부의 부재별 명칭 (91①, 95①, 00⑤, 04②)

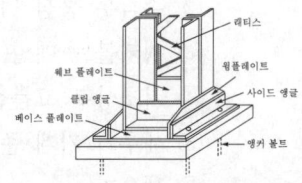

● 강구조에서 주각부의 종류 (17①, 20④)
① 핀주각
② 고정주각
③ 매입형주각

● 앵커볼트의 역할 (95②)
기둥 밑을 고정시키는 역할

● 앵커볼트의 매입공법 (97④, 99①③, 00③, 02②, 10③, 17②, 21②)
① 고정매입공법
② 가동매입공법
③ 나중매입공법

● 기초상부 고름질(기둥 밑창 고르기) 방법 (94②, 95①④, 99②, 00③⑤, 03③, 05③, 07③, 11②)
① 전면바름 마무리법
② 나중채워넣기 중심바름법
③ 나중채워넣기 +자 바름법
④ 나중채워넣기법

7) 현장 조립[11]

(1) 현장가조립

① 기둥세우기에 따라 가로재, 가새 등을 가볼트 조임한 후 건물모서리와 주요 위치에 설치된 수직, 수평 기준점에서 변형을 측정하고, 일정 구획마다 변형 바로잡기를 완료한 후 본 볼트를 체결한다.

② 본볼트 체결은 1단계 체결에서 표준볼트장력의 80 % 정도로 체결한 후, 2단계 체결에서 표준볼트장력으로 체결한다.

(2) 가볼트 조임

구분	내용
고장력볼트접합	고장력볼트를 이용하고, 볼트 1군에 대해 1/3 이상이며 2개 이상의 가볼트를 웨브와 플랜지에 배치하여 조인다.
혼용접합 및 병용접합	일반볼트를 이용하고, 볼트 1군에 대해 1/2 이상이며 2개 이상의 가볼트를 적절하게 배치하여 조인다.

(3) 볼트의 현장 반입검사

① 반입검사는 납품된 볼트 중에 볼트지름별로 각 5개의 샘플을 대상으로 축력계에 의한 조임축력 시험에 의한다.

② 반입검사를 위한 볼트의 체결은 1차조임, 마킹(금매김), 본조임의 순서에 따라 체결한다.

(4) 볼트의 현장시공

① 1군의 볼트체결은 중앙부에서 가장자리 순으로 한다.

② 현장체결은 1차조임, 마킹(금매김), 2차조임(본조임), 육안검사 순으로 한다.

③ 1차조임은 토크렌치 또는 임팩트렌치 등을 사용한다.

④ 본조임은 고장력볼트용 전동렌치를 사용한다.

⑤ 각 볼트군에 대한 볼트 수의 10 % 이상 또한 최소 1개 이상에 대해 체결검사를 실시한다.

(5) 현장용접

① 현장조건이 0℃ 이하 또는 습도가 높은 경우에는 반드시 예열을 실시한다.

② 예열은 기둥과 기둥의 이음부 및 기둥과 보의 접합부에서 약 100 mm 너비로 중점적으로 실시한다.

---

11) KCS 14 31 30 조립 및 설치 (3.3), 국토교통부, 한국강구조학회, 2019.

핵심 Point

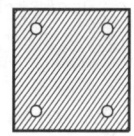

(a) 전면바름 마무리법

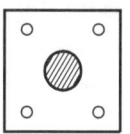

(b) 나중채워넣기 중심바름법

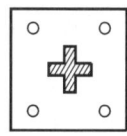

(c) 나중채워넣기 +자 바름법

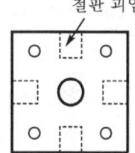

(d) 나중채워넣기

【기초상부 고름질】

● 강구조공사를 시공할 때 베이스플레이트(Base Plate)의 시공 시 사용되는 충전재의 명칭 (05③, 12②)
무수축모르타르

● 혼용접합 (참고)
웨브를 고장력볼트로 접합하고 플랜지를 현장용접으로 접합하는 것이다.

● 병용접합 (참고)
① 웨브와 플랜지에 고장력볼트와 용접하는 것이다.
② 고장력볼트를 먼저 체결한 후 용접한다.

● 고장력볼트이음, 혼용접합 및 병용접합의 개수 (참고)
① 고장력볼트 이음 : 볼트 1군에 대해 1/3 정도 또한 2개 이상을 배치
② 혼용접합 및 병용접합 : 볼트 1군에 대해 1/2 정도 또한 2개 이상을 배치

8) 검사
① 부재검사는 길이, 각도, 휨, 비틀림, 판 두께 등을 검사한다.
② 접합부 검사는 절단면, 용접부 및 고장력볼트 등에 대해 검사한다.

3. 강구조 세우기 기계

1) 종류 (91③, 93③, 94③, 96④, 97②⑤, 99①, 00④, 06②, 18③)

종류	내용
가이데릭 (Guy Derrick)	① 능력이 좋고 세우기뿐만 아니라 공사 전체 운영에도 유효하다. ② 가이(Guy)의 수 : 6~8개 ③ 붐(Boom)의 회전범위 : 360° ④ 당김줄은 지면과 45° 이하가 되도록 한다. ⑤ 붐의 길이는 마스터(Master)보다 3~5m 짧다.
스티프레그데릭 (Stiff Leg Derrick)	① 건물 층수가 적은 긴 평면에 사용된다. ② 당김줄을 마음대로 맬 수 없을 때 유리하다. ③ 회전범위 : 270° ④ 붐의 길이는 마스터(Master)보다 길다.
타워크레인 (Tower Crane) (14①)	① 높은 철탑에 경사 또는 수평 지브가 있는 크레인이다. ② 고양정과 광범위한 작업에 적합하다. ③ 공사 규모가 커짐에 따라 타워크레인을 많이 사용한다. ⑤ T형 타워크레인과 Luffing형 타워크레인이 있다.
트럭크레인 (Truck Crane)	자주, 자립할 수 있으며, 기동력이 좋고 대규모 공장 건축에 적합하다.
진폴 (Gin Pole)	옥탑 등의 돌출부에 사용된다.

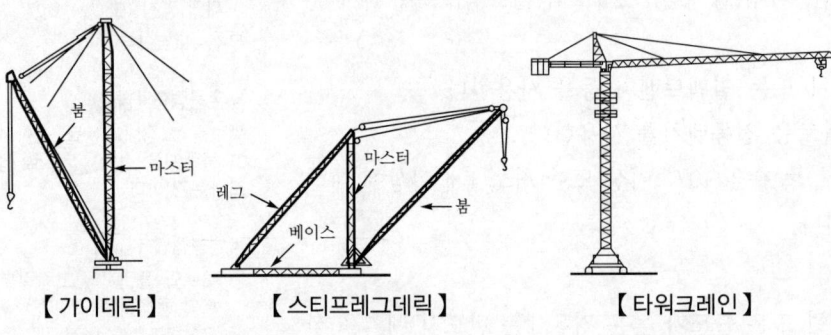

【가이데릭】　【스티프레그데릭】　【타워크레인】

2) 분류 (97⑤)

분류	종류
소형 양중기	진폴(Gin Pole), 윈치(Winch)
데릭	가이데릭, 스티프레그데릭
이동식 크레인	크롤러크레인, 트럭크레인
정치식 크레인	타워크레인

핵심 Point

● 접합부 검사 내용 (참고)
① 절단면 : 마감면 정밀도 검사 등
② 용접부 : 외관 검사, 비파괴 검사 등
③ 고장력볼트 : 마찰력 검사, 토크 체결력 검사 등

● 강구조 세우기 기계의 종류 (91③, 92②, 93③, 94③, 96④, 97②, 99①, 00④, 06②, 18③)
① 가이데릭
② 스티프레그데릭
③ 타워크레인
④ 트럭크레인

● T형 타워크레인 대신 러핑(Luffing)형 타워크레인을 사용해야 하는 경우 (14①)
① 도심의 구조물 밀집 지역
② 초고층 건설 현장
③ 인접대지 경계의 침해 등이 예상되는 지역

● 강구조 세우기 기계의 분류 (97⑤)
① 소형 양중기 : 진폴(Gin Pole), 윈치(Winch)
② 데릭 : 가이데릭, 스티프레그데릭
③ 이동식 크레인 : 트럭크레인, 크롤러크레인
④ 정치식 크레인 : 타워크레인

● 강구조 현장세우기에서 변형 바로잡기 계측기구 (참고)
① Calibrated Steel Tape(강철 줄자)
② Laser Level 및 Transit
③ 다림추
④ 피아노선

※2 강구조의 내화피복 공법

1. 개요

강구조에서 화재 등으로 인한 강재의 온도상승을 막고 화재로부터 보호하기 위해 내화피복을 한다.

2. 종류[12] (96①, 97②, 98⑤, 99④)

1) 도장 공법

종류	내용	사용재료
내화도료 공법	팽창성 내화도료를 강재의 표면에 도장하여 내화피복한다.	팽창성 내화도료

2) 습식 공법 (98①, 98④, 99⑤, 00④, 03②, 05②, 06①, 08③, 09②, 11①, 12①, 14①②, 15③, 16②, 17②, 18②, 19②, 20②, 20③, 21③, 22③)

종류	내용	사용재료
타설 공법	강재의 주위에 경량콘크리트나 기포모르타르 등을 타설하여 내화피복한다.	콘크리트, 경량콘크리트
조적 공법	콘크리트블록, 경량콘크리트블록, 돌, 벽돌 등을 쌓아 내화피복한다.	벽돌, 콘크리트블록, 경량콘크리트블록, 돌
미장 공법	메탈라스 등을 설치하고 경량콘크리트 또는 플라스터 등을 발라 내화피복한다.	철망모르타르, 철망파라이트모르타르
뿜칠 공법	접착제로 도장한 강구조 부재의 표면에 피복재를 뿜칠하여 내화피복한다.	뿜칠 암면, 뿜칠 모르타르, 뿜칠 플라스터

3) 건식 공법 (98①④, 00④, 03②, 06①)

종류	내용	사용재료
성형판 붙임 공법	경량의 각종 성형판을 강구조 주위에 붙여 내화피복한다.	ALC판, 석고보드, 경량콘크리트 패널, 프리캐스트콘크리트판
휘감기 공법	–	–
세라믹울 피복 공법	세라믹울을 강구조 주위에 붙여 내화 피복한다.	세라믹 섬유 블랭킹

4) 합성 공법 (98①, 00④, 03②, 06①)

종류	내용	사용재료
합성 공법	두 종류 이상의 내화피복 방법을 복합으로 내화피복한다.	프리캐스트콘크리트판, ALC판

핵심 Point

- 강구조의 내화피복 공법 (96①, 98⑤)
  강구조공사에 있어서 내화피복 공법을 분류하면 습식 공법, (건식 공법), (도장 공법 또는 합성 공법)이 있으며, 습식 내화피복 공법의 종류로서는 (타설공법), (조적공법), 미장공법 또는 뿜칠 공법 등이 있다.

- 강구조의 내화피복 공법을 크게 구분한 종류 (97②, 99④)
  ① 도장 공법 ② 습식 공법
  ③ 건식 공법 ④ 합성 공법

- 강구조의 내화피복 공법 중 습식 내화피복 공법의 종류 (99⑤, 05②, 08③, 11①, 14①, 15③, 16②, 19②, 21③, 22③)
  ① 타설 공법 ② 조적 공법
  ③ 미장 공법 ④ 뿜칠 공법

- 강구조의 내화피복 공법 종류 및 설명 (98①, 00④, 03②, 06①)
  ① 내화도료 공법 : 팽창성 내화도료를 강재의 표면에 도장하여 내화피복한다.
  ② 타설 공법 : 강재의 주위에 경량콘크리트나 기포모르타르 등을 타설하여 내화피복
  ③ 조적 공법 : 콘크리트블록, 경량콘크리트블록, 돌, 벽돌 등을 쌓아 내화피복
  ④ 미장 공법 : 강재의 주위에 메탈라스 등을 시공설치하고 경량콘크리트 또는 플라스터 등을 발라 내화피복
  ⑤ 뿜칠 공법 : 접착제로 도장한 강구조 부재의 표면에 피복제를 뿜칠하여 내화피복
  ⑥ 성형 판붙임 공법 : 내화단열성능이 우수한 경량의 각종 성형판을 강구조 주위에 붙여 내화피복
  ⑦ 세라믹울 피복 공법 : 세라믹울 피복을 강구조 주위에 붙여 내화피복

- 습식 공법의 설명, 습식 공법의 종류 및 종류에 해당하는 재료 (09②, 12①, 14②, 17②, 18②, 20②③)
  가. 습식 공법 : 강구조에서 화재 등으로 인한 강재의 온도상승을 막고 화재로부터 보호하기 위해 모르타르, 콘크리트 벽돌 등의 습식 재료로 내화피복을 한 것이다.

---

12) KCS 14 31 50 내화피복 (2.1), 국토교통부, 한국강구조학회, 2019.

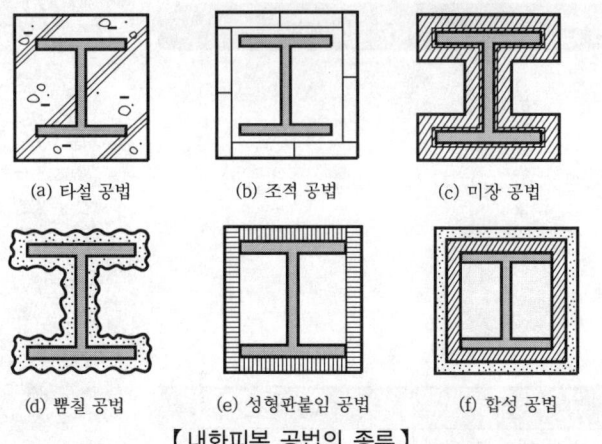

(a) 타설 공법　(b) 조적 공법　(c) 미장 공법
(d) 뿜칠 공법　(e) 성형판붙임 공법　(f) 합성 공법

【 내화피복 공법의 종류 】

✦ 3 데크플레이트와 스터드볼트

1. 데크플레이트(Deck Plate)

1) 개요 (96③, 13②, 16③)

강구조의 보에 걸어 지주 없이 쓰이는 바닥판이며, 거푸집으로 사용될 수 있도록 제작된 골형 플레이트이다.

2) 데크플레이트를 이용한 바닥슬래브구조방법 [13]

① 데크합성슬래브 : 데크플레이트와 콘크리트가 일체되어 하중을 부담하는 구조
② 데크복합슬래브 : 데크플레이트의 홈에 철근을 배치한 철근콘크리트와 데크플레이트가 하중을 부담하는 구조
③ 데크구조슬래브 : 데크플레이트가 연직하중, 수평가새가 수평하중을 부담하는 구조

2. 스터드볼트(Stud Bolt) (17①, 20③)

강구조의 보와 철근콘크리트 슬래브가 일체가 되어 전단력을 전달하도록 강재 보의 플랜지에 용접되고 콘크리트 슬래브 속에 매입된 전단연결재(Shear Connector)로 사용되는 볼트이다.

핵심 Point

나. 습식 공법의 종류 및 재료
① 타설 공법 : 콘크리트, 경량콘크리트
② 조적 공법 : 벽돌, 콘크리트블록, 경량콘크리트블록, 돌
③ 미장 공법 : 철망모르타르, 철망파라이트모르타르
④ 뿜칠 공법 : 뿜칠 암면, 뿜칠 모르타르

● 강구조의 내화피복 공법 종류 및 재료 한 가지 (98④)
① 내화도료 공법 : 팽창성 내화도료
② 타설 공법 : 콘크리트
③ 조적 공법 : 벽돌
④ 미장 공법 : 철망모르타르
⑤ 뿜칠 공법 : 암면(석면)
⑥ 성형판붙임 공법 : ALC판
⑦ 세라믹울 피복 공법 : 세라믹 섬유 블랭킷

● 데크플레이트의 정의 (96③, 16③)
강구조의 보에 걸어 지주 없이 쓰이는 바닥판이며, 거푸집으로 사용될 수 있도록 제작된 골형 플레이트이다.

● 데크 플레이트의 설명 (13②)
① 바닥 콘크리트 타설을 위한 슬래브 하부 거푸집판
② 작업 시 안정성 강화 및 동바리 수량 감소로 원가절감 가능
③ 아연도금 철판을 절곡하여 제작하며 해체 작업이 필요 없음

● 스터드볼트의 정의 (17①, 20③)
강구조의 보와 철근콘크리트 슬래브가 일체가 되어 전단력을 전달하도록 강재 보의 플랜지에 용접되고 콘크리트 슬래브 속에 매입된 전단연결재(Shear Connector)로 사용되는 볼트

---

[13] KCS 14 31 70 데크플레이트 바닥슬래브(1,2), 국토교통부, 한국강구조학회, 2019.

4. 기타

1. 경량철골

1) 개요
두께가 6 mm 이하로 얇고, 너비가 일정한 강판을 단면성능이 좋도록 접어 만든 경량 형강구조이다.

2) 특징 (98④, 99⑤)

장점	단점
① 중량, 단면적에 비해 단면효율이 높다.	① 집중응력에 대해 열간성형강 보다 약하다.
② 저렴하고, 경제적이다.	② 두께가 얇아 국부좌굴, 국부변형 및 부재의 비틀림이 생기기 쉽다.
③ 경량으로 자중이 경감된다.	③ 부식에 약하다.(방청처리가 중요)
	④ 부재로 사용할 때는 압축력에 약하므로 복합재를 설계해야 한다.

3) 경량철골 반자(Ceiling)틀 시공순서 (87①, 94②, 95④, 97⑤, 02②)

① 인서트 매입 ② 달대 설치
③ 행거 ④ 천장틀 받이
⑤ 천장틀 설치 ⑥ 텍스 붙이기

2. 강관구조(파이프구조)

1) 개요
강관 파이프를 사용한 구조로 경량이고 외관이 미려하며 부재의 형상이 단순하고 공사비가 적게 든다.

2) 특징 (97④, 00⑤)

장점	단점
① 폐쇄형 단면이므로 모든 방향의 강도가 균등하다.	① 파이프 상호간의 맞춤과 절단가공이 정확 신속하지 않다.
② 국부좌굴에 강하다.	② 볼트, 리벳접합이 곤란하다.
③ 살두께가 작으면서 휨효과가 큰 단면을 선택할 수 있다.	③ 설계와 용접에 고도의 기술이 필요하다.
④ 좌굴 후의 내력 저하가 둔하다.	④ 강관 자체가 형강에 비하여 값이 비싸다.
⑤ 용접된 조립부재는 강철 트러스가 되고 비틀림 강성이 크다.	

핵심 Point

● 데크플레이트 시공 예 (참고)

● 경량철골의 장·단점 (98④, 99⑤)

가. 장점
① 중량, 단면적에 비해 단면효율이 높다.
② 저렴하고, 경제적이다.
③ 경량으로 자중 경감

나. 단점
① 집중응력에 대해 열간성형강 보다 약하다.
② 두께가 얇아 국부좌굴, 국부변형 및 부재의 비틀림이 생기기 쉽다.
③ 부식에 약하다.
④ 부재로 사용할 때는 압축력에 약하므로 복합재를 설계해야 한다.

● 경량철골 반자틀 시공순서 (87①, 94②, 95④, 97⑤, 02②)

① 인서트 매입
② 달대 설치
③ 행거
④ 천장틀 받이
⑤ 천장틀 설치
⑥ 텍스 붙이기

● 파이프구조의 장점 (97④, 00⑤)

① 폐쇄형 단면이므로 모든 방향의 강도가 균등하다.
② 국부좌굴에 강하다.
③ 살두께가 작으면서 휨효과가 큰 단면을 선택할 수 있다.
④ 좌굴 후의 내력 저하가 둔하다.
⑤ 용접된 조립부재는 강철 트러스가 되고 비틀림 강성이 크다.

3) 파이프 단면의 녹막이를 고려한 밀폐 방법

(94④, 96③, 01②, 04①③, 08①, 15②)

① 스피닝(Spinning)에 의한 방법
② 가열하여 구형(球形)으로 가공
③ 원판, 반구원판을 용접
④ 관 내에 모르타르 채움
⑤ 관 끝을 압착하여 용접 밀폐시키는 방법

(주) **스피닝 가공** : 스피닝 선반에 원형을 장착한 후, 이것에 파이프를 눌러대어 함께 고속 회전시키면 마찰열이 발생하고 금속은 소성상태가 되어 관 끝이 밀폐된다.

【 파이프구조 】

【 파이프구조 접합부 】

【 스페이스 프레임 】

3. 콘크리트충전 강관(CFT) 구조 (12①, 16①, 17③, 21③)

1) 정의

콘크리트충전 강관구조(CFT, Concrete Filled Tube Structure)는 원형 또는 각주형의 강관 내부에 고강도 그리고 고유동화 콘크리트를 타설하여 만든 구조(기둥)이다.

2) 특징

장점	단점
① 내진성능 향상 ② 좌굴방지 ③ 기둥단면 축소 ③ 강성 증대	① 지중에서 부식 우려 ② 재료비가 고가

4. 기둥축소량(Column Shortening, 칼럼쇼트닝)

1) 정의 (05①, 08③, 15①, 19②, 20④)

건축물이 초고층화되거나 대형화됨에 따라 강구조 구조물의 높이 증가와 하중의 증가로 인해 기둥에 작용하는 수직하중이 증대되어 발생되는 기둥의 수축량이다.

2) 원인과 영향 (10③, 19②)

원인	영향
① 탄성 축소 ② 크리프 ③ 건조수축	① 기둥의 심한 축소현상으로 기본설계와는 다른 층고 발생 ② 기둥별 부담하중 차이로 슬래브나 보와 같은 수평부재의 초기 위치 변화 발생 ③ 마감재(외장재), 파이프나 엘리베이터 레일과 같은 비구조재에 영향을 주어 균열, 비틀림 등의 사용성 문제 발생

※ 5 용어정의 및 해설

1) 밀시트(Mill Sheet)

(1) 개요 (19①)

강재 제조업체가 발행하는 품질보증서이다.

(2) 확인할 수 있는 사항 (19③, 22②)

① 제품의 생산정보 (제품치수, 제품번호, 수량, 중량, 제강번호)
② 기계적 성질 (항복강도, 인장강도)
③ 화학 성분

2) 뒤꺾임(Burr)

절단되면서 절단면이 뒤쪽으로 약간 밀린 것이다.

3) 거치렁이(Notch)

수동가스 절단 시 절단선이 곧지 못하여 울퉁불퉁 굴곡이 진 것이다.

4) 파스너(Fastener, 연결재)

볼트, 고장력볼트, 리벳 또는 기타 접합 수단의 총칭이다.

5) 라멜레이트(Lamellate)

열 영향부의 영향과 국부 열변형으로 부재 내부에 구속 응력이 생겨 미세균열이 발생되는 현상이다.

6) 라멜러 테어링(Lameller Tearing) (22③)

열간압연강재는 압연이 진행되는 방향의 단면과 압연 진행과 교차되는 방향의 단면이 서로 다른 기계적인 성질을 갖는다. 탄성범위 안에서는 서로 비슷한 거동을 하는 것으로 보이나 실제로는 압연 진행방향과 교차되는 단면의 연성능력은 진행방향의 단면에 비해 떨어진다.

기출 및 예상 문제

01 강구조 세우기 공사의 시공순서를 |보기|에서 골라 쓰시오. (4점)

• 96 ③, 98 ⑤, 13 ②

|보기|
- ㉮ 세우기
- ㉯ 접합부 검사
- ㉰ 도장
- ㉱ 앵커볼트 매입
- ㉲ 볼트 가조임
- ㉳ 볼트 본조임
- ㉴ 변형 바로잡기

정답

1 ㉱ → ㉮ → ㉲ → ㉴ → ㉳ → ㉯ → ㉰

02 다음은 강구조 기둥공사의 작업 흐름도이다. 알맞은 번호를 |보기|에서 골라 ( )를 채우시오. (4점)

• 88 ②, 95 ③, 07 ③, 15 ①

|보기|
- ㉮ 본접합
- ㉯ 세우기 검사
- ㉰ 앵커볼트 매입
- ㉱ 세우기
- ㉲ 중심 내기
- ㉳ 접합부의 검사

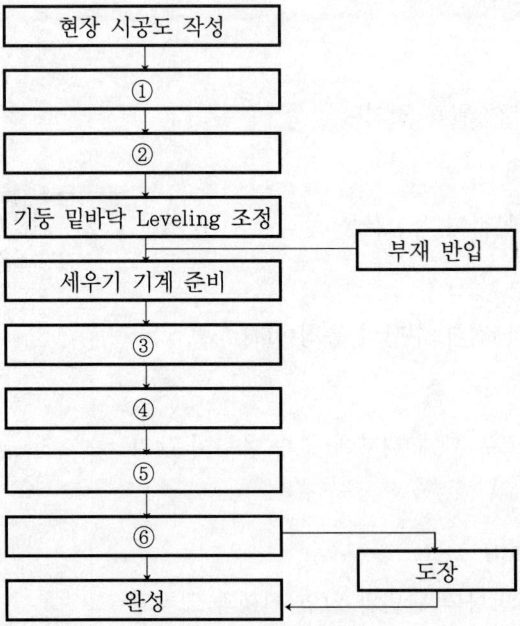

현장 시공도 작성 → ① → ② → 기둥 밑바닥 Leveling 조정 → 세우기 기계 준비 → ③ → ④ → ⑤ → ⑥ → 완성 (부재 반입, 도장)

① _____ ② _____ ③ _____
④ _____ ⑤ _____ ⑥ _____

2
① ㉰
② ㉲
③ ㉱
④ ㉯
⑤ ㉮
⑥ ㉳

Lesson 21

03 강구조 세우기 시공순서를 쓰시오. (3점) •07 ②, 11 ①

① 앵커볼트 매입	② 기초콘크리트 타설
③ 세우기	④ 가조립
⑤ 변형 바로잡기	⑥ 본조립
⑦ 도장	

정답

3
① → ② → ③ → ④ → ⑤ → ⑥ → ⑦

04 강구조공사 세우기의 현장작업 순서를 다음에서 골라 쓰시오. (3점) •90 ④, 97 ⑤

① 도장	② 변형 바로잡기
③ 앵커볼트 설치	④ 완성
⑤ 강구조 세우기	⑥ 본조립
⑦ 기초 주각부 중심 먹매김	⑧ 가조립
⑨ 접합부 검사	⑩ 기초상부 고름질

4
⑦ → ③ → ⑩ → ⑤ → ⑧ → ② → ⑥ → ⑨ → ① → ④

05 다음은 나중 매입공법 강구조공사 세우기의 현장작업 순서이다. ( )에 알맞은 말을 넣으시오. (4점) •97 ①, 00 ⑤

기초 주각부 중심 먹매김 → (①) → (②) → 강구조 세우기 → (③) → 변형 바로잡기 → (④) → 접합부 검사 → 도장

① _____ ② _____
③ _____ ④ _____

5
① 앵커볼트 설치
② 기초상부 고름질
③ 가조립
④ 본조립

06 강구조 세우기에서 주각부 현장 시공순서를 쓰시오. (2점) •13 ②

① 기초상부 고름질	② 가조립
③ 변형 바로잡기	④ 앵커볼트 설치
⑤ 강구조 세우기	⑥ 강구조 도장

6
①, ②, ③, ④

07 강구조공사의 공장제작이 완료된 후에 현장세우기를 하여야 하는데 현장 시공을 위한 강구조 시공도에 삽입해야 할 중요한 사항을 2가지 쓰시오. (4점) •03 ②

① _____ ② _____

정답

7
① 주심, 벽심과 강구조의 주심과의 관계
② 강구조와 앵커볼트와의 관계
③ 기초와 앵커볼트와의 관계
④ 각 부분 부재의 개체 중량

08 다음 각 부의 명칭을 |보기|에서 골라 번호로 쓰시오. (5점) •91 ①, 95 ①, 00 ⑤

| 보기 |
| ㉮ Anchor Bolt ㉯ Base Plate ㉰ Wing Plate |
| ㉱ Clip Angle ㉲ Web Plate ㉳ Lattice Plate |
| ㉴ Tie Plate ㉵ Gusset Plate ㉶ Band Plate |
| ㉷ Cover Plate ㉸ Splice Plate ㉹ Filler Plate |
| ㉺ Flange Plate ㉻ Flange Angle ㆍ Side Angle |

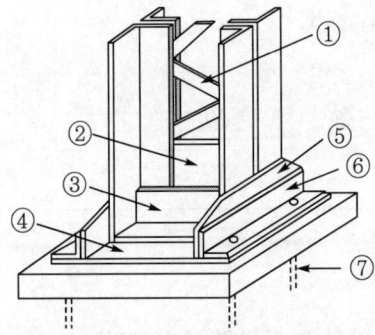

8
① ㉳
② ㉺
③ ㉲
④ ㉯
⑤ ㉰
⑥ ㉮
⑦ ㉮

09 강구조 주각부의 부재별 명칭을 기입하시오. (5점) •04 ②

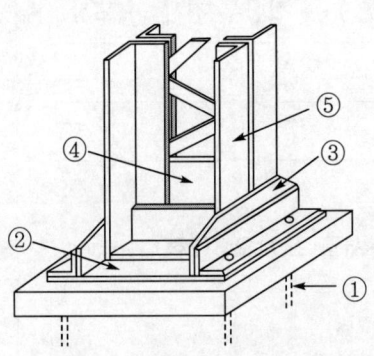

① _____ ② _____ ③ _____
④ _____ ⑤ _____

9
① 앵커볼트
② 베이스플레이트
③ 윙플레이트
④ 웨브플레이트
⑤ 플랜지

10 강구조공사에서 앵커볼트 매입공법의 종류 3가지를 쓰시오. (3점)

•97 ④, 99 ①③, 02 ②, 10 ③, 17 ②, 21 ②

① _____ ② _____ ③ _____

정답

10
① 고정매입공법
② 가동매입공법
③ 나중매입공법

11 강구조공사에서 기초상부 고름질의 방법 4가지를 쓰시오. (4점)

•95 ①, 99 ②, 03 ③, 07 ③, 11 ②

① _____ ② _____
③ _____ ④ _____

11
① 전면바름 마무리법
② 나중채워넣기 중심바름법
③ 나중채워넣기 +자 바름법
④ 나중채워넣기법

12 강구조 기둥 밑창판 밑 모르타르 바르기 방법을 4가지 쓰시오. (4점)

•94 ②, 95 ④, 00 ⑤, 05 ③

① _____ ② _____
③ _____ ④ _____

12
① 전면바름 마무리법
② 나중채워넣기 중심바름법
③ 나중채워넣기 +자 바름법
④ 나중채워넣기법

13 다음 (   ) 안에 적당한 공법을 쓰시오. (3점)

•00 ③

> 강구조공사에서 앵커볼트를 매입하는 공법은 (①)매입공법과 (②) 매입공법이 있으며, 기초상부의 고름 방법은 (③), (④), (⑤), (⑥)이 있다.

① _____ ② _____ ③ _____
④ _____ ⑤ _____ ⑥ _____

13
① 고정
② 가동 혹은 나중
③ 전면바름 마무리법
④ 나중채워넣기 중심바름법
⑤ 나중채워넣기 +자 바름법
⑥ 나중채워넣기법

14 강구조공사를 시공할 때 베이스플레이트(Base Plate)의 시공 시에 사용되는 충전재의 명칭을 쓰시오. (3점)

•05 ③, 12 ②

14
무수축모르타르

15 현장 강구조 세우기용 기계의 종류 4가지를 쓰시오. (4점)

•91 ③, 92 ②, 93 ③, 94 ③, 96 ④, 99 ①, 00 ④, 18 ③

① _____ ② _____
③ _____ ④ _____

정답

15
① 가이데릭
② 스티프레그데릭
③ 타워크레인
④ 트럭크레인

16 워크레인에서 T형 타워크레인(T-Tower Crane) 대신 러핑형 타워크레인(Luffing Crane)을 사용해야 하는 경우를 2가지를 적으시오. (4점)

•14 ①

① _____

② _____

16
① 도심의 구조물 밀집 지역
② 초고층 건설 현장
③ 인접대지 경계의 침해 등이 예상되는 지역

17 건설공사 현장에서 반입된 재료를 들어올릴 수 있는 장비를 4가지 분류하여 장비명을 쓰시오. (4점)

•97 ⑤

① 소형 양중기 : _____
② 데릭 : _____
③ 이동식 크레인 : _____
④ 정치식 크레인 : _____

17
① 소형 양중기 : 진폴, 원치
② 데릭 : 가이데릭, 스티프레그데릭
③ 이동식 크레인 : 트럭크레인, 크롤러크레인
④ 정치식 크레인 : 타워크레인

18 다음 |보기|에서 번호를 골라 쓰시오. (4점)

•97 ②, 06 ②

|보기|
㉮ 고장력볼트   ㉯ 구멍 맞추기   ㉰ 세우기   ㉱ 현장 리벳치기

① 뉴매틱해머 : (　　)   ② 진폴 : (　　)
③ 드리프트핀 : (　　)   ④ 임팩트렌치 : (　　)

18
① : ㉱
② : ㉰
③ : ㉯
④ : ㉮

19 강구조의 내화피복 공법을 크게 3가지 나열하시오. (3점)

•96 ①, 97 ② 98 ⑤, 99 ④

① _____ ② _____ ③ _____

19
① 도장 공법
② 습식 공법
③ 건식 공법
④ 합성 공법

Lesson 21

20 강구조공사에 있어서 강구조 습식 내화피복 공법의 종류를 4가지 쓰시오. (4점)
•99 ⑤, 05 ②, 08 ③, 11 ①, 14 ①, 15 ③, 16 ②, 19 ②, 21 ③

① _____ ② _____
③ _____ ④ _____

정답

20
① 타설 공법
② 조적 공법
③ 미장 공법
④ 뿜칠 공법

---

21 강구조공사의 내화피복 공법 중 습식 공법에 대하여 설명하고 습식 공법의 종류 3가지 및 각 종류에 해당하는 재료를 1가지씩 쓰시오. (5점)
•09 ②, 18 ②, 20 ③, 22 ③

가. 습식 공법 : _____

나. 습식 공법의 종류 및 재료
① _____
② _____
③ _____

21
가. 습식 공법 : 강구조에서 화재 등으로 인한 강재의 온도상승을 막고 화재로부터 보호하기 위해 모르타르, 콘크리트 벽돌 등의 습식 재료로 내화피복을 한 것이다.
나. 습식 공법의 종류 및 재료
① 뿜칠 공법 : 암면, 모르타르, 플라스터
② 타설 공법 : 콘크리트, 경량콘크리트
③ 미장 공법 : 철망모르타르
④ 조적 공법 : 벽돌, 블록

---

22 강구조의 내화피복 공법의 종류를 6가지 쓰고, 각각에 사용되는 재료를 하나씩 쓰시오. (6점)
•98 ④

공법	재료
①	
②	
③	
④	
⑤	
⑥	

22
① 내화도료 공법 : 팽창성 내화도료
② 타설 공법 : 콘크리트
③ 조적 공법 : 벽돌
④ 미장 공법 : 철망모르타르
⑤ 뿜칠 공법 : 암면(석면)
⑥ 성형판붙임 공법 : ALC판
⑦ 세라믹울 피복 공법 : 세라믹섬유 블랭킷

---

23 강구조공사에서 내화피복 공법의 종류에 따른 재료를 각각 2가지씩 쓰시오. (3점)
•12 ①, 14 ②, 17 ②, 20 ②

공법	재료
타설 공법	
조적 공법	
미장 공법	

23
① 타설 공법 : 콘크리트, 경량콘크리트
② 조적 공법 : 벽돌, 콘크리트블록, 경량콘크리트블록, 돌
③ 미장 공법 : 철망모르타르, 철망파라이트모르타르

① 타설 공법 : _____
② 조적 공법 : _____
③ 미장 공법 : _____

24 강구조 내화피복의 시공 공법을 4가지 들고, 설명하시오. (4점)

•98 ①, 00 ④, 03 ②, 06 ①

① _____ : _____
   _____

② _____ : _____
   _____

③ _____ : _____
   _____

④ _____ : _____
   _____

25 다음 용어를 설명하시오. (6점)　　•96 ③, 16 ③, 20 ④, 21 ①

(1) 데크플레이트(Deck Plate)

(2) 시어커넥터(Shear Connector)

(3) 거셋플레이트(Gusset Plate)

26 다음 설명에 해당하는 용어를 쓰시오. (3점)　　•13 ②

① 바닥 콘크리트 타설을 위한 슬래브 하부 거푸집판
② 작업 시 안정성 강화 및 동바리 수량 감소로 원가 절감 가능
③ 아연도금 철판을 절곡하여 제작하여 해체작업이 필요 없음

정답

24
① 내화도료 공법 : 팽창성 내화도료를 강재의 표면에 도장하여 내화피복
② 타설 공법 : 강재의 주위에 경량콘크리트나 기포모르타르 등을 타설하여 내화피복
③ 조적 공법 : 콘크리트블록, 경량콘크리트블록, 돌, 벽돌 등을 쌓아 내화피복
④ 미장 공법 : 강재의 주위에 메탈라스 등을 시공 설치하고 경량콘크리트 또는 플라스터 등을 발라 내화피복
⑤ 뿜칠 공법 : 접착제로 도장한 강구조 부재의 표면에 피복제를 뿜칠하여 내화피복
⑥ 성형판 붙임 공법 : 내화 단열성능이 우수한 경량의 각종 성형판을 강구조 주위에 붙여 내화피복
⑦ 세라믹울 피복 공법 : 세라믹울을 강구조 주위에 붙여 내화피복

25
(1) 데크플레이트(Deck Plate) : 강구조의 보에 걸어 지주 없이 쓰이는 바닥판이며, 거푸집으로 사용될 수 있도록 제작된 골형 플레이트이다.
(2) 시어커넥터(Shear Connector) : 합성보에서 슬래브와 강구조 보를 일체화시켜 전단력에 저항하도록 한 부재이다. 전단 연결재의 종류로는 스터드볼트, ㄷ형강, 나선철근 등이 있다.
(3) 거셋플레이트(Gusset Plate) : 강구조의 이음 또는 맞춤에서 부재를 접합하기 위해 사용되는 강판이다.

26
데크플레이트(Deck Plate)

27 다음 [보기]에서 설명하는 볼트의 명칭을 쓰시오. (3점)

> 강구조의 보와 철근콘크리트 슬래브가 일체가 되어 전단력을 전달하도록 강재 보의 플랜지에 용접되고 콘크리트 슬래브 속에 매입된 전단연결재 (Shear Connector)로 사용되는 볼트

28 경량 형강재를 이용한 구조물로 가정하여, 경량 형강재의 장·단점에 대하여 각각 2가지씩 쓰시오. (4점)

가. 장점
① _____ ② _____

나. 단점
① _____ ② _____

29 경량철골 반자틀 시공순서를 천장판 시공까지 쓰시오. (4점)

> 인서트 매입 → (①) → (②) → (③) → (④) → (⑤)

① _____ ② _____ ③ _____
④ _____ ⑤ _____

30 경량철골 칸막이 공사에 관한 내용이다. 보기의 항목을 이용하여 순서대로 번호로 나열하시오. (3점)

> ① 벽체틀 설치   ② 단열재 설치   ③ 바탕 처리
> ④ 석고보드 설치   ⑤ 마감(벽지마감)

정답

27
스터드볼트(Stud Bolt)

28
가. 장점
① 중량, 단면적에 비해 단면효율이 높다.
② 저렴하고, 경제적이다.
③ 경량으로 자중 경감

나. 단점
① 집중응력에 대해 열간성형강 보다 약하다.
② 두께가 얇아 국부좌굴, 국부변형 및 부재의 비틀림이 생기기 쉽다.
③ 부식에 약하다.
④ 부재로 사용할 때는 압축력에 약하므로 복합재를 설계해야 한다.

29
① 달대 설치
② 행거
③ 천장틀 받이
④ 천장틀 설치
⑤ 텍스 붙이기

30
③ → ① → ② → ④ → ⑤

31 파이프구조를 이용한 건축물의 장점에 대하여 4가지만 쓰시오. (4점)

•97 ④, 00 ⑤

① _____ ② _____
③ _____ ④ _____

32 파이프구조에서 파이프 절단면 단부는 녹막이를 고려하여 밀폐하여야 하는데, 이때 실시하는 밀폐 방법에 대하여 3가지를 쓰시오. (3점)

•94 ④, 96 ③, 01 ②, 04 ①③, 08 ①, 15 ②

① _____ ② _____ ③ _____

33 콘크리트충전 강관(CFT) 구조를 간단히 설명하고, 장·단점을 2가지 각각 쓰시오. (5점)

•12 ①, 16 ①, 17 ③, 21 ③

가. CFT
_____

나. 장점
① _____ ② _____

다. 단점
① _____ ② _____

34 칼럼쇼트닝의 원인과 그에 따른 영향을 각각 2가지 쓰시오. (4점)

•10 ③, 19 ②

(1) 발생원인
① _____ ② _____

(2) 건축물에 끼치는 영향
① _____ ② _____

정답

31
① 폐쇄형 단면이므로 모든 방향의 강도가 균등하다.
② 국부좌굴에 강하다.
③ 살두께가 작으면서 휨효과가 큰 단면을 선택할 수 있다.
④ 좌굴 후의 내력저하가 둔하다.
⑤ 용접된 조립부재는 강철 트러스가 되고 비틀림 강성이 크다.

32
① 스피닝에 의한 방법
② 가열하여 구형으로 가공
③ 원판, 반구원판을 용접
④ 관내에 모르타르 채움
⑤ 관 끝을 압착하여 용접 밀폐시키는 방법

33
가. CFT
콘크리트충전 강관구조(CFT)는 원형 또는 각주형 강관 내부에 고강도 그리고 고유동화 콘크리트를 타설하여 만든 구조(기둥)이다.

나. 장점
① 내진성능 향상
② 좌굴방지
③ 기둥단면 축소
④ 강성 증대

다. 단점
① 지중에서 부식 우려
② 재료비가 고가

34
(1) 발생원인
① 탄성 축소
② 크리프
③ 건조수축

(2) 건축물에 끼치는 영향
① 기둥의 심한 축소현상으로 기본설계와는 다른 층고 발생
② 기둥별 부담하중 차이로 슬래브나 보와 같은 수평부재의 초기 위치 변화 발생
③ 마감재(외장재), 파이프나 엘리베이터 레일과 같은 비구조재에 영향을 주어 균열, 비틀림 등의 사용성 문제 발생

35 강구조에서 칼럼쇼트닝(Column Shortening)에 대하여 기술하시오. (3점)

35
건축물이 초고층화되거나 대형화됨에 따라 강구조 구조물의 높이 증가와 하중의 증가로 인해 기둥에 작용하는 수직하중이 증대되어 발생되는 기둥의 수축량이다.

36 강구조의 주각부는 고정주각, 핀주각, 매입형 주각 등 3가지로 구분된다. 그림에 적합한 주각부의 명칭을 쓰시오. (6점)

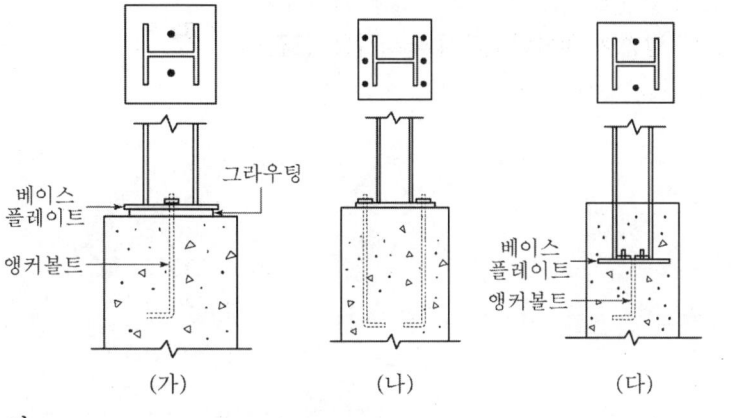

가. _____
나. _____
다. _____

36
가. 핀주각
나. 고정주각
다. 매입형주각

37 다음 용어를 설명하시오. (4점)

밀시트(Mill Sheet) : _____

37
강재 제조업체가 발행하는 품질보증서이다.

38 강재 밀시트(Mill Sheet)에서 확인할 수 있는 사항 1가지를 쓰시오. (3점)

38
① 제품의 생산정보(제품치수, 제품번호, 수량, 중량, 제강번호)
② 기계적 성질(항복강도, 인장강도)
③ 화학 성분

39 강구조공사에서 열간압연강재에서 발생할 수 있는 라멜러 테어링(Lameller Tearing)에 대해 간단히 설명하시오. (3점)

39
열간압연강재는 압연이 진행되는 방향의 단면과 압연 진행과 교차되는 방향의 단면이 서로 다른 기계적인 성질을 갖는다. 탄성범위 안에서는 서로 비슷한 거동을 하는 것으로 보이나 실제로는 압연 진행방향과 교차되는 단면의 연성능력은 진행방향의 단면에 비해 떨어진다.

VII

조적공사

Lesson 22 벽돌공사
Lesson 23 블록공사
Lesson 24 돌공사

건축기사실기

Lesson 22. 벽돌공사

☼ 1 벽돌의 종류 및 재료

1. 개요
모르타르를 사용하여 벽돌을 한 장씩 붙여 쌓아가는 조적공사의 일종이다.

2. 벽돌의 종류

구분	종류	용도
보통벽돌	점토벽돌(붉은벽돌), 콘크리트벽돌(시멘트벽돌)	내력벽
특수벽돌	이형벽돌, 오지벽돌, 검정벽돌	치장용
경량벽돌	중공벽돌, 공동벽돌(다공벽돌)	비내력벽
내화벽돌	산성내화벽돌, 염기성내화벽돌, 중성내화벽돌 등	굴뚝쌓기

3. 재료

1) 벽돌의 규격

(단위 : mm)

구분	길이	나비(폭)	두께
표준형(장려형)	190	90	57
기존형(일반형)	210	100	60

2) 벽돌쌓기 규격별 두께 (97④)

(단위 : mm)

구분	0.5B	1.0B	1.5B	2.0B
표준형	90	190	290	390
기존형	100	210	320	430

3) 벽돌의 마름질 종류 (98④, 00②④)

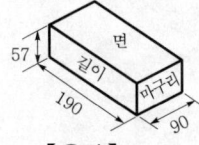
【온장】

【칠오토막】

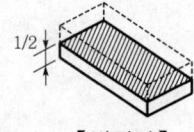
【이오토막】

【반격지】

● 핵심 Point

● 공동벽돌의 정의 (참고)
벽돌의 실체적이 겉보기 체적의 80% 미만인 벽돌로 각 구멍의 단면적이 300mm² 이상, 단변이 10mm 이상인 벽돌이다.

● 벽돌벽의 종류 (참고)
① 내력벽
② 장막벽(비내력벽)
③ 중공벽

● 벽돌의 길이, 너비, 두께 (참고)

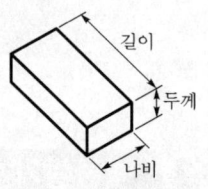

● 벽돌쌓기 규격별 두께 (97④)

(단위 : mm)

구분	0.5B	1.0B	1.5B	2.0B
표준형	90	190	290	390
기존형	100	210	320	430

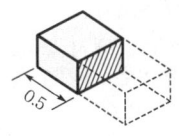 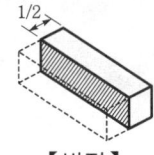 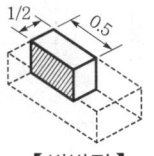 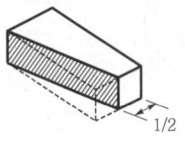

【반토막】　　【반절】　　【반반절】　　【경사반절】

4) 벽돌의 품질

(1) 점토벽돌(붉은벽돌, KS L 4201)

종별	1종	2종	3종
압축강도 (MPa)	24.50 이상	20.59 이상	10.78 이상
흡수율 (%)	10 이하	13 이하	15 이하

(2) 콘크리트벽돌(시멘트벽돌, KS F 4004)

구분	1종 벽돌	2종 벽돌
압축강도 (MPa)	13 이상	8 이상
흡수율 (%)	7 이하	13 이하

5) 콘크리트벽돌 및 블록의 제조

제조과정	내용
재료혼합	믹서 등을 사용하여 원료를 혼합하며, 이때 재료의 계량은 모두 질량으로 한다.
성형	벽돌의 성형은 진동, 압축 등 콘크리트를 치밀하게 충전할 수 있는 방법으로 한다.
양생 (보양)	성형 후 500도시(度時, ℃·h) 이상이고 습도 100%에 가깝게 한 뒤, 통산 4,000℃·h 이상 다습 상태에서 양생한다.
출하	보양 후 7일 이상 보관한 뒤 출하하여 사용한다.

(주) 도시 : 온도와 시간을 곱한 수치이다. 즉, '20℃×25시간=500℃·h'가 된다.

2 벽돌쌓기

1. 기본쌓기 (98③, 01③, 04①)

① 길이쌓기　　② 마구리쌓기
③ 옆세워쌓기　④ 길이세워쌓기

핵심 Point

● 벽돌의 마름질 종류 (98④, 00②④)

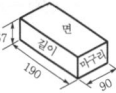 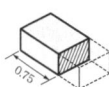
【온장】　【칠오토막】

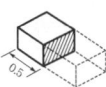
【이오토막】　【반격지】

 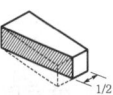
【반토막】　【반절】

【반반절】　【경사반절】

● 벽돌의 양호정도를 판별하는 요소 (참고)
① 압축강도
② 흡수율
③ 기건비중

● 콘크리트벽돌의 제작순서 (예상)
① 재료혼합
② 성형
③ 보양(양생)
④ 출하

● 조적조의 안전규정 (10①, 12③, 18③, 21③)
조적조의 기초는 일반적으로 (연속기초 또는 줄기초)로 한다. 내력벽의 최소 두께는 (190)mm 이상이어야 하고, 대린벽으로 구획된 내력벽의 길이는 (10)m 이하이어야 하며, 한 층에서 내력벽으로 둘러싸인 바닥면적은 (80)m² 이하이어야 한다.

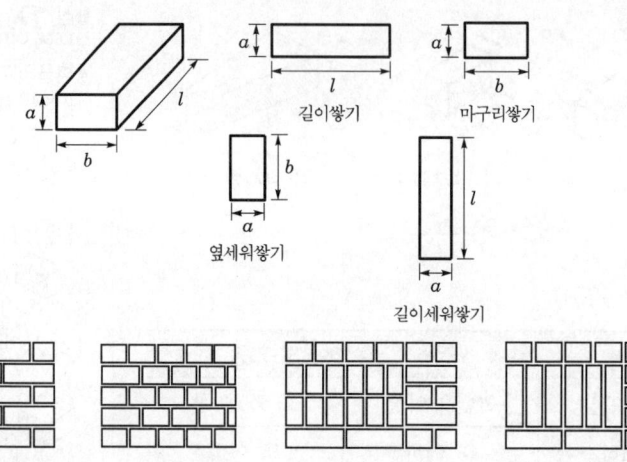

2. 벽돌쌓기 방식

1) 벽돌의 일반쌓기 (87③, 88②, 99③, 08②③, 17①)

양식	쌓는 방법	사용 양식	특징	역할
영식쌓기	1켜 길이쌓기, 1켜 마구리쌓기	모서리 끝벽 이오토막 또는 반절 사용	① 통줄눈이 생기지 않는다. ② 가장 튼튼한 쌓기법이다.	내력벽
화란식쌓기 (네델란드식)	1켜 길이쌓기, 1켜 마구리쌓기	모서리 끝벽 칠오토막 사용	모서리가 다소 견고하다.	내력벽
불식쌓기 (프랑스식)	매켜 길이쌓기와 마구리쌓기를 번갈아 쌓음	많은 토막벽돌 소요	통줄눈이 많이 생긴다.	장막벽, 의장 효과 (비내력벽)
미식쌓기	5켜 길이쌓기, 그 위 1켜 마구리쌓기	치장벽돌 사용	통줄눈이 생기지 않는다.	내력벽

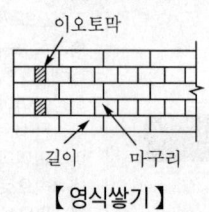

【영식쌓기】

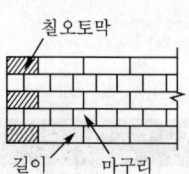

【화란식쌓기】

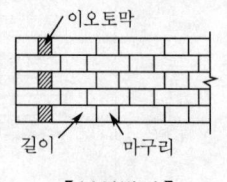

【불식쌓기】

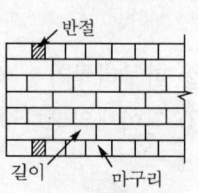

【미식쌓기】

핵심 Point

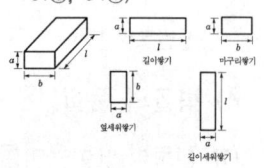

● 벽돌쌓기면에서 보이는 모양에 따른 쌓기명 (98③, 01③, 04①)

● 벽돌쌓기 종류 (88②, 08③)
① 영식쌓기 ② 화란식쌓기
③ 불식쌓기 ④ 미식쌓기
⑤ 길이쌓기 ⑥ 마구리쌓기
⑦ 옆세워쌓기
⑧ 길이세워쌓기
⑨ 공간쌓기 ⑩ 내쌓기

● 벽돌쌓기 방식 (99③)
① 영식쌓기

C	D	C	C	C	C
A		A		A	
C	D	C	C	C	C
A		A		A	

② 화란식쌓기

B	A		A		
C	C	C	C	C	C
B	A		A		
C	C	C	C	C	C

③ 불식쌓기

C	D	A	C	A
A	C	A		C
C	D	A	C	A
A	C	A		C

여기서, A : 길이
B : 칠오토막
C : 마구리
D : 이오토막

● 영식쌓기 특성 (87③, 08②, 17①)
① 1켜 길이쌓기, 1켜 마구리쌓기
② 모서리 끝벽 이오토막 또는 반절 사용
③ 통줄눈이 생기지 않는다.
④ 가장 튼튼한 쌓기법

2) 장식쌓기

(1) 엇모쌓기 (21①)
담 또는 처마 부분에서 내쌓기를 할 때 45° 각도로 모서리면이 돌출되어 나오도록 쌓는 것이다.

(2) 영롱쌓기 (11②, 21①)
난간벽과 같이 상부 하중을 지지하지 않는 벽에 있어서 장식적인 효과를 기대하기 위하여 벽체에 구멍을 내어 쌓는 것이다.

3. 각부 쌓기

1) 공간쌓기

(1) 개요
① 벽돌벽의 중간에 공간을 두어 쌓는 것이다.
② 안쌓기는 연결재를 사용하여 주벽체에 튼튼히 연결한다.
③ 연결재의 배치 및 거리 간격의 최대 수직거리는 400 mm를 초과해서는 안 되고, 최대 수평거리는 900 mm를 초과해서는 안 된다.

(2) 목적 (03①, 08③)
① 방습, 단열, 방음, 방한, 방서의 목적이다.
② 주된 목적은 방습이다.

(3) 두께 (89②)
① 바깥벽 : 법규정 준수(1.0B 이상-주벽체)
② 안벽 : 0.5B 두께(반장쌓기)
③ 공간 : 0.5B 이내(약 50~70 mm 정도가 가장 유효함)

(4) 연결재의 종류 [97]
① 벽돌   ② 철선   ③ 철근
④ 띠쇠   ⑤ 꺾쇠

2) 내쌓기 (87①)
① 벽면 중간에 벽을 내밀어 쌓아 상부의 멍에, 장선 및 마루를 받치게 하거나 방화벽으로 처마를 가리기 위해 내쌓는 것이다.
② 벽돌 중간에서 내쌓기를 할 때, 2켜씩 1/4B 내쌓고, 또는 1켜씩 1/8B 내쌓기로 하고, 맨 위는 2켜 내쌓기로 한다.
③ 내쌓기 한도는 2.0B이다.
④ 내쌓기는 모두 마구리쌓기로 하는 것이 강도상, 시공상 유리하다.

핵심 Point

● 엇모쌓기 (21①)
담 또는 처마 부분에서 내쌓기를 할 때 45° 각도로 모서리면이 돌출되어 나오도록 쌓는 것이다.

● 영롱쌓기 (11②, 21①)
난간벽과 같이 상부 하중을 지지하지 않는 벽에 있어서 장식적인 효과를 기대하기 위하여 벽체에 구멍을 내어 쌓는 것이다.

● 공간쌓기의 목적 (03①, 08③)
① 방습(주된 목적)
② 단열
③ 방음
④ 방한
⑤ 방서

● 공간쌓기의 공간 (89②)
보통 50 mm 정도

● 내쌓기 (87①)
벽돌벽면에서 내쌓기 할 때는 두켜씩 (1/4)B 내쌓고, 또는 한켜씩 (1/8)B 내쌓기로 하고, 맨 위는 두켜 내쌓기로 한다. 이 때 내쌓기는 모두 (**마구리쌓기**)로 하는 것이 강도상, 시공상 유리하다.

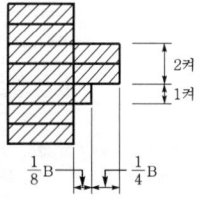

---

[97] KCS 41 34 02 벽돌공사 (3.11), 국토교통부, 대한건축학회, 2021.

3) 개구부쌓기(창문틀쌓기)[98]

(1) 창문틀 세우기 (89②)
① 창문틀 세우기는 먼저세우기와 나중세우기가 있다.
② 먼저세우기에서 창문틀의 상하 가로틀은 세로틀 밖으로 뿔을 내밀어 옆벽면의 벽돌에 물리고 선틀의 상하끝 및 그 중간 간격 600 mm 이내마다 꺾쇠 또는 큰 못 2개씩을 줄눈 위치에 박아 고정시킨다.
④ 나중세우기는 벽을 쌓은 후 창문틀을 설치하는 것으로 창문틀 주위에 상하 끝 및 그 중간 600 mm (9켜 정도) 이내마다 나무벽돌 또는 고정철물을 묻어둔다.

(2) 창대쌓기 (89②, 11②)
창대돌의 벽돌 옆세워쌓기 경사도는 15° 경사를 두고 그 앞 끝의 밑은 벽돌벽면에서 30~50 mm (1/8B~1/4B) 내밀어 쌓거나 벽면에 일치시켜 쌓는다.

(3) 창문틀 옆쌓기 (89②)
창문틀의 상하 가로틀은 뿔을 내어 옆벽에 물리고, 중간 600 mm 이내의 간격으로 꺾쇠 또는 큰 못 2개씩을 박아 고정한다.

(4) 목재 문틀의 이탈방지를 위한 보강 방법 (98③, 02③)
① 창문틀의 상하 가로틀은 뿔을 내어 옆벽돌에 물린다.
② 중간 600mm 내외 간격으로 보강철물(꺾쇠, 대못 등)로 고정한다.
③ 문틀의 선틀재가 길고 휨의 우려가 있을 경우, 중간버팀대를 댄다.

4) 벽의 교차부 및 중간부 쌓기 (97⑤)

(1) 켜걸름 들여쌓기
벽돌벽의 교차부에서 벽돌 한켜 걸름으로 1/4B~2/4B를 들여쌓는 방법이다.

(2) 층단 떼어쌓기
긴 벽돌쌓기의 경우 벽 중간 일부를 쌓지 못하게 될 때 점점 쌓는 길이를 줄여오는 방법이다.

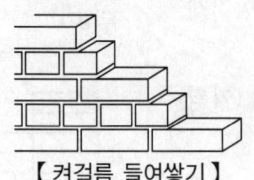
【켜걸름 들여쌓기】

【층단 떼어쌓기】

핵심 Point

● 벽돌쌓기 일반 (89②)
창문틀 옆벽은 좌우에서 같이 벽돌을 쌓아 올라가며, 중간 (600)mm 내외의 간격으로 꺾쇠, 못 등을 박아가며 쌓고, 창대벽돌은 윗면의 수평과 (15)° 내외로 경사지게 옆세워 쌓는다. 공간쌓기는 보통 (50)mm 정도 띄워서 쌓고, 1일 벽돌쌓기 높이는 보통 (1.2)m 정도로 하고, 최고 (1.5)m 이하로 한다.

● 창대쌓기 (11②)
창대돌 또는 벽돌을 15° 경사지게 옆세워 쌓는 것이다.

● 창대쌓기 (참고)

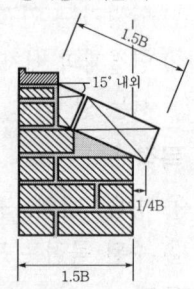

● 목재 문틀의 이탈방지를 위한 보강 방법 (98③, 02③)
① 창문틀의 상하 가로틀은 뿔을 내어 옆벽돌에 물린다.
② 중간 600mm 내외 간격으로 보강철물로 고정한다.
③ 문틀의 선틀재가 길고 휨의 우려가 있을 경우, 중간버팀대를 댄다.

● 켜걸름 들여쌓기와 층단 떼어쌓기의 정의 (97⑤)
① 켜걸름 들여쌓기 : 벽돌벽의 교차부에서 벽돌 한켜 걸름으로 1/4B~2/4B를 들여쌓는 방법이다.
② 층단 떼어쌓기 : 긴 벽돌쌓기의 경우 벽 중간 일부를 쌓지 못하게 될 때 점점 쌓는 길이를 줄여오는 방법이다.

---

98) KCS 41 34 02 벽돌공사 (3.12), 국토교통부, 대한건축학회, 2021.

5) 아치쌓기

(1) 개요 (90①, 96②)

아치는 상부에서 오는 수직압력이 아치의 축선에 따라 좌우로 나뉘어져 밑으로 압축력만으로 전달 되게 한 것이고, 부재의 하부에 인장력이 생기지 않게 조적한 것으로, 아치쌓기의 모든 줄눈은 아치의 중심에 모이게 한다.

(2) 아치의 종류 (97⑤, 00①, 01②, 04①)

종류	내용
본아치	아치벽돌을 사다리꼴모양으로 주문 제작한 것을 이용한 아치
막만든아치	보통벽돌을 쐐기모양으로 다듬어 만든 아치
거친아치	보통벽돌을 쓰고, 줄눈을 쐐기모양으로 만든 아치
층두리아치	아치 너비가 클 때 아치를 겹으로 둘러 튼 아치

(3) 아치의 형태 (97④, 99④)

① 결원아치　　② 평아치　　③ 뾰족아치
④ 타원아치　　⑤ 반원아치　　⑥ 고딕아치

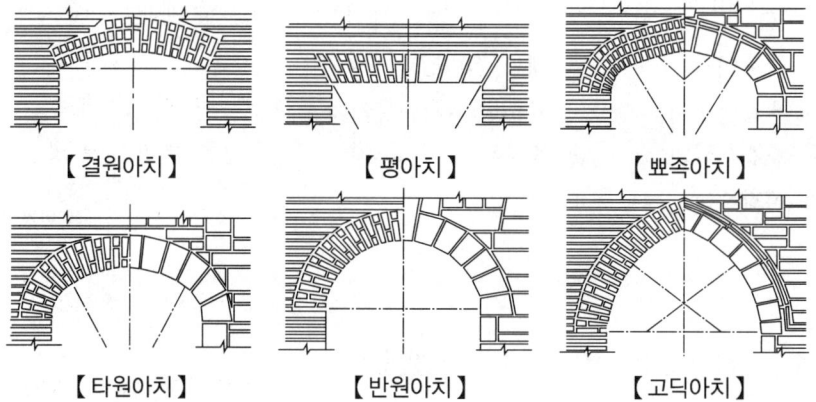

【결원아치】　【평아치】　【뾰족아치】
【타원아치】　【반원아치】　【고딕아치】

4. 주의사항 및 보양

1) 쌓기 일반 (89②, 21②)

① 벽돌쌓기 시 가로줄눈 및 세로줄눈의 너비는 10 mm (내화벽돌의 줄눈은 6 mm)를 표준으로 한다.
② 벽돌쌓기법은 일반적으로 영식쌓기 또는 화란식쌓기로 한다.
③ 모르타르의 강도는 벽돌의 강도와 비슷하거나 이상이 되도록 한다.
④ 1일 쌓기 높이는 표준 1.2 m(18켜), 최고 1.5 m(22켜) 이하로 균일하게 쌓는다.

핵심 Point

● 아치쌓기 일반 (90①, 96②)
아치는 상부에서 오는 수직압력이 아치의 축선에 따라 좌우로 나뉘어져 밑으로 (**압축력**)만으로 전달 되게 한 것이고, 부재의 하부에 (**인장력**)이 생기지 않게 조적한 것으로, 아치쌓기의 모든 줄눈은 아치의 (**중심**)에 모이게 한다.

● 아치의 종류
(97⑤, 00①, 01②, 04①)
① 본아치 : 아치벽돌을 사다리꼴모양으로 주문 제작한 것을 이용한 아치
② 막만든아치 : 보통벽돌을 쐐기모양으로 다듬어 만든 아치
③ 거친아치 : 보통벽돌을 쓰고, 줄눈을 쐐기모양으로 만든 아치
④ 층두리아치 : 아치 너비가 클 때 주로 사용하는 것으로, 두 겹 또는 세 겹으로 층을 두른 아치

● 아치의 형태 (97④, 99④)

【결원아치】【평아치】

【뾰족아치】【타원아치】

【반원아치】【고딕아치】

● 1일 벽돌쌓기 높이 (89②, 21②)
① 벽돌쌓기 시 가로줄눈 및 세로줄눈의 너비는 (10) mm를 표준으로 한다.
② 벽돌쌓기법은 일반적으로 영식쌓기 또는 (**화란식**)쌓기로 한다.
③ 1일 쌓기 높이는 표준 (1.2) m, 최고 (1.5) m 이하로 균일하게 쌓는다.
④ 벽돌벽이 블록벽과 서로 직각으로 만날 때에는 연결철물을 만들어 블록 (3)켜마다 보강하여 쌓는다.

⑤ 벽돌벽이 블록벽과 서로 직각으로 만날 때에는 연결철물을 만들어 블록 3켜마다 보강하여 쌓는다.
⑥ 연속되는 벽체에서 벽중간 일부를 나중쌓기할 때에는 층단 떼어쌓기(층단 들여쌓기)로 한다.

2) 한랭기 및 극한기 시공 (03②)

① 기온이 4℃ 이하인 경우, 기온이 4~40℃ 이내가 되도록 모래나 물을 데운다.
② 기온이 영하 7℃ 이하일 때도 모르타르 온도가 4~40℃ 이내가 되도록 모래나 물을 데운다.
③ 벽돌의 표면온도는 영하 7℃ 이하가 되지 않도록 한다.

3) 양생 99)

① 벽돌을 쌓은 후 12시간 동안 하중을 받지 않도록 한다.
② 3일 동안 집중하중을 받지 않도록 한다.
③ 평균기온이 -4~4℃까지는 최소 24시간 동안 덮개를 설치한다.

5. 일반벽돌 및 블록의 쌓기순서
(85②, 95①, 95⑤, 98⑤, 02②, 03③, 04②, 05②, 08①)

① 접착면 청소   ② 물축이기   ③ 재료 건비빔
④ 세로규준틀 설치 ⑤ 벽돌나누기   ⑥ 규준쌓기(기준쌓기)
⑦ 수평실치기   ⑧ 중간부쌓기   ⑨ 줄눈누름
⑩ 줄눈파기   ⑪ 치장줄눈   ⑫ 보양

6. 세로규준틀
1) 개요
조적공사에서 고저 및 수직면의 기준으로 사용하기 위한 것이다.

2) 설치위치 (98③, 15①, 22②)

① 건물의 모서리   ② 벽의 교차부(구석)
③ 긴 벽의 중앙부

3) 기입사항 (95⑤, 97⑤, 98①, 15①, 16③, 22②)

① 쌓기 단수(켜수)   ② 줄눈의 위치
③ 창문틀의 위치 및 치수 ④ 매입철물(볼트 등)의 위치
⑤ 테두리보 및 인방보의 설치위치

핵심 Point

● 조적공사 시 유의사항 (03②)
① 한냉기 공사 (4)℃ 이하에서 모르타르 온도가 (4)~(40)℃ 이내가 되도록 유지한다.
② 벽돌 표면온도가 (영하 7℃) 이하가 되지 않도록 관리한다.
③ 가로, 세로의 줄눈너비는 (10)mm를 표준으로 한다.
④ 모르타르용 모래는 (5)mm 체에 100%를 통과하는 적당한 입도일 것.

● 일반벽돌 및 블록 쌓기순서 (04②)
① 벽돌면 청소
② 벽돌 물축이기
③ 벽돌나누기 ④ 기준쌓기
⑤ 중간부쌓기 ⑥ 줄눈누름
⑦ 줄눈파기 ⑧ 치장줄눈
⑨ 보양

● 벽돌조의 벽돌쌓기 순서 (95①, 02②, 05②, 08①)
① 벽돌면 청소
② 벽돌 물축이기
③ 재료 건비빔 ④ 벽돌나누기
⑤ 기준쌓기 ⑥ 중간부쌓기
⑦ 줄눈누름 ⑧ 줄눈파기
⑨ 치장줄눈 ⑩ 보양

● 일반벽돌 및 블록 쌓기순서 (95⑤, 98⑤, 03③)
① 접착면 청소 ② 물축이기
③ 규준쌓기 ④ 중간부쌓기
⑤ 줄눈누르기 ⑥ 줄눈파기
⑦ 치장줄눈 ⑧ 보양

● 치장벽돌의 쌓기순서 (85②)
① 바탕청소
② 물축이기
③ 재료 건비빔
④ 세로규준틀 설치
⑤ 벽돌나누기 ⑥ 규준쌓기
⑦ 수평실치기 ⑧ 중간부쌓기
⑨ 줄눈누름 ⑩ 줄눈파기
⑪ 치장줄눈 ⑫ 보양

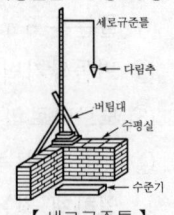
【 세로규준틀 】

---

99) KCS 41 34 02 벽돌공사 (3.20), 국토교통부, 대한건축학회, 2021.

3 모르타르 및 줄눈

1. 모르타르(Mortar)

1) 개요
① 모르타르의 강도는 벽돌의 강도와 비슷하거나 이상이 되도록 한다.
② 조적용 모르타르의 강도 중에서 접착강도가 가장 중요하다.

2) 모르타르의 용적배합비 (99④)

용도	조적용	아치용	치장용
용적배합비(시멘트 : 잔골재)	1 : 3~1 : 5	1 : 2	1 : 1

2. 줄눈 및 치장줄눈

1) 개요
① 줄눈의 너비는 10 mm (내화벽돌의 줄눈은 6 mm)를 표준으로 한다.
② 조적조는 막힌줄눈이 원칙이고, 보강블록조는 통줄눈으로 한다.

2) 치장줄눈

(1) 시공순서 및 시공 (90④, 95⑤)
① 벽돌, 블록 및 돌쌓기 등 조적재를 쌓은 다음, 줄눈 시공은 먼저 쌓은 줄눈을 곧바로 줄눈누름을 한다.
② 시기를 보아 깊이 6 mm(보통 10 mm 정도) 줄눈파기를 한다.
③ 벽면을 청소한 후 치장줄눈을 시공한다.
④ 줄눈모양은 특별한 지정이 없을 때에는 평줄눈으로 한다.
⑤ 조적면에서 2 mm 정도 들여 밀고 갓둘레는 반듯하게 조적면과 잘 접착이 되도록 한다.

(2) 치장줄눈의 종류 (91③, 93④)
① 평줄눈   ② 볼록줄눈   ③ 엇빗줄눈
④ 내민줄눈   ⑤ 민줄눈   ⑥ 오목줄눈
⑦ 빗줄눈   ⑧ 둥근줄눈

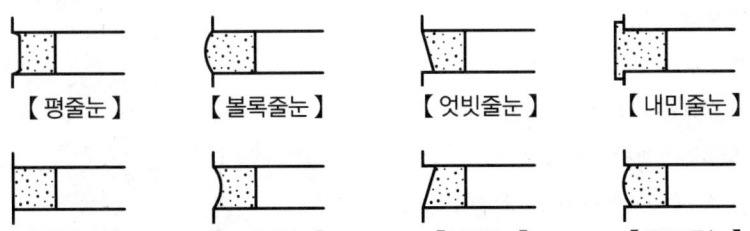

【평줄눈】 【볼록줄눈】 【엇빗줄눈】 【내민줄눈】
【민줄눈】 【오목줄눈】 【빗줄눈】 【둥근줄눈】

핵심 Point

● 세로규준틀의 설치위치 (98③, 15①, 22②)
① 건물의 모서리
② 벽의 교차부(구석)
③ 긴 벽의 중앙부

● 세로규준틀의 기입사항 (95⑤, 97⑤, 98①, 15①, 16③, 22②)
① 쌓기 단수(켜수)
② 줄눈의 위치
③ 창문틀의 위치 및 치수
④ 매입철물의 위치
⑤ 테두리보 및 인방보의 설치위치

● 모르타르의 용적배합비 (99④)
① 조적용 → 1 : 3~1 : 5
② 아치용 → 1 : 2
③ 치장용 → 1 : 1

● 벽돌 공동부의 모르타르 충전 공법 (참고)
① 축차충전 공법
② 층고충전 공법

● 막힌줄눈과 통줄눈 (참고)

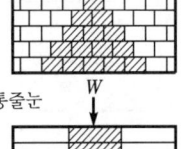
막힌줄눈

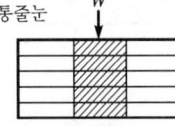
통줄눈

● 치장줄눈의 시공순서 및 시공 (90④, 95⑤)
벽돌, 블록 및 돌쌓기 등 조적재를 쌓은 다음, 줄눈 시공은 먼저 쌓은 줄눈을 곧바로 (줄눈누름)을 하여 두고, 시기를 보아 깊이 10mm 정도 (줄눈파기)를 하며, 벽면을 청소한 후 (치장줄눈)을 시공한다. 줄눈모양은 특별한 지정이 없을 때에는 (평줄눈)으로 하고 조적면에서 2mm 정도 들여밀며 갓둘레는 반듯하게 조적면과 잘 접착이 되도록 한다.

3) 조적조의 조절줄눈(Control Joint)

(1) 개요

조적조에서 균열이 일정하게 생기도록 유도하는 계획된 줄눈이다.

(2) 조절줄눈의 설치위치 (05③)

① 벽높이가 변하는 곳　　② 벽두께가 변하는 곳
③ L, T, U형 건물에서 벽 교차부 근처
④ 응력이 집중되는 곳　　⑤ 개구부의 가장자리
⑥ 내력벽과 비내력벽의 접합부
⑦ 벽체와 기둥 및 붙임기둥의 접합부
⑧ 벽체와 기둥의 오목한 부분
⑨ 약한 기초의 상부벽

3. 벽돌면의 청소

1) 시공 일반

벽돌면의 청소 방법은 물, 화학제, 기계적인 방법 중 표면에 피해가 가장 적은 방법을 선택한다.

2) 벽돌쌓기 후 치장면 청소 방법 (00③)

청소 방법	내용
물세척	벽돌 치장면에 부착된 오염을 물과 솔을 사용하여 제거한다.
세제세척	벽돌 치장면의 오염을 물 또는 온수에 중성세제를 사용하여 세정한다.
산세척	부식의 염려가 있어 일반적으로 사용하지 않으나, 벽돌을 표면수가 안정하게 잔류하도록 물축임한 후에 3% 이하의 묽은염산을 사용한 후 충분히 물세척을 반복한다.

※ 4 조적조 벽체의 균열 및 백화

1. 균열의 원인 (90④, 95④, 96③⑤, 98①)

1) 벽돌조 건물의 계획, 설계상 원인

① 기초의 부등침하(不等沈下)
② 건물의 평면, 입면의 불균형 및 벽의 불합리한 배치
③ 불균형 하중, 큰 집중하중, 횡력 및 충격
④ 벽돌벽의 길이, 높이, 두께에 대한 벽돌벽체의 강도 부족
⑤ 문꼴 크기의 불합리 및 불균형 배치

핵심 Point

● 치장줄눈의 명칭 (91③, 93④)

【평줄눈】　【볼록줄눈】
【엇빗줄눈】　【내민줄눈】
【민줄눈】　【오목줄눈】
【빗줄눈】　【둥근줄눈】

● 무브먼트줄눈 (참고)
벽돌의 흡수팽창, 열팽창을 흡수, 완화하도록 설치하는 신축 줄눈이다.

● 조절줄눈을 두어야 하는 위치 (05③)
① 벽높이가 변하는 곳
② 벽두께가 변하는 곳
③ L, T, U형 건물에서 벽 교차부 근처
④ 응력이 집중되는 곳
⑤ 개구부의 가장자리
⑥ 내력벽과 비내력벽의 접합부
⑦ 벽체와 기둥 및 붙임기둥의 접합부
⑧ 벽체와 기둥의 오목한 부분
⑨ 약한 기초의 상부벽

● 벽돌쌓기 후 치장면 청소 방법 (00③)
① 물세척　② 세제세척
③ 산세척

● 조적조 벽체 균열의 원인 (90④, 95④, 96③⑤, 98①)
가. 계획, 설계상
① 기초의 부등침하
② 건물의 평면, 입면의 불균형 및 벽의 불합리한 배치
③ 불균형 하중, 큰 집중하중, 횡력 및 충격
④ 벽돌벽의 길이, 높이, 두께에 대한 벽돌벽체의 강도 부족
⑤ 문꼴 크기의 불합리 및 불균형 배치

2) 시공상 원인
 ① 벽돌 및 모르타르 강도 부족
 ② 온도 및 흡수에 의한 재료의 신축성
 ③ 이질재와의 접합부 불량
 ④ 콘크리트 보 밑 모르타르 충전 부족
 ⑤ 모르타르, 회반죽 바름의 신축 및 들뜨기
 ⑥ 벽돌벽의 부분적 시공 결함

2. 백화(Efflorescence)

1) 개요 (89①, 08①, 10③, 11②, 15③, 19③, 20③⑤, 21③)
 ① 벽 표면에서 침투하는 빗물에 의해 모르타르의 석회분이 유출하여 수산화석회($Ca(OH)_2$)로 되어 표면에 유출될 때 공기 중의 탄산가스(CO_2) 또는 벽돌의 유황성분과 결합하여 흰 가루(탄산칼슘 등)가 생기는 현상이다.
 ② 백화의 처치는 염산과 물을 1 : 5로 섞어 뿌리고 솔로 문지른 후 깨끗한 물로 벽면을 닦아낸다.

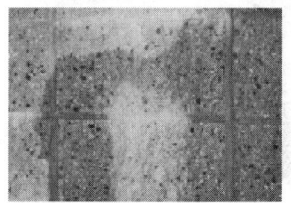
【 석재표면의 백화현상 】

【 벽돌표면의 백화현상 】

2) 원인과 대책 (93③, 08①, 11②, 13③, 15③, 20③, 21②③)
 (1) 원인
  ① 벽돌벽면의 빗물 침입　② 재료 불량
  ③ 시공 불량　　　　　　④ 기온이 낮을 때
  ⑤ 습도가 높을 때　　　　⑥ 물시멘트비가 클 때
 (2) 대책
  ① 양질의 벽돌 사용
  ② 줄눈 모르타르에 방수제 혼합
  ③ 빗물이 침입하지 않도록 벽면에 비막이 설치
  ④ 벽돌표면에 파라핀 도료를 발라 염류의 유출 방지
  ⑤ 낮은 물시멘트비로 시공
  ⑥ 비나 눈이 오면 작업 중지

핵심 Point

나. 시공상
 ① 벽돌 및 모르타르 강도 부족
 ② 재료의 신축성(온도 및 흡수)
 ③ 이질재와의 접합부 불량
 ④ 콘크리트 보 밑 모르타르 충전 부족
 ⑤ 모르타르, 회반죽 바름의 신축 및 들뜨기
 ⑥ 벽돌벽의 부분적 시공 결함

● 조적조 벽체의 균열을 방지하기 위해 보강철근을 설치해야 하는 곳 (참고)
 ① 창출입구 등 개구부의 양측
 ② 건축물의 모서리 부분
 ③ 벽체의 교차 부분
 ④ 조절줄눈이 위치한 양측

● 백화의 정의 (89①, 08①, 10③, 11②, 15③, 19③, 20③⑤, 21③)
벽 표면에서 침투하는 빗물에 의해 모르타르의 석회분이 유출하여 모르타르 중의 석회분이 수산화석회로 되어 표면에 유출될 때 공기 중의 탄산가스 또는 벽돌의 유황성분과 결합하여 흰 가루가 생기는 현상

● 백화현상의 원인과 대책 (93③, 08①, 11②, 13③, 15③, 20③, 21②③)
가. 원인
 ① 벽돌벽면의 빗물 침입
 ② 재료 불량
 ③ 시공 불량
 ④ 기온이 낮을 때
 ⑤ 습도가 높을 때
 ⑥ 물시멘트비가 클 때

나. 대책
 ① 양질의 벽돌 사용
 ② 줄눈 모르타르에 방수제 혼합
 ③ 빗물이 침입하지 않도록 벽면에 비막이 설치
 ④ 벽돌표면에 파라핀 도료를 발라 염류의 유출 방지
 ⑤ 낮은 물시멘트비로 시공
 ⑥ 비나 눈이 오면 작업 중지

기출 및 예상 문제

01 다음 벽돌 종류 및 쌓기 두께 규격별 두께를 써넣으시오. (4점) •97 ④

(단위 : mm)

구 분	0.5B	1.0B	1.5B	2.0B
표준형				
기존형				

정답

1

(단위 : mm)

구 분	0.5B	1.0B	1.5B	2.0B
표준형	90	190	290	390
기존형	100	210	320	430

02 다음 벽돌구조에서 벽돌 마름질의 명칭을 쓰시오. (6점)

•98 ④, 00 ②④

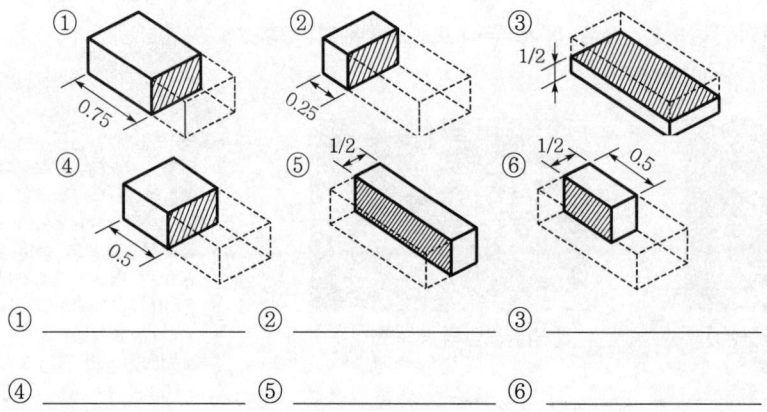

① _____ ② _____ ③ _____

④ _____ ⑤ _____ ⑥ _____

2
① 칠오토막
② 이오토막
③ 반격지
④ 반토막
⑤ 반절
⑥ 반반절

03 조적구조의 안전에 대한 내용이다. 아래 빈칸을 채우시오. (2점)

•10 ①, 12 ③, 18 ③, 21 ③

조적조의 기초는 일반적으로 (①)로 한다. 내력벽의 최소 두께는 (②)mm 이상이어야 하고, 대린벽으로 구획된 내력벽의 길이는 (③)m 이하이어야 하며, 한 층에서 내력벽으로 둘러싸인 바닥면적은 (④)m² 이하이어야 한다.

① _____ ② _____

③ _____ ④ _____

3
① 연속기초 또는 줄기초
② 190
③ 10
④ 80

04 다음 벽돌쌓기면에서 보이는 모양에 따라 붙여지는 쌓기명을 쓰시오. (4점)

•98 ③, 01 ③, 04 ①

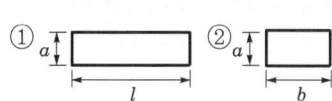
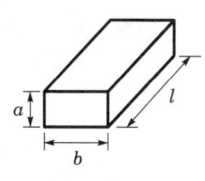
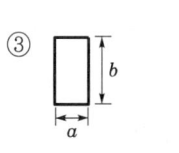

① _____ ② _____ ③ _____ ④ _____

정답

4
① 길이쌓기
② 마구리쌓기
③ 옆세워쌓기
④ 길이세워쌓기

05 벽돌쌓기에서 국가 이름이 들어간 쌓기 방법 4가지를 쓰시오. (4점)

•88 ②, 08 ③

① _____ ② _____
③ _____ ④ _____

5
① 영식쌓기   ② 화란식쌓기
③ 불식쌓기   ④ 미식쌓기

06 다음과 같이 5단으로 된 벽돌벽이 있다. 비어있는 난에 주어진 벽돌쌓기 방식에 따라 벽돌표시를 직접 그리고 사용된 벽돌기호를 |보기|에서 골라 벽돌 안에 직접 표시하시오. (3점)

•99 ③

|보기| 길이 A 칠오토막 B 마구리 C 이오토막 D

① 영식쌓기
② 화란식쌓기
③ 불식쌓기

6
① 영식쌓기

C	D	C	C	C	C	C
A	A	A	A	A	A	A
C	D	C	C	C	C	C
A	A	A	A	A	A	A

② 화란식쌓기

B	A	A				
C	C	C	C	C	C	C
B	A	A				
C	C	C	C	C	C	C

③ 불식쌓기

C	D	A	C	A		
A	C	A	C			
C	D	A	C	A		
A	C	A	C			

07 벽쌓기 방식 중 영식쌓기 특성을 간단히 설명하시오. (4점)

•87 ③, 08 ②, 17 ①

_____
_____
_____

정답

7
① 1켜 길이쌓기, 1켜 마구리쌓기
② 모서리 끝벽 이오토막 또는 반절 사용
③ 통줄눈이 생기지 않는다.
④ 가장 튼튼한 쌓기법

08 벽돌공사에서 다음에 해당하는 벽돌쌓기명을 쓰시오. (2점) •11 ②

가. 창대돌 또는 벽돌을 15° 경사지게 옆세워 쌓는 것이다.
나. 벽돌벽에 장식적으로 구멍을 내어 쌓는 것이다.

가. _____ 나. _____

8
가. 창대쌓기
나. 영롱쌓기

09 다음이 설명하는 적당한 벽돌 쌓기 방법을 쓰시오. (2점) •21 ①

① 담 또는 처마 부분에 내쌓기를 할 때 45° 각도로 모서리면이 돌출되어 나오도록 쌓는 방법
② 난간벽과 같이 상부 하중을 지지하지 않는 벽에 있어서 장식적인 효과를 기대하기 위하여 벽체에 구멍을 내어 쌓는 방법

① _____ ② _____

9
가. 창대쌓기
나. 영롱쌓기

10 벽돌벽을 이중벽으로 하여 공간쌓기를 하는 목적을 3가지 쓰시오. (3점)

•03 ①, 08 ③

① _____ ② _____ ③ _____

10
① 방습 ② 단열 ③ 방음
④ 방한 ⑤ 방서

11 학교, 사무소 건물 등의 목재 문틀이 큰 충격력 등에 의하여 조적조 벽체로부터 빠져나오지 않게 하기 위한 보강 방법의 종류를 3가지 쓰시오. (3점)

•98 ③, 02 ③

① _____
② _____
③ _____

11
① 창문틀의 상하 가로틀은 뿔을 내어 옆벽돌에 물린다.
② 중간 600mm 내외 간격으로 보강철물로 고정한다.
③ 문틀의 선틀재가 길고 휨의 우려가 있을 경우, 중간 버팀대를 댄다.

12 다음에 해당하는 벽돌쌓기명을 쓰시오. (2점) •97 ⑤

① 벽돌벽의 교차부에서 벽돌 한켜 걸름으로 1/4~2/4B를 들여쌓는 것
② 긴 벽돌쌓기의 경우 벽 중간 일부를 쌓지 못하게 될 때 점점 쌓는 길이를 줄여오는 방법

① _____ ② _____

정답

12
① 켜걸름 들여쌓기
② 층단 떼어쌓기

13 아치의 구성이론에 대하여 (   ) 안에 적합한 용어를 써넣으시오. (3점) •90 ①, 96 ②

아치는 상부에서 오는 수직압력이 아치의 축선에 따라 좌우로 나누어져 (①)만으로 전달되게 하고, 부재의 하부에 (②)이 생기지 않도록 하는 구조로 벽돌의 축선에 수직방향으로 줄눈을 맞추어 쌓고, 중요한 줄눈의 방향은 아치의 (③)에 모이게 한다.

① _____ ② _____ ③ _____

13
① 압축력
② 인장력
③ 중심

14 다음 설명하는 것을 |보기|에서 골라 쓰시오. (4점) •01 ②

|보기|
㉮ 본아치   ㉯ 막만든아치
㉰ 거친아치   ㉱ 층두리아치

① 보통벽돌을 써서 줄눈을 쐐기모양으로 하는 아치
② 아치 너비가 클 때에 아치를 겹으로 둘러 튼 아치
③ 아치벽돌을 사다리꼴 모양으로 주문 제작하여 쓰는 아치
④ 보통벽돌을 쐐기모양으로 다듬어 쓰는 아치

① _____ ② _____ ③ _____ ④ _____

14
① ㉰
② ㉱
③ ㉮
④ ㉯

15 다음 아치의 형태에 따른 아치명을 쓰시오. (4점) •97 ④, 99 ④

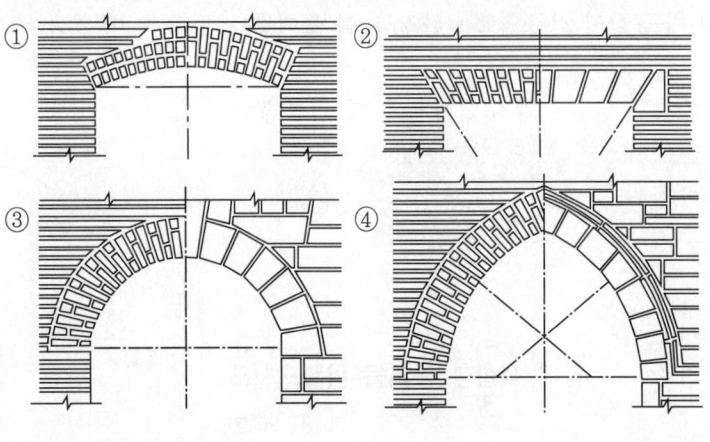

① _____ ② _____
③ _____ ④ _____

16 다음 아치에 관계되는 용어명을 쓰시오. (3점) •97 ⑤, 00 ①, 04 ①

① 아치벽돌을 사다리꼴 모양으로 주문 제작한 것을 이용한 아치
② 보통벽돌을 쐐기모양으로 다듬어 만든 아치
③ 보통벽돌을 쓰고 줄눈을 쐐기모양으로 만든 아치

① _____ ② _____ ③ _____

17 다음은 조적공사 시공시 유의하여야 할 점이다. 빈 칸을 채우시오. (4점) •03 ②

가. 한냉기 공사 (①)에서 모르타르 온도가 4~(②)℃ 이내가 되도록 유지한다.
나. 벽돌 표면온도가 (③)℃ 이하가 되지 않도록 관리한다.
다. 가로, 세로의 줄눈너비는 (④)mm를 표준으로 한다.
라. 모르타르용 모래는 (⑤)mm체에 100% 통과하는 적당한 입도일 것

정답

15
① 결원아치
② 평아치
③ 반원아치
④ 고딕아치

16
① 본아치
② 막만든아치
③ 거친아치

17
① 4℃ 이하
② 40
③ 영하 7
④ 10
⑤ 5

Lesson 22

18 다음은 조적공사와 관련된 내용이다. ( ) 안을 채우시오. (5점)
•21 ②

(1) 벽돌쌓기 시 가로줄눈 및 세로줄눈의 너비는 도면 또는 공사시방서에서 정한 바가 없을 때에는 (①)mm를 표준으로 한다.
(2) 벽돌쌓기는 도면 또는 공사시방서에서 정한 바가 없을 때에는 영식쌓기 또는 (②)쌓기로 한다.
(3) 하루의 쌓기높이는 (③)m를 표준으로 하고, 최대 (④)m 이하로 한다.
(4) 벽돌벽이 블록벽과 서로 직각으로 만날 때에는 연결철물을 만들어 블록 (⑤)켜마다 보강하여 쌓는다.

① _____ ② _____ ③ _____
④ _____ ⑤ _____

정답

18
① 10
② 화란식
③ 1.2
④ 1.5
⑤ 3

19 세로규준틀이 설치되어 있는 벽돌조 건축물의 벽돌쌓기 순서를 |보기|에서 골라 번호로 쓰시오. (4점)
•04 ②

―― 보기 ――
㉮ 기준쌓기   ㉯ 벽돌 물축이기   ㉰ 보양
㉱ 벽돌 나누기 ㉲ 벽돌면 청소   ㉳ 줄눈파기
㉴ 중간부쌓기   ㉵ 치장줄눈   ㉶ 줄눈누름

18
㉲ → ㉯ → ㉱ → ㉮ → ㉴
→ ㉶ → ㉳ → ㉵ → ㉰

20 일반적인 벽돌 및 블록쌓기 순서를 |보기|에서 골라 기호로 쓰시오. (4점)
•95 ⑤, 98 ⑤, 03 ③

―― 보기 ――
㉮ 접착면 청소   ㉯ 중간부쌓기   ㉰ 보양
㉱ 줄눈누르기   ㉲ 물축이기   ㉳ 줄눈파기
㉴ 규준쌓기   ㉵ 치장줄눈

20
㉮ → ㉲ → ㉴ → ㉯ → ㉱
→ ㉳ → ㉵ → ㉰

21 세로규준틀에 설치되어 있는 벽돌조 건축물의 벽돌쌓기 순서를 | 보기 | 에서 골라 번호로 쓰시오. (4점)   •95 ①, 02 ②, 05 ②, 08 ①

| 보기 |
- ㉮ 기준쌓기
- ㉯ 벽돌 물축이기
- ㉰ 보양
- ㉱ 벽돌 나누기
- ㉲ 재료 건비빔
- ㉳ 벽돌면 청소
- ㉴ 줄눈파기
- ㉵ 중간부쌓기
- ㉶ 치장줄눈
- ㉷ 줄눈누름

정답

21
㉳ → ㉯ → ㉲ → ㉱ → ㉮ → ㉵ → ㉷ → ㉴ → ㉶ → ㉰

22 조적조쌓기 시공시 기준이 되는 세로규준틀의 설치 위치에 대하여 2가지를 쓰시오. (2점)   •98 ③

① _____ ② _____

22
① 건물의 모서리
② 벽의 교차부(구석)
③ 긴 벽의 중앙부

23 조적공사 시 세로규준틀의 기입사항을 4가지 기재하시오. (4점)   •95 ⑤, 97 ⑤, 98 ①, 16 ③

① _____ ② _____
③ _____ ④ _____

23
① 쌓기 단수(켜수)
② 줄눈의 위치
③ 창문틀의 위치 및 치수
④ 매입철물 위치
⑤ 테두리보 및 인방보의 설치 위치

24 조적공사 시 기준이 되는 세로규준틀의 설치위치 1개소와 표시하는 사항 2가지를 쓰시오. (3점)   •95 ⑤, 97 ⑤, 98 ①③, 15 ①, 16 ③

가. 세로규준틀의 설치위치 : _____
나. 세로규준틀의 기입사항
① _____ ② _____

24
가. 세로규준틀의 설치위치
① 건물의 모서리
② 벽의 교차부(구석)
③ 긴 벽의 중앙부

나. 세로규준틀의 기입사항
① 쌓기 단수(켜수)
② 줄눈의 위치
③ 창문틀의 위치 및 치수
④ 매입철물의 위치
⑤ 테두리보 및 인방보의 설치위치

25 벽돌공사에서 사용용도와 서로 관련 있는 모르타르 용적 배합비를 고르시오. (3점)

용도	모르타르 용적 배합비
① 조적용	㉮ 1:3~1:5
② 아치용	㉯ 1:1
③ 치장용	㉰ 1:2

① _____ ② _____ ③ _____

정답 25
① ㉮
② ㉯
③ ㉰

26 다음 설명 중 ( ) 안에 알맞은 말 또는 숫자를 써넣으시오. (3점)

벽돌, 블록 및 돌쌓기 등 조적재를 쌓은 다음, 줄눈시공은 먼저 쌓은 줄눈을 곧바로 (①)을(를) 하여 두고, 시기를 보아 깊이 10mm정도 (②)을(를) 하고, 벽면을 청소한 후 (③)을(를) 시공한다. 줄눈모양은 특별한 지정이 없을 때에는 (④)으로 하고 조적면에서 (⑤) mm정도 들여 밀고 갓둘레는 반듯하게 조적면과 접착이 잘 되도록 한다.

① _____ ② _____ ③ _____
④ _____ ⑤ _____

정답 26
① 줄눈누름
② 줄눈파기
③ 치장줄눈
④ 평줄눈
⑤ 2

27 다음과 같은 벽돌 조적조의 줄눈 명칭을 |보기|에서 골라 번호로 쓰시오. (단, 줄눈폭은 모두 10mm로 가정한다.) (5점)

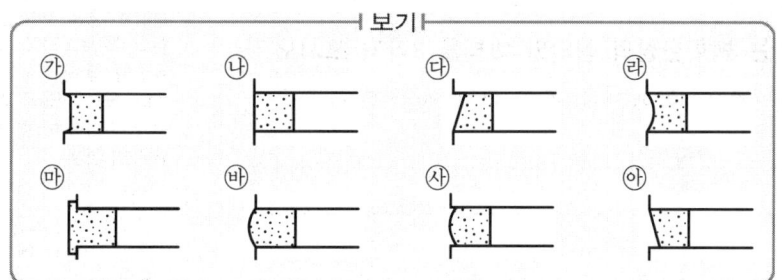

① 평줄눈 ② 내민줄눈 ③ 빗줄눈 ④ 민줄눈 ⑤ 둥근줄눈

정답 27
① ㉮
② ㉰
③ ㉯
④ ㉯
⑤ ㉼

28 조적벽체의 시공에서 조절줄눈(Control Joint)을 두어야 하는 위치를 |보기|에서 모두 골라 기호로 쓰시오. (3점)   •05 ③

|보기|
㉮ 최상층 테두리보   ㉯ 벽의 높이가 변하는 곳
㉰ 창문의 창대틀 하부벽   ㉱ 콘크리트 기둥과 접하는 곳
㉲ 벽의 두께가 변하는 곳
㉳ 모든 문 개구부의 인방 상부벽의 중앙

29 콘크리트로 바탕 슬래브 위에 보기에 있는 항목을 이용하여 작업을 수행할 때 하단부터 상단까지의 가장 적합한 시공순서를 보기에서 골라 번호로 쓰시오. (4점)   •20 ③

|보기|
① 무근콘크리트   ② 고름모르타르   ③ 목재 데크
④ 보호모르타르   ⑤ 시트방수

30 치장벽돌쌓기 후에 시행하는 치장면의 청소 방법을 3가지 쓰시오. (3점)   •00 ③

① _____ ② _____ ③ _____

31 벽돌벽의 표면에 생기는 백화현상의 정의와 대책을 3가지 쓰시오. (4점)   •89 ①, 08 ①, 10 ③, 11 ②, 15 ③, 19 ③, 20 ③⑤, 21 ②③

가. 정의 : _____

나. 대책
① _____
② _____
③ _____

정답

28
㉯, ㉱, ㉲

(주) 조절줄눈의 설치위치
① 벽높이가 변하는 곳
② 벽두께가 변하는 곳
③ L, T, U형 건물에서 벽 교차부 근처
④ 응력이 집중되는 곳
⑤ 개구부의 가장자리
⑥ 내력벽과 비내력벽의 접합부
⑦ 벽체와 기둥 및 붙임기둥의 접합부
⑧ 벽체와 기둥의 오목한 부분
⑨ 약한 기초의 상부벽

29
② → ⑤ → ④ → ① → ③

30
① 물세척
② 세제세척
③ 산세척

31
가. 정의 : 벽 표면에서 침투하는 빗물에 의해 모르타르의 석회분이 유출하여 모르타르 중의 석회분이 수산화석회로 되어 표면에 유출될 때 공기중의 탄산가스 또는 벽돌의 유황성분과 결합하여 흰 가루가 생기는 현상

나. 대책
① 양질의 벽돌 사용
② 줄눈 모르타르에 방수제 혼합
③ 빗물이 침입하지 않도록 벽면에 비막이 설치
④ 벽돌표면에 파라핀 도료를 발라 염류의 유출 방지
⑤ 낮은 물시멘트비로 시공
⑥ 비나 눈이 오면 작업 중지

Lesson 22

32 벽돌벽의 표면에 생기는 백화현상의 발생 원인과 대책을 각각 2가지를 쓰시오. (4점)
• 93 ③, 13 ③

가. 원인
① _____
② _____

나. 대책
① _____
② _____

33 건물의 벽돌벽에 균열이 발생하지 않도록 하기 위하여 설계 및 시공상 주의사항을 4가지씩 기술하시오. (5점)
• 90 ④, 95 ④, 96 ③⑤, 98 ①

가. 설계상
① _____
② _____
③ _____
④ _____

나. 시공상
① _____
② _____
③ _____
④ _____

정답

32
가. 원인
① 벽돌벽면의 빗물 침입
② 재료 불량
③ 시공 불량
④ 기온이 낮을 때
⑤ 습도가 높을 때
⑥ 물시멘트비가 클 때

나. 대책
① 양질의 벽돌 사용
② 줄눈 모르타르에 방수제 혼합
③ 빗물이 침입하지 않도록 벽면에 비막이 설치
④ 벽돌표면에 파라핀 도료를 발라 염류의 유출 방지
⑤ 낮은 물시멘트비로 시공
⑥ 비나 눈이 오면 작업 중지

33
가. 설계상
① 기초의 부등침하
② 건물의 평면, 입면의 불균형 및 벽의 불합리한 배치
③ 불균형 하중, 큰 집중하중, 횡력 및 충격
④ 벽돌벽의 길이, 높이, 두께에 대한 벽돌벽체의 강도 부족
⑤ 문꼴 크기의 불합리 및 불균형 배치

나. 시공상
① 벽돌 및 모르타르 강도 부족
② 재료의 신축성(온도 및 흡수)
③ 이질재와의 접합부 불량
④ 콘크리트 보 밑 모르타르 충전 부족
⑤ 모르타르, 회반죽 바름의 신축 및 들뜨기
⑥ 벽돌벽의 부분적 시공 결함

Lesson 23. 블록공사

1 일반사항

1. 개요 및 종류

1) 블록의 종류
① 단순조적블록조 ② 기성재 조립식구조
③ 보강블록조 ④ 거푸집블록조

2. 블록의 치수(KS F 4002) (07①, 10②, 20②)

길이(mm)	높이(mm)	두께(mm)	허용오차(mm)
390	190	210, 190, 150, 100	±2

3. 블록의 종류

1) 블록의 명칭 (98③, 02③, 10①)

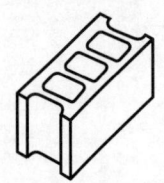
【 기본블록 】

【 반블록 】

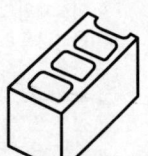
【 한마구리 평블록 】

【 인방블록 】

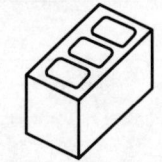
【 양마구리 평블록 】

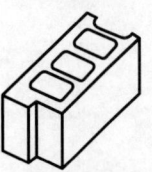
【 창대블록 】

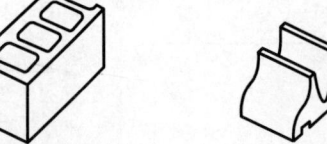
【 창쌤블록 】

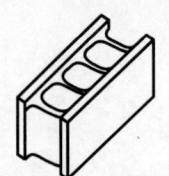
【 가로근용 블록 】

핵심 Point

● 블록의 형상과 단면 (참고)

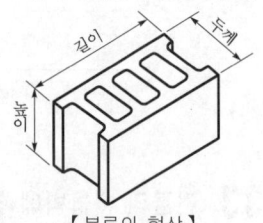
【 블록의 형상 】

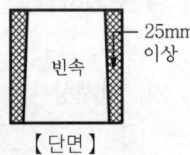
【 단면 】
25mm 이상

● 속빈 콘크리트블록의 치수
 (07①, 10②, 20②)
① 390×190×210mm
② 390×190×190mm
③ 390×190×150mm
④ 390×190×100mm

● 블록의 명칭 (98③, 02③, 10①)

 ① ②
 ③ ④
 ⑤ ⑥
 ⑦ ⑧

2) 이형블록 (89②, 00①)

종류	내용
인방블록	문꼴 위에 쌓아 철근과 콘크리트를 다져 넣어 보강하는 U자형 블록
창대블록	창문틀 밑에 쌓는 블록
창쌤블록	창문틀 옆에 쌓는 블록, 선틀블록이라고도 한다.
가로근용 블록	철근을 가로로 배치하고, 콘크리트를 다져 넣을 수 있게 된 블록

4. 블록 벽체의 구조

1) 대린벽 (02①)

조적조에서 벽체의 길이를 규제하기 위해 설정한 것으로 서로 마주 보는 벽(서로 직각으로 교차되는 L, T, +자형의 벽)이다.

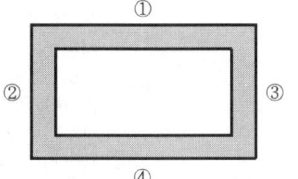

①번 벽의 대린벽은 ②, ③번 벽
②번 벽의 대린벽은 ①, ④번 벽

2) 벽량 (02①)

조적조 건물에서 내력벽 길이의 합(cm)을 그 층의 바닥면적(m^2)으로 나눈 값이다. 내력벽의 벽량은 $15cm/m^2$ 이상이다.

2 단순조적블록공사

1. 개요

기본블록을 이용하여 벽돌쌓기와 동일한 방법으로 쌓는 구조이다.

2. 블록쌓기 100)

1) 시공도에 기입할 사항 (94③, 96②, 00⑤, 05①)

① 블록 나누기
② 모르타르 및 그라우트의 충전 개소
③ 철근의 종류와 배근시 매입철물의 종류
④ 철근의 매입위치
⑤ 철근의 가공 상세

핵심 Point

① 기본블록
② 반블록
③ 한마구리 평블록
④ 양마구리 평블록
⑤ 창대블록
⑥ 인방블록
⑦ 창쌤블록
⑧ 가로근용 블록

● 인방블록, 창대블록, 창쌤블록의 용어정의 (89②, 00①)
① 인방블록 : 문꼴 위에 쌓아 철근과 콘크리트를 다져 넣어 보강하는 U자형 블록
② 창대블록 : 창문틀 밑에 쌓는 블록
③ 창쌤블록 : 창문틀 옆에 쌓는 블록

● 대린벽의 정의 (02①)
조적조에서 벽체의 길이를 규제하기 위해 설정한 것으로 서로 마주 보는 벽

● 부축벽의 정의 (참고)
외력에 대하여 벽이 쓰러지지 않게 버티게 하거나 부축하기 위하여 달아낸 벽

● 벽량의 정의 (02①)
조적조 건물에서 내력벽 길이의 합(cm)을 그 층의 바닥면적(m^2)으로 나눈 값
$$벽량 = \frac{내력벽\ 길이\ 합계(cm)}{바닥면적(m^2)}$$

● 블록쌓기 시공도에 기입해야 할 사항
(94③, 96②, 00⑤, 05①)
① 블록 나누기
② 모르타르 및 그라우트의 충전 개소
③ 철근의 종류와 배근시 매입철물의 종류
④ 철근의 매입위치
⑤ 철근의 가공 상세
⑥ 철근의 이음 및 정착위치와 방법
⑦ 인방의 배근 및 상세
⑧ 창문틀 및 출입문틀의 고정과 접합부위 상세

---

100) KCS 41 34 06 단순조적블록공사 (3.1), 국토교통부, 대한건축학회, 2021.

⑥ 철근의 이음 및 정착위치와 방법
⑦ 인방의 배근 및 상세
⑧ 창문틀 및 출입문틀의 고정과 접합부위 상세

2) 콘크리트블록쌓기의 시공순서 (94①)
① 하부 고르기 모르타르 및 물축이기 ② 세로 규준대 설치
③ 블록쌓기 ④ 메시 및 철근세우기
⑤ 사춤 콘크리트 채우기

3) 쌓기
① 일반 블록쌓기는 막힌줄눈이고, 보강블록조는 통줄눈이다.
② 블록 살두께가 큰 편을 위로 하여 쌓는다.
③ 1일 쌓기 높이는 1.5 m 이내를 표준으로 한다.
④ 블록쌓기 직후 줄눈누름, 줄눈파기, 치장줄눈을 한다.
⑤ 줄눈너비는 가로, 세로 각각 10 mm를 표준으로 한다.

4) 모르타르 및 그라우트 사춤 (93①, 97④)
① 모르타르 또는 그라우트를 사춤하는 높이는 3켜 이내로 한다.
② 하루의 작업 종료 시의 세로줄눈 공동부에 모르타르 또는 그라우트의 타설높이는 블록의 상단에서 약 50 mm 아래에 둔다.
③ 모르타르 또는 콘크리트를 사춤할 때의 보강철근은 정확한 위치를 유지하도록 하며, 이동 및 변형이 없게 하고 또한 피복두께는 20 mm 이상으로 한다.

3. 인방보, 테두리보 및 기초보

1) 인방보(U형 블록)

(1) 개요
개구부의 상부구조를 지지하여 상부에서 오는 하중을 좌우의 벽체로 전달시키기 위해 대는 보이다.

(2) 설치 방법 (04②, 22①)
① 제자리 부어넣기 철근콘크리트에서 인방보의 주철근은 개구부의 양측 벽체에 $40d_b$ 이상 정착한다(d_b : 철근의 공칭지름).
② 기성콘크리트 인방보의 양 끝을 벽체의 블록에 200 mm 이상(보통 400 mm 정도) 걸친다.
③ 기성콘크리트 인방보 상부의 벽은 균열이 생기지 않도록 주변의 벽과 강하게 연결되도록 철근이나 블록 메시로 보강연결하거나 인방보 좌우단 상향으로 컨트롤조인트(균열유발줄눈)를 둔다.

핵심 Point

● 콘크리트블록쌓기의 시공순서 (94①)
① 하부 고르기 모르타르 및 물축이기
② 세로 규준대 설치
③ 블록쌓기
④ 메시 및 철근세우기
⑤ 사춤 콘크리트 채우기

● 블록은 물축임을 하지 않고 블록을 쌓는 밑바탕을 청소한 후 쌓기 직전에 접착면을 물축임 한다.

● 블록공사의 모르타르 사춤 (93①, 97④)
① 모르타르 또는 콘크리트를 사춤하는 높이는 (3)켜 이내로 하고 이어붓는 위치는 블록의 윗면에서 (50) mm 아래에 둔다.
② 모르타르 또는 콘크리트를 사춤할 때의 보강철근은 정확한 위치를 유지하도록 하며, 이동 및 변형이 없게 하고 또한 피복두께는 (20)mm 이상으로 한다.

● 시멘트의 압축강도 (참고)

$$압축강도 = \frac{최대 하중}{전 단면적}$$

여기서, 전 단면적이란 가압면(길이×두께)으로서 속빈 부분 및 블록 양 끝의 오목하게 들어간 부분의 면적도 포함한다.

● 블록등급의 결정요소 (참고)
① 기건비중
② 전 단면적에 대한 압축강도
③ 흡수율

● 블록공사에서 한냉기 및 극한기의 시공 (참고)
① 블록쌓기를 할 때 기온이 2℃ 이하인 경우 쌓아올림 켜수 등은 공사감독자와 협의한다.
② 기온이 4℃ 이하일 때, 모르타르나 그라우트의 온도가 4℃ 이상 49℃ 이하가 되도록 골재와 물을 데운다.
③ 비빔판 위의 모르타르의 온도는 동결온도 이상이 되도록 한다.

2) 테두리보(Wall Girder)

(1) 개요

조적조 벽체를 일체화하고 하중을 균등히 분포시키기 위해 조적벽체의 상부에 설치하는 철근콘크리트보이다.

(2) 역할 (04③, 06②)

① 수직균열 방지
② 벽체의 일체성 확보
③ 수직하중의 분산
④ 세로근의 정착자리 제공
⑤ 지붕, 바닥틀 등에 의한 집중하중에 대한 보강
⑥ 벽체의 강성 증대

3) 기초보(Footing Beam, 지중보)

(1) 개요

벽체하부나 기초상부를 연결하여 하중을 지반에 균등히 분포시키고 기초의 부동침하 및 이동을 방지하는 역할을 하는 철근콘크리트보이다.

(2) 기초보의 역할

① 수직균열 방지
② 벽체의 일체성 확보
③ 수직하중의 분산
④ 기초의 부동침하 및 이동방지

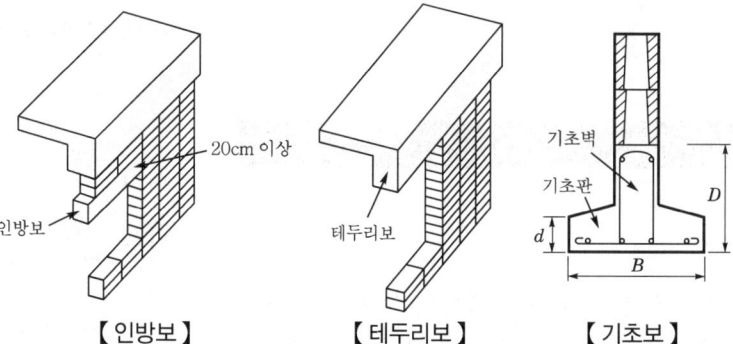

【인방보】　【테두리보】　【기초보】

※ 3 보강콘크리트블록공사

1. 개요

블록의 빈 속에 철근과 콘크리트를 부어 넣어 보강한 콘크리트블록조로 수평하중과 수직하중에 견딜 수 있다.

핵심 Point

● 본드 빔의 정의 (참고)
조적조 벽체를 일체화시키고 집중하중 또는 국부적인 하중을 균등하게 분포시키기 위한 보

● 본드 빔의 설치위치에 따른 종류 (참고)
① 테두리보
② 기초보
③ 벽돌 보강보

● 인방보 설치 방법 (04②, 22①)
① 제자리 부어넣기 철근콘크리트에서 인방보의 주철근은 개구부의 양측 벽체에 (40)d_b 이상 정착한다(d_b : 철근의 공칭지름).
② 기성콘크리트 인방보의 양 끝을 벽체의 블록에 (200) mm 이상(보통 400 mm 정도) 걸친다.
③ 기성콘크리트 인방보 상부의 벽은 균열이 생기지 않도록 주변의 벽과 강하게 연결되도록 철근이나 블록메시로 보강연결하거나 인방보 좌우단 상향으로 (컨트롤조인트)를 둔다.

● 테두리보의 역할 (04③, 06②)
① 수직균열 방지
② 벽체의 일체성 확보
③ 수직하중의 분산
④ 세로근의 정착자리 제공
⑤ 지붕, 바닥틀 등에 의한 집중하중에 대한 보강
⑥ 벽체의 강성 증대

● 보강블록쌓기 시공순서 (참고)
① 세로근 배근
② 보강블록쌓기
③ 가로근 배근
④ 콘크리트 모르타르사춤

2. 세로근 및 가로근

1) 세로근

(1) 세로근의 설치위치(모르타르사춤 부위) (93②, 97⑤, 03①, 06①, 07③)
   ① 벽끝   ② 모서리
   ③ 교차부   ④ 문꼴 주위

(2) 일반사항 (18②, 22①)
   ① 세로근의 정착길이는 40d 이상, 철근의 피복두께는 20 mm 이상이다.
   ② 세로근 상단부는 180° 갈고리를 내어 벽 상부의 보조철근에 걸치고 결속선으로 결속한다.

2) 가로근
   ① 가로근의 단부는 180° 갈고리로 구부려 세로근에 건다.
   ③ 세로근과 교차부는 모두 결속선으로 결속한다.
   ④ 가로근의 정착길이는 40d 이상으로 한다.
   ⑥ 가로근의 이음길이는 25d 이상이다.

3. 보강블록쌓기 시 와이어메시의 역할 (00⑤, 03②)

   ① 벽체균열 방지
   ③ 횡력 및 집중하중에 대한 하중 분산
   ④ 벽체보강

☆ 4 거푸집블록공사

1. 개요

거푸집블록을 조적하여 보통 철근콘크리트 구조체의 목재 또는 철재 거푸집 대신 사용되는 것으로 ㄱ자형, T자형, ㄷ자형 등으로 만들어 콘크리트구조의 거푸집을 겸하게 된 블록이다.

2. 일반 RC조에 비해 시공 및 구조적으로 불리한 점 (96②, 05①)

   ① 다짐 불량이 발생하여 콘크리트면이 곰보가 될 우려가 있다.
   ② 블록 살이 얇아 충분히 다질 수 없다.
   ③ 거푸집이 제거되지 않아 시공결과의 판단이 어렵다.
   ④ 부어넣기 이음새가 많고, 강도가 좋지 않다.

핵심 Point

● 세로근의 설치위치 (93②, 03①, 06①)
① 벽끝
② 모서리
③ 교차부
④ 문꼴 주위

● 보강블록구조의 시공에서 반드시 모르타르 또는 콘크리트로 사춤해야 하는 부위 (97⑤, 07③)
① 벽끝
② 모서리
③ 교차부
④ 문꼴 주위

(주) 세로근 설치위치와 같음

● 보강블록쌓기 시 세로근의 정착길이와 철근의 피복두께 (18②, 22①)

보강콘크리트블록공사에서 블록 안에 들어가는 세로근의 정착길이는 철근지름의 (40)배 이상이어야 하며, 이때 철근의 피복두께는 (20)mm 이상이어야 한다.

● 보강블록쌓기 시 와이어메시의 역할 (00⑤, 03②)
① 벽체균열 방지
③ 횡력 및 집중하중에 대한 하중 분산
④ 벽체보강

● 일반 RC조에 비해 거푸집블록구조의 시공 및 구조적으로 불리한점 (96②, 05①)
① 다짐 불량이 발생하여 콘크리트면이 곰보가 될 우려가 있다.
② 블록 살이 얇아 충분히 다질 수 없다.
③ 거푸집이 제거되지 않아 시공결과의 판단이 어렵다.
④ 부어넣기 이음새가 많고, 강도가 좋지 않다.

Lesson 23 기출 및 예상 문제

01 한국산업규격(KS)에 명시된 속빈 콘크리트블록의 치수를 3가지 쓰시오. (3점) •07 ①, 10 ②, 20 ②

① _____
② _____
③ _____

정답

1
① 390×190×210mm
② 390×190×190mm
③ 390×190×150mm
④ 390×190×100mm

02 다음 블록의 명칭을 쓰시오. (4점) •98 ③, 02 ③, 10 ①

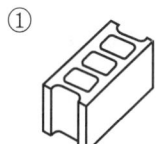 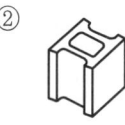 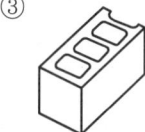 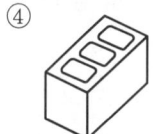
 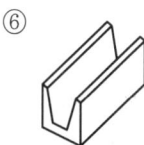 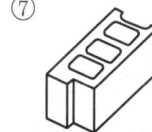 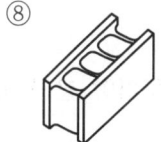

① _____ ② _____
③ _____ ④ _____
⑤ _____ ⑥ _____
⑦ _____ ⑧ _____

2
① 기본블록
② 반블록
③ 한마구리 평블록
④ 양마구리 평블록
⑤ 창대블록
⑥ 인방블록
⑦ 창쌤블록
⑧ 가로근용 블록

03 다음 설명에 해당되는 용어를 쓰시오. (3점) •02 ①

① 보의 응력은 일반적으로 기둥과 접합부 부근에서 크게 되어 단부의 응력에 맞는 단면으로 보 전체를 설계하면 현저하게 비경제적이기 때문에 단부에만 크게 하여 보강한 것을 무엇이라 하는가?
② 조적조 건물에서 내력벽 길이의 합(cm)을 그 층의 바닥면적(m²)으로 나눈값을 무엇이라고 하는가?
③ 조적조에서 벽체의 길이를 규제하기 위해 설정한 것으로 서로 마주 보는 벽을 무엇이라고 하는가?

① _____ ② _____ ③ _____

3
① 헌치(Hunch)
② 벽량
③ 대린벽

04 다음 설명이 뜻하는 용어를 쓰시오. (3점)

① 창문틀의 밑에 쌓는 블록은?
② 문꼴 위에 쌓아 철근과 콘크리트를 다져 넣어 보강하는 U자형 블록은?
③ 창문틀의 옆에 쌓는 블록은?

① _____ ② _____ ③ _____

정답

4
① 창대블록
② 인방블록
③ 창쌤블록

05 콘크리트블록쌓기를 순서대로 | 보기 | 에서 골라 번호로 쓰시오. (3점)

| 보기 |
| ㉮ 사춤 콘크리트 채우기   ㉯ 세로규준대 설치 |
| ㉰ 하부 고르기 모르타르 및 물축이기   ㉱ 블록쌓기 |
| ㉲ 메시 및 철근세우기 |

5
㉰ → ㉯ → ㉱ → ㉲ → ㉮

06 블록공사 시공도에 기입하여야 할 사항을 4가지 쓰시오. (4점)

①
②
③
④

6
① 블록 나누기
② 모르타르 및 그라우트의 충전 개소
③ 철근의 종류와 배근시 매입철물의 종류
④ 철근의 매입위치
⑤ 철근의 가공 상세
⑥ 철근의 이음 및 정착위치와 방법
⑦ 인방의 배근 및 상세
⑧ 창문틀 및 출입문틀의 고정과 접합부위 상세

07 블록공사에서 모르타르 및 콘크리트를 사춤하는 시공법을 설명한 다음의 ( ) 안에 적합한 숫자를 쓰시오. (3점)

가. 모르타르 또는 콘크리트를 사춤하는 높이는 (①)켜 이내로 하고, 이어붓는 위치는 블록의 윗면에서 (②)mm 아래에 둔다.
나. 모르타르 또는 콘크리트를 사춤할 때의 보강철근은 정확한 위치를 유지하도록 하며, 이동 및 변형이 없게 하고 또한 피복두께는 (③)mm 이상으로 한다.

7
① 3
② 50
③ 20

Lesson 23

08 블록구조에서 인방보를 설치하는 방법 3가지를 기술하시오. (3점)

•04 ②, 22 ①

① _____
② _____
③ _____

09 조적공사에서 테두리보의 역할에 대하여 3가지 기술하시오. (3점)

•04 ③, 06 ②

① _____
② _____
③ _____

10 보강철근콘크리트블록구조에서 반드시 세로근을 넣어야 하는 위치 3개소를 쓰시오. (3점)

•93 ②, 03 ①, 06 ①

① _____ ② _____ ③ _____

11 보강블록구조의 시공에서 반드시 모르타르 또는 콘크리트로 사춤을 채워 넣는 부위를 3가지 쓰시오. (3점)

•97 ⑤, 07 ③

① _____ ② _____ ③ _____

12 보강블록벽쌓기 시 와이어메시(Wire Mesh)의 역할을 3가지 쓰시오. (3점)

•00 ⑤

① _____ ② _____ ③ _____

정답

8
① 제자리 부어넣기 철근콘크리트에서 인방보의 주철근은 개구부의 양측 벽체에 $40d_b$ 이상 정착한다 (d_b : 철근의 공칭지름).
② 기성콘크리트 인방보의 양 끝을 벽체의 블록에 200 mm 이상(보통 400 mm 정도) 걸친다.
③ 기성콘크리트 인방보 상부의 벽은 균열이 생기지 않도록 주변의 벽과 강하게 연결되도록 철근이나 블록메시로 보강연결하거나 인방보 좌우단 상향으로 컨트롤조인트(균열유발줄눈)를 둔다.

9
① 수직균열 방지
② 벽체의 일체성 확보
③ 수직하중의 분산
④ 세로근의 정착자리 제공
⑤ 지붕, 바닥틀 등에 의한 집중하중에 대한 보강
⑥ 벽체의 강성 증대

10
① 벽끝
② 모서리
③ 교차부
④ 문꼴 주위

11
① 벽끝
② 모서리
③ 교차부
④ 문꼴 주위

※ 세로근의 설치위치와 같음.

12
① 벽체균열 방지
③ 횡력 및 집중하중에 대한 하중분산
④ 벽체보강

13
다음 ( )에 알맞은 수치를 기재하시오. (4점) •18 ②, 22 ①

> 보강콘크리트블록공사에서 블록 안에 들어가는 세로근의 정착길이는 철근지름의 (①)배 이상이어야 하며, 이때 철근의 피복두께는 (②)mm 이상이어야 한다.

① _____ ② _____

정답
13
① 40
③ 20

14
콘크리트블록벽 수평줄눈에 묻어 쌓는 Wire Mesh의 사용목적을 2~3가지 쓰시오. (2점) •03 ②

① _____ ② _____

14
① 벽체균열 방지
③ 횡력 및 집중하중에 대한 하중분산
④ 벽체보강

15
거푸집블록구조의 콘크리트 부어넣기에 있어서 일반 RC조와 비교할 때 시공 및 구조적으로 불리한 점을 4가지 쓰시오. (4점)
•96 ②, 05 ①

① _____
② _____
③ _____
④ _____

15
① 다짐 불량이 발생하여 콘크리트면이 곰보가 될 우려가 있다.
② 블록살이 얇아 충분히 다질 수 없다.
③ 거푸집이 제거되지 않아 시공결과의 판단이 어렵다.
④ 부어넣기 이음새가 많고, 강도가 좋지 않다.

Lesson 24 돌공사

1. 석재의 종류 및 특징

1. 석재의 성인별 분류와 종류 (98③, 02①)

① 화성암 : 화강암, 안산암, 현무암
② 수성암 : 점판암, 석회암, 사암, 응회암
③ 변성암 : 대리석, 석면, 트래버틴

2. 석재의 물성 기준 [101]

암석 \ 구분		흡수율 (최대 %)	비중 (최대 %)	압축강도 (MPa)	철분 함량 (%)
화성암(화강암, 안산암)		0.5	2.6	130	4
변성암 (대리석, 사문암)	방해석	0.8	2.65	60	2
	백운석	0.8	2.9		
	사문석	0.8	2.7		
수성암 (점판암, 사암)	저밀도	13	1.8	20	5
	중밀도	8	2.2	30	5
	고밀도	4	2.6	60	4

2. 석재 가공마무리 및 주의사항

1. 석재 가공마무리

1) 가공마무리(표면마무리)의 종류 (84①, 86①②, 90①, 93③)

가공종류	내용	사용공구
혹두기 (혹떼기)	거친면 마무리이며 큰 요철이 없게 다듬는 정도이다.	쇠메 (쇠망치)

핵심 Point

• 암석의 성인별 분류 (98③, 02①)
가. 화성암
  ① 화강암
  ② 안산암
  ③ 현무암
나. 수성암
  ① 점판암
  ② 석회암
다. 변성암
  ① 대리석
  ② 석면
  ③ 트래버틴

• 화강암(Granite)

• 대리석(Marble)

• 트래버틴(Travertine) (참고)
다공질로 대리석의 일종이며, 암갈색 무늬를 나타내며, 특수 실내 장식재로 사용된다.

• 석재표면 마무리 시공순서 (84①, 86①)
① 혹두기(혹떼기)
② 정다듬
③ 도드락다듬
④ 잔다듬
⑤ 물갈기 및 광내기

• 석공사에서 시공순서에 따른 공구 명칭 (90①)
① 쇠메
② 정
③ 도드락망치
④ 날망치
⑤ 숫돌

---

[101] KCS 41 35 01 석공사 일반 (2.1), 국토교통부, 대한건축학회, 2021.

정다듬	정으로 쪼아 평평하게 다듬는 것이다.	정
도드락 다듬	거친 도드락망치로부터 잔 도드락망치의 순으로 여러 번 두들겨 마무리한다.	도드락망치
잔다듬	날망치로 일정한 방향으로 평행선 자국을 남기면서 평탄하게 다듬질 한 것이다.	날망치
물갈기 및 광내기	잔다듬 또는 톱켜기 면을 숫돌 등으로 연마한다.	숫돌, 그라인드

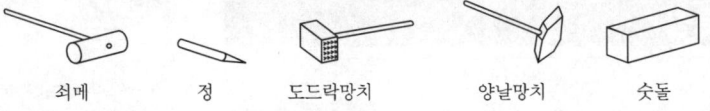

【 돌공사 공구 】

2) 경질석재 물갈기 마감공정 102) (14②)

거친갈기 → 물갈기 → 본갈기 → 정갈기

3) 특수 가공법 (97⑤, 02②)

(1) 모래분사법(Sand Blasting)

고압공기의 압력을 분출시켜 석재면을 다듬는 방법이다.

(2) 화염분사법(Burner Finish, 버너마감)

① 버너의 고열로 석재면을 달군 후 급냉시켜 석재면의 엷은 껍질을 벗겨 면을 다듬는 방법이다.

② 석재표면에 열을 가한 후 물뿌리기를 하지 않는다.

(3) 착색돌(Colored Stone)

석재의 흡수성을 이용하여 석재의 내부까지 착색시키는 방법이다.

4) 석재가공 완료시 검사 내용 (98④, 01③)

① 마무리치수의 정확도　　② 모서리의 직각, 직선 바르기
③ 다듬기 솜씨가 일정　　④ 면의 평활도
⑤ 석재의 재질, 색조, 석리 등의 결함이 없을 것

2. 석재 사용상 주의사항 (90③)

① 석재는 중량이 크고, 운반에 제한이 따르므로 최대 치수를 정한다.
② 압축응력을 받는 곳에만 사용한다.
③ $1m^3$ 이상인 석재는 높은 곳에 사용이 불가능하다.
④ 내화도가 필요한 곳에는 열에 강한 것을 사용한다.
⑤ 조각용은 너무 연한 것, 너무 굳은 것은 곤란하다.
⑥ 동일 건축물은 동일 석재를 사용한다.

---

102) KCS 41 35 01 석공사 일반 (3.2), 국토교통부, 대한건축학회, 2021.

3. 모접기 (06①)

다듬은 돌의 모서리를 접는 것으로 석재의 모나 면을 깎아 밀어서 두드러지게 또는 오목하게 하여 모양지게 하는 것이다.

※ 3 돌쌓기, 돌붙이기 및 바닥돌깔기

1. 돌쌓기

1) 돌쌓기 종류
① 바른층 쌓기 ② 허튼층 쌓기
③ 층지어 쌓기 ④ 거친돌 막쌓기

2) 석재의 연결철물

(1) 개요

연결 및 보강철물은 석재 1개에 대하여 최소 2개 이상 사용한다.

(2) 표준철물 [103]

① 봉강 ② 촉 ③ 꺾쇠

3) 보양
① 동절기 공사의 경우 모르타르 타설 후 24시간 동안의 기온이 4℃ 이상 유지되도록 보온조치를 취한다.
② 오염을 방지할 필요가 있는 경우, 질긴 백지, 모조지 또는 하드보드지 두께 1.5 mm 이상으로 풀칠하여 석재면에 보양한다.
③ 파손의 우려가 있는 모서리 등의 부위에는 나무, 스테인리스판 및 하드보드지 두께 3 mm 이상으로 석재표면에 흔적을 남기지 않는 양면 접착테이프를 사용하여 밀봉·부착하여 보양한다.

2. 돌붙이기 시공순서 (07②)

① 돌나누기 ② 탕개줄 및 연결철물 설치
③ 돌붙이기 ④ 모르타르 사춤
⑤ 치장줄눈 ⑥ 보양
⑦ 청소

핵심 Point

- 나무나 석재의 모나 면을 깎아 밀어서 두드러지게 또는 오목하게 하여 모양지게 하는 것 (06①)
  모접기

- 모접기의 종류 (참고)
  ① 두모접기
  ② 빗모접기
  ③ 세모접기
  ④ 둥근모접기

- 돌붙이기 방법에 따른 분류 중 습식 공법의 종류 (참고)
  ① 전체주입 공법
  ② 부분주입 공법
  ③ 절충 공법

- 돌붙이기 방법에 따른 분류 중 건식 공법의 종류 (참고)
  ① 앵커긴결 공법
  ② 강재트러스지지 공법
  ③ G.P.C 공법

- 돌붙이기의 시공순서 (07②)
  ① 돌나누기
  ② 탕개줄 및 연결철물 설치
  ③ 돌붙이기
  ④ 모르타르 사춤
  ⑤ 치장줄눈
  ⑥ 보양
  ⑦ 청소

---

103) KCS 41 35 01 석공사 일반 (2.2), 국토교통부, 대한건축학회, 2021.

3. 바닥돌깔기의 형식 및 문양 (97⑤, 08③)

① 원형깔기
② 오늬무늬깔기
③ 바자무늬깔기
④ 자연석깔기
⑤ 바둑판무늬깔기
⑥ 일자깔기
⑦ 화문깔기
⑧ 우물마루식 깔기
⑨ 마름모깔기
⑩ 빗깔기

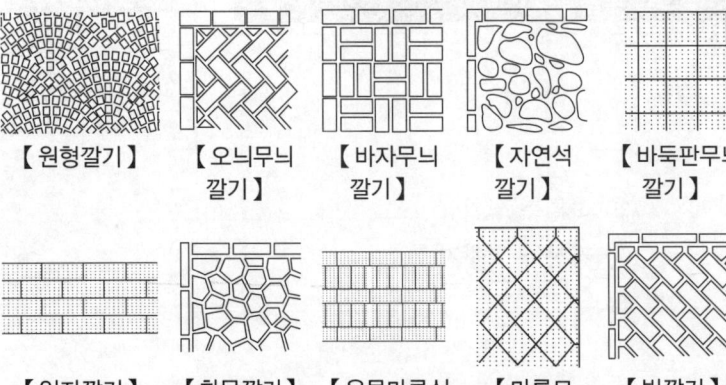

【원형깔기】 【오늬무늬깔기】 【바자무늬깔기】 【자연석깔기】 【바둑판무늬깔기】
【일자깔기】 【화문깔기】 【우물마루식 깔기】 【마름모깔기】 【빗깔기】

핵심 Point

- 바닥돌깔기의 형식 및 문양에 따른 명칭 (97⑤, 08③)
  ① 원형깔기
  ② 오늬무늬깔기
  ③ 바자무늬깔기
  ④ 자연석깔기
  ⑤ 바둑판무늬깔기
  ⑥ 일자깔기
  ⑦ 화문깔기
  ⑧ 우물마루식 깔기
  ⑨ 마름모깔기
  ⑩ 빗깔기

4 테라조와 캐스트스톤

1. 테라조(Terrazzo)

대리석 또는 화강석을 최대 15 mm 이하의 크기로 부순골재, 안료, 시멘트 등의 고착제와 함께 성형하고, 경화한 후 표면을 연마하여 광택을 내어 마무리한 것이다.

2. 캐스트스톤(Cast Stone, 모조석) (90②, 04②)

백색시멘트와 종석, 안료를 혼합하여 천연석과 유사한 외관을 가진 인조석으로 잔다듬한 모조석이라고도 한다.

- 테라조의 정의 (예상)
  대리석 또는 화강석을 최대 15mm 이하의 크기로 부순골재, 안료, 시멘트 등의 고착제와 함께 성형하고, 경화한 후 표면을 연마하여 광택을 내어 마무리한 것이다.

- 캐스트스톤(Cast Stone)의 정의 (90②, 04②)
  백색시멘트와 종석, 안료를 혼합하여 천연석과 유사한 외관을 가진 인조석으로 잔다듬한 모조석이라고도 한다.

Lesson 25

기출 및 예상 문제

01 다음 |보기|의 암석 종류를 성인별로 찾아 기호를 쓰시오. (3점)

•98 ③, 02 ①

┤보기├
- ㉮ 점판암
- ㉯ 화강암
- ㉰ 대리석
- ㉱ 석면
- ㉲ 현무암
- ㉳ 석회암
- ㉴ 안산암

① 화성암 : _____
② 수성암 : _____
③ 변성암 : _____

정답

1
① 화성암 : ㉯, ㉲, ㉴
② 수성암 : ㉮, ㉳
③ 변성암 : ㉰, ㉱

02 석재의 가공 및 다듬기 순서를 차례로 나열하고, 각 공정에 사용되는 대표적인 석공구를 하나씩 제시하시오. (5점) •84 ①, 86①②, 93 ③

	공정순서	석공구
①		
②		
③		
④		
⑤		

2

	공정순서	석공구
①	혹두기(혹떼기)	쇠메
②	정다듬	정
③	도드락다듬	도드락망치
④	잔다듬	날망치
⑤	물갈기 및 광내기	숫돌

03 석공사에 쓰이는 공구 명칭을 시공순서에 따라 |보기|에서 골라 쓰시오. (3점) •90 ①

┤보기├
- ㉮ 쇠메
- ㉯ 날망치
- ㉰ 도드락망치
- ㉱ 정
- ㉲ 숫돌

3
㉮ → ㉱ → ㉰ → ㉯ → ㉲

04 석재의 표면마감에서 혹두기, 정다듬, 도드락다듬, 잔다듬, 갈기의 기존 공법 외에 특수 가공 공법의 종류를 2가지 쓰고 설명하시오. (4점)
•97 ⑤, 02 ②

① _____
② _____

핵심 Point

4
① 모래분사법 : 고압공기의 압력을 분출시켜 석재면을 다듬는 방법
② 화염분사법 : 버너의 고열로 석재면을 달군 후 급냉시켜 석재면의 엷은 껍질을 벗겨 면을 다듬는 방법

05 건축공사표준시방서에 따른 경질석재의 물갈기 마감공정을 순서대로 적으시오. (3점)
•14 ②

① _____ ② _____
③ _____ ④ _____

5
① 거친갈기
② 물갈기
③ 본갈기
④ 정갈기

06 석재의 가공이 완료되었을 때 각종 검사의 요점에 대하여 4가지만 쓰시오. (4점)
•98 ④, 01 ③

① _____
② _____
③ _____
④ _____

6
① 마무리치수의 정확도
② 모서리의 각, 직선 바르기
③ 다듬기 솜씨가 일정
④ 면의 평활도
⑤ 석재의 재질, 색조, 석리 등의 결함이 없을 것

07 석재 사용상의 주의점에 대하여 4가지를 쓰시오. (4점)
•90 ③

① _____
② _____
③ _____
④ _____

7
① 석재는 중량이 크고, 운반에 제한이 따르므로 최대치수를 정한다.
② 압축응력을 받는 곳에만 사용한다.
③ 1m³ 이상인 석재는 높은 곳에 사용이 불가능하다.
④ 내화도가 필요한 곳에는 열에 강한 것을 사용한다.
⑤ 조각용은 너무 연한 것, 너무 굳은 것은 곤란하다.
⑥ 동일 건축물은 동일 석재를 사용한다.

Lesson 25

08 돌붙임 시공순서를 보기에서 골라 번호로 적으시오. (3점) •07 ②

보기
- ㉮ 청소
- ㉯ 보양
- ㉰ 돌붙이기
- ㉱ 돌나누기
- ㉲ 모르타르 사춤
- ㉳ 치장줄눈
- ㉴ 탕개줄 또는 연결철물 설치

_____

핵심 Point

8
㉱ → ㉴ → ㉰ → ㉲ → ㉳ → ㉯ → ㉮

09 바닥돌깔기의 경우 형식 및 문양에 따른 명칭을 5가지 쓰시오. (3점) •97 ⑤, 08 ③

① _____ ② _____
③ _____ ④ _____
⑤ _____

9
① 원형깔기
② 오늬무늬깔기
③ 바자무늬깔기
④ 자연석깔기
⑤ 바둑판무늬깔기
⑥ 일자깔기
⑦ 화문깔기
⑧ 우물마루식 깔기
⑨ 마름모깔기
⑩ 빗깔기

10 '캐스트스톤(Cast Stone)'을 설명하시오. (2점) •90 ②, 04 ②

_____

10
백색시멘트와 종석, 안료를 혼합하여 천연석과 유사한 외관을 가진 인조석으로 잔다듬한 모조석이라고도 한다.

VIII

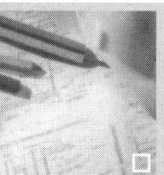

목공사

Lesson 25 목재의 개요, 성질, 방부법 및 철물
Lesson 26 목재의 가공, 제품, 세우기 및 수장

Lesson 25. 목재의 개요, 성질, 방부법 및 철물

1 일반사항

1. 개요

목구조는 기둥, 보, 도리 등으로 짜고 지붕, 벽체, 마루 등을 덧붙이는 가구식 구조이다.

2. 특징

장점		단점
구조재로서의 장점	마감재로서의 장점	
① 비강도(강도/비중)가 크다. ② 가공성이 우수하다. ③ 직선의 통재(通材)를 얻을 수 있다.	① 단열성이 우수하다. ② 차음성이 있다. ③ 적당한 흡습성이 있다. ④ 마감면이 미려하다.	① 연소의 우려 ② 부식의 우려 ③ 함수율에 따른 변화가 큼

3. 구조용 목재의 요구조건 (94④, 99①, 02③)

① 강도가 큰 것
② 곧고 긴 재료를 얻을 수 있을 것
③ 건조변형 및 수축성이 적을 것
④ 산출량이 많고, 구득이 용이할 것
⑤ 잘 썩지 않고, 충해에 저항이 클 것
⑥ 질이 좋고, 공작이 용이할 것

4. 제재치수, 마무리치수 및 정치수 [104] (88③, 89①, 96⑤, 05②, 14②)

구분	내용
제재치수 (호칭치수)	① 제재소에서 톱켜기 한 치수이다. ② 구조재, 수장재 등에 사용된다.
마무리치수 (실제치수)	① 건조 및 대패로 마무리한 치수이다. ② 창호재, 가구재 등에 사용된다.
정치수	제재목을 지정치수 대로 한 것이다.

핵심 Point

● 무늬의 종류 (참고)
① 곧은결: 나이테에 직각방향으로 켠 목재면이 나타내는 나무결이다.
② 널결: 나이테에 평행방향으로 켠 목재면이 나타내는 나무결이다.
③ 엇결: 휘거나 꼬이며 자란 나무를 직선으로 켜서 나타나는 것으로 나이테가 경사진 나무결이다.

● 구조용 목재의 요구조건 (94④, 99①)
① 강도가 큰 것
② 곧고 긴 재료를 얻을 수 있을 것
③ 건조변형 및 수축성이 적을 것
④ 산출량이 많고, 구득이 용이할 것
⑤ 잘 썩지 않고, 충해에 저항이 클 것
⑥ 질이 좋고, 공작이 용이할 것

● 건설재료 중 구조재료가 갖추어야 할 조건 (02③)
① 소요강도의 확보(강도가 큰 것)
② 곧고 긴 재료를 얻을 수 있을 것
③ 건조수축이 적을 것
④ 산출량이 많고, 구득이 용이할 것

● 수장용 목재 요구조건 (참고)
① 결, 무늬, 빛깔이 아름다운 것
② 변형이 적고, 질긴 것
③ 재질감이 우수할 것
④ 건조가 잘된 것

---

[104] KCS 41 33 01 목공사 일반 (3.1), 국토교통부, 대한건축학회, 2021.

5. 목수(편수) (95②)

종류	내용
대목	구조 및 수장일을 하는 목수
소목	창호 및 가구 등의 일을 하는 목수
도편수	목수직의 책임자
먹매김 목수	먹매김을 전담하는 부책임자

❋ 2 목재의 성질

1. 목재의 흠

① 옹이　　② 썩음　　③ 갈램
④ 껍질박이　⑤ 혹　　⑥ 죽

2. 목재의 수축변형

1) 일반사항 (00①)

① 목재는 건조수축 하여 변형하고, 연륜방향의 수축은 연륜의 수직방향에 약 2배가 된다.
② 수피부(변재)는 수심부(심재)보다 수축이 크다.
③ 수심부는 조직이 경화되고, 수피부는 조직이 여리고, 함수율도 크고, 재질도 무르기 때문이다.

2) 신축률

(1) 목재의 결에 따른 신축률

섬유방향(0.1~0.3%) < 곧은결방향(3~4%) < 널결방향(6~8%)

(2) 목재의 방향에 따른 신축률

축방향(0.35%) < 지름방향(8%) < 촉방향(14%)

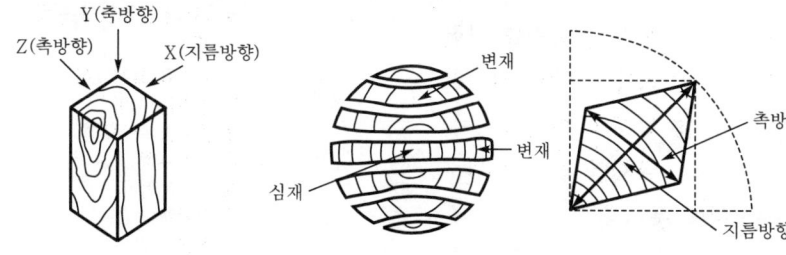

핵심 Point

● 제재치수와 마무리치수의 설명 (88③)
① 제재치수 : 제재소에서 톱켜기 한 치수이다.
② 마무리치수 : 건조 및 대패로 마무리한 치수이다.

● 제재치수, 마무리치수 및 정치수의 설명 (89①, 96⑤, 05②, 14②)
목재의 단면을 표시하는 치수는 특별한 지침이 없는 경우 구조재, 수장재는 모두 (**제재치수**)로 하고, 창호재, 가구재의 치수는 (**마무리치수**)로 한다. 또 제재목을 지정치수 대로 한 것을 (**정치수**)라 한다.

● 목수 관련 용어정의 (95②)
목수는 (**편수**)라고도 하고, 구조 및 수장일을 하는 목수를 (**대목**), 창호 및 가구 등의 일을 하는 목수를 (**소목**)이라 하며, 목수직의 책임자를 (**도편수**)라 한다.

● 목재의 치수 감소 (KS F 1519, 참고)
① 건조에 따른 치수 감소 : 목재의 생재 함수율을 30%로 가정하고 함수율 5% 감소에 대하여 1%의 치수 감소
② 대패가공에 따른 치수 감소 : 대패가공이 실시된 1재면에 대하여 생재에서 작업이 이루어진 경우에는 3 mm, 건조재에서 작업이 이루어진 경우에는 4 mm의 치수 감소

● 목재의 흠 중에서 강도 저하를 일으키는 흠 (예상)
① 옹이 ② 썩음 ③ 갈램

● 목재의 수축변형 (00①)
목재는 건조수축 하여 변형하고, 연륜방향의 수축은 연륜의 (**수직방향**)에 약 2배가 된다. 수피부는 수심부보다 수축이 크다. (**수심부**)는 조직이 경화되고, (**수피부**)는 조직이 여리고, 함수율도 크고, 재질도 무르기 때문이다.

3. 목재의 함수율[105]

건조재 12	건조재 15	건조재 19	생재	
			생재 24	생재 30
12% 이하	15% 이하	19% 이하	19~24%	24% 초과

(주1) 내장마감재로 사용되는 목재의 경우에는 함수율 15% 이하로 한다.

4. 목재의 강도

1) 목재의 강도 특징
① 목재의 비중이 클수록 강도, 탄성계수 및 수축률이 커진다.
② 섬유포화점 이하에서는 함수율이 낮을수록 강도는 증가하나, 섬유포화점 이상에서는 강도가 변하지 않는다.
③ 팽창과 수축은 섬유포화점 이하에서는 함수율에 비례, 수축, 섬유포화점 이상에서는 변화가 없다.
④ 섬유방향에 평행한 강도가 섬유 직각방향보다 크다.

2) 섬유포화점

(1) 정의(KS F 1551) (97③, 99③, 02③, 09②, 16③, 20②)

목재의 세포 내에서 자유수는 모두 증발되고 세포벽은 결합수로 포화되어 있는 상태이며, 일반적으로 함수율 30% 정도에 해당된다.

(2) 특징 (09②, 16③, 20②)

섬유포화점보다 높은 함수율 상태에서는 함수율 변화에 따른 목재 성질의 변화가 없지만, 섬유포화점보다 낮은 함수율 상태에서는 함수율의 변화에 따라서 수축이 일어나고 강도가 증가된다.

※3 목재의 품질검사, 건조, 연소 및 부식

1. 목재의 품질검사 항목 (02①)

① 목재의 함수율 측정시험   ② 목재의 수축률 시험
③ 목재의 흡수량 측정시험   ④ 목재의 압축시험
⑤ 목재의 인장시험   ⑥ 목재의 휨시험
⑦ 목재의 전단시험   ⑧ 목재의 갈라짐시험
⑨ 목재의 밀도 및 비중 측정시험 등

핵심 Point

● 목재와 관련된 기타의 함수율 (참고)
전건재는 0%, 기건재는 15%, 섬유포화점은 30%이다.

● 목재의 강도 크기순서 (참고)
① 섬유방향 인장강도
② 섬유방향 휨강도
③ 섬유방향 압축강도
④ 섬유직각방향 압축강도
⑤ 섬유직각방향 인장강도

● 섬유포화점의 용어정의 (97③, 99③, 02③)
목재의 세포 내에서 자유수는 모두 증발되고 세포벽은 결합수로 포화되어 있는 상태이며, 일반적으로 함수율 30% 정도에 해당된다.

● 목재의 섬유포화점을 설명하고, 섬유포화점과 관련하여 흡수율 증감에 따른 강도의 변화 (09②, 16③, 20②)
가. 목재의 섬유포화점
목재의 세포 내에서 자유수는 모두 증발되고 세포벽은 결합수로 포화되어 있는 상태이며, 일반적으로 함수율 30% 정도에 해당된다.

나. 목재의 함수율 증감에 따른 강도의 변화
섬유포화점보다 높은 함수율 상태에서는 함수율 변화에 따른 목재 성질의 변화가 없지만, 섬유포화점보다 낮은 함수율 상태에서는 함수율의 변화에 따라서 수축이 일어나고 강도가 증가된다.

● 목재의 품질검사 항목 (02①)
① 함수율 측정시험
② 수축률 시험
③ 흡수량 측정시험
④ 압축시험
⑤ 인장시험
⑥ 휨시험
⑦ 전단시험
⑧ 갈라짐시험

---

105) KCS 41 33 01 목공사 일반 (2.1), 국토교통부, 대한건축학회, 2021.

2. 건조

1) 건조의 목적
① 목재수축에 의한 손상 방지 ② 목재강도의 증가
③ 못, 나사 부착력의 증가 ④ 접착성의 개선
⑤ 도장성의 개선 ⑥ 전기절연성의 증가
⑦ 열절연성의 개선 ⑧ 약제주입의 용이
⑨ 충해 방지 ⑩ 변색 및 부패 방지

2) 건조법의 종류
① 대기건조법(자연건조법) ② 수액제거법(수액건조법)
③ 인공건조법

3) 인공건조법의 종류 (18②, 19①, 20⑤)
① 훈연건조 ② 전열건조
③ 연소가스건조 ④ 진공건조
⑤ 약품건조

3. 목재의 방부법 및 방화법

1) 목재의 최대 결점
① 연소(燃燒) ② 부식(腐蝕)

2) 목재방부처리법(방충·난연처리법) (92①, 93②, 94②, 95①, 99②, 05①, 10①, 11②, 14②, 15①, 16①③, 18③, 19③, 21②③)

방법	내용
가압주입법	방부제 용액을 고기압(7~12기압)으로 가압 주입하여 방부처리
침지법	방부제 용액 중에 담가 공기를 차단하여 방부처리
방부제칠 (도포법) (18①)	① 목재를 충분히 건조시킨 후 솔 등으로 약제를 도포 및 뿜칠하여 방부처리 ② 종류: 크레오소트유, 콜타르칠, 아스팔트방부칠
표면탄화법	균에게 양분을 제공하는 목재의 표면(목질부와 수피부)을 3~10 mm 정도 태워 방부처리

3) 목재의 방화처리법
① 불연성 막이나 층에 의한 피복 ② 방화페인트 등의 도포
③ 난연처리 ④ 대단면화

핵심 Point

● 인공건조법의 종류 (18②, 20⑤)
① 훈연건조 ② 전열건조
③ 연소가스건조 ④ 진공건조
⑤ 약품건조

● 자연건조법의 장점 (19①, 22②)
① 특별한 건조장치가 필요 없기 때문에 시설과 작업 비용이 적게 든다.
② 열에너지가 절약된다.
③ 작업이 비교적 간단하여 목재 손상이 적고 특수한 건조기술이 덜 요구된다.

● 부식균의 번식조건 (참고)
① 적당한 온도 ② 습도
③ 공기 ④ 양분

● 목재의 방부처리 방법 (92①, 93②, 95①, 99②, 11②, 15①, 16①③, 18③, 21③)
① 가압주입법 ② 침지법
③ 방부제칠 ④ 표면탄화법

● 목재의 방부처리 방법과 설명 (94②, 05①, 10①, 14②, 19③, 21②)
① 가압주입법: 방부제 용액을 고기압(7~12기압)으로 가압 주입하여 방부처리
② 침지법: 방부제 용액 중에 담가 공기를 차단하여 방부처리
③ 방부제칠: 목재를 충분히 건조 후 솔 등으로 약제를 도포 및 뿜칠하여 방부처리
④ 표면탄화법: 목재에서 균에게 양분을 제공하는 표면을 3~10mm 정도 태워 방부처리

● 목재의 방부제처리법 종류 (97②)
① 크레오소트유
② 콜타르칠
③ 아스팔트방부칠

4. 고정철물 및 교착제

1. 고정철물 (94③, 98⑤)

1) 못 [106]

(1) 못박기 방법

① 못지름은 널두께의 1/6 이하로 한다.(널두께는 못지름의 6배 이상)
② 못길이는 측면 부재두께의 2~4배, 널두께가 10mm 이하일 때는 4배를 표준으로 하고, 재의 마구리에 박는 것은 3~3.5배 정도로 한다.
③ 못은 15° 정도 기울여 박으며, 경사 못박기를 하는 경우에 못은 부재와 약 30°의 경사각을 갖도록 하며, 부재의 끝면에서 못 길이의 1/3되는 지점에서부터 못을 박기 시작한다.

(2) 못 접합부의 최소 거리 및 간격

구분	미리 구멍을 뚫지 않는 경우	미리 구멍을 뚫는 경우
끝면거리	20D	10D
연단거리	5D	5D
섬유에 평행한 방향으로 못의 간격	10D	10D
섬유에 직각방향으로 못의 간격	10D	5D

(주1) D는 못의 지름(mm)이다.

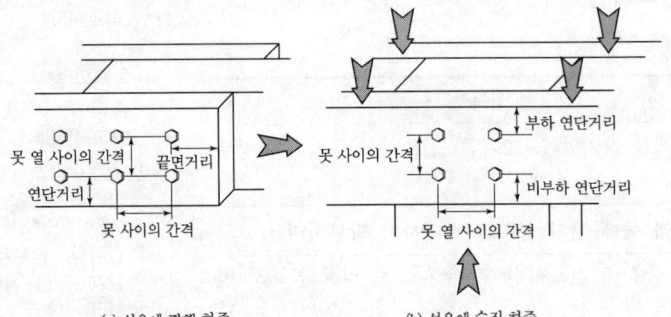

【끝면거리, 연단거리 및 간격(한국목재신문, 2004. 08. 19. 참고)】

(3) 종류에 따른 명칭 (97⑤)

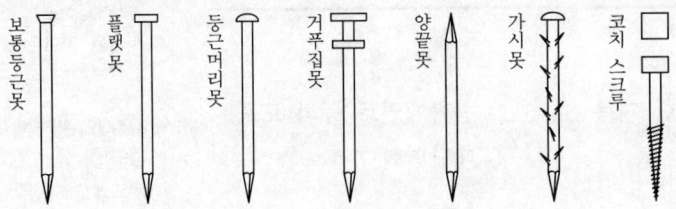

핵심 Point

● 목공사에서 방부처리를 필요로 하는 장소 (21①)
① 콘크리트, 벽돌 등의 투습성 재질의 접합부
② 외부에 직접 노출되는 부위
③ 급수, 배수관이 접하는 부위
④ 모르타르 등의 바탕으로 사용되는 부위
⑤ 지면 또는 콘크리트 바닥면으로부터 300mm 이내에 설치되는 부재

● 목재 연결철물의 큰 분류상 종류 (94③, 98⑤)
① 못
② 꺾쇠
③ 띠쇠
④ 볼트
⑤ 듀벨

● 못의 명칭 (97⑤)

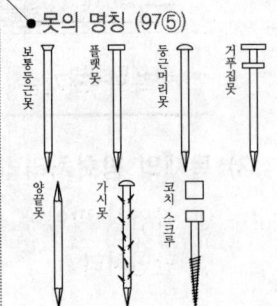

---

[106] KCS 41 33 01 목공사 일반(1.3, 3.3), 국토교통부, 대한건축학회, 2021.

2) 꺾쇠 (98①)

두 재를 간단히 걸어 맬 수 있게 한 철물이며, 종류로는 보통꺾쇠, 엇꺾쇠 및 주걱꺾쇠 등이 있다.

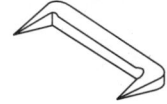 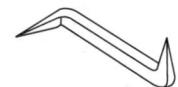 

3) 띠쇠

띠형 철판에 못구멍을 뚫은 보강철물이며, 종류로는 보통 띠쇠, ㄱ자쇠, 감잡이쇠 및 안장쇠 등이 있다.

4) 볼트 107)

(1) 개요

① 목재의 볼트 구멍은 볼트 지름보다 1.5 mm 이하만큼 더 크게 뚫는다.
② 볼트는 조였을 때에 너트 위로 볼트의 끝부분이 나사산 2개 정도 나오는 길이가 되어야 한다.
③ 구조용 볼트는 지름 12 mm 이상, 경미한 구조부에는 지름 9 mm를 사용한다.

5) 듀벨 (88①, 99⑤)

① 두 부재의 접합부에 끼워 볼트와 같이 사용하는 것으로서 전단력에 견디기 위하여 사용되는 보강철물이다.
② 듀벨은 전단력을 부담하고, 볼트는 인장력을 부담한다.
③ 종류로는 링듀벨, 톱니 링듀벨, 듀벨못 및 O 듀벨 등이 있다.

  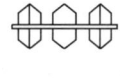
링듀벨   톱니 링듀벨   듀벨 못   O 듀벨

【 듀벨의 종류 】

2. 목재의 교착제(접착제)

1) 접착력의 크기순서

에폭시계 > 초산비닐계 > 요소계 > 멜라민계 > 페놀-포르말린계(석탄산)의 에테르수지

2) 내수성의 크기순서 (91③, 98②)

실리콘 > 에폭시 > 페놀수지 > 멜라민계 > 요소수지 > 아교

핵심 Point

● 꺾쇠의 명칭 (98①)

【보통꺾쇠】 【엇꺾쇠】

【주걱꺾쇠】

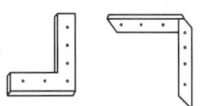
【ㄱ자쇠】

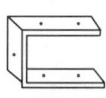
【감잡이쇠】

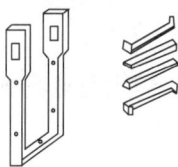
【안장쇠】

● 목구조에서 볼트의 종류 (참고)
① 갈고리 볼트
② 양나사 볼트
③ 주걱 볼트

● 듀벨의 정의 (88①, 99⑤)
① 두 부재의 접합부에 끼워 볼트와 같이 사용하는 것으로서 전단력에 견디기 위하여 사용되는 보강철물
② 목구조에서 접합부 보강용 철물로 사용되며 전단력에 저항하는 보강철물

● 목재 접합제 중 내수성이 큰 순서 (91③, 98②)
페놀수지 > 요소수지 > 아교

---

107) KCS 41 33 01 목공사 일반 (3.3), 국토교통부, 대한건축학회, 2021.

기출 및 예상 문제

01 구조용 목재의 요구조건을 4가지 쓰시오. (4점) •94 ④, 99 ①

① _____ ② _____
③ _____ ④ _____

02 건설재료 중에서 구조재료가 갖추어야 할 조건 3가지를 쓰시오. (3점)
•02 ③

① _____ ② _____ ③ _____

03 목공사에서 목재의 제재치수와 마무리치수를 간단히 설명하시오. (4점)
•88 ③

① 제재치수 : _____
② 마무리치수 : _____

04 다음은 목공사의 단면치수 표기법이다. (   ) 안에 알맞은 말을 쓰시오. (3점) •89 ①, 96 ⑤, 05 ②, 14 ②

| 목재의 단면을 표시하는 치수는 특별한 지침이 없는 경우 구조재, 수장재는 모두 (①) 치수로 하고 창호재, 가구재의 치수는 (②) 치수로 한다. 또 제재목을 지정 치수대로 한 것을 (③) 치수라 한다. |

① _____ ② _____ ③ _____

05 다음 설명 중 (   ) 안에 알맞은 말을 써넣으시오. (4점) •95 ②

| 목수는 (①)라고도 하고, 구조 및 수장일을 하는 목수를 (②), 창호 및 가구 등의 일을 하는 목수를 (③)이라 하며, 목수직의 책임자를 (④)라 한다. |

정답

1
① 강도가 큰 것
② 곧고 긴 재료를 얻을 수 있을 것
③ 건조변형 및 수축성이 적을 것
④ 산출량이 많고, 구득이 용이할 것
⑤ 잘 썩지 않고, 충해에 저항이 클 것
⑥ 질이 좋고, 공작이 용이할 것

2
① 소요강도의 확보(강도가 큰 것)
② 곧고 긴 재료를 얻을 수 있을 것
③ 건조수축이 적을 것
④ 산출량이 많고, 구득이 용이할 것

3
① 제재치수 : 제재소에서 톱 켜기한 치수이다.
② 마무리치수 : 건조 및 대패로 마무리한 치수이다.

4
① 제재
② 마무리
③ 정

5
① 편수
② 대목
③ 소목
④ 도편수

① _____ ② _____
③ _____ ④ _____

06 다음 목재의 수축변형에 대한 설명 중 ( ) 안에 알맞은 말을 써 넣으시오. (3점) •00 ①

| 목재는 건조수축하여 변형하고 연륜방향의 수축은 연륜의 (①)에 약 2배가 된다. 또 수피부는 수심부보다 수축이 (②)다. (③)는 조직이 경화되고, (④)는 조직이 여리고, 함수율도 (⑤)고, 재질도 무르기 때문이다. |

① _____ ② _____ ③ _____
④ _____ ⑤ _____

정답

6
① 수직방향
② 크
③ 수심부
④ 수피부
⑤ 크

07 '섬유포화점' 용어를 설명하시오. (4점) •97 ③, 99 ③, 02 ③

_____

7
목재의 세포 내에서 자유수는 모두 증발되고 세포벽은 결합수로 포화되어 있는 상태이며, 일반적으로 함수율 30% 정도에 해당된다.

08 목재의 섬유포화점을 설명하고, 섬유포화점과 관련하여 함수율 증감에 따른 강도의 변화에 대하여 설명하시오. (2점) •09 ②, 16 ③, 20 ②

가. 목재의 섬유포화점
_____

나. 목재의 함수율 증감에 따른 강도의 변화
_____

8
가. 목재의 섬유포화점
목재의 세포 내에서 자유수는 모두 증발되고 세포벽은 결합수로 포화되어 있는 상태이며, 일반적으로 함수율 30% 정도에 해당된다.

나. 목재의 함수율 증감에 따른 강도의 변화
섬유포화점 이하에서는 함수율이 낮을수록 강도는 증가하나, 섬유포화점 이상에서는 강도가 변하지 않는다.

09 목재의 품질검사는 건축공사 시 사용되는 목재의 변형, 균열 등의 발생으로부터 미연에 방지하기 위하여 실시한다. 목재의 품질검사 항목을 3가지 쓰시오. (3점) •02 ①

① _____ ② _____ ③ _____

9
① 함수율 측정시험
② 수축률시험
③ 흡수량 측정시험
④ 압축시험
⑤ 인장시험
⑥ 휨시험
⑦ 전단시험
⑧ 갈라짐시험

10 목재의 건조방법 중 인공건조법의 종류를 3가지 쓰시오. (3점)

• 18 ②, 20 ⑤

① _____ ② _____ ③ _____

11 목재의 건조방법 중 천연건조의 장점을 2가지만 쓰시오. (4점)

• 19 ①, 22 ②

① _____ ② _____

12 목재의 방부처리방법(난연처리법)을 3가지 쓰고, 그 내용을 설명하시오. (3점) • 92 ①, 93 ②, 94 ②, 95 ①, 99 ②, 05 ①, 10 ①, 11 ②, 14 ②, 15 ①, 16 ①③, 18 ③, 19 ③, 21 ②③

① _____
② _____
③ _____

13 목재의 방부처리법 중에서 방부제처리법에 대한 종류를 3가지 쓰시오. (3점)

• 18 ①

① _____ ② _____ ③ _____

14 목공사에서 방충 및 방부처리된 목재를 사용해야 하는 경우를 2가지 쓰시오. (4점)

• 21 ①

① _____
② _____

정답

10
① 훈연건조 ② 전열건조
③ 연소가스건조 ④ 진공건조
⑤ 약품건조

11
① 특별한 건조장치가 필요 없기 때문에 시설과 작업 비용이 적게 든다.
② 열에너지가 절약된다.
③ 작업이 비교적 간단하여 목재 손상이 적고 특수한 건조기술이 덜 요구된다.

12
① 가압주입법 : 방부제 용액을 고기압(7~12기압)으로 가압 주입하여 방부처리
② 침지법 : 방부제 용액 중에 담가 공기를 차단하여 방부처리
③ 방부제칠 : 목재를 충분히 건조 후 솔 등으로 약제를 도포 및 뿜칠하여 방부처리
④ 표면탄화법 : 목재에서 균에게 양분을 제공하는 표면을 3~10mm 정도 태워 방부처리

13
① 크레오소트유
② 콜타르칠
③ 아스팔트 방부칠

14
① 콘크리트, 벽돌 등의 투습성 재질의 접합부
② 외부에 직접 노출되는 부위
③ 급수, 배수관이 접하는 부위
④ 모르타르 등의 바탕으로 사용되는 부위
⑤ 지면 또는 콘크리트 바닥면으로부터 300mm 이내에 설치되는 부재

15 다음 그림의 꺾쇠의 명칭을 쓰시오. (3점) •98 ①

① _____ ② _____ ③ _____

정답

15
① 보통꺾쇠
② 엇꺾쇠
③ 주걱꺾쇠

16 목재 연결철물의 큰 분류상 종류를 4가지 쓰시오. (4점)
•94 ③, 98 ⑤

① _____ ② _____
③ _____ ④ _____

16
① 못
② 꺾쇠
③ 띠쇠
④ 볼트
⑤ 듀벨

17 건축공사에 일반적으로 사용되는 못의 명칭을 쓰시오. (3점) •97 ⑤

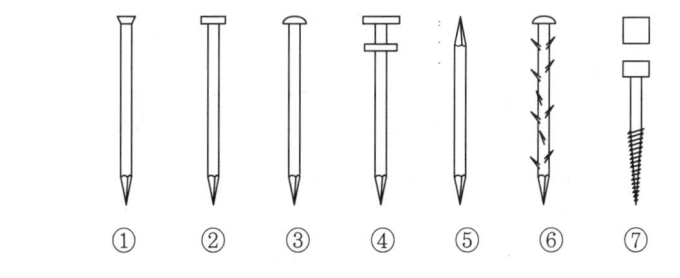

① _____ ② _____ ③ _____
④ _____ ⑤ _____ ⑥ _____
⑦ _____

17
① 보통둥근못
② 플랫못
③ 둥근머리못
④ 거푸집못
⑤ 양끝못
⑥ 가시못
⑦ 코치 스크루

18 다음 ( ) 안에 적당한 말을 써넣으시오. (1점) •88 ①, 99 ⑤

가. 목재의 접합부에 끼워 볼트와 같이 사용하며 전단에 견디도록 하는 철물은 (①)이다.
나. 목구조에서 접합부 보강용 철물로 사용되며 전단력에 저항하는 보강철물을 (②)이라 한다.

① _____ ② _____

18
① 듀벨
② 듀벨

19 목재 접착제 중 내수성이 큰 것부터 순서대로 |보기|에서 골라 기호로 쓰시오. (3점) •91 ③, 98 ②

---- 보기 ----
㉮ 아교　　　㉯ 페놀수지　　　㉰ 요소수지

정답

19
㉯ > ㉰ > ㉮

Lesson 26. 목재의 가공, 제품, 세우기 및 수장

1 목재의 가공

1. 가공

1) 먹매김, 마름질 및 바심질

가공순서	내용
먹매김	마름질, 바심질을 하기 위하여 심먹을 넣고, 가공형태를 그림
마름질	먹매김에 따라 재를 겨냥치수(소요치수)로 잘라내는 일
바심질	먹매김에 따라 구멍뚫기, 홈파기, 자르기, 대패질 등의 다듬질

2) 먹매김 기호 (90③, 92③, 94②)

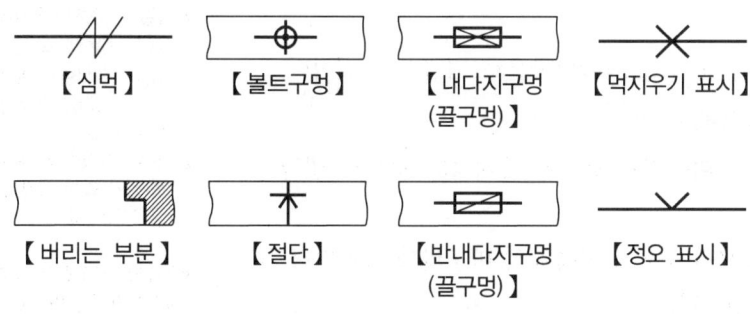

2. 대패질 종류 및 순서 (85②)

대패질 종류	내용
막대패질(하)	제재톱 자국이 간신히 없어진 거친 대패질
중대패질(중)	제재톱 자국이 완전히 없어지고, 평활한 정도의 중간 대패질
마무리대패질(상)	완전평면이고, 미끈하게 된 고운 대패질

3. 모접기(Moulding)

(1) 개요 (94④, 97①, 06①)

나무나 석재의 모나 면을 깎아 밀어 두드러지게 또는 오목하게 하여 모양지게 하는 것이다.

핵심 Point

● 목재의 가공순서 (예상)
① 재료 공급 ② 건조
③ 먹매김 ④ 마름질
⑤ 바심질 ⑥ 세우기

● 먹매김, 마름질, 바심질의 정의 (예상)
① 먹매김 : 마름질, 바심질을 하기 위하여 재의 축방향에 심먹을 넣고, 가공형태를 그리는 것
② 마름질 : 먹매김에 따라 재를 겨냥치수(소요치수)로 잘라내는 일
③ 바심질 : 먹매김에 따라 구멍뚫기, 홈파기, 자르기, 대패질 등의 다듬질하는 일

● 먹매김 기호와 명칭 (90③, 92③, 94②)

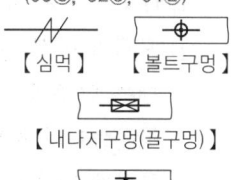

● 대패질 종류 및 순서 (85②)
① 막대패질(하급) : 제재톱 자국이 간신히 없어진 거친 대패질
② 중대패질(중급) : 제재톱 자국이 완전히 없어지고, 평활한 정도의 중간 대패질
③ 마무리대패질(상급) : 완전평면이고, 미끈하게 된 고운 대패질

(2) 종류 (95①, 99①, 11①, 16③)

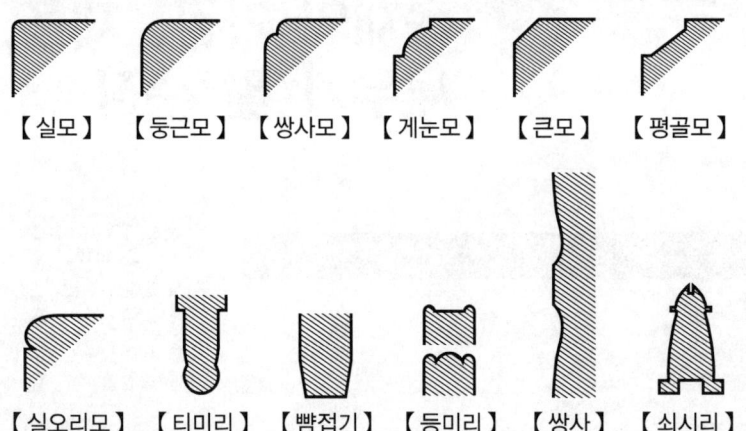

【실모】 【둥근모】 【쌍사모】 【게눈모】 【큰모】 【평골모】

【실오리모】 【티미리】 【뺨접기】 【등미리】 【쌍사】 【쇠시리】

4. 이음, 맞춤 및 쪽매

1) 이음 (88①, 09③, 12③, 16③)
목재의 두 부재를 부재의 길이방향으로 길게 접합하는 것이다.

2) 맞춤

(1) 개요 (88①, 09③, 12③, 16③)
목재의 두 부재를 서로 경사 또는 직각방향으로 접합하는 것이다.

(2) 연귀맞춤 (94④, 97①, 99⑤, 06①)
① 모서리 구석 등에 표면 마구리가 보이지 않게 45° 각도로 빗잘라 대는 맞춤이다.
② 창문틀이나 창문의 모서리 등에서 맞춤재의 마구리를 감추면서 튼튼하게 맞춤을 하는 것이다.

3) 쪽매

(1) 개요 (99⑤, 09③, 12③)
① 재를 섬유방향과 평행으로 옆대어 붙이는 것이다.
② 널재를 나란히 옆으로 붙여대어 판재를 넓게 하는 것이다.

(2) 종류 (90① ②)

【맞댐쪽매】 【반턱쪽매】 【빗쪽매】 【오늬쪽매】 【제혀쪽매】 【딴혀쪽매】 【틈막이쪽매】

핵심 Point

● 모접기의 용어정의 (94④, 97①, 06①)
나무나 석재의 모나 면을 깎아 밀어 두드러지게 또는 오목하게 하여 모양지게 하는 것

● 모접기의 종류 (95①, 11①, 16③)
① 실모   ② 둥근모
③ 쌍사모 ④ 게눈모
⑤ 큰모   ⑥ 평골모
⑦ 실오리모 ⑧ 티미리
⑨ 뺨접기 ⑩ 등미리
⑪ 쌍사   ⑫ 쇠시리

● 모접기의 종류 (99①)
① 쇠시리
② 게눈모
③ 실모

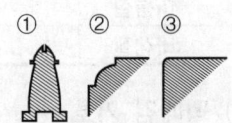
① ② ③

● 이음과 맞춤의 용어정의 (88①, 09③, 12③, 16③)
① 이음 : 목재의 두 부재를 부재의 길이방향으로 길게 접합하는 것
② 맞춤 : 목재의 두 부재를 서로 경사 또는 직각방향으로 접합하는 것

● 연귀맞춤의 정의 (94④, 97①, 99⑤, 06①)
① 모서리 구석 등에 표면 마구리가 보이지 않게 45° 각도로 빗잘라대는 맞춤
② 창문틀이나 창문의 모서리 등에서 맞춤재의 마구리를 감추면서 튼튼하게 맞춤을 하는 것

● 쪽매의 정의 (99⑤, 09③, 12③)
널재를 나란히 옆으로 붙여대어 판재를 넓게 하는 것

Lesson 26

※ 2 목재의 제품

1. **합판(Plywood)**

    한 매의 얇은 판인 단판을 3, 5, 7, 9 등의 홀수겹으로 서로 직교 배열하여 접합한 판재이다.

2. **집성재** (97③, 99③, 02③)

    얇게 켠 넓은 널(판재)을 섬유방향으로 서로 평행하게 여러 장 포개서 접착시켜 만든 가공목재이다.

3. **마루판**

    ① 플로링 보드
    ② 플로링 블록
    ③ 파키트리 보드
    ④ 파키트리 패널

※ 3 세우기

세우기 순서	토대→1층 벽체뼈대→2층 마루틀→2층 벽체뼈대→지붕틀
목공사 시공순서	수평규준틀→기초→세우기→지붕→수장→미장
2층 주택 시공순서	2층 바닥→2층 천장(반자)→1층 바닥→1층 천장(반자)

※ 4 수장

1. **기둥**

    1) **본기둥** (96⑤, 00①)

통재기둥	밑층에서 위층까지 1개의 부재로 된 기둥으로 5~7 m 정도의 길이로 타 부재의 설치기준이 되는 기둥이다.
평기둥	각 층별로 배치되는 기둥으로 설치간격은 2 m 정도이다.

    2) **샛기둥**

    본기둥 사이에 두어 벽체를 이루는 뼈대로 가새의 옆휨도 막는다.

핵심 Point

● 쪽매의 도식과 명칭 (90①②)

【맞댐쪽매】　【반턱쪽매】

【빗쪽매】　【오늬쪽매】

【제혀쪽매】　【딴혀쪽매】

【틈막이쪽매】

● 합판의 품질기준 항목 (참고)
① 접착성
② 함수율
③ 흡습성

● 집성재의 정의 (97③, 99③, 02③)
얇게 켠 넓은 널(판재)을 섬유방향으로 서로 평행하게 여러 장 포개서 접착시켜 만든 가공목재

● 통재기둥의 정의 (96⑤, 00①)
밑층에서 위층까지 1개의 부재로 된 기둥으로 5~7m 정도의 길이로 타 부재의 설치기준이 되는 기둥

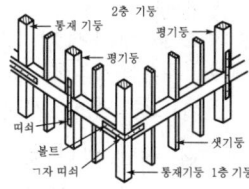

2. 도리 (99⑤)

층도리	2층 마룻바닥이 있는 부분에 수평으로 대는 가로재이다.
깔도리	기둥 맨 상단의 처마 부분에 수평으로 걸어 기둥 상단을 고정하면서 지붕틀을 받아 지붕의 하중을 기둥에 전달하는 부재이다.
처마도리	지붕틀의 평보 위에 깔도리와 같은 방향으로 댄다.

3. 가새, 버팀대, 귀잡이 (98②, 08②, 20①)

구분	내용	공통의 역할
가새	수평력에 저항하고, 안정한 구조로 하기 위해 설치하는 대각선 부재이다.	횡력(수평력) 보강부재
버팀대	가새를 댈 수 없는 곳에 설치하는 대각선 부재로 수평력에 저항하는 보강재이다.	
귀잡이	수평재를 안정하게 하기 위해 댄 버팀대이다.	

4. 마루 (01①, 14①)

1) 1층 마루(바닥마루)의 시공순서 (88①, 99⑤, 21②)

동바리마루	동바리돌 → 동바리 → 멍에 → 장선 → 마룻널
납작마루	동바리돌 → 멍에 → 장선 → 마룻널

2) 2층 마루(층마루)의 시공순서 (89③)

홀마루	장선 → 마룻널
보마루	보 → 장선 → 마룻널
짠마루	큰 보 → 작은 보 → 장선 → 마룻널

3) 마룻널 이중깔기 (88①)

동바리 → 멍에 → 장선 → 밑창널깔기 → 방수지깔기 → 마룻널깔기

5. 목재 계단설치 시공순서 (90③)

① 1층 멍에, 계단참, 2층 받이보
② 계단 옆판 및 난간 어미기둥
③ 디딤판, 챌판
④ 난간동자
⑤ 난간두겁(Hand Rail)

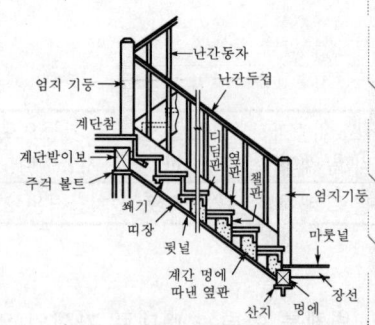

핵심 Point

- **깔도리의 정의 (99⑤)**
  기둥 맨 상단의 처마 부분에 수평으로 걸어 기둥 상단을 고정하면서 지붕틀을 받아 지붕의 하중을 기둥에 전달하는 부재

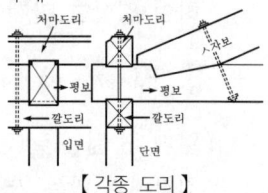

【 각종 도리 】

- **가새, 버팀대, 귀잡이 (98②)**
  ① 가새 : 수평력에 저항하고, 안정한 구조로 하기 위해 설치하는 대각선 부재
  ② 버팀대 : 가새를 댈 수 없는 곳에 설치하는 대각선 부재로 수평력에 저항하는 보강재
  ③ 귀잡이 : 수평재를 안정하게 하기 위해 댄 버팀대

- **횡력(수평력) 보강 부재 (08②, 20①)**
  ① 가새 ② 버팀대
  ③ 귀잡이

- **마루의 종류 (01①, 14①)**
  가. 1층 마루(바닥마루)
   ① 동바리마루
   ② 납작마루
  나. 2층 마루(층마루)
   ① 홀마루
   ② 보마루
   ③ 짠마루

- **동바리마루의 시공순서 (21②)**

- **납작마루의 시공순서 (88①, 99⑤)**

- **짠마루의 시공순서 (89③)**

- **마룻널 이중깔기의 시공순서 (88①)**

- **목재 계단설치 시공순서 (90③)**

6. 반자

1) 개요

반자는 지붕 밑, 마루 밑을 감추어 보기 좋게 하고, 먼지 등을 방지하며 음, 열, 기류차단 효과를 갖는다. 일반적으로 천장이라고도 한다.

2) 반자틀 시공순서 (89②, 99②, 03③)

① 달대받이 ② 반자돌림대
③ 반자틀받이 ④ 반자틀
⑤ 달대 ⑥ 천장재 붙이기

3) 천장공사의 시공 (21②)

① 금속계 천장에서 달대볼트의 설치에서 반자틀받이 행어를 고정하는 달대볼트는 천장재가 떨어지지 않도록 인서트, 용접 등의 적절한 공법으로 설치한다. 달대볼트는 주변부의 단부로부터 150 mm 이내에 배치하고 간격은 900 mm 정도로 한다. 달대볼트는 수직으로 설치한다. 또한 천장 깊이가 1.5 m 이상인 경우에는 가로, 세로 1.8 m 정도의 간격으로 달대볼트의 흔들림 방지용 보강재를 설치한다.

② 시스템 천장에서 현장타설 콘크리트 및 프리캐스트 콘크리트 부재에 설치할 경우, 미리 설치한 강제 인서트나 앵커볼트에 달대볼트를 반자틀받이에 대해 1,600 mm 간격 이내로 설치하고, 또한 재하에 대해서 충분한 내력이 확보되도록 한다.

7. 판벽과 걸레받이

1) 판벽의 종류 (18②, 21②)

종류	내용
외부판벽	① 영식 비늘판벽 : 널면이 경사지고, 반턱쪽매로 한 판벽 ② 독일식 비늘판벽 : 널면이 수직이고, 반턱쪽매로 한 판벽
내부판벽	밑에 걸레받이를 가로 대고, 그 위에 징두리판벽 또는 전면 판벽으로 한다.
징두리판벽	실 내부의 바닥에서 1~1.5 m 정도의 높이까지 널을 댄 판벽

2) 걸레받이

수평바닥과 수직벽과의 접속부를 아물리고, 오손을 방지하며 깨끗이 청소할 수 있게 할 목적으로 높이 20 cm 정도의 널을 벽 하부 바닥과 접하는 부분에 설치한 것이다.

핵심 Point

- **반자와 천장 (참고)**
  반자는 천장의 구성부이며, 천장을 이루고 있는 구조체이다. 일반적으로 반자와 천장은 같은 의미로 사용된다.

- **반자틀 시공순서 (89②, 99②, 03③)**
  ① 달대받이
  ② 반자돌림대
  ③ 반자틀받이
  ④ 반자틀
  ⑤ 달대
  ⑥ 천장재 붙이기

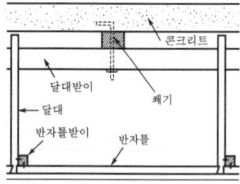

- **천장공사의 시공 (21②)**
  ① 천장 깊이가 1.5 m 이상인 경우에는 가로, 세로 (1.8) m 정도의 간격으로 달대볼트의 흔들림 방지용 보강재를 설치한다.
  ② 강제 인서트나 앵커볼트에 달대볼트를 반자틀받이에 대해 (1,600) mm 간격 이내로 설치한다.

- 실 내부의 바닥에서 1~1.5 m 정도의 높이까지 널을 댄 판벽 (18②, 21②)
  징두리판벽

기출 및 예상 문제

01 다음 목재가공 중 먹매김 기호에 해당하는 명칭을 |보기|에서 골라 번호를 쓰시오. (5점)　　　•90 ③, 92 ③, 94 ②

─── 보기 ───
㉮ 절단먹　　　　㉯ 버킴먹
㉰ 중심먹　　　　㉱ 반내다지끌구멍
㉲ 내다지끌구멍　㉳ 볼트구멍
㉴ 세우기의 북쪽　㉵ 잘못된 먹줄표시
㉶ 촉 위치

① ② ③
④ ⑤

① _____　② _____　③ _____
④ _____　⑤ _____

정답

1
① ㉲
② ㉳
③ ㉵
④ ㉱
⑤ ㉮

02 목재의 대패질 마무리에 사용되는 대패 종류의 명칭을 시공순서에 따라 쓰시오. (5점)　　　•85 ②

① _____　② _____
③ _____

2
① 막대패질
② 중대패질
③ 마무리대패질

03 다음 설명에 맞는 용어를 쓰시오. (2점)　　　•94 ④, 97 ①, 06 ①

① 나무나 석재의 모나 면을 깎아 밀어서 두드러지게 또는 오목하게 하여 모양지게 하는 것
② 모서리 구석 등에 나무 마구리가 보이지 않게 45°로 빗잘라 대는 맞춤

① _____　② _____

3
① 모접기
② 연귀맞춤

Lesson 26

04 목공사의 마무리 중 모접기(면접기)의 종류를 5가지 쓰시오. (5점)

•95 ①, 11 ①, 16 ③

① _____ ② _____ ③ _____

④ _____ ⑤ _____

정답

4
① 실모   ② 둥근모
③ 쌍사모 ④ 게눈모
⑤ 큰모   ⑥ 평골모
⑦ 실오리모 ⑧ 티미리
⑨ 빗접기 ⑩ 등미리
⑪ 쌍사   ⑫ 쇠시리

05 목공사의 마무리 중 모접기의 종류를 다음 |보기|에서 골라 쓰시오. (3점)

•99 ①

| 보기 |
| 실모, 둥근모, 쇠시리, 게눈모, 큰모 |

① _____
② _____
③ _____

5
① 쇠시리
② 게눈모
③ 실모

06 다음 ( ) 안에 적당한 말을 써넣으시오. (3점)

•88 ①

두 재를 서로 직각으로 접합하는 것을 (①)이라 하며, 재의 길이방향으로 길게 접합하는 것을 (②)이라 한다.

① _____ ② _____

6
① 맞춤
② 이음

07 다음 목공사에서 활용되는 용어를 설명하시오. (6점) •09 ③, 12 ③, 16 ③

① 이음 : _____

② 맞춤 : _____

③ 쪽매 : _____

7
① 이음 : 목재의 두 부재를 부재의 길이방향으로 길게 접합하는 것
② 맞춤 : 목재의 두 부재를 서로 경사 또는 직각방향으로 접합하는 것
③ 쪽매 : 널재를 나란히 옆으로 붙여대어 판재를 넓게 하는 것

08 다음은 목공사에 관한 설명이다. 다음 ( ) 안에 알맞은 말을 쓰시오. (5점)
• 99 ⑤

가. 창문틀이나 창문의 모서리 등에서 맞춤재의 마무리를 감추면서 튼튼하게 맞춤을 하는 것을 (①)이라 한다.
나. 널재를 나란히 옆으로 붙여대어 판재를 넓게 하는 것을 (②)라 한다.
다. 기둥 맨 상단의 처마 부분에 수평으로 걸어 기둥 상단을 고정하면서 지붕틀을 받아 지붕의 하중을 기둥에 전달하는 부재를 (③)라 한다.
라. 1층 납작마루의 시공순서는 동바리돌 → 멍에 → (④) → 마룻널의 순서로 한다.
마. 목구조에서 접합부 고정용 철물로 사용되며 전단력에 저항하는 보강철물을 (⑤)이라 한다.

① _____ ② _____
③ _____ ④ _____
⑤ _____

정답

8
① 연귀맞춤
② 쪽매
③ 깔도리
④ 장선
⑤ 듀벨

09 목재의 가공에서 사용되는 쪽매의 종류를 6가지 열거하고, 그림으로 도시하여 나타내시오. (6점)
• 90 ①, 90 ②

① _____ ② _____
③ _____ ④ _____
⑤ _____ ⑥ _____

9
① 【맞댐쪽매】 ② 【반턱쪽매】
③ 【빗쪽매】 ④ 【오늬쪽매】
⑤ 【제혀쪽매】 ⑥ 【딴혀쪽매】
⑦ 【틈막이쪽매】

10 '집성재' 용어를 설명하시오. (4점)
• 97 ③, 99 ③, 02 ③

10
얇게 켠 넓은 널(판재)을 섬유방향으로 서로 평행하게 여러 장 포개서 접착시켜 만든 가공목재

11 '목구조에서 밑층에서 위층까지 1개의 부재로 된 기둥으로 5~7m정도의 길이로 타 부재의 설치기준이 되는 기둥'을 무엇이라 하는가? (1점)
• 96 ⑤, 00 ①

11
통재 기둥

12 다음 용어에 대해 기술하시오. (3점)　　•98 ②

① 가새 : _____

② 버팀대 : _____

③ 귀잡이 : _____

정답
12
① 가새 : 수평력에 저항하고 안정한 구조로 하기 위해 설치하는 대각선 부재
② 버팀대 : 가새를 댈 수 없는 곳에 설치하는 대각선 부재로 수평력에 저항하는 보강재
③ 귀잡이 : 수평재를 안정하게 하기 위해 댄 버팀대

13 목구조에서 횡력(수평력)을 보강하는 부재를 3가지 쓰시오. (3점)
　　•08 ②, 20 ①

① _____　② _____　③ _____

13
① 가새
② 버팀대
③ 귀잡이

14 다음 목구조의 마루에 대한 내용이다. ( ) 안에 알맞은 말을 써넣으시오. (4점)　　•01 ①, 14 ①

> 나무마루에는 바닥마루(1층 마루)로서 (①)마루와 (②)마루가 있고 층마루(2층 마루)로서 (③)마루, (④)마루, 짠마루들이 있다.

① _____　② _____
③ _____　④ _____

14
① 동바리
② 납작
③ 홑
④ 보

15 목구조 1층 마루널 시공순서를 보기에서 보고 번호순서대로 나열하시오. (3점)　　•21 ②

┤ 보기 ├
① 동바리　② 멍에　③ 장선　④ 마루널　⑤ 동바리돌

_____

15
⑤ → ① → ② → ③ → ④

16 목조 2층 마루 중 짠마루 시공순서를 쓰시오. (3점)　　•89 ③

① _____　② _____
③ _____　④ _____

16
① 큰 보
② 작은 보
③ 장선
④ 마룻널

17 목조계단 설치 시공순서를 |보기|에서 골라 번호로 쓰시오. (3점)
•90 ③

|보기|
㉮ 난간두겁 ㉯ 계단 옆판, 난간 어미기둥
㉰ 난간동자 ㉱ 디딤판, 챌판
㉲ 1층 멍에, 계단참, 2층 받이보

정답

17
㉲ → ㉯ → ㉱ → ㉰ → ㉮

18 목조 반자틀의 시공순서를 |보기|에서 골라 번호로 쓰시오. (4점)
•89 ②, 99 ②, 03 ③

|보기|
㉮ 반자틀받이 ㉯ 반자틀
㉰ 반자돌림대 ㉱ 달대받이
㉲ 천장재 붙이기 ㉳ 달대

18
㉱ → ㉰ → ㉮ → ㉯ → ㉳ → ㉲

19 수장공사 시 실 내부의 바닥에서 1~1.5m 정도의 높이까지 널을 댄 판벽의 명칭을 쓰시오. (2점)
•18 ②, 21 ②

19
징두리판벽

20 다음은 천장공사와 관련된 내용이다. ( ) 안을 채우시오. (4점)
•21 ②

(1) 금속계 천장에서 달대볼트는 주변부의 단부로부터 150 mm 이내에 배치하고 간격은 900 mm 정도로 한다. 또한 천장 깊이가 1.5 m 이상인 경우에는 가로, 세로 (①) m 정도의 간격으로 달대볼트의 흔들림 방지용 보강재를 설치한다.
(2) 시스템 천장에서 현장타설 콘크리트 및 프리캐스트 콘크리트 부재에 설치할 경우, 미리 설치한 강제 인서트나 앵커볼트에 달대볼트를 반자틀받이에 대해 (②) mm 간격 이내로 설치한다.

① _____ ② _____

20
① 1.8
② 1,600

IX

지붕, 홈통 및 방수공사

Lesson 27 지붕공사 및 홈통공사
Lesson 28 방수공사

Lesson 27. 지붕공사 및 홈통공사

1 지붕공사

1. 지붕재료와 물매 108)

   1) 지붕 이음재료의 요구성능 (89①)
      ① 수밀성   ② 내풍압성   ③ 열변위
      ④ 단열성   ⑤ 내화성   ⑥ 방화성
      ⑦ 차음성

   2) 지붕의 물매

   (1) 정의

   지붕 구조에서 수평 방향에 대한 높이의 비이다.

   (2) 지붕의 경사 (물매)에 따른 지붕의 종류

종류	내용
평지붕	지붕의 경사가 1/6 이하인 지붕
완경사 지붕	지붕의 경사가 1/6~1/4 미만인 지붕
일반 경사 지붕	지붕의 경사가 1/4~3/4 미만인 지붕
급경사 지붕	지붕의 경사가 3/4 이상인 지붕

   (3) 재료별 종류에 따른 경사

종류	경사	종류	경사
기와 지붕, 아스팔트 싱글	1/3 이상	평잇기 금속 지붕	1/2 이상
금속 기와	1/4 이상	합성고분자시트 지붕	1/50 이상
금속판 지붕	1/4 이상	아스팔트 지붕	1/50 이상
금속 절판	1/4 이상	폼 스프레이 단열 지붕	1/50 이상

   (주1) 지붕의 경사는 별도 지정이 없으면 1/50 이상으로 한다.

   (4) 하부 구조의 처짐 제한

   지붕의 하부 구조의 처짐은 1/240 이내이다.

핵심 Point

• 지붕 이음재료의 요구성능 (89①)
① 수밀성
② 내풍압성
③ 열변위
④ 단열성
⑤ 내화성
⑥ 방화성
⑦ 차음성

• 지붕 단열재의 종류 (참고)
① 글라스 울
② 폴리스티렌
③ 경질우레탄폼

• 지붕의 물매 (참고)

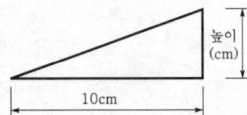

• 물매의 결정 요인 (참고)
① 지붕면의 크기
② 지붕재료의 성질, 크기 및 모양
③ 풍우량

---

108) KCS 41 56 01 지붕공사 일반 (1.3, 1.5), 국토교통부, 대한건축학회, 2021.

2. 한식기와 잇기

1) 기와의 종류 및 관련명칭 (12①)

구분	내용
알매흙	한식기와 잇기에서 산자 위에 펴 까는 흙
홍두깨흙	수키와 밑에 홍두깨 모양으로 둥글게 뭉쳐 까는 흙
아귀토	수키와 처마 끝에 막새 대신에 회진흙 반죽으로 둥글게 바른 흙
너새	박공 옆에 직각으로 대는 암키와
단골막이	착고막이로 수키와 반토막을 간단히 댄 것이다.
내림새	비흘림판이 달린 처마 끝의 암키와
막새	비흘림판이 달린 처마 끝을 덮는 수키와
머거블	용마루 끝의 마구리에 옆세워 댄 수키와
착고	지붕마루에 특수 제작한 수키와 모양의 기와를 옆세워 댄 것이다.
부고	착고 위에 수키와를 옆세워 쌓은 것이다.
보습장	추녀마루 처마 끝에 암키와를 삼각형으로 다듬어 댄 것이다.

2) 기와 명칭 (90③)

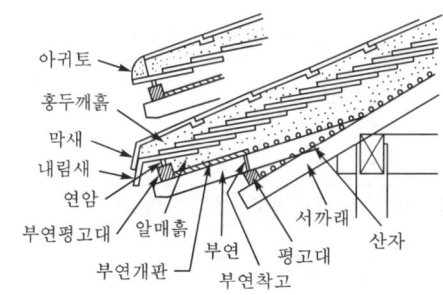

【 한식기와 처마 잇기 】

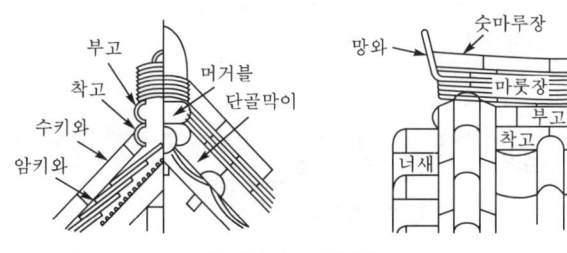

【 지붕마루 잇기 】

3) 시공순서 (87③)

① 산자엮어대기　　② 알매흙
③ 암키와　　　　　④ 홍두깨흙
⑤ 수키와　　　　　⑥ 착고
⑦ 부고　　　　　　⑧ 암마룻장
⑨ 숫마룻장

핵심 Point

● 한식기와 잇기의 용어 (12①)
한식기와 잇기에서 산자 위에서 펴 까는 진흙을 (알매흙)이라 하며, 수키와 처마 끝에 막새 대신에 회진흙 반죽으로 둥글게 바른 것을 (아귀토)라 한다.

【 암키와 】

【 수키와 】

【 내림새 】

【 막새 】

【 착고막이 】

【 용머리 】

【 보습장 】

3. 금속기와의 시공순서 (12①)

① 경량철골 설치
② Purlin 설치(지붕레벨고정)
③ 부식방지를 위한 철골 용접부위의 방청도장 실시
④ 서까래 설치(방부처리를 할 것)
⑤ 금속기와 사이즈에 맞는 간격으로 기와걸이 미송각재를 설치
⑥ 금속기와 설치

4. 슬레이트 잇기

1) 작은 평판 잇기

구분	내용
이음	일자이음과 마름모이음이 있다.
물매 및 겹침	① 물매가 40~50 mm이면 겹침은 2.5장 이상으로 한다. ② 물매가 50 mm 이상이면 겹침은 1.5장 이상으로 한다.

2) 골판 잇기 (92①, 95④, 97⑤)

구분	내용
골판의 고정	① 목재 중도리 : 아연도금못으로 지름 5 mm 내외, 길이 75 mm 이상으로 한다. ② 강재 중도리 : 아연도금 갈고리볼트로 지름 6 mm 내외로 한다.
세로겹침	지붕물매가 3/10~5/10 이상일 때, 100~150mm 정도, 보통 150mm 로 한다.
가로겹침	① 대골(큰 골판)은 0.5골 이상으로 한다. ② 소골(작은 골판)은 1.5골 이상으로 한다.
고정철물	① 골판 한 너비에 대해 큰 골판은 2개, 작은 골판은 3개로 한다. ② 세로방향은 중도리마다 설치한다.

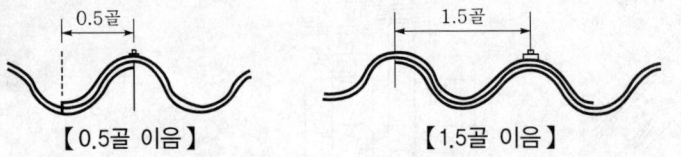

【0.5골 이음】　　　【1.5골 이음】

5. 금속판 잇기

분류	내용
함석판	무연탄가스에 약하다.
동판(구리판)	암모니아가스에 약하다.
알루미늄판	해풍에 약하다.
연판(납판)	목재나 회반죽(알칼리성)에 닿으면 썩기 쉽다.
아연판	산, 알칼리, 매연에 약하다.

핵심 Point

● 한식기와의 명칭 (90③)

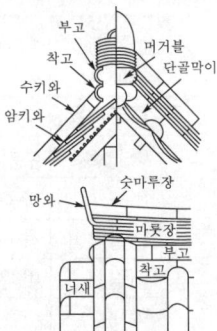

【지붕마루 잇기】

● 한식기와 잇기 시공순서 (87③)
① 산자엮어대기　② 알매흙
③ 암키와　　　　④ 홍두깨흙
⑤ 수키와　　　　⑥ 착고
⑦ 부고　　　　　⑧ 암마룻장
⑨ 숫마룻장

● 금속기와의 시공순서 (12①)
① 경량철골 설치
② Purlin 설치(지붕레벨고정)
③ 부식방지를 위한 철골 용접부위의 방청도장 실시
④ 서까래 설치(방부처리를 할 것)
⑤ 금속기와 사이즈에 맞는 간격으로 기와걸이 미송각재를 설치
⑥ 금속기와 설치

● 슬레이트 골판 잇기 설명 (92①, 97⑤)
슬레이트 골판 잇기에 있어서 세로(상하) 겹침은 보통 (150)mm로 하며 가로(좌우) 겹침은 큰 골판일 때 (0.5)골 이상, 작은 골판일 때 (1.5)골 이상으로 (중도리)에 직접 걸친다.

● 슬레이트 골판 잇기 설명 (95④)
골판 잇기의 세로겹침은 지붕물매가 3/10~5/10 이상일 때 (100~150)mm 정도로 하고, 가로겹침은 큰 골판일 때에는 (0.5)골 이상, 작은 골판일 때에는 (1.5)골 이상 겹치기로 한다.

※ 2 홈통공사

1. 재료

종류로는 함석판, 동판(구리판), 염화비닐계(PVC) 제품 등이 있다.

2. 시공

처마홈통	① 안홈통과 바깥홈통이 있다. ② 처마홈통의 형상은 주로 반원형으로 하고, 지름은 90 mm로 한다. ③ 경사(물매)는 1/200 이상으로 보통 1/200~1/50로 한다. ④ 홈걸이 간격은 900 mm 내외로 서까래 옆, 마구리 및 처마돌림 등에 못박아댄다.
깔때기홈통	① 처마홈통에서 선홈통까지 연결하는 것이다. ② 약 15° 정도 경사지게 하여 장식통을 댈 수 있게 한다.
장식홈통 (장식통)	선홈통 상부에 설치되어 우수방향을 돌리고, 집수 등에 따른 넘쳐흐름을 방지하며, 장식적인 역할을 한다.
선홈통	① 세로이음은 위통을 밑통 안에 50 mm 이상 꽂아 넣는다. ② 선홈통은 벽길이 10 m 마다 혹은 굴뚝 등으로 처마홈통이 단절되는 구간마다 1개씩 설치한다. ③ 선홈통 걸이는 1.5 m 간격으로 벽체에 고정한다.
낙수받이돌	① 콘크리트재로 크기 200×150×120 mm로 한다. ② 낙수받이돌은 지면에 50 mm 이상 묻히게 한다.

3. 빗물이 흘러가는 순서 (91③, 92②)

① 처마홈통 ② 깔때기홈통
③ 장식홈통 ④ 선홈통
⑤ 보호관   ⑥ 낙수받이돌

핵심 Point

● 홈통공사 시공일반 (예상)
① 처마홈통의 형상은 주로 반원형으로 하고, 지름은 90mm로 한다.
② 경사(물매)는 1/200 이상으로 보통 1/200~1/50로 한다.
③ 홈걸이 간격은 900mm 내외로 서까래 옆, 마구리 및 처마돌림 등에 못박아댄다.
④ 깔때기홈통은 약 15° 정도 경사지게 하여 장식통을 댈 수 있게 한다.
⑤ 깔때기 하부는 선홈통 지름의 1/2 내외를 선홈통 속에 꽂아 넣는다.
⑥ 장식통은 선홈통에 60mm 이상 꽂아 넣는다.
⑦ 선홈통의 세로이음은 위통을 밑통 안에 50mm 이상 꽂아 넣는다.
⑧ 선홈통 걸이는 1.5m 간격으로 벽체에 고정한다.
⑨ 선홈통 하부에 높이 1.5m 정도는 보호관을 설치한다.

● 장식홈통의 역할 (예상)
① 우수방향 돌리기
② 집수 등의 넘쳐흐름 방지
③ 장식

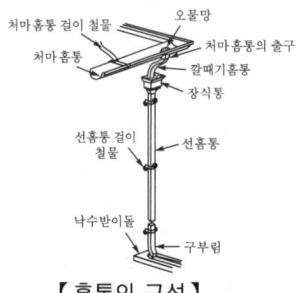

【 홈통의 구성 】

● 지붕면에서 지상으로 빗물이 흘러가는 순서 (91③, 92②)
① 처마홈통
② 깔때기홈통
③ 장식홈통
④ 선홈통
⑤ 보호관
⑥ 낙수받이돌

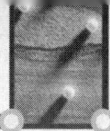

기출 및 예상 문제

01 지붕이음 재료에 요구되는 사항을 5가지 쓰시오. (5점) •89 ①

① _____ ② _____
③ _____ ④ _____
⑤ _____

정답

1
① 수밀성
② 내풍압성
③ 열변위
④ 단열성
⑤ 내화성
⑥ 방화성
⑦ 차음성

02 다음 한식 지붕공사에 이용되는 각종 기와 명칭을 쓰시오. (5점) •90 ③

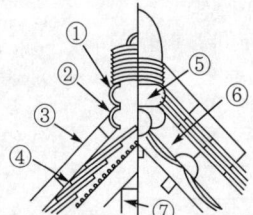 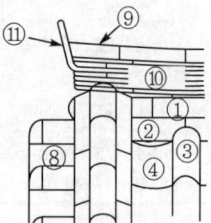

① _____ ② _____ ③ _____
④ _____ ⑤ _____ ⑥ _____
⑦ _____ ⑧ _____ ⑨ _____
⑩ _____ ⑪ _____

2
① 부고
② 착고
③ 수키와
④ 암키와
⑤ 머거블
⑥ 단골막이
⑦ 박공
⑧ 너새
⑨ 숫마룻장
⑩ 암마룻장
⑪ 용머리

03 한식기와 잇기 공사에서 기와 잇기 시공순서를 골라 그 번호를 쓰시오. (5점) •87

① 알매흙   ② 수키와   ③ 암키와
④ 홍두깨흙   ⑤ 착고막이   ⑥ 숫마룻장
⑦ 부고   ⑧ 산자엮어대기 ⑨ 암마룻장

3
⑧ → ① → ③ → ④ → ②
→ ⑤ → ⑦ → ⑨ → ⑥

Lesson 27

04 금속판 지붕공사에서 금속기와의 설치순서를 맞게 나열하시오. (4점)

•12 ①

┤보기├
① 서까래 설치(방부처리를 할 것)
② 금속기와 사이즈에 맞는 간격으로 기와걸이 미송각재를 설치
③ 경량철골 설치
④ Purlin 설치(지붕레벨고정)
⑤ 부식방지를 위한 철골 용접부위의 방청도장 실시
⑥ 금속기와 설치

정답

4
③ → ④ → ⑤ → ① → ② → ⑥

---

05 다음은 지붕공사에 관한 설명이다. ( ) 안을 채우시오. (3점)

•92 ①, 97 ⑤

슬레이트 골판 잇기에 있어서, 세로겹침은 보통 (①)로 하며, 가로겹침은 큰 골판일 때 (②)골 이상, 작은 골판일 때 (③)골 이상으로 중도리에 직접 걸친다.

① _____ ② _____ ③ _____

5
① 15cm
② 0.5
③ 1.5

---

06 석면 슬레이트 골판 잇기에 대한 설명으로 ( ) 안에 알맞은 숫자를 써넣으시오. (3점)

•95 ④

골판 잇기의 세로겹침은 지붕물매가 3/10~5/10 이상일 때 (①)~(②)cm 정도로 하고, 가로겹침은 큰 골판일 때 (③)골 이상, 작은 골판일 때 (④)골 이상 겹치기로 한다.

① _____ ② _____
③ _____ ④ _____

6
① 10
② 15
③ 0.5
④ 1.5

07 지붕 위의 빗물이 흘러가는 순서를 |보기|에서 골라 기호로 쓰시오. (6점) •91 ③, 92 ②

---| 보기 |---
㉮ 장식홈통   ㉯ 보호관
㉰ 처마홈통   ㉱ 낙수받이돌
㉲ 깔때기홈통   ㉳ 선홈통

정답

7
㉰ → ㉲ → ㉮ → ㉳ → ㉯ → ㉱

08 다음은 한식기와 잇기에 관한 설명이다. ( ) 안에 해당하는 용어를 써 넣으시오. (2점) •12 ①

한식기와 잇기에서 산자 위에서 펴 까는 진흙을 (①)(이)라 하며, 수키와 처마 끝에 막새 대신에 회진흙 반죽으로 둥글게 바른 것을 (②)(이)라 한다.

① _____   ② _____

8
① 알매흙
② 아귀토(와구토)

Lesson 28 방수공사

1 방수공사의 개요

1. 방수공사의 분류 및 종류

공법별 분류	장소별 분류	재료별 분류	방수형태별 분류
① 멤브레인방수	① 옥상방수	① 합성고분자방수	① 구조체방수
② 시멘트액체방수	② 바깥벽방수	② 아스팔트방수	② 방수층형성
③ 침투성방수	③ 지하실방수	③ 시멘트액체방수	③ 조인트실링방수
④ 금속판방수	④ 실내방수		
⑤ 실링방수			

2. 방수층에 사용되는 영문기호 [109]

1) 최초의 문자(방수층의 종류) (16②)

① A : 아스팔트 방수층(**A**sphalt)
② M : 개량 아스팔트 방수층(**M**odified Asphalt)
③ S : 합성고분자 시트 방수층(**S**heet)
④ L : 도막 방수층(**L**iquid)

2) -로 이어진 중간문자

(1) 아스팔트 방수층 혹은 개량아스팔트 방수층 (10①)

① Pr : 보행 등에 견딜 수 있는 보호층이 필요한 방수층(**Pr**otected)
② Mi : 최상층에 모래붙은 루핑을 사용한 방수층(**Mi**neral Surfaced)
③ Al : 바탕이 ALC 패널용의 방수층(**Al**c)
④ Th : 방수층 사이에 단열재를 삽입한 방수층(**Th**ermal Insulated)
⑤ In : 실내용 방수층(**In**door)

(2) 합성고분자 시트 방수층

① Ru : 합성고무계의 방수층(**Ru**bber)
② Pl : 합성수지계의 방수층(**Pl**astic)

핵심 Point

● 방수 공법의 요건 (참고)
① 방수성
② 물리적 열화성
③ 내화학적 열화성

● 건축공사표준시방서에서의 방수공사 표기 방법 중 각 공법에서 최초의 문자 A, M, S, L의 의미 (16②)
① A : 아스팔트 방수층
② M : 개량 아스팔트 방수층
③ S : 합성고분자 시트 방수층
④ L : 도막 방수층

● 아스팔트 방수층 혹은 개량 아스팔트 방수층에서 중간 문자의 의미 (10①)
① Pr : 보행 등에 견딜 수 있는 보호층이 필요한 방수층
② Mi : 최상층에 모래붙은 루핑을 사용한 방수층
③ Al : 바탕이 ALC 패널용의 방수층
④ Th : 방수층 사이에 단열재를 삽입한 방수층
⑤ In : 실내용 방수층

---

[109] KCS 41 40 01 방수공사 일반 (3.1), 국토교통부, 대한건축학회, 2021.

(3) 도막 방수층에서
  ① Ur : 우레탄고무(**Ur**ethane Rubber)
  ② Ac : 아크릴고무(**Ac**rylic Rubber)
  ③ Gu : 고무아스팔트(**Gu**m)

3) 최후의 문자(바탕과의 고정상태, 단열재의 유무 및 적용 부위) (05①, 09③)
  ① F : 바탕에 전면 밀착시키는 공법(**F**ully Bonded)
  ② S : 바탕에 부분적으로 밀착시키는 공법(**S**pot Bonded)
  ③ T : 바탕과의 사이에 단열재를 삽입한 방수층(**T**hermal Insulated)
  ④ M : 바탕과 기계적으로 고정시키는 방수층(**M**echanical Fastened)
  ⑤ U : 지하에 적용하는 방수층(**U**nderground)
  ⑥ W : 외부에 적용하는 방수층(**W**all)

3. 완성 시의 시험

방수공사의 완성 시에 담수시험을 한다.

☼ 2 멤브레인(Membrane)방수

1. 개요 (03③)

불투수성 피막을 형성하여 방수하는 공사를 총칭한다.

2. 종류 (99①, 02③, 04③)

① 아스팔트방수
② 개량아스팔트 시트방수
③ 합성고분자계 시트방수(시트방수)
④ 도막방수

☼ 3 아스팔트(Asphalt)방수

1. 개요 (96①, 97⑤)

① 아스팔트 펠트, 루핑 등을 용융아스팔트로 여러 겹 붙여 방수성능을 얻는 공법이다.
② 시공 시 인건비가 많이 들며, 방수효과는 보통이고 보호누름이 필요하다.

핵심 Point

● 건축공사표준시방서에서의 방수공사 표기 방법 중 각 공법에서 최후의 문자 F, M, S, U, T, W의 의미 (05①, 09③)
① F : 바탕에 전면 밀착시키는 공법
② S : 바탕에 부분적으로 밀착시키는 공법
③ T : 바탕과의 사이에 단열재를 삽입한 방수층
④ M : 바탕과 기계적으로 고정시키는 방수층
⑤ U : 지하에 적용하는 방수층
⑥ W : 외부에 적용하는 방수층

● 멤브레인방수의 정의 (03③)
불투수성 피막을 형성하여 방수하는 공사를 총칭하며, 아스팔트방수, 시트방수 및 도막방수가 여기에 해당된다.

● 멤브레인방수 공법 종류 (99①, 02③, 04③)
① 아스팔트방수
② 개량아스팔트 시트방수
③ 합성고분자계 시트방수(시트방수)
④ 도막방수

● 아스팔트방수의 설명 (96①, 97⑤)
시공 시 인건비가 많이 들며, 방수효과는 보통이고 보호누름이 필요하다.

【 아스팔트방수 】

2. 아스팔트의 침입도 (99②, 09①, 15①)

① 아스팔트의 경도를 나타내는 기준으로 아스팔트의 양부를 결정하는 데 있어 가장 중요하다.
② 표준조건 하에서 침의 1/10 mm 관입을 침입도 1로 한다.
③ 표준조건은 온도 25℃에서 하중 100 g의 추를 시간 5초 동안 바늘로 누를 때이다.
④ 침입도는 한냉지방 20~30, 온난지방 10~20이며, 보통 15이다.

3. 재료 (91③, 94③)

1) 아스팔트 프라이머(Asphalt Primer) (98②, 01②)

아스팔트(블로운 아스팔트)를 휘발성 용제로 녹인 것으로 방수시공시 밑바탕에 도포하여 모재와 방수층의 부착을 좋게 한다.

2) 아스팔트

(1) 스트레이트 아스팔트(Straight Asphalt) (98②, 01②)

저질이면서, 신축이 좋고, 접착력도 우수하지만, 연화점이 낮다. 지하실 등에 주로 사용한다.

(2) 블로운 아스팔트(Blown Asphalt) (98②, 01②)

중질이면서, 비교적 연화점이 높고, 온도에 예민하지 않으며, 가장 많이 사용된다. 지붕방수에 주로 사용한다.

(3) 아스팔트 컴파운드(Asphalt Compound) (90③, 96②, 98②, 01②, 09③, 17③)

① 양질이면서, 블로운 아스팔트에 동·식물성 기름이나 광물성 분말을 혼합하여 성질을 개량한 최우량품의 아스팔트이다.
② 고가이나 신축성과 유동성이 좋고 내산, 내후, 내열, 점착성이 좋다.

(4) 스트레이트 아스팔트와 블로운 아스팔트의 비교 (98④)

항목	스트레이트 아스팔트	블로운 아스팔트
침입도	크다	작다
상온신장도	크다	작다
부착력	크다	작다
탄력성	작다	크다

3) 아스팔트 펠트와 루핑

아스팔트 펠트	유기성 섬유를 펠트상으로 만든 원지에 가열 용융한 침투용 아스팔트를 통과시켜 만든 것이다.
아스팔트 루핑	원지에 아스팔트를 침투시킨 다음, 양면에 피복용 아스팔트를 도포하고 광물질 분말을 살포시켜 마무리한 것이다.

핵심 Point

● 방수용 아스팔트 품질 결정의 종류 (참고)
① 연화점
② 침입도
③ 침입도 지수
④ 증발질량 변화율
⑤ 인화점
⑥ 톨루엔 가용분
⑦ 취화점
⑧ 흘러내린 길이
⑨ 가열 안정성

● 침입도의 용어정의 (99②, 09①, 15①)
아스팔트의 경도를 나타내는 기준으로 아스팔트의 양부를 결정하는 데 있어 가장 중요하다.

● 아스팔트 방수재료의 종류 (91③, 94③)
① 아스팔트 프라이머
② 스트레이트 아스팔트
③ 블로운 아스팔트
④ 아스팔트 컴파운드
⑤ 아스팔트 펠트
⑥ 아스팔트 루핑

● 아스팔트 컴파운드의 정의 (90③, 96②, 17③)
블로운 아스팔트에 광물성, 동·식물섬유, 광물질가루, 섬유 등을 혼입한 것으로 아스팔트 방수재료 중 최우량품

● 아스팔트 방수공사의 재료 (98②, 01②)
① 아스팔트 프라이머 : 아스팔트를 휘발성 용제로 녹인 것으로 방수시공 시 밑바탕에 도포하여 모재와 방수층의 부착을 좋게 한다.
② 스트레이트 아스팔트 : 신축이 좋고 접착력도 우수하지만 연화점이 낮아 주로 지하실 등에 사용한다.
③ 블로운 아스팔트 : 비교적 연화점이 높고 온도에 예민하지 않으므로 지붕방수에 주로 사용한다.
④ 아스팔트 컴파운드 : 블로운 아스팔트에 동·식물성 기름이나 광물성 분말을 혼합하여 성질을 개량한 최우량품의 아스팔트이다.

4. 시공상 유의사항

1) 바탕의 물매 [110]

지붕 슬래브, 실내의 바닥 등에서 현장타설 철근콘크리트, 콘크리트 평판류, 아스팔트 콘크리트, 자갈 등으로 방수층을 보호할 경우, 바탕의 물매는 1/100~1/50로 하고, 방수층 마감을 보호도료 도포로 하거나 또는 마감하지 않을 경우에는 바탕의 물매를 1/50~1/20로 한다.

2) 바탕처리

① 구석, 모서리, 치켜올림 부분은 루핑재가 꺾이지 않고 부착이 잘 되게 하기 위하여 30~100 mm 정도로 둥글게 면접어 올린다.
② 바탕 모르타르는 모르타르 배합 1 : 3 정도, 두께 15 mm 이상 바르고 완전건조한 후, 방수층을 시공한다.

3) 프라이머 도포

바탕 완전건조 후 도포한다.

4) 아스팔트 도포 [111]

① 아스팔트의 용융온도는 접착력 저하방지를 위해 200 ℃ 이하가 되지 않도록 한다.
② 아스팔트의 사용량은 각 층에서 1.50 kg/m² 이상이다.

5) 펠트와 루핑의 시공상 유의사항

① 이음 길이 및 겹침 길이는 90 mm 이상이고, 엇갈림 시공한다.
② 귀, 모서리 등에서는 폭 300 mm 이상 덧붙인다.
③ 파라펫, 난간벽의 방수층 치켜올림 높이는 300 mm 이상으로 한다.

6) 드레인의 설치 [112]

① 드레인은 철근콘크리트, 프리캐스트콘크리트의 콘크리트 타설 전에 거푸집에 고정시켜 콘크리트에 매입한다.
② 드레인 몸체의 높이는 콘크리트 표면보다 약 30 mm 정도 내려서 설치한다.
③ 드레인은 기본 2개 이상을 설치하고, 또한 6 m 간격으로 설치한다.

핵심 Point

● 스트레이트 아스팔트와 블로운 아스팔트의 비교 (98④)

항목	스트레이트 아스팔트	블로운 아스팔트
침입도	크다	작다
상온신장도	크다	작다
부착력	크다	작다
탄력성	작다	크다

● 구석, 모서리 면접기 (참고)

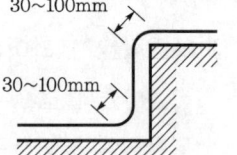

● 아스팔트방수에서 시공상 유의사항 (예상)
① 물흘림 경사는 1/100 이상이다.
② 면접기는 30~100 mm 정도이다.
③ 기온이 0 ℃ 이하일 때는 작업을 중지한다.
④ 펠트와 루핑의 이음, 겹침 길이는 90 mm 이상이다.
⑤ 파라펫, 난간벽의 방수층 치켜올림 높이는 300 mm 이상으로 한다.

● 펠트 겹치기 방법의 종류 (참고)
① 가로깔기
② 가로세로깔기
③ 비늘형 가로깔기

---

110) KCS 41 40 01 방수공사 일반 (3.1), 국토교통부, 대한건축학회, 2021.
111) KCS 41 40 02 아스팔트 방수공사 (3.3), 국토교통부, 대한건축학회, 2021.
112) KCS 41 40 01 방수공사 일반 (3.1), 국토교통부, 대한건축학회, 2021.

5. 시공순서 (84②, 87③, 91②, 02②, 10①, 15②)

방수층을 세분하지 않은 경우	바탕 모르타르 바름 → 아스팔트 방수층 시공 → 보호누름 → 보호 모르타르 시공
펠트와 루핑을 구분한 경우	AP → A → AF → A → AR → A → AR → A
펠트와 루핑을 구분하지 않은 경우	AP → A → AF → A → AF → A → AF → A

여기서, AP : 아스팔트 프라이머　　AF : 아스팔트 펠트
　　　　A : 아스팔트　　　　　　　AR : 아스팔트 루핑

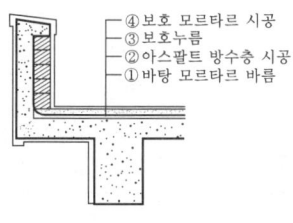
【방수층을 세분하지 않은 경우】

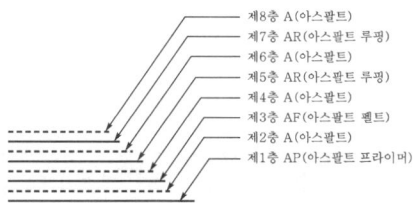
【펠트와 루핑을 구분한 경우】

핵심 Point

● 방수층을 세분하지 않은 경우의 옥상 아스팔트방수공사 시공순서 (84①, 00②, 05①)
① 바탕 모르타르 바름
② 아스팔트 방수층 시공
③ 보호누름
④ 보호 모르타르 시공

● 8층 아스팔트 방수공사 표준 시공순서 중 펠트와 루핑을 구분한 경우 (84②, 87③, 91②, 02②, 10①, 15②)
AP → A → AF → A → AR → A → AR → A

【시트방수】

● 시트방수의 정의 (95①, 97③, 00①)
구조체의 경미한 이동에 대처할 목적으로 신장률이 큰 합성고분자 재료로 제조된 시트상 루핑을 1겹 깔고 접착제를 붙여 방수하는 공법

● 시트방수의 방수층 형성원리 (09③, 11③)
구조체의 경미한 이동에 대처할 목적으로 신장률이 큰 합성고분자 재료로 제조된 시트상 루핑을 1겹 깔고 접착제를 붙여 방수하는 공법

● 시트방수의 설명 (96①, 97⑤)
신장성과 내후성이 우수하고 보호누름이 필요하며, 결함부의 발견이 매우 어렵다.

✦ 4 합성고분자 시트방수

1. 개요 (95①, 96①, 97③⑤, 00①, 09③, 11③, 12①, 19①②, 21③)

① 구조체의 경미한 이동에 대처할 목적으로 신장률이 큰 합성고분자 재료로 제조된 시트상 루핑을 1겹 깔고 접착제를 붙여 방수하는 공법이다. 간단히 시트방수라고도 한다.
② 신장성과 내후성이 우수하고, 보호누름이 필요하며 결함부의 발견이 매우 어렵다.
③ 방수성능이 우수하고 시공이 간간하며 공기단축이 가능하다.

2. 시트방수의 시공

1) 공법의 종류

노출 공법	비보행용의 노출형 방수로 내후성이 좋은 도료를 방수시트 위에 도장한다.
보호누름 공법 (피복 공법)	보행용의 피복된 방수로 경량콘크리트, 보호 모르타르 또는 보호 블록 등으로 보호누름하여 시공한다.
단열 공법	보호누름 공법에서 시트를 단열재 내부에 시공하는 것으로 외부환경에 의한 시트의 열화방지를 한다.

2) 시트방수 재료를 붙이는 방법 (91②, 97②, 04②)

① 온통접착 ② 줄접착
③ 점접착   ④ 갓접착

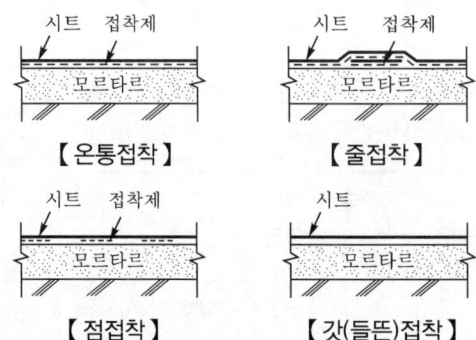

【온통접착】 【줄접착】 【점접착】 【갓(들뜬)접착】

3) 시트이음 방법 (94①, 96②, 98⑤, 04②)

겹침이음	맞댐이음
50 mm 이상 이음	100 mm 이상 이음

4) 시공순서

(1) Type (I) (94①, 96②⑤, 98⑤, 99③, 00⑤, 08③, 11②, 15①, 17②)

바탕처리 → 프라이머 칠 → 접착제 칠 → 시트붙이기 → 마무리

(2) Type (II) (00④, 05①, 13②)

바탕처리 → 단열재 깔기 → 접착제 도포 → 시트붙이기 → 보강붙이기 → 조인트 실(Seal) → 물채우기시험

(주) 드레인 주위의 처리에 있어 시트를 드레인의 몸체까지 끌어당겨 절단한 다음에 붙이고, 그 위를 덧붙임(보강붙이기)을 한다. 방수층의 끝 부분은 실링재(조인트 실)를 사용하여 처리한다.

5) 시공일반

현장에서 50 mm 높이로 24시간 동안 물채움으로 누수시험을 실시한다.

6) 주의사항

① 외기온이 5 ℃ 이하로 저온일 때는 접착력이 떨어지므로 시공하지 않는다.
② 풍속이 5 m/sec 이상일 때는 접착면에 오염의 우려가 있으므로 시공하지 않는다.

핵심 Point

● 시트방수의 장점과 단점 (12①, 19①②, 21③)

가. 장점
① 신장성과 내후성이 우수하다.
② 방수성능이 우수하다.
③ 시공이 간단하다.
④ 공기단축이 가능하다.

나. 단점
① 보호누름이 필요하다.
② 결함부의 발견이 어렵다.

● 시트방수 재료를 붙이는 방법 (91②, 97②, 04②)
① 온통접착 ② 줄접착
③ 점접착   ④ 갓접착

● 시트방수 공법의 설명 (94①, 96②, 98⑤)
① 일반적으로 시트재의 상호간의 이음은 겹침이음 또는 맞댐이음으로 하고, 각기 겹침 너비는 50mm 이상, 100 mm 이상이 필요하고 충분히 압착해야 한다.
② 시공순서는 바탕처리 → 프라이머 칠 → 접착제 칠 → 시트붙이기 → 마무리

● 시트이음 방법 (04②)
겹침이음은 50 mm 이상, 맞댐이음은 100 mm 이상 이음하고 충분히 압착한다.

● 시트방수 공법의 시공순서 (Type I) (94①, 96②⑤, 98⑤, 99③, 00⑤, 08③, 11②, 15①, 17②)
① 바탕처리
② 프라이머 칠
③ 접착제 칠
④ 시트붙이기
⑤ 마무리

● 시트방수 공법의 시공순서 (Type II) (00④, 05①, 13②)
① 바탕처리
② 단열재 깔기
③ 접착제 도포
④ 시트붙이기
⑤ 보강붙이기
⑥ 조인트 실
⑦ 물채우기시험

Lesson 28

5. 도막방수

1. 개요 (95①, 97③, 00①, 09③, 11③)

도료상의 방수재를 여러 번 칠하여 방수막을 형성하는 공법이다.

2. 재료에 따른 도막방수의 종류

유제형 도막방수	합성수지 유제를 여러 번 도포하여 도막을 형성한다.
용제형 도막방수	고무도료를 여러 번 도포하여 방수피막을 형성한다.
에폭시계 도막방수	에폭시수지를 여러 번 도포하여 도막을 형성한다.

3. 시공 방법(도포 방법)

라이닝 공법	유리섬유, 합성섬유 등의 망상포를 적층하여 도포한다.
코팅 공법	도막방수제를 단순히 도포한다.
셀프레벨링 공법	자체 유동성을 가진 도막재를 바닥에 부어 도포한다.

4. 보강포와 보호 완충재 113), 114)

1) 보강포 (04③)

도막 방수재와 병용하거나 시트 방수재의 심재로 사용하여 방수층을 보강하는 직포 혹은 부직포의 재료이며, 일반적으로 유리섬유 제품이나 합성섬유 제품을 사용한다.

2) 보호 완충재

지하 외벽의 방수층 표면에 설치하여 토사의 되메우기 시 충격 및 침하의 영향을 제어하는 재료이다.

6. 시멘트액체방수

1. 개요 (96①, 97⑤)

① 시멘트, 모르타르, 콘크리트에 방수제를 혼합하여 모체표면에 덧발라 방수하는 방법이다.
② 시공이 간단하며 비교적 저렴하게 시공할 수 있고, 결점부의 발견이 용이하다.

핵심 Point

- 도막방수의 정의 (95①, 97③, 00①)
  도료상의 방수재를 여러 번 칠하여 방수막을 형성하는 공법

- 도막방수의 방수층 형성 원리 (09③, 11③)
  도료상의 방수재를 여러 번 칠하여 방수막을 형성하는 공법

【옥상 도막방수】

- 보강포의 정의 (04③)
  도막 방수재와 병용하거나 시트 방수재의 심재로 사용하여 방수층을 보강하는 직포 혹은 부직포의 재료이며, 일반적으로 유리섬유 제품이나 합성섬유 제품을 사용한다.

- 보강포의 사용목적 (고)
  ① 구조체 균열에 의한 방수층 균열방지
  ② 크리프 파단에 의한 방수층 균열방지
  ③ 균일한 도막두께 확보
  ④ 치켜올림부, 경사부 방수재의 흘러내림방지

- 보호 완충재의 정의 (예상)
  지하 외벽의 방수층 표면에 설치하여 토사의 되메우기 시 충격 및 침하의 영향을 제어하는 재료이다.

- 시멘트액체방수의 설명 (96①, 97⑤)
  시공이 간단하며 비교적 저렴하게 시공할 수 있고, 결점부의 발견이 용이하다.

---

113) KCS 41 40 01 방수공사일반 (1.3), 국토교통부, 대한건축학회, 2021.
114) KCS 41 40 06 도막방수공사 (2.3), 국토교통부, 대한건축학회, 2021.

2. 시공순서 (84①, 88①, 94②)

구분	내용
제1공정 (액체방수 1차)	방수액 침투 → 시멘트 풀 → 방수액 침투 → 시멘트 모르타르
제2공정 (액체방수 2차)	제1공정의 반복

3. 아스팔트방수와 시멘트액체방수의 비교 (91①, 99③)

구분	아스팔트방수	시멘트액체방수
바탕처리	완전건조, 모르타르 바름	보통건조, 모르타르 바름 불필요
방수층 신축성	크다.	적다.
방수능력	신뢰도가 높다.	신뢰도가 낮다.
시공용이도	번잡하다.	용이하다.
시공시일	길다.	짧다.
균열 발생정도	안 생긴다.	잘 생긴다.
외기영향	적다.	직감적이다.
결함부 발견	용이하지 않다.	용이하다.
보수범위	광범위하다.	국부적이다.
공사비(경제성)	비싸다.	저렴하다.
보호누름	필요하다.	불필요(안 해도 무방)하다.
방수층 끝마무리	불확실하고 난점이 있다.	확실하고 간단하다.
방수층의 중량	무겁다.	가볍다.
재료취급, 성능판단	복잡하지만 명확하다.	간단하지만 신빙성이 적다.

(주1) **벽의 보호누름** : 벽돌, 철망 콘크리트
(주2) **바닥의 보호누름** : 모르타르, 철망 콘크리트

☀7 실링방수

1. 개요

건축물의 부재와 부재 접합부 줄눈에 충전하면 경화 후 양 부재에 접착하여 방수층을 형성하는 공법이다.

2. 충전줄눈의 종류

무브먼트가 큰 워킹 조인트와 무브먼트가 생기지 않거나, 발생하여도 거의 무시할 수 있는 논워킹 조인트가 있다.

(주) **무브먼트**(Movement) : 부재 접합부의 줄눈에 생기는 거동을 말한다.

핵심 Point

- 시멘트액체방수제의 품질에서 성능항목의 종류 (참고)
  ① 응결시간
  ② 안정성
  ③ 강도
  ④ 물흡수계수비
  ⑤ 투수비
  ⑥ 부착강도

- 시멘트액체방수 시공순서 (제1공정) (84①, 88①, 94②)
  ① 방수액 침투
  ② 시멘트 풀
  ③ 방수액 침투
  ④ 시멘트 모르타르

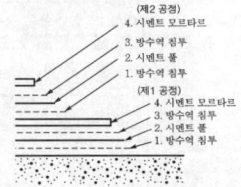

- 아스팔트방수와 시멘트액체방수의 비교 (91①)

구분	아스팔트 방수공사	시멘트 액체 방수공사
① 바탕처리	모르타르 바름	불필요
② 외기영향	적다.	직감적이다.
③ 방수층 신축성	크다.	적다.
④ 균열 발생	안 생김	잘 생김
⑤ 시공용이도	번잡	용이
⑥ 시공시일	길다.	짧다.
⑦ 보호누름	필요	안 해도 무방
⑧ 공사비	비싸다.	저렴하다.
⑨ 결함부발견	용이하지 않음	용이
⑩ 보수범위	광범위	국부적

- 아스팔트방수와 시멘트액체방수의 비교 (99③)

구분	아스팔트 방수	시멘트액체 방수
① 바탕처리	모르타르 바름	모르타르 바름 불필요
② 방수층의 신축성	크다.	적다.
③ 시공용이도	번잡	용이
④ 방수성능	신뢰도가 높다.	신뢰도가 낮다.
⑤ 보수범위	광범위	국부적

3. 실링재

1) 종류

구분		내용
정형실재 (성형실재)	비탄성형 (퍼티, Putty)	탄성 복원력이 적고, 새시 접합부에 사용된다.
	탄성형 (가스켓, Gasket)	① 지퍼 가스켓(Zipper Gasket) ② 그레이징 가스켓(Glazing Gasket) ③ 줄눈 가스켓(성형 줄눈재)
부정형 실재	비탄성형 (코킹, Caulking)	유성 코킹재와 아스팔트 코킹재가 있다.
	탄성형 (실란트, Sealant)	① 고점성 페이스트가 시간경화 후 고무성능으로 형성된다. ② 시공이 용이하다. ③ 내후성, 내수성, 내약품성이 우수하다. ④ 고층건물 커튼월의 창호 방수재료로 사용된다.

2) 실링재가 받는 열화요인과 하자요인

(1) 열화요인
  ① 기상조건으로부터의 요인
  ② 조인트 무브먼트에 따른 요인
  ③ 반복되는 피로에 기인한 요인

(2) 하자요인 (03①)
  ① 실링재 자신이 파단해 버리는 응집파괴
  ② 부재의 피착면으로부터 벗겨져 버리는 접착파괴
  ③ 도장의 변질, 접착부 줄눈주변의 오염

3) 실링재의 요구성능 (05②, 10①)
  ① 접착성
  ② 내구성
  ③ 내오염성

4) 시공 관련 용어 [115]

(1) 마스킹 테이프(Masking Tape)
  시공 중 바탕재의 오염방지와 줄눈의 선을 깨끗하게 마감하기 위해 사용하는 보호 테이프이다.

핵심 Point

● 실링방수에서 충전줄눈의 종류 (예상)
① 워킹 조인트
② 논워킹 조인트

● 실링재의 역할 (참고)
① 온도변화에 의한 부재의 신축흡수
② 수평력에 의한 층간변위 흡수
③ 방수재의 성능
④ 단열 및 차음 성능

● 실링재의 종류 (예상)
가. 정형실재
  ① 퍼티
  ② 가스켓
나. 부정형실재
  ① 코킹
  ② 실란트

● 가스켓의 종류 (예상)
① 지퍼 가스켓
② 그레이징 가스켓
③ 줄눈 가스켓

● 실링 방수재의 열화요인 (예상)
① 기상조건으로부터의 요인
② 조인트 무브먼트에 따른 요인
③ 반복되는 피로에 기인한 요인

● 실링 방수재의 주요 하자요인 (03①)
① 실링재 자신이 파단해 버리는 응집파괴
② 부재의 피착면으로부터 벗겨져 버리는 접착파괴
③ 도장의 변질, 접착부 줄눈주변의 오염

● 실링재의 요구성능 (05②, 10①)
① 접착성
② 내구성
③ 내오염성

---

[115] KCS 41 40 01 방수공사일반 (1.3), 국토교통부, 대한건축학회, 2021.

(2) 백업(Back-up)재

실링재의 줄눈깊이를 소정의 위치로 유지하기 위하여 줄눈에 충전하는 성형재료이다.

(3) 본드 브레이커(Bond Breaker)

실링재를 접착시키지 않기 위해 줄눈 바닥에 붙이는 테이프형의 재료이다.

8 바깥벽방수(외벽방수)

1. 개요

액체방수나 아스팔트방수로 하면 완전방수할 수 있으나, 시공이 어렵고 공사비가 고가이므로 보통 방수모르타르로 한다.

2. 블록 벽체(조적조벽체)의 누수(습기, 빗물침투)

1) 원인 및 대책 (94④, 98②, 15②, 18②, 20④)

원인	대책
① 이질재와의 접합부 불량 ② 사춤 모르타르의 충전 부족 ③ 치장줄눈의 시공 불량 ④ 물흘림, 물끊기 불량 ⑤ 조적조쌓기 완료 후 비계 장선 등의 구멍 메우기 불충분 ⑥ 채양 등 돌출부 위에 물이 괴는 부분에 접속되는 조적벽	① 구멍막이를 철저히 감시하고, 빈틈없이 모르타르를 채운다. ② 줄눈에서 사춤이 불충분할 수 있는 것은 그 시공을 더욱 면밀히 한다. ③ 채양 등의 돌출부 위에는 빗물이 급속히 빠지는 방법을 쓴다. ④ 물끊기는 깊이 파고, 물흘림 경사는 15° 이상으로 한다.

2) 외부 벽체에 대한 직접방수처리(외부방수) 방법 116) (03②, 05②, 08②, 14③, 18③, 22③)

① 피막도료칠(합성수지도료, 도막방수)
② 방수 모르타르바름(시멘트액체방수)
③ 타일, 판돌붙임(수밀재 붙임)

3) 외부 벽체에 대한 간접방수처리 방법 117)

① 이중벽(중공벽, 공간벽)
② 드라이 에어리어(Dry Area)
③ 방습층

---

116) 장기인, 「건축구조학」, 보성각, 1999, p.126.
117) 장기인, 「건축구조학」, 보성각, 1999, p.430.

핵심 Point

● 마스킹 테이프, 백업재, 본드 브레이커에 관한 용어 정의 (예상)

① 마스킹 테이프(Masking Tape) : 시공 중 구성재의 오염방지와 줄눈의 선을 깨끗하게 마감하기 위하여 사용하는 보호 테이프이다.
② 백업(Back-up)재 : 실링재의 줄눈깊이를 소정의 위치로 유지하기 위하여 줄눈에 충전하는 성형재료이다.
③ 본드 브레이커(Bond Breaker) : 실링재를 접착시키지 않기 위하여 줄눈 바닥에 붙이는 테이프형의 재료이다.

● 블록벽체(조적조벽체)의 습기, 빗물침투 원인
(94④, 98②, 15②, 18②, 20④)

① 이질재와의 접합부 불량
② 사춤 모르타르의 충전 부족
③ 치장줄눈의 시공 불량
④ 물흘림, 물끊기 불량
⑤ 조적조쌓기 완료 후 비계 장선 등의 구멍 메우기 불충분
⑥ 채양 등 돌출부 위에 물이 괴는 부분에 접속되는 조적벽

● 조적조벽체의 외부방수(직접방수처리) 방법
(03②, 05②, 08②, 14③, 18③, 22③)

① 피막도료칠(합성수지도료, 도막방수)
② 방수 모르타르바름(시멘트액체방수)
③ 타일, 판돌붙임(수밀재 붙임)

● 조적조에서 방습층의 종류 (참고)

① 방수 모르타르층
② 아스팔트 모르타르층(아스팔트방수층)
③ 수밀판 대기

Lesson 28

9. 지하실방수

1. 안방수 시공순서

① 구조체 완성　　② 방수층 설치
③ 보호누름　　　 ④ 보호 모르타르

2. 바깥방수 시공순서 (86②, 94④, 95③, 99④, 00⑤, 02③, 07①, 17①)

① 잡석다짐　　　　② 밑창콘크리트
③ 바닥방수층 시공　④ 보호층 시공
⑤ 바닥콘크리트 타설　⑥ (외)벽콘크리트 타설
⑦ 외벽방수층 시공　⑧ 보호누름 시공(벽돌쌓기)
⑨ 되메우기

3. 안방수와 바깥방수의 비교

(95⑤, 98④, 03③, 06①, 09③, 12②, 19③, 21①)

구분	안방수	바깥방수
사용환경	수압이 적고, 얕은 지하실	수압이 크고, 깊은 지하실
내수압성	적다.	크다.
보호누름	필요하다.	없어도 무방하다.
공사시기	자유롭다.	본 공사에 선행한다.
공사용이성	간단하다.	상당한 난점이 있다.
바탕 만들기	따로 만들 필요가 없다.	따로 만들어야 한다.
경제성(공사비)	저가이다.	고가이다.

10. 합성고분자방수

1. 개요

합성고무 또는 합성수지 재료를 사용하여 방수층을 형성하는 공법이다.

2. 공법 종류 (99②, 01③)

① 도막방수　　　② 시트방수
③ 실링방수　　　④ 수지혼화시멘트방수

핵심 Point

● 지하실 바깥방수 시공순서
(86②, 94④, 95③, 99④, 00⑤, 02③, 07①, 17①)
① 잡석다짐
② 밑창콘크리트
③ 바닥방수층 시공
④ 바닥콘크리트타설
⑤ 벽콘크리트 타설
⑥ 외벽방수층 시공
⑦ 보호누름 시공(벽돌쌓기)
⑧ 되메우기

● 지하실방수 중 안방수와 바깥방수의 장·단점 (95⑤, 03③, 06①, 12②)
① 안방수
  • 장점 : 공사시기가 자유롭고, 공사비가 저가이다.
  • 단점 : 수압이 적고 얕은 지하실에서 사용되며, 내수압성이 적다.
② 바깥방수
  • 장점 : 수압이 크고 깊은 지하실에서 사용되며, 내수압성이 크다.
  • 단점 : 공사시기가 본 공사에 선행하며, 공사비가 고가이다.

● 안방수와 바깥방수의 비교 (98④, 09③, 19③, 21①)

구분	안방수	바깥방수
사용환경	수압이 적고, 얕은 지하실	수압이 크고, 깊은 지하실
내수압성	적다.	크다.
보호누름	필요	없어도 무방
공사시기	자유롭다.	본공사에 선행
경제성	저가	고가

● 합성고분자방수 공법의 종류 (99②, 01③)
① 도막방수
② 시트방수
③ 실링방수
④ 수지혼화시멘트방수

기출 및 예상 문제

01 건축공사표준시방서에서의 방수공사 표기 방법 중 각 공법에서 최초의 문자는 방수층의 종류를 의미한다. 이에 사용되는 영문 기호 A, M, S, L의 의미를 설명하시오. (4점)   •16 ②

① A : _____
② M : _____
③ S : _____
④ L : _____

정답

1
① A : 아스팔트 방수층
② M : 개량 아스팔트 방수층
③ S : 합성고분자 시트 방수층
④ L : 도막 방수층

02 건축공사 표준시방서에서 아스팔트 방수공사시 기호로 방수재질 및 위치 등을 나타낸다. Pr, Mi, Al, Th, In의 영문기호에 관한 뜻을 쓰시오. (5점)   •10 ①

① Pr : _____
② Mi : _____
③ Al : _____
④ Th : _____
⑤ In : _____

2
① Pr : 보행 등에 견딜 수 있는 보호층이 필요한 방수층
② Mi : 최상층에 모래붙은 루핑을 사용한 방수층
③ Al : 바탕이 ALC패널용의 방수층
④ Th : 방수층 사이에 단열재를 삽입한 방수층
⑤ In : 실내용 방수층

03 건축공사표준시방서에서의 방수공사 표기 방법 중 각 공법에서 최후의 문자는 각 방수층에 대하여 공통으로 고정상태, 단열재의 유무 및 적용부위를 의미한다. 이에 사용되는 영문 기호 F, M, S, U, T, W 중 4개를 선택하여 그 의미를 설명하시오. (4점)   •05 ①, 09 ③

① _____
② _____
③ _____
④ _____

4
① F : 바탕에 전면 밀착시키는 공법(Fully Bonded)
② S : 바탕에 부분적으로 밀착시키는 공법(Spot Bonded)
③ T : 바탕과의 사이에 단열재를 삽입한 방수층 (Thermal Insulated)
④ M : 바탕과 기계적으로 고정시키는 방수층 (Mechanical Fastened)
⑤ U : 지하에 적용하는 방수층(Underground)
⑥ W : 외부에 적용하는 방수층(Wall)

Lesson 28

04 불투수성 피막을 형성하여 방수하는 공사를 총칭하며, 아스팔트방수, 시트방수 및 도막방수가 여기에 해당된다. 이를 나타내는 용어는? (1점)
•03 ③

정답

4
멤브레인방수

05 다음은 방수공사에 대한 설명으로 ( ) 안에 알맞은 용어를 쓰시오. (4점)
•04 ③

가. 멤브레인 방수층이란 불투수성 피막을 형성하며 방수하는 공사를 총칭하며, (①), (②), (③)가 여기에 해당된다.

나. 도막 방수재와 병용하여 방수층을 보강하는 재료로서 일반적으로 유리섬유 제품이나 합성섬유 제품을 사용한다. 이것을 (④)(이)라 한다.

5
① 아스팔트방수
② 개량아스팔트 시트방수
③ 합성고분자계 시트방수 (시트방수) 혹은 도막방수
④ 보강포

06 방수공사에 사용되는 재질에 의한 분류 중 멤브레인 방수공사의 종류를 3가지 쓰시오. (3점)
•99 ①, 02 ③

① _____ ② _____ ③ _____

6
① 아스팔트방수
② 개량아스팔트 시트방수
③ 합성고분자계 시트방수(시트방수)
④ 도막방수

07 다음 설명과 같은 방수 공법을 |보기|에서 골라 쓰시오. (3점)
•96 ①, 97 ⑤

┤보기├
㉮ 아스팔트방수   ㉯ 시멘트액체방수   ㉰ 시트방수

① 시공이 간단하며, 비교적 저렴하게 시공할 수 있고 결점부의 발견이 용이하다.
② 신장성과 내후성이 우수하고 보호누름이 필요하며, 결점부의 발견이 매우 어렵다.
③ 시공시 인건비가 많이 들며, 방수효과는 보통이고 보호누름이 필요하다.

① _____ ② _____ ③ _____

7
① ㉯
② ㉰
③ ㉮

08 '침입도'에 대하여 간략하게 설명하시오. (2점) •92 ②, 09 ①, 15 ①

_____

정답

8
아스팔트의 경도를 나타내는 기준으로 아스팔트의 양부를 결정하는 데 있어 가장 중요하다.

09 아스팔트 방수재료의 종류를 3가지만 쓰시오. (3점) •91 ③, 94 ③

① _____ ② _____ ③ _____

9
① 아스팔트 프라이머
② 스트레이트 아스팔트
③ 블로운 아스팔트
④ 아스팔트 컴파운드
⑤ 아스팔트 펠트
⑥ 아스팔트 루핑

10 다음 설명이 뜻하는 용어를 쓰시오. (2점) •09 ③, 17 ③

> 블로운 아스팔트에 광물성, 동·식물섬유, 광물질 가루 등을 혼입하여 유동성을 부여한 것

_____

10
아스팔트 컴파운드
(Asphalt Compound)

11 다음 아스팔트 방수공사의 재료에 관한 명칭을 쓰시오. (4점) •98 ②, 01 ②

① 블로운 아스팔트에 동식물성 기름과 광물성 분말을 혼합하여 성질을 개량한 최우량품의 아스팔트이다.
② 아스팔트를 휘발성 용제로 녹인 것으로 방수 시공시 밑바탕에 도포하여 모재와 방수층의 부착을 좋게 한다.
③ 비교적 연화점이 높고 온도에 예민하지 않으므로 지붕방수에 주로 사용한다.
④ 신축이 좋고 접착력도 우수하지만 연화점이 낮아 주로 지하실 등에 사용한다.

① _____ ② _____
③ _____ ④ _____

11
① 아스팔트 컴파운드
② 아스팔트 프라이머
③ 블로운 아스팔트
④ 스트레이트 아스팔트

Lesson 28

12 스트레이트 아스팔트와 블로운 아스팔트의 항목별 대소를 표시하시오. (>, <) (4점)   •98 ④

① 침입도 : 스트레이트 아스팔트 (   ) 블로운 아스팔트
② 상온신장도 : 스트레이트 아스팔트 (   ) 블로운 아스팔트
③ 부착력 : 스트레이트 아스팔트 (   ) 블로운 아스팔트
④ 탄력성 : 스트레이트 아스팔트 (   ) 블로운 아스팔트

정답

12
① 침입도   (>)
② 상온신장도   (>)
③ 부착력   (>)
④ 탄력성   (<)

13 다음은 옥상에 아스팔트 방수공사를 한 그림이다. 콘크리트 바탕으로부터 최상부 마무리까지의 시공순서의 명칭을 번호에 맞추어 쓰시오. (단, 아스팔트방수층 시공순서는 세분하지 않는다.) (4점)

•84 ①, 00 ②, 05 ①

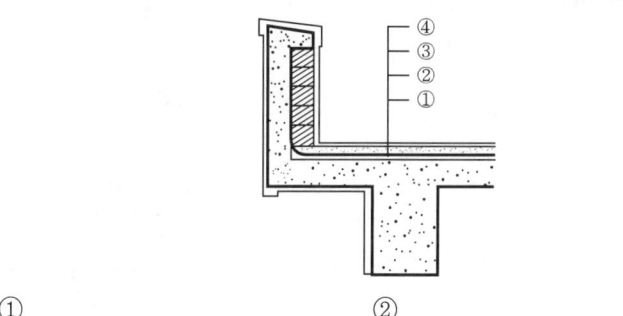

① _____ ② _____
③ _____ ④ _____

13
① 바탕 모르타르 바름
② 아스팔트 방수층 시공
③ 보호 누름
④ 보호 모르타르 시공

14 다음은 아스팔트 8층 방수공사의 방수층을 하층에서부터 상층으로 사용하는 재료를 기입한 것이다. 각 층에 알맞은 재료를 기입하시오. (4점)

•84 ②, 87 ③, 91 ②, 02 ②, 10 ①, 15 ②

가. 1층 : (①   )   2층 : 아스팔트
나. 3층 : (②   )   4층 : (③   )
다. 5층 : (④   )   6층 : 아스팔트
라. 7층 : 아스팔트 루핑   8층 : (⑤   )

14
① 아스팔트 프라이머
② 아스팔트 펠트
③ 아스팔트
④ 아스팔트 루핑
⑤ 아스팔트

15 다음 공법에 대하여 기술하시오. (4점)　　•95 ①, 97 ③, 00 ①

　① 도막방수 : _____

　② 시트방수 : _____

16 다음 공법의 방수층 형성원리에 대하여 기술하시오. (4점)
　　　　　　　　　　　　　　　　　　　　•09 ③, 11 ③

　① 도막방수 : _____

　② 시트방수 : _____

17 시트방수의 장·단점을 각각 2가지씩 쓰시오. (4점)
　　　　　　　　　　　　　　　•12 ①, 19 ①②, 21 ③

　가. 장점
　　① _____
　　② _____

　나. 단점
　　① _____
　　② _____

18 시트방수재료를 붙이는 방법을 3가지 쓰시오. (3점)　•91 ②, 97 ②

　① _____　② _____　③ _____

19 시트방수공사에서 시트방수재를 붙이는 방법 3가지를 쓰고, 시트이음 방법을 설명하시오. (4점)　　　　　　　　　•04 ②

　가. 붙이는 방법
　　① _____　② _____　③ _____

　나. 시트이음 방법 : _____
　　_____

정답

15
① 도막방수 : 도료상의 방수재를 여러 번 칠하여 방수막을 형성하는 공법
② 시트방수 : 구조체의 경미한 이동에 대처할 목적으로 신장률이 큰 합성고분자 재료로 제조된 시트상 루핑을 1겹 깔고 접착제를 붙여 방수하는 공법

16
① 도막방수 : 도료상의 방수재를 여러 번 칠하여 방수막을 형성하는 공법
② 시트방수 : 구조체의 경미한 이동에 대처할 목적으로 신장률이 큰 합성고분자 재료로 제조된 시트상 루핑을 1겹 깔고 접착제를 붙여 방수하는 공법

17
가. 장점
① 신장성과 내후성이 우수하다.
② 방수성능이 우수하다.
③ 시공이 간단하다.
④ 공기단축이 가능하다

나. 단점
① 보호누름이 필요하다.
② 결함부의 발견이 매우 어렵다.

18
① 온통접착
② 줄접착
③ 점접착
④ 갓접착

19
가. 붙이는 방법
① 온통접착
② 줄접착
③ 점접착
④ 갓접착

나. 시트이음 방법 : 겹침이음은 50mm 이상, 맞댐이음은 100mm 이상을 이음하고 충분히 압착한다.

Lesson 28

20 다음은 시트방수(Sheet Water Proof) 공법에 대한 설명이다. ( ) 안에 알맞은 말을 쓰시오. (4점)
• 94 ①, 96 ②, 98 ⑤, 08 ③

가. 일반적으로 시트재의 상호간의 이음은 (①) 또는 (②)으로 하고, 각기 겹침 너비는 50 mm 이상, 100 mm 이상이 필요하고 충분히 압착해야 한다.

나. 시공순서는 바탕처리 → (③) → 접착제 칠 → (④) → 마무리

① _____ ② _____
③ _____ ④ _____

정답

20
① 겹침이음
② 맞댐이음
③ 프라이머 칠
④ 시트붙이기

21 시트(Sheet)방수 공법의 시공순서를 쓰시오. (3점)
• 96 ⑤, 99 ③, 00 ⑤, 08 ③, 11 ②, 15 ①, 17 ②

바탕처리 → (①) → 접착제 칠 → (②) → (③)

① _____ ② _____ ③ _____

21
① 프라이머 칠
② 시트붙이기
③ 마무리

22 시멘트액체방수층의 공정순서를 4가지로 구분하여 쓰시오. (단, 도막형성을 이루는 공정에 한함.) (4점)
• 84 ①, 88 ①, 94 ②

① _____ ② _____
③ _____ ④ _____

22
① 방수액 침투
② 시멘트 풀
③ 방수액 침투
④ 시멘트 모르타르

23 다음은 시트방수공사의 항목들이다. |보기|에서 시공순서대로 기호를 나열하시오. (4점)
• 00 ④, 05 ①, 13 ②

|보기|
㉮ 단열재 깔기   ㉯ 접착제 도포   ㉰ 조인트 실(Seal)
㉱ 물채우기시험 ㉲ 보강붙이기   ㉳ 바탕처리
㉴ 시트붙이기

23
㉳ → ㉮ → ㉯ → ㉴ → ㉲ → ㉰ → ㉱

24 아스팔트방수와 시멘트액체방수의 특징을 보기에서 골라 쓰시오. (5점)

내용	아스팔트 방수공사	시멘트액체 방수공사	보기	
㉮ 바탕처리			① 모르타르 바름	② 불필요
㉯ 외기영향			① 직감적이다.	② 적다.
㉰ 방수층 신축성			① 크다.	② 작다.
㉱ 균열발생			① 잘 생김	② 안 생김
㉲ 시공용이			① 용이	② 번잡
㉳ 시공시일			① 길다.	② 짧다.
㉴ 보호누름			① 필요	② 안 해도 무방
㉵ 공사비			① 비싸다.	② 저렴하다.
㉶ 결함부 발견			① 용이	② 용이하지 않음
㉷ 보수범위			① 광범위	② 국부적

정답

24

내용	아스팔트 방수공사	시멘트액체 방수공사
㉮ 바탕처리	①	②
㉯ 외기영향	②	①
㉰ 방수층 신축성	①	②
㉱ 균열발생	②	①
㉲ 시공용이	②	①
㉳ 시공시일	①	②
㉴ 보호누름	①	②
㉵ 공사비	①	②
㉶ 결함부 발견	②	①
㉷ 보수범위	①	②

25 실링 방수재의 주요 하자요인을 크게 3가지로 분류하시오. (3점)

① _____
② _____
③ _____

25
① 실링재 자신이 파단해 버리는 응집파괴
② 부재의 피착면으로부터 벗겨져 버리는 접착파괴
③ 도장의 변질, 접착부 줄눈 주변의 오염

26 아스팔트방수와 시멘트액체방수를 다음의 관점에서 각각 비교하시오. (5점)

구분	아스팔트방수	시멘트액체방수
① 바탕처리		
② 방수층의 신축성		
③ 시공용이도		
④ 방수성능		
⑤ 보수범위		

26

구분	아스팔트 방수공사	시멘트액체 방수공사
① 바탕처리	모르타르 바름	모르타르 바름 불필요
② 방수층의 신축성	크다.	적다.
③ 시공용이도	번잡	용이
④ 방수성능	신뢰도가 높다.	신뢰도가 낮다.
⑤ 보수범위	광범위	국부적

27 실링 방수재가 수밀성과 기밀성을 확보하면서 방수제로서 기능을 만족하고, 미를 장기적으로 유지시키기 위해서 요구되는 실링 방수재의 품질성능 요소를 3가지 쓰시오. (3점)   •05 ②, 10 ①

① _____ ② _____ ③ _____

정답

27
① 접착성
② 내구성
③ 내오염성

28 블록 벽체의 결함 중 습기, 빗물 침투현상의 원인을 4가지 쓰시오. (4점)   •94 ④, 98 ②, 15 ②, 18 ②, 20 ④

① _____ ② _____
③ _____ ④ _____

28
① 이질재와의 접합부 불량
② 사춤 모르타르의 충전 부족
③ 치장줄눈의 시공 불량
④ 물흘림, 물끊기 불량
⑤ 조적조쌓기 완료 후 비계장선 등의 구멍 메우기 불충분
⑥ 채양 등 돌출부 위에 물이 괴는 부분에 접속되는 조적벽

29 지하실 바깥방수 시공순서를 |보기|에서 골라 번호를 쓰시오. (5점)   •86 ②, 94 ④, 00 ⑤, 07 ①, 17 ①

┤보기├
㉮ 밑창(버림) 콘크리트   ㉯ 잡석다짐
㉰ 바닥 콘크리트   ㉱ 보호누름 벽돌쌓기
㉲ 외벽 콘크리트   ㉳ 외벽방수
㉴ 되메우기   ㉵ 바닥방수층 시공

29
㉯ → ㉮ → ㉵ → ㉰ → ㉲ → ㉳ → ㉱ → ㉴

30 기존의 멤브레인(Membrane) 계통의 방수를 하지 않고 수중, 지하구조물의 콘크리트 강도 증진 및 수밀성, 내구성 향상과 콘크리트 성능 개선 효과 등을 동시에 얻고자 콘크리트 구조물 단면 전체를 방수화 하는 공법의 명칭을 쓰시오. (3점)   •20 ④, 21 ③

30
구체방수, 콘크리트구체방수 또는 수밀콘크리트
(주) 콘크리트에 방수제를 혼입하여 방수효과를 갖는 것은 방수공사가 아닌 콘크리트공사에 해당되며, 이러한 방법은 구체방수 또는 수밀콘크리트(KCS 14 20 30, KS F 4926)라 할 수 있다.

31 조적조를 바탕으로 하는 지상부 건축물의 외부벽면 방수 방법의 내용을 3가지 쓰시오. (3점)   •03 ②, 05 ②, 08 ②, 14 ③, 18 ③, 22 ③

① _____ ② _____ ③ _____

30
① 피막도료칠(도막방수)
② 방수 모르타르바름(시멘트 액체방수)
③ 타일, 판돌붙임(수밀재 붙임)

32. 지하실 바깥방수법의 시공 공정순서를 쓰시오. (3점)

•95 ③, 99 ④, 02 ③

"밑창 콘크리트 → (①) → 바닥 콘크리트 타설 → 벽콘크리트 → (②) → (③) → 되메우기"

① _____ ② _____ ③ _____

정답 32
① 바닥방수층 시공
② 외벽방수층 시공
③ 보호누름 시공

33. 지하실방수 공법으로서 바깥방수와 안방수의 장단점을 비교하여 설명하시오. (4점)

•95 ⑤, 03 ③, 06 ①, 12 ②

가. 안방수
① 장점 : _____
② 단점 : _____

나. 바깥방수
① 장점 : _____
② 단점 : _____

정답 33
가. 안방수
① 장점 : 공사시기가 자유롭고 공사비가 저가이다.
② 단점 : 수압이 적고 얕은 지하실에서 사용되며 내수압성이 적다.
나. 바깥방수
① 장점 : 수압이 크고 깊은 지하실에서 사용되며 내수압성이 크다.
② 단점 : 공사시기가 본 공사에 선행하며, 공사비가 고가이다.

34. 지하실 외벽의 경우에 안방수와 바깥방수를 다음의 관점에서 각각 비교하여 쓰시오. (5점)

•98 ④, 09 ③, 19 ③, 21 ①

구분	안방수	바깥방수
① 사용환경		
② 내수압성		
③ 보호누름		
④ 공사시기		
⑤ 경제성		

정답 34

구분	안방수	바깥방수
① 사용환경	수압이 적고 얕은 지하실	수압이 크고 깊은 지하실
② 내수압성	적다.	크다.
③ 보호누름	필요	없어도 무방
④ 공사시기	자유롭다.	본 공사에 선행
⑤ 경제성	저가	고가

35. 합성고분자방수 공법의 종류에 대해서 3가지 쓰시오. (3점)

•99 ②, 01 ③

① _____ ② _____ ③ _____

정답 35
① 도막방수
② 시트방수
③ 실링방수
④ 수지혼화시멘트방수

X

미장 및 타일공사

Lesson 29 미장공사
Lesson 30 타일공사

Lesson 29. 미장공사

☼ 1 미장재료

1. 개요

회반죽, 모르타르 등을 건물의 벽, 바닥, 천장 등에 바르는 것이다.

2. 용어정의 [118]

용어	정의
바탕처리 (87②, 06③, 08①, 12②)	요철 또는 변형이 심한 개소를 고르게 손질바름하여 마감두께가 균등하게 되도록 조정하고 균열 등을 보수하는 것이다.
바탕누름	바탕의 조정을 목적으로 실러를 뿌리거나, 바르기 좋도록 프라이머를 칠하는 것이다.
덧먹임 (87②, 06③, 08①, 12②)	바르기의 접합부 또는 균열의 틈새, 구멍 등에 반죽된 재료를 밀어 넣어 때워주는 것이다.
눈먹임	작업면의 종석이 빠져나간 구멍부분 및 기포를 메우기 위해 반죽을 작업면에 발라 밀어 넣어 채우는 것이다.
고름질	바름두께 또는 마감두께가 두꺼울 때 또는 요철이 심할 때 초벌바름 위에 발라 붙여주는 것 또는 그 바름층이다.
라스먹임	메탈라스, 와이어라스 등의 바탕에 모르타르 등을 최초로 발라 붙이는 것이다.
리그노이드스톤 (Lignoid Stone) (90②, 04②)	마그네시아시멘트 모르타르에 탄성재인 코르크 분말, 안료 등을 혼합한 미장재료이며 벽면, 천장 등에는 부적당하고 바닥 포장재로 주로 사용된다.
스터코(Stucco)	흙손 바르기 성형이 가능한 가소성 재료로서 굳으면 건물 외벽이나 외부 표면에 단단한 피복면이 되는 것이다.
손질바름 (14②, 20⑤)	콘크리트, 콘크리트블록 바탕에서 초벌바름하기 전에 마감두께를 균등하게 할 목적으로 모르타르 등으로 미리 요철을 조정하는 것이다.
실러바름 (14②, 20⑤)	바탕의 흡수 조정, 바름재와 바탕과의 접착력 증진 등을 위하여 합성수지 에멀션 희석액 등을 바탕에 바르는 것이다.
바름두께	미장 층별로 발라 붙이는 바름층 각각의 두께이다.
마무리두께 (마감두께)	전체 바름층의 두께이다. 바탕의 표면에서부터 측정하는 것으로 라스먹임의 바름두께는 포함하지 않는다.
미장두께	각 미장층별로 발라 붙인 면적에 대한 평균 바름두께이다.

핵심 Point

● 미장재료의 요구조건 (예상)
① 평편도
② 부착강도
③ 균열방지
④ 미관
⑤ 시공용이성
⑥ 유지관리의 편리성

● 바탕처리의 용어정의 (87②, 06③, 08①, 12②)
요철 또는 변형이 심한 개소를 고르게 손질바름하여 마감두께가 균등하게 되도록 조정하고 균열 등을 보수하는 것이다.

● 덧먹임의 용어정의 (87②, 06③, 08①, 12②)
바르기의 접합부 또는 균열의 틈새, 구멍 등에 반죽된 재료를 밀어 넣어 때우는 것이다.

● 리그노이드스톤(Lignoid Stone)의 용어정의 (90②, 04②)
마그네시아시멘트 모르타르에 탄성재인 코르크 분말, 안료 등을 혼합한 미장재료이다.

● 손질바름과 실러바름의 용어정의 (14②, 20⑤)
① 손질바름 : 콘크리트, 콘크리트블록 바탕에서 초벌바름하기 전에 마감두께를 균등하게 할 목적으로 모르타르 등으로 미리 요철을 조정하는 것이다.
② 실러바름 : 바탕의 흡수 조정, 바름재와 바탕과의 접착력 증진 등을 위하여 합성수지 에멀션 희석액 등을 바탕에 바르는 것이다.

---

[118] KCS 41 46 01 미장공사 일반 (1,3), 국토교통부, 대한건축학회, 2021.

3. 미장재료의 구분

1) 기경성 및 수경성 (90③, 92①, 96②⑤, 99①③, 00①, 05①, 12②, 13③, 20⑤)

구분			내용
기경성	진흙질	진흙질	진흙+모래+짚여물+물
		새벽	새벽흙+모래+여물+해초풀+물
	석회질	회반죽	소석회+모래+여물+해초풀+물
		회사벽	강회를 피어 만든 소석회+모래+여물+해초풀+물
		돌로마이트 플라스터	① 돌로마이트 석회+모래+여물+물 ② 마그네시아 석회라고도 한다.
수경성	석고질	순석고 플라스터	① 순석고+모래+여물+물 ② 중성이며 경화가 빠르다.
		혼합석고 플라스터	① 혼합석고+모래+여물 ② 알칼리성이며 경화가 보통이다.
		무수석고 플라스터	① 무수석고+모래+여물+물 ② 경석고 플라스터 또는 킨즈시멘트(Keen's Cement)라고도 함 ③ 산성이며 강도가 크다. ④ 수축이 거의 없어 동절기 공사가 가능하다.
	시멘트질	모르타르	시멘트+모래+물
용액성 간수	고토질	마그네시아 시멘트	① 마그네시아 시멘트는 물만으로 경화하지 않고 용액성 간수를 사용한다. ② 단시간에 응결 및 경화하고 견고하며 반투명의 광택이 나고 아름답고 착색이 용이하다.

(주1) 기경성은 진흙처럼 공기 중에서 탄산가스와 반응하여 굳어지는 성질이다.
(주2) 수경성은 시멘트처럼 물에 의하여 굳어지는 성질이다.

2) 알칼리성 미장재료 (90④, 91②)

① 시멘트 모르타르   ② 회반죽
③ 돌로마이트 플라스터   ④ 혼합석고 플라스터

4. 미장혼화재료

해초풀	(1) 은행초, 미역 및 해초를 끓여 만든 풀이다. (2) 역할(목적) (95②, 99④) ① 점도(점착력) 증대 ② 바탕재의 흡수 방지 ③ 건조 후 강도 증대 ④ 부착력 증대
여물	(1) 미장재료로 사용되는 섬유질재료이다. (2) 역할(목적) (95②, 99⑤) ① 잔금 방지(균열 방지) ② 재료의 끈기 유지 ③ 탈락(떨어짐) 방지 ④ 강도 보강

핵심 Point

● 기경성 및 수경성 미장재료의 종류 (90③, 92①, 96②⑤, 99①③, 00①, 05①, 12②, 13③)

가. 기경성 미장재료의 종류
① 진흙질
② 회반죽
③ 돌로마이트 플라스터
④ 아스팔트 모르타르
⑤ 마그네시아 시멘트

나. 수경성 미장재료의 종류
① 순석고 플라스트
② 킨즈시멘트 (무수석고 플라스터)
③ 시멘트 모르타르

● 경화에 따라 수축성, 팽창성으로 분류 (92①)

가. 수축성
① 진흙
② 회반죽
③ 돌로마이트 플라스트
④ 시멘트 모르타르

나. 팽창성
① 석고 플라스터
② 마그네시아 시멘트

● 알칼리성 미장재료 (90④, 91②)
① 시멘트 모르타르
② 회반죽
③ 돌로마이트 플라스터

● 해초풀과 여물의 역할 (95②, 99④)

가. 해초풀
① 점도(점착력) 증대
② 바탕재의 흡수 방지
③ 건조 후 강도 증대
④ 부착력 증대

나. 여물
① 잔금 방지
② 재료의 끈기 유지
③ 탈락 방지
④ 강도 보강

● 여물의 종류(참고)
① 백모여물
② 종이여물
③ 무명여물
④ 짚여물

Lesson 29 미장공사

2 시멘트 모르타르 바름

1. 모르타르의 종류 (90②, 93④, 95③, 96②, 98⑤, 00⑤, 01①, 04②, 07②)

종류		용도
보통 모르타르	① 보통 시멘트 모르타르	일반용
	② 백시멘트 모르타르	치장용
방수 모르타르	① 액체방수 모르타르	간이 방수용
	② 발수제 모르타르	간이 방수용
	③ 규산질 모르타르	충전용
특수 모르타르	① 바라이트 모르타르	방사선 차단용
	② 질석 모르타르	경량, 단열용
	③ 활석면(석면) 모르타르	보온, 불연용, 균열 방지용
	④ 합성수지혼화 모르타르	경도, 치밀성, 특수 치장용
아스팔트 모르타르		내산용, 바닥용

(주) 바라이트 모르타르 : 시멘트, 바라이트 분말, 모래로 혼합된 특수 모르타르로 방사선 차단용으로 사용된다.

2. 모르타르 바르기

1) 시공순서

(1) 일반적인 미장순서 (84②, 89①, 95④)

구분	내용
위치	위 → 아래
실내(내벽)	① 일반 : 천장 → 바닥 ② 실내 3면 : 천장 → 벽 → 바닥
실외(외벽)	① 일반 : 옥상난간 → 지층 ② 처마밑, 반자, 차양밑 : 처마 및 반자의 차양 밑 → 밑벽

(2) 시멘트 모르타르 벽체 3회 바름 시공순서 (92①, 93①)

① 바탕처리 ② 바탕청소
③ 재료비빔 ④ 초벌바름 및 라스먹임
⑤ 초벌바름방치 ⑥ 고름질
⑦ 재벌바름 ⑧ 정벌바름
⑨ 마무리 ⑩ 보양(양생)

(3) 시멘트 모르타르 바닥바름 시공순서 (91①)

① 청소 및 물씻기 ② 시멘트 페이스트 도포
③ 모르타르 바름 ④ 규준대 밀기
⑤ 나무흙손 고름질 ⑥ 쇠흙손 마감

핵심 Point

● 바라이트 모르타르의 용어 정의 (90②, 95③, 00⑤)
시멘트, 바라이트 분말, 모래로 혼합된 특수 모르타르로 방사선 차단용으로 사용된다.

● 각종 모르타르의 주요 용도 (93④, 96②, 98⑤, 01①, 04②, 07②)
① 바라이트 모르타르 : 방사선 차단용
② 질석 모르타르 : 경량, 단열용
③ 활석면 모르타르 : 보온, 불연용
④ 아스팔트 모르타르 : 내산 바닥용

● 실내 3면 미장 시공순서 (84②)
① 천장 ② 벽 ③ 바닥

● 미장바르기 순서 (89①)
미장 바르기 순서는 (위)에서부터 (아래)의 순으로 한다. 즉, 실내는 (천장, 벽, 바닥)의 순으로 하고 외벽은 옥상난간에서부터 (지층)의 순으로 한다.

● 미장바르기 순서 (95④)
왼손 및 오른손잡이를 막론하고 미장공사에 있어서 실내 미장바르기 순서는 천장)에서부터 (바닥)의 순서로 하고 외벽은 (위)에서부터 (아래)의 순으로 하며, 벽과 교차되는 처마밑, 반자, 차양밑 등의 부위에서는 (밑)을 먼저 바르고 그 (밑벽)의 순서로 진행한다.

● 시멘트 모르타르 벽체 3회 바름 시공순서 (92①, 93①)
① 바탕처리
② 바탕청소
③ 재료비빔
④ 초벌바름 및 라스먹임
⑤ 초벌바름방치
⑥ 고름질
⑦ 재벌바름
⑧ 정벌바름
⑨ 마무리
⑩ 보양(양생)

2) 모르타르 바르기 일반사항

(1) 초벌바름 및 라스먹임

① 초벌바름 전 물축이기를 한 후, 초벌먹임을 한다. 초벌바름 두께는 4.5~6 mm 정도이다.

② 바름면을 비, 작살 등으로 거친면 처리한다.

(2) 초벌바름 방치기간

초벌바름 및 라스먹임은 2주일 이상 가능한 한 장기간 방치한다.

(3) 고름질

초벌바름면의 두께 차가 심하거나 얼룩진 곳은 고름질 한다.

3. 시공일반 119)

1) 배합 및 보양

① 배합은 바탕에 가까운 바름층일수록 부배합으로 하고, 정벌바름에 가까울수록 빈배합으로 한다.

② 보양은 미장바름 주변의 온도가 5℃ 이하일 때는 원칙적으로 공사를 중단하거나 난방하여 5℃ 이상으로 유지한다.

2) 모르타르 바름두께 (99④, 03②, 05②)

바탕	바르는 곳	바름두께(mm)				
		초벌, 라스먹임	고름질	재벌바름	정벌바름	계
콘크리트 콘크리트블록 벽돌	바닥	–	–	–	24	24
	내벽	7	–	7	4	18
	천장 및 차양	6	–	6	3	15
	외벽 및 기타	9	–	9	6	24
각종 라스바탕	내벽	라스두께보다 2mm 내외 두껍게 바른다.	7	7	4	18
	천장 및 차양		6	6	3	15
	외벽 및 기타		0~9	0~9	6	24

(주1) 천장 부위의 미장바름은 6mm 이하의 두께로 얇게 마감한다.

※ 3 회반죽 바름

1. 시공일반

고름질 및 재벌바름은 초벌 10일 후, 재벌바름이 반건조된 후, 적당히 물축이면서 한다.

핵심 Point

● 시멘트 모르타르 바닥바름 시공순서 (91①)
① 청소 및 물씻기
② 시멘트 페이스트 도포
③ 모르타르 바름
④ 규준대 밀기
⑤ 나무흙손 고름질
⑥ 쇠흙손 마감

【바닥 모르타르 바름】

● 시멘트 모르타르 표면마무리 방법의 종류 (참고)
① 뿜칠 마무리
② 흙손 마무리
③ 솔질 마무리
④ 색 모르타르 바름 마무리
⑤ 긁어 만든 거친면 마무리

● 미장공사의 시공일반 (예상)
① 급속한 조기건조를 방지한다.
② 원칙적으로 바탕에 가까운 바름층일수록 부배합, 정벌바름에 가까울수록 빈배합으로 한다.
③ 보양시, 실내온도가 2℃ 이하일 때는 공사를 중단하거나 난방하여 5℃ 이상으로 유지한다.
④ 플라스터 바름에서 반죽의 가용시간은 수경성이고 경화가 빠르므로 물을 가한 후 초벌바름, 재벌바름은 2시간 이내, 정벌바름은 1시간 30분 이내 사용한다.
⑤ 플라스터 바름에서 반죽된 재료는 모래에 수분이 있으므로 섞은 후 2시간 이내에 사용한다.

● 시멘트 모르타르 바름두께 (99④)
① 미장공사시 1회의 바름두께는 바닥을 제외하고 6 mm를 표준으로 한다.
② 바닥, 외벽 : 24 mm
③ 내벽 : 18 mm
④ 천장, 차양 : 15 mm

---

119) KCS 41 46 02 시멘트 모르타르 바름(3.2, 3.3), 국토교통부, 대한건축학회, 2021.

2. 시공순서 (90③, 95①, 97③, 02③)

① 바탕처리
② 재료조정 및 반죽
③ 수염붙이기
④ 초벌바름
⑤ 고름질 및 덧먹임
⑥ 재벌바름
⑦ 정벌바름
⑧ 마무리 및 보양

4 인조석 바름과 테라조 바름

1. 인조석 바름

1) 재료

구분	내용
배합	시멘트, 종석, 돌가루, 안료, 물의 혼합물이다.
종석	화강석, 백회석, 대리석, 기타 자연석이다.
안료	퇴색하지 않는 내알칼리성이다.
돌가루(石粉)	부배합의 시멘트가 건조수축 시 발생하는 균열을 방지한다.

2) 인조석 바르기 마감의 종류 [120]

① 인조석 바름 씻어내기 마감 ② 인조석 갈아내기 마감
③ 인조석 바름 잔다듬 마감

2. 테라조 바름

1) 줄눈대 (94④, 02②)

줄눈대의 종류	① 황동재 ② 아연도금 철재 ③ 경금속재
줄눈대 대기	줄눈거리 간격은 최대 2 m, 보통 60~120 cm이며, 90 cm 정도가 적당하다.
줄눈 나누기	줄눈 나누기는 1.2 m² 이내로 하며, 최대 줄눈 간격은 2 m 이하로 한다.
줄눈대 설치 이유	① 바닥바름 구획 ② 균열 방지 ③ 부분보수 용이

2) 시공순서 (84②, 87②, 94②, 95②)

① 바탕처리
② 황동 줄눈대 설치
③ 테라조 종석 바름
④ 양생 및 경화
⑤ 초벌갈기
⑥ 시멘트풀 먹임
⑦ 정벌갈기
⑧ 왁스칠

---

120) KCS 41 46 05 인조석 바름 및 테라조 바름(3.4), 국토교통부, 대한건축학회, 2021.

5 바닥강화재 바름

1. 개요

금강사, 규사, 철분, 광물성 골재, 시멘트 등을 주재료로 하여 콘크리트 등 시멘트계 바탕의 내마모성, 내화학성 및 분진방지성 등의 증진을 목적으로 마감(하드너 마감이라고도 함)하는 바름공사이다.

2. 바닥 바탕의 증진성능(목적) (00④, 01③)

① 내마모성 증진
② 내화학성 증진
③ 분진방지성 증진

3. 형태에 따른 분류[121] (00④, 01③)

분류	내용
분말형 바닥강화재	콘크리트를 타설한 후 블리딩이 멈추고 응결(초결)이 시작될 때 바닥강화재를 손이나 분사용 기계를 이용하여 균일하게 살포하는 것이다.
침투식액상 바닥강화재	도포할 표면이 완전히 건조된 후 부드러운 솔이나 고무롤러, 뿜기계 등을 사용하여 콘크리트 표면에 바닥강화재가 최대한 골고루 침투되도록 도포하는 것이다.

4. 바닥강화재 바름의 시공 시 주의사항[122] (11①, 22②)

① 바닥강화 시공 시 외기기온이 5℃ 이하가 되면 작업을 중지한다.
② 타설된 면에 비나 눈의 피해가 없도록 보양 조치한다.

핵심 Point

● 셀프레벨링재 바름의 정의 (참고)
미장재료가 자체 유동성을 가지고 있어 바닥이 자연적으로 평탄하게 되는 바닥 바름공사이다.

● 셀프레벨링재의 종류 (참고)
① 석고계 셀프레벨링재
② 시멘트계 셀프레벨링재

● 바닥강화재의 형태에 따른 분류와 증진성능 (00④, 01③)

가. 형태에 따른 분류
① 분말형 바닥강화재
② 침투액상 바닥강화재

나. 증진성능
① 내마모성 증진
② 내화학성 증진
③ 분진방지성 증진

● 침투식액상 바닥강화재 바름의 시공 시 주의사항 (11①, 22②)
① 바닥강화 시공 시 외기기온이 5℃ 이하가 되면 작업을 중지한다.
② 타설된 면에 비나 눈의 피해가 없도록 보양 조치한다.

---

[121] KCS 41 46 13 바닥강화재 바름 (3.3), 국토교통부, 대한건축학회, 2021.
[122] KCS 41 46 14 바닥강화재 바름 (3.4), 국토교통부, 대한건축학회, 2021.

기출 및 예상 문제

01 다음은 미장공사에 대한 용어이다. 간략히 설명하시오. (4점)

•87 ②, 06 ③, 08 ①, 12 ②

① 바탕처리 : _____

② 덧먹임 : _____

정답

1
① 바탕처리 : 요철 또는 변형이 심한 개소를 고르게 손질바름하여 마감두께가 균등하게 되도록 조정하고 균열 등을 보수하는 것
② 덧먹임 : 바르기의 접합부 또는 균열의 틈새, 구멍 등에 반죽된 재료를 밀어 넣어 때우는 것

02 '리그노이드스톤(Lignoid Stone)'을 설명하시오. (2점)   •90 ②, 04 ②

_____

2
마그네시아시멘트 모르타르에 탄성재인 코르크 분말, 안료 등을 혼합한 미장재료

03 미장공사와 관련된 다음 용어를 설명하시오. (4점)   •14 ②, 20 ⑤

① 손질바름 : _____

② 실러바름 : _____

3
① 손질바름 : 콘크리트, 콘크리트블록 바탕에서 초벌바름하기 전에 마감두께를 균등하게 할 목적으로 모르타르 등으로 미리 요철을 조정하는 것
② 실러바름 : 바탕의 흡수 조정, 바름재와 바탕과의 접착력 증진 등을 위하여 합성수지 에멀션 희석액 등을 바탕에 바르는 것

04 미장재료에서 기경성과 수경성을 구분하여 각각 3가지씩 쓰시오. (6점)
•90 ③, 96 ②⑤, 99 ①③, 00 ①, 05 ①, 12 ②, 13 ③

가. 기경성 미장재료
① _____ ② _____ ③ _____

나. 수경성 미장재료
① _____ ② _____ ③ _____

4
가. 기경성 미장재료
① 진흙질
② 회반죽
③ 돌로마이트 플라스터
④ 아스팔트 모르타르

나. 수경성 미장재료
① 순석고 플라스트
② 킨즈시멘트
③ 시멘트 모르타르
(주) 킨즈시멘트는 무수석고 플라스터이다.

05 경화에 따라 팽창성, 수축성을 분류하시오. (5점)

보기
㉮ 마그네시아 시멘트   ㉯ 시멘트 모르타르
㉰ 진흙   ㉱ 석고 플라스터
㉲ 돌로마이트 플라스터   ㉳ 회반죽

① 수축성 : _____

② 팽창성 : _____

정답 5
① 수축성 : ㉯, ㉰, ㉲, ㉳
② 팽창성 : ㉮, ㉱

06 다음 미장재료 중 알칼리성을 띠는 재료를 |보기|에서 골라 기호로 쓰시오. (3점)

보기
㉮ 회반죽   ㉯ 돌로마이트 플라스터
㉰ 순석고 플라스터   ㉱ 킨즈시멘트(경석고 플라스터)
㉲ 시멘트 모르타르   ㉳ 마그네시아시멘트

정답 6
㉮, ㉯, ㉲

07 미장공사에서 여물과 해초풀의 역할에 대하여 기술하시오. (4점)

가. 여물 : _____

나. 해초풀 : _____

정답 7
가. 여물
 ① 잔금 방지
 ② 재료의 끈기 유지
 ③ 탈락 방지
 ④ 강도 보강
나. 해초풀
 ① 점도(점착력) 증대
 ② 바탕재의 흡수 방지
 ③ 건조 후 강도 증대
 ④ 부착력 증대

08 '바라이트 모르타르'를 설명하시오. (2점)

정답 8
시멘트, 바라이트 분말, 모래로 혼합된 특수 모르타르로 방사선 차단용으로 사용된다.

09 각종 모르타르의 용도에 대한 설명이다. ( ) 안에 알맞은 용어를 쓰시오. (4점)　•04 ②

> 경량구조용은 (①) 모르타르, 방사선 차단용은 (②) 모르타르, 보온·불연용은 (③) 모르타르, 내산 바닥용은 (④) 모르타르 등이 사용된다.

① _____　② _____
③ _____　④ _____

정답

9
① 질석
② 바라이트
③ 석면(활석면)
④ 아스팔트

10 다음 각종 모르타르에 해당하는 주요 용도를 |보기|에서 골라 쓰시오. (4점)　•93 ④, 96 ②, 98 ⑤, 01 ①, 04 ②, 07 ②

> ──────── 보기 ────────
> ㉮ 경량 단열용　　㉯ 내산 바닥용
> ㉰ 보온·불연용　　㉱ 방사선 차단용

① 아스팔트 모르타르 : _____
② 질석 모르타르 : _____
③ 바라이트 모르타르 : _____
④ 활석면 모르타르 : _____

11
① ㉯
② ㉮
③ ㉱
④ ㉰

11 다음 ( ) 안에 알맞은 말을 쓰시오. (6점)　•84 ②, 89 ①

> 미장 바르기 순서는 (①)에서부터 (②)의 순으로 한다. 즉 실내는 (③), (④), (⑤)의 순으로 하고 외벽은 옥상난간에서부터 (⑥)의 순으로 한다.

① _____　② _____　③ _____
④ _____　⑤ _____　⑥ _____

11
① 위
② 아래
③ 천장
④ 벽
⑤ 바닥
⑥ 지층

12 다음 ( ) 안에 알맞은 말을 써넣으시오. (3점) •95 ④

> 왼손 및 오른손잡이를 막론하고 미장공사에 있어서 실내 미장 바르기 순서는 (①)에서부터 (②)의 순서로 하고 외벽은 (③)에서부터 (④)의 순으로 하며, 벽과 교차되는 처마밑, 반자, 차양밑 등의 부위에서는 (⑤)을(를) 먼저 바르고 (⑥)의 순서로 한다.

① _____ ② _____ ③ _____
④ _____ ⑤ _____ ⑥ _____

정답
12
① 천장
② 바닥
③ 위
④ 아래
⑤ 밑
⑥ 밑벽

13 벽체에 시멘트 모르타르 3회 바름하는 미장공사의 시공순서를 쓰시오. (4점) •92 ①, 93 ①

> 바탕처리 → (①) → 재료비빔 → (②) → 초벌바름 방치기간 → (③) → (④) → 정벌바름 → (⑤) → (⑥)

① _____ ② _____ ③ _____
④ _____ ⑤ _____ ⑥ _____

13
① 바탕청소
② 초벌바름 및 라스먹임
③ 고름질
④ 재벌바름
⑤ 마무리
⑥ 보양

14 시멘트 모르타르 미장공사 중 바닥바름의 시공순서를 |보기|에서 골라 기호로 쓰시오. (3점) •91 ①

> ─┤ 보기 ├─
> ㉮ 모르타르 바름   ㉯ 규준대 밀기
> ㉰ 순시멘트 페이스트 도포   ㉱ 청소 및 물씻기
> ㉲ 나무흙손 고름질   ㉳ 쇠흙손 마감

14
㉱ → ㉰ → ㉮ → ㉯ → ㉲ → ㉳

15 미장공사에 관한 설명이다. (   ) 안을 채우시오. (4점)

> 미장공사시 1회의 바름두께는 바닥을 제외하고 (①)를 표준으로 한다. 바닥층 두께는 보통 (②)로 하고 안벽은 (③), 천장, 차양은 (④)로 한다.

① _____ ② _____
③ _____ ④ _____

정답 15
① 6mm
② 24mm
③ 18mm
④ 15mm

16 시멘트 모르타르 미장공사에서 채용되는 부위별 미장시 한계 두께를 mm단위로 쓰시오. (단, 콘크리트 바닥을 기준으로 함) (4점)

① 바닥 : _____ ② 천장 : _____
③ 내벽 : _____ ④ 외벽 : _____

정답 16
① 바닥 : 24mm
② 천장 : 15mm
③ 내벽 : 18mm
④ 외벽 : 24mm

17 다음 회반죽 미장의 시공순서를 기호로 쓰시오. (4점)

| 보기 |
| ㉮ 초벌바름   ㉯ 재료조정 및 반죽   ㉰ 정벌바름 |
| ㉱ 고름질 및 덧먹임   ㉲ 수염붙이기   ㉳ 재벌바름 |
| ㉴ 보양   ㉵ 마무리   ㉶ 바탕처리 |

정답 17
㉶ → ㉯ → ㉲ → ㉮ → ㉱ → ㉳ → ㉰ → ㉵ → ㉴

18 인조석 바름 또는 테라조 현장갈기 시공시 줄눈대를 설치하는 이유에 대하여 3가지를 쓰시오. (3점)

①
②
③

정답 18
① 바닥바름 구획
② 균열 방지
③ 부분보수 용이

19 다음은 테라조 현장갈기(인조석 물갈기)에 관한 사항들이다. 작업순서에 맞게 번호순으로 나열하시오. (4점)   •84 ②, 87 ②, 94 ②, 95 ②

┤보기├
㉮ 테라조 종석바름   ㉯ 정벌갈기   ㉰ 황동 줄눈대 설치
㉱ 왁스칠   ㉲ 시멘트 풀먹임   ㉳ 초벌갈기
㉴ 양생 및 경화

정답
19
㉰ → ㉮ → ㉴ → ㉳ → ㉲ → ㉯ → ㉱

20 바닥강화재 바름공사에 사용하는 강화재의 형태에 따른 분류를 쓰고, 콘크리트와 시멘트계 바닥의 어떤 성능을 증진시키기 위해 사용하는가를 쓰시오. (4점)   •00 ④, 01 ③

가. 분 류 : (①), (②)
나. 증진성능 : (③), (④), (⑤)

20
① 분말형 바닥강화재
② 침투액상 바닥강화재
③ 내마모성 증진
④ 내화학성 증진
⑤ 분진방지성 증진

21 바닥강화재(Hardner)는 시멘트계 바닥 바탕의 내마모성, 내화학성 및 분진방지성을 증진시켜 주는 역할을 한다. 바닥강화재 중 침투식 액상 바닥강화재의 시공 시 주의사항을 2가지 적으시오. (4점)
•11 ①, 22 ②

①＿＿＿＿＿＿ ②＿＿＿＿＿＿

21
① 바닥강화 시공 시 외기기온이 5℃ 이하가 되면 작업을 중지한다.
② 타설된 면에 비나 눈의 피해가 없도록 보양 조치한다.

22 대리석 분말 또는 세라믹 분말제에 특수 혼화제를 첨가한 레디믹스트 모르타르를 현장에서 물과 혼합하여 뿜칠로 전체 표면을 1~3mm 두께로 얇게 바르는 미장공법을 쓰시오. (3점)   •18 ②, 20 ⑤

22
수지미장 또는 수지 플라스터 바름

Lesson 30 타일공사

1. 제품 및 분류

1. 제품의 종류

종류		토기(土器)	도기(陶器)	석기(石器)	자기(磁器)
소지	흡수성	크다	적다	있다	없다
	색조	유색, 백색	유색, 백색	유색	백색
	성질 및 두드림 소리	취약, 탁음	경견, 탁음	경견, 맑음	경견, 맑음
	성분	점토질, 석기질	점토질	규석질	규석질
시약		무유	시유	무유, 식염유	시유
주용도		벽돌, 기와, 토관, 오지그릇	타일, 테라코타, 기와	타일, 테라코타, 기와, 벽돌	타일, 위생도구

2. 분류

1) 소지질(재료의 질)에 따른 분류 (00⑤, 03③, 08①)

구분	적용 타일
도기질 타일	내장용 타일
석기질 타일	내장용 타일, 외장용 타일, 바닥용 타일, 클링커 타일
자기질 타일	내장용 타일, 외장용 타일, 바닥용 타일, 모자이크 타일

(주1) **클링커 타일** : 석기질 타일로서 외부 바닥용의 특수 타일이다.
(주2) **모자이크 타일** : 40mm각 이하의 소형으로 된 타일이다. 300mm각 하트론지에 줄눈을 일정하게 나누어 모아 붙여 판매된다.

2) 용도에 따른 분류 (00⑤, 03③)

구분	내용
외부벽용 타일	흡수성이 적고 외기에 저항력이 강한 단단한 것이 우수하다.
내부벽용 타일	흡수성이 다소 있으며, 외기에 저항력이 적은 것이 사용되지만, 미려하고 위생적이며 청소가 용이한 것이 주로 사용된다.
외부바닥용 타일	지대, 디딤대 등에는 클링커 타일이 사용된다.
내부바닥용 타일	단단하고 마모에 강하며 흡수성이 적은 것이 우수하다.

● 소지질 및 용도에 따른 타일의 종류 (00⑤, 03③, 08①)

가. 소지질
① 도기질 타일
② 석기질 타일
③ 자기질 타일

나. 용도
① 외부벽용 타일
② 내부벽용 타일
③ 외부바닥용 타일
④ 내부바닥용 타일

● 타일의 재질과 용도 (참고)
① 외장용 타일 : 석기질, 자기질
② 내장용 타일 : 도기질, 석기질, 자기질
③ 바닥용 타일 : 석기질, 자기질
④ 한랭지 : 석기질, 자기질

3) 면처리 타일의 종류 (94③, 95④)

① 스크래치 타일(Scratch Tile)　② 태피스트리 타일(Tapestry Tile)
③ 천무늬 타일　　　　　　　　　④ 클링커 타일(Clinker Tile)

【스크래치 타일】

【태피스트리 타일】

【클링커 타일】

2 타일 시공

1. 일반사항

1) 줄눈너비의 표준 (92④)

(단위 : mm)

타일구분	대형 벽돌형(외부)	대형(내부 일반)	소형	모자이크
줄눈너비	9	5~6	3	2

(주) 창문선, 문선 등 개구부 둘레와 설비 기구류와의 마무리 줄눈너비는 10 mm 정도로 한다.

2) 치장줄눈

① 타일을 붙인 후 3시간이 경과한 뒤, 줄눈파기를 하여 청소한다.
② 청소 후 24시간 경과한 뒤 치장줄눈을 하며, 작업 직전에 줄눈바탕에 물을 뿌려 습윤하게 한다.
③ 세로줄눈을 먼저 시공하고, 가로줄눈은 위에서 아래로 마무리한다.

3) 모르타르 바탕 만들기

① 바탕 고르기 모르타르를 바를 때에는 2회에 나누어서 바른다.
② 바름두께가 10 mm 이상일 경우, 1회에 10 mm 이하로 눌러 바른다.
③ 바탕 모르타르를 바른 후, 타일을 붙일 때까지는 여름철(외기온도 25℃ 이상)은 3~4일 이상, 봄, 가을(외기온도 10~20℃)은 1주일 이상의 기간을 둔다.
④ 타일붙임면에서 바탕면의 평활도는 바닥의 경우는 3 m당 ±3 mm, 벽의 경우는 2.4 m당 ±3 mm로 한다.
⑤ 바탕면은 물고임이 없도록 1/100 이하의 구배를 유지한다.

핵심 Point

● 면처리 타일의 종류 (94③, 95④)
① 스크래치 타일
② 태피스트리 타일
③ 천무늬 타일
④ 클링커 타일

● 타일 붙이기의 줄눈너비 표준 (92④)
① 대형 벽돌형(외부) : 9mm
② 대형(내부 일반) : 6mm
③ 소형 : 3mm
④ 모자이크 : 2mm

● 타일 시공 일반사항 (예상)
① 모르타르는 건비빔 한 후 3시간 이내에 사용하며, 물을 부어 반죽한 후 1시간 이내에 사용한다.
② 타일을 붙인 후 3시간이 경과한 후 줄눈파기를 하여 청소한다.
③ 청소 후 24시간 경과한 뒤 치장줄눈을 하되, 작업 직전에 줄눈바탕에 물을 뿌려 습윤하게 한다.
④ 바탕 모르타르를 바른 후 타일을 붙일 때까지는 여름철(외기온도 25℃ 이상)은 3~4일 이상, 봄, 가을(외기온도 10~20℃)은 1주일 이상의 기간을 둔다.
⑤ 바탕면의 평활도는 바닥의 경우 3m당 ±3mm, 벽의 경우는 2.4m당 ±3mm로 한다. 단, 떠붙이기인 경우는 ±5mm이다.
⑥ 바닥면은 물고임이 없도록 1/100 이하의 구배를 유지한다.
⑦ 접착 모르타르 Open Time (45분 이내) 준수
⑧ 바닥 타일에서 붙임 모르타르의 1회 깔기면적은 1인당 6~8m²를 표준으로 한다.
⑨ 한중 공사시 외기의 기온이 2℃ 이하일 때에는 타일작업장 내의 온도가 10℃ 이상이 되도록 한다.
⑩ 타일을 붙인 후 3일간은 진동이나 보행을 금한다.

4) 모르타르의 표준배합(용적비) [123]

구분			시멘트	모래
붙임용	벽	떠붙임	1	3.0~4.0
		압착붙임	1	1.0~2.0
		개량압착붙임	1	2.0~2.5
		판형붙임	1	1.0~2.0
	바닥	판형붙임	1	2.0
		클링커타일	1	3.0~4.0
		일반타일	1	2.0
줄눈용	줄눈폭 5 mm 이상		1	0.5~2.0
	줄눈폭 5 mm 이하	내 장	1	0.5~1.0
		외 장	1	0.5~1.5

5) 붙임재료(현장배합붙임 모르타르)

모르타르는 건비빔한 후 3시간 이내에 사용하며, 물을 부어 반죽한 후 1시간 이내에 사용한다.

2. 벽타일 붙임

1) 벽타일 붙임 공법 [124]

(99②③, 00③④, 01①, 02③, 06①, 07②, 08①, 10②, 10③, 15①, 16①)

구분	내용
떠붙임 공법	가장 오래된 타일 붙이기 방법으로 타일 뒷면에 붙임 모르타르를 얹어 바탕 모르타르에 누르거나 하여 1매씩 붙이는 방법이다.
압착붙임 공법	평평하게 만든 바탕 모르타르 위에 붙임 모르타르를 만들고, 그 위에 타일을 두드려 누르거나 닿으면서 붙이는 방법이다.
개량압착붙임 공법	평평하게 만든 바탕 모르타르 위에 붙임 모르타르를 바르고, 타일 뒷면에도 붙임 모르타르를 얇게 두드려 누르거나, 비벼 넣으면서 붙이는 방법이다.
판형붙임 공법	낱장 붙이기(떠붙이기)와 같은 방법으로 하되 뒷면의 표시와 모양에 따라 그 위치를 맞추어 순서대로 붙인다.
접착붙임 공법	접착제를 이용하여 압착 붙이기와 거의 동일한 방법으로 타일을 붙이는 공법이다. 내장공사로 제한한다.
동시줄눈붙임 공법 (밀착붙임 공법)	바탕면에 붙임 모르타르를 발라 타일을 붙인 다음 충격공구(손진동기)로 타일면에 충격을 가하는 공법이다.

● 벽타일 붙이기 공법의 종류 (99②③, 00③, 08①, 10②, 16①)
① 떠붙임 공법
② 압착붙임 공법
③ 개량압착붙임 공법
④ 판형붙임 공법
⑤ 접착붙임 공법
⑥ 동시 줄눈붙임 공법(밀착붙임 공법)

● 벽타일 붙이기 공법의 명칭 (00④, 02③, 06①, 15①)
① 떠붙임 공법 : 가장 오래된 타일 붙이기 방법으로 타일 뒷면에 붙임 모르타르를 얹어 바탕 모르타르에 누르거나 하여 1매씩 붙이는 방법
② 압착붙임 공법 : 평평하게 만든 바탕 모르타르 위에 붙임 모르타르를 만들고, 그 위에 타일을 두드려 누르거나 닿으면서 붙이는 방법
③ 개량압착붙임 공법 : 평평하게 만든 바탕 모르타르 위에 붙임 모르타르를 바르고, 타일 뒷면에도 붙임 모르타르를 얇게 두드려 누르거나, 비벼 넣으면서 붙이는 방법

● 벽타일 붙이기 공법의 명칭 (01①, 07②)
① 떠붙임 공법 : 타일 뒷면에 붙임용 모르타르를 바르고, 벽면의 아래에서 위로 붙여 가는 종래의 일반적인 공법
② 압착붙임 공법 : 바탕면에 먼저 붙임 모르타르를 고르게 바르고, 그곳에 타일을 눌러 붙이는 공법
③ 밀착(동시줄눈)붙임 공법 : 바탕면에 붙임 모르타르를 발라 타일을 붙인 다음 충격공구(손진동기)로 타일면에 충격을 가하는 공법

---

123) KCS 41 48 01 타일공사 (2.2), 국토교통부, 대한건축학회, 2021.
124) KCS 41 48 01 타일공사 (1.3, 3.2), 국토교통부, 대한건축학회, 2021.

선붙임 공법	콘크리트 구조체와 PC 커튼월을 제작할 때 미리 타일을 붙여 마감하는 공법이다.
타일건식 공법	붙임 모르타르나 콘크리트를 사용하지 않고, 강재 프레임에 건식바탕을 만들어 접착제로 타일을 붙이거나, 지상에서 만든 타일패널을 구조체에 설치하는 공법이다.

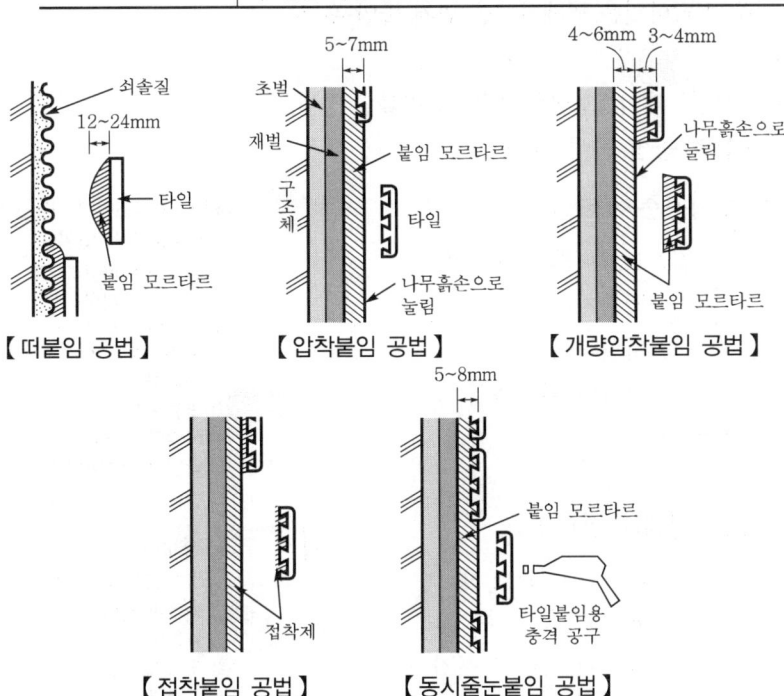

【 떠붙임 공법 】 【 압착붙임 공법 】 【 개량압착붙임 공법 】

【 접착붙임 공법 】 【 동시줄눈붙임 공법 】

핵심 Point

● 벽타일 붙임 공법 중 붙임재 사용법에 따른 분류 (10③)
① 타일 측에 붙임재를 바르는 공법 : 떠붙임 공법
② 바탕 측에 붙임재를 바르는 공법 : 압착붙임 공법

2) 붙임순서

(1) 벽타일 붙임순서 (85③, 10①, 14③)

① 바탕처리
② 타일나누기
③ 벽타일붙이기
④ 치장줄눈
⑤ 보양

(2) 타일 등의 시공순서 (85②, 95⑤)

구분	순서
① 외벽 타일 ② 외벽 미장 ③ 실외 도장	위 → 아래
① 실내 타일 ② 수직부 용접	아래 → 위

3) 붙임시간(Open Time) (95⑤, 97③, 01②)

붙임 모르타르를 바탕면에 바른 후 타일 붙임을 시작하면 시간경과에 따라 붙임 모르타르의 응결이 진행되는데, 타일의 기준 접착강도를 얻을 수 있는 최대 한계시간이다.

● 벽타일 붙임순서 (85③, 10①, 14③)
① 바탕처리
② 타일나누기
③ 벽타일붙이기
④ 치장줄눈
⑤ 보양

● 타일, 미장, 용접, 도장 등의 시공순서(위 혹은 아래) (85②, 95⑤)
① 외벽 미장 : 위에서부터 아래
② 실내 타일붙이기 : 아래에서부터 위
③ 수직부 용접 : 아래에서부터 위
④ 외벽 타일붙이기(고층 압착공법) : 위에서부터 아래
⑤ 실외 도장 : 위에서부터 아래

● Open Time의 정의 (95⑤, 97③, 01②)
붙임 모르타르를 바탕면에 바른 후 타일 붙임을 시작하면 시간경과에 따라 붙임 모르타르의 응결이 진행되는데, 타일의 기준 접착강도를 얻을 수 있는 최대 한계시간

3. 바닥타일 붙임

1) 개요
① 붙임 모르타르의 1회 깔기면적은 1인당 6~8 m²을 표준으로 한다.
② 벽체타일이 시공되는 경우 바닥타일은 벽체타일을 먼저 붙인 후 시공한다.
③ 바닥타일 붙이기 종류는 시멘트 페이스트붙임 공법, 압착붙임 공법, 개량압착붙임 공법, 접착붙임 공법 등이 있다.

2) 바닥플라스틱재 타일붙이기 시공순서 (86③)
① 콘크리트 바탕마무리 ② 콘크리트 바탕건조
③ 프라이머 도포 ④ 먹줄치기
⑤ 접착제 도포 ⑥ 타일붙이기
⑦ 타일면 청소 ⑧ 타일면 왁스먹임

4. 기타

1) 외장타일에서 발생할 수 있는 결점(흠집) (98③)
① 치수의 차이 ② 모양이 뒤틀린 것
③ 우그러든 것 ④ 표면의 흠
⑤ 알갱이가 묻어 두드러진 것 ⑥ 유약에 금이 그어진 것
⑦ 옆면 가장자리가 곱지 않은 것 ⑧ 유약이 불균등하게 묻은 것

2) 타일의 박락(탈락)의 원인과 대책 (16③, 17②)

원인	대책
바탕처리 미비	바탕면의 먼지, 오물 및 레이턴스 제거
붙임모르타르의 강도부족 (압축강도, 접착강도 부족)	접착제 선택에 유의한다.
모르타르의 시간경과로 인한 접착강도 저하	붙임시간(Open Time) 준수
붙임 모르타르의 두께 부족 (타일공의 기능도 부족)	규정 두께 준수
타일의 흡수율	흡수성이 적고 내동해성이 있는 타일을 사용한다.
구조체의 수축, 팽창차이	물시멘트비에 의한 수축률에 따른 수축, 팽창을 줄이기 위해 적정 물시멘트비를 유지하고 구조체에 양생을 지키며 줄눈을 설치한다.
일사량의 차이	일사량에 따라 압축응력이 변화하므로 특히 남쪽면은 시공에 주의한다.

핵심 Point

● 바닥플라스틱재 타일붙이기 시공순서 (86③)
① 콘크리트 바탕마무리
② 콘크리트 바탕건조
③ 프라이머 도포
④ 먹줄치기
⑤ 접착제 도포
⑥ 타일붙이기
⑦ 타일면 청소
⑧ 타일면 왁스먹임

● 외장타일에서 발생할 수 있는 결점(흠집) (98③)
① 치수의 차이
② 모양이 뒤틀린 것
③ 우그러든 것
④ 표면의 흠
⑤ 알갱이가 묻어 두드러진 것
⑥ 유약에 금이 그어진 것
⑦ 옆면 가장자리가 곱지 않은 것
⑧ 유약이 불균등하게 묻은 것

● 타일의 탈락 원인(16③, 17②)
① 바탕처리 미비
② 붙임모르타르의 강도부족 (압축강도, 접착강도 부족)
③ 모르타르의 시간경과로 인한 접착강도 저하
④ 붙임 모르타르의 두께 부족(타일공의 기능도 부족)
⑤ 타일의 흡수율
⑥ 구조체의 수축, 팽창차이
⑦ 일사량의 차이

3) 보양

① 한중공사 시 외기의 기온이 2 ℃ 이하일 때, 타일작업장 내의 온도를 10 ℃ 이상으로 유지한다.
② 타일을 붙인 후 3일간은 진동이나 보행을 금한다.
③ 바닥은 시트 등을 펴서 5~7일 정도 보양한다.
④ 청소 시 염산 사용을 지양하며, 부득이 사용할 경우 공업용 염산 30배 희석용액(5 % 정도의 묽은 염산)을 사용하고, 사용 후 물로 깨끗이 씻는다.

4) 검사

검사 방법	내용
두들김 검사	붙임 모르타르가 경화한 후 검사봉으로 두들겨 검사한다.
접착력 검사	① 타일의 접착력시험은 600 m²당 한 장씩 시험한다. ② 타일의 접착력을 시공 4주 후에 시험을 통해 검사한다. ③ 판정은 타일 접착강도가 0.39 MPa 이상이어야 한다.

● 타일의 검사 방법 (예상)
① 두들김 검사
② 접착력 검사

3 테라코타

1. 일반사항

① 테라코타(Terracotta)는 점토(Terra)를 구운(Cotta)것이라는 뜻으로, 일반적으로 건축에서는 벽돌, 기와 및 토관 등에 사용되는 속이 빈 대형의 점토 제품이다.
② 구조용과 장식용이 있다.
③ 구조용은 칸막이벽 등에 사용되는 공동(空洞)벽돌이다.
④ 장식용은 난간벽, 주두, 돌림띠, 창대 등으로 사용되며, 테라코타는 주로 장식용으로 사용된다.

2. 특징

① 석재보다 가볍고, 색상이 다양하다.
② 압축강도는 80~90 MPa으로 화강암의 1/2 정도이다.
③ 화강암보다 내화력이 강하고 대리석보다 풍화에 강하여 외장재로 적당하다.
④ 발주기간 30일 정도로 제작기간이 길어 주문 제작하여야 한다.

기출 및 예상 문제

01 타일의 종류를 소지질(素地質 : 재료의 질) 및 용도에 따라 분류하시오. (2점)
•00 ⑤, 03 ③, 08 ①

가. 소지질 : _____

나. 용도 : _____

02 타일 종류 중에서 면을 처리한 타일의 종류를 3가지 쓰시오. (3점)
•94 ③, 95 ④

① _____ ② _____ ③ _____

03 도면 또는 특기시방서에 정한 바가 없을 경우, 타일붙이기의 줄눈너비에 대해 아래 구분에 따라 쓰시오. (4점)
•92 ④

① 대형 벽돌형(외부) ( )
② 대형(내부 일반) ( )
③ 소형 ( )
④ 모자이크 ( )

04 벽타일 붙이기 공법의 종류를 4가지 쓰시오. (4점)
•99 ②, 99 ③, 00 ③, 08 ①, 10 ②, 16 ①

① _____ ② _____
① _____ ② _____

05 다음에 설명된 타일붙임 공법의 명칭을 쓰시오. (3점)
•00 ④, 02 ③, 06 ①, 15 ①

정답

1
가. 소지질
  ① 도기질 타일
  ② 석기질 타일
  ③ 자기질 타일
나. 용도
  ① 외부벽용 타일
  ② 내부벽용 타일
  ③ 외부바닥용 타일
  ④ 내부바닥용 타일

2
① 스크래치 타일
② 태피스트리 타일
③ 천무늬 타일
④ 클링커 타일

3
① 9mm
② 6mm
③ 3mm
④ 2mm

4
① 떠붙임 공법
② 압착붙임 공법
③ 개량압착붙임 공법
④ 판형붙임 공법
⑤ 접착붙임 공법
⑥ 동시 줄눈붙임 공법(밀착붙임 공법)

① 가장 오래된 타일붙이기 방법으로 타일 뒷면에 붙임 모르타르를 얹어 바탕 모르타르에 누르거나 하여 1매씩 붙이는 방법
② 평평하게 만든 바탕 모르타르 위에 붙임 모르타르를 만들고, 그 위에 타일을 두드려 누르거나 닿으면서 붙이는 방법
③ 평평하게 만든 바탕 모르타르 위에 붙임 모르타르를 바르고, 타일 뒷면에 붙임 모르타르를 얇게 두드려 누르거나, 비벼 넣으면서 붙이는 방법

① _____ ② _____ ③ _____

정답

5
① 떠붙임 공법
② 압착붙임 공법
③ 개량압착붙임 공법

06 다음은 타일붙임 공법에 대한 설명이다. ( )에 알맞은 말을 |보기|에서 골라 기호로 쓰시오. (3점)   •01 ①, 07 ②

┌─────── 보기 ───────┐
㉮ 개량압착붙임 공법   ㉯ 압착붙임 공법
㉰ 떠붙임 공법   ㉱ 개량떠붙임 공법
㉲ 밀착(동시줄눈)붙임 공법

① 타일 뒷면에 붙임용 모르타르를 바르고, 벽면의 아래에서 위로 붙여 가는 종래의 일반적인 공법은 (   )이다.
② 바탕면에 먼저 붙임 모르타르를 고르게 바르고, 그 곳에 타일을 눌러 붙이는 공법은 (   )이다.
③ 바탕면에 붙임 모르타르를 발라 타일을 붙인 다음 충격공구(손진동기)로 타일면에 충격을 가하는 공법은 (   )이다.

6
① ㉰
② ㉯
③ ㉲

07 벽타일 붙이기 시공순서를 쓰시오. (4점)   •85 ③, 10 ①, 14 ③

① 바탕처리   ② (㉮)   ③ (㉯)
④ (㉰)   ⑤ (㉱)

㉮ _____   ㉯ _____
㉰ _____   ㉱ _____

7
㉮ 타일나누기
㉯ 벽타일 붙이기
㉰ 치장줄눈
㉱ 보양

08 다음 공사의 시공순서가 위에서부터 아래인지 또는 아래에서부터 위인지 적으시오. (2점)

가. 외벽미장 : (①)에서부터 (②)
나. 실내 타일붙이기 : (③)에서부터 (④)
다. 수직부 용접 : (⑤)에서부터 (⑥)
라. 외벽 타일붙이기(고층압착 공법) : (⑦)에서부터 (⑧)
마. 실외 도장 : (⑨)에서부터 (⑩)

정답

8
① 위   ② 아래
③ 아래 ④ 위
⑤ 아래 ⑥ 위
⑦ 위   ⑧ 아래
⑨ 위   ⑩ 아래

09 타일공사에서의 Open Time을 설명하시오. (3점)

9
붙임 모르타르를 바탕면에 바른 후 타일붙임을 시작하면 시간경과에 따라 붙임 모르타르의 응결이 진행되는데, 타일의 기준 접착강도를 얻을 수 있는 최대 한계시간

10 벽타일 붙임 공법 중 붙임재 사용법에 따른 타일공법을 쓰시오. (4점)

(가) 타일 측에 붙임재를 바르는 공법 : _____

(나) 바탕 측에 붙임재를 바르는 공법 : _____

10
가. 타일 측에 붙임재를 바르는 공법 : 떠붙임 공법
나. 바탕 측에 붙임재를 바르는 공법 : 압착붙임 공법

11 점토 소성제품인 타일의 선정에서 외장 타일에 발생할 수 있는 결점(흠집)의 종류를 3가지 쓰시오. (3점)

① _____ ② _____ ③ _____

11
① 치수의 차이
② 모양이 뒤틀린 것
③ 우그러든 것
④ 표면의 흠
⑤ 알갱이가 묻어 두드러진 것
⑥ 유약에 금이 그어진 것
⑦ 옆면 가장자리가 곱지 않은 것
⑧ 유약이 불균등하게 묻은 것

12 타일공사에서 타일의 탈락 원인에 대해 4가지를 쓰시오. (4점)

① _____ ② _____
③ _____ ④ _____

12
① 바탕처리 미비
② 붙임모르타르의 강도부족 (압축강도, 접착강도 부족)
③ 모르타르의 시간경과로 인한 접착강도 저하
④ 붙임 모르타르의 두께 부족(타일공의 기능도 부족)
⑤ 타일의 흡수율
⑥ 구조체의 수축, 팽창차이
⑦ 일사량의 차이

XI

창호 및 유리공사

Lesson 31 창호 및 유리공사

Lesson 31. 창호 및 유리공사

1 창호공사

1. 개요

1) 창호의 요구성능 항목(KS F 2297)

① 강도　　② 내풍압성　　③ 내충격성
④ 기밀성　　⑤ 수밀성　　⑥ 차음성
⑦ 단열성　　⑧ 방로성　　⑨ 방화성

2) 창호관련 용어 (94④, 98①, 05③, 08③)

용어	내 용
박배	창문을 창문틀에 다는 일
여밈대	미서기 또는 오르내리창이 서로 여며지는 선대
마중대	미닫이 또는 여닫이 문짝이 서로 맞닿는 선대
풍소란	창호가 닫아졌을 때 각종 선대 등 접하는 부분에 틈새가 나지 않도록 대어 주는 것

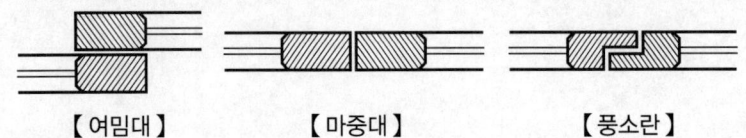

【여밈대】　　【마중대】　　【풍소란】

2. 창호의 종류 및 분류

1) 창호(Window)의 종류

(1) 재질(재료)에 의한 분류[125]

① 목제 창호　　② 강제 창호
③ 알루미늄합금제 창호　　④ 합성수지 창호
⑤ 스테인리스스틸 창호　　⑥ 복합소재 창호

(2) 성능에 의한 분류 (03③)

① 보통 창호　　② 방음 창호
③ 단열 창호　　④ 방화 창호

핵심 Point

● 창호의 요구성능 항목 (예상)
① 강도
② 내풍압성
③ 내충격성
④ 기밀성
⑤ 수밀성
⑥ 차음성
⑦ 단열성
⑧ 방로성
⑨ 방화성
⑩ 내진성
⑪ 내후성
⑫ 모양 안정성

● 창호공사 관련 용어 (94④, 98①, 05③, 08③)
① 박배 : 창문을 창문틀에 다는 일
② 여밈대 : 미서기 또는 오르내리창이 서로 여며지는 선대
③ 마중대 : 미닫이 또는 여닫이 문짝이 서로 맞닿는 선대
④ 풍소란 : 창호가 닫아졌을 때 각종 선대 등 접하는 부분에 틈새가 나지 않도록 대어 주는 것

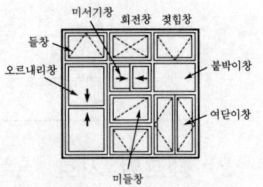

【각종 창호와 개폐 기호】

● 성능에 의한 창호 분류 (03③)
① 보통 창호
② 방음 창호
③ 단열 창호
④ 방화 창호

---

125) KCS 41 55 01 창호공사 일반 (1.1), 국토교통부, 대한건축학회, 2021.

2) 문(Door)의 종류

(1) 개폐방식에 의한 분류 (00⑤)

분류	내용
여닫이문	문지도리(정첩, 돌쩌귀)를 문선틀에 달고 여닫는 문이다.
미닫이문	문짝을 상하 문틀에 홈을 파서 끼우고 옆벽에 붙이는 문이다.
미서기문	미닫이문과 비슷하며, 문 한 짝을 다른 짝에 밀어붙이는 문이다.
회전문	문짝을 회전시켜 출입하는 문이다.
접문	칸막이용으로 실을 구분하기 위해 사용하는 문이다.
주름문	문을 닫았을 때 창살처럼 되는 문으로 방범용으로 사용된다.
자재문	자유정첩을 달고 안팎 자유로이 열리며 저절로 닫혀진다.

(2) 구성에 의한 분류 (00⑤)

분류	내용
널문	구조가 간단한 문으로 간이창고, 자동차차고 등의 문으로 사용
양판문	울거미 중심에 넓은 널을 댄 문
징두리 양판문	상부에 유리, 높이 1m 정도 하부에만 양판을 댄 문
플러시문	울거미를 짜고 중간 살간격 250 mm 정도 배치하여 양면에 합판을 교착한 문
합판문	울거미를 짜고 그 중간에 두께 9 mm 정도의 합판을 끼운 문
비늘살문	울거미를 짜고 얇고 넓은 살을 30 mm 간격, 45° 방향으로 빗댄 것으로 차양, 통풍이 되게 한 문

3. 기호

1) 울거미 재료의 종류별 기호

기호	재료의 종류	기호	재료의 종류
A	알루미늄(Aluminium)	S	강철(Steel)
G	유리(Glass)	SS	스테인리스(Stainless)
P	플라스틱(Plastic)	W	목재(Wood)

2) 창호별 기호

기호	창문 구별
D	문(Door)
W	창(Window)

핵심 Point

● 문의 명칭 (00⑤)
① 주름문 : 문을 닫았을 때 창살처럼 되는 문으로 방범용으로 쓰임
② 플러시문 : 울거미를 짜고 중간 살간격 25cm 정도 배치하여 양면에 합판을 교착한 문
③ 징두리 양판문 : 상부에 유리, 높이 1m 정도 하부에만 양판을 댄 문
④ 양판문 : 울거미 중심에 넓은 널을 댄 문

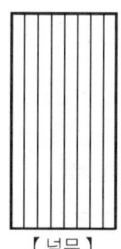
【 널문 】

【 양판문 】

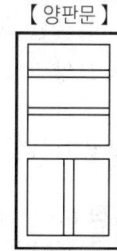
【 징두리양 판문 】

【 플러시문 】

3) 창호 기호의 표시 방법 (13①, 22①)

보기	구분		설명
(1 / A W)	창호번호 1		창호번호 1번의 알루미늄재 창
	재료 기호 A	창호 기호 W	
(2 / S D)	창호번호 2		창호번호 2번의 강철 문
	재료 기호 S	창호 기호 D	

4. 강제 창호

1) 강제 창호의 제작순서 (85②, 90②, 07①)

① 원척도   ② 녹떨기
③ 변형 바로잡기   ④ 금매김(금긋기)
⑤ 절단   ⑥ 구부리기
⑦ 조립   ⑧ 용접
⑨ 마무리   ⑩ 접합부 검사

2) 강제 창호의 설치순서 (91①, 04②)

① 현장반입   ② 변형 바로잡기
③ 녹막이칠   ④ 먹매김
⑤ 구멍파기, 따내기 ⑥ 가설치 및 검사
⑦ 묻음발 고정   ⑧ 창문틀 주위 모르타르사춤
⑨ 보양

5. 알루미늄합금제 창호

1) 특징 (92①, 14①, 17③)

장점	단점
① 비중은 철의 1/3 정도로 가볍다. ② 녹슬지 않고, 사용연한이 길다. ③ 공작이 자유롭고 빗물막이, 기밀성에 유리하다. ④ 여닫음이 경쾌하다.	① 표면과 용접부는 철보다 약하다. ② 모르타르, 콘크리트, 회반죽 등의 알칼리에 약하다. ③ 강재에 비해 내화성, 내알칼리성이 부족하다.

2) 알루미늄의 녹막이처리

알루미늄의 초벌 녹막이칠은 징크로메이트이다.

핵심 Point

- 창호기호의 표시 방법 (13①, 22①)

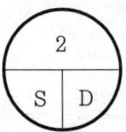

해설 ; 창호번호 2번의 강철 문

- 강제 창호의 제작순서 (85②, 90②, 07①)
① 원척도
② 녹떨기
③ 변형 바로잡기
④ 금매김(금긋기)
⑤ 절단
⑥ 구부리기
⑦ 조립
⑧ 용접
⑨ 마무리
⑩ 접합부 검사

- 강제 창호의 설치순서 (91①, 04②)
① 현장반입
② 변형 바로잡기
③ 녹막이칠
④ 먹매김
⑤ 구멍파기, 따내기
⑥ 가설치 및 검사
⑦ 묻음발 고정
⑧ 창문틀 주위 모르타르사춤
⑨ 보양

- 강제 창호의 녹막이칠 공법 (참고)
① 도장법
② 화학처리법
③ 도금법
④ 합금법

- 알루미늄합금제 창호의 장점 (92①, 14①, 17③)
① 비중은 철의 1/3 정도로 가볍다.
② 녹슬지 않고, 사용연한이 길다.
③ 공작이 자유롭고 빗물막이, 기밀성에 유리하다.
④ 여닫음이 경쾌하다.

3) 주의사항 (98②)

① 알칼리에 약하므로 콘크리트나 모르타르에 직접 접촉시키지 않는다.
② 이질재료와의 접촉은 금하며, 사용되는 금속재는 모두 알루미늄 재료로 한다.
③ 강도가 약하므로 단면을 보강하거나 벽선, 멀리온 등으로 보강한다.
④ 철재는 아연도금처리하여 보강한다.
⑤ 알루미늄은 연한 재료이므로 스틸섀시와 같이 취급할 경우 손상에 주의한다.

6. 셔터(Shutter)의 설치부품 (91③, 92②)

① 홈대
② 셔터 케이스
③ 로프 홈통
④ 핸들박스
⑤ 슬랫

7. 기타 창호의 종류와 용도 (91③, 93②)

종류	특징 및 용도
접문 (Folding Door)	개구부 칸막이용으로 상부에 한 개의 달바퀴를 가이드 레일에 달아 개폐
주름문 (Holding Door)	방도용으로 문을 닫았을 때 창살처럼 되는 문
아코디언 도어 (Accordion Door)	칸막이용으로 상부에 행거 롤러, 하부는 중앙지도리가 가이드 레일 홈에 낀다.
무테문	현관용으로 강화판 유리 또는 투명 아크릴판
회전문	출입구 현관용, 방풍용
행거도어 (Hangar Door)	① 창고, 차고, 현장정문 등 대형문에 이용 ② 중량문일 때는 레일 및 바퀴를 설치

【접문】

【주름문】

【아코디언 도어】

【무테문】

【회전문】

【행거도어】

핵심 Point

● 알루미늄합금제 창호 공사 시 주의사항 (98②)

① 알칼리에 약하므로 콘크리트나 모르타르에 직접 접촉시키지 않는다.
② 이질재료와의 접촉은 금하며, 사용되는 금속재는 모두 알루미늄 재료로 한다.
③ 강도가 약하므로 단면을 보강하거나 벽선, 멀리온 등으로 보강한다.
④ 철재는 아연도금처리하여 보강한다.
⑤ 알루미늄은 연한 재료이므로 스틸섀시와 같이 취급할 경우 손상에 주의한다.

● 멀리온(Mullion)의 정의 (참고)

창면적이 클 때, 스틸바만으로는 약하며, 또한 여닫을 때의 진동으로 유리가 파손될 우려가 있으므로 이것을 보강하고 외관을 꾸미기 위하여 강판을 중공형으로 접어 가로 또는 세로로 대는 것

● 셔터 시공 시 설치부품 (91③, 92②)

① 홈대
② 셔터 케이스
③ 로프 홈통
④ 핸들박스
⑤ 슬랫

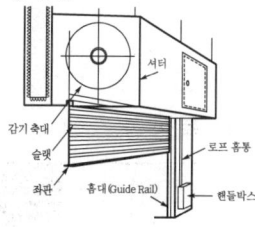

● 창호의 용도 (91③, 93②)

① 셔터 : 방화용
② 주름문 : 방도용
③ 아코디언 도어 : 칸막이용
④ 무테문 : 현관용
⑤ 회전문 : 현관 방풍용

8. 창호철물

1) 여닫이창의 사용철물 (89②, 93①, 97③, 99③, 04③)

구분	내용
보통정첩	주철, 철판, 황동재
자유정첩	안팎으로 개폐할 수 있게 된 정첩
래버토리 힌지 (Lavatory Hinge)	① 공중전화 출입문, 화장실문, 경량 칸막이문 등에 사용 ② 저절로 닫히지만 150mm 정도는 열려지는 문에 사용
플로어 힌지 (Floor Hinge)	① 정첩으로 지탱할 수 없는 중량이 큰 자재여닫이문에 사용 ② 현관문에 사용
피봇 힌지 (Pivot Hinge)	① 문지도리(문장부 돌쩌귀)로 용수철을 쓰지 않고 문장부식으로 된 것 ② 일반 방화문, 중량문에 사용
도어 클로저 (Door Closer, 도어 체크)	문 위턱과 문짝에 설치하여 자동으로 문을 닫는 장치
창 개폐조절기	창을 열어 고정시키는 장치
도어 스톱 (Door Stop)	문의 하부에 달아 열려진 문을 제자리에 머물게 한다.

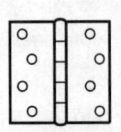 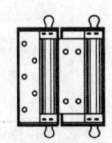 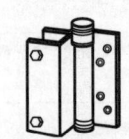 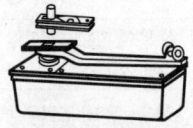 

【보통정첩】　【자유정첩】　【레버토리 힌지】　【플로어 힌지】　【피봇 힌지】

 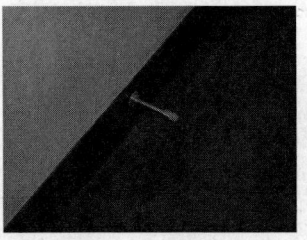

【도어 클로저】　　　【도어 스톱】

2) 미서기창 및 미닫이창의 사용철물 (92②)

① 레일　　　　② 호차(바퀴)
③ 오목 손걸이　④ 꽂이쇠
⑤ 도어행거

핵심 Point

- **창호철물의 용도 (97③)**
  ① 래버토리 힌지 : 화장실문
  ② 플로어 힌지 : 현관철문
  ③ 피봇 힌지 : 일반 방화문

- **창호철물의 명칭 (89②, 99③)**
  ① 래버토리 힌지 : 공중전화 출입문, 화장실문, 경량 칸막이문 등에 사용되며, 저절로 닫히지만 150mm 정도는 열려지는 문에 사용
  ② 플로어 힌지 : 정첩으로 지탱할 수 없는 중량이 큰 자재여닫이문에 사용
  ③ 도어 클로저 : 문 위턱과 문짝에 설치하여 자동으로 문을 닫는 장치

- **창호철물에 대한 설명 (04③)**
  정첩으로 지탱할 수 없는 무거운 자재여닫이문(현관문)에는 (**플로어**) 힌지, 용수철을 쓰지 않고 문장부식으로 된 힌지로 중량문(방화문)에 사용하는 (**피봇**) 힌지, 스프링 힌지의 일종으로 공중화장실, 공중전화 출입문에는 저절로 닫혀 지지만 15cm 정도 열려 있게 하는 (**래브토리**) 힌지 등이 사용된다.

- **창호철물의 명칭 (93①)**
  ① 래버토리 힌지 : 스피링 힌지의 일종으로 공중변소, 전화실 출입문에 쓰이며 저절로 닫히지만 15cm 정도 열려 있게 된 것
  ② 피봇 힌지 : 문지도리로서 용수철을 쓰지 않고 문장부식으로 된 것

- **각종 창호에 사용되는 창호철물 (90②)**
  ① 미서기창 : 레일
  ② 여닫이창 : 정첩
  ③ 자재여닫이 중량문 : 플로어 힌지
  ④ 회전문 : 지도리
  ⑤ 오르내리창 : 도르래

3) 오르내리창의 사용철물

① 도르래 ② 달끈 ③ 추 ④ 손걸이 ⑤ 크레센트

【레일】

【호차】

【오목손걸이】

【꽂이쇠】

【도어행거】

【크레센트】

핵심 Point

• 미서기창에 쓰이는 창호철물 (92②)
① 레일
② 호차(바퀴)
③ 오목 손걸이
④ 꽂이쇠
⑤ 도어행거

• 크레센트 (참고)
오르내리창이나 미서기창의 잠금장치이다.

2 유리공사

1. 유리의 제품성능

① 내하중 성능 ② 설치 부위의 차수성 ③ 내진성
④ 내충격성 ⑤ 차음성 ⑥ 열깨짐 방지성
⑦ 단열성 ⑧ 태양열 차폐성

2. 유리의 종류 (93④)

1) 일반적인 판유리

① 보통 판유리 ② 플로트 판유리
③ 열선흡수 판유리 ④ 열선반사유리

2) 안전유리(Safety Glass) (93①②, 96②, 98①, 00③, 02②, 15②, 17③, 19①)

종류	내용
접합유리 (합판유리)	두 장 이상의 판 사이에 합성수지를 겹붙여 댄 것으로 일명 합판유리라 한다. 방탄용으로 사용된다.
강화유리 (열처리유리)	① 판유리를 열처리하여 유리 표면에 강한 압축응력층을 만들어 파괴강도를 증가시키고, 또 깨어질 때에는 작은 조각이 되도록 처리한 것이다. ② 강도가 보통유리보다 3~5배 크고 현장 절단이 불가능하며 깨지더라도 파편이 둥근 입상이 된다. ③ 자동차용, 철도 차량용으로 사용된다.
망입유리 (망유리)	① 방도용 또는 화재, 기타 파손시에 산란을 방지하기 위하여 철망을 삽입한 유리이다. ② 방화용, 방도용, 유리지붕 등으로 사용된다.

• 건축 창호용 유리의 종류 (93④)
① 보통 판유리
② 플로트 판유리
③ 열선흡수 판유리
④ 열선반사유리
⑤ 접합유리(합판유리)
⑥ 강화유리(열처리유리)
⑦ 망입유리
⑧ 복층유리
⑨ 자외선 투과유리
⑩ 자외선 차단유리
⑪ 배강도유리
⑫ 스테인드글라스

• 안전유리의 종류 (93②, 96②, 98①, 00③)
① 접합유리
② 강화유리
③ 망입유리

• 각종 유리의 정의 (93①, 15②, 19①)
① 접합유리 : 두 장 이상의 유리를 합성수지로 겹붙여 댄 것
② 망입유리 : 방도용 또는 화재, 기타 파손시에 산란을 방지하기 위하여 철망을 삽입한 유리

3) 특수유리 및 2차 제품 (02②, 13①, 15②, 17②③, 19①, 20⑤, 22②)

종류	내용
복층유리 (Pair Glass)	① 건조 공기층을 사이에 두고 판유리를 이중으로 접합하여 테두리를 둘러서 밀봉한 유리이다. ② 결로방지 및 방음용, 천장과 빌딩의 창 등에 사용된다.
기포유리 (발포유리)	① 가는 입자의 유리분말을 카본 등의 발포제를 사용하여 가열, 발포시킨 후 서냉시켜 만든 유리이다. ② 단열, 보온, 방음재료로 벽이나 반자 등에 사용된다.
자외선 투과유리	① 위생상 좋은 자외선의 투과율을 높인 유리로 자외선을 50~90% 투과한다. ② 일광욕실, 병원, 요양소 등에 사용한다.
자외선 차단유리	① 자외선의 화학작용은 피해 물질의 노화와 변색을 방지한다. ② 의류 진열장, 식품 및 약품창고 등에서 노화와 퇴색방지에 사용한다.
배강도유리	① 판유리를 열처리하여 유리 표면에 적절한 크기의 압축응력층을 만들어 파괴강도를 증대시킨 유리이다. ② 파손 시 판유리와 유사하게 깨지도록 만든 유리이다.
로이유리 (Low-E Glass)	열적외선을 반사하는 은소재도막으로 코팅하여 방사율과 열관류율을 낮추고 가시광선 투과율을 높인 유리로서, 일반적으로 복층유리로 제조하여 사용한다.
스테인드글라스	색판 유리조각을 접합시키는 방법으로 채색한 유리판이다.
유리블록	투명유리를 시멘트 블록형으로 만든 유리이다.
무늬유리 (형판유리)	조각된 무늬모양을 한면 또는 양면에 무늬를 찍어 낸 판유리이다.
프리즘 유리	지하실, 천장, 벽 등에 사용되며 굴절채광용이다.

3. 유리의 제작 및 시공

1) 절단 방법

구분	절단 방법
두꺼운 유리	유리칼로 금을 긋고, 고무망치로 뒷면을 두드려 절단한다.
접합유리	양면을 유리칼로 자르고, 면도날로 중간에 끼운 필름을 절단한다.
망입유리	유리칼로 자르고, 철망 꺾기로 반복하여 절단한다.

2) 가공

(1) 표면가공

① 샌드 블라스트 가공
② 태피스트리 가공

핵심 Point

● 각종 유리의 정의 (02②)
① 접합유리 : 두 장 이상의 판 사이에 합성수지를 겹붙여 댄 것으로서 일명 합판유리라 한다.
② 복층유리 : 건조 공기층을 사이에 두고 판유리를 이중으로 접합하여 테두리를 둘러서 밀봉한 유리이다.
③ 자외선 투과유리 : 일광욕실, 병원, 요양소 등에 사용
④ 자외선 차단유리 : 진열장, 약품창고 등에서 노화와 퇴색방지에 사용된다.

● 복층유리, 배강도유리 및 강화유의 정의 (13①, 17②③, 22②)
① 복층유리 : 건조 공기층을 사이에 두고 판유리를 이중으로 접합하여 테두리를 둘러서 밀봉한 유리이다.
② 배강도유리 : 판유리를 열처리하여 유리 표면에 적절한 크기의 압축응력층을 만들어 파괴강도를 증대시킨 유리이다.
③ 강화유리 : 판유리를 열처리하여 유리 표면에 강한 압축응력층을 만들어 파괴강도를 증가시키고, 또 깨어질 때에는 작은 조각이 되도록 처리한 유리이다.

● 로이유리(Low-E Glass) (15②, 19①, 20⑤)
열적외선을 반사하는 은소재도막으로 코팅하여 방사율과 열관류율을 낮추고 가시광선 투과율을 높인 유리로서 일반적으로 복층유리로 제조하여 사용한다.

● 유리의 표면가공 (참고)
① 샌드 블라스트 가공 : 압축공기로 규사 등의 모래를 뿜어 유리 표면을 가공하는 것.
② 태피스트리 가공 : 샌드 블라스트 가공 후 산으로 에칭처리 한 것.

(2) 현장가공(절단) 불가능 유리 (01①, 18③)
　① 강화유리　　　　　② 복층유리
　③ 스테인드글라스　　④ 유리블록

3) 시공재료

구분	내용
세팅블록	유리의 양단부에서 유리의 자중을 지지하는 것.
실란트	접합부나 이음매를 메우는 액상의 충전재.
가스켓	합성수지 제품을 이용하여 유리를 보호하고 지지하는 것.
측면블록	유리가 일정한 클리어런스를 유지하도록 하는 것.
백업재	실링재의 줄눈 깊이를 소정의 위치로 유지하기 위한 충전재

4. 시공

1) 일반사항
　① 기온이 4 ℃ 이상일 때 시공한다.
　② 상대습도가 90 % 이상이면 실란트 작업은 중지한다.
　③ 배수구멍은 5 mm 이상의 지름으로 2개 설치한다.
　④ 창호의 유리끼우기는 내부마감공사 전에 한다.

2) 유리의 설치 공법 [126]

(1) 시공순서
　① 절단　　　　　② 설치
　③ 실란트 충전　　④ 보양

(2) 끼우기 고정법(시공법)

고정법	내용
정형 실링재 고정법 (가스켓 시공법)	각종 가스켓을 넣고 유리를 삽입하여 고정한다.
부정형 실링재 고정법 (탄성 실링재 고정법)	U자형 홈 또는 누름대 고정용 홈에 유리를 넣고 탄성 실링재로 고정하는 방법이다.
병용 고정법	부정형 실링재 고정법과 그레이징 가스켓 고정법을 병용하는 방법이다.

(3) 장부 고정법
　① 나사 고정법　　　　　② 철물 고정법
　③ 접착 고정법　　　　　④ 철물·접착 병용 고정법

핵심 Point

● 현장가공(절단) 불가능 유리 (01①, 18③)
① 강화유리
② 복층유리
③ 스테인드글라스
④ 유리블록

● 단열간봉(Warm-edge Space)의 정의 (20⑤)
복층유리의 간격을 유지하며 열전달을 차단하는 자재이며, 고단열 및 결로방지를 위한 목적으로 적용된다.

● 구조용 유리 (참고)
① 전면의 유리와 구조 : 부재로 사용되는 유리에서 구조적 기능을 발휘할 수 있도록 한 것이다.
② 종류로는 강화유리, 접합유리 및 복층유리 등이 있다.

● 에너지에 효과적인 유리 선정 [KCS 41 55 09 (2.1)]
① 단열효과 증진유리 : 로이코팅, 단열간봉, 아르곤가스충진 복층유리 또는 삼중유리
② 실내보온 단열 증진유리 : 로이코팅 #3면 복층유리 또는 삼중유리
③ 태양복사열 차단유리 : 로이코팅 #2면 복층유리
④ 실내보온 단열 증진 및 태양복사열 차단유리 : 반사코팅과 로이코팅이 함께 적용된 복층유리 또는 삼중유리

● 유리 끼우기 고정법 (예상)
① 정형 실링재 고정법
② 부정형 실링재 고정법
③ 병용 고정법

---

126) KCS 41 55 09 유리공사 (3.2), 국토교통부, 대한건축학회, 2021.

(4) 대형 판유리 시공법(고정법)

시공법	내용
리브보강 그레이징 시스템 시공법	대형 판유리에 직각 되게 리브보강 유리를 설치한다.
현수 및 리브보강 그레이징 시스템 시공법(서스펜션 공법)	대형 판유리에 직각 되게 리브보강 유리를 설치하고 현수구조에 유리를 매달아 설치한다.
현수 그레이징 시스템 시공법	대형 판유리에 직각 되게 리브보강 철물을 설치하고 현수구조에 유리를 매달아 설치한다.

(5) SSG(Structural Sealant Glazing) 공법 (07②)

구분	내용
개요	① 커튼월 등에서 건물의 창과 외벽을 구성하는 유리와 패널류를 구조용 실란트(Structural Sealant)를 사용하여 실내 측의 멀리온, 프레임 등에 접착 고정하는 공법이다. ② 구조체의 형태가 외부로 노출되지 않는다.
검토 사항	① 풍압력에 대한 검토 ② 온도 무브먼트에 대한 검토 ③ 지진 시의 층간 변위에 대한 검토 ④ 유리중량에 대한 검토

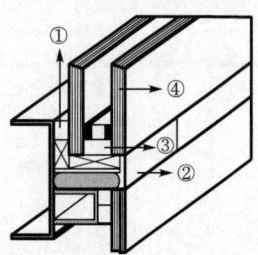

① Structural Silicon Sealant
② Weather Seal Silicon Sealant
③ Pair Glass Silicon Sealant
④ Pair Glass

【SSG 상세】

(6) DPG(Dot Point Glazing) 공법
유리에 특수하게 구멍을 뚫어 가공을 한 후 볼트를 삽입하여 유리를 고정하는 공법이다.

핵심 Point

● 대형 판유리 시공법 (예상)
① 리브보강 그레이징 시스템 시공법
② 현수 및 리브보강 그레이징 시스템
③ 현수 그레이징 시스템 시공법

● SSG 공법의 정의 (07②)
커튼월 등에서 건물의 창과 외벽을 구성하는 유리와 패널류를 구조용 실란트를 사용하여 실내 측의 멀리온, 프레임 등에 접착 고정하는 공법.

● SSG 공법에서 검토사항 (07②)
① 풍압력에 대한 검토
② 온도 무브먼트에 대한 검토
③ 지진 시의 층간 변위에 대한 검토
④ 유리중량에 대한 검토

● 유리 설치 후 보양 방법 (참고)
① 종이 붙임
② 판 붙임
③ 글자 붙임

● 유리의 열파(열파손) 현상의 설명 (20①)
유리의 중앙부와 유리 Frame이 면하는 주변부와의 온도차이로 인한 팽창, 수축 차이 때문에 응력이 생겨서 유리가 파손되는 현상이다.

Lesson 31

기출 및 예상 문제

01 다음은 창호공사에 관한 용어설명이다. 설명이 의미하는 용어명을 쓰시오. (4점)　•94 ④, 98 ①, 05 ③, 08 ③

① 창문을 창문틀에 다는 일
② 미닫이 또는 여닫이 문짝이 서로 맞닿는 선대
③ 미서기 또는 오르내리창이 서로 여며지는 선대
④ 창호가 닫아졌을 때 각종 선대 등 접하는 부분에 틈새가 나지 않도록 대어주는 것

① _____ ② _____
③ _____ ④ _____

정답

1
① 박배
② 마중대
③ 여밈대
④ 풍소란

02 창호를 분류하면 기능에 의한 분류, 재질에 의한 분류, 개폐방식에 의한 분류, 성능에 의한 분류로 구분할 수 있다. 이 중에서 성능에 따라 분류할 때의 종류를 3가지 쓰시오. (3점)　•03 ③

① _____ ② _____ ③ _____

2
① 보통 창호
② 방음 창호
③ 단열 창호
④ 방화 창호

03 다음 설명이 의미하는 용어의 명칭을 쓰시오. (4점)　•00 ⑤

① 문을 닫았을 때 창살처럼 되는 문으로 방범용으로 쓰임
② 울거미를 짜고 중간 살간격 25 cm 정도 배치하여 양면에 합판을 교착한 문
③ 상부에 유리, 높이 1m 정도 하부에만 양판을 댄 문
④ 울거미 중심에 넓은 널을 댄 문

① _____ ② _____
③ _____ ④ _____

3
① 주름문
② 플러시문
③ 징두리 양판문
④ 양판문

Lesson 31 창호 및 유리공사 | 1-483

04 다음 표에 제시된 창호 재료의 종류 및 기호를 참고하여, 아래의 창호 기호 표를 완성하시오. (3점)

• 13 ①, 22 ①

기호	재료종류
A	알루미늄
P	플라스틱
S	강철
W	목재

영문기호	창호구별
D	문
W	창
S	셔터

구분	창	문
강철재	③	④
목재	①	②
알루미늄재	⑤	⑥

정답

4

구분	창	문
강철재	③ SW	④ SD
목재	① WW	② WD
알루미늄재	⑤ AW	⑥ AD

05 강제 창호의 제작순서를 쓰시오. (5점)

• 85 ②, 90 ②, 07 ①

원척도 → (①) → 변형 바로잡기 → (②) → (③) → 구부리기 → (④) → (⑤) → 마무리 → 접합부 검사

① _____ ② _____ ③ _____
④ _____ ⑤ _____

5
① 녹떨기
② 금매김
③ 절단
④ 조립
⑤ 용접

06 강제 창호 현장설치 공법의 시공순서를 쓰시오. (4점)

• 91 ①, 04 ②

현장반입 → (①) → (②) → (③) → 구멍파기, 따내기 → (④) → (⑤) → 창문틀 주위 모르타르사춤 → (⑥)

① _____ ② _____ ③ _____
④ _____ ⑤ _____ ⑥ _____

6
① 변형 바로잡기
② 녹막이 칠
③ 먹매김
④ 가설치 및 검사
⑤ 묻음발 고정
⑥ 보양

Lesson 31

07 알루미늄합금제 창호를 철재 창호와 비교한 장점 3가지를 쓰시오. (3점)
•92 ①, 14 ①, 17 ③

① _____
② _____
③ _____

정답

7
① 비중은 철의 1/3 정도로 가볍다.
② 녹슬지 않고, 사용연한이 길다.
③ 공작이 자유롭고, 빗물막이, 기밀성에 유리하다.
④ 여닫음이 경쾌하다.

08 알루미늄합금제 창호 공사 시 주의할 사항에 대하여 3가지만 쓰시오. (3점)
•98 ②

① _____
② _____
③ _____

8
① 알칼리에 약하므로 콘크리트나 모르타르에 직접 접촉시키지 않는다.
② 이질재료와의 접촉은 금하며, 사용되는 금속재는 모두 알루미늄 재료로 한다.
③ 강도가 약하므로 단면을 보강하거나 벽선, 멀리온 등으로 보강한다.
④ 철재는 아연도금처리 하여 보강한다.
⑤ 알루미늄은 연한 재료이므로 스틸샤시와 같이 취급할 경우 손상에 주의한다.

09 셔터 시공 시 설치 부품을 3가지 쓰시오. (3점)
•91 ③, 92 ②

① _____
② _____
③ _____

9
① 홈대
② 셔터 케이스
③ 로프 홈통
④ 핸들박스

10 다음 용도에 가장 적합한 창호명 1가지만 골라 번호로 쓰시오. (5점)
•91 ③, 93 ②

┤ 보기 ├
㉠ 셔터   ㉡ 주름문   ㉢ 회전문
㉣ 아코디온 도어   ㉤ 무테문

① 방도용 : _____ ② 칸막이용 : _____
③ 현관방풍용 : _____ ④ 방화용 : _____
⑤ 현관용 일반 : _____

10
① ㉡
② ㉣
③ ㉢
④ ㉠
⑤ ㉤

11 다음 창호철물과 관계가 깊은 것을 선으로 연결하시오. (3점)

•97 ③

① Floor Hinge • • ㉮ 화장실문
② Pivot Hinge • • ㉯ 일반 방화문
③ Lavatory Hinge • • ㉰ 현관철문

정답
11
① ㉰
② ㉯
③ ㉮

12 다음 설명에 적합한 여닫이 창호의 철물 명칭을 쓰시오. (3점)

•89 ②, 99 ③

① 공중전화 출입문, 화장실, 경량 칸막이문 등에 사용되며 저절로 닫혀지나 150mm(15cm) 정도 열려지는 문에 사용됨
② 정첩으로 지탱할 수 없는 중량이 큰 자재여닫이 문에 사용됨
③ 문 위틀과 문짝에 설치하여 자동으로 문을 닫는 장치

① _____ ② _____ ③ _____

12
① 래버토리 힌지
② 플로어 힌지
③ 도어 클로저

13 창호철물에 대한 설명이다. 알맞은 철물을 ( ) 안에 쓰시오. (3점)

•04 ③

> 정첩으로 지탱할 수 없는 무거운 자재여닫이문(현관문)에는 (①) 힌지, 용수철을 쓰지 않고 문장부식으로 된 힌지로 중량문(방화문)에 사용하는 (②) 힌지, 스프링 힌지의 일종으로 공중화장실, 공중전화 출입문에는 저절로 닫혀지지만 150mm(15cm) 정도 열려 있게 하는 (③) 힌지 등이 사용된다.

① _____ ② _____ ③ _____

13
① 플로어
② 피봇
③ 래버토리

14 다음 창호철물에 관한 설명이다. 관련된 용어를 쓰시오. (2점)

•93 ①

① 문지도리로서 용수철을 쓰지 않고 문장부식으로 된 것
② 스프링 힌지의 일종으로 공중변소, 전화실 출입문에 쓰이며, 저절로 닫히지만 150mm(15cm) 정도 열려 있게 된 것

① _____ ② _____

14
① 피봇 힌지
② 래버토리 힌지

15 미서기창의 창호철물 종류를 3가지 쓰시오. (3점)   •92 ②

① _____ ② _____ ③ _____

16 다음 창호에 사용되는 창호철물로 가장 대표적인 것을 ｜보기｜에서 고르시오. (3점)   •90 ②

｜보기｜
㉮ 미서기창   ㉯ 여닫이창   ㉰ 자재여닫이 중량문
㉱ 회전문   ㉲ 오르내리창

① 플로어 힌지   ② 도르래
③ 정첩   ④ 지도리
⑤ 레일

_____

17 건축 창호용에 쓰이는 유리 종류를 5가지 쓰시오. (5점)   •93 ④

① _____ ② _____ ③ _____
④ _____ ⑤ _____

18 일반적으로 넓은 의미의 안전유리로 분류할 수 있는 성질을 가진 유리의 명칭 3가지를 쓰시오. (3점)   •93 ②, 96 ②, 98 ①, 00 ③

① _____ ② _____ ③ _____

19 다음 유리에 관한 설명이다. 관련된 용어를 쓰시오. (2점)   •93 ①

① 두 장 이상의 유리를 합성수지로 겹붙여 댄 것
② 방도용 또는 화재, 기타 파손시에 산란을 방지하기 위하여 철망을 삽입한 유리

① _____ ② _____

정답

15
① 레일
② 호차(바퀴)
③ 오목 손걸이
④ 꽂이쇠
⑤ 도어행거

16
① ㉱
② ㉰
③ ㉯
④ ㉲
⑤ ㉮

17
① 보통 판유리
② 플로트 판유리
③ 열선흡수 판유리
④ 열선반사유리
⑤ 접합유리(합판유리)
⑥ 강화유리(열처리유리)
⑦ 망입유리
⑧ 복층유리
⑨ 자외선 투과유리
⑩ 자외선 차단유리
⑪ 배강도유리
⑫ 스테인드글라스

18
① 접합유리
② 강화유리
③ 망입유리

19
① 접합유리
② 망입유리

20 다음은 유리의 종류에 관한 내용이다. 설명이 의미하는 유리를 |보기|에서 골라 기호를 쓰시오. (4점) •02 ②

|보기|
㉮ 접합유리(Laminated Glass)   ㉯ 자외선 투과유리
㉰ 복층유리(Pair Glass)   ㉱ 열선반사유리
㉲ 자외선 차단유리   ㉳ 강화유리
㉴ 망입유리   ㉵ 프리즘(Prism) 유리

① 건조 공기층을 사이에 두고 판유리를 이중으로 결합하여 테두리를 둘러서 밀봉한 유리
② 일광욕실, 병원, 요양소 등에 사용
③ 두 장 이상의 판 사이에 합성수지를 겹붙여 댄 것으로서 일명 합판유리라 함
④ 진열창, 약품창고 등에서 노화와 퇴색 방지에 사용

① _____ ② _____
③ _____ ④ _____

21 다음 용어를 설명하시오. (6점) •13 ① 17 ② ③

(가) 복층유리 : _____

(나) 배강도유리 : _____

(다) 강화유리 : _____

22 다음 용어의 정의를 쓰시오. (4점) •15 ②, 19 ①, 20 ⑤

① 접합유리 : _____
_____

② 로이유리(Low-Emissivity Glass) : _____
_____

③ 단열간봉(Warm-edge Space) : _____
_____

정답

20
① ㉰
② ㉯
③ ㉮
④ ㉲

21
(가) 복층유리 : 건조 공기층을 사이에 두고 판유리를 이중으로 접합하여 테두리를 둘러서 밀봉한 유리이다.
(나) 배강도유리 : 판유리를 열처리하여 유리 표면에 적절한 크기의 압축응력층을 만들어 파괴강도를 증대시킨 유리이다.
(다) 강화유리 : 판유리를 열처리하여 유리 표면에 강한 압축응력층을 만들어 파괴강도를 증가시키고, 또 깨어질 때에는 작은 조각이 되도록 처리한 유리이다.

22
① **접합유리** : 두 장 이상의 유리를 합성수지로 겹붙여 댄 것
② **로이유리** : 열적외선을 반사하는 은소재막으로 코팅하여 방사율과 열관류율을 낮추고 가시광선 투과율을 높인 유리로서, 일반적으로 복층유리로 제조하여 사용한다.
③ **단열간봉** : 복층유리의 간격을 유지하며 열전달을 차단하는 자재이며, 고단열 및 결로방지를 위한 목적으로 적용된다.

Lesson 31

23 공사현장에서 절단이 불가능하여 사용치수로 주문 제작해야 하는 유리의 명칭 3가지를 쓰시오. (3점)   •01 ①, 18 ③

① _____   ② _____   ③ _____

23
① 강화유리
② 복층유리
③ 스테인드글라스
④ 유리블록

24 건물의 창과 유리를 구성하는 유리와 패널류를 구조용 실란트를 사용하여 실내측의 멀리온이나 프레임 등으로 고정시키는 공법과 이에 대한 검토사항을 3가지 쓰시오. (4점)   •07 ②

가. 공법
_____

나. 검토사항
① _____
② _____
③ _____

24
가. 공법 : SSG(Structural Sealant Glazing) 공법
나. 검토사항
① 풍압력에 대한 검토
② 온도 무브먼트에 대한 검토
③ 지진 시의 층간변위에 대한 검토
④ 유리중량에 대한 검토

25 두꺼운 유리나 색유리에서 많이 발생하는 유리의 열파(열파손) 현상을 설명하시오. (3점)   •21 ①

_____

25
유리의 중앙부와 유리 Frame이 면하는 주변부와의 온도차이로 인한 팽창, 수축 차이 때문에 응력이 생겨서 유리가 파손되는 현상이다.

XII

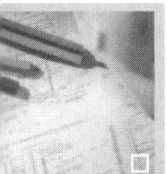

PC공사 및 외벽공사

Lesson 32 PC공사 및 외벽공사

Lesson 32. PC공사 및 외벽공사

☼ 1 PC공사

1. 일반사항

1) 개요
   ① 부재의 일부 또는 대부분을 공장 생산하여 경화 후 현장 조립하는 공법이다. PC(Precast Concrete, 공업화)공사라고 한다.
   ② PC공법은 프리패브(Prefab, 조립식)의 일종이다.

2) 특징

장점	단점
① 프리패브 공법이므로 공정단축	① 다양성 부족
② 천후, 기상에 영향이 적다.	② 초기투자비 과다
③ 현장노무 감소	③ 자재 운반거리 제약
④ 대규모 공사의 경우 원가절감	④ 양중장비 필요
⑤ 품질의 균질성 기대	⑤ 접합부의 강도 부족
⑥ 작업의 시스템화로 작업능률이 좋다.	⑥ 기술개발 및 투자 부족

2. 분류

1) 생산방식에 따른 분류 (16①)

Open System (오픈 시스템)	특정한 건축물의 형태를 미리 결정하지 않고, 표준화하여 대량 생산한 일반 건축물에 조합할 수 있는 PC 생산방식이다.
Closed System (클로즈드 시스템)	주문공급방식으로써 대형구조물이나 특수구조물에 적합한 PC 생산하는 방식이다.

2) 시공 방법에 따른 분류 (91①, 96④, 00④, 03③, 07②)

종류	내용
적층 공법	공장제작된 기둥, 보, 바닥판, 벽체 등과 마감공사, 설비공사 등을 한 층씩 조립하여 완성하는 공법
내력벽식 공법 (대형패널 공법)	창호 등이 설치된 건축물의 벽체를 아파트 등의 구조체로 이용하는 방법
박스식 공법 (Box식 공법)	건축물의 1실 혹은 2실 등의 구조체를 박스형으로 지상에서 제작한 후 이를 인양 조립하는 공법

◉ 핵심 Point

● PC공사(WPC) 장면

● PC공사의 장점 (예상)
① 공기단축 ② 안전향상
③ 노무 감소 ④ 원가절감
⑤ 품질향상 ⑥ 시공 용이

● 커튼월 벽체 유닛 (참고)

● '주문공급방식으로써 대형구조물이나 특수구조물에 적합한 PC(Precast Concrete) 생산방식'의 명칭 (16①)
Closed System
(클로즈드 시스템)

틸트업 공법 (Tilt Up 공법)	지상의 평면에서 벽판 및 구조체를 제작한 후 이를 일으켜서 건축물을 구축하는 공법
리프트업 공법 (Lift Up 공법)	지상에서 슬래브, 벽 등을 PC판으로 제작하고 소정위치까지 끌어올려 접합 고정하는 공법
리프트슬래브 공법(Lift Slab 공법)	지상에서 여러 층의 슬래브를 제작한 후 이를 순차적으로 들어올려 구조체를 축조하는 공법. Lift Up 공법의 일종.
하프슬래브 공법 (Half Slab 공법)	슬래브의 절반 두께는 PC화된 부재이고, 상부 절반을 현장타설 콘크리트로 슬래브를 완성하는 공법
커튼월 공법	창문틀 등을 건축물의 벽판에 설치한 후 구조체에 붙여대어 이용하는 공법

3) 구조방식에 따른 분류 127)

종류	내용
프리캐스트콘크리트 골조구조(골조식 공법)	프리캐스트콘크리트의 보 및 기둥 부재로 접합·조립한 구성하는 구조방식이다.
프리캐스트콘크리트 입체구조(상자식 공법)	프리캐스트콘크리트의 바닥판 및 벽판을 일체로 구성한 구조방식이다.
프리캐스트콘크리트 판구조(판식 공법)	프리캐스트콘크리트의 바닥판 및 벽판을 유효하게 접합·조립하여 구성한 구조방식이다.

3. 접합부의 성능 및 품질 128)

구분	내용
충전콘크리트	설계기준압축강도는 부재 콘크리트의 설계기준압축강도 이상으로 한다. 물결합재비는 55 % 이하이다.
충전모르타르	충전모르타르는 무수축성으로 한다.
접합부 피복두께	접합부에서 콘크리트의 설계 피복두께는 최소 피복두께에 5 mm를 더한 값 이상으로 한다.

4. 현장시공

1) 프리패브 콘크리트 공사 작업순서 (90①, 96⑤, 98④, 01①)

① 베드, 거푸집 청소 ② 거푸집 조립
③ 개구부 프레임 설치 ④ 철근, 철골류 삽입
⑤ 설비, 전기배관 ⑥ 중간검사
⑦ 콘크리트 타설 ⑧ 표면 마감
⑨ 양생 후 탈형 ⑩ 보수와 검사
⑪ 야적

---

127) 건축공사 표준시방서 (05010), 국토교통부, 대한건축학회, 2016.
128) 건축공사 표준시방서 (05065), 국토교통부, 대한건축학회, 2016.

핵심 Point

● 조립식 공법의 용어 (91①, 96④, 00④, 03③, 07②)
① 내력벽식 공법(대형패널 공법) : 창호 등이 설치된 건축물의 벽체를 아파트 등의 구조체로 이용하는 방법
② 박스식 공법 : 건축물의 1실 혹은 2실 등의 구조체를 박스형으로 지상에서 제작한 후 이를 인양 조립하는 공법
③ Tilt Up 공법 : 지상의 평면에서 벽판 및 구조체를 제작한 후 이를 일으켜서 건축물을 구축하는 공법
④ Lift Slab 공법 : 지상에서 여러 층의 슬래브를 제작한 후 이를 순차적으로 들어올려 구조체를 축조하는 공법
⑤ 커튼월 공법 : 창문틀 등을 건축물의 벽판에 설치한 후 구조체에 붙여대어 이용하는 공법

● PC 공사에서 구조방식에 따른 종류 (예상)
① 프리캐스트콘크리트 골조구조
② 프리캐스트콘크리트 입체구조
③ 프리캐스트콘크리트 판구조

● 프리패브 콘크리트 공사 작업순서 (90①, 96⑤, 98④, 01①)
① 베드, 거푸집 청소
② 거푸집 조립
③ 개구부 프레임 설치
④ 철근, 철골류 삽입
⑤ 설비, 전기배관
⑥ 중간검사
⑦ 콘크리트 타설
⑧ 표면 마감
⑨ 양생 후 탈형
⑩ 보수와 검사
⑪ 야적

2) 접합

(1) 접합 방법

종류	내용
건식접합 (Dry Joint)	콘크리트 또는 모르타르를 사용하지 않는 용접접합 또는 기계적 접합 등에 의해 PC 부재 상호간을 접합하는 방식이다.
습식접합 (Wet Joint)	현장에서 콘크리트 또는 모르타르 등으로 PC 부재 상호간을 접합하는 방식이다.

(2) 접합부의 요구성능

① 응력전달 ② 방수성
③ 내구성   ④ 기밀성

2 커튼월공사[129]

1. 일반사항

1) 개요

① 원래 커튼월(Curtain Wall)은 하중을 받지 않는 벽체를 의미한다.
② 좁은 의미로 공장 생산된 부재로 구성된 비내력 외벽을 말한다.

2. 분류

1) 벽판(Panel)의 분류

종류	내용
조적 패널벽	비내력 외벽으로 건물의 외장면이 되기도 한다.
패널 커튼월	재질에 관계없이 공장제작된 비내력 외벽이다.

2) 주프레임 재료(패널의 재료)에 따른 분류[130],[131] (05①)

① 금속 커튼월   ② 프리캐스트콘크리트 커튼월
③ 복합 커튼월   ④ ALC 커튼월

핵심 Point

● PC 운반차량 선정 시 고려 사항 (참고)
① 부재의 크기
② 부재의 중량
③ 운반거리
④ 도로 사정

● PC(프리패브) 공사에서 부재접합 방법 (예상)
① 건식접합
② 습식접합

● PC 공사에서 접합부의 요구성능 (예상)
① 응력전달
② 방수성
③ 내구성
④ 기밀성

● PC 공사에서 접합부의 방수 줄눈의 종류 (참고)
① 충전줄눈
② 오픈 조인트
③ 실링된 빈줄눈

● PC 공사에서 접합부 방수 실링재의 종류 (참고)
① 테이프형 실링재
② 액상 실링재
③ 방수용 글라스 시트

● 주프레임 재료에 따른 커튼월의 종류 (05①)
① 금속 커튼월
② 프리캐스트콘크리트 커튼월
③ 복합 커튼월

---

129) 신현식 외 6인, 「건축시공학」, 문운당 1998, pp.391~400.
130) 정상진 외 7인, 「건축시공학」, 기문당 1998, pp.521~522.
131) 대한건축학회, 「건축공사표준시방서」, 기문당 1998, pp.1017.

Lesson 32

3) 조립 방식에 의한 분류 (09③, 11①, 12②, 13③, 16①, 17①, 20①)

분류	내용
유닛월 시스템 (Unit Wall System)	공장에서 미리 벽체 유닛을 완전조립 한 후 현장에서는 설치만 하는 공법이다
스틱월 시스템(Stick Wall System, 분해조립공법)	부재를 현장에 반입한 후 현장에서 부재를 조립 및 설치하는 공법이다.
윈도우월 시스템 (Window Wall System)	창호 주변(Frame)이 패널(월)로 구성하여 창호의 구조가 패널트러스에 연결되는 공법이다.
조합방식 시스템 (Unit & Stick Wall System)	유닛월 시스템과 스틱월 시스템의 조합 공법이다.

4) 외관 형태별 분류 (02①, 08①, 11①, 13②, 17②)

종류	내용
스팬드럴방식 (Spandrel Type)	수평선을 강조하는 창과 스팬드럴의 조합으로 이루어진 방식이다.
샛기둥방식 (Mullion Type)	수직기둥을 노출시키고, 그 사이에 유리창이나 스팬드럴 패널을 끼우는 방식이다.
격자방식 (Grid Type)	수직과 수평의 격자형 외관을 보여주는 방식이다.
피복방식 (Sheathed Type)	구조체를 외부에 노출시키지 않고 패널로 은폐시키고 섀시는 패널 안에서 끼워지는 방식이다.

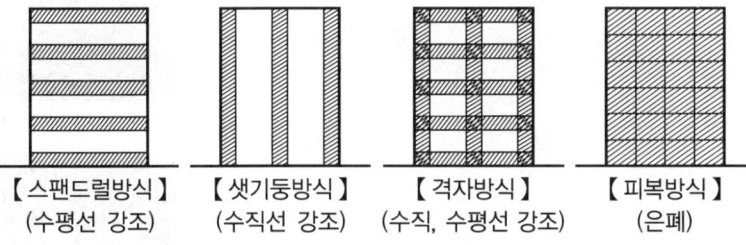

【스팬드럴방식】　【샛기둥방식】　【격자방식】　【피복방식】
(수평선 강조)　　(수직선 강조)　(수직, 수평선 강조)　(은폐)

5) 구조 형식에 의한 분류 (09③, 12②, 16①)

종류	내용
패널방식 (Panel Type)	패널 자체가 구조적 강도를 갖고 벽면을 구성하는 방식이다.
샛기둥방식 (Mullion Type)	샛기둥을 설치하고 여기에 벽체를 설치하는 방식이다.
커버방식 (Cover Type)	기둥형, 보형 또는 스팬드럴 패널 등을 구조체에 개별로 부착하는 방식이다.

3. 긴결부품(Fastener, 패스너) 및 긴결방식

1) 개요

커튼월 부재를 구조체에 부착하기 위해 사용되는 철물류의 총칭이다.

핵심 Point

● 커튼월 공법의 조립 방식에 의한 분류 (09③, 11①, 12②, 13③, 16①, 17①, 20①)
① 유닛월 시스템 : 공장에서 미리 벽체 유닛을 완전조립한 후 현장에서는 설치만 하는 공법
② 스틱월 시스템 : 부재를 현장에 반입한 후 현장에서 부재를 조립 및 설치하는 공법
③ 윈도우월 시스템 : 창호 주변(Frame)이 패널(월)로 구성하여 창호의 구조가 패널트러스에 연결되는 공법

● 윈도우월 시스템 (참고)
창호 프레임과 유리의 조립 및 설치를 모두 공장에서 하는 공법

● 커튼월 공법의 외관 형태별 분류 (02①, 11①, 13②)
① 스팬드럴방식 : 수평선을 강조하는 창과 스팬드럴의 조합으로 이루어진 방식
② 샛기둥방식 : 수직기둥을 노출시키고, 그 사이에 유리창이나 스팬드럴 패널을 끼우는 방식
③ 격자방식 : 수직, 수평의 격자형 외관을 보여주는 방식
④ 피복방식 : 구조체를 외부에 노출시키지 않고 패널로 은폐시키고 섀시는 패널 안에서 끼워지는 방식

● 스팬드럴방식의 설명 (08②, 17②)
수평선을 강조하는 창과 스팬드럴의 조합으로 이루어진 방식

● 커튼월 공법의 구조 형식에 의한 분류 (09③, 12②, 16①)
① 패널방식
② 샛기둥방식
③ 커버방식

2) 패스너의 긴결방식 (04①②, 09①, 11①, 14③)

긴결방식	내용
슬라이드방식 (Slide Type)	패널하부는 고정시키고, 상부는 슬라이드가 되게 한 방식
회전방식 (Locking Type)	패널하부는 핀지점으로 하고, 상부는 슬라이드가 되게 한 방식
고정방식 (Fixed Type)	패널의 상하부가 고정된 방식

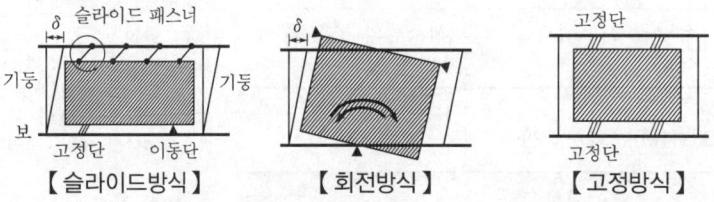

【슬라이드방식】　　【회전방식】　　【고정방식】

4. 커튼월의 검사 및 시험

1) 커튼월의 설계요구 성능

① 하중에 대한 안전성　② 처짐에 대한 사용성
③ 기밀성　　　　　　　④ 수밀성
⑤ 단열성　　　　　　　⑥ 결로방지
⑦ 내화성　　　　　　　⑧ 소음방지
⑨ 접촉부식방지　　　　⑩ 내구성

2) 커튼월의 성능시험

① 풍동시험
② 실물모형시험

3) 풍동시험(Wind Tunnel Test)

(1) 개요 (02①)

건물 준공 후 발생될 수 있는 바람에 의한 문제점을 파악하고, 설계에 반영하기 위해 건물 주변 600m 반경의 지형 및 건물배치를 축소형 모델로 만들어 원형 턴테이블(Turn Table)의 풍동 속에 설치한 후, 과거 10~50년 또는 100년간의 최대 풍속을 가하여 실시하는 시험으로 풍압시험 및 영향시험을 한다.

(2) 측정내용

① 공기의 흐름예측　　　② 풍력계수 결정
③ 보행자에 대한 풍압영향　④ 건물풍
⑤ 구조하중　　　　　　⑥ 고주파 응력

핵심 Point

● 긴결부품의 부착형태 (참고)

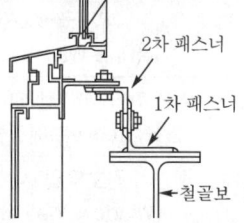

● 커튼월공사에서 패스너의 기능(요구성능) (예상)
① 응력전달
② 변위 추종성
③ 시공오차 조정
④ 시공용이성

● 커튼월공사에서 패스너의 긴결 방법 (04①② 09①, 11①, 14③)
① 슬라이드방식
② 회전방식
③ 고정방식

【풍동시험기 전경】

【구조물의 풍동시험】

● 풍동시험(Wind Tunnel Test)의 설명 (02①)
건물 준공 후 발생될 수 있는 바람에 의한 문제점을 파악하고, 설계에 반영하기 위해 건물 주변 600m 반경의 지형 및 건물배치를 축소형 모델로 만들어 원형 턴테이블(Turn Table)의 풍동 속에 설치한 후, 과거 10~50년 또는 100년간의 최대 풍속을 가하여 실시하는 시험으로 풍압시험 및 영향시험을 한다.

4) 실물대 모형시험 (Mock-Up Test, 실물대시험, 외벽성능시험)

(1) 개요 (99②④, 02①, 11②)

외기의 영향으로 인한 외장재(외벽)의 성능을 사전에 검토하기 위해 풍동시험을 근거로 설계한 실물모형 3개를 만든 뒤, 건축 예정지에서 최악의 기후조건으로 외장재 설치 후 일어날 수 있는 모든 문제점을 검증해 보는 시험이다.

(2) 성능시험 항목 132),133) (04①, 08①, 11②, 13③, 16②, 18③, 19①)

성능시험 항목	내용
예비시험	시료 상태를 1차적으로 점검하고, 시험 가능 여부를 판단한다.
기밀시험	시험체에서 발생하는 공기누출량을 측정한다.
정압수밀시험	15분 동안 살수하여 누수 여부를 확인한다.
동압수밀시험	소용돌이치는 폭풍우 하에서의 누수 여부를 확인한다.
구조시험	설계풍압력에 대한 구조재 변위와 유리 파손여부를 확인한다.

5) 커튼월의 누수처리 방식 (13②)

방식	내용
Closed Joint System	커튼월 접합부를 실(Seal)재로 완전히 밀폐시켜 틈새를 없애는 방식이다.
Open Joint System	커튼월의 내측 및 외측벽 사이에 공간을 두고 외기압과 같은 기압을 유지하여 배수하는 방식이다.

5. 커튼월 시공

1) 금속 커튼월의 시공순서 134)

① 기준 먹매김 ② 구체 부착철물의 설치
③ 부속재료의 설치 ④ 양중, 포장, 적재 및 보호조치
⑤ 실링재 작업 ⑥ 현장에서의 표면마감
⑦ 보양 및 청소

2) 프리캐스트콘크리트 커튼월의 시공순서 135)

① 바탕면 사전처리 ② 백업재 설치
③ 마스킹 테이프 부착 ④ 프라이머 도포
⑤ 실링재 충전 ⑥ 마무리 작업
⑦ 마스킹 테이프 제거 ⑧ 화재연소 확대 방지시공
⑨ 청소

---

132) KCS 41 54 02 금속커튼월 공사 (1.5), 국토교통부, 대한건축학회, 2021.
133) KCS 41 54 03 프리캐스트콘크리트 커튼월 공사 (1.5), 국토교통부, 대한건축학회, 2021.
134) KCS 41 54 02 금속커튼월 공사 (3.3), 국토교통부, 대한건축학회, 2021.
135) KCS 41 54 03 프리캐스트콘크리트 커튼월 공사 (3.3), 국토교통부, 대한건축학회, 2021.

핵심 Point

● 실물대 모형시험(Mock-Up Test)의 설명 (99②④, 02①, 11②)

외기의 영향으로 인한 외장재(외벽)의 성능을 사전에 검토하기 위해 풍동시험을 근거로 설계한 실물모형 3개를 만든 뒤, 건축 예정지에서 최악의 기후조건으로 외장재 설치 후 일어날 수 있는 모든 문제점을 검증해 보는 시험이다.

● 커튼월의 성능시험(Mock-Up Test) 항목 (04①, 08①, 11②, 13③, 16②, 18③, 19①)
① 예비시험
② 기밀시험
③ 정압수밀시험
④ 동압수밀시험
⑤ 구조시험

【 실물모형시험 】

● 커튼월의 누수처리 방식 (13②)
① Closed Joint System : 커튼월 접합부를 실(Seal)재로 완전히 밀폐시켜 틈새를 없애는 방식이다. 실재의 외기 노출로 인해 성능 저하의 우려가 있다.
② Open Joint System : 커튼월의 내측 및 외측벽 사이에 공간을 두고 외기압과 같은 기압을 유지하여 배수하는 방식이다. 기밀 실재가 외기에 노출되지 않아 성능유지에 유리하다.

● 금속 커튼월의 실링재 작업의 시공순서 (참고)
① 줄눈의 청소와 건조
② 백업재의 삽입
③ 마스킹 테이프의 접착
④ 프라이머의 도포
⑤ 실링재의 충전
⑥ 마스킹 테이프 제거
⑦ 양생

6. 커튼월의 누수방지 대책 (19①)

① 멀리온과 패널의 이음매 처리 철저
② Closed Joint System의 경우 이음새 없이 시공
③ Open Joint System의 경우 누수 차단 철저
④ 용도에 적합한 실란트 사용

> **핵심 Point**
> ● 커튼월의 알루미늄바에서 시공적인 측면에서의 누수방지 대책 (19①)
> ① 멀리온과 패널의 이음매 처리 철저
> ② Closed Joint System의 경우 이음새 없이 시공
> ③ Open Joint System의 경우 누수 차단 철저
> ④ 용도에 적합한 실란트 사용

3 ALC 패널 공사

1. 개요

철근으로 보강된 고온고압증기양생 한 경량기포 콘크리트 패널(ALC 패널)을 건축물의 지붕, 바닥, 외벽 또는 내력부재로 사용한 것이다.

2. ALC 패널의 설치 공법

1) 외벽 패널 공법 [136] (01②, 02①, 05③, 11③)

종류	내용
수직철근 공법 (보강근삽입 공법, 철근매입 공법)	패널간의 접합부에 접합철물을 통해 수직보강 철근을 배근하고 틈새는 모르타르를 충전함으로서 패널의 상하부를 고정시키는 수직벽 패널 설치 방법
슬라이드 공법	패널간의 수직줄눈 공동부 중 패널하부는 보강철근을 배근한 후 모르타르를 충전하여 고정시키고 상부는 벽체의 변형을 받아 슬라이드될 수 있도록 한 수직벽 패널 설치 방법
볼트조임 공법	패널 장변방향의 양단에 구멍을 뚫고, 이를 관통하는 볼트로 고정시키는 수직 또는 수평벽 패널 및 지붕패널 설치 방법
커버플레이트 공법	패널의 양단부를 커버플레이트와 볼트를 이용하여 설치하는 수평벽 패널 설치 방법
타이플레이트 공법	패널의 양단부를 타이플레이트와 못을 이용하여 구조체에 고정시키는 수직 또는 수평벽 패널의 설치 방법
오·볼트(O-bolt) 공법	패널의 장변방향 또는 단변방향으로 강봉을 삽입하여 이를 관통하는 O-bolt를 제트플레이트(Z-plate)에 긴결하여 구조체에 고정시키는 수직 또는 수평벽 패널 설치 방법

> ● ALC 패널의 설치 공법 (01②, 02①, 05③, 11③)
> ① 수직철근 공법
> ② 슬라이드 공법
> ③ 볼트조임 공법
> ④ 커버플레이트 공법
> ⑤ 타이플레이트 공법
> ⑥ 오·볼트 공법

2) 내벽 패널 공법

일반적으로 수직벽 공법에 의해 시공하나 층고가 높을 경우에는 볼트조임 공법을 사용하기도 한다.

---
[136] KCS 41 54 01 외벽공사 일반 (1.3), 국토교통부, 대한건축학회, 2021.

Lesson 32

기출 및 예상 문제

01 주문공급방식으로써 대형구조물이나 특수구조물에 적합한 PC(Precast Concrete) 생산방식의 명칭을 쓰시오. (2점) •16 ①

_____

정답

1
Closed System(클로즈드 시스템)

02 다음은 콘크리트의 조립식 공법을 설명한 것으로 |보기|에서 골라 설명에 해당하는 번호를 쓰시오. (5점) •91 ①, 96 ④, 00 ④, 03 ③, 07 ②

┤보기├
㉮ 커튼월 공법   ㉯ 틸트업(Tilt Up) 공법
㉰ Box식 공법   ㉱ 리프트 슬래브식(Lift Slab) 공법
㉲ 내력벽식 공법

① 창호 등이 설치된 건축물의 벽체를 아파트 등의 구조체로 이용하는 방법
② 건축물의 1실 혹은 2실 등의 구조체를 박스형으로 지상에서 제작한 후 이를 인양 조립하는 공법
③ 지상의 평면에서 벽판 및 구조체를 제작한 후 이를 일으켜서 건축물을 구축하는 공법
④ 지상에서 여러 층의 슬래브를 제작한 후 이를 순차적으로 들어올려 구조체를 축조하는 공법
⑤ 창문틀 등을 건축물의 벽판에 설치한 후 구조체에 붙여 대어 이용하는 공법

① _____ ② _____ ③ _____
④ _____ ⑤ _____

2
① ㉲
② ㉰
③ ㉯
④ ㉱
⑤ ㉮

03 커튼월 공사를 주프레임 재료를 기준으로 크게 3가지로 분류할 수 있는데 그 3가지의 커튼월을 쓰시오. (3점) •05 ①

① _____ ② _____ ③ _____

3
① 금속 커튼월
② 프리캐스트콘크리트 커튼월
③ 복합 커튼월

04 프리패브 콘크리트 공사 작업순서를 |보기|에서 골라 선택하시오. (4점)

•96 ⑤, 98 ④, 01 ①

|보기|
- ㉮ 양생 후 탈형
- ㉯ 개구부 프레임 설치
- ㉰ 표면마감
- ㉱ 철근, 철물류 삽입
- ㉲ 중간검사
- ㉳ 거푸집 조립

베드, 거푸집 청소 → (①) → (②) → (③) → 설비, 전기배관 → (④) → 콘크리트 타설 → (⑤) → (⑥) → 보수와 검사 → 야적

정답

4
① ㉳
② ㉯
③ ㉱
④ ㉲
⑤ ㉰
⑥ ㉮

05 공장제작 PC 제품 제작순서를 |보기|에서 골라 기호로 쓰시오. (6점)

•90 ①

|보기|
- ㉮ 거푸집 청소
- ㉯ 콘크리트 타설
- ㉰ 표면 마무리
- ㉱ 거푸집 탈형
- ㉲ 양생
- ㉳ 중간검사
- ㉴ 창문틀 설치
- ㉵ 철근조립
- ㉶ 설비 재설치
- ㉷ 거푸집 조립

5
㉮ → ㉷ → ㉴ → ㉵ → ㉶ → ㉳ → ㉯ → ㉰ → ㉲ → ㉱

06 다음은 커튼월 공법에 의한 분류이다. 각 분류의 종류를 2가지씩 쓰시오. (3점)

•09 ③, 12 ②, 16 ①

가. 조립 방식에 의한 분류 : ① _____ ② _____

나. 구조 형식에 의한 분류 : ① _____ ② _____

6
가. 조립 방식에 의한 분류
 ① 유닛월 시스템
 ② 스틱월 시스템(녹다운 공법, 분해조립공법)
 ③ 윈도우월 시스템
나. 구조 형식에 의한 분류
 ① 패널방식
 ② 샛기둥방식
 ③ 커버방식

07 다음 용어는 커튼월 공법의 외관 형태별 분류방식이다. 간단히 설명하시오. (3점)

•08 ②, 17 ②

• 스팬드럴방식 : _____

7
• 스팬드럴방식 : 수평선을 강조하는 창과 스팬드럴의 조합으로 이루어진 방식

Lesson 32

08 다음은 커튼월 공법의 외관 형태별 분류방식에 대한 설명이다. |보기|에서 그 명칭을 골라 번호를 쓰시오. (4점) •02 ①, 13 ②

|보기|
- ㉮ 격자방식
- ㉯ 샛기둥방식
- ㉰ 피복방식
- ㉱ 스팬드럴방식

① 수평선을 강조하는 창과 스팬드럴 조합으로 이루어지는 방식
② 수직기둥을 노출시키고, 그 사이에 유리창이나 스팬드럴 패널을 끼우는 방식
③ 수직, 수평의 격자형 외관을 보여주는 방식
④ 구조체를 외부에 노출시키지 않고 패널로 은폐시키고 섀시는 패널 안에서 끼워지는 방식

① _____ ② _____
③ _____ ④ _____

정답 8
① ㉱
② ㉯
③ ㉮
④ ㉰

09 커튼월 공사에서 구조체의 층간변위, 커튼월의 열팽창, 변위 등을 해결하는 긴결 방법 3가지를 기술하시오. (3점) •04 ①, 09 ①, 11 ①, 14 ③

① _____ ② _____ ③ _____

정답 9
① 슬라이드방식
② 회전방식
③ 고정방식

10 Fastener는 커튼월을 구조체에 긴결시키는 부품을 말하며 외력에 대응할 수 있는 강도를 가져야 하며 설치가 용이하고 내구성, 내화성 및 층간변위에 대한 추종성이 있어야 한다. Fastener의 설치방식 3가지를 쓰시오. (3점) •04 ②

① _____ ② _____ ③ _____

정답 10
① 슬라이드방식
② 회전방식
③ 고정방식

11 구조물을 신축하기 전에 실시하는 Mock-Up Test의 시험항목을 4가지만 쓰시오. (4점) •16 ②, 18 ③, 19 ①

① _____ ② _____
③ _____ ④ _____

정답 11
① 예비시험
② 기밀시험
③ 정압수밀시험
④ 동압수밀시험
⑤ 구조시험

12 커튼월의 성능시험 항목을 3가지 쓰시오. (3점) •04 ①, 08 ①, 13 ③

① _____ ② _____ ③ _____

13 Wind Tunnel Test(풍동시험)와 Mock-Up Test(외벽성능시험)에 관하여 기술하시오. (4점) •99 ②, 99 ④, 02 ①

가. Wind Tunnel Test(풍동시험) : _____

나. Mock-Up Test(실물대시험) : _____

14 Mock-Up Test(실물대 모형시험)에 대해 기술하고 이 시험의 성능시험 항목을 3가지 쓰시오. (5점) •11 ②

(가) Mock-Up Test(실물대 모형시험) : _____

(나) 성능시험 항목
① _____
② _____
③ _____

15 커튼월 공법에 의한 분류방식 중 외관 형태별 분류의 종류를 4가지 쓰시오. (4점) •11 ①

① _____ ② _____
③ _____ ④ _____

정답

12
① 예비시험
② 기밀시험
③ 정압수밀시험
④ 동압수밀시험
⑤ 구조시험

13
가. Wind Tunnel Test(풍동시험)
건물 준공 후 발생될 수 있는 바람에 의한 문제점을 파악하고, 설계에 반영하기 위해 건물 주변 600m 반경의 지형 및 건물배치를 축소형 모델로 만들어 원형 턴테이블(Turn Table)의 풍동 속에 설치한 후, 과거 10~50년 또는 100년간의 최대 풍속을 가하여 실시하는 시험으로 풍압시험 및 영향시험을 한다.
나. Mock-Up Test(실물대시험)
외기의 영향으로 인한 외장재(외벽)의 성능을 사전에 검토하기 위해 풍동시험을 근거로 설계한 실물 모형 3개를 만든 뒤, 건축 예정지에서 최악의 기후조건으로 외장재 설치 후 일어날 수 있는 모든 문제점을 검증해 보는 시험

14
가. Mock-Up Test
외기의 영향으로 인한 외장재(외벽)의 성능을 사전에 검토하기 위해 풍동시험을 근거로 설계한 실물 모형 3개를 만든 뒤, 건축 예정지에서 최악의 기후조건으로 외장재 설치 후 일어날 수 있는 모든 문제점을 검증해 보는 시험
나. 성능시험 항목
① 예비시험
② 기밀시험
③ 정압수밀시험
④ 동압수밀시험
⑤ 구조시험

15
① 스팬드럴방식
② 샛기둥방식
③ 격자방식
④ 피복방식

16 커튼월 공법에서 조립 공법별 분류에서 아래에서 설명하는 공법을 적으시오. (3점)
•11 ①, 13 ③, 17①, 20 ①

① 공장에서 미리 벽체 유닛을 완전조립한 후 현장에서는 설치만 하는 공법
② 부재를 현장에 반입한 후, 현장에서 부재를 조립 및 설치하는 공법
③ 창호 주변(Frame)이 패널(월)로 구성됨으로서 창호의 구조가 패널 트러스에 연결되는 공법

① _____ ② _____ ③ _____

정답 16
① 유닛월 시스템
② 스틱월 시스템(녹다운 공법, 분해조립 공법)
③ 윈도우월 시스템

17 커튼월에서 발생하는 다음과 같은 누수처리 방식에 대해 기술하시오. (4점)
•13 ②

가. Closed Joint System : _____

나. Open Joint System : _____

정답 17
가. Closed Joint System : 커튼월 접합부를 실(Seal)재로 완전히 밀폐시켜 틈새를 없애는 방식이다. 실재의 외기 노출로 인해 성능저하의 우려가 있다.
나. Open Joint System : 커튼월의 내측 및 외측벽 사이에 공간을 두고 외기압과 같은 기압을 유지하여 배수하는 방식이다. 기밀 실재가 외기에 노출되지 않아 성능유지에 유리하다.

18 커튼월의 알루미늄바에서 누수방지 대책을 시공적인 측면에서 4가지만 쓰시오. (4점)
•19 ①

① _____ ② _____
③ _____ ④ _____

정답 18
① 멀리온과 패널의 이음매 처리 철저
② Closed Joint System의 경우 이음새 없이 시공
③ Open Joint System의 경우 누수 차단 철저
④ 용도에 적합한 실란트 사용

19 ALC(Autoclaved Lightweight Concrete) 패널의 설치 공법을 4가지 쓰시오. (4점)
•01 ②, 02 ①, 05 ③, 11 ③

① _____ ② _____
③ _____ ④ _____

정답 19
① 수직철근 공법
② 슬라이드 공법
③ 볼트조임 공법
④ 커버플레이트 공법
⑤ 타이플레이트 공법
⑥ 오·볼트 공법

XIII

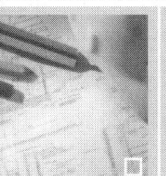 

마감, 기타 공사 및 유지관리

Lesson 33 마감, 기타 공사 및 유지관리

건축기사실기

Lesson 33. 마감, 기타 공사 및 유지관리

☀ 1 도장공사(칠공사)

1. 도료의 원료

원료	특징
유류	① 상온에서 액체이고, 물에 녹지 않는다. ② 건조가 잘 되는 것을 건성류라 한다. ③ 식물성 기름을 가열하여 정제한 것을 보일드유라 한다.
안료	물, 기름 등에 용해되지 않는 불투명 및 유색의 고체분말이다. 물체의 바탕에 색깔을 주어 은폐한다.
건조제	보일드유의 산화건조를 촉진하기 위한 첨가제이다.
가소제	물질에 가소성을 부여하기 위한 첨가제이다.
희석제	① 시너(Thinner) 또는 휘발성 용제라 한다. ② 도료 등에 유동성을 주고 완료 후 건조하면 소실된다.

2. 바탕만들기(바탕처리)[137]

1) 목재면 바탕만들기 시공순서 (92④, 94③)

① 오염, 부착물 제거   ② 송진처리
③ 연마지 닦기   ④ 옹이땜
⑤ 구멍땜(메꿈)

2) 철재면 바탕만들기

(1) 종류 (11①, 16②)

구분	내용
용제에 의한 방법	각종 용제를 헝겊에 묻혀 닦아내는 방법
인산피막염법	철에 인산피막염을 만들어 녹막이로 사용하는 방법으로 파커라이징법과 본더라이징법이 있다.
워시프라이머법 (에칭프라이머)	인산을 활성제로 하여 비닐혼합물들과 배합하여 금속면에 칠하면 인산피막을 형성하고 동시에 비닐부틸랄수지의 피막이 형성되는 것이다.

핵심 Point

● 도장의 목적 (참고)
① 건물보호
② 미적효과
③ 성능부여

● 안료의 역할 (참고)
① 물체 보호
② 부식 방지
③ 내구력 증진

● 바탕단들기는 대해서 도장에 적절하도록 재료의 표면을 만드는 것이다.

● 목부 바탕만들기 시공 순서 (92④, 94③)
① 오염, 부착물 제거
② 송진처리
③ 연마지 닦기
④ 옹이땜
⑤ 구멍땜

● 철강재(금속재)의 바탕처리법 중 화학적 방법 (11①, 16②)
① 용제에 의한 방법
② 인산피막법
③ 워시프라이머법

● 건축공사표준시방서에 의한 철재면의 바탕만들기 공정 (참고)
가. 인산염처리 : 오염, 부착물 제거 → 유류제거 → 녹제거 → 화학처리 → 피막마무리
나. 금속바탕처리용 프라이머 도장 : 오염, 부착물 제거 → 유류 제거 → 방청도장
다. 보통금속 : 오염, 부착물 제거 → 유류제거 → 녹제거

---

137) KCS 41 47 00 도장공사 (3.3), 국토교통부, 대한건축학회, 2021.

(2) 철의 녹제거용 공구 및 용제 (99①, 01①)

공구	용제
① 와이어 브러시(Wire Brush) ② 연마지(Sand Paper) ③ 스크레이퍼(Scraper) ④ 블라스트(Blaster)	① 휘발유 ② 벤졸 ③ 솔벤트 ④ 나프타

3. 뿜칠(스프레이칠)

1) 개요
압축공기로 뿜어 도장하며, 초기건조가 빠른 래커 등에 유리하다.

2) 주의사항 (09③)
① 스프레이건과 뿜칠면 사이의 거리는 300 mm를 표준으로 한다.
② 스프레이건은 뿜칠면에 직각(90°)이 되도록 하여 평행이동시켜 운행한다.
③ 뿜칠할 때, 운행의 한 줄마다 뿜칠 너비의 1/3 정도를 겹쳐 뿜는다.
④ 각 회의 뿜칠 방향은 전 회의 방향에 직각으로 한다.
⑤ 주위의 기온이 5 ℃ 미만으로 낮을 경우 도장작업을 중단한다.

4. 도장(칠하기)

1) 유성페인트칠

(1) 성분(구성요소) (93②, 98③)
① 안료 ② 건성유
③ 희석제 ④ 건조제

(2) 시공순서 (85③, 91①, 98⑤)

구분	시공순서
목부 유성페인트	바탕만들기 → 연마 → 초벌칠 → 퍼티작업 → 연마 → 재벌칠 1회 → 연마 → 재벌칠 2회 → 연마 → 정벌칠
철부 유성페인트	바탕조정(바탕만들기) → 녹막이칠 1회 → 녹막이칠 2회 → 재벌칠 → 연마 → 정벌칠

2) 수성페인트칠(합성수지 에멀션페인트칠)

(1) 성분
① 안료 ② 교착제 ③ 물

핵심 Point

● 철의 녹제거용 공구와 용제 (99①, 01①)
가. 공구
① 와이어 브러시
② 연마지
③ 스크레이퍼
④ 블라스트
나. 용제
① 휘발유
② 벤졸
③ 솔벤트
④ 나프타

● 뿜칠 공법에서의 주의사항 (09③)
뿜칠의 노즐 끝과 시공면의 거리는 (300) mm를 유지하고, 시공면과의 각도는 (90)°이며, 기온이 (5)℃ 미만인 경우 작업 중단이 원칙이다.

● 도장공사에서 건조시간(도막양생시간)의 정의 (참고)
온도 약 20 ℃, 습도 약 75 % 일 때, 다음 공정까지의 최소 시간이다.

● 유성페인트의 구성요소 (93②, 98③)
① 안료
② 건성유
③ 희석제
④ 건조제

● 목부 유성페인트 시공순서 (85③, 91①, 98⑤)
① 바탕만들기
② 연마
③ 초벌칠
④ 퍼티작업
⑤ 연마
⑥ 재벌칠 1회
⑦ 연마
⑧ 재벌칠 2회
⑨ 연마
⑩ 정벌칠

● 도료 바름면 하자원인 (참고)
① 초벌 건조부족
② 건조제 과다사용
③ 도료의 희석상태 불량
④ 안료의 유성분 부족

(2) 시공순서 (93①)

구분	시공순서
3공정	바탕만들기(바탕손질) → 초벌칠 → 정벌칠
6공정	바탕만들기(바탕손질) → 초벌칠 → 퍼티먹임 → 연마 → 재벌칠 → 정벌칠

3) 바니시칠(Varnish, 니스칠)

(1) 개요
목재의 나무결을 아름답게 마무리 할 수 있다.

(2) 눈먹임과 색올림
① 눈먹임(눈메꿈)은 목부 바탕재의 도관 등을 메우는 작업이다.
② 색올림(착색)은 바탕면을 각종 착색제로 착색하는 작업이다.

(3) 목재면 바니시의 일반적인 순서 (92②, 99③, 06③, 16②)
① 바탕처리 ② 눈먹임
③ 색올림   ④ 왁스 문지름(바니시칠)

4) 녹막이칠(방청도장) (09②, 12③)

종류	내용
광명단	철재 녹막이 도료이다.
징크크로메이트 도료	알루미늄판, 아연판의 녹막이 도료이다.
알루미늄 도료	열반사효과, 방청효과, 풍화방지효과가 있다.
산화철 녹막이 도료	마무리용 도료이다.
아연분말 도료	알루미늄 초벌칠용으로 사용된다.
연분 도료	방청효과가 있다.
그라파이트 도료	주로 정벌용으로 사용된다.
역청질 도료	일시적 방청효과가 있다.

핵심 Point

● 수성페인트의 3공정 시공순서 (93①)
① 바탕만들기
② 초벌칠
③ 정벌칠

● 도장을 하여서는 안 되는 경우 (참고)
① 주위의 기온이 5℃ 미만인 경우
② 상대습도가 85%를 초과한 경우
③ 눈, 비가 올 경우
④ 안개가 끼었을 경우
⑤ 환기 불충분하여 도장 건조가 부적당할 경우
⑥ 도막에 물방울, 들뜨기, 흙 먼지 등이 부착되기 쉬운 경우

● 목재면 바니시의 시공순서 (92②, 99③, 06③, 16②)
① 바탕처리
② 눈먹임
③ 색올림
④ 왁스 문지름(바니시칠)

● 레이크와 랙커 (참고)
① 레이크(Lake) : 천연수지가 주체이며 목재, 내부용, 가구용으로 사용한다.
② 래커(Lacquer) : 합성수지가 주체이며 목재, 금속면 등의 외부용으로 사용한다.

● 녹막이칠의 종류 (09②, 12③)
① 광명단
② 징크크로메이트 도료
③ 알루미늄 도료

※ 2 합성수지공사

1. 개요 및 특징

1) 개요
① 일정온도에서 가소성(Plasticity)을 유지하는 물질이다.
② 합성수지와 플라스틱은 같은 의미이며, 플라스틱공사라고도 한다.

2) 특징 (99⑤)

장점	단점
① 비강도가 크다.(비강도=강도/비중) ② 경량성 ③ 우수한 가공성 ④ 전기절연성 ⑤ 내수성, 내투습성 ⑥ 내약품성, 내유성 ⑦ 자유로운 착색과 높은 투명성 ⑧ 우수한 접착성	① 내열성, 내후성 불량 ② 큰 열변형(큰 팽창수축) ③ 큰 크리프 ④ 낮은 강도와 낮은 탄성계수 ⑤ 낮은 내마모성과 낮은 표면경도

2. 합성수지의 분류

1) 열가소성수지

(1) 개요

열에 의해 연화하고 2차 성형이 가능하다.

(2) 종류 및 특징 (91③, 00②, 02①, 18①, 20②)

① 염화비닐수지(P.V.C)　　② 초산비닐수지
③ 아크릴수지(메타크릴산수지)　④ 폴리스틸렌수지(스티롤수지)
⑤ 폴리에틸렌수지　　　　⑥ 폴리아미드(나일론)

2) 열경화성수지

(1) 개요

용제에 녹지 않고 열을 가해도 연화하지 않고 2차 성형이 불가능하다.

(2) 종류 및 특징 (91②③, 94②, 00②, 02①, 18①, 18②, 20②③)

① 페놀수지　　　　　　② 멜라민수지
③ 에폭시수지　　　　　④ 요소수지
⑤ 실리콘수지　　　　　⑥ 우레탄수지
⑦ 폴리에스테르수지　　⑧ 프란수지

3) 열가소성수지와 열경화성수지의 일반적인 특징 비교

구분	열가소성수지	열경화성수지
반응	첨가중합반응 (열을 가하면 변형할 수 있음)	축합중합반응 (열을 가하면 변형이 안 됨)
2차 성형(재성형)	가능	불가능
강도 및 비중	낮음	높음
내충격성	높음	낮음
용도	수장재, 마감재	보강한 후 구조재

핵심 Point

● 합성수지 재료의 물성에 관한 장·단점 (99⑤)

가. 장점
　① 비강도가 크다.
　② 경량성
　③ 우수한 가공성
　④ 전기절연성
　⑤ 내수성, 내투습성
　⑥ 내약품성, 내유성
　⑦ 자유로운 착색과 높은 투명성
　⑧ 우수한 접착성

나. 단점
　① 내열성, 내후성 불량
　② 큰 열변형(큰 팽창수축)
　③ 큰 크리프
　④ 낮은 강도와 낮은 탄성계수
　⑤ 낮은 내마모성과 낮은 표면경도

● 열가소성수지와 열경화성수지의 분류 (91③, 00②, 02①, 18①, 20②)

가. 열가소성수지
　① 염화비닐수지
　② 폴리에틸렌수지
　③ 아크릴수지

나. 열경화성수지
　① 페놀수지
　② 멜라민수지
　③ 에폭시수지
　④ 폴리에스테르수지
　⑤ 프란수지

● 열경화성수지의 종류 (91②, 94②)

① 멜라민수지
② 에폭시수지
③ 폴리에스테르수지

● 에폭시수지 접착제의 특징 (18②, 20③)

에폭시수지 접착제는 접착강도가 가장 우수하고 내약품성, 내열성, 내수성이 뛰어난 접착제이고 콘크리트의 균열 보수나 금속의 접착 또는 깨진 석재의 접착에 사용된다.

3. 금속공사

1. 공작물 보호용

1) 계단 논슬립(Non-Slip, 미끄럼막이)

(1) 개요
계단의 디딤판 끝에 대어 미끄러지지 않게 하는 철물이다.

(2) 나중 설치 시공순서 (93①)
가설 나무벽돌 설치 → 콘크리트 타설 → 가설 나무벽돌 제거 및 구멍 청소 → 다리철물 설치 → 사춤 모르타르 구멍 메우기 → 논슬립 고정 → 보양

2) 코너비드(Corner Bead) (89②, 90①③, 93④, 97②, 05③, 10①, 12③, 19③, 20①)
벽, 기둥 등의 모서리에 대어 미장바름을 보호하는 철물이다.

2. 바탕철물

1) 와이어메시(Wire Mesh) (90③, 91②, 12③, 15①)
연강철선을 직교시켜 전기용접한 정방형 또는 장방형의 철선망이다.

2) 메탈라스(Metal Lath) (90③, 91②, 93④, 08②, 12③, 15①, 18①, 20③)
얇은 철판에 자름금을 내어 당겨 늘린 것이다.

3) 와이어라스(철망) (90③, 91②, 12③, 15①)
철선을 꼬아 만든 철물이다.

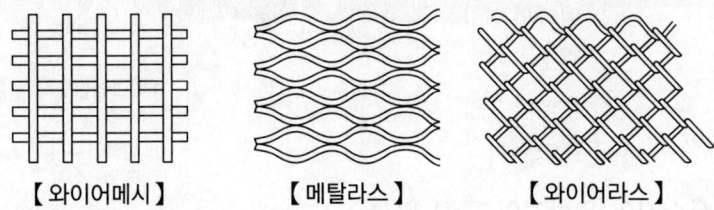

【 와이어메시 】　　【 메탈라스 】　　【 와이어라스 】

3. 장식철물

1) 펀칭메탈(Punching Metal) (90③, 91②, 08②, 12③, 15①, 18①, 20③)
얇은 철판에 각종 모양을 도려낸 것이다.

2) 줄눈대(Joiner) (90③, 12③)
① 테라조 현장갈기의 줄눈에 쓰이는 것이다.
② 천장, 벽 등의 이질재와의 접합부 이음새를 감추고 누른다.

핵심 Point

● 계단 논슬립의 나중 설치 시공순서 (93①)
① 가설 나무벽돌 설치
② 콘크리트 타설
③ 가설 나무벽돌 제거 및 구멍청소
④ 다리철물 설치
⑤ 사춤 모르타르 구멍 메우기
⑥ 논슬립 고정
⑦ 보양

● 코너비드의 설명 (89②, 90①, 93④, 97②, 05③, 10①, 19③, 20①)
벽, 기둥 등의 모서리에 대어 미장바름을 보호하는 철물

● 코너비드의 설치순서 (참고)
① 위치 확정
② 먹매김
③ 수직실 치기
④ 코너비드 설치

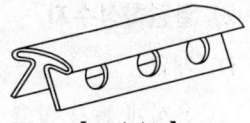
【 코너비드 】

● 각종 철물의 설명 (90③, 91②, 93④, 08②, 12③, 15①, 18①, 20③)
① 코너비드 : 벽, 기둥의 모서리에 대어 미장바름을 보호하는 철물
② 와이어메시 : 연강철선을 서로 직교시켜 전기용접한 철선망
③ 메탈라스 : 얇은 철판에 자름금을 내어 당겨 늘린 것
④ 와이어라스 : 철선을 꼬아 만든 철물
⑤ 펀칭메탈 : 얇은 철판에 각종 모양을 도려낸 것
⑥ 줄눈대 : 테라조 현장갈기의 줄눈에 쓰이는 것
⑦ 인서트 : 주로 콘크리트구조 바닥판 밑에 달대의 걸침이 되는 것으로 거푸집 바닥에 고정 시공

4. 고정용 철물

1) 인서트(Insert) (93④)
주로 콘크리트구조 바닥판 밑에 달대의 걸침이 되는 것으로 거푸집 바닥에 고정 시공한다.

2) 익스팬션 볼트(Expansion Bolt)
콘크리트면에 구멍을 내고 볼트를 박으면 끝이 팽창하여 고정되는 볼트이다.

3) 스크루 앵커(Screw Anchor)
익스팬션 볼트와 같은 원리이나 인발력이 약하다.

4) 드라이비트 건(Drivie it Gun)과 드라이브 핀 (11③, 18①, 20②)
① 드라이비트 건은 콘크리트 못을 박을 때 화약의 폭발력을 이용하여 박는 공구이다.
② 드라이브 핀은 드라이비트 건에 사용되는 못이다.

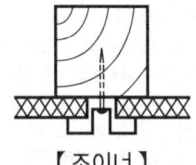  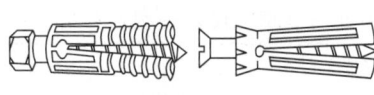

【조이너】　　【인서트】　　【익스팬션 볼트】　　【스크루 앵커】

✦ 4 단열공사

1. 단열재의 구비조건(선택조건, 요구성능)[138] (07②)

① 열전도율 및 흡수율이 낮고 비중이 작을 것
② 내화성 및 내부식성이 좋을 것
③ 어느 정도 기계적인 강도가 있을 것
④ 유독성 가스가 발생되지 않고, 사용연한에 따른 변질이 없을 것
⑤ 균질한 품질에 가격이 저렴할 것
⑥ 시공성(가공 및 접착 등)이 좋을 것

---

138) 조준현 외 6인, 「건축재료학」, 기문당, 2003, p.253.

핵심 Point

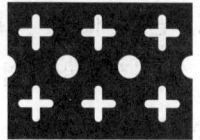

【펀칭메탈】

● 테라조의 정의 (참고)
테라조는 대리석, 화강암을 최대 15 mm 이하의 크기로 부순골재, 안료, 시멘트 등의 고착제와 함께 성형하고, 경화한 후 표면을 연마하여 광택을 내어 마무리한 것이다.

● 드라이비트 건이라는 못 박기 총에 사용되는 특수 못 (11③, 18①, 20②)
드라이브 핀

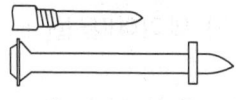

【드라이브 핀】

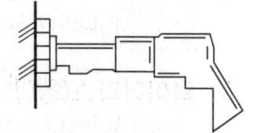

【드라이비트 건】

● 단열재의 구비조건(선택조건, 요구성능) (07②)
① 열전도율 및 흡수율이 낮고 비중이 작을 것
② 내화성 및 내부식성이 좋을 것
③ 어느 정도 기계적인 강도가 있을 것
④ 유독성 가스가 발생되지 않고, 사용연한에 따른 변질이 없을 것
⑤ 균질한 품질에 가격이 저렴할 것
⑥ 시공성(가공 및 접착 등)이 좋을 것

2. 분류

1) 단열재료에 따른 분류
① 성형판 단열재 공법 ② 현장 발포재 공법 ③ 뿜칠 단열재 공법

2) 벽단열 공법의 분류 (99③, 02③, 06③, 16②)
① 외벽단열 공법(외단열 공법)
② 내벽단열 공법(내단열 공법)
③ 중공벽단열 공법(중단열 공법)

※ 5 도배공사

1. 시공순서

벽도배 (86①)	바탕처리 → 초배지 바름 → 재배지 바름 → 정배지 바름
반자(천장)	바탕처리 → 초배지 바름 → 재배지 바름 → 정배지 바름

2. 풀칠 방법 (88②, 94①)

온통바름(온통 풀칠)	종이 전체에 온통 풀칠하여 바르는 것이다.
봉투바름(갓둘레 풀칠)	종이 주위에 풀칠하여 바르는 것이다.
비늘바름(한쪽 풀칠)	종이 한쪽면만 풀칠하여 바르는 것이다.

※ 6 바닥공사

1. 리놀늄(Linoleum)

1) 개요
① 쾌적한 탄성감, 내구성, 내마모성, 방음성, 내화성, 색감이 양호하다.
② 신축에 방향성이 있는 재료이므로 신축이 끝날 때까지 임시로 충분히 깔아둔다.

2) 시공순서 (86①, 00③)
바탕처리 → 깔기계획 → 임시깔기 → 정깔기 → 마무리

핵심 Point

● **단열재료의 종류** (참고)
① 스티로폼(Styrofoam)
② 유리섬유
③ 우레탄폼
④ 단열 모르타르
⑤ 암면

● **단열부위 위치에 따른 벽단열 공법의 종류** (99③, 02③, 06③, 16②)
① 외벽단열 공법
② 내벽단열 공법
③ 중공벽단열 공법

● **결로현상** (참고)
벽체 내부와 외부의 온도 차에 의해 발생되며, 수증기를 포함한 벽체 표면 공기의 온도가 떨어져 수증기를 더 이상 포함할 수 없게 되어 물방울로 변하는 현상

● **열교현상** (참고)
외벽, 바닥 및 지붕에서 단열이 연속되지 않는 부분이 있을 때, 또는 건물 외벽의 모서리 부분, 구조체의 일부분에 열전도율이 큰 부분이 있을 때, 이러한 열적 취약부위를 통해 열이 집중적으로 흐르는 현상

● **벽도배의 시공순서** (86①)
① 바탕처리
② 초배지 바름
③ 재배지 바름
④ 정배지 바름

● **도배공사 중 봉투바름의 설명** (88②, 94①)
종이 주위에 풀칠하여 바르는 것

● **리놀륨 시공순서** (86①, 00③)
① 바탕처리
② 깔기계획
③ 임시깔기
④ 정깔기
⑤ 마무리

2. 특수바닥

1) 온수온돌

(1) 개요

온수 순환 파이프를 바닥 하부에 매설한 바닥이다.

(2) 시공순서 (92③)

바닥 콘크리트 → 방습층 설치 → 단열재 깔기 → 자갈채움 → 버림콘크리트 → 파이프 배관 → 미장 모르타르 → 장판지 마감

2) Access 바닥

(1) 개요 (00③, 09①, 19③)

정방형의 바닥 패널을 지주대로 지지시켜 전산실, 강의실, 회의실 등에 공조설비, 배관설비 등의 설치를 위해 사용되는 이중 바닥구조로 Free Access Floor라고도 한다.

(2) Access Floor의 지지방식 (10②)

① 지지각 분리방식 ② 지지각 일체방식
③ 조정 지지각 방식 ④ 트렌치 구성방식

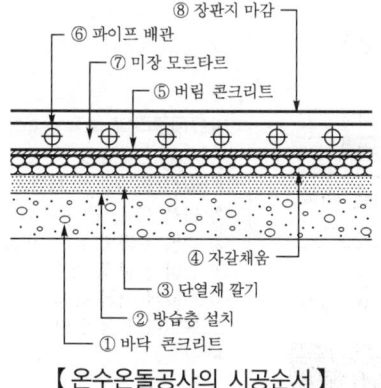

【온수온돌공사의 시공순서】

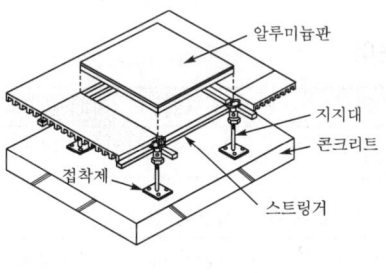

【Access 바닥】

※ 7 기타 공사

1. 콘크리트 건물의 마감공사 시공순서 (90②, 95③, 06①)

① 창, 출입문(섀시)   ② 벽, 천장(회반죽 바름)
③ 징두리(인조대리석판) ④ 걸레받이(인조대리석판)
⑤ 마루(비닐타일)

핵심 Point

● 온수온돌공사의 시공순서 (92③)
① 바닥 콘크리트
② 방습층 설치
③ 단열재 깔기
④ 자갈채움
⑤ 버림콘크리트
⑥ 파이프 배관
⑦ 미장 모르타르
⑧ 장판지 마감

● Access 바닥에 대한 설명 (00③, 09①, 19③)
정방형의 바닥 패널을 지주대로 지지시켜 전산실, 강의실, 회의실 등에 공조설비, 배관설비 등의 설치를 위해 사용되는 이중 바닥구조

● Access Floor의 지지방식 (10②)
① 지지각 분리방식
② 지지각 일체방식
③ 조정 지지각 방식
④ 트렌치 구성방식

● Access 바닥의 특징 (참고)
① 쾌적한 사무환경
② 전기설로 등의 차단효과
③ 보수 및 유지관리 용이
④ 제품의 표준화, 규격화

● 콘크리트 건물의 마감공사 시공순서 (90②, 95③, 06①)
① 창, 출입문(섀시)
② 벽, 천장(회반죽 바름)
③ 징두리(인조대리석판)
④ 걸레받이(인조대리석판)
⑤ 마루(비닐타일)

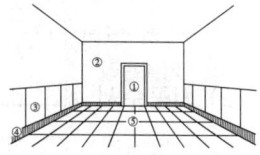

【마감공사 시공순서】

2. 석고보드

1) 개요

소석고를 주원료로 하여 톱밥, 섬유, 펄라이트 등의 섬유물질을 혼합하고 발포제를 첨가하고 물로 반죽하여 두 장의 시트 사이에 부어서 판상으로 굳힌 것이다. 주로 천장이나 벽체에 사용된다.

2) 특징 (10③, 16③)

장점	단점
① 단열성 우수 ② 차음성 우수	① 내충격성 부족
③ 가공성 우수 ④ 방화성 우수	② 내수성 부족
⑤ 보온성 우수 ⑥ 방균성 우수	③ 방청성 부족

8 건축물의 유지관리139)

1. 개요

1) 유지관리의 구성요소

① 건물운영(건물경영) ② 관리시스템 ③ 유지보전(유지관리)

2) 유지관리와 관련한 용어

구분	내용
유지관리	건물 본래의 성능 이상으로 회복시켜 경제적인 이익을 취하는 것이다.
유지보전	본래의 성능 회복을 목적으로 하는 것이다.
보수	건축물의 초기 성능 및 기능을 유지할 목적으로 주기적, 계속적으로 행하는 경미한 작업이다.
수선	기능이 현저히 저하하여 성능 회복이 필요한 시점에서 부위나 부재를 신축 당시의 성능까지 회복시키는 것이다.

2. 유지관리의 업무내용 (06②)

운전관리	① 일상적 유지관리 : 운전, 청소, 경비, 방재
	② 정기적 유지관리 : 점검, 보수, 수선
	③ 필요에 따른 유지관리 : 건물진단, 개수설계, 개수
기술관리	① 상태분석 ② 개선분석 ③ 에너지관리
	④ 환경관리 ⑤ 유지관리계획 ⑥ 품질관리

핵심 Point

● 석고보드의 장점 및 단점 (10③, 16③)
1. 장점
 ① 단열성 우수
 ② 차음성 우수
 ③ 가공성 우수
 ④ 방화성 우수
 ⑤ 보온성 우수
 ⑥ 방균성 우수

2. 단점
 ① 내충격성 부족
 ② 내수성 부족
 ③ 방청성 부족

● 유지관리의 목적 (참고)
 ① 건물 사용자의 편리성, 쾌적성, 안전성 제공
 ② 법적 의무, 규제 준수
 ③ 건물 수명의 유지, 연장
 ④ 긴급 사항의 대응
 ⑤ 건물의 미관 유지
 ⑥ 유지비의 증대 방지

● 일상적 유지관리 항목 (참고)
 ① 운전
 ② 청소
 ③ 경비
 ④ 방재

● 정기적 유지관리 항목 (06②)
 ① 점검
 ② 보수
 ③ 수선

---

139) 김문한 외 공저, 「건설경영공학」, 기문당, 1999, pp.667~681.

Lesson 33

기출 및 예상 문제

01 도장공사를 위한 목부 바탕만들기 공정순서를 |보기|에서 골라 쓰시오. (4점) •92 ④, 94 ③

|보기|
- ㉮ 송진처리
- ㉯ 구멍땜
- ㉰ 옹이땜
- ㉱ 오염·부착물 제거
- ㉲ 연마지 닦기

정답

1
㉱ → ㉮ → ㉲ → ㉰ → ㉯

02 철강재(금속재)의 바탕처리법 중 화학적 방법의 종류 3가지를 쓰시오. (3점) •11 ①, 16 ②

① _____
② _____
③ _____

2
① 용제에 의한 방법
② 인산피막법
③ 워시프라이머법

03 칠에서 녹제거시에 필요한 공구 2가지와 용제 2가지를 쓰시오. (4점) •99 ①, 01 ①

가. 공구
 ① _____ ② _____

나. 용제
 ① _____ ② _____

3
가. 공구
 ① 와이어 브러시
 ② 연마지
 ③ 스크레이퍼
 ④ 블라스트
나. 용제
 ① 휘발유
 ② 벤졸
 ③ 솔벤트
 ④ 나프타
 ⑤ 트리크렌

04 유성페인트의 구성요소를 3가지 쓰시오. (3점) •93 ②, 98 ③

① _____ ② _____ ③ _____

4
① 안료
② 건성유
③ 희석제
④ 건조제

05 다음은 도장방법 중 뿜칠에 관한 시공요령과 주의사항을 적은 것이다. 괄호를 채우시오. (3점)

• 09 ③

> 뿜칠의 노즐 끝과 시공면의 거리는 (①)mm를 유지하고, 시공면과의 각도는 (②)°이며, 기온이 (③)℃ 이하인 경우 작업 중단이 원칙이다.

① _____ ② _____ ③ _____

정답

5
① 300
② 90
③ 5

06 목부 유성페인트 시공을 하고자 한다. 공정의 순서를 아래 |보기|에서 찾아 그 번호를 쓰시오. (4점)

• 85 ③, 91 ①, 98 ⑤

| 보기 |
| ㉮ 정벌칠　　㉯ 초벌칠　　㉰ 재벌칠 1회 |
| ㉱ 연마　　　㉲ 바탕 만들기　㉳ 퍼티작업 |
| ㉴ 재벌칠 2회 |

6
㉲ → ㉳ → ㉯ → ㉰ → ㉱ → ㉴ → ㉱ → ㉮

07 수성페인트칠의 공정을 3가지로 나누어 순서대로 쓰시오. (3점)

• 93 ④

① _____ ② _____ ③ _____

7
① 바탕만들기(손질)
② 초벌칠
③ 정벌칠

08 목재면 바니시칠 공정의 작업순서를 |보기|에서 골라 기호로 쓰시오. (4점)

• 92 ②, 99 ③, 06 ③, 16 ②

| 보기 |
| ㉮ 색올림　　　㉯ 왁스 문지름 |
| ㉰ 바탕처리　　㉱ 눈먹임 |

8
㉰ → ㉱ → ㉮ → ㉯

09 도장공사에 쓰이는 금속재료의 녹막이용 도장재료를 2가지만 쓰시오. (2점)
•09 ②, 12 ③

① _____ ② _____

정답

9
① 광명단
② 징크로메이트 도료
③ 알루미늄 도료

10 최근 건축공사에서 사용되고 있는 합성수지 재료의 물성에 관한 장·단점을 각각 2가지씩 쓰시오. (4점)
•99 ⑤

가. 장점
① _____ ② _____

나. 단점
① _____ ② _____

10
가. 장점
① 비강도가 크다.
② 경량성
③ 우수한 가공성
④ 전기절연성
⑤ 내수성, 내투습성
⑥ 내약품성, 내유성
⑦ 자유로운 착색과 높은 투명성
⑧ 우수한 접착성

나. 단점
① 내열성, 내후성 불량
② 큰 열변형(큰 팽창수축)
③ 큰 크리프
④ 낮은 강도와 낮은 탄성계수
⑤ 낮은 내마모성과 낮은 표면경도

11 다음 |보기|의 합성수지를 열경화성 및 열가소성으로 분류하여 번호를 쓰시오. (4점)
•91 ③, 02 ①

┌─────────────── 보기 ───────────────┐
㉮ 염화비닐수지   ㉯ 폴리에틸렌수지   ㉰ 페놀수지
㉱ 멜라민수지   ㉲ 에폭시수지   ㉳ 아크릴수지
└──────────────────────────────────┘

① 열경화성수지 : _____
② 열가소성수지 : _____

11
① 열경화성수지 : ㉰, ㉱, ㉲
② 열가소성수지 : ㉮, ㉯, ㉳

12 합성수지 중에서 열가소성수지와 열경화성수지를 2가지씩 기재하시오. (4점)
•18 ①, 20 ②

가. 열가소성수지
① _____ ② _____

나. 열경화성수지
① _____ ② _____

12
가. 열가소성수지
① 염화비닐수지
② 폴리에틸렌수지
③ 아크릴수지

나. 열경화성수지
① 페놀수지
② 멜라민수지
③ 에폭시수지
④ 폴리에스테르수지
⑤ 프란수지

13
다음 |보기|의 합성수지를 열경화성수지 및 열가소성수지로 분류하시오. (4점)
•91 ②, 94 ②, 00 ②

| 보기 |
| ㉮ 페놀수지 ㉯ 아크릴수지 |
| ㉰ 폴리에틸렌수지 ㉱ 폴리에스테르수지 |
| ㉲ 멜라민수지 ㉳ 염화비닐수지(PVC) |
| ㉴ 프란수지 ㉵ 에폭시수지 |

① 열경화성수지 : _____
② 열가소성수지 : _____

정답

13
① 열경화성수지 : ㉮, ㉱, ㉲, ㉴, ㉵
② 열가소성수지 : ㉯, ㉰, ㉳

14
계단 논슬립(Non Slip) 설치에서 나중설치 순서를 쓰시오. (3점)
•93 ①

(①) → 콘크리트 타설 → (②) → (③) → 사춤 모르타르 구멍 메우기 → (④) → (⑤)

① _____ ② _____ ③ _____
④ _____ ⑤ _____

14
① 가설 나무벽돌 설치
② 가설 나무벽돌 제거 및 구멍 청소
③ 다리철물 설치
④ 논슬립 고정
⑤ 보양

15
'코너비드'를 간단히 설명하시오. (2점) •89 ②, 90 ①, 97 ②, 19 ③, 20 ①

_____

15
벽, 기둥 등의 모서리에 대어 미장바름을 보호하는 철물

16
다음 설명이 의미하는 철물명을 쓰시오. (4점) •90 ③, 91 ②, 12 ③, 15 ①

① 철선을 꼬아 만든 철망
② 얇은 철판에 각종 모양을 도려낸 것
③ 벽, 기둥의 모서리에 대어 미장바름을 보호하는 철물
④ 테라초 현장갈기의 줄눈에 쓰이는 것
⑤ 얇은 철판에 자름금을 내어 당겨 늘린 것
⑥ 연강철선을 직교시켜 전기용접한 것

① _____ ② _____ ③ _____
④ _____ ⑤ _____ ⑥ _____

16
① 와이어라스
② 펀칭메탈
③ 코너비드
④ 줄눈대
⑤ 메탈라스
⑥ 와이어메시

17 다음 설명에 적합한 철물 명칭을 쓰시오. (5점)

① 얇은 철판에 많은 자름줄을 넣어 이를 옆으로 늘여 만든 것으로 미장바탕에 쓰임
② 벽이나 기둥의 모서리를 보호하기 위하여 미장바름할 때 붙임
③ 지도리로서 용수철을 쓰지 않고 문장부식으로 된 창호철물로 플로어힌지와 더불어 쓰임
④ 주로 콘크리트구조 바닥판 밑에 달대의 걸침이 되는 것으로 거푸집 바닥에 고정 시공함.
⑤ 목공사용으로 두 재의 접합부에 끼워 볼트와 같이 사용하여 전단에 견디도록 하는 철물

① _____ ② _____ ③ _____
④ _____ ⑤ _____

•93 ④

정답

17
① 메탈라스
② 코너비드
③ 피봇 힌지
④ 인서트
⑤ 듀벨

18 금속공사에서 사용되는 철물이 뜻하는 다음 용어를 설명하시오. (2점)

•08 ②, 18①, 20 ③

가. 메탈라스(Metal Lath) : _____
나. 펀칭메탈(Punching Metal) : _____

18
가. 메탈라스(Metal Lath)
 : 얇은 철판에 자름금을 내어 당겨 늘인 것
나. 펀칭메탈(Punching Metal)
 : 얇은 철판에 각종 모양을 도려낸 것

19 벽, 기둥 등의 모서리는 손상되기 쉬우므로 별도의 마감재를 감아 대거나 미장면의 모서리를 보호하면서 벽, 기둥을 마무림 하는 보호용 재료를 무엇이라고 하는가? (2점)

•05 ③, 10 ①

19
코너비드

20 드라이비트 건이라는 일종의 못 박기 총을 사용하여 콘크리트나 강재 등에 박는 특수 못이다. 머리가 달린 것을 H형, 나사로 된 것을 T형이라고 한다. 이 특수 못을 무엇이라 하는가? (2점)

•11 ③, 18①, 20 ②

20
드라이브 핀
(주1) 드라이비트 건은 콘크리트 못을 박을 때 화약의 폭발력을 이용하여 박는 공구이다.

21 일반적인 단열재의 구비조건 4가지를 적으시오. (4점)   •07 ②

① _____   ② _____
③ _____   ④ _____

22 건축공사의 단열 공법에서 단열 부위 위치에 따른 벽 단열 공법의 종류를 쓰시오. (3점)   •99 ③, 02 ③, 06 ③, 16 ②

① _____ ② _____ ③ _____

23 일반적인 벽도배의 시공순서를 쓰시오. (5점)   •86 ①

① _____   ② _____
③ _____   ④ _____

24 '도배공사 중 봉투바름'에 대하여 간단히 설명하시오. (2점)   •88 ②, 94 ①

_____

25 바닥재료 중 리놀륨 시공순서를 빈 칸에 쓰시오. (2점)   •86 ①, 00 ③

① _____ ② _____ ③ _____
④ _____ ⑤ _____

26 이중 바닥구조인 Access Floor의 지지방식을 4가지 적으시오. (4점)   •10 ②

① _____   ② _____
③ _____   ④ _____

정답

21
① 열전도율 및 흡수율이 낮고 비중이 작을 것
② 내화성 및 내부식성이 좋을 것
③ 어느 정도 기계적인 강도가 있을 것
④ 유독성 가스가 발생되지 않고, 사용연한에 따른 변질이 없을 것
⑤ 균질한 품질에 가격이 저렴할 것
⑥ 시공성(가공 및 접착 등)이 좋을 것

22
① 외벽단열 공법
② 내벽단열 공법
③ 중공벽단열 공법

23
① 바탕처리
② 초배지 바름
③ 재배지 바름
④ 정배지 바름

24
종이 주위에 풀칠하여 바르는 것

25
① 바탕처리
② 깔기계획
③ 임시깔기
④ 정깔기
⑤ 마무리

26
① 지지각 분리방식
② 지지각 일체방식
③ 조정 지지각 방식
④ 트렌치 구성방식

Lesson 33

27 인텔리전트 빌딩의 Access 바닥에 관하여 서술하시오. (4점)
•00 ③, 09 ①, 19 ③

정답

27
정방형의 바닥 패널을 지주대로 지지시켜 전산실, 강의실, 회의실 등에 공조설비, 배관설비 등의 설치를 위해 사용되는 이중 바닥구조

28 콘크리트 건물에서 마감공사의 경우 시공순서를 |보기|에서 골라 기호로 쓰시오. (4점)
•90 ②, 95 ③, 06 ①

|보기|
㉮ 창, 출입구-새시   ㉯ 걸레받이-인조대리석판
㉰ 징두리-인조대리석판   ㉱ 벽, 천장-회반죽바름
㉲ 마루-비닐타일

28
㉮ → ㉱ → ㉰ → ㉯ → ㉲

29 건축물의 유지관리에서 정기적인 유지관리 항목 3가지를 쓰시오. (3점)
•06 ②

① _____ ② _____ ③ _____

29
① 점검
② 보수
③ 수선

30 천장이나 벽체에 주로 사용되는 일반 석고보드의 장단점을 2가지씩 쓰시오. (4점)
•10 ③, 16 ③

(1) 장점
① _____
② _____

(2) 단점
① _____
② _____

30
(1) 장점
① 단열성 우수
② 차음성 우수
③ 가공성 우수
④ 방화성 우수
⑤ 보온성 우수
⑥ 방균성 우수

(2) 단점
① 내충격성 부족
② 내수성 부족
③ 방청성 부족

31 석재공사 진행 중 석재가 깨진 경우 이것을 접착할 수 있는 대표적인 접착제를 1가지 쓰시오. (3점)
•18 ②, 20 ③

31
에폭시수지 접착제(에폭시 접착제)

참·고·문·헌

1. 대한건축학회, 국토교통부 제정 건축공사표준시방서(KCS), 기문당, 2006, 2013, 2022.
2. 한국콘크리트학회, 국토교통부 제정 콘크리트표준시방서(KCS), 기문당, 2003, 2009.
3. 한국콘크리트학회, 국토교통부 제정 콘크리트구조기준(KDS), 기문당, 2003, 2012, 2022.
4. 대한건축학회, 국토교통부 고시 건축구조기준(KDS), 기문당, 2005, 2009, 2016, 2022.
5. 김평탁, 「건축용어사전」, 기문당, 1997.
6. 대한건축학회, 「건축용어집」, 야정문화사, 1982.
7. 대한건축학회, 「건축학전서-8 건축시공」, 기문당, 1997.
8. 장기인, 「건축시공학」, 보성각, 2000.
9. 장기인, 「건축구조학」, 보성각, 1999.
10. 김문한 외 공저, 「건설경영공학」, 기문당, 1999.
11. 신현식 외 6인, 「건축시공학」, 문운당, 1998.
12. 정상진 외 10인, 「건축시공」, 기문당, 2005.
13. 정상진 외, 「건축시공 신기술공법」, 기문당, 2005.
14. 강병두, 「건축시공학」, 구미서관, 2022.
15. 강병두, 「철근콘크리트구조설계」, 구미서관, 2021.
16. 김우식 외 3인, 「건축기사실기」, 예문사, 2015.
17. 현정기 외 2인, 「건축기사실기」, 성안당, 2004.
18. 한규대 외 3인, 「건축기사실기」, 한솔아카데미, 2015.
19. 김문한 외, 「건설경영공학」, 기문당, 1999.
20. 남진권, 「건설공사 클레임과 분쟁실무」, 기문당, 2003.
21. 한국강구조학회, 「강구조의 설계」, 구미서관, 2004.
22. 한국강구조학회, 「강구조편람」, 한국강구조학회, 1995.
23. 대한건축학회, 「건축학전서-7 건축재료」, 기문당, 1999.
24. 대한건축학회, 「건축학전서-6 철골구조」, 기문당, 1999.
25. 강병두, 「강구조설계」, 구미서관, 2021.
26. 강병두 외1인, 「건축일반구조」, 구미서관, 2021.

건/축/기/사/실/기

제2편

건축적산

- Lesson 1 건축적산의 일반기준
- Lesson 2 가설공사의 수량
- Lesson 3 토공사의 수량
- Lesson 4 콘크리트의 각 재료량
- Lesson 5 거푸집면적 및 콘크리트량 산출
- Lesson 6 철근수량
- Lesson 7 강구조공사의 수량
- Lesson 8 조적 및 타일공사의 수량
- Lesson 9 목공사의 수량
- Lesson 10 기타 공사의 수량
- Lesson 11 종합적산

Lesson 01 건축적산의 일반기준

1 일반사항

1) 적산(積算) (13②, 18③)
공사에 필요한 재료 및 품의 수량 등의 공사량을 산출하는 기술활동이다.

2) 견적(見積) (13②, 18③)
산출한 공사량에 적정한 단가를 곱하여 총공사비를 산출하는 기술활동이다.

2 견적

1. 견적의 종류

1) 명세견적(정밀견적, 상세견적)

(1) 개요
완비된 설계도서, 현장설명, 질의응답에 의거하여 정밀히 적산, 견적을 하여 공사비를 산출하는 방법이다.

(2) 명세견적의 순서 (92④, 94③)
① 수량조사   ② 단가
③ 가격   ④ 현장경비
⑤ 일반관리비부담금   ⑥ 이윤
⑦ 견적가격

2) 개산견적
설계도서가 불완전할 때 또는 정밀 산출시간이 없을 때 하는 것으로써 건물의 용도, 구조, 마무리의 정도를 충분히 검토하고 과거의 비등한 건물의 실적통계 등을 참고하여 공사비를 개산(概算)으로 산출하는 방법이다.

핵심 Point

● 적산 및 견적의 정의 (13②, 18③)
① 적산 : 공사에 필요한 재료 및 품의 수량 등의 공사량을 산출하는 기술활동
② 견적 : 산출한 공사량에 적정한 단가를 곱하여 총 공사비를 산출하는 기술활동

● 일반 건축공사의 견적순서 (92④, 94③)
① 수량조사
② 단가
③ 가격
④ 현장경비
⑤ 일반관리비부담금
⑥ 이윤
⑦ 견적가격

● 개산견적의 종류에서 단위기준에 의한 개산견적의 종류 (참고)
① 단위설비에 의한 견적
② 단위면적에 의한 견적
③ 단위체적에 의한 견적

2. 단가의 결정 방법

① 기성 건물의 실적치에 의한 방법
② 가격정보지에 의한 방법
③ 직접적인(전문업자 등) 실적치에 의한 방법
④ 품셈에 의한 방법

3 원가관리

1. 개요

예산과 일정을 토대로 공사가 원만히 진행되고 예산이 집행될 수 있도록 제반 자원의 소요비용을 효율적으로 관리하고 통제하는 것이다.

2. 공사원가의 종류

종류	내용
예정원가	원가 계산시점의 예상원가(사전원가)
실제원가	원가 계산시점에 이미 발생된 사후원가
견적원가	경제성 검토를 위해 과거의 실적을 참고하여 추정한 원가
표준원가	과학적, 통계적 자료를 바탕으로 계산한 원가
실행예산원가	도급공사 수주시 제시한 견적원가를 수주 후 시공계획과 실적 자료를 바탕으로 재편성한 예정원가

3. 원가산정 및 원가관리의 절차

1) 원가산정의 절차(개략적인 견적절차) (01①)

① 물량산출　　② 일위대가 산정
③ 공사비 계산

2) 원가관리의 절차

① 자원계획　　② 원가견적
③ 원가예산편성　　④ 원가통제

4. 예정가격(Budget Pride)

1) 정의

입찰 또는 계약체결 전에 낙찰자 및 계약금액의 결정기준으로 삼기 위하여 미리 작성·비치하여 두는 가격(기준단가)이다.

핵심 Point

● 품셈 (참고)
어떤 물체를 인력이나 기계로 만드는 데 드는, 단위당 노력 및 재료를 수량으로 나타낸 것이다. 즉, 어떤 작업 단위(m당, m^2당 등)를 완료하기 위해 소요되는 인적 및 물적 자원의 양을 정해 놓은 것이다.

● 표준품셈 (참고)
정부 및 공공기관이 발주하는 공사비는 재료비, 노무비, 경비, 일반관리비 등으로 나뉘어져 정부 고시가격에 따라 산출된다. 이러한 정부 고시가격을 표준품셈이라 한다.

● 일위대가(一位代價) (참고)
단위수량의 작업을 완료하는 데 소요되는 단가이다. 예를 들면, 콘크리트 $1m^3$를 인력 비빔시 소요되는 시멘트, 모래 및 자갈의 수량, 단가 및 재료비 그리고 콘크리트공 및 인부 등의 수량, 단가 및 노무비 등을 $1m^3$당의 금액으로 산정해 놓은 것이다. 즉 콘크리트 인력 비빔 $1m^3$당 소요되는 단가이다.

● 단가의 종류 (참고)
① 재료단가
② 노무단가
③ 복합단가
④ 합성단가

● 원가 (참고)
건설공사를 완성하기 위해 소요되는 자재, 노무, 장비 등을 화폐가치로 환산하여 나타내는 것을 원가라 한다.

● 원가산정의 절차 (01①)
① 물량산출
② 일위대가 산정
③ 공사비 계산

● 적산에서 가격의 종류 (참고)
① 예산가격　② 추정가격
③ 설계가격　④ 조사가격
⑤ 예정가격　⑥ 낙찰가격

2) 국가를 당사자로 하는 계약에서 예정가격의 결정기준
① 적정한 거래가 형성된 경우에는 거래실례가격
② 적정한 거래실례가격이 없는 경우에는 원가계산에 의한 가격
③ 이미 수행한 사업을 토대로 축적한 실적 공사비로서 정부가 인정한 가격
④ 위의 항목에 의해 가격을 정할 수 없을 경우 감정가격, 유사한 거래실례가격 또는 견적가격

5. EVMS(통합공정관리)

1) 개요
건설 프로젝트의 비용(원가관리) 및 일정(공정관리)에 대한 계획 대비 실적을 통합된 기준으로 비교, 관리하는 통합공정관리시스템(EVMS, Earned Value Management System)이다. 이를 통하여 현재 문제의 분석, 만회 대책의 수립 그리고 향후 예측을 가능케 하는 시스템이다. 통합공정관리 혹은 일정 및 비용관리시스템이라고 한다.

2) EVMS 사이클(Cycle)
① Organize   ② Plan
③ Monitor   ④ Control

3) EVMS 용어의 정리 (05②, 08③, 12①, 16②)

EVMS 용어 및 분석지표	내용
BCWS (계획공사비)	성과측정시점까지 투입 예정된 공사비
BCWP (달성공사비(기성))	성과측정시점까지 지불된 공사비
ACWP (실투입비)	성과측정시점까지 실제로 투입된 공사비
BAC (목표공사비)	공사착수일로부터 추정 준공일까지의 실투입비에 대한 추정치
SV (공정편차)	성과측정시점까지 지불된 공사비(BCWP)에서 성과측정시점까지 투입예정된 공사비(BCWS)를 제외한 비용(SV=BCWP-BCWS)
CV (공사비 편차)	성과측정시점까지 지불된 공사비(BCWP)에서 성과측정시점까지 실제로 투입된 금액(ACWP)을 제외한 비용(CV=BCWP-ACWP)
ETC (잔여공사비 추정액)	ETC=(BAC-BCWP)/CPI
EAC (최종공사비 추정액)	① 현재시점에서 상태를 바탕으로 종료시점에서의 추정치 ② EAC=BAC/CPI
CA	공정, 공사비 통합, 성과측정, 분석의 기본단위를 말한다.

4. 공사비의 구성 및 내용

1. 공사비 관련 용어

1) **공사원가** (04②, 07③, 14②)

   공사 시공과정에서 발생하는 재료비, 노무비, 경비의 합계액이다.

2) **재료비** (09②)

   (1) 개요
   ① 공사원가를 구성하는 직접재료비와 간접재료비의 합계이다.
   ② 건물을 시공함에 있어 소요되는 규격별 재료량에 그 단위당 가격(단가)을 곱한 금액이다.

   (2) 직접재료비
   ① 공사의 최종 목적물에 실체를 형성하는 재료비이다.
   ② 철근, 목재, 시멘트, 모래, 벽돌, 유리, 타일 등의 비용이다.

   (3) 간접재료비
   ① 공사의 최종 목적물에 실체를 형성하지 않으나 보조적으로 소비되는 재료비이다.
   ② 소모재료비, 소모공구, 기구, 비품비 및 가설재료비 등의 합계액이다.

3) **노무비** (09②)

   (1) 개요
   ① 각종 공사에서 근로자에게 지급되는 임금이다.
   ② 건물을 시공함에 있어 소요되는 공종별 노무량에 그 노임단가를 곱한 금액이다. 노임단가는 1일 8시간을 기준으로 한다.
   ③ 직접노무비와 간접노무비가 있다.

   (2) 직접노무비 (04②, 07③, 14②)

   공사계약 목적물을 완성하기 위하여 직접 작업에 종사하는 종업원 및 기능공에 대한 대가이다.

   (3) 간접노무비

   직접 공사현장에 종사하지 않으나 공사현장에서 보조작업에 종사하는 노무자, 현장감독자(관리자), 현장사무직원, 경비원 등에 대한 대가이다.

4) **경비**
   ① 소요되는 공사원가 중 재료비와 노무비를 제외한 모든 현장비용이다.
   ② 전력비, 운반비, 기계경비, 가설비, 보험료, 안전관리비 등이 있다.

핵심 Point

● 참고
① BCWS: Budgeted Cost for Work Scheduled
② BCWP: Budgeted Cost for Work Performed
③ ACWP: Actual Cost for Work Performed
④ BAC: Budget At Completion
⑤ SV: Schedule Variance
⑥ CV: Cost Variance
⑦ ETC: Estimate To Complete
⑧ EAC: Estimate At Completion
⑨ CA: Cost Account

● 공사원가, 일반관리비, 직접노무비의 정의 (04②, 07③, 14②)
① 공사원가 : 공사 시공과정에서 발생하는 재료비, 노무비, 경비의 합계액
② 일반관리비 : 기업의 유지를 위한 관리활동의 부분에서 발생하는 제비용
③ 직접노무비 : 공사계약 목적물을 완성하기 위하여 직접 작업에 종사하는 종업원 및 기능공에 대한 대가

● 재료비 산정 (09②)
재료비 = 수량 × 단가

● 노무비 산정 (09②)
각종 공사에서 근로자에게 지급되는 임금

5) 일반관리비 (04②, 07③, 14②)
   ① 기업의 유지를 위한 관리활동의 부분에서 발생하는 제비용이다.
   ② 임원 및 사무실 직원 급료, 제수당, 퇴직급여충당금, 복리후생비, 여비, 교통 통신비, 세금과 공과금, 감가상각비, 운반비, 차량비 등이 있다.
   ③ 재료비, 노무비, 경비의 합계액(순공사원가)에 일반관리비율을 곱하여 산정한다.

   > 일반관리비 = (재료비 + 노무비 + 경비) × 일반관리비율

6) 이윤
   ① 영업이익을 말한다.
   ② 공사원가계산시에는 노무비, 경비와 일반관리비의 합계액에 이윤율을 곱하여 산정한다(재료비는 이윤의 대상에서 제외된다).

   > 이윤 = (노무비 + 경비 + 일반관리비) × 이윤율

7) 외주비
   공사 중 일부를 위탁하고, 그 대가로 지불되는 비용이다.

8) 직접공사비 (92②)
   ① 계약 목적물의 시공에 직접적으로 소요되는 비용이다.
   ② 직접공사비는 재료비, 노무비, 경비, 외주비를 포함한다.

9) 간접공사비
   공사의 시공을 위하여 공통적으로 소요되는 법정경비 및 기타 부수적인 비용이다. 직접공사비 총액에 비용별로 일정요율을 곱하여 산정한다.

2. 공사비의 구성 (88②, 92②, 06③)

총공사비	부가이윤				
	총원가	일반관리비부담금			
		공사원가	현장경비		
			순공사비	간접공사비	
				직접공사비	재료비 (자재비)
					노무비 (직접노무비)
					경비 (직접공사경비)
					외주비

핵심 Point

● 직접공사비의 산출항목 (92②)
① 재료비
② 노무비(직접노무비)
③ 경비(직접공사경비)
④ 외주비

● 공사비의 분류 (88②)
① 총공사비 = 공사원가 + 일반관리비부담금 + 부가이윤
② 공사원가 = 순공사비 + 현장경비
③ 순공사비 = 직접공사비 + 간접공사비

● 자재비(재료비), 노무비, 현장경비, 간접공사비, 일반관리비부담금, 이윤 중에서 공사원가와 총공사비 산출 (06③)
① 공사원가 = 자재비(재료비) + 노무비 + 현장경비 + 간접공사비
② 총공사비 = 공사원가 + 일반관리비부담금 + 이윤

3. 단일공사와 수련공사

단일공사 (單一工事)	한 공사장에서 한 동의 건물만이 주공사가 되고 다른 공사종목이 없는 공사로 일련공사라고도 한다.
수련공사 (數連工事)	한 공사장에 2동 이상 또는 다른 공사비목(대지조성공사, 옥외설비공사 등)이 있는 공사이다.

4. 실행예산 (99②)

공사목적물을 계약된 공기 내에 완성하기 위하여 공사손익을 사전에 예지하고 이익계획을 명확히 하여 경제적인 현장운영 및 공사수행을 도모하도록 사전에 작성하는 예산이다.

● 실행예산의 정의 (99②)
공사목적물을 계약된 공기 내에 완성하기 위하여 공사손익을 사전에 예지하고 이익계획을 명확히 하여 합리적이고 경제적인 현장운영 및 공사수행을 도모하도록 작성되는 예산

5 견적서

1. 정의

설계도서에 따라 공사비를 산출하여 건축공사 예산을 책정하거나 공사실시 가격을 정하는데 쓰이도록 작성한 것이다.

2. 공사비 명세서 및 내역서

1) 견적 시 활용자료

① 건설공사 표준품셈　　② 물가자료
③ 시중 노임단가　　　　④ 일위대가표

2) 표준품셈

① 공공 및 민간부문의 적산을 위한 유일한 기준으로 적용하고 있다.
② 각 공종별로 표준적이고 보편적인 공종 및 공법을 기준으로 하여 단위 작업당 소요되는 재료수량, 노무량, 장비사용시간 등을 수치로 표시한 적산기준이다.

3) 실적공사비제도

① 표준품셈에 대한 문제점을 개선하고자 건설공사 예정가격 산정에 실적공사비를 사용하고 있다.
② 실적공사비란 이미 수행한 유사 공사의 계약단가를 활용하여 예정가격을 결정하는 방법이다.

● 비목
① 한 공사를 각 건물별로 대별하여 계상한 것이다.
② 각 비목을 집계하면 순공사비가 된다.

● 과목
① 각 건물마다 공종별로 구분하여 작성한 것이다.
② 각 과목을 총집계하면 각 동 건물의 공사비(비목)가 된다.

● 세목
① 각 공종별 과목을 다시 세분하여 재료, 노무, 기계손료, 운임 등으로 정리한 것이다.
② 이를 집계하면 한 건물의 공종별 공사비(과목)가 된다.

● 계상(計上) (참고)
계산(計算)하여 넣는 일

● 실적공사비제도의 기대효과 (참고)
① 계약내용의 명확화
② 기술에 의한 가격경쟁 유도
③ 시공실태 및 현장여건의 적정한 반영
④ 원도급과 하도급간의 거래가격 투명성 확보
⑤ 예정가격 산정 업무의 간소화

6 적산업무

1. 적산 시 주의사항

① 계산은 정확하게 한다.
② 수량 계산의 자리 정하기에 주의한다.
③ 자기가 실시한 작업은 그 결과를 확인한다.
④ 자기가 실시한 작업은 통계 분류자료 등과 비교 검토한다.
⑤ 공사의 개요를 수치로서 기억하고, 대조한다.
⑥ 불확실한 점을 조사하고, 확인한다.

2. 수량의 계산

(1) 수량의 단위 및 소수위는 표준품셈 단위표준에 의한다.
(2) 수량의 계산은 지정 소수위 이하 1위(자리)까지 구하고 끝 수는 4사5입 한다.
(3) 계산에 쓰이는 분도(分度)는 분까지 원둘레율, 삼각함수 및 호도(弧度)의 유효숫자는 3위로 한다.
(4) 곱하거나 나눗셈에 있어서 기재된 순서에 의하여 계산하고 분수는 약분법을 쓰지 않으며, 각 분수마다 그의 값을 구한 다음 전부의 계산을 한다. 단, 계산은 1회 곱하거나 나눌 때마다 소수 2위까지로 한다.
(5) 체적계산은 의사공식(疑似公式)에 의함을 원칙으로 하나 토사의 입적은 양 단면적을 평균한 값에 그 단변 간의 거리를 곱하여 산출하는 것을 원칙으로 한다. 단, 거리평균법으로 고쳐서 산출할 수도 있다.
(6) 다음에 열거하는 것의 체적과 면적은 구조물의 수량에서 공제하지 않는다.
 ① 콘크리트 구조물 중의 말뚝머리 ② 볼트의 구멍
 ③ 모따기 또는 물구멍 ④ 이음줄눈의 간격
 ⑤ 포장 공종의 1개소당 0.1m² 이하의 구조물 자리
 ⑥ 철근콘크리트 중의 철근

3. 수량의 종류

정미량 (절대 소요량)	① 설계수량으로써 공사에 실제로 설치되는 자재량이다. ② 외주 공사 시 노임금액의 기준이 된다. ③ 할증이 포함되지 않았다.
소요량 (재료의 수량)	① 정미량+할증량(시공손실량)으로, 즉 시공수량이다. ② 자재발주 시 기준이 된다. ③ 할증을 포함한다.

핵심 Point

● C.G.S의 정의 (참고)
Centimeter, Gram, Second

● 각종 단위 및 기타 (참고)
① 길이 : mm, cm, m
② 면적 : cm², m²
③ 체적 : cm³, m³, l, 재(才), 석(石)
④ 무게 : g, kg, t
⑤ 부분 : 1개(個), 1조(組), 1본(本), 1속(束), 1매(枚)
⑥ 기타 : 1식(式), kWh, 인(人), 다발

● 지정 소수위 (참고)
소수점 자리수의 지정을 의미한다.
예 다음 계산의 결과를 소수 2위까지 하여 4사5입 한다.
2.4t/m³×1.2m×1.8m×1.5m
=7.776t → 7.78t

● 4사5입 (참고)
지정 소수위 다음 자리에서 반올림

● 절상 (참고)
지정 소수위까지 무조건 올림
예 지정 소수위 2위(절상) : 12.032 → 12.04, 12.038 → 12.04

● 절하 (참고)
지정 소수위까지 무조건 버림
예 지정 소수위 2위(절하) : 12.032 → 12.03, 12.038 → 12.03

● 절하 (참고)
끝 수가 4 이하일 때는 버리고, 5 이상일 때는 한 위 올려서 계산하는 것
예 지정 소수위 2위(반올림) : 5.024 → 5.02, 5.025 → 5.03

7 표준품셈의 적용기준

1. 재료의 할증률

1) 일반 재료 (08②, 15③)

재료별		할증률(%)	재료별		할증률(%)
목재	각재	5	유리		1
	판재	10	원석(마름돌용)		30
합판	일반용 합판	3	석재판 붙임용재	정형돌	10
	수장용 합판	5		부정형돌	30
원심력 철근콘크리트관		3	블록	시멘트블록	4
조립식 구조물(U형 플룸)		3		경계블록	3
도료		2		호안블록	5
벽돌	붉은벽돌	3	레디믹스트 콘크리트타설(현장 플랜트 포함)	무근구조물	2
	내화벽돌	3		철근구조물	1
	시멘트벽돌	5		철골구조물	1
단열재(斷熱材)		10	현장 혼합 콘크리트타설 (인력 및 믹서)	무근구조물	3
				철근구조물	2
				철골구조물	5
타일	모자이크	3	기와		5
	도기	3	슬레이트		3
	자기	3	위생기구(도기·자기류)		2
	아스팔트	5	테라코타		3
	리놀륨	5	–		–
	클링커	3	–		–

2) 콘크리트 및 포장용 재료

종류	정치식(%)	기타(%)	종류	정치식(%)	기타(%)
시멘트	2	3	아스팔트	2	3
잔골재, 채움재	10	12	석분	2	3
굵은골재	3	5	혼화재	2	–

3) 강재류 (90①)

종류	할증률(%)	종류	할증률(%)
이형철근	3	강관	5
원형철근	5	대형형강(形鋼)	7
일반볼트	5	소형형강·봉강(棒鋼)·평강·대강·경량형강·각 파이프	5
고장력볼트(H.T.B)	3		
강판	10	리벳(제품)·스테인리스강관·동관	5

핵심 Point

● **무게와 질량** (참고)

무게(Weight)와 질량(Mass)의 구분이 필요하다. 예로 지구와 달에서는 질량은 동일하나 무게는 서로 다르다.

예 1. 지구 : 질량 60kg, 무게 60kgf (약 600N)
　 2. 달 : 질량 60kg, 무게 10kgf (약 100N)

여기서, f는 $9.8m/sec^2$의 가속도를 의미한다.

본 교재의 적산에서는 kg으로 사용하였으나 정확한 표현은 kgf 혹은 tf 등을 사용하는 것이 옳음을 밝혀둔다.

● **할증량** (참고)

재료의 운반, 절단, 가공, 시공 중에 발생되는 손실량이다.

● 대표적인 건축재료의 할증률 (예상)

① 각재 : 5%
② 판재 : 10%
③ 일반용 합판 : 3%
④ 수장용 합판 : 5%
⑤ 붉은벽돌 : 3%
⑥ 내화벽돌 : 3%
⑦ 시멘트벽돌 : 5%
⑧ 시멘트 : 2%
⑨ 이형철근 : 3%
⑩ 원형철근 : 5%
⑪ 강관 : 5%
⑫ 대형형강 : 7%
⑬ 소형형강 : 5%

위의 재료들을 할증률로 정리하면 다음과 같다.
① 2%의 할증률 : 시멘트
② 3%의 할증률 : 일반용 합판, 붉은벽돌, 내화벽돌, 이형철근
③ 5%의 할증률 : 각재, 수장용 합판, 시멘트벽돌, 원형철근, 강관, 소형형강
④ 7%의 할증률 : 대형형강
⑤ 10%의 할증률 : 판재

● 레미콘타설 할증률 (예상)
① 무근구조물 : 2%
② 철근구조물 또는 철골철근 구조물 : 1%

2. 재료의 단위중량 (18③)

종별	형상	단위중량(kg/m³)	비고
암석	화강암	2,600~2,700	자연상태
	안산암	2,300~2,710	자연상태
	사암	2,400~2,790	자연상태
	현무암	2,700~3,200	자연상태
자갈	건조	1,600~1,800	자연상태
	습기	1,700~1,800	자연상태
	포화	1,800~1,900	자연상태
모래	건조	1,500~1,700	자연상태
	습기	1,700~1,800	자연상태
	포화	1,800~2,000	자연상태
점토	건조	1,200~1,700	자연상태
	습기	1,700~1,800	자연상태
	포화	1,800~1,900	자연상태
점질토	보통의 것	1,500~1,700	자연상태
	자갈이 섞인 것	1,600~1,800	자연상태
	자갈이 섞이고, 습한 것	1,900~2,100	자연상태
모래질 흙		1,700~1,900	자연상태
자갈섞인 토사		1,700~2,000	자연상태
자갈섞인 모래		1,900~2,100	자연상태
스테인리스	STS 304	7,930	KS D 3695
스테인리스	STS 430	7,700	KS D 3695
강, 주강, 단철		7,850	
목재	생송재(生松材)	800	자연상태
소나무	건재(乾材)	580	
시멘트		3,150	
시멘트		1,500	자연상태
철근콘크리트		2,400	
콘크리트		2,300	
시멘트 모르타르		2,100	
물		1,000	

3. 소운반의 운반거리 (07③)

① 품에서 포함된 것으로 규정한 소운반 거리는 20m 이내의 거리를 말한다.

② 경사면의 소운반 거리는 직고 1m를 수평거리 6m의 비율로 본다.

핵심 Point

● 재료의 할증률 (08②, 15③)
① 유리 : 1%
② 기와 : 5%
③ 시멘트벽돌 : 5%
④ 붉은벽돌 : 3%
⑤ 단열재 : 10%

● 강재류의 할증률 (90①)
① 이형철근 : 3%
② 원형철근 : 5%
③ 대형형강 : 7%
④ 강판 : 10%

● 건축 재료의 단위중량 (예상)
① 자갈 : 약 1,700kg/m³
② 모래 : 약 1,600kg/m³
③ 점토 : 약 1,450kg/m³
④ 강, 주강 : 7,850kg/m³
⑤ 시멘트 : 3,150kg/m³(밀실상태)
⑥ 시멘트 : 1,500kg/m³(자연상태)
⑦ 철근콘크리트 : 2,400kg/m³
⑧ 콘크리트 : 2,300kg/m³
⑨ 시멘트 모르타르 : 2,100kg/m³
⑩ 물 : 1,000kg/m³

● 물 1l = 물 1kg

● 물 1m³ = 물 1,000l
   = 물 1,000kg

● 재료의 단위중량에 따른 운반 인부 수 (84②, 87②, 09③)

● 철근콘크리트 부재의 부피에 따른 중량(18③)

● 재료의 중량에 따른 운반 트럭 대수(15②, 16②)

● 소요철근량에 대한 필요한 철근 갯수(90③, 04①)

● 운반거리 등 작업조건에 따른 덤프트럭의 1일 운반횟수(92④)

● 소운반의 운반거리 (07③)
소운반 거리는 20m 기준이며, 경사로 소운반의 경우 직고 1m를 수평거리 6m로 본다.

기출 및 예상 문제

01 다음 용어에 대해 기술하시오. (4점) •13 ②, 18 ③

　가. 적산 : _____

　나. 견적 : _____

　정답　가. 적산 : 공사에 필요한 재료 및 품의 수량 등의 공사량을 산출하는 기술활동이다.
　　　　　나. 견적 : 산출한 공사량에 적당한 단가를 곱하여 총공사비를 산출하는 기술활동이다.

02 일반적인 건축공사의 견적단계 순서를 │보기│에서 골라 기호로 쓰시오. (4점)

•92 ④, 94 ③

┤보기├
㉮ 단가(일위대가표)　　㉯ 견적가격　　㉰ 이윤
㉱ 수량조사　　㉲ 일반관리비부담금　　㉳ 가격
㉴ 현장경비

정답　㉱ → ㉮ → ㉳ → ㉴ → ㉲ → ㉰ → ㉯

03 상세견적의 개략적인 견적절차 3단계를 쓰시오. (3점) •01 ①

① _____　② _____　③ _____

정답　① 물량산출　　② 일위대가 산정　　③ 공사비 계산

04 실시설계도서가 완성되고 공사물량산출 등 견적업무가 끝나면 공사예정가격 작성을 위한 원가계산을 하게 된다. 원가계산기준 중 아래 내용에 대한 답안을 쓰시오. (3점)　•04 ②, 07 ③, 14 ②

① 공사시공 과정에서 발생하는 재료비, 노무비, 경비의 합계액
② 기업의 유지를 위한 관리활동 부분에서 발생하는 제비용
③ 공사계약 목적물을 완성하기 위하여 직접 작업에 종사하는 종업원 및 기능공에 대한 대가

① _____　② _____　③ _____

정답　① 공사원가　　② 일반관리비　　③ 직접노무비

05
다음 통합공정관리(EVMS ; Earned Value Management System using Product Model) 용어를 설명한 것 중 맞는 것을 |보기|에서 선택하여 번호로 쓰시오. (3점)   •08 ③

┤보기├
- ㉮ 프로젝트의 모든 작업내용을 계층적으로 분류한 것으로 가계도와 유사한 형상을 나타낸다.
- ㉯ 성과측정시점까지 투입예정된 공사비
- ㉰ 공사착수일로부터 추정 준공일까지의 실투입비에 대한 추정치
- ㉱ 성과측정시점까지 지불된 공사비(BCWP)에서 성과측정시점까지 투입예정된 공사비를 제외한 비용
- ㉲ 성과측정시점까지 실제로 투입된 금액을 말한다.
- ㉳ 성과측정시점까지 지불된 공사비(BCWP)에서 성과측정시점까지 실제로 투입된 금액을 제외한 비용
- ㉴ 공정, 공사비 통합, 성과측정, 분석의 기본단위를 말한다.

가. WBS(Work Breakdown Structure) : _____
나. SV(Schedule Variance) : _____
다. BCWS(Budgeted Cost for Work Performed) : _____

정답 가. WBS : ㉮   나. SV : ㉱   다. BCWS : ㉯

06
다음 통합공정관리(EVMS ; Earned Value Management System using Product Model) 용어를 설명한 것 중 맞는 것을 |보기|에서 선택하여 번호로 쓰시오. (3점)   •05 ②, 12 ①, 16 ②

┤보기├
- ㉮ 프로젝트의 모든 작업내용을 계층적으로 분류한 것으로 가계도와 유사한 형상을 나타낸다.
- ㉯ 성과측정시점까지 투입예정된 공사비
- ㉰ 공사착수일로부터 추정 준공일까지의 실투입비에 대한 추정치
- ㉱ 성과측정시점까지 지불된 공사비(BCWP)에서 성과측정시점까지 투입예정된 공사비를 제외한 비용
- ㉲ 성과측정시점까지 실제로 투입된 금액을 말한다.
- ㉳ 성과측정시점까지 지불된 공사비(BCWP)에서 성과측정시점까지 실제로 투입된 금액을 제외한 비용
- ㉴ 공정, 공사비 통합, 성과측정, 분석의 기본단위를 말한다.

가. CA(Cost Account) : _____
나. CV(Cost Variance) : _____
다. ACWP(Actual Cost for Work Performed) : _____

정답 가. CA : ㉴   나. CV : ㉳   다. ACWP : ㉲

07
속빈 콘크리트블록으로 담장을 축조하였다. 다음 [참고자료]를 활용하여 블록 소요량을 산출하고, 담장쌓기의 일위대가표를 작성한 후 담장에 투입될 재료비와 노무비를 산출하시오. (단, 담장의 높이는 1m, 길이는 4m, 기본형 블록(150×190×390mm)을 활용한다.) (10점)   •09 ②

[참고자료] (m²당)

치수	구 분	쌓기모르타르 (m³)	시멘트 (kg)	모 래 (m³)	조적공 (인)	보통인부 (인)
기본형	210×190×390	0.0105	5.36	0.012	0.2	0.1
	190×190×390	0.01	5.10	0.011	0.2	0.1
	150×190×390	0.009	4.59	0.010	0.17	0.08

블록 : 800원/매
시멘트 : 8,000원/포(40kg)
모래 : 50,000원/m³
조적공 : 60,000원/일
보통인부 : 40,000원/일

(1) 블록 소요량 산출
 • 계산과정 : _____ • 답 : _____

(2) 일위대가표 작성

품 명	규격 및 작업내용	단 위	수 량	단 가	금 액	비 고
블록	150×190×390	매				
시멘트	-	kg				
모래	-	m³				
조적공	-	인				
보통인부	소운반, 모르타르 비빔	인				
계	재료비	원				
	노무비	원				

(3) 재료비 및 노무비 계산
 ① 재료비 : _____
 ② 노무비 : _____

정답 (1) 블록 소요량 산출
 • 계산과정 : 1×4×13=52매   • 답 : 52매

(2) 일위대가표 작성

품명	규격 및 작업내용	단위	수량	단가	금액	비고
블록	150×190×390	매	13	800	10,400	
시멘트	-	kg	4.59	200	918	
모래	-	m³	0.010	50,000	500	
조적공	-	인	0.17	60,000	10,200	
보통 인부	소운반, 모르타르비빔	인	0.08	40,000	3,200	
계	재료비	원			11,818	
	노무비	원			13,400	

(3) 재료비 및 노무비 계산
 ① 재료비 : 10,400+918+500=11,818원
 ② 노무비 : 10,200+3,200=13,400원

08 다음 중 (　) 안에 알맞은 말을 쓰시오. (3점)

•92 ②

> 공사비의 구성 중 직접공사비의 산출항목 종류는 (①), (②), (③), 외주비로 구성된다.

① _____ ② _____ ③ _____

정답 ① 재료비　② 노무비(직접노무비)　③ 경비(직접공사경비)

09 다음은 공사비의 분류이다. (　) 안을 채우시오. (3점)

•88 ②

```
총공사비 ─ 공사원가 ─ 순공사비 ─ 직접공사비
(견적가격)     │         │           │
              ①        ③           ④
              │
              ②
```

① _____ ② _____ ③ _____ ④ _____

정답　① 부가이윤　　② 일반관리비부담금
　　　　③ 현장경비　　④ 간접공사비

10 다음 |보기|의 자료에 이한 공사원가와 총공사비를 산출하시오. (4점)

•06 ③

> ㉮ 자재비(재료비) : 60,000,000원　㉯ 노무비 : 20,000,000원
> ㉰ 현장경비 : 10,000,000원　　　㉱ 간접공사비 : 20,000,000원
> ㉲ 일반관리비부담금 : 10,000,000원　㉳ 이윤 : 10,000,000원

(1) 공사원가
　① 계산식 : _____
　② 정답 : _____

(2) 총공사비
　① 계산식 : _____
　② 정답 : _____

정답　(1) 공사원가
　　　　① 계산식 : 공사원가=자재비(재료비)+노무비+현장경비+간접공사비
　　　　　　　　　　=60,000,000+20,000,000+10,000,000+20,000,000
　　　　② 정답 : 110,000,000원

(2) 총공사비
① 계산식 : 총공사비＝공사원가＋일반관리비부담금＋이윤
＝110,000,000＋10,000,000＋10,000,000
② 정답 : 130,000,000원

11 공사목적물을 계약된 공기 내에 완성하기 위하여 공사손익을 사전에 예지하고 이익계획을 명확히 하여 합리적이고 경제적인 현장운영 및 공사수행을 도모하도록 작성되는 예산을 무엇이라 하는가? (2점) •99 ②

_____

[정답] 실행예산

12 다음 각 재료의 할증률을 쓰시오. (4점) •08 ②, 15 ③

① 유리 : _____ ② 기와 : _____
③ 시멘트 벽돌 : _____   ④ 붉은벽돌 : _____
⑤ 단열재 : _____

[정답] ① 유리 : 1%   ② 기와 : 5%   ③ 시멘트 벽돌 : 5%
④ 붉은벽돌 : 3%   ⑤ 단열재 : 10%

13 다음 수량산출시 할증률이 작은 것부터 큰 것의 순서를 │보기│에서 골라 번호로 쓰시오. (2점)
•90 ①

┤보기├
㉮ 이형철근   ㉯ 원형철근   ㉰ 대형형강   ㉱ 강판

[정답] ㉮ → ㉯ → ㉰ → ㉱

[해설] ① 이형철근 : 3%   ② 원형철근 : 5%
③ 대형형강 : 7%   ④ 강판 : 10%

14 8m³ 모래를 운반하려고 한다. 소요인부수를 구하시오. (단, 질통의 무게 40kg, 상·하차 시간 2분, 운반거리 150m, 평균 운반속도 60m/분, 모래의 단위용적중량 1,600kg/m³, 1일 8시간 작업하는 것으로 가정한다.) (4점)
•84 ②, 87 ②, 09 ③

_____

정답
① 1회 운반 소요시간 : 2분(상·하차 시간)$+\dfrac{150m}{60m/분}\times 2$(왕복 소요시간)$=7$분/회

② 총 모래중량 : $8m^3 \times 1,600kg/m^3 = 12,800kg$

③ 질통횟수 : $\dfrac{12,800kg}{40kg/회} = 320$회

④ 총 소요시간 : 320회$\times 7$분/회$=2,240$분

⑤ 소요인부수 : $\dfrac{2,240분}{(8시간 \times 60분/시간)/인} = 4.67$인 → 5인

15 다음 철근콘크리트부재의 부피와 중량을 산출하시오. (4점) •18 ③

> 1. 기둥 : 450mm×600mm, 길이 4m, 수량 50개
> 2. 보 : 300mm×400mm, 길이 1m, 수량 150개

정답
(1) 부피
① 기둥 : $0.45\,m \times 0.6\,m \times 4\,m \times 50\,EA = 54.0\,m^3$
② 보 : $0.3\,m \times 0.4\,m \times 1\,m \times 150\,EA = 18.0\,m^3$
  계 : $54.0 + 18.0 = 72.0\,m^3$

(2) 중량
① 기둥 : $0.45\,m \times 0.6\,m \times 4\,m \times 50\,EA \times 2.4\,t/m^3 = 54.0\,m^3 \times 2.4\,t/m^3 = 129.6t$
② 보 : $0.3\,m \times 0.4\,m \times 1\,m \times 150\,EA \times 2.4\,t/m^3 = 18.0\,m^3 \times 2.4\,t/m^3 = 43.2t$
  계 : $129.6 + 43.2 = 172.8t$

16 트럭 적재한도의 중량이 6t일 때, 비중 0.8이고 부피 30,000재(才)의 목재 운반 트럭대수를 구하시오. (단, 6t 트럭의 적재 가능 중량은 6t, 부피는 9.5m³이다. 최종 답은 정수로 표기하시오.) (4점) •15 ②, 16 ②

정답
(1) 목재의 전체 부피 $=\dfrac{30,000재}{300재/m^3} = 100m^3$

(2) 목재의 중량
① 목재의 비중 $= 0.8 = 0.8t/m^3$
② 목재의 중량 $= 0.8t/m^3 \times 100m^3 = 80t$

(3) 트럭 1대의 목재 적재량
① 6t 트럭 1대의 적재 가능 부피는 9.5m³이고, 적재 가능 중량은 6t이다.
② 트럭 1대에 목재를 9.5m³만큼 적재할 경우, 적재 중량은 다음과 같다.
  $0.8t/m^3 \times 9.5m^3 = 7.6t$
③ 따라서 트럭의 적재 가능 중량 6t을 초과하므로 운반트럭 대수는 트럭 1대의 목재 적재량인 6t/대로만 검토한다.

(4) 운반트럭 대수

운반트럭 대수 = $\frac{80t}{6t/대}$ = 13.3 → 14대

17 설계도서에서 정미량으로 산출한 D10 철근량은 2,574kg이었다. 건설공사에 할증을 고려한 소요량으로서 8m짜리 철근을 구입하고자 한다. 이 때 D10 철근(0.56kg/m) 몇 개를 운반하면 좋을지 필요한 개수를 산출하시오. (단, 계근소의 휴업으로 개수로 구입할 수 밖에 없는 조건이다.) (3점) •90 ③, 04 ①

정답 ① D10, 8m 철근의 중량 : 0.56kg/m × 8m = 4.48kg
② 소요철근량 : 2,574kg × 1.03 = 2,651.22kg
③ 필요한 철근개수 : $\frac{2,651.22}{4.48}$ = 591.79 → 592개

18 다음과 같은 조건하에서 덤프트럭의 1일 운반횟수(사이클 수)를 구하시오. (4점) •92 ④

―| 보기 |―
㉮ 운반거리 : 2km ㉯ 적재 및 작업장 진입시간 : 15분
㉰ 평균 운반속도 : 40km/hr ㉱ 1일 작업시간 : 8시간

정답 ① 1일 작업시간(min) : 8hr × 60min/hr = 480min(분)
② 1회 운반시간(min) : $\left(\frac{60\text{min/hr}}{40\text{km/hr}} \times 2\text{km} \times 2(왕복)\right)$ + 15min = 21min/회
③ 1일 운반횟수(사이클 수) : $\frac{480\text{min}}{21\text{min/회}}$ = 22.86 → 23회

19 다음 ( ) 안에 알맞은 내용을 채우시오. (4점) •07 ③

건축공사 표준품셈에서 규정한 소운반거리는 (①)m 기준이며, 경사로 소운반의 경우 직고 1m를 수평거리 (②)m로 본다.

① _____ ② _____

정답 ① 20   ② 6

Lesson 02 가설공사의 수량

☼ 1 공통 가설공사

1. 시멘트 창고의 필요면적 (06②, 21②)

구분	600포대 이하	600~1,800포대	1,800포대 이상
면적 $A(m^2)$	$0.4 \times \dfrac{N}{n}$	$0.4 \times \dfrac{600}{n}$	$0.4 \times \dfrac{N}{n}\left(\dfrac{1}{3}\right)$

여기서, A : 창고면적(m^2)
   N : 저장할 시멘트 포대 수
   n : 쌓기 단수(단기 저장 13포대, 장기 저장 7포대, 최고 13포대)

예제 1

현장에 시멘트가 각각 500포대, 1,600포대, 2,400포대가 있다. 공사현장에서 필요한 시멘트 창고의 면적은 얼마인가? (단, 쌓기 단수는 13포대이다.) (3점)   •06 ②, 21 ②

정답
① 500포대의 경우 : $A = 0.4 \times \dfrac{N}{n} = 0.4 \times \dfrac{500}{13} = 15.38 m^2$

② 1,600포대의 경우 : $A = 0.4 \times \dfrac{600}{n} = 0.4 \times \dfrac{600}{13} = 18.46 m^2$

③ 2,400포대의 경우 : $A = 0.4 \times \dfrac{N}{n}\left(\dfrac{1}{3}\right) = 0.4 \times \dfrac{2,400}{13} \times \left(\dfrac{1}{3}\right)$
$= 24.615 \rightarrow 24.62 m^2$

2. 동력소 및 변전소의 필요면적 (10②)

$$A = 3.3\sqrt{W} \ (m^2)$$

여기서, A : 면적(m^2)
   W : 전력용량(kWh)

핵심 Point

- 시멘트 창고의 면적 (06②, 21②)

- 변전소의 면적과 전기 사용량 (10②)
- 1HP = 0.746kWh

예제 2

다음과 같은 조건으로 동력소 면적을 산출하고 1개월 소요전력량을 구하시오. (5점)

•10 ②

―― 조건 ――
① 20HP 전동기 5대   ② 5HP 윈치 2대
③ 150W 전등 10개   ④ 1일 10시간씩 30일 사용

정답
① 동력소 면적
$W = (20 \times 0.746 \times 5\,EA) + (5 \times 0.746 \times 2\,EA) + (0.15 \times 10\,EA)$
$= 83.56\,kWh$
$A = 3.3\sqrt{W} = 3.3 \times \sqrt{83.56} = 30.166 \rightarrow 30.17\,m^2$

② 1개월 소요전력량
$83.56\,kWh \times 10\,h/일 \times 30일 = 25,068\,kWh$

2 직접 가설공사

1. 수평 규준틀(귀규준틀, 평규준틀)

1) 개요
수평 규준틀의 평면배치를 작성하여 귀규준틀 또는 평규준틀로 나누어 개소수로 계산함을 원칙으로 한다.

2) 개소 산정 (16②, 20④)

종류	내용
수평 평규준틀	① 철근콘크리트조의 경우 건축물의 외곽 기둥 중에서 모서리 기둥을 제외한 기둥마다 설치한다. ② 조적조의 경우 모서리 부분 및 돌출부를 제외한 건축물의 내력벽을 쌓는 곳에 설치한다.
수평 귀규준틀	① 철근콘크리트조의 경우 건축물의 외곽 모서리 기둥과 계단실 등 외부에 돌출되는 기둥에 설치한다. ② 조적조의 경우 건축물의 모서리 부분 및 돌출부에 설치한다.
세로 평규준틀	조적조의 내력벽이 교차하는 곳에 설치하며, 조적조의 모서리에 설치한다.
세로 귀규준틀	① 조적조의 내벽-외벽, 내벽-내벽의 집합 개수로 산출한다. ② 경미한 칸막이벽은 무시하고 세로 평규준틀 사이가 1m 이하일 때는 그 중 하나를 제외한다.

핵심 Point

• 수평보기(m^2) (87①)
지하층 및 지상층 중에서 가장 넓은 1개 층의 바닥면적으로 산출한다.

• 수평 규준틀의 소요면적 (참고)
외곽 기둥 또는 외벽의 중심선으로 둘러싸인 면적이다.

• 규준틀의 설치위치 (참고)

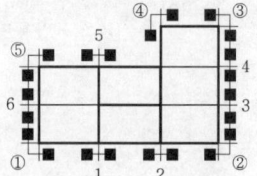

Lesson 02

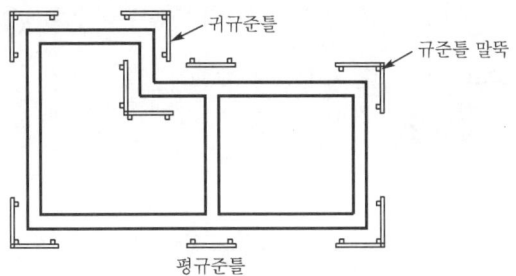

예제 3

다음 그림과 같은 조적조 평면에서 평규준틀과 귀규준틀의 수량을 산정하시오. (단, 도면의 설명이 없는 벽체는 내력벽이다.) • 16 ②, 20 ④

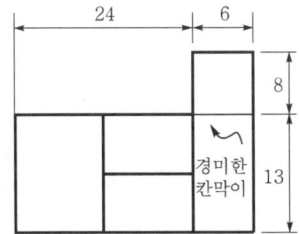

정답
① 평규준틀 : 6개소
② 귀규준틀 : 5개소

핵심 Point

● 평규준틀과 귀규준틀의 개소 산정 (16②, 20④)
(1) 수평 평규준틀
① 철근콘크리트조의 경우 건축물의 외곽 기둥 중에서 모서리 기둥을 제외한 기둥마다 설치한다.
② 조적조의 경우 모서리 부분 및 돌출부를 제외한 건축물의 내력벽을 쌓는 곳에 설치한다.
(2) 수평 귀규준틀
① 철근콘크리트조의 경우 건축물의 외곽 모서리 기둥과 계단실 등 외부에 돌출되는 기둥에 설치한다.
② 조적조의 경우 건축물의 모서리 부분 및 돌출부에 설치한다.

● 평규준틀과 귀규준틀의 수량 (16②)

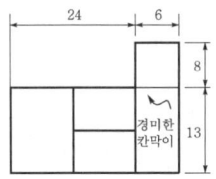

① 평규준틀 : 6개소
② 귀규준틀 : 5개소

● 기준면에서 띄우는 거리 (예상)
① 외부비계

종별 구분	쌍줄비계	겹비계, 외줄비계
목조	벽중심선에서 90cm	벽중심선에서 45cm
RC조, Steel조	벽외면에서 90cm	벽외면에서 45cm

② 파이프비계

종별 구분	쌍줄비계	겹비계, 외줄비계
RC조, Steel조	벽외면에서 100cm	벽외면에서 100cm

2. 외부비계

1) 비계의 면적기준

(1) 외부비계의 면적기준

구분 \ 종별	쌍줄비계	겹비계, 외줄비계
목조	벽중심선에서 90 cm 거리의 지면에서부터 건물높이까지의 외주면적	벽중심선에서 45 cm 거리의 지면에서부터 건물높이까지의 외주면적
철근콘크리트조 및 강구조	벽외면에서 90 cm 거리의 지면에서부터 건물높이까지의 외주면적	벽외면에서 45 cm 거리의 지면에서부터 건물높이까지의 외주면적

(2) 파이프비계(강관비계)의 면적기준

구분 \ 종별	쌍줄비계	겹비계, 외줄비계
철근콘크리트조 및 강구조	벽외면에서 100 cm 거리의 지면에서부터 건물높이까지의 외주면적	벽외면에서 100 cm 거리의 지면에서부터 건물높이까지의 외주면적

2) 비계면적

(1) 비계면적 기본 산출식 (88③, 89③, 93②, 07③, 09③, 12①, 13②, 17③)

$$\text{비계의 외주면적}(m^2) = \text{비계둘레길이}(L) \times \text{건물높이}(h)$$

(2) 비계둘레길이(L) 산정(쌍줄비계의 경우)

비계의 형태	쌍줄비계의 비계둘레길이(L)
	$(a+b) \times 2 + 0.9 \times 8$
	$(a+b) \times 2 + 0.9 \times 8$
	$(a+b) \times 2 + 0.9 \times 8 + 2 \times l$

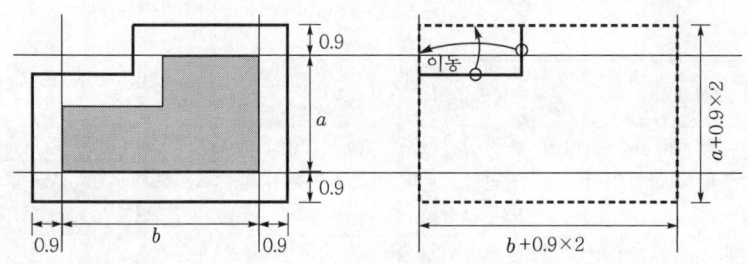

쌍줄비계의 경우 비계둘레길이(L)는 $\{(a+b) \times 2 + 0.9 \times 8\}$이 된다.

(3) 외부비계 높이(h)

외부비계의 높이는 건물의 높이로 처마높이 또는 파라펫 상단까지의 높이가 된다.

핵심 Point

● 외부 쌍줄비계의 면적산출
(88③, 89③, 93②, 07③, 12①, 17③)

● 외부 비계면적 산출방법
(09③, 13②)
① 쌍줄비계면적(m^2)
= 비계둘레길이(L)×건물높이(h)
= 벽외면에서 90cm 거리의 지면에서부터 건물 높이까지의 외주면적 = $\{(a+b) \times 2 + 0.90 \times 8\} \times h$
② 외줄비계면적(m^2)
= 비계둘레길이(L)×건물높이(h)
= 벽외면에서 45cm 거리의 지면에서부터 건물 높이까지의 외주면적 = $\{(a+b) \times 2 + 0.45 \times 8\} \times h$

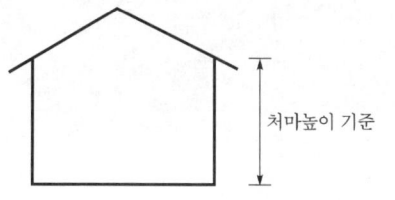
처마높이 기준

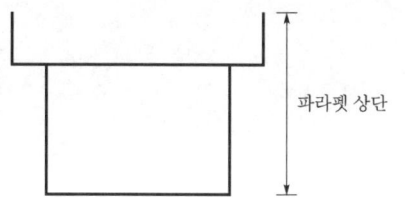
파라펫 상단

(4) 비계 종류에 따른 비계면적

비계의 종류	비계면적($L \times h$)
외줄 및 겹비계	$\{(a+b) \times 2 + 0.45 \times 8\} \times h$
쌍줄비계	$\{(a+b) \times 2 + 0.90 \times 8\} \times h$
파이프(단관, 강관틀) 비계	$\{(a+b) \times 2 + 1.00 \times 8\} \times h$

(주1) 요철이 생길 경우에 대해 주의한다.
(주2) 내부비계의 비계면적은 연면적의 90%로 한다.

예제 4

아래 평면의 건물높이가 13.5m일 때 비계면적을 산출하시오. (단, 도면의 단위는 mm이며, 비계형태는 쌍줄비계로 한다.) (5점) •17 ③

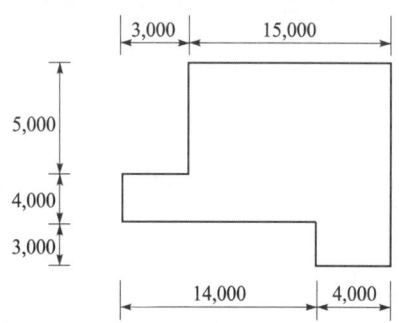

정답 쌍줄비계면적 = 비계둘레길이(L) × 건물높이(h)
= {(18+12) × 2 + 0.9 × 8} × 13.5 = 907.20m²

3. 동바리

1) 동바리 체적 (87①)

> 동바리의 체적(10공m³)
> = (상층바닥면적 − 1m² 이상 개구부) × 동바리 높이 × 0.9 × $\frac{1}{10}$
> 동바리의 체적(공m³)
> = (상층바닥면적 − 1m² 이상 개구부) × 동바리 높이 × 0.9

2) 동바리 높이

동바리 높이는 층고에서 슬래브두께를 뺀 안목높이이다.

• 동바리 체적산정 (87①)

• 동바리 높이

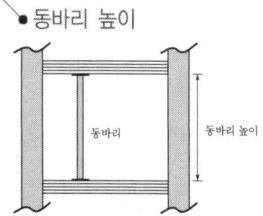

기출 및 예상 문제

01 다음 그림과 같은 조적조 평면에서 평규준틀과 귀규준틀의 수량을 산정하시오. (단, 도면의 설명이 없는 벽체는 내력벽이다.)

•16 ②

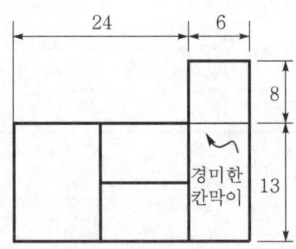

정답 ① 평규준틀 : 6개소
② 귀규준틀 : 5개소

02 다음 평면도와 같은 건물에 외부 쌍줄비계를 설치하고자 한다. 비계면적을 산출하시오. (단, 건물높이는 27m이다.) (5점)

•93 ②

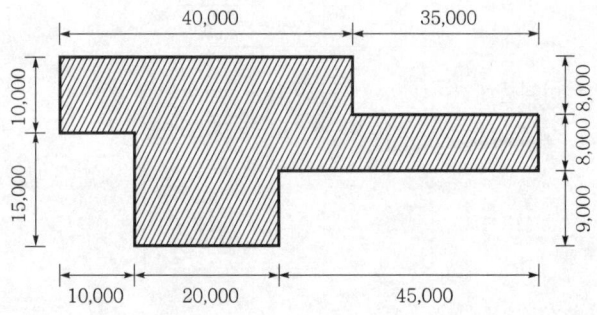

정답 쌍줄비계면적 = 비계둘레길이(L) × 건물높이(h)
$= \{(a+b) \times 2 + 0.9 \times 8\} \times h = \{(75+25) \times 2 + 0.9 \times 8\} \times 27 = 5,594.40 \text{m}^2$

03 다음과 같은 철근콘크리트 건축물 공사에 외부비계로 쌍줄비계를 매기할 때 비계면적을 구하시오. (단, 건축물 높이 $h=5m$이다.) (5점)

•89 ③

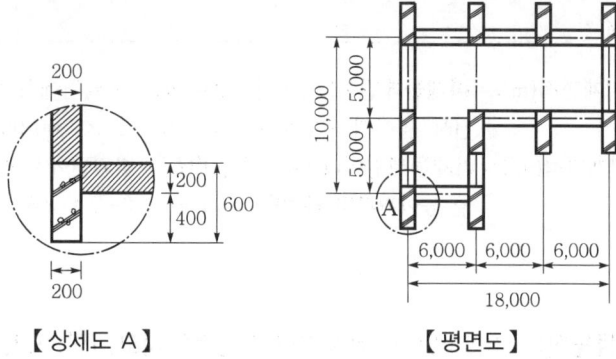

【상세도 A】　　　　　【평면도】

[정답] 쌍줄비계면적 = 비계둘레길이(L)×건물높이(h)
= {(18.2+10.2)×2+0.9×8}×5 = 320.00m²

[해설] ① 기둥이 예제 문제와 같이 돌출되었을 경우, 최외곽 돌출부를 기준으로 하지 않고, 외벽면에서부터 산출한다.
② 벽체두께가 0.2m이므로 외벽까지의 길이는 좌우, 상하 0.1m씩 더한다.
③ 쌍줄비계일 경우, 철근콘크리트는 외벽면에서 0.9m를 띄운다.

04 아래 평면의 건물높이가 16.5m일 때 비계면적을 산출하시오. (단, 쌍줄비계로 함.) (4점)

•88 ③, 07 ③

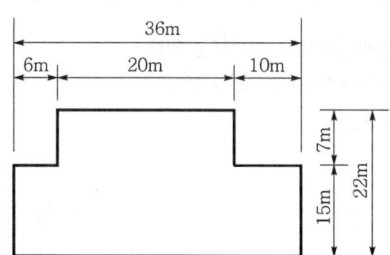

[정답] 쌍줄비계면적 = 비계둘레길이(L)×건물높이(h)
= {(36+22)×2+0.9×8}×16.5 = 2,032.80m²

05 다음의 외부 비계면적 산출방법을 기술하시오. (4점)
•09 ③, 13 ②

① 쌍줄비계면적 : _____

② 외줄비계면적 : _____

정답 ① 쌍줄비계면적(m^2)=비계둘레길이(L)×건물높이(h)=벽외면에서 90cm 거리의 지면에서부터 건물 높이까지의 외주면적=$\{(a+b)\times2+0.90\times8\}\times h$
② 외줄비계면적(m^2)=비계둘레길이(L)×건물높이(h)=벽외면에서 45cm 거리의 지면에서부터 건물 높이까지의 외주면적=$\{(a+b)\times2+0.45\times8\}\times h$

06 아래 평면의 건물높이가 13.5m일 때 비계면적을 산출하시오. (단, 도면의 단위는 mm이며, 비계 형태는 쌍줄비계로 한다.) (4점)
•12 ①

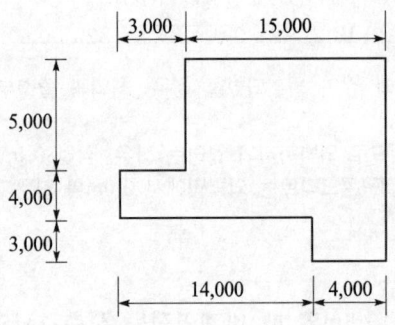

정답 쌍줄비계면적=비계둘레길이(L)×건물높이(h)
= $\{(18+12)\times2+0.9\times8\}\times13.5$
= $907.20m^2$

Lesson 03 토공사의 수량

1 터파기

1. 터파기 여유

본 공사의 지하실 및 기초의 시공을 위한 거푸집공사, 흙막이공사, 방수공사, 잡석지정공사 등의 작업공간을 확보하기 위하여 넓게 파는 것을 터파기 여유(D)라 한다.

구분		높이(h)	터파기 여유(D)
흙막이가 있는 경우		5.0m 이하	60~90cm
		5.0m 이상	90~120cm
흙막이가 없는 경우		1.0m 이하	20cm
		2.0m 이하	30cm
		4.0m 이하	50cm
		4.0m 이상	60cm
터파기 깊이 1m 미만	$h<1m$	\multicolumn{2}{l	}{특수한 토질을 제외하고는 터파기에 있어서 깊이가 1m 미만일 때는 휴식각을 고려하지 않는 수직 터파기량으로 계산함을 원칙으로 한다.}

2. 터파기 경사각과 터파기 너비

1) 터파기 경사각

터파기 경사각은 터파기에 있어 경사면을 해결하는 파기의 경사를 말하며, 경사각은 휴식각의 2배이다.

2) 터파기 너비

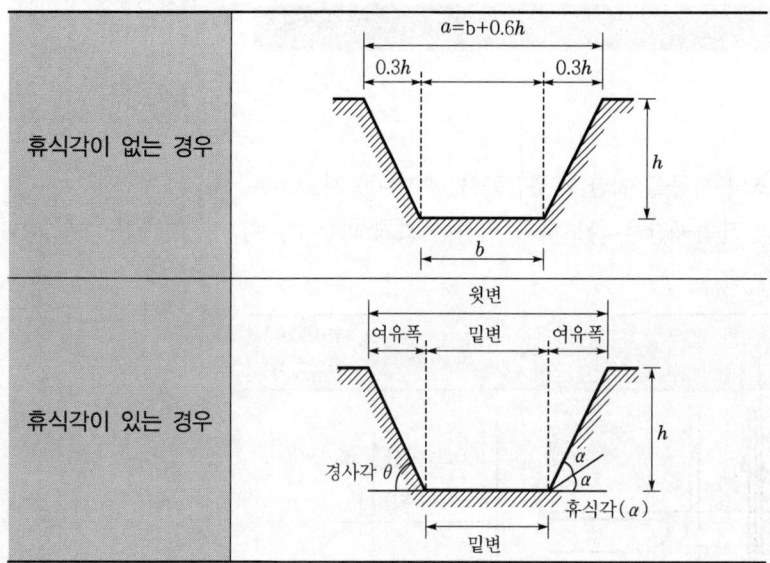

3. 지정

1) 지정의 내민길이

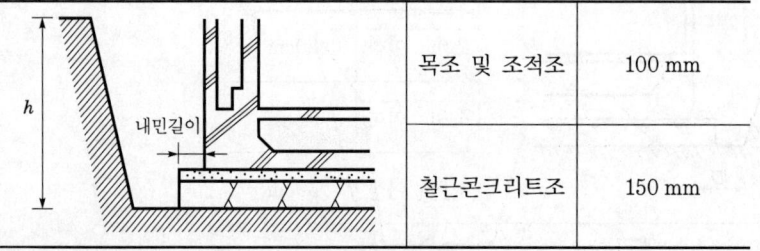

| 목조 및 조적조 | 100 mm |
| 철근콘크리트조 | 150 mm |

2) 지정의 수량산출 (00④)

종류	수량산출
잡석지정	① 잡석수량은 정미량의 10%를 가산한다. ② 틈막이 자갈량은 잡석지정량의 30%로 한다.
모래지정	① 모래수량은 정미량의 20%를 가산한다.
자갈지정	① 자갈수량은 정미량의 10%를 가산한다. ② 채움용 왕모래량은 자갈지정량의 40%로 한다.

핵심 Point

● 휴식각 (참고)
흙입자의 부착력, 응집력을 무시할 때, 즉 마찰력만으로 중력에 대하여 정지하는 흙의 사면각도이다.

● 경사각 (예상)
터파기에 있어 경사면을 해결하는 파기의 경사를 말하며, 경사각은 휴식각의 2배이다.

● 경사각과 휴식각의 관계 (예상)
경사각 = 휴식각×2

● 잡석량과 틈막이 자갈량 (00④)
① 잡석량
  = 잡석정미량×1.1
② 틈막이 자갈량
  = 잡석정미량×0.3

2 토량산출

1. 터파기 토량산출 (87③)

1) 독립기초의 토량산출 (91①, 94②)

$$V = \frac{h}{6}\{(2a+a')b+(2a'+a)b'\} \quad (m^3)$$

여기서, a, b : 상변의 가로, 세로($a = a' + 0.6h$, $b = b' + 0.6h$)
  a', b' : 하변의 가로, 세로
  h : 높이

핵심 Point

- 잔토처리량 및 차량대수 (87③)
- 독립기초의 토량산출 (91①, 94②)

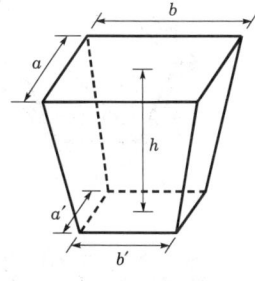

- a, b가 하변, a', b'가 상변에 대한 가로, 세로의 길이가 되어도 같은 결과이다.

예제 1

다음 그림과 같은 독립기초의 터파기량을 산출하시오. (단, 소수점 셋째자리에서 반올림한다.) (예상)

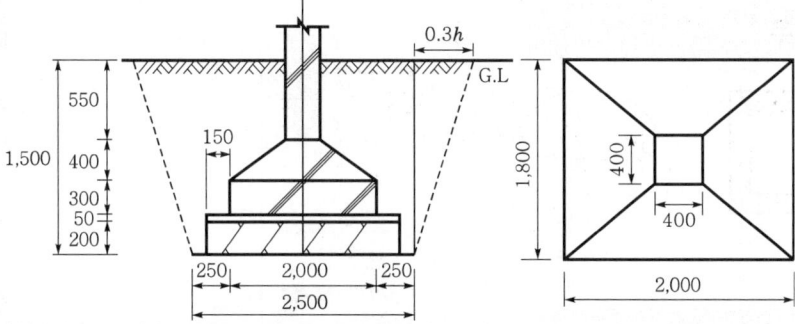

정답

$h = 1.5\text{m}$
$a' = 1.8 + 0.25 \times 2 = 2.3\text{m}$
$a = a' + 0.6h = 2.3 + 0.6 \times 1.5 = 3.2\text{m}$
$b' = 2.0 + 0.25 \times 2 = 2.5\text{m}$
$b = b' + 0.6h = 2.5 + 0.6 \times 1.5 = 3.4\text{m}$

그러므로 터파기량 V는

$$V = \frac{h}{6}\{(2a+a')b+(2a'+a)b'\}$$
$$= \frac{1.5}{6} \times \{(2 \times 3.2 + 2.3) \times 3.4 + (2 \times 2.3 + 3.2) \times 2.5\}$$
$$= 12.27\text{m}^3$$

2) 줄기초의 토량산출 (99④)

$$V = \left\{\left(\frac{a+b}{2}\right) \times h \times 줄기초의\ 길이 - 중복되는\ 체적\right\}\ (m^3)$$

여기서, $a = b + 0.6h$

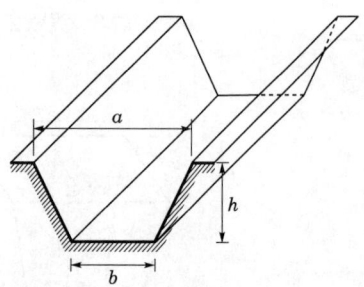
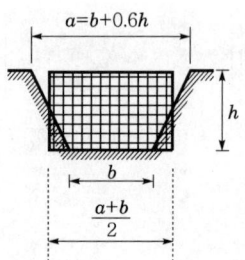

● 줄기초의 토량산출 (99④)

2. 줄기초의 길이 산정

1) 외부 줄기초로만 된 경우

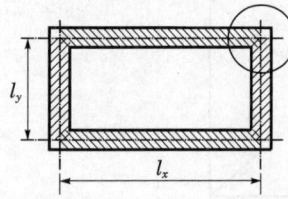
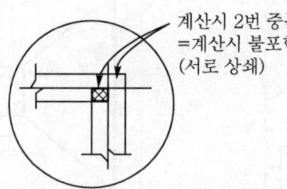

계산시 2번 중복
= 계산시 불포함
(서로 상쇄)

줄기초의 전체길이(ΣL): $\Sigma L = 2(l_x + l_y)$

$$V = \frac{a+b}{2} \times h \times \Sigma L\ (m^3)$$

2) 내부 줄기초가 존재할 경우

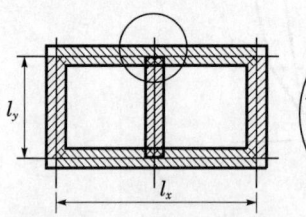
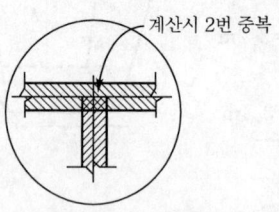

계산시 2번 중복

줄기초의 전체길이(ΣL): $\Sigma L = 2(l_x + l_y) + l_y$

$$V = \frac{a+b}{2} \times h \times \left\{\Sigma L - \left(\frac{a+b}{2}\right)/2 \times 중복개수\right\}\ (m^3)$$

예제 2

다음과 같은 조적조의 줄기초 시공에 필요한 터파기량을 건축적산 기준을 준수하여 정미량으로 산출하시오.   (예상)

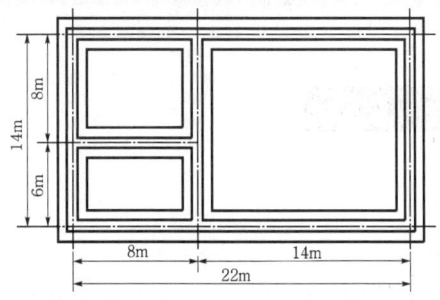
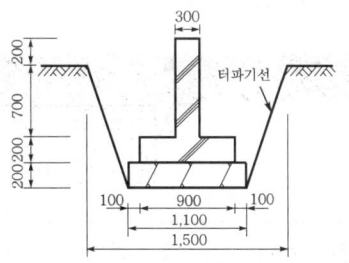

정답 $h=1.1m$, $a=1.5m$, $b=1.1m$

평균너비 $=\dfrac{a+b}{2}=\dfrac{1.5+1.1}{2}=1.3m$

줄기초의 전체길이$(\Sigma L)=(22+14)\times 2+8+14=94m$

터파기량$(V)=\dfrac{a+b}{2}\times h\times\left\{\Sigma L-\left(\dfrac{a+b}{2}\right)/2\times 중복개수\right\}$

$=1.3\times 1.1\times\{94-(1.3)/2\times 4\}$

$=130.702 \rightarrow 130.70m^3$

3. 되메우기

> 흙되메우기량 = 흙파기체적 − GL 이하 기초구조부체적

여기서, GL 이하 기초구조부체적
 = 잡석다짐량 + 버림(밑창) 콘크리트량 + 기초판량 + GL 이하의 기초벽(주각)량

4. 잔토처리

1) 일부 흙을 되메우고 잔토처리를 할 때

(1) 흙되메우고 흙돋우기를 할 때

> 잔토처리량 = {흙파기체적 − (되메우기체적 + 흙돋우기체적)} × 토량환산계수

(2) 흙되메우기만 할 때

> 잔토처리량 = {흙파기체적 − 되메우기체적} × 토량환산계수

2) 흙파기량을 전부 잔토처리할 때

> 잔토처리량 = 흙파기체적 × 토량환산계수

핵심 Point

● 일반흙의 되메우기 (17①)
흙 되메우기 시 일반흙으로 되메우기 할 경우 (30)cm 마다 다짐밀도 (95)% 이상으로 다진다.

5. 흙돋우기(성토)

$$흙돋우기량 = 흙돋우기체적 \times 토량환산계수$$

☀ 3 토량환산계수

1. 토량의 변화

흐트러진(Loose) 상태의 토량의 변화 (토량환산계수)	$L = \dfrac{흐트러진\ 상태의\ 토량(m^3)}{자연상태의\ 토량(m^3)}$
다져진(Compact) 상태의 토량의 변화 (토량환산계수)	$C = \dfrac{다져진\ 상태의\ 토량(m^3)}{자연상태의\ 토량(m^3)}$

2. 토량환산계수의 적용 (87③, 90③, 92①, 00③, 11③, 12③, 15③, 16①③, 18①, 20④, 22②)

구하는 상태 기준이 되는 상태	자연 상태의 토량	흐트러진 상태의 토량	다져진 상태의 토량
자연 상태의 토량	1	L	C
흐트러진 상태의 토량	$1/L$	1	C/L
다져진 상태의 토량	$1/C$	L/C	1

3. 토공사의 토량산출 일반 (89③, 91①, 94②④, 96③, 99④, 02②, 07③, 10①, 13③, 20②)

1) 토량환산계수(C, L)를 고려한 잔토처리량의 일반식

잔토처리량을 산정하는 일반식은 다음과 같다.

$$잔토처리량 = \left\{ V - (V - S) \times \dfrac{1}{C} \right\} \times L \ (m^3)$$

2) $C = 1$, $L = 1$인 경우

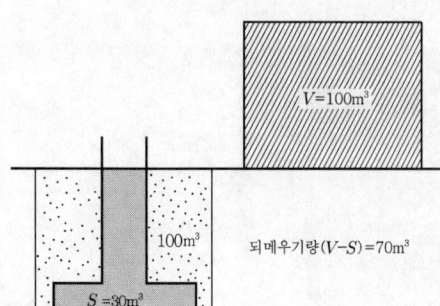

각종 토량	산출량
터파기량	$V = 100 m^3$
구조체량	$S = 30 m^3$
되메우기량	$V - S = 70 m^3$
잔토처리량	$S = 30 m^3$

핵심 Point

● 토량환산계수를 이용한 독립기초의 터파기량, 차량운반대수, 표고산정 (92①, 12③, 16③, 21①)

● 토량환산계수를 이용한 여러 상태의 토량산출 (87③, 90③, 00③, 11③, 15③, 16①, 18①, 20④, 22②)

● 독립기초의 터파기량, 되메우기량 및 잔토처리량 (89③, 91①, 94②, 02②, 07③)

● 줄기초의 터파기량, 잡석다짐량, 되메우기량 및 잔토처리량 (94④, 96③, 99④)

● 온통기초의 터파기량, 되메우기량 및 잔토처리량 (10①, 13③, 20②)

3) $C=0.9$, $L=1.2$인 경우

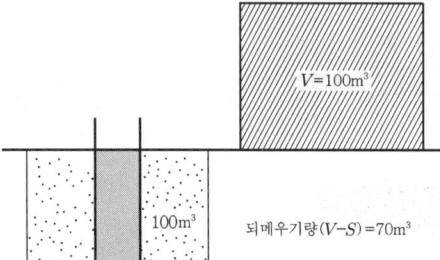

각종 토량	산출량
터파기량	$V=100\text{m}^3$
구조체량	$S=30\text{m}^3$
되메우기량	$V-S=70\text{m}^3$
잔토처리량	$\{V-(V-S)\times 1/C\}\times L$ $=\{30-70\times 1/0.9\}\times 1.2$ $=26.67\text{m}^3$

예제 3

다음 그림과 같은 독립기초의 기초 터파기량, 되메우기량, 잔토처리량을 산출하시오. (단, 소수점 셋째자리에서 반올림하고, 토량환산계수 : $C=0.9$, $L=1.2$) (6점)

•91 ①, 94 ②

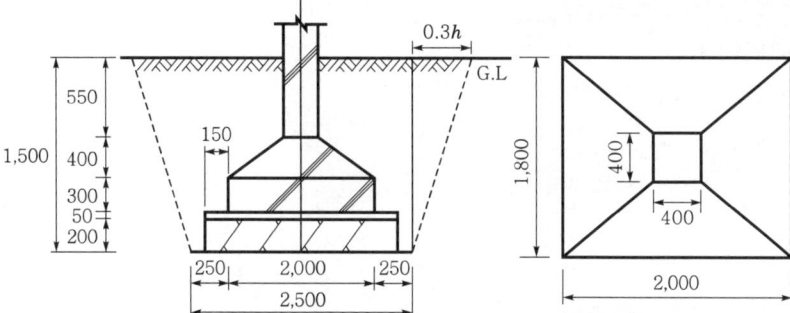

정답

구분	수량 산출근거	계
1. 터파기량 (V)	$V=\dfrac{1.5}{6}\times\{(2\times 3.2+2.3)\times 3.4+(2\times 2.3+3.2)\times 2.5\}$ $=12.27\text{m}^3$	12.27m^3
2. 되메우기량 ($V-S$)	(1) 되메우기량＝터파기량(V)−GL 이하 기초구조부 체적(S) (2) 터파기량(V)=12.27m³ (3) GL 이하 기초구조부체적(S)＝잡석다짐량＋버림 콘크리트량＋기초판량＋GL 이하의 주각량 ① 잡석다짐량＝2.1×2.3×0.2＝0.966m³ ② 버림콘크리트량＝2.1×2.3×0.05＝0.242m³ ③ 기초판량＝1.8×2.0×0.3 $+\dfrac{0.4}{6}\times\{(2\times 1.8+0.4)\times 2.0$ $+(2\times 0.4+1.8)\times 0.4\}=1.683\text{m}^3$ ④ GL 이하의 주각량＝0.4×0.4×0.55＝0.088m³	9.29m^3

	$\therefore$ 기초구조부체적(S) = 0.966+0.242+1.683+0.088 　　　　　　　　　　= 2.979m³ (4) 되메우기량 = $V-S$ = 12.27-2.979 = 9.291 　　　　　　　　→ 9.29m³	
3. 잔토처리량 (C=0.9, L=1.2)	잔토처리량 = $\left\{V-(V-S)\times\dfrac{1}{C}\right\}\times L$ 　　　　= $\left\{12.27-9.29\times\dfrac{1}{0.9}\right\}\times 1.2$ 　　　　= 2.337 → 2.34m³	2.34m³

4 화물자동차의 적재량 (87③, 92①, 12③, 16①, 21①)

① 중량으로 적재할 수 있는 품종에 대하여는 중량적재를 원칙으로 한다.
② 화물자동차의 적재량은 중량적재, 용량적재 그 어느 쪽의 제한 범위도 벗어나지 않도록 해야 한다.
③ 재료의 중량에 대한 화물자동차의 운반횟수는 다음과 같다.

$$\text{운반횟수} = \dfrac{\text{운반재료의 전중량(kg)}}{\text{운반차량의 적재량(kg)}}$$

● 트럭의 운반대수(횟수)
(87③, 92①, 12③, 16①, 21①)

5 토공사용 기계

1. 기계경비의 적산

1) 적산요령 (92①)

기계경비	기계손료	상각비+정비비+관리비
	운전경비	연료유지비+노무비+소모품비
	수송비	–
	조립 및 분해조립비	–

● 기계손료의 종류 (92①)
① 상각비
② 정비비
③ 관리비

● 기계경비의 종류 (예상)
① 기계손료
② 운전경비
③ 수송비
④ 조립 및 분해조립비

2) 기계경비 관련 용어

상각비	기계의 사용에 따르는 가치의 감가액이다.
정비비	장비와 기계기능을 유지하기 위한 정기 또는 수시 정비에 소요되는 비용이다.
관리비	보유한 기계를 관리하는데 필요로 하는 이자 및 보관 격납비용이다.

2. 토공사용 기계의 작업능력

1) 셔블계 굴착기 (97③, 00①, 03①, 05③, 06①, 09③, 15②, 19①)

$$Q = \frac{3,600 \times q \times k \times f \times E}{C_m} \ (\text{m}^3/\text{hr})$$

여기서, Q : 1시간당 작업량(m^3/hr)
  q : 디퍼(Dipper) 또는 버킷의 공칭용량(m^3)
  k : 디퍼 또는 버킷계수
  f : 토량환산계수
  E : 작업효율
  C_m : 1회 사이클 소요시간(sec)

2) 불도저 (87③, 13①, 16②)

$$Q = \frac{60 \times q \times f \times E}{C_m} \ (\text{m}^3/\text{hr})$$

여기서, Q : 1시간당 작업량(m^3/hr)
  q : 토공판 용량(m^3)
  f : 토량환산계수
  E : 작업효율
  C_m : 1회 사이클 소요시간(min)

핵심 Point

- 파워셔블의 1시간당 작업량 (97③, 00①, 03①, 05③, 06①, 09③, 15②, 19①)

- 불도저의 시간당 작업량 및 작업시간 (87③, 13①, 16②)

기출 및 예상 문제

01 잡석지정량이 62m³일 경우 잡석량과 틈막이 자갈량은 얼마인가? (4점) •00 ④

정답 ① 잡석량 : 62m³×1.1=68.20m³
② 틈막이 자갈량 : 62m³×0.3=18.60m³

해설 ① 잡석량=잡석정미량×1.1
② 틈막이 자갈량=잡석정미량×0.3

02 깊이 10m, 면적 90m²인 흙(Loam층)을 운반하려고 할 때 필요한 1일 차량대수를 구하시오. (단, 차량은 8t차이고, 1대는 1일 5회 왕복, 적재량은 5.3m³이라 한다.) (5점) •87 ③

정답 ① 터파기량 : 90×10=900m³
② 잔토처리량 : 900×1.25=1,125m³
③ 운반횟수 : $\frac{1,125}{5.3}$=212.3 → 213회
④ 1일 차량대수 : $\frac{213}{5}$=42.6 → 43대

해설 Loam층의 흐트러진 상태에 대한 토량환산계수(L)는 1.20~1.30(평균 1.25)이다.

03 건축물 기초를 시공하기 위하여 평탄한 지반을 다음과 같이 굴착하고자 한다. 다음 물음에 답하시오. (단, 굴착할 흙의 토량환산계수 L=1.3, C=0.9이다.) (9점) •92 ①, 12 ③, 16 ③, 21 ①

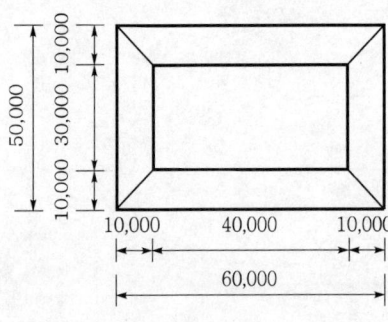
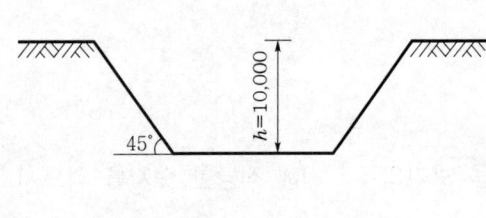

가. 터파기량을 산출하시오.
나. 운반대수를 산출하시오.(단, 운반대수 1대의 적재량 12m³)
다. 5,000m²에 흙을 이용하여 성토하여 다짐할 때 표고는 몇 m인지 구하시오(단, 비탈면은 수직으로 생각함).

정답 가. 터파기량(자연상태의 토량)

$$V = \frac{h}{6}\{(2a+a')b+(2a'+a)b'\}$$

$$= \frac{10}{6} \times \{(2\times 60+40)\times 50+(2\times 40+60)\times 30\} = 20,333.333 \rightarrow 20,333.33\,\text{m}^3$$

나. 운반대수(자연상태에서 흐트러진 상태의 토량으로 운반)

운반대수 $= \frac{20,333.33}{12} \times 1.3 = 2,202.78 \rightarrow 2,203$대

다. 표고(터파기한 자연상태의 체적에 토량을 다져 넣는다.)

표고 $= \frac{20,333.33}{5,000} \times 0.9 = 3.660 \rightarrow 3.66\,\text{m}$

해설 ① $L=1.3$: 자연상태의 토량 → 흐트러진 상태의 토량
② $C=0.9$: 자연상태의 토량 → 다져진 상태의 토량

04 모래진흙으로 된 지하실의 터파기량(자연상태) 12,00m³ 중에서 5,000m³를 되메우기하고 나머지 전부를 9t 트럭으로 잔토처리할 경우 덤프트럭 1회 적재량과 필요한 차량 대수를 산출하시오. (단, 자연상태에서의 토석의 단위중량 : 1,800kg/m³, 토량변화율(L) : 1.25) (6점)

가. 덤프트럭 1회 적재량

나. 필요 차량 대수

정답 가. 덤프트럭 1회 적재량

$$\frac{8t}{1.8t/\text{m}^3} = 4.444 \rightarrow 4.44\,\text{m}^3/\text{회}$$

나. 필요 차량 대수
  (1) 잔토처리량 $(12,000-5,000) \times 1.25 = 8,750\,\text{m}^3$
  (2) 필요 차량 대수 $\frac{8,750\,\text{m}^3}{4.44\,\text{m}^3/\text{회}} = 1970.7 \rightarrow 1971$회(대)

05 다음 보기의 (   )에 적당한 숫자를 적으시오. (2점)

┤보기├
흙 되메우기 시 일반흙으로 되메우기 할 경우 (①)cm 마다 다짐밀도 (②)% 이상으로 다진다.

정답 ① 30   ② 95

06
흐트러진 상태의 흙 30m³를 이용하여 30m²의 면적에 다짐상태로 60cm 두께를 터돋우기 할 때 시공 완료된 다음의 흐트러진 상태로 토량을 산출하시오. (단, 이 흙의 $L=1.2$이고, $C=0.9$이다.) (3점)

• 90 ③, 00 ③, 11 ③, 15 ③, 18 ①, 20 ④, 22 ②

[정답] ① 흐트러진 상태에서 다져진 후 토량 : $30 \times \left(\dfrac{C}{L}\right) = 30 \times \left(\dfrac{0.9}{1.2}\right) = 22.5\,\text{m}^3$

② 터돋우기 후 남는 토량 : $22.5 - (30 \times 0.6) = 4.5\,\text{m}^3$

∴ 다져진 상태에서 흐트러진 상태로 남는 토량 : $4.5 \times \left(\dfrac{L}{C}\right) = 4.5 \times \left(\dfrac{1.2}{0.9}\right) = 6.0\,\text{m}^3$

[해설] ① C/L : 흐트러진 상태의 토량 → 다져진 상태의 토량
② L/C : 다져진 상태의 토량 → 흐트러진 상태의 토량

07
다음 도면의 줄기초 도면을 보고 주어진 조건에 따라 터파기된 토량을 6t 트럭으로 운반하였을 경우, 트럭의 운반 대수를 산정하시오. (단, 토량의 할증은 25%이며, 토량의 자연상태의 단위중량은 1,600kg/m³이다.) (4점)

• 18 ②

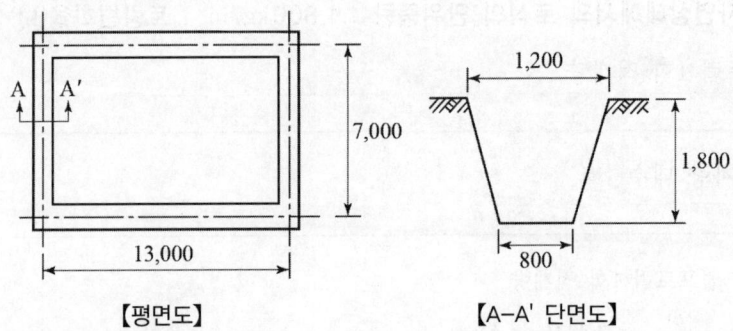

【평면도】 　　　　【A-A' 단면도】

① 터파기량 : _____
② 잔토처리량의 중량 : _____
③ 6t 트럭 운반대수 : _____

[정답]

① 터파기량
$h = 1.8\,\text{m},\ a = 1.2\,\text{m},\ b = 0.8\,\text{m}$
평균폭 $= \dfrac{a+b}{2} = \dfrac{1.2+0.8}{2} = 1.0\,\text{m}$
줄기초의 전체길이 $(\Sigma L) = (13+7) \times 2 = 40\,\text{m}$
터파기량(V) $= \dfrac{a+b}{2} \times h \times \Sigma L = 1.0 \times 1.8 \times 40 = 72.0\,\text{m}^3$

② 잔토처리량의 중량
잔토처리량의 중량 = 터파기량 × 흙의 단위중량 = $72 \times 1.6\,\text{t/m}^3 = 115.2\,\text{t}$

(주1) 잔토처리량을 산정할 경우 부피증가에 의한 토량의 할증을 고려해야 하나 중량은 변화가 없음으로 주의한다.

③ 6t 트럭 운반대수

6t 트럭 운반대수 $= \dfrac{115.2}{6} = 19.2$ 대

08 다음 그림과 같은 독립기초의 전체 기초파기량, 되메우기량, 잔토처리량을 각각 산출하시오. (단, 토량환산계수 $C=0.9$, $L=1.2$) (6점) •89 ③, 02 ②, 07 ③

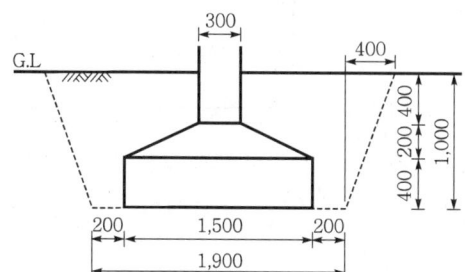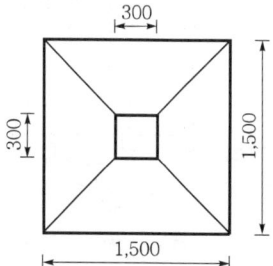

정답

구분	수량 산출근거	계
1. 터파기량 (V)	$V = \dfrac{1.0}{6} \times \{(2 \times 2.7 + 1.9) \times 2.7 + (2 \times 1.9 + 2.7) \times 1.9\} = 5.343 \to 5.34\text{m}^3$	5.34m³
2. 되메우기량 ($V-S$)	(1) 되메우기량 = 터파기량(V) − GL 이하 기초구조부체적(S) (2) 터파기량(V) = 5.34m³ (3) GL 이하 기초구조부체적(S) = 잡석다짐량 + 버림콘크리트량 + 기초판량 + GL 이하의 주각량 ① 잡석다짐량과 버림콘크리트량은 0이다. ② 기초판량 = $1.5 \times 1.5 \times 0.4 + \dfrac{0.2}{6} \times \{(2 \times 1.5 + 0.3) \times 1.5 + (2 \times 0.3 + 1.5) \times 0.3\}$ = 1.086m³ ③ GL 이하의 주각량 = $0.3 \times 0.3 \times 0.4 = 0.036\text{m}^3$ ∴ GL 이하 기초구조부체적(S) = $1.086 + 0.036 = 1.122\text{m}^3$ (4) 되메우기량 = $V - S$ = $5.34 - 1.122 = 4.218 \to 4.22\text{m}^3$	4.22m³
3. 잔토처리량 ($C=0.9$, $L=1.2$)	잔토처리량 = $\left\{V - (V-S) \times \dfrac{1}{C}\right\} \times L$ = $\left\{5.34 - 4.22 \times \dfrac{1}{0.9}\right\} \times 1.2 = 0.781 \to 0.78\text{m}^3$	0.78m³

09 다음 그림과 같은 온통기초에서 터파기량, 되메우기량, 잔토처리량, 흙막이면적을 산출하시오.
(단, 토량환산계수 L=1.3으로 한다.) (9점) •10 ①, 13 ③, 20 ②

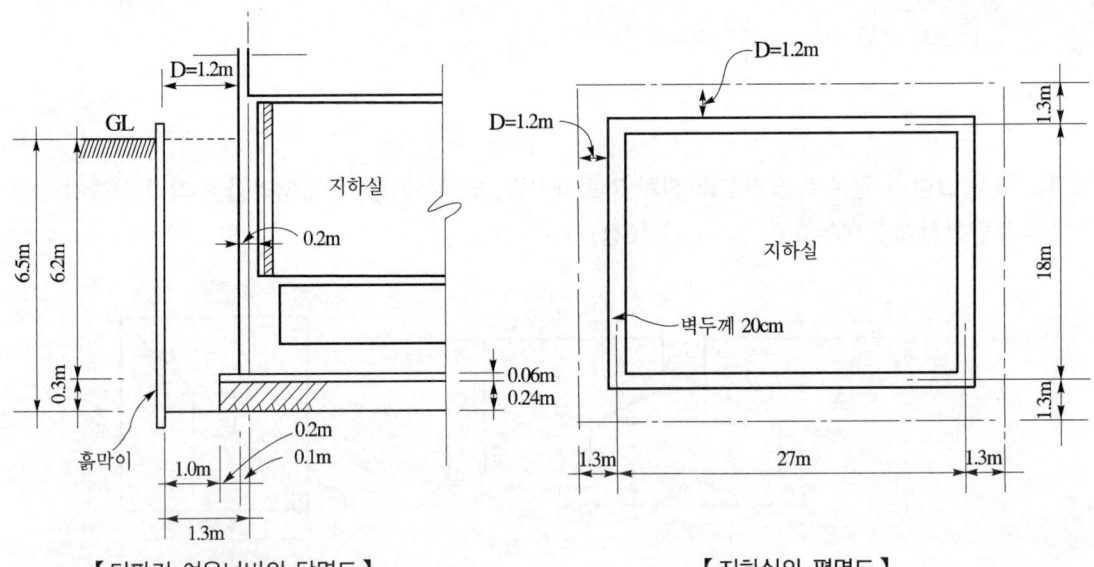

【 터파기 여유너비의 단면도 】   【 지하실의 평면도 】

정답

구분	수량 산출근거	계
1. 터파기량 (V)	$V = (27+1.3\times2)\times(18+1.3\times2)\times6.5 = 3,963.44\text{m}^3$	$3,963.44\text{m}^3$
2. 되메우기량 ($V-S$)	(1) 되메우기량 = 터파기량(V) - GL이하 기초구조부체적(S) (2) 터파기량(V) = $3,963.44\text{m}^3$ (3) GL이하 기초구조부체적(S) = 잡석다짐량+버림콘크리트량+지하실부분 ① 잡석다짐량 = $\{27+(0.1+0.2)\times2\}\times\{18+(0.1+0.2)\times2\}\times0.24 = 123.206\text{m}^3$ ② 버림콘크리트량 = $\{27+(0.1+0.2)\times2\}\times\{18+(0.1+0.2)\times2\}\times0.06 = 30.802\text{m}^3$ ③ 지하실부분 = $(27+0.1\times2)\times(18+0.1\times2)\times6.2 = 3,069.248\text{m}^3$ ∴ GL 이하 기초구조부체적(S) = $123.206+30.802+3,069.248$ 　　　　　 = $3,223.256 \rightarrow 3,223.26\text{m}^3$ (4) 되메우기량 = $V-S = 3,963.44-3,223.26 = 740.18\text{m}^3$	740.18m^3
3. 잔토처리량 ($C=1.0$, $L=1.3$)	잔토처리량 = $\left\{V-(V-S)\times\dfrac{1}{C}\right\}\times L = S\times L = 3,223.26\times1.3$ 　　　　　= $4,190.238 \rightarrow 4,190.24\text{m}^3$	$4,190.24\text{m}^3$
4. 흙막이 면적	$A = \{(27+1.3\times2)+(18+1.3\times2)\}\times2\times6.5 = 652.60\text{m}^2$	652.60m^2

---

1) 유원대 외 3인, 건축적산, 한국이공학사, pp.80

10 기계경비 산정은 시간당 손료로서 계산되는 데 기계장비 산정시 고려하게 되는 3종의 시간당 계수명을 쓰시오. (5점) •92 ①

① _____ ② _____ ③ _____

정답 ① 상각비   ② 정비비   ③ 관리비

해설 ① 기계경비=기계손료+운전경비+수송비+조립 및 분해조립비
② 기계손료=상각비+정비비+관리비
③ 운전경비=연료유지비+노무비+소모품비

11 파워셔블의 1시간당 추정 굴착작업량을 다음 |조건|일 때 산출하시오.(단, 단위를 명기하시오.) (4점) •97 ③, 00 ①, 03 ①, 05 ③, 06 ①, 09 ③, 15 ②, 19 ①

― 조건 ―
㉮ $q=0.8\text{m}^3$,   ㉯ $f=0.7$,   ㉰ $E=0.83$,   ㉱ $k=0.8$,   ㉲ $C_m=40\text{sec}$

정답 $Q = \dfrac{3{,}600 \times q \times k \times f \times E}{C_m} = \dfrac{3{,}600 \times 0.8 \times 0.8 \times 0.7 \times 0.83}{40} = 33.466 \rightarrow 33.47\text{m}^3/\text{hr}$

여기서, q : 디퍼(Dipper) 또는 버킷의 공칭용량(m^3)
k : 디퍼 또는 버킷계수
f : 토량환산계수
E : 작업효율
C_m : 1회 사이클 소요시간(sec)

12 토량 2,000m³를 2대의 불도저로 작업하려 한다. 삽날 용량 0.6m³, 토량환산계수 0.7, 작업효율 0.9이며, 1회 사이클 시간이 15분일 때 작업을 완료할 수 있는 시간을 구하시오. (4점) •87 ③, 13 ①, 16 ②

정답 ① 불도저의 시간당 작업량
$Q = \dfrac{60 \times q \times f \times E}{C_m} = \dfrac{60 \times 0.6 \times 0.7 \times 0.9}{15} = 1.512\text{m}^3/\text{hr}$

② 불도저 2대의 작업시간
$\dfrac{2{,}000\text{m}^3}{(1.512\text{m}^3/\text{hr} \times 2\text{EA})} = 661.376 \rightarrow 661.38$시간

여기서, q : 토공판 용량(m^3)
f : 토량환산계수
E : 작업효율
C_m : 1회 사이클 소요시간(min)

Lesson 04. 콘크리트의 각 재료량

※ 1 콘크리트 1m³의 각 재료량

1. 정산식

표준계량 용적 배합비가 $1 : m : n$ 이고, 물시멘트비(W/C)는 $x(\%)$ 일 때의 비벼내기량 $V(\text{m}^3)$

$$V = \frac{w_c}{G_c} + \frac{m \times w_s}{G_s} + \frac{n \times w_g}{G_g} + w_c \times x \quad (\text{m}^3)$$

여기서, w_c : 시멘트(Cement)의 단위용적 중량(1.5t/m^3)
  w_s : 모래(Sand)의 단위용적 중량(1.6t/m^3)
  w_g : 자갈(Gravel)의 단위용적 중량(1.7t/m^3)
  G_c : 시멘트의 비중(3.15)
  G_s : 모래의 비중(2.65)
  G_g : 자갈의 비중(2.65)

콘크리트 1m³를 만드는 데 소요되는 각 재료 수량

(88③, 90③, 91②, 08③, 17①, 20①)

시멘트의 소요량	$C = \dfrac{1}{V}(\text{m}^3) = \dfrac{1.5}{V}(\text{t}) = \dfrac{1500}{V}(\text{kg}) = \dfrac{37.5}{V}$ (포대)
모래의 소요량	$S = \dfrac{m}{V}\,(\text{m}^3)$
자갈의 소요량	$G = \dfrac{n}{V}\,(\text{m}^3)$
물의 소요량	$W = C \times x\,(\text{kg})$

2. 약산식

현장용적 배합비가 $1 : m : n$ 이고, 물시멘트비(W/C)는 고려하지 않을 때의 비벼내기량 $V(\text{m}^3)$

$$V = 1.1m + 0.57n\ (\text{m}^3)$$

핵심 Point

● 철근콘크리트의 적산 개요 (참고)
 ① 거푸집량(면적으로 산출, 단위 ; m²)
 ② 콘크리트량(체적으로 산출, 단위 ; m³)
 ③ 철근량[길이로 산출(m), 수량 집계 후 중량 kg 혹은 ton으로 환산]

● 물시멘트비(W/C)를 이용한 물의 용적(m³) 계산 (88③)
 W/C = 물의 중량(kg)/시멘트 중량(kg)
 (주) 물시멘트비(W/C)는 중량비이다.

● 물의 비중은 1이다.

● 물 1m³은 1,000 l 이다.

● 콘크리트의 각 재료량 (90③, 91②, 08③, 17①, 20①)

Lesson 04

콘크리트 1m³를 만드는 데 소요되는 각 재료 수량

시멘트의 소요량	$C = \dfrac{1}{V}(\text{m}^3) = \dfrac{1.5}{V}(\text{t}) = \dfrac{1500}{V}(\text{kg}) = \dfrac{37.5}{V}(\text{포대})$
모래의 소요량	$S = \dfrac{m}{V}(\text{m}^3)$
자갈의 소요량	$G = \dfrac{n}{V}(\text{m}^3)$

예제 1

배합비 $1 : m : n = 1 : 3 : 6$인 무근콘크리트 1m³를 제조하는 데 소요되는 각 재료의 수량을 산출하시오.   (예상)

정답 가. 비벼내기량 $V(\text{m}^3)$
$V = 1.1m + 0.57n = 1.1 \times 3 + 0.57 \times 6 = 6.72\text{m}^3$

나. 콘크리트 1m³를 만드는 데 소요되는 각 재료 수량

① 시멘트의 소요량

$C = \dfrac{1}{V} = \dfrac{1}{6.72} = 0.149\text{m}^3$

$= \dfrac{1.5}{V} = \dfrac{1.5}{6.72} = 0.223\text{t} = \dfrac{1,500}{V} = \dfrac{1,500}{6.72} = 223.21\text{kg}$

$= \dfrac{37.5}{V} = \dfrac{37.5}{6.72} = 5.58 \to 6\text{포대}$

② 모래의 소요량

$S = \dfrac{m}{V} = \dfrac{3}{6.72} = 0.446 \to 0.45\text{m}^3$

③ 자갈의 소요량

$G = \dfrac{n}{V} = \dfrac{6}{6.72} = 0.893 \to 0.89\text{m}^3$

핵심 Point

- 시멘트의 단위가 포대수일 경우, 소수 첫째자리에서 절상하여 정수로 한다.

☆ 2 콘크리트 펌프 (90②③, 97③, 06①, 16②)

1. 1회 펌핑량

> 1회 펌핑량 = 실린더 안면적 × 길이 × 효율 (m³)

2. 1분 펌핑량

> 1분 펌핑량 = 1회 펌핑량 × 분당 스트로크 수 (m³/분)

3. 1일 펌핑량

> 1일 펌핑량 = 1분당 펌핑량 × 1일(6시간 × 60분/시간) (m³)

- 1일 최대 콘크리트 펌핑량 (90③, 06①)
- 콘크리트 펌핑시 레미콘 트럭의 배차 간격(분) (90②, 97③, 16②, 18③)
- 실린더 안면적(d : 실린더 안지름) $(\pi d^2)/4$
- 도로 공사시 레미콘 트럭의 배차 간격(분) (10①)

기출 및 예상 문제

01 시멘트 310kg, 모래 0.45m³, 자갈 0.90m³를 배합하여 물시멘트비(W/C) 55%의 콘크리트를 1m³를 만드는 데 필요한 물의 용적(m³)은 얼마인가? (4점)   •88 ③, 06 ②

정답 W/C=0.55에서
W=C×0.55=310×0.55=170.5kg
∴ 물의 비중은 1.0이고, 1m³은 1,000*l* 이므로 구하는 물의 용적은 0.1705m³이다.

02 다음과 같은 재료조건으로 표준계량 용적배합비 1:2:4 콘크리트를 제조하는데 필요한 시멘트 (포대 수), 모래(m³), 자갈(m³), 물(kg)의 양을 구하시오. (5점)   •90 ③

[재료조건]
㉮ 시멘트 비중 : 3.15   ㉯ 모래 비중 : 2.5
㉰ 자갈 비중 : 2.6   ㉱ 물시멘트비 : 55%
㉲ 시멘트의 단위용적중량 : 1,500kg/m³   ㉳ 모래의 단위용적중량 : 1,700kg/m³
㉴ 자갈의 단위용적중량 : 1,600kg/m³

정답 (1) 비벼내기량 $V(m^3)$

$$V = \frac{w_c}{G_c} + \frac{m \times w_s}{G_s} + \frac{n \times w_g}{G_g} + w_c \times x = \frac{1.5}{3.15} + \frac{2 \times 1.7}{2.5} + \frac{4 \times 1.6}{2.6} + 1.5 \times 0.55$$

$$= 5.123 \rightarrow 5.12 m^3$$

(2) 콘크리트 1m³를 만드는 데 소요되는 각 재료 수량

① 시멘트의 소요량 : $C = \frac{37.5}{V} = \frac{37.5}{5.12} = 7.32 \rightarrow 8$포대

② 모래의 소요량 : $S = \frac{m}{V} = \frac{2}{5.12} = 0.391 \rightarrow 0.39 m^3$

③ 자갈의 소요량 : $G = \frac{n}{V} = \frac{4}{5.12} = 0.781 \rightarrow 0.78 m^3$

④ 물의 소요량 : $W = C \times x = \frac{1,500}{V} \times x = \frac{1,500}{5.12} \times 0.55 = 161.133 \rightarrow 161.13 kg$

03 다음 |조건|에서 콘크리트 1m³를 생산하는 데 필요한 시멘트, 모래, 자갈의 중량을 산출하시오. (6점) •91 ②, 08 ③, 17 ①, 20 ①

―| 조건 |―
- ㉮ 단위수량 : 160kg/m³
- ㉯ 물시멘트비 : 50%
- ㉰ 잔골재율 : 40%
- ㉱ 시멘트 비중 : 3.15
- ㉲ 잔골재 비중 : 2.5
- ㉳ 굵은골재 비중 : 2.6
- ㉴ 공기량 : 1%

정답 (1) 시멘트의 중량

$\dfrac{W}{C} = 50\% = 0.5$

$\therefore C = \dfrac{W}{0.5} = \dfrac{160}{0.5} = 320 \text{kg/m}^3$

(2) 전체 골재(모래+자갈)의 체적

$V_{s+g} = 1 - (V_a + V_w + V_c)$

① 공기의 체적 : $V_a = 1\% = 0.01 \text{m}^3$

② 물의 체적 : $V_w = \dfrac{w_w}{G_w} = \dfrac{0.16}{1} = 0.16 \text{m}^3$

③ 시멘트의 체적 : $V_c = \dfrac{w_c}{G_c} = \dfrac{0.320}{3.15} = 0.102 \text{m}^3$

$\therefore V_{s+g} = 1 - (V_a + V_w + V_c) = 1 - (0.01 + 0.16 + 0.102) = 0.728 \text{m}^3$

(3) 모래의 체적

$V_s = $ 전체 골재의 체적 × 잔골재율 $= V_{s+g} \times (S/A) = 0.728 \times 0.4 = 0.291 \text{m}^3$

(4) 자갈의 체적

$V_g = V_{s+g} - V_s = 0.728 - 0.291 = 0.437 \text{m}^3$

(5) 모래의 중량

$w_s = V_s \times G_s = 0.291 \times 2.5 = 0.728 \text{t/m}^3 = 728.0 \text{kg/m}^3$

(6) 자갈의 중량

$w_g = V_g \times G_g = 0.437 \times 2.6 = 1.136 \text{t/m}^3 = 1,136.0 \text{kg/m}^3$

∴ 콘크리트 1m³를 생산하는 데 필요한 시멘트, 모래, 자갈의 중량은 다음과 같다.

가. 시멘트의 중량 : 320kg/m³
나. 모래의 중량 : 728.0kg/m³
다. 자갈의 중량 : 1,136.0kg/m³

해설 ① 비중=중량/체적
② 체적(V)=중량(w)/비중(G)
③ 물시멘트비는 질량비이고, 잔골재율은 용적비이다.
④ 잔골재율(S/A) : S/A = $\dfrac{\text{잔골재의 절대용적}}{\text{전체 골재의 절대용적}}$

04 콘크리트 펌프에서 실린더 안지름 18cm, 스트로크 길이 1m, 스트로크 수 24회/분, 효율 100%인 조건으로 1일 6시간 작업할 때 가능한 1일 최대 콘크리트 펌핑량을 구하시오. (3점)

•90 ③, 06 ①

정답 ① 1회 펌핑량 = $\dfrac{\pi \times 0.18^2}{4} \times 1 \times 1.0 = 0.02545 m^3$

② 1분 펌핑량 = $0.02545 m^3 \times 24$회/분 = $0.6108 m^3$/분

③ 1일 펌핑량 = $0.6108 m^3$/분 × 6시간 × 60분/시간 = 219.888 → 219.89m^3

해설 ① 1회 펌핑량 = 실린더 안면적 × 길이 × 효율
② 1분 펌핑량 = 1회 펌핑량 × 분당 스트로크 수
③ 1일 펌핑량 = 1분당 펌핑량 × 1일(6시간 × 60분/시간)
④ 실린더 안면적(d : 실린더 안지름) : $(\pi d^2)/4$

05 콘크리트 펌프의 실린더 안지름 18cm, 스트로크 길이 1m, 스트로크 수 24회/분인 조건의 90% 효율로 휴식시간 없이 계속적으로 콘크리트를 펌핑할 때 원활한 공사 시공을 위한 7m^3 레미콘 트럭의 배차시간 간격(분)을 구하시오. (4점)

•90 ②, 97 ⑤, 16 ②

정답 ① 1회 펌핑량 = $\dfrac{\pi \times 0.18^2}{4} \times 1 \times 0.9 = 0.02290 m^3$

② 1분 펌핑량 = $0.02290 m^3 \times 24$회/분 = 0.5496^3/분

③ 레미콘 트럭 배차시간 간격(분) = $\dfrac{7 m^3}{0.5496 m^3/분}$ = 12.737분 → 12.74분

06 두께 0.15m, 너비 6m, 길이 100m의 도로를 7m^3 레미콘을 이용하여 하루 8시간 작업하는 경우 레미콘의 배차 간격은? (단, 낭비시간은 없는 것으로 한다.) (5점)

•10 ①, 18 ③

정답 ① 레미콘 대수 = $\dfrac{0.15m \times 6m \times 100m}{7m^3/대}$ = 12.857 → 13대

② 7m^3 레미콘 배차 간격 = $\dfrac{8시간 \times 60분/시간}{13대}$ = 36.923 → 36.92분/대

건축기사실기

Lesson 05 거푸집면적 및 콘크리트량 산출

1 일반사항

1. 거푸집

   (1) 3층 이상의 건축에는 거푸집을 반복사용 하는 것으로 한다.
   (2) 거푸집의 전용(반복사용)은 일반적으로 상부 2층으로 전용한다.
   (3) 거푸집 소요량은 각 층별, 구조별로 나누어 각 부분에 서로 중복이 없도록 산출한다.
   (4) 주위의 사용재를 고려해서 1개소당 개구부 면적(1면)이 $1.0m^2$ 이하인 접합부 면적은 거푸집면적에서 공제하지(빼지) 않는다.
   (5) 다음의 접합부 면적은 거푸집면적 산출시 공제하지 않는다.
   ① 기초와 지중보 ② 지중보와 기둥
   ③ 기둥과 보   ④ 큰 보와 작은 보
   ⑤ 기둥과 벽   ⑥ 바닥판과 기둥
   ⑦ 보와 벽   ⑧ 외부 줄기초와 내부 줄기초의 접속부

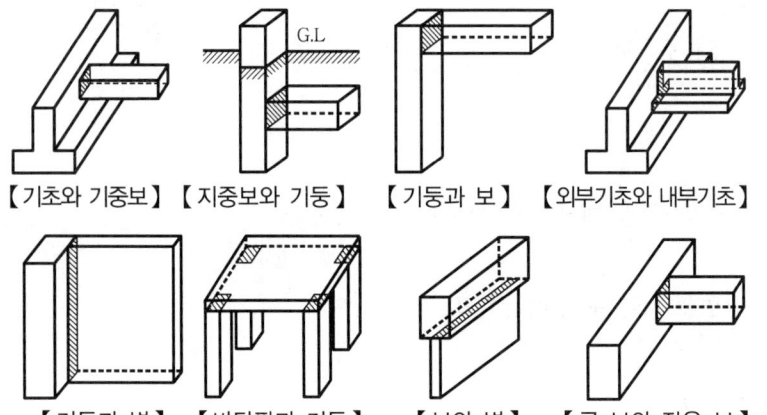

   【기초와 지중보】【지중보와 기둥】【기둥과 보】【외부기초와 내부기초】
   【기둥과 벽】【바닥판과 기둥】【보와 벽】【큰 보와 작은 보】

(주) 1. 기초보의 바닥은 버림콘크리트, 잡석, 지반 등에 직접 접하기 때문에 바닥면의 거푸집은 계산하지 않는다.
2. 경사면의 경사가 30° 이상인 경우 경사면 거푸집을 계상한다.

핵심 Point

- 거푸집 소요량 (참고)
  종류, 사용장소별로 구분하여 정미면적(m^2)으로 산출한다.

- 개구부의 거푸집 공제 여부
  ① 개구부 1면의 면적이 $1.0m^2$ 이하이면 개구부 주위(빗금친 부분)의 사용재와 상쇄되는 것으로 하여 거푸집 면적을 공제하지(빼지) 않으나, 콘크리트량은 뺀다.
  ② 개구부 1면의 면적이 $1.0m^2$ 이상이면 개구부 면적을 공제하고(빼고) 또한 개구부 주위의 면적은 산출하여 더한다.

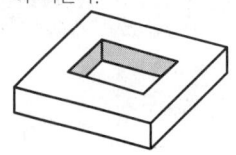

- 외부 줄기초와 내부 줄기초의 접속부 면적은 거푸집면적에서 공제하지 않는다.

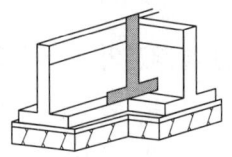

- 거푸집의 전용(상부 2층으로 전용)

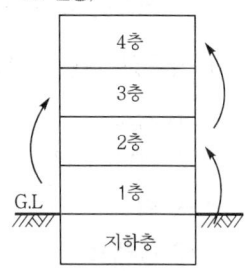

2. 콘크리트

1) 구조체의 부재별 기호

철근콘크리트 구조의 부재별 약식 기호와 층별 위치의 약식 기호는 다음과 같다. 부재 번호는 아래의 기호 우측에 첨자로 적어 구분한다.

① C : 기둥
② G : 큰 보
③ B : 작은 보
④ S : 슬래브
⑤ W : 벽
⑥ FG : 기초보(지중보)
⑦ F : 기초
⑧ nB : 지하 n층
⑨ R : 옥상층
⑩ nF : 지상 n층
⑪ P : 펜트하우스

2) 콘크리트 배합재료의 할증률

종류	할증률(%)	종류	할증률(%)
시멘트	2	굵은골재	3
잔골재	10	혼화재	2

2 적산순서

1. 거푸집

1) 거푸집의 면적 (84①, 90①)

거푸집 소요량은 설계도서에 의하여 종류, 사용장소별로 구분하여 정미면적(m^2)으로 산출한다.

● 거푸집의 구입량 또는 주문량 산정 (84①, 90①)

2) 부재간의 우선순위

① 큰 보, 작은 보 : 큰 보를 우선 계산하고, 작은 보를 계산한 후 합산한다.
② 줄기초, 기초보 : 큰 단면의 것을 우선 계산하고, 작은 단면의 것을 계산한 후 합산한다.

3) 거푸집 수량(면적) 산출순서

① 기초
② 기초보
③ 바닥 슬래브
④ 기둥
⑤ 벽
⑥ 보
⑦ 슬래브
⑧ 계단
⑨ 기타(차양, 파라펫 등)

2. 콘크리트

1) 콘크리트량

콘크리트 소요량은 설계도서에 의하여 품질, 배합 종류, 배합비, 제치장 마무리 등의 종류별로 구분하여 정미량(m^3)으로 산출한다.

2) 콘크리트량 산출

(1) 건물의 최하부에서 상부로 또한 각 층별로 구분하여 산출한다.
(2) 산출 순서는 다음과 같다.
  ① 기초   ② 기둥   ③ 벽   ④ 보
  ⑤ 슬래브   ⑥ 계단   ⑦ 기타
(4) 연결부분은 서로 중복이 없도록 산출한다.

☀3 거푸집면적과 콘크리트량

1. 기초

1) 독립기초 (91③, 07①, 22③)

● 독립기초의 콘크리트량, 거푸집량, 시멘트량, 물량 산출 (91③, 07①, 22③)

거푸집면적(S)	콘크리트량(V)
① $\theta < 30°$인 경우 : 경사면을 거푸집면적에 포함하지 않는다. $S = 2(a+b) \times h_1$ ② $\theta \geq 30°$인 경우 : 경사면을 거푸집면적에 포함한다. $S = S_1 + S_2$ $S_1 = 2(a+b) \times h_1$ $S_2 = $ 경사면의 거푸집 $= \left(\dfrac{a+a'}{2}\right) \times h_3 \times 4$	$V = V_1 + V_2$ (지반선 이하) $V_1 = a \times b \times h$ $V_2 = \dfrac{h_2}{6}\{(2a+a')b + (2a'+a)b'\}$ a, b : 상변의 가로, 세로 길이 a', b' : 하변의 가로, 세로 길이 h_2 : 수직높이
$S_1 = 2(a+b) \times h_1 \quad S_2 = \left(\dfrac{a+a'}{2}\right) \times h_3 \times 4$	(V_1) (V_2)

예제 1

다음 도면이 철근콘크리트 독립기초 1개소 시공에 필요한 다음 소요 재료량을 정미량으로 산출하시오. (12점)   • 91 ③, 07 ①, 22 ③

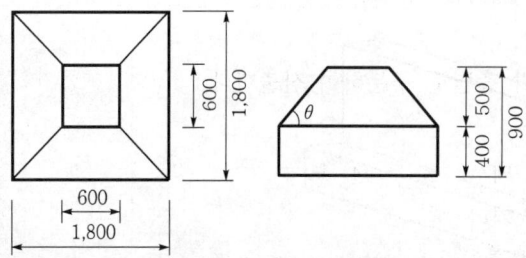

(1) 콘크리트량(m³) :
(2) 거푸집량(m²) :
(3) 시멘트량(단, 1 : 2 : 4 현장계량 용적배합임-포대수) :
(4) 물량(물시멘트비는 60%임, l) :

[정답]

구분	수량 산출근거	계
(1) 콘크리트량 (V)	$V = V_1 + V_2$ $V = (1.8 \times 1.8 \times 0.4) + \dfrac{0.5}{6} \times \{(2 \times 1.8 + 0.6) \times 1.8$ $+ (2 \times 0.6 + 1.8) \times 0.6\} = 2.076 \to 2.08\text{m}^3$	2.08m³
(2) 거푸집량	① 거푸집의 경사면 각도 $\theta = \tan^{-1}\left(\dfrac{0.5}{0.6}\right) = 39.8° \geq 30°$ $\theta \geq 30°$이면 경사면에 거푸집이 필요하며 거푸집면적으로 산정한다. ② 경사면의 사다리꼴 면적의 높이(h) $h = \sqrt{0.5^2 + 0.6^2} = 0.781\text{m}$ ③ 거푸집량 $1.8 \times 0.4 \times 4 + \left\{\left(\dfrac{1.8 + 0.6}{2}\right) \times 0.781\right\} \times 4 = 6.629$ $\to 6.63\text{m}^2$	6.63m²
(3) 시멘트량	① 콘크리트 1m³당 재료량(1 : 2 : 4) $V = 1.1m + 0.57n = 1.1 \times 2 + 0.57 \times 4 = 4.48\text{m}^3$ ② 시멘트의 소요량 $C = \dfrac{37.5}{V} = \dfrac{37.5}{4.48} = 8.371$포대 ③ 전체 시멘트량 $C = 8.371 \times 2.08 = 17.41 \to 18$포대	18포대
(4) 물량	17.41포대 × 40kg/포대 × 0.6 = 417.64kg = 417.64 l	417.64 l

---

핵심 Point

● 경사면에서 거푸집의 유무
① 기둥 중심선 위치의 단면

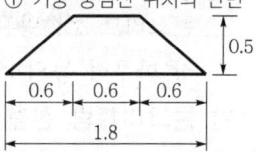

② 기초판의 경사각 산정

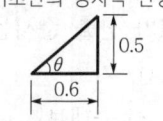

$\tan\theta = \dfrac{0.5}{0.6}$
$\theta = \tan^{-1}\left(\dfrac{0.5}{0.6}\right) = 39.8°$
∴ $\theta = 39.8° \geq 30°$
따라서 $\theta \geq 30°$이므로 경사면의 거푸집이 필요하다.

※ 기초판의 경사각 산정 별해
$\tan\theta = \dfrac{0.5}{0.6} = 0.83$
$\geq \tan 30° = 0.58$
∴ $\theta \geq 30°$

● 경사면의 사다리꼴 높이

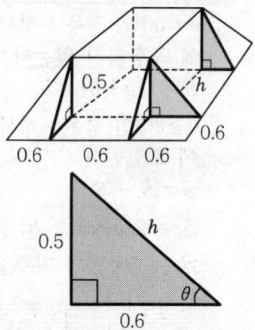

● 시멘트는 포대 수로 주문하므로 18포대가 되고, 물량은 18포대의 시멘트 중 사용되는 17.41포대에 대한 물의 양이 된다.

● 물량 = 시멘트 질량 × 물시멘트비

2) 줄기초 (89③, 94④, 96③, 99④)

(1) 1방향형

거푸집면적(S)	콘크리트량(V)
$S=$ 측면거푸집 + 양쪽마구리 거푸집 $S=(h_1+h_2)\times 2\times l + (a\times h_1 + b\times h_2)\times 2$	$V=$ 기초단면적 × 중심연장길이 $V=(a\times h_1 + b\times h_2)\times l$

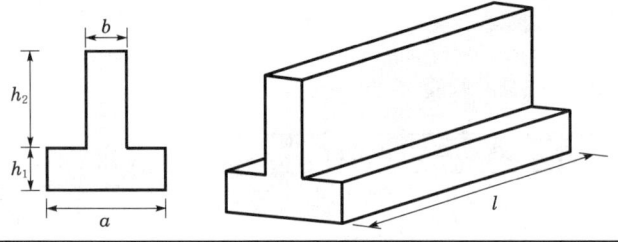

(2) 폐합형

거푸집면적(S)	콘크리트량(V)
$S=$ 측면거푸집 $S=(h_1+h_2)\times 2\times \Sigma l$	$V=$ 기초단면적 × 중심연장길이 $V=(a\times h_1 + b\times h_2)\times \Sigma l$

$\Sigma l =$ 중심연장길이

핵심 Point

- 줄기초의 터파기량, 되메우기량, 잔토처리량, 잡석다짐량, 콘크리트량, 거푸집량 (94④, 96③, 99④)

- 아래의 줄기초에 대한 기출문제의 경우, 철근량을 함께 산정하는 종합적인 문제가 대부분이므로 기출문제는 철근수량 산출법을 학습한 후 해설하도록 한다.

- 줄기초의 콘크리트량, 철근량, 거푸집량 산출 (89③)

- 줄기초의 터파기량, 잡석다짐량, 버림콘크리트량, 콘크리트량, 철근량, 거푸집량, 되메우기량, 잔토처리량 산출 (91②, 92④, 94③, 97②, 00②)

예제 2

다음 조적조 기초 도면을 보고, 줄기초의 중심연장길이 및 거푸집면적을 산정하시오.

(예상)

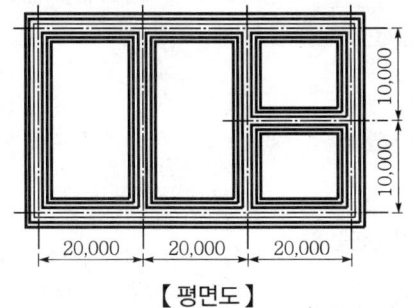
【평면도】

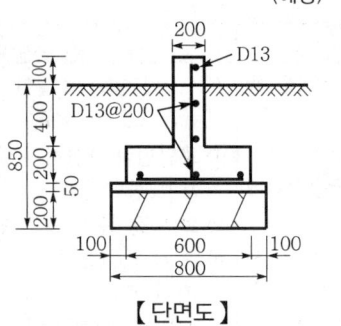
【단면도】

정답 (1) 줄기초의 중심연장길이(Σl)

$\Sigma L = (60+20)\times 2 + 20\times 3 = 220\mathrm{m}$

- 줄기초의 중복개수 : 6EA

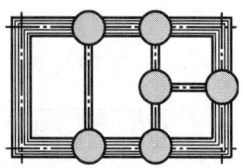

- 거푸집 설치면

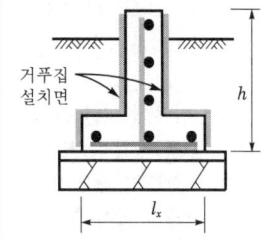

(2) 거푸집면적

① 기초판 : $0.2 \times \left(220 - \frac{0.6}{2} \times 6\right) \times 2\text{sides} = 87.28\text{m}^2$

② 기초벽 : $(0.1 + 0.4) \times \left(220 - \frac{0.2}{2} \times 6\right) \times 2\text{sides} = 219.40\text{m}^2$

∴ 합계 : $87.28 + 219.40 = 306.68\text{m}^2$

2. 기둥 (85③, 96①, 98③, 04①, 06①, 08②, 14②③, 19②③, 22①)

거푸집면적(S)	콘크리트량(V)
$S =$ 기둥둘레길이×기둥높이 $S = 2(a+b) \times h$ ① 기둥높이 = 바닥판 안목간의 높이 ② 보와 겹쳐지는 부분은 공제하지 않는다. ③ 기둥에 접하는 옹벽의 두께가 20cm 이상일 때는 거푸집면적에서 이를 뺀다.	$V =$ 단면적×기둥높이 $V = (a \times b) \times h$ 기둥높이(h) = 바닥판 안목간의 높이 = 층고(H) − 슬래브두께(t)

● 철근콘크리트 구조물(기둥, 보, 슬래브) 한 층분의 콘크리트량, 거푸집면적, 시멘트, 모래 및 자갈 물량 산출 (85③, 96①, 98③, 04①, 06①, 08②, 14②③, 19②③, 22①)

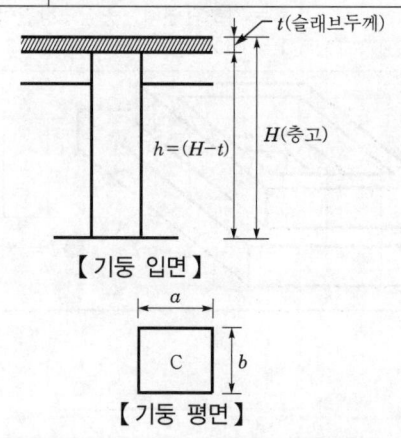

【기둥】 【기둥 입면】 【기둥 평면】

3. 보 (85③, 93④, 96①, 98③, 04①, 05①, 06①, 08②, 14②③, 19③, 20③)

거푸집면적(S)	콘크리트량(V)
$S =$ (기둥간 안목길이×바닥판두께를 뺀 보옆 높이) × 2 $S = l_0 \times (D-t) \times 2$ ① 보의 밑부분은 바닥판 거푸집면적에 포함시킨다. ② 단, 보에 대한 단일 문제이거나 1차 시험 등에서는 보밑 거푸집으로 계상한다. ③ 조적조의 테두리보 밑면 거푸집은 계상하지 않는다.	$V =$ 보단면적×보길이 $V = b \times (D-t) \times l_0$ ① 보단면적 계산시 바닥판두께를 뺀 것으로 한다. ② 보의 길이는 기둥간 안목거리로 한다. ③ 헌치가 있을 경우 헌치 부분만큼을 가산한다. ④ 보의 콘크리트량만 산출하는 문제의 경우 슬래브의 두께가 포함된 보의 높이로 한다.

● 헌치 보의 콘크리트량과 거푸집량산출 (93④, 05①, 20③)

● 철근콘크리트 구조물(기둥, 보, 슬래브) 한 층분의 물량 산출 (85③, 96①, 98③, 04①, 14②③, 19③)

Lesson 05

거푸집면적(S)	콘크리트량(V)

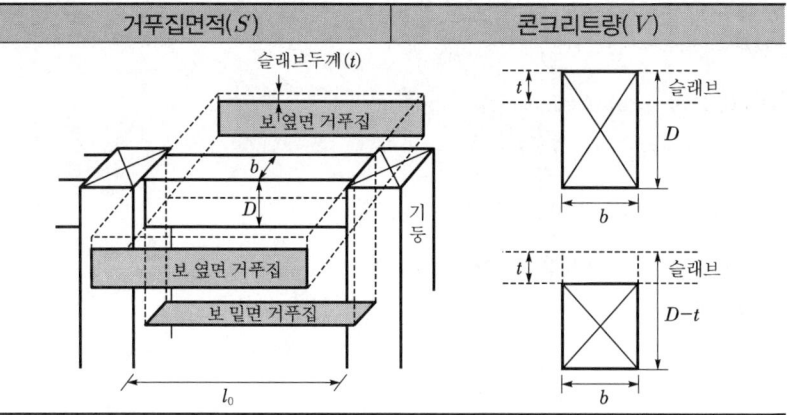

예제 3

다음 그림의 헌치 보에 대하여, 콘크리트량과 거푸집량을 구하시오. (단, 거푸집면적은 보의 하부면도 산출할 것.) (6점)   •93 ④, 05 ①, 20 ③

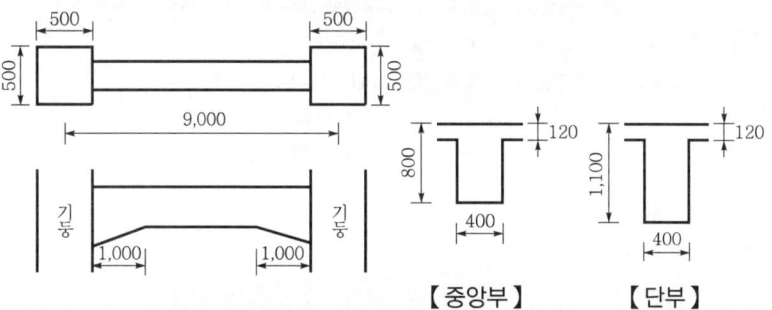

【중앙부】   【단부】

(주) 단일보에 대한 물량 산출시, 슬래브의 두께를 고려하여 산출해야 한다.

정답

【콘크리트량 산출 관련】

【거푸집량 산출 관련】

(1) 콘크리트량(보의 콘크리트량 산출은 상단 그림 참조)

$0.4 \times 0.8 \times (9-0.5) + \dfrac{1}{2} \times 1 \times 0.3 \times 0.4 \times 2EA = 2.84m^3$

(2) 거푸집량(보의 콘크리트량 산출은 하단 그림 참조)

① 옆면 : $\left\{ 0.68 \times (9-0.5) + \dfrac{1}{2} \times 1 \times 0.3 \times 2EA \right\} \times 2sides = 12.16m^2$

② 밑면 : $0.4 \times (9-1 \times 2-0.5) + 0.4 \times \sqrt{1^2 + 0.3^2} \times 2EA = 3.44m^2$

∴ 합계 : $12.16 + 3.44 = 15.60m^2$

4. 슬래브와 차양 (85③, 96①, 98③, 04①, 06③, 08②, 14②③, 19③)

거푸집면적(S)	콘크리트량(V)
(1) 조적조 S = 외벽의 두께를 뺀 내벽간 바닥면적 (2) 철근콘크리트조 S = 외곽선으로 둘러싸인 바닥면적 $S = l_x \times l_y$ ① 슬래브 구석에서 기둥과 접속하는 부분의 면적은 공제하지(빼지) 않는다. ② 개구부가 설치되어 있는 경우, 1면의 면적이 $1m^2$ 이하는 공제하지(빼지) 않는다. ③ 조적조의 보밑 거푸집은 슬래브 거푸집에서 빼준다. ④ 철근콘크리트조의 보밑 거푸집은 슬래브 거푸집 산출시 계산해야 한다. ⑤ 개구부가 있으면 나중세우기를 하므로 거푸집이 필요하다. 　알루미늄창 : 나중세우기-거푸집 필요 　목재창 : 나중세우기-거푸집 필요 　　　　　먼저세우기-거푸집 필요 없음 (주) 특별한 설명이 없으면 나중세우기로 간주하여 거푸집을 산출한다.	V = 바닥판 전면적×바닥판두께 $V = l_x \times l_y \times t$ ① 바닥판 진면적은 바닥 외곽선으로 둘러싸인 면적이다. ② 개구부 면적은 제외하되, 개구부의 체적이 1개소당 $0.005m^3$ 이하인 때에는 제외하지 아니한다.

핵심 Point

● 철근콘크리트 구조물(기둥, 보, 슬래브) 한 층분의 물량 산출 (85③, 96①, 98③, 04①, 06③, 08②, 14②③, 19③)

● 조적조의 경우, 조적조 상부면이 거푸집 역할을 하므로 거푸집이 필요없다.

● 개구부의 거푸집면적 공제 여부
① 개구부 1면의 면적이 $1.0m^2$ 이하이면 개구부 주위(빗금친 부분)의 사용재와 상쇄되는 것으로 하여 거푸집면적을 공제하지(빼지) 않으나, 콘크리트량은 뺀다.
② 개구부 1면의 면적이 $1.0m^2$ 이상이면 개구부 면적을 공제하고(빼고) 또한 개구부 주위의 면적은 산출하여 더한다.

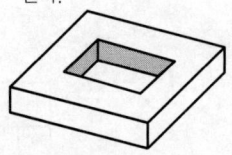

● 개구부의 콘크리트량 공제 여부
슬래브 및 벽체에서 개구부 면적에 의한 콘크리트량은 제외하되, 개구부의 체적이 1개소당 $0.005m^3$ 이하인 때에는 제외하지 아니한다.

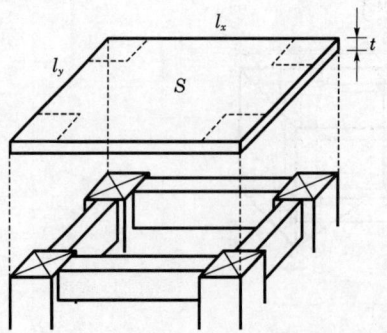

예제 4

다음 그림에서 한 층분의 물량을 산출하시오. (16점)

• 96 ①, 98 ③, 04 ①, 08②, 14③, 19 ③

- 부재치수(단위 : mm)
- 슬래브두께(t) : 120
- G_3 : 400×700
- 층고 : 3,600
- 전 기둥(C_1) : 500×500
- G_1, G_2 : 400×600
- B_1 : 300×600

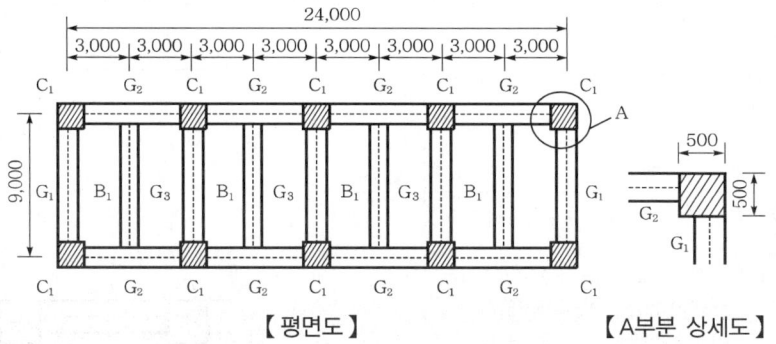

【평면도】　　　【A부분 상세도】

(1) 전체 콘크리트량(m^3) :
(2) 전체 거푸집면적(m^2) :
(3) 시멘트(포대 수), 모래(m^3), 자갈량(m^3)을 계산하시오.(단, (1)항에 의거 산출된 물량을 이용하되 배합비는 1 : 3 : 6이며, 약산식을 사용한다.)

정답

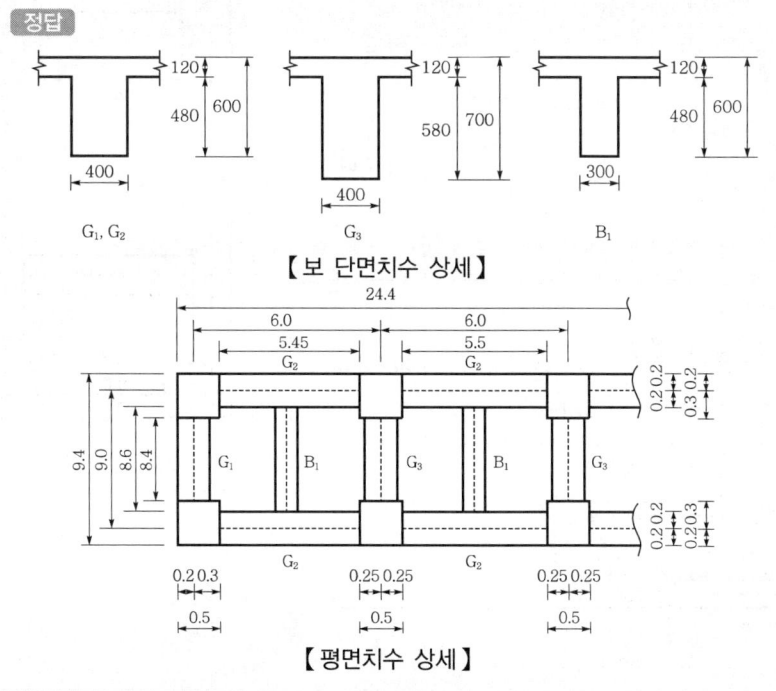

핵심 Point

• 04년 1회의 기출문제는 층고가 3,600에서 4,000으로 수정되어 출제되었음.

• 기둥, 보 및 슬래브 접속부 상세

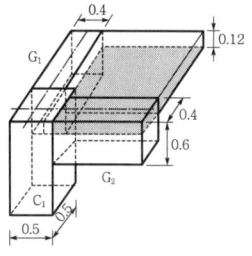

• 슬래브의 외곽선 치수

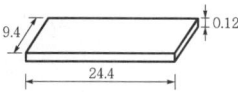

① 가로 치수
24+(0.4/2)×2=24.4 m
② 세로 치수
9+(0.4/2)×2=9.4 m

• 기둥의 길이

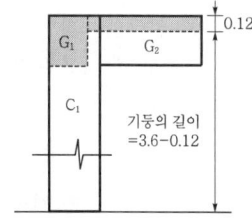

예제 5

구분	수량 산출근거	계
(1) 전체 콘크리트량	(1) 기둥 : $0.5 \times 0.5 \times (3.6-0.12) \times 10EA = 8.70m^3$ (2) 보 　① G_1 : $0.4 \times (0.6-0.12) \times 8.4 \times 2EA = 3.226m^3$ 　② $G_2(l_0=5.45)$: $0.4 \times (0.6-0.12) \times 5.45 \times 4EA$ 　　　　　　　　 $= 4.186m^3$ 　③ $G_2(l_0=5.5)$: $0.4 \times (0.6-0.12) \times 5.5 \times 4EA$ 　　　　　　　　 $= 4.224m^3$ 　④ G_3 : $0.4 \times (0.7-0.12) \times 8.4 \times 3EA = 5.846m^3$ 　⑤ B_1 : $0.3 \times (0.6-0.12) \times 8.6 \times 4EA = 4.954m^3$ 　∴ 소계 : $3.226+4.186+4.224+5.846+4.954$ 　　　　　 $= 22.436m^3$ (3) 슬래브 : $9.4 \times 24.4 \times 0.12 = 27.523m^3$ ∴ 합계 : $8.70+22.436+27.523 = 58.659 \rightarrow 58.66m^3$	$58.66m^3$
(2) 거푸집 면적	(1) 기둥 : $(0.5+0.5) \times 2 \times (3.6-0.12) \times 10EA = 69.60m^2$ (2) 보 　① G_1 : $(0.6-0.12) \times 8.4 \times 2sides \times 2EA = 16.128m^2$ 　② $G_2(l_0=5.45)$: $(0.6-0.12) \times 5.45 \times 2 \times 4EA$ 　　　　　　　　 $= 20.928m^2$ 　③ $G_2(l_0=5.5)$: $(0.6-0.12) \times 5.5 \times 2 \times 4EA$ 　　　　　　　　 $= 21.120m^2$ 　④ G_3 : $(0.7-0.12) \times 8.4 \times 2 \times 3EA = 29.232m^2$ 　⑤ B_1 : $(0.6-0.12) \times 8.6 \times 2 \times 4EA = 33.024m^2$ 　∴ 소계 : $16.128+20.928+21.120+29.232$ 　　　　　 $+33.024 = 120.432m^2$ (3) 슬래브 : $9.4 \times 24.4 + (9.4+24.4) \times 2 \times 0.12 = 237.472m^2$ ∴ 합계 : $69.60+120.432+237.472 = 427.504 \rightarrow 427.50m^2$	$427.50m^2$
(3) 시멘트량, 모래량, 자갈량	(1) 콘크리트 $1m^3$당 재료량(1 : 3 : 6) 　　$V = 1.1m + 0.57n = 1.1 \times 3 + 0.57 \times 6 = 6.72m^3$ (2) 전체 시멘트의 소요량 　　$C = \dfrac{37.5}{V} \times$ 전체 콘크리트물량 　　　$= \dfrac{37.5}{6.72} \times 58.66 = 327.3 \rightarrow 328$포대 (3) 모래량 　　$S = \dfrac{m}{V} \times$ 전체 콘크리트물량 　　　$= \dfrac{3}{6.72} \times 58.66 = 26.188 \rightarrow 26.19m^3$ (4) 자갈량 　　$G = \dfrac{n}{V} \times$ 전체 콘크리트물량 　　　$= \dfrac{6}{6.72} \times 58.66 = 52.375 \rightarrow 52.38m^3$	328포대 $26.19m^3$ $52.38m^3$

핵심 Point

● 보의 길이

① $G_1(l_o = 8.4)$

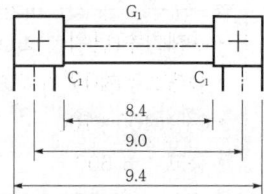

② $G_2(l_o = 5.45)$

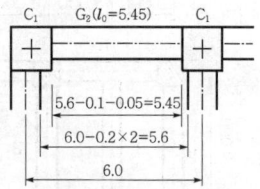

③ $G_2(l_o = 5.5)$

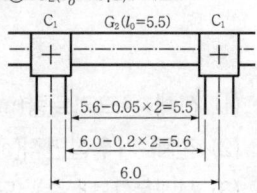

④ $G_3(l_o = 8.4)$

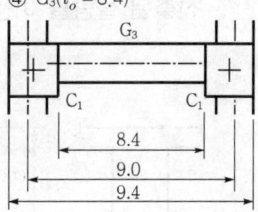

⑤ $B_1(l_o = 8.6)$

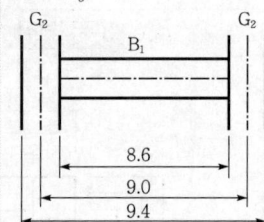

5. 벽 (19②, 22①)

거푸집면적(S)	콘크리트량(V)
$S=$ (벽면적-개구부 면적)$\times 2$ $S=(l \times h -$개구부 면적$)\times 2$ ① 벽에 출입구, 창 등의 개구부가 있을 경우, 1면의 면적이 $1m^2$ 이하이면 공제하지 아니한다. ② 벽면적은 기둥과 보의 면적을 뺀 것이다.	$V=$ (벽면적-개구부 면적)$\times$벽두께 $V=(l \times h -$개구부 면적$)\times t_w$ ① 벽면적은 기둥과 보의 면적을 뺀 것이다. ② 벽의 높이는 바닥판간의 안목치수로 한다. ③ 개구부 면적은 제외하되, 개구부의 체적이 1개소당 $0.005m^3$ 이하인 때에는 제외하지 아니한다.

[안목치수]
① 보가 있을 경우 안목치수(h)=층고(H)-보의 춤(d)
② 보가 없을 경우 안목치수(h)=층고(H)-슬래브두께(t)

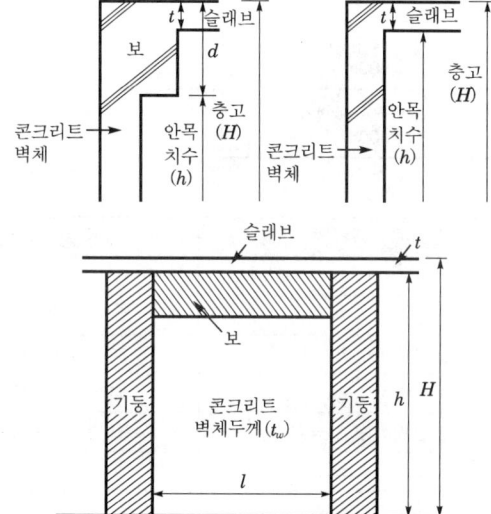

6. 계단 (89②)

거푸집면적(S)	콘크리트량(V)
$S=$경사면적+챌판면적+옆판면적 ① 계단의 옆판이 벽에 고정될 때는 옆판의 거푸집면적은 공제하지(빼지) 않는다.	$V=$경사면적$\times$계단의 평균두께

계단의 평균두께
$$t=t_1+t_2=t_1+\frac{a\times b}{2\times\sqrt{a^2+b^2}}$$

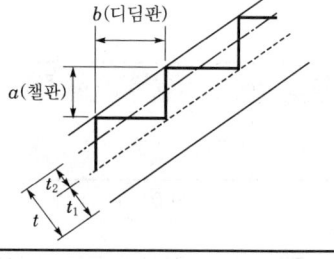

핵심 Point

● 개구부의 거푸집면적 공제 여부

① 개구부 1면의 면적이 $1.0 m^2$ 이하이면 개구부 주위(빗금친 부분)의 사용재와 상쇄되는 것으로 하여 거푸집면적을 공제하지(빼지) 않으나, 콘크리트량은 뺀다.

② 개구부 1면의 면적이 $1.0 m^2$ 이상이면 개구부 면적을 공제하고(빼고), 또한 개구부 주위의 면적은 산출하여 더한다.

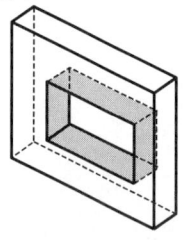

(주) 벽체 개구부 주위의 면적 중 두 곳의 측면과 상부면은 필히 거푸집면적을 산정해야 하나, 하부면은 시공 방법에 따라 면적 산정 여부를 판단한다. 즉, 벽체 전체를 한꺼번에 타설할 경우에는 거푸집면적이 필요하지만, 그렇지 않을 경우 필요없다.

● 벽체의 거푸집 면적 산출 (19②, 22①)

● 계단의 콘크리트량 산출 (89②)

기출 및 예상 문제

01 그림과 같은 건축물을 완성하기 위해서 거푸집을 구입할 경우 구입량을 계산하시오. (단, 거푸집 전용률은 75%이며, 주문율은 105%이다.) (10점)　　•84 ①

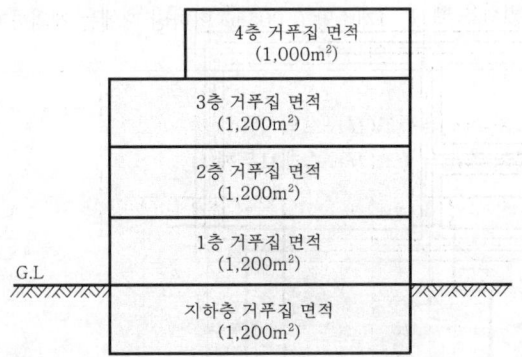

[정답]

	구분	소요량	전용량(전용률 75%)	주문량(주문율 105%)
①	지하층	1,200m²	-	1,200×1.05=1,260m²
②	1층	1,200m²	-	1,200×1.05=1,260m²
③	2층	1,200m²	1,200×0.75=900m²	(1,200-900)×1.05=315m²
④	3층	1,200m²	1,200×0.75=900m²	(1,200-900)×1.05=315m²
⑤	4층	1,000m²	1,200×0.75=900m²	(1,000-900)×1.05=105m²
	합계	5,800m²	-	3,225.00m²

∴ 총구입량은 3,255.00m²이다.

[해설] ① 전용률이란, 완전히 사용하고(75%) 모자라는 것(25%)을 다시 주문한다는 의미이며, 전용률에 이미 할증이 고려되어 있다.
② 문제에서 특별한 단서가 없을 경우, 그 층의 사용 거푸집은 상부 2층에서 전용하는 것으로 한다.
(예 1층 거푸집 → 3층으로 전용)

02 건설공사의 기초 거푸집 소요량이 100m²이고, 1, 2층의 거푸집이 각각 300m²일 때, 거푸집 주문량을 산출하시오. (단, 기초 거푸집은 1회 사용, 일반층은 2회 사용하는 것으로 한다. 이때, 거푸집 1m²당 1회 사용시의 손실률은 3%이고, 2회 사용시는 57%이다.) (4점)　　•90 ①, 06 ①

[정답]

	구분	소요량	전용량(전용률 57%)	주문량(주문율 103%)
①	기초	100m²	-	100×1.03=103m²
②	1층	300m²	-	300×1.03=309m²
③	2층	300m²	300×0.57=171m²	(300-171)×1.03=132.87m²
	합계	700m²	-	544.87m²

∴ 총주문량은 544.87m²이다.

(주1) 문제의 단서 조항을 우선으로 하여 1층의 거푸집을 직상층인 2층에서 전용하는 것으로 한다.

03 다음과 같은 조적조 줄기초 시공에 필요한 터파기량, 되메우기량, 잔토처리량, 잡석다짐량, 콘크리트량 및 거푸집량을 건축적산 기준을 준수하여 정미량으로 산출하시오. (단, 토질의 C=0.9이고, L=1.2로 하며, 설계지반선은 원지반선과 동일하다.) (12점) •94 ④, 96 ③, 99 ④

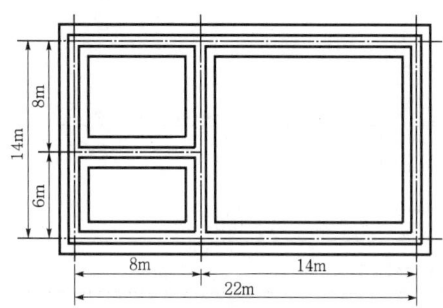 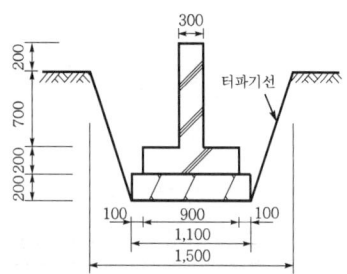

가. 터파기량 :
나. 되메우기량 :
다. 잔토처리량 :
라. 잡석다짐량 :
마. 콘크리트량
  ① 기초판량   ② 기초벽량
바. 거푸집량
  ① 기초판량   ② 기초벽량

정답

구분	수량 산출근거	계
가. 터파기량 (V)	$V=1.3\times1.1\times\left(94-\dfrac{1.3}{2}\times4\right)=130.702 \to 130.70\text{m}^3$	130.70m³
나. 되메우기량 ($V-S$)	(1) 되메우기량=터파기량(V)−GL 이하 기초구조부체적(S) (2) 터파기량(V)=130.70m³ (3) GL 이하 기초구조부체적(S)=잡석다짐량+버림콘크리트량+기초판량 　　　　　　　　　　　　　　　　+GL 이하의 기초벽(주각)량 　① 잡석다짐량=1.1×0.2×$\left(94-\dfrac{1.1}{2}\times4\right)$=20.196m³ 　② 버림콘크리트량은 0이다. 　③ 기초판량=0.9×0.2×$\left(94-\dfrac{0.9}{2}\times4\right)$=16.596m³ 　④ GL 이하의 주각량=0.3×0.7×$\left(94-\dfrac{0.3}{2}\times4\right)$=19.614m³ 　∴ GL 이하 기초구조부체적(S)=20.196+16.596+19.614=56.406m³ (4) 되메우기량=$V-S$=130.70−56.406=74.294 → 74.29m³	74.29m³

다. 잔토처리량 ($C=0.9$, $L=1.2$)	잔토처리량 $= \left\{ V-(V-S) \times \dfrac{1}{C} \right\} \times L$ $= \left\{ 130.70 - 74.29 \times \dfrac{1}{0.9} \right\} \times 1.2 = 57.787 \rightarrow 57.79\text{m}^3$	57.79m^3
라. 잡석다짐량	$1.1 \times 0.2 \times \left(94 - \dfrac{1.1}{2} \times 4\right) = 20.196 \rightarrow 20.20\text{m}^3$	20.20m^3
마. 콘크리트량	콘크리트량 = 기초판량 + 기초벽(주각)량 ① 기초판량 $= 0.9 \times 0.2 \times \left(94 - \dfrac{0.9}{2} \times 4\right) = 16.596\text{m}^3$ ② 기초벽량 $= 0.3 \times (0.2+0.7) \times \left(94 - \dfrac{0.3}{2} \times 4\right) = 25.218\text{m}^3$ ∴ 합계 $= 16.596 + 25.218 = 41.814 \rightarrow 41.81\text{m}^3$	41.81m^3
바. 거푸집량	① 기초판량 $= 0.2 \times \left(94 - \dfrac{0.9}{2} \times 4\right) \times 2\text{sides} = 36.88\text{m}^2$ ② 기초벽량 $= (0.2+0.7) \times \left(94 - \dfrac{0.3}{2} \times 4\right) \times 2\text{sides} = 168.12\text{m}^2$ ∴ 합계 $= 36.88 + 168.12 = 205.00\text{m}^2$	205.00m^2

[해설] (1) 각종 치수 및 길이

① $h = 1.1\text{m}$, $a = 1.1\text{m}$, $b = 1.5\text{m}$

② 평균너비 $= \dfrac{a+b}{2} = \dfrac{1.1+1.5}{2} = 1.3\text{m}$

③ 줄기초 길이(ΣL) $= (22+14) \times 2 + 8 + 14 = 94\text{m}$

(2) 줄기초(94m)에서 4번 중복

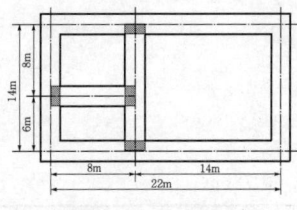

(3) 중복형상

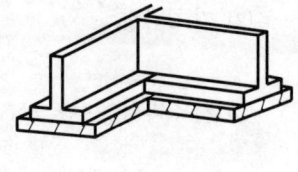

(4) 터파기량의 중복
(중복길이 = 1.3/2)

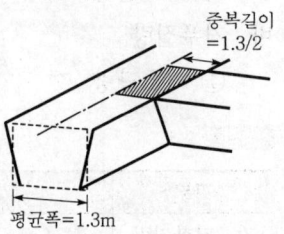

평균폭 = 1.3m

(5) 잡석량의 중복
(중복길이 = 1.1/2)

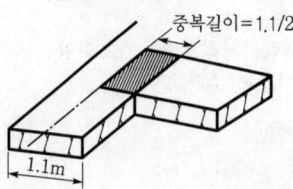

(6) 기초판의 중복
(중복길이 = 0.9/2)

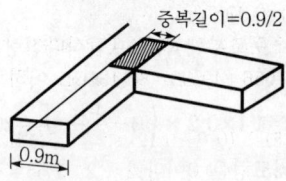

(7) 기초벽의 중복
(중복길이 = 0.3/2)

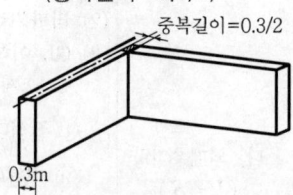

04 다음 그림에서 한 층분의 물량을 산출하시오. (10점)   •06 ③

① 부재치수(단위 : mm)   ② C_1 : 400×400   ③ C_2 : 500×500
④ 슬래브두께(t) : 120   ⑤ G_1 : 300×600   ⑥ G_2 : 300×700
⑦ G_3 : 400×700   ⑧ B_1 : 300×600   ⑨ 층고 : 3,600

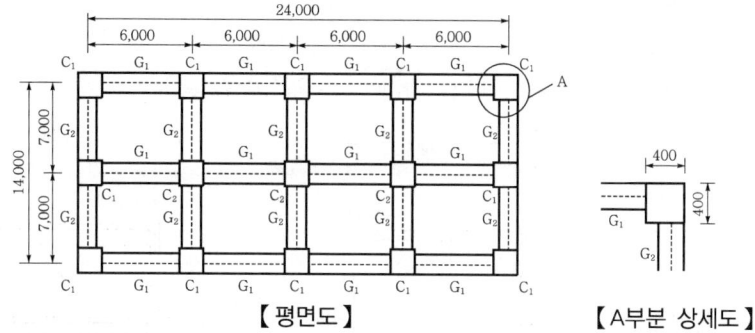

【평면도】   【A부분 상세도】

가. 전체 콘크리트 물량(m^3)

나. 전체 거푸집면적(m^2)

정답

구분	수량 산출근거	계
가. 콘크리트량	(1) 기둥 ① C_1 : 0.4×0.4×(3.3−0.12)×12EA=6.106m^3 ② C_2 : 0.5×0.5×(3.3−0.12)×3EA=2.385m^3 ∴ 소계 : 6.106+2.385=8.491m^3 (2) 보 ① $G_1(l_0=5.5)$: 0.3×(0.6−0.12)×5.5×4EA=3.168m^3 ② $G_1(l_0=5.55)$: 0.3×(0.6−0.12)×5.55×4EA=3.197m^3 ③ $G_1(l_0=5.6)$: 0.3×(0.6−0.12)×5.6×4EA=3.226m^3 ④ $G_2(l_0=6.5)$: 0.3×(0.7−0.12)×6.5×6EA=6.786m^3 ⑤ $G_1(l_0=6.55)$: 0.3×(0.7−0.12)×6.55×4EA=4.559m^3 ∴ 소계 : 3.168+3.197+3.226+6.786+4.559=20.936m^3 (3) 슬래브 : 24.3×14.3×0.12=41.699m^3 ∴ 합계 : 8.491+20.936+41.699=71.126 → 71.13m^3	71.13m^3
나. 거푸집 면적	(1) 기둥 ① C_1 : (0.4+0.4)×2×(3.3−0.12)×12EA=61.056m^2 ② C_2 : (0.5+0.5)×2×(3.3−0.12)×3EA=19.08m^2 ∴ 소계 : 61.056+19.08=80.136m^2 (2) 보 ① $G_1(l_0=5.5)$: (0.6−0.12)×2×5.5×4EA=21.12m^2 ② $G_1(l_0=5.55)$: (0.6−0.12)×2×5.55×4EA=21.312m^2 ③ $G_1(l_0=5.6)$: (0.6−0.12)×2×5.6×4EA=21.504m^2 ④ $G_2(l_0=6.5)$: (0.7−0.12)×2×6.5×6EA=45.24m^2 ⑤ $G_1(l_0=6.55)$: (0.7−0.12)×2×6.55×4EA=30.392m^2 ∴ 소계 : 21.12+21.312+21.504+45.24+30.392=139.568m^2 (3) 슬래브 : 24.3×14.3+(24.3+14.3)×2×0.12=356.754m^2 ∴ 합계 : 80.136+139.568+356.754=576.458 → 576.46m^2	576.46m^3

05 아래 그림은 철근콘크리트조 경비실건물이다. 주어진 평면도 및 단면도를 보고 C_1, G_1, G_2, S_1에 해당되는 부분의 1층과 2층 콘크리트량과 거푸집량을 산출하시오. (10점) •10 ②, 14 ②, 20 ①

단, 1) 기둥단면(C_1) : 30cm×30cm

2) 보단면(G_1, G_2) : 30cm×60cm

3) 슬라브두께(S_1) : 13cm

4) 층고 : 단면도 참조

단, 단면도에 표기된 1층 바닥선 이하는 계산하지 않는다.

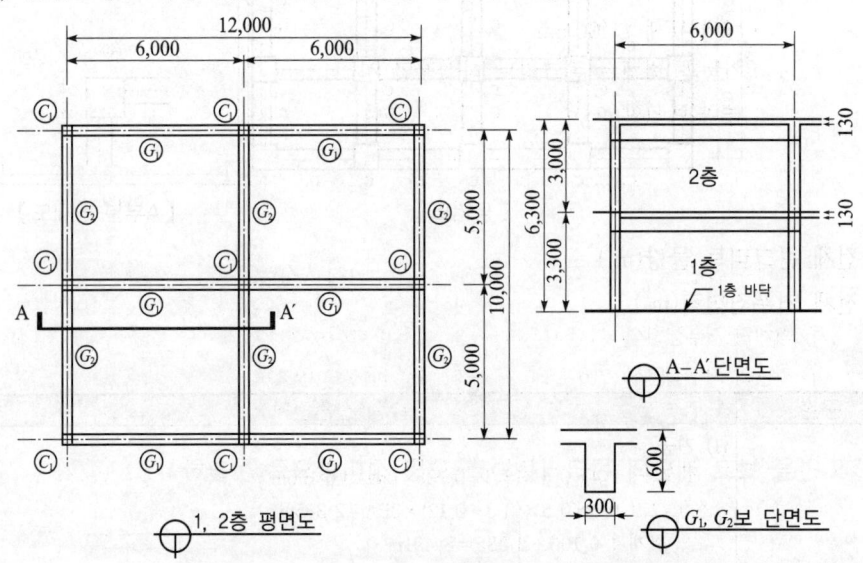

정답

구분	수량 산출근거	계
1. 콘크리트량	(1) 기둥 ① 1층(C_1) : 0.3×0.3×(3.3-0.13)×9EA=2.568m³ ② 2층(C_1) : 0.3×0.3×(3.0-0.13)×9EA=2.325m³ (2) 보 ① 1층+2층(G_1) : 0.3×(0.6-0.13)×5.7×12EA=9.644m³ ② 1층+2층(G_2) : 0.3×(0.6-0.13)×4.7×12EA=7.952m³ (3) 슬래브 1층+2층(S_1) : 12.3×10.3×0.13×2EA=32.939m³ ∴ 합계 : 2.568+2.325+9.644+7.952+32.939=55.428 → 55.43m³	55.43m³
2. 거푸집면적	(1) 기둥 ① 1층(C_1) : (0.3+0.3)×2×(3.3-0.13)×9EA=34.236m² ② 2층(C_1) : (0.3+0.3)×2×(3.0-0.13)×9EA=30.996m² (2) 보 ① 1층+2층(G_1) : (0.6-0.13)×5.7×12EA×2=64.296m² ② 1층+2층(G_2) : (0.6-0.13)×4.7×12EA×2=53.016m² (3) 슬래브 1층+2층(S_1) : {12.3×10.3+(12.3+10.3)×2×0.13}×2EA=265.132m² ∴ 합계 : 34.236+30.996+64.296+53.016+265.132=447.676 → 447.68m²	447.68m²

06 다음 그림과 같은 철근콘크리트 구조물에서 벽체와 기둥의 거푸집면적을 각각 산출하시오. (6점)

•19 ②, 22 ①

- 구조물 : 5 m × 8 m (외곽선 기준 평면 크기), 높이 3 m, 기둥과 벽체는 모두 철근콘크리트로 구성됨.
- 기둥 사이즈 : 400 mm × 400 mm
- 벽체 두께 : 200 mm
- 기둥과 벽체는 콘크리트 타설작업 시 분리 타설함.

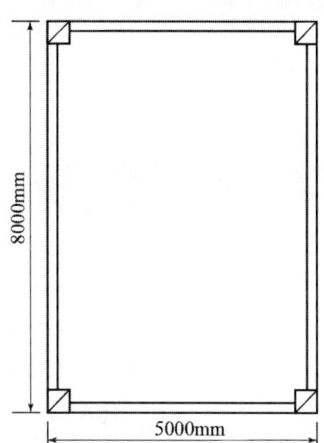

가. 벽체의 거푸집면적   나. 기둥의 거푸집면적

정답 가. 벽체의 거푸집면적 : $\{(5.0-0.4\times2)+(6.0-0.4\times2)\}\times2\times3\times2\text{sides}=112.8\text{m}^2$
나. 기둥의 거푸집면적 : $(0.4+0.4)\times2\times3\times4\text{EA}=19.2\text{ m}^2$

07 다음 도면을 보고 계단의 콘크리트량을 도면 정미량으로 산출하시오. (4점)

•89 ②

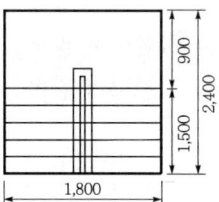 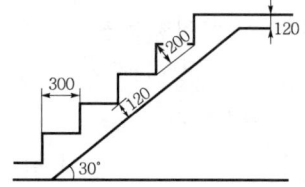

정답 콘크리트량(V) = 계단참(V_1) + 경사부분(V_2)
(1) 계단참 : $V_1 = 0.9\times1.8\times0.12 = 0.194\text{m}^3$
(2) 경사면
① 경사면 길이(x) : $\cos30° = \dfrac{1.5}{x}$, $x = \dfrac{1.5}{\cos30°} = 1.732\text{m}$
② 경사면의 평균두께(t) : $t = t_1 + t_2 = 12 + \dfrac{20}{2} = 22\text{cm} \rightarrow 0.22\text{m}$
∴ $V_1 = 1.732\times0.9\times0.22\times2\text{EA} = 0.686\text{m}^3$
③ 콘크리트량(V) : $V = 0.194 + 0.686 = 0.88\text{m}^3$

해설 (1) 계단의 평균두께 산정
$t = t_1 + t_2 = t_1 + \dfrac{a\times b}{2\times\sqrt{a^2+b^2}} = 12 + \dfrac{30/\sqrt{3}\times30}{2\times\sqrt{(30/\sqrt{3})^2+30^2}} = 12 + 7.5 = 19.5\text{cm}$
(2) 문제의 주어진 조건과 계산식에 의한 값이 차이가 날 경우 문제의 조건이 우선이며, 본 문제에서는 $h = 20\text{cm}$이므로 $t_2 = h/2 = 20/2 = 10\text{cm}$로 하여 물량을 산출함이 타당할 것이다.

Lesson 06. 철근수량

1 일반사항

(1) 철근은 각 층별로 기초, 기둥, 보, 바닥판, 계단, 기타의 순으로 구분하여 철근의 길이 (m)로 산출한다.
(2) 철근은 지름별, 종류별로 갈고리의 길이, 이음길이 및 정착길이, 벤트(Bent) 길이 등을 고려하여 총길이 (m)로 계산한다.
(3) 철근의 종류별 및 규격별로 산출된 총길이에 단위중량 (kg/m)을 곱하여 총중량 (kg 혹은 t)을 산출한다.

> ① 총길이(m)×단위중량(kg/m)=총중량(kg)
> ② 총중량(kg)×할증률(%)=소요중량(kg)

(4) 원형철근의 할증률은 5%, 이형철근의 할증률은 3%이다.
(5) 모든 값은 소수 셋째자리에서 4사5입 한다.
(6) 이형철근 D13 이하인 이형철근은 갈고리(Hook)를 가산하지 않으나, 이형철근이 D16 이상일 때는 기둥, 보, 굴뚝 등은 갈고리 길이를 철근 적산에 계산한다.
(7) 기초 부분의 경사근에 대한 대각선 길이는 콘크리트 설계 치수로 하고, 철근 지름이 D16 이상인 경우 갈고리 길이를 더한다. [기초에서 피복두께를 무시(단서가 있을 경우 그대로 함)할 수 있으며, 이때 갈고리 길이는 생략된다.]
(8) 띠철근(Hoop) 및 늑근(Stirrup)의 길이는 기둥 및 보 등의 콘크리트 설계 치수의 둘레길이로 하고 갈고리는 없는 것으로 한다.
(9) 철근 개수 산정시, 그림이 확실히 나오면 그 개수를 세고, 개수가 불확실할 경우에는 철근 간격(a)을 철근배근 구간(l)에 나누어 1을 더한 것으로 다음과 같이 계산한다.

$$\left(\frac{l}{a}+1\right)개$$

여기서, l/a는 소수점 첫째자리에서 4사5입한 후 계산한다.

핵심 Point

● 이형철근의 단위중량

호칭명	단위중량 (kg/m)
D10	0.56
D13	0.995
D16	1.56
D19	2.25
D22	3.04
D25	3.98

● 철근의 할증률
① 원형철근 : 5%
② 이형철근 : 3%

● 기초판 철근의 길이는 증가하는 갈고리 길이와 감소하는 피복두께를 감안하여 기초판 한 변의 길이로 하고, 갈고리 길이와 피복두께는 산정하지 않는다.

● 띠철근 및 늑근의 길이는 기둥 및 보의 둘레길이로 한다.

● 도면에서의 철근 표기법
① D22 @150 : 항복강도 f_y=300MPa의 일반 이형철근 D22를 150mm 등간격으로 배근
② HD22@150 : 항복강도 f_y=400MPa의 고강도 이형철근 HD22를 150mm 등간격으로 배근
③ 5-D22 : 일반 이형철근 D22를 5개 배근
④ 5-HD22 : 고강도 이형철근 HD22를 5개 배근

(10) 철근의 본수는 각각 4사5입 한다.

> 철근 본수 산정
> 5m의 구간에 D22@150이면
> $$\frac{5}{0.15} = 33.3 \rightarrow 33개$$
> 즉, 개수(본수)는 각각 반올림한 후 나머지 계산과정을 수행한다.

(11) 철근의 말단부 구부림 각도에 따른 갈고리 길이는 다음과 같으며, 적산에서 철근 갈고리 길이 산정은 180°를 기준으로 하여 $10.3d$로 한다(d : 철근의 공칭지름).

> 갈고리의 길이 $= 2\pi \times (2d) \times \left(\dfrac{180}{360}\right) + 4d(여장) = 10.28d \rightarrow 10.3d$

180°	135°	90°
철근지름 $\phi 16$ 이상	철근지름 $\phi 13$ 이하	철근지름 $\phi 13$ 이하
용도 : 주철근	용도 : 늑근·띠철근(대근)	용도 : 경미한 바닥근·띠철근
구부림 반지름 $r = 2d$ 이상	구부림 반지름 $r = 1.5d$ 이상	구부림 반지름 $r = 1.5d$ 이상
180° 10.3d 4d	135° 9.5d 6d	90° 10.4d 8d
$2\pi \times 2d \times (180/360) + 4d$ $= 10.3d$	$2\pi \times 1.5d \times (135/360) + 6d$ $= 9.5d$	$2\pi \times 1.5d \times 90/360 + 8d$ $= 10.4d$

● 갈고리 길이의 종류는 90°, 135°, 180°의 3가지가 있으나 갈고리 길이 산정을 위한 적산에서는 180°를 기준으로 산정한다.

● 이전의 적산기준에서는 갈고리의 여유길이를 모두 $4d$를 기준으로 하여 적용하고 있으나 건축공사표준시방서에서는 여유길이를 180°는 $3d$, 135°는 $6d$, 90°는 $8d$ 이상으로 규정하고 있음에 주의한다.

2 각 부분별 철근수량 산출 방법

1. 독립기초 (84②, 88①③, 22③)

(1) 기초판 한 변의 길이에 철근배근 간격을 나누어 다음 식과 같이 산정한다.

주철근 (가로철근)	$l_x \times \left(\dfrac{l_y}{철근간격} + 1\right)$
배력철근 (세로철근)	$l_y \times \left(\dfrac{l_x}{철근간격} + 1\right)$
대각선철근 (경사철근)	$\sqrt{l_x^2 + l_y^2} \times 개수$

● 독립기초의 철근량 산출 (84②, 88①, 22③)

● 독립기초의 잔토처리량, 거푸집면적, 콘크리트량, 철근량 산출 (88③)

● 대각선철근은 일반적으로 6EA이다.

● 원칙적으로 갈고리 길이와 피복두께 등을 고려해야 하나, 갈고리 길이에 의해 증가된 길이와 피복두께에 의해 감소된 길이 등을 감안하여 철근 1개의 길이는 기초판 한 변의 길이로 한다.

(2) 계산식에 의한 철근 개수와 도면에 주어진 개수가 1~2개 이내로 차이가 날 경우 도면의 개수를 우선으로 한다.

예제 1

주어진 도면을 보고 철근량을 산출하시오. (단, 정미량으로 하고 D16=1.56kg/m, D10=0.56kg/m이며, 소수 3째자리에서 반올림한다.) (30점)

• 84 ②, 88 ①, 22 ③

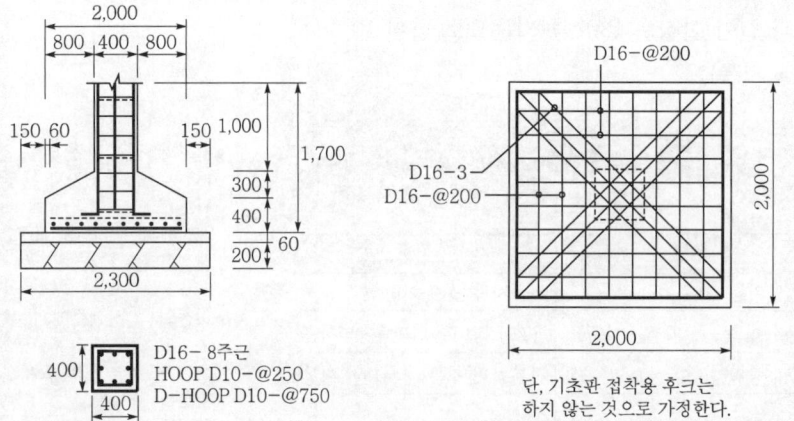

단, 기초판 접착용 후크는 하지 않는 것으로 가정한다.

[정답]

구분	수량 산출근거
1. 기초판	① 가로철근(D16) : 10EA×2=20.0m ② 세로철근(D16) : 10EA×2=20.0m ③ 대각선철근(D16) : 6EA×$\sqrt{2^2+2^2}$=16.971m
2. 기둥	① 주철근(D16) : 8EA×(1.7+0.4)=16.80m ② 띠철근(D10) : 7EA×0.4×4=11.20m ③ 보조띠철근(D10) : 3EA×0.4×4=4.80m
3. 합계	① D10 : (11.20+4.80)×0.56=8.960 → 8.96kg ② D16 : (20+20+16.97+16.8)×1.56=115.081 → 115.08kg ∴ 합계 : 8.96+115.08=124.044kg

핵심 Point

● 기초판에 정착된 기둥철근은 독립기초의 단일문제에서는 기초에서 산정하고 한 건물의 물량산출을 위한 종합적 산에서는 1층 기둥에서 산정하는 것으로 한다.

● 갈고리 길이와 피복두께는 고려하지 않으며 기초판의 주철근 길이는 기초판 한 변의 길이로 한다.

● 철근 개수 산정
① 계산식 : 2/0.2+1=11EA
② 도면의 철근 개수 : 10EA
이와 같이 서로 다를 경우 도면의 철근개수가 우선이다. 따라서 철근개수는 10EA이다.

● 기둥의 철근량 산출
① 기둥 주철근의 기초판 정착길이는 40cm로 한다.
② 띠철근(대근, 7EA)과 보조 띠철근(보조대근, 3EA)의 개수는 도면으로부터 산정한다.

● 지름이 다른 철근이 2가지 이상일 경우 각 지름별로 구분하여 철근량을 산출하고 소수점 셋째자리에서 4사5입한 후, 전체 철근량의 합계를 산정하는 것으로 한다.

2. 줄기초 (89③, 91②, 92④, 94③, 97②, 00②, 07②)

중심 연장길이 : $\Sigma l = (l_1 + l_2) \times 2 + l_2 + l_4$

기초판	단변철근	① 길이 : l_x ② 개수 : $\dfrac{\Sigma l}{\text{철근간격}}$
	장변철근	① 길이 : $\Sigma l +$ 이음길이 ② 개수 : 도면 표기
기초벽	수직철근 (세로철근)	① 길이 : $h +$ 정착길이 ② 개수 : $\dfrac{\Sigma l}{\text{철근간격}}$
	수평철근 (가로철근)	① 길이 : $\Sigma l +$ 이음길이 ② 개수 : 도면 표기

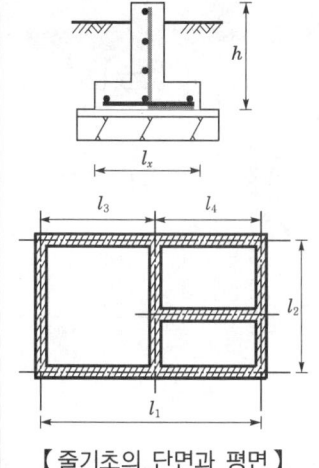

【 줄기초의 단면과 평면 】

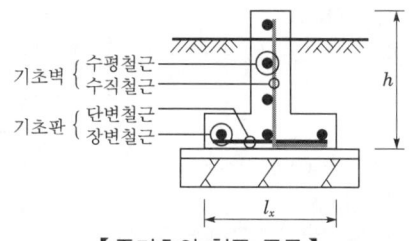

【 줄기초의 철근 종류 】

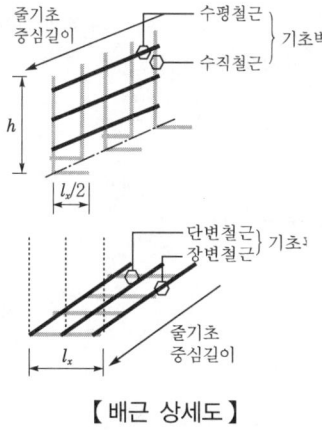

【 배근 상세도 】

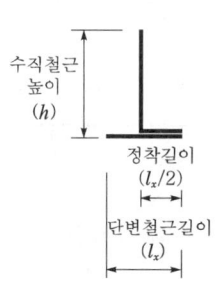

【 기초벽 수직철근 상세도 】

핵심 Point

- 줄기초의 기초콘크리트량, 철근량, 거푸집량 산출 (89③, 07②)

- 줄기초의 터파기량, 잡석다짐량, 버림콘크리트량, 콘크리트량, 철근량, 거푸집량, 되메우기량, 잔토처리량 산출 (91②, 92④, 94③, 97②, 00②)

- 줄기초의 이음길이
  $25d \times$ 이음 개수

- 줄기초에서 기초벽 수직철근의 기초판에 대한 정착길이 : $l_x / 2$

- 줄기초의 각종 철근길이
  ① 기초판 단변철근 : l_x
  ② 기초판 장변철근 :
     $\Sigma l +$ 이음길이
  ③ 기초벽 수직철근 : $h + l_x/2$
  ④ 기초벽 수평철근 :
     $\Sigma l +$ 이음길이

- 기초벽의 수직철근은 정착길이의 여부에 관계없이 h에 $l_x/2$의 길이를 더한다.

- 철근의 이음은 지름이 D13 이하인 철근은 6 m마다, D16 이상인 철근은 7 m마다 이음을 한다.

- 줄기초의 형상이 폐합형과 1방향형인 경우 단변철근과 수직철근의 철근 개수
  ① 폐합형 : $\Sigma l/$철근간격
  ② 1방향형 : $\Sigma l/$철근간격 $+1$

예제 2

다음 조적조의 기초 도면을 보고 건축공사의 철근량을 산출하시오. (단, D13＝0.995 kg/m이고, 이음의 정착길이는 고려하지 않는다.) (예상)

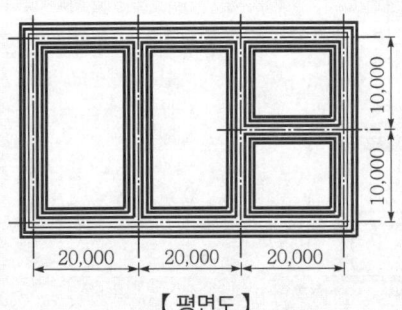

【평면도】

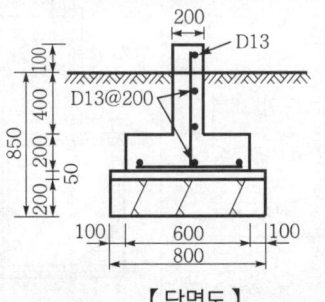

【단면도】

정답
① 줄기초의 중심 연장길이 : $\Sigma l = (60+20) \times 2 + 20 \times 3 = 220$m
② 기초판 장변철근 : 길이＝220m, 개수＝3EA
③ 기초판 단변철근 : 길이＝0.6m, 개수＝220/0.2＝1,100EA
④ 기초벽 수평철근 : 길이＝220m, 개수＝3EA
⑤ 기초벽 수직철근 : 길이＝h＋정착길이
  ＝(0.1＋0.4＋0.2)＋(0.6/2)＝1.0m,
  개수＝220/0.2＝1,100EA

구분	수량 산출근거
1. 기초판 (D13)	$\left\{ 3EA \times 220 + \left(\dfrac{220}{0.2} \to 1,100EA\right) \times 0.6 \right\} = 1,320.0$m
2. 기초벽 (D13)	$\left[3EA \times 220 + \left(\dfrac{220}{0.2} \to 1,100EA\right) \times \left\{(0.1+0.4+0.2) + \dfrac{0.6}{2}\right\} \right]$ ＝1,760.0m
3. 합계 (D13)	∴ (1,320.0＋1,760.0)×0.995＝3,064.60kg

● 기초벽의 수직철근 길이에서 기초판에 정착되는 길이는 이음정착의 조건에 상관없이 산정한다.

3. 기둥 (90①, 95⑤, 98①, 99⑤, 05②, 09③, 11②)

1) 기둥철근량 산정일반

① 주철근이 상층부에서 절단될 때 상층바닥판 바닥에서 30 cm의 여유길이(여장)를 둔다.
② 기둥 주철근에서 최상층의 여유길이는 기둥 모서리 4개근에 한해서 15 cm를 둔다.
③ 주철근의 기초판 정착길이는 40 cm로 한다.
④ 주철근의 기초에 대한 정착 및 여유길이
  $l = (D - 10 \text{ cm}) + 40 \text{cm}$

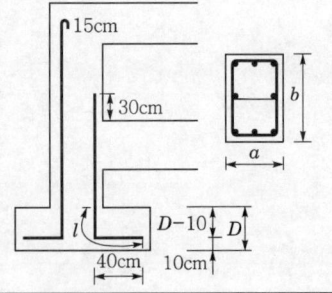

● 기둥 주철근 및 대근의 철근량 산출 (96⑤, 98①, 99⑤, 05②, 09③, 11②)

● 철근콘크리트 기초 및 기둥의 철근량 산출 (90①)

● 기둥 주철근의 기초에 대한 정착길이 : 40cm

2) 철근량 산출식

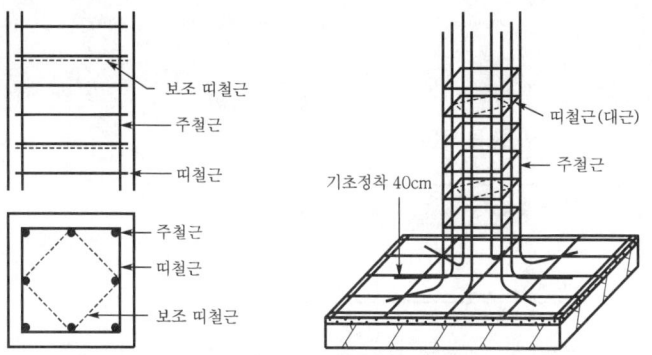

핵심 Point

- 띠철근 및 보조 띠철근은 배근형태에 관계없이 $(a+b) \times 2$의 기둥 단면의 외주 둘레길이를 철근길이로 한다.

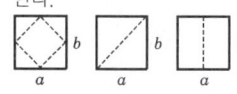

구분	수량 산출방법
주철근	(기둥높이+이음길이+정착길이)×철근개수 (주) 1. 이음길이 및 정착길이의 산정조건에 주의한다. 　　 2. 주철근의 기초판 정착길이는 40cm로 한다.
띠철근(대근, Hoop)	기둥단면의 외주 둘레길이×도면의 철근개수 (주) 띠철근의 갈고리는 고려하지 않는다.
보조 띠철근 (Dia-Hoop)	기둥단면의 외주 둘레길이×도면의 철근개수 (주) 보조 띠철근의 갈고리는 고려하지 않는다.

- 보조 띠철근의 배근기준
① 극한강도 설계법 : 띠철근 모서리에 의해 지지된 축방향 철근으로부터 인접 축방향 철근의 순간격이 15cm 이상인 경우, 추가 띠철근(보조 띠철근)을 배근하여 축방향 철근을 구속하며, 보조 띠철근은 외곽 띠철근의 간격과 같이 한다.
② 허용응력 설계법 : 띠철근의 3단마다 1단씩 배근한다.

예제 3

다음 도면에서 기둥의 주철근 및 띠철근의 철근량 합계를 산출하시오.
(단, 층고는 3.6m, 주철근의 이음길이는 $25d$로 하고, 철근의 중량은 D22는 3.04kg/m, D19는 2.25kg/m, D10은 0.56kg/m로 한다.) (4점)

•96 ⑤, 98 ①, 99 ⑤, 09 ③, 05 ②, 11 ②, 15 ①

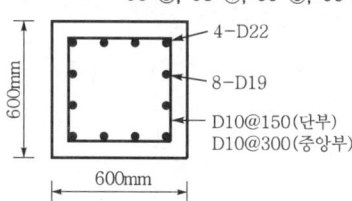

정답

구분	수량 산출근거
주철근 (D19, 8EA; D22, 4EA)	① D19 : 8EA×(3.6+25×0.019)×2.25=73.350 → 73.35kg ② D22 : 4EA×(3.6+25×0.022)×3.04=50.464 → 50.46kg ∴ 소계 : 73.35+50.46=123.81kg
띠철근 (D10)	① 띠철근 길이=(0.6+0.6)×2=2.4m ② 띠철근 개수=(1.8/0.15)+(1.8/0.3)+1=12+6+1=19EA ③ 띠철근 및 보조 띠철근 중량(D10) 　=2.4×19EA×0.56=25.54kg
합계	∴ 합계 : 123.81+25.54=149.35kg

- 기둥 단부의 길이
① 주두부 단부 : 기둥길이/4
② 주각부 단부 : 기둥길이/4

- 기둥 중앙부의 길이
기둥길이/2

4. 보 (85③, 90④, 93②④, 94①, 95④⑤, 97③⑤, 99①, 01①, 02③, 07①)

1) 보의 철근량 산출 일반

(1) 보철근의 이음길이 및 정착길이는 다음 표와 같이 한다. 일반적으로 상부철근, 벤트철근(굽힘철근, 절곡철근)을 $40d$로 하면 된다.

구분	압축철근 혹은 인장력이 경미한 철근	인장철근
보통콘크리트	$25d$	$40d$
경량콘크리트	$30d$	$50d$

(2) 다음 그림과 같이 최상층보와 중간층보를 구분하여 정착길이를 산정한다.

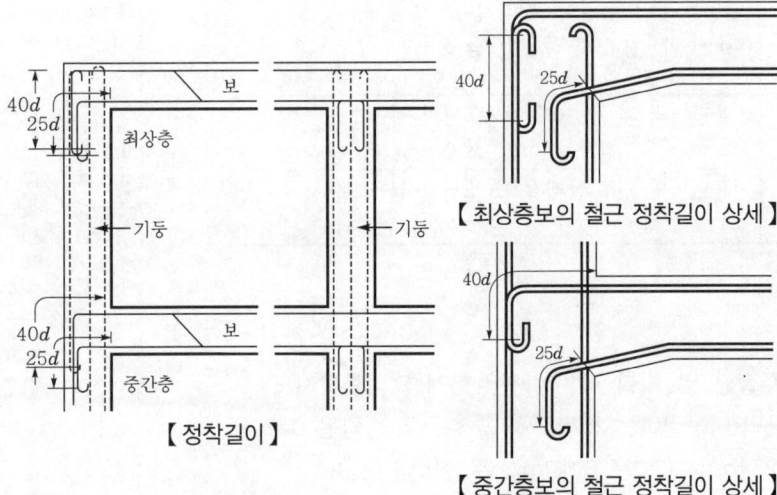

【 정착길이 】
【 최상층보의 철근 정착길이 상세 】
【 중간층보의 철근 정착길이 상세 】

(3) 이음길이 및 정착길이는 갈고리 중심간 거리로 한다.
(4) 보조철근(중간철근)은 보의 깊이가 60cm 이상일 때 설치하며, 피복두께를 유지할 목적이다. 정착길이는 $25d$로 한다.
(5) 조적조에서 테두리보의 정착은 $40d$로 한다.
(6) 지름이 서로 다른 철근을 이을 경우 작은 지름을 기준으로 한다.
(7) 갈고리(Hook)는 이형철근의 경우 문제에서 갈고리를 고려하라는 말이 없을 경우 갈고리 길이를 계산하지 않아도 된다.
(8) 늑근(Stirrup)은 보의 둘레길이로 하고 갈고리는 없는 것으로 한다.
(9) 연속되지 않은 상부철근은 단부의 길이에 여유길이 $15d$를 더한 길이로 한다.
(10) 연속보의 경우 모든 기둥에 정착하는 것으로 한다.
(11) 도면 및 시방서에 의거 갈고리의 길이, 이음길이 및 정착길이, 벤트길이 등을 추가로 계산한다.

핵심 Point

● 일반층 보의 철근량 산출 (85③, 90④, 95⑤, 97③, 99①, 02③, 07①)

● 최상층 보의 철근량 산출 (93②, 01①)

● 보 및 슬래브(Type I)의 철근량 (93④, 94①, 95④, 97⑤)

● 철근의 이음길이 (갈고리 중심간 거리)

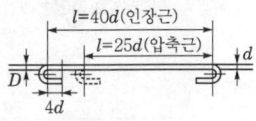

● 철근이음에서 철근지름이 다를 경우, 작은 지름을 기준으로 한다.

● 중간층보의 정착길이와 갈고리 길이
① 정착길이 : $40d$
② 갈고리 길이 : $10.3d$

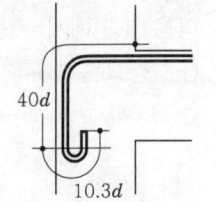

● 보의 철근 이음위치

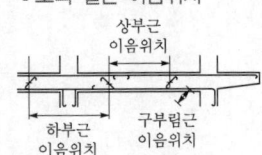

(12) 벤트철근에서 절곡(벤트)됨으로써 발생되는 벤트 추가길이는 다음과 같이 산정한다. 단, 슬래브에서의 벤트 추가길이는 고려하지 않는다.

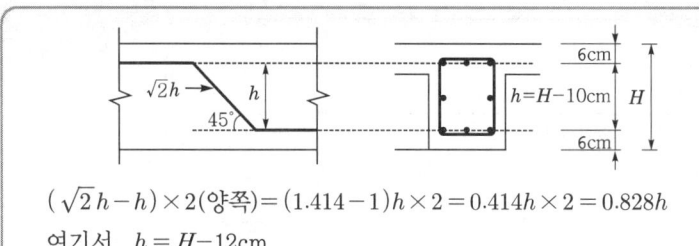

$(\sqrt{2}h - h) \times 2(양쪽) = (1.414 - 1)h \times 2 = 0.414h \times 2 = 0.828h$
여기서, $h = H - 12cm$

핵심 Point

● 보의 연단(압축 혹은 인장 연단)에서 주철근 중심까지의 거리
① 보의 최소 피복두께 : 4cm
② 늑근(D10) 지름 : 1cm
③ 주철근(D22) 지름의 1/2 : 약 1cm
따라서 보의 연단에서 주철근 중심까지의 거리는 4+1+1=6cm 이다.

2) 보의 철근량 산출 심화학습

이상의 내용으로 다음의 보에 대해 철근량을 산출해 보면 다음과 같다.
(단, 갈고리 길이와 정착길이는 고려하며 이음길이는 고려하지 않는다.)

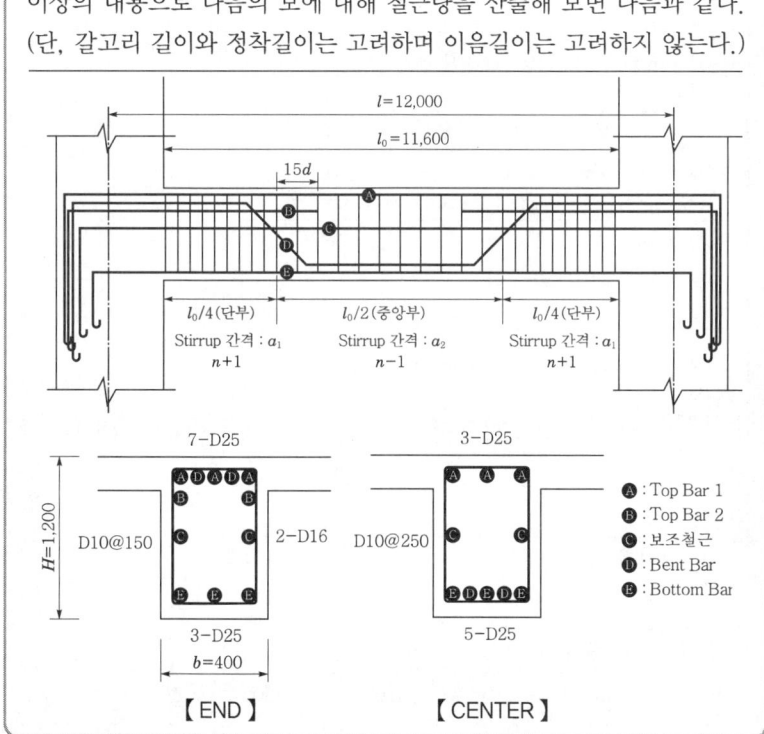

● 보의 각종 철근

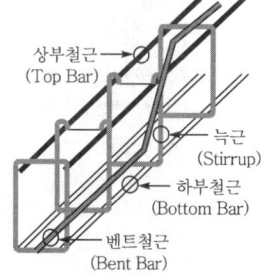

● 보의 각종 길이

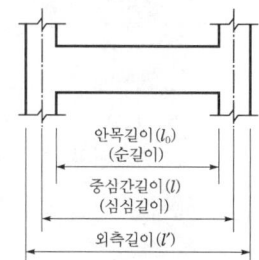

① 안목길이(l_0) = 11.6m
② 중심간길이(l) = 12.0m
③ 외측길이(l') = 12.4m

● 상부철근 B와 같이 연속되지 않은 철근은 $l_0/4$인 지점에서 $15d$의 여유길이를 둔다.

● 벤트철근 D의 경우 단부 단면에서는 상부에 중앙부 단면에서는 하부에 위치함에 주의한다.

(1) 철근길이 산출하기 위한 기본식(1EA)

① 상부철근(Top Bar) 1	$l_0 + (40d \times 2) + (10.3d \times 2) = l_0 + 50.3d \times 2$
② 상부철근(Top Bar) 2	$\left\{ \dfrac{l_0}{4} + (40d + 15d + 10.3d) \right\} \times 2 = \left(\dfrac{l_0}{4} + 65.3d \right) \times 2$
③ 하부철근(Bottom Bar)	$l_0 + (25d \times 2) + (10.3d \times 2) = l_0 + 35.3d \times 2$
④ 벤트철근(Bent Bar)	$\{l_0 + (40d \times 2) + (0.414h \times 2) + (10.3d \times 2)\}$ $= l_0 + 50.3d \times 2 + 0.828h$

⑤ 보조철근	$l_0 + (25d \times 2) + (10.3d \times 2) = l_0 + 35.3d \times 2$
⑥ 늑근(Stirrup)	$\left(\dfrac{l_0/2}{a_1} + \dfrac{l_0/2}{a_2} + 1\right) \times (b+H) \times 2$

(2) 철근량을 산출

① 상부철근(Top Bar) 1 (D25, 3EA)	$(l_0 + 50.3d \times 2) \times n\,\text{EA}$ $= (11.6 + 50.3 \times 0.025 \times 2) \times 3\text{EA}$ $= 42.345\text{m}$
② 상부철근(Top Bar) 2 (D25, 2EA)	$\left(\dfrac{l_0}{4} + 65.3d\right) \times 2 \times n\,\text{EA}$ $= \left(\dfrac{11.6}{4} + 65.3 \times 0.025\right) \times 2 \times 2\text{EA}$ $= 18.130\text{m}$
③ 하부철근(Bottom Bar) (D25, 3EA)	$(l_0 + 35.3d \times 2) \times n\,\text{EA}$ $= (11.6 + 35.3 \times 0.025 \times 2) \times 3\text{EA}$ $= 40.095\text{m}$
④ 벤트철근(Bent Bar) (D25, 2EA)	$(l_0 + 50.3d \times 2 + 0.828h) \times n\,\text{EA}$ $= \{11.6 + 50.3 \times 0.025 \times 2$ $\quad + 0.828 \times (1.2 - 0.12)\} \times 2\text{EA} = 30.018\text{m}$
⑤ 보조철근 (D16, 2EA)	$(l_0 + 35.3d \times 2) \times n\,\text{EA}$ $= (11.6 + 35.3 \times 0.016 \times 2) \times 2\text{EA}$ $= 25.459\text{m}$
⑥ 늑근(Stirrup) (D10)	$\left(\dfrac{l_0/2}{a_1} + \dfrac{l_0/2}{a_2} + 1\right) \times (b+H) \times 2$ $= \left(\dfrac{11.6/2}{0.15} + \dfrac{11.6/2}{0.25} + 1\right) \times (0.4 + 1.2) \times 2$ $= (39 + 23 + 1) \times (0.4 + 1.2) \times 2$ $= 201.60\text{m}$
⑦ 철근길이	D10 : 201.60m D16 : 25.459m D25 : 42.345 + 18.130 + 40.095 + 30.018 = 130.588m
⑧ 구하고자 하는 철근량	D10 : 201.60m × 0.56kg/m = 112.896 → 112.90kg D16 : 25.459m × 1.56kg/m = 39.716 → 39.72kg D25 : 130.588m × 3.98kg/m = 519.740 → 519.74kg
⑨ 총철근량(정미량)	∴ 합계 : 112.90 + 39.72 + 519.74 = 672.36kg

핵심 Point

● 본수(개수)는 각각 반올림 한다.

● 철근의 중량
① D10 : 0.56kg/m
② D16 : 1.56kg/m
③ D25 : 3.98kg/m

예제 4

다음과 같은 철근콘크리트구조의 기준층 보에서 철근 중량을 산출하시오. (단, D22=3.04kg/m, D10=0.56kg/m이고, Hook의 길이는 $10.3d$로 한다.) (7점)

•95 ⑤, 97 ③, 99 ①, 02 ③

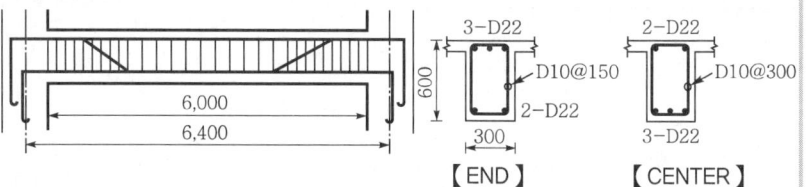

핵심 Point

• 늑근 개수 산정

$\left(\dfrac{3}{0.15}+\dfrac{3}{0.3}+1\right)=(20+10+1)=31$개이나 도면의 개수를 확인하면 30개이므로 도면의 개수가 우선이다.

$\dfrac{l_0}{2}=\dfrac{6}{2}=3.0\text{m}$

정답

① 상부철근(D22, 2EA)	$(l_0+50.3d\times2)\times n\,\text{EA}$ $(6.0+50.3\times0.022\times2)\times2=16.426\text{m}$
② 하부철근(D22, 2EA)	$(l_0+35.3d\times2)\times n\,\text{EA}$ $(6.0+35.3\times0.022\times2)\times2=15.106\text{m}$
③ 벤트철근(D22, 1EA)	$(l_0+50.3d\times2+0.828h)\times n\,\text{EA}$ $\{6.0+50.3\times0.022\times2+0.828\times(0.6-0.12)\}\times1$ $=8.611\text{m}$
④ 늑근(D10)	$\left(\dfrac{l_0/2}{a_1}+\dfrac{l_0/2}{a_2}+1\right)\times(b+H)\times2$ $30\times(0.3+0.6)\times2=54.0\text{m}$
⑤ 철근량	D10 : $54.0\times0.56=30.24 \to 30.24\text{kg}$ D22 : $(16.426+15.106+8.611)\times3.04=122.035$ $\to 122.04\text{kg}$
⑥ 총철근량(정미량)	∴ 합계 : $30.24+122.04=152.28\text{kg}$

• [예제 4]번의 철근 소요량을 구하면 다음과 같다.
철근의 총 소요량
$=152.32\times1.03=156.89\text{kg}$

예제 5

최상층보의 주철근 및 늑근의 철근 중량을 구하시오. (단, 철근 1개의 길이는 12m이고, 이음은 고려하지 않으며 정미량으로 산출한다. D19=2.25kg/m, D10=0.56kg/m이고, Hook의 길이는 $10.3d$이다.) (8점)

•93 ②

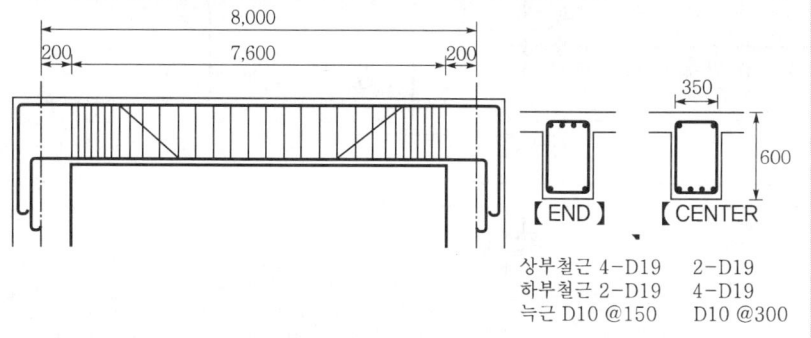

상부철근 4-D19   2-D19
하부철근 2-D19   4-D19
늑근 D10 @150   D10 @300

[정답]

① 상부철근(D19, 2EA)	$(8.4+50.3\times0.019\times2)\times2=20.623m$
② 하부철근(D19, 2EA)	$(7.6+35.3\times0.019\times2)\times2=17.883m$
③ 벤트철근(D19, 2EA)	$\{8.4+50.3\times0.019\times2+0.828\times(0.6-0.12)\}\times2$ $=21.418m$
④ 늑근(D10)	$\left(\dfrac{3.8}{0.15}+\dfrac{3.8}{0.3}+1\right)\times(0.35+0.6)\times2$ $=(25+13+1)\times(0.35+0.6)\times2=74.10m$
⑤ 철근량	D10 : $74.10\times0.56=41.496 \rightarrow 41.50kg$ D19 : $(20.623+17.883+21.418)\times2.25=134.829$ $\rightarrow 134.83kg$
⑥ 총철근량(정미량)	∴ 합계 : $41.50+134.83=176.33kg$

핵심 Point

- 보의 각종 길이
① 안목길이(l_0) = 7.6m
② 중심간길이(l) = 8.0m
③ 외측길이(l') = 8.4m

- 최상층보 상부철근 및 벤트철근의 정착길이 산정에 주의한다.

- $\dfrac{l_0}{2}=\dfrac{7.6}{2}=3.8m$

5. 슬래브

1) 주철근과 배력철근

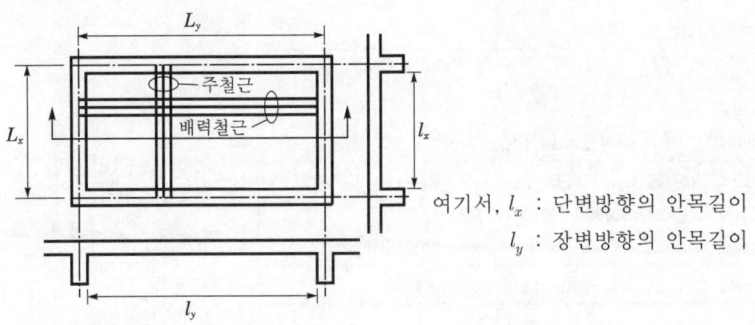

여기서, l_x : 단변방향의 안목길이
l_y : 장변방향의 안목길이

- 단변방향의 철근이 주철근이며, 장변방향의 철근이 부철근이다.

- 주열대와 중간대
① 단변방향(주철근)

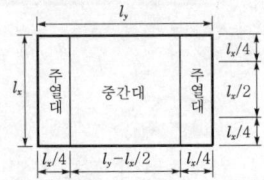

② 장변방향(부철근)

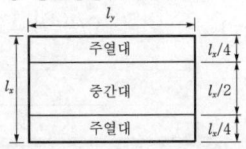

- 슬래브의 안목길이(순길이)
① l_x : 단변방향의 안목길이
② l_y : 장변방향의 안목길이

2) 주열대와 중간대

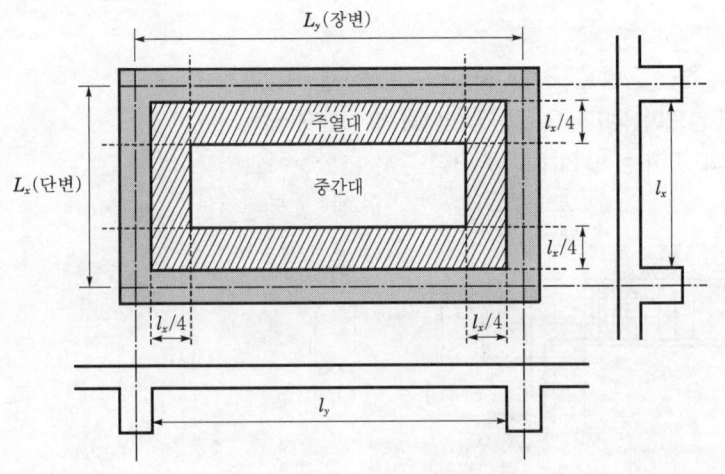

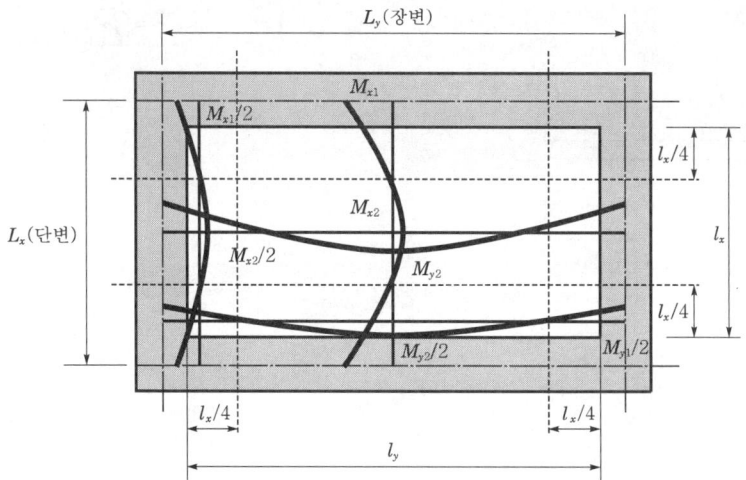

주열대에서는 중간대 휨모멘트의 1/2이므로 철근량도 1/2이 된다. 따라서 일반적으로 중간대에서 철근간격이 기준이 되므로, 주열대 철근간격은 중간대 간격의 2배가 되고, 철근량은 1/2이 된다.

3) 철근간격 구별 및 표기 방법(중간대)

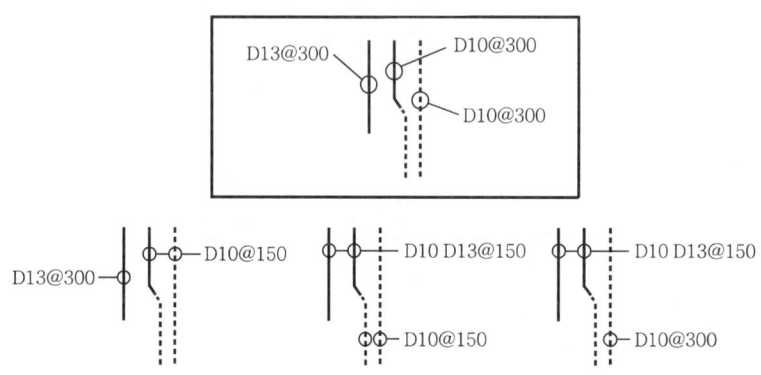

(주) 4가지 표현 양식 모두가 동일하며, 상부철근이 가장 중요하므로 지름이 큰 철근을 위치시킨다.

4) 슬래브에서 철근 명칭

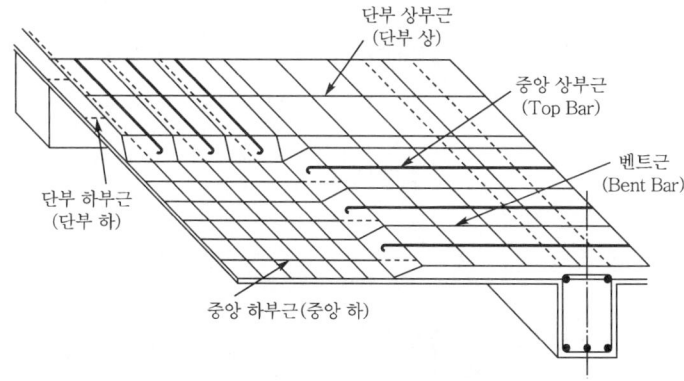

핵심 Point

- 각 방향에 따른 휨모멘트 (M, kN·m)
  ① 단변방향 중간대 단부 : M_{x1}
  ② 단변방향 주열대 단부 : $M_{x1}/2$
  ③ 장변방향 중간대 단부 : M_{y1}
  ④ 장변방향 주열대 단부 : $M_{y1}/2$

- 각 방향에 따른 철근량(A, cm²)
  ① 단변방향 중간대 단부 : A_{x1}
  ② 단변방향 주열대 단부 : $A_{x1}/2$
  ③ 장변방향 중간대 단부 : A_{y1}
  ④ 장변방향 주열대 단부 : $A_{y1}/2$

- 각 방향에 따른 철근간격(D, cm)
  ① 단변방향 중간대 단부 : D_{x1}
  ② 단변방향 주열대 단부 : $D_{x1} \times 2$
  ③ 장변방향 중간대 단부 : D_{y1}
  ④ 장변방향 주열대 단부 : $D_{y1} \times 2$

- 중간대 단부의 상부철근 간격
  ① 중간대 단부의 상부에는 Top Bar와 Bent Bar가 교대로 위치한다.
  ② Top Bar가 중요하므로 지름이 큰 것이 위치한다.
  ③ Top Bar의 간격은 300 mm
  ④ Bent Bar의 간격은 300 mm
  ⑤ 중간대 단부의 상부에는 Top Bar와 Bent Bar가 교대로 배근되므로 배근 간격은 150 mm가 된다.

- 중간대 중앙부의 하부철근 간격
  ① 중간대 중앙부의 하부에는 Bottom Bar와 Bent Bar가 교대로 위치한다.
  ② Bottom Bar의 간격은 300 mm
  ③ Bent Bar의 간격은 300 mm
  ④ 중간대 중앙부의 하부에는 Bottom Bar와 Bent Bar가 교대로 배근되므로 간격은 150 mm가 된다.

- 주열대의 상·하부철근 간격
  ① 주열대는 중간대 단부의 상부철근 간격에 의해 결정된다.
  ② 중간대 단부의 상부철근 간격이 Top Bar와 Bent Bar가 교대로 150 mm일 경우, 이 간격의 두 배인 300 mm가 주열대의 상하부철근 각각의 간격이 된다.

5) 슬래브 철근 개수 산정

(1) 철근의 간격수(n)

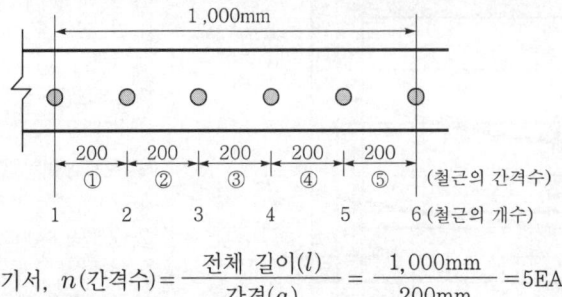

여기서, n(간격수) $= \dfrac{\text{전체 길이}(l)}{\text{간격}(a)} = \dfrac{1,000\text{mm}}{200\text{mm}} = 5\text{EA}$

(2) 슬래브의 각종 철근 개수

구분	주열대	중간대
상부철근(Top Bar)	$n+1$	$n-1$
하부철근(Bottom Bar)	$n+1$	$n-1$
벤트철근(Bent Bar)	–	n

(3) 주열대 다음에 위치하는 중간대의 첫 번째 철근은 벤트철근이다.

(4) 주열대($l_x/4$)에서 엇배근일 경우, 맞배근과 같은 조건으로 계산한다.

6) 슬래브의 철근간격 산정

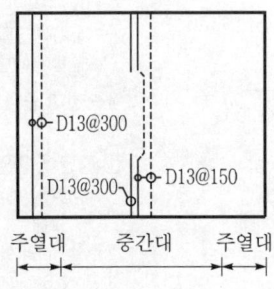 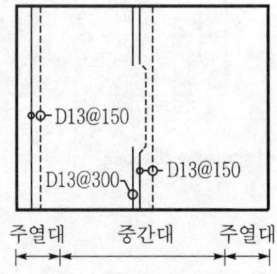

【 장변방향 주열대에서 맞배근 】　　【 장변방향 주열대에서 엇배근 】

(1) 중간대의 철근배근

중간대 단부	① 배근 조건 : 상부철근(D13@300), 벤트철근 & 하부철근(D13@150) ② 중간대 단부에서는 벤트철근이 상부에 위치하므로 상부철근과 벤트철근이 교대로 중간대 단부 상부에 위치하며, 150간격(상부철근+벤트철근)으로 배근된다. 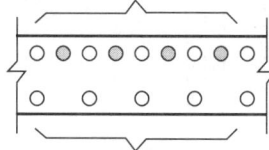 ③ 벤트철근이 상부에 위치하므로 하부철근만 중간대 단부 하부에 위치하며 300간격으로 배근된다.
중간대 중앙부	① 배근 조건 : 벤트철근 & 하부철근(D13@150) ② 중간대 중앙부에서는 벤트철근이 하부에 위치하고 상부철근은 ($l_x/4$ +15d)에서 끝나므로 중간대 중앙부 상부에서는 철근이 없다. 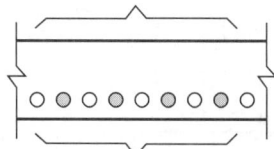 ③ 벤트철근이 하부에 위치하므로 하부철근과 벤트철근이 교대로 중간대 중앙부 하부에 위치하며, 150간격(하부철근+벤트철근)으로 배근된다.

(2) 주열대 철근간격 산정

중간대 단부에서 상부철근과 벤트철근의 2가지 철근간격(150)이 가장 중요하며, 이 두 철근간격의 두 배가 일반적으로 주열대 상하부철근 각각의 간격(300)이 된다.

(3) 주열대의 맞배근과 엇배근

주열대 맞배근	① 단변방향 주열대의 상하부철근 간격 : 상부철근 & 하부철근-D13@300 상부철근 300간격 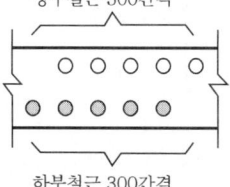 상부철근 300간격 ② 상하부철근을 함께 고려할 경우 300간격이 되며, 이를 맞배근이라 한다.
주열대 엇배근	① 단변방향 주열대의 상하부철근 간격 : 상부철근 & 하부철근-D13@150 상부철근 300간격 하부철근 300간격 ② 상하부철근을 함께 고려하면 150간격이 되며, 이를 엇배근이라 하고, 철근량 산출시에는 맞배근으로 고려하여 적산한다.

7) 슬래브 형태에 따른 철근산출 방법

(1) Type (I) (93④, 94①, 95④, 97⑤)

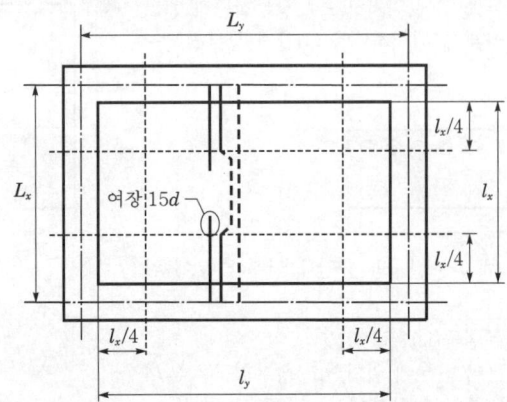

∴ 상부철근의 길이 : ① $\dfrac{l_x}{4}$, ② 내민길이(여유길이) : $15d$, ③ 보의 폭 $\times \dfrac{1}{2}$

(2) Type (II) (92①, 03①, 08①)

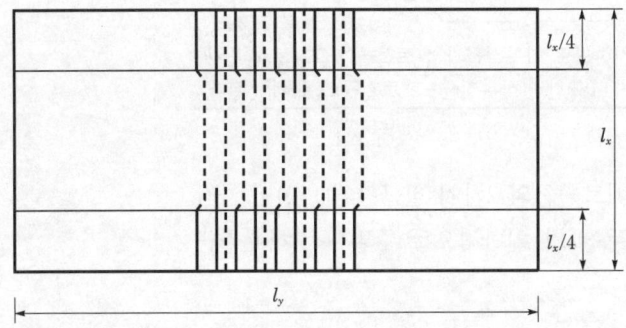

∴ 상부철근의 길이 : ① $\dfrac{l_x}{4}$, ② 내민길이(여유길이) : $15d$

(3) Type (III) (84②, 87③)

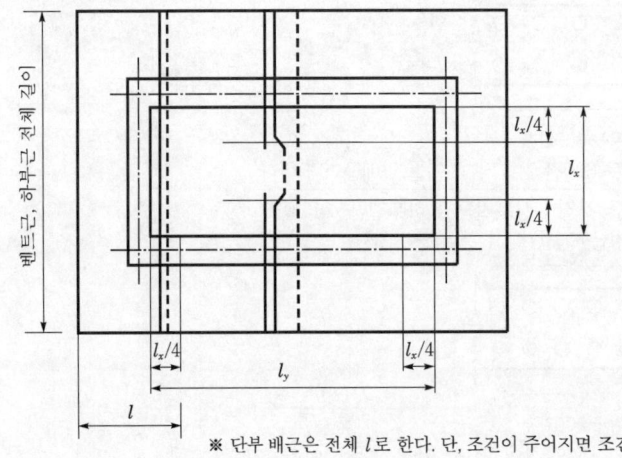

※ 단부 배근은 전체 l로 한다. 단, 조건이 주어지면 조건대로 할 것

핵심 Point

- 슬래브의 철근량 산출시 벤트 철근에서 벤트의 영향은 고려하지 않는다.
- 보 및 슬래브(Type I)의 철근량(93④, 94①, 95④, 97⑤)
- 슬래브(Type II)의 철근량 (92①, 03①, 08①)
- 슬래브(Type III)의 철근량 (84②, 87③)
- 주열대의 철근간격으로 $l_x/4$와 캔틸레버 슬래브 부분(l 구간)까지 연장하여 배근한다.

예제 6

다음 도면의 슬래브 철근 수량을 산출하시오. (단, D13=0.995kg/m, D10=0.56kg/m)
(예상)

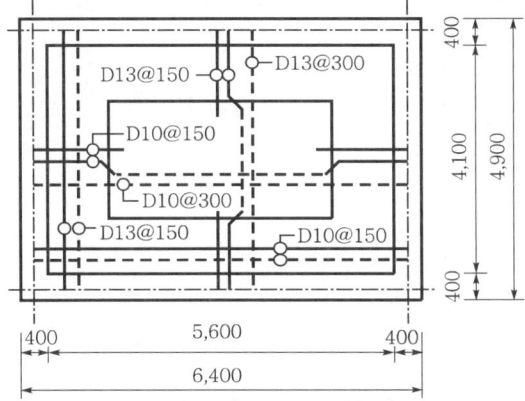

정답 Type (I)

구분	수량 산출근거
1. 단변방향 (주철근)	① 단부 상 (D13) : $\left(\dfrac{1.025}{0.3}+1 \to 4EA\right) \times 4.5 \times 2 = 36.0m$ ② 단부 하 (D13) : $\left(\dfrac{1.025}{0.3}+1 \to 4EA\right) \times 4.5 \times 2 = 36.0m$ ③ 중앙 하 (D13) : $\left(\dfrac{3.55}{0.3}-1 \to 11EA\right) \times 4.5 = 49.5m$ ④ Bent Bar (D13) : $\left(\dfrac{3.55}{0.3} \to 12EA\right) \times 4.5 = 54.0m$ ⑤ Top Bar (D13) : $\left(\dfrac{3.55}{0.3}-1 \to 11EA \times \left(1.025+0.2+\dfrac{0.4}{2}\right)\right) \times 2$ $= 31.35m$
2. 장변방향 (부철근)	① 단부 상 (D10) : $\left(\dfrac{1.025}{0.3}+1 \to 4EA\right) \times 6.0 \times 2 = 48.0m$ ② 단부 하 (D10) : $\left(\dfrac{1.025}{0.3}+1 \to 4EA\right) \times 6.0 \times 2 = 48.0m$ ③ 중앙 하 (D10) : $\left(\dfrac{2.05}{0.3}-1 \to 6EA\right) \times 6.0 = 36.0m$ ④ Bent Bar (D10) : $\left(\dfrac{2.05}{0.3} \to 7EA\right) \times 6.0 = 42.0m$ ⑤ Top Bar (D10) : $\left(\dfrac{2.05}{0.3}-1 \to 6EA \times \left(1.025+0.15+\dfrac{0.4}{2}\right)\right) \times 2$ $= 16.5m$
3. 철근량	① D10 : $(48.0 \times 2 + 36.0 + 42.0 + 16.5) \times 0.56 = 106.68kg$ ② D13 : $(36.0 \times 2 + 49.5 + 54.0 + 31.35) \times 0.995 = 205.816$ $\to 205.82kg$ ∴ 합계 : $106.68 + 205.82 = 312.50kg$

핵심 Point

● 슬래브의 각종 철근 개수

① 주열대

명칭	구분	철근 개수
단부 상	Top Bar	$n+1$
단부 하	Bottom Bar	$n+1$

② 중간대

명칭	구분	철근 개수
중앙 하	Bottom Bar	$n-1$
Bent Bar	Bent Bar	n
Top Bar	Top Bar	$n-1$

● 단변방향과 장변방향에서 각 방향의 철근지름이 서로 다른 것이 있는지 확인한다.

● 단변 및 장변방향 주열대 철근간격

① 단변방향 주열대 : 중간대에서 상부에 위치하는 철근(Top Bar & Bent Bar)의 철근간격은 150으로 주열대 상하부철근 각각의 철근간격은 이 간격의 2배인 3000이 된다. 따라서 도면에서 주열대의 D13@150은 상부철근과 하부철근이 엇배근 되었음을 의미한다.

② 장변방향 주열대 : 단변방향 주열대의 경우와 마찬가지로 도면에서 주열대의 D10@150은 상부철근과 하부철근이 엇배근 되어 상하부철근 각각의 철근간격은 3000이다.

● 철근량 산출을 위한 각종 길이

① 단변방향 안목길이 : $l_x = 4.1m$

② 단변방향 안목길이의 1/4 : $l_x/4 = 4.1/4 = 1.025m$

③ 단변방향의 중간대 길이 : $4.1 - 1.025 \times 2 = 2.05m$

④ 장변방향의 중간대 길이 : $5.6 - 1.025 \times 2 = 3.55m$

⑤ 단변방향 보의 중심간 길이 : $4.1 + 0.4/2 \times 2 = 4.5m$

⑥ 장변방향 보의 중심간 길이 : $5.6 + 0.4/2 \times 2 = 6.0m$

⑦ Top Bar의 내민길이는 $15d$ (d : 철근의 지름)이다. (D10이면, $15 \times 0.01 = 0.15m$, D13이면 $15 \times 0.013 = 0.20m$가 된다.)

예제 7

다음 도면의 슬래브 철근 수량을 산출하시오. (단, D13=0.995kg/m, D10 =0.56kg/m, 상부 Top Bar 내민길이 20cm) (8점)   •92 ①

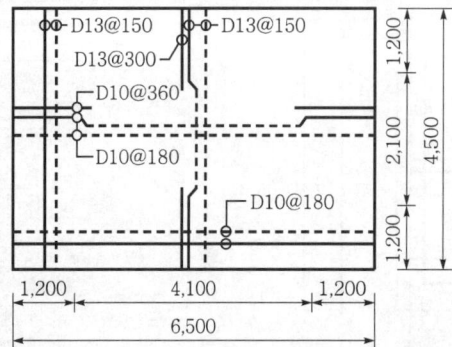

정답 Type (Ⅱ)

구분	수량 산출근거
1. 단변방향 (주철근)	① 단부 상 (D13) : $\left(\dfrac{1.2}{0.3}+1 \rightarrow 5\text{EA}\right) \times 4.5 \times 2 = 45.0\text{m}$ ② 단부 하 (D13) : $\left(\dfrac{1.2}{0.3}+1 \rightarrow 5\text{EA}\right) \times 4.5 \times 2 = 45.0\text{m}$ ③ 중앙 하 (D13) : $\left(\dfrac{4.1}{0.3}-1 \rightarrow 13\text{EA}\right) \times 4.5 = 58.5\text{m}$ ④ Bent Bar (D13) : $\left(\dfrac{4.1}{0.3} \rightarrow 14\text{EA}\right) \times 4.5 = 63.0\text{m}$ ⑤ Top Bar (D13) : $\left(\dfrac{4.1}{0.3}-1 \rightarrow 13\text{EA} \times (1.2+0.2)\right) \times 2 = 36.4\text{m}$
2. 장변방향 (부철근)	① 단부 상 (D10) : $\left(\dfrac{1.2}{0.36}+1 \rightarrow 4\text{EA}\right) \times 6.5 \times 2 = 52.0\text{m}$ ② 단부 하 (D10) : $\left(\dfrac{1.2}{0.36}+1 \rightarrow 4\text{EA}\right) \times 6.5 \times 2 = 52.0\text{m}$ ③ 중앙 하 (D10) : $\left(\dfrac{2.1}{0.36}-1 \rightarrow 5\text{EA}\right) \times 6.5 = 32.5\text{m}$ ④ Bent Bar (D10) : $\left(\dfrac{2.1}{0.36} \rightarrow 6\text{EA}\right) \times 6.5 = 39.0\text{m}$ ⑤ Top Bar (D10) : $\left(\dfrac{2.1}{0.36}-1 \rightarrow 5\text{EA} \times (1.2+0.2)\right) \times 2 = 14.0\text{m}$
3. 철근량	① D10 : $(52.0 \times 2 + 32.5 + 39.0 + 14.0) \times 0.56 = 106.12\text{kg}$ ② D13 : $(45.0 \times 2 + 58.5 + 63.0 + 36.4) \times 0.995 = 246.661$ $\rightarrow 246.66\text{kg}$ ∴ 합계 : $106.12 + 246.66 = 352.78\text{kg}$

핵심 Point

- 철근의 개수(본수)를 먼저 4사5입한 후 철근길이를 산정한다. [예제 6번] 계속
  $(1.025/0.3+1) \rightarrow (3+1)\text{EA}$

- 철근길이 산정 [예제 6번] 계속)
  ① $4\text{EA} \times 4.5 \times 2$
    = 철근 개수 × 철근길이 × 양쪽
  ② $11\text{EA} \times (1.025+0.2+0.4/2) \times 2$
    = 철근 개수 × {$l_x/4$ + 내민길이(15d) + 보폭/2} × 양쪽

- 철근량 산출을 위한 각종 길이
  ① 단변방향 $l_x = 4.5$m에 대한 $l_x/4 = 4.5/4 = 1.125$m이나 문제에서 1.2m가 주어져 있으므로 $l_x/4$를 1.2m로 한다.
  ② 단변방향의 중간대 길이 : 4.1m
  ③ 장변방향의 중간대 길이 : 2.1m
  ④ Top Bar의 내민길이는 15d이나 문제의 조건에 d에 관계없이 모두 20cm로 하도록 하고 있다.

- Top Bar의 길이 산정시 'Type Ⅰ'에서와는 다르게 보가 없으므로 '보폭/2'가 필요없다.

예제 8

다음 도면의 슬래브 철근량을 산출하시오.(단, D13 = 0.995kg/m, D10 = 0.56kg/m)

•84 ②, 87 ③

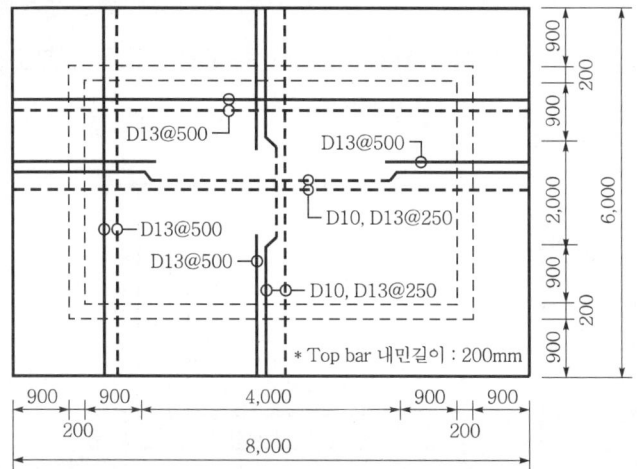

* Top bar 내민길이 : 200mm

정답 Type (Ⅲ)

구분	수량 산출근거
1. 단변방향 (주철근)	① 단부 상 (D13) : $\left(\dfrac{2.0}{0.5}+1 \to 5EA\right) \times 6.0 \times 2 = 60.0m$ ② 단부 하 (D13) : $\left(\dfrac{2.0}{0.5}+1 \to 5EA\right) \times 6.0 \times 2 = 60.0m$ ③ 중앙 하 (D10) : $\left(\dfrac{4.0}{0.5}-1 \to 7EA\right) \times 6.0 = 42.0m$ ④ Bent Bar (D13) : $\left(\dfrac{4.0}{0.5} \to 8EA\right) \times 6.0 = 48.0m$ ⑤ Top Bar (D13) : $\left(\dfrac{4.0}{0.5}-1 \to 7EA \times (2.0+0.2)\right) \times 2$ $= 30.8m$
2. 장변방향 (부철근)	① 단부 상 (D13) : $\left(\dfrac{2.0}{0.5}+1 \to 5EA\right) \times 8.0 \times 2 = 80.0m$ ② 단부 하 (D13) : $\left(\dfrac{2.0}{0.5}+1 \to 5EA\right) \times 8.0 \times 2 = 80.0m$ ③ 중앙 하 (D10) : $\left(\dfrac{2.0}{0.5}-1 \to 3EA\right) \times 8.0 = 24.0m$ ④ Bent Bar (D13) : $\left(\dfrac{2.0}{0.5} \to 4EA\right) \times 8.0 = 32.0m$ ⑤ Top Bar (D13) : $\left(\dfrac{2.0}{0.5}-1 \to 3EA \times (2.0+0.2)\right) \times 2$ $= 13.2m$
3. 철근량	① D10 : $(42.0+24.0) \times 0.56 = 36.96kg$ ② D13 : $\{(60.0 \times 2+48.0+30.8)+(80.0 \times 2+32.0+13.2)\} \times 0.995$ $= 401.98kg$ ∴ 합계 : $36.96+401.98 = 438.94kg$

핵심 Point

● 철근량 산출을 위한 각종 길이

① $l_x = (0.9+2.0+0.9) = 3.8m$ 이며, $l_x/4 = 3.8/4 = 0.95m$가 되나, 도면에서 0.9m가 주어져 있으므로 $l_x/4$를 0.9m로 한다.

② 주열대인 $l_x/4(0.9)$와 캔틸레버 슬래브 부분(0.9+ 0.2)에서 주열대 철근 간격의 조건으로 배근한다. 즉 단변방향의 경우 슬래브 끝에서부터 (0.9+0.2+ 0.9) = 2.0m에 D13@500으로 배근한다.

③ 단변방향의 중간대 길이 : 4.0m

④ 장변방향의 중간대 길이 : 2.0m

⑤ Top Bar의 내민길이 : $15d$

● 단변방향 중간대에서 Bent Bar와 Bottom Bar의 철근간격이 D10, D13@250일 경우 중요한 철근인 Bent Bar가 지름이 큰 것이 된다. 따라서 Bent Bar는 D13, Bottom Bar는 D10이 된다.

● Top Bar의 전체길이
$(0.9+0.2+0.9)+15 \times 0.013$
$= 2.0+0.2$

기출 및 예상 문제

01 다음의 도면을 보고 아래 물량을 산출하시오. (단, 기초 1개 공사량이고, 기초판 밑부분 터파기 여유는 30cm로 한다.) (20점)

•88 ③

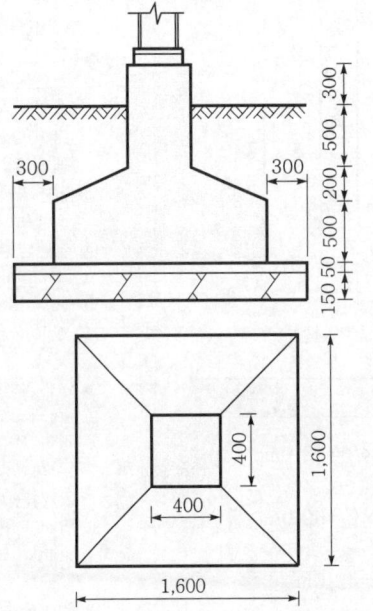
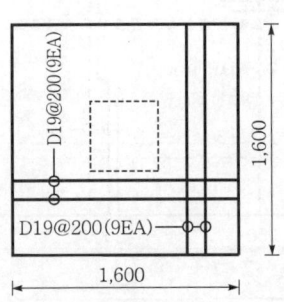
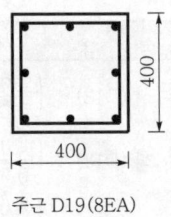

주근 D19(8EA)
Hoop D10@250

가. 잔토처리량(m³) (단, 흙파기 경사도는 60°이고, 흙의 할증률은 20%로 본다.)
나. 거푸집면적(m²) (단, 밑창콘크리트 거푸집은 제외한다.)
다. 콘크리트량(m³) (단, 밑창콘크리트는 제외한다.)
라. 철근량(kg) (단, 기초판 철근에 부착되는 기둥철근의 정착길이는 40cm로 하고, 기초판 대각선 근 및 보조대근은 산출에서 제외하며, 철근은 Hook를 하지 않고, 피복두께는 무시한다. D19 = 2.25kg/m, D10 = 0.56kg/m)

정답

구분	수량 산출근거	계
가. 잔토처리량 (C=1.0, L=1.2)	(1) 잔토처리량=GL 이하의 구조부체적(S)×할증률(L) (2) GL 이하 구조부체적(S)=잡석다짐량+버림콘크리트량+기초판량+GL 이하의 주각량 ① 잡석량 및 버림콘크리트량=$2.2 \times 2.2 \times (0.15+0.05) = 0.968 m^3$ ② 기초판량=$1.6 \times 1.6 \times 0.5 + \dfrac{0.2}{6} \times \{(2 \times 1.6+0.4) \times 1.6 + (2 \times 0.4+1.6) \times 0.4\}$ $= 1.504 m^3$	3.06m³

		③ GL 이하 주각량＝0.4×0.4×0.5＝0.080m³ ∴ GL 이하 구조부체적(S)＝0.968+1.504+0.080＝2.552m³ (3) 잔토처리량＝2.552×1.2＝3.062 → 3.06m³	
나. 거푸집면적	1.6×4×0.5+0.4×4×0.8＝4.48m²		4.48m²
다. 콘크리트량	① 기초판량 : 1.504m³ ② 주각량 : 0.4×0.4×0.8＝0.128m³ ∴ 합계 : 1.504+0.128＝1.632 → 1.63m³		1.63m³
라. 철근량	(1) 기초 주철근(D19) : 9EA×1.6×2＝28.80m (2) 기둥 주철근(D19) : 8EA×{(0.3+0.5+0.2+0.5)+0.4}＝15.20m (3) 기둥 띠철근(D10) : $\left(\dfrac{1.5}{0.25}+1 \to 7EA\right)$×0.4×4＝11.20m (4) 총철근량 　① D10 : 11.20×0.56＝6.272 → 6.27kg 　② D19 : (28.80+15.20)×2.25＝99.00kg 　∴ 합계 : 6.27+99.00＝105.27kg		105.27kg

[해설] (1) 잔토처리량(C=1.0, L=1.2인 경우)

　　　잔토처리량＝{$V-(V-S)$×(1/C)}×$L＝S×L$

　　　C=1.0, L=1.2인 경우, 잔토처리량은 GL 이하 기초구조부체적(S)에 관계되며, 터파기량(V)과 되메우기량($V-S$)은 산정할 필요가 없다.

(2) 경사면에서 거푸집의 유무

　① 기둥 중심선 위치의 단면　　　② 기초판의 경사각 산정

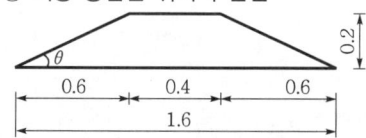 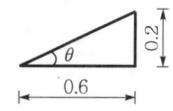

　　$\tan\theta=\dfrac{0.2}{0.6}$, $\theta=\tan^{-1}\left(\dfrac{0.2}{0.6}\right)=18.4°<30°$

　　$\theta<30°$이므로 경사면의 거푸집은 필요없다.

(3) 기초판의 경사각 산정 별해

　　$\tan\theta=\dfrac{0.2}{0.6}=0.33<\tan30°=0.58$

　　∴ $\theta<30°$

02 그림과 같은 줄기초의 연길이가 150m일 때, 기초콘크리트량, 철근량 및 거푸집량을 산출하시오. (단, D13=0.995kg/m, D10=0.56kg/m이며, 이음길이는 무시하고 정미량으로 할 것) (9점)

•89 ③, 07 ②

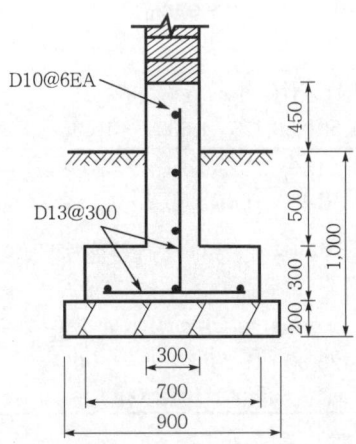

가. 기초 콘크리트량 :

나. 철근량 :

다. 거푸집량 :

정답

구분	수량 산출근거	계
가. 기초 콘크리트량	(1) 기초판 : $0.7 \times 0.3 \times 150 = 31.50 m^3$ (2) 기초벽 : $0.3 \times (0.45+0.5+0.3) \times 150 = 42.75 m^3$ ∴ 합계 : $31.50 + 42.75 = 74.25 m^3$	$74.25 m^3$
나. 철근량	(1) 기초판 ① D10 : $3EA \times 150 = 450.0m$ ② D13 : $\left(\dfrac{150}{0.3} \rightarrow 500EA\right) \times 0.7 = 350.0m$ (2) 기초벽 ① D10 : $3EA \times 150 = 450.0m$ ② D13 : $\left(\dfrac{150}{0.3} \rightarrow 500EA\right) \times \{(0.45+0.5+0.3)+0.35\} = 800.0m$ (3) 총철근량 ① D10 : $(450.0+450.0) \times 0.56 = 504.00kg$ ② D13 : $(350.0+800.0) \times 0.995 = 1,144.25kg$ ∴ 합계 : $504.00+1,144.25 = 1,648.25kg$	1,648.25kg
다. 거푸집량	$(0.45+0.5+0.3) \times 150 \times 2sides = 375.00 m^2$	$375.00 m^2$

[해설] (1) 문제조건에 의해 이음길이는 무시한다.

(2) 줄기초의 형상은 1방향형과 폐합형이 있으나, 특별한 지시가 없고 연길이가 상당히 길므로 폐합형으로 가정한다.

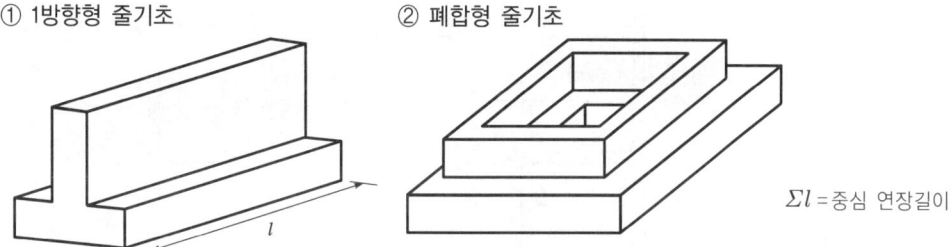

① 1방향형 줄기초 ② 폐합형 줄기초

Σl = 중심 연장길이

(3) 폐합형일 경우 기초판의 단변철근 및 기초벽의 수직철근 개수는 "Σl/철근간격"이다.

(4) 줄기초를 1방향형으로 가정할 경우, 철근량과 거푸집면적은 다음과 같이 된다.
 ① 철근개수 : Σl/철근간격+1
 ② 거푸집면적 : (0.7×0.3+0.3×0.95)× 2sides(양쪽 마구리 면적) 만큼 추가된다.

(5) 줄기초의 각종 철근길이(이음길이 무시)
 ① 기초판 단변철근 : l_x ② 기초판 장변철근 : Σl
 ③ 기초벽 수직철근 : $h+l_x/2$ ④ 기초벽 수평철근 : Σl

(6) 줄기초의 기초벽 철근 상세

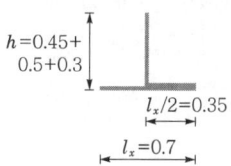

$h=0.45+0.5+0.3$
$l_x/2=0.35$
$l_x=0.7$

(7) 철근량 산정시 기초판과 기초벽을 함께 고려하여 계산하면 다음과 같다.
 ① D10 : 6EA×150=900.0m
 ② D13 : $\left(\dfrac{150}{0.3} \to 500\text{EA}\right)$ ×{0.7+(0.45+0.5+0.3+0.35)}=1,150.0m

03 다음 기초 도면을 보고 다음에 요구하는 재료량을 산출하시오. (단, D10 = 0.56kg/m, D13 = 0.995kg/m이고, 이음길이와 피복은 고려하지 않는다. 또한 모든 수량은 정미량으로 하고 토량환산계수 L = 1.2이다.) (16점) •92 ④, 94 ③, 97 ②, 00 ②, 04 ②, 06 ②

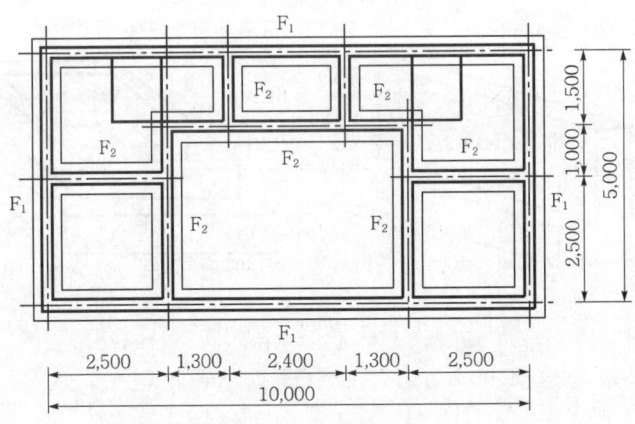

【 기초 보복도 】

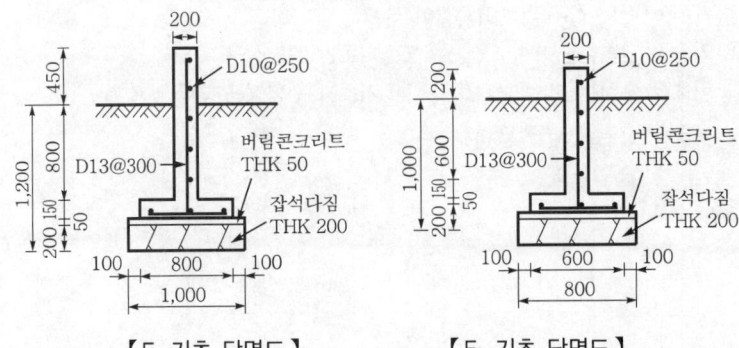

【 F_1 기초 단면도 】   【 F_2 기초 단면도 】

가. 터파기량(m^3)   나. 잡석다짐량(m^3)
다. 버림콘크리트량(m^3)   라. 거푸집량(m^2) : 버림콘크리트 제외
마. 콘크리트량(m^3)   바. 철근량 D10(kg), D13(kg), 합계(kg)
사. 잔토처리량(m^3)   아. 되메우기량(m^3)

정답

구분	수량 산출근거	계
가. 터파기량(V)	(1) F_1 : $1.76 \times 1.2 \times 30 = 63.36 m^3$ (2) F_2 : $1.3 \times 1.0 \times \left\{ 20 - \left(\dfrac{1.76}{2} \times 6EA + \dfrac{1.3}{2} \times 4EA \right) \right\} = 15.756 m^3$ ∴ 합계 : $63.36 + 15.756 = 79.116 \rightarrow 79.12 m^3$	$79.12 m^3$

나. 잡석다짐량	① F_1 : $1.0 \times 0.2 \times 30 = 6.00m^3$ ② F_2 : $0.8 \times 0.2 \times \left\{20 - \left(\dfrac{0.8}{2} \times 6EA + \dfrac{0.8}{2} \times 4EA\right)\right\} - (0.1 \times 0.05 \times 0.8 \times 6EA)$ $= 2.536m^3$ ∴ 합계 : $6.00 + 2.536 = 8.536 \rightarrow 8.54m^3$	$8.54m^3$
다. 버림 콘크리트량	① F_1 : $1.0 \times 0.05 \times 30 = 1.50m^3$ ② F_2 : $0.8 \times 0.05 \times \left\{20 - \left(\dfrac{0.2}{2} \times 6EA + \dfrac{0.8}{2} \times 4EA\right)\right\} = 0.712m^3$ ∴ 합계 : $1.50 + 0.712 = 2.212 \rightarrow 2.21m^3$	$2.21m^3$
라. 거푸집면적	(1) F_1 　① 기초판 : $0.15 \times 30 \times 2sides = 9.0m^2$ 　② 기초벽 : $(0.45 + 0.8) \times 30 \times 2sides = 75.0m^2$ (2) F_2 　① 기초판 : $0.15 \times \left\{20 - \left(\dfrac{0.2}{2} \times 6 + \dfrac{0.6}{2} \times 4\right)\right\} \times 2 = 5.46m^2$ 　② 기초벽 : $(0.2 + 0.6) \times \left\{20 - \left(\dfrac{0.2}{2} \times 6 + \dfrac{0.2}{2} \times 4\right)\right\} \times 2 = 30.40m^2$ ∴ 합계 : $(9.0 + 75.0) + (5.46 + 30.40) = 119.86m^2$	$119.86m^2$
마. 콘크리트량	(1) F_1 　① 기초판 : $0.8 \times 0.15 \times 30 = 3.60m^3$ 　② 기초벽 : $0.2 \times (0.45 + 0.8) \times 30 = 7.50m^3$ (2) F_2 　① 기초판 : $0.6 \times 0.15 \times \left\{20 - \left(\dfrac{0.2}{2} \times 6 + \dfrac{0.6}{2} \times 4\right)\right\} = 1.638m^3$ 　② 기초벽 : $0.2 \times (0.2 + 0.6) \times \left\{20 - \left(\dfrac{0.2}{2} \times 6 + \dfrac{0.2}{2} \times 4\right)\right\} = 3.040m^3$ ∴ 합계 : $(3.60 + 7.50) + (1.638 + 3.040) = 15.778 \rightarrow 15.78m^3$	$15.78m^3$
바. 철근량	(1) F_1(기초판+기초벽) 　① D10 : $8EA \times 30 = 240.0m$ 　② D13 : $\left(\dfrac{30}{0.3} \rightarrow 100EA\right) \times \{0.8 + (1.4 + 0.4)\} = 260.0m$ (2) F_2(기초판+기초벽) 　① D10 : $6EA \times 20 = 120.0m$ 　② D13 : $\left(\dfrac{20}{0.3} \rightarrow 67EA\right) \times \{0.6 + (0.95 + 0.3)\} = 123.95m$ (3) 총 철근량 　① D10 : $(240.0 + 120.0) \times 0.56 = 201.60kg$ 　② D13 : $(260.0 + 123.95) \times 0.995 = 382.03kg$ ∴ 합계 : $201.60 + 382.03 = 583.63kg$	$583.63kg$
사. 잔토처리량 ($C=1.0$, $L=1.2$)	(1) 잔토처리량=GL 이하의 구조부체적(S)×토량환산계수(L) (2) GL 이하 구조부체적(S)=잡석다짐량+버림콘크리트량+기초판량 　　　　　　　　　　+GL 이하의 기초벽량 　① 잡석량 : $8.54m^3$ 　② 버림콘크리트량 : $2.21m^3$ 　③ 기초판량(F_1, F_2) : $3.60 + 1.638 = 5.238m^3$	$27.68m^3$

	④ GL 이하의 기초벽량(F_1, F_2) $$0.2\times0.8\times30+0.2\times0.6\times\left\{20-\left(\frac{0.2}{2}\times6+\frac{0.2}{2}\times4\right)\right\}=7.08m^3$$ ∴ GL 이하의 구조부체적(S)=8.54+2.21+5.238+7.08=23.068m^3 (3) 잔토처리량=$S\times L$=23.068×1.2=27.682 → 27.68m^3	
아. 되메우기량 ($V-S$)	되메우기량=터파기량(V)-GL 이하의 기초구조부체적(S) =79.12-23.068=56.052 → 56.05m^3	56.05m^3

[해설] (1) F_1과 F_2의 중복 개수 : 6EA

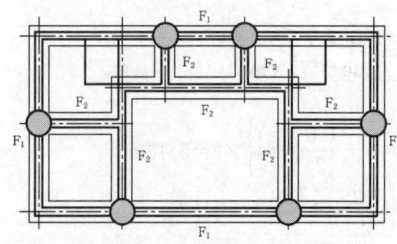

(2) F_2와 F_2의 중복 개수 : 4EA

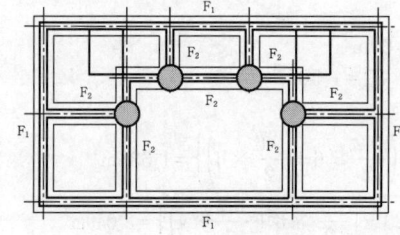

(3) 기초의 중심길이 ΣL

① F_1 : ΣL_1 =(10+5)×2=30m

② F_2 : ΣL_2 =3.5×2+1.5×2+2.5×2+5=20m

(4) 기초의 평균너비

① F_1 : 터파기 폭(D)은 높이 2.0m 이하인 경우 30cm이다.

㉠ 하부 길이 : 0.8+0.3×2=1.4m

㉡ 상부 길이 : $L+2\times0.3H$=1.4+2×0.3×1.2=2.12m

㉢ 평균너비 : $\dfrac{(1.4+2.12)}{2}$ =1.76m

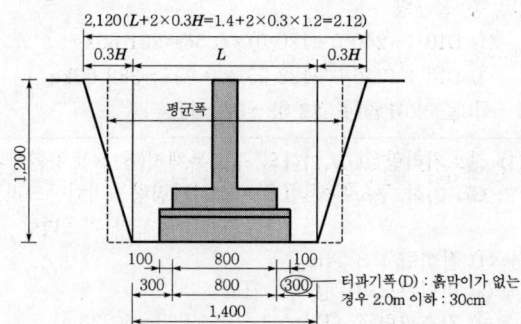

② F_2 : 터파기 너비(D)는 흙막이가 없는 경우로서 터파기 깊이가 1.0m 이하이므로 20cm이다.
  ㉠ 하부 길이 : 0.6+0.2×2=1.0m
  ㉡ 상부 길이 : $L+2\times 0.3H = 1.0+2\times 0.3\times 1.0 = 1.60$m
  ㉢ 평균너비 : $\dfrac{(1.0+1.6)}{2} = 1.30$m

(5) F_1과 F_2의 중복(6EA) 상세

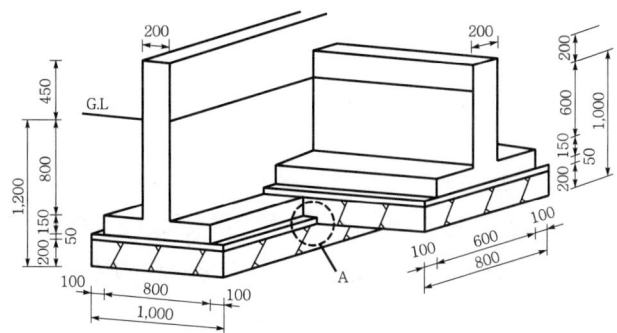

(6) A부분 상세(F_1의 버림콘크리트와 F_2의 잡석지정의 중복부분, 6EA)

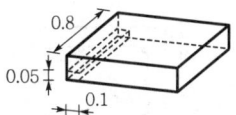

(7) F_1 시공완료 후 F_2를 시공할 경우, F_1의 잡석 및 버림콘크리트 등을 시공한 후 F_2를 잡석다짐하므로 F_1의 버림콘크리트와 중복되는 F_2의 잡석량에서 공제한다.

(8) F_2와 F_2의 중복(4EA) 상세

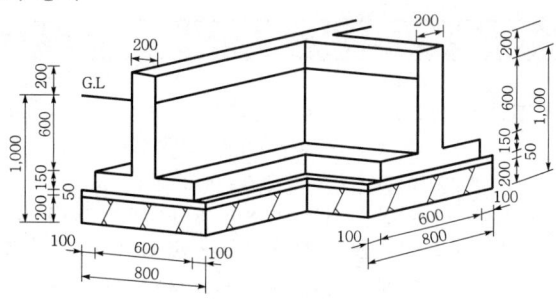

【 F_2와 F_2의 중복(4EA) 】

(9) 1개소당 1m² 이하 및 외부 줄기초와 내부 줄기초의 접속부의 거푸집면적은 공제하지 않는다.
(10) 철근 개수

  ① 기초 F_1과 같은 폐합형 기초의 경우 철근 개수는 $n = \dfrac{l}{간격}$ 임.

  ② 기초 F_2와 같은 기초는 1방향형 기초이나 기초 F_1에 접속되므로 철근 개수는 $n = \dfrac{l}{간격}$ 임.

(11) 줄기초의 기초벽 철근 상세

① F₁　　　　　　　　② F₂

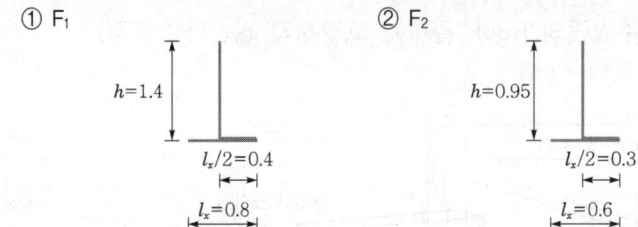

(12) 잔토처리량(C=1.0, L=1.2인 경우) : 잔토처리량=$\{V-(V-S)\times(1/C)\}\times L = S\times L$

04 다음 도면에서 기둥의 주철근 및 띠철근 철근량의 합계를 산출하시오. (단, 층고는 3.6m, 주철근의 이음길이는 $25d$, 철근의 중량은 D22는 3.04kg/m, D19는 2.25kg/m, D10은 0.56kg/m로 한다.) (4점)

• 96 ⑤, 98 ①, 99 ⑤, 05 ②, 11 ②, 15 ①

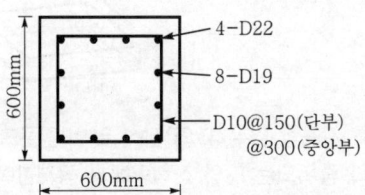

정답

구분	수량 산출근거
(1) 기둥 주철근의 철근량	① D19 : 8EA×(3.6+25×0.019)×2.25=73.350 → 73.35kg ② D22 : 4EA×(3.6+25×0.022)×3.04=50.464 → 50.46kg ∴ 소계 : 73.35+50.46=123.81kg
(2) 띠철근의 철근량(D10)	① 띠철근 길이=(0.6+0.6)×2=2.4m ② 띠철근 개수=(1.8/0.15)+(1.8/0.3)+1=12+6+1=19EA ③ 띠철근 및 보조 띠철근 중량(D10)=2.4×19EA×0.56=25.54kg
(3) 합계	∴ 합계 : 123.81+25.54=149.35kg

05 다음 그림과 같은 철근콘크리트 최상층보에서 철근 중량을 산출하시오. (단, D22=3.04kg/m, D10=0.56kg/m이고, 주철근의 Hook 길이는 고려하지 않는다.) (5점) •01 ①

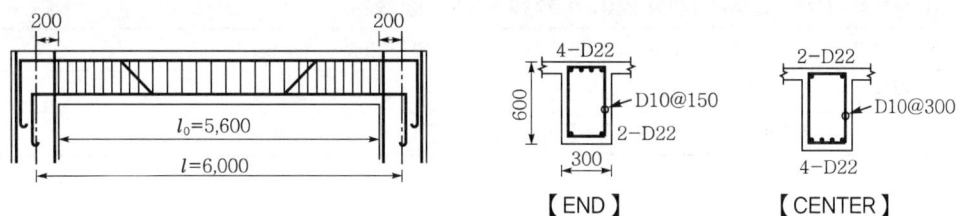

【 END 】   【 CENTER 】

정답

구분	수량 산출근거
(1) 상부철근(D22, 2EA)	$(6.4+40\times0.022\times2)\times2=16.320$m
(2) 하부철근(D22, 2EA)	$(5.6+25\times0.022\times2)\times2=13.400$m
(3) 벤트철근(D22, 2EA)	$\{6.4+40\times0.022\times2+0.828\times(0.6-0.12)\}\times2=17.115$m
(4) 늑근(D10)	$30\times(0.3+0.6)\times2=54.0$m
(5) 총 철근량(정미량)	① D10 : $54.0\times0.56=30.24$kg ② D22 : $(16.320+13.400+17.115)\times3.04=142.378 \rightarrow 142.38$kg ∴ 합계 : $30.24+142.38=172.62$kg

해설 (1) 문제 조건에 의해 Hook의 길이($10.3d$)는 고려하지 않는다. 또한 최상층보의 정착길이 산정에 주의한다.

(2) 보의 각종 길이
  ① 안목길이(l_0) = 5.6m   ② 중심간길이(l) = 6.0m   ③ 외측길이(l') = 6.4m

(3) $l_0/4 = 5.6/4 = 1.4$

(4) 늑근의 개수 산정시 계산식과 도면의 개수가 1개 차이가 날 경우, 도면의 개수를 우선으로 한다.
  ① 계산식 : $\left(\dfrac{2.8}{0.15}+\dfrac{2.8}{0.3}+1\right)=(19+9+1)=29$
  ② 도면의 철근 개수 : 30
  ③ 따라서 철근 개수는 도면의 개수 30이다.

06 그림과 같은 철근콘크리트 보의 주철근의 철근량을 구하시오. (단, 스트럽근을 제외한다. D22=3.04kg/m, 정착길이는 인장근의 경우 $40d$, 압축근의 경우 $25d$로 하고 갈고리(Hook)의 길이와 할증률은 무시한다.) (6점) •85 ③, 90 ④, 07 ①

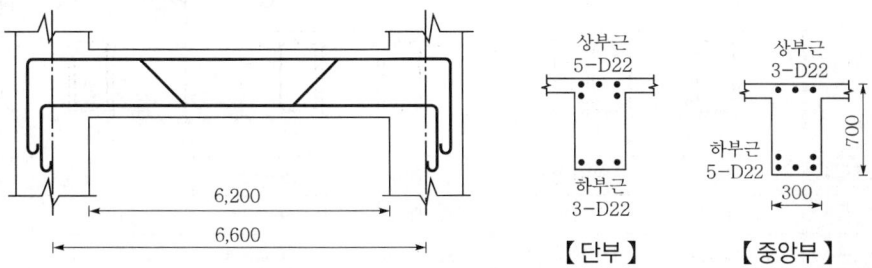

【 단부 】   【 중앙부 】

정답

구분	수량산출근거
(1) 상부철근(D22, 3EA)	$(6.2+40\times 0.022\times 2)\times 3 = 23.880$m
(2) 하부철근(D22, 3EA)	$(6.2+25\times 0.022\times 2)\times 3 = 21.900$m
(3) 벤트철근(D22, 2EA)	$\{6.2+40\times 0.022\times 2+0.828\times (0.7-0.12)\}\times 2 = 16.880$m
(4) 총철근량(정미량)	$(23.880+21.900+16.880)\times 3.04 = 190.486 \to 190.49$kg

07 주어진 도면의 보 및 슬래브 철근량을 산출하시오. (16점) •93 ④, 94 ①, 95 ④, 97 ⑤

단, ① 보 철근의 정착길이는 인장측 $40d$, 압축측 $25d$로 한다.
② 이음길이는 계산하지 않고, 할증률은 3%이다.
③ 철근의 Hook는 보 철근의 정착부분(G_1, G_2, B_1)에만 계산하며 Hook의 길이는 $10.3d$로 한다.
④ d는 철근의 공칭지름이며, 철근의 규격은 다음과 같다.

구분	D10	D13	D16	D22
공칭지름(mm)	9.53	12.7	15.9	22.2
단위중량(kg/m)	0.56	0.995	1.56	3.04

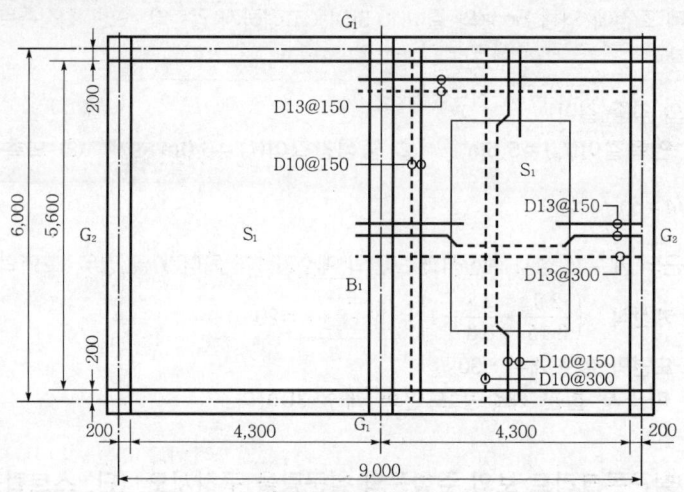

【2층 바닥 복복도】
【보 단면 리스트】

부호	G_1		G_2		G_3	
	(단부)	(중앙부)	(단부)	(중앙부)	(단부)	(중앙부)
단면	400 / 700	400 / 700	400 / 700	400 / 700	300 / 600	300 / 600
상부철근	7-D22	3-D22	5-D22	3-D22	7-D16	4-D16
하부철근	3-D22	7-D22	3-D22	5-D22	4-D16	7-D16
늑근	D10@150	D10@300	D10@150	D10@300	D10@150	D10@300

Lesson 06

정답

1. 보

구분	수량 산출근거
(1) G_1 ($l_0=8.6m$, 2EA)	① 상부철근(D22) : $(8.6+50.3\times0.022\times2)\times3\times2=64.879m$ ② 하부철근(D22) : $(8.6+35.3\times0.022\times2)\times3\times2=60.919m$ ③ 벤트철근(D22) : $\{8.6+50.3\times0.022\times2+0.828\times(0.7-0.12)\}\times4\times2=90.348m$ ④ 늑근(D10) : $\left(\dfrac{4.3}{0.15}+\dfrac{4.3}{0.3}+1\rightarrow29+14+1EA\right)\times(0.4+0.7)\times2\times2=193.60m$
(2) G_2 ($l_0=5.6m$, 2EA)	① 상부철근(D22) : $(5.6+50.3\times0.022\times2)\times3\times2=46.879m$ ② 하부철근(D22) : $(5.6+35.3\times0.022\times2)\times3\times2=42.919m$ ③ 벤트철근(D22) : $\{5.6+50.3\times0.022\times2+0.828\times(0.7-0.12)\}\times2\times2=33.174m$ ④ 늑근(D10) : $\left(\dfrac{2.8}{0.15}+\dfrac{2.8}{0.3}+1\rightarrow19+9+1EA\right)\times(0.4+0.7)\times2\times2=127.60m$
(3) B_1 ($l_0=5.6m$, 1EA)	① 상부철근(D16) : $(5.6+50.3\times0.016\times2)\times4=28.838m$ ② 하부철근(D16) : $(5.6+35.3\times0.016\times2)\times4=26.918m$ ③ 벤트철근(D16) : $\{5.6+50.3\times0.016\times2+0.828\times(0.6-0.12)\}\times3=22.821m$ ④ 늑근(D10) : $\left(\dfrac{2.8}{0.15}+\dfrac{2.8}{0.3}+1\rightarrow19+9+1EA\right)\times(0.3+0.6)\times2=52.20m$
(4) 소계	① D10 : $(193.60+127.60+52.20)\times0.56=209.104 \rightarrow 209.10kg$ ② D16 : $(28.838+26.918+22.821)\times1.56=122.580 \rightarrow 122.58kg$ ③ D22 : $\{(64.879+60.919+90.348)+(46.879+42.919+33.174)\}\times3.04=1,030.919$ $\rightarrow 1,030.92kg$ ∴ 보의 철근량 : $209.10+122.58+1,030.92=1,362.60kg$

2. 슬래브(S_1, 2EA)

구분	수량 산출근거
(1) 단변방향 ($l_x=4.1$m)	① 단부 상(D13) : $\left(\dfrac{1.04}{0.3}+1\rightarrow4EA\right)\times4.5\times2=36.0m$ ② 단부 하(D13) : $\left(\dfrac{1.04}{0.3}+1\rightarrow4EA\right)\times4.5\times2=36.0m$ ③ 중앙 하(D13) : $\left(\dfrac{3.52}{0.3}-1\rightarrow11EA\right)\times4.5=49.5m$ ④ Bent Bar(D13) : $\left(\dfrac{3.52}{0.3}\rightarrow12EA\right)\times4.5=54.0m$ ⑤ Top Bar(D13) : $\left(\dfrac{3.52}{0.3}-1\rightarrow11EA\right)\times\left\{1.04+0.2+\left(\dfrac{0.2+0.15}{2}\right)\right\}\times2=31.13m$
(2) 장변 방향 ($l_y=5.6$m)	① 단부 상(D10) : $\left(\dfrac{1.04}{0.3}+1\rightarrow4EA\right)\times6\times2=48.0m$ ② 단부 하(D10) : $\left(\dfrac{1.04}{0.3}+1\rightarrow4EA\right)\times6\times2=48.0m$ ③ 중앙 하(D10) : $\left(\dfrac{2.07}{0.3}-1\rightarrow6EA\right)\times6=36.0m$ ④ Bent Bar(D10) : $\left(\dfrac{2.07}{0.3}\rightarrow7EA\right)\times6=42.0m$ ⑤ Top Bar(D10) : $\left(\dfrac{2.07}{0.3}-1\rightarrow6EA\right)\times(1.04+0.15+0.2)\times2=16.68m$
(3) 소계	① D10 : $(48.0\times2+36.0+42.0+16.68)\times2EA\times0.56=213.562 \rightarrow 213.56kg$ ② D13 : $(36.0\times2+49.5+54.0+31.13)\times2EA\times0.995=411.194 \rightarrow 411.19kg$ ∴ 슬래브의 철근량 : $213.56+411.19=624.75kg$

3. 보 및 슬래브의 철근 총소요량

$$\therefore (1,363.28+624.75) \times 1.03 = 2,047.671 \rightarrow 2,047.67kg$$

[해설] (1) 각종 보의 치수

① $G_1(l_0=8.6m, l_0/4=2.15m)$　② $G_2(l_0=5.6m, l_0/4=1.4m)$　③ $B_1(l_0=5.6m, l_0/4=1.4m)$

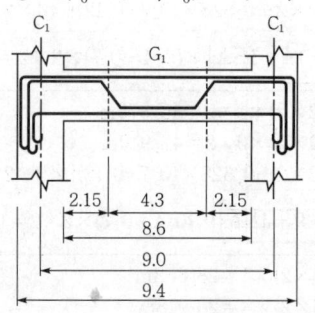 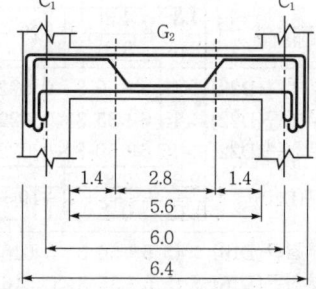 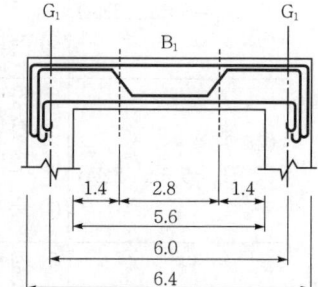

(2) 슬래브(S_1)의 각종 치수(Type I)

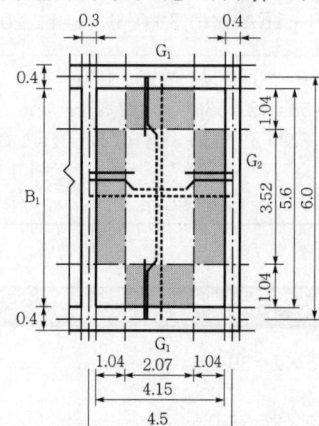

① $l_x = 4.3-0.15 = 4.15m$
② $l_x/4 = 4.15/4 = 1.0375 \rightarrow 1.04m$
③ $4.15-1.04 \times 2 = 2.07m$
④ $5.6-1.04 \times 2 = 3.52m$

(3) Top Bar 내민길이는 $15d$이다. (D10이면, $15 \times 0.01 = 0.15m$, D13이면, $15 \times 0.013 = 0.20m$이 된다.)

(4) Top Bar의 전체길이
 ($l_x/4$+내민길이($15d$)+보폭/2)×2EA

(5) 단변방향 Top Bar의 길이산정
 ① B_1에 접하는 Top Bar : 1.04+0.2+0.15
 ② G_2에 접하는 Top Bar : 1.04+0.2+0.2
 ③ 계산량을 줄이기 위해 단변방향에서 B_1과 G_2에 접하는 Top Bar를 함께 고려할 경우, Top Bar의 길이는 다음과 같다.
  {1.04+0.2+(0.15+0.2)/2}×2EA

(6) 장변방향 Top Bar의 길이산정
 장변방향 Top Bar는 내민길이 $15d$(0.15m)이고 양쪽 모두 G_1에 접하므로 길이는 다음과 같다.
 (1.04+0.15+0.2)×2EA

Lesson 06

08 철근콘크리트 공사의 바닥(Slab) 철근물량 산출에서 주어진 그림과 같은 Two Way Slab의 철근물량을 산출(정미량)하시오. (단, D13=0.995kg/m, D10=0.56kg/m) (6점)   •03 ①, 08 ①

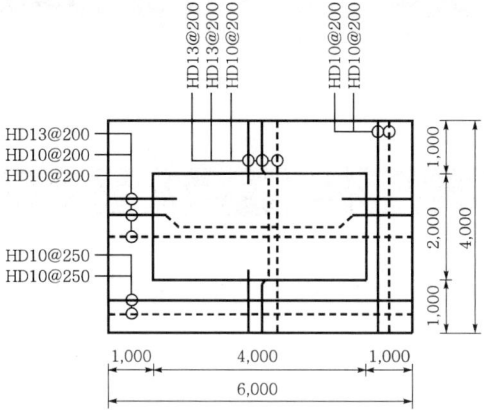

정답

구분	수량 산출근거
(1) 단변방향(주철근)	① 단부 상(HD10) : $\left(\dfrac{1}{0.2}+1 \rightarrow 6\text{EA}\right) \times 4.0 \times 2 = 48.0\text{m}$ ② 단부 하(HD10) : $\left(\dfrac{1}{0.2}+1 \rightarrow 6\text{EA}\right) \times 4.0 \times 2 = 48.0\text{m}$ ③ 중앙 하(HD10) : $\left(\dfrac{4}{0.2}-1 \rightarrow 19\text{EA}\right) \times 4.0 = 76.0\text{m}$ ④ Bent Bar(HD13) : $\left(\dfrac{4}{0.2} \rightarrow 20\text{EA}\right) \times 4.0 = 80.0\text{m}$ ⑤ Top Bar(HD13) : $\left(\dfrac{4}{0.2}-1 \rightarrow 19\text{EA}\right) \times (1.0+0.2) \times 2 = 45.60\text{m}$
(2) 장변방향(부철근)	① 단부 상(HD10) : $\left(\dfrac{1}{0.25}+1 \rightarrow 5\text{EA}\right) \times 6.0 \times 2 = 60.0\text{m}$ ② 단부 하(HD10) : $\left(\dfrac{1}{0.25}+1 \rightarrow 5\text{EA}\right) \times 6.0 \times 2 = 60.0\text{m}$ ③ 중앙 하(HD10) : $\left(\dfrac{2}{0.2}-1 \rightarrow 9\text{EA}\right) \times 6.0 = 54.0\text{m}$ ④ Bent Bar(HD10) : $\left(\dfrac{2}{0.2} \rightarrow 10\text{EA}\right) \times 6.0 = 60.0\text{m}$ ⑤ Top Bar(HD13) : $\left(\dfrac{2}{0.2}-1 \rightarrow 9\text{EA}\right) \times (1.0+0.2) \times 2 = 21.60\text{m}$
(3) 철근량	① HD10 : {(48.0×2+76.0)+(60.0×2+54.0+60.0)} × 0.56 = 227.36kg ② HD13 : (80.0+45.60+21.60) × 0.995 = 146.464 → 146.46kg ∴ 합계 : 227.36+146.46 = 373.82kg

해설
① Type (Ⅱ)
② 철근의 지름이 서로 다를 경우 중간대에서 Top Bar, Bent Bar, Bottom Bar의 순서로 지름이 줄어든다.
③ 도면에서 HD는 고강도 이형철근을 의미한다.
④ 단변방향 중간대 단부에서 Top Bar의 간격이 200, Bent Bar의 간격이 200이므로 중간대 단부의 상부철근의 간격은 Top Bar와 Bent Bar가 교대로 배근되어 100이 된다.
⑤ 단변방향 주열대 상부철근과 하부철근 각각의 간격은 중간대 철근 간격의 두 배가 되어 200이 된다.
⑥ 단변방향 l_x=4.0m에 대한 $l_x/4$=4.0/4=1.0m이다.
⑦ Top Bar 내민길이는 D13일 경우, 15×0.013=0.20m이 된다.

Lesson 07 강구조공사의 수량

1 일반사항

(1) 층별로 구분하여 '기둥 → 벽체 → 보 → 바닥판 및 지붕틀'의 순서로 산출한다.
(2) 주재와 부재로 나누어 산출한다.
(3) 강구조재는 도면 정미량에 표의 값 이내의 할증률을 가산하여 소요량으로 한다.

【강구조재의 종류별 할증률】

종류	할증률(%)	종류	할증률(%)
소형 형강	5	경량 형강	5
형강	5~10	강관, 각관	5
강판	10	리벳	5
봉강	5	볼트	5
평강, 대강	5~10	고장력볼트	3

2 강구조공사의 수량산출

1. 형강류(Angle) (87①, 88②, 90①, 93①, 95②, 96②, 97①③, 98①, 99①③, 00③, 01①, 03①, 05②, 07②, 08②, 09②, 12③)

종별 및 단면치수별로 구분하여 총연장을 산출하고, 총연장×단위길이당 중량으로 산출한다.

2. 강판재(Plate) (87①, 88②, 90①, 93①, 95②, 96②, 97①, 98①, 99③, 00③, 01①, 03①②, 05②, 07②, 08②)

(1) 두께별로 구분하여, 면적×단위면적당 중량 혹은 정치수판 1장의 면적×1장당 중량으로 산출한다.
(2) 실제면적에 가장 가까운 사각형, 삼각형, 평행사변형, 사다리꼴 면적을 계산한다.

핵심 Point

● 형강의 단면형상과 치수 표기법

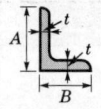
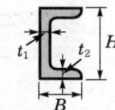

L-A×B×t   I-H×B×t₁×t₂
(a) 등변산형강 (b) ㄷ형강
  (등변 ㄱ형강)

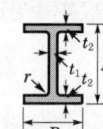
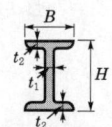

H-H×B×t₁×t₂ I-H×B×t₁×t₂
(c) H형강   (d) I형강

● H형강의 표기

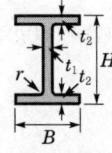

H-400×200×8×3(66.0kg/m)
① H : H형강
② 400 : 웨브의 높이(mm)
③ 200 : 플랜지의 너비(mm)
④ 8 : 웨브의 두께(mm)
⑤ 3 : 플랜지의 두께(mm)
⑥ 66.0 : 단위길이당 중량 (kg/m)

● 형강량 산정 (87①, 88②, 90①, 93①, 95②, 96②, 97①③, 98①, 99①③, 00③, 01①, 03①, 05②, 07②, 08②, 09②, 12③)

(3) 볼트 구멍, 리벳 구멍 및 콘크리트 부어넣기용 구멍은 면적에서 공제하지 않는다. 다만, 가공상 배관 등으로 구멍이 큰 경우에는 공제한다.

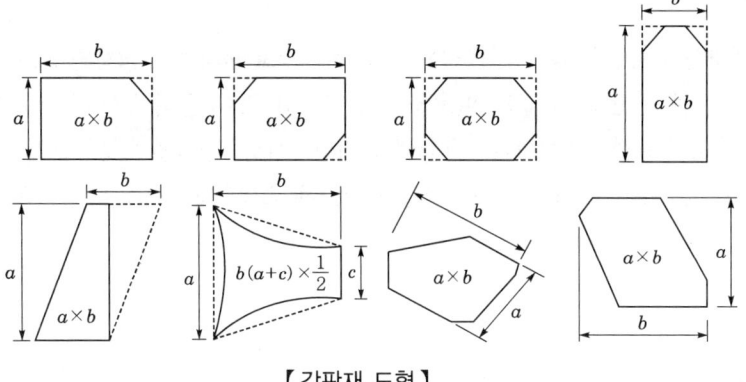

【 강판재 도형 】

(4) 강재 발생재의 처리 (87②, 07②, 13②)

소요 강재량과 도면 정미량의 차이에서 생기는 스크랩(Scrap)은 그 스크랩 발생량의 70%를 시중의 도매가격으로 환산하여 그 대금을 설계당시 미리 공제한다.

> 공제금액=(소요 강재량－도면 정미량)×70%(스크랩 톤당 단가)

3. 볼트, 리벳

지름, 길이, 모양별로 개수 또는 중량으로 산출한다.

예제 1

다음과 같은 조건하에서 강구조재의 중량(kg)을 각각 산출하시오. (예상)

[조건] ① L-75×75×9, 길이 15m, 단위중량 9.96kg/m
② 2Ls-250×250×25, 길이 18m, 단위중량 93.7kg/m
③ ㄷ-300×90×9, 길이 15m, 10개, 단위중량 43.8kg/m
④ H-350×350×12×12, 길이 12m, 25개, 단위중량 136kg/m
⑤ PL-9, 규격 1.5m×2.5m, 30장, 강판의 비중 7.85

정답
① 15m×9.96kg/m=149.40kg
② 2EA×18m×93.7kg/m=3,373.20kg
③ 10EA×15m×43.8kg/m=6,570.00kg
④ 25EA×12m×136kg/m=40,800.00kg
⑤ 30EA×1.5m×2.5m×0.009m×7,850kg/m³=7,948.13kg

핵심 Point

● L형강의 표기와 상세

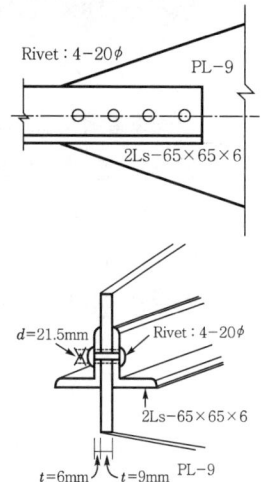

● 강판량 산정 (87①, 88②, 90①, 93①, 95②, 96②, 97①③, 98①, 99①③, 00③, 01①, 03①②, 05②, 07②, 08②)

● 강판의 소요량 및 스크랩 발생량 (87②, 07②, 13②)

기출 및 예상 문제

01 강구조물에서 보 및 기둥에는 H형강이 많이 사용되는 데 Long Span에서는 기성품인 Rolled 형강을 사용할 수 없을 정도의 큰 단면의 부재가 필요하게 된다. 이 경우 공장에서 두꺼운 철강판을 절단하여 소요 크기로 용접 제작하여 현장제작(Built Up) 형강을 사용하게 되는데 H-1,200×500×25×100 부재($l=20$m) 20개의 철강판 중량은 얼마(t)인가? (단, 철강의 비중은 7.85로 한다.) (4점)

• 03 ②, 08 ②

정답 ① 1개의 체적 : $\{0.5 \times 0.1 \times 2EA + (1.2 - 0.1 \times 2) \times 0.025\} \times 20EA = 2.50m^3$
② 전체 중량 : $2.50 \times 7.85 \times 20EA = 392.50t$

해설

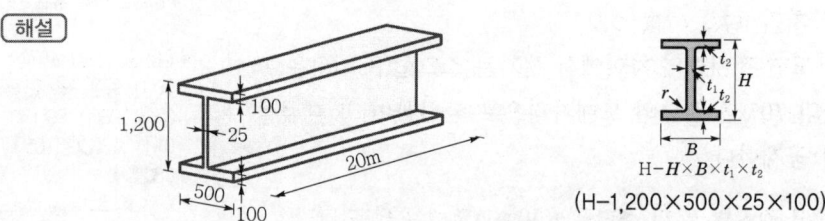

02 다음 그림과 같은 플레이트보의 강재량을 산출하시오. (단, 보의 길이는 10m로 하고 리벳은 제외한다. Ls-90×90×10의 단위중량은 13.3kg/m이며, PL-10의 단위중량은 78.5kg/m², PL-12의 단위중량은 94.2kg/m²이다.) (6점)

• 97 ③, 99 ①

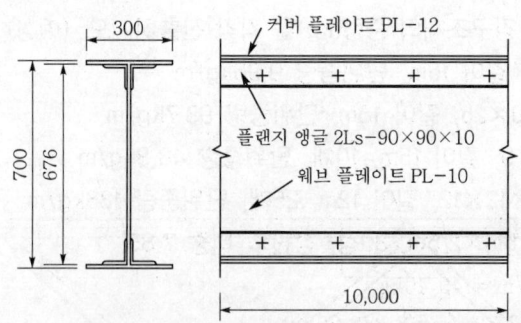

정답

구분	수량 산출근거
플랜지 앵글	4EA×10m×13.3kg/m=532.00kg
커버 플레이트	2EA×0.3m×10m×94.2kg/m²=565.20kg
웨브 플레이트	1EA×(0.7-0.024)m×10m×78.5kg/m²=530.66kg
∴ 합계	532.00+565.20+530.66=1627.86kg

[해설]
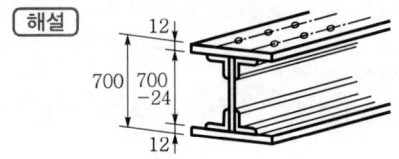

03 강재의 길이가 5m인 2L-90×90×15 형강의 중량(kg)을 산출하시오. (단, L-90×90×15)의 단위중량은 13.3kg/m이다.(2점)   •09 ②, 12 ③

[정답] 13.3kg/m×5m×2EA=133.00kg

04 강판을 그림과 같이 가공하여 20개의 수량을 사용하고자 한다. 강판의 비중이 7.85일 때 소요량(kg)을 산출하고, 스크랩의 발생량(kg)도 함께 산출하시오. (6점)   •87 ②, 07 ②, 13 ②

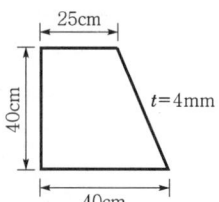

[정답] ① 소요량 : (0.4×0.4×0.004×7,850)×20EA=100.48kg
② 스크랩량 : (0.4×0.15×1/2×0.004×7,850)×20EA=18.84kg

05 다음 도면을 보고 요구하는 각 재료량을 산출하시오. (단, 기둥은 고려하지 않고, 평행 현트러스 보만 계산할 것) (10점)   •88 ②, 90 ①, 95 ②, 97 ①, 99 ③, 01 ①, 05 ②

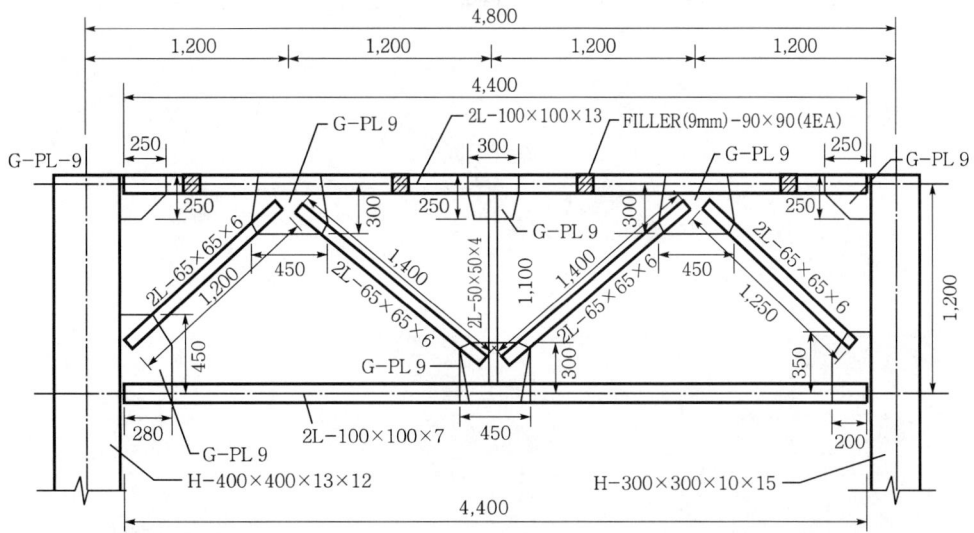

가. Angle량(kg)은? (5점)

(단, L-50×50×4=3.06kg/m, L-65×65×6=5.9kg/m,
L-100×100×7=10.7kg/m, L-100×100×13=19.1kg/m)

나. PL 9의 양(kg)은? (5점)

(단, PL 9=70.56kg/m^2)

[정답]

가. Angle량

구분	수량 산출근거
L-100×100×13 (상현재)	4.4×2×19.1=168.08kg
L-100×100×7 (하현재)	4.4×2×10.7=94.16kg
L-65×65×6 (경사재)	(1.4×4+1.20×2+1.25×2)×5.9=61.95kg
L-50×50×4 (수직재)	(1.2-0.1)×2×3.06=6.732 → 6.73kg
∴ 합계	168.08+94.16+61.95+6.73=330.92kg

나. PL 9량

구분	수량 산출근거
Gusset Plate (연결판)	(0.45×0.3×3+0.25×0.25×2+0.25×0.3+0.28×0.45+0.35×0.2) ×70.56=56.519kg
Filler (낄판)	(0.09×0.09×4)×70.56=2.286kg
∴ 합계	56.519+2.286=58.805 → 58.81kg

[해설]

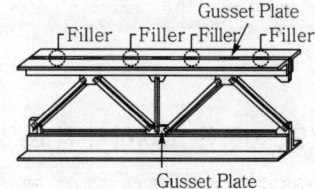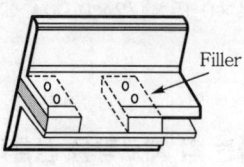

Gusset Plate의 면적은 도면의 주어진 치수의 직사각형 면적으로 한다.

06 트러스 1개분의 강구조의 재료량을 산출하시오. (단, L-65×65×6=5.91kg/m, L-50×50×6=4.43kg/m, PL-6=47.1kg/m²) (9점)

• 93 ①, 96 ②, 98 ①, 00 ③, 03 ①, 07 ②

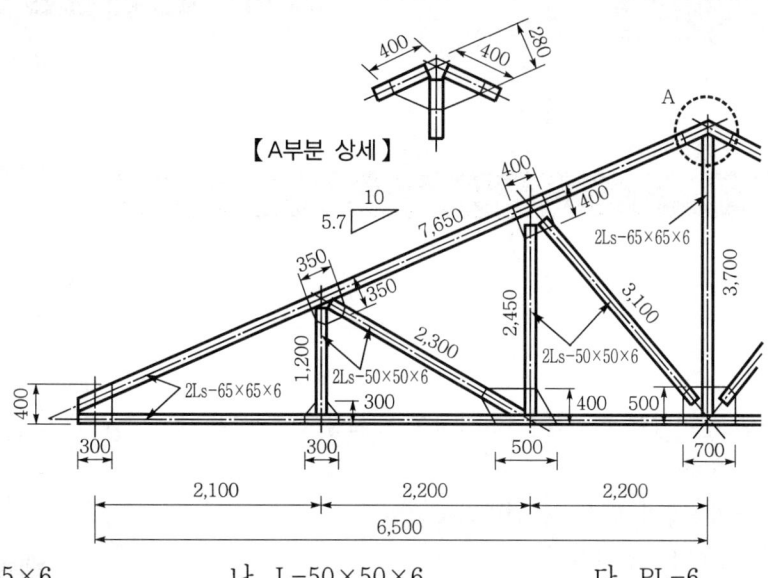

가. L-65×65×6　　나. L-50×50×6　　다. PL-6

구분	수량 산출근거
가. L-65×65×6(앵글)	① 자보 : 7.65×2×2=30.6m ② 왕대공 : 3.7×2=7.4m ③ 평보 : (6.5+0.15)×2×2=26.6m ∴ 합계 : (30.6+7.4+26.6)×5.91=381.786 → 381.79kg
나. L-50×50×6(앵글)	① 달대공 : (1.2+2.45)×2×2=14.6m ② 빗대공 : (2.3+3.1)×2×2=21.6m ∴ 합계 : (14.6+21.6)×4.43=160.366 → 160.37kg
다. PL-6(플레이트)	{(0.3×0.4+0.3×0.3+0.5×0.4+0.35×0.35+0.4×0.4)×2 +(0.7×0.5+0.4×0.4)}×47.1=89.255 → 89.26kg

해설

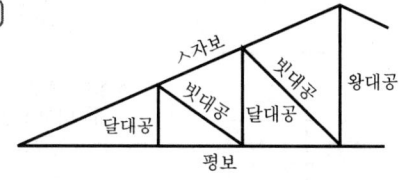

ㅅ자보의 전체 길이 : 7.65×2×2
① 7.65 : ㅅ자보의 길이
② 2 : 2Ls-65×65×6에 따라 2EA
③ 2 : 트러스 1개분의 강구조의 재료량이고, 좌우대칭이므로 2sides

Lesson 08. 조적 및 타일공사의 수량

☼ 1 벽돌공사

1. 벽돌쌓기

1) 개요
(1) 벽돌은 도면 정미량에 할증률을 가산하여 소요량으로 한다.
(2) 정미량과 소요량
   ① 정미량 = 벽돌쌓기 면적 × 단위면적당 장수
   ② 소요량 = 정미량 × 할증률
   ③ 정미량은 공임의 기준이 되며, 소요량은 자재발주시 기준이 된다.
(3) 벽돌 쌓기에서 가로줄눈 및 세로줄눈은 10 mm이다. 내화벽돌의 쌓기에서 가로줄눈 및 세로줄눈은 6 mm이다.

2) 벽돌쌓기 수량
(1) 벽돌쌓기 정미량 (85①, 88①③, 90①, 92②④, 94②, 95⑤, 96④⑤, 97④, 98①, 99②, 01②, 02③, 03②, 07①, 08②, 10②, 12②, 13①③, 15②, 18①, 19②, 20③⑤, 22①)

(단위 : 매/m²)

벽돌규격	0.5B	1.0B	1.5B	2.0B	2.5B	3.0B	비고
190×90×57	75	149	224	298	373	447	표준형
210×100×60	65	130	195	260	325	390	기존형

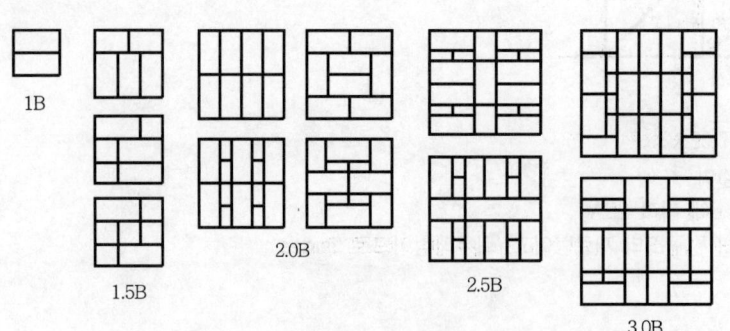

【 벽돌쌓기 두께 】

핵심 Point

- 벽돌 및 타일의 수량은 소수 첫째자리에서 절상한다.

- 조적공사의 재료 할증률
 ① 붉은벽돌 : 3%
 ② 시멘트벽돌 : 5%
 ③ 내화벽돌 : 3%

- 1.5B, 1,000장을 쌓을 경우 표준형 벽돌의 벽면적 (92②, 07②, 08②, 12②, 15②, 20③)

- 1.0B 시멘트 벽돌의 소요량 (96⑤, 13③)

- 표준형 시멘트 벽돌쌓기 소요량 및 미장면적(기타 공사) (95⑤, 03②, 09①, 13①, 20⑤)

- 표준형 시멘트 벽돌쌓기 소요량 및 쌓기용 모르타르량 (85①, 88①, 90①, 94②, 96④, 98①, 02③)

- 침실, 화장실, 복도 등으로 이루어진 단일 가구의 표준형 벽돌수량 산출 (88③)

- 굴뚝공사에서 기존형 붉은벽돌과 내화벽돌의 정미량 산출 (92④)

- 벽면적 20m²에 표준형 벽돌 1.5B로 쌓을 때 붉은벽돌의 소요량 (08②, 10②, 18①, 19②, 22①)

(2) 단위면적당 벽돌수량 산출 방법

$$정미수량(매/m^2) = \frac{1}{(l+n) \times (d+m)}$$

$$소요수량(매/m^2) = 정미수량 \times 할증률$$

여기서, l : 벽돌길이(cm)
m : 가로줄눈의 너비(cm)
d : 벽돌두께(cm)
n : 세로줄눈의 너비(cm)

예제 1

표준형(190×90×57) 벽돌을 0.5B로 1m²의 벽면적에 벽돌쌓기 할 때 수량을 산출하시오. (예상)

정답 벽돌수량 $= \dfrac{100cm \times 100cm}{(19cm+1cm) \times (5.7cm+1cm)} = 74.6 \rightarrow 75$매

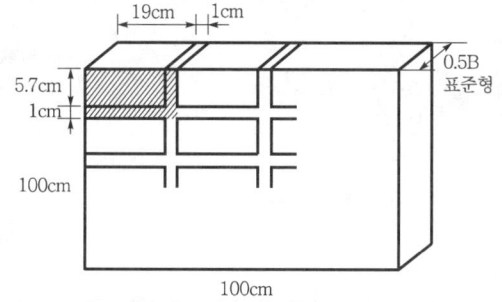

예제 2

기존형(210×100×60) 벽돌을 0.5B로 1m²의 벽면적에 벽돌쌓기 할 때 수량을 산출하시오. (예상)

정답 벽돌수량 $= \dfrac{100cm \times 100cm}{(21cm+1cm) \times (6cm+1cm)} = 64.9 \rightarrow 65$매

예제 3

벽돌 표준형 1,000장을 1.5B 두께로 쌓을 수 있는 벽면적(m²)을 구하시오. (단, 할증률은 고려하지 않는다.) (4점)

•92 ②, 07 ①, 08 ②, 12 ②, 15 ②, 20 ③

정답 벽면적 $= \dfrac{1,000}{224} = 4.464 \rightarrow 4.46m^2$

> ● 핵심 Point
>
> ● 1.5B 표준형 벽돌의 쌓기 정미량은 224매/m²이다.

3) 내화벽돌의 정미량

(단위 : 매/m²)

벽돌규격	0.5B	1.0B	1.5B	2.0B	2.5B	3.0B	비고
230×114×65	59	118	177	236	295	354	기존형

4) 벽돌의 할증률

종류	할증률(%)	종류	할증률(%)
시멘트벽돌	5	내화벽돌	3
붉은벽돌	3	고압벽돌	3

5) 벽의 면적산정

(1) 외벽

외벽면적(m²) = 중심간 길이 × 높이 - 개구부 면적

(2) 내벽

내벽면적(m²) = 안목간 길이 × 높이 - 개구부 면적

2. 벽돌쌓기 모르타르

1) 벽돌쌓기 재료 및 품

(1) 표준형(190×90×57)

(85①, 88①, 90①, 94②, 96④⑤, 97④, 98①, 99②, 01②, 02③, 13③)

(1,000매당)

벽두께	쌓기면적 (m²)	모르타르 (m³)	시멘트 (kg)	모래 (m³)	벽돌공 (인)	인부 (인)
0.5B	13.33	0.25	127.5	0.279	1.8	1.0
1.0B	6.71	0.33	168.3	0.363	1.6	0.9
1.5B	4.46	0.35	178.5	0.385	1.4	0.8
2.0B	3.41	0.36	183.6	0.396	1.2	0.7
2.5B	2.68	0.37	188.7	0.407	1.0	0.6
3.0B	2.23	0.38	193.8	0.418	0.8	0.5

(주) 1. 모르타르는 할증이 포함되지 않은 벽돌 정미량 1,000매당을 기준으로 산정한다.
2. 모르타르 배합비는 1 : 3이다.

핵심 Point

● 조적조에서 벽의 높이
① 외벽 : 조적조의 외벽은 일반적으로 지반에서 테두리보 하부면까지의 높이이다.
② 내벽 : 조적조의 내벽은 일반적으로 칸막이 벽인 경우가 대부분이며, 이런 경우 지반에서 슬래브 하부면까지의 높이이다.

● 모르타르 배합비는 1 : 3이고, 줄눈의 너비는 가로, 세로가 10mm일 때를 기준으로 한 것이다.

● 1.0B 시멘트 벽돌의 사춤 모르타르량 (96⑤, 13③)

● 표준형 시멘트 벽돌쌓기 소요량 및 쌓기용 모르타르량 (85①, 88①, 90①, 94②, 96④, 98①, 02③)

(2) 기존형(210×100×60)

(1,000매당)

벽두께	쌓기면적 (m^2)	모르타르 (m^3)	시멘트 (kg)	모래 (m^3)	벽돌공 (인)	인부 (인)
0.5B	15.38	0.30	153.0	0.33	2.0	1.0
1.0B	7.69	0.37	188.7	0.407	1.8	0.9
1.5B	5.12	0.40	204.0	0.44	1.6	0.8
2.0B	3.84	0.42	214.2	0.462	1.4	0.7
2.5B	3.07	0.44	224.4	0.484	1.2	0.6
3.0B	2.56	0.45	229.5	0.495	1.0	0.5

(주) 1. 모르타르는 할증이 포함되지 않은 벽돌 정미량 1,000매당을 기준으로 산정한다.
2. 모르타르 배합비는 1 : 3이다.

예제 4

시멘트 벽돌 1.0B 두께로 가로 15m, 세로 3m 쌓을 경우 시멘트 벽돌의 소요량과 이때 소요되는 사춤 모르타르량을 산출하시오. (4점) •96 ⑤, 13 ③

정답 (1) 시멘트 벽돌량
① 정미량 : 15×3×149=6,705매
② 소요량 : 6,705×1.05=7,040.3 → 7,041매
(2) 사춤 모르타르량 : 6.705×0.33=2.213 → 2.21m^3

2) 모르타르 바름

(1) 모르타르 1m^3당 재료의 정미량 산출식

① 시멘트 모르타르 : 시멘트 모르타르 용적 배합비가 1 : $m(=C : S)$이고, 비빔 감소율(=손율)이 N일 때, 할증을 고려하지 않은 시멘트량(C)과 모래량(S)은 다음과 같다.
단, ㉠ 모르타르 비빔 감소량(N)은 보통 25%로 한다.
㉡ 시멘트 손실량 2%, 모래 손실량 10%로 한다.

시멘트량	$C=\dfrac{1}{(1+m)\times(1-N)}$ (m^3)
모래량	$S=m\times C$ (m^3)

② 시멘트, 석회 혼합 모르타르 : 시멘트 모르타르 용적배합비가 1 : l : $m(=C : L : S)$이고, 비빔 감소율(=손율)이 N일 때, 할증을 고려하지 않은 시멘트량(C), 석회량(L), 모래량(S)은 다음과 같다.

핵심 Point

• 1.0B 표준형 시멘트 벽돌 1m^2당 쌓기 수량은 149매이다.

• 사춤 모르타르량은 정미량 1,000매를 기준으로 한다.

• 1.0B 표준형 시멘트 벽돌의 1,000매에 대한 쌓기 모르타르량은 0.33m^3이다.

시멘트량	$C = \dfrac{1}{(1+l+m) \times (1-N)}$ (m³)
석회량	$L = l \times C$ (m³)
모래량	$S = m \times C$ (m³)

(2) 모르타르 1m³당 할증을 고려한 재료량

배합용적비	시멘트(kg)	모래(m³)	인부(인)
1 : 1 (치장줄눈용)	1,093	0.78	1.0
1 : 2 (아치쌓기용)	680	0.98	1.0
1 : 3 (일반쌓기용)	510	1.10	1.0

(주) 비빔 감소율 $N=25\%$일 때를 기준으로 하며, 재료의 할증이 가산되어 있다.

> **핵심 Point**
>
> ● 재료의 할증률
> ① 시멘트 : 2%
> ② 모래 : 10%

예제 5

모르타르 배합비가 1 : 3이고 손비빔에 따른 비빔 감소율이 $N=25\%$이다. 모르타르 1m³을 만드는 데 소요되는 재료량(시멘트, 모래)을 할증을 고려하여 산출하시오.　　　　　　　　　　　　　　　　(예상)

정답　① 모르타르 배합비는 1 : m = 1 : 3
　　　② 감소율 : $N=0.25(25\%)$
　　　③ 시멘트량 : $C = \dfrac{1}{(1+m) \times (1-N)}$
　　　　　　　　　　$= \dfrac{1}{(1+3) \times (1-0.25)} = 0.3333 \text{m}^3$
　　　∴ 할증을 고려한 시멘트량 : $0.3333 \times 1,500 \times 1.02 = 509.949$
　　　　　　　　　　　　　　　　　　　　　　　→ 510kg
　　　④ 모래량 : $S = m \times C = 3 \times 0.3333 = 0.9999 \text{m}^3$
　　　∴ 할증을 고려한 모래량 : $0.9999 \times 1.1 = 1.0999 → 1.10 \text{m}^3$

2 블록공사

블록은 도면 정미량에 할증률 4% 이내를 가산한 것을 소요량으로 한다.

【 할증을 포함한 블록 크기별 소요량 】

(매/m²)

구분	치수	수량(매)	구분	치수	수량(매)
기본형	390×190×100 (4인치 블록) 390×190×150 (6인치 블록) 390×190×190 (8인치 블록)	13	장려형	290×190×100 290×190×150 290×190×190	17

(주) 1. 위 수량은 할증률이 이미 포함되어 있는 매수이다.
　　 2. 줄눈의 너비가 10mm인 경우이다.

3 타일공사

1) 외부 타일(m²)
① 바닥타일 : 바닥타일은 재질 및 규격별로 실면적을 산출한다.
② 벽타일 : 바닥타일은 재질 및 규격별로 실면적을 산출한다.

2) 내부 타일(m²)
① 바닥타일 : 바닥타일의 면적은 구조체의 안목치수를 기준해서 산출하며, 변기 등 위생기구 면적은 공제하지 않는다.
② 벽타일 : 모서리 기둥은 일반 벽과 동일하게 산출하며, 독립기둥은 마감치수로 산출하고 거울 후면은 공제하며 욕실장 등의 면적은 공제하지 않는다.

3) 타일의 할증률

타일 종류	할증률(%)
모자이크타일	3
도기타일	3
자기타일	3

4) 타일수량 산출식 (92①, 03③, 04②)

$$\text{타일수량(매)} = \frac{\text{타일면적}}{(\text{타일 한변의 길이}+\text{줄눈두께}) \times (\text{타일 다른변의 길이}+\text{줄눈두께})}$$

● 타일의 붙임 매수 (92①, 03③, 04②)

예제 6

바닥 마감공사에서 규격 180mm×180mm인 크링커타일을 줄눈의 너비 10mm로 바닥면적 200m²에 붙일 때 붙임 매수는 몇 장인가? (단, 할증률 및 파손은 없는 것으로 가정한다.) (3점)   •03 ③

정답 타일수량(매) = $\dfrac{1.0 \times 1.0}{(0.18+0.01) \times (0.18+0.01)}$ 매/m² × 200m²
= 5,540.2 → 5,541매

기출 및 예상 문제

01 다음 그림과 같은 건물 평면도에서 시멘트 벽돌 소요량과 쌓기용 모르타르량을 구하시오. (8점)

•94 ②, 96 ④, 98 ①, 02 ③

(단, ① 벽돌수량은 소수점 아래 첫째자리에서 모르타르량은 소수점 아래 셋째자리에서 반올림 할 것.
② 벽두께 : 외벽 1.0B, 내벽 0.5B
③ 벽돌벽 높이 : 3m
④ 벽돌 크기 : 표준형
⑤ 줄눈의 너비 : 10mm
⑥ 창호 크기

$\frac{1}{D}$: 1,000×2,300 $\frac{2}{D}$: 900×2,100 $\frac{1}{W}$: 1,200×1,200 $\frac{2}{W}$: 2,100×3,000

⑦ 벽돌 할증률 : 5%
(※ 시멘트 벽돌수량 산출시 길이 산정은 모두 중심선으로 한다.))

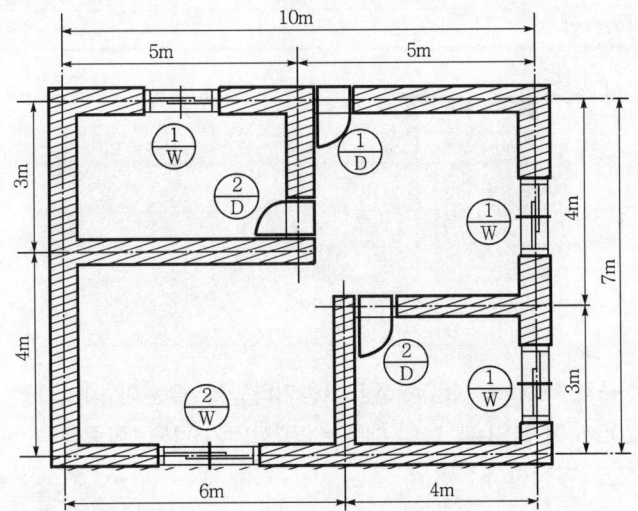

정답

구분	수량 산출근거	계
(1) 시멘트 벽돌 소요량	① 외벽(1.0B) : (10+7)×2×3.0-12.92=89.08m² ∴ 89.08×149=13,272.9 → 13,273매 ② 내벽(0.5B) : {(5+3)+(4+3)}×3.0-3.78=41.22m² ∴ 41.22×75=11221414 ∴ 소요량 : (13,273+3,092)×1.05=17,183.3 → 17,184매	17,184매
(2) 쌓기용 모르타르량	① 외벽(1.0B) : 13.273×0.33=4.38m³ ② 내벽(0.5B) : 3.092×0.25=0.773m³ ∴ 합계 : 4.38+0.773=5.153 → 5.15m³	5.15m³

해설 (1) 벽돌 할증률이 주어져 있을 경우 소요량을 의미한다.
(2) 개구부 면적

외부	②/D	1.0×2.3m×1EA	12.92m²
	①/W	1.2×1.2m×3EA	
	②/W	2.1×3.0m×1EA	
내부	②/D	0.9×2.1m×2EA	3.78m²

(3) 조적조의 벽돌 수량 산출시 벽체의 중복에 대해 고려해야 하나, 문제의 조건이 모두 중심선으로 하는 것으로 되어 있으므로 문제조건을 따라 중복을 고려하지 않는다.

(4) 벽돌쌓기 정미량
  ① 0.5B 표준형 벽돌 : 75매/m²
  ② 1.0B 표준형 벽돌 : 149매/m²

(5) 벽돌쌓기용 모르타르는 벽돌 정미량 1,000매에 대해 산정한다.

(6) 벽돌쌓기 모르타르량
  ① 0.5B 표준형 벽돌 : 0.25m³
  ② 1.0B 표준형 벽돌 : 0.33m³

02 다음과 같은 건축물 공사에 필요한 시멘트 벽돌량과 쌓기 모르타르량을 산출하시오. (단, 알루미늄창호의 사춤은 20mm, 목재창호는 15mm로 한다.) (6점)   •90 ①

┤조건├

㉮ 벽높이는 3.6m이다.
㉯ 외벽은 1.5B, 내벽은 1.0B이다.
㉰ 시멘트 벽돌 할증은 5%이다.
㉱ 벽돌은 190×90×57이다.
㉲ 창호의 크기는

  ①/WW : 1.2×1.2m   ②/WW : 2.4×1.2m

  ①/AD : 0.9×2.4m   ①/AD : 2.2×2.4m

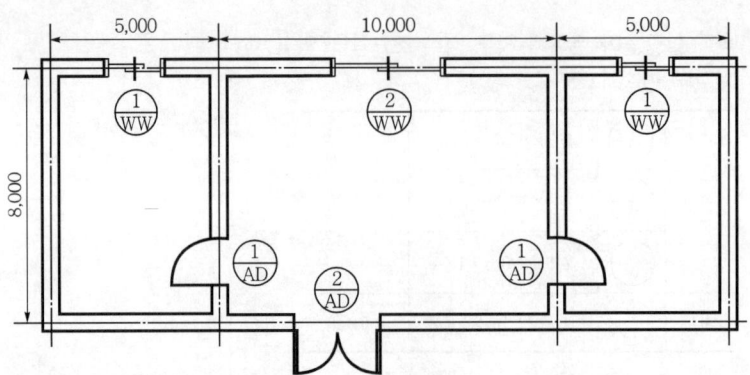

[정답]

구분	수량 산출근거	계
(1) 시멘트 벽돌 소요량	① 외벽(1.5B) : $(20+8) \times 2 \times 3.6 - 11.04 = 190.56 \text{m}^2$ ∴ $190.56 \times 224 = 42,685.4 \rightarrow 42,686$매 ② 내벽(1.0B) : $\left(8 - \dfrac{0.29}{2} \times 2\right) \times 2 \times 3.6 - 4.32 = 51.192 \text{m}^2$ ∴ $51.192 \times 149 = 7,627.6 \rightarrow 7,628$매 ∴ 소요량 : $(42,686 + 7,628) \times 1.05 = 52,829.7 \rightarrow 52,830$매	52,830매
(2) 쌓기용 모르타르량	① 외벽(1.5B) : $42.686 \times 0.35 = 14.94 \text{m}^3$ ② 내벽(1.0B) : $7.628 \times 0.33 = 2.517 \text{m}^3$ ∴ 합계 : $14.94 + 2.517 = 17.457 \rightarrow 17.46 \text{m}^3$	17.46m³

[해설] (1) 공사에 필요한 시멘트 벽돌량이란 소요량을 의미한다.

(2) 개구부면적

외부	②AD	2.2×2.4m×1EA	
	①WW	1.2×1.2m×2EA	11.04m²
	②WW	2.4×1.2m×1EA	
내부	①AD	0.9×2.4m×2EA	4.32m²

(3) 벽돌쌓기 정미량
  ① 1.0B 표준형 벽돌 : 149매/m²
  ② 1.5B 표준형 벽돌 : 224매/m²

(4) 벽돌쌓기용 모르타르는 벽돌 정미량 1,000매에 대해 산정한다.

(5) 벽돌쌓기 모르타르량
  ① 1.0B 표준형 벽돌 : 0.33m³
  ② 1.5B 표준형 벽돌 : 0.35m³

03 다음 도면과 같은 굴뚝공사를 할 때 벽돌 소요량을 정미량으로 구하시오. (5점)   •92 ④
(단, ① 굴뚝쌓기 높이는 3m이다.
② 붉은벽돌의 규격은 기존형(210×100×60)이고, 줄눈의 너비는 10mm이다.
③ 내화벽돌의 규격은 230×114×65이고, 줄눈의 너비는 6mm이다.)

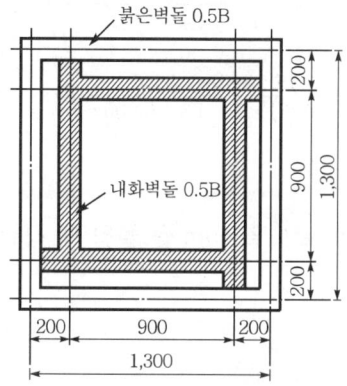

[정답] ① 붉은벽돌 : (1.3+1.3)×2×3×65=1,014매
② 내화벽돌 : 0.993×4EA×3×59=703.04 → 704매

[해설] (1) 외부에 위치하는 붉은벽돌은 중심간 길이로 정미량을 산출한다.
(2) 내부에 위치하는 내화벽돌은 다음 그림과 같이 한 변의 길이가 0.993m인 것으로 하여 정미량을 산출한다.

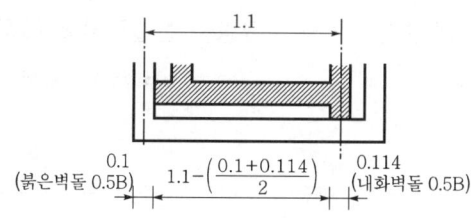 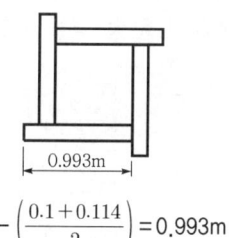

$$1.1 - \left(\frac{0.1 + 0.114}{2}\right) = 0.993\text{m}$$

(3) 0.5B 두께
① 기존형 붉은벽돌 : 100mm
② 내화벽돌 : 114mm

(4) 벽돌쌓기 정미량
① 0.5B 기존형 붉은벽돌 : 65매/m^2
② 0.5B 내화벽돌 : 59매/m^2

04 108mm 각 타일을 줄눈의 너비 5mm로 6m²의 바닥에 붙일 때 소요되는 타일장수를 정미량으로 계산하시오. (5점)

•92 ①

정답 타일수량(매) = $\dfrac{1.0 \times 1.0}{(0.108+0.005) \times (0.108+0.005)}$ 매/m² × 6m² = 469.9 → 470매

05 내장타일 15cm각, 줄눈 5mm로 타일 10m²를 붙일 때 타일장수를 정미량으로 산출하시오. (2점)

•04 ②

정답 타일수량(매) = $\dfrac{1.0 \times 1.0}{(0.15+0.005) \times (0.15+0.005)}$ 매/m² × 10m² = 416.2 → 417매

06 벽면적 20m²에 표준형 벽돌 1.5B로 쌓을 때 붉은벽돌의 소요량을 산출하시오. (3점)

•08 ③, 10 ②, 18 ①, 19 ②, 22 ①

정답 붉은벽돌의 소요량 : 20 × 224 × 1.03 = 4,163.4 → 4,165매

07 모르타르 배합비가 1 : 0.2 : 3이고 손비빔에 따른 비빔 감소율이 $N=25\%$이다. 모르타르 1m³를 만드는 데 소요되는 재료량(시멘트, 석회, 모래)을 정미량으로 산출하시오. (예상)

정답 ① 모르타르 배합비는 1 : l : m = 1 : 0.2 : 3
② 감소율 : $N = 0.25(25\%)$
③ 시멘트량 : $C = \dfrac{1}{(1+l+m) \times (1-N)} = \dfrac{1}{(1+0.2+3) \times (1-0.25)} = 0.317 \rightarrow 0.32\text{m}^3$
④ 석회량 : $L = l \times C = 0.2 \times 0.32 = 0.064 \rightarrow 0.06\text{m}^3$
⑤ 모래량 : $S = m \times C = 3 \times 0.32 = 0.96\text{m}^3$

Lesson 09 목공사의 수량

1 개요

1. 일반사항

① 목재는 종류, 재질, 용도별로 산출하고 설계도서상 특기가 없는 수장재, 구조재는 도면치수를 제재치수로 하고, 창호재, 가구재는 도면치수를 마무리치수로 하여 재적(材積)을 산출한다.

② 목재는 건조수축, 대패질, 기타 마무리 등의 여유를 위해서 3~5mm 정도 크게 주문해야 하며 특히 건축공사에서 가구재와 창호재는 도면치수를 마무리치수로 환산하여 목재를 주문해야 한다.

③ 목재는 도면 정미량에 아래의 할증률을 가산하여 소요량으로 한다.

【목재의 할증률】

종류		할증률(%)	종류	할증률(%)
각재		5~10	단열재	10
합판	일반용	3	판재	10~20
	수장용	5	졸대	20

2. 목재의 제재치수와 마무리치수

① 제재치수 : 제재소에서 톱켜기한 치수이다. 예 구조재, 수장재
② 마무리치수 : 대패로 마무리한 치수이다. 예 창호재, 가구재

3. 목재의 취급단위

1) 목재의 치수

① 1分(푼)=3.03mm≒0.3cm
② 1寸(치)=30.3mm≒3cm
③ 1尺(자, 척)=303mm≒30cm

2) 목재의 체적단위

① 1재(才, 사이)=1치(寸)×1치(寸)×12자(尺)=0.00334m^3
② $1m^3 = \dfrac{1}{0.00334} = 299.565 \rightarrow 300$재(才)

(주) 1. 1치(寸)는 3.0303cm, 1자(尺)는 30.303cm이다.
2. 1인치(inch)는 2.54cm, 1피트(feet)는 12인치이다.
3. 1평(坪)=6자×6자=3.3058m²이다.

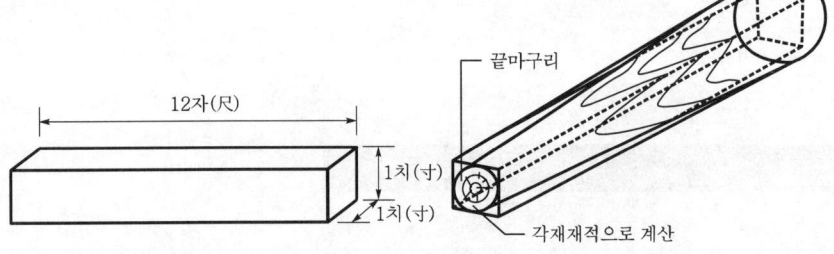

2 목재의 재적계산

1. 통나무

1) 길이 6m 미만의 재적

$$V = D^2 \times L \times \frac{1}{10,000} \ (m^3)$$

2) 길이 6m 이상의 재적 (88①, 92②, 94④, 97①, 03①)

$$V = \left(D + \frac{L'-4}{2}\right)^2 \times L \times \frac{1}{10,000} \ (m^3)$$

여기서, D : 통나무의 끝마구리 지름(cm)
L : 통나무의 길이(m)
L' : 통나무의 길이로써 1m 미만의 끝 수를 버린 길이(m)

예제 1

원구지름 15cm이고, 말구지름 10cm이며, 길이가 8.6m인 통나무가 5개 있다. 이 통나무의 재적을 산출하시오. (6점) •88 ①

정답 길이 6m 이상인 통나무의 재적

$$V = \left(D + \frac{L'-4}{2}\right)^2 \times L \times \frac{1}{10,000} \times n(EA)$$
$$= \left(10 + \frac{8-4}{2}\right)^2 \times 8.6 \times \frac{1}{10,000} \times 5EA = 0.619 m^3$$

핵심 Point

● 원구(元口)
나무뿌리쪽에 가까운 부분

● 말구(末口)
나무 끝에 가까운 부분

● 통나무의 재적 (88①, 92②)

● 통나무에서 제재(製材)된 목재의 재적 (94④, 97①, 03①)

● 통나무의 재적계산시 길이가 6m 미만인지 이상인지에 주의한다.

● 목공사의 재적은 특별한 단서가 없을 경우 소수 셋째 자리까지 산정한다.

● [예제 1]번은 통나무의 제재 전 전체 재적(m³)을 구하는 문제이다.

3) 제재목(각재, 판재)의 재적 (85②, 88②, 90①, 91③, 93①)

$$V = T \times W \times L \times \frac{1}{10,000} \ (m^3)$$

여기서, T : 제재목의 두께(cm)
W : 제재목의 너비(cm)
L : 제재목의 길이(m)

핵심 Point

- 목재 창문틀의 목재량 (93①)
- 목구조물의 목재량 (88②)
- 목재 창호의 재적 (90①)
- 목재 마루틀의 정미량 (91③)
- 목재 건축물의 목재량(사이수) (85②)

예제 2

그림과 같은 목구조물을 제작하려 한다. 이때 소요되는 목재의 수량(m³)을 구하시오. (단, 정미량으로 하며, 계산 단위는 소수 다섯째자리까지 한다.) (6점)

•88 ②

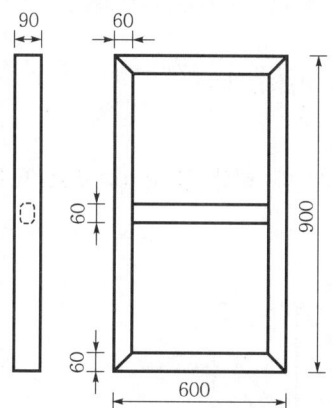

정답 목재의 수량계산은 도면에 주어진 치수를 그대로 사용한다.
① 수평부재 : 0.06×0.09×0.6×3EA=0.00972m³
② 수직부재 : 0.06×0.09×0.9×2EA=0.00972m³
∴ 합계 : 0.00972+0.00972=0.01944m³

기출 및 예상 문제

01 통나무의 말구지름이 9cm이고, 길이가 10.5m인 통나무 10개가 있다. 이 통나무의 재적은 몇 m^3인지 구하시오. (5점)

•88 ①, 92 ②

[정답] 길이 6m 이상인 통나무의 재적

$$V = \left(D + \frac{L'-4}{2}\right)^2 \times L \times \frac{1}{10,000} \times n(EA)$$

$$= \left(9 + \frac{10-4}{2}\right)^2 \times 10.5 \times \frac{1}{10,000} \times 10 \, EA = 1.512 m^3$$

[해설] D : 통나무의 끝마구리 지름(cm)
L : 통나무의 길이(m)
L' : 통나무의 길이로써 1m 미만의 끝 수를 버린 길이(m)

02 다음과 같은 지름 25cm의 통나무재를 제재할 때 최대 몇 cm각으로 제재할 수 있는가?

(예상)

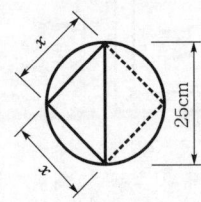

[정답] $x^2 + x^2 = 25^2$ 로부터 $2x^2 = 625$
∴ $x = 17.68 cm$

03 말구지름 16cm, 원구지름 20cm, 길이 10m인 통나무 10개가 있다. 제재시 껍질을 전혀 포함하지 않는 최대 사각형 기둥으로 만들려고 할 때 제재된 전체 목재의 재적(m^3)을 구하시오. (5점)

•94 ④, 97 ①, 03 ①

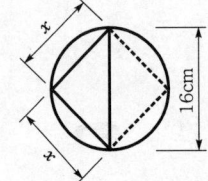

[정답] 길이 6m 이상인 통나무의 재적이 아니라 제재된 목재의 제적이므로 주의한다.
$x^2 + x^2 = 16^2$ 로부터 $x = 11.314 cm$
제재된 목재의 재적

$$V = T \times W \times L \times \frac{1}{10,000} \times n(EA)$$

$$= 11.314 \times 11.314 \times 10 \times \frac{1}{10,000} \times 10 \, EA = 1,280.00 m^3$$

해설) 참고로 제재 전 통나무 제적을 구하면 다음과 같다.
$$V = \left(D + \frac{L'-4}{2}\right)^2 \times L \times \frac{1}{10,000} \times n(\text{EA}) = \left(16 + \frac{10-4}{2}\right)^2 \times 10 \times \frac{1}{10,000} \times 10\text{EA} = 3,610.00\text{m}^3$$

04 다음 도면과 같은 목재 창문틀에서 목재량을 m³로 산출하시오. (4점)   •93 ①

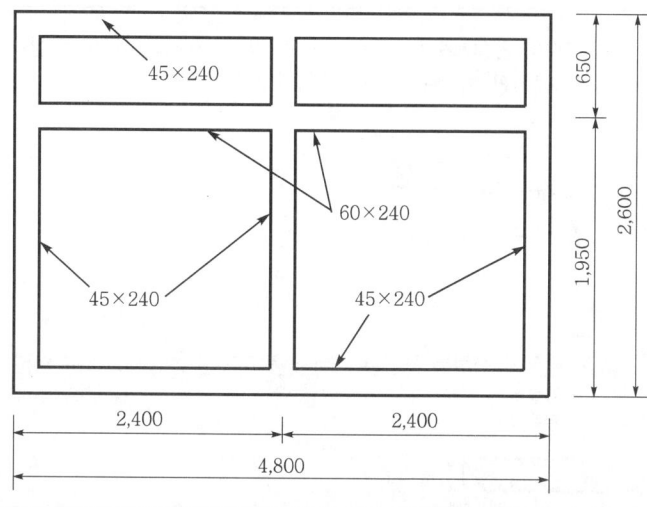

정답)

구분	수량 산출근거
수평재(45×240)	0.045×0.24×4.8×2EA=0.1037m³
수평재(60×240)	0.060×0.24×4.8×1EA=0.0691m³
수직재(45×240)	0.045×0.24×2.6×3EA=0.0842m³
합계	0.1037+0.0691+0.0842=0.257m³

해설) 목재의 수량계산은 도면에 주어진 치수를 그대로 사용한다.

05 다음 목재 창호의 재적을 m³로 산출하시오. (단, 1면 대패질 마감일 때, 손실치수는 1.5mm이다.)
(5점)   •90 ①

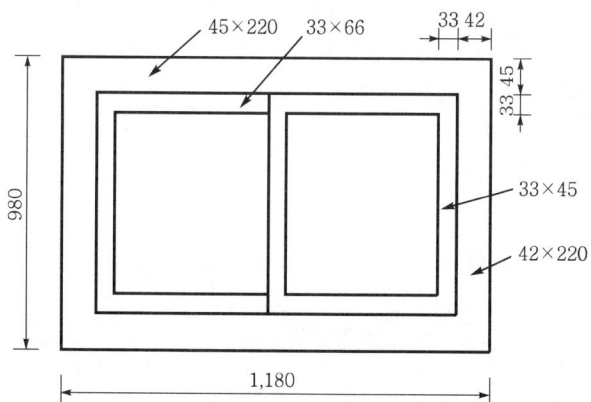

[정답]

구분	수량 산출근거
창틀	① 수평부재 : $(0.0465 \times 0.223 \times 1.18) \times 2EA = 0.0245m^3$ ② 수직부재 : $(0.0435 \times 0.223 \times 0.98) \times 2EA = 0.0190m^3$
창문	① 수평부재 : $0.036 \times 0.069 \times \{(1.18-0.042 \times 2) + 0.033\} \times 2EA = 0.0056m^3$ ② 수직부재 : $0.036 \times 0.048 \times (0.98-0.045 \times 2) \times 4EA = 0.0062m^3$
합계	$0.0245 + 0.0190 + 0.0056 + 0.0062 = 0.0553 \rightarrow 0.055m^3$

[해설] ① 1면 대패질 마감의 손실치수가 1.5mm이므로 양면 대패질 마감의 손실치수는 3.0mm이다.
② 대패질 마감을 고려한 치수로 재료를 구입한다.

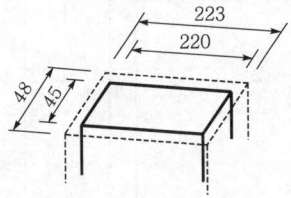

③ 창틀의 경우, 창문에 접하는 부분은 대패질을 하지만, 벽에 접하는 부분은 대패질하지 않는다.

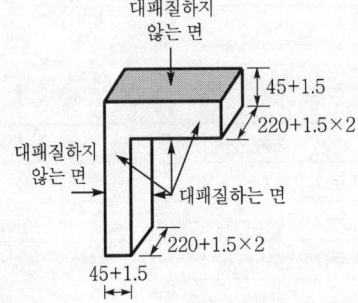

④ 창짝 중앙부의 중복 길이에 주의한다.

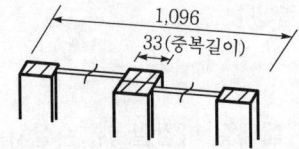

$1,180 - 42 \times 2 = 1,096$

Lesson 10 기타 공사의 수량

☼ 1 방수공사 (06①, 08③, 11③, 15①, 21②)

① 방수면적은 시공장소별(바닥, 벽면, 지하실, 옥상 등), 시공종별(아스팔트방수, 액체방수, 방수모르타르 등)로 구분하여 방수층의 시공면적으로 산출한다.
② 코킹 및 신축줄눈은 시공장소별, 시공종별로 구분하여 연(전체)길이로 산정한다.

핵심 Point

● 옥상방수면적 (06①, 08③, 11③, 15①, 21②)

☼ 2 미장공사 (92④, 93①, 95⑤, 00④, 01③, 03②, 09①, 13①, 15③)

1) 모르타르 바름 및 회사모르타르 바름

① 벽, 바닥, 천장 등의 장소별 또는 마무리 종류별로 면적을 산출한다. 바름폭이 30cm 이하이거나 원주바름일 때는 별도로 계산한다.
② 도면 정미면적(마무리 표면적)을 소요면적으로 하여 재료량을 구하고 다음 표의 값 이내의 할증률을 가산하여 소요량으로 한다.

바름 바탕	할증률(%)	비고
바닥	5	회사모르타르 바름은 제외
벽, 천장	15	–
나무졸대	20	–

● 조적조의 벽돌쌓기량과 미장면적 (95⑤, 03②, 09①, 13①)

● 바닥 미장면적의 작업 소요일 (92④, 03②, 09①, 15③, 18①)

● 조적조의 시멘트 벽돌 소요량, 테라조 현장갈기 수량 및 외벽 미장면적 (93①, 00④, 01③, 02②)

2) 미장면적 산출

구분	수량 산출방법
바닥 또는 천장	단변의 안목길이×장변의 안목길이= $l_{x0} \times l_{y0}$
내벽	안쪽 둘레길이×천장높이−개구부 면적 =$(l_{x0}+l_{y0}) \times 2 \times h$−개구부 면적
외벽	바깥쪽 둘레길이×건물 외부높이−개구부 면적 =$(L_x+L_y) \times 2 \times H$−개구부 면적

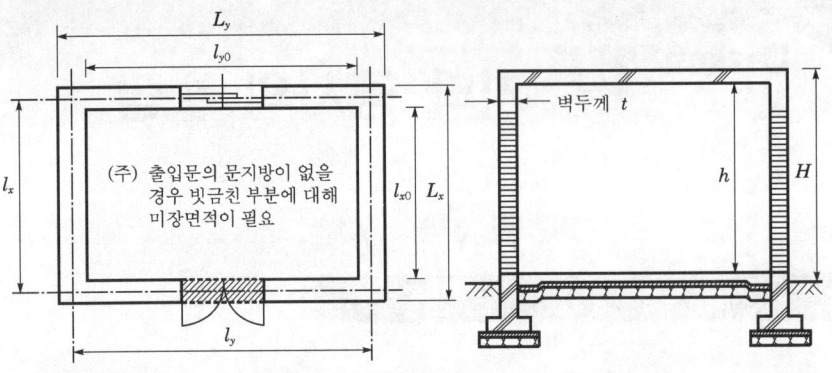

> **핵심 Point**
>
> ● 미장 관련 각종 길이
> 가. 벽체(보)의 중심길이
>   ① l_x : 단변의 중심길이
>   ② l_y : 장변의 중심길이
> 나. 안쪽 길이(안목길이)
>   ① $l_{x0} = l_x - t/2 \times 2$
>   ② $l_{y0} = l_y - t/2 \times 2$
> 다. 바깥쪽 길이(외측길이)
>   ① $L_x = l_x + t/2 \times 2$
>   ② $L_{xy} = l_y + t/2 \times 2$

☼ 3 도장공사

① 칠면적은 도료의 종별, 장소별(바탕 종별, 내부, 외부)로 구분하여 산출하며, 도면 정미면적을 소요면적으로 한다.
② 요철(凹凸)부, 곡면 등은 편길이, 편면적(展開面積)으로 계상한다.

● 도료는 정미량에 할증률 2% 이내를 가산하여 소요량으로 한다.

☼ 4 지붕공사 (92②)

1) 지붕면적 산출 방법

① 지붕면적은 경사면적으로 산출한다.
② 다음과 같은 모임지붕도 박공지붕과 같이 지붕면적을 산출한다.

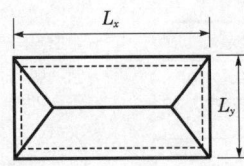 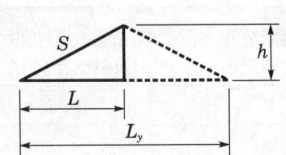

빗변길이 $S(m) : S = \sqrt{L^2 + h^2}$, 경사면적 $A(m^2) : A = S \times L_x \times 2\,\text{sides}$

● 지붕면적 산출 (92②)

2) 기와 잇기

① 지붕면적은 도면 정미면적을 소요면적으로 한다.
② 도면 정미량은 다음 표와 같다.

(지붕면적 : m²당)

기와 종류	형식	치수(mm)	매수
양기와	프랑스식, 스페인식	–	15
시멘트기와	양식	345×300×15	14

● 기와 잇기에서 기와 매수는 도면 정미량에 할증률 5% 이내를 가산하여 소요량으로 한다.

Lesson 10

기출 및 예상 문제

01 그림과 같은 창고를 시멘트 벽돌로 신축하고자할 때, 벽돌쌓기량(매)과 내외벽 시멘트 미장할 때 미장면적을 구하시오. (8점) •95 ⑤, 03 ②, 09 ①, 13 ①, 20 ⑤

(단, ① 벽두께는 외벽 1.5B쌓기, 칸막이벽 1.0B쌓기로 하고 벽높이는 안팎 공히 3.6m로 가정하며, 벽돌은 표준형(190×90×57)으로 할증률은 5%이다.

② 창문틀 규격은

$\frac{1}{D}$: 2.2×2.4m $\frac{2}{D}$: 0.9×2.4m $\frac{3}{D}$: 0.9×2.1m

$\frac{1}{W}$: 1.8×1.2m $\frac{2}{W}$: 1.2×1.2m

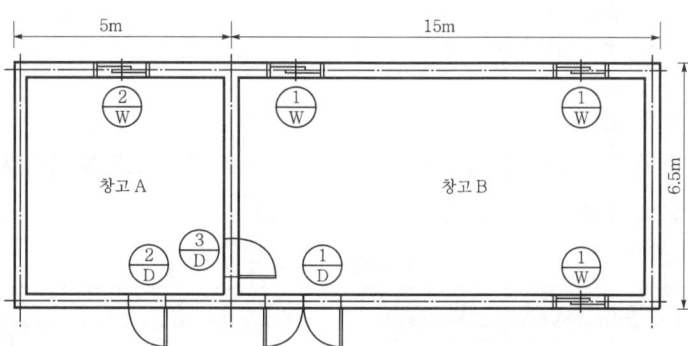

정답

구분	수량 산출근거	계
(1) 벽돌쌓기량	① 외벽(1.5B) : 51.84×3.6−15.36=171.264m² ∴ 171.264×224=38,363.1 → 38,364매 ② 내벽(1.0B) : (6.5−0.29×2)×3.6−1.89=19.422m² ∴ 19.422×149=2,893.9 → 2,894매 ∴ 소요량 : (38,364+2,894)×1.05=43,320.9 → 43,321매	43,321매
(2) 미장면적	(1) 외부 (20+6.5)×2×3.6−15.36=175.44m² (2) 내부 ① 창고(A) $\left\{\left(5-0.29-\dfrac{0.19}{2}\right)+(6.5-0.29\times2)\right\}\times2\times3.6$ $-(0.9\times2.4+0.9\times2.1+1.2\times1.2)=70.362\text{m}^2$ ② 창고(B) $\left\{\left(15-0.29-\dfrac{0.19}{2}\right)+(6.5-0.29\times2)\right\}\times2\times3.6$ $-(2.2\times2.4+1.8\times1.2\times3+0.9\times2.1)=134.202\text{m}^2$ ∴ 합계 : 175.44+70.362+134.202=380.004 → 380.00m²	380.00m²

[해설] (1) 치수가 외벽 중심간 치수가 아님에 주의한다. (치수가 벽체 중심선으로 주어지는 경우도 있음)
(2) 외벽의 중심간 길이(ΣL_1)

$$\Sigma L_1 = \left\{\left(20 - \frac{0.29}{2} \times 2\right) + \left(6.5 - \frac{0.29}{2} \times 2\right)\right\} \times 2 = 51.84\text{m}$$

(3) 개구부 면적

외부	①D	2.2×2.4×1EA	
	②D	0.9×2.4×1EA	
	①W	1.8×1.2×3EA	15.36m²
	②W	1.2×1.2×1EA	
내부	③D	0.9×2.1×1EA	1.89m²

(4) 벽돌쌓기 정미량
① 1.0B 표준형 벽돌 : 149매/m²
② 1.5B 표준형 벽돌 : 224매/m²

02 바닥 미장면적이 1,000m²일 때, 1일 10인 작업 시 작업 소요일을 구하시오. (단, 다음과 같은 품셈을 기준으로 하며, 계산과정을 쓰시오.) (3점)   •92 ④, 03 ②, 15 ③, 18 ①

【바닥 미장 품셈(m²당)】

구분	단위	수량
미장공	인	0.05

[정답] ① 바닥미장 1일 품셈 : 0.05인/m²/일
② 작업 소요일 : $\dfrac{1{,}000\text{m}^2 \times 0.05\text{인}/\text{m}^2/\text{일}}{10\text{인}} = 5$일

03 다음 그림과 같은 간이 사무실 건축에서 바닥은 테라조 현장갈기로 하고, 벽은 시멘트 벽돌 바탕에 시멘트 모르타르로 바름할 때 각 수량을 산출하시오. (12점)
•93 ①, 00 ④, 01 ③, 02 ②, 05 ①

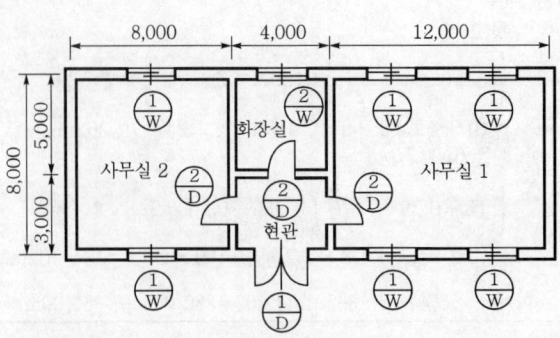

Lesson 10

┤ 조건 ├

㉮ 벽두께 : 외벽-1.0B, 내벽-0.5B ㉯ 벽돌의 크기 : 표준형으로 사용한다.
㉰ 벽돌벽의 높이 : 2.7m ㉱ 외벽시멘트 모르타르 바름높이 : 3m
㉲ 사무실 내부 걸레받이 높이는 15cm이며, 테라조 현장갈기 마감
㉳ 창호의 크기

$\left(\frac{1}{D}\right)$: 2,200mm×2,400mm $\left(\frac{1}{W}\right)$: 1,800mm×1,200mm

$\left(\frac{2}{D}\right)$: 1,000mm×2,100mm $\left(\frac{2}{W}\right)$: 1,200mm×900mm

㉴ 벽돌의 할증률 : 5%
㉵ 벽돌 수량 산출시 외벽 및 칸막이벽의 길이 산정은 모두 중심거리로 한다.

가. 시멘트 벽돌의 소요량(매)

나. 테라조 현장갈기 수량(m^2) (단, 사무실 1, 2의 경우임.)

다. 외벽 미장면적(m^2)

[정답]

구분	수량 산출근거	계
가. 시멘트 벽돌 소요량	① 외벽(1.0B) : 64×2.7-19.32=153.48m^2 ∴ 153.48×149=22,868.5 → 22,869매 ② 내벽(0.5B) : 20×2.7-6.3=47.7m^2 ∴ 47.7×75=3,577.5 → 3,578매 ∴ 소요량 : (22,869+3,578)×1.05=27,769.4 → 27,770매	27,770매
나. 테라조 현장갈기 수량 (사무실 1, 2의 경우)	(1) 사무실 1 ① 바닥 : $\left\{12-\left(\frac{0.19+0.09}{2}\right)\right\}\times\left\{8-\left(\frac{0.19}{2}\times2\right)\right\}$=92.627$m^2$ ② 걸레받이 : [{(12-0.14)+(8-0.19)}×2-1]×0.15=5.751m^2 (2) 사무실 2 ① 바닥 : (8-0.14)×(8-0.19)=61.387m^2 ② 걸레받이 : [{(8-0.14)+(8-0.19)}×2-1]×0.15=4.551m^2 ∴ 합계 : 92.627+5.751+61.387+4.551=164.316 → 164.32m^2	164.32m^2
다. 외벽 미장면적	{(24+0.19)+(8+0.19)}×2×3-19.32=174.96m^2	174.96m^2

[해설] ① 외벽 중심간 길이(ΣL_1) : ΣL_1 =(24+8)×2=64m
② 내벽 중심간 길이(ΣL_2) : ΣL_2 =8×2+4=20m
③ 개구부면적

외부	$\left(\frac{1}{D}\right)$	2.2×2.4×1EA	
	$\left(\frac{1}{W}\right)$	1.8×1.2×6EA	19.32m^2
	$\left(\frac{2}{W}\right)$	1.2×0.9×1EA	
내부	$\left(\frac{2}{D}\right)$	1.0×2.1×3EA	6.3m^2

04 다음 도면을 보고 옥상방수면적(m^2), 누름콘크리트량(m^3), 보호벽돌량(매)를 구하시오. (단, 벽돌의 규격은 190×90×57이며, 할증률은 5%이다.) (6점)

• 06 ①, 08 ③, 11 ③, 15 ①, 21 ②

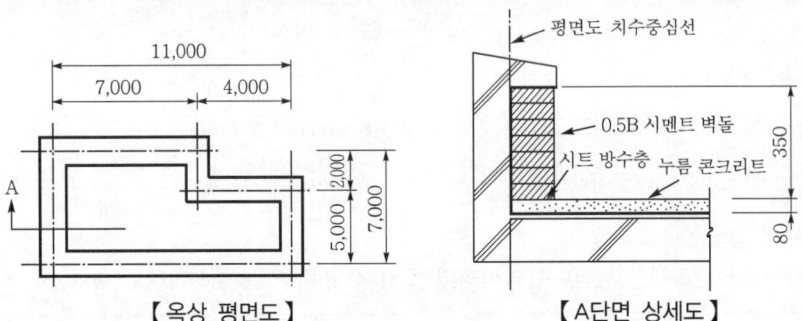

가. 옥상 방수면적(m^2) : _____

나. 누름 콘크리트량(m^3) : _____

다. 보호 벽돌량(매) : _____

정답

구분	수량 산출근거	계
가. 옥상 방수면적	(7×2)+(11×5)+(11+7)×2×0.43=84.48m^2	84.48m^2
나. 누름 콘크리트량	(7×2+11×5)×0.08=5.52m^3	5.52m^3
다. 보호 벽돌량	{(11-0.09)+(7-0.09)}×2×0.35×75×1.05=982.3 → 983매	983매

05 다음 지붕의 면적을 정미량으로 산출하시오. (단, 지붕물매는 5/10이고, 처마길이는 50cm이다.) (5점)

• 92 ②

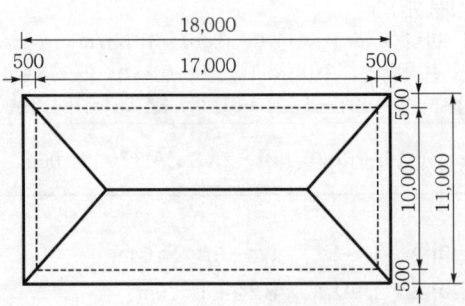

정답 대공부분의 높이를 h라 하면
  $10 : 5 = 5.5 : h$
  $h = \dfrac{5 \times 5.5}{10} = 2.75m$
  직각삼각형에서 수평거리 L, 높이 h이고, 빗변길이 S라 할 때
  $S = \sqrt{L^2 + h^2} = \sqrt{5.5^2 + 2.75^2} = 6.149m$
  따라서, 지붕면적 : $A = 6.149 \times 18 \times 2\text{sides} = 221.364 \to 221.36m^2$

Lesson 11 종합적산

1. 구조물의 분류

분류	내용	비고
조적조	벽돌, 블록 등의 내력벽으로 구조물의 작용하중을 기초에 전달하는 구조이다.	일반적으로 기둥의 유무로 구분한다.
RC조	철근콘크리트 기둥으로 구조물의 작용하중을 기초에 전달하는 구조이다.	
기타 구조	정화조, 야외 화장실, 세차장, 옹벽 및 담장 등	

2. 거푸집면적

1) 보의 밑면 거푸집

(1) 조적조

① 원칙 : 조적조의 보의 밑면 거푸집을 산정하지 않는다.

② 방법 : 조적조의 보의 밑면 거푸집은 슬래브 거푸집에서 빼준다.

③ 단, 칸막이벽인 경우 거푸집이 필요하다.

(2) RC조

① 원칙 : RC조의 보의 밑면 거푸집을 산정해야 한다.

② 방법 : RC조의 보의 밑면 거푸집은 슬래브 거푸집 산출 시 계산한다.

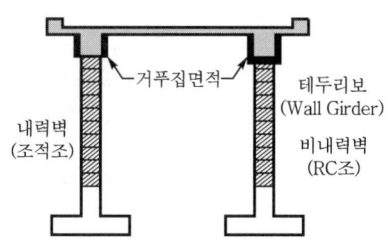

> **핵심 Point**
>
> ● 조적조(벽돌조) 건물에 대한 벽돌량, 모르타르량, 콘크리트량, 거푸집량, 철근량, 잡석량, 미장면적, 미장량(시멘트량, 모래량), 방수면적 등의 수량 산출 (86①, 87①③, 88②, 90④, 91①, 93③, 95③, 97④, 98②, 99②⑤, 00①⑤, 01②, 02①, 03③)
>
> ● RC조(라멘조) 건물의 거푸집량, 콘크리트량, 철근량, 시멘트 벽돌량, 옥상 방수면적 산출 (85②)
>
> ● 직선 담장의 터파기량, 되메우기량, 잔토처리량, 잡석량, 버림 콘크리트량, 구조체 콘크리트량, 철근량, 거푸집량, 적벽돌 소요량, 시멘트 벽돌 소요량, 미장면적, 도장면적 산출 (89②)
>
> ● 정화조의 철근량, 거푸집량, 콘크리트량, 되메우기량 산출 (89①, 98⑤)
>
> ● 세차장의 잡석 다짐량, 거푸집량, 콘크리트량 산출 (90③, 92③, 96⑤, 98④)
>
> ● 야외용 화장실의 잡석량, 버림 콘크리트량, 구조체 콘크리트량, 거푸집량, 철근량, 벽돌량 산출 (90②, 95①)
>
> ● L형 옹벽의 철근량, 거푸집면적, 콘크리트량, 각 재료량 산출 (87②)

2) 조적조 개구부 상부 거푸집

구분	내용
알루 미늄 창호 (AW, AD)	조적조에서 알루미늄창호는 나중세우기를 하므로 거푸집이 필요하다. (주) 1. 조적조에서 창호가 출입문(Door)이 되어 비내력벽(칸막이벽)으로 조적될 경우, 슬래브 등의 시공이 완료된 후 칸막이벽이 조적되므로 이러한 곳의 조적조 상부면에는 창호의 종류에 관계없이 거푸집이 필요하다. 2. 조적조의 내력벽(1.0B 이상)에서 알루미늄창호 상부에 다시 조적을 할 경우 조적조가 거푸집 역할을 하므로 거푸집은 필요없다.
목재 창호 (WW, WD)	조적조에서 목재창호는 먼저세우기를 하므로 거푸집이 필요없다. (주) 문제의 조건이 나중세우기이면 거푸집이 필요하다.
기타	문제에서 정확한 설명이 없으면, 나중세우기로 간주하여 거푸집이 필요하다.

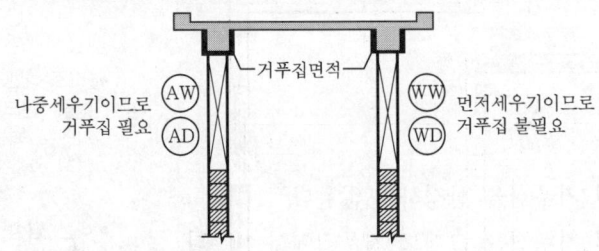

3. 철근의 이음길이 및 정착길이

구분		이음길이	정착길이
조적조		$25d$ (테두리보이므로)	정착은 하지 않는 것으로 가정한다.
RC 조	압축력 또는 작은 인장력	$25d$	
	기타(인장력 등)의 부분	$40d$	

(주1) 위 표의 값은 약산적인 값이며, 정확한 값은 관련 기준에 따른다.

핵심 Point

● 조적조의 시공순서
① 기초(줄기초)
② 내력벽(1.0B 이상)
③ 보(테두리보)
④ 슬래브

● 조적조의 경우, 내력벽이 시공된 후 보가 시공되므로 내력벽의 상부면이 보의 밑면 거푸집 역할을 한다. 따라서, 보의 밑면 거푸집은 산정하지 않는다.

● 칸막이벽의 경우, 상부 슬래브를 시공 완료 후 조적하므로 칸막이벽 상부면의 거푸집은 산정해야 한다.

● RC조의 시공순서
① 기초(독립기초)
② 기둥
③ 보
④ 슬래브
⑤ 비내력벽

● RC조의 경우, 보가 시공된 후 벽돌, 블록 등이 조적(비내력벽)되므로 보의 밑면 거푸집을 산정해야 한다.

● 알루미늄창호의 시공순서
① 내력벽 조적
② 보(테두리보)
③ 알루미늄창호

∴ 알루미늄창호(개구부) 상부의 보의 밑면 거푸집이 필요하다.

● 목재창호의 시공순서
① 목재창호
② 내력벽 조적
③ 보(테두리보)

∴ 목재창호(개구부) 상부의 보의 밑면 거푸집은 필요없다.

Lesson 11

기출 및 예상 문제

01 아래의 조적조의 평면도 및 A-A' 단면도를 보고, 요구하는 재료량을 산출하시오. (단, 벽돌 수량 산출은 벽체 중심선으로 하고, 할증은 무시한다. 콘크리트량 및 거푸집량은 정미량으로 계산한다.) (10점)

•93 ③, 98 ②, 99 ⑤, 00 ①, 03 ③

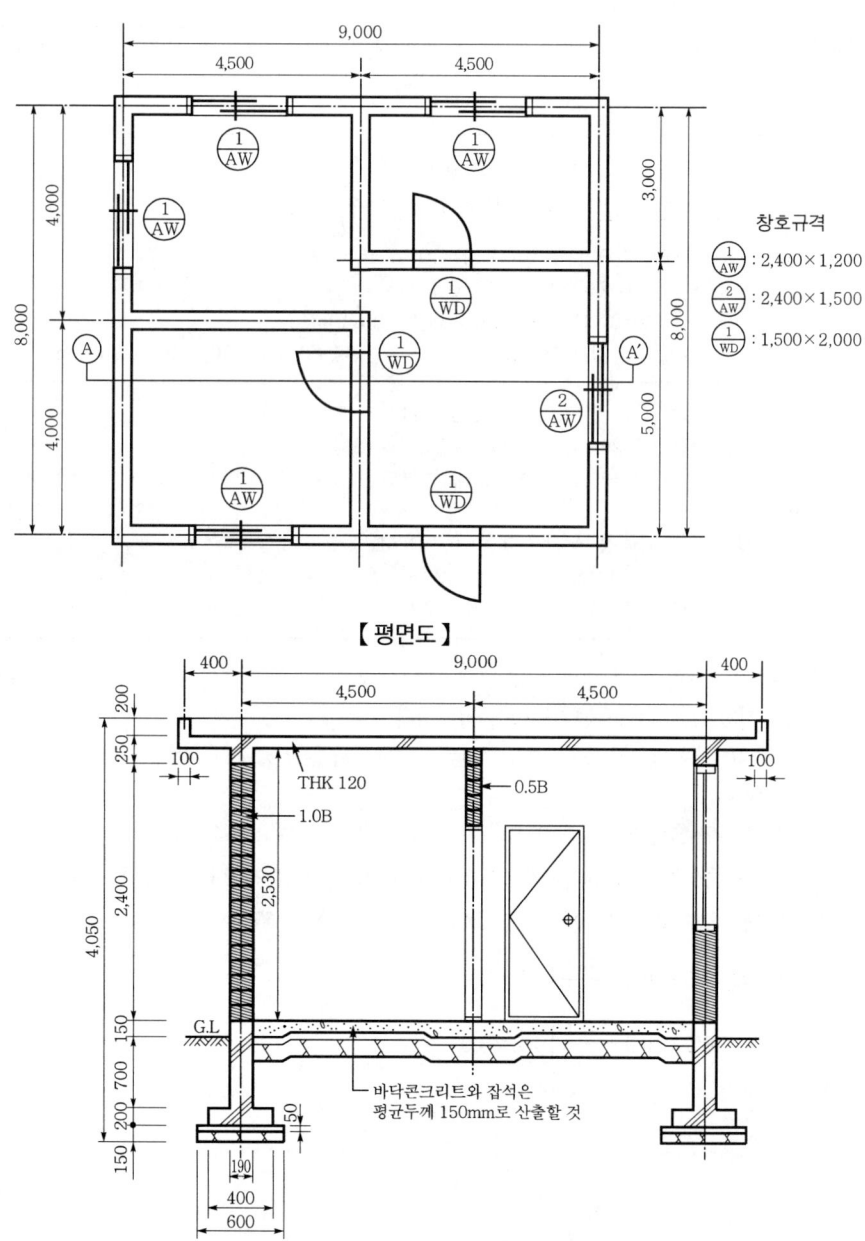

【평면도】

창호규격
- ①/AW : 2,400×1,200
- ②/AW : 2,400×1,500
- ①/WD : 1,500×2,000

【A-A' 단면도】

Lesson 11 종합적산 | **2-127**

가. 벽돌량{외벽(1.0B 붉은벽돌), 내벽(0.5B 시멘트벽돌), 벽돌 크기(190×90×57mm), 줄눈의 너비(10mm)} :

나. 콘크리트량(단, 버림콘크리트 제외) :

다. 거푸집면적(단, 버림콘크리트 부분은 제외) :

[정답]

구분	수량 산출근거	계
가. 벽돌량	① 외벽(1.0B, 붉은벽돌) : 34.0×2.4-18.12=63.48m^2 ∴ 63.48×149=9,458.5 → 9,459매	9,459매
	② 내벽(0.5B, 시멘트벽돌) : (4.0+4.5+3.0+4.5)×{2.4+(0.25-0.12)}-6.0 =34.48m^2 ∴ 34.48×75=2,586매	2,586매
나. 콘크리트량	① 기초 : 0.4×0.2×34.0+0.19×(0.7+0.15)×34.0=8.211m^3 ② 바닥 : $\left(9.0-\frac{0.19}{2}\times2\right)\times\left(8.0-\frac{0.19}{2}\times2\right)\times0.15=10.321m^3$ ③ 슬래브 : 9.9×8.9×0.12=10.573m^3 ④ 난간 : 0.2×0.1×37.2=0.744m^3 ⑤ 보 : 0.19×(0.25-0.12)×34.0=0.840m^3 ∴ 합계 : 8.211+10.321+10.573+0.744+0.840=30.689 → 30.69m^3	30.69m^3
다. 거푸집면적	① 기초 : (0.2+0.85)×34.0×2sides=71.40m^2 ② 보 : (0.25-0.12)×34.0×2sides=8.84m^2 ③ 슬래브(슬래브 밑면+슬래브 옆면-조적조 상부면) : 9.9×8.9+0.12×37.6 -0.19×34.0=86.162m^2 ④ 알루미늄창 상단 : 2.4×0.19×5EA=2.28m^2 ⑤ 난간 : {0.2×(9.8+8.8)×2EA}×2sides=14.88m^2 ∴ 합계 : 71.40+8.84+86.162+2.28+14.88=183.562 → 183.56m^2	183.56m^2

[해설] (1) 목재창호(WD)는 먼저세우기이므로 개구부 상부면에 거푸집이 필요 없으나, 알루미늄창호(AW)는 나중세우기이므로 상부면에 거푸집이 필요하다.

(2) 내력벽(1.0B) 형식인 조적조의 상부면은 거푸집이 필요 없으나, 칸막이벽(0.5B)의 상부면은 거푸집이 필요하다.

(3) 보(기초벽) 중심간 둘레길이(ΣL_1) : ΣL_1 =(9.0+8)×2=34.0m

(4) 파라펫 중심간 둘레길이(ΣL_2) : ΣL_2 ={(9.0+0.4×2)+(8+0.4×2)}×2=37.2m

(5) 파라펫 외부 둘레길이(ΣL_3) : ΣL_3 =(9.9+8.9)×2=37.6m

여기서, $9.0+\left(0.4+\frac{0.1}{2}\right)\times2=9.9$

$8.0+\left(0.4+\frac{0.1}{2}\right)\times2=8.9$

(6) 개구부면적

구분	창호	크기	면적
외부	①/WD	1.5×2.0×1EA	18.12m²
	①/AW	2.4×1.2×4EA	
	②/AW	2.4×1.5×1EA	
내부	①/WD	1.5×2.0×2EA	6.00m²

(7) 문제의 조건으로부터 벽돌 수량산출은 벽체 중심선으로 하고, 할증은 무시한다.

(8) 벽돌쌓기 정미량
① 0.5B 표준형 벽돌 : 75매/m²   ② 1.0B 표준형 벽돌 : 149매/m²

(9) 붉은벽돌과 시멘트벽돌의 두 종류의 벽돌이 사용되었을 경우, 구분하여 벽돌수량을 산출해야 하며, 벽돌의 종류에 대한 구분이 없거나 시험지의 최종 답란이 한 칸으로 주어졌을 경우 합산하여 산출한다.

02 아래 평면 및 A-A′ 단면도를 보고 벽돌조 건물에 대해 요구하는 재료량을 산출하시오. (단, 벽돌 수량은 소수점 아래 첫째자리에서, 그 외는 소수 셋째자리에서 반올림하고, 할증은 무시한다.) (15점)

•97 ④, 99 ②, 01 ②, 04 ③

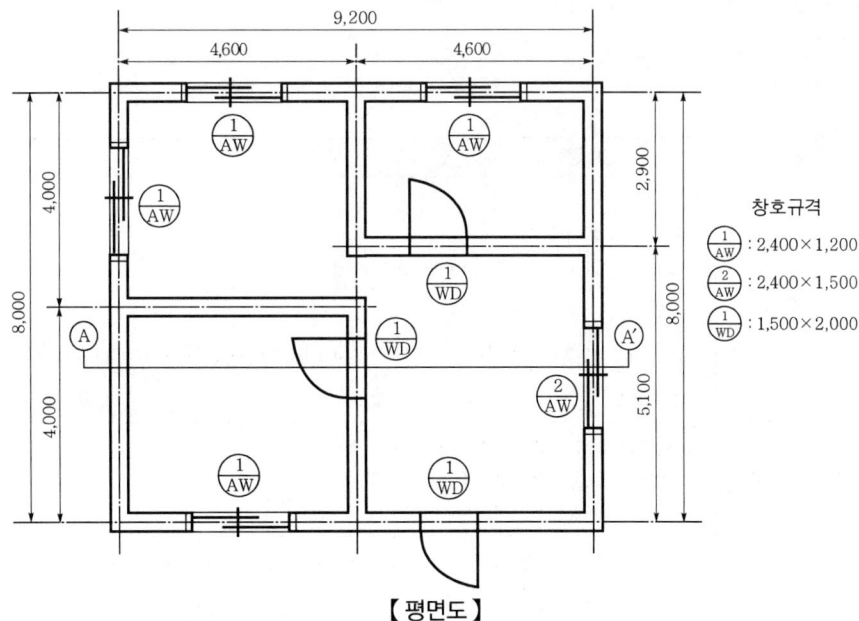

【평면도】

창호규격
①/AW : 2,400×1,200
②/AW : 2,400×1,500
①/WD : 1,500×2,000

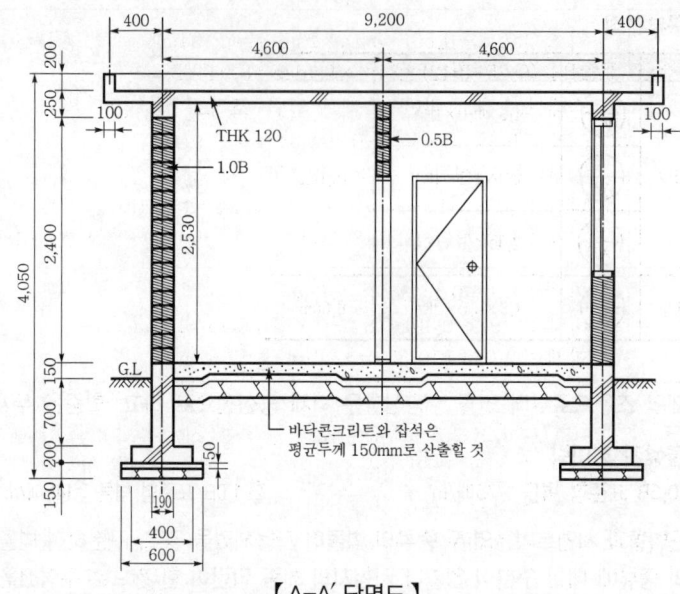

【A-A' 단면도】

가. 벽돌량{외벽(1.0B 붉은벽돌), 내벽(0.5B 시멘트벽돌), 벽돌 크기(190×90×57mm), 줄눈의 너비(10mm)}
나. 모르타르량
다. 콘크리트량(단, 버림콘크리트는 제외)
라. 거푸집면적(단, 버림콘크리트 부분은 제외)
마. 잡석량

> [정답]

구분	수량 산출근거	계
가. 벽돌량	① 외벽(1.0B, 붉은벽돌) $34.4 \times 2.4 - 18.12 = 64.44 m^2$ ∴ $64.44 \times 149 = 9,601.6 \rightarrow 9,602$매	9,602매
	② 내벽(0.5B, 시멘트벽돌) $\{(4+4.6+2.9+4.6) - (\frac{0.19}{2} \times 4)\} \times \{2.4+(0.25-0.12)\} - 6.0 = 33.772 m^2$ ∴ $33.77 \times 75 = 2,532.9 \rightarrow 2,533$매	2,533매
나. 모르타르량	① 외벽(1.0B) : $9.602 \times 0.33 = 3.169 m^3$ ② 내벽(0.5B) : $2.533 \times 0.25 = 0.633 m^3$ ∴ 합계 : $3.169 + 0.633 = 3.802 \rightarrow 3.80 m^3$	$3.80 m^3$
다. 콘크리트량	① 기초 : $0.4 \times 0.2 \times 34.4 + 0.19 \times (0.7+0.15) \times 34.4 = 8.308 m^3$ ② 바닥 : $(9.2 - \frac{0.19}{2} \times 2) \times (8 - \frac{0.19}{2} \times 2) \times 0.15 = 10.555 m^3$ ③ 슬래브 : $10.1 \times 8.9 \times 0.12 = 10.787 m^3$ ④ 난간 : $0.2 \times 0.1 \times 37.6 = 0.752 m^3$ ⑤ 보 : $0.19 \times (0.25-0.12) \times 34.4 = 0.850 m^3$ ∴ 합계 : $8.308+10.555+10.787+0.752+0.850 = 31.252 \rightarrow 31.25 m^3$	$31.25 m^3$

라. 거푸집면적	① 기초 : $(0.2+0.85) \times 34.4 \times 2\text{sides} = 72.24\text{m}^2$ ② 보 : $(0.25-0.12) \times 34.4 \times 2\text{sides} = 8.944\text{m}^2$ ③ 슬래브(슬래브 밑면+슬래브 옆면-조적조 상부면) 　$10.1 \times 8.9 + 0.12 \times 38.0 - 0.19 \times 34.4 = 87.914\text{m}^2$ ④ 알루미늄창 상단 : $2.4 \times 0.19 \times 5\text{EA} = 2.28\text{m}^2$ ⑤ 난간 : $\{0.2 \times (10+8.8) \times 2\text{EA}\} \times 2\text{sides} = 15.04\text{m}^2$ ∴ 합계 : $72.24 + 8.944 + 87.914 + 2.28 + 15.04 = 186.418 \rightarrow 186.42\text{m}^2$	186.42m²
마. 잡석량	① 기초 : $0.6 \times 0.1 \times 34.4 = 2.064\text{m}^3$ ② 바닥 : $\{(9.2-0.19) \times (8.0-0.19)\} \times 0.15 = 10.555\text{m}^3$ ∴ 합계 : $2.064 + 10.555 = 12.619 \rightarrow 12.62\text{m}^3$	12.62m³

[해설] (1) 조적조가 내력벽(1.0B)인 경우 거푸집이 필요 없으나, 칸막이벽(0.5B)인 경우 개구부의 상부면에 거푸집이 필요하다. 또한, 창호가 알루미늄창호인 경우 나중세우기를 하므로 상부면에 거푸집이 필요하나, 목재창호는 먼저세우기를 하므로 거푸집이 필요없다.

(2) 보(기초벽) 중심간 둘레길이(ΣL_1) : $\Sigma L_1 = (9.2+8) \times 2 = 34.4\text{m}$

(3) 파라펫 중심간 둘레길이(ΣL_2) : $\Sigma L_2 = \{(9.2+0.4 \times 2) + (8+0.4 \times 2)\} \times 2 = 37.6\text{m}$

(4) 파라펫 외부 둘레길이(ΣL_3) : $\Sigma L_3 = (10.1+8.9) \times 2 = 38.0\text{m}$

　　여기서, $9.2 + \left(0.4 + \dfrac{0.1}{2}\right) \times 2 = 10.1$

　　　　　$8.0 + \left(0.4 + \dfrac{0.1}{2}\right) \times 2 = 8.9$

(5) 개구부면적

외부	①AW	2.4×1.2×4EA	18.12m²
	②AW	2.4×1.5×1EA	
	①WD	1.5×2.0×1EA	
내부	①WD	1.5×2.0×2EA	6.0m²

(6) 문제의 조건에서 특별한 언급이 없으므로 벽돌 수량산출시 벽체의 중복을 고려하고, 할증은 무시한다.

(7) 벽돌쌓기 정미량
　① 0.5B 표준형 벽돌 : 75매/m²
　② 1.0B 표준형 벽돌 : 149매/m²

(8) 벽돌쌓기용 모르타르는 벽돌 정미량 1,000매에 대해 산정한다.

(9) 벽돌쌓기 모르타르량
　① 0.5B 표준형 벽돌 : 0.25m³
　② 1.0B 표준형 벽돌 : 0.33m³

03 주어진 도면을 보고 요구하는 각 재료량을 산출하시오. (단, 소수 3째자리에서 반올림한다.) (16점)

• 90 ④, 02 ①, 05 ③

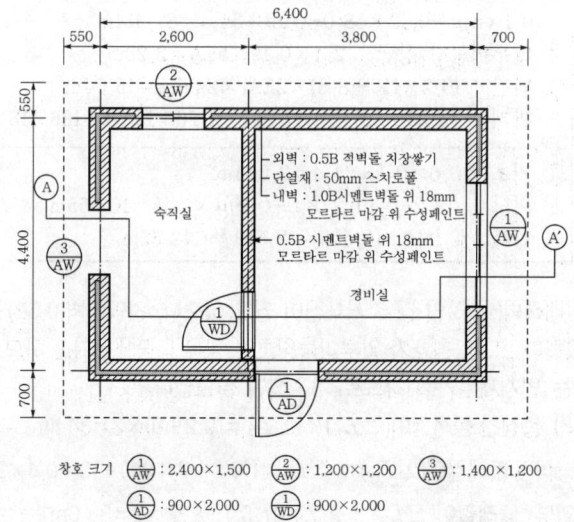

【평면도】

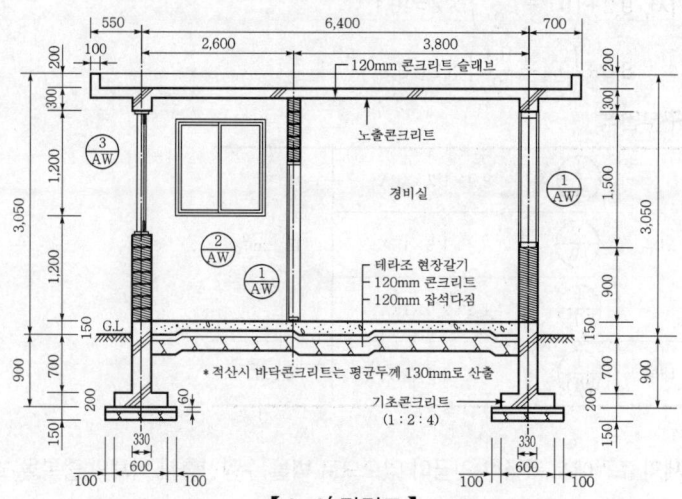

【A-A' 단면도】

가. 콘크리트량(m³) - 배합비에 관계없이 전체 콘크리트량을 구하시오.
나. 거푸집면적(m²)을 구하시오.
다. 벽돌 소요량(매)을 구하시오. (단, 사용벽돌은 표준형으로, 소요량은 쌓기량에 할증량을 포함하며, 외벽 중 시멘트벽돌과 적벽돌쌓기의 면적 산출을 각각 중심거리로 하고, 칸막이 벽은 실제거리로 한다.)
　① 시멘트벽돌(매)　　② 적벽돌(매)
라. 경비실 내벽 미장에 필요한 시멘트량(kg), 모래량(m³)을 구하시오. (단, 모르타르의 배합비는 1 : 3이며, 정미량을 산출한다.)
　① 시멘트량(kg)　　② 모래량(m³)

정답

구분	수량 산출근거	계
가. 콘크리트량	① 버림콘크리트 : $0.8 \times 0.06 \times 21.6 = 1.037m^3$ ② 기초판 : $0.6 \times 0.2 \times 21.6 = 2.592m^3$ ③ 기초벽 : $0.33 \times 0.85 \times 21.6 = 6.059m^3$ ④ 바닥 : $\left(6.4 - \frac{0.33}{2} \times 2\right) \times \left(4.4 - \frac{0.33}{2} \times 2\right) \times 0.13 = 3.212m^3$ ⑤ 테두리보 : $0.33 \times (0.3 - 0.12) \times 21.6 = 1.283m^3$ ⑥ 슬래브 : $(0.55 + 6.4 + 0.7) \times (0.55 + 4.4 + 0.7) \times 0.12 = 5.187m^3$ ⑦ 파라펫 : $0.1 \times 0.2 \times 26.2 = 0.524m^3$ ∴ 합계 : $1.037 + 2.592 + 6.059 + 3.212 + 1.283 + 5.187 + 0.524 = 19.894$ $\rightarrow 19.89m^3$	$19.89m^3$
나. 거푸집면적	① 기초판 및 기초벽 : $(0.2 + 0.7 + 0.15) \times 21.6 \times 2sides = 45.36m^2$ ② 테두리보 : $(0.3 - 0.12) \times 21.6 \times 2sides = 7.776m^2$ ③ 슬래브(슬래브 밑면 + 슬래브 옆면 - 조적조 상부면) : $(0.55 + 6.4 + 0.7) \times (0.55 + 4.4 + 0.7) + 0.12 \times \{(0.55 + 6.4 + 0.7)$ $+ (0.55 + 4.4 + 0.7)\} \times 2 - 0.33 \times 21.6 = 39.287m^2$ ④ 알루미늄창 상단 : $(2.4 + 1.2 + 1.4) \times 0.33 = 1.65m^2$ ⑤ 파라펫 : $0.2 \times 26.2 \times 2sides = 10.48m^2$ ∴ 합계 : $45.36 + 7.776 + 39.287 + 1.65 + 10.48 = 104.553 \rightarrow 104.55m^2$	$104.55m^2$

다. 벽돌 소요량	(1) 시멘트벽돌
	  ① 1.0B(중심거리) : $(6.26 + 4.26) \times 2 \times 2.4 - 8.52 = 41.976m^2$
	    ∴ $41.976 \times 149 \times 1.05 = 6,567.1 \rightarrow 6,568$매
	  ② 0.5B(실제거리) : $\left(4.4 - \frac{0.33}{2} \times 2\right) \times (2.4 + 0.3 - 0.12) - 1.8 = 8.701m^2$
	    ∴ $8.701 \times 75 \times 1.05 = 685.2 \rightarrow 686$매
	  ∴ 합계 : $6,568 + 686 = 7,254$매
		7,254매

	(2) 적벽돌(0.5B, 중심거리)
	  $(6.64 + 4.64) \times 2 \times 2.4 - 8.52 = 45.624m^2$
	  ∴ $45.624 \times 75 \times 1.03 = 3,524.5 \rightarrow 3,525$매
		3,525매

라. 경비실 내벽 미장 공사량	(1) 전체 모르타르량
	$\left[2.58 \times \left\{\left(4.4 - \frac{0.33}{2} \times 2\right) + \left(3.8 - \frac{0.33}{2} - \frac{0.09}{2}\right)\right\} \times 2\right.$
	$\left. - (0.9 \times 2.0 + 2.4 \times 1.5 + 0.9 \times 2.0)\right] \times 0.018 = 0.582m^3$
	(2) 시멘트량(정미량)
	  ① 모르타르 $1m^3$당 시멘트량
	    $C = \frac{1}{(1+m) \times (1-N)} = \frac{1}{(1+3) \times (1-0.25)} = 0.333m^3$
	  ② 전체 모르타르량에 대한 시멘트량
	    $0.333 \times 0.582 \times 1,500 = 290.709 \rightarrow 290.71kg$
		290.71kg

	(3) 모래량(정미량)
	  ① 모르타르 $1m^3$당 모래량
	    $S = m \times C = 3 \times 0.3333 = 0.999m^3$
	  ② 전체 모르타르량에 대한 모래량
	    $0.999 \times 0.582 = 0.581 \rightarrow 0.58m^3$
		$0.58m^3$

[해설] (1) 보(기초벽) 중심간 둘레길이 : $\Sigma L_1 = (6.4+4.4) \times 2 = 21.6m$

(2) 내벽(1.0B) 중심간 둘레길이 : $\Sigma L_2 = (6.26+4.26) \times 2 = 21.04m$

(3) 외벽(0.5B) 중심간 둘레길이 : $\Sigma L_3 = (6.64+4.64) \times 2 = 22.56m$

(4) 파라펫 중심간 둘레길이 : $\Sigma L_4 = (7.55+5.55) \times 2 = 26.2m$

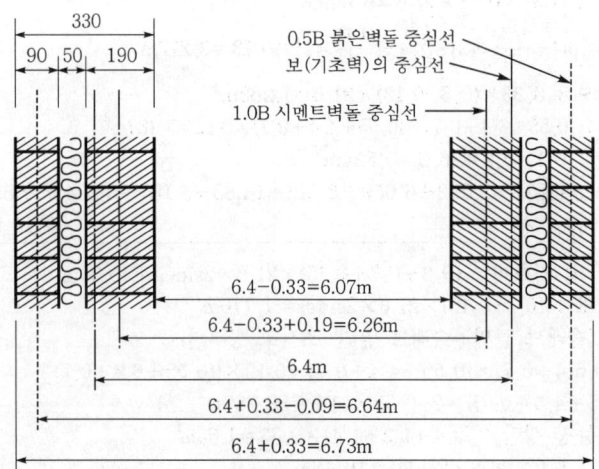

【 중심거리 상세도 】

(5) 개구부면적

외부창호	①AD	0.9×2.0	8.52m²
	①AW	2.4×1.5	
	②AW	1.2×1.2	
	③AW	1.4×1.2	
내부창호	①WD	0.9×2.0	1.8m²

(6) 바닥의 평균두께는 130mm이다.

(7) 거푸집면적산출
① 목재창호(WD)는 먼저세우기이므로 개구부 상부면에 거푸집이 필요 없으나, 알루미늄창호(AW, AD)는 나중세우기이므로 상부면에 거푸집이 필요하다.
② AD는 창호 상단에 거푸집이 필요하나, 문제와 같이 창호 상단에 다시 벽돌이 조적될 경우 거푸집이 필요 없게 된다.
③ 칸막이벽(0.5B)의 상부면은 거푸집이 필요하며, 내력벽(1.0B 이상)의 상부면은 거푸집이 필요 없게 된다. 즉, AD와 WD의 상부면은 거푸집이 필요 없고, AW는 모두 상부면에 거푸집이 필요하다.

Lesson 11

(8) 조적조 상부면의 거푸집 너비는 1.0B+50mm+0.5B이므로 다음과 같다.
    190+50+90=330mm

(9) 벽돌의 소요량 산정시 문제의 조건에 따라 다음과 같다.
    ① 사용벽돌은 표준형이다.
    ② 소요량은 쌓기량에 할증량을 포함한다.
    ③ 외벽 중 시멘트벽돌과 적벽돌쌓기의 면적 산출을 각각 중심거리로 한다.
    ④ 칸막이벽은 실제거리로 한다.

(10) 벽돌쌓기 정미량
    ① 0.5B 표준형 벽돌 : 75매/m^2
    ② 1.0B 표준형 벽돌 : 149매/m^2

(11) 벽돌의 할증률
    ① 시멘트벽돌 : 5%
    ② 붉은벽돌 : 3%

(12) 미장에 필요한 시멘트량과 모래량은 정미량임에 주의한다.

(13) 미장에서 비빔에 의한 감소율이 없을 경우 $N=25\%$로 가정한다.

참·고·문·헌

1. 유원대 외 3인, 「건축적산」, 한국이공학사, 2000.
2. 장기인, 「건축공사 적산학」, 야정문화사, 1997.
3. 장영춘, 「건축적산실무」, 기문당, 1998.
4. 조준현 외 5인, 「건축적산실습」, 기문당, 2003.
5. 최산호 외 2인, 「건축적산·견적학」, 기문당, 2004.
6. 장영진 외 2인, 「건축적산」, 기문당, 2003.
7. 노인철 외 6인, 「건축적산」, 기문당, 2002.
8. 조준현, 「표준건축적산」, 기문당, 1989.
9. 적산연구회, 「건축공사일위대가표」, 대건사, 2005.
10. 조준현, 「건축적산」, 기문당, 2005.
11. 김정수 외 2인, 「건축적산학」, 구미서관, 2002.
12. 김정수 외 1인, 「건축적산」, 구미서관, 2002.
13. 최준오, 「건축적산견적」, 서우, 2000.
14. 김장영 외 1인, 「건축적산」, 보문당, 1999.
15. 강병두 외 2인, 「건축기사실기」, 청운문화사, 2006.
16. 강병두, 「건축적산」, 구미서관, 2020.
17. 이장춘 외 1인, 「건축기사실기」, 기문당, 2003.
18. 김우식 외 3인, 「건축기사실기」, 예문사, 2004, 2015.
19. 현정기 외 2인, 「건축기사실기」, 성안당, 2004.
20. 한규대 외 3인, 「건축기사실기」, 한솔아카데미, 2004, 2015.

건/축/기/사/실/기

제3편

공정관리

- Lesson 1 공정관리의 개요
- Lesson 2 네트워크 공정표의 작성
- Lesson 3 네트워크 공정표와 횡선식 공정표
- Lesson 4 공기단축의 개요
- Lesson 5 공기단축 방법 및 최적공기 산정
- Lesson 6 진도관리 및 자원배당

건축기사실기

Lesson 01 공정관리의 개요

1 공정관리

1. 공정관리의 정의

공정관리란 좋은 건축물을 지정된 공사기간 내에 정해진 공사비용에 맞추어 완성하기 위해 자재, 인력, 기계, 설비 등을 경제적으로 이용하고 총괄적으로 통제하는 관리활동을 말한다.

2. 공정계획의 요소 (93④)

① 공사시기
② 공사규모
③ 공사내용
④ 재료수배
⑤ 노무수배
⑥ 장비수배

3. 건설공사의 비작업일

1) 개요

비작업일이란 전체 공사기간 내에서 공사에 필요한 실제 기간을 제외한 모든 기간을 뜻하며, 자연적 요인과 비자연적 요인에 의한 기간이 있다.

2) 공정계획 시 기후 요소에 대한 공사불능일수(비작업일수)[1] (00③)

(1) 법정공휴일수 (비자연적 요소)

공휴일 및 대체공휴일

(2) 기상조건에 따른 비작업일수 (자연적 요소)

비작업일수 산정을 위한 기상조건 적용 기순 설정은 구조물공사(콘크리트타설)를 기준으로 다음과 같다.

① 일 강우량 5mm 이상
② 일 최고기온이 0℃ 이하
③ 일 최고기온이 33℃ 이하
④ 일 신적설 50mm 이상
⑤ 최대 순간풍속 15m/s 이상
⑥ 미세먼지(PM2.5) 나쁨등급

(주) 각종 공사의 종류에 따른 기상조건 설정을 위한 조건은 다르게 할 수 있다.

핵심 Point

● 공정관리의 목적 (참고)
① 지정 공기내 건축물 완성
② 소요 품질의 확보
③ 예산내 공사완료 및 원가 절감
④ 안전성 확보 및 향상
⑤ 자원(5M)의 효율적 활용

● 공정계획의 요소 (93④)
① 공사시기
② 공사규모
③ 공사내용
④ 재료수배
⑤ 노무수배
⑥ 장비수배

● 비작업일 요소 (참고)
① 비자연적 요소 : 공휴일 및 대체공휴일
② 자연적(기후) 요소 : 강우, 기온, 적설, 풍속, 미세먼지 등

● 공정계획 시 기후 요소에 대한 작업불가능 일수 (00③)
① 온도가 1일 평균 0℃ 이하이면 콘크리트공사 등은 작업불가능 일수로 산정한다.
② 강우가 1일 강우량 5mm 이상이면 옥외 도장작업 등은 작업불가능 일수로 산정한다.
③ 눈이 1일 적설량 50mm 이상이면 옥상 방수작업 등은 작업불가능 일수로 산정한다.
④ 바람이 1일 최대 풍속 15m/sec 이상이면 철골부재 조립작업 등은 작업불가능일수로 산정한다.

---

[1] 2022년 적정 공사기간 확보를 위한 가이드라인, p.14, 국토교통부, 한국건설기술연구원, 2022.

4. 공정표 작성에 따른 공정계획 순서 (94④, 97①, 00⑤)
① 네트워크 작성준비
② 전체 프로젝트를 단위작업으로 분해
③ 네트워크의 작성
④ 각 작업의 작업시간 산정
⑤ 일정계산
⑥ 공사기일의 조정
⑦ 공정표 작성

☼ 2 공정표

1. 개요
공정표는 공정계획에 따라 예정된 각 공정별 작업활동을 도표화하여 각 시점에 있어서의 공사의 진척도를 검토하는 척도가 된다.

2. 공정표의 종류

1) 횡선식 공정표(Bar Chart, Gantt Chart, 막대 그래프)

(1) 정의 (92①)
① 가로축에 공사기간을 표기하고, 세로축에 공사종목을 작업순서에 따라 배열한 다음, 공사명별 공사의 시작과 끝을 소요시간 만큼의 횡선의 길이로 대응시켜 단순하게 작도한 공정표이다.
② 횡선식 공정표의 경우 작업 상호간의 관계를 나타낼 수 없다.

(2) 특징 (91①, 01③)

장점	① 각 공종별 공사와 전체의 공정시기가 일목요연하다. ② 각 공종별 공사의 착수 및 완료일이 명시되어 판단이 용이하다. ③ 공정표가 단순하여 경험이 적은 사람도 이용하기 쉽다.
단점	① 작업 상호간의 관계가 불분명하다. ② 주공정선을 파악할 수 없으므로 관리통제가 어렵다. ③ 횡선의 길이에 따라 진척도를 개괄적으로 판단해야 한다. ④ 공사기일에 맞추는 단순한 작도를 하는 결점이 있다. ⑤ 공정계획 및 진도관리 측면에서 비과학적이다.

2) 사선식 공정표

(1) 정의 (92①)
① 가로축에 공사기간을 표기하고 세로축에 건물의 각 층수 혹은 공사량, 노무자 수, 재료 반입량 등을 표시하여 일정한 사선 절선을 가

핵심 Point

● 공정관리의 적용절차 (참고)
① 공사계획
② 일정계획
③ 작업진도파악
④ 통제조정

● 공정계획 순서 (94④, 97①, 00⑤)
① 네트워크 작성준비
② 전체 프로젝트를 단위작업으로 분해
③ 네트워크의 작성
④ 각 작업의 작업시간 산정
⑤ 일정계산
⑥ 공사기일의 조정
⑦ 공정표 작성

● 여러 가지 공정표에 대한 설명 (92①)
① 횡선식 공정표 : 공사의 공정이 일목요연하며 경험이 없는 사람도 쉽게 이해한다.
② 사선식 공정표 : 기성고를 파악하는 데 유리하고 공사지연에 대한 조속한 대처가 가능하다.
③ PERT 공정표 : 경험이 없는 공사에 사용되며, 전자계산기 이용이 가능하다.
④ CMP 공정표 : 기성고를 파악하는 데 유리하고 공사지연에 대한 조속한 대처가 가능하다.

● 횡선식 공정표의 장점 (91①)
① 각 공종별 공사와 전체의 공정시기가 일목요연하다.
② 각 공종별 공사의 착수 및 완료일이 명시되어 판단이 용이하다.
③ 공정표가 단순하여 경험이 적은 사람도 이용하기 쉽다.

지고 공사의 진행상태(기성고)를 수량적으로 나타낸 공정표이다.
② 기성고를 파악하는 데 유리하고 공사지연에 대한 조속한 대처가 가능하다. 실제 진행되는 공사의 기성고 곡선은 일반적으로 S-곡선(바나나곡선)이 이상적이다.

(2) 특징

장점	① 각 부분 공사의 상세를 나타내는 부분 공정표에 알맞다. ② 노무자와 재료의 수 배에 알맞다. ③ 공사의 기성고를 표시하는 데 편리하다. ④ 공사지연에 조속한 대처가 가능하다.
단점	① 작업의 상호관계를 나타낼 수 없다. ② 보조적 수단으로만 이용된다. ③ 개개의 작업을 조정할 수 없다.

(3) S-Curve(바나나곡선) (04①, 10①, 13①)

① 공정관리를 위하여 공정계획선의 상하에 허용한계선을 설정하여 두고 실제 진행되는 공사가 이 한계선 내에 들도록 공정을 수정한다.
② 이러한 두 개의 관리한계선은 보통 바나나(Banana)형으로 되는 경우가 많으므로 바나나곡선이라 한다.

바나나 곡선의 작성 예	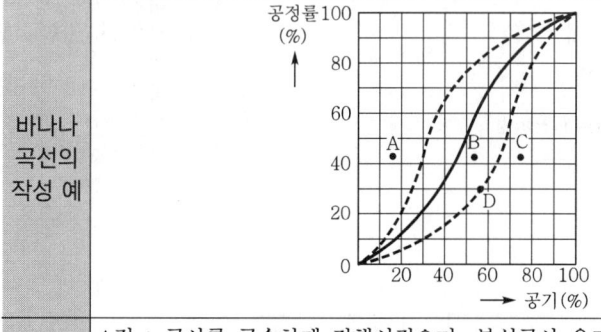
분석 내용	A점 : 공사를 급속하게 진행시켰으며, 부실공사 우려 및 비경제적 공사가 예상된다. B점 : 정상작업이므로 그 속도로 계속 시공한다. C점 : 공사가 지연되고 있으므로 공기를 촉진한다. D점 : 현재는 정상적으로 진행중이나 공기지연 우려가 있다.

3) 네트워크 공정표

(1) 정의

① 전체공사를 단위작업으로 분해하여, 각 작업의 상호관계를 원(○)과 화살표(→)로 표현한 망상도(네트워크)로서 작업명, 작업량, 공사기간, 공사비용 등 공정관리상 필요한 정보를 기입하여 공사수행에 관련하여 발생하는 공정상의 문제들을 도해나 수리적 모델로 해명하고 진척 관리하는 것이다.

핵심 Point

● 횡선식 공정표의 단점 (01③)
① 작업 상호간의 관계가 불분명하다.
② 주공정선을 파악할 수 없으므로 관리통제가 어렵다.
③ 횡선의 길이에 따라 진척도를 개괄적으로 판단해야 한다.
④ 공사기일에 맞추는 단순한 작도를 하는 결점이 있다.
⑤ 공정계획 및 진도관리 측면에서 비과학적이다.

● 기성고(旣成高, Completed Part)
공사 도중에 있어서의 공사 완료된 부분

● S-Curve(바나나곡선)는 무엇을 표시하는 데 활용되는가 (04①, 10①, 13①)
공정관리를 위하여 공정계획선의 상하에 허용한계선을 설정하여 두고 실제 진행되는 공사가 이 한계선 내에 들도록 공정을 수정하는 데 활용한다.

② 네트워크 공정표는 일반적으로 화살형 네트워크를 말하며, 화살형 네트워크는 PERT 기법과 CPM 기법에 의한 공정표가 있다.

(2) 특징

장점	① 도해적이므로 공사의 전체적 내용 및 부분이 파악하기 쉽고 문제점의 발견이 용이하다. ② 작업 순서관계가 명확하므로 작업의 상호관계를 알 수 있다. ③ 주공정선(CP) 또는 이에 따르는 과정에 주의한다면 다른 작업의 누락이 없는 한 공정관리가 편리하다. ④ 전자계산기를 이용할 수 있으므로 광범위한 공정계획 수립 및 수정 계산이 용이하다.
단점	① 다른 공정표에 비해 작성 시간이 오래 걸린다. ② 작성 및 검사에 특별한 기능이 요구된다. ③ 네트워크 표현의 제약으로 작업의 세분화에는 한계가 있다. ④ 실제 공사는 네트워크와 같이 구분하여 그대로 이행되지 못하므로 진척관리에 있어 특별한 연구가 필요하다.

(3) 네트워크에서 얻어지는 정보활용 (89③)

① 주공정선(CP)과 중점작업의 파악
② 작업순서와 상호관계의 파악
③ 여유시간 종류와 특성 파악
④ 공정계획 단계에서 만든 데이터 수집
⑤ 공기 조정시 전체 공정의 영향 파악
⑥ 자료정리와 장래를 위한 피드백(Feed Back)

3. 화살형 네트워크 공정표

1) 작성순서

준 비 → 내용검토 → 시간계산 → 공기조정 → 공정표 작성

2) 종류 (92①, 12①)

(1) PERT(Program Evaluation and Review Technique) 공정표

지정공기에 공사를 완성시킬 목적으로 자원, 시간, 기능 등을 조정하는 기법이다.

(2) CPM(Critical Path Method) 공정표 (12①)

① 작업시간과 공사비를 절감시킬 목적으로 최소비용 조건으로 최적 공기를 산출하는 방법이다.
② 기성고를 파악하는 데 유리하고 공사지연에 대한 조속한 대처가 가능하다.
③ CPM 공정표는 작업중심의 PDM(Precedence Diagram Method)과 결

합중심의 ADM(Arrow Diagram Method, 화살형 네트워크)이 있다.

3) PERT과 CPM의 비교

구분	PERT 공정표	CPM 공정표
개발 배경	1958년 미국 해군	1957년 미국의 Dupon사
목적	공기단축	공사비 절감
적용대상	신규사업, 비반복사업, 미경험사업	반복사업, 경험사업
작업시간 산정	3점 시간추정 ① 낙관시간(t_o) ② 정상시간(t_m) ③ 비관시간(t_p)	1점 시간추정 ① 정상시간(t_m)
소요시간	$t_e = \dfrac{t_o + 4t_m + t_p}{6}$	$t_e = t_m$
일정계산	단계(Event) 중심의 일정계산 (ET 혹은 TE, LT 혹은 TL)	작업(Activity) 중심의 일정계산 (EST, EFT, LST, LFT)
여유시간	결합점이 갖는 여유시간(Slack) Slack(PS, ZS, NS)	작업이 갖는 여유시간(Float) Float(TF, FF, DF)
M.C.X (최소비용)	이론이 없음	CPM의 핵심이론

4) 3점 시간추정

(1) 기대시간(t_e)의 계산 (97③, 02③, 09①, 09③, 14②, 17① ③)

$$t_e = \dfrac{t_o + 4t_m + t_p}{6}$$

여기서, t_e : 기대시간(Expected Time)
t_o : 낙관시간(Optimistic Time)
t_m : 정상시간(Most Likely Time)
t_p : 비관시간(Pessimistic Time)

(2) 분산(σ^2)

동일한 작업에 대한 기대시간에 사람에 따라 다를 경우 다음과 같이 분산을 산정하여 분산이 가장 작은 것을 선택하여 기대시간으로 한다.

$$\sigma^2 = \left(\dfrac{t_p - t_o}{6}\right)^2$$

● PERT와 CPM의 비교 (예상)

구분	PERT	CPM
목적	공기단축	공사비 절감
작업 시간 산정	3점 시간 추정	1점 시간 추정
일정 계산	단계중심의 일정계산	작업중심의 일정계산

● PERT에 사용되는 3가지 시간 견적치와 기대시간 값(t_e) (97③, 02③, 09①, 09③, 14②, 17① ③)
① 시간 견적치
 • t_o : 낙관시간
 • t_m : 정상시간
 • t_p : 비관시간
② 기대시간값
$$t_e = \dfrac{t_o + 4t_m + t_p}{6}$$

● 기대시간(t_e)
$$t_e = \dfrac{t_o + 4t_m + t_p}{6}$$

기출 및 예상 문제

01 공정계획의 요소를 5가지만 쓰시오. (5점) •93 ③

① _____ ② _____
③ _____ ④ _____
⑤ _____

정답 ① 공사시기 ② 공사규모
③ 공사내용 ④ 재료수배
⑤ 노무수배 ⑥ 장비수배

02 다음은 공정계획시 기후 요소에 대한 작업불가능 일수의 일반적인 산정기준이다. ( )을 채우시오. (4점) •00 ③

가. 온도가 1일 평균 (①)℃ 이하이면 콘크리트공사 등은 작업불가능 일수로 산정한다.
나. 강우가 1일 강우량 (②)mm 이상이면 옥외도장작업 등은 작업불가능 일수로 산정한다.
다. 눈이 1일 적설량 (③)mm 이상이면 옥상방수작업 등은 작업불가능 일수로 산정한다.
라. 바람이 1일 최대풍속 (④)m/sec 이상이면 철골부재 조립작업 등은 작업불가능 일수로 산정한다.

① _____ ② _____
③ _____ ④ _____

정답 ① 0 ② 5 ③ 50 ④ 15

03 다음 공정계획 순서를 |보기|에서 골라 기호로 쓰시오. (4점) •94 ④, 97 ①, 00 ⑤

┤보기├
㉮ 각 작업의 작업시간 산정   ㉯ 전체 프로젝트를 단위작업으로 분해
㉰ 네트워크의 작성   ㉱ 일정계산
㉲ 공정표 작성   ㉳ 공사기일의 조정
㉴ 네트워크 작성준비

정답 ㉴ → ㉯ → ㉰ → ㉮ → ㉱ → ㉳ → ㉲

04 횡선식 공정표의 장점을 3가지 쓰시오. (3점)

① _____
② _____
③ _____

정답 ① 각 공종별 공사와 전체의 공정시기가 일목요연하다.
② 각 공종별 공사의 착수 및 완료일이 명시되어 판단이 용이하다.
③ 공정표가 단순하여 경험이 적은 사람도 이용하기 쉽다.

05 횡선식 공정표의 단점을 3가지 쓰시오. (3점)

① _____
② _____
③ _____

정답 ① 작업 상호간의 관계가 불분명하다.
② 주공정선을 파악할 수 없으므로 관리통제가 어렵다.
③ 횡선의 길이에 따라 진척도를 개괄적으로 판단해야 한다.
④ 공사기일에 맞추는 단순한 작도를 하는 결점이 있다.
⑤ 공정계획 및 진도관리 측면에서 비과학적이다.

06 공정관리 등 진도관리에 사용되는 S-Curve(바나나곡선)는 주로 무엇을 표시하는 데 활용되는지를 설명하시오. (4점)

_____

정답 공정관리를 위하여 공정계획선의 상하에 허용한계선을 설정하여 두고 실제 진행되는 공사가 이 한계선 내에 들도록 공정을 수정하는 데 활용한다.

07 다음 ( ) 안에 들어갈 알맞은 용어를 쓰시오. (3점)

네트워크 공정표는 공기단축을 위해 작업시간을 3점 추정하는 (①) 공정표와 CPM 공정표가 있다. CPM 공정표는 작업 중심의 (②), 결합점 중심의 (③) 공정표가 있다.

① _____ ② _____ ③ _____

정답 ① PERT(Program Evaluation and Review Technique)
② PDM(Precedence Diagram Method)
③ ADM(Arrow Diagram Method)

08 PERT에 사용되는 3가지 시간 견적치를 쓰고, 기댓값(t_e)을 구하는 식을 쓰시오. (4점)

•97 ③, 02 ③

가. 시간 견적치

① _____ ② _____ ③ _____

나. 기댓값

_____

정답 가. 시간 견적치
① t_o : 낙관시간
② t_m : 정상시간
③ t_p : 비관시간

나. 기댓값
$$t_e = \frac{t_o + 4t_m + t_p}{6}$$

09 PERT 기법에서 낙관시간(t_o) 4일, 정상시간(t_m) 5일, 비관시간(t_p) 6일일 때 기대시간(t_e)을 구하시오. (4점)

•09 ①, 09 ③, 17 ③

정답 $t_e = \dfrac{t_o + 4t_m + t_p}{6} = \dfrac{4 + 4 \times 5 + 6}{6} = 5$일

10 PERT 기법에서 그림과 같이 낙관시간(t_o), 정상시간(t_m) 그리고 비관시간(t_p)일 경우, 기대시간(t_e, Expected Time)을 구하시오. (4점)

•14 ②, 17 ①

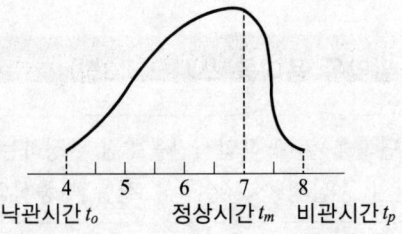

정답 $t_e = \dfrac{t_o + 4t_m + t_p}{6} = \dfrac{4 + 4 \times 7 + 8}{6} = 6.67$일

Lesson 02 네트워크 공정표의 작성

※ 1 네트워크 용어와 기호 (86①, 86②, 12③)

용어	기호	내용
프로젝트(Project)	–	네트워크에 표현하고자 하는 대상공사
선행작업	–	프로젝트에서 고려하는 작업의 앞에 있는 작업
후속작업	–	프로젝트에서 고려하는 작업의 뒤에 있는 작업
소요시간(Duration)	D	작업을 수행하는 데 필요한 시간
공기	–	프로젝트를 수행하기 위하여 필요한 시각
지정공기	T_0	미리 지정된 공기
계산공기	T	네트워크의 시간계산에 의해 얻은 공기
간공기	–	개시 결합점에서 종료 결합점에 이르는 최장패스의 소요시간
패스(Path)	–	네트워크 상에서 둘 이상의 작업이 연결된 경로
최장패스(Longest Path)	LP	임의의 두 결합점 간의 패스 중 가장 긴 패스
주공정선(Critical Path)	CP	개시 결합점에서 종료 결합점에 이르는 가장 긴 패스
플로트(Float)	–	공사의 전체공기에 영향을 주지 않는 범위 내에서 작업이 갖는 여유시간
슬랙(Slack)	SL	공사의 전체공기에 영향을 주지 않는 범위 내에서 결합점이 가지는 여유시간

> **핵심 Point**
>
> ● 네트워크 공정표 관련 용어 (86①, 12③)
> ① 더미 : 네트워크에서 작업의 상호관계를 나타내는 점선화살표
> ② 계산공기 : 네트워크의 시간계산에 의해 얻은 공기
> ③ 패스 : 네트워크 중의 둘 이상의 작업이 연결된 작업의 경로
> ④ 플로트 : 작업의 여유시간
>
> ● 네트워크 공정표 관련 용어 (86②, 10③)
> ① EFT : 작업을 끝낼 수 있는 가장 빠른 시간
> ② LP : 임의의 두 결합점 간의 패스 중 가장 긴 패스
> ③ CP : 개시 결합점에서 종료 결합점에 이르는 가장 긴 패스

※ 2 네트워크 공정표의 구성요소

1. 네트워크(Network, 공정망)

건설공사에서의 네트워크란 원(○)과 화살선(→)으로 구성되어져 있는 도형이다. 즉, 화살선(작업 : Activity 혹은 Job)과 동그라미(결합점 : Event 혹은 Node)로 이루어진 망상도이다.

```
         작업명 / 작업수량
    i ─────────────────→ j
         직종 / 1일 인원수 / 소요일수
```

2. 결합점(Event, Node)

1) 개요
① 화살형 네트워크에서 작업과 작업을 연결한다.
② 동그라미(원 : ○)로 표시한다.
③ 각 작업의 개시점과 종료점을 나타낸다.
④ 각 결합점마다 번호를 부여하며, 후속작업의 결합점 번호는 선행작업의 결합점 번호보다 크게 순서대로 부여한다. 병렬단계의 번호는 일반적으로 위에서 아래로 순서대로 부여한다.
⑤ 네트워크의 개시 및 종료 결합점은 각기 하나씩이어야 한다.
⑥ CPM에서는 Event라고 하며, PERT에서는 Node라 한다.

2) 표시 예

CPM 기법	PERT 기법
(EST/LST) i → (LFT/EFT) j, Event	(ET/LT) i → (ET/LT) j, Node

3. 작업(Activity, Job)

1) 개요
① 화살형 네트워크에서 공사전체를 구성하는 개별단위 작업이다.
② 각 작업은 화살선(→)으로 표시한다.
③ 각 작업에는 작업명, 작업수량, 직종, 1일당 출력 인원수 및 소요일수가 필요하며, 일반적으로 화살표 위에는 작업명을 기입하고 다음은 소요일수를 기입한다.
④ 화살선의 꼬리(처음 부분)는 작업의 시작을 나타내고 화살선의 머리(선단)는 작업의 끝을 나타낸다.
⑤ 화살선의 방향이 작업의 진행방향을 나타낸다.
⑥ 화살선의 길이는 시간에 관계없이 표시한다.
⑦ CPM에서는 Activity라고 하며, PERT에서는 Job이라 한다.

2) 표시 예

● 결합점(Event)과 작업(Activity)

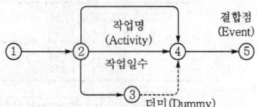

● 결합점 번호붙이기 (참고)
① 결합점 번호가 주어져 있지 않을 경우라도 네트워크 공정표 작성시에 각 결합점의 번호를 부여하여야 한다.
② 개시 결합점의 번호는 0 혹은 1에서부터 시작한다.
③ 선행작업의 결합점 번호는 후속작업의 결합점 번호보다 작아야 한다.
④ 병렬단계의 번호는 작업의 순서에 의하며 보통 위에서부터 아래로 번호를 증가시키는 것이 일반적이다.

4. 더미(Dummy Activity, 명목상의 작업, 모의활동)

1) 개요
① 작업의 중복을 피하거나 작업의 선후관계를 규정하기 위한 명목상의 작업이다.
② 점선화살선(- - - - - - →)으로 표시한다.
③ 명목상의 작업이므로 소요시간은 0이다.
④ 더미도 CP(Critical Path)가 될 수 있다.
⑤ 더미는 일반적으로 공기가 작은 쪽의 후미에 위치시킨다.

2) 종류 (02①, 11③, 17③)

종류	내용 및 계산 방법
넘버링 더미 (Numbering Dummy)	논리적 순서와 관계없이 요소작업의 중복을 피하기 위한 더미이다.
로지컬 더미 (Logical Dummy)	요소작업의 선후관계를 규정하거나 연결관계의 제약을 나타내기 위한 더미이다.
릴레이션십 더미 (Relationship Dummy)	길버트 네트워크에서 나타나는 작업연결 더미이다.
커넥션 더미 (Connection Dummy)	① 작업간에 연결 의미만 가지고 있는 더미이다. ② 일반적으로 삭제하는 것이 바람직하다.
타임 랙 더미 (Time Lag Dummy)	① 연결더미에 작업시간을 표시한 경우이다. ② 별도의 작업은 없지만 작업시간이 존재하는 경우(예 콘크리트 타설 후 양생에 필요한 시간 등)이다.

※3 네트워크 작성

1. 네트워크 작성의 기본원칙

1) 공정원칙
모든 작업은 순서에 따라 독립된 공정으로 배열 및 완료되어야 한다.

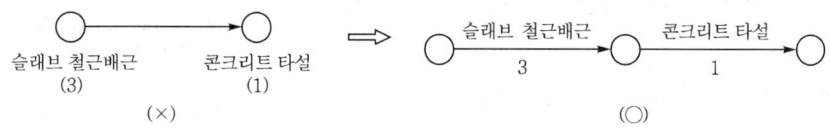

2) 단계원칙
① 작업의 개시점과 종료점은 결합점(Event)로 연결되어야 한다.
② 결합점은 이전의 모든 선행작업이 완료되어야만 후속작업을 개시할 수 있는 단계를 표시한다.

● 명목상의 작업인 더미의 종류 (02①, 11③, 17③)
① 넘버링 더미
② 로지컬 더미
③ 릴레이션십 더미
④ 커넥션 더미
⑤ 타임 랙 더미

● 더미의 종류 (참고)
① 넘버링 더미

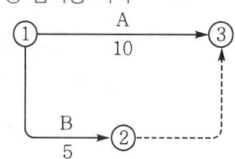

② 로지컬 더미

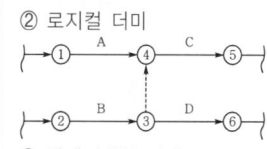

③ 릴레이션십 더미

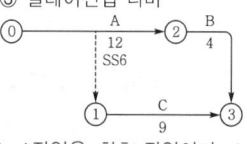

● A작업은 최초 작업이며, A작업 완료 후 B작업이 착수되며, A작업 착수 6일 후 C작업은 착수되고, C작업이 최종 작업일 경우의 공정표

④ 커넥션 더미

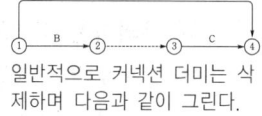

일반적으로 커넥션 더미는 삭제하며 다음과 같이 그린다.

⑤ 타임 랙 더미

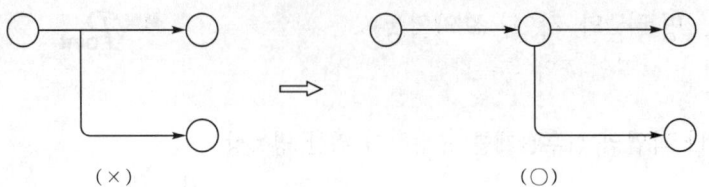

3) 활동원칙

결합점과 결합점 사이에는 반드시 1개의 작업(Activity, 활동)만 존재하여야 한다. 논리적 관계 및 유기적 관계를 위하여 더미를 사용한다.

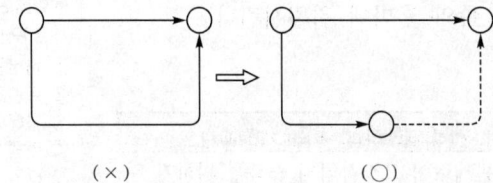

4) 연결원칙

① 각 결합점은 작업(Activity)들 간의 관계로서 공정망이 구성되며, 모두 연결되어 있어야 한다.
② 각 작업은 한쪽방향의 화살표로만 표시하여야 한다.
③ 역진(후진) 또는 회송되어서는 안 되며, 일반적으로 좌측에서 우측으로 표시한다.

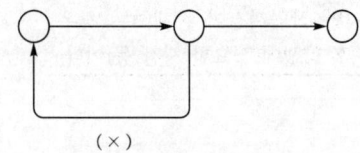

> **핵심 Point**
> ● 네트워크 작성의 기본원칙 (예상)
> ① 공정원칙
> ② 단계원칙
> ③ 활동원칙
> ④ 연결원칙

2. 네트워크 작성상의 일반원칙 (93④)

① 개시 및 종료 결합점은 반드시 하나로 되어야 한다.
② 요소작업 상호간에는 교차할 수도 있다.
③ ⓘ 이벤트에서 ⓙ 이벤트로 연결되는 작업은 반드시 하나이어야 한다.
④ 개시에서 종료 결합점에 이르는 주공정선은 하나 이상이다.
⑤ 네트워크 공정표에서 어느 경우라도 역진 또는 회송되어서는 안 된다.
⑥ 무의미한 더미는 없앤다.
⑦ 공정표에서 작업간에는 예각을 피하고 알아보기 쉽고, 자료기입이 편리하도록 한다.

3. 네트워크의 표시 방법

1) 종속 및 독립관계

작업 A와 B가 있을 경우, 작업 A 완료 후 작업 B를 시작해야 한다고

> ● 네트워크 공정표 작성에 관한 기본원칙에 관한 설명 (93④)
> ① 개시 및 종료 결합점은 반드시 하나로 되어야 한다.
> ② 요소작업 상호간에는 교차할 수도 있다.
> ③ ⓘ 이벤트에서 ⓙ 이벤트로 연결되는 작업은 반드시 하나이어야 한다.
> ④ 개시에서 종료 결합점에 이르는 주공정선은 하나 이상이다.
> ⑤ 네트워크 공정표에서 어느 경우라도 역진 또는 회송되어서는 안 된다.

하면, 작업 B는 작업 A에 종속되었다고 한다. 이때 작업 A는 작업 B의 선행작업이라 하고, 작업 B는 작업 A의 후속작업이라 한다.

2) 결합점 번호붙이기

① 결합점 번호가 주어져 있지 않을 경우라도 네트워크 공정표 작성시에 각 결합점의 번호를 부여하여야 한다.
② 개시 결합점의 번호는 0 혹은 1에서부터 시작한다.
③ 선행작업의 결합점 번호는 후속작업의 결합점 번호보다 작아야 한다.
④ 병렬단계의 번호는 작업의 순서에 의하여 보통 위에서부터 아래로 번호를 증가시키는 것이 일반적이다.

4. 네트워크 공정표의 작성요령

1) 예제 프로젝트(1)

작업	선행작업	작업일수	작업의 선후관계
A	없음	7	① 선행작업이 없는 작업 A가 이 프로젝트의 최초 작업이다.
B	A	5	② 작업 A가 완료된 후 작업 B와 C를 착수한다.
C	A	2	③ 작업 B와 C가 완료된 후 후속작업이 없으므로 이 프로젝트의 최종작업이 된다.

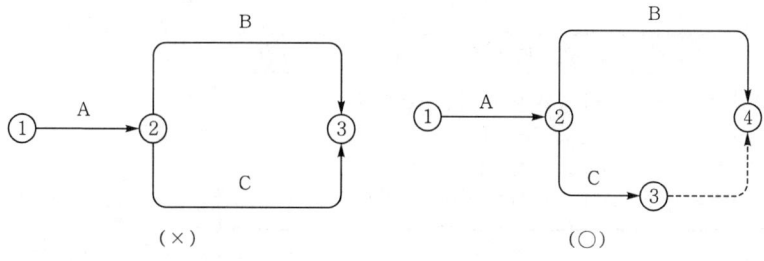

2) 예제 프로젝트(2)

작업	선행작업	작업일수	작업의 선후관계
A	없음	7	① 선행작업이 없는 작업 A, B, C가 최초작업이다.
B	없음	5	② 후속작업이 없는 작업 D가 최종작업이다.
C	없음	2	③ 선행작업이 없는 A, B, C 중 작업일수가 가장 긴 A작업을 중앙에 위치시킨다.
D	A, B, C	4	④ ①번 결합점에서 A, B, C 작업이 시작하여 ④번 결합점에서 동시에 완료할 수 없으므로 더미가 필요하며, 일반적으로 소요일수가 적은 곳의 후미에 둔다.

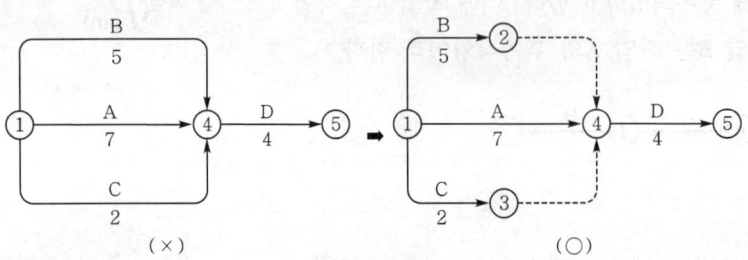

* 예제 프로젝트 (1)~(3)에서 생기는 더미는 넘버링 더미이다.

3) 예제 프로젝트(3)

작업명	선행작업	작업일수	작업의 선후관계
A	없음	5	① 선행작업이 없는 작업 A, B, C가 최초작업이다.
B	없음	2	② 후속작업이 없는 작업 D, E, F가 최종작업이다.
C	없음	4	③ 작업 A, B, C 중에서 작업일수가 가장 긴 작업 A를 중앙에, 작업 D, E, F 중에서 작업일수가 가장 긴 작업 D를 중앙에 위치시킨다.
D	A, B, C	4	④ 작업 A와 D가 중앙에 위치되고 나면 나머지 작업들은 작업(알파벳)의 순서에 따라 위에서 아래로 정렬한다.
E	A, B, C	3	
F	A, B, C	2	

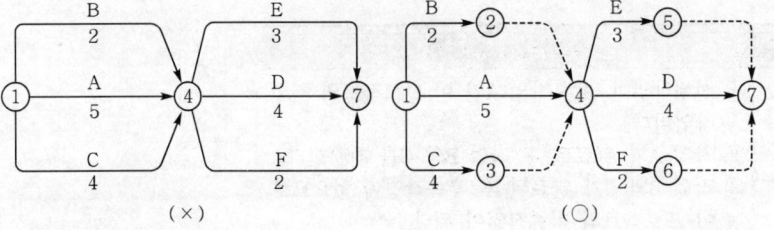

* 예제 프로젝트 (4) 이후에 생기는 더미는 로지컬 더미이다.

4) 예제 프로젝트(4)

작업	선행작업	작업의 선후관계
A	없음	① 선행작업이 없는 작업 A와 B가 최초작업이다.
B	없음	② 작업 A완료 후 작업 C를 착수한다.
C	A, B	③ 작업 B완료 후 작업 C와 D를 착수한다.
D	B	④ 후속작업이 없는 작업 C와 D가 최종작업이다.

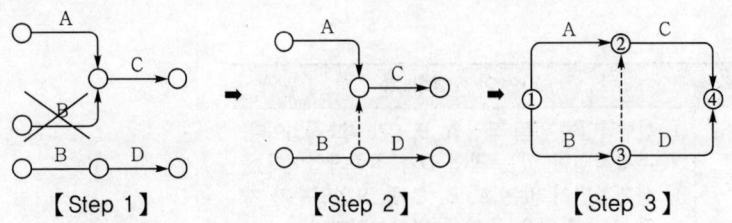

• 결합점을 중심으로 작업이 많은 쪽을 없애고 더미를 설치한다.

Lesson 02

5) 예제 프로젝트(5)

작업	선행작업	작업의 선후관계
A	없음	① 선행작업이 없는 작업 A, B, C가 최초작업이다.
B	없음	② 작업 A완료 후 작업 D를 착수한다.
C	없음	③ 작업 B완료 후 작업 D, E를 착수한다.
D	A, B, C	④ 작업 C완료 후 작업 D, E, F를 착수한다.
E	B, C	⑤ 후속작업이 없는 작업 D, E, F가 최종작업이다.
F	C	

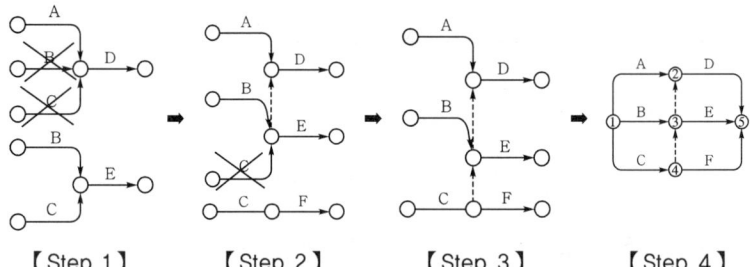

【Step 1】   【Step 2】   【Step 3】   【Step 4】

6) 예제 프로젝트(6)

작업	선행작업	작업의 선후관계
A	없음	① 선행작업이 없는 작업 A, B, C가 최초작업이다.
B	없음	② 작업 A완료 후 작업 D, E를 착수한다.
C	없음	③ 작업 B완료 후 작업 E를 착수한다.
D	A	④ 작업 C완료 후 작업 E와 F를 착수한다.
E	A, B, C	⑤ 후속작업이 없는 작업 D, E, F가 최종작업이다.
F	C	

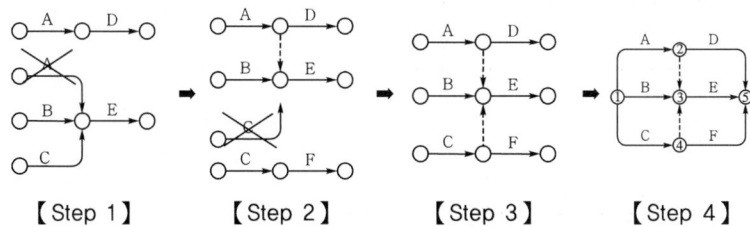

【Step 1】   【Step 2】   【Step 3】   【Step 4】

7) 예제 프로젝트(7)

작업	선행작업	작업의 선후관계
A	없음	① 선행작업이 없는 작업 A, B, C가 최초작업이다.
B	없음	② 작업 A완료 후 작업 D를 착수한다.
C	없음	③ 작업 B완료 후 작업 D, E, F를 착수한다.
D	A, B	④ 작업 C완료 후 작업 F를 착수한다.
E	B	⑤ 후속작업이 없는 작업 D, E, F가 최종작업이다.
F	B, C	

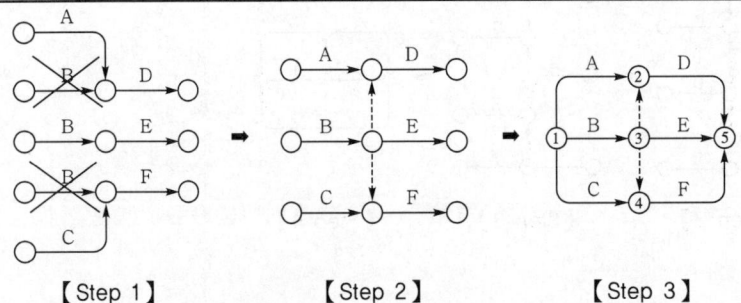

8) 예제 프로젝트(8)

작업	선행작업	작업의 선후관계
A	없음	① 선행작업이 없는 작업 A, B, C가 최초작업이다.
B	없음	② 작업 A완료 후 작업 D, E, F를 착수한다.
C	없음	③ 작업 B완료 후 작업 D와 E를 착수한다.
D	A, B	④ 작업 C완료 후 작업 E와 F를 착수한다.
E	A, B, C	⑤ 후속작업이 없는 작업 D, E, F가 최종작업이다.
F	A, C	

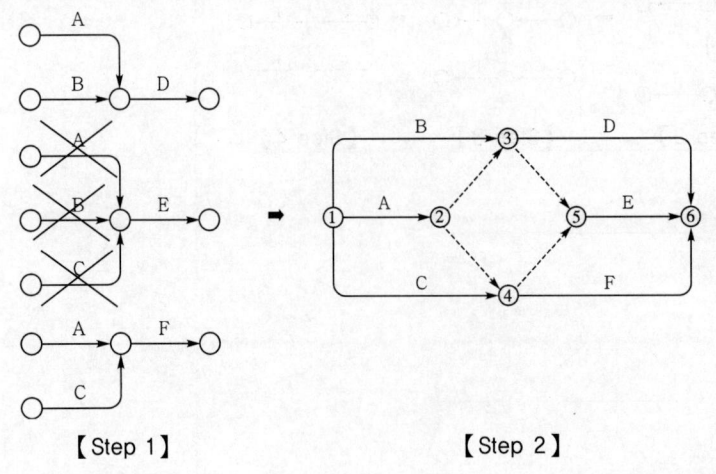

9) 예제 프로젝트(9)

작업	선행작업	작업의 선후관계
A	없음	① 선행작업이 없는 작업 A, B, C가 최초작업이다. ② 작업 A완료 후 작업 D와 E를 착수한다. ③ 작업 B완료 후 작업 D, E, F, G를 착수한다. ④ 작업 C완료 후 작업 F와 G를 착수한다. ⑤ 후속작업이 없는 작업 D, E, F, G가 최종작업이다.
B	없음	
C	없음	
D	A, B	
E	A, B	
F	B, C	
G	B, C	

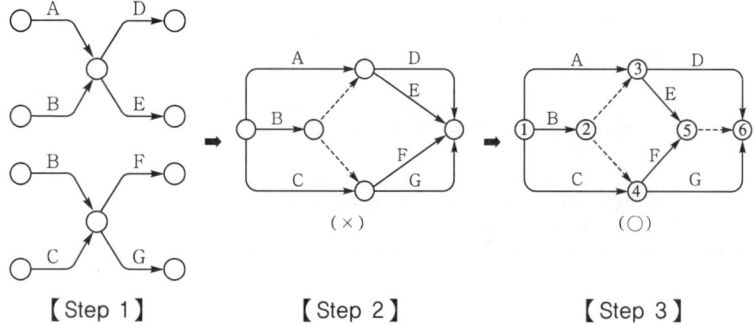

【Step 1】　　　【Step 2】　　　【Step 3】

10) 예제 프로젝트(10)

작업	선행작업	작업의 선후관계
A	없음	① 선행작업이 없는 작업 A와 B가 최초작업이다. ② 작업 A완료 후 작업 C와 D를 착수한다. ③ 작업 B완료 후 작업 C, D, E, F를 착수한다. ④ 작업 C완료 후 작업 G와 H를 착수한다. ⑤ 작업 D완료 후 작업 H를 착수한다. ⑥ 작업 E완료 후 작업 G와 H를 착수한다. ⑦ 작업 F완료 후 작업 H를 착수한다. ⑧ 후속작업이 없는 작업 G와 H가 최종작업이다.
B	없음	
C	A, B	
D	A, B	
E	B	
F	B	
G	C, E	
H	C, D, E, F	

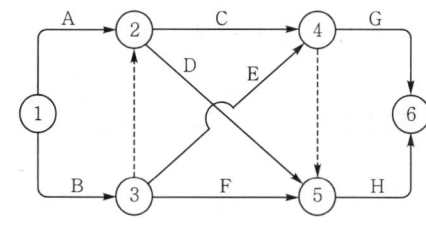

4. 네트워크 공정표의 일정계산

1. CPM에 의한 일정계산

1) 개요
① 일반적인 일정계산이며, Activity Time이라고도 한다.
② 작업(Activity) 중심의 일정계산이다.

2) 작업시각(Activity Time)

일정 종류	기호	내용
가장빠른 개시시각 (Earliest Start Time)	EST	① 작업을 시작할 수 있는 가장 빠른 시각 ② 전진계산 후 최대값
가장빠른 완료시각 (Earliest Finish Time)	EFT	① 작업을 종료할 수 있는 가장 빠른 시각 ② EST+D
가장늦은 개시시각 (Latest Start Time)	LST	① 작업을 시작할 수 있는 가장 늦은 시각 ② LFT-D
가장늦은 완료시각 (Latest Finish Time)	LFT	① 작업을 종료할 수 있는 가장 늦은 시각 ② 후진계산 후 최소값

● CPM 기법에 의한 일정계산에서 결합점의 표시

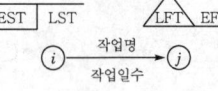

3) 표시 방법

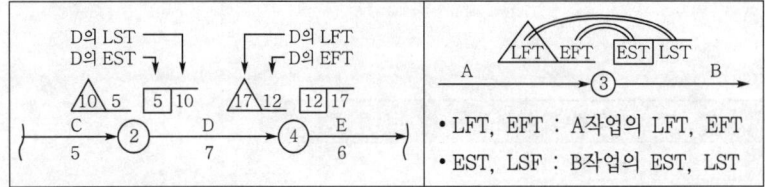

- LFT, EFT : A작업의 LFT, EFT
- EST, LSF : B작업의 EST, LST

4) 일정계산

(1) EST, EFT의 계산

① 작업 진행방향으로 전진계산한다.
② 개시 결합점에서 나오는 작업의 EST는 0이다.
③ 각 결합점에서 선행작업이 완료되어야 후속작업을 개시할 수 있다.
④ 전진계산 후 최대값이 EST이다. 즉, 어떤 작업의 EST는 그 선행작업들에 대한 EFT의 최대값이다.
⑤ 어떤 작업의 EFT는 그 작업의 EST에 공기(D)를 더하여 구한다. (EFT=EST+D)
⑥ 종료 결합점에서 끝나는 작업의 EFT의 최대값이 계산공기가 되며, 최종 결합점의 LFT가 된다.

(2) LFT, LST의 계산

① 작업 진행방향의 반대방향으로 후진계산한다.
② 종료 결합점에서 나가는 작업의 LFT가 그 프로젝트의 계산공기(전체공기)가 된다.
③ 후진계산 후 최소값이 LFT이다. 즉, 어떤 작업의 LFT는 그 후속작업에 대한 LST의 최소값이다.
④ 어떤 작업의 LST는 그 작업의 LFT에 공기(D)를 감하여 구한다. (LST=LFT−D)

2. PERT에 의한 일정계산

1) 개요

① 공정표를 의미하며, Node Time이라고도 한다.
② 결합점(Event) 중심의 일정계산이다.

2) 결합점 시각(Node Time)

일정 종류	기호	내용
가장빠른 결합점 시각 (Earliest Node Time)	ET 혹은 TE	최초의 결합점에서 대상의 결합점에 이르는 가장 긴 경로를 통과하여 가장 빨리 도달되는 결합점 시각
가장늦은 결합점 시각 (Latest Node Time)	LT 혹은 TL	임의의 결합점에서 최종 결합점에 이르는 경로 중 가장 긴 경로를 통과하여 종료시각에 맞출 수 있는 개시 시각

3) 표시 방법

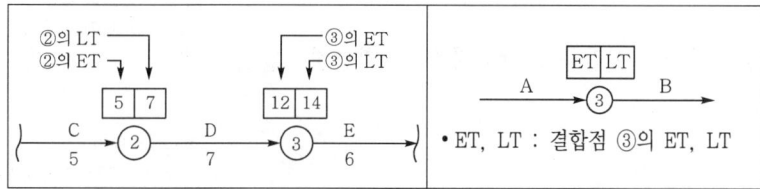

• ET, LT : 결합점 ③의 ET, LT

★5   네트워크 공정표의 여유시간

1. CPM 기법에 의한 여유시간(Float) (10③, 11②)

종류	내용 및 계산 방법
TF (총여유 : Total Float)	① 작업을 EST로 시작하고 LFT로 완료할 때 발생하는 여유시간 ② TF=LFT−EFT(=EST+D)=△−(□+D)

• PERT 기법에 의한 일정계산에서 결합점의 표시

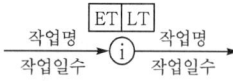

• ET와 LT의 계산
① ET의 계산 : CPM에 의한 일정계산의 EST와 동일하게 계산한다.
② LT의 계산 : CPM에 의한 일정계산의 LFT와 동일하게 계산한다.

• CPM과 PERT의 표시 관계

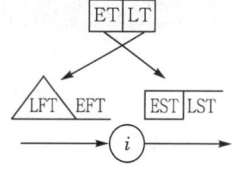

① EST = EFT
② LFT = LST

• 네트워크 공정표의 여유시간은 일반적으로 CPM 기법에 의한 여유시간(Float)을 의미한다.

• CPM 기법에 의한 여유시간 (Float)

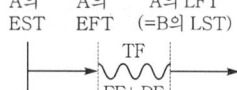

• TF와 FF의 정의 (10③)

• 여유시간 산정 (11②)

FF (자유여유 : Free Float)	① 작업을 EST로 시작하고 후속작업도 EST로 시작하여도 발생하는 여유시간 ② FF=후속작업의 EST 　　　－그 작업의 EFT(=EST+D) ③ FF=후속작업의 □-(□+D)
DF (간섭여유 : Dependent Float)	① 후속작업의 TF에 영향을 미치는 여유시간 ② DF=TF-FF 　　＝그 작업의 LFT-후속작업의 EST

2. 표시 방법

다음과 같은 2가지 방법이 대표적으로 사용되나, 주로 (a) 방법으로 표현된다. 그러나 문제에서 표로 구할 경우는 표에서 계산하면 된다.

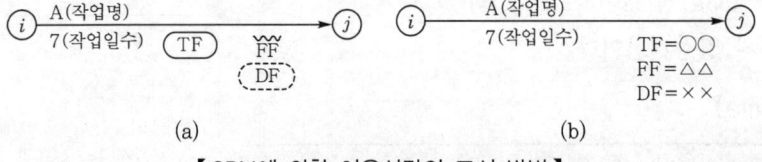

【CPM에 의한 여유시간의 표시 방법】

6 주공정선(CP : Critical Path)

① 최초 개시점에서 최종 종료점까지 연결되는 경로 중에서 가장 긴 경로이다.
② 즉, 개시점에서 종료점까지 여유시간을 포함하지 않는 최장경로를 말한다.
③ TF=0인 작업이다.
④ CP는 2개 이상의 복수가 될 수 있다.
⑤ CP에 의하여 공기가 결정된다.
⑥ 더미도 주공정선이 될 수 있다.
⑦ 일정계획 수립의 기준이 된다.
⑧ 굵은선 또는 이중선으로 표시한다.

● 최장경로(Longest Path)
임의의 결합점 경로 중에서 소요시간의 합계가 최대인 경로이다.

● 경로(Path)
CPM 및 PERT 기법에 의한 네트워크 공정표에서 두 개 이상의 작업(Activity)이 화살표 방향으로 연결되어 이어지는 경로이다.

Lesson 02

기출 및 예상 문제

01 네트워크 공정표에서 작업상호간의 연관관계만을 나타내는 명목상의 작업인 더미의 종류를 3가지 쓰시오. (3점) ●02 ①, 11 ③, 17 ③

① _____ ② _____ ③ _____

정답 ① 넘버링 더미 ② 로지컬 더미 ③ 릴레이션십 더미
④ 커넥션 더미 ⑤ 타임 랙 더미

02 다음 네트워크 공정표 작성에 관한 기본원칙 중 설명이 틀린 것은 모두 골라 번호로 쓰시오. (4점) ●93 ④

① 개시 및 종료 결합점은 반드시 하나로 되어야 한다.
② 요소작업 상호간에는 절대 교차하여서는 안 된다.
③ ⓘ이벤트에서 ⓙ이벤트로 연결되는 작업은 반드시 하나이어야 한다.
④ 개시에서 종료 결합점에 이르는 주공정선은 반드시 하나이어야 한다.
⑤ 네트워크 공정표에서 어느 경우라도 역진 또는 회송되어서는 안 된다.

정답 ②, ④

03 다음 데이터를 네트워크 공정표로 작성하시오. (단, 이벤트(Event)에는 번호를 기입하고, 로 작업일정을 표기하며, 주공정선은 굵은선으로 표기한다.) (8점)

●98 ⑤, 99 ⑤, 10 ①, 11 ③

작업	선행작업	소요일수	작업	선행작업	소요일수
A	없음	4	F	B, C	7
B	없음	8	G	B, C	5
C	A	6	H	D	2
D	A	11	I	D, F	8
E	A	14	J	E, H, G, I	9

• 네트워크 공정표

정답 • 네트워크 공정표

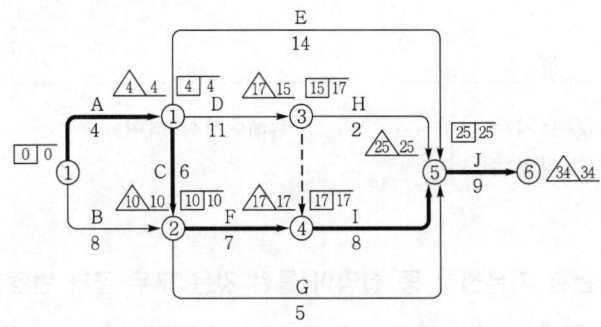

04 다음 데이터를 네트워크 공정표로 작성하시오. (6점) •07 ①

작업명	작업일수	선행작업	비고
A	6	–	EST｜LST △LFT｜EFT△
B	3	–	
C	4	–	ⓘ ─작업명/작업일수→ ⓙ
D	3	B	
E	6	A, B	로 표기하고, 주공정선은 굵은선으로 표기하시오.
F	5	A, C	

• 네트워크 공정표

정답 • 네트워크 공정표

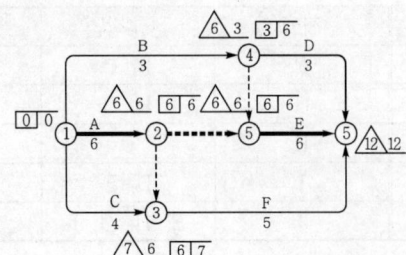

Lesson 02

05 다음 데이터를 네트워크 공정표로 작성하고, 각 작업별 여유시간을 산출하시오. (8점)

•93 ④, 06 ①

작업명	작업일수	선행작업	비고
A	2	없음	단, 크리티컬 패스는 굵은선으로 표시하고, 결합점에서는 다음과 같이 표시한다.
B	5	없음	
C	3	없음	
D	4	A, B	
E	3	B, C	

가. 네트워크 공정표(5점)   나. 여유시간(3점)

정답 가. 네트워크 공정표   나. 여유시간

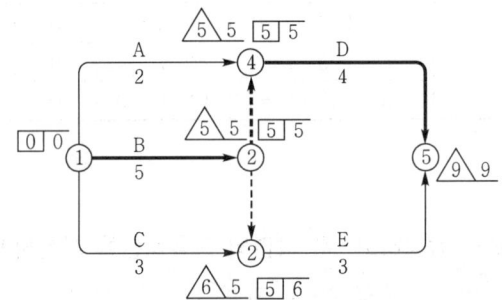

작업명	TF	FF	DF	CP
A	3	3	0	
B	0	0	0	*
C	3	2	1	
D	0	0	0	*
E	1	1	0	

06 다음 데이터를 네트워크 공정표로 작성하고, 각 작업의 여유시간을 구하시오. (10점)

•08 ①, 13 ①, 19 ①, 22 ①

작업명	선행작업	작업일수	비고
A	–	3	
B	–	2	
C	–	4	
D	C	5	로 표기하고, 주공정선은 굵은선으로 표기하시오.
E	B	2	
F	A	3	
G	A, C, E	3	
H	D, F, G	4	

가. 네트워크 공정표   나. 여유시간

정답 가. 네트워크 공정표

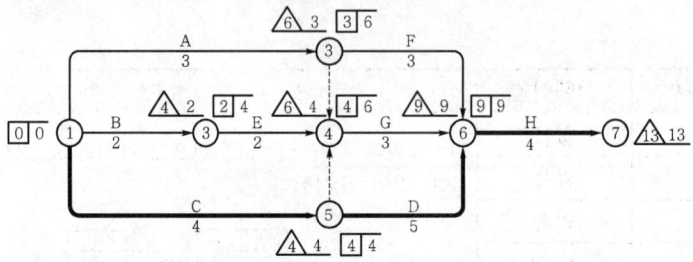

나. 여유시간

작업명	D	EST	EFT	LST	LFT	TF	FF	DF	CP
A	3	0	3	3	6	6−3=3	3−3=0	3	
B	2	0	2	2	4	4−2=2	2−2=0	2	
C	4	0	4	0	4	4−4=0	4−4=0	0	*
D	5	4	9	4	9	9−9=0	9−9=0	0	*
E	2	2	4	4	6	6−4=2	4−4=0	2	
F	3	3	6	6	9	9−6=3	9−6=3	0	
G	3	4	7	6	9	9−7=2	9−7=2	0	
H	4	9	13	9	13	13−13=0	13−13=0	0	*

07 다음 데이터를 이용하여 네트워크 공정표를 작성하고, 각 작업의 여유시간을 계산하시오. (10점)

• 90 ②, 95 ③, 00 ④, 04 ①, 07 ②, 10 ③, 14 ③, 15 ①, 20 ①②

작업명	작업일수	선행작업	비고
A	5	없음	
B	2	없음	
C	4	없음	
D	4	A, B, C	로 일정 및 작업을 표기하고, 주공정선은 굵은선으로 표기한다. 또한 여유시간 계산시는 각 작업의 실제적인 의미의 여유시간으로 계산한다.(더미의 여유시간은 고려하지 않을 것)
E	3	A, B, C	
F	2	A, B, C	

가. 네트워크 공정표   나. 여유시간

Lesson 02

정답 가. 네트워크 공정표

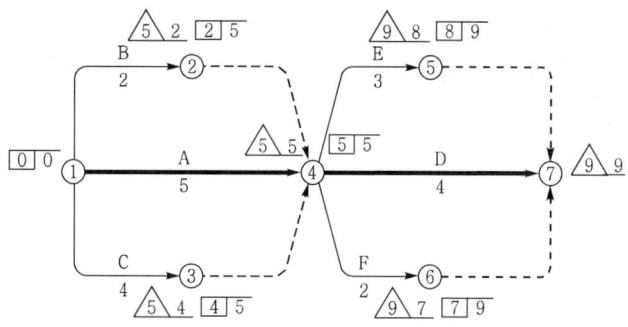

나. 여유시간

작업명	TF	FF	DF	CP
A	0	0	0	*
B	3	3	0	
C	1	1	0	
D	0	0	0	*
E	1	1	0	
F	2	2	0	

(주) 1. B, C작업에 대한 후속작업의 EST는 넘버링 더미에 의해 D, E, F작업의 EST인 5 가 된다.
2. E작업에 대한 후속작업의 EST는 9 가 된다.

08 다음 데이터를 이용하여 네트워크 공정표를 작성하고, 각 작업의 여유시간을 계산하시오. (8점)

•00 ①

작업명	선행작업	작업일수	비고
A	없음	5	① [EST|LST] ①—작업명/작업일수—ⓙ /LFT\EFT\ 로 일정 및 작업표기
B	없음	2	
C	없음	4	
D	A, B, C	4	② 더미의 여유시간은 고려하지 않을 것
E	A, B, C	3	

가. 네트워크 공정표   나. 여유시간

정답 가. 네트워크 공정표

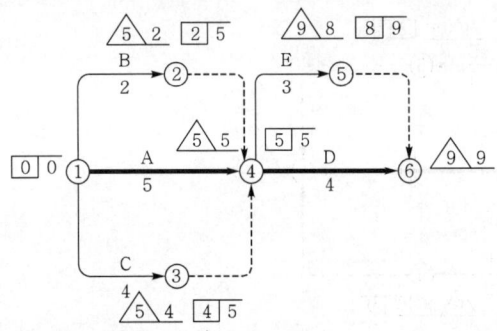

나. 여유시간

작업명	TF	FF	DF	CP
A	0	0	0	*
B	3	3	0	
C	1	1	0	
D	0	0	0	*
E	1	1	0	

(주) 1. B, C작업에 대한 후속작업의 EST는 넘버링 더미에 의해 D, E작업의 EST인 △5가 된다.
2. E작업에 대한 후속작업의 EST는 △9가 된다.

09 다음 데이터를 네트워크 공정표로 작성하고, 각 작업의 여유시간을 구하시오. (8점)

• 90 ④, 95 ⑤, 97 ①, 02 ③, 04 ②, 14 ①②, 22 ③

작업명	작업일수	선행작업	비고
A	5	없음	
B	6	없음	
C	5	A, B	
D	7	A, B	EST LST / LFT EFT 로 일정 및 작업을 표기하고, 주공정선
E	3	B	ⓘ ─작업명→ ⓙ 은 굵은선으로 표기하시오.
F	4	B	작업일수
G	2	C, E	
H	4	C, D, E, F	

가. 네트워크 공정표   나. 여유시간

정답 가. 네트워크 공정표

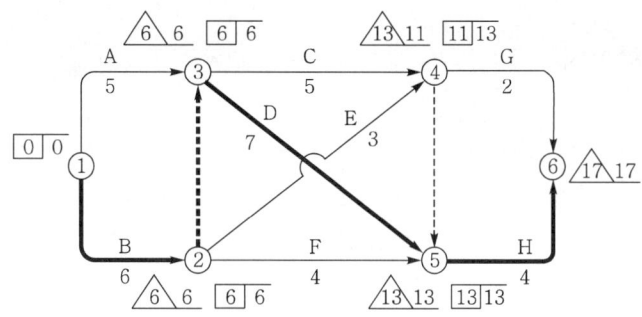

나. 여유시간

작업명	TF	FF	DF	CP
A	1	1	0	
B	0	0	0	*
C	2	0	2	
D	0	0	0	*
E	4	2	2	
F	3	3	0	
G	4	4	0	
H	0	0	0	*

10 다음 작업 리스트에서 네트워크 공정표를 작성하고, 각 작업의 여유시간을 구하시오. (10점)

• 96 ⑤, 99 ①, 05 ③, 07 ③, 12 ③, 18 ①, 21 ②

작업명	작업일수	선행작업	비고
A	4	없음	
B	6	A	
C	5	A	
D	4	A	① CP는 굵은선으로 표시하시오.
E	3	B	② 각 결합점과 작업은 다음과 같이 표시한다.
F	7	B, C, D	
G	8	D	
H	6	E	
I	5	E, F	
J	8	E, F, G	
K	6	H, I, J	

가. 네트워크 공정표   나. 여유시간

정답 가. 네트워크 공정표

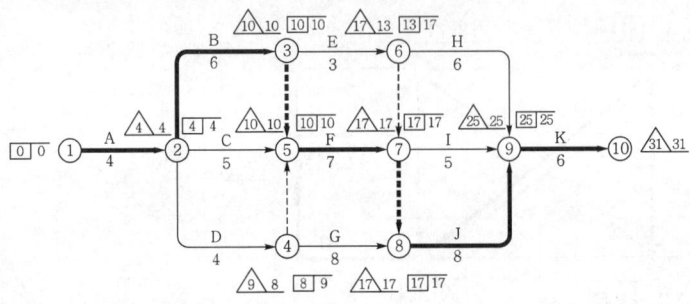

나. 여유시간

작업명	TF	FF	DF	CP
A	0	0	0	*
B	0	0	0	*
C	1	1	0	
D	1	0	1	
E	4	0	4	
F	0	0	0	*
G	1	1	0	
H	6	6	0	
I	3	3	0	
J	0	0	0	*
K	0	0	0	*

11 다음 데이터를 네트워크 공정표로 작성하고, 여유시간을 계산하시오. (10점)   •93 ①, 07 ③

작업명	작업일수	선행작업	비고
A	4	없음	
B	6	A	
C	5	A	① CP는 굵은선으로 표시하시오.
D	4	A	② 각 결합점과 작업은 다음과 같이 표시한다.
E	3	B	
F	7	B, C, D	EST|LST LFT|EFT
G	8	D	작업명
H	6	E	ⓘ ──작업일수──▶ⓙ
I	5	E, G	
J	8	E, F, G	
K	6	H, I, J	

가. 네트워크 공정표   나. 여유시간

정답 가. 네트워크 공정표

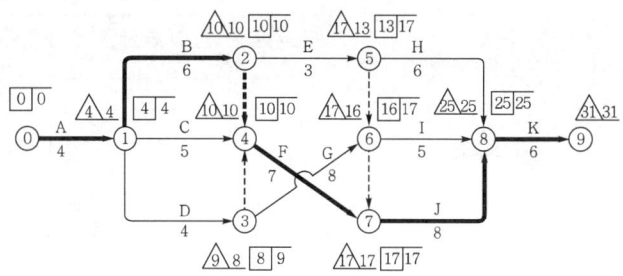

나. 여유시간

작업명	TF	FF	DF	CP
A	0	0	0	*
B	0	0	0	*
C	1	1	0	
D	1	0	1	
E	4	0	4	
F	0	0	0	*
G	1	0	1	
H	6	6	0	
I	4	4	0	
J	0	0	0	*
K	0	0	0	*

12 다음 데이터를 네트워크 공정표로 작성하고, 각 작업의 여유시간을 구하시오. (10점)

• 90 ③, 94 ③, 96 ④, 99 ②, 05 ②, 19 ③

작업명	작업일수	선행작업	비고
A	5	없음	
B	3	없음	
C	2	없음	로 일정 및 작업을 표기하고, 주공정선은 굵은선으로 표기하시오.
D	2	A, B	
E	5	A, B, C	
F	4	A, C	

가. 네트워크 공정표   나. 여유시간

정답 가. 네트워크 공정표

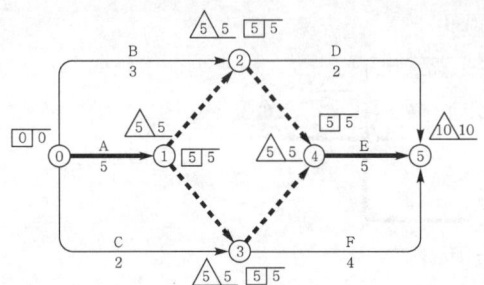

나. 여유시간

작업명	TF	FF	DF	CP
A	0	0	0	*
B	2	2	0	
C	3	3	0	
D	3	3	0	
E	0	0	0	*
F	1	1	0	

13 다음 데이터를 네트워크 공정표로 작성하고, 각 작업의 여유시간을 구하시오. (8점)

• 91 ①, 95 ①, 97 ②, 01 ①, 08 ②, 13 ③, 18 ③

작업명	작업일수	선행작업	비고
A	2	없음	
B	3	없음	
C	5	없음	EST LST ／LFT\EFT 로 표기하고, 주공정선은 굵은선으로 표기하시오.
D	4	없음	
E	7	A, B, C	
F	4	B, C, D	

가. 네트워크 공정표   나. 여유시간

정답 가. 네트워크 공정표

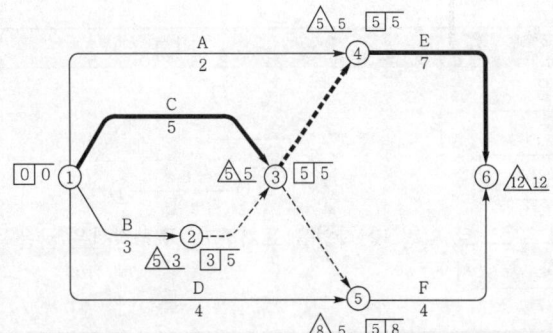

나. 여유시간

작업명	TF	FF	DF	CP
A	3	3	0	
B	2	2	0	
C	0	0	0	*
D	4	1	3	
E	0	0	0	*
F	3	3	0	

(주) B작업에서 후속작업의 EST는 3이 아닌 5임에 주의할 것

Lesson 02

14 다음 데이터를 네트워크 공정표로 작성하고, 요구작업에 대하여는 여유시간을 계산하시오. (단, 주공정선은 굵은선으로 표시한다.) (10점)

•85 ①, 98 ②, 01 ②, 03 ①

작업명	공정관계	작업일	선행작업	비고
A	⓪ → ①	5	없음	
B	⓪ → ②	4	없음	
C	⓪ → ③	6	없음	결합점 위에는 다음과 같이 표시한다.
D	① → ④	7	A, B, C	
E	② → ⑤	8	B, C	
F	③ → ⑥	4	C	
G	④ → ⑦	6	D, E, F	
H	⑤ → ⑦	4	E, F	
I	⑥ → ⑦	5	F	
J	⑦ → ⑧	2	G, H, I	

가. 네트워크 공정표를 작성하시오.

나. 작업 B, D, F, G, I의 TF, FF, DF를 계산하시오.

정답 가. 네트워크 공정표

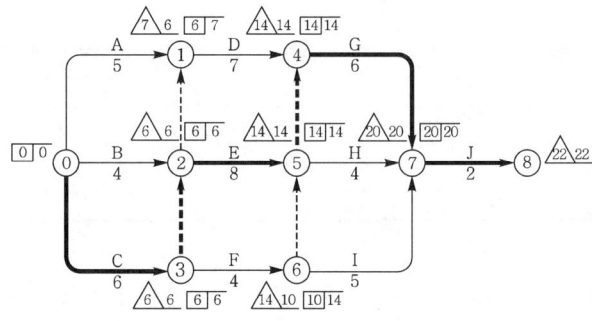

나. 작업 B, D, F, G, I의 TF, FF, DF

작업명	TF	FF	DF
B	2	2	0
D	1	1	0
F	4	0	4
G	0	0	0
I	5	5	0

(주) 공정관계로부터 네트워크 공정표를 작성할 경우 Dummy Activity가 나타나지 않음에 주의한다.

15 다음 데이터를 네트워크 공정표로 작성하고, 각 작업의 여유시간을 구하시오. (10점)

•08 ③, 15 ③

작업명	작업일수	선행작업	비고
A	3	–	
B	4	–	
C	5	–	
D	6	A, B	로 표기하고, 주공정선은 굵은선으로 표기하시오.
E	7	B	
F	4	D	
G	5	D, E	
H	6	C, F, G	
I	7	F, G	

가. 네트워크 공정표   나. 여유시간

정답 ① 네트워크 공정표

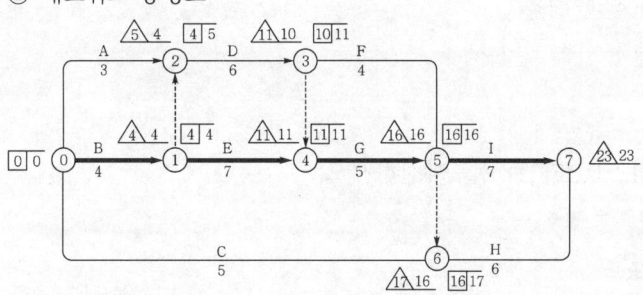

② 여유시간

작업명	TF	FF	DF	CP	작업명	TF	FF	DF	CP
A	2	1	1		F	2	2	0	
B	0	0	0	*	G	0	0	0	*
C	12	11	1		H	1	1	0	
D	1	0	1		I	0	0	0	*
E	0	0	0	*					

16 다음 데이터를 네트워크 공정표로 작성하시오. (단, 주공정선은 굵은선으로 표기하고, 네트워크 공정표는 다음과 같이 표기한다.) (15점)

•91 ③

작업명	작업일수	선행작업	비고
A	20	없음	
B	17	없음	
C	2	없음	
D	4	C	
E	3	없음	더미는 작업이 아니므로 여유시간 계산에서는 제외하고, 실제적인 여유에 대하여 계산한다.
F	5	D, E	

- 네트워크 공정표

정답 • 네트워크 공정표

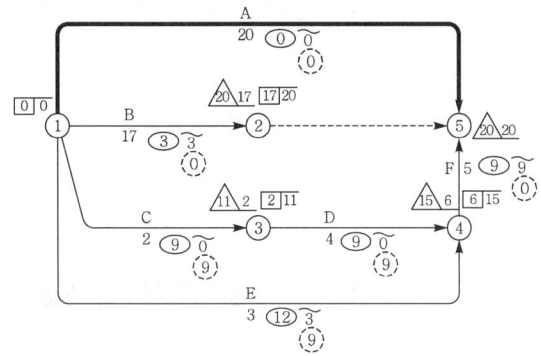

17 다음 조건을 보고 네트워크 공정표를 작성하고, 여유시간을 구하시오. (단, 주공정선은 굵은선으로 표시하고, 소요일정 계산은 다음과 같이 표시할 것) (10점)   •92 ①, 98 ①

작업명	작업일수	선행작업	비고
A	3	없음	
B	5	없음	
C	2	없음	
D	3	B	
E	4	A, B, C	
F	2	C	

가. 네트워크 공정표   나. 여유시간

정답 가. 네트워크 공정표

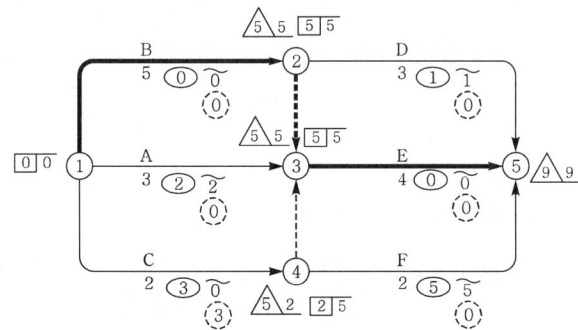

나. 여유시간

작업명	TF	FF	DF
A	2	2	0
B	0	0	0
C	3	0	3
D	1	1	0
E	0	0	0
F	5	5	0

18 다음 데이터를 네트워크로 작성하고, PERT 기법으로 각 결합점 여유시간을 계산하며, CPM 기법으로 각 작업 여유시간을 계산하시오. (10점) •94 ④, 96 ②, 00 ⑤, 04 ③

작업명	작업일수	선행작업	비고
A	4	없음	
B	2	없음	단, 공정표의 표현은 다음과 같이 하고,
C	4	없음	
D	2	없음	
E	7	C, D	
F	8	A, B, C, D	주공정선은 굵은선으로 표시하며, 결합점 번호는 작성원칙에 따라 부여한다.
G	10	A, B, C, D	더미의 여유시간은 계산하지 않는다.
H	5	E, F	

가. 네트워크 공정표   나. 여유시간

[정답] 가. 네트워크 공정표

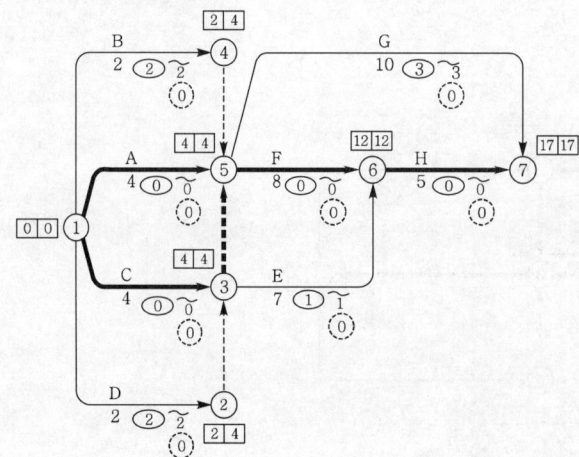

나. 여유시간
① PERT 기법에 의한 결합점 여유시간(Slack) ② CPM 기법에 의한 각 작업 여유시간(Float)

작업명	Event No.	Slack
A	①	0
B	②	2
C	③	0
D	④	2
E	⑤	0
F	⑥	0
G	⑦	0
H	-	-

작업명	TF	FF	DF	CP
A	0	0	0	*
B	2	2	0	
C	0	0	0	*
D	2	2	0	
E	1	1	0	
F	0	0	0	*
G	3	3	0	
H	6	0	0	

19 다음 데이터를 네트워크 공정표로 작성하시오. (10점)   •92 ②, 95 ②, 00 ③

작업명	작업일수	선행작업	비고
A	5	없음	주공정선은 굵은선으로 표시한다.
B	7	없음	각 결합점 일정계산은 PERT 기법에 의거 다음과 같이 계산한다.
C	3	없음	
D	4	A, B	
E	8	A, B	
F	6	B, C	단, 결합점 번호는 규정에 따라 반드시 기입한다.
G	5	B, C	

• 네트워크 공정표

정답 • 네트워크 공정표

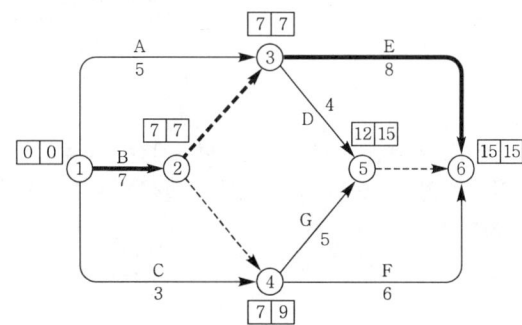

20 다음 데이터를 네트워크 공정표로 작성하시오. (10점)

•93 ②, 97 ③, 12 ②, 17 ①, 20 ⑤

작업명	작업일수	선행작업	비고
A	5	없음	
B	2	없음	
C	4	없음	• 주공정선은 굵은선으로 표시한다.
D	5	A, B, C	• 각 결합점 일정계산은 PERT 기법에 의거 다음과 같이 계산한다.
E	3	A, B, C	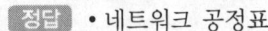
F	2	A, B, C	
G	4	D, E	(단, 결합점 번호는 반드시 기입한다.)
H	5	D, E, F	
I	4	D, F	

• 네트워크 공정표

정답 • 네트워크 공정표

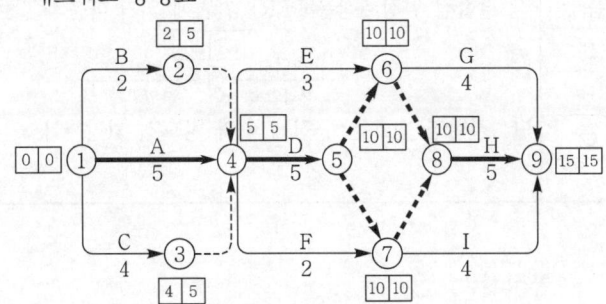

21 다음의 네트워크 공정표와 관련한 용어를 설명하시오. (4점)

•10 ③

(가) TF : _____

(나) FF : _____

정답 가. TF : 작업을 EST로 시작하고 LFT로 완료할 때 발생하는 여유시간(총여유 : Total Float)

나. FF : 작업을 EST로 시작하고 후속작업도 EST로 시작하여도 발생하는 여유시간(자유여유 : Free Float)

Lesson 02

22 네트워크(Network)공정관리기법 중 서로 관계있는 항목을 연결하시오. (4점)

① 계산공기   ㉮ 네트워크 중의 둘 이상의 작업이 연결된 작업의 경로
② 패스(pass)   ㉯ 네트워크 시간 산식에 의하여 얻은 기간
③ 더미(dummy)   ㉰ 작업의 여유시간
④ 플로트(float)   ㉱ 네트워크에서 작업의 상호관계를 나타내는 점선화살선

① _____   ② _____
③ _____   ④ _____

정답 ① ㉯   ② ㉮
         ③ ㉱   ④ ㉰

23 다음 네트워크 공정표를 완성하고 아래 표의 일정계산, 여유시간 및 주공정선(CP)과 관련된 빈 칸을 모두 채우시오. (단, CP에 해당하는 작업은 ※로 표시 하시오.) (10점)

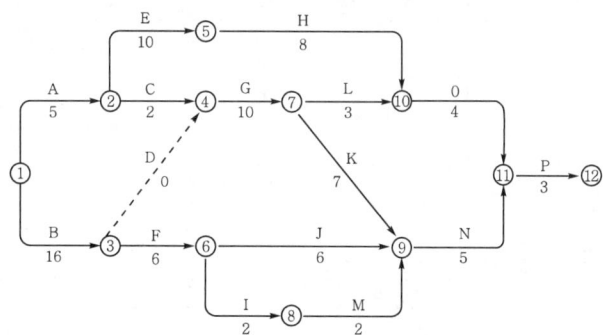

가. 네트워크 공정표

나. 일정계산, 여유시간 및 주공정선(CP)

Act	공기(D)	EST	EFT	LST	LFT	TF	FF	DF	CP
A									
B									
C									
D									
E									
F									
G									
H									
I									
J									
K									
L									
M									
N									
O									
P									

정답 (1) 네트워크 공정표

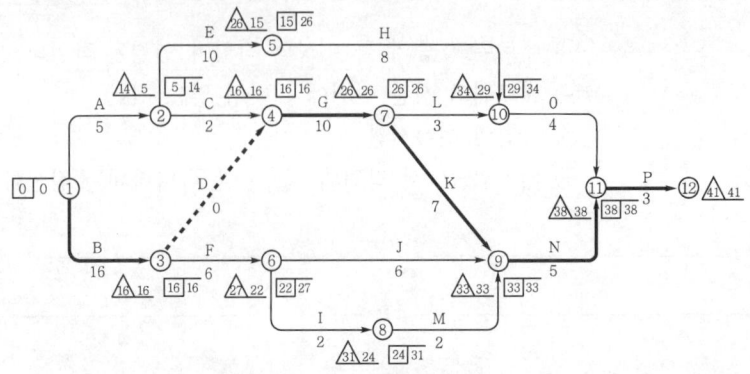

(2) 일정계산, 여유시간 및 주공정선(CP)

Act	공기(D)	EST	EFT	LST	LFT	TF	FF	DF	CP
A	5	0	5	9	14	9	0	9	
B	16	0	16	0	16	0	0	0	※
C	2	5	7	14	16	9	9	0	
D	0	16	16	16	16	0	0	0	※
E	10	5	15	16	26	11	0	11	
F	6	16	22	21	27	5	0	5	
G	10	16	26	16	26	0	0	0	※
H	8	15	23	26	34	11	6	5	
I	2	22	24	29	31	7	0	7	
J	6	22	28	27	33	5	5	0	
K	7	26	33	26	33	0	0	0	※
L	3	26	29	31	34	5	0	5	
M	2	24	26	31	33	7	7	0	
N	5	33	38	33	38	0	0	0	※
O	4	29	33	34	38	5	5	0	
P	3	38	41	38	41	0	0	0	※

24 다음 데이터를 네트워크 공정표로 작성하고 각 작업의 여유시간을 구하시오. (10점) •10 ②, 19 ②

작업명	선행작업	공기	비고
A	없음	5	
B	없음	6	EST│LST △LFT\EFT
C	A	5	
D	A, B	2	ⓘ ─작업명→ⓙ 로 표기하고
E	A	3	공사일수
F	C, E	4	주공정선은 굵은 선으로 표시하시오.
G	D	2	단, Bar Chart로 전환하는 경우
H	G, F	3	■ 작업일수 ▭ F.F ▭ D.F로 표기

가. 네트워크 공정표   나. 여유시간

정답 ① 네트워크 공정표

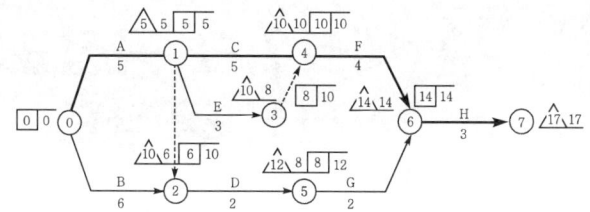

② 여유시간

작업명	TF	FF	DF	CP
A	0	0	0	*
B	4	0	4	
C	0	0	0	*
D	4	0	4	
E	2	2	0	
F	0	0	0	*
G	4	4	0	
H	0	0	0	*

25 다음 Network 공정표를 보고 물음에 답하시오. (6점)　　　　　•09 ③

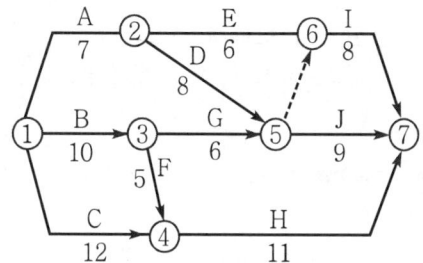

(1) Network 공정표상에 주공정선을 굵은 선으로 표시하고 각 작업의 EST, EFT, LST, LFT를 기입하시오.

(2) D작업의 TF와 DF를 구하시오.

① TF : _____

② DF : _____

정답 (1) 네트워크 공정표

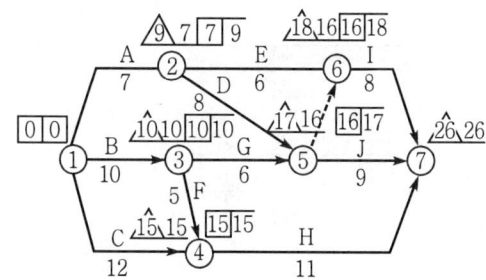

(2) D작업의 TF와 DF
① TF=△−(□+D)=17−(7+8)=2일
② FF=후속작업 □−(□+D)=16−(7+8)=1일

Lesson 03 네트워크 공정표와 횡선식 공정표

1 데이터에 의한 횡선식 공정표 작성

1. 작성순서

① 주어진 데이터를 이용하여 네트워크 공정표를 작성한다.
② 일정계산을 통하여 각 작업의 여유시간(FF, DF)을 산정한다.
③ 횡선식 공정표(Bar Chart)는 EST+1에서 시작한다.
④ 작업일수를 먼저 표시하며, 작업일수 뒤에 여유시간(Float)을 FF, DF 순으로 그린다.
⑤ 작업의 범례를 작업일수는 ■■■, FF는 ▭, DF는 ⬚ 로 표시한다.
⑥ 여유시간(Float)이 없는 것이 CP가 된다.

2. 작성 예제

예제 1

다음 조건의 네트워크 공정표를 작성하고 여유시간 계산 및 횡선식 공정표(Bar Chart)를 완성하시오. (단, 주공정선은 굵게 표시하고, 각 결합점에서 표시는 다음과 같이 하시오.)   •85 ③

Activity	공정관계	공기	선행작업	후속작업	EST	LST	EFT	LFT	TF	FF	DF	CP
A	①→②	5	None	C, D								
B	①→③	8	None	E, F								
C	②→③	6	A	E, F								
D	②→⑤	9	A	H								
E	③→④	4	B, C	G								
F	③→⑤	5	B, C	H								
G	④→⑥	4	E	None								
H	⑤→⑥	7	D, F	None								

Lesson 03

정답

가. 네트워크 공정표

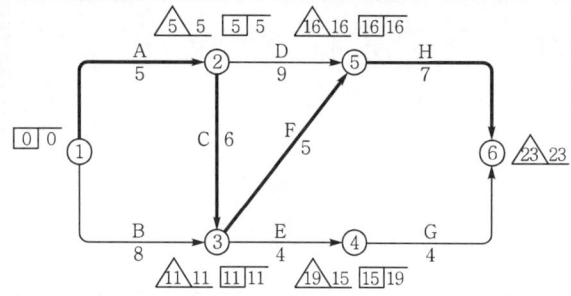

나. 여유시간

Act	공정 관계	공기 (D)	② EST	③ EFT	④ LST	② LFT	⑤ TF	⑥ FF	⑦ DF	⑧ CP
A	①→②	5	0	5	0	5	△5−(□0+5)=0	□5−(□0+5)=0	0−0=0	*
B	①→③	8	0	8	3	11	△11−(□0+8)=3	□11−(□0+8)=3	3−3=0	
C	②→③	6	5	11	5	11	△11−(□5+6)=0	□11−(□5+6)=0	0−0=0	*
D	②→⑤	9	5	14	7	16	△16−(□5+9)=2	□16−(□5+9)=2	2−2=0	
E	③→④	4	11	15	15	19	△19−(□11+4)=4	□15−(□11+4)=0	4−0=4	
F	③→⑤	5	11	16	11	16	△16−(□11+5)=0	□16−(□11+5)=0	0−0=0	*
G	④→⑥	4	15	19	19	23	△23−(□15+4)=4	□23−(□15+4)=4	4−4=0	
H	⑤→⑥	7	16	23	16	23	△23−(□16+7)=0	□23−(□16+7)=0	0−0=0	*

다. 횡선식 공정표(Bar Chart)

① EST+1에서 시작한다.
② 작업일수 만큼 표시하고, 그 뒤에 여유시간을 FF, DF 순으로 그린다.
③ 여유시간(Float)이 없는 것이 CP가 된다.

Act	공정관계	공기	1	2	3	4	5	6	7	8	9	10	11	12	13	14	15	16	17	18	19	20	21	22	23	CP
A	①→②	5	■	■	■	■	■																			*
B	①→③	8	■	■	■	■	■	■	■	■																
C	②→③	6						■	■	■	■	■	■													*
D	②→⑤	9						■	■	■	■	■	■	■	■	■										
E	③→④	4												■	■	■	■									
F	③→⑤	5												■	■	■	■	■								*
G	④→⑥	4																■	■	■	■					
H	⑤→⑥	7																■	■	■	■	■	■	■		*
범례			■ 작업일수, ▭ FF, ┈ DF

(주) 횡선식 공정표(Bar Chart)에서의 CP는 여유시간(FF, DF)이 없는 것이다.

2 횡선식 공정표에 의한 네트워크 공정표 작성

① 횡선식 공정표(Bar Chart)에서 DF(▭)는 무시하고, 작업일수
(▬)와 FF(▭)로 각 작업의 선후관계를 파악한다.
② 데이터를 작성하고, 작업의 선후관계를 표시한다.
③ 데이터로부터 네트워크 공정표를 작성한다.
④ 네트워크 공정표에서 일정계산을 하여 각 작업의 여유시간(FF, DF)를 산정한다.
⑤ 산정된 여유시간(FF, DF)을 횡선식 공정표(Bar Chart)에서의 여유시간과 비교·검토한다.

Lesson 03

기출 및 예상 문제

01 다음 데이터를 네트워크 공정표로 작성하고, 각 작업의 여유시간을 구하시오. 또한 이를 횡선식 공정표(Bar Chart)로 전환하시오. (12점)

•97 ④, 01 ③, 13 ①

작업명	작업일수	선행작업	비고
A	5	없음	 로 표기하고, 주공정선은 굵은선으로 표기하시오. [단, 횡선식 공정표(Bar Chart)로 전환하는 경우 ■■■ : 작업일수, ▭ : FF, ▭ : DF로 표기함.]
B	6	없음	
C	5	A	
D	2	A, B	
E	3	A	
F	4	C, E	
G	2	D	
H	3	G, F	

가. 네트워크 공정표　　나. 여유시간　　다. 횡선식 공정표

정답　가. 네트워크 공정표

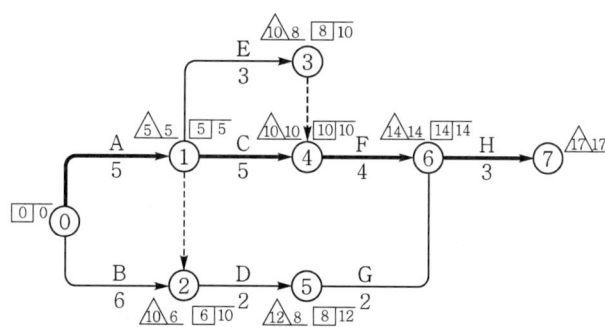

나. 여유시간

작업명	TF	FF	DF	CP
A	0	0	0	*
B	4	0	4	
C	0	0	0	*
D	4	0	4	
E	2	2	0	
F	0	0	0	*
G	4	4	0	
H	0	0	0	*

다. 횡선식 공정표

일수\작업	1	2	3	4	5	6	7	8	9	10	11	12	13	14	15	16	17	CP
A	■	■	■	■	■													*
B	■	■	■	■	■	■	┈	┈	┈	┈								
C						■	■	■	■	■								*
D							■	■	┈	┈	┈	┈						
E						■	■	■	□	□								
F											■	■	■	■				*
G									■	■	□	□	□	□				
H															■	■	■	*

Lesson 04 공기단축의 개요

1 정의

1. **공기조정** (91③, 94④, 95④, 07③)

   네트워크에서 공기는 계약시 주어진 지정공기와 일정 산출시 구하여진 계산공기로 구분할 수 있는데, 이 두 공기를 일치시키는 작업을 공기조정이라 한다. 이 단계에서 계획에 수정이 있을 때에는 전체 공정의 일정계산을 다시 해야 한다.

2. **공기단축**

   공기단축이란 지정공기가 계산공기보다 작은 경우, 계산공기 상에 직접비(재료비, 노무비, 외주비) 등을 증가시키는 등 특별한 조치를 취하여 계산공기를 단축하는 방법이다.

3. **리드타임(Lead Time)** (07③)

   건설공사 계약체결 후 실제 현장공사 착수시까지의 준비기간이다.

2 공기조정 기법

1. **공기조정의 순서**

   ① 작업순서에 대한 검토   ② 소요시간에 대한 검토
   ③ 설계면에서의 재검토

2. **공기단축의 목적**

   ① 지정 공기내 공사 완료
   ② 공기 지연시 공기 만회
   ③ 최적 공기에 따른 작업 효율화
   ④ 공사비 증가의 최소화

핵심 Point

● 지정공기, 계산공기, 공기조정의 정의 (91③, 94④)

① 네트워크에서 공기는 계약시 주어진 (**지정공기**)와 일정 산출시 구하여진 (**계산공기**)로 구분할 수 있는데, 이 두 공기를 일치시키는 작업을 (**공기조정**)이라 한다. 이 단계에서 계획에 수정이 있을 때에는 전체 공정의 일정계산을 다시 해야 한다.

② 네트워크에서는 공기를 둘로 나누어 생각할 수 있는데, 그 하나는 미리 건축주로부터 결정된 공기로서 이것을 (**지정공기**)라 하고, 다른 하나는 일정을 진행방향으로 산출하여 구한 (**계산공기**)인데, 이러한 두 공기간의 차이를 없애는 작업을 (**공기조정**)이라 한다.

● 네트워크 공정표에서 지정공기와 계산공기를 일치시키는 과정 (07③)
공기조정

● 건설공사 계약체결 후 실제 현장공사 착수시까지의 준비기간 (07③)
리드타임(Lead Time)

● 공기단축의 목적 (예상)
① 지정 공기 내 공사 완료
② 공기 지연 시 공기 만회
③ 최적 공기에 따른 작업 효율화
④ 공사비 증가의 최소화

3. 공기단축 시 검토사항 (96⑤)

① 공기단축으로 인한 공사비 증가에 대한 검토
② 공기단축으로 인한 작업시간 연장에 대한 검토
③ 공기단축 시 다른 작업과의 연관성 검토
④ 전체 공정의 주공정선(CP) 검토
⑤ 각 작업의 비용구배(CS) 검토
⑥ 각 작업의 최대단축가능일수 검토

3 공기(Time)와 공사비(Cost)

1. 직접공사비(직접비)

   ① 건축물 구성에 직접적으로 사용되는 비용으로 재료비, 노무비, 외주비 등이 포함된다.
   ② 공기가 단축될수록 직접비는 증가한다.

2. 간접공사비(간접비)

   ① 공사 수행과 관련하여 본사 및 현장에서 발생되는 비용으로 가설공사비, 현장경비 등의 일반관리비가 포함된다.
   ② 공기가 단축될수록 간접비는 감소한다.

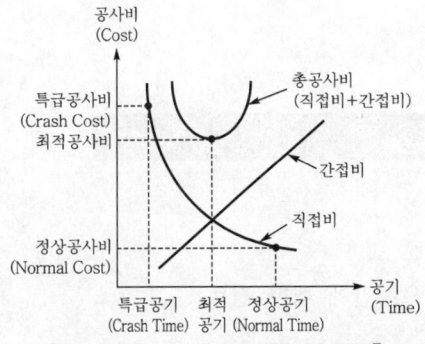

【 공기(시간)–공사비(비용) 관계도 】

3. 공기와 공사비의 관계 (95③)

   ① 총공사비는 직접비와 간접비의 합이다.
   ② 시공속도가 증가하면 직접비는 증대하고, 간접비는 감소한다.
   ③ 직접비와 간접비의 합인 총공사비가 최소가 되도록 한 공사의 시공속도를 최적시공속도라고 하며, 그때의 공기를 최적공기라 한다.

핵심 Point

● 공기단축 시 검토사항 (96⑤)
① 공기단축으로 인한 공사비 증가에 대한 검토
② 공기단축으로 인한 작업시간 연장에 대한 검토
③ 공기단축시 다른 작업과의 연관성 검토
④ 전체 공정의 주공정선(CP) 검토
⑤ 각 작업의 비용구배(CS) 검토
⑥ 각 작업의 최대단축가능일수 검토

● 경제적인 시공속도 (95③)
① 총공사비는 간접비와 직접비로 구성되고 또 직접비는 공사 시공량에 비례한다고 가정하면 시공속도를 빠르게 하면 (**간접비**)는 그 만큼 절감되고 (**총공사비**)는 저렴하게 될 것이다.
② 그러나 이것은 직접비가 시공량에 비례된다고 가정하였기 때문이며, 실제로는 단위 시공량에 대한 (**직접비**)는 속도를 빨리 할수록 점증하는 경향이 있다. 공사기일을 단축하여 (**간접비**)를 절감한 것과 (**직접비**)가 증대된 것을 합계로 하면 서로 상쇄되고 이 합계가 최소가 되도록 하는 것이 가장 적절한 시공속도, 즉 경제적인 속도가 될 것이다.

4. 비용구배(CS, Cost Slope, 비용 증가액)

1) 개요 (95④, 07③, 10③)

① 공기를 1일 단축하는 데 추가되는 직접비 증가분으로 직접비는 공기단축일수와 비례하여 증가한다.
② 정상점(Normal Point)과 급속점(Crash Point)을 연결한 기울기가 비용구배(CS, Cost Slope)이다.

2) 공식 (90④, 95①, 05③, 09②, 21②)

$$비용구배(CS) = \frac{특급비용 - 정상비용}{정상공기 - 특급공기} = \frac{\Delta C}{\Delta T} \ (원/일)$$

3) 공기와 직접비와의 관계

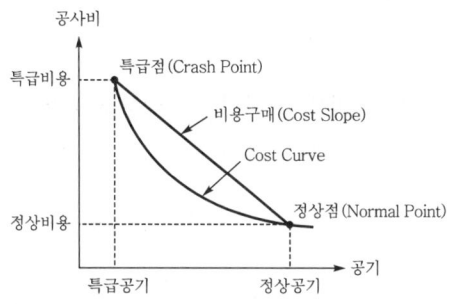

【 공기(시간)-직접비(비용) 관계도 】

(주) 직접비는 원래 포물선이지만 비용구배를 산정하기 위해서는 직선으로 가정하여 산정한다.

(1) **정상점(표준점)**

정상공기, 정상비용일 때의 점이다.

(2) **특급점** (08①)

재료, 노무 등을 아무리 투입하여도 더 이상 공기단축이 불가능한 한계점이다.

(3) **특급비용** (10③)

특급공기로 작업할 경우의 직접비 혹은 총공사비이다.

핵심 Point

● 비용구배의 정의 (95④, 07③, 10③)
공기단축 과정에서 1일당 그 작업을 단축하는 데 소요되는 직접비의 증가액

● 비용구배 산정 (90④, 95①, 05③, 09②, 21②)

● 정상공기
일반적인 정상상태로 공사가 진행될 경우의 소요공기(시간)이다.

● 정상비용
정상공기로 작업할 경우의 직접비 혹은 총공사비이다.

● 특급공기
소요공기(시간)을 더 이상 단축할 수 없는 경우의 한계시간이다.

● 특급비용 (10③)
특급공기로 작업할 경우의 직접비 혹은 총공사비이다.

● 정상점(표준점)
정상공기, 정상비용일 때의 점이다.

● 특급점
재료, 노무 등을 아무리 투입하여도 더 이상 공기단축이 불가능한 한계점이다.

● 특급점의 정의 (08①)
재료, 노무 등을 아무리 투입하여도 더 이상 공기단축이 불가능한 한계점이다.

기출 및 예상 문제

01 공정관리에 대한 기술 중 (　　) 안에 알맞은 말을 쓰시오. (3점) •94 ④

> 네트워크에서 공기는 계약시 주어진 (①)와 일정산출시 구하여진 (②)로 구분할 수 있는 데, 이 두 공기를 일치시키는 작업을 (③)이라 한다. 이 단계에서 계획에 수정이 있을 때에는 전체 공정의 일정계산을 다시 해야 한다.

① _____　② _____　③ _____

정답 ① 지정공기　② 계산공기　③ 공기조정

02 네트워크 공정표를 공기조정(공기단축)할 때 검토하여야 할 사항을 4가지만 쓰시오. (4점) •96 ⑤

① _____
② _____
③ _____
④ _____

정답 ① 공기단축으로 인한 공사비 증가에 대한 검토
　　　② 공기단축으로 인한 작업시간 연장에 대한 검토
　　　③ 공기단축시 다른 작업과의 연관성 검토
　　　④ 전체 공정의 주공정선(CP) 검토
　　　⑤ 각 작업의 비용구배(CS) 검토
　　　⑥ 각 작업의 최대단축가능일수 검토

03 공기단축 MCX 이론에서 최소의 비용으로 공기단축을 하기 위해서 비용구배(Cost Slope)를 계산하게 된다. 비용구배는 공기 1일을 단축하는 데 추가되는 비용을 말한다. 비용구배를 식으로 나타내시오. (3점) •05 ③

정답 비용구배(Cost Slope) = $\dfrac{특급비용 - 정상비용}{정상공기 - 특급공기}$

04 다음은 경제적 시공속도에 대한 설명이다. ( ) 안에 알맞은 말을 쓰시오. (5점) •95 ③

가. 총공사비는 간접비와 직접비로 구성되고 또 직접비는 공사 시공량에 비례한다고 가정하면 시공속도를 빠르게 하면 (①)는 그만큼 절감되고 (②)는 저렴하게 될 것이다.

나. 그러나 이것은 직접비가 시공량에 비례된다고 가정하였기 때문이며, 실제로는 단위 시공량에 대한 (③)는 속도를 빨리 할수록 점증하는 경향이 있다. 공사기일을 단축하여 (④)를 절감한 것과 (⑤)가 증대된 것을 합계로 하면 서로 상쇄되고 이 합계가 최소가 되도록 하는 것이 가장 적절한 시공속도, 즉 경제적 속도가 될 것이다.

① _____ ② _____ ③ _____
④ _____ ⑤ _____

정답 ① 간접비 ② 총공사비 ③ 직접비 ④ 간접비 ⑤ 직접비

05 다음과 같은 작업 데이터에서 비용구배(Cost Slope)가 가장 큰 작업부터 순서대로 작업명을 쓰시오. (3점) •95 ①, 09 ②, 21 ②

작업명	정상계획		급속계획	
	공기(일)	비용(원)	공기(일)	비용(원)
A	2	2,000	1	3,000
B	14	12,000	12	15,000
C	8	5,000	3	8,000

가. 산출근거 : _____

나. 작업순서 : _____

정답 가. 산출근거

작업	비용구배(Cost Slope)
A	$\dfrac{3{,}000 - 2{,}000}{2 - 1} = 1{,}000$원/일
B	$\dfrac{15{,}000 - 12{,}000}{14 - 12} = 1{,}500$원/일
C	$\dfrac{8{,}000 - 5{,}000}{8 - 3} = 600$원/일

나. 작업순서 : B → A → C

06 다음의 기술 내용이 뜻하는 바를 하나의 용어로 표현하시오. (2점)   •95 ④

① 계산공기를 지정공기에 일치시키는 과정
② 공기단축 과정에서 1일당 그 작업을 단축하는 데 소요되는 직접비의 증가액

① _____   ② _____

정답 ① 공기조정   ② 비용구배

07 다음 설명이 뜻하는 용어를 쓰시오. (3점)   •07 ③

① 건설공사 계약체결 후 실제 현장공사 착수시까지의 준비 기간
② 네트워크 공정표에서 지정공기와 계산공기를 일치시키는 과정
③ 공기단축 과정에서 작업을 1일 단축할 때 추가되는 직접비용

① _____ ② _____ ③ _____

정답 ① 리드타임(Lead Time)   ② 공기조정   ③ 비용구배(CS, Cost Slope)

08 공정관리의 용어 중 특급점을 설명하시오. (2점)   •08 ①

_____

정답 재료, 노무 등을 아무리 투입하여도 더 이상 공기단축이 불가능한 한계점이다.

09 다음 네트워크 공정관리 기법에 사용되는 다음 용어를 설명하시오. (4점)   •10 ③

(가) Longest Path : _____
(나) 주공정선 : _____
(다) 특급비용 : _____
(라) 비용구배 : _____

정답 (가) Longest Path : 임의의 결합점 경로 중에서 소요 시간의 합계가 최대인 경로이다. (LP: 최장경로)
(나) 주공정선 : 최초 개시점에서 최종 종료점까지 연결되는 경로 중에서 가장 긴 경로이다. 또는 개시점에서 종료점까지 여유시간을 포함하지 않는 최장 경로이다. (CP : Critical Path)
(다) 특급비용 : 특급공기로 작업할 경우의 직접비 혹은 총공사비이다.
(라) 비용구배 : 공기단축 과정에서 1일당 그 작업을 단축하는 데 소요되는 직접비의 증가액이다.

Lesson 05 공기단축 방법 및 최적공기 산정

1 MCX 기법에 의한 공기단축

1. 개요 (08①)

① MCX 기법은 CPM의 핵심이론이며, Minimum Cost Expediting(최소비용계획법)의 약어이다.
② 주공정선(CP)상의 요소작업 중 비용구배가 최소인 작업에서부터 1일씩 단축하며 이로 인해 Sub Path가 주공정 작업이 되면 주공정으로 표기하고, 추가된 주공정을 고려하여 계속해서 공기를 단축한다.
③ 공기단축시 요소작업을 단축할 때마다 다시 일정계산을 하며 변경된 주공정선에 유의한다.
④ 특급공기 이하로는 공기단축이 불가능하다.

2. MCX 기법에 따른 공기단축 요령 (93①)

① 공정표를 작성한다.
② CP상의 비용구배(CS)를 산출한다.
③ 최초의 공기단축은 반드시 CP상의 비용구배(CS)가 최소인 작업부터 단축한다.
④ 한 개의 작업이 공기단축할 수 있는 범위는 특급공기(급속시간)보다 더 작게 해서는 안 된다.
⑤ 공기단축으로 인하여 Sub Path가 CP가 되면 CP를 표시한다.
⑥ 추가된 CP로 인해 CP가 복수이면 병렬단축 한다. 즉, 공기단축으로 인하여 생성된 CP가 Sub Path가 되지 않도록 한다.
⑦ 표준공사비(Normal Cost)와 추가공사비(E.C., Extra Cost)를 산출한다.
⑧ 총공사비(Total Cost)를 산출한다. 즉 총공사비는 표준공사비와 추가공사비의 합이다.(총공사비=표준공사비+추가공사비)

3. MCX 기법에 따른 공기단축 순서 (01②, 10①, 20②)

① 주공정선(Critical Path)상의 작업을 선택한다.
② 단축가능한 작업이어야 한다.
③ 우선 비용구배가 최소인 작업을 단축한다.

핵심 Point

● MCX의 정의 (08①)
MCX 기법은 CPM의 핵심이론이며, Minimum Cost Expediting (최소비용계획법)의 약어

● MCX 기법에 의한 공기단축의 특징(참고)
① 비용구배(CS)가 있음
② 공기착수 전에 공기단축
③ 단축된 공정표 작성 가능

● 네트워크 공정표에서 공기단축 요령 (93①)
① 최초의 공기단축은 반드시 주공정선에서부터 단축하여만 한다.
② 여러 작업 중 공기단축작업의 결정은 비용구배가 최소인 것에서부터 실시한다.
③ 한 개의 작업이 공기단축할 수 있는 범위는 급속시간 보다 더 작게 하여서는 안 된다.
④ 급속시간 조건을 만족시키는 조건에서 하나의 작업이 최대한 공기단축 가능한 시간은 주공정선이 그대로 존재하거나 혹은 주공정선이 병행하여 발생한 그 시점까지이다.
⑤ 요구된 공기단축이 완료된 최종 공정표에서의 주공정선은 최초의 주공정선과 달라져서는 안 된다.

④ 단축한계까지 단축한다.
⑤ 보조 주공정선(Sub-Critical Path)의 발생을 확인한다.
⑥ 보조 주공정선의 동시 단축경로를 고려한다.
⑦ 앞의 순서를 반복한다.

> **핵심 Point**
> • MCX 기법에 따른 공기단축 순서(01②, 10①, 20②)
> ① 주공정선상의 작업을 선택한다.
> ② 단축가능한 작업이어야 한다.
> ③ 우선 비용구배가 최소인 작업을 단축한다.
> ④ 단축한계까지 단축한다.
> ⑤ 보조 주공정선의 발생을 확인한다.
> ⑥ 보조 주공정선의 동시 단축경로를 고려한다.
> ⑦ 앞의 순서를 반복한다.

예제 1

다음 주어진 자료(Data)에 의하여 다음 물음에 답하시오. (10점) •87 ①
[조건] ① 네트워크 공정표 작성은 화살형(Arrow) 네트워크로 한다.
② 주공정선(Critical Path)은 굵은선 또는 이중선으로 표시한다.
③ 각 결합점에서는 다음과 같이 표시한다.

$\boxed{EST \mid LST}$ $\triangle\!\!\!\!\triangle\ \overline{LFT \mid EFT}$
$\overset{\text{작업명}}{\underset{\text{작업일수}}{\bigcirc\!\!\to\!\!\bigcirc}}$

작업명	공정관계	선행작업	작업일수	비용구배(원/일)	비고
A	①→②	없음	6	10,000	
B	①→③	없음	13	12,000	
C	①→④	없음	20	9,000	
D	②→③	A	2	8,000	① 공기단축은 각 작업일수의 1/2을 초과할 수 없다.
E	②→④	A	5	5,000	
F	③→⑤	B, D	6	8,000	
G	③→⑥	B, D	3	5,000	② 표준공기시 총공사비는 1,000,000원이다.
H	④→⑤	C, E	2	공기단축 불가	
I	⑤→⑦	H, F	3	6,000	
J	⑥→⑦	G	2	공기단축 불가	
K	⑦→⑧	I, J	2	15,000	

가. 표준(Normal) 네트워크 공정표를 작성하시오.
나. 공기를 5일 단축한 네트워크 공정표를 작성하시오.
다. 공기단축된 총공사비를 산출하시오.

[정답] 가. 표준 네트워크 공정표

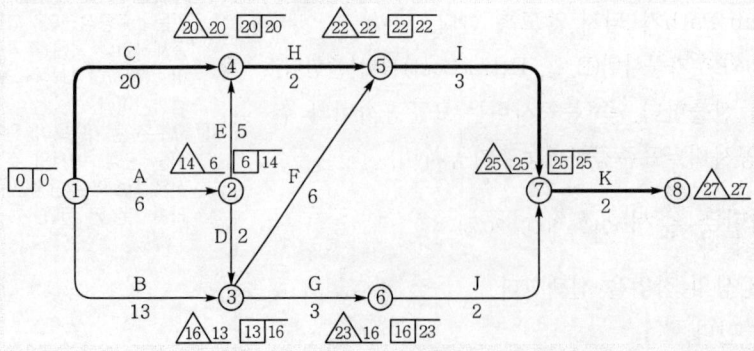

나. 공기를 5일 단축한 네트워크 공정표 작성

(1) 공기단축(5일) : 다음 네트워크 공정표에서 작업(Activity) 위의 숫자는 비용구배(천원/일)이며, 소요공기 아래의 숫자는 단축가능일수이다.

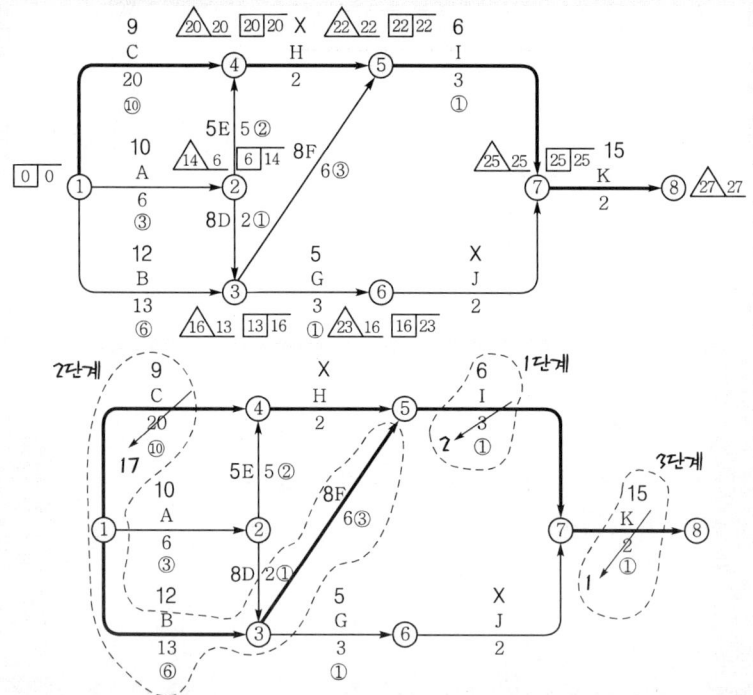

단축단계	공기단축				Path				
	Act.	일수	생성 CP	단축불가 Path	C-H-I-K (27일)	A-E-H-I-K (18일)	A-D-F-I-K (19일)	B-F-I-K (24일)	B-G-J-K (20일)
1단계	I	1	–	I	26	17	18	23	20
2단계	C	3	B, F	–	23	17	18	23	20
3단계	K	1	–	K	22	16	17	22	19

① 제1단계 : CP상에서 CS가 최소인 작업 I에서 1일 단축가능하다. 작업 I에서 1일 단축함으로 작업 I는 더 이상 단축할 수 없으며, 여러 가지 경로 중 작업 I가 포함된 경로들은 모두 1일씩 작업일수가 줄어든다.

② 제2단계 : 다음으로 CP상에서 CS가 최소인 작업 C에서 10일까지 단축가능 하지만 1단계 공기단축 후, 주위의 다른 경로들의 최대 작업 일수(B-F-I-K)가 23일이므로 3일까지 단축가능하다. 즉, 작업 C에서 3일 단축하게 되면, B-F-I-K의 경로가 새로운 CP가 된다.

③ 제3단계 : 원래의 CP와 새로이 생성된 CP에 대해 함께 고려해야 한다. 즉, 모든 CP상에서 CS가 최소인 곳에서 1일씩 단축하되, CP가 바뀌어서는 안 되고, 병렬단축인 경우 비용구배는 합계가 된다. 3단계에서 단축가능한 경우의 수는 다음과 같이 C+B, C+F, K가 되며, 비용구배가 최소인 작업 K에서 1일 단축한다.

핵심 Point

● 공기단축 요령
① CP상에서 CS가 최소인 곳에서 단축
② Sub Path가 CP가 되면 CP를 도시
③ 공기단축이 불가능한 Path는 ×표시

작업명	비용구배(CS)
C+B	21,000
C+F	17,000
K	15,000

(2) 단축한 네트워크 공정표

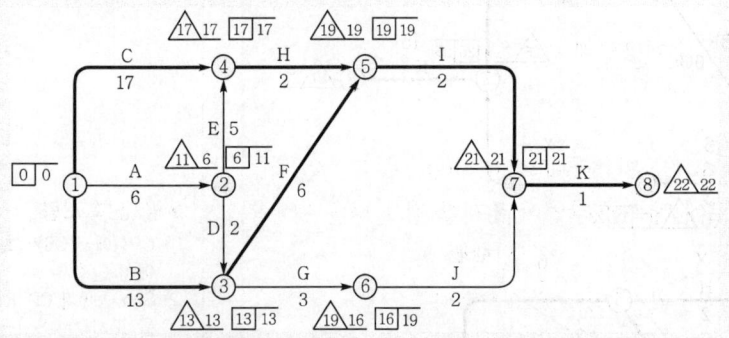

(주) 문제의 조건에 따라 $\boxed{EST|LST}$ $\triangle{LFT}\boxed{EFT}$ 를 표시할 경우도 있고, 표시하지 않을 경우도 있으므로 주의한다.

다. 공기단축시 총공사비

  총공사비=표준공사비+추가공사비

  ① 표준공사비(NC, Normal Cost) : 1,000,000원
  ② 추가공사비(EC, Extra Cost) : 작업 I+3C+K에 대한 것이므로
     EC=6,000+3×9,000+15,000=48,000원
  ③ 총공사비 : 1,000,000+48,000=1,048,000원

2 SAM 기법에 의한 공기단축

1. 개요

   ① SAM 기법은 요소작업과 단축이 필요한 공정간에 시간-비용 매트릭스(Time-Cost Matrix)를 작성하여 한 번에 요구하는 최소 추가비용의 산출과 공기단축을 간단히 완성시킬 수 있다.
   ② MCX 기법과 유사하나, MCX 기법은 비용구배가 최소인 작업에서부터 1일씩 단축하는 방법으로 네트워크 공정표 및 일정계산을 매 단계마다 여러 번 해야 하는 번거로움이 있으나, SAM 기법은 한 번에 가능하다.

● SAM (참고)

Siemens Approximation Method의 약어이다.

2. 작성순서

① 공정표상의 모든 경로(Path)를 매트릭스 도표에 작성한다.
② 경로에 해당되지 않는 작업은 ⊠로 표시한다.
③ 각 작업의 비용구배(Cost Slope)와 단축가능일수, 단축일수를 각각의 해당 빈 칸에 다음과 같이 표시한다.

$$\frac{비용구배}{단축가능일수(단축일수)}$$

④ 공기가 가장 긴 경로(Path) 중 비용구배(Cost Slope)가 최소인 작업부터 단축하며 다른 경로에 단축한 작업이 존재할 경우 다른 경로도 동일하게 적용한다.
⑤ 각 작업의 비용구배를 매트릭스 도표에 표시한다.
⑤ 각 작업의 공기단축일수의 합계를 매트릭스 도표에 표시한다.
⑥ 각 작업의 추가비용(Extra Cost)을 매트릭스 도표에 표시한다.
⑦ 공기단축 완료 후 총공사비를 산출한다.

예제 2

다음 데이터를 네트워크 공정표로 작성하고, 4일의 공기를 단축한 최종상태의 공사비를 산출하시오. (단, 최종 작성 네트워크 공정표에서 크리티칼 패스는 굵은선으로 표시하고, 결합점 시간은 다음과 같이 표시한다.) (10점)

• 91 ②, 94 ②, 98 ④, 99 ④, 02 ②, 05 ①, 06 ③

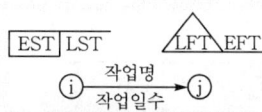

작업명	선행작업	표준(Normal)		급속(Crash)	
		소요일수	공사비	소요일수	공사비
A	없음	3일	70,000	2일	130,000
B	없음	4일	60,000	2일	80,000
C	A	4일	50,000	3일	90,000
D	A	6일	90,000	3일	120,000
E	A	5일	70,000	3일	140,000
F	B, C, D	3일	80,000	2일	120,000

가. 표준 네트워크 공정표

나. 공기단축 총공사비 산출

작업\경로	A-E	A-D-F	A-C-F	B-F	비용구배	공기단축	추가비용
A							
B							
C							
D							
E							
F							
공기							

다. 총공사비

【정답】 가. 표준 네트워크 공정표

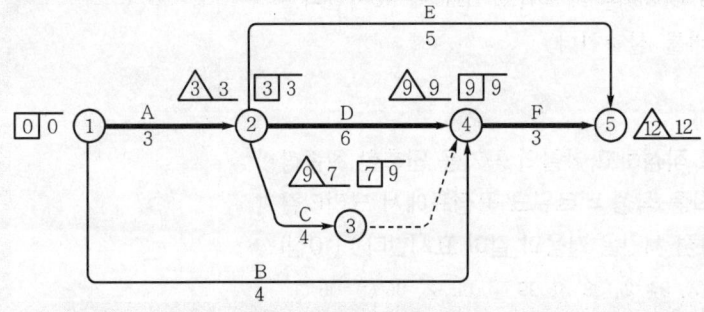

나. 공기단축(4일, SAM 기법을 이용)

작업\경로	A-E	A-D-F	A-C-F	B-F	비용구배	공기단축	추가비용
A	60,000/1	60,000/1	60,000/1	✕	60,000	–	–
B	✕	✕	✕	10,000/2	10,000	–	–
C	✕	✕	40,000/1(1)	✕	40,000	1	40,000
D	✕	10,000/3(3)	✕	✕	10,000	3	30,000
E	35,000/2	✕	✕	✕	35,000	–	–
F	✕	40,000/1(1)	40,000/1(1)	40,000/1(1)	40,000	1	40,000
공기	8	8	8	6	–	–	110,000

(주) 문제에서 위와 같은 표가 주어졌을 경우, SAM 기법을 이용한 공기단축을 의미한다.

경로	A-E	A-D-F	A-C-F	B-F	해설
소요일수	8	12	10	7	
단축요구일수	0	4	2	0	(주) 1
1단계 D 2일	0	4-2=2	2	0	(주) 2, 3
2단계 F 1일	0	2-1=1	2-1=1	0-1=-1	(주) 4
3단계 C, D 1일	0	1-1=0	1-1=0	-1	(주) 5

(주) 1. CP(A-D-F)상에서 4일 단축하면 8일이 된다. 따라서 모든 경로는 8일을 초과할 수 없다.
2. 소요일수가 가장 큰 CP(A-D-F)상에서, CS가 가장 적은 작업 D(2일 단축가능, 다른 Sub Path의 단축요구일수까지 단축가능)에서 단축한다. 단축 후 위의 매트릭스에서 분모에 (단축일)을 삽입한다.
3. 기존의 CP(A-D-F)와 Sub Path(A-C-F)의 단축요구일수가 같아졌으므로 Sub Path(A-D-F)는 새로운 CP가 된다.
4. 따라서 전체 CP상에서 CS가 가장 적은 작업 D에서 단축하면 새로 생성된 CP의 작업 C도 단축해야 하므로 CS는 5,000(=1,000+4,000)이 된다. 따라서 작업 F의 CS가 4,000이므로 F에서 단축해야 한다. 이때 네트워크 공정표를 함께 이용하면 편리하다.
5. 기존의 CP와 추가로 생성된 CP를 함께 고려하면, 작업 F는 단축불가능하며, 작업 A와 작업 C, D의 CS를 비교하여 적은 작업을 선택하여 공기를 단축해야 한다. 본 예제에서는 작업 C, D의 CS가 5,000(=1,000+4,000)으로 작업 A의 CS보다 작다. 따라서 작업 C, D를 함께 공기단축한다.

다. 공기단축시 총공사비
  총공사비=표준공사비+추가공사비
  ① 표준공사비(NC, Normal Cost) : 420,000원
  ② 추가공사비(EC, Extra Cost) : 110,000원
  ③ 총공사비 : 420,000+110,000=530,000원

3 최적공기 산정

1. 최적공기의 개념

MCX 및 SAM 기법에 의한 공기단축에서 직접비에 대한 비용구배만 고려하여 표준공사비에 정상공기에서 공기를 단축함으로 추가되는 추가공사비를 합하여 총공사비를 산정하였다. 하지만 실제의 총공사비는 간접비를 함께 고려해야 하며 정상공기에서 최적공기까지는 총공사비가 감소하나 최적공기보다 더 공기를 단축할 경우 총공사비는 오히려 증가한다. 이와 같이 정상공기에서 공기를 단축함으로 총공사비가 최저인 공기를 최적공기 그리고 그때의 공사비를 최적공사비라 한다.

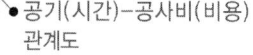
● 공기(시간)-공사비(비용) 관계도

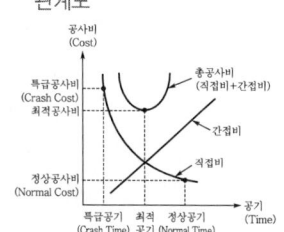

2. 최적공기의 산정 방법

① 정상공기에 대한 표준 네트워크 공정표를 작성한다.
② 정상공기의 소요일수를 확인한다.
③ 공기를 1일씩 단축하면서 증가하는 직접비와 감소하는 간접비를 산정한다.
④ 총공사비(직접비+간접비)를 산정한다.
⑤ 총공사비가 감소하다가 증가할 것이며, 그 때의 총공사비가 최적공사비이고, 이 때의 공기가 최적공기가 된다.

예제 3

다음 주어진 자료(Data)에 의하여 최적공기 및 최적 총공사비를 산정하시오.

(예상)

작업명	공정관계	선행작업	작업일수	비용구배(원/일)	비 고
A	①→②	없음	6	10,000	
B	①→③	없음	13	12,000	
C	①→④	없음	20	9,000	① 공기단축은 각 작업일수의 1/2을 초과할 수 없다. ② 표준공기시 직접비는 1,000,000원이다. ③ 간접비는 1일당 1만원이 소요된다.
D	②→③	A	2	8,000	
E	②→④	A	5	5,000	
F	③→⑤	B, D	6	8,000	
G	③→⑥	B, D	3	5,000	
H	④→⑤	C, E	2	공기단축 불가	
I	⑤→⑦	H, F	3	6,000	
J	⑥→⑦	G	2	공기단축 불가	
K	⑦→⑧	I, J	2	15,000	

정답 (1) 표준 네트워크 공정표

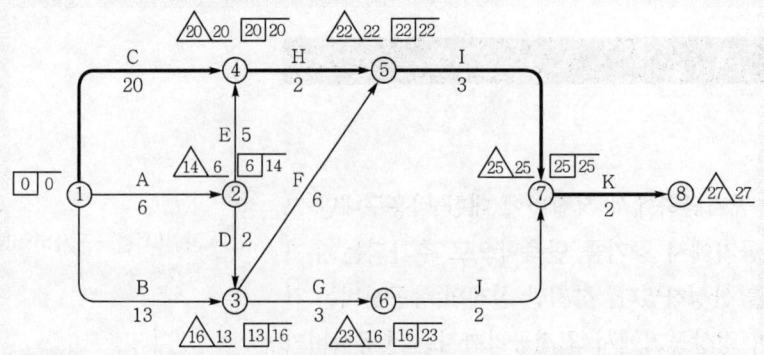

(2) 최적공기 및 최적 총공사비 산정

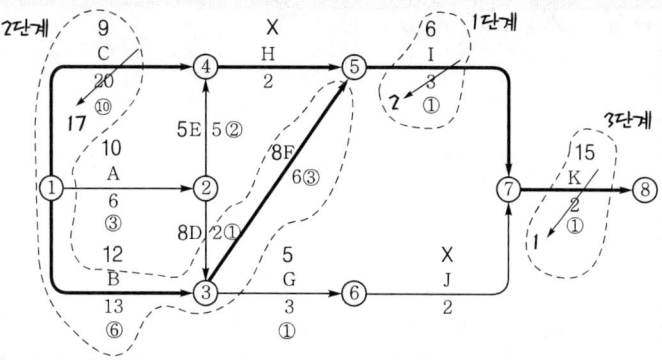

단축단계	공기단축			단축불가 Path	Path				
	Act.	일수	생성 CP		C-H-I-K (27일)	A-E-H-I-K (18일)	A-D-F-I-K (19일)	B-F-I-K (24일)	B-G-J-K (20일)
1단계	I	1	—	I	26	17	18	23	20
2단계	C	3	B, F	—	23	17	18	23	20
3단계	K	1	—	K	22	16	17	22	19

소요공기	Act.	직접비(만원)	간접비(만원)	총공사비(만원)	비고
27일	정상작업	100	27×1=27	127.0	
26일	I	100+0.6=100.6	26×1=26	126.6	
25일	C	100.6+0.9=101.5	25×1=25	126.5	
24일	C	101.5+0.9=102.4	24×1=24	126.4	
23일	C	102.4+0.9=103.3	23×1=23	126.3	(최소)
22일	K	103.3+1.5=104.8	22×1=22	126.8	

① 최적공기 : 23일
② 최적 총공사비 : 1,263,000원

> 최적공기 혹은 최적공사비 산정은 공기 1일 단축하는 데 필요한 간접비보다 직접비가 크게 되는 일수가 최적공기이며, 그 때의 총공사비가 최적 총공사비가 된다.

기출 및 예상 문제

01 다음 네트워크 공정표에서 공기단축에 관한 설명 중 틀린 것을 모두 골라 기호로 쓰시오. (4점)

•93 ①

① 최초의 공기단축은 반드시 주공정선에서부터 단축하여야만 한다.
② 여러 작업 중 공기단축 작업의 결정은 비용구배(Cost Slope)가 최대인 것에서부터 실시한다.
③ 한 개의 작업이 공기단축할 수 있는 범위는 급속시간(Crash Time)보다 더 작게 하여서는 안 된다.
④ 급속시간 조건을 만족시키는 조건에서 하나의 작업이 최대한 공기단축 가능한 시간은 주공정선이 그대로 존재하거나 혹은 주공정선이 병행하여 발생한 그 시점까지이다.
⑤ 요구된 공기단축이 완료된 최종공정표에서의 주공정선은 최초의 주공정선과 달라져야만 한다.

[정답] ②, ⑤

[해설] ② 비용구배가 최소인 것에서부터 실시한다.
⑤ 주공정선은 추가 발생될 수 있고, 주공정선과 달라지지는 않는다.

02 공기단축 기법 중에서 MCX(Minimum Cost Expediting) 기법의 순서를 | 보기 | 에서 찾아 쓰시오. (4점)

•01 ②, 10 ①, 20 ②

| 보기 |

㉮ 우선 비용구배가 최소인 작업을 단축한다.
㉯ 보조 주공정선(Sub-Critical Path)의 발생을 확인한다.
㉰ 단축한계까지 단축한다.
㉱ 단축가능한 작업이어야 한다.
㉲ 주공정선(Critical Path)상의 작업을 선택한다.
㉳ 보조 주공정선의 동시 단축경로를 고려한다.
㉴ 앞의 순서를 반복하여 시행한다.

[정답] ㉲ → ㉱ → ㉮ → ㉰ → ㉯ → ㉳ → ㉴

03 공정관리의 용어 중 MCX를 설명하시오. (2점)
•08 ①

정답 MCX 기법은 CPM의 핵심이론이며, Minimum Cost Expediting(최소비용계획법)의 약어

04 다음 데이터를 이용하여 3일 공기단축한 네트워크 공정표를 작성하고, 공기단축된 상태의 공사비를 산출하시오. (8점)
•95 ④, 98 ③, 02 ①

작업명	작업일수	선행작업	비용구배(원/일)	비고
A	3	없음	5,000	① 공기단축된 각 작업의 일정은 다음과 같이 표기하고 결합점 번호는 원칙에 따라 부여한다. EST│LST △LFT\EFT ⓘ ─작업명/작업일수→ ⓙ ② 공기단축은 작업일수의 1/2을 초과할 수 없다. ③ 표준공기시 총공사비는 2,500,000원이다.
B	2	없음	1,000	
C	1	없음	–	
D	4	A, B, C	4,000	
E	6	B, C	3,000	
F	5	C	5,000	

가. 단축한 네트워크 공정표

나. 총공사비

정답 가. 단축한 네트워크 공정표

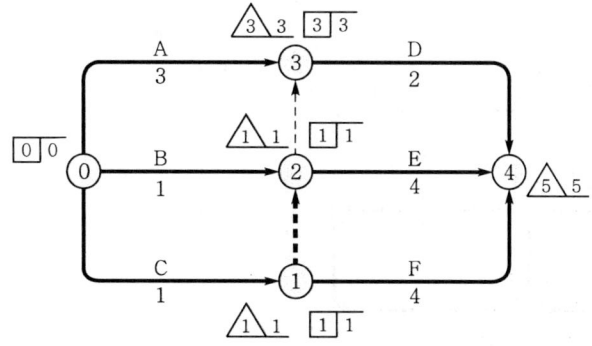

나. 총공사비
① 표준공사비 : 2,500,000원
② 추가공사비 : B+2(D+E)+F이므로
∴ EC=1,000+2×(4,000+3,000)+5,000=20,000원
③ 총공사비=표준공사비+추가공사비
∴ 2,500,000+20,000=2,520,000원

[해설] (1) 표준 네트워크 공정표

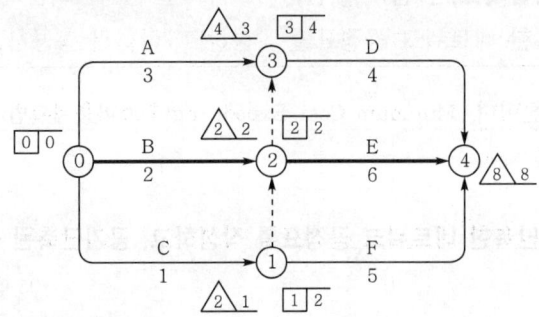

(2) 공기단축(3일)

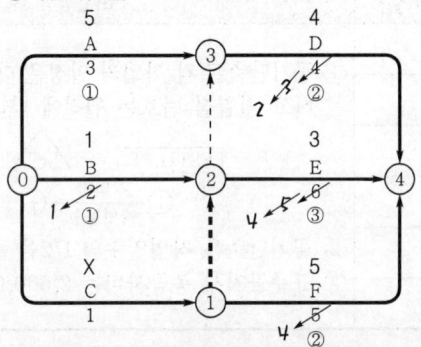

단축단계	공기단축		생성 CP	단축불가 Path	Path					
	Act.	일수			A-D (7일)	B-D (6일)	B-E (8일)	C-D (5일)	C-E (7일)	C-F (6일)
1단계	B	1	A, C, D	B	7	5	7	5	7	6
2단계	D, E	1	F	–	6	4	6	4	6	6
3단계	D, E, F	1	–	–	5	3	5	3	5	5

(3) 공기단축한 네트워크 공정표

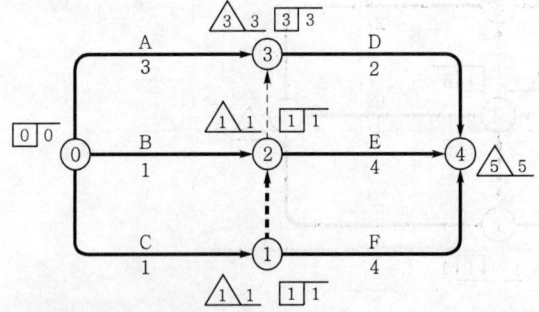

(4) 공기단축시 총공사비

총공사비 = 표준공사비 + 추가공사비
① 표준공사비(NC, Normal Cost) : 2,500,000원
② 추가공사비(EC, Extra Cost) : B+2(D+E)+F이므로
   EC = 1,000 + 2×(4,000+3,000) + 5,000 = 20,000원
③ 총공사비 : 2,500,000 + 20,000 = 2,520,000원

Lesson 05

05 다음 데이터를 이용하여 정상공기를 산출한 결과 지정공기보다 3일이 지연되는 결과이었다. 공기를 조정하여 3일의 공기를 단축한 네트워크 공정표를 작성하고, 아울러 총공사금액을 산출하시오. (10점)

•94 ①, 96 ③, 99 ③, 03 ③, 06 ②, 16 ③, 20 ④

작업명	선행작업	비용구배 (Cost Slope) (원/일)	표준(Normal)		특급(Crash)		비고
			공기(일)	공비(원)	공기(일)	공비(원)	
A	없음	–	3	7,000	3	7,000	단축된 공정표에서 CP는 굵은 선으로 표기하고, 각 결합점에서는 EST|LST △LFT|EFT ①─작업명─① 작업일수 로 표기한다.(단, 정상공기는 답지에 표기하지 않고, 시험지 여백을 이용할 것)
B	A	1,000	5	5,000	3	7,000	
C	A	1,500	6	9,000	4	12,000	
D	A	3,000	7	6,000	4	15,000	
E	B	500	4	8,000	3	8,500	
F	B	1,000	10	15,000	6	19,000	
G	C, E	2,000	8	6,000	5	12,000	
H	D	4,000	9	10,000	7	18,000	
I	F, G, H	–	2	3,000	2	3,000	

가. 단축한 네트워크 공정표

나. 총공사금액

정답 가. 단축한 네트워크 공정표

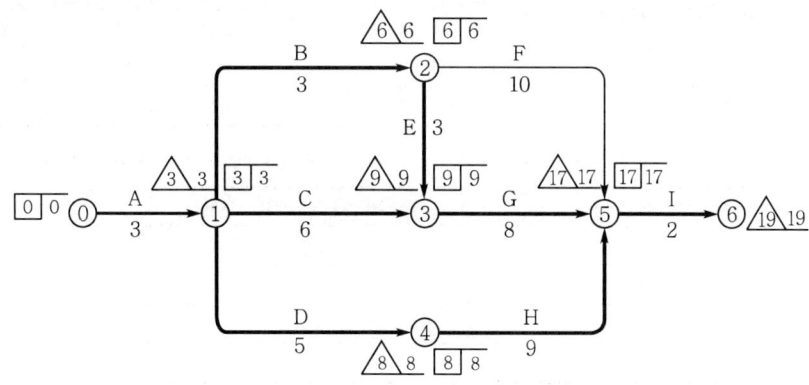

나. 총공사금액
① 표준공사비 : 69,000원
② 추가공사비 : E+2(B+D)이므로
   EC=500+2×(1,000+3,000)=8,500원
③ 총공사비=표준공사비+추가공사비 : 69,000+8,500=77,500원

[해설] (1) 표준 네트워크 공정표

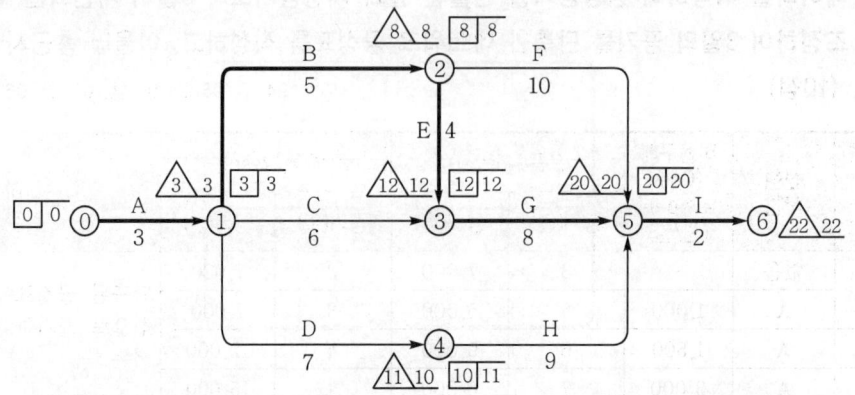

(2) 공기를 3일 단축한 네트워크 공정표 작성

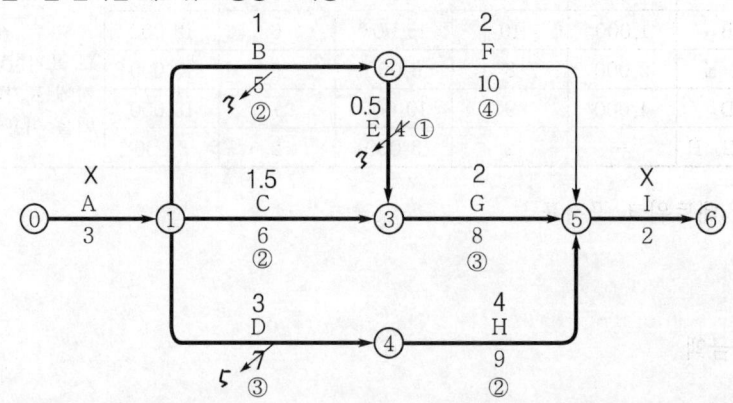

단축단계	공기단축			단축불가 Path	Path				비고
	Act.	일수	생성 CP		A–B–F–I (20일)	A–B–E–G–I (22일)	A–C–G–I (19일)	A–D–H–I (21일)	
1단계	E	1	D, H	E	20	21	19	21	
2단계	B, D	2	C	B	18	19	19	19	(주) 1

(주) 병렬단축 : 경우의 수는 다음과 같고, 비용구배(CS)가 최소인 곳에서 단축

작업명	비용구배(CS)
B+D	4,000
B+H	5,000
G+D	5,000
G+H	6,000

(3) 공기단축한 네트워크 공정표

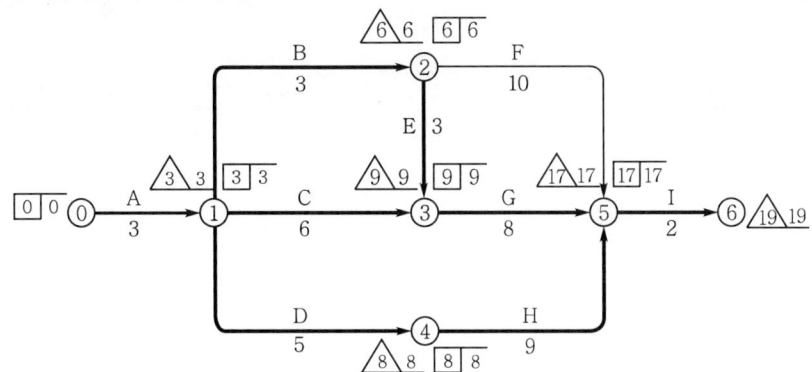

(4) 총공사금액
총공사비＝표준공사비＋추가공사비
① 표준공사비(NC, Normal Cost) : 69,000원
(Normal의 소요공사비 합계
＝7,000＋5,000＋9,000＋6,000＋8,000＋15,000＋6,000＋10,000＋3,000＝69,000원)
② 추가공사비(EC, Extra Cost) : E＋2(B＋D)이므로
EC＝500＋2×(1,000＋3,000)＝8,500원
③ 총공사비 : 69,000＋8,500＝77,500원

06 주어진 데이터에 의하여 다음 물음에 답하시오. (12점)

•96 ①, 97 ⑤, 09 ①, 17 ②

(단, ① 네트워크 작성은 Arrow Network로 할 것
② Critical Path는 굵은선으로 표시할 것
③ 각 결합점에서는 다음과 같이 표시한다.)

작업명	작업일수	선행작업	공기 1일단축시 비용(원)	비고
A	5	없음	10,000	
B	8	없음	15,000	
C	15	없음	9,000	
D	3	A	공기단축불가	① 공기단축은
E	6	A	25,000	Activity I에서 2일,
F	7	B, D	30,000	Activity H에서 3일,
G	9	B, D	21,000	Activity C에서 5일로 한다.
H	10	C, E	8,500	② 표준공기시 총공사비는 1,000,000원이다.
I	4	H, F	9,500	
J	3	G	공기단축불가	
K	2	I, J	공기단축불가	

가. 표준(Normal) 네트워크를 작성하시오.

나. 공기를 10일 단축한 네트워크를 작성하시오.

다. 공기단축된 총공사비를 산출하시오.

정답 가. 표준(Normal) 네트워크

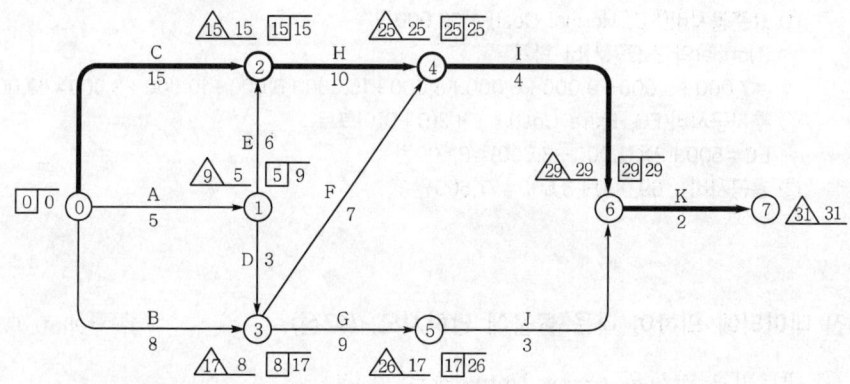

나. 단축한 네트워크

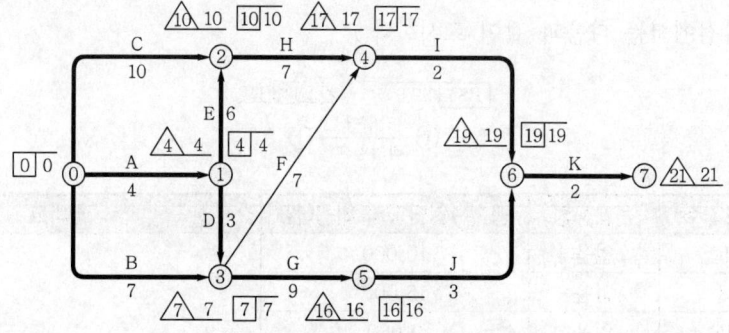

다. 총공사비
① 표준공사비 : 1,000,000원
② 추가공사비 : 3H+4C+2I+(A+B+C)이므로
∴ EC=3×8,500+4×9,000+2× 9,500+(10,000+15,000+9,000)
　　＝114,500원
③ 총공사비＝표준공사비＋추가공사비
∴ 1,000,000+114,500=1,114,500원

[해설] (1) 표준 네트워크 공정표

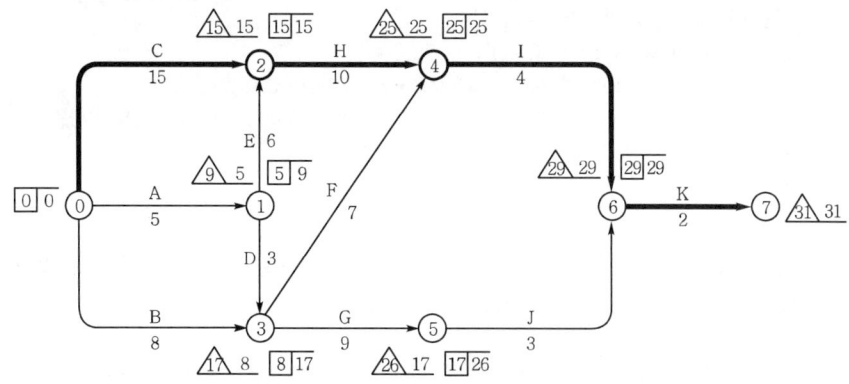

(2) 공기를 10일 단축한 네트워크 공정표 작성

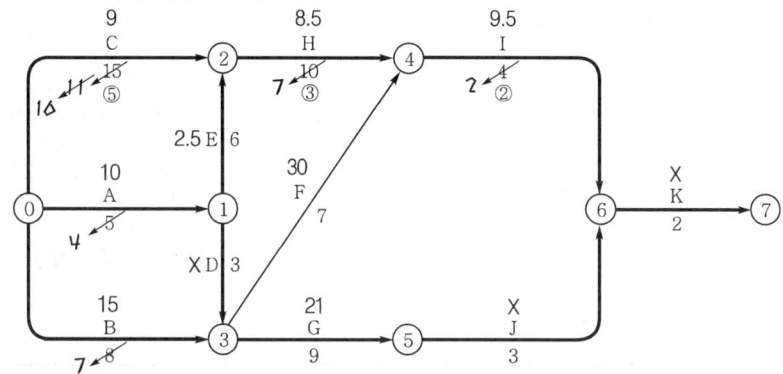

단축 단계	공기단축				Path					
	Act.	일수	생성 CP	단축불가 Path	C-H-I-K (31일)	A-E-H-I-K (27일)	A-D-F-I-K (21일)	A-D-G-J-K (21일)	B-F-I-K (21일)	B-G-J-K (22일)
1단계	H	3	—	H	28	24	21	22	21	22
2단계	C	4	A, E	—	24	24	21	22	21	22
3단계	I	2	B, G, J, D	I	22	22	19	22	19	22
4단계	A, B, C	1	—	C	21	21	18	21	18	21

(3) 공기단축한 네트워크 공정표

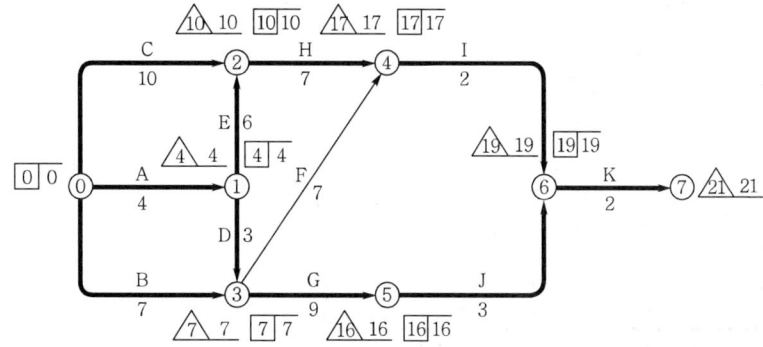

(4) 총공사비
총공사비=표준공사비+추가공사비
① 표준공사비(NC, Normal Cost) : 1,000,000원
② 추가공사비(EC, Extra Cost) : 3H+4C+2I+(A+B+C)이므로
  EC=3×8,500+4×9,000+2×9,500+(10,000+15,000+9,000)=114,500원
③ 총공사비 : 1,000,000+114,500=1,114,500원

07
다음 데이터를 이용하여 표준 네트워크 공정표 작성 및 7일 공기단축한 네트워크 공정표를 작성하고, 공기단축된 상태의 추가공사비를 산출하시오. (10점) •12 ①, 16 ①

작업명	선행작업	공사일수	비용구배(천원/일)	비고
A (①→②)	없음	2	50	
B (①→③)	없음	3	40	
C (①→④)	없음	4	30	① 공기단축된 각 작업의 일정은 다음과 같이 표기하고 결합점 번호는 원칙에 따라 부여한다.
D (②→⑤)	A, B, C	5	20	
E (②→⑥)	A, B, C	6	10	
F (②→⑤)	B, C	4	15	
G (④→⑥)	C	3	23	② 공기단축은 작업일수의 1/2을 초과할 수 없다.
H (⑤→⑦)	D, F	6	37	
I (⑥→⑦)	E, G	7	45	

가. 표준 네트워크 공정표

나. 단축한 네트워크 공정표

다. 추가공사비

정답 가. 표준 네트워크 공정표

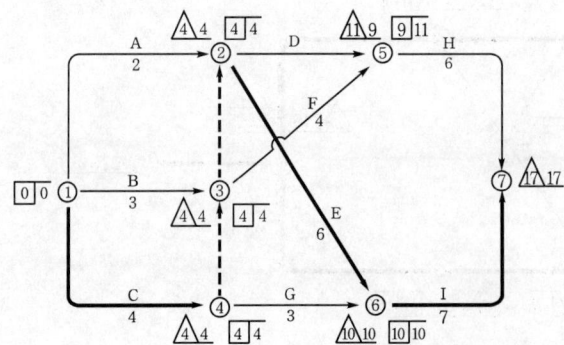

나. 단축한 네트워크 공정표

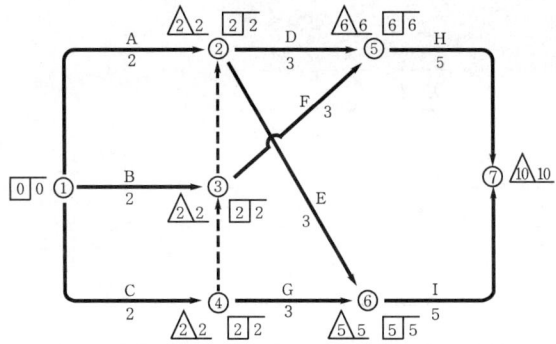

다. 추가공사비

추가공사비(EC, Extra Cost) : 공기단축은 공정 B, 2C, 2D, 3E, F, H, 2I에서 이루어지므로
추가공사비 = 40,000 + 2×30,000 + 2×20,000 + 3×10,000 + 15,000 + 37,000 + 2×45,000
= 312,000원

[해설]
(1) 표준 네트워크 공정표

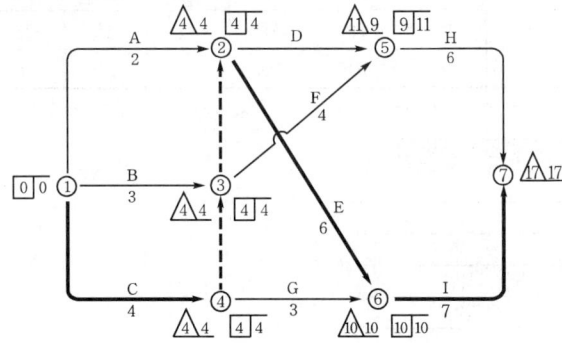

(2) 공기를 7일 단축한 네트워크 공정표 작성

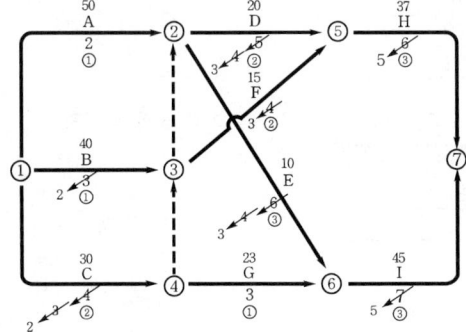

단축단계	공기단축			
	Act.	일수	생성 CP	단축불가 Path
1단계	E	2	D, H	–
2단계	C	1	B	–
3단계	D, E	1	G, F	E
4단계	B, C	1	A	B, C
5단계	D, F, I	1	–	D
6단계	H, I	1	–	–

단축단계	Path								비고
	A-D-H (13일)	A-E-I (15일)	B-D-H (14일)	B-E-I (16일)	B-F-H (13일)	C-G-I (14일)	C-F-H (14일)	C-D-H (15일)	C-E-I (17일)	
1단계	13	13	14	14	13	14	14	15	15	
2단계	13	13	14	14	13	13	13	14	14	
3단계	12	12	13	13	13	13	13	13	13	(주1)
4단계	12	12	12	12	12	12	12	12	12	(주2)
5단계	11	11	11	11	11	11	11	11	11	(주3)
6단계	10	10	10	10	10	10	10	10	10	

(주1) 병렬단축 : 경우의 수는 다음과 같고, 비용구배(CS)가 최소인 곳에서 단축

작업명	비용구배(CS)
B+C	70
D+E	30
D+I	65
H+E	47
H+I	82

(주2) 병렬단축 : 경우의 수는 다음과 같고, 비용구배(CS)가 최소인 곳에서 단축

작업명	비용구배(CS)
B+C	70
D+F+I	80
H+I	82

(주3) 병렬단축 : 경우의 수는 다음과 같고, 비용구배(CS)가 최소인 곳에서 단축

작업명	비용구배(CS)
D+F+I	80
H+I	82

(3) 공기단축한 네트워크 공정표

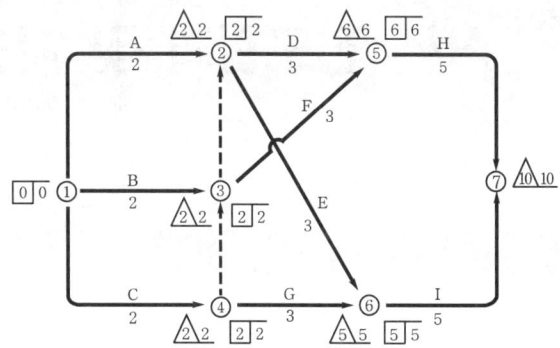

(4) 추가공사비
　추가공사비(EC, Extra Cost) : 공기단축은 공정 B, 2C, 2D, 3E, F, H, 2I에서 이루어지므로
　추가공사비=40,000+2×30,000+2×20,000+3×10,000+15,000+37,000+2×45,000=312,000원

Lesson 06. 진도관리 및 자원배당

1 진도관리(Follow Up)

진도관리란 일정기간 공사가 진행된 후 현장의 진도측정을 통해 예정된 공사일정으로부터 이탈하는 작업이 발생하면 시정조치 및 수정을 통해 일정을 관리하는 것을 말한다.

2 자원배당

1. 개요 및 목적

1) 개요

건축공사에 필요한 소요 자원량과 투입 자원량의 상호조정 및 효과적인 분배를 통해 시간낭비를 제거함으로써 자원 효율화와 비용 증가의 최소화를 하는 것이다.

2) 자원배당(자원평준화)의 목적 (02①)

① 자원의 효율화   ② 공사비의 절감
③ 자원변동의 최소화   ④ 자원의 시간낭비 제거

2. 자원배당의 대상 및 분류

1) 자원배당의 대상(종류)이 되는 자원 (90④, 96①②, 99③, 05③)

① 인력(Manpower)   ② 장비(Machine)
③ 자재(Material)   ④ 자금(Money)
⑤ 기술 방법(Method)   ⑥ 공간(Space)

2) 자원의 특성상 분류 (00④, 01②, 07②)

(1) 내구성 자원(Carried-Forward Resource)

① 인력(Manpower)   ② 장비(Machine)

핵심 Point

• 진도관리의 특징(참조)
① 공사진행 중에 공기단축
② 단축된 공정표 작성 불가

• 진도관리의 순서(참조)
① 작업이 진행되는 도중에 공정표에 따라 완료작업량과 잔여작업량을 조사한다.
② 조사된 작업량을 기준으로 계획 공정률과 실행 공정률을 비교한다.
③ 실행 공정률로 네트워크를 수정하고, 지연경로를 확인한다.
④ 지연경로상의 작업에 대해 LFT를 계산하여 일정을 검토한다.
⑤ 공기단축이 필요한 경우 잔여작업에 대해 최소의 비용으로 공기단축한다.
⑥ 단축된 공정표를 작성하여 관리한다.

• 자원배당(자원평준화)의 목적 (02①)
① 자원의 효율화
② 공사비의 절감
③ 자원변동의 최소화
④ 자원의 시간낭비 제거

• 자원배당의 대상(종류)이 되는 자원 (90④, 96①②, 99③, 05③)
① 인력
② 장비
③ 자재
④ 자금
⑤ 기술 방법
⑥ 공간

(2) 소모성 자원(Used-by-Job Resource)
　① 자재(Material)　　　② 자금(Money)

3. 자원배당 방법 (92④)

1) EST에 의한 배당(조기시간계획에 의한 방법)
① 주공정선(CP)의 작업을 하부에 먼저 작도(산적)한다.
② 여유시간을 갖는 나머지 작업들을 EST에서 시작하여 소요일수만큼 순서대로 전진계산 하여 작도(산적)한다.

2) LST에 의한 배당(늦은시간계획에 의한 방법)
① 주공정선(CP)의 작업을 하부에 먼저 작도(산적)한다.
② 여유시간을 갖는 나머지 작업들을 LFT에서 시작하여 소요일수만큼 순서대로 역진계산 하여 작도(산적)한다.

3) 조합에 의한 배당(자원의 평준화 방법)
① 주공정선(CP)의 작업을 하부에 먼저 작도(산적)한다.
② 여유시간을 갖는 나머지 작업들을 EST, LFT 범위 내에서 자유롭게 이동시켜 인원(높이)이 최소가 되도록 작도(산적)한다.

4. 작업개선 기법(Methods Improvement Techniques)[2]

1) Crew-Balance 방식 (03①)
초고층 건축물과 같이 반복되는 작업이 많은 건설현장에서 몇 개의 작업팀을 구성하고, 각 공구의 작업을 작업팀에 균형 있게 배당하는 방식으로 흐름 라인(Flow Line)이라고도 한다. 대상작업의 주기가 짧은 작업(Short Cycle), 작업조 구성원의 수가 적은 작업(Small Crew), 매우 반복적인 작업(Very Repetitive)일 때 효과적이다.

2) Flow Chart와 Process Chart 방식
이 기법은 작업의 내용과 자재, 장비, 인력 등의 흐름을 간단한 다이어그램(Flow Chart)과 심벌(Process Chart)로 도식화 하고 이를 토대로 시간, 노력, 비용 등을 절감할 수 있는 기회를 분석하는 방법이다.

핵심 Point

● 자원의 특성상 분류 (00④, 01②, 07②)
가. 내구성 자원
　① 인력
　② 장비
나. 소모성 자원
　① 자재
　② 자금

● EST 및 LST에 의한 인원배당과 가장 적합한 계획에 의한 인원배당의 1일 최대소요인원 (92④)

● 자원의 평준화 방법의 종류 (참고)
① 공기제한형
② 자원제한형

● 자원평준화 중 Crew-Balance 방식에 대해 기술 (03①)
초고층 건축물과 같이 반복되는 작업이 많은 건설현장에서 몇 개의 작업팀을 구성하고, 각 공구의 작업을 작업팀에 균형 있게 배당하는 방식이다.

● Crew-Balance 방식이 효과적인 경우의 작업 (예상)
① 주기가 짧은 작업
② 작업조 구성원의 수가 적은 작업
③ 반복적인 작업

---

[2] 자료출처 : 건설관리 및 경영

기출 및 예상 문제

01 공정관리에 있어서 자원평준화 작업의 목적을 3가지 쓰시오. (3점)   •02 ①

① _____
② _____
③ _____

정답 ① 자원의 효율화   ② 공사비의 절감   ③ 자원변동의 최소화   ④ 자원의 시간낭비 제거

02 네트워크 공정표에서 자원배당의 대상이 되는 자원을 쓰시오. (4점)   •90 ④, 96 ②, 99 ③

| ㉮ (①) | ㉯ 장비, 설비 | ㉰ (②) |
| ㉱ 자금 | ㉲ (③) | ㉳ (④) |

① _____ ② _____
③ _____ ④ _____

정답 ① 인력   ② 자재   ③ 기술 방법   ④ 공간

03 네트워크 공정표에서 자원배당의 대상이 되는 자원 3가지만 쓰시오. (3점)   •96 ①, 05 ③

① _____ ② _____ ③ _____

정답 ① 인력   ② 장비   ③ 자재   ④ 자금   ⑤ 기술 방법   ⑥ 공간

04 공사관리를 실시하는 데에는 자원에 대한 배당이 매우 중요하다할 수 있다. 이때 소요되는 자원을 다음과 같이 특성상으로 분류하면 그 대상은 어떤 것인지 ( ) 안에 기입하시오. (4점)

•00 ④, 01 ②, 07 ②

가. 내구성 자원(Carried-Forward Resource) : (①), (②)
나. 소모성 자원(Used-by-Job Resource) : (③), (④)

① _____ ② _____
③ _____ ④ _____

정답 가. ① 인력   ② 장비   나. ③ 자재   ④ 자금

05 공정관리에 있어서 자원평준화 중 Crew Balance 방식에 관하여 기술하시오. (4점) •03 ①

___

정답 초고층 건축물과 같이 반복되는 작업이 많은 건설현장에서 몇 개의 작업팀을 구성하고, 각 공구의 작업을 작업팀에 균형 있게 배당하는 방식이다.

06 다음 네트워크 공정표를 근거로 다음 물음에 답하시오. (단, ( ) 속의 숫자는 1일당 소요인원이고, 지정공기는 계산공기와 같다.) (5점) •92 ④, 06 ①

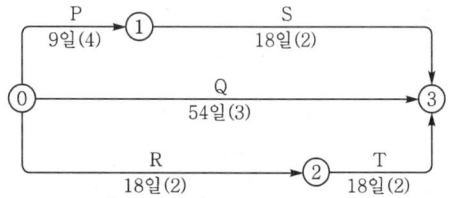

① 각 작업을 EST에 따라 실시할 경우 1일 최대소요인원은 몇 명인가?
② 각 작업을 LST에 따라 실시할 경우 1일 최대소요인원은 몇 명인가?
③ 가장 적합한 계획에 의해 인원배당을 행할 경우 1일 최대소요인원은 몇 명인가?

① _____ ② _____ ③ _____

정답 ① 각 작업을 EST에 따라 실시할 경우 1일 최대소요인원 : 9명
② 각 작업을 LST에 따라 실시할 경우 1일 최대소요인원 : 9명
③ 가장 적합한 계획에 의해 인원배당을 행할 경우 1일 최대소요인원 : 7명

해설 (1) EST에 의한 산적도

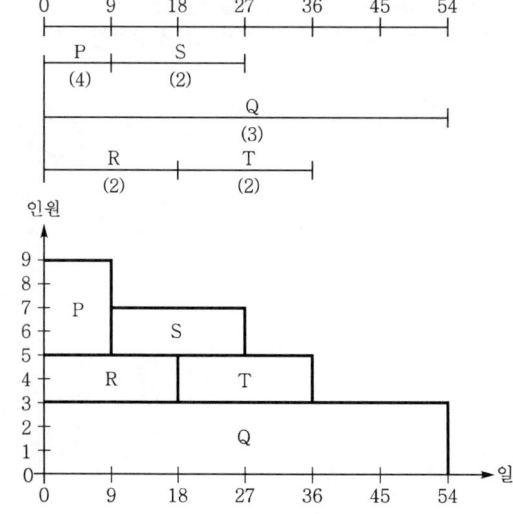

(2) LST에 의한 산적도

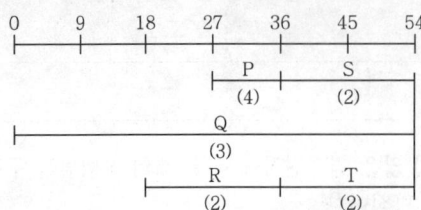

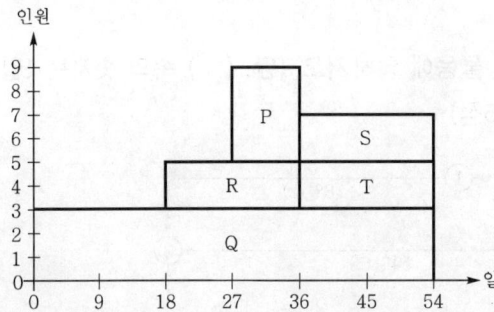

(3) 균배도(가장 적합한 인력계획)

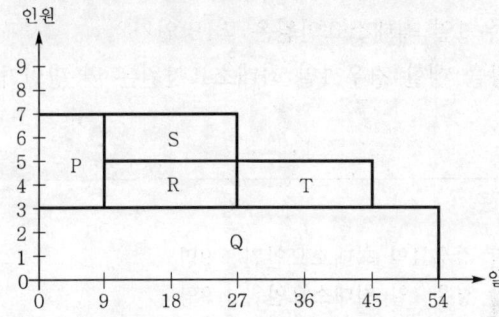

(4) 최대소요인원
① 각 작업을 EST(EST에 의한 산적도)에 따라 실시할 경우 1일 최대소요인원 : 9명
② 각 작업을 LST(LST에 의한 산적도)에 따라 실시할 경우 1일 최대소요인원 : 9명
③ 가장 적합한 계획(균배도)에 의해 인원배당을 행할 경우 1일 최대소요인원 : 7명

건/축/기/사/실/기

제4편

품질관리

- Lesson 1 품질관리의 개요
- Lesson 2 통계적 품질관리
- Lesson 3 종합적 품질관리
- Lesson 4 토질시험
- Lesson 5 시멘트시험
- Lesson 6 골재시험
- Lesson 7 콘크리트시험
- Lesson 8 기타 시험

Lesson 01. 품질관리의 개요

🌣 1. 품질관리

1. 정의

품질관리란 수요자의 요구에 맞는 품질의 제품을 경제적으로 만들어내기 위한 모든 수단의 체계를 말한다.

2. 품질관리 단계(Cycle) (90②④, 96①, 98②)

모든 관리는 Plan(계획) → Do(실시) → Check(검토) → Action(조치)를 반복 진행한다.

단계	내용	품질관리 단계
Plan (계획)	목표달성을 위한 품질계획 수립 및 작업표준 설정을 한다.	Plan(계획) Do(실시) Action(조치) Check(검토)
Do (실시)	설정된 계획에 따라 교육을 실시하고, 적정한 관리도를 선정한다.	
Check (검토)	실시된 결과를 측정하여 관리도를 작성하고 계획과 비교 검토한다.	
Action (조치)	목표된 계획과 결과의 차이가 있으면 계획 변경 및 이상원인에 대해 수정조치한다.	

3. 품질관리 절차 및 순서

1) **품질관리의 절차** (00③, 10③)

    ① 품질관리 항목 선정
    ② 품질 및 작업기준 결정
    ③ 교육 및 작업실시
    ④ 품질시험 및 검사
    ⑤ 공정의 안정성 검토
    ⑥ 이상원인 조사 및 수정조치
    ⑦ 관리한계선의 재결정

2) **품질관리의 순서** (93④, 03②)

    ① 품질표준
    ② 작업표준
    ③ 품질조사
    ④ 수정조치
    ⑤ 수정조치의 조사

핵심 Point

● 품질관리의 목적 (참고)
① 소정의 품질확보
② 시공능률 향상
③ 품질 및 신뢰성 향상
④ 설계의 합리화
⑤ 작업의 표준화

● 품질관리의 기본사상 (참고)
① 품질제일주의
② 고객지향주의
③ 사실제일주의
④ 과정 및 원인의 중시
⑤ 중점지향주의
⑥ 인간성 존중주의

● 품질관리의 관리 사이클 (90②④, 96①, 98②)
① Plan(계획)
② Do(실시)
③ Check(검토)
④ Action(조치)

● 품질관리 절차 (00③, 10③)
① 품질관리 항목 선정
② 품질 및 작업기준 결정
③ 교육 및 작업실시
④ 품질시험 및 검사
⑤ 공정의 안정성 검토
⑥ 이상원인 조사 및 수정조치
⑦ 관리한계선의 재결정

● 품질관리의 순서 (93④, 03②)
① 품질표준
② 작업표준
③ 품질조사
④ 수정조치
⑤ 수정조치의 조사

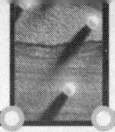

4. 품질관리 계획서의 항목 [1] (14①, 15③)

① 건설공사의 정보
② 현장 품질방침 및 품질목표 관리절차
③ 책임 및 권한
④ 문서관리
⑤ 기록관리
⑥ 자원관리
⑦ 설계관리
⑧ 건설공사 수행준비
⑨ 계약변경관리
⑩ 교육훈련관리
⑪ 의사소통관리
⑫ 기자재 구매관리
⑬ 지급자재 관리
⑭ 하도급 관리
⑮ 공사 관리
⑯ 중점 품질관리
⑰ 식별 및 추적 관리
⑱ 기자재 및 공사 목적물의 보존 관리
⑲ 검사장비, 측정장비 및 시험장비 관리
⑳ 검사 및 시험, 모니터링 관리
㉑ 부적합 공사의 관리
㉒ 데이터의 분석관리
㉓ 시정조치 및 예방조치 관리
㉔ 자체 품질점검 관리
㉕ 건설공사 운영성과의 검토 관리
㉖ 공사준공 및 인계 관리

> **핵심 Point**
> ● 품질관리계획서의 항목 4가지 (14①, 15③)
> ① 건설공사의 정보
> ② 현장 품질방침 및 품질목표 관리절차
> ③ 책임 및 권한
> ④ 문서관리
> ⑤ 기록관리
> ⑥ 자원관리
> ⑦ 설계관리

5. 품질관리 시험 (95⑤, 98③)

1) 선정시험(재료시험)

① 건설공사의 설계 또는 시공을 위해 필요한 공사관련 시험 및 재료 선정을 위한 시험
② 철근, 시멘트, 모래, 골재 등의 선정 및 콘크리트의 배합비 선정을 위한 시험

2) 관리시험

① 건설공사에서 관련 규정에 적합하도록 사용되는 재료 등의 품질확보 여부에 관한 시험
② 콘크리트의 슬럼프시험, 공기량 측정시험, 각종 강도시험, 벽돌 및 블록의 형상 및 치수 측정시험 등의 공사관련 규정의 적합성 및 품질확보 여부를 위한 시험

3) 검사시험

① 건설공사의 품질확보를 위해 실시한 선정시험과 관리시험의 적정 여부를 확인하는 시험
② 감리자의 상근 상태, 감리일지, 공사일지 및 시험작업일지 등의 검사를 통해 적정여부를 판단

> ● 품질관리 시험의 종류 (95⑤, 98③)
> ① 선정시험
> ② 관리시험
> ③ 검사시험

---

[1] 건설공사품질관리지침 제7조 (품질관리계획서의 항목), 2014.

6. 품질의 모델화 (92①, 94①, 95④)

모델 종류	내용
구체적 모델	모형, 원척도 등으로 표시한다.
픽토리얼 모델 (Pictorial Model)	만화 또는 일러스틱, 이미지를 환기시키는 것이다.
그래픽 모델 (Graphic Model)	각종 변수를 선이나 면적으로 표시한 그래프 등을 말한다.
스키마틱 모델 (Schematic Model)	정보의 흐름, 공정의 분석, 조직도 등을 말한다.
수학적 모델	생산계획, 생산할당도 등이 있다.
시뮬레이션 모델 (Simulation Model)	어떠한 현상을 훈련이나 실험용 현상으로 모의하는 것이다.

핵심 Point
- 품질관리의 모델화 종류 (92①, 94①, 95④)
  ① 구체적 모델
  ② 픽토리얼 모델
  ③ 그래픽 모델
  ④ 스키마틱 모델
  ⑤ 수학적 모델
  ⑥ 시뮬레이션 모델

2 품질경영

1. 품질경영의 개념

1) 정의

품질방침, 목표 및 책임 등을 결정하고 실행하는 총체적인 경영기능의 양상 및 품질계획 수립, 품질관리, 품질보증(감리), 품질개선 등과 같은 수단에 의하여 품질시스템 내에서 실행하는 전반적 관리기능에 관한 모든 활동이다.

2) 목표

① 고객만족 ② 인간성 존중
③ 사회에 대한 공헌

2. 품질경영의 3단계 활동

① 품질관리(QC) ② 품질보증(QA)
③ 품질인증(QV)

핵심 Point
- 품질경영의 목표 (예상)
  ① 고객만족
  ② 인간성 존중
  ③ 사회에 대한 공헌

- 품질경영의 3단계 활동 순서 (예상)
  ① 품질관리(QC)
  ② 품질보증(QA)
  ③ 품질인증(QV)

기출 및 예상 문제

01 건설업의 품질관리에 이용되는 관리 사이클(Cycle)의 단계 명칭을 4가지로 나누어 쓰시오. (2점)
•90 ②④, 96 ①, 98 ②

① _____ ② _____
③ _____ ④ _____

정답 ① Plan(계획) ② Do(실시)
③ Check(검토) ④ Action(조치)

02 건설업에 있어서 일반적인 품질관리 절차를 |보기|에서 맞게 기호로 쓰시오. (4점)
•00 ③, 10 ③

┤보기├
㉮ 품질관리 항목 선정   ㉯ 교육 및 작업실시
㉰ 품질시험 및 검사   ㉱ 관리한계선의 재결정
㉲ 공정의 안정성 검토   ㉳ 품질 및 작업기준 결정
㉴ 이상원인 조사 및 수정조치

정답 ㉮ → ㉳ → ㉯ → ㉰ → ㉲ → ㉴ → ㉱

03 품질관리의 순서를 |보기|에서 골라 번호를 순서대로 나열하시오. (4점)
•93 ④, 03 ②

┤보기├
㉮ 작업표준   ㉯ 품질표준   ㉰ 품질조사
㉱ 수정조치의 조사 ㉲ 수정조치

정답 ㉯ → ㉮ → ㉰ → ㉲ → ㉱

04 품질관리 시험의 종류를 3가지 쓰시오. (3점)

•95 ⑤, 98 ③

① _____ ② _____ ③ _____

정답 ① 선정시험　　② 관리시험　　③ 검사시험

05 품질관리의 모델화 종류를 3가지 쓰시오. (3점)

•92 ①, 94 ①, 95 ④

① _____ ② _____ ③ _____

정답　① 구체적 모델　　② 픽토리얼 모델
　　　③ 그래픽 모델　　④ 스키마틱 모델
　　　⑤ 수학적 모델　　⑥ 시뮬레이션 모델

06 품질관리 계획서 제출 시 필수적으로 기입하여야 하는 항목을 4가지 적으시오. (4점)

•14 ①, 15 ③

(1) _____ (2) _____
(3) _____ (4) _____

정답　(1) 건설공사의 정보　　(2) 현장 품질방침 및 품질목표 관리절차
　　　(3) 책임 및 권한　　　　(4) 문서관리
　　　(5) 기록관리　　　　　　(6) 자원관리
　　　(7) 설계관리

Lesson 02. 통계적 품질관리
(SQC : Statistical Quality Control)

✿1 개요

유용하고 수요자가 있는 제품을 가장 경제적으로 생산하기 위하여, 생산의 모든 단계에 통계의 이론과 수법을 응용한 것이다.

✿2 데이터의 분류

구분	내용
계량값	① 양의 의미를 갖는 데이터 ② 콘크리트 강도, 성토재료의 입도, 함수량, 질량 등, 양의 크기
계수값	① 수의 의미를 갖는 데이터 ② 공시체의 수, 코어의 수, 불량품의 수 등, 수의 크기

✿3 데이터의 정리

1. 중심적 경향을 표시하는 방법

분류 (데이터 : $x_1, x_2, \cdots\cdots, x_n$)	예제 (데이터 : 9, 4, 2, 7, 6)
① 평균(Mean, $\bar{x}$) $\bar{x} = \dfrac{\Sigma x_i}{n} = \dfrac{x_1 + x_2 + \cdots\cdots + x_n}{n}$	$\bar{x} = \dfrac{\Sigma x_i}{n} = \dfrac{9+4+2+7+6}{5}$ $= 5.6$
② 중앙값(중위수, Median, $\tilde{x}$) • 데이터의 수 n이 홀수 : 중간값 • 데이터의 수 n이 짝수 : 중간의 두 값의 평균	데이터 : 2, 4, 6, 7, 9 $\tilde{x} = 6$
③ 최빈값(Mode, Mod) : 도수표에 따라 히스토그램을 작성할 경우 일반적으로 횡축에 특성치, 종축에 도수를 설정하는데 이때 도수가 최대인 곳의 특성치를 최빈값이라 한다.	-
④ 중간 범위수(M_d) $M_d = \dfrac{x_{\min} + x_{\max}}{2}$	$M_d = \dfrac{2+9}{2} = 5.5$

핵심 *P*oint

2. 산포상태를 표시하는 방법 (91①②, 92②, 94①, 95③⑤, 96②④⑤, 97①, 98①③, 99④⑤, 01③, 09①③, 15①)

분류 (데이터 : $x_1, x_2, \cdots\cdots, x_n$)	예제 (데이터 : 9, 4, 2, 7, 6)
① 편차(Deviation, D) $D = (x_i - \bar{x})$	$\bar{x} = 5.6$ (평균) 데이터 9의 경우 $D = (9 - 5.6) = 3.4$ 나머지 데이터의 경우 $-1.6, -3.6, 1.4, 0.4$
② 편차제곱합(Sum Square : S, 변동(Variation)) $S = \sum_{i=1}^{n}$ $= (x_1 - \bar{x})^2 + (x_2 - \bar{x})^2 + \cdots + (x_n - \bar{x})^2$	$S = (9 - 5.6)^2 + (4 - 5.6)^2$ $+ (2 - 5.6)^2 + (7 - 5.6)^2$ $+ (6 - 5.6)^2$ $= 29.2$
③ 분산(Variance, σ^2) $\sigma^2 = \dfrac{S}{n}$	$\sigma^2 = \dfrac{29.2}{5} = 5.84$
④ 불편분산(Unbiased Variance, V) $V = \dfrac{S}{n-1} = \dfrac{S}{\phi}$ ($\phi = n-1$: 자유도)	$V = \dfrac{29.2}{5-1} = 7.30$
⑤ 표준편차(Standard Deviation, σ) $\sigma = \sqrt{\dfrac{S}{n}}$	$\sigma = \sqrt{5.84} = 2.42$
⑥ 불편분산 제곱근($\sqrt{V}$) $\sqrt{V} = \sqrt{\dfrac{S}{n-1}}$	$\sqrt{V} = \sqrt{7.30} = 2.70$
⑦ 범위(Range, R) $R = x_{max} - x_{min}$	$R = 9 - 2 = 7$
⑧ 변동계수(Coefficient of Variation, CV) $CV = \dfrac{\sigma}{\bar{x}} \times 100 (\%)$	$CV = \dfrac{2.42}{5.6} \times 100 = 43.21 (\%)$

핵심 Point

- 중앙값(중위수), 편차 제곱합, 분산, 불편분산, 표준편차, 불편분산 제곱근, 변동계수 등의 산정 (91①②, 92②, 94①, 95③⑤, 96②④⑤, 97①, 98①③, 99④⑤, 01③, 09①③, 15①)

- 변동계수와 품질관리 상태의 일반적인 관계 (참고)

변동계수	품질관리 상태
10% 이하	우수
10~15%	양호
15~20%	보통
20% 이상	불량

기출 및 예상 문제

01 다음 철근의 인장강도(MPa) 시험 결과 데이터를 이용하여 다음 물음에 답하시오. (5점)

•95 ③, 97 ①, 09 ③, 15 ①

[Data] 460, 540, 450, 490, 470, 500, 530, 480, 490

① 평균치($\bar{x}$) : _____
② 분산(σ^2) : _____
③ 표준편차(σ) : _____
④ 불편분산(V) : _____
⑤ 불편분산의 제곱근($\sqrt{V}$) : _____

정답 $\Sigma x = 460+540+450+490+470+500+530+480+490 = 4,410$
$n = 9$

① 평균치
$$\bar{x} = \frac{\Sigma x}{n} = \frac{4,410}{9} = 490.00$$

② 분산
㉠ 편차제곱합(S)
$S = (460-490)^2+(540-490)^2+(450-490)^2+(490-490)^2+(470-490)^2+(500-490)^2$
$\quad +(530-490)^2+(480-490)^2+(490-490)^2 = 7,200$

㉡ 분산(σ^2)
$$\sigma^2 = \frac{S}{n} = \frac{7,200}{9} = 800.00$$

③ 표준편차
$$\sigma = \sqrt{\frac{S}{n}} = \sqrt{800} = 28.28$$

④ 불편분산
$$V = \frac{S}{n-1} = \frac{7,200}{9-1} = 900.00$$

⑤ 불편분산의 제곱근
$$\sqrt{V} = \sqrt{900} = 30.00$$

02 콘크리트의 설계기준압축강도가 21MPa, 배합강도가 24MPa인 콘크리트에서 표준편차가 2MPa 이라면 배합설계시 이 콘크리트의 변동계수를 구하시오. (3점)   •95 ⑤

• 변동계수 : _____

정답 변동계수

$$CV = \frac{\sigma}{\bar{x}} \times 100 = \frac{2}{21} \times 100 = 9.52\%$$

03 다음 데이터는 일정한 산지에서 계속 반입되고 있는 잔골재의 단위용적질량을 매 차량마다 1회 씩 10대를 측정한 자료이다. 이 데이터를 이용하여 다음 물음에 답하시오. (6점)

•94 ①, 96 ②⑤, 98 ③, 99 ④, 01 ③, 09 ①

[Data] 1760, 1740, 1750, 1730, 1760, 1770, 1740, 1760, 1740, 1750
(산술평균 $\bar{x} = 1750 \text{kg/m}^3$)

가. 편차제곱합(Sum Squares : S) : _____

나. 분산(Variance : σ^2) : _____

다. 불편편차(Unbiased Variance : V) : _____

라. 표준편차(Standard Deviation : σ) : _____

마. 불편분산의 제곱근(혹은 표본표준편차 : Sample Standard Deviation : $\sqrt{V}$)
_____

바. 변동계수(Coefficient of Variation : CV) : _____

정답 문제의 조건 : $n = 10$, $\bar{x} = 1750$
가. 편차제곱합
$S = (1760-1750)^2 + (1740-1750)^2 + (1750-1750)^2 + (1730-1750)^2 + (1760-1750)^2$
$\quad + (1770-1750)^2 + (1740-1750)^2 + (1760-1750)^2 + (1740-1750)^2 + (1750-1750)^2$
$= 1400$

나. 분산
$$\sigma^2 = \frac{S}{n} = \frac{1400}{10} = 140.00$$

다. 불편분산
$$V = \frac{S}{n-1} = \frac{140}{10-1} = 155.56$$

라. 표준편차
$$\sigma = \sqrt{\frac{S}{n}} = \sqrt{140.00} = 11.83$$

마. 불편분산의 제곱근
$$\sqrt{V} = \sqrt{1.56} = 1.25$$

바. 변동계수
$$CV = \frac{\sigma}{\overline{x}} \times 100 = \frac{11.83}{175} \times 100 = 6.76\%$$

04 조강포틀랜드시멘트의 압축강도로 표준사를 이용하여 10회 시험한 결과는 다음과 같다. 이 데이터를 이용하여 시멘트 강도의 변동계수(CV)를 구하시오. (4점)   •91 ①, 96 ④, 98 ①, 99 ⑤

[Data] 41.7, 48.0, 44.7, 42.8, 39.7, 40.0, 38.9, 42.2, 42.7, 41.9 (MPa)
$n = 10$
$\Sigma x = 41.7+48.0+44.7+42.8+39.7+40.0+38.9+42.2+42.7+41.9$
$\quad\quad = 422.6$

•변동계수(CV) : _____

정답 변동계수 : $CV = 5.94\%$

해설 ① 평균치
$$\overline{x} = \frac{\Sigma x}{n} = \frac{422.6}{10} = 42.26$$

② 편차제곱합
$S = (41.7-42.26)^2+(48.0-42.26)^2+(44.7-42.26)^2+(42.8-42.26)^2+(39.7-42.26)^2$
$\quad +(40.0-42.26)^2+(38.9-42.26)^2+(42.2-42.26)^2+(42.7-42.26)^2+(41.9-42.26)^2 = 62.78$

③ 표준편차
$$\sigma = \sqrt{\frac{S}{n}} = \sqrt{\frac{62.78}{10}} = 2.51$$

④ 변동계수
$$CV = \frac{\sigma}{\overline{x}} \times 100$$
$$\quad = \frac{2.51}{42.26} \times 100 = 5.94\%$$

Lesson 03 종합적 품질관리
(TQC : Total Quality Control)

☼ 1 품질관리(QC) 도구

1. **도구의 종류** (92③④, 94③, 95③④, 96③, 97②, 98②, 99④, 00⑤, 01①, 02②, 06②③, 07①②③, 09③, 11②, 12②③, 14①③, 15③, 17①, 20①, 21①, 21②)

QC 도구	내용
히스토그램 (Histogram)	계량치의 데이터가 어떠한 분포를 하고 있는지 알아보기 위하여 작성하는 그림
특성요인도 (Caused and Effects Diagram)	원인과 결과의 상호관계를 쉽게 이해할 수 있도록 화살표를 이용하여 나타낸 그림
파레토도 (Pareto Diagram)	불량 등 발생건수를 분류 항목별로 구분하여 크기순서 대로 나누어 놓은 그림
체크시트 (Check Sheet)	계수치의 데이터가 분류 항목의 어디에 집중되어 있는가를 알아보기 쉽게 나타낸 그림이나 표
각종 그래프 (Graph)	막대, 원, 꺾은선 등 단번에 뜻하는 것을 알 수 있도록 한 그림이며 각종 관리도 등이 있다.
산점도 (Scatter Diagram, 산포도)	대응되는 두 개의 짝으로 된 데이터를 그래프 용지 위에 점으로 나타낸 그림
층별 (Stratification)	집단을 구성하고 있는 많은 데이터를 어떤 특징에 따라 몇 개의 부분집단으로 나누는 것

2. **히스토그램(Histogram)**

1) **개요**

계량치의 데이터가 어떠한 분포를 하고 있는지 알아보기 위하여 막대그래프 형식으로 작성한 도수분포도를 말한다.

2) **작업순서** (93②, 96①, 98⑤, 00④, 04①③, 06③, 09①, 15②, 16②, 20④)

① 데이터를 수집한다.
② 데이터에서 최솟값과 최댓값을 구하여 전 범위를 구한다.
③ 구간폭을 정한다.
④ 도수분포도를 만든다.
⑤ 히스토그램을 작성한다.
⑥ 히스토그램과 규격값을 대조하여 안정상태인지 검토한다.

핵심 Point

● **TQC의 목적 (참고)**
체질개선을 통한 개선의 습관을 배양하는 것이다.

● **TQC의 기본사항 (참고)**
① 품질제일주의
② 소비자 지향
③ 인간성 존중의 경영
④ 부문별 협조
⑤ 사실 및 데이터에 의한 관리

● **TQC의 효과 (참고)**
① 기업의 체질개선
② 부문간 의사소통 활발
③ 생산합리화
④ 불량 감소
⑤ 비용절감
⑥ 고객중심의 사상 철저
⑧ 기업 번영
⑦ 품질향상, 품질보증에 의한 신뢰성 확보

● **품질관리 7가지 도구의 종류 및 설명** (92③④, 94③, 95③④, 96③, 97②, 98②, 99④, 00⑤, 01①, 02②, 06②③, 07①②③, 09③, 11②, 12②③, 14①③, 15③, 21①②)

● **품질관리(QC)의 7가지 도구의 요약 (참고)**
① 히스토그램 : 계량치 데이터의 분포를 알 수 있다.
② 특성요인도 : 원인과 결과의 관계를 알 수 있다.
③ 파레토도 : 불량에 대한 주요 원인을 알 수 있다.
④ 체크시트 : 계량치 데이터의 분포를 알 수 있다.
⑤ 각종 그래프 : 데이터의 이상 유무를 한 번에 알 수 있다.
⑥ 산점도 : 데이터의 대응 모습을 알 수 있다.
⑦ 층별 : 집단에 대한 인과 대응을 판단할 수 있다.

3. 특성요인도

원인과 결과의 상호관계를 쉽게 이해할 수 있도록 화살표를 이용하여 나타낸 그림으로 생선뼈모양을 닮았다고 해서 생선뼈 그림(Fish Bone Diagram)이라고도 한다.

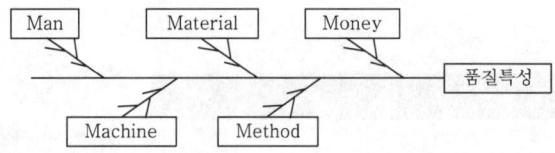

4. 파레토도(Pareto Diagram)

1) 개요

특성에 대한 불량 요인을 항목 및 발생건수별로 정리하여 크기 순으로 정렬한 후 불량 점유율로 나타낸 그림이다.

2) 작성 예 (90③, 94②, 98⑤)

(1) 레미콘 불량에 대한 데이터

불량 항목	불량개수	불량 항목	불량개수
슬럼프 불량	17	압축강도 불량	9
공기량 불량	4	균열발생 불량	10
재료량 부족 불량	8	기타	2

(2) 데이터가 큰 것부터 순서대로 정렬

불량 항목	불량개수	누적수	누적비율(%)
슬럼프 불량	17	17	34
균열발생 불량	10	27	54
압축강도 불량	9	36	72
재료량 부족 불량	8	44	88
공기량 불량	4	48	96
기타	2	50	100
합계	50	50	100

(3) 파레토도 작성

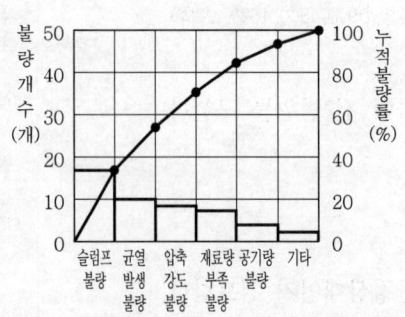

핵심 Point

● 히스토그램의 작업순서 (93②, 96①, 98⑤, 00④, 04①③, 06③, 09①, 15②, 16②, 20④)
① 데이터를 수집한다.
② 데이터에서 최솟값과 최댓값을 구하여 전 범위를 구한다.
③ 구간폭을 정한다.
④ 도수분포도를 만든다.
⑤ 히스토그램을 작성한다.
⑥ 히스토그램과 규격값을 대조하여 안정상태인지 검토한다.

● 특성요인도의 정의 (12②, 17①, 20①)
원인과 결과의 상호관계를 쉽게 이해할 수 있도록 화살표를 이용하여 나타낸 그림으로 생선뼈모양을 닮았다고 해서 생선뼈 그림(Fish Bone Diagram)이라고도 한다.

● 파레토도의 작업순서 (93②, 96①, 98⑤, 00④, 04①③, 06③, 09①, 15②, 16②)
① 데이터의 분류 항목(불량 항목)을 결정한다.
② 데이터를 수집한다.
③ 데이터를 정리하여 크기 순서대로 정렬한다.
④ 누적돗수와 누적비율을 산정한다.
⑤ 그래프의 가로축에 분류 항목(불량 항목), 세로축에 데이터 눈금(누적불량건수 및 누적불량비율 등)을 그린다.
⑥ 데이터가 큰 것부터 순서대로 막대그래프를 그린다(단, 기타는 모아서 맨 오른편 끝에 기입한다.).
⑦ 데이터 누적돗수를 꺾은선으로 기입한다.
⑧ 오른쪽 세로축에 %를 기입한다.
⑨ 데이터의 기간, 기록자, 목적 등을 기입한다.

● 파레토도의 작성 예 (90③, 94②, 98⑤)

5. 관리도

1) 개요

(1) 개요

① 품질의 산포를 관리하기 위해 품질의 특성값과 시료번호를 축으로 하는 그래프 상에 관리한계선을 그려 넣은 그림이다.
② 각종 관리도 데이터의 편차에서 관리상황과 문제점을 판단하기 위한 도구이다.

2) 관리도의 종류 (91③, 94①, 95①, 97③, 00①)

(1) 계량치 관리도

종류	관리대상	내용
$\bar{x} - R$ 관리도	평균치와 범위	몇 개의 계량치를 평균치와 범위로 관리함
$\tilde{x} - R$ 관리도	메디안과 범위	몇 개의 계량치를 메디안과 범위로 관리함
$x - R_s$ 관리도	측정치와 범위	데이터를 군으로 나누지 않고 개개의 계량치와 앞뒤 값의 범위로 관리함
x 관리도	개개 측정치	데이터를 조로 나누지 않고 하나하나의 측정치를 그대로 사용하여 관리함

(2) 계수치 관리도

종류	관리대상	내용
P_n 관리도	불량개수	계수치를 불량개수로 관리함
P 관리도	불량률	계수치를 불량률로 관리함
C 관리도	결점수	일정 단위 중 결점수로 관리함
U 관리도	단위당 결점수	시료의 크기가 일정하지 않을 경우 단위시료당 나타나는 결점수에 따라 관리함

핵심 Point

● 계량치 관리도 및 계수치 관리도의 종류 (91③)
가. 계량치 관리도
  ① $\bar{x} - R$ 관리도
  ② $\tilde{x} - R$ 관리도
  ③ $x - R_s$ 관리도
나. 계수치 관리도
  ① P_n 관리도
  ② P 관리도
  ③ C 관리도
  ④ U 관리도

● 각종 관리도의 종류 및 설명 (94①, 95①, 97③, 00①)

기출 및 예상 문제

01 품질관리의 도구와 목적의 상관관계가 있는 것끼리 줄을 그으시오. (5점) •97②, 99④

① 파레토도 •   • ㉮ 결과에 미치는 불량의 원인항목의 체계적 정리, 원인발견
② 특성요인도 •   • ㉯ 작업의 상태가 설정된 기준 내에 들어가는지 판정
③ 히스토그램 •   • ㉰ 불량 항목의 발생상황 파악을 위한 데이터의 사실파악
④ 관리도 •   • ㉱ 데이터의 분포상태 등의 살핌
⑤ 체크시트 •   • ㉲ 불량 항목과 원인의 중요성 발견

정답 ① ㉲   ② ㉮   ③ ㉱   ④ ㉯   ⑤ ㉰

02 다음은 품질관리(Quality Control)의 도구를 설명한 것이다. 해당되는 도구명을 |보기|에서 골라 쓰시오. (4점) •95③, 14①

|보기|
㉮ 특성요인도   ㉯ 파레토 다이어그램   ㉰ 산점도
㉱ 층별   ㉲ 체크시트   ㉳ 히스토그램

① 불량의 발생건수를 분류, 항목별로 나누어 크기 순서대로 나열해 놓은 그림
② 집단을 구성하는 많은 데이터를 어떤 특징에 따라서 몇 개의 부분집단으로 나누어 측정 데이터의 산포의 발생원인을 규명할 수 있다.
③ 서로 대응되는 2개의 짝으로 된 데이터를 점으로 나타내어 두 변수간의 상관관계를 짐작할 수 있다.
④ 품질 특성에 영향을 주는 원인이 어떻게 관계하고 있는가를 한눈에 알 수 있도록 작성한 그림

정답 ① ㉯   ② ㉱   ③ ㉰   ④ ㉮

Lesson 03

03 QC 수법으로 알려진 도구에 대한 설명이다. 해당되는 도구명을 쓰시오. (6점)
•92 ③, 94 ③, 98 ②, 06 ③, 07 ①, 21 ①

① 집단을 구성하고 있는 많은 데이터를 어떤 특징에 따라 몇 개의 부분집단으로 나누는 것
② 결과에 원인이 어떻게 관계하고 있는가를 한눈으로 알 수 있도록 작성한 그림
③ 계량치의 데이터가 어떠한 분포를 하고 있는지 알아보기 위하여 작성하는 그림
④ 계수치가 분류 항목의 어디에 집중되어 있는가를 알아보기 쉽게 나타낸 그림이나 표
⑤ 불량 등 발생건수를 분류 항목별로 나누어 크기 순서대로 나열해 놓은 그림
⑥ 대응되는 2개의 짝으로 된 데이터를 그래프에 점으로 나타낸 그림

① _____   ② _____   ③ _____
④ _____   ⑤ _____   ⑥ _____

정답 ① 층별   ② 특성요인도   ③ 히스토그램
④ 체크시트   ⑤ 파레토도   ⑥ 산점도

04 TQC를 위한 7가지 통계수법을 쓰시오. (4점)
•92 ④, 95 ④, 96 ③, 01 ①, 15 ③, 21 ②

① _____   ② _____   ③ _____
④ _____   ⑤ _____   ⑥ _____
⑦ _____

정답 ① 히스토그램   ② 특성요인도   ③ 파레토도   ④ 체크시트
⑤ 각종 그래프   ⑥ 산점도   ⑦ 층별

05 건설업의 TQC에 이용되는 도구 중 다음을 설명하시오. (4점) •00 ⑤, 02 ②, 06 ②, 07 ②③, 09 ③, 11 ②, 12 ③, 14 ③

① 파레토도 : _____
② 특성요인도 : _____
③ 층별 : _____
④ 산점도 : _____

정답 ① 파레토도 : 불량 등 발생건수를 분류 항목별로 나누어 크기 순서대로 나누어 놓은 그림
② 특성요인도 : 결과에 원인이 어떻게 관계하고 있는가를 한눈으로 알 수 있도록 작성한 그림
③ 층별 : 집단을 구성하고 있는 많은 데이터를 어떤 특징에 따라 몇 개의 부분집단으로 나누는 것
④ 산점도 : 대응되는 2개의 짝으로 된 데이터를 그래프 용지 위에 점으로 나타낸 그림

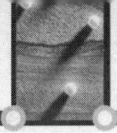

06 품질관리에 이용되는 관리도명을 계량치, 계수치로 구분하여 2가지씩 쓰시오. (6점)

가. 계량치 관리도
① _____ ② _____

나. 계수치 관리도
① _____ ② _____

정답 가. 계량치 관리도
① $\bar{x}-R$ 관리도　② $\tilde{x}-R$ 관리도　③ $x-R_s$ 관리도
나. 계수치 관리도
① P_n 관리도　② P 관리도　③ C 관리도　④ U 관리도

07 히스토그램(Histogram)의 작업순서를 |보기|에서 골라 순서를 기호로 쓰시오. (5점)

•93 ②, 96 ①, 98 ⑤, 00 ④, 04 ①③, 06 ③, 09 ①, 15 ②, 16 ②, 20 ④

|보기|
㉮ 히스토그램과 규격값을 대조하여 안정 상태인지 검토한다.
㉯ 히스토그램을 작성한다.
㉰ 도수분포도를 만든다.
㉱ 데이터에서 최솟값과 최댓값을 구하여 전 범위를 구한다.
㉲ 구간폭을 정한다.
㉳ 데이터를 수집한다.

정답 ㉳ → ㉱ → ㉲ → ㉰ → ㉯ → ㉮

08 품질관리 도구 중 특성요인도(Characteristic Diagram)에 대해 간단히 설명하시오. (3점)

•12 ②, 17 ①, 20 ①

정답 원인과 결과의 상호관계를 쉽게 이해할 수 있도록 화살표를 이용하여 나타낸 그림으로 생선뼈모양을 닮았다고 해서 생선뼈 그림(Fish Bone Diagram)이라고도 한다.

09 건설공사 현장에 레미콘을 납품하고 발생된 불량사항을 조사한 결과 다음 표와 같다. 이 데이터를 이용하여 파레토도를 작성하시오. (6점)

•90 ③, 94 ②, 98 ⑤

불량 항목	불량개수
슬럼프 불량	17
공기량 불량	4
재료량 부족 불량	8
압축강도 불량	9
균열발생 불량	10
기타	2

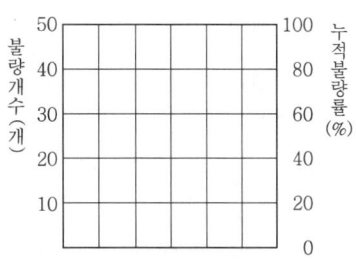

정답 ① 데이터가 큰 것부터 순서대로 정렬

② 파레토도

【파레토 작성표】

불량 항목	불량개수	누적수	누적비율 (%)
슬럼프 불량	17	17	34
균열발생 불량	10	27	54
압축강도 불량	9	36	72
재료량 부족 불량	8	44	88
공기량 불량	4	48	96
기타	2	50	100
합계	50	50	100

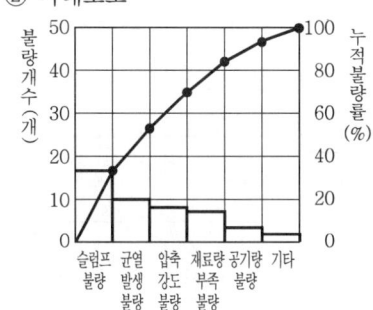

10 다음은 공정관리에 이용되는 관리도의 설명이다. 옳은 것을 |보기|에서 골라 번호를 쓰시오. (4점)

•97 ③, 00 ①

── 보기 ──
㉮ $x-R_s$ 관리도 ㉯ P 관리도 ㉰ C 관리도
㉱ $\overline{x}-R$ 관리도 ㉲ P_n 관리도 ㉳ $\tilde{x}-R$ 관리도

① 몇 개의 계량치를 평균치와 범위로 관리함 - ( )
② 계수치를 불량률로 관리함 - ( )
③ 일정단위 중 결점수로 관리함 - ( )
④ 계수치를 불량개수로 관리함 - ( )

정답 ① ㉱ ② ㉯ ③ ㉰ ④ ㉲

11 다음은 품질관리에 이용되는 관리도의 설명이다. 설명에 맞는 관리도명을 |보기|에서 골라 번호로 쓰시오. (6점)

•95 ①

|보기|
- ㉮ $x-R_s$ 관리도
- ㉯ P 관리도
- ㉰ D 관리도
- ㉱ $\bar{x}-R$ 관리도
- ㉲ P_n 관리도
- ㉳ $\tilde{x}-R$ 관리도

① 계수치를 불량률로 관리한다.
② 계량치를 평균치와 범위로 관리한다.
③ 한 개 값의 계량치 데이터를 개개의 값과 앞뒤 값의 범위로 관리한다.
④ 계량치를 메디안과 범위로 관리한다.
⑤ 계량치를 불량개수로 관리한다.
⑥ 일정단위당 결점수로 관리한다.

① _____ ② _____ ③ _____

④ _____ ⑤ _____ ⑥ _____

정답 ① ㉯ ② ㉱ ③ ㉮ ④ ㉳ ⑤ ㉲ ⑥ ㉰

12 다음 중 관계되는 것을 |보기|에서 찾아 쓰시오. (5점)

•94 ①

|보기|
- ㉮ T.Q.C
- ㉯ Histogram
- ㉰ S.Q.C
- ㉱ $\tilde{x}-R$ 관리도
- ㉲ KS

① 통계적 품질관리 ( )
② 한국산업표준규격 ( )
③ 정규분포도 ( )
④ 전사적 품질관리(종합적 품질관리) ( )
⑤ 관리도 ( )

정답 ① ㉰ ② ㉲ ③ ㉯ ④ ㉮ ⑤ ㉱

Lesson 04. 토질시험

☀ 1 흙의 구성

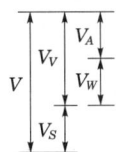
체적(Volume)

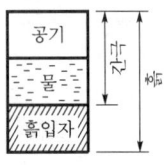

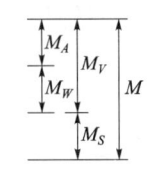
질량(Mass)

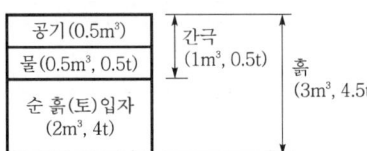

핵심 Point

● 용어 정의
여기서,
V : 흙의 전체부피
V_S : 흙입자의 부피
V_V : 흙의 간극의 부피
V_W : 물의 부피
V_A : 공기의 부피
M : 흙의 전체질량
M_S : 흙입자의 질량
M_V : 흙의 간극의 질량
M_W : 물의 질량

● 흙의 간극비와 함수율 산정
(93②, 97④, 00①, 03①)

● 흙의 함수비, 간극비, 포화도 산정 (00②, 11③, 22②)

☀ 2 흙의 성질 (93②, 97④, 00①, 00②, 03①, 11③, 22②)

흙의 성질	계산식	예제
간극비 (Void Ratio, e)	$\dfrac{간극(물+공기)의 부피}{흙입자의 부피}$ $= \dfrac{V_V}{V_S}$	$\dfrac{(0.5+0.5)}{2} = 0.5$
간극률 (Porosity, n)	$\dfrac{간극의 부피}{흙의 전체 부피} \times 100$ $= \dfrac{V_V}{V} \times 100$	$\dfrac{1}{3} \times 100 = 33.33\%$
함수비 (Water Content, w)	$\dfrac{물의 질량}{흙입자의 질량} \times 100$ $= \dfrac{M_W}{M_S} \times 100$	$\dfrac{0.5}{4} \times 100 = 12.50\%$
함수율	$\dfrac{물의 질량}{흙의 전체 질량} \times 100$ $= \dfrac{M_W}{M} \times 100$	$\dfrac{0.5}{4.5} \times 100 = 11.11\%$
포화도 (Degree of Saturation)	$\dfrac{물의 부피}{간극부분의 부피} \times 100$ $= \dfrac{V_W}{V_V} \times 100$	$\dfrac{0.5}{1} \times 100 = 50.00\%$

기출 및 예상 문제

01 다음 자료를 참조하여 간극비와 함수율을 구하시오. (4점)   •93 ②, 97 ④, 00 ①, 03 ①

- 순토립자만의 용적=2m³   • 순토립자만의 질량=4t   • 물만의 용적=0.5m³   • 물만의 질량=0.5t
- 공기만의 용적=0.5m³   • 전체 흙의 용적=3m³   • 전체 흙의 질량=4.5t

① 간극비 : _____

② 함수율 : _____

정답
① 간극비 = $\dfrac{\text{간극의 부피}}{\text{흙입자의 부피}} = \dfrac{V_V}{V_S} = \dfrac{(0.5+0.5)}{2} = 0.5$

② 함수율 = $\dfrac{\text{물의 질량}}{\text{흙의 전체 질량}} \times 100 = \dfrac{M_W}{M} \times 100 = \dfrac{0.5}{4.5} \times 100 = 11.11\%$

02 점토의 흐트러뜨리지 않은 공시체의 밀도시험과 함수비시험을 행한 결과 다음 표와 같은 시험결과를 얻었다. 이 결과를 근거로 함수비, 간극비, 포화도를 쓰시오. (6점)   •00 ②, 11 ③, 22 ②

시험의 종류	시험결과
토립자 밀도	• 토립자의 체적 : 11.06cm³
함수비	• 흙과 용기의 질량 : 92.58g • 건조한 흙과 용기의 질량 : 78.95g • 용기의 질량 : 49.32g
습윤밀도	• 흙의 체적 : 26.22cm³

① 함수비 : _____

② 간극비 : _____

③ 포화도 : _____

정답 물 1g=1cm³이다. 즉, 물의 부피와 물의 질량은 같은 값이다.

① 함수비 = $\dfrac{\text{물의 질량}}{\text{흙입자의 질량}} \times 100 = \dfrac{M_W}{M_S} \times 100 = \dfrac{(92.58-78.95)}{(78.95-49.32)} \times 100 = 46.0\%$

② 간극비 = $\dfrac{\text{간극의 부피}}{\text{흙입자의 부피}} = \dfrac{V_V}{V_S} = \dfrac{(26.22-11.06)}{11.06} = 1.37$

③ 포화도 = $\dfrac{\text{물의 부피}}{\text{간극부분의 부피}} \times 100 = \dfrac{V_W}{V_V} \times 100 = \dfrac{(92.58-78.95)}{(26.22-11.06)} \times 100 = 89.91\%$

Lesson 05 시멘트시험

1. 시멘트의 재료시험 (98①, 02②)

재료시험 방법	대표적 시험기구 및 재료
비중시험(르 샤틀리에 비중병시험)	르 샤틀리에 플라스크
분말도시험	마노미터
응결시간시험(응결시간 측정시험)	길모어장치
안정성시험(오토클레이브 팽창도시험)	오토클레이브
압축강도시험	표준모래

2. 시멘트 비중시험 (KS L 5110, 르 샤틀리에 비중병시험)

1) 시험목적

시멘트의 화학적 성질, 소성정도, 혼합물의 유무 및 풍화정도를 판단할 수 있다.

2) 시험기구 (93①, 96①, 00④, 02③, 03②)

① 르 샤틀리에 플라스크(비중병)   ④ 천평(저울)
⑤ 스푼   ⑥ 마른걸레
⑦ 수조   ⑧ 온도계

3) 계산식 (89①, 07②, 22③)

$$시멘트의\ 비중 = \frac{M}{V_2 - V_1}$$

여기서, M : 투입한 시멘트의 질량(g)
　　　　V_1 : 시멘트 투입 전의 눈금(ml, cc)
　　　　V_2 : 시멘트 투입 후의 눈금(ml, cc)
(주) 보통포틀랜드시멘트의 평균 비중은 3.15이고, 규정값은 3.05 이상이다.

핵심 Point

- 시멘트의 재료시험 방법 (98①, 02②)
① 비중시험
② 분말도시험
③ 응결시간시험
④ 안정성시험

- 시멘트 재료시험의 종류 및 관련 시험기구와 재료 (93①, 96①, 03②)
① 비중시험 : 르 샤틀리에 플라스크
② 분말도시험 : 마노미터
③ 응결시간 측정시험 : 길모어장치
④ 안정성시험 : 오토클레이브
⑤ 압축강도시험 : 표준모래
⑥ 강도시험 : 슈미트해머

- 시멘트의 비중시험에 이용되는 실험기구 및 재료 (00④, 02③)
① 르 샤틀리에 플라스크(비중병)
② 광유
③ 시험시멘트
④ 천평(저울)
⑤ 스푼
⑥ 마른걸레
⑦ 수조
⑧ 온도계

- 르 샤틀리에 비중병 (Le Chatelier Flask)

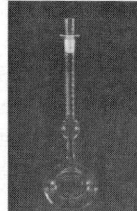

☼ 3 시멘트 분말도시험

1) 시험목적 (08③, 11③, 17③, 22③)
① 시멘트 입자의 세조(細組)의 정도를 알기 위한 시험으로 모르타르나 콘크리트의 성상을 예측하는 데 필요하다.
② 시멘트 분말도시험의 종류로는 공기투과장치에 의한 시험(비표면적시험)과 표준체에 의한 시험이 있다.

2) 비표면적시험(KS L 5106) (93①, 96①, 03②)
(1) 시험기구
① 브레인 공기투과장치 ② 여과지 ③ 마노미터
④ 스톱워치 ⑤ 붓 ⑥ 숟가락
⑦ 시료병 ⑧ 저울

(주) **마노미터(Manometer)**: 압력에 의해 밀려 올라간 액체 기둥의 높이를 측정하여 그에 상응하는 압력을 측정하는 장치이다.

☼ 4 시멘트 응결시간시험(KS L 5102)

1) 시험목적
시멘트의 응결시간을 측정하여 콘크리트 응결시간을 추정할 수 있다.

2) 시험기구 (93①, 96①, 03②)
① 비이카침 장치 ② 길모어침 장치 ③ 용기
④ 수저 ⑤ 저판 ⑥ 시멘트시료

☼ 5 시멘트 안정성시험 (시멘트의 오토클레이브 팽창도시험, KS L 5107)

1) 시험목적
시멘트의 풍화나 품질이 불안정할 경우, 경화시에 이상응결을 일으키거나 이상한 용적변화를 가져오므로 시멘트의 안정성을 확인해야 한다. 시멘트 안정성시험은 오토클레이브 팽창도시험으로 한다.

(주) **오토클레이브(Autoclave)**: 고온·고압 하에서 합성·분해·승화·추출 등의 화학처리를 하는 내열·내압성 용기이다.

핵심 Point

● 시멘트의 비중 산정 및 자재품질관리상의 합격여부 판정 (89①, 07②, 22③)

● 시멘트 분말도시험의 종류 (08③, 11③, 17③)
① 공기투과장치에 의한 시험 (비표면적시험)
② 표준체에 의한 시험

● 비이카침 장치 (Vicat Needles)

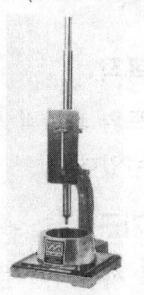

● 안정성(Soundness) (참고)
시멘트 경화 중에 체적팽창으로 인해 균열 및 휨이 생기는 정도이다.

2) **시험기구** (93①, 96①, 03②)
   ① 저울　　　　② 메스실린더　　　③ 오토클레이브
   ④ 온도계　　　⑤ 몰드　　　　　　⑥ 시멘트용 칼

3) **계산식** (91②, 97③, 00⑤, 21③)

$$팽창도 = \frac{l_2 - l_1}{l_1} \times 100$$

여기서, l_1 : 시험 전의 유효표점길이(mm)
　　　　l_2 : 시험 후의 유효표점길이(mm)

> 핵심 Point
>
> ● 시멘트의 오토클레이브 팽창도 산정 및 합격여부 판정 (91②, 97③, 00⑤, 21③)

☀ 6 시멘트 모르타르 강도시험 (압축강도, KS 5104)

1) **시험목적**

   시멘트의 강도를 통해 콘크리트의 배합설계에 활용하며, 콘크리트의 강도 증진 정도를 추정할 수 있다.

2) **시험기구** (93①, 96①, 03②)
   ① 혼합기　　　② 저울　　　　　③ 메스실린더
   ④ 표준체　　　⑤ 온도계　　　　⑥ 표준모래
   ⑦ 몰드

3) **압축강도(f_c) 계산식** (92②, 93④)

$$f_c = \frac{P_c}{A} \ (MPa, \ N/mm^2)$$

여기서, P_c : 최대압축하중(N, kN)
　　　　A : 시험체의 단면적(mm^2, m^2)

> ● 시멘트의 압축강도 산정 및 합격여부 판정 (92②, 93④)

기출 및 예상 문제

01 시멘트의 성능을 파악하기 위한 재료시험 방법의 종류를 4가지 쓰시오. (4점) •98 ①, 02 ②

① _____ ② _____
③ _____ ④ _____

정답 ① 비중시험 ② 분말도시험
③ 응결시간시험 ④ 안정성시험

02 다음에 열거한 KS 규격의 시멘트 관련시험에 쓰이는 시험기구 및 재료를 다음 |보기|에서 골라 쓰시오. (5점) •93 ①, 96 ①

|보기|
㉮ 르 샤틀리에 플라스크 ㉯ 마노미터 ㉰ 표준모래
㉱ 오토클레이브 ㉲ 길모어장치

① 분말도시험 (   )   ② 압축강도시험 (   )
③ 비중시험 (   )   ④ 응결시간시험 (   )
⑤ 안정성시험 (   )

정답 ① ㉯ ② ㉰ ③ ㉮ ④ ㉲ ⑤ ㉱

03 다음 주어진 내용과 |보기| 중 상호 연결성이 높은 것을 찾아 기호로 쓰시오. (5점) •03 ②

|보기|
㉮ 오토클레이브 ㉯ 길모어 ㉰ 슈미트해머
㉱ 르 샤틀리에 ㉲ 표준체

① 응결시험 (   )   ② 안정도시험 (   )
③ 강도시험 (   )   ④ 비중시험 (   )
⑤ 분말도시험 (   )

정답 ① ㉯ ② ㉮ ③ ㉰ ④ ㉱ ⑤ ㉲

04 다음 시멘트의 비중시험에 이용되는 실험기구 및 재료를 |보기|에서 찾아 기호로 쓰시오. (3점)

•00 ④, 02 ③

|보기|
- ㉮ 르 샤틀리에 플라스크
- ㉯ 천평
- ㉰ 칼로리미터
- ㉱ 표준체
- ㉲ 광유
- ㉳ 마노미터액
- ㉴ 마른걸레
- ㉵ 교반기

정답 ㉮, ㉯, ㉲, ㉴

05 KS 규격상 시멘트의 오토클레이브 팽창도는 0.80% 이하로 규정되어 있다. 반입된 시멘트의 안정성 시험결과가 다음과 같다고 할 때 팽창도 및 합격여부를 판단하시오. (단, 시험 전 시험체의 유효표점길이는 254mm, 오토클레이브 시험 후 시험체의 길이는 255.78mm였다.) (4점)

•91 ②, 97 ③, 00 ⑤, 21 ③

① 팽창도 : _____

② 판정 : _____

정답 ① 팽창도 $= \dfrac{l_2 - l_1}{l_1} \times 100 = \dfrac{255.78 - 254}{254} \times 100 = 0.70\%$

② 판정 : 합격
   (∵ 0.70% < 0.8%)

06 건설공사 현장에 시멘트가 반입되었다. 특기시방서에 시멘트의 비중은 3.10 이상으로 규정되어 있다고 할 때, 르 샤틀리에 비중병을 이용하여 KS 규격에 의거 시멘트 비중을 시험한 결과에 대하여 시멘트의 비중을 구하고, 자재품질관리상 합격 여부를 판정하시오. (단, 시험결과 비중병에 광유를 채웠을 때의 최소눈금은 0.5cc, 실험에 사용한 시멘트량은 100g, 광유에 시멘트를 넣은 후의 눈금은 32.2cc이었다.) (4점)

•89 ①, 07 ②

① 시멘트의 비중 : _____

② 판정 : _____

정답 ① 시멘트의 비중 $= \dfrac{M}{V_2 - V_1} = \dfrac{100}{32.2 - 0.5} = 3.15$

② 판정 : 합격
   (∵ 3.15 > 3.10)

07 시멘트의 표준사를 1 : 2.45의 표준배합 모르타르로 KS 규격에 의거 50.8mm 입방 공시체를 만들어 28일 수중양생 후 압축강도를 시험한 결과 77,420N에서 파괴되었다. 이 시멘트의 압축강도를 구하시오. (3점)

•93 ④

정답 압축강도(σ_c)

$$f_c = \frac{P_c}{A} = \frac{77,420}{50.8 \times 50.8} = 30\text{N/mm}^2(\text{MPa})$$

08 KS L 5201(포틀랜드시멘트)의 1종인 보통포틀랜드시멘트의 28일 압축강도는 29MPa 이상으로 규정되어 있다. 납품된 시멘트로부터 표준사를 이용하여 3개의 모르타르 공시체(50.8mm 입방형체)를 제작하여 압축강도를 시험한 결과 최대하중 72kN, 65kN, 59kN에서 파괴되었다면 시멘트의 평균 압축강도를 구하고, 규정을 상회하고 있는지 여부에 따라 합격 및 불합격을 판정하시오. (3점)

•92 ②

① 평균 압축강도 : _____
② 판정 : _____

정답 ① 평균 압축강도(f_c)

$$f_c = \frac{\sum_{i=1}^{n} P_{ci}}{A} \div n = \frac{72,000 + 65,000 + 59,000}{50.8 \times 50.8} \div 3 = 25.32\text{MPa}$$

② 판정 : 불합격(∵ 25.32MPa < 29MPa)

09 시멘트 분말도시험의 종류를 2가지 쓰시오. (2점)

•08 ③, 11 ③, 17 ③, 22 ③

① _____ ② _____

정답 ① 공기투과장치에 의한 시험(비표면적시험)   ② 표준체에 의한 시험

Lesson 06 골재시험

1 골재의 체가름시험 (KS F 2502)

1. 시험목적
골재의 입도, 조립률 및 최대치수를 산정한다.

2. 시험기구
① 표준체 ② 저울 ③ 체진동기
④ 시료팬 ⑤ 건조기 ⑥ 삽

3. 조립률(Fineness Modulus) (92④, 93①④, 94③, 95④, 96②, 97③⑤, 99③, 08①)

1) 조립률 산정에 사용되는 체의 종류 10가지

75mm, 40mm, 20mm, 10mm, 5mm, 2.5mm, 1.2mm, 0.6mm, 0.3mm, 0.15mm

2) 조립률(FM) 산정식

$$FM = \frac{\text{각 체에 남는 백분율 누계의 합}}{100}$$

2 골재의 수량 및 비중 (KS F 2503, 2504)

1. 골재의 함수상태 및 수량

1) 골재의 함수상태 (99②, 09③, 13③)

골재의 함수상태	내용
절대건조상태	건조기에서 100~110℃로 24시간 이상 일정한 질량이 될 때까지 건조시킨 상태이다. 절건상태, 노건조상태라고도 한다.
기건상태	골재 내부에 약간의 수분이 있는 대기 중의 건조된 상태이다. 공기건조상태라고도 한다.
표면건조 포화상태	골재 내부의 공극에는 물로 포화되고 표면은 건조된 상태이다. 표면건조내부포수상태라고도 한다.
습윤상태	골재 내부는 물로 포화되어 있고 표면에서 물이 부착되어 있는 상태이다.

핵심 Point

- 골재시험의 종류 (참고)
  ① 체가름시험
  ② 비중 및 흡수율 시험
  ③ 공극률 및 실적률 시험
  ④ 잔골재의 표면수 측정
  ⑤ 마모시험
  ⑥ 유기불순물시험
  ⑦ 안정성시험
  ⑧ 씻기시험

- 체가름시험기

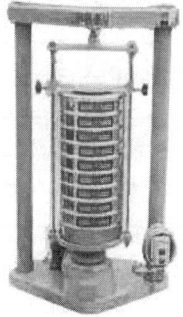

- 골재의 조립률(FM) 산정 (92④, 93①④, 94③, 95④, 96②, 97③⑤, 99③)

- 잔골재 조립률과 굵은골재 조립률을 혼합했을 경우 혼합 조립률 (08①)

- 콘크리트용 골재의 적당한 조립률 (참고)
  ① 잔골재 : 2.3~3.1
  ② 굵은골재 : 6~8

- 기건상태, 흡수량, 절건상태, 함수량, 표면수량, 유효흡수량의 설명 (99②, 09③)

- 절대건조상태(절건상태), 기건상태, 습윤상태, 흡수량, 표면수량의 설명 (13③)

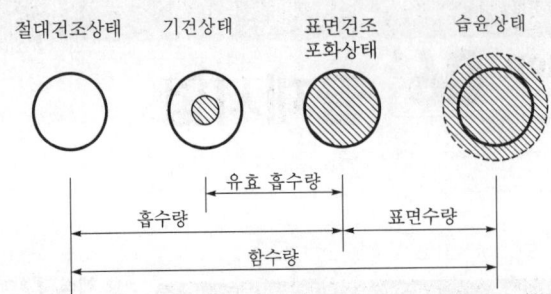

2) 골재의 수량 (91②, 94①, 95⑤, 98②, 99②④, 01③, 09③, 12②, 13③, 19②, 22①②)

수량의 종류	내용
함수량	① 습윤상태의 골재가 함유하는 전수량 ② 습윤상태의 질량 – 절건상태의 질량
흡수량	① 표면건조포화상태의 골재 중에 포함되는 물의 양 ② 표면건조포화상태의 질량 – 절건상태의 질량
표면수량	① 함수량과 흡수량의 차이 ② 습윤상태의 질량 – 표면건조포화상태의 질량
유효흡수량	① 흡수량과 기건상태일 때 함유한 골재내의 수량과의 차이 ② 표면건조포화상태의 질량 – 기건상태의 질량

3) 골재의 수율 (91②, 92①, 95①, 99④, 00③)

수율의 종류	내용
함수율	함수율 = $\dfrac{\text{함수량}}{\text{절건상태의 질량}} \times 100$
흡수율	흡수율 = $\dfrac{\text{흡수량}}{\text{절건상태의 질량}} \times 100$
표면수율	표면수율 = $\dfrac{\text{표면수량}}{\text{표면건조포화상태의 질량}} \times 100$
유효흡수율	유효흡수율 = $\dfrac{\text{유효흡수량}}{\text{기건상태의 질량}} \times 100$

2. 골재의 비중시험 및 흡수율 시험

1) 시험목적

골재의 일반적인 성질을 판단하고, 콘크리트 배합설계에 있어 절대용적을 알 수 있고, 각종 배합의 환산에 비중 및 흡수율이 필요하다.

2) 비중과 밀도와의 관계

$$\text{밀도} = \text{비중} \times \text{물의 밀도}(g/cm^3)$$

(주) 비중과 밀도는 수치상으로는 거의 같다. 즉 물의 밀도가 거의 1이므로 그 값은 거의 같으나 비중의 경우 단위가 없고 밀도의 경우 단위(g/cm^3)가 존재하게 된다.

핵심 Point

● 골재의 흡수량, 함수량, 표면수량에 대해 기술 (94①, 98②, 01③, 22②)

● 유효흡수량에 대해 기술 (95⑤, 12②)

● 함수량, 표면수율, 흡수율, 유효흡수율의 산정 (91②, 99④, 19②, 22①)

● 흡수율의 산정 및 합격여부 판정 (92①, 95①, 00③)

● 골재의 비중이란 표면건조포화상태에서 골재입자의 비중이다.

● 비중(Specific Gravity) (참고)
어떤 물질의 질량과 이것과 같은 부피를 가진 표준물질의 질량과의 비이다.

● 밀도(Density) (참고)
단위부피당 어떤 물질의 질량이며, 그 값은 수치상 비중과 거의 같다.

3) 비중시험(KS F 2503, 2504) (90②, 98④, 00④, 11②, 17②, 21①)

분류	굵은골재	잔골재
절대건조상태의 비중	$\dfrac{A}{B-C}$	$\dfrac{A}{B+m-C}$
표면건조포화상태의 비중(표건비중)	$\dfrac{B}{B-C}$	$\dfrac{m}{B+m-C}$
진비중	$\dfrac{A}{A-C}$	$\dfrac{A}{B+A-C}$
비고	A : 절대건조상태 시료의 질량(g) B : 표면건조포화상태 시료의 질량(g) C : 시료의 수중 질량(g)	A : 절대건조상태 시료의 질량(g) B : 물을 채운 플라스크의 질량(g) C : 시료와 물을 채운 플라스크의 질량(g) m : 표면건조포화상태 시료의 질량(g)

> **핵심 Point**
> - 순수한 물의 밀도 (참고)
>   ① 온도 15℃에서 0.9991g/cm³
>   ② 온도 20℃에서 0.9982g/cm³
>   ③ 온도 15℃에서 0.9970g/cm³
> - 굵은골재의 표면건조포화상태의 비중, 겉보기 비중, 흡수율의 관련 식 (98④)
> - 굵은골재의 흡수율, 표건비중, 겉보기 비중, 진비중의 산정 (00④, 11②, 17②, 21①)
> - 굵은골재의 표면건조포화상태의 비중 및 흡수율의 산정 (90②)

4) 흡수율시험 (90②, 98④, 00④, 11②, 17②, 21①)

분류	굵은골재	잔골재
흡수율	$\dfrac{B-A}{A}\times 100$	$\dfrac{m-A}{A}\times 100$

(주) 굵은골재 및 잔골재의 흡수율 산정식의 A, B, m 등은 비중시험의 내용과 동일하다.

※ 3 공극률 및 실적률 (KS F 2505)

1. 공극률 (90④, 98③, 09①, 14②, 20③)

$$\text{공극률} = \dfrac{(G\times 0.999) - M}{G\times 0.999}\times 100$$

여기서, G : 골재의 비중
M : 단위용적질량(t/m³)
0.999 : 수온 17℃일 때의 물의 질량(t/m³)

2. 실적률 (94④, 97①, 00①, 09③, 15③, 20⑤)

① 실적률 = 100% − 공극률

② 실적률 $= \dfrac{M}{G\times 0.999}\times 100$

> - 골재의 공극률 산정 (90④, 98③, 09①, 14②, 20③)
> - 골재의 실적률 산정 (94④, 97①, 00①, 09③, 15③, 20⑤)

기출 및 예상 문제

01 콘크리트용 굵은골재가 현장에 반입되어 KS 규격에 따라 체가름시험을 실시한 결과는 다음과 같다. 조립률(FM)을 구하시오. (6점)

•94 ③, 95 ④, 97 ③

체의 규격(mm)	40	25	20	16	13	10	5	팬
각 체에 남는 양(g)	0	140	2,850	1,230	800	270	10	0

• 조립률(FM) : _____

[정답] • 조립률(FM) :

$$FM = \frac{\text{각 체에 남는 백분율 누계의 합}}{100} = \frac{56.41 + 99.8 + 100 \times 6}{100} = 7.56$$

[해설]

체의 규격(mm)	각 체에 남는 양(g)	각 체에 남는 양 누계(g)	각 체에 남는 양 백분율(%)	백분율 누계(%)
*75	0	0	0	0
*40	0	0	0	0
25	140	140	2.64	2.64
*20	2,850	2,990	53.77	56.41
16	1,230	4,220	23.21	79.62
13	800	5,020	15.09	94.71
*10	270	5,290	5.09	99.8
*5	10	5,300	0.19	100
*2.5	0	5,300	0	100
*1.2	0	5,300	0	100
*0.6	0	5,300	0	100
*0.3	0	5,300	0	100
*0.15	0	5,300	0	100
접시	0	0	0	100

(주) 1. 조립률은 '*' 표가 있는 체에 한해서 계산한다.
2. 각 체에 남은 양에서 5mm체 이후의 백분율 누계 산정시 주의한다.
3. 접시는 조립률을 계산하는 체에 들어가지 않음에 주의한다.

Lesson 06

02 KS 규격의 콘크리트용 잔골재는 다음과 같은 입도 규격을 규정하고 있다. 이 자료를 이용하여 실용상 허용입도 범위에 속할 수 있는 최대 및 최소 조립률(FM) 범위를 구하시오. (4점)

•93 ①④, 99 ③

체의 규격	체를 통과하는 양(%)	체의 규격	체를 통과하는 양(%)
10mm	100	0.6mm	25~60
5mm	95~100	0.3mm	10~30
2.5mm	80~100	0.15mm	2~10
1.2mm	50~85	Pan(접시)	0

① 최대조립률 : _____

② 최소조립률 : _____

[정답]
① 최대조립률 = $\dfrac{5+20+50+75+90+98}{100} = 3.38$

② 최소조립률 = $\dfrac{15+40+70+90}{100} = 2.15$

[해설]

체 규격 (mm)	최대조립률				최소조립률			
	통과량 (g)	남는 양 (g)	남는 양 누계(g)	백분율 누계(%)	통과량 (g)	남는 양 (g)	남는 양 누계(g)	백분율 누계(%)
*10	100	0	0	0	100	0	0	0
*5	95	5	5	5	100	0	0	0
*2.5	80	15	20	20	100	0	0	0
*1.2	50	30	50	50	85	15	15	15
*0.6	25	25	75	75	60	25	40	40
*0.3	10	15	90	90	30	30	70	70
*0.15	2	8	98	98	10	20	90	90
접시	0	2	100	100	0	10	100	100

(주) 1. 조립률은 '*' 표가 있는 체에 한해서 계산한다.
    2. 접시는 조립률을 계산하는 체에 들어가지 않음에 주의한다.

03 잔골재의 조립률 3.0과 굵은골재의 조립률 7.5를 질량배합비 1 : 2로 섞었을 때 혼합 조립률을 구하시오. (3점)

•08①

• 혼합 조립률(FM) : _____

[정답] $FM = \dfrac{1}{1+2} \times 3.0 + \dfrac{2}{1+2} \times 7.5 = 6.00$

건/축/기/사/실/기

04 콘크리트용 잔골재의 체가름시험을 실시한 결과 다음과 같은 데이터를 얻었다. 이 경우의 조립률 (FM)을 구하시오. (4점)

• 92 ④, 96 ②, 97 ⑤

체 규격	각 체의 남은 양(g)	체 규격	각 체의 남은 양(g)
10mm	0	0.6mm	90
5mm	20	0.3mm	165
2.5mm	70	0.15mm	75
1.2mm	75	접시(pan)	5

• 조립률(FM) : _____

정답 • 조립률(FM) = $\dfrac{\text{각 체에 남는 백분율 누계의 합}}{100} = \dfrac{4+18+33+51+84+99}{100} = 2.89$

해설

체의 규격 (mm)	각 체에 남는 양(g)	각 체에 남는 양 누계(g)	각 체에 남는 양 백분율(%)	백분율 누계(%)
*5	20	20	4	4
*2.5	70	90	14	18
*1.2	75	165	15	33
*0.6	90	255	18	51
*0.3	165	420	33	84
*0.15	75	495	15	99
접시	5	500	1	100

(주) 1. 조립률은 '*' 표가 있는 체에 한해서 계산한다.
    2. 접시는 조립률을 계산하는 체에 들어가지 않음에 주의한다.

05 다음 용어에 대해 기술하시오. (3점)

• 94 ①, 98 ②, 01 ③, 22 ②

① 골재의 흡수량 : _____

② 골재의 함수량 : _____

③ 골재의 표면수량 : _____

정답 ① 골재의 흡수량 : 표면건조포화상태의 골재 중에 포함되는 물의 양
② 골재의 함수량 : 습윤상태의 골재가 함유하는 전수량
③ 골재의 표면수량 : 함수량과 흡수량의 차이

06 콘크리트의 '유효흡수량'에 대해 기술하시오. (3점)
•95 ⑤, 12 ②

정답 흡수량과 기건상태일 때 함유한 골재 내의 수량과의 차이

07 다음 골재 수량에 관한 설명에서 관련되는 것을 연결하시오. (6점)
•99 ②

① 기건상태 •　　　• ㉮ 골재내부에 약간의 수분이 있는 대기 중의 건조상태
② 흡수량　•　　　• ㉯ 습윤상태의 골재표면에 있는 물의 양
③ 절건상태 •　　　• ㉰ 골재의 표면치 내부에 있는 물의 전질량
④ 함수량　•　　　• ㉱ 표면건조포화상태의 골재 중에 포함되는 물의 양
⑤ 표면수량 •　　　• ㉲ 건조기 내에서 온도 110℃이내로 일정질량이 될 때까지 건조한 것
⑥ 유효흡수량 •　　• ㉳ 흡수량과 기건상태의 골재 내에 함유된 수량과의 차

정답 ① ㉮　② ㉱　③ ㉲　④ ㉰　⑤ ㉯　⑥ ㉳

08 수중에 있는 골재를 채취하였을 때의 질량이 2,000g이고 표면건조포화상태의 질량은 1,920g이며 공기 중에서의 건조질량은 1,880g이었다. 또한 이 시료를 완전히 건조시켰을 때의 질량은 1,860g일 때 다음을 구하시오. (4점)
•91 ②, 99 ④, 19 ②, 22 ①

① 함수량(g) : _____
② 표면수율(%) : _____
③ 흡수율(%) : _____
④ 유효흡수량(g) : _____

정답 ① 함수량 = 습윤상태의 질량 − 절건상태의 질량 = 2,000 − 1,860 = 140g

② 표면수율 = $\dfrac{표면수량}{표면건조포화상태의\ 질량} \times 100 = \dfrac{2,000-1,920}{1,920} \times 100 = 4.17\%$

③ 흡수율 = $\dfrac{흡수량}{절건상태의\ 질량} \times 100 = \dfrac{1,920-1,860}{1,860} \times 100 = 3.23\%$

④ 유효흡수량 = 1,920 − 1,880 = 40g

09 특기시방서상 시멘트기와의 흡수율이 12% 이하로 규정되어 있다. 완전 침수 후 표면건조포화상태의 질량이 4.725kg, 기건질량이 4.64kg, 완전건조질량이 4.5kg, 수중질량이 2.94kg일 때 흡수율을 구하고, 규격 상회여부에 따라 합격여부를 판정하시오. (4점) •92 ①, 95 ①

① 흡수율 : _____

② 판정 : _____

정답 ① 흡수율 = $\dfrac{흡수량}{절건상태의\ 질량} \times 100 = \dfrac{4.725 - 4.5}{4.5} \times 100 = 5\%$

② 판정 : 합격(∵ 5% < 12%)

10 흡수율이 3% 이하로 규정하고 있는 재료에 관한 시방의 등급이 1급인 잔골재에서 다음 조건으로 흡수율을 구하고, 합격여부를 판정하시오. (단, 시험결과 표면건조포화상태의 질량 500.0g, 기건질량 491.2g, 절건질량 484.4g) (4점) •00 ③

① 흡수율 : _____

② 판정 : _____

정답 ① 흡수율 = $\dfrac{흡수량}{절건상태의\ 질량} \times 100 = \dfrac{500 - 484.4}{484.4} \times 100 = 3.22\%$

② 판정 : 불합격(∵ 3.22% > 3%)

11 굵은골재의 비중시험 및 흡수량시험에서 A : 대기 중 시료의 노건조 질량, B : 대기 중 시료의 표면건조포화상태의 질량, C : 물속에서 시료의 질량을 각각 나타내고 있을 때 A, B, C의 관계를 이용하여 다음의 용어를 도식화하시오. (3점) •98 ④

① 표면건조포화상태의 비중 : _____

② 겉보기 비중 : _____

③ 흡수율 : _____

정답 ① 표면건조포화상태의 비중 = $\dfrac{B}{B-C}$

② 겉보기 비중 = $\dfrac{A}{B-C}$

③ 흡수율 = $\dfrac{B-A}{A} \times 100$

(주) 겉보기 비중은 KS F 2503 기준에서는 해석상의 오류로 인해 수정되어 진비중으로 바뀌었다. 실질적인 겉보기 비중은 절대건조상태의 겉보기 비중 혹은 표면건조포화상태의 겉보기 비중으로 구분할 수 있다. 본 문제는 개정 이전의 문제이나 겉보기 비중을 절대건조상태의 겉보기 비중으로 하였다.

12 굵은골재의 최대치수 25mm, 4kg을 물속에서 채취하여 표면건조포화상태의 질량이 3.95kg, 절대건조 질량이 3.60kg, 수중에서의 질량이 2.45kg이다. 다음을 구하시오. (4점)

•00 ④, 11 ②, 17 ②, 21 ①

① 흡수율 : _____
② 표건비중 : _____
③ 겉보기 비중 : _____
④ 진비중 : _____

정답 A=3.60 : 절건상태의 질량(kg)
B=3.95 : 표면건조포화상태의 질량(kg)
C=2.45 : 시료의 수중 질량(kg)

① 흡수율 $= \dfrac{B-A}{A} \times 100 = \dfrac{3.95-3.60}{3.60} \times 100 = 9.72\%$

② 표건비중 $= \dfrac{B}{B-C} = \dfrac{3.95}{3.95-2.45} = 2.63$

③ 겉보기 비중(절대건조상태의 겉보기 비중) $= \dfrac{A}{B-C} = \dfrac{3.60}{3.95-2.45} = 2.40$

④ 진비중 $= \dfrac{A}{A-C} = \dfrac{3.60}{3.60-2.45} = 3.13$

(주) 여러 가지 비중을 밀도로 환산하면 다음과 같다.
① 표건밀도 $= 2.63 \text{g/cm}^3$
② 겉보기 밀도 $= 2.40 \text{g/cm}^3$
③ 진밀도 $= 3.13 \text{g/cm}^3$

13 밀도가 2.65g/cm³이고 단위용적질량이 1,600kg/m³인 골재가 있다. 이 골재의 공극률(%)을 구하시오. (3점)

•90 ④, 98 ③, 09 ①, 14 ②, 20 ③

정답 ① 골재의 비중(G) : $G=2.65$
② 단위용적 질량(M) : $M=1.60 \text{t/m}^3$
③ 공극률 $= \dfrac{(G \times 0.999)-M}{G \times 0.999} \times 100 = \dfrac{(2.65 \times 0.999)-1.60}{2.65 \times 0.999} \times 100 = 39.56\%$

14 최대치수 25mm인 굵은골재의 비중 및 흡수율을 시험한 결과가 다음과 같을 때 표면건조포화상태의 비중 및 흡수율을 소수 이하 둘째자리까지 구하시오. (단, 표면건조포화상태의 질량 : 4,000g, 절대건조질량 : 3,920g, 수중질량 : 2,450g) (4점) •90 ②

① 표면건조포화상태의 비중 : _____

② 흡수율 : _____

정답
① 표면건조포화상태의 비중 = $\dfrac{B}{B-C}$ = $\dfrac{4,000}{4,000-2,450}$ = 2.58

② 흡수율 = $\dfrac{흡수량}{절건상태의\ 질량} \times 100$ = $\dfrac{4,000-3,920}{3,920} \times 100$ = 2.04%

15 어떤 골재의 비중이 2.65이고, 단위용적질량이 1,800kg/m³이라면 이 골재의 실적률을 구하시오. (3점) •94 ④, 97 ①, 00 ①, 09 ③, 15 ③, 20 ⑤

정답 실적률 = $\dfrac{M}{G \times 0.999} \times 100$ = $\dfrac{1.8}{2.65 \times 0.999} \times 100$ = 68.0%

16 다음 골재 수량에 관한 설명을 보기에서 골라 적으시오. (3점) •09 ③, 13 ③

┤보기├
절건상태, 기건상태, 표면건조포화상태, 습윤상태, 함수량, 흡수량, 표면수량, 유효흡수

① 건조기에서 105±5℃로 24시간 이상 일정 질량이 될 때까지 건조시킨 상태
② 골재 내부에 약간의 수분이 있는 대기 중의 건조상태
③ 골재 내부는 이미 포화상태이고, 표면에도 물이 묻어 있는 상태
④ 표면건조포화상태의 골재 중에 포함되는 물의 양
⑤ 습윤상태의 골재표면에 있는 물의 양

정답
① 절건상태
② 기건상태
③ 습윤상태
④ 흡수량
⑤ 표면수량

Lesson 07 콘크리트시험

1. 콘크리트의 성능시험 (98②)

① 슬럼프시험
② 공기함유량(공기량)시험
③ 압축강도시험
④ 염화물 함유량시험
⑤ 반죽질기시험
⑥ 블리딩시험
⑦ 인장강도시험
⑧ 휨강도시험

2. 슬럼프시험 (Slump Test, KS F 2402)

1. 시험목적

생콘크리트의 반죽질기를 측정하거나 워커빌리티를 판단하는 수단이다. 콘크리트의 연도, 콘크리트의 점조성 등을 알 수 있다.

2. 시험기구 (99①)

① 슬럼프콘
② 다짐막대
③ 수밀평판
④ 소형삽
⑤ 계측기

3. 시험순서 (89①, 93③, 00①)

① 수밀평판을 수평으로 설치한다.
② 슬럼프콘을 평판 중앙에 밀착시킨다.
③ 비빈 콘크리트를 슬럼프콘 용적의 1/3까지 부어넣는다.
④ 다짐막대로 25회 다진다.
⑤ 슬럼프콘 용적의 2/3까지 콘크리트를 부어넣는다.
⑥ 다짐막대로 25회 다진다.
⑦ 슬럼프콘의 최상층까지 콘크리트를 부어 넣는다.
⑧ 다짐막대로 25회 다진다.
⑨ 슬럼프콘을 조용히 들어 올린다.
⑩ 계측기로 콘크리트가 내려앉은 높이를 측정하고, 이것을 슬럼프값으로 한다.

핵심 Point

● 콘크리트의 성능시험 (98②)
① 슬럼프시험
② 공기함유량시험
③ 압축강도시험
④ 염화물 함유량시험
⑤ 반죽질기시험
⑥ 블리딩시험
⑦ 인장강도시험
⑧ 휨강도시험

● 슬럼프시험용 기구 (99①)
① 슬럼프콘
② 다짐막대
③ 수밀평판
④ 소형삽
⑤ 계측기

● 슬럼프시험의 순서 (93①, 00①)
① 수밀평판을 수평으로 설치한다.
② 슬럼프콘을 평판 중앙에 밀착시킨다.
③ 비빈 콘크리트를 슬럼프콘 용적의 1/3까지 부어넣는다.
④ 다짐막대로 25회 다진다.
⑤ 위의 ③과 ④의 작업을 2회 되풀이 하고 윗면을 고른다.
⑥ 슬럼프콘을 조용히 들어 올린다.
⑦ 계측기로 콘크리트가 내려앉은 높이를 측정하고, 이것을 슬럼프값으로 한다.

건/축/기/사/실/기

슬럼프값(cm) = 30cm - 평판에서부터의 콘크리트 높이(cm)

(주) 1. 슬럼프콘을 들어 올리는 시간은 높이 30cm에서 2~3초로 한다.
2. KS에서는 용적의 1/3로 하고 있으나 ISO에서는 높이의 1/3로 하고 있다.

핵심 Point
- 슬럼프값 산정 (89①)

【 슬럼프 기기 】

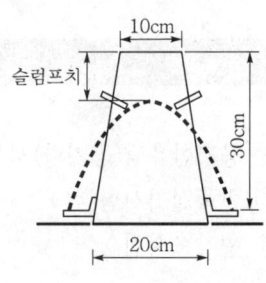
【 측정 방법 】

【 몰드(원주형) 】

✦ 3. 콘크리트의 압축강도시험 (KS F 2405)

1. 시험목적

콘크리트의 압축에 대한 저항력을 판단한다.

2. 시험기구

① 몰드 ② 다짐대 ③ 캐핑용 압판
④ 캘리퍼스 ⑤ 그리스 ⑥ 압축강도시험기

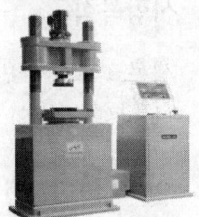
【 압축강도 시험기 】

3. 계산식 (90④, 92③, 93②③, 96①④, 00②, 05③, 06①, 13①, 15②, 20①)

$$f_c = \frac{P}{A} = \frac{4P}{\pi d^2} \text{(MPa)}$$

여기서, P : 최대하중(N)
A : 공시체(원주형 공시체)의 단면적(mm²)
d : 공시체의 지름(mm)

(주) 하중을 가하는 속도는 압축응력도의 증가율이 매초 0.6±0.4MPa이 되도록 한다. 이전 기준에서는 매초 0.2~0.3MPa로 되어 있었지만 ISO 규격과 일치시켰다.
(2001년 6월 개정, KS F 2405)

- 콘크리트의 압축강도 산정 및 합격여부 판정 (90④, 92③, 93②③, 96①④, 00②, 05③, 06①, 13①, 15②, 20①, 21①)

- 하중속도에 따른 압축하중 값의 산출 (95②, 97①, 03①)
① 하중속도 : 매초 0.2MPa 인 경우
② 공시체 φ100×200mm에 매초 가해지는 하중
$0.2\text{N/mm}^2/\text{sec} \times \left(\frac{\pi \times 100^2}{4}\right) \text{mm}^2$
$= 1,570.80\text{N/sec}$
③ 1분 경과시의 하중
$1,570.80\text{N/sec} \times 60\text{sec/분}$
$= 94,248.0\text{N/분}$

4. 콘크리트의 인장강도시험 (KS F 2423)

1. 시험기구

① 몰드　　② 다짐대　　③ 캐핑용 압판
④ 캘리퍼스　⑤ 그리스　⑥ 지압판

2. 계산식 (89②, 05②, 20④, 22①)

$$f_{sp} = \frac{2P}{\pi l d} = \frac{2 \times 최대하중}{공시체의 곡면부분의 면적} \text{(MPa)}$$

여기서, P : 최대하중(N)
　　　　l : 공시체(원주형 공시체)의 길이(mm)
　　　　d : 공시체의 지름(mm)

핵심 Point
- 콘크리트의 인장강도시험은 일반적으로 쪼갬 인장강도시험(할렬 인장강도시험)으로 한다.

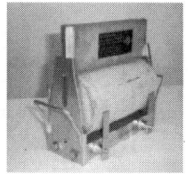
【할렬 인장강도시험기】

- 콘크리트의 할렬 인장강도 산정 및 합격여부 판정 (89②)
- 콘크리트의 할렬 인장강도 산정 (05②, 20④, 22①)

5. 콘크리트 휨강도시험 (KS F 2408)

1. 목적

콘크리트의 휨에 대한 저항력을 판단한다.

2. 기구

① 휨시험 장치　　② 압축시험기
③ 몰드(15×15×55cm : 각주형 공시체)

3. 중앙점 하중법 (92①, 94①, 05②)

$$f_b = \frac{M}{Z} = \frac{3Pl}{2bd^2} \text{(MPa)}$$

여기서, $M = \frac{Pl}{4}$, $Z = \frac{bd^2}{6}$

여기서, f_b : 휨강도(MPa)
　　　　l : 지간의 거리(mm)
　　　　P : 최대하중(N)
　　　　b : 평균 너비(mm)
　　　　d : 평균 두께(mm)

- 중앙점 하중법에 의한 휨강도 산정 및 합격여부 판정 (92①, 94①, 05②)

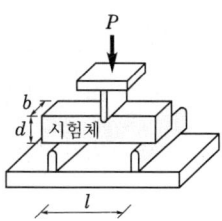
【중앙점 하중법】

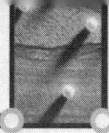

건/축/기/사/실/기

기출 및 예상 문제

01 콘크리트의 성능을 파악하기 위한 (재료)시험의 종류를 4가지 쓰시오. (4점) •98 ②

① _____ ② _____
③ _____ ④ _____

정답 ① 슬럼프시험 ② 공기함유량시험 ③ 압축강도시험
④ 염화물 함유량시험 ⑤ 반죽질기시험 ⑥ 블리딩시험
⑦ 인장강도시험 ⑧ 휨강도시험

02 슬럼프시험에 사용되는 기구를 4가지 쓰시오. (4점) •99 ①

① _____ ② _____
③ _____ ④ _____

정답 ① 슬럼프콘 ② 다짐막대 ③ 수밀평판
④ 소형삽 ⑤ 계측기

03 다음은 콘크리트의 슬럼프 테스트 순서이다. 빈 칸을 완성하시오. (4점) •93 ③, 00 ①

① 수밀평판을 수평으로 설치한다.
② _____
③ _____
④ _____
⑤ 위의 ③과 ④의 작업을 2회 되풀이하고, 윗면을 고른다.
⑥ 슬럼프콘을 조용히 들어 올린다.
⑦ _____

정답 ② 슬럼프콘을 평판 중앙에 밀착시킨다.
③ 비빈 콘크리트를 슬럼프콘 용적의 1/3까지 부어넣는다.
④ 다짐막대로 25회 다진다.
⑦ 계측기로 콘크리트가 내려 앉은 높이를 측정하고 이것을 슬럼프값으로 한다.

04 슬럼프치가 18cm인 레미콘을 이용하여 콘크리트를 타설하고자 한다. 건축공사표준시방서에 슬럼프치의 허용치는 ±2.5cm로 규정되어 있다. KS 규격에 의거 슬럼프를 시험한 결과가 다음과 같을 때 이 제품의 슬럼프치는 몇 cm이며 합격여부를 판정하시오. (4점)

•89 ①

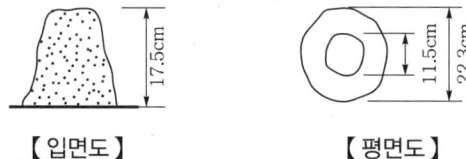

【입면도】　　　　【평면도】

① 슬럼프치 : _____

② 판정 : _____

정답 ① 슬럼프치＝30－17.5＝12.5cm
② 판정 : 불합격
(∵ 12.5cm＜18.5±2.5cm＝16～21cm)

05 특기시방서상에 레미콘의 설계기준 압축강도가 24MPa 이상으로 규정되어 있다고 할 때 납품된 레미콘으로부터 3개의 공시체(원지름 100mm, 높이 200mm인 원주체)를 제작하여 압축강도시험한 결과 최대하중 205kN, 193kN 및 189kN에서 파괴되었다. 평균 압축강도를 구하고, 설계기준압축강도를 상회하고 있는지 여부에 따라 합격 및 불합격을 판정하시오. (4점)

•90 ④, 92 ③, 93 ③, 96 ①, 00 ②

① 평균 압축강도(f_c) : _____

② 판정 : _____

정답 ① 평균 압축강도(f_c)

$$f_c = \frac{\sum_{i=1}^{n} P_i}{A} \div n = \frac{4\sum_{i=1}^{n} P_i}{\pi d^2} \div n = \left\{ \frac{4 \times (20,500 + 193,000 + 189,000)}{\pi \times 100^2} \right\} \div 3 = 24.91 \text{MPa}$$

② 판정 : 합격(∵ 24.91MPa＞24.0MPa)

06 특기시방서상 레미콘의 압축강도가 18MPa 이상으로 규정되어 있다고 할 때 납품된 레미콘으로부터 임의의 3개 공시체(지름 150mm, 높이 300mm인 원주체)를 제작하여 압축강도시험한 결과 최대하중 300kN, 310kN, 320kN에서 파괴되었다. 평균 압축강도를 구하고, 규정을 상회하고 있는지 여부에 따라 합격 및 불합격을 판정하시오. (4점)

•93 ②, 96 ④, 05 ③, 06 ①, 13 ①

① 평균 압축강도(f_c) : _____

② 판정 : _____

정답 ① 평균 압축강도(f_c)

$$f_c = \frac{\sum_{i=1}^{n} P_i}{A} \div n = \frac{4\sum_{i=1}^{n} P_i}{\pi d^2} \div n = \left\{ \frac{4 \times (300,000 + 310,000 + 320,000)}{\pi \times 150^2} \right\} \div 3 = 17.54 \text{MPa}$$

② 판정 : 불합격(∵ 17.54MPa < 18.0MPa)

07 콘크리트의 강도시험에서 하중속도는 압축강도에 크게 영향을 미치고 있으므로 매초 0.2~0.3MPa의 규정에 맞는 하중속도를 정하고자 한다. ϕ100mm×200mm 시험체를 일정한 유압이 걸리도록 된 시험기에 걸고 1분 경과시 하중계의 값이 몇 N과 몇 N 범위에 들면 되는지 하중값을 산출하시오. (3점)　　　　　　　　　　　　　　　　　　　　　　　•95 ②, 97 ①, 03 ①

_____
_____

정답 (1) 하중속도
　　　매초 0.2~0.3MPa
　　(2) 1분 후의 하중범위
　　　① 하중속도가 매초 0.2MPa인 경우
　　　　$0.2 \times \left(\dfrac{\pi \times 100^2}{4} \right) \times 60 = 94,247.79\text{N}$
　　　② 하중속도가 매초 0.3MPa인 경우
　　　　$0.3 \times \left(\dfrac{\pi \times 100^2}{4} \right) \times 60 = 141,371.67\text{N}$
　∴ 하중범위는 94,247.79N~141,371.67N이다.

08 특기시방서상 콘크리트의 인장강도가 20MPa 이상으로 규정되어 있다고 할 때 원지름 100mm, 높이 200mm인 공시체 3개를 제작하여 할렬시험으로 인장강도를 시험한 결과 최대하중 50kN, 62kN, 53kN에서 파괴되었다. 평균 인장강도를 구하고 규정을 상회하고 있는지 여부에 따라 합격 및 불합격을 판정하시오. (5점)　　　　　　　　　　　　　　　　　　　　　　•89 ②

① 평균 인장강도(f_{sp}) : _____

② 판정 : _____

정답 ① 평균 인장강도(f_{sp})

$$f_{sp} = \frac{2\sum_{i=1}^{n}P_i}{\pi ld} \div n = \left\{\frac{2\times(50,000+62,000+53,000)}{\pi \times 200 \times 100}\right\} \div 3 = 1.75\text{MPa}$$

② 판정 : 불합격(∵ 1.75MPa < 2.0MPa)

09 지름 300mm, 길이 500mm의 콘크리트 시험체의 할렬 인장강도시험에서 최대하중이 100kN으로 나타나면 이 시험체의 인장강도를 구하시오. (3점) •05 ②, 20 ④, 22 ①

정답 할렬 인장강도(f_{sp})

$$f_{sp} = \frac{2P}{\pi ld} = \frac{2\times 100,000}{\pi \times 500 \times 300} = 0.42\text{MPa}$$

10 특기시방서상 콘크리트의 휨강도가 5MPa 이상으로 규정되어 있다. 150mm×150mm×530mm 공시체를 제작하여 지간(Span) 450mm 중앙점 하중으로 휨강도시험을 3회 실시한 결과 45kN, 43kN, 35kN의 하중으로 파괴되었다면 평균 휨강도를 구하고 평균치가 규정을 상회하고 있는지 여부에 따라 합격 및 불합격을 판정하시오. (4점) •92 ①, 94 ①, 05 ②

① 평균 휨강도(f_b) : _____

② 판정 : _____

정답 ① 평균 휨강도(f_b)

$$f_b = \frac{3\left(\sum_{i=1}^{n}P_i\right)l}{2bd^2} \div n = \left\{\frac{3\times(45,000+43,000+35,000)\times 450}{2\times 150 \times 150^2}\right\} \div 3 = 8.20\text{MPa}$$

② 판정 : 합격(∵ 8.20MPa > 5.0MPa)

11 재령 28일의 콘크리트 표준공시체(ϕ150mm×300mm)에 대한 압축강도시험 결과, 파괴하중이 400kN일 때, 이 콘크리트의 압축강도 f_c(MPa)를 구하시오. (3점) •15 ②, 20 ①, 21 ①

정답 $f_c = \dfrac{P}{A} = \dfrac{P}{\left(\dfrac{\pi d^2}{4}\right)} = \dfrac{4P}{\pi d^2} = \dfrac{4\times(400\times 10^3)}{\pi \times 150^2} = 22.635 \rightarrow 22.64\text{ N/mm}^2(\text{MPa})$

∴ $f_c = 22.64\text{ N/mm}^2(\text{MPa})$

Lesson 08 기타 시험

※ 1. 콘크리트 벽돌 및 블록 시험 (KS F 4004, 4002)

1. 콘크리트 벽돌의 압축강도 (91③, 92④, 98⑤, 99⑤)

$$f_c = \frac{P}{A} = \frac{최대\ 하중}{길이방향\ 길이 \times 마구리방향\ 길이}\ (MPa)$$

2. 속빈 콘크리트블록의 압축강도 (90③, 91②, 95⑤, 98④, 05①, 09②, 11①, 18①)

$$f_c = \frac{P}{A} = \frac{최대\ 하중}{전단면적}\ (MPa)$$

여기서, 전단면적(全斷面積)이란 '길이×두께'로서 속빈부분 및 오목하게 들어간 부분의 면적도 포함한다.

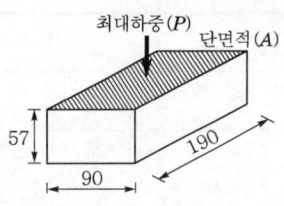
【시멘트 벽돌의 압축강도】

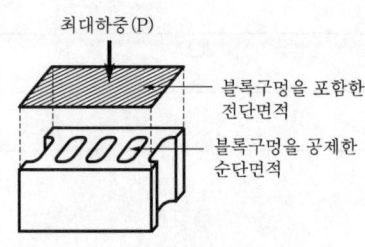
【속빈 시멘트 블록의 압축강도】

핵심 Point

- 벽돌의 압축강도 산정 및 합격여부 판정 (91③, 92④, 98⑤, 99⑤)
- 블록의 압축강도 산정 및 합격여부 판정 (91②, 95⑤, 18①)
- 블록의 압축강도시험에서 붕괴시간 산정 (90③, 98④, 05①, 09②, 11①)
- 블록의 치수 (참고) 길이×높이×두께
  ① 390×190×210mm
  ② 390×190×190mm
  ③ 390×190×150mm
  ④ 390×190×100mm

※ 2. 석재시험

표면건조포화상태의 비중 (골재의 비중과 비교)	$\dfrac{A}{B-C}$	여기서, A : 공시체의 건조질량(g) B : 공시체의 표면건조포화상태의 질량(g) C : 공시체의 수중 질량(g)
흡수율	$\dfrac{B-A}{A} \times 100$	

- 화강암의 비중과 흡수율을 산정하고 합격여부 판정 (97①, 00①)

☼ 3 금속재료의 시험

1. 항복강도(f_y) (90①, 96②, 18②)

$$f_y = \frac{\text{최대 항복하중}}{\text{단면적}} = \frac{P_y}{A} \text{ (MPa)}$$

2. 인장강도(f_t) (94②, 96③, 04②, 20③)

$$f_t = \frac{\text{최대 인장하중}}{\text{단면적}} = \frac{P_{\max}}{A} \text{ (MPa)}$$

여기서, P_y : 항복하중(N)
$P_{\max}$: 최대 인장하중(N)
A : 단면적(mm^2)

☼ 4 역청재료의 침입도시험 (KS M 2252)

1. 시험목적

역청재료의 사용목적에 적합한 굳기의 유무를 확인하기 위한 것

2. 시험법 (94④)

① 표준조건(25℃, 하중 100g, 5초) 하에서 침이 관입하는 척도이다.
② 시험에서 0.1mm 관입을 침입도 1로 한다(1mm 관입은 침입도가 10이다).

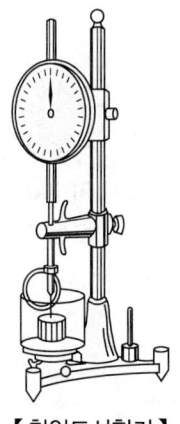

【침입도시험기】   【침입도 측정】

핵심 Point

● 철근의 항복강도 산정 및 합격여부 판정 (90①, 96②, 18②)

● 철근의 인장강도 산정 및 합격여부 판정 (94②, 96③, 04②, 20③)

● 목재의 평균 연륜폭 (90③)
$$\frac{\overline{AB}}{n} \text{(mm/개)}$$
여기서,
$\overline{AB}$: 연륜에 직교하는 임의의 선분 길이(mm)
n : 연륜 개수(개)

● 역청재료의 침입도 산정 (94④)

기출 및 예상 문제

01 시멘트 벽돌의 압축강도시험 결과 142kN, 140kN, 138kN에서 파괴되었다. 이 경우 시멘트 벽돌의 평균 압축강도를 구하고, KS 규격에 합격 및 불합격 여부를 판정하시오. (단, KS 규격의 압축강도는 8MPa 이상이고 시멘트 벽돌의 치수는 190×90×57이다.) (4점) •92 ④, 98 ⑤, 99 ⑤

① 평균 압축강도(f_c) : _____

② 판정 : _____

정답 ① 평균 압축강도(f_c)

$$f_c = \frac{\sum_{i=1}^{n} P_{ci}}{A} \div n = \left(\frac{142,000 + 140,000 + 138,000}{190 \times 90}\right) \div 3 = 8.19 \text{MPa}(\text{N/mm}^2)$$

② 판정 : 합격
  (∵ 8.19MPa > 8.0MPa)

02 KS 규격상 시멘트 벽돌의 압축강도는 8MPa 이상으로 규정되어 있다. 현장에 반입된 190×90×57 벽돌을 압축강도시험 할 때 압축강도 시험기의 하중이 얼마 이상을 지시하여야 합격인지 하중값을 구하시오. (4점) •91 ③

정답 $f_c = \dfrac{P}{A} = \dfrac{최대하중}{길이방향\ 길이 \times 마구리방향\ 길이}$ 으로부터

$\dfrac{P}{190 \times 90} \geq 8$

$P \geq 8 \times 190 \times 90 = 136,800\text{N}$

∴ 136.80kN 이상

03 현장에 반입된 2급 블록의 품질시험을 위하여 압축강도를 실시한 결과 500kN, 600kN, 550kN에서 파괴되었다면 현장에 반입된 블록의 평균 압축강도를 구하고, 2급 블록 규격의 합격 및 불합격을 판정하시오. (4점) (단, 블록구멍을 공제한 중앙부의 순단면적은 46,000mm²이고, 규격은 390×190×190mm이다.) •95 ⑤

① 평균 압축강도(f_c) : _____

② 판정 : _____

정답 압축강도는

$$f_c = \frac{P}{A} = \frac{최대하중}{전단면적(공동부\ 포함)}$$ 이고, 2급 블록은 6.0MPa 이상이므로

① 평균 압축강도

$$f_c = \frac{\sum_{i=1}^{n} P_i}{A} \div n = \left(\frac{500{,}000 + 600{,}000 + 550{,}000}{390 \times 190}\right) \div 3 = 7.42\text{MPa}(\text{N/mm}^2)$$

② 판정 : 합격

(∵ 7.42MPa > 6.0MPa)

04 블록의 1급 압축강도는 8MPa 이상으로 규정되어 있다. 현장에 반입된 블록의 규격은 390×190×190mm일 때, 압축강도시험을 실시한 결과 600kN, 500kN, 550kN에서 파괴되었다면 평균 압축강도를 구하고, 규격을 상회하고 있는지 여부에 따라 합격 및 불합격을 판정하시오. (단, 구멍부분을 공제한 중앙부의 순단면적은 46,000mm²이다.) (4점)   •91 ②, 18 ①

① 평균 압축강도(f_c) : _____

② 판정 : _____

정답 ① 평균 압축강도(f_c)

$$f_c = \frac{\sum_{i=1}^{n} P_i}{A} \div n = \left(\frac{600{,}000 + 500{,}000 + 550{,}000}{390 \times 190}\right) \div 3 = 7.42\text{MPa}(\text{N/mm}^2)$$

② 판정 : 불합격

(∵ 7.42MPa < 8.0MPa)

05 390×190×150mm인 속빈 콘크리트블록의 압축강도시험에서 블록에 대한 가압면적(mm²)을 구하고 그 가압면에 대한 하중속도를 매초 0.2MPa로 할 때 압축강도 10MPa인 블록은 몇 초에서 붕괴(파괴)되겠는지 붕괴시간(초)을 구하시오. (4점)   •90 ③, 98 ④, 05 ①, 09 ②, 11 ①

가. 가압면적
- 계산과정 :
- 답 :

나. 붕괴시간
- 계산과정 :
- 답 :

정답 가. 가압면적
- 계산과정 : 390×150 = 58,500mm²
- 답 : 58,500mm²

나. 붕괴시간
- 계산과정 : (100MPa)/(0.2MPa/초) = 50초
- 답 : 50초

(주) 1MPa = 1N/mm²

06 특기시방서상 화강암의 표건비중을 2.62 이상, 흡수율을 0.3% 이하로 규정하고 있다. 화강암의 비중과 흡수율을 아래의 시험 결과로부터 구하고 합격여부를 판정하시오. (단, 공시체의 건조질량 : 5,000g, 공시체의 표면건조포화상태의 질량 : 5,020g, 공시체의 수중질량 : 3,150g이었다.) (4점)
•97 ①, 00 ①

가. 비중의 합격 여부
① 비중 : _____
② 판정 : _____

나. 흡수율의 합격 여부
① 흡수율 : _____
② 판정 : _____

정답 A=5,000g : 공시체의 건조질량(g)
B=5,020g : 공시체의 표면건조포화상태의 질량(g)
C=3,150g : 공시체의 수중질량(g)

가. 비중의 합격 여부
① 비중 $= \dfrac{A}{B-C} = \dfrac{5,000}{5,020-3,150} = 2.67$
② 판정 : 합격(∵ 2.67>2.62)

나. 흡수율의 합격 여부
① 흡수율 $= \dfrac{B-A}{A} \times 100 = \dfrac{5,020-5,000}{5,000} \times 100 = 0.4\%$
② 판정 : 불합격(∵ 0.4%>0.3%)

07 특기시방서상 철근의 항복강도는 240MPa 이상으로 규정되어 있다. 건설공사 현장에 반입된 철근을 KS 규격에 의거 중앙부 지름 14mm, 표점거리 50mm로 가공하여 인장시험을 하였더니 38,160N, 40,750N 및 39,270N에서 항복현상이 나타났다. 평균 항복강도를 구하고 특기시방서상 규정과 비교하여 합격 여부를 판정하시오. (4점)
•90 ①, 94 ②, 96 ②, 18 ②

① 평균 항복강도(f_y) : _____
② 판정 : _____

정답 ① 평균 항복강도(f_y)

$$f_y = \dfrac{\sum_{i=1}^{n} P_{yi}}{A} \div n = \left\{ \dfrac{(38,160+40,750+39,270)}{\left(\dfrac{\pi \times 14^2}{4}\right)} \right\} \div 3 = 255.90 \text{MPa}(\text{N/mm}^2)$$

② 판정 : 불합격(∵ 255.90MPa>240.0MPa)

08 특기시방서상 철근의 인장강도가 240MPa 이상으로 규정되어 있다. 건설공사 현장에 반입된 철근을 KS 규격에 의거 중앙부 지름 14mm, 표점거리 50mm로 가공하여 인장강도를 실험하였더니 37,200N, 40,570N 및 38,150N에서 파괴되었다. 평균 인장강도를 구하고, 특기시방서의 규정과 비교하여 합격 여부를 판정하시오. (4점)   •94 ②, 96 ③, 04 ②, 20 ③

① 평균 인장강도(f_t) : _____

② 판정 : _____

정답 ① 평균 인장강도(f_t)

$$f_t = \frac{\sum_{i=1}^{n} P_i}{A} \div n = \left\{ \frac{(37,200 + 40,570 + 38,150)}{\left(\frac{\pi \times 14^2}{4}\right)} \right\} \div 3 = 251.01 \text{MPa}(\text{N/mm}^2)$$

② 판정 : 합격
(∵ 251.01MPa > 240.0MPa)

09 KS M 2252 규정에 따라 역청재료의 침입도를 시험하였다. 표준조건하에서(25℃, 100g, 5초, 표준침) 시험한 결과 25mm 관입되었다면 침입도는 얼마인가? (2점)

정답 시험에서 0.1mm 관입을 침입도 1(1mm 관입은 침입도가 10)로 하므로 25mm 관입에 대한 침입도는 25×10=250이다.
∴ 250

10 다음 그림과 같은 목재의 AB 구간의 평균 연륜폭을 구하시오. (2점)   •90 ③

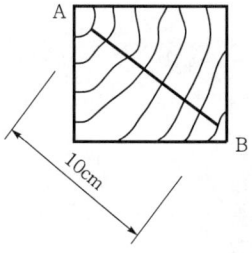

정답 목재의 평균 연륜폭

$$\frac{\overline{AB}}{n} = \frac{100\text{mm}}{7\text{개}} = 14.29 \text{mm/개}$$

건/축/기/사/실/기

제5편

건축구조

- **Lesson 1** 구조역학
- **Lesson 2** 철근콘크리트구조
- **Lesson 3** 강구조

Lesson 01 구조역학

※1 구조물의 특성 및 판별

1. 힘과 모멘트

1) 힘
힘은 힘의 3요소로 표시되며, 힘의 효과를 일으키는 원인이다.

2) 모멘트(Moment, 힘의 모멘트)
모멘트란 물체가 한 고정점 주위를 회전하도록 작용하는 경향에 관한 힘의 회전 능력(힘의 회전효과)이다.

3) 힘의 합성

(1) 크기

$$R = \sqrt{P_1^2 + P_2^2 + 2P_1P_2\cos\alpha}$$

(2) 방향

$$\theta = \tan^{-1}\left(\frac{P_2\sin\alpha}{P_1 + P_2\cos\alpha}\right)$$

(3) 작용점 : 동일점(O)

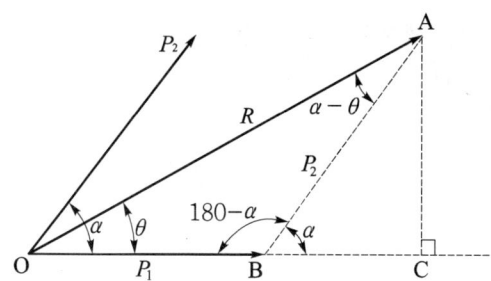

4) 바리뇽의 정리

분력의 모멘트 합 = 합력의 모멘트

● 핵심 Point

● 힘의 3요소 (참고)
① 힘의 크기
② 힘의 방향
③ 힘의 작용점

● 힘의 4가지 기본성질 (참고)
① 힘의 평행사변형 법칙
② 겹침의 법칙
③ 힘의 이동성 법칙
④ 작용과 반작용의 법칙

● 휨모멘트 (참고)
모멘트와는 다른 것으로서 부재를 휘게 하는 힘의 크기로 보와 같은 부재에서 변형을 일으킨다.

5) 직교하는 두 개의 힘으로 분해

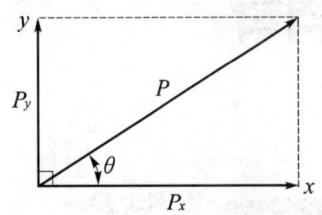

$$P_x = P\cos\theta$$
$$P_y = P\sin\theta$$

6) 사인법칙(라미의 정리) (11①, 13③, 16②, 18①, 20③, 22②)

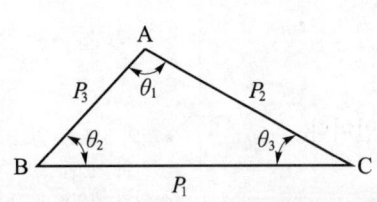 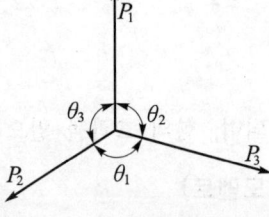

$$\frac{P_1}{\sin\theta_1} = \frac{P_2}{\sin\theta_2} = \frac{P_3}{\sin\theta_3}$$

예제 1

다음 그림에서 부재 $\overline{AC}$, $\overline{BC}$가 받는 힘의 크기 T_1을 구하시오. (예상)

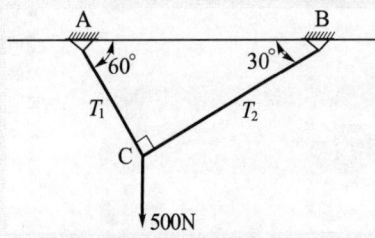

정답 (1) 한 점(C)에 작용하는 세 힘은 서로 평형을 이루고 있다.

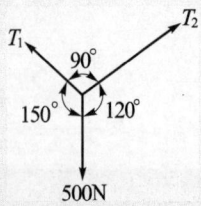

(2) T_1은 인장(+)으로 가정한다.

$$\frac{500}{\sin 90°} = \frac{T_1}{\sin 120°} \quad \therefore\ T_1 = 500 \times \left(\frac{\sin 120°}{\sin 90°}\right) = 433\ \text{N (인장)}$$

● 부재력 T의 산정 (11①, 13③, 18①)

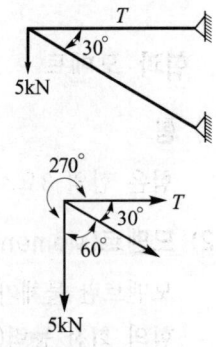

$$\frac{5}{\sin 30°} = \frac{T}{\sin 60°}$$
$$T = 5 \times \left(\frac{\sin 60°}{\sin 30°}\right)$$
$$= 5\sqrt{3}$$
$$= 8.66\ \text{kN (인장)}$$
$$\therefore\ T = 5\sqrt{3}\ \text{kN (인장)}$$
또는 $T = 8.66\ \text{kN (인장)}$

● 부재력 T의 산정 (16②, 20③, 22②)

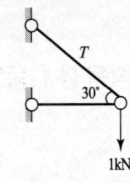

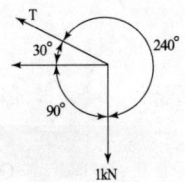

사인법칙(라미의 정리)을 이용하여 다음과 같이 산정한다.

$$\frac{1}{\sin 30°} = \frac{T}{\sin 90°}$$
$$T = 1 \times \frac{\sin 90°}{\sin 30°} = 2\ \text{kN (인장)}$$

7) 힘의 평형방정식

$\Sigma X = 0$, $\Sigma Y = 0$, $\Sigma M = 0$

2. 구조물의 특성

1) 지점, 절점 및 단면력의 종류

① 지점은 이동지점, 회전지점, 고정지점 등이 있다.
② 절점은 힌지절점(회전절점), 강절점(고정절점) 등이 있다.
③ 단면력은 축방향력, 전단력, 휨모멘트, 비틀림 모멘트 등이 있다.

2) 단면력의 특성

① 어떤 점(단면)의 전단력은 그 점의 좌측(또는 우측)에 있는 수직력의 대수합이다.
② 단순보 지점의 전단력은 그 지점의 반력이다.
③ 어떤 점까지의 전단력도의 면적은 그 지점의 휨모멘트이다.
④ 전단력이 영(0)인 곳에서 휨모멘트는 최대(최소)가 된다.

3. 구조물의 부정정 차수 판별식(부정정 차수) (11①, 12②, 13③, 14①)

$$N = (r + m + f) - 2j$$

(주) 1. 트러스의 경우, $f=0$이다. (∵ 절점을 힌지로 가정)
    2. 절점수 j는 자유단, 지점의 수도 포함한다.

예제 2

다음 그림과 같은 구조물의 전체 부정정 차수를 구하시오. (3점) (예상)

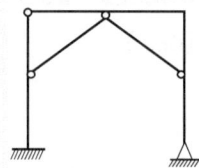

정답 $N = (r+m+f) - 2j = (5+8+4) - 2 \times 7 = 3$ ∴ 3차 부정정

※ 2 정정 구조물의 해석

1. 정정보의 해석 (11②, 12①③, 14①, 15①, 16①, 17③, 18③, 19③, 20①④)

반력을 가정하고 힘의 평형방정식($\Sigma X = 0$, $\Sigma Y = 0$, $\Sigma M = 0$)으로부터 반력과 단면력을 산정하여 단면력도를 작도한다.

핵심 Point

● 지점에 따른 반력의 개수 (참고)
① 이동지점 : 반력 1개
② 회전지점 : 반력 2개
③ 고정지점 : 반력 3개

● 다음 그림과 같은 하중의 받는 구조물이 변형할 경우 개략적인 변형도 (참고)

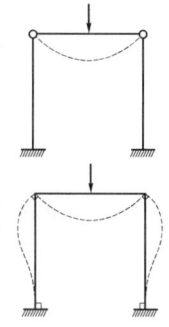

● 부정정 차수 판별식 (부정정 차수) (11①, 12②, 13③, 14①)
$N = (r+m+f) - 2j$

● 기호
r : 반력수(reaction)
m : 부재수(member)
f : 강절점수(fixed joint)
j : 절점수(joint)

● 판정
① $N = 0$: 정정
② $N > 0$: 부정정
③ $N < 0$: 불안정

● 다음 그림과 같은 라멘의 부정정 차수는? (11①)

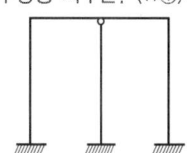

정답
전체 부정정 차수
$N = (r+m+f) - 2j$
$= (9+5+3) - 2 \times 6 = 5$
∴ 5차 부정정

예제 3

다음과 같은 단순보의 반력을 산정하고 단면력도를 작도하시오. (예상)

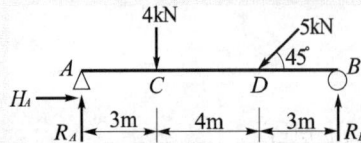

정답

(1) 반력의 가정 : R_A, R_B, H_A

(2) 힘의 평형방정식으로부터 반력 산정

① $\Sigma M = 0(+;\curvearrowleft)$: $\Sigma M_B = R_A \times 10 - 4 \times 7 - 3.54 \times 3 = 0$

∴ $R_A = 3.86$ kN

② $\Sigma Y = 0(+;\uparrow)$: $\Sigma Y = R_A - 4 - 3.54 + R_B = 0$

∴ $R_B = 3.68$ kN

③ $\Sigma X = 0(+;\rightarrow)$: $\Sigma X = H_A - 3.54 = 0$

∴ $H_A = 3.54$ kN

(3) 단면력도 작도

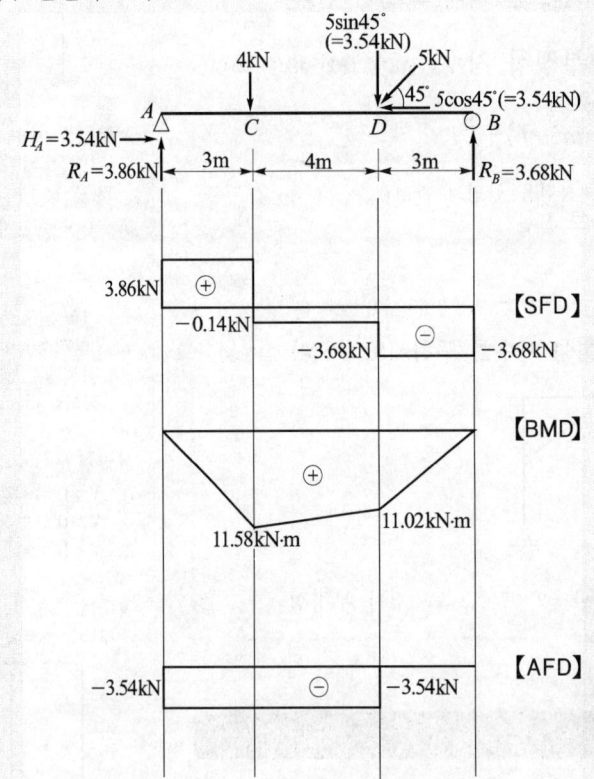

핵심 Point

● 안정과 불안정 (14①)

① 내적 안정 : 외력에 의해 구조물이 변형되지 않는 경우이다.
② 내적 불안정 : 외력에 의해 구조물이 변형되는 경우이다.
③ 외적 안정 : 외력에 의해 구조물이 이동하지 않는 경우로 지점반력이 3개 이상이다.
④ 외적 불안정 : 외력에 의해 구조물이 이동되는 경우로 지점반력이 2개 이하이거나 3개 이상이라도 힘의 평형조건을 만족하지 못하는 경우이다.

● 정정과 부정정 (참고)

① 내적 정정 : 힘의 평형방정식만으로 단면력(부재력)을 구할 수 있는 경우이다.
② 내적 부정정 : 힘의 평형방정식만으로 단면력(부재력)을 구할 수 없는 경우이다.
③ 외적 정정 : 힘의 평형방정식만으로 구조물의 반력을 구할 수 있는 경우이다.
④ 외적 부정정 : 힘의 평형방정식만으로 구조물의 반력을 구할 수 없으므로 골조의 변형조건이 추가로 필요하다.

● 경사하중 5 kN의 수직 및 수평분력 (참고)

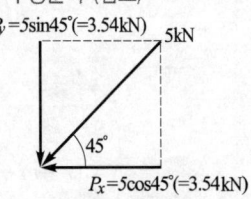

● 단순보에 등분포하중이 작용할 경우 최대 휨모멘트의 발생 지점 (15①)

최대 휨모멘트는 전단력이 영(0)인 곳에서 발생한다.

● 단순보에 각각 집중하중과 등분포하중이 작용하여 최대 휨모멘트가 같을 경우 집중하중 산정 (14①)

예제 4

그림과 같은 보에서 C점의 전단력과 D점의 휨모멘트를 구하여라. (예상)

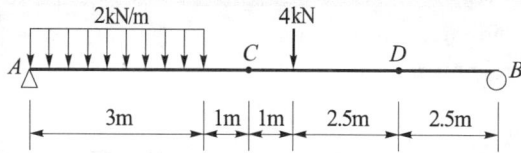

정답 (1) 반력 산정

① $\Sigma M = 0(+;\curvearrowleft) : \Sigma M_B = R_A \times 10 - (2 \times 3) \times \left(\frac{3}{2} + 7\right) - 4 \times 5 = 0$

∴ $R_A = 7.1 \text{ kN}(\uparrow)$

② $\Sigma Y = 0(+;\uparrow) : \Sigma Y = R_A - 2 \times 3 - 4 + R_B = 0$

∴ $R_B = 2.9 \text{ kN}(\uparrow)$

(2) 점 C의 전단력

$V_C = R_A - 2 \times 3 = 7.1 - 2 \times 3 = 1.1 \text{ kN}$

(3) 점 D의 휨모멘트

$M_D = R_A \times 7.5 - (2 \times 3) \times \left(\frac{3}{2} + 4.5\right) - 4 \times 2.5$

$= 7.1 \times 7.5 - (2 \times 3) \times \left(\frac{3}{2} + 4.5\right) - 4 \times 2.5$

$= 7.25 \text{ kN} \cdot \text{m}$

예제 5

그림과 같은 보에서 C점의 전단력과 D점의 휨모멘트를 구하여라. (예상)

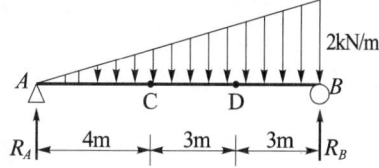

정답 (1) 반력 산정

$\Sigma M = 0(+;\curvearrowleft) : \Sigma M_B = R_A \times 10 - \left(\frac{1}{2} \times 2 \times 10\right) \times \left(\frac{10}{3}\right) = 0$

∴ $R_A = 3.33 \text{ kN}$

(2) 점 C의 전단력

지점 A로부터 4 m인 곳의 등변분포하중 w'

$w' = 0.8 \text{ kN/m}$

∴ $V_C = 3.33 - \frac{1}{2} \times 0.8 \times 4 = 1.73 \text{ kN}$

(3) 점 D의 휨모멘트

지점 A로부터 7 m인 곳의 등변분포하중 w'

$w' = 1.4 \text{ kN/m}$

∴ $M_D = 3.33 \times 7 - \left(\frac{1}{2} \times 1.4 \times 7\right) \times \left(\frac{7}{3}\right) = 11.88 \text{ kN} \cdot \text{m}$

핵심 Point

- 전단력도로부터 최대 휨모멘트 산정 (18③)

- 캔틸레버보의 반력 또는 전단력 및 휨모멘트 산정 (12①, 17③, 20①, 20④)

- 내민보의 전단력도와 휨모멘트도 작성 (12①, 17③)

- 겔버보의 해석과 단면력도 작도 (11②, 16①)

- 겔버보의 반력 산정 (12③)

- 자유물체도(FBD)의 정의 (참고)

전체 구조물 중에서 일부를 끊었을 때, 그 해석 대상 물체에 작용하는 모든 힘(하중, 반력, 절단된 부분으로부터 전달되는 힘 등)이 표시된 자유 물체에 대한 스케치이다.

- A로부터 4 m인 곳의 등변 분포하중 w' (참고)

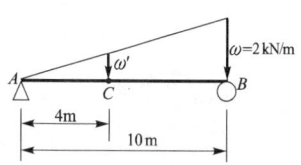

$2 : w' = 10 : 4$

- A로부터 7 m인 곳의 등변 분포하중 w' (참고)

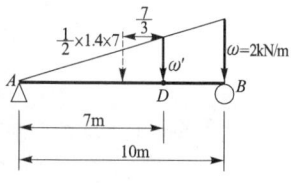

$2 : w' = 10 : 7$

예제 6

그림과 같은 보에서 C점의 휨모멘트를 구하여라. (예상)

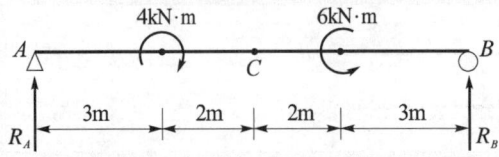

정답 (1) 반력 산정
$$\Sigma M = 0(+;\curvearrowleft) : \Sigma M_B = R_A \times 10 + 4 - 6 = 0$$
$$\therefore R_A = 0.2 \text{ kN}$$
(2) 점 C의 휨모멘트
$$M_C = R_A \times 5 + 4 = 0.2 \times 5 + 4 = 5 \text{ kN} \cdot \text{m}$$

예제 7

다음과 같은 보에서 C점의 전단력과 D점의 휨모멘트를 구하여라. (예상)

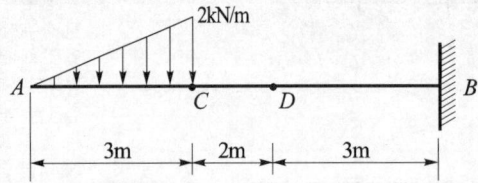

정답 $V_C = -\dfrac{1}{2} \times 2 \times 3 = -3 \text{ kN}$

$M_D = -\left(\dfrac{1}{2} \times 2 \times 3\right) \times \left(3 \times \dfrac{1}{3} + 2\right) = -9 \text{ kN} \cdot \text{m}$

예제 8

그림과 같은 캔틸레버보의 점 A로부터 우측으로 4m 위치인 점 C의 전단력과 휨모멘트를 구하시오. (4점)   •20 ④

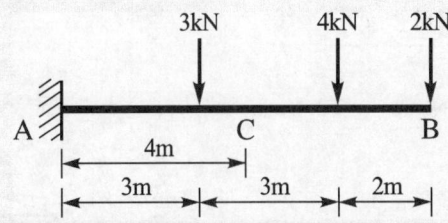

정답 (1) 점 C의 전단력 : $V_C = 9 - 3 = 6\text{kN}$
(2) 점 C의 휨모멘트 : $M_C = -37 - 3 \times 1 = -40\text{kN} \cdot \text{m}$

• 반력 산정 (참고)

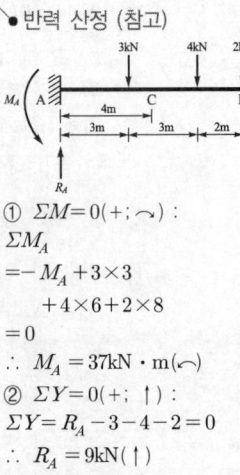

① $\Sigma M = 0(+;\curvearrowleft):$
ΣM_A
$= -M_A + 3 \times 3$
$\quad + 4 \times 6 + 2 \times 8$
$= 0$
$\therefore M_A = 37\text{kN} \cdot \text{m}(\curvearrowleft)$

② $\Sigma Y = 0(+;\uparrow):$
$\Sigma Y = R_A - 3 - 4 - 2 = 0$
$\therefore R_A = 9\text{kN}(\uparrow)$

예제 9

다음과 같은 내민보에서 E점의 전단력과 C점의 휨모멘트를 구하여라.
(예상)

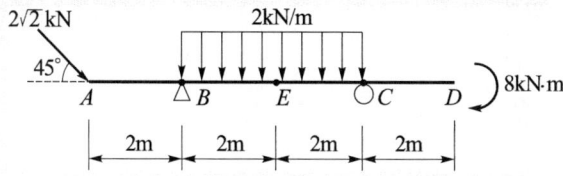

정답

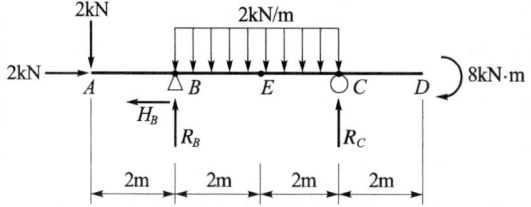

(1) 반력의 가정 : R_B, R_C, H_B

(2) 힘의 평형방정식으로부터 반력 산정

① $\Sigma M = 0 (+; \curvearrowleft)$:

$\Sigma M_B = -2 \times 2 + 2 \times 4 \times \dfrac{4}{2} - R_C \times 4 + 8 = 0$ ∴ $R_C = 5$ kN

② $\Sigma Y = 0(+;\uparrow)$: $\Sigma Y = -2 + R_B - 2 \times 4 + R_C = 0$ ∴ $R_B = 5$ kN

③ $\Sigma X = 0(+;\rightarrow)$: $\Sigma X = 2 - H_B = 0$ ∴ $H_B = 2$ kN

(3) 점 E의 전단력과 점 C의 휨모멘트

$V_E = -2 + R_B - 2 \times 2 = -2 + 5 - 2 \times 2 = -1$ kN

$M_C = -2 \times 6 + R_B \times 4 - (2 \times 4) \times \left(\dfrac{4}{2}\right)$

$= -2 \times 6 + 5 \times 4 - (2 \times 4) \times \left(\dfrac{4}{2}\right) = -8 \text{kN} \cdot \text{m}$

핵심 Point

● 경사하중의 수직 및 수평 분력 (참고)

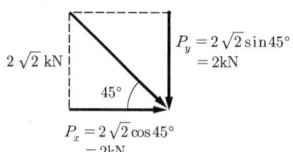

$P_y = 2\sqrt{2} \sin 45°$
$= 2$kN

$P_x = 2\sqrt{2} \cos 45°$
$= 2$kN

예제 10

그림과 같은 부재의 반력을 구하시오.
(예상)

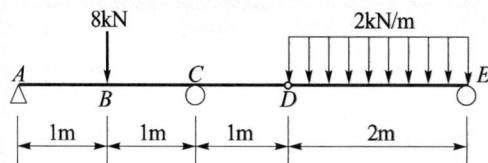

정답 (1) 단순보와 내민보로 분리

① 단순보 : D-E

② 내민보 : A-B-C-D

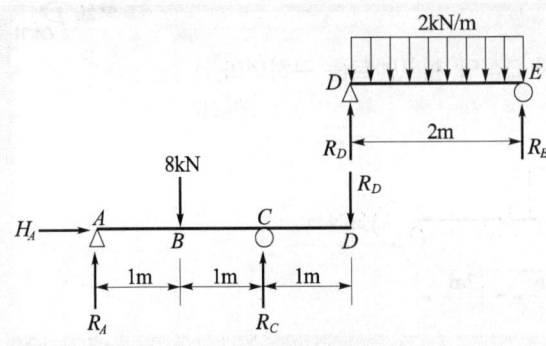

(2) 단순보의 해석(부재 DE의 전체에 등분포하중이 작용)
   ① $R_D = 2$ kN   ② $R_E = 2$ kN

(3) 내민보의 해석(힘의 평형방정식으로부터 반력 산정)
   ① $\Sigma M = 0(+; \curvearrowleft)$: $\Sigma M_A = 8 \times 1 - R_C \times 2 + R_D \times 3$
   $= 8 \times 1 - R_C \times 2 + 2 \times 3 = 0$

   ∴ $R_C = 7$ kN

   ② $\Sigma Y = 0(+; \uparrow)$: $\Sigma Y = R_A - 8 + R_C - R_D = R_A - 8 + 7 - 2 = 0$

   ∴ $R_A = 3$ kN

   ③ $\Sigma X = 0(+; \rightarrow)$: $\Sigma X = H_A = 0$

   ∴ $H_A = 0$ kN

2. 정정 라멘의 해석 (11①, 13③, 16③, 19①, 20②, 21①)

(1) 반력을 가정하고 힘의 평형방정식($\Sigma X = 0$, $\Sigma Y = 0$, $\Sigma M = 0$)으로부터 반력과 단면력을 산정하여 단면력도를 작도한다.

(2) 3회전단형 라멘의 경우 중간에 위치한 힌지 양쪽 부재 각각에 $\Sigma M = 0$의 조건을 부가해 반력과 단면력을 산정하고 단면력도를 작도한다.

예제 11

다음 단순보형 라멘의 반력을 구하고 단면력도를 작성하시오. (예상)

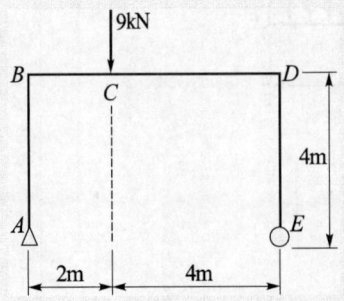

● 라멘의 단면력과 부호규약 (참고)
① 축방향력
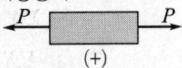
② 전단력
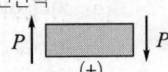
③ 휨모멘트
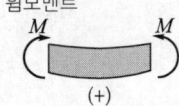

● 라멘을 바라보는 방향 (참고)
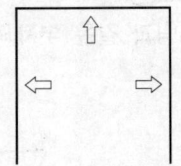

● 불안정 라멘의 휨모멘트도 (11①, 13③)

● 3회전단형 라멘의 반력 산정 (16③, 19①, 20②)

● 3회전단형 라멘의 휨모멘트도 작도(21①)

[정답] (1) 반력 산정(힘의 평형방정식으로부터 반력 산정)

① $\Sigma M = 0(+;\curvearrowleft)$: $\Sigma M_A = 9 \times 2 - R_E \times 6 = 0$ ∴ $R_E = 3\,\text{kN}$

② $\Sigma Y = 0(+;\uparrow)$: $\Sigma Y = R_A - 9 + R_E = 0$ ∴ $R_A = 6\,\text{kN}$

③ $\Sigma X = 0(+;\rightarrow)$: $\Sigma X = H_A = 0$ ∴ $H_A = 0\,\text{kN}$

(2) 단면력도 작성

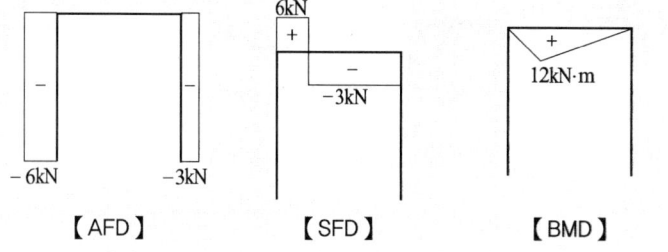

핵심 Point
- 반력의 가정

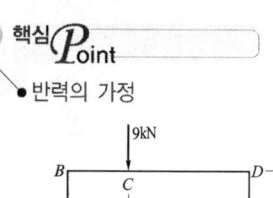

예제 12

다음 단순보형 라멘의 반력을 구하시오.　　(예상)

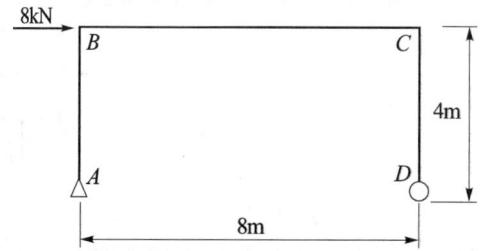

[정답] 반력 산정(힘의 평형방정식으로부터 반력 산정)

① $\Sigma M = 0(+;\curvearrowleft)$: $\Sigma M_A = 8 \times 4 - R_D \times 8 = 0$ ∴ $R_D = 4\,\text{kN}$

② $\Sigma Y = 0(+;\uparrow)$: $\Sigma Y = -R_A + R_D = 0$ ∴ $R_A = 4\,\text{kN}$

③ $\Sigma X = 0(+;\rightarrow)$: $\Sigma X = 8 - H_A = 0$ ∴ $H_A = 8\,\text{kN}$

- 반력의 가정

예제 13

다음 캔틸레버형 라멘의 반력을 구하고 단면력도를 작성하시오.　　(예상)

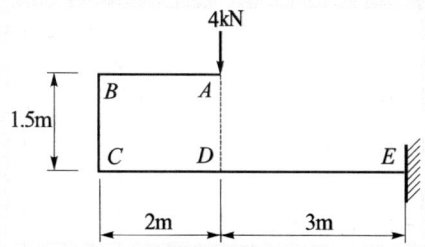

정답 (1) 반력 산정(힘의 평형방정식으로부터 반력 산정)
① $\Sigma M = 0(+; \curvearrowleft)$: $\Sigma M_E = M_E - 4 \times 3 = 0$ ∴ $M_E = 12\,kN \cdot m$
② $\Sigma Y = 0(+; \uparrow)$: $\Sigma Y = -4 + R_E = 0$ ∴ $R_E = 4\,kN$
③ $\Sigma X = 0(+; \rightarrow)$: $\Sigma X = H_E = 0$ ∴ $H_E = 0\,kN$

(2) 단면력도 작성

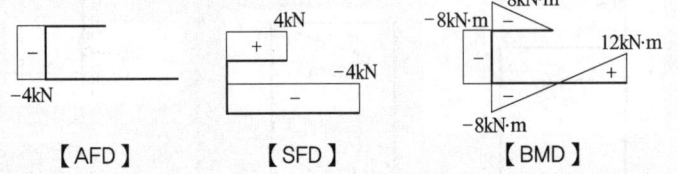

【AFD】　　　【SFD】　　　【BMD】

핵심 Point

● 반력의 가정

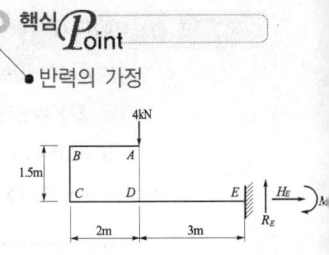

예제 14

다음 캔틸레버형 라멘의 반력을 구하시오. (예상)

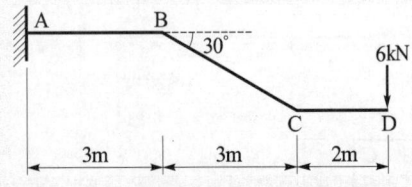

정답 반력 산정(힘의 평형방정식으로부터 반력 산정)
① $\Sigma M = 0(+; \curvearrowleft)$: $\Sigma M_A = -M_A + 6 \times 8 = 0$ ∴ $M_A = 48\,kN \cdot m$
② $\Sigma Y = 0(+; \uparrow)$: $\Sigma Y = R_A - 6 = 0$ ∴ $R_A = 6\,kN$
③ $\Sigma X = 0(+; \rightarrow)$: $\Sigma X = H_A = 0$ ∴ $H_A = 0\,kN$

● 반력의 가정

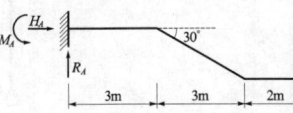

● 경사부재에 작용하는 하중의 분력 (참고)

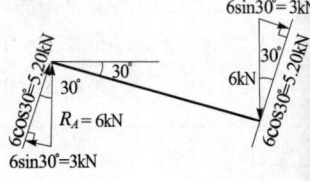

예제 15

다음 3회전단 라멘의 반력을 구하시오. (예상)

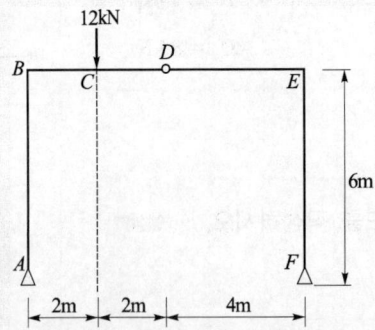

정답 반력 산정(힘의 평형방정식으로부터 반력 산정)
① $\Sigma M = 0(+; \curvearrowleft)$: $\Sigma M_F = R_A \times 8 - 12 \times 6 = 0$
∴ $R_A = 9\,kN$
② $\Sigma Y = 0(+; \uparrow)$: $\Sigma Y = R_A - 12 + R_F = 9 - 12 + R_F = 0$
∴ $R_F = 3\,kN$

● 반력의 가정

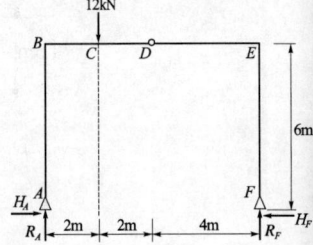

③ $\Sigma M = 0(+; \curvearrowleft)$: $\Sigma M_{D(DA)} = R_A \times 4 - H_A \times 6 - 12 \times 2$
$= 9 \times 4 - H_A \times 6 - 12 \times 2 = 0$
∴ $H_A = 2\,kN$

④ $\Sigma X = 0(+; \rightarrow)$: $\Sigma X = H_A - H_F = 2 - H_F = 0$
∴ $H_F = 2\,kN$

핵심 Point

• $\Sigma M_{D(DA)}$

D-A 구간에서 D점을 중심으로 D-A 구간의 모멘트 합을 산정한다.

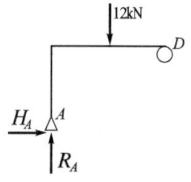

3. 트러스의 해석

1) 트러스의 부재력 (13①, 22③)

트러스의 부재에는 축방향력(인장력이나 압축력)만이 작용한다.

부호규약	비고
$\overset{P}{\leftarrow}\ \boxed{}\ \overset{P}{\rightarrow}$ (+)	절점(부재)을 잡아당기는 방향인 경우
$\overset{P}{\rightarrow}\ \boxed{}\ \overset{P}{\leftarrow}$ (−)	절점(부재)을 밀고 들어가는 방향인 경우

2) 트러스 부재력에 관한 성질

(1) 절점에 모인 부재가 두 개이고, 이 절점에 외력이 작용하지 않을 때, 이 두 부재의 부재력은 영(0)이다.

(2) 절점에 모인 세 개의 부재중에서 두 부재의 재축선이 일직선이고 이 절점에 외력이 작용하지 않으면, 직선상의 두 부재의 부재력은 같고 다른 한 부재의 부재력은 영(0)이다.

(3) 절점에 모인 부재의 재축선 또는 외력의 중심선이 서로 두 개씩 일직선상에 있을 때, 서로 향하고 있는 두 부재의 부재력 또는 외력과 부재의 부재력은 서로 같다.

• 트러스 부재력의 표현 (참고)

① 트러스의 해석 결과

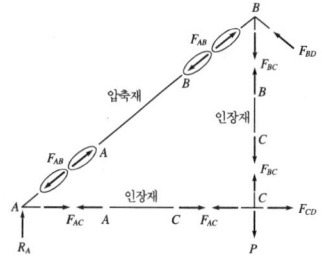

② 트러스의 부재력 표현

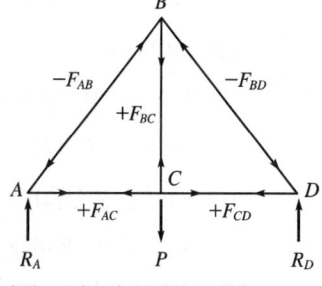

(주) 트러스의 부재력 표현은 절점을 기준으로 한다.

• 트러스의 부재력 산정 (22③)

• 하우 트러스와 플랫 트러스의 부재력 (13①)

① 하우 트러스

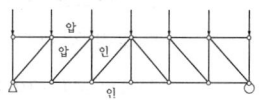

② 플랫 트러스

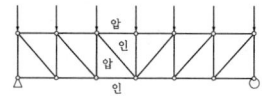

예제 16

다음 그림과 같은 트러스에서 부재력이 영(0)인 부재의 수는 몇 개인가?

(예상)

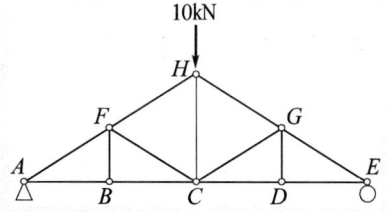

정답 부재력 산정

① 절점 A, E

$\Sigma X = 0(+;\rightarrow) : N_1 \neq 0$

$\Sigma Y = 0(+;\uparrow) : N_2 \neq 0$

② 절점 B, D

$\Sigma X = 0(+;\rightarrow) : N_1 = N_3 \neq 0$

$\Sigma Y = 0(+;\uparrow) : N_4 = 0$

③ 절점 F, G

$N_2 = N_6 \neq 0$

$N_5 = 0$

④ 절점 C

$\Sigma X = 0(+;\rightarrow) : N_3 = N_7 \neq 0$

$\Sigma Y = 0(+;\uparrow) : N_8 = 0$

그러므로 부재력이 영(0)인 부재는 5개이다.

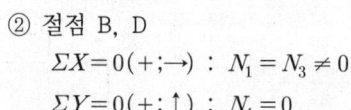
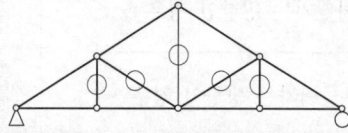

● 트러스 해법상의 가정 (참고)

① 절점은 전혀 마찰이 없는 힌지로 되어 있다.
② 외력은 모두 절점에만 집중하중으로 작용한다.
③ 부재는 직선재이고 절점과 절점을 연결한 직선은 부재축과 일치한다.
④ 하중이 작용한 경우에도 절점의 위치는 변하지 않는다고 생각한다.
⑤ 트러스 부재와 작용 외력은 동일 평면 내에 존재한다.
(주) 트러스 해법상의 가정에 의해 부재력으로는 축방향력만 발생하고, 전단력과 휨모멘트는 발생하지 않는다.

● 반력의 가정

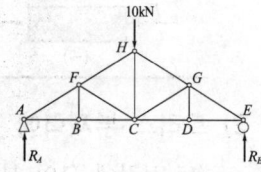

3) 트러스의 해석법

(1) 일반사항

힘의 평형방정식($\Sigma X = 0$, $\Sigma Y = 0$, $\Sigma M = 0$)으로부터 지점반력을 구한다. 부재력 산정방법은 격점법과 절단법이 있다.

(2) 격점법(절점법)

① 트러스 전체를 하나의 보로 가정하여 반력을 산정한다.
② 각 절점에서 이 절점에 작용하는 모든 힘(하중과 반력)을 $\Sigma X = 0$, $\Sigma Y = 0$의 식을 사용하여 미지의 부재력을 산정한다. 이때 방정식이 두 개이므로 미지의 부재력이 두 개 이하인 절점부터 차례로 산정해야 한다.
③ 계산과정에서 힘의 부호는 상향과 우향을 양(+), 하향과 좌향을 음(−)으로 한다.
④ 부재력은 모두 인장으로 가정하여 산정하며, 결과가 양(+)이면 인장력, 음(−)이면 압축력이 된다.

● 트러스의 종류 (20⑤)

① 하우 트러스

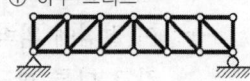

② 플랫 트러스

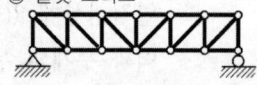

● 힘의 부호규약 (참고)

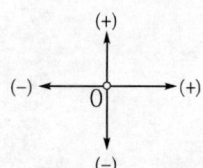

Lesson 02

예제 17

다음과 같은 트러스의 부재력을 격점법(절점법)을 이용하여 구하여라.
(예상)

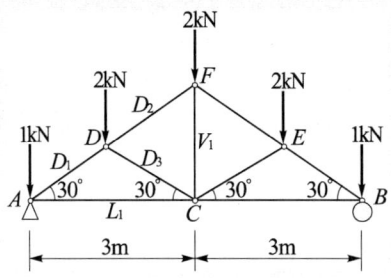

핵심 Point

● 반력의 가정

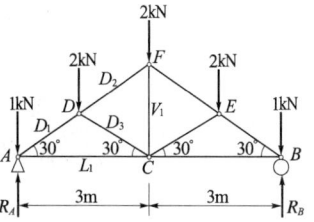

정답 (1) 반력의 산정
$R_A = 4 \text{ kN}(\uparrow)$ $R_B = 4 \text{ kN}(\uparrow)$

(2) 부재력의 산정
① 절점 A

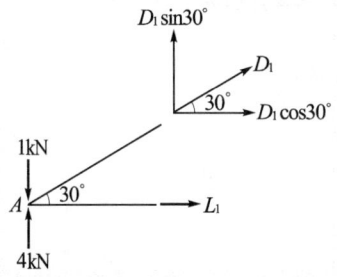

㉠ $\Sigma Y = 0(+;\uparrow)$: $\Sigma Y = 4 - 1 + D_1 \sin 30° = 0$
∴ $D_1 = -6 \text{ kN}$ (압축)

㉡ $\Sigma X = 0(+;\rightarrow)$: $\Sigma X = L_1 + D_1 \cos 30° = L_1 - 6 \times \cos 30° = 0$
∴ $L_1 = 5.2 \text{ kN}$ (인장)

② 절점 D

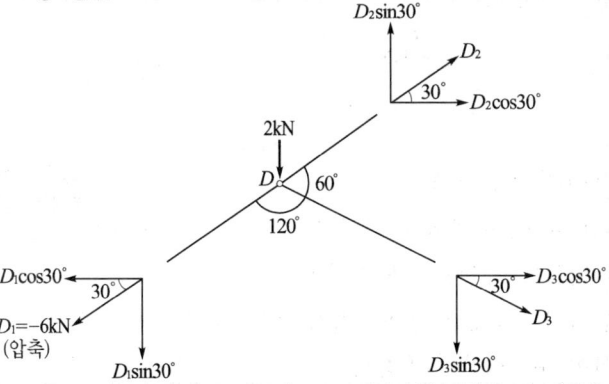

㉠ $\Sigma Y = 0(+;\uparrow)$:

$\Sigma Y = -2 - D_1\sin 30° + D_2\sin 30° - D_3\sin 30° = 0$ ⓐ

ⓐ식에 $D_1 = -6$ kN을 대입하고 $-\sin 30°$를 나누면

$2 + D_2 - D_3 = 0$ ⓑ

㉡ $\Sigma X = 0(+;\rightarrow)$:

$\Sigma X = -D_1\cos 30° + D_2\cos 30° + D_3\cos 30° = 0$ ⓒ

ⓒ식에 $D_1 = -6$ kN을 대입하고 $\cos 30°$를 나누면

$6 + D_2 + D_3 = 0$ ⓓ

ⓑ+ⓓ를 하면

$8 + 2D_2 = 0$ ∴ $D_2 = -4$ kN(압축)

ⓑ식에 의해 $D_3 = -2$ kN(압축)

③ 절점 C

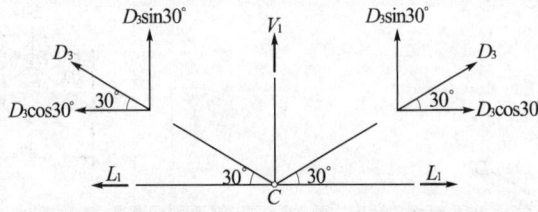

$\Sigma Y = 0(+;\uparrow)$:

$\Sigma Y = D_3\sin 30° \times 2 + V_1 = -2 \times \sin 30° \times 2 + V_1 = 0$

∴ $V_1 = 2$ kN(인장)

(3) 트러스의 부재력

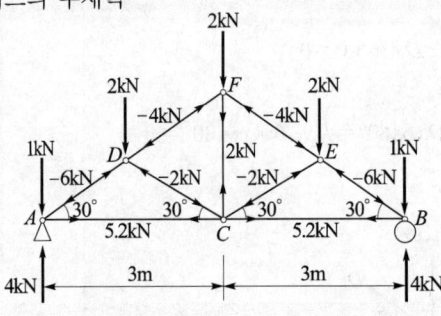

(3) **절단법(단면법, Method of Sections)** (12③, 18③)

① 트러스 전체를 하나의 보로 간주하여 반력을 산정한다.

② 미지 부재력이 세 개 이하가 되도록 가상단면을 절단한다.

③ 절단된 구조체의 어느 한쪽을 선택하여 힘의 평형방정식($\Sigma X = 0$, $\Sigma Y = 0$, $\Sigma M = 0$)을 사용하여 부재력을 산정한다.

④ 부재력은 모두 인장으로 가정하여 산정하며, 결과가 양(+)이면 인장력, 음(-)이면 압축력이 된다.

● 절단법을 이용하여 트러스의 부재력 산정
(12③, 18③)

Lesson 02

예제 18

다음과 같은 트러스의 부재력 V_1, V_2, D_1을 구하여라. (예상)

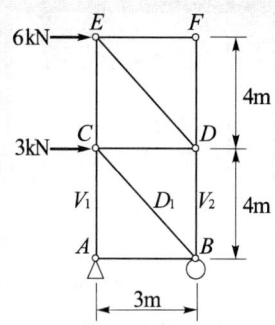

정답 절단법(단면법)을 이용하여 다음과 같이 부재력을 산정한다.

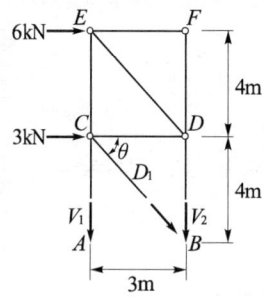

① $\Sigma M = 0 (+;\curvearrowleft)$: $\Sigma M_B = 6 \times 8 + 3 \times 4 - V_1 \times 3 = 0$
  ∴ $V_1 = 20$ kN (인장)

② $\Sigma M = 0 (+;\curvearrowleft)$: $\Sigma M_C = 6 \times 4 + V_2 \times 3 = 0$
  ∴ $V_1 = -8$ kN (압축)

③ $\Sigma X = 0 (+;\rightarrow)$: $\Sigma X = 6 + 3 + D_1 \cos\theta = 6 + 3 + D_1 \times \left(\dfrac{3}{5}\right) = 0$
  ∴ $D_1 = -15$ kN (압축)

핵심 Point

• H_1의 산정 (참고)

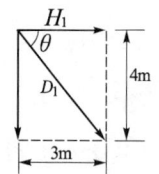

$H_1 = D_1 \cos\theta = D_1 \times \dfrac{3}{5}$

☼ 3 탄성체의 성질

1. 응력과 변형률

1) 부재의 단면력과 응력의 관계

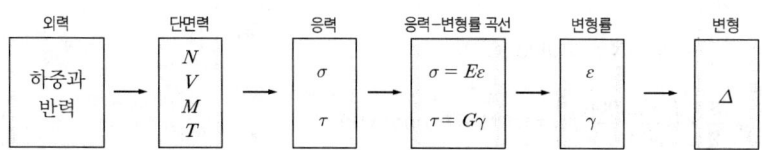

2) 응력 (13②③, 16③, 19②)

【단면력, 응력 및 명칭】

단면력의 종류	부호규약(+)	응력	응력의 명칭	
			단면력의 관점	응력방향의 관점
N (축방향력)	←‖→	$\sigma = \dfrac{N}{A}$	축(방향)응력 또는 수직응력	수직응력(σ) (13③, 18②, 20②)
M (휨모멘트)	↑‖↓	$\sigma = \dfrac{M}{I} y$	휨응력(13③, 14③)	
V (전단력)	↱‖↰	$\tau_{aver} = \dfrac{V}{A}$	전단응력(13②)	전단응력(τ)
T (비틀림모멘트)	←‖→	$\tau = \dfrac{T}{I_p}\rho$	비틀림응력	

(주1) $\tau_{aver} = \dfrac{V}{A}$ 는 평균 전단응력이며, 최대 전단응력은 $\tau_{\max} = k\dfrac{V}{A}$ 이고 k는 단면의 형상계수로 직사각형 단면의 경우 $k=3/2$, 원형 단면의 경우 $k=4/3$이다.

예제 19

단면적(A) 100 mm²인 부재에 200 kN의 인장력이 작용할 경우 인장응력은 얼마인가? (예상)

정답 $\sigma_t = \dfrac{N}{A} = \dfrac{200 \times 10^3}{100} = 2,000 \text{ N/mm}^2 (\text{MPa})$

예제 20

경간 $l=8$ m, 단면 300 mm×400 mm 되는 단순보의 중앙에 100 kN의 집중하중이 작용할 때 최대 휨응력과 최대 전단응력은? (예상)

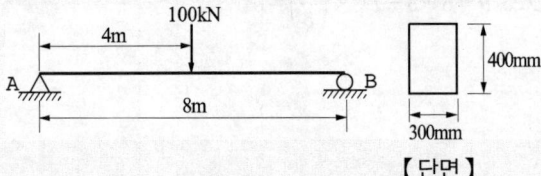

【단면】

정답 (1) 최대 휨응력

$M_{\max} = \dfrac{Pl}{4} = \dfrac{100 \times 8}{4} = 200 \text{ kN} \cdot \text{m} = 200 \times 10^6 \text{ N} \cdot \text{mm}$

$\sigma_{\max} = \dfrac{M_{\max}}{I} y = \dfrac{M_{\max}}{Z} = \dfrac{200 \times 10^6}{\left(\dfrac{300 \times 400^2}{6}\right)} = 25 \text{ N/mm}^2 (\text{MPa})$

(2) 최대 전단응력

$V_{\max} = R_A = \dfrac{P}{2} = \dfrac{100}{2} = 50 \text{ kN} = 50,000 \text{ N}$

$\tau_{\max} = \dfrac{3}{2} \cdot \dfrac{V_{\max}}{A} = \dfrac{3}{2} \times \left(\dfrac{50,000}{300 \times 400}\right) = 0.625 \text{ N/mm}^2 (\text{MPa})$

핵심 Point

- 단순보에 집중하중과 등분포하중이 작용할 경우 최대 휨응력 (14③, 19②, 20②)

$M_{\max} = \dfrac{wl^2}{8} + \dfrac{Pl}{4}$

$Z = \dfrac{bh^2}{6}$

$\therefore \sigma_{\max} = \dfrac{M_{\max}}{I} y = \dfrac{M_{\max}}{Z}$

(N/mm², MPa)

- 휨모멘트와 축방향력에 의한 응력 (13③, 16③, 18②)

$\sigma = \pm \dfrac{N}{A} \pm \dfrac{M}{Z}$

(N/mm², MPa)

여기서, +는 인장응력, −는 압축응력

- 단순보에 등간격으로 두 개의 집중하중이 작용할 경우 최대 휨응력 (13③)

- 직사각형 보 단면의 최대 전단응력 산정 (13②, 16③)

$\tau_{\max} = k\dfrac{V}{A} = \dfrac{3}{2} \cdot \dfrac{V}{A}$

(N/mm², MPa)

예제 21

다음과 같은 편심하중을 받는 직사각형 단면의 최대 압축응력은? (예상)

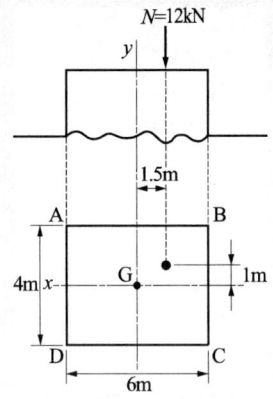

정답 $N = 12\,\text{kN},\ A = 6 \times 4 = 24\,\text{m}^2$

$M_x = Ne_y = 12 \times 1 = 12\,\text{kN}\cdot\text{m},\ M_y = Ne_x = 12 \times 1.5 = 18\,\text{kN}\cdot\text{m}$

$Z_x = \dfrac{bh^2}{6} = \dfrac{6 \times 4^2}{6} = 16\,\text{m}^3,\ Z_y = \dfrac{hb^2}{6} = \dfrac{4 \times 6^2}{6} = 24\,\text{m}^3$

$\sigma_{\max} = -\dfrac{N}{A} - \dfrac{M_x}{Z_x} - \dfrac{M_y}{Z_y} = -\dfrac{12}{24} - \dfrac{12}{16} - \dfrac{18}{24} = -2.0\,\text{kN/m}^2$ (압축응력)

예제 22

그림과 같은 단면의 목재 보가 18 kN·m의 휨모멘트를 받을 때 보의 최소 높이(h)는 얼마가 적당한가? (단, $f_b = 8\,\text{MPa}$이다.) (예상)

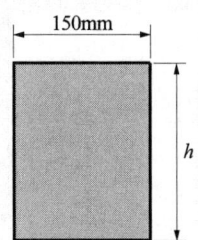

정답 $\sigma_b = \dfrac{M}{Z} = \dfrac{6M}{bh^2} \leq f_b \ \rightarrow\ h^2 \geq \dfrac{6M}{bf_b}$

$\therefore\ h \geq \sqrt{\dfrac{6M}{bf_b}} = \sqrt{\dfrac{6 \times (18 \times 10^6)}{150 \times 8}} = 300\,\text{mm}$

따라서 보의 최소 높이는 300 mm이다.

3) 변형률

(1) 수직변형률

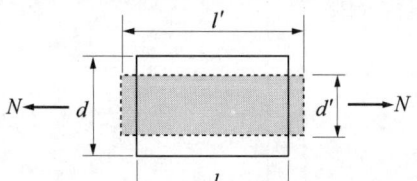

Δl : 변형된 길이(mm)
l : 본래의 부재 길이(mm)
l' : 늘어난 부재 길이(mm)
Δd : 변형된 부재 너비(mm)
d : 본래의 부재 너비(mm)
d' : 늘어난 부재 너비(mm)

【 인장력을 받는 부재의 변형 】

① 세로변형률

$$\varepsilon = \frac{\Delta l}{l} = \frac{l'-l}{l}$$

② 가로변형률(Lateral Strain)

$$\beta = \frac{\Delta d}{d} = \frac{d'-d}{d}$$

(2) 전단변형률

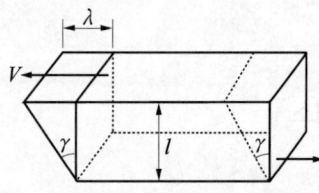

l : 본래의 부재 너비(mm)
λ : 전단변형량(mm)

【 전단변형률과 전단변형량 】

$$\gamma = \frac{\lambda}{l} = \tan\gamma$$

(3) 푸아송비(ν)와 푸아송수(m)

$$\nu = -\frac{\text{가로변형률}}{\text{세로변형률}} = -\frac{\beta}{\varepsilon} = \frac{1}{m}$$

예제 23

구조물에 외력이 작용하여 부재가 그림과 같이 변형하였다. 이 부재의 세로변형률, 가로변형률, 푸아송비, 푸아송수를 구하시오. (예상)

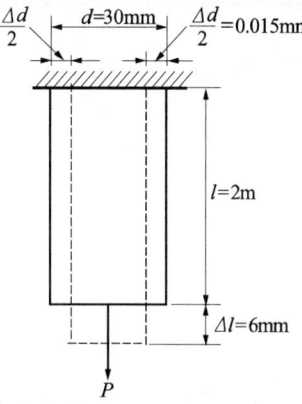

정답
(1) 세로변형률(ε) $\varepsilon = \dfrac{\Delta l}{l} = \dfrac{6}{2,000} = 0.0030$

(2) 가로변형률(β) $\beta = \dfrac{\Delta d}{d} = \dfrac{(-0.03)}{30} = -0.0010$

(3) 푸아송비(ν) $\nu = -\dfrac{가로변형도}{세로변형도} = -\dfrac{\beta}{\varepsilon} = -\dfrac{(-0.0010)}{0.0030}$
  $= 0.3333$

(4) 푸아송수(m) $m = \dfrac{1}{\nu} = 3.00$

예제 24

구조물에 외력이 작용하여 부재가 그림과 같이 변형하였다. 이 부재의 전단변형률을 구하시오. (예상)

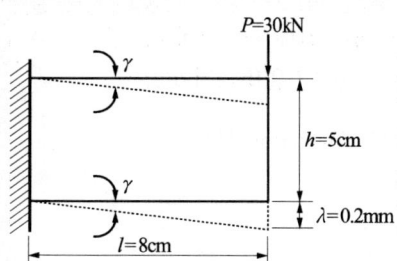

정답 전단변형률(γ) : $\gamma = \dfrac{\lambda}{l} = \dfrac{0.2}{80} = 0.0025 \text{ rad}$

4) 응력-변형률의 관계 (16②)

(1) 강재의 응력-변형률 곡선

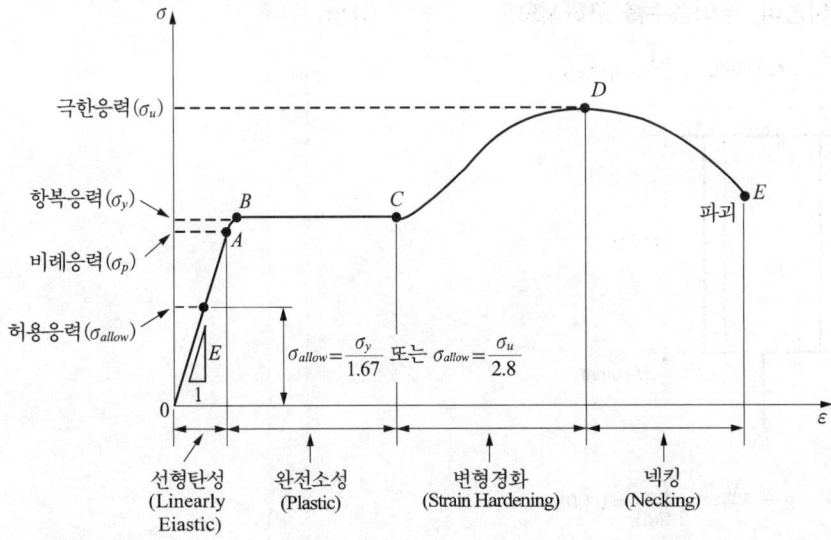

(2) 후크의 법칙

$$\sigma = E\varepsilon$$

(3) 탄성계수 (12①)

$$E = \frac{\sigma}{\varepsilon} = \frac{\left(\dfrac{N}{A}\right)}{\left(\dfrac{\Delta l}{l}\right)} = \frac{N \cdot l}{A \cdot \Delta l}$$

> **핵심 Point**
>
> - 구간 O-A (참고)
>   ① 구간 O-A를 선형탄성영역이라 한다.
>   ② 점 A를 비례한계점이라 하고, 직선 O-A의 기울기를 탄성계수 E라 한다.
>
> - 강재의 응력-변형률 곡선과 관계된 자세한 설명은 'Lesson 03 철근콘크리트구조'에서 하도록 한다.
>   일반적으로 구조역학은 구간 O-A의 선형탄성영역에 대해서 다루어진다.
>
> - 강재의 압축응력, 변형률 및 탄성계수의 산정 (16②)
>   ① 압축응력 :
> $\sigma = \dfrac{N}{A}$ (N/mm², MPa)
>   ② 변형률
> $\varepsilon = \dfrac{\Delta l}{l}$
>   ③ 탄성계수
> $E = \dfrac{\sigma}{\varepsilon}$ (N/mm², MPa)
>
> - 강재의 변형량 산정 (12①)
> $\Delta l = \dfrac{N \cdot l}{E \cdot A}$
>
> - 기호
> σ : 수직응력(N/mm²)
> ε : 수직변형률(무명수)
> N : 축방향력(N)
> A : 단면적(mm²)
> Δl : 변형된 길이(mm)
> l : 본래의 부재 길이(mm)

예제 25

부재길이가 3.5 m이고, 지름이 16 mm인 원형 단면봉에 30 kN의 인장력을 가하여 2.2 mm 늘어났을 때 이 재료의 탄성계수 E 는 약 얼마인가? (예상)

정답 $E = \dfrac{N \cdot l}{A \cdot \Delta l} = \dfrac{(30 \times 10^3) \times (3.5 \times 10^3)}{\left(\dfrac{\pi \times 16^2}{4}\right) \times 2.2} = 237,376 \text{ N/mm}^2 \text{ (MPa)}$

예제 26

철근이 단면적 200 mm^2, 탄성계수 $200,000 \text{ MPa}$, 길이가 10 m 이고, 하중으로 100 kN 의 인장력이 작용할 때 늘어난 길이 Δl 을 구하시오. (예상)

정답 $\Delta l = \dfrac{N \cdot l}{E \cdot A} = \dfrac{(100 \times 10^3) \times (10 \times 10^3)}{200,000 \times 200} = 25.0 \text{ mm}$

2. 단면의 성질

【 단면성능의 종류와 특징 】

단면성능	정의식	단위 및 부호	용도 및 특성
단면1차 모멘트	$S_x = \int_A y\,dA = Ay_0$ $S_y = \int_A x\,dA = Ax_0$	mm^3 $(+), (-)$	• 도심의 위치 계산에 사용된다. • 휨부재의 전단응력 계산에 사용된다.
도심	$x_0 = \dfrac{S_y}{A}$ $y_0 = \dfrac{S_x}{A}$	mm $(+), (-)$	• 기하학적 단면의 중심이다. • 단면1차 모멘트가 영(0)이 되는 임의의 두 축의 교점이다. • 단면의 도심을 지나가는 축을 도심축이라고 한다.
단면2차 모멘트 (관성 모멘트) (12②③, 14①③, 15①, 18②, 20③)	$I_x = \int_A y^2\,dA$ $I_y = \int_A x^2\,dA$	mm^4 $(+)$	• 단면계수, 단면2차 반경, 강도계산, 휨변형, 휨응력, 주응력 계산에 사용한다. • 처짐의 저항성을 나타내는 양 (EI : 휨강성)에 사용한다.
단면계수 (15②, 21③)	$Z_c = \dfrac{I_{xG}}{y_c}$ $Z_t = \dfrac{I_{xG}}{y_t}$	mm^3 $(+)$	• 부재의 휨응력 계산에 사용한다. • 부재의 단면설계에 사용한다.
단면2차 반경 (회전반경) (17③)	$i_x = \sqrt{\dfrac{I_{xG}}{A}}$ $i_y = \sqrt{\dfrac{I_{yG}}{A}}$	mm $(+)$	• 압축재의 설계 때 이용되는 계수이다. • 단면2차 반경이 큰 부재일수록 압축에 대한 저항력이 크다. • 좌굴하중 검토에 사용한다.

핵심 Point

• 임의 축에 대한 단면2차 모멘트 산정 (12②③, 14①③, 15①, 18②, 20③)

• 원형 단면 내에서의 직사각형의 단면계수 산정 (15②, 21③)

• 단면2차 반경으로부터 단면적 산정 (17③)
1. 단면2차 반경 i_x
$$i_x = \sqrt{\dfrac{I_x}{A}}$$
$$i_x^2 = \dfrac{I_x}{A}$$
2. 단면적 A
$$A = \dfrac{I_x}{i_x^2}$$

예제 27

다음 그림과 같은 L형 단면의 단면1차 모멘트 S_x, S_y와 도심 G를 구하라.

(예상)

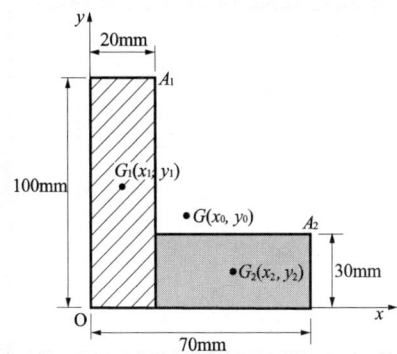

정답 (1) 면적
$$A = A_1 + A_2 = 20 \times 100 + 50 \times 30 = 3,500 \text{ mm}^2$$

(2) 단면1차 모멘트

$$S_x = \int_A y\,dA = A_1 y_1 + A_2 y_2$$
$$= (20 \times 100) \times \left(\frac{100}{2}\right) + (50 \times 30) \times \left(\frac{30}{2}\right) = 122,500 \text{ mm}^3$$

$$S_y = \int_A x\,dA = A_1 x_1 + A_2 x_2$$
$$= (20 \times 100) \times \left(\frac{20}{2}\right) + (50 \times 30) \times \left(20 + \frac{50}{2}\right) = 87,500 \text{ mm}^3$$

(3) 도심

$$y_0 = \frac{S_x}{A} = \frac{A_1 y_1 + A_2 y_2}{A_1 + A_2} = \frac{122,500}{3,500} = 35 \text{ mm}$$

$$x_0 = \frac{S_y}{A} = \frac{A_1 x_1 + A_2 x_2}{A_1 + A_2} = \frac{87,500}{3,500} = 25 \text{ mm}$$

$$\therefore G(x_0, y_0) = G(25 \text{ mm}, 35 \text{ mm})$$

예제 28

다음 그림과 같은 단면에 대한 x축 y축에 대한 단면2차 모멘트의 비 $\dfrac{I_x}{I_y}$는 얼마인가? (2점)   •12 ③, 15 ①, 18 ②

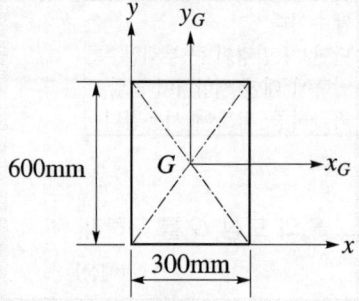

정답 (1) x축에 대한 단면2차 모멘트 I_x

$$I_x = I_{xG} + A y^2 = \frac{300 \times 600^3}{12} + (300 \times 600) \times 300^2$$
$$= 21,600 \times 10^6 \text{ mm}^4$$

(2) y축에 대한 단면2차 모멘트 I_y

$$I_y = I_{yG} + A x^2 = \frac{600 \times 300^3}{12} + (600 \times 300) \times 150^2$$
$$= 5,400 \times 10^6 \text{ mm}^4$$

(3) 단면2차 모멘트의 비 $\dfrac{I_x}{I_y}$

$$\frac{I_x}{I_y} = \frac{21,600 \times 10^6}{5,400 \times 10^6} = 4.0$$

예제 29

다음 그림과 같은 단면에서 x축에 대한 단면2차 모멘트를 구하시오. (2점)

•12 ②

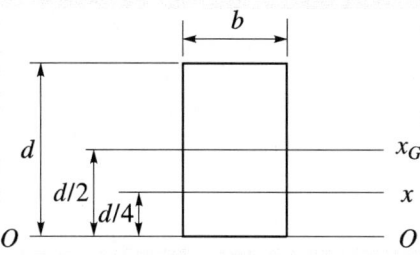

정답 $I_x = I_{xG} + Ay^2 = \dfrac{bd^3}{12} + (bd) \times \left(\dfrac{d}{2} - \dfrac{d}{4}\right)^2 = \dfrac{7bd^3}{48}$

예제 30

다음 그림과 같은 직사각형 단면의 단면계수는? (예상)

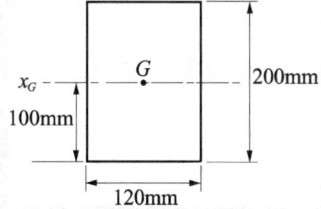

정답 (1) 도심축에 대한 단면2차 모멘트

$I_{xG} = \dfrac{120 \times 200^3}{12} = 80 \times 10^6 \, \text{mm}^4$

(2) 단면계수

$Z = \dfrac{I_{xG}}{y} = \dfrac{80 \times 10^6}{100} = 800 \times 10^3 \, \text{mm}^3$

예제 31

다음 그림과 같은 단면의 x_G축, y_G축에 대한 단면2차 반경은 얼마인가?

(예상)

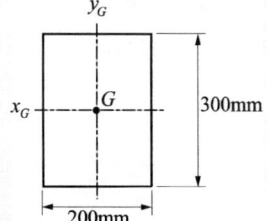

정답 (1) 도심축에 대한 단면2차 모멘트

$$I_{xG} = \frac{200 \times 300^3}{12} = 450 \times 10^6 \, mm^4$$

$$I_{yG} = \frac{300 \times 200^3}{12} = 200 \times 10^6 \, mm^4$$

(2) 도심축에 대한 단면2차 반경

$$i_{xG} = \sqrt{\frac{I_{xG}}{A}} = \sqrt{\frac{450 \times 10^6}{200 \times 300}} = 86.6 \, mm$$

$$i_{yG} = \sqrt{\frac{I_{yG}}{A}} = \sqrt{\frac{200 \times 10^6}{200 \times 300}} = 57.7 \, mm$$

※ 4 구조물의 변형

1. 탄성하중법 (22①)

1) 개요

① 탄성하중법은 처짐각(기울기)과 처짐 산정을 위해 모멘트면적법을 간접적으로 적용한 것으로 공액보법이라고 한다.

② $\frac{M}{EI}$의 하중을 받는 보를 공액보라 한다.

③ $\frac{M}{EI}$의 하중을 받는 공액보에서 공액보의 전단력은 실제 보의 처짐각이며, 공액보의 휨모멘트는 실제 보의 처짐이다.

2) 해석방법

(1) 실제 보의 BMD를 작성한다.

(2) $\frac{M}{EI}$을 작성한다.

(3) 실제 보에서 지점 및 절점의 변화가 필요한 경우 변환한다.

(4) 공액보에 $\frac{M}{EI}$ 하중을 재하한다.

(5) 공액보에서 임의점의 전단력이 실제 보에서 점의 처짐각이다.

(6) 공액보에서 임의점의 휨모멘트가 실제 보에서 점의 처짐이다.

핵심 Point

● 탄성하중법에서 지점의 변환 (참고)
① 고정단 → 자유단
② 자유단 → 고정단
③ 내부 지점 → 내부 힌지
④ 내부 힌지 → 내부 지점

● 모멘트하중에 대한 단순보의 처짐각 (22①)

예제 32

다음 그림과 같은 단순보에서 θ_A, θ_B, Δ_C를 계산하시오. (단, EI는 일정하다.) (4점)

(예상)

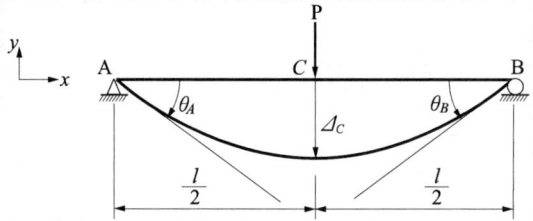

정답 (1) 실제 보의 BMD(휨모멘트도)

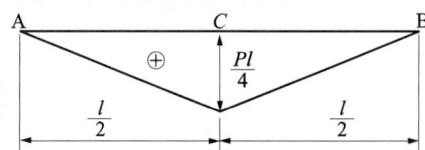

(2) $\dfrac{M}{EI}$을 하중으로 재하

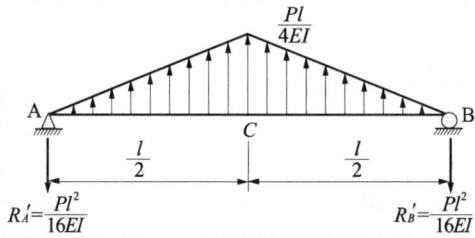

(3) 처짐각 θ_A, θ_B의 산정(θ_A는 공액보에서 점 A의 전단력)

$$R_A' = \frac{1}{2} \times \left(\frac{Pl}{4EI}\right) \times \left(\frac{l}{2}\right) = \frac{Pl^2}{16EI} \; (\downarrow)$$

$$\therefore \theta_A = V_A' = -\frac{Pl^2}{16EI} \qquad \text{(시계방향)}$$

실제 보의 θ_B는 공액보에서 점 B의 전단력이다.

$$\therefore \theta_B = V_B' = -\frac{Pl^2}{16EI} + \frac{1}{2} \times \left(\frac{Pl}{4EI}\right) \times \left(\frac{l}{2}\right) \times 2 = \frac{Pl^2}{16EI}$$

(반시계방향)

(4) 처짐 Δ_C의 산정(Δ_C는 공액보에서 점 C의 휨모멘트)

$$M_C' = -\frac{Pl^2}{16EI} \times \left(\frac{l}{2}\right) + \frac{1}{2} \times \left(\frac{Pl}{4EI}\right) \times \left(\frac{l}{2}\right) \times \left(\frac{l}{2} \times \frac{1}{3}\right) = -\frac{Pl^3}{48EI}$$

$$\therefore \Delta_C = M_C' = -\frac{Pl^3}{48EI} \qquad \text{(하향)}$$

예제 33

다음 그림과 같은 단순보에서 θ_A, θ_B, Δ_C를 계산하시오. (단, EI는 일정하다.)

(예상)

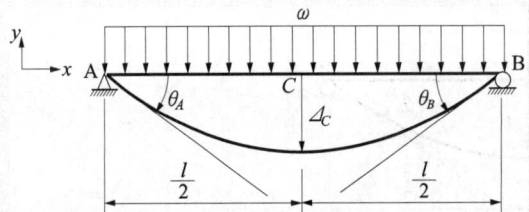

정답 (1) 실제 보의 BMD(휨모멘트도)

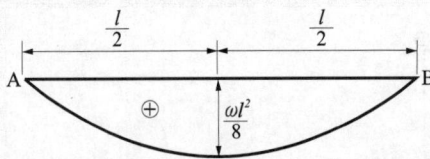

(2) $\dfrac{M}{EI}$을 하중으로 재하

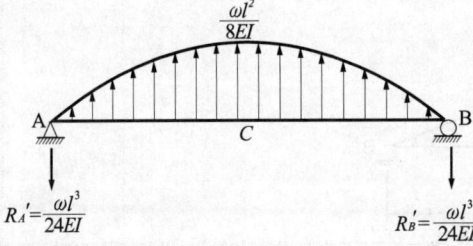

(3) 처짐각 θ_A, θ_B의 산정(θ_A는 공액보에서 점 A의 전단력)

$$R_A' = \frac{2}{3} \times \left(\frac{wl^2}{8EI}\right) \times \left(\frac{l}{2}\right) = \frac{wl^3}{24EI} \ (\downarrow)$$

$$\therefore \theta_A = V_A' = -\frac{wl^3}{24EI} \quad \text{(시계방향)}$$

실제 보의 θ_B는 공액보에서 점 B의 전단력이다.

$$\therefore \theta_B = V_B' = -\frac{wl^3}{24EI} + \frac{2}{3} \times \left(\frac{wl^2}{8EI}\right) \times \left(\frac{l}{2}\right) \times 2 = \frac{wl^3}{24EI}$$

(반시계방향)

(4) 처짐 Δ_C의 산정(Δ_C는 공액보에서 점 C의 휨모멘트)

$$M_C' = -\frac{wl^3}{24EI} + \frac{2}{3} \times \left(\frac{wl^2}{8EI}\right) \times \left(\frac{l}{2}\right) \times \left(\frac{3}{16}l\right) = -\frac{5wl^4}{384EI}$$

$$\therefore \Delta_C = M_C' = -\frac{5wl^4}{384EI} \quad \text{(하향)}$$

예제 34

다음 캔틸레버보에서 점 B의 처짐각과 처짐을 구하라. (단, EI는 일정하다.)

(예상)

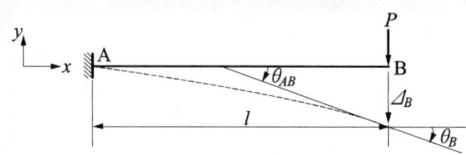

정답 (1) 실제 보의 BMD(휨모멘트도)

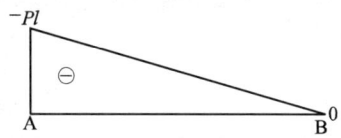

(2) 실제 보를 공액보로 변환(고정단↔자유단)한 후 $\dfrac{M}{EI}$을 하중으로 재하

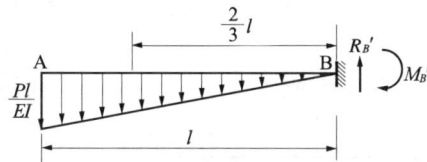

(3) 처짐각 θ_B의 산정(θ_B는 공액보에서 점 B의 전단력)

$$\therefore \theta_B = V_B' = -\dfrac{1}{2} \times \left(\dfrac{Pl}{EI}\right) \times (l) = -\dfrac{Pl^2}{2EI} \quad \text{(시계방향)}$$

(4) 처짐 Δ_B의 산정(Δ_B는 공액보에서 점 B의 휨모멘트)

$$\therefore \Delta_B = M_B' = -\dfrac{Pl^2}{2EI} \times \left(\dfrac{2}{3}l\right) = -\dfrac{Pl^3}{3EI} \quad \text{(하향)}$$

핵심 Point

3. 보의 처짐각 및 최대 처짐 공식 (12①, 14②, 16②, 20① ②)

【 하중 상태에 따른 보의 처짐각 및 최대 처짐 】

구분	하중 상태	처짐각 (θ)	최대 처짐 (Δ_{max})	최대 휨모멘트 (M_{max})
단순보	(P, 중앙집중)	$\theta_A = -\dfrac{Pl^2}{16EI}$ $\theta_B = \dfrac{Pl^2}{16EI}$	$\Delta_C = -\dfrac{Pl^3}{48EI}$	$M_{max} = \dfrac{Pl}{4}$
단순보	(등분포 ω)	$\theta_A = -\dfrac{wl^3}{24EI}$ $\theta_B = \dfrac{wl^3}{24EI}$	$\Delta_C = -\dfrac{5wl^4}{384EI}$	$M_{max} = \dfrac{wl^2}{8}$
캔틸레버보	(자유단 P)	$\theta_A = \dfrac{Pl^2}{2EI}$ $\theta_B = 0$	$\Delta_A = -\dfrac{Pl^3}{3EI}$	$M_{max} = -Pl$
캔틸레버보	(등분포 ω)	$\theta_A = \dfrac{wl^3}{6EI}$ $\theta_B = 0$	$\Delta_A = -\dfrac{wl^4}{8EI}$	$M_{max} = -\dfrac{wl^2}{2}$

(주1) 위의 표에서 좌표계는 $\overset{y}{\underset{}{\longrightarrow}} x$ 이다.

> ● 단순보에 집중하중이 작용할 경우 처짐각과 처짐의 계산 (12①, 20②)
>
> ● 단순보에 등분포하중이 작용할 경우 최대 처짐 산정 (16②, 20①)
>
> ● 캔틸레버보에 집중하중과 등분포하중이 역방향으로 작용할 경우의 처짐이 영(0)이 되기 위한 조건 (14②)
>
> $$\dfrac{Pl^3}{3EI} = \dfrac{wl^4}{8EI}$$

※5 부정정 구조물의 해석

1. 변위일치법

1) 개요

(1) 변위일치법은 구조물의 경계조건의 원리를 이용하여 부정정구조물을 해석하는 방법이다.

(2) 부정정구조물에서 지점의 미지반력을 부정정여력으로 하여 실제보에서 제거한 정정구조물을 만들어 기존 하중에 의한 변형(처짐 및 처짐각)을 산출한다. 그리고 제거하였던 부정정여력을 정정구조물의 동일한 지점에 가하여 변형(처짐 및 처짐각)을 산출한다. 이들 두 변형을 일치시킴으로서 미지반력(부정정여력)을 구할 수 있다.

(3) 변위일치(변형일치)는 두 변형이 일치하여 변형이 일어나지 않는 실제구조물의 평형상태를 나타낸 것이다.

> ● 부정정 구조물의 정의 (참고)
> 구조물의 반력과 단면력을 정역학적 힘의 평형방정식인 $\Sigma X = 0$, $\Sigma Y = 0$, $\Sigma M = 0$로는 산정할 수 없고, 구조물의 변형이나 지점의 변형에 대한 구속조건을 이용하여 반력과 단면력을 산정할 수 있는 구조물
>
> ● 구조물의 경계조건 (참고)
> ① 이동 또는 회전지점에서는 처짐이 영(0)이다.
> ② 고정지점에서는 처짐 및 처짐각이 영(0)이다.

2) 변위일치법에 의한 해석방법 (19②)

(1) 처짐을 이용하는 방법

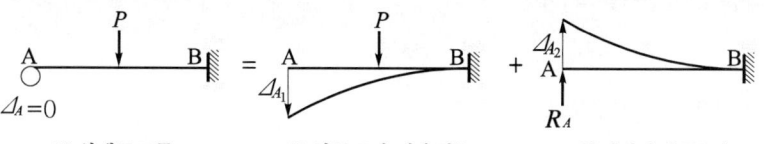

(a) 실제구조물 (b) 하중 P만 작용하는 정정구조물 (c) 부정정반력 R_A만 작용하는 정정구조물

$$\Delta_A = \Delta_{A1} + \Delta_{A2} = 0$$

(2) 처짐각을 이용하는 방법

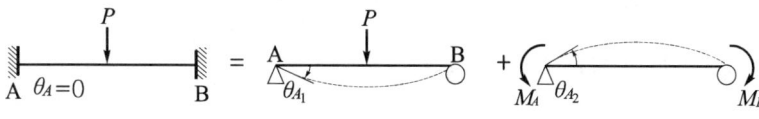

(a) 실제구조물 (b) 하중 P만 작용하는 정정구조물 (c) 부정정반력 M_A, M_B만 작용하는 정정구조물

$$\theta_A = \theta_{A1} + \theta_{A2} = 0$$

핵심 Point

- 기호
  - Δ_A : 실제구조물에서 작용하중 및 부정정반력 R_A에 의한 A점의 처짐
  - Δ_{A1} : 정정구조물에서 부정정반력(지점반력)을 제거하고, 작용하중만에 의한 A점의 하향 처짐
  - Δ_{A2} : 정정구조물에서 부정정반력(지점반력)에 의한 A점의 상향 처짐
  - θ_A : 실제구조물에서 작용하중 및 부정정반력 M_A에 의한 A점의 처짐각
  - θ_{A1} : 정정구조물에서 부정정반력(지점반력)을 제거하고, 작용하중만에 의한 A점의 처짐각
  - θ_{A2} : 정정구조물에서 부정정반력(지점반력)에 의한 A점의 처짐각

- 변위일치접을 이용한 부정정보의 반력 산정 (19②)

예제 35

다음 일단고정, 타단회전인 부정정보에서 하중이 작용할 때 A점, B점의 반력을 구하시오. (단, EI는 일정하다.) (예상)

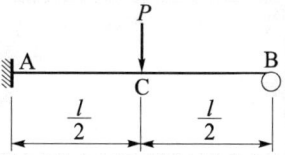

정답 (1) 구조물의 변형일치

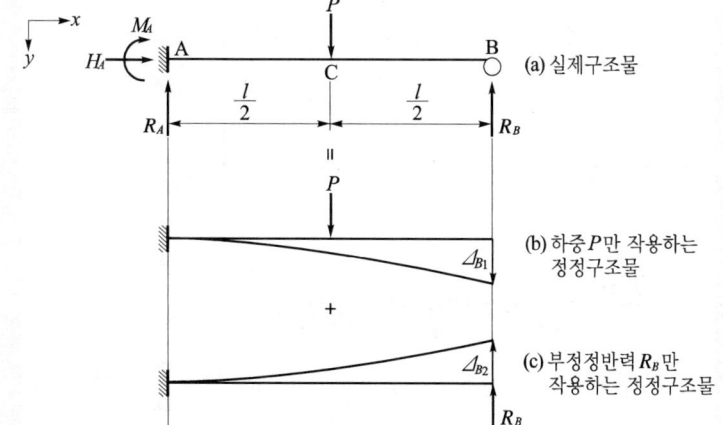

(a) 실제구조물

(b) 하중 P만 작용하는 정정구조물

(c) 부정정반력 R_B만 작용하는 정정구조물

(2) 적합방정식
지점 B의 처짐, $\Delta_B = 0$이므로 $\Delta_B = \Delta_{B1} + \Delta_{B2} = 0$이다.

(3) 하중 P만 작용하는 정정구조물의 처짐
$$\Delta_{B1} = \frac{5Pl^3}{48EI} \qquad \text{(하향)}$$

(4) 부정정반력 R_B만 작용하는 정정구조물의 처짐
$$\Delta_{B2} = -\frac{R_B l^3}{3EI} \qquad \text{(상향)}$$

(5) 실제구조물의 지점반력 산정

① $\Delta_B = 0 : \Delta_B = \Delta_{B1} + \Delta_{B2} = \frac{5Pl^3}{48EI} - \frac{R_B l^3}{3EI} = 0 \quad \therefore R_B = \frac{5P}{16}$

② $\Sigma Y = 0(+; \uparrow) : \Sigma Y = R_A - P + R_B = 0 \qquad \therefore R_A = \frac{11P}{16}$

③ $\Sigma M = 0(+; \curvearrowleft) : \Sigma M_A = M_A + P \times \frac{l}{2} - R_B \times l = 0$

$\therefore M_A = -\frac{3Pl}{16}$

예제 36

다음 양단고정인 부정정보에서 하중이 작용할 때 A점, B점의 모멘트반력 M_A, M_B을 구하시오. 또한 C점의 처짐 Δ_C를 구하시오. (단, EI는 일정하다.)

(예상)

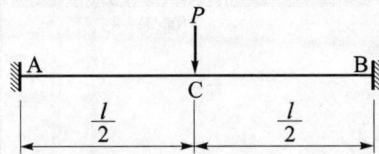

정답 (1) 구조물의 변형일치

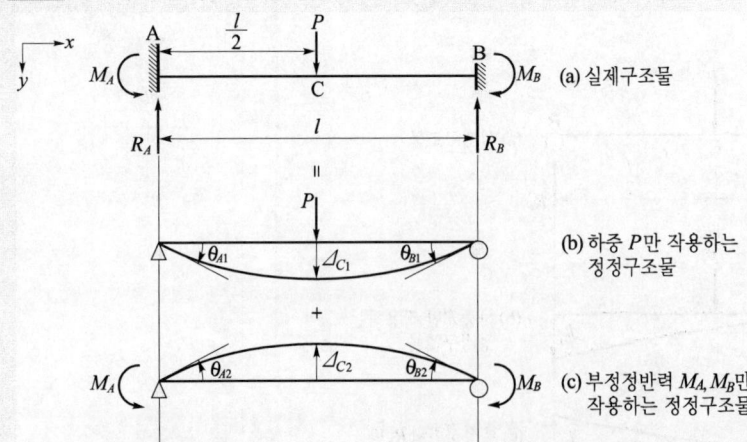

(a) 실제구조물

(b) 하중 P만 작용하는 정정구조물

(c) 부정정반력 M_A, M_B만 작용하는 정정구조물

(2) 적합방정식
지점 A의 처짐각, $\theta_A = 0$이므로 $\theta_A = \theta_{A1} + \theta_{A2} = 0$이다.

(3) 하중 P만 작용하는 정정구조물의 처짐각

$$\theta_{A1} = \frac{Pl^2}{16EI} \qquad \text{(시계방향)}$$

(4) 부정정반력 M_A만 작용하는 정정구조물의 처짐각

$$\theta_{A2} = -\frac{M_A l}{2EI} \qquad \text{(반시계방향)}$$

(5) 실제구조물의 지점반력 산정

① $\theta_A = 0 : \theta_A = \theta_{A1} + \theta_{A2} = \frac{Pl^2}{16EI} - \frac{M_A l}{2EI} = 0 \quad \therefore M_A = \frac{Pl}{8}$

② 좌우대칭으로부터 $M_B = M_A = \dfrac{Pl}{8}$

(6) 처짐 산정

① 하중 P만 작용하는 정정구조물의 C점 처짐

$$\Delta_{C1} = \frac{Pl^3}{48EI} \qquad \text{(하향)}$$

② 부정정반력 M_A만 작용하는 정정구조물의 C점 처짐

$$\Delta_{C2} = -\frac{M_A l^2}{8EI} = -\left(\frac{Pl}{8}\right)\left(\frac{l^2}{8EI}\right) = -\frac{Pl^3}{64EI} \qquad \text{(상향)}$$

③ 실제보의 C점 처짐

$$\Delta_C = \Delta_{C1} + \Delta_{C2} = \frac{Pl^3}{48EI} - \frac{Pl^3}{64EI} = \frac{Pl^3}{192EI} \qquad \text{(하향)}$$

2. 처짐각법

1) 개요

구조물에 작용하는 하중에 의한 구조물의 변형량을 미지수로 하고 부재의 응력과 각 부재의 변형과의 관계를 평형조건식을 이용하여 부재력과 반력을 구하는 방법이다.

2) 처짐각법의 용어 및 부호

(1) 재단모멘트(M_{ij})

① M_{AB} : AB부재의 A단에 작용하는 모멘트

② M_{BA} : AB부재의 B단에 작용하는 모멘트

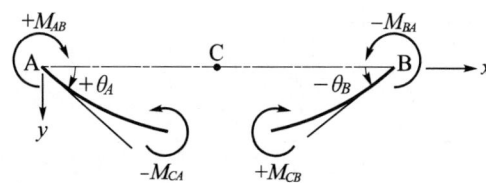

(2) 절점각(절점회전각, 절점처짐각 : θ_i)

① θ_A : A단의 절점각   ② θ_B : B단의 절점각

(3) 부재각(부재회전각 : R)

$$R = \frac{\Delta}{l}$$

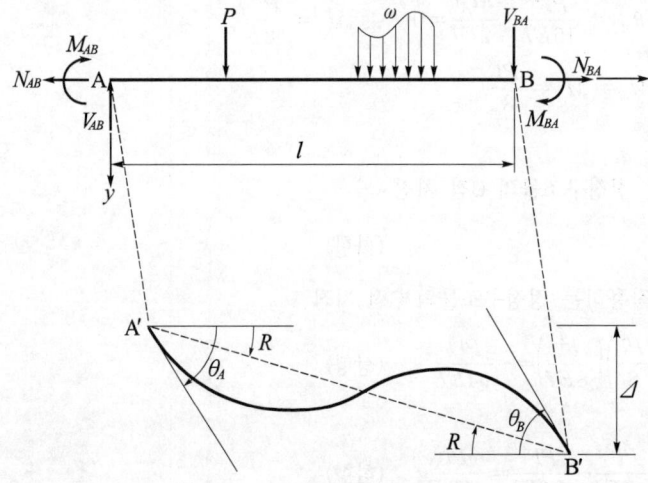

● 하중항 (참고)
부재에 하중이 작용할 때 단부를 고정(즉, 처짐각 = 0)하는데 필요한 재단의 고정단모멘트, 즉 반력모멘트이다.

(4) 하중항(C 및 H)

① C_{AB} : 양단이 고정일 때 A 단의 재단모멘트
② C_{BA} : 양단이 고정일 때 B 단의 재단모멘트
③ H_{AB} : A단 고정, B단 힌지일 때 A 단의 재단모멘트
④ H_{BA} : B단 고정, A단 힌지일 때 B 단의 재단모멘트

【 하중항표(고정단모멘트표) 】

하중상태	C : 양단고정		H : 일단고정, 타단힌지	
	C_{AB}	C_{BA}	H_{AB} (A단고정)	H_{BA} (B단고정)
P 가 중앙 ($l/2, l/2$)	$-\dfrac{Pl}{8}$	$\dfrac{Pl}{8}$	$-\dfrac{3Pl}{16}$	$\dfrac{3Pl}{16}$
P (a, b)	$-\dfrac{Pab^2}{l^2}$	$\dfrac{Pa^2b}{l^2}$	$-\dfrac{Pab}{2l^2} \times (l+b)$	$-\dfrac{Pab}{2l^2} \times (l+a)$
ω 등분포	$-\dfrac{wl^2}{12}$	$\dfrac{wl^2}{12}$	$-\dfrac{wl^2}{8}$	$\dfrac{wl^2}{8}$

Lesson 02

(5) 강도와 강비

① 강도(K)

$$K = \frac{I}{l} \text{ (mm}^3\text{)}$$

② 표준강도(K_0) : 임의 표준재의 강도를 표준강도라 한다.

③ 강비(k)

$$k = \frac{K}{K_0}$$

3) 처짐각법의 해석방법

(1) 처짐각법의 계산과정

① 미지수(절점각 θ, 부재각 R)를 선정한다.
② 강도에 의한 강비와 하중항을 계산한다.
③ 각 부재마다 처짐각의 기본식을 정한다.
④ 절점방정식(각 절점마다 1개의 식)이나 층방정식(라멘에서 각 층마다 1개의 식)을 세운다.
⑤ 절점방정식과 층방정식을 연립시켜 미지수(절점각 θ, 부재각 R)를 구한다.
⑥ 이 미지수를 기본식(실용식)에 대입하여 재단모멘트를 구한다.
⑦ 각 부재별 재단모멘트와 평형조건에 따라 전체 구조물의 반력 및 단면력 등을 산정한다.

(2) 처짐각법의 공식

① 기본식(휨강성이 K 또는 I 및 l로 주어질 때 사용)

$$M_{AB} = 2EK_{AB}(2\theta_A + \theta_B - 3R) + C_{AB}$$
$$M_{BA} = 2EK_{BA}(2\theta_B + \theta_A - 3R) + C_{BA}$$

② 실용식(휨강성이 강비 k로 주어질 때 사용)

$$M_{AB} = k_{AB}(2\phi_A + \phi_B + \psi) + C_{AB}$$
$$M_{BA} = k_{BA}(2\phi_B + \phi_A + \psi) + C_{BA}$$

(3) 절점방정식(모멘트식)

한 절점에 모인 각 부재의 재단모멘트의 합은 그 절점에 작용하는 휨 모멘트와 평형을 이룬다.

핵심 Point

● 기호
I : 단면2차 모멘트 (mm^4)
l : 부재의 길이 (mm)
K_0 : 임의 표준강도

● 기호
$\phi_A = 2EK_0\,\theta_A$
$\phi_B = 2EK_0\,\theta_B$
$\psi = 2EK_0\,(-3R)$
$K_0 = K_{AB}/k_{AB}$

① 절점에 모멘트 M이 작용할 경우

$$M_{AB} + M_{AC} + M_{AD} + M_{AE} = M$$

② 절점에 모멘트 M이 작용하지 않을 경우

$$M_{AB} + M_{AC} + M_{AD} + M_{AE} = 0$$

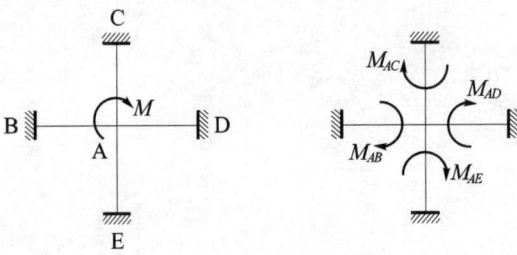

예제 37

그림과 같은 구조에서 기둥(AD)에 압축력만 생기게 하려면 A점에서 내민 부재길이 x의 값은 얼마인가? (예상)

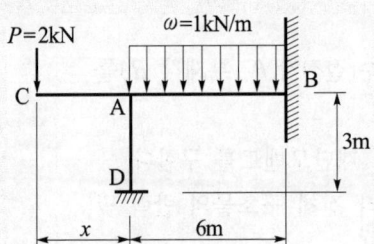

정답 A점을 중심으로 기둥에는 모멘트가 없으므로 보의 재단모멘트인 M_{AC}와 M_{AB}의 합은 영(0)이다. 또는 $|M_{AC}| = |M_{AB}|$ 이다.

$$2x = \frac{wl^2}{12} = \frac{1 \times 6^2}{12} \qquad \therefore\ x = 1.5\text{m}$$

(4) 층방정식(전단력식)

① 개요

라멘 구조물에서 수평하중이 작용하여 절점이 이동할 때에는 절점각(θ) 이외에 부재각(R)이 미지수로 추가된다. 이와 같이 수평하중이 작용하는 라멘의 보 부재에서는 회전은 일어나지 않고 기둥의 부재각이 각 층마다 공통으로 층수에 해당하는 미지수가 증가된다. 따라서 층수에 해당하는 층방정식이 필요하다.

② 층방정식의 유도(2층 구조물의 경우)

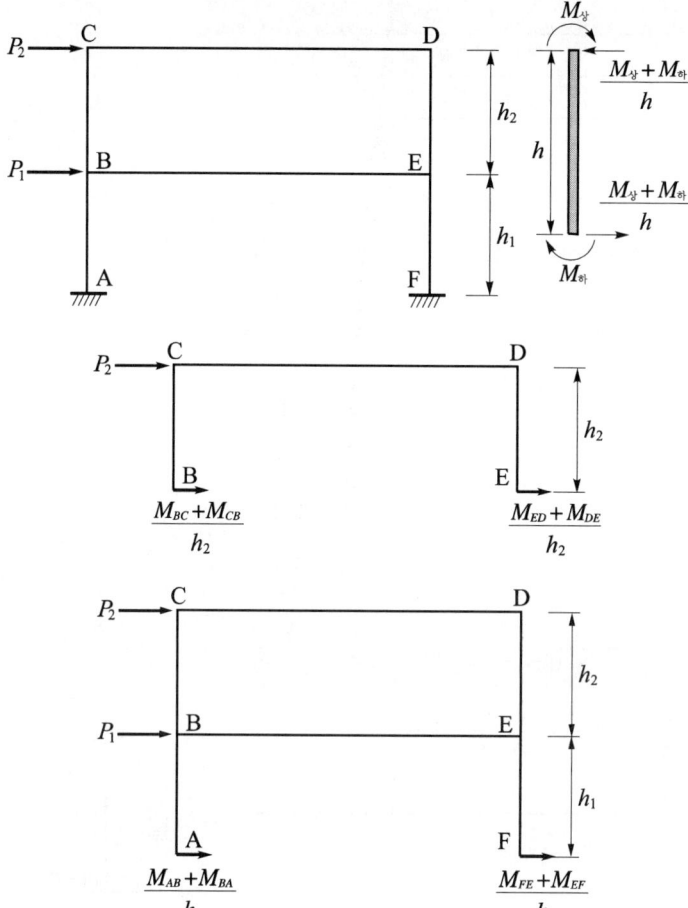

㉠ 제2층의 층전단력

2층 부분 자유물체도에서 수평방향 평형조건식은

$$\Sigma X = \frac{M_{BC}+M_{CB}}{h_2} + \frac{M_{ED}+M_{DE}}{h_2} + P_2 = 0$$

또는 $\Sigma M = (M_{BC}+M_{CB}) + (M_{ED}+M_{DE}) + P_2 h_2 = 0$

㉡ 제1층의 층전단력

1층+2층 부분 자유물체도에서 수평방향 평형조건식은

$$\Sigma X = \frac{M_{AB}+M_{BA}}{h_1} + \frac{M_{FE}+M_{EF}}{h_1} + P_1 + P_2 = 0$$

또는 $\Sigma M = (M_{AB}+M_{BA}) + (M_{FE}+M_{EF}) + (P_1+P_2)h_1 = 0$

(5) 미지수와 방정식수

미지수	방정식수
처짐각 θ(또는 ϕ)	절점의 수와 같은 절점방정식
부재각 R(또는 ψ)	층의 수와 같은 층방정식

예제 38

다음 오른쪽 그림과 같은 라멘의 재단모멘트를 산정하고 휨모멘트를 작도하시오.
(예상)

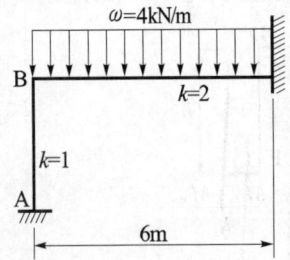

● 구조물의 변형 (참고)

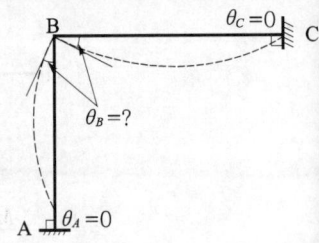

정답 (1) 미지수

절점	성질	부재각 및 처짐각	비고
A, C	회전 없음	$\phi_A = \phi_C = 0$	–
B	이동 없음	$\psi = 0$	–
	회전 있음	$\phi_B = ?$	미지수 1개

(2) 하중항

① $C_{AB} = C_{BA} = 0$

② $C_{BC} = -\dfrac{wl^2}{12} = -\dfrac{4 \times 6^2}{12} = -12 \text{ kN} \cdot \text{m}$

③ $C_{CB} = \dfrac{wl^2}{12} = 12 \text{ kN} \cdot \text{m}$

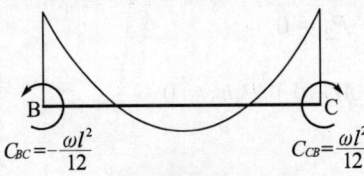

【하중도】

(3) 실용식

$M_{AB} = k_{AB}(2\phi_A + \phi_B + \psi) + C_{AB} = 1 \times (0 + \phi_B + 0) + 0 = \phi_B$

$M_{BA} = k_{BA}(2\phi_B + \phi_A + \psi) + C_{BA} = 1 \times (2\phi_B + 0 + 0) + 0 = 2\phi_B$

$M_{BC} = k_{BC}(2\phi_B + \phi_C + \psi) + C_{BC}$
$= 2 \times (2\phi_B + 0 + 0) - 12 = 4\phi_B - 12$

$M_{CB} = k_{CB}(2\phi_C + \phi_B + \psi) + C_{CB}$
$= 2 \times (0 + \phi_B + 0) + 12 = 2\phi_B + 12$

(4) 절점방정식(B절점)

$M_{BA} + M_{BC} = 2\phi_B + (4\phi_B - 12) = 0$ ∴ $\phi_B = 2\text{kN} \cdot \text{m}$

(5) 재단모멘트

$M_{AB} = \phi_B = 2\text{kN} \cdot \text{m}$

$M_{BA} = 2\phi_B = 4\text{kN} \cdot \text{m}$

$M_{BC} = 4\phi_B - 12 = -4\text{kN} \cdot \text{m}$

$M_{CB} = 2\phi_B + 12 = 16\text{kN} \cdot \text{m}$

(6) 휨모멘트도

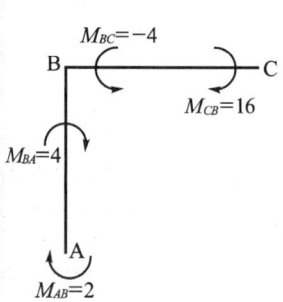

【재단모멘트(단위 : kN·m)】

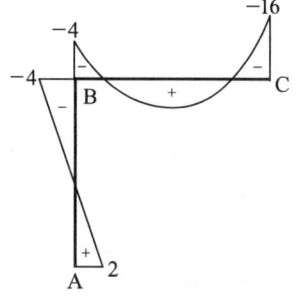

【휨모멘트도(단위 : kN·m)】

핵심 Point

- 재단모멘트의 부호규약 (참고)
  ① 시계방향 : 양(+)
  ② 반시계방향 : 음(−)

- 휨모멘트의 부호규약 좌우 구분 없이 (참고)
  ① 아랫방향으로 휨
  ② 윗방향으로 휨

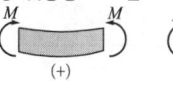 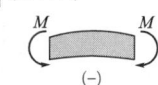

- 부재의 좌측에서는 재단모멘트와 휨모멘트의 부호가 같고, 우측에서는 서로 반대가 된다.

3. 모멘트분배법 (15②)

1) 용어 및 부호

(1) 강비(k)와 유효강비(등가강비 : k_e)

① 강비(k)는 부재의 양단이 고정단인 경우를 기준한다.

② 유효강비(k_e)는 부재의 일단이 힌지인 부재 등인 경우 사전에 부재의 강비를 양단고정인 상태와 같은 강비로 환산한 후 양단고정인 부재와 동일하게 취급하는 것이다.

- 모멘트분배법 (참고)
  모멘트분배법은 반복적인 계산을 통해 부정정 연속보와 라멘의 재단모멘트를 구할 수 있는 근사해석법이다.

- 모멘트분배법을 이용한 도달(전달)모멘트 계산 (15②)

【단부 조건 및 휨모멘트의 분포에 따른 유효강비와 도달율】

조건	휨모멘트의 분포	유효강비 (등가강비)	도달율 (전달율)
B단이 고정인 경우	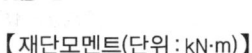	$1k$	$\dfrac{1}{2}$
B단이 핀인 경우		$\dfrac{3}{4}k$	0

(2) 고정단모멘트(FEM)

부재의 양단을 고정된 상태로 가정할 경우 발생되는 부재의 단부모멘트이다. 처짐각법의 하중항과 동일한 개념이다.

$$FEM = C$$

하중형태	최대 처짐	고정단모멘트(FEM)
A─┤P├─B, l/2, l/2	$\Delta_{max} = \dfrac{Pl^3}{192EI}$	$M_A = -\dfrac{Pl}{8}$ $M_B = \dfrac{Pl}{8}$
A─┤P├─B, l/2, l/2	$\Delta_{max} = \dfrac{Pl^3}{48\sqrt{5}\,EI}$	$M_A = -\dfrac{3Pl}{16}$
A↓↓↓↓↓↓↓B, ω, l	$\Delta_{max} = \dfrac{wl^4}{384EI}$	$M_A = -\dfrac{wl^2}{12}$ $M_B = \dfrac{wl^2}{24}$
A↓↓↓↓↓↓↓B, ω, l	$\Delta_{max} = \dfrac{5wl^4}{184.6EI}$	$M_A = -\dfrac{wl^2}{8}$

(주) 고정단모멘트에서 점 A의 모멘트는 반시계방향이므로 음(−), 점 B의 모멘트는 시계방이므로 양(+)이다.

(3) 고정모멘트(불균형모멘트, 절점회전 구속모멘트 : M_u)

부재 절점을 고정시키기 위해 절점에 가해지는 모멘트이다. 고정단모멘트(FEM)의 합이다.

$$M_u = \Sigma FEM = \Sigma C$$

(4) 해방모멘트(해제모멘트, $\overline{M}$)

해방모멘트는 고정모멘트(M_u)로 구속된 절점을 원래의 상태로 해방하기 위하여 반대로 가해지는 모멘트이다.

$$\overline{M} = -M_u = -\Sigma FEM = -\Sigma C$$

(5) 분배율과 분배모멘트 (16①)

① 분배율(DF, μ)

$$DF = \mu = \dfrac{k}{\Sigma k}$$

핵심 Point

● 모멘트분배법의 해석순서 (참고)
① 분배율(DF, μ) :
$$DF = \mu = \dfrac{k}{\Sigma k}$$
② 고정단모멘트(FEM) :
$FEM = C$
③ 고정모멘트(M_u) :
$M_u = \Sigma FEM = \Sigma C$
④ 해방모멘트($\overline{M}$) :
$\overline{M} = -M_u = -\Sigma FEM = -\Sigma C$
⑤ 분배모멘트(DM, M') :
$DM = M' = DF \times \overline{M} = \dfrac{k}{\Sigma k} \times \overline{M}$
⑥ 도달모멘트(CM, M'') :
$CM = M'' = \dfrac{1}{2} \times DM = \dfrac{1}{2} \times M'$
⑦ 재단모멘트(FM) :
$FM = FEM + DM + CM$
$= C + M' + M''$
⑧ 각 부재의 재단모멘트와 평형조건을 사용하여 전체 구조물의 반력 및 단면력 산정

● 라멘 구조에서 모멘트 분배율 산정 (16①)

● 기호
k : 부재의 유효강비
Σk : 절점에 강접된 모든 부재의 유효강비 합

② 분배모멘트(DM, M') : 해방모멘트 $\overline{M}$를 각 재단의 분배율에 따라 분배한 모멘트이다.

$$DM = M' = DF \times \overline{M} = \mu \times \overline{M} = \frac{k}{\Sigma k} \times \overline{M}$$

(6) 도달율(CF)과 도달모멘트(CM, M'')

타단이 고정단인 부재 단부에는 분배된 모멘트의 1/2이 도달된다. 만약 타단이 힌지이거나 자유단이면 모멘트는 도달될 수 없다.

$$CM = M'' = \frac{1}{2} \times DM = \frac{1}{2} \times M'$$

(7) 재단모멘트(FM)

재단모멘트(FM)는 고정단모멘트(FEM), 분배모멘트(DM) 및 도달모멘트(CM)의 합이다.

예제 39

모멘트분배법으로 점 A와 B에 발생하는 모멘트를 구하여라.   (예상)

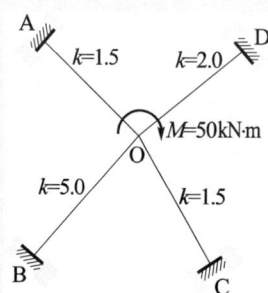

정답 (1) 분배율(DF, $k/\Sigma k$)

$$DF_{OA} = \frac{1.5}{1.5 + 5.0 + 1.5 + 2.0} = 0.15$$

$$DF_{OB} = \frac{5.0}{1.5 + 5.0 + 1.5 + 2.0} = 0.5$$

(2) 고정모멘트(M_u)

$M_u = 50 \text{ kN} \cdot \text{m}$

(3) 해방모멘트($\overline{M}$)

$\overline{M} = -50 \text{ kN} \cdot \text{m}$

(4) 분배모멘트(DM, M')

$M_{OA}' = DF_{OA} \times \overline{M} = 0.15 \times (-50) = -7.5 \text{ kN} \cdot \text{m}$

$M_{OB}' = DF_{OB} \times \overline{M} = 0.5 \times (-50) = -25 \text{ kN} \cdot \text{m}$

(5) 도달(전달)모멘트(CM, M'')

$$M_{AO}'' = \frac{1}{2} \times M_{OA}' = \frac{1}{2} \times (-7.5) = -3.75 \text{ kN} \cdot \text{m}$$

$$M_{BO}'' = \frac{1}{2} \times M_{OB}' = \frac{1}{2} \times (-25) = -12.5 \text{ kN} \cdot \text{m}$$

예제 40

모멘트분배법으로 점 A와 B에 발생하는 모멘트를 구하여라. (예상)

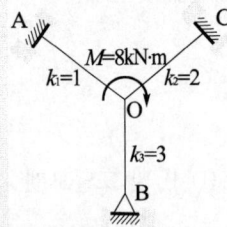

[정답] (1) 부재 OB의 유효강비(등가강비, k_e)

$$k_e = \frac{3}{4} \times 3 = 2.25$$

(2) 분배율(DF, $k/\Sigma k$)

$$DF_{OA} = \frac{1}{1+2+2.25} = 0.19$$

$$DF_{OB} = \frac{2.25}{1+2+2.25} = 0.43$$

(3) 고정모멘트(M_u)

$$M_u = 8 \text{ kN} \cdot \text{m}$$

(4) 해방모멘트($\overline{M}$)

$$\overline{M} = -8 \text{ kN} \cdot \text{m}$$

(5) 분배모멘트(DM, M')

$$M_{OA}' = DF_{OA} \times \overline{M} = 0.19 \times (-8) = -1.52 \text{ kN} \cdot \text{m}$$

$$M_{OB}' = DF_{OA} \times \overline{M} = 0.43 \times (-8) = -3.44 \text{ kN} \cdot \text{m}$$

(6) 도달(전달)모멘트(CM, M'')

$$M_{AO}'' = \frac{1}{2} \times M_{OA}' = \frac{1}{2} \times (-1.52) = -0.75 \text{ kN} \cdot \text{m}$$

$$M_{BO}'' = 0 \times M_{OB}' = 0 \times (-3.44) = 0 \text{ kN} \cdot \text{m}$$

Lesson 02

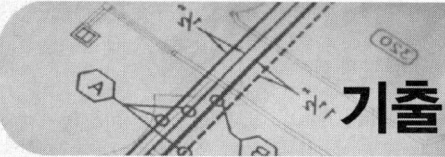

기출 및 예상 문제

01 힘의 4가지 기본성질을 적으시오. (예상)

① _____ ② _____
③ _____ ④ _____

02 다음 그림에서 점 O에 대한 모멘트를 구하시오. (예상)

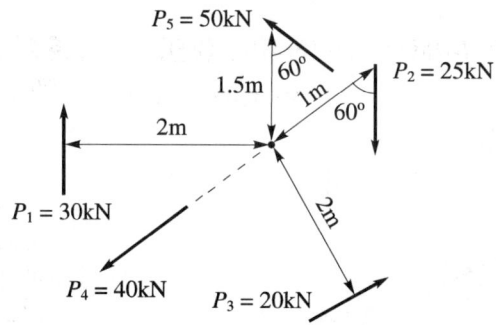

_____
_____

03 다음 그림에서 두 힘에 대한 합력의 크기와 방향을 구하시오. (예상)

_____
_____

정답

1
① 힘의 평행사변형 법칙
② 겹침의 법칙
③ 힘의 이동성 법칙
④ 작용과 반작용의 법칙

2
$M_O = 30 \times 2 + 25 \times \sin 60° - 20 \times 2$
$\quad + 40 \times 0 - 1.5 \times \cos 30°$
$\quad = 40.35 \text{ kN} \cdot \text{m}$

3
(1) 합력의 크기
$R = \sqrt{P_1^2 + P_2^2 + 2P_1 P_2 \cos\alpha}$
$\quad = \sqrt{20^2 + 7^2 + 2 \times 20 \times 7 \times \cos 50°}$
$\quad = 25.08 \text{ kN}$

(2) 합력의 방향
$\theta = \tan^{-1}\left(\dfrac{7 \times \sin 50°}{20 + 7 \times \cos 50°}\right) = 12°$

04 그림에 나타난 평행력에 평행인 또 하나의 힘을 가하여 우력모멘트 $M = 3\ kN \cdot m$ 를 주기 위해서는 몇 kN의 힘을 4kN으로부터 어떤 위치에 작용시켜야 하는가? (예상)

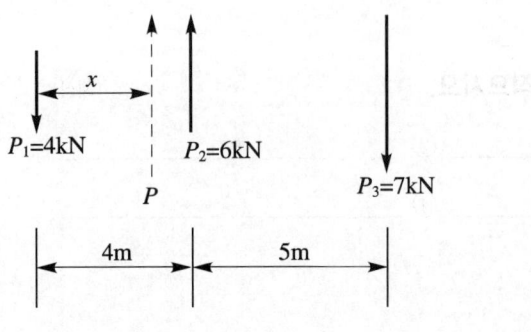

정답

4

(1) 또 하나의 가해지는 힘을 P라 하면 $\Sigma V = 0$이므로 다음과 같이 힘 P를 산정할 수 있다.
$\Sigma V = -4 + 6 - 7 + P = 0$
∴ $P = 5\ kN(↑)$

(2) 점 A를 기준으로 거리 x에 힘 P가 작용한다고 가정하고 이 힘들의 우력모멘트가 $3\ kN \cdot m$이므로 다음과 같이 거리 x를 산정할 수 있다.
$\Sigma M_A = 3\ kN \cdot m$
$= -6 \times 4 + 7 \times 5 - P \times x$
$3\ kN \cdot m = 11 - 5 \times x$
∴ $x = 1.6\ m$

05 다음 그림에서 부재 T에 발생하는 부재력을 산정하시오. (2점)

• 11 ①, 13 ③, 18 ①

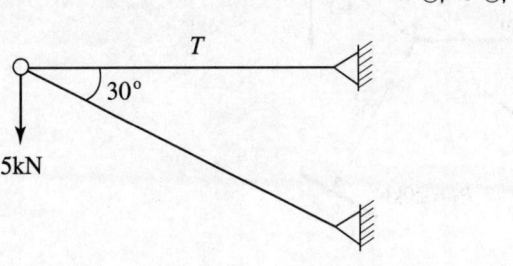

5

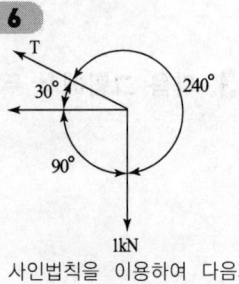

사인법칙(라미의 정리)을 이용하여 다음과 같이 산정한다.
$$\frac{5}{\sin 30°} = \frac{T}{\sin 60°}$$
$$T = 5 \times \left(\frac{\sin 60°}{\sin 30°}\right) = 5\sqrt{3}$$
$= 8.66\ kN\ (인장)$
∴ $T = 5\sqrt{3}\ kN(인장)$
또는 $T = 8.66\ kN(인장)$

06 그림과 같은 구조물에서 T부재에 발생하는 부재력을 구하시오. (단, 인장은 +, 압축은 -로 표시한다.) (3점)

• 16 ②, 20 ③, 22 ②

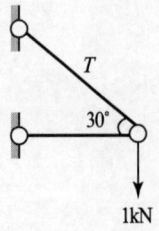

6

사인법칙을 이용하여 다음과 같이 산정한다.
$$\frac{1}{\sin 30°} = \frac{T}{\sin 90°}$$
$$T = 1 \times \frac{\sin 90°}{\sin 30°} = 2\ kN$$
(인장)

Lesson 02

07 그림과 같은 구조물의 부정정 차수를 구하시오. (3점)

•11 ①

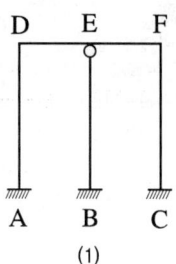
(1)

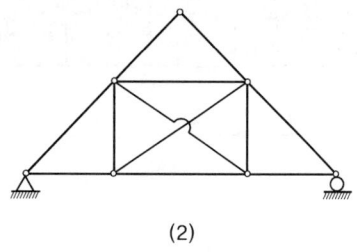
(2)

7
(1)
$N = (r + m + f) - 2j$
$= (9 + 5 + 3) - 2 \times 6 = 5$
∴ 5차 부정정

(2)
$N = (r + m + f) - 2j$
$= (3 + 13 + 0) - 2 \times 7 = 2$
∴ 2차 부정정

08 다음 그림과 같은 구조물의 전체 부정정 차수를 구하시오. (3점)

•12 ②

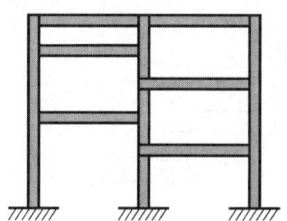

8
전체 부정정 차수
$N = (r + m + f) - 2j$
$= (9 + 17 + 20) - 2 \times 14 = 18$
∴ 18차 부정정

09 다음 그림과 같은 트러스 구조의 부정정차수를 구하고, 안정구조인지 불안정구조인지를 판별하시오. (4점)

•14 ①

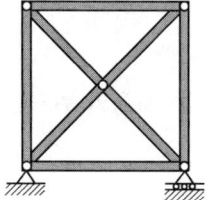

9
(1) 전체 부정정 차수
$N = (r + m + f) - 2j$
$= (3 + 8 + 0) - 2 \times 5 = 1$
∴ 1차 부정정
(2) 안정과 불안정
내적 안정이면서 외적 안정

10 다음 단순보의 반력을 구하고 단면력도를 그리시오. (예상)

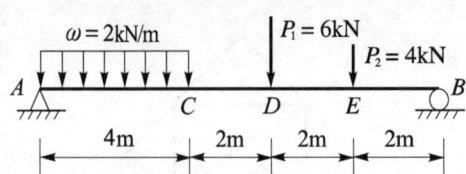

정답

10 반력의 가정

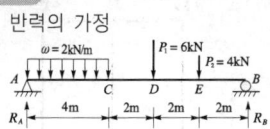

정답 (1) 반력의 가정 : R_A, R_B, H_A

(2) 힘의 평형방정식으로부터 반력 산정

① $\Sigma M=0(+;\curvearrowleft) : \Sigma M_B = R_A \times 10 - 2 \times 4 \times 8 - 6 \times 4 - 4 \times 2 = 0$

∴ $R_A = 9.6$ kN

② $\Sigma Y=0(+;\uparrow) : \Sigma Y = R_A - 2 \times 4 - 6 - 4 + R_B = 0$

∴ $R_B = 8.4$ kN

③ $\Sigma X=0(+;\rightarrow) : \Sigma X = H_A = 0$

∴ $H_A = 0$ kN

(3) 단면력도 작도

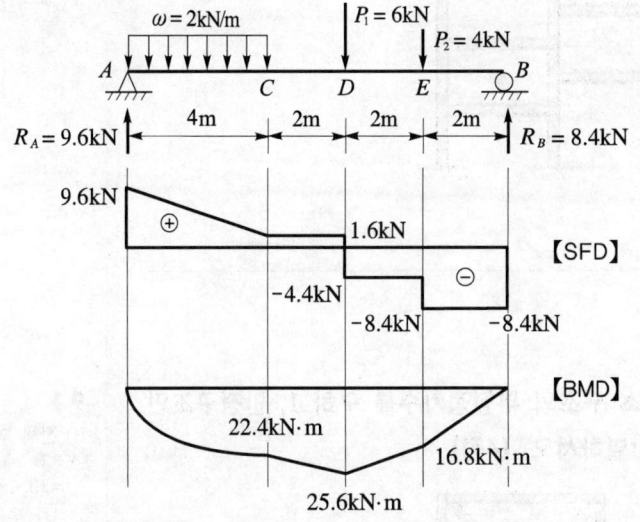

11 그림과 같은 단순보에서 최대 휨모멘트가 발생하는 지점의 위치는 A점으로부터 어느 곳에 있는가? (4점)

•15 ①

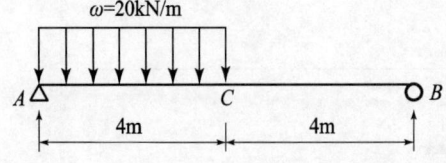

11 반력의 가정 (참고)

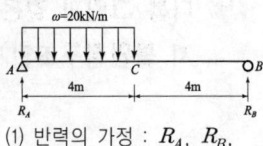

(1) 반력의 가정 : R_A, R_B, H_A

(2) 힘의 평형방정식으로부터 반력(R_A) 산정

$\Sigma M=0(+;\curvearrowleft) :$
$\Sigma M_B = R_A \times 8$
$\quad - 20 \times 4 \times (2 \times 4)$
$\quad = 0$

∴ $R_A = 60$kN(↑)

(3) 최대 휨모멘트 발생 지점
최대 휨모멘트는 전단력이 영(0)인 곳에서 발생하므로
$V_x = R_A - \omega \times x = 60 - 20 \times x = 0$

∴ $x = 3$m

12 그림과 같은 캔틸레버보의 점 A의 수직 반력과 모멘트 반력을 구하시오. (4점)

• 12 ①, 17 ③, 20 ①

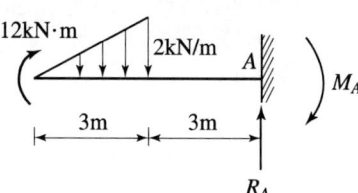

정답

① $\Sigma M = 0(+; \curvearrowright) : \Sigma M_A = 12 - \left(\frac{1}{2} \times 2 \times 3\right) \times \left(3 \times \frac{1}{3} + 3\right) + M_A = 0$

∴ $M_A = 0$ kN·m

② $\Sigma Y = 0(+; \uparrow) : \Sigma Y = \frac{1}{2} \times 2 \times 3 + R_A = 0$

∴ $R_A = 3$ kN(↑)

③ $\Sigma X = 0(+; \rightarrow) : \Sigma X = H_A = 0$

∴ $H_A = 0$ kN

13 그림과 같은 단순보(A)와 단순보(B)의 최대 휨모멘트가 같을 때 집중하중 P를 구하시오. (4점)

• 14 ①

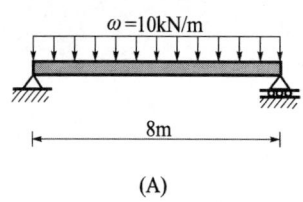 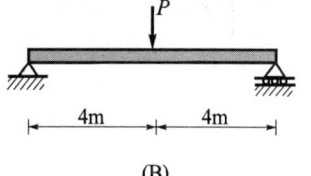

(A) (B)

13

(1) 등분포하중이 작용할 경우 최대 휨모멘트
$M_{A,\max} = \frac{wl^2}{8}$

(2) 집중하중이 작용할 경우 최대 휨모멘트
$M_{B,\max} = \frac{Pl}{4}$

(3) 최대 휨모멘트가 같을 경우 집중하중 P

$\frac{wl^2}{8} = \frac{Pl}{4}$

$\frac{10 \times 8^2}{8} = \frac{P \times 8}{4}$

∴ $P = 40$ kN

14 다음 내민보의 반력을 구하고 단면력도를 그리시오. (예상)

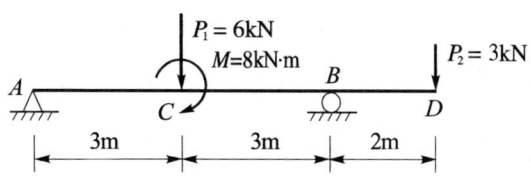

14

반력의 가정

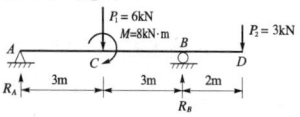

정답 (1) 반력의 가정 : R_A, R_B, H_A

(2) 힘의 평형방정식으로부터 반력 산정

① $\Sigma M = 0(+;\curvearrowleft)$: $\Sigma M_B = R_A \times 6 + 8 - 6 \times 3 + 3 \times 2 = 0$

∴ $R_A = 0.67$ kN

② $\Sigma Y = 0(+;\uparrow)$: $\Sigma Y = R_A - 6 + R_B - 3 = 0$

∴ $R_B = 8.33$ kN

③ $\Sigma X = 0(+;\rightarrow)$: $\Sigma X = H_A = 0$

∴ $H_A = 0$ kN

(3) 단면력도 작도

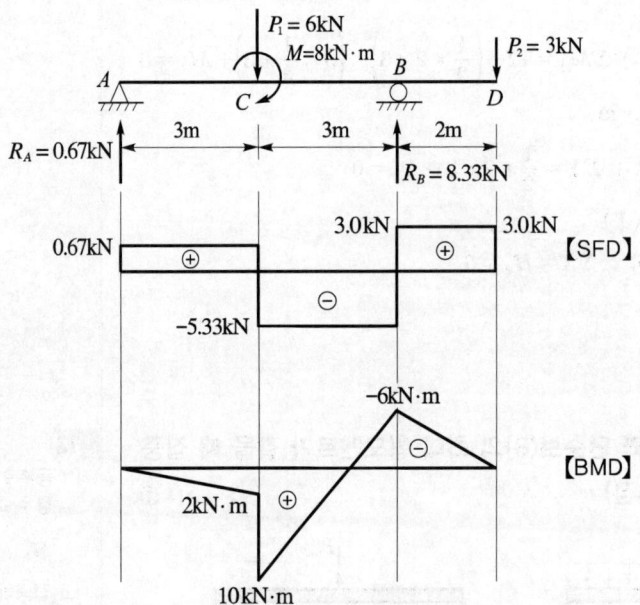

15 다음 겔버보의 반력을 구하고 단면력도를 그리시오. (예상)

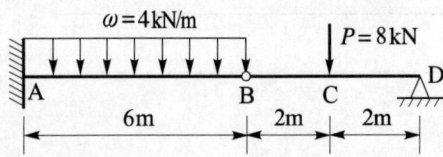

정답 (1) 단순보와 캔틸레버보로 분리

① 단순보 : B-D

② 캔틸레버보 : A-B

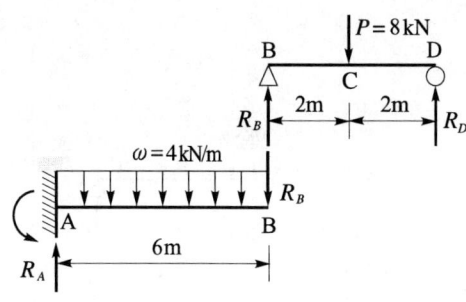

(2) 단순보의 해석(부재 DE의 전체에 등분포하중이 작용)
   ① $R_B = 4$ kN   ② $R_D = 4$ kN
(3) 캔틸레버보의 해석(힘의 평형방정식으로부터 반력 산정)
   ① $\Sigma M = 0(+;\curvearrowleft)$: $\Sigma M_A = -M_A + 4 \times 6 \times 3 + 4 \times 6 = 0$
      $\therefore M_A = 96$ kN·m
   ② $\Sigma Y = 0(+;\uparrow)$: $\Sigma Y = R_A - 4 \times 6 - 4 = 0$
      $\therefore R_A = 28$ kN
   ③ $\Sigma X = 0(+;\rightarrow)$: $\Sigma X = H_A = 0$
      $\therefore H_A = 0$ kN
(4) 단면력도 작성

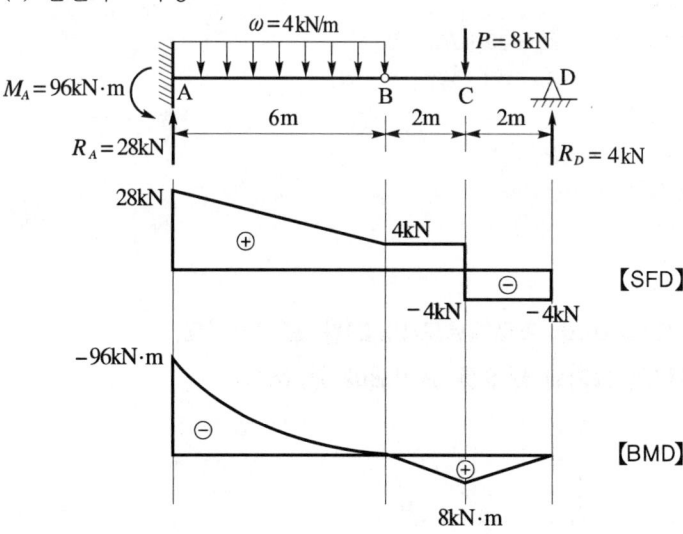

16 다음 겔버보의 지점반력을 구하시오. (3점)   •11 ②

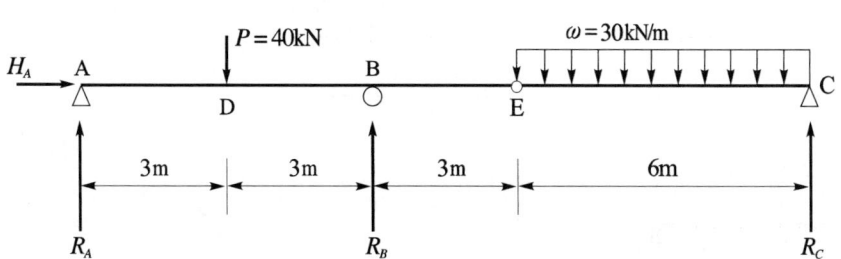

[정답] (1) 단순보와 내민보로 분리
① 단순보 : E-C
② 내민보 : A-D-B-E

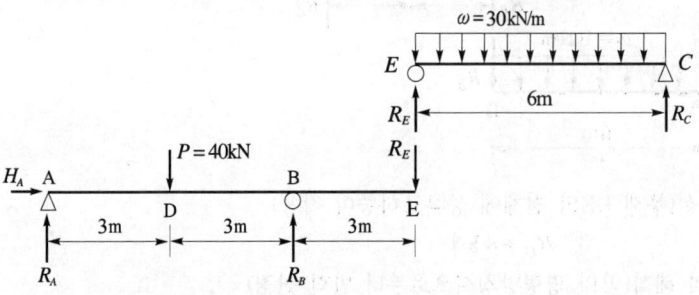

(2) 단순보의 해석(부재 EC의 전체에 등분포하중이 작용)
① $R_E = \dfrac{30 \times 6}{2} = 90$ kN
② $R_C = 90$ kN

(3) 내민보의 해석(힘의 평형방정식으로부터 반력 산정)
① $\Sigma M = 0(+; \curvearrowleft)$: $\Sigma M_A = 40 \times 3 - R_B \times 6 + R_E \times 9$
$= 40 \times 3 - R_B \times 6 + 90 \times 9 = 0$
∴ $R_B = 155$ kN

② $\Sigma Y = 0(+; \uparrow)$: $\Sigma Y = R_A - 40 + R_B - R_E$
$= R_A - 40 + 155 - 90 = 0$
∴ $R_A = -25$ kN

③ $\Sigma X = 0(+; \rightarrow)$: $\Sigma X = H_A = 0$
∴ $H_A = 0$ kN

17 다음 겔버보의 전단력도(SFD)와 휨모멘트도(BMD)를 도시하시오.
(단, 휨모멘트 및 전단력의 크기와 부호를 표기해야 함) (4점)

•11 ②, 16 ①

가. 전단력도 : _____

나. 휨모멘트도 : _____

[정답] 가. 전단력도

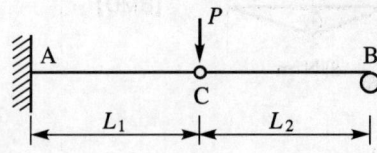

나. 휨모멘트도

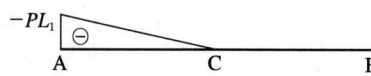

[해설] (1) 단순보와 캔틸레버보로 분리
　　① 단순보 : C−B
　　② 캔틸레버보 : A−C

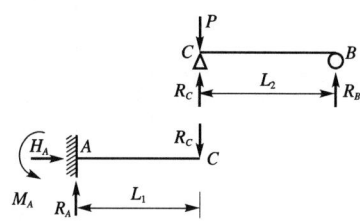

(2) 단순보의 해석(부재 CB에서 지점 C에 집중하중이 작용)
　　① $R_C = P$
　　② $R_B = 0$
(3) 캔틸레버보의 해석(힘의 평형방정식으로부터 반력 산정)
　　① $\Sigma M = 0(+;\curvearrowleft)$: $\Sigma M_A = P \times L_1 - M_A = 0$
　　∴ $M_A = PL_1$
　　② $\Sigma Y = 0(+;\uparrow)$: $\Sigma Y = R_A - R_C = R_A - P = 0$
　　∴ $R_A = P$
　　③ $\Sigma X = 0(+;\rightarrow)$: $\Sigma X = H_A = 0$
　　∴ $H_A = 0\,\text{kN}$
(4) 단면력도

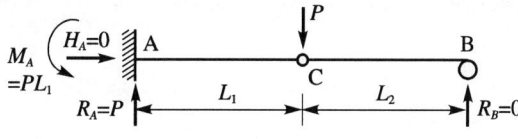

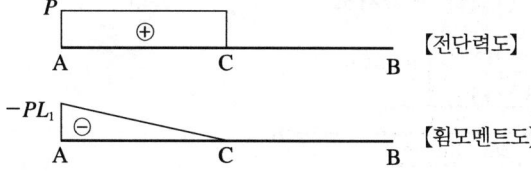

【전단력도】

【휨모멘트도】

18 그림과 같은 겔버보의 지점 A의 휨모멘트는 몇 $kN \cdot m$인가? (2점)

●12 ③

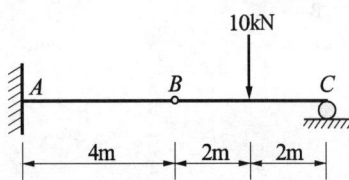

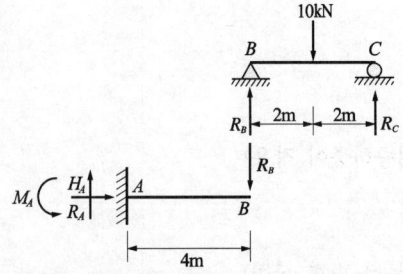

(1) 단순보와 캔틸레버보로 분리
  ① 단순보 : B-C
  ② 캔틸레버보 : A-B
(2) 단순보의 해석(부재 BC의 중심에 집중하중이 작용)
  ① $R_B = 5\ kN$
  ② $R_C = 5\ kN$
(3) 지점 A의 휨모멘트 산정
  $\Sigma M = 0(+\ ;\ \curvearrowleft)\ :\ \Sigma M_A = -M_A + R_B \times 4 = -M_A + 5 \times 4 = 0$
  ∴ $M_A = 20\ kN \cdot m$

19 다음 간접하중을 받는 단순보의 반력을 구하시오. (예상)

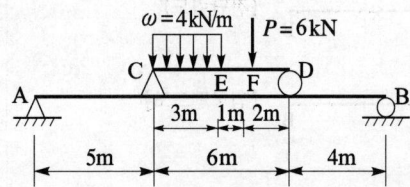

(1) 부재 CD의 반력
  ① $\Sigma M = 0(+\ ;\ \curvearrowleft)\ :\ \Sigma M_C = 4 \times 3 \times 1.5 + 6 \times 4 - R_D \times 6 = 0$
  ∴ $R_D = 7\ kN$
  ② $\Sigma Y = 0(+\ ;\ \uparrow)\ :\ \Sigma Y = R_C - 4 \times 3 - 6 + R_D = 0$

∴ $R_D = 11$ kN

③ $\Sigma X = 0(+; \rightarrow)$: $\Sigma X = H_A = 0$

∴ $H_A = 0$ kN

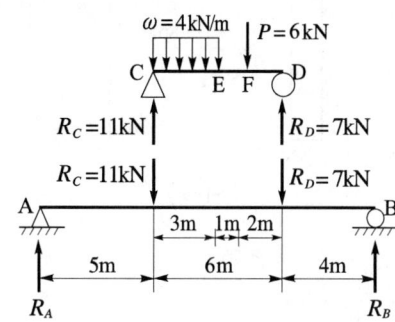

(2) 부재 AB의 반력

① $\Sigma M = 0(+; \curvearrowleft)$: $\Sigma M_A = 11 \times 5 + 7 \times 11 - R_B \times 15 = 0$

∴ $R_B = 8.8$ kN

② $\Sigma Y = 0(+; \uparrow)$: $\Sigma Y = R_A - 11 - 7 + R_B = 0$

∴ $R_A = 9.2$ kN

③ $\Sigma X = 0(+; \rightarrow)$: $\Sigma X = H_A = 0$

∴ $H_A = 0$ kN

20 다음 단순보형 라멘의 반력을 구하고 단면력도를 그리시오. (예상)

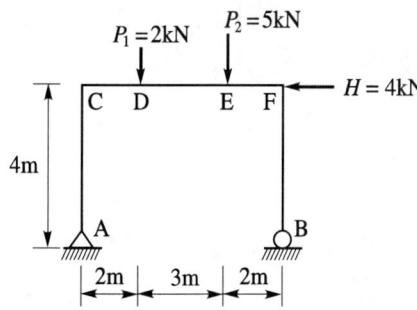

20
반력의 가정

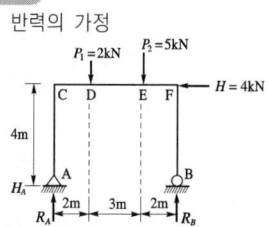

정답 (1) 반력 산정(힘의 평형방정식으로부터 반력 산정)

① $\Sigma M = 0(+; \curvearrowleft)$: $\Sigma M_A = 2 \times 2 + 5 \times 5 - 4 \times 4 - R_B \times 7 = 0$

∴ $R_B = 1.86$ kN

② $\Sigma Y = 0(+; \uparrow)$: $\Sigma Y = R_A - 2 - 5 + R_B = 0$

∴ $R_A = 5.14$ kN

③ $\Sigma X = 0(+; \rightarrow)$: $\Sigma X = H_A - 4 = 0$

∴ $H_A = 4$ kN

(2) 단면력도 작성

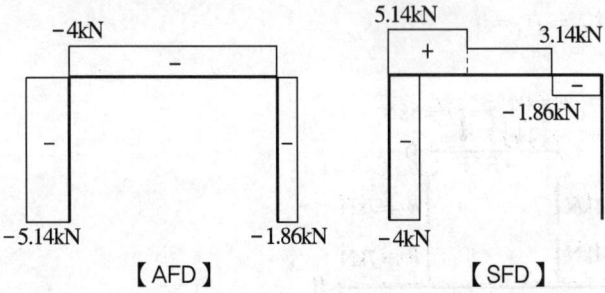

【AFD】　　　　　【SFD】

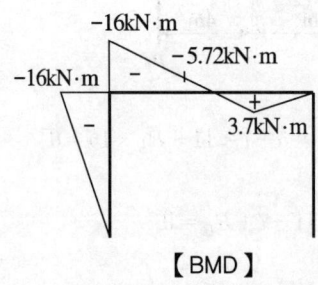

【BMD】

21 다음 캔틸레버형 라멘의 반력을 구하고 단면력도를 그리시오. (예상)

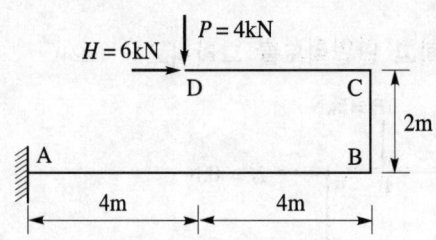

21
반력의 가정

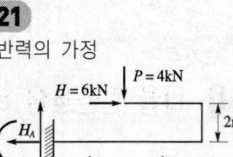

[정답] (1) 반력 산정(힘의 평형방정식으로부터 반력 산정)

① $\Sigma M = 0(+;\curvearrowleft)$: $\Sigma M_A = -M_A + 4 \times 4 + 6 \times 2 = 0$

∴ $M_A = 28$ kN·m

② $\Sigma Y = 0(+;\uparrow)$: $\Sigma Y = R_A - 4 = 0$

∴ $R_A = 4$ kN

③ $\Sigma X = 0(+;\rightarrow)$: $\Sigma X = -H_A + 6 = 0$

∴ $H_A = 6$ kN

(2) 단면력도 작성

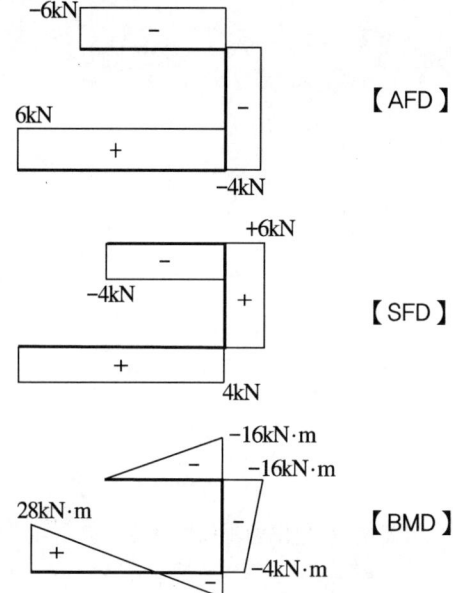

22 다음 그림과 같은 3회전단형 라멘에서 지점 A의 반력을 구하시오. (3점)

• 16 ③, 19 ①, 20 ②

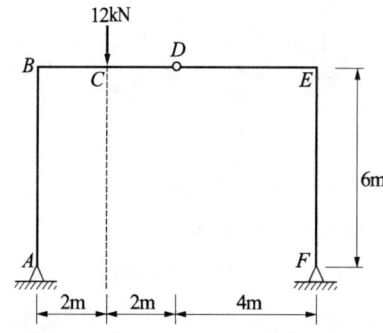

정답 반력 산정(힘의 평형방정식으로부터 반력 산정)

① $\Sigma M = 0(+; \curvearrowleft)$: $\Sigma M_F = R_A \times 8 - 12 \times 6 = 0$

∴ $R_A = 9$ kN

② $\Sigma Y = 0(+; \uparrow)$: $\Sigma Y = R_A - 12 + R_F = 9 - 12 + R_F = 0$

∴ $R_F = 3$ kN

③ $\Sigma M = 0(+; \curvearrowleft)$: $\Sigma M_{D(DA)} = R_A \times 4 - H_A \times 6 - 12 \times 2$

$= 9 \times 4 - H_A \times 6 - 12 \times 2 = 0$

∴ $H_A = 2$ kN

④ $\Sigma X = 0(+; \rightarrow)$: $\Sigma X = H_A - H_F = 2 - H_F = 0$

∴ $H_F = 2$ kN

∴ 지점 A의 반력은 다음과 같다.
$R_A = 9\,\text{kN}$
$H_A = 2\,\text{kN}$

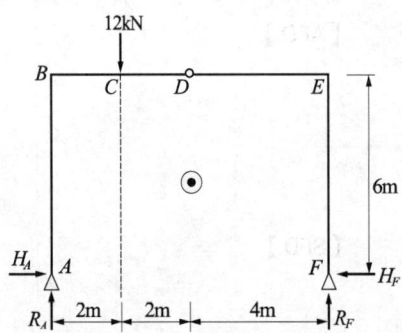

23 다음 3회전단형 라멘의 반력을 구하고 C점에서의 휨모멘트(kN·m)를 산정하시오. (예상)

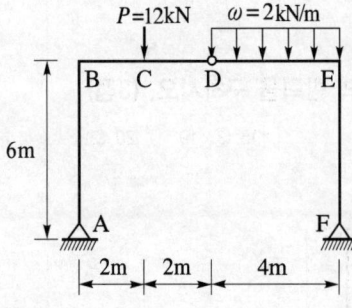

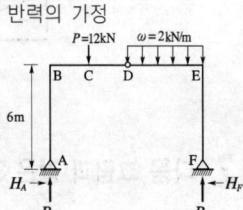

23
반력의 가정

정답 (1) 반력 산정(힘의 평형방정식으로부터 반력 산정)
① $\Sigma M = 0(+;\curvearrowleft)$: $\Sigma M_F = R_A \times 8 - 12 \times 6 - 2 \times 4 \times 2 = 0$
∴ $R_A = 11\,\text{kN·m}$
② $\Sigma Y = 0(+;\uparrow)$: $\Sigma Y = R_A - 12 - 2 \times 4 + R_F = 0$
∴ $R_F = 9\,\text{kN}$
③ $\Sigma M = 0(+;\curvearrowleft)$: $\Sigma M_{D(DA)} = R_A \times 4 - H_A \times 6 - 12 \times 2 = 0$
∴ $H_A = 3.33\,\text{kN}$
④ $\Sigma X = 0(+;\rightarrow)$: $\Sigma X = H_A - H_F = 0$
∴ $H_F = 3.33\,\text{kN}$

(2) C점의 휨모멘트
$M_C = R_A \times 2 - H_A \times 6 = 11 \times 2 - 3.33 \times 6 = 2.02\,\text{kN·m}$

24 그림과 같은 하중이 작용하는 3회전단형 라멘의 휨모멘트도를 그리시오. (단, 라멘의 바깥은 -, 안쪽은 +이며, 이를 그림에 표기할 것) (3점)

•21 ①

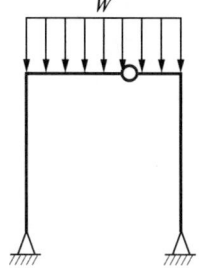
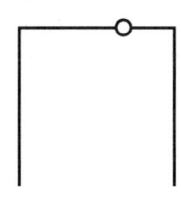

24
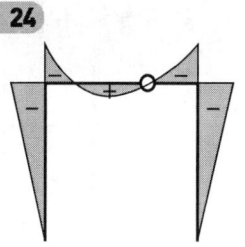

25 다음 그림과 같은 라멘의 휨모멘트도를 개략적으로 구하시오. (2점)

•11 ①, 13 ③

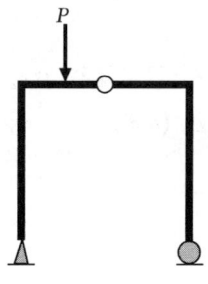

25
외력에 의해 구조물이 변형되는 내적 불안정이며, 불안정 라멘의 경우 하중에 대해 라멘이 붕괴되어 휨모멘트에 저항할 수 없으므로 휨모멘트도를 작도할 수 없다.

26 다음 그림과 같은 트러스의 명칭을 쓰시오. (4점)

•20 ⑤

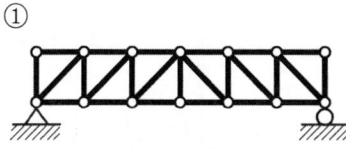
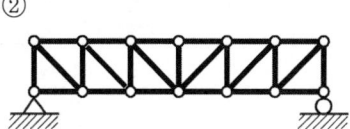

① _____ ② _____

26
① 하우 트러스
② 플랫 트러스

27 다음과 같은 하우 트러스와 플랫 트러스에서 각 부재의 인장과 압축을 구분하여라. (4점)

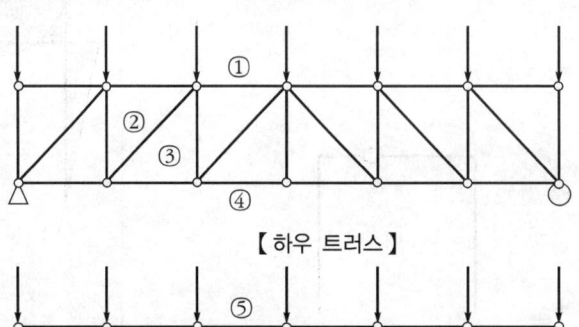

【 하우 트러스 】

【 플랫 트러스 】

(1) 인장재 : _____
(2) 압축재 : _____

정답

27
(1) 인장재 : ③, ④, ⑥, ⑧
(2) 압축재 : ①, ②, ⑤, ⑦

28 다음 그림과 같은 트러스에 하중이 작용할 경우, 그림에서 U_{CD}와 L_{AE}의 부재력을 절단법을 이용하여 산정하시오. (4점)

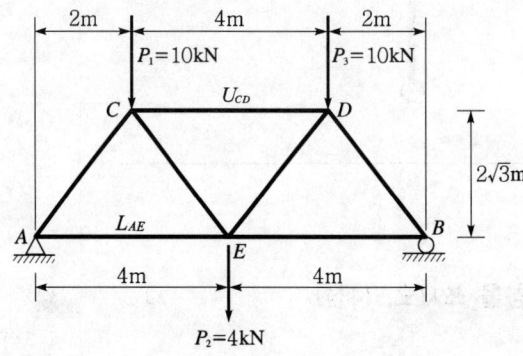

28
(1) 반력 산정
$R_A = 12.0$ kN, $H_A = 0$ kN,
$R_B = 12.0$ kN
(2) 절단법에 의한 부재력 산정
① $\Sigma M_E = 12 \times 4 - 10 \times 2$
　　　$+ U_{CD} \times 2\sqrt{3}$
　　　$= 0$
∴ $U_{CD} = -8.1$ kN(압축)
② $\Sigma M_C = 12 \times 2$
　　　$- L_{AE} \times 2\sqrt{3}$
　　　$= 0$
∴ $L_{AE} = 6.9$ kN(인장)

정답

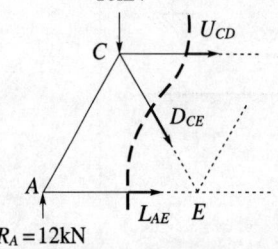

29 다음 그림과 같은 트러스에서 단면력 V_1, V_2, D_1을 산정하시오. (예상)

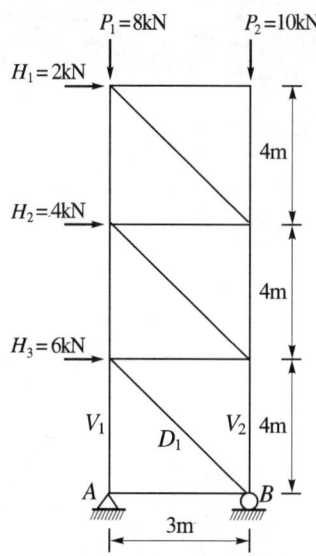

정답 절단법(단면법)을 이용하여 다음과 같이 부재력을 산정한다.

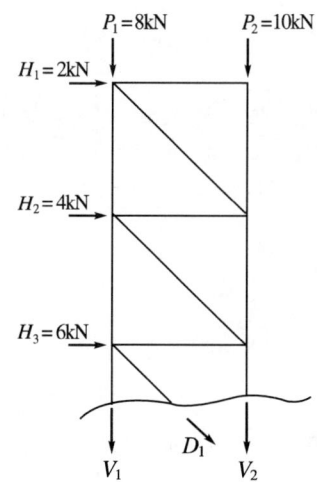

① $\Sigma M = 0 (+; \curvearrowleft)$: $\Sigma M_B = 2 \times 12 + 4 \times 8 + 6 \times 4 - V_1 \times 3 = 0$

∴ $V_1 = 26.67$ kN (인장)

② $\Sigma M = 0 (+; \curvearrowleft)$: $\Sigma M_C = 2 \times 8 + 4 \times 4 + V_2 \times 3 = 0$

∴ $V_1 = -10.67$ kN (압축)

③ $\Sigma X = 0 (+; \rightarrow)$: $\Sigma X = 2 + 4 + 6 + D_1 \cos\theta = 2 + 4 + 6 + D_1 \times \left(\dfrac{3}{5}\right) = 0$

∴ $D_1 = -20$ kN (압축)

29

H_1의 산정 (참고)

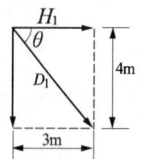

$H_1 = D_1 \cos\theta = D_1 \times \dfrac{3}{5}$

30 다음과 같은 트러스에서 F_1, F_2, F_3의 부재력을 구하시오. (6점)

• 18 ③

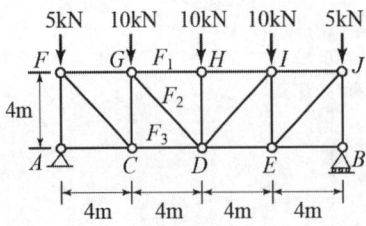

정답

(1) 반력 산정

$$R_A = R_B = \frac{1}{2} \times (5+10+10+10+5) = 20 \text{ kN}(\uparrow)$$

(2) 부재력 산정

① F_1

절단법(단면법)을 이용하여 다음과 같이 산정한다.

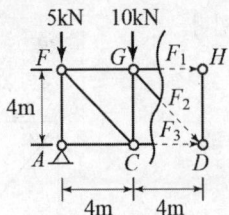

$\Sigma M = 0(+;\curvearrowright)$: $\Sigma M_D = 20 \times 8 - 5 \times 8 - 10 \times 4 + F_1 \times 4 = 0$

∴ $F_1 = -20$ kN (압축)

② F_2

$\sin 45° = \dfrac{l}{4}$, $l = 4\sin 45°$

$\Sigma M = 0(+;\curvearrowright)$:
$\Sigma M_C = 20 \times 4 - 5 \times 4 + F_1 \times 4 + F_2 \times 4\sin 45°$
$= 20 \times 4 - 5 \times 4 - 20 \times 4 + F_2 \times 4\sin 45° = 0$

∴ $F_2 = 5\sqrt{2} = 7.07$ kN (인장)

③ F_3

$\Sigma M = 0(+;\curvearrowright)$: $\Sigma M_G = 20 \times 4 - 5 \times 4 - F_3 \times 4 = 0$

∴ $F_3 = 15$ kN (인장)

31 다음 그림을 보고 물음에 답하시오. (3점)

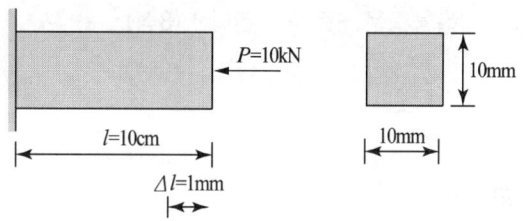

가. 압축응력(σ_c) : _____

나. 변형률(ε) : _____

다. 탄성계수(E) : _____

정답

31
가. 압축응력(σ_c)
$$\sigma_c = \frac{P}{A} = \frac{10 \times 10^3}{10 \times 10}$$
$$= 100 \text{ N/mm}^2 \text{ (MPa)}$$

나. 변형률(ε)
$$\epsilon = \frac{\Delta l}{l} = \frac{1}{100} = 0.01$$

다. 탄성계수(E)
$$E = \frac{\sigma_c}{\epsilon} = \frac{100}{0.01}$$
$$= 10,000 \text{ N/mm}^2 \text{ (MPa)}$$

32 다음 그림과 같은 단주에 편심하중 N이 P_1에 작용할 때 고정단에 작용하는 최대 압축응력을 계산하시오. (4점) (예상)

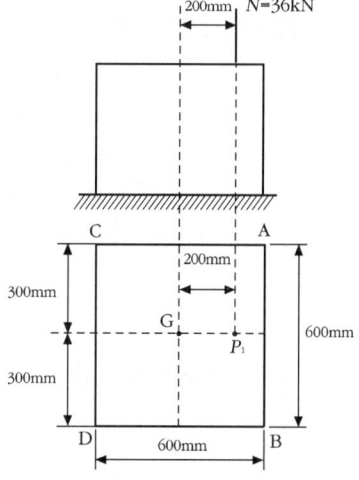

32
$$\sigma_{max} = \sigma_{AB}$$
$$= -\frac{N}{A} - \frac{Ne}{Z}$$
$$= -\frac{36 \times 10^3}{600 \times 600}$$
$$\quad - \frac{(36 \times 10^3) \times 200}{\left(\frac{600 \times 600^2}{6}\right)}$$
$$= -0.10 - 0.20$$
$$= -0.30 \text{ N/mm}^2 \text{ (MPa)}$$

33 다음과 같은 독립기초에서 최대 압축응력을 구하시오. (4점)

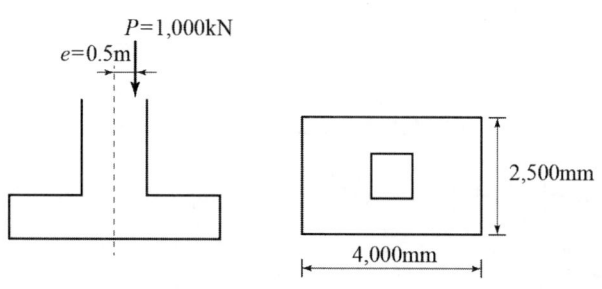

33
(1) 축하중, 모멘트, 단면적 및 단면계수
$P = 1,000 \text{ kN} = 1.0 \times 10^6 \text{ N}$
$M = Pe$
$\quad = 1,000 \times 0.5$
$\quad = 500 \text{ kN} \cdot \text{m}$
$\quad = 500 \times 10^6 \, N \cdot mm$
$A = 2,500 \times 4,000$
$\quad = 10.0 \times 10^6 \text{ m}^2$
$Z = \frac{bh^2}{6}$
$\quad = \frac{2,500 \times 4,000^2}{6}$
$\quad = 6,667 \times 10^6 \text{ mm}^3$

(2) 최대 압축응력
$$\sigma_{max} = -\frac{P}{A} - \frac{M}{Z}$$
$$= -\frac{1.0 \times 10^6}{10.0 \times 10^6}$$
$$\quad - \frac{500 \times 10^6}{6,667 \times 10^6}$$
$$= -0.175 \text{ MPa (압축)}$$

34 그림과 같은 구조물의 고정단에 발생하는 최대 압축응력을 구하시오. (단, 기둥 단면은 600mm×600mm, 압축응력은 −로 표현한다.) (3점)

•13 ③

정답

34
(1) 고정단의 반력
① $R_A = N$
   $= 36 \text{ kN} = 36 \times 10^3 \text{ N}$
② $M_A = Pl$
   $= 36 \times 1 = 36 \text{ kN} \cdot \text{m}$
   $= 36 \times 10^6 \text{ N} \cdot \text{mm}$
(2) 고정단의 최대 응력
$$\sigma_{\max} = -\frac{N}{A} - \frac{M}{Z}$$
$$= -\frac{36 \times 10^3}{600 \times 600} - \frac{36 \times 10^6}{\left(\frac{600 \times 600^2}{6}\right)}$$
$$= -0.10 - 1.00$$
$$= -1.10 \text{ N/mm}^2 \text{ (MPa)}$$

35 강재의 탄성계수 $205{,}000$ MPa, 단면적 10 cm^2, 길이 4 m, 외력으로 80 kN의 인장력이 작용할 때 변형량(Δl)을 구하시오. (3점)

•12 ①

정답 $\Delta l = \dfrac{N \cdot l}{E \cdot A} = \dfrac{(80 \times 10^3) \times (4 \times 10^3)}{205{,}000 \times (10 \times 10^2)} = 1.56 \text{ mm}$

36 다음 도형에서 x축에 대한 단면2차 모멘트는 얼마인가? (3점) •14 ③

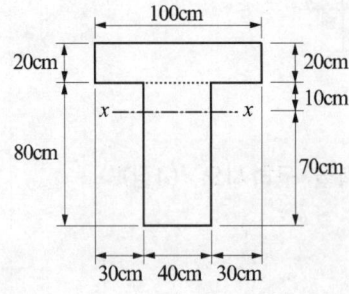

정답 $I_x = \dfrac{100 \times 20^3}{12} + (100 \times 20) \times \left(\dfrac{20}{2} + 10\right)^2 + \dfrac{40 \times 80^3}{12}$
$+ (40 \times 80) \times \left(70 - \dfrac{80}{2}\right)^2 = 5{,}453{,}333 \text{ cm}^4$

37 그림과 같은 하중을 받는 단순보에서 단면 150 mm × 300 mm의 각재를 사용했을 때, 각재에 생기는 최대 휨응력은? (단, 목재는 결함 없는 균질의 단면이다.) (3점)

•14 ③, 19 ②

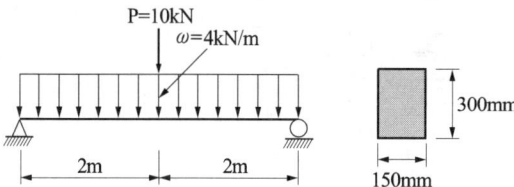

정답 (1) 최대 휨모멘트

$$M_{max} = \frac{wl^2}{8} + \frac{Pl}{4} = \frac{4 \times 4^2}{8} + \frac{10 \times 4}{4} = 18 \text{ kN} \cdot \text{m}$$
$$= 18 \times 10^6 \text{ N} \cdot \text{mm}$$

(2) 단면계수

$$Z = \frac{bh^2}{6} = \frac{150 \times 300^2}{6} = 2.25 \times 10^6 \text{ mm}^3$$

(3) 최대 휨응력

$$\sigma_{max} = \frac{M_{max}}{Z} = \frac{18 \times 10^6}{2.25 \times 10^6} = 8.00 \text{ N/mm}^2 (\text{MPa})$$

38 그림과 같은 무근콘크리트 단순보에서 $P = 12$ kN의 하중에서 파괴되었을 때 최대 휨응력를 구하시오. (4점)

•13 ③, 20 ②

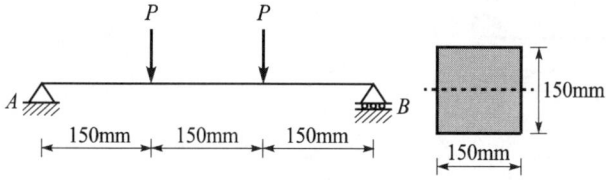

정답 (1) 최대 휨모멘트

$$M_{max} = Pl = (12 \times 10^3) \times 150 = 1,800 \times 10^3 \text{ N} \cdot \text{mm}$$

(2) 단면계수

$$Z = \frac{bh^2}{6} = \frac{150 \times 150^2}{6} = 562,500 \text{ mm}^2$$

(3) 최대 휨응력

$$\sigma_{max} = \frac{M_{max}}{I} y = \frac{M_{max}}{Z} = \frac{1,800 \times 10^3}{562,500} = 3.20 \text{N/mm}^2 (\text{MPa})$$

39 경간 6m, 단면 300mm×500mm인 단순보의 중앙에 200kN의 집중하중이 작용할 때 최대 전단응력을 산정하시오. (3점) •13 ②, 16 ③

정답 ① 반력 산정
$$R_A = \frac{P}{2} = \frac{200}{2} = 100 \text{ kN} = 100,000 \text{ N}$$
② 최대 전단력 산정
$$V_{max} = R_A = 100,000 \text{ N}$$
③ 최대 전단응력 산정
$$\tau_{max} = \frac{3}{2} \cdot \frac{V_{max}}{A} = \frac{3}{2} \times \left(\frac{100,000}{300 \times 500}\right) = 1.00 \text{ N/mm}^2 (\text{MPa})$$

40 그림과 같은 단면의 x축에 대한 단면2차 모멘트를 계산하시오. (2점) •14 ①, 20 ③

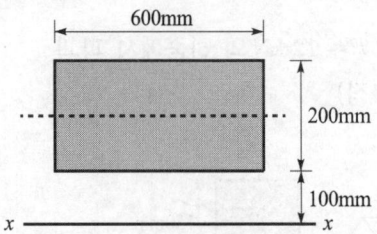

정답 x축에 대한 단면2차 모멘트
$$I_x = I_{xG} + Ay^2 = \frac{600 \times 200^3}{12} + (600 \times 200) \times 200^2 = 5,200 \times 10^6 \text{ mm}^4$$

41 그림과 같은 원형 단면에서 너비 b, 높이 $h = 2b$의 직사각형 단면을 얻기 위한 단면계수 Z를 지름 D의 함수로 표현하시오. (지름이 D인 원에 내접하는 밑변이 b이고 $h = 2b$) (4점) •15 ②, 21 ③

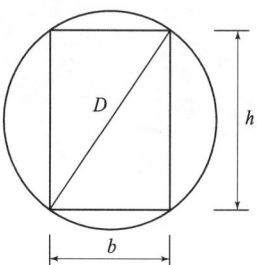

정답 ① 문제의 조건에 따라 $h = 2b$이다.
② 직각삼각형에서 피타고라스의 정리
$$D^2 = b^2 + h^2 = b^2 + (2b)^2 = 5b^2$$
$$\therefore b = \frac{\sqrt{5}}{5}D$$
③ 직각삼각형의 단면계수
$$Z = \frac{bh^2}{6} = \frac{b(2b)^2}{6} = \frac{2}{3}b^3 = \frac{2}{3}\left(\frac{\sqrt{5}}{5}D\right)^3 = 2\frac{\sqrt{5}}{75}D^3 = 0.06D^3$$

42 다음 그림과 같은 연속 부정정보에서 등분포하중이 작용할 때 각 지점의 반력을 구하시오. (단 EI는 일정하다.) (3점) •19 ②

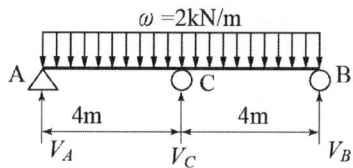

정답 (1) 기본구조물

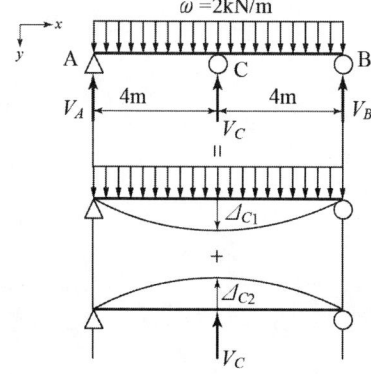

(2) 적합방정식
   지점 C의 처짐, $\Delta_C = 0$이므로 $\Delta_C = \Delta_{C1} + \Delta_{C2} = 0$이다.
(3) 하중 w만 작용하는 정정구조물의 처짐
   $$\Delta_{C1} = \frac{5wl^4}{384EI} \quad \text{(하향)}$$
(4) 부정정반력 V_C만 작용하는 정정구조물의 처짐
   $$\Delta_{C2} = -\frac{V_C l^3}{48EI} \quad \text{(상향)}$$
(5) 실제구조물의 지점반력 산정
   ① $\Delta_C = 0 : \Delta_C = \Delta_{C1} + \Delta_{C2} = \frac{5wl^4}{384EI} - \frac{V_C l^3}{48EI} = 0$

   $\therefore V_C = \frac{5wl}{8} = \frac{5 \times 2 \times 8}{8} = 10.0 \text{ kN}$

   ② $\Sigma M = 0(+;\curvearrowleft) : \Sigma M_A = w \times l \times \frac{l}{2} - V_C \times \frac{l}{2} - V_B \times l = 0$

   $\therefore V_B = \frac{wl}{2} - \frac{V_C}{2} = \frac{wl}{2} - \left(\frac{5wl}{8}\right) \times \frac{1}{2}$

   $= \frac{3wl}{16} = \frac{3 \times 2 \times 8}{16} = 3.0 \text{ kN}$

   ③ $\Sigma Y = 0(+;\uparrow) : \Sigma Y = V_A - w \times l + V_C + V_B = 0$

   $\therefore V_A = w \times l - V_C - V_B = wl - \frac{5wl}{8} - \frac{3wl}{16}$

   $= \frac{3wl}{16} = \frac{3 \times 2 \times 8}{16} = 3.0 \text{ kN}$

   ④ $\Sigma X = 0(+;\rightarrow) :$
   $\Sigma X = H_A = 0 \qquad \therefore H_A = 0.0$

43 그림과 같은 캔틸레버보의 자유단 B점의 처짐이 0이 되기 위한 등분포하중 w (kN/m)의 크기를 구하시오. (단, 경간 전체의 휨강성 EI는 일정) (3점)

•14 ②

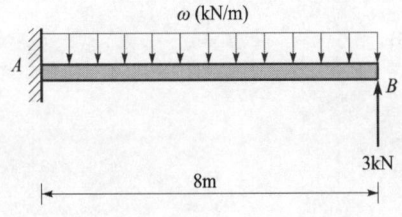

43
(1) 집중하중이 작용할 경우 처짐
   $$\Delta_B = \frac{Pl^3}{3EI} \quad \text{(상향)}$$
(2) 등분포하중이 작용할 경우 처짐
   $$\Delta_B = -\frac{wl^4}{8EI} \quad \text{(하향)}$$
(3) 점 B의 처짐이 영(0)이 되는 등분포하중의 크기
   $$\Delta_B = \frac{Pl^3}{3EI} - \frac{wl^4}{8EI} = 0$$
   $$\frac{Pl^3}{3EI} = \frac{wl^4}{8EI}$$
   $$\therefore w = \frac{8P}{3l}$$
   $$= \frac{8 \times 3}{3 \times 8} = 1 \text{ kN/m}$$

44 다음 그림과 같은 단순보의 지점 A의 처짐각, 보의 중앙점 C의 최대 처짐량을 계산하시오. (단, $E = 210,000\,\text{MPa}$, $I = 160 \times 10^6\,\text{mm}^4$ 이다.) (4점)

•12 ①, 20 ②

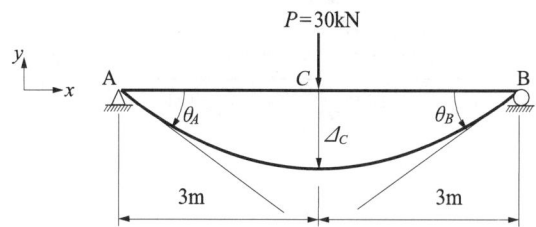

정답

44

(1) 지점 A의 처짐각

$$\theta_A = -\frac{Pl^2}{16EI}$$

$$= -\frac{(30 \times 10^3) \times (6,000^2)}{16 \times (210,000) \times (160 \times 10^6)}$$

$$= -0.002009\,\text{rad} \text{ (시계방향)}$$

(2) 보의 중앙 점 C의 최대 처짐량

$$\Delta_C = -\frac{Pl^3}{48EI}$$

$$= -\frac{(30 \times 10^3) \times (6,000^3)}{48 \times (210,000) \times (160 \times 10^6)}$$

$$= -4.02\,\text{mm} \text{ (하향)}$$

45 H형강을 사용한 그림과 같은 단순지지된 강구조 보의 최대 처짐(mm)을 구하시오. (단, 강구조 보의 자중은 무시한다.) (3점) •16 ②, 20 ①

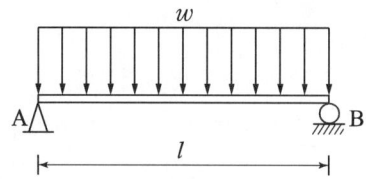

┤보기├

① H-500×200×10×16(SS275)
② 탄성단면계수 $S_x = 2,590\,\text{cm}^3$
③ 단면2차 모멘트 $I_x = 4,870\,\text{cm}^4$
④ 탄성계수 $E = 210,000\,\text{MPa}$
⑤ $l = 7\,\text{m}$
⑥ 고정하중 : 10kN/m, 활하중 : 18kN/m

45

(1) 사용하중(w)

$w = 1.0w_D + 1.0w_L$
 $= 1.0 \times 10 + 1.0 \times 18$
 $= 28\text{kN/m} = 28\text{N/mm}$

(주1) 처짐을 계산할 때는 하중계수를 고려하지 않는다.

(2) 최대 처짐($\Delta_{\max}$)

$$\Delta_{\max} = \frac{5wl^4}{384EI}$$

$$= \frac{5 \times 28 \times (7 \times 10^3)^4}{384 \times 210,000 \times (4,870 \times 10^4)}$$

$$= 85.59\,\text{mm}$$

46 다음 그림과 같은 라멘의 재단모멘트를 산정하고 휨모멘트를 작도하시오.

(예상)

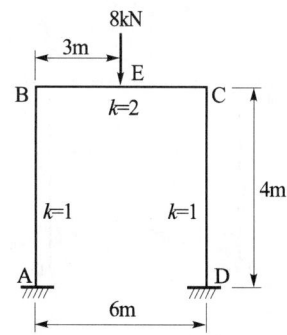

46

구조물의 변형 (참고)

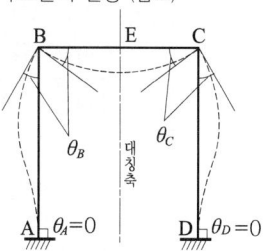

(주) 대칭 라멘의 좌측 반만 고려하였으므로 우측의 재단모멘트는 좌측의 재단모멘트에서 부호만 반대로 하면 된다.

정답 (1) 미지수

절점	성질	부재각 및 처짐각	비고
A, D	회전 없음	$\phi_A = \phi_D = 0$	–
B, C	이동 없음	$\psi = 0$	–
	회전 있음	$\phi_B = ?, \phi_C = ?$	미지수 2개

위 라멘에서 θ_B와 θ_C의 관계는 $\theta_B = -\theta_C$이므로 $\phi_B = -\phi_C$이다.

(2) 하중항

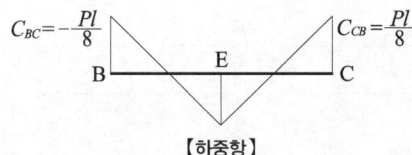

【하중항】

① $C_{BC} = -\dfrac{Pl}{8} = -\dfrac{8 \times 6}{8} = -6 \text{ kN} \cdot \text{m}$

② $C_{CB} = \dfrac{Pl}{8} = 6 \text{ kN} \cdot \text{m}$

(3) 실용식(E점을 중심으로 좌우대칭이므로 좌측 반만 고려한다.)

$M_{AB}(=-M_{DC}) = k_{AB}(2\phi_A + \phi_B + \psi) + C_{AB}$
$\qquad = 1 \times (0 + \phi_B + 0) + 0 = \phi_B$

$M_{BA}(=-M_{CD}) = k_{BA}(2\phi_B + \phi_A + \psi) + C_{BA}$
$\qquad = 1 \times (2\phi_B + 0 + 0) + 0 = 2\phi_B$

$M_{BC}(=-M_{CB}) = k_{BC}(2\phi_B + \phi_C + \psi) + C_{BC}$
$\qquad = 2 \times (2\phi_B - \phi_B + 0) - 6 = 2\phi_B - 6$

(4) 절점방정식(B절점)

$M_{BA} + M_{BC} = 2\phi_B + (2\phi_B - 6) = 0$

$\therefore \phi_B = 1.5 \text{ kN} \cdot \text{m}$

(5) 재단모멘트

좌측 라멘	우측 라멘
$M_{AB} = \phi_B = 1.5 \text{ kN} \cdot \text{m}$	$M_{DC} = -M_{AB} = -1.5 \text{ kN} \cdot \text{m}$
$M_{BA} = 2\phi_B = 3 \text{ kN} \cdot \text{m}$	$M_{CD} = -M_{BA} = -3 \text{ kN} \cdot \text{m}$
$M_{BC} = 2\phi_B - 6 = -3 \text{ kN} \cdot \text{m}$	$M_{CB} = -M_{BC} = +3 \text{ kN} \cdot \text{m}$

(6) 휨모멘트도

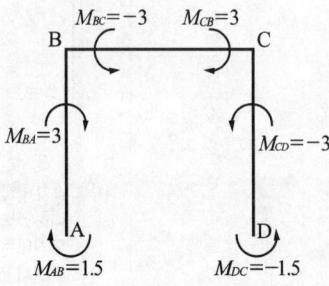

【재단모멘트(단위 : kN·m)】

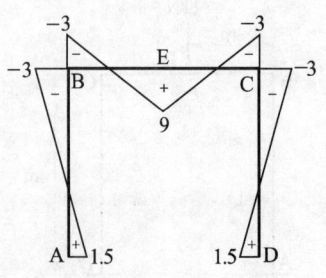

【휨모멘트도(단위 : kN·m)】

47 다음 그림과 같은 구조물에 10kN의 수평력이 작용할 때, 2개의 기둥 (AB, CD)의 반곡점 높이가 아래에서 3m 높이에 있다면, 보 BC에 생긴 전단력의 값은? (단, 주각은 완전고정이다.) (예상)

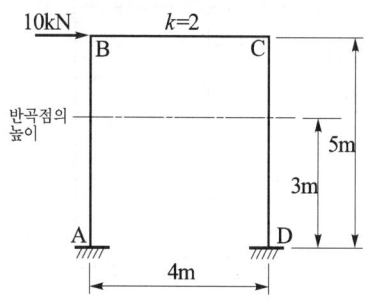

정답

47
기둥 AB

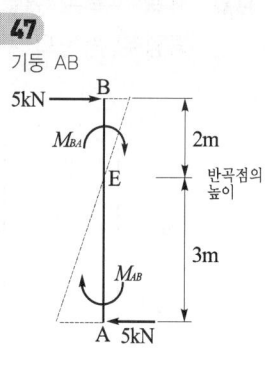

정답 (1) 기둥 AB를 생각하면 다음과 같다.
구조물이 대칭이고 지점 조건이 동일하므로 수평력 10kN은 기둥 AB, DC에 각각 5kN의 전단력으로 작용하게 된다.
$M_{E(EB)} = 5 \times 2 + M_{BA} = 0$ ∴ $M_{BA} = -10 \text{ kN} \cdot \text{m}$
$M_{E(EA)} = 5 \times 3 + M_{AB} = 0$ ∴ $M_{AB} = -15 \text{ kN} \cdot \text{m}$

(2) 재단모멘트와 휨모멘트
B점과 C점에는 외력의 모멘트가 작용하지 않으므로 $\Sigma M_B = M_{BC} + M_{BA} = 0$이 되어, $M_{BC} = -M_{BA}$가 된다. 즉 크기는 같고 방향이 반대인 모멘트가 된다.

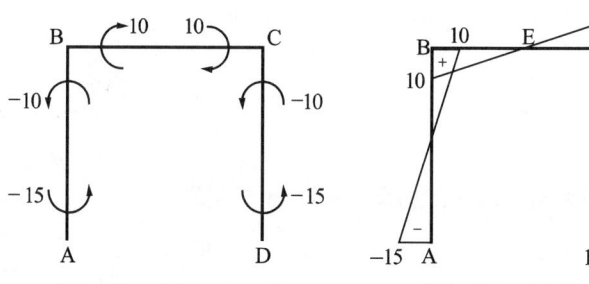

【재단모멘트(단위:kN·m)】 【휨모멘트도(단위:kN·m)】

(3) BC부재의 전단력

$\Sigma M_C = 10 + 10 - V_B \times 4 = 0$
∴ $V_B = 5 \text{ kN}$
따라서 BC부재의 전단력은 -5kN이다.

48 다음 그림과 같은 구조물에 18kN의 수평력이 작용할 때, 라멘에서 중앙부 기둥의 주각모멘트는? (예상)

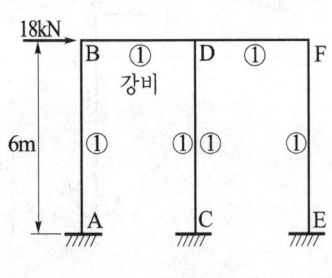

【라멘】　　　　【휨모멘트도(단위 : kN·m)】

정답 (1) 재단모멘트(기둥만 표시)

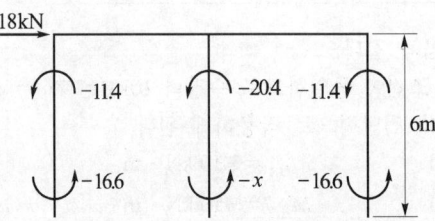

(주) 재단모멘트와 휨모멘트의 부호규약은 부재의 왼쪽에서는 같은 방향이고, 오른쪽에서는 서로 반대방향이다.

(2) 층방정식

$\Sigma M = (M_{AB} + M_{BA}) + (M_{CD} + M_{DC}) + (M_{EF} + M_{FE}) + Pl$
$= -\{(16.6+11.4)+(x+20.4)+(16.6+11.4)\}+18 \times 6 = 0$
$\therefore x = 31.6 \text{ kN} \cdot \text{m}$

49 그림과 같은 라멘에 있어서 A점의 도달(전달)모멘트를 구하시오. (단, k는 강비이다.) (3점)　　　●15 ②

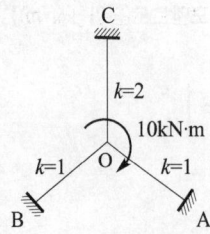

49
(1) 분배율(DF, $k/\Sigma k$)
$$DF_{OA} = \frac{1}{1+1+2} = \frac{1}{4}$$
(2) 고정모멘트(M_u)
$M_u = 10\text{kN} \cdot \text{m}$
(3) 해방모멘트($\overline{M}$)
$\overline{M} = -10\text{kN} \cdot \text{m}$
(4) 분배모멘트(DM, M')
$M_{OA}' = DF_{OA} \times \overline{M}$
$= \frac{1}{4} \times (-10)$
$= -2.5\text{kN} \cdot \text{m}$
(5) 도달모멘트(CM, M'')
$M_{OA}'' = \frac{1}{2} \times M_{OA}'$
$= \frac{1}{2} \times (-2.5)$
$= -1.25\text{kN} \cdot \text{m}$

Lesson 02

50 그림과 같은 라멘 구조물의 O점에서 발생하는 모멘트를 기준으로 부재 OA로의 모멘트 분배율을 구하시오. (3점)   •16 ①

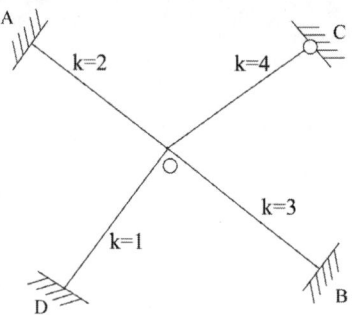

정답

50
(1) 부재 OC의 유효강비 (등가강비, k_e)
$$k_e = \frac{3}{4} \times 4 = 3$$
(2) 부재 OA로의 모멘트분배율($DF, k/\Sigma k$)
$$DF_{OA} = \frac{2}{2+3+3+1}$$
$$= \frac{2}{9} = 0.22$$

51 다음 연속보를 모멘트분배법으로 해석하고 휨모멘트도를 작도하시오. (단, EI는 일정하고 지점 이동은 없다.)   (예상)

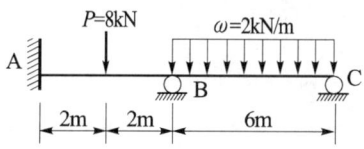

정답 (1) 부재의 강도 및 강비
 ① AB부재의 강도 $K_{BA} = \dfrac{I}{l} = \dfrac{I}{4}$
 ② BC부재의 강도 $K_{BC} = \dfrac{I}{l} = \dfrac{I}{6}$
 ③ 표준강도(임의로 정할 수 있다.) $K_0 = \dfrac{I}{8}$
 ④ 강비
 BC부재의 C단은 힌지이므로 유효강비 $k_e = \dfrac{3}{4}k$이다. 따라서 각 부재의 강비는 다음과 같다.
$$k_{BA} = \frac{K_{BA}}{K_0} = \frac{I/4}{I/8} = 2$$
$$k_{BC} = \frac{3}{4} \times \frac{K_{BC}}{K_0} = \frac{3}{4} \times \frac{I/6}{I/8} = 1$$
(2) 분배율
$$DF_{BA} = \frac{k_{BA}}{k_{BA}+k_{BC}} = \frac{2}{2+1} = \frac{2}{3}$$

51
① B점의 1차 해방모멘트($\overline{M}$)
$\overline{M} = -\Sigma FEM = -(4-6)$
$= 2 \text{ kN} \cdot \text{m}$
② B점의 1차 분배모멘트(DM)
$DM_{BA} = DF \times \overline{M} = 2/3 \times 2$
$= 1.33 \text{ kN} \cdot \text{m}$
$DM_{BC} = DF \times \overline{M} = 1/3 \times 2$
$= 0.67 \text{ kN} \cdot \text{m}$
③ 1차 도달모멘트(CM)
$CM_{AB} = 1/2 \times DM_{BA}$
$= 0.665 \text{ kN} \cdot \text{m}$
$CM_{BA} = 1/2 \times DM_{AB}$
$= 0 \text{ kN} \cdot \text{m}$
$CM_{BC} = 1/2 \times DM_{CB}$
$= -3 \text{ kN} \cdot \text{m}$
$CM_{CB} = 1/2 \times DM_{BC}$
$= 0.335 \text{ kN} \cdot \text{m}$
④ B점의 2차 해방모멘트($\overline{M}$)
$\overline{M} = -\Sigma FEM = -(0-3)$
$= 3 \text{ kN} \cdot \text{m}$
⑤ B점의 2차 분배모멘트(DM)
$DM_{BA} = 2/3 \times 3 = 2 \text{ kN} \cdot \text{m}$
$DM_{BC} = 1/3 \times 3 = 1 \text{ kN} \cdot \text{m}$
⑥ 2차 도달모멘트(CM)
$CM_{AB} = 1/2 \times DM_{BA}$
$= 1 \text{ kN} \cdot \text{m}$
$CM_{BA} = 1/2 \times DM_{AB}$
$= 0 \text{ kN} \cdot \text{m}$
$CM_{BC} = 1/2 \times DM_{CB}$
$= -0.1675 \text{ kN} \cdot \text{m}$
$CM_{CB} = 1/2 \times DM_{BC}$
$= 0.5 \text{ kN} \cdot \text{m}$

$$DF_{BC} = \frac{k_{BC}}{k_{BA}+k_{BC}} = \frac{1}{2+1} = \frac{1}{3}$$

(3) 고정단모멘트

$$FEM_{AB} = -\frac{Pl}{8} = -\frac{8\times 4}{8} = -4\,kN\cdot m$$

$$FEM_{BA} = \frac{Pl}{8} = 4\,kN\cdot m$$

$$FEM_{BC} = -\frac{wl^2}{12} = -\frac{2\times 6^2}{12} = -6\,kN\cdot m$$

$$FEM_{CB} = \frac{wl^2}{12} = 6\,kN\cdot m$$

(4) 재단모멘트(단위 : kN·m)

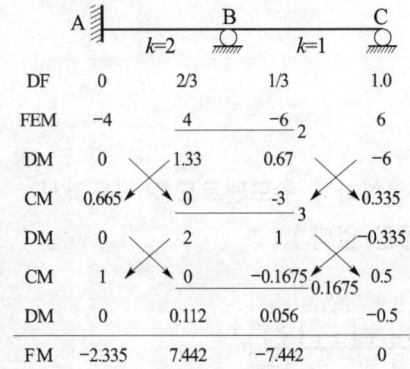

(5) 휨모멘트도(단위 : kN·m)

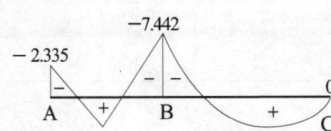

정답

⑦ 재단모멘트(FM)
 $FM = \Sigma(FEM + DM + CM)$
 $M_A = (-4+0+0.665+0+1+0) = -2.3351\,kN\cdot m$
 $M_B = (4+1.33+2+0.112) = 7.442\,kN\cdot m$
 $M_C = (-6+0.67-3+1-0.1675+0.056) = -7.442\,kN\cdot m$
 $M_C = (6-6+0.335-0.335+0.5-0.5) = 0\,kN\cdot m$

⑧ 재단모멘트의 부호규약과 휨모멘트의 부호규약에 따라 부재의 좌측에서는 재단모멘트와 휨모멘트의 부호가 같고, 우측에서는 서로 반대가 된다.

52 다음 라멘을 모멘트분배법으로 해석하고 휨모멘트도를 작도하시오. (단, EI는 일정하다.) (예상)

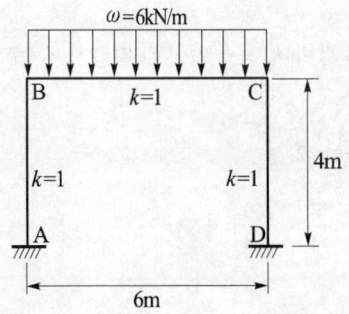

정답 (1) 분배율

$$DF_{BA} = \frac{k_{BA}}{k_{BA}+k_{BC}} = \frac{1}{1+1} = 0.5$$

$$DF_{BC} = \frac{k_{BC}}{k_{BA}+k_{BC}} = \frac{1}{1+1} = 0.5$$

$$DF_{CD} = \frac{k_{CD}}{k_{CD}+k_{CB}} = \frac{1}{1+1} = 0.5$$

$$DF_{CB} = \frac{k_{CB}}{k_{CD}+k_{CB}} = \frac{1}{1+1} = 0.5$$

(2) 고정단모멘트

$$FEM_{BC} = -\frac{wl^2}{12} = -\frac{6 \times 6^2}{12} = -18 \text{ kN} \cdot \text{m}$$

$$FEM_{CB} = \frac{wl^2}{12} = 18 \text{ kN} \cdot \text{m}$$

(3) 재단모멘트(단위 : kN·m)

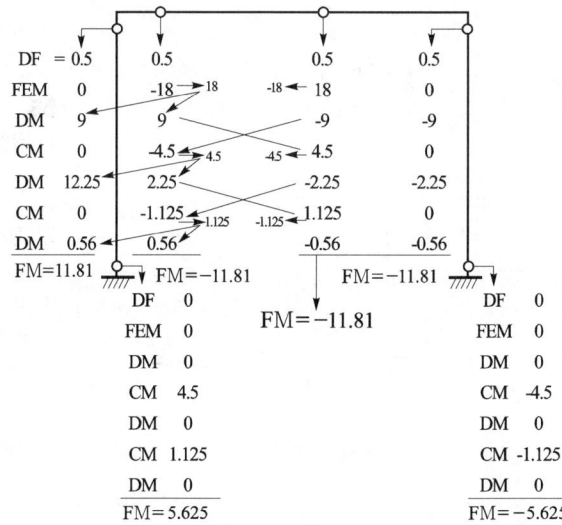

(4) 휨모멘트도(단위 : kN·m)

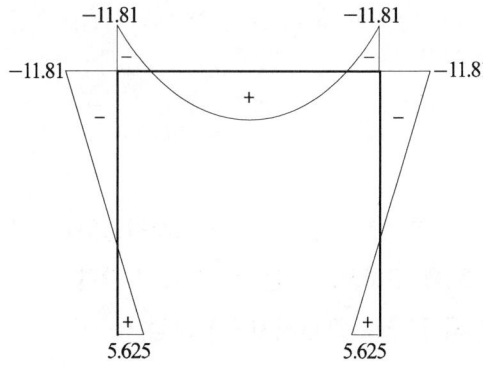

53 다음 보기에서 설명하는 구조의 명칭은 무엇인가? (2점)

• 11 ①, 16 ②, 19 ①, 21 ③

| 보기 |
구조물의 기초부분 등에 적층고무 또는 미끄럼받이 등을 넣어서 지진에 대한 건축물의 흔들림을 감소시키는 구조

54 다음과 같은 캔틸레버보의 수직반력과 점 C의 휨모멘트를 구하시오. (3점)

• 18 ①

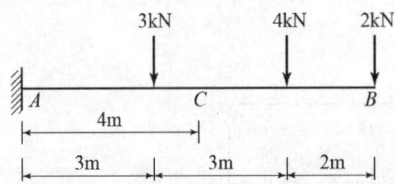

정답

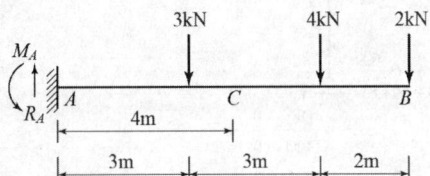

1. 수직반력

$\Sigma Y = 0(+;\uparrow)$: $\Sigma Y = R_A - 3 - 4 - 2 = 0$

∴ $R_A = 9$ kN (상향)

2. 점 C의 휨모멘트

1) 지점 A의 반력 모멘트

$\Sigma M = 0(+;\curvearrowright)$: $\Sigma M_A = -M_A + 3 \times 3 + 4 \times 6 + 2 \times 8 = 0$

∴ $M_A = 49$ kN·m (반시계방향)

2) 점 C의 휨모멘트

$M_C = -M_a + R_A \times 4 - 3 \times 1 = -49 + 9 \times 4 - 3 \times 1 = -16$ kN·m

55 지름이 D인 원형의 단면계수를 Z_A, 한 변의 길이가 a인 정사각형의 단면계수를 Z_B라고 할 때, $Z_A : Z_B$를 구하시오. (단, 두 재료의 단면적은 같고, Z_A를 1로 환산한 Z_B의 값으로 표현하시오.) (4점)

• 17 ②

정답

53
면진구조
(주) 내진구조, 제진구조 및 면진구조
1. 내진구조(耐震構造) : 구조물 내부에 보조적인 부재를 설치하여 지진에 견디게 한 구조이다.
2. 제진구조(制震構造) : 지진에 의해 발생된 진동에 대해 반대되는 방향으로 인위적인 힘을 가해 진동을 제어하는 설비를 갖춘 구조이다.
3. 면진구조(免震構造) : 구조물의 기초부분 등에 적층고무 또는 미끄럼받이 등을 넣어서 지진에 대한 건축물의 흔들림을 감소시키는 구조이다.

55
1. 원형의 단면적
$A_A = \dfrac{\pi D^2}{4}$

2. 정사각형의 단면적
$A_B = a^2$

3. 두 단면의 같은 단면적
$\dfrac{\pi D^2}{4} = a^2$
∴ $a = \dfrac{\sqrt{\pi} D}{2} = 0.88623D$

4. 원형의 단면계수
$Z_A = \dfrac{I_G}{y} = \dfrac{\pi D^4/64}{D/2}$
$= \dfrac{\pi D^3}{32} = 0.09818 D^3$

5. 정사각형의 단면계수
$Z_B = \dfrac{I_G}{y} = \dfrac{bh^3/12}{h/2} = \dfrac{bh^2}{6}$
$= \dfrac{a^3}{6} = \dfrac{(0.88623D)^3}{6}$
$= \dfrac{0.69605 D^3}{6} = 0.11601 D^3$

6. 단면계수의 비
$Z_A : Z_B$
$= 0.09818 D^3 : 0.11601 D^3$
양쪽에 $0.09818 D^3$를 나누면
$1 : 1.181610$이다.
∴ $Z_A : Z_B = 1 : 1.182$

56 그림과 같은 단면의 단면2차 모멘트 $I_x = 640,000 \text{ cm}^4$, 단면2차 반경 $i_x = \dfrac{20}{\sqrt{3}}$ cm일 때, 단면적($A = b \times h$, cm^2)를 구하시오. (4점)

•17 ③

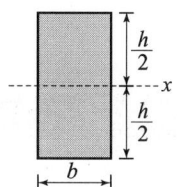

> **정답**
>
> **56**
> 1. 단면2차 반경 i_x
> $i_x = \sqrt{\dfrac{I_x}{A}}$ 로부터
> $i_x^2 = \dfrac{I_x}{A}$ 이다.
> 2. 단면적 A
> $A = \dfrac{I_x}{i_x^2}$ 이므로
> $A = \dfrac{I_x}{i_x^2}$
> $= \dfrac{640,000}{\left(\dfrac{20}{\sqrt{3}}\right)^2} = 4,800 \text{ cm}^2$

57 다음과 같은 전단력도를 보고 최대 휨모멘트를 구하시오. (4점)

•18 ③

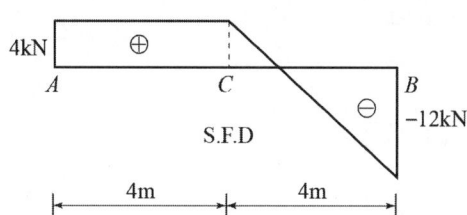

정답 임의의 점의 휨모멘트는 전단력도의 면적과 같다. 그리고 최대 휨모멘트는 전단력이 영(0)인 곳에서 발생한다. 전단력이 영(0)인 위치는 다음과 같다.

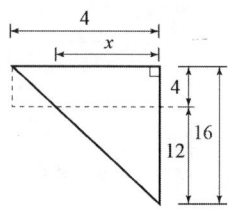 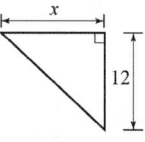

$4 : 16 = x : 12$ $\qquad x = \dfrac{4 \times 12}{16} = 3 \text{ m}$

전단력이 영(0)인 곳을 중심으로 전단력도의 오른쪽의 면적을 고려하여 최대 휨모멘트를 산정하면 다음과 같다.

$M_{\max} = \dfrac{1}{2} \times 3 \times 12 = 18 \text{ kN} \cdot \text{m}$

또는 전단력이 영(0)인 곳을 중심으로 전단력도의 왼쪽의 면적을 고려하여도 다음과 같이 동일한 결과가 된다.

$M_{\max} = 4 \times 4 + \dfrac{1}{2} \times 1 \times 4 = 18 \text{ kN} \cdot \text{m}$

Lesson 02 철근콘크리트구조

※1 철근콘크리트 구조설계 일반

1. 철근콘크리트구조의 성립이유
   (1) 철근과 콘크리트 사이의 큰 부착강도
   (2) 강알칼리성 콘크리트의 철근 부식 방지
   (3) 거의 같은 두 재료의 열팽창계수

2. 콘크리트와 철근의 탄성계수 및 경량콘크리트계수

   1) 콘크리트의 탄성계수 (11③, 14②, 17②, 19②, 20⑤)

   $$E_c = 8,500 \sqrt[3]{f_{cm}} \text{ (MPa)}$$

   여기서, $f_{cm} = f_{ck} + \Delta f$ (MPa)

구분	Δf
$f_{ck} \leq 40$ MPa	4 MPa
$40 < f_{ck} < 60$ MPa	직선보간
$f_{ck} \geq 60$ MPa	6 MPa

   2) 철근의 탄성계수

   $$E_s = 2.0 \times 10^5 \text{ (MPa)}$$

   3) 탄성계수비 (11③, 15③, 20⑤)

   $$n = \frac{E_s}{E_c} = \frac{2.0 \times 10^5}{8,500 \sqrt[3]{f_{cm}}} = \frac{23.53}{\sqrt[3]{f_{cm}}}$$

   4) 경량콘크리트계수
   (1) f_{sp} 값이 규정되어 있지 않은 경우
   ① 전경량콘크리트 : $\lambda = 0.75$
   ② 모래경량콘크리트 : $\lambda = 0.85$
   (2) 보통중량콘크리트의 경량콘크리트계수는 $\lambda = 1.0$이다.

   (주) 일반적인 철근콘크리트 공사에서는 보통중량콘크리트를 사용하므로 $\lambda = 1.0$이다.

핵심 Point

● 일러두기 (참고)
철근콘크리트구조는 KDS 14 20 00(2022)와 KDS 41 20 00(2022)의 최신 기준을 반영하였음

● 철근콘크리트구조의 정의 (참고)
콘크리트에 철근을 묻어 넣어서 두 재료가 일체로 되어 외력에 저항하도록 한 것을 철근콘크리트(Reinforced Concrete, RC)구조라 한다. 철근콘크리트구조에서 철근은 주로 인장력에 저항하고, 콘크리트는 주로 압축력에 저항한다.

● 콘크리트의 탄성계수 (11③, 14②, 17②, 19②, 20⑤)

$E_c = 8,500 \sqrt[3]{f_{cm}}$ (MPa)
여기서, $f_{cm} = f_{ck} + \Delta f$ (MPa)

구분	Δf
$f_{ck} \leq 40$ MPa	4 MPa
$40 < f_{ck} < 60$ MPa	직선보간
$f_{ck} \geq 60$ MPa	6 MPa

● 탄성계수비 (11③, 15③, 20⑤)

$n = \dfrac{E_s}{E_c} = \dfrac{2.0 \times 10^5}{8,500 \sqrt[3]{f_{cm}}}$

$= \dfrac{23.53}{\sqrt[3]{f_{cm}}}$

5) 철근의 응력-변형률 곡선에서 용어 (11②, 15①, 22①)

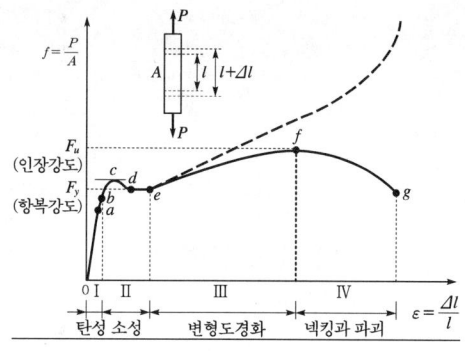

【응력-변형률 곡선의 특성】

구간 혹은 위치	명칭	특성
O-a	직선구간	응력(f)과 변형률(ϵ)의 관계가 직선이며 비례적이다. O-a 기울기를 탄성계수(E, 영계수)라 하며, $f = E\epsilon$의 관계(후크의 법칙)가 성립된다.
a점	비례한계점	응력과 변형률이 비례하며 선형관계를 유지하는 한계의 응력이다.
b점	탄성한계점	탄성한계까지 하중을 가했다가 제거하면 원점으로 되돌아가는 지점이다. a-b구간은 비선형이다.
c점	상항복점	–
d점	하항복점	재료의 설계기준항복강도(f_y)를 의미한다.
e점	변형률경화시점	항복이 끝나고 e점에서 응력이 다시 상승한다. 이 현상을 변형률경화라 한다.
f점	인장강도점 (극한강도점)	인장강도(f_u)는 재료가 받을 수 있는 최대 응력이다.
g점	파괴점	인장강도점을 지나 B점에 이르러 파괴된다.
I 구간	탄성영역	응력과 변형률이 비례관계를 가지는 영역이다.
II 구간	소성영역	변형률만 증가하는 영역이다.
III구간	변형률경화영역	응력과 변형률이 비선형적으로 증가하는 영역이다.
IV구간	파괴영역	변형률은 증가하지만 응력은 줄어드는 부분이다.

3. 극한강도설계법에 의한 구조물의 안전성

1) 설계기준에서의 안전

(1) 안전규정 (22①)

$$\text{소요강도}(U) \leq \text{설계강도}(R_d)$$

핵심 Point

● 강재(철근)의 응력-변형률 곡선에서 각 점과 영역의 용어 (11②, 15①, 22①)

● 기호
U : 계수하중에 의한 소요강도($U = 1.2D + 1.6L$ 등)
R_d : 설계강도($R_d = \phi R_n$)
R_n : 공칭강도
ϕ : 강도감소계수

● 공칭강도 (22①)
공식과 재료강도 및 부재치수를 사용하여 계산된 구조물, 부재 또는 단면의 저항능력을 말하며, 강도감소계수 또는 저항계수를 적용하지 않은 강도이다.

● 설계강도 (22①)
구조물, 부재 또는 단면의 공칭강도에 강도감소계수 또는 저항계수를 곱한 구조물, 부재 또는 단면의 강도이다.

(2) 강도설계의 기본 개념 (11②, 22③)

$$M_u \leq M_d, \quad M_d = \phi M_n$$
$$P_u \leq P_d, \quad P_d = \phi P_n$$
$$V_u \leq V_d, \quad V_d = \phi V_n$$

2) 하중계수와 소요강도 (11②, 13②, 15③, 22③)

고정하중(D), 활하중(L), 적설하중(S), 풍하중(W) 및 지진하중(E)에 대한 최대 소요강도는 다음의 하중조합 중 최대값이다.

$$U = 1.4D \tag{1}$$
$$U = 1.2D + 1.6L \tag{2}$$
$$U = 1.2D + 1.6L + 0.5S \tag{3}$$
$$U = 1.2D + 1.6S + 1.0L \tag{4}$$
$$U = 1.2D + 1.6S + 0.65W \tag{5}$$
$$U = 1.2D + 1.3W + 1.0L + 0.5S \tag{6}$$
$$U = 1.2D + 1.0E + 1.0L + 0.2S \tag{7}$$
$$U = 0.9D + 1.3W \tag{8}$$
$$U = 0.9D + 1.0E \tag{9}$$

3) 강도감소계수와 설계강도

설계강도(R_d)는 공칭강도(R_n)에 강도감소계수(ϕ)를 곱한 값($R_d = \phi R_n$)으로 한다. 강도감소계수 ϕ는 다음과 같다.

부재 또는 하중의 종류		강도감소계수
인장지배 단면 (휨모멘트, 또는 휨모멘트와 축인장력이 동시에 작용하는 부재)		0.85
압축지배 단면 (축압축력 또는 휨모멘트와 축압축력이 동시에 작용하는 부재)	나선철근 부재	0.70
	띠철근의 부재	0.65
전단력과 비틀림모멘트		0.75
콘크리트의 지압력		0.65
포스트텐션 정착부		0.85
스트럿-타이 모델	스트럿, 절점부 및 지압부	0.75
	타이	0.85
무근콘크리트의 휨모멘트, 압축력, 전단력, 지압력		0.55

4. 철근 상세

1) 표준갈고리

① 주철근의 표준갈고리는 180° 표준갈고리 [그림 (a)]와 90° 표준갈

핵심 Point

● 하중계수의 사용이유 (참고)
① 하중의 공칭값과 실제 하중과의 불가피한 차이
② 하중을 작용 외력으로 변환시키는 해석상의 불확실성
③ 하중의 영향을 계산함에 있어 3차원 구조물을 모델링할 때 발생하는 부정확성 등과 같은 불확실성의 존재
④ 환경작용 등의 변동을 고려

● 강도감소계수의 사용이유 (참고)
① 재료의 공칭값과 실제 강도와의 차이
② 부재를 제작 또는 시공할 때 설계도와의 차이
③ 내력의 추정과 해석에 관련된 불확실성의 고려
④ 재료강도의 가변성에 따른 설계 시 예상했던 값과의 차이
⑤ 크기가 다른 철근을 연결하여 사용하는데 따른 부재의 실제 강도와의 차이
⑥ 구조물의 구조부재의 중요성 및 구조물의 교체에 따른 비용 절감

● 보의 전단설계를 위한 최대 전단력 산정 (15③)
① $w_u = 1.2w_o + 1.6w_L$
② $V_{u,\max} = \dfrac{w_u \times l}{2}$
③ $V_u = V_{u,\max} - w_u \times d$

● 고정하중과 활하중에 의한 소요휨강도와 소요전단강도 및 공칭휨강도와 공칭전단강도의 산정 (11②, 22③)

● 철근콘크리트 단순보의 중앙에 집중 고정하중과 집중 활하중이 작용할 경우, 최대 계수휨모멘트(소요휨강도) 산정 (13②)
① 집중하중에 대한 계수하중 $P_u = 1.2P_D + 1.6P_L$
② 최대 계수휨모멘트 $M_{u,\max} = \dfrac{P_u l}{4}$

고리 [그림 (b)]로 분류된다.
② 스터럽과 띠철근의 표준갈고리는 90° 표준갈고리 [그림 (c), (d)]와 135° 표준갈고리 [그림 (e)]로 분류된다.

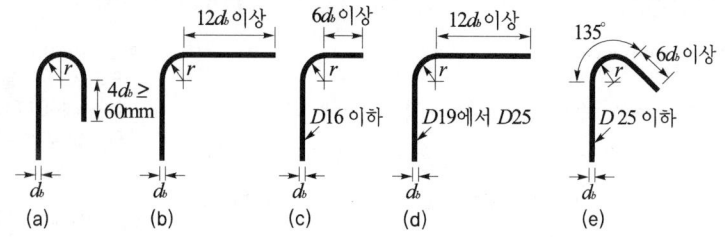

2) 철근의 간격제한

구분		주철근의 간격제한
보	보의 주철근의 최소 수평 순간격	최소 수평 순간격 $\geq \max\left(25\,mm,\ 1.0\,d_b,\ \dfrac{4}{3}G\right)$
	상단과 하단에 2단 이상으로 배치된 경우	① 상하 철근은 통일 연직면 내에 배치되어야 함 ② 상하 철근의 순간격은 25 mm 이상
기둥	압축부재에서 축방향철근의 최소 순간격	최소 순간격 $\geq \max\left(40\,mm,\ 1.5\,d_b,\ \dfrac{4}{3}G\right)$

(주1) 주철근의 최소 중심간격은 '최소 순간격 + d_b'이다.

3) 철근의 최소 피복두께 [1] (20⑤)

환경조건과 부재의 종류			최소 피복두께(mm)
옥외의 공기나 흙에 접하지 않는 콘크리트	보, 기둥 ($f_{ck} \geq 40\,MPa$이면 10mm를 저감시킬 수 있다.)		40
	슬래브, 벽체, 장선 구조	D35 이하 철근	20
		D35를 초과하는 철근	30
흙에 접하거나 옥외의 공기에 직접 노출되는 콘크리트	D19 이상 철근		50
	D16 이하 철근		40
흙에 접하여 콘크리트를 친 후 영구히 흙에 묻혀 있거나 수중에 있는 콘크리트			75
수중에서 타설하는 콘크리트			100

(주) 설계피복두께(표준피복두께)는 최소 피복두께에서 10mm를 더한 값 이상으로 한다.

핵심 Point

● 부재 또는 하중의 종류에 따른 강도감소계수 (예상)
① 인장지배 단면 : 0.85
② 압축지배 단면 중 나선철근 부재 : 0.70
③ 압축지배 단면 중 띠철근 부재 : 0.65
④ 전단과 비틀림 모멘트 : 0.75

● 표준갈고리의 구부림의 최소 내면 반지름 (r) (예상)
① 주철근용 : D25 이하의 경우, $r = 3d_b$
② 스터럽과 띠철근용 : D16 이하의 경우, $r = 2d_b$

● 주철근용 표준갈고리의 정착에 대한 갈고리철근의 상세도 (참고)

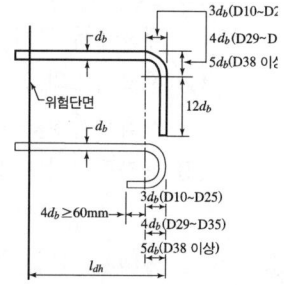

● 기호
d_b : 이형철근의 공칭지름 (mm)
G : 굵은골재의 공칭 최대치수 (mm)

● 수중에서 타설하는 콘크리트 타설 시 콘크리트 피복두께 (20⑤)
100mm

---

[1] KDS 14 20 50 콘크리트구조 철근상세 설계기준 (4.3), 국토교통부, 한국콘크리트학회, 2022.

2. 보의 해석과 설계

1. 보의 휨해석을 위한 기본사항

1) 보의 강도설계를 위한 기본가정

(1) 철근 및 콘크리트의 변형률은 중립축으로부터의 거리에 비례한다.

(2) 휨모멘트 또는 휨모멘트와 축력을 동시에 받는 부재의 압축연단 콘크리트의 극한변형률 ε_{cu} 는 콘크리트의 설계기준압축강도가 40 MPa 이하인 경우에는 0.0033으로 가정한다.

(3) 철근의 변형률(ε_s)이 항복 변형률(ε_y) 이하인 경우의 철의 응력은 그 변형률(ε_s)에 E_s를 곱한 값으로 한다. 철근의 변형률(ε_s)이 항복강도 f_y에 해당하는 변형률(ε_y)보다 더 큰 변형률에 대한 철근의 응력은 그 변형률에 관계없이 f_y로 한다.

(4) 콘크리트의 인장강도는 철근콘크리트 부재 단면의 축강도와 휨강도 계산에서 무시할 수 있다.

(5) 콘크리트의 압축응력의 분포와 콘크리트 변형률 사이에 관계는 등가직사각형 응력분포 등으로 가정 할 수 있다.

(6) 등가직사각형 응력분포는 콘크리트 압축응력이 $0.85f_{ck}$로 균등하고, 이 응력이 압축연단으로부터 등가직사각형 압축응력블록의 길이($a = \beta_1 c$)까지 등분포로 작용한다고 가정한다.

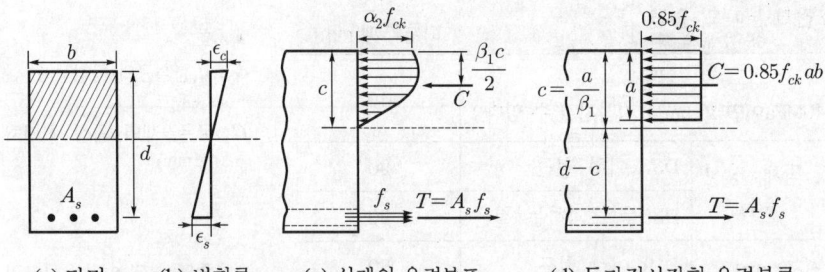

(a) 단면   (b) 변형률   (c) 실제의 응력분포   (d) 등가직사각형 응력블록

【 콘크리트의 휨 압축응력의 실제 및 등가직사각형 응력분포 】

2. 휨모멘트와 축력을 받는 부재의 일반원칙

1) 철근의 설계기준항복강도와 콘크리트의 극한변형률

재료	내용
철근의 설계기준항복강도	$f_s = f_y$ (또는 $\varepsilon_s = \varepsilon_y = f_y/E_s$)
콘크리트의 극한변형률($f_{ck} \leq 40\text{MPa}$)	$\varepsilon_c = \varepsilon_{cu} = 0.0033$

핵심 Point

- 콘크리트의 설계기준압축강도가 40 MPa을 초과할 경우에는 매 10 MPa의 강도 증가에 대하여 0.0001씩 감소시킨다. (참고)

$$\varepsilon_{cu} = 0.0033 - \left(\frac{f_{ck} - 40}{100,000}\right)$$
$$\leq 0.0033$$

- 철근의 응력(f_s)을 변형률을 기준으로 적으시오. (참고)
① $\varepsilon_s \leq \varepsilon_y$인 경우 : $f_s = E_s \varepsilon_s$
② $\varepsilon_s > \varepsilon_y$인 경우 : $f_s = f_y$

- 콘크리트의 실제 압축응력분포를 등가직사각형 압축응력블록으로 대체하기 위한 조건 (참고)
① 실제 압축응력분포의 면적과 등가직사각형 압축응력블록의 면적의 크기는 같다.
② 실제 압축응력분포의 도심과 등가직사각형 압축응력블록의 도심의 위치는 같다.

- 기호

f_{ck} : 콘크리트의 설계기준압 강도 (MPa)
f_s : 철근의 인장응력 (MPa)
f_y : 철근의 설계기준항복강도 (MPa)
ε_c : 콘크리트의 압축변형률
ε_{cu} : 콘크리트의 극한변형률
ε_s : 철근의 인장변형률
ε_t : 최 외단 인장철근의 순인장변형률
ε_{tc} : 인장철근의 압축지배변형률 한계
ε_{tt} : 인장철근의 인장지배변형률 한계
ε_y : 인장철근의 설계기준항복변형률($\varepsilon_y = f_y/E_s$)
E_s : 철근의 탄성계수 (MPa)
β_1 : 콘크리트의 등가직사각형 압축응력블록의 깊이를 나타내는 계수

2) 균형보

(1) 콘크리트 강도에 따른 중립축 위치와 관련된 계수, β_1 (14①)

① $f_{ck} \leq 400$ MPa : $\beta_1 = 0.80$

② $40 < f_{ck} \leq 90$ MPa : $\beta_1 = 0.80 - 0.002(f_{ck} - 40)$

③ $f_{ck} > 90$ MPa : $\beta_1 = 0.70$

(2) 균형변형률 상태 ($\varepsilon_c = \varepsilon_{cu}$일 때, $\varepsilon_t = \varepsilon_y$) (12①)

압축연단 콘크리트의 변형률이 극한변형률 ε_{cu}인 0.0033에 도달했을 때, 동시에 인장철근의 변형률이 항복변형률인 ε_y에 처음으로 도달할 때의 단면 상태이다.

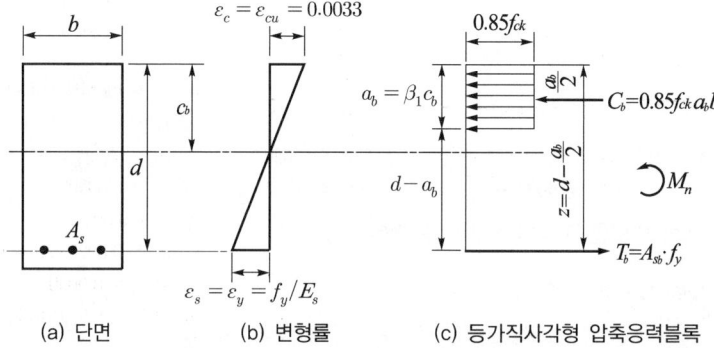

【균형변형률 상태의 단근 직사각형 보(균형보)】

(3) 균형보에 있어 압축연단에서 중립축까지의 거리(c_b)

$$c_b = \left(\frac{600}{600 + f_y}\right)d$$

(4) 균형보에 있어 등가직사각형 압축응력블록의 깊이(a_b)

$$a_b = \beta_1 c_b = \beta_1 \left(\frac{600}{600 + f_y}\right)d \quad (f_{ck} \leq 40\text{MPa인 경우})$$

여기서, β_1는 $f_{ck} \leq 40$MPa인 경우 $\beta_1 = 0.80$이다.

(5) 균형철근비(ρ_b) (12①, 13③, 16①)

$$\rho_b = 0.85\beta_1 \cdot \frac{f_{ck}}{f_y} \cdot \frac{600}{600 + f_y} \quad (f_{ck} \leq 40\text{MPa인 경우})$$

핵심 Point

b : 압축면의 유효너비 (mm)

d : 부재의 유효깊이로서 최 외단 압축연단에서 종방향 인장철근의 도심까지의 거리 (mm)

d_t : 부재의 최 외단 압축연단에서 최 외단 인장철근의 도심(중심)까지의 거리 (mm)

h : 부재의 전체 두께 또는 길이 (mm)

● 철근이 인장철근이 1단으로 배근될 경우, $d_t = d$ 이다.

● 철근의 항복과 콘크리트의 극한변형률 기준 (예상)
① 철근의 항복 : $f_s = f_y$
② 콘크리트의 극한변형률 : $\varepsilon_c = \varepsilon_{cu} = 0.0033$

● 콘크리트 강도에 따른 중립축 위치와 관련된 계수(압축응력등가블록의 깊이 계수), β_1 (14①)
① $f_{ck} \leq 40$MPa : $\beta_1 = 0.80$
② $40 < f_{ck} \leq 90$MPa : $\beta_1 = 0.80 - 0.002(f_{ck} - 40)$
③ $f_{ck} > 90$MPa : $\beta_1 = 0.70$

● 균형파괴는 균형변형률 상태의 파괴이고, 균형보는 균형변형률 상태의 보이며, 균형철근비 ρ_b는 균형변형률 상태의 인장철근비이다.

● 균형철근비의 정의 (12①)
균형철근비는 인장철근의 응력 f_s가 설계기준항복강도 f_y에 대응하는 변형률 ε_y에 도달하고, 동시에 압축 콘크리트의 변형률 ε_c가 가정된 극한변형률 ε_{cu}인 0.0033에 도달한 단면의 인장철근비이다. 또한 이러한 상태의 보를 균형철근보라 한다.

● 균형철근비 산정 (13③, 16①)

3) 지배 단면

(1) 지배 단면에 따른 변형률 특징 (12①, 18② ③, 20②, 21③)

① 압축지배 단면 : $\varepsilon_c = \varepsilon_{cu}$ 일 때, $\varepsilon_t \leq \varepsilon_{tc} = \varepsilon_y$ 인 단면
② 변화구간 단면 : $\varepsilon_c = \varepsilon_{cu}$ 일 때, $\varepsilon_{tc} < \varepsilon_t < \varepsilon_{tt}$ 인 단면
③ 인장지배 단면 : $\varepsilon_c = \varepsilon_{cu}$ 일 때, $\varepsilon_t \geq \varepsilon_{tt}$ 인 단면

여기서, $\varepsilon_{cu} = 0.0033$이고, $\varepsilon_{tt} = \max(0.0050, 2.5\varepsilon_y)$이고 $f_y \leq 400\,\text{MPa}$인 경우, $\varepsilon_{tt} = 0.0050$이다.

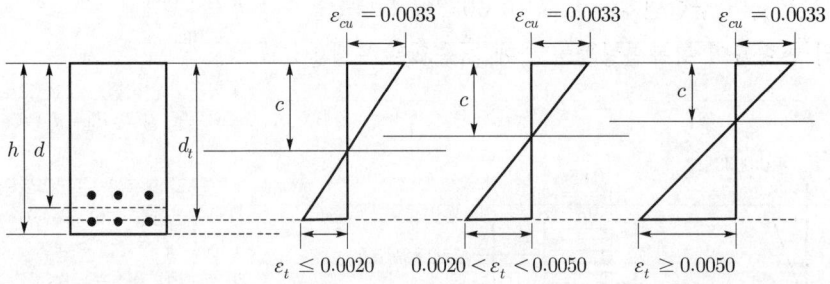

【 SD400 철근에서 각종 조건에 대한 변형률 분포와 순인장 변형률 ε_t 】

(1) 단면에 따른 강도감소계수 (11②, 12① ②, 14③, 15①, 20③)

지배단면 구분	순인장변형률(ε_t) 조건	강도감소계수(ϕ)
압축지배 단면	$\varepsilon_t \leq \varepsilon_{tc} = \varepsilon_y$	띠철근 또는 스터럽 : 0.65 나선철근 보강 : 0.70
변화구간 단면	$\varepsilon_{tc} < \varepsilon_t < \varepsilon_{tt}$	띠철근 또는 스터럽 : 0.65~0.85 나선철근 보강 : 0.70~0.85
인장지배 단면	$\varepsilon_t \geq \varepsilon_{tt}$	0.85

(주) 띠철근 부재의 변화구간 단면의 강도감소계수는 $\phi = 0.65 + (\varepsilon_t - \varepsilon_y) \times O$ 이다.

(2) 휨부재의 변형률한계 및 해당 철근비 (13③, 16①)

해당 철근비는 이전 구조설계기준의 최대 철근비 $\rho_{\max}$ 에 해당된다.

【 단면에 따른 변형률 한계 및 해당 철근비 】

철근의 설계기준 항복강도 (f_y)	압축지배			인장지배			S	O
	변형률 한계 (ε_y)	강도감소계수(ϕ)		인장지배 변형률 한계 (ε_{tt})	휨 부재에 대한 해당 철근비 ($\rho_{\max}$)	강도감소계수 (ϕ)		
		나선	기타					
300MPa	0.0015	0.70	0.65	0.0050	$0.578\rho_b$	0.85	300/7	400/7
400MPa	0.0020	0.70	0.65	0.0050	$0.639\rho_b$	0.85	50	200/3
500MPa	0.0020	0.70	0.65	0.00625	$0.607\rho_b$	0.85	40	160/3

핵심 Point

● 최 외단 인장철근의 순인장변형률
$\varepsilon_t = \left(\dfrac{d_t - c}{c}\right)\varepsilon_{cu}$
여기서, $\varepsilon_{cu} = 0.0033$

● 인장지배 단면의 정의 (18②, 20②, 21③)

● 인장지배 단면의 확인 (11②)

● 지배단면 구분 및 그에 따른 강도감소계수 산정 (12①, 14③, 15①, 16③, 18③, 20③)
① $f_y = 400\text{MPa}(\text{SD}400)$
② $\varepsilon_{tc} = \varepsilon_y = 0.0020$
 ($\varepsilon_y = f_y/E_s$)
③ $\varepsilon_{tt} = 0.0050$
④ $\varepsilon_t = 0.0040$
⑤ $\varepsilon_{tc} = 0.0020 < \varepsilon_t = 0.0040 < \varepsilon_{tt} = 0.0050$
⑥ 변화구간 단면이다.
⑦ 강도감소계수 ϕ
$\phi = 0.65 + (var\varepsilon_t - 0.0020) \times \dfrac{200}{3}$
$= 0.65 + (0.004 - 0.002) \times \dfrac{200}{3}$
$= 0.783$
$\therefore \phi = 0.78$

● 기타 철근을 사용한 부재에서 변화구간 단면인 경우의 강도감소계수 산정. 단, SD400인 경우 (12②)

● $f_y = 300\text{MPa}$ 인 보의 최대 철근량 산정 (13③, 16①)
① 균형철근비 : ρ_b
② $\varepsilon_y = f_y/E_s$
$= 300/2.0 \times 10^5 = 0.0015$
③ 최대 철근비 ($f_y = 300\text{MPa}$)
$\rho_{\max} = \left(\dfrac{0.0033 + \varepsilon_y}{0.0033 + 0.0050}\right)\rho_b$
$= \dfrac{0.0048}{0.0083} = 0.578\rho_b$
③ 최대 철근량
$A_{s,\max} = \rho_{\max} bd$

(주) 해당 철근비(ρ_{max}, 최대 철근비)는 다음 식으로 산정된 것이다.

$$\rho_{max} = \left(\frac{\varepsilon_{cu}+\varepsilon_y}{\varepsilon_{cu}+\varepsilon_{tt}}\right)\rho_b = \left(\frac{0.0033+\varepsilon_y}{0.0033+0.0050}\right)\rho_b$$

3. 단근 직사각형 보의 해석과 설계

1) 최소 철근량

(2) 최소 철근량

휨부재의 모든 단면에 대하여 다음을 만족하도록 인장철근을 배치한다.

$$\phi M_n \geq 1.2 M_{cr}$$

(3) 휨부재의 최소 철근량 예외규정

해석에 필요한 철근량보다 1/3 이상 인장철근이 더 배치되는 경우 최소 철근량 규정을 적용하지 않을 수 있다.

$$\phi M_n \geq \frac{4}{3} M_u$$

2) 단근 직사각형 보의 휨강도(휨모멘트) (14②)

(1) 등가직사각형 압축응력블록의 깊이(a)

콘크리트의 압축파괴보다 철근의 인장파괴가 선행할 때, 힘의 평형조건식에 따라 $C = 0.85 f_{ck} a b = f_y A_s = T$ 이다.

$$a = \frac{A_s f_y}{0.85 f_{ck} b}$$

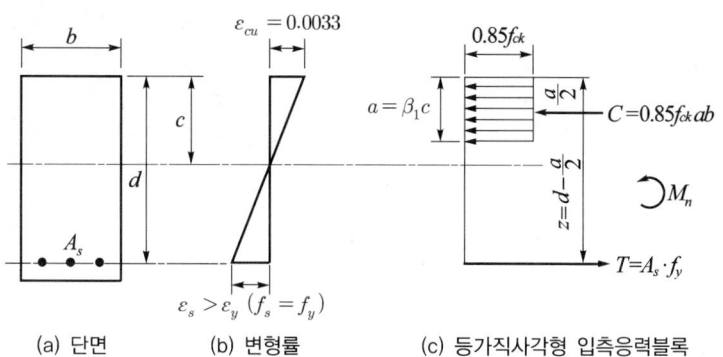

(a) 단면   (b) 변형률   (c) 등가직사각형 압측응력블록

【 단철근 직사각형 보의 변형률과 압축응력블록 】

(2) 저보강보($f_s = f_y$)의 검토

$$\varepsilon_s \geq \varepsilon_y \text{ 이면 } f_s = f_y \text{이다.}$$

핵심 Point

● 단근 직사각형 보 (참고)
직사각형 단면 콘크리트 보의 인장측에만 철근을 배치한 보

● 복근 직사각형 보 (참고)
직사각형 단면 콘크리트 보의 인장측과 압축측에 철근을 배치한 보

● 복근 직사각형 보의 필요성(압축철근의 사용 이유) (17①)
① 콘크리트의 크리프 변형을 억제하여 장기처짐을 감소시킨다.
② 연성거동을 증진시킨다.
③ 시공시 철근의 조립을 편리하게 한다.(늑근의 위치를 고정시킬 수 있다.)
④ 인장 철근비를 최대 철근비 이하로 하면서 설계강도를 증진시킨다.
⑤ 지진하중 등과 같이 정(+), 부(−) 모멘트가 반복되는 하중에 효과적이다.

● 기호
M_{cr} : 휨부재의 균열휨모멘트 (kN·m, $M_{cr} = f_r I_g / y_t$)
f_r : 콘크리트의 휨인장강도 (파괴계수) (MPa, $f_r = 0.63 \lambda \sqrt{f_{ck}}$)
I_g : 총 단면에 대한 단면2차 모멘트 (mm⁴, $I_g = bh^3/12$)
y_t : 도심에서 인장측 연단까지의 거리 (mm, $y_t = h/2$)

● 등가직사각형 압축응력블록의 깊이 a (예상)
$$a = \frac{A_s f_y}{0.85 f_{ck} b} = \frac{\rho f_y d}{0.85 f_{ck}}$$

● 집중하중과 등분포하중이 작용하는 단순보에서 설계 휨강도에 대한 최대 계수 집중하중의 산정 (14②)

(3) 강도감소계수 ϕ의 산정

$\varepsilon_c = \varepsilon_{cu}$일 때, $\varepsilon_t \geq \varepsilon_{tt}$이면 인장지배 단면이고 $\phi = 0.85$가 된다.

$f_y \leq 400$ MPa인 경우, $\varepsilon_t \geq \varepsilon_{tt} = 0.0050$
$f_y = 500$ MPa인 경우, $\varepsilon_t \geq \varepsilon_{tt} = 0.00625$
$f_y = 600$ MPa인 경우, $\varepsilon_t \geq \varepsilon_{tt} = 0.0075$

(4) 공칭 휨강도(공칭 휨모멘트)

$$M_n = T \cdot z = A_s f_y \left(d - \frac{a}{2}\right) \text{ 또는}$$
$$M_n = C \cdot z = 0.85 f_{ck} ab \left(d - \frac{a}{2}\right)$$

(5) 설계휨강도(설계휨모멘트)

$$M_d = \phi M_n$$

(6) 단철근 직사각형 보의 최소 철근량 조건

$$\phi M_n \geq 1.2 M_{cr}$$

4. T형 보의 해석과 설계

1) T형 보의 유효너비

(1) 대칭 T형 보 (11③, 20⑤)

대칭 T형 보의 유효너비 b는 다음 중 가장 작은 값으로 한다.
① $16 h_f + b_w$
② 양쪽 슬래브의 중심간 거리
③ 보의 순경간의 $\frac{1}{4}$

(2) 반 T형 보

반 T형 보의 유효너비 b_e는 다음 중 가장 작은 값으로 한다.
① $6 h_f + b_w$
② $\left(\text{보의 순경간의 } \frac{1}{12}\right) + b_w$
③ $\left(\text{인접보와의 내측 거리의 } \frac{1}{2}\right) + b_w$

핵심 Point

● 압축연단에서 중립축까지의 거리 c (11①)

(1) 등가직사각형 블록의 깊이 a
$$a = \frac{A_s f_y}{0.85 f_{ck} b}$$

(2) 압축연단에서 중립축까지의 거리 c
$$c = \frac{a}{\beta_1}$$
여기서, $f_{ck} \leq 40$MPa이면, $\beta_1 = 0.80$이다.

● 단근 직사각형 보의 공칭 휨강도 산정 (예상)
$$M_n = A_s f_y \left(d - \frac{a}{2}\right) \text{ 또는}$$
$$M_n = 0.85 f_{ck} ab \left(d - \frac{a}{2}\right)$$

● 대칭 T형 보의 유효너비 (11③, 20⑤)
대칭 T형 보의 유효너비 b_e는 다음 중 가장 작은 값으로 한다.
① $16 h_f + b_w$
② 양쪽 슬래브의 중심간 거리
③ 보의 순경간의 $\frac{1}{4}$

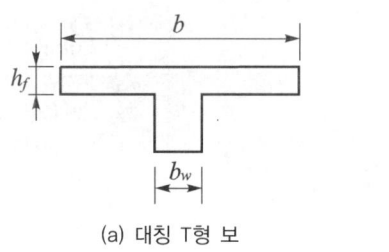
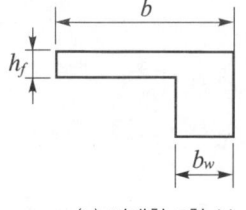

(a) 대칭 T형 보   (b) 비대칭 T형 보

【T형 보의 종류】

2) T형 보의 구분과 해석방법

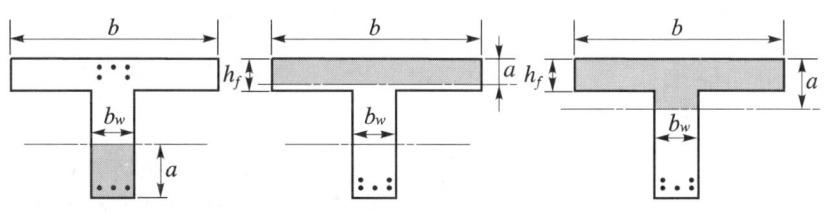

(a) 단부   (b) 중앙부(직사각형 단면)   (c) 중앙부(T형 단면)

【중립축의 변화에 따른 T형 보의 구분】

【T형 보의 구분과 해석방법】

구분	그림	내용
부(−)의 휨모멘트를 받는 경우	그림 (a)	복부너비 b_w를 너비로 하는 직사각형 단면으로 해석
중립축(NA)이 플랜지에 있는 경우 (14②)	그림 (b)	플랜지 너비 b를 너비로 하는 직사각형 단면으로 해석
중립축(NA)이 복부에 있는 경우	그림 (c)	일반적인 T형 단면이며, 이 절에서 논의하는 방법으로 해석

- 중립축(NA)이 플랜지에 있는 T형 보의 경우, 압축연단에서 중립축까지의 거리 c 산정 (14②)

$$c = \frac{a}{\beta_1}$$

3 전단설계

1. 전단철근의 종류

① 부재 축에 직각인 스터럽
② 부재 축에 직각으로 배치된 용접철망
③ 주인장철근에 45° 이상의 각도로 설치된 스터럽
④ 주인장철근에 30° 이상의 각도로 구부린 굽힘철근
⑤ 스터럽과 굽힘철근의 조합
⑥ 나선철근, 원형 띠철근 또는 후프철근

- (전단철근(사인장철근))의 종류 (예상)
① 부재축에 직각인 스터럽
② 부재축에 직각으로 배치된 용접철망
③ 나선철근, 원형 띠철근 또는 후프 철근
④ 주인장철근에 45° 이상의 각도로 설치된 스터럽
⑤ 주인장철근에 30° 이상의 각도로 구부린 굽힘철근
⑥ 스트럽과 굽힘철근의 조합

2. 보의 전단설계

1) 보의 전단설계의 기본식 (22③)

$$V_u \leq V_d = \phi V_n = \phi(V_c + V_s) \, (\phi = 0.75)$$

2) 전단력에 대한 위험단면과 최대 계수전단력 (15③)

최대 계수전단력은 받침부 내면에서 d(위험단면) 거리에서 구한 전단력 V_u로 한다.

$$V_u = V_{u,\max} - w_u \times d \text{ (N)}$$

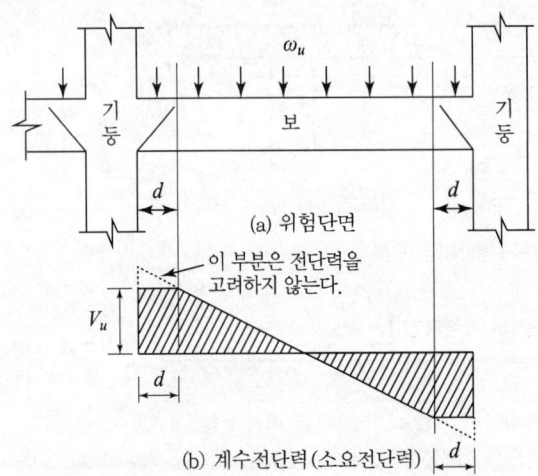

(a) 위험단면

(b) 계수전단력(소요전단력)

【 전단력에 대한 위험단면과 계수전단력 】

3) 철근콘크리트 부재의 콘크리트가 부담하는 전단강도

$$V_c = \frac{1}{6} \lambda \sqrt{f_{ck}} \, b_w d$$

(주) 일반적인 철근콘크리트 공사에서는 보통중량콘크리트를 사용하므로 $\lambda=1.0$ 이고, $V_c = \frac{1}{6} \sqrt{f_{ck}} \, b_w d$ 이다.

4) 수직 스터럽이 부담하는 전단강도 V_s (15①)

$$V_s = \frac{A_v f_{yt} d}{s}$$

핵심 Point

• 보의 전단경간과 유효깊이의 비에 따른 파괴형태를 구분하여 설명하시오. (참고)
① 높이가 큰 보, 압축파괴, $\frac{a_v}{d} \leq 1$
② 짧은 보, 전단-압축파괴, $1 < \frac{a_v}{d} \leq 2.5$
③ 중간 보, 사인장파괴, $2.5 < \frac{a_v}{d} \leq 6$
④ 얕은 보, 휨파괴, $6 < \frac{a_v}{d}$

• 경량콘크리트계수 λ
전경량콘크리트 : $\lambda = 0.75$
모래경량콘크리트 : $\lambda = 0.85$
보통중량콘크리트 : $\lambda = 1.0$

보의 설계전단강도 산정 (22③)
$$V_d = \phi V_n = \phi(V_c + V_s)$$

• 보의 전단설계를 위한 최대 전단력 산정 (15③)
① $w_u = 1.2w_o + 1.6w_L$
② $V_{u,\max} = \frac{w_u \times l}{2}$
③ $V_u = V_{u,\max} - w_u \times d$

• 기호
V_u : 소요전단강도 (계수전단력, N)
V_n : 공칭전단강도 (N)
b_w : 복부의 너비 (mm)
d : 종방향 인장철근의 중심에서 압축콘크리트 연단까지의 거리 (mm)
s : 스터럽의 간격 (mm)
A_v : 거리 s내의 전단철근의 전체 단면적 (mm²)
f_{ck} : 콘크리트의 설계기준압축강도 (MPa)
f_{yt} : 전단철근의 설계기준항복강도 (MPa)

5) 전단철근의 설계와 단면의 적합성

(1) 전단철근의 설계

① $V_u \leq \dfrac{1}{2}\phi V_c$ 인 경우 : 전단철근을 배근하지 않아도 된다.

② $\dfrac{1}{2}\phi V_c < V_u \leq \phi V_c$ 인 경우 : 최소 전단철근량을 배근한다.

$$A_{v,\min} = \max\left(0.0625\sqrt{f_{ck}}\,\dfrac{b_w s}{f_{yt}},\ \dfrac{0.35\,b_w s}{f_{yt}}\right)$$

③ $V_u > \phi V_c$ 인 경우 : 콘크리트와 전단철근이 전단력을 부담한다.
전단철근이 부담해야 할 전단력은 $\phi V_s \geq V_u - \phi V_c$ 이다.

$$V_u \leq \phi V_n = \phi V_c + \phi V_s = \phi V_c + \dfrac{\phi A_v f_{yt} d}{s}$$

수직스터럽 단면적 A_v를 가정하면 스터럽의 간격 s는 다음과 같다.

$$s \leq \dfrac{\phi A_v f_{yt} d}{V_u - \phi V_c} = \dfrac{A_v f_{yt} d}{V_s}$$

(2) 단면의 적합성

① $V_s > 0.2\left(1 - \dfrac{f_{ck}}{250}\right)f_{ck} b_w d$ 이면 단면이 부적합

② $V_s \leq 0.2\left(1 - \dfrac{f_{ck}}{250}\right)f_{ck} b_w d$ 이면 단면이 적합

(3) 전단철근의 간격제한 (19③)

① 수직 스터럽을 사용할 경우 간격(s) 제한

$$\text{수직 스터럽의 간격}(s) \leq \min\left(\dfrac{d}{2},\ 600\text{mm}\right)$$

② $V_s > \dfrac{1}{3}\lambda\sqrt{f_{ck}}\,b_w d$ 인 경우
전단철근의 간격은 앞서 규정된 최대 간격을 $\dfrac{1}{2}$ 이하로 한다.

핵심 Point

● 전단철근의 종류 (예상)
① 부재 축에 직각인 스터럽
② 부재 축에 직각으로 배치된 용접철망
③ 주인장철근에 45° 이상의 각도로 설치된 스터럽
④ 주인장철근에 30° 이상의 각도로 구부린 굽힘철근
⑤ 스터럽과 굽힘철근의 조합
⑥ 나선철근, 원형 띠철근 또는 후프철근

● A_v의 정의

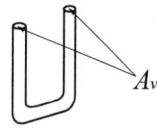

● 수직 스터럽이 부담하는 전단력 V_s에 대한 전단철근 간격 산정 (15①)

$$s = \dfrac{A_v f_{yt} d}{V_s}$$

● 수직 스터럽의 최대 간격 (19③)
① 수직 스터럽의 간격
$s \leq \min\left(\dfrac{d}{2},\ 600\text{mm}\right)$

② $V_s > \dfrac{1}{3}\lambda\sqrt{f_{ck}}\,b_w d$ 인 경우, 위 최대 간격의 1/2이하로 한다.

● 비틀림에 저항하기 위한 횡방향 비틀림 철근의 종류 (참고)
① 부재 축에 수직인 폐쇄스터럽 또는 폐쇄띠철근
② 부재 축에 수직인 횡방향 강선으로 구성된 폐쇄용접철망
③ 철근콘크리트 보에서 나선철근

4 철근의 정착과 이음

1. 철근의 정착

1) 묻힘길이에 의한 인장 이형철근의 정착

(1) 인장 이형철근의 정착길이(l_d) (19①, 22②)

$$l_d \geq \max(\text{보정계수} \times l_{db},\ 300\text{mm})$$

(2) 인장 이형철근의 기본정착길이(l_{db}) (13②, 17①)

$$l_{db} = \frac{0.6\, d_b\, f_y}{\lambda \sqrt{f_{ck}}}$$

(3) 보정계수 (18②)

【 인장 이형철근의 보정계수 】

철근의 순간격, 피복두께의 조건	철근의 종류	D19 이하의 철근	D22 이상의 철근
① 철근의 순간격 ≥ d_b이고, 피복두께 ≥ d_b이면서, l_d의 전 구간에 설계기준의 규정된 최소 철근량 이상의 스터럽 또는 띠철근이 배치된 경우 ② 철근의 순간격 ≥ $2d_b$이고, 피복두께 ≥ d_b인 경우		$0.8\alpha\beta$	$\alpha\beta$
기타		$1.2\alpha\beta$	$1.5\alpha\beta$

【 묻힘길이에 의한 인장 이형철근의 보정계수 】

종류	구분	보정계수
α	① 상부철근	1.3
	② 기타 철근	1.0
β	① 피복두께 < $3d_b$ 또는 순간격 < $6d_b$인 에폭시 도막철근	1.5
	② 기타 에폭시 도막철근	1.2
	③ 아연도금 철근 또는 도막되지 않은 철근	1.0
γ	① D19 이하의 철근	0.8
	② D22 이상의 철근	1.0
λ	① 전경량콘크리트	0.75
	② 모래경량콘크리트	0.85
	③ 보통중량콘크리트	1.0

단, 에폭시 도막철근이 상부철근인 경우 $\alpha\beta \leq 1.7$이라야 한다.

핵심 Point

- 철근과 콘크리트의 부착을 일으키는 작용의 종류 (참고)
  ① 시멘트 풀과 철근 표면의 교착작용
  ② 콘크리트와 철근 표면의 마찰작용
  ③ 이형철근 표면의 요철에 의한 기계적 작용

- 콘크리트 속에 있는 철근의 정착방법 (참고)
  ① 묻힘길이에 의한 정착
  ② 갈고리에 의한 정착
  ③ 정착기구를 사용하는 기계적 정착
  ④ 둘 이상의 조합에 의한 정착

- 기호 (18②)
  α : 철근배치 위치계수
  β : 철근 도막계수
  γ : 철근의 크기계수
  λ : 경량콘크리트계수

- 묻힘길이에 의한 인장 이형철근의 기본정착길이 (13②, 17①)

$$l_{db} = \frac{0.6\, d_b\, f_y}{\lambda \sqrt{f_{ck}}}$$

- 묻힘길이에 의한 인장 이형철근의 정착길이 (19①, 22②)

$$l_d \geq \max(\text{보정계수} \times l_{db},\ 300\text{mm})$$

- 상부철근 (참고)
  정착길이 또는 이음부 아래 300mm 이상 콘크리트에 묻힌 수평철근

- 초과 철근량에 대한 감소계수 (참고)
  묻힘길이에 의한 인장 이형철근의 정착에서 계산된 정착길이에 (소요A_s)/(배근A_s)을 곱하여 정착길이 l_d를 감소시킬 수 있다.

2) 묻힘길이에 의한 압축 이형철근의 정착

(1) 압축 이형철근의 정착길이 (l_d)

$$l_d \geq \max(\text{보정계수} \times l_{db},\ 200\ mm)$$

(2) 압축 이형철근의 기본정착길이 (l_{db}) (12②, 20④)

$$l_{db} = \frac{0.25\, d_b\, f_y}{\lambda \sqrt{f_{ck}}}$$

단, $l_{db} \geq 0.043\, d_b\, f_y$

3) 표준갈고리를 갖는 인장 이형철근의 정착

(1) 표준갈고리를 갖는 인장 이형철근의 정착길이 (l_{dh})

$$l_{dh} \geq \max(\text{보정계수} \times l_{hb},\ 8d_b,\ 150\ mm)$$

여기서, l_{dh} : 위험단면으로부터 갈고리 외측까지의 거리

(2) 표준갈고리를 갖는 인장 이형철근의 기본정착길이 (l_{hb})

$$l_{hb} = \frac{0.24\, \beta\, d_b\, f_y}{\lambda \sqrt{f_{ck}}}$$

2. 철근의 배근일반

등분포하중이 작용할 경우 철근 배근 형태의 개략은 다음과 같다.

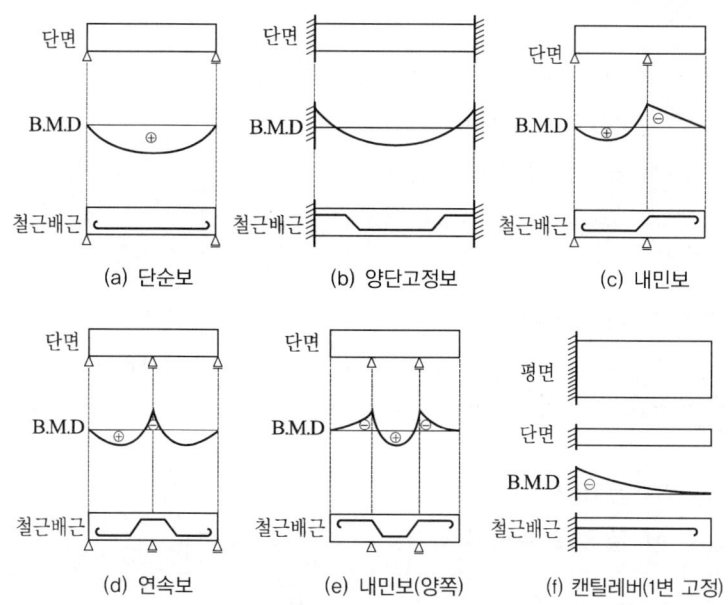

【 보에서 여러 가지 하중형태에 따른 철근배근도 】

● 압축 이형철근의 기본정착 길이 산정 (12②, 20④)

$$l_{db} = \frac{0.25\, d_b\, f_y}{\lambda \sqrt{f_{ck}}}$$

단, $l_{db} \geq 0.043\, d_b\, f_y$

● 인장 이형철근의 겹침이음 길이 (20①)
① A급 이음 : $1.0 l_d$
② B급 이음 : $1.3 l_d$
여기서, l_d는 인장 이형철근의 묻힘길이에 의한 정착길이

건/축/기/사/실/기

※5 사용성과 내구성

1. 개요

균열과 처짐에 관련된 해석과 설계를 할 때는 작용하중을 사용하중으로 하고 철근과 콘크리트의 응력상태를 선형탄성상태로 가정한다.

2. 처짐

1) 균열 발생 전의 거동

(1) 균열발생 직전의 인장측 콘크리트 연단의 인장응력 f_t

$$f_t = \frac{M_{cr}}{I_g} y_t \text{ (MPa)}$$

(2) 균열휨모멘트 M_{cr} (12③, 16②, 20⑤)

$$M_{cr} = \frac{f_r I_g}{y_t} \text{ (N·m)}$$

(3) 콘크리트의 파괴계수(휨인장강도) f_r (19②)

$$f_r = 0.63 \lambda \sqrt{f_{ck}} \text{ (MPa)}$$

2) 균열 발생 후의 거동

단면의 인장측 콘크리트 연단에서 $f_t > f_r$ 이면, 단면의 인장측에 균열이 발생하게 되고 콘크리트 인장응력은 무시된다.

(1) 균열 발생 후, 압축측 연단으로부터 중립축까지의 거리 c

$$c = \sqrt{2\rho n d^2 + (\rho n d)^2} - \rho n d$$

(2) 단근 직사각형 보에서 균열단면2차 모멘트

$$I_{cr} = \frac{bc^3}{3} + nA_s(d-c)^2 \text{ (mm}^4\text{)}$$

(3) 압축 콘크리트 연단의 최대 압축응력 f_c

사용하중에 의한 휨모멘트가 M_s 일 경우 다음과 같다.

$$f_c = \frac{M_s}{I_{cr}} c \text{ (MPa)}$$

핵심 Point

● 구조물 구조설계시의 만족해야 할 사항 (예상)
① 안전성 ② 사용성
③ 내구성

● 계수하중과 사용하중에 대한 설명 (예상)
① 계수하중: 고정하중 및 활하중과 같은 하중에 하중계수를 곱한 하중이다.
② 사용하중: 고정하중 및 활하중과 같은 하중에 하중계수를 곱하지 않은 하중이다.

● 사용성 검토를 사용하중으로 하는 이유 (예상)
부재의 처짐이나 균열, 피로 등은 보통의 사용 상태에서의 문제이기 때문

● 기호
I_g : 철근의 단면적을 무시한 총단면($b \times h$)에 대한 단면2차 모멘트(mm^4)
y_t : 직사각형 단면은 $y_t = h/2$
λ : 경량콘크리트계수

● 콘크리트의 파괴계수 산정 (19②)

● 균열휨모멘트의 산정 (12③, 20⑤)

● 보의 균열휨모멘트의 산정과 균열 여부 (16②)

● 기호
b : 단면의 너비 (mm)
c : 압축측 콘크리트 연단으로부터 중립축까지의 거리 (mm)
n : 탄성계수비 ($n = E_s/E_c$)
A_s : 인장철근의 단면적 (mm^2)
d : 단면의 유효깊이 (mm)
ρ : 인장철근비, $\rho = \frac{A_s}{bd}$
E : 콘크리트의 탄성계수 E_c 를 사용
I : 유효단면2차 모멘트 I_e 를 사용
l : 순경간

Lesson 03

(4) 철근의 인장응력 f_s

$$f_s = n\frac{M_s}{I_{cr}}(d-c) \text{ (MPa)}$$

3) 처짐계산

(1) 순간처짐(즉시처짐)

하중이 구조물에 처음 재하될 때 발생하는 처짐은 다음과 같다.

조건	최대처짐
단순보 중앙 집중하중 P	$\Delta_{max} = \dfrac{Pl^3}{48EI} = \dfrac{M^+l^2}{12EI} \quad \left(M^+ = \dfrac{Pl}{4}\right)$
단순보 등분포하중 w	$\Delta_{max} = \dfrac{5wl^4}{384EI} = \dfrac{5M^+l^2}{48EI} \quad \left(M^+ = \dfrac{wl^2}{8}\right)$
캔틸레버 끝단 집중하중 P	$\Delta_{max} = \dfrac{Pl^3}{3EI} = \dfrac{M^+l^2}{3EI}$
캔틸레버 등분포하중 w	$\Delta_{max} = \dfrac{wl^4}{8EI} = \dfrac{M^-l^2}{4EI}$
양단고정보 중앙 집중하중 P	$\Delta_{max} = \dfrac{Pl^3}{192EI} = \dfrac{M^+l^2}{16EI} \quad \left(M^+ = \dfrac{Pl}{12}\right)$
양단고정보 등분포하중	$\Delta_{max} = \dfrac{wl^4}{384EI} = \dfrac{M^+l^2}{16EI} \quad \left(M^+ = \dfrac{wl^2}{24}\right)$

(2) 장기처짐 (13②, 15②)

$$장기처짐 = \lambda_\Delta \times \Delta_{i,D}$$

$$\lambda_\Delta = \frac{\xi}{1+50\rho'}$$

여기서, $\rho' = \dfrac{A_s'}{b_w d}$, 단순보 또는 연속보에서는 보의 중앙부에서의 압축철근비이고, 캔틸레버에서는 보의 단부에서의 압축철근비이다.

【 지속하중의 재하기간에 따른 시간경과계수 ξ 값 】

월수	1	3	6	12	18	24	36	48	60이상
ξ	0.5	1.0	1.2	1.4	1.6	1.7	1.8	1.9	2.0

(3) 총처짐 (13②, 15②, 16③, 18③, 21②③)

$$총처짐 = 순간처짐 + 장기처짐 = \Delta_{i,L} + \lambda_\Delta \Delta_{i,D}$$

핵심 Point

● 장기처짐을 일으키는 주요 원인 (예상)
① 크리프
② 건조수축

● 장기처짐을 감소시키기 위한 대표적인 방법 (예상)
압축철근의 사용

● 장기처짐에 영향을 주는 요인 (예상)
① 압축철근
② 상대습도
③ 온도
④ 양생조건
⑤ 콘크리트의 재령
⑥ 하중의 지속시간
⑦ 부재의 크기

● 기호
$\Delta_{i,L}$: 활하중에 의한 순간처짐
$\Delta_{i,D}$: 고정하중에 의한 순간처짐
λ_Δ : 지속하중의 시간이 무한대인 경우의 시간에 대한 계수
h : 부재의 전체 두께(mm)
l : 부재의 길이(mm)

● 총처짐의 요인 (예상)
① 활하중에 의한 순간처짐
② 고정하중에 의한 장기처짐
③ 활하중에 의한 장기처짐

● 총처짐 계산(13②, 15②, 16③, 18③, 21②③)
총처짐 = 순간처짐 + 장기처짐

4) 처짐의 제한

(1) 처짐을 계산하지 않는 경우 부재의 최소두께 (19①, 22②)

부재	최소두께, h			
	단순지지	1단연속	양단연속	캔틸레버
	큰 처짐에 의해 손상되기 쉬운 칸막이벽이나 기타 구조물을 지지 또는 부착하지 않은 부재			
1방향 슬래브	$l/20$	$l/24$	$l/28$	$l/10$
① 보 ② 리브가 있는 1방향 슬래브	$l/16$	$l/18.5$	$l/21$	$l/8$

여기서, 철근의 설계기준항복강도 f_y가 400MPa 이외인 경우, 계산된 h값에 $(0.43+f_y/700)$를 곱한다.

(2) 최대 허용처짐

부재의 형태	고려해야 할 처짐	처짐 한계
과도한 처짐에 의해 손상되기 쉬운 비구조 요소를 지지 또는 부착하지 않은 바닥구조	활하중 L에 의한 순간처짐	$\dfrac{l}{360}$
과도한 처짐에 의해 손상될 염려가 없는 비구조 요소를 지지 또는 부착한 지붕 또는 바닥구조	전체 처짐 중에서 비구조 요소가 부착된 후에 발생하는 처짐부분	$\dfrac{l}{240}$

3. 균열 (16①)

휨철근 배치를 이용한 균열폭의 제어는 다음과 같다. 균열폭의 제어는 균열폭을 0.3mm를 기본으로 한 것이다.

(1) 보 및 1방향 슬래브의 휨철근은 다음의 철근의 최대 중심간격 s_{max} 이하로 부재 단면의 최대 휨인장영역 내에 배치한다.

(2) 휨부재설계에서 콘크리트 인장연단에 가장 가까이에 배치되는 철근의 최대 중심간격 s_{max}는 다음과 같다.

$$s_{max} = \min\left[375\left(\frac{\kappa_{cr}}{f_s}\right) - 2.5c_c,\ 300\left(\frac{\kappa_{cr}}{f_s}\right)\right]$$

(3) 균열제어 측면에서 철근의 배치간격의 적합 여부 (16①)

① 휨철근(주철근)의 중심간격 (s)

$$s = \frac{1}{(n-1)} \times [b_w - (\text{피복두께} + d_s) \times 2 - d_b]$$

$$\text{또는 } s = \frac{1}{(n-1)}[b_w - (c_c - d_s) \times 2 - d_b]$$

핵심 Point

● 처짐을 계산하지 않는 경우 부재의 최소두께 (17①, 22②)
① 단순지지 된 1방향 슬래브 : $l/20$
② 1단 연속된 보 : $l/18.5$
③ 양단 연속된 리브가 있는 1방향 슬래브 : $l/21$

● 균열폭을 제어할 수 있는 요인 (참고)
① 철근의 수량
② 철근의 간격
③ 콘크리트의 구성재료
④ 철근의 최소 피복두께

● 기호
κ_{cr} : 건조 환경에 노출되는 경우에는 280, 그 외의 환경(습윤 환경, 부식성 환경, 고부식성 환경)에 노출되는 경우에는 210이다.
f_s : 인장연단에서 가장 가까이에 위치한 철근의 응력 (MPa). 다만, f_s는 $\dfrac{2}{3}f_y$로 근사값을 사용할 수 있다.
c_c : 인장연단에서 가장 가까이에 위치한 인장철근(주철근)의 표면과 인장콘크리트 표면 사이의 순피복두께(mm). 여기서 c_c가 피복두께가 아님에 주의한다. (주1) 피복두께= $c_c - d_t$
피복두께= $c_c - d_t$

② 휨철근(주철근)의 최소 수평 중심간격 (s_{min})

$$최소\ 수평\ 순간격 = \max\left(25\,mm,\ 1.0\,d_b,\ \frac{4}{3}G\right)$$
$$s_{min} = 최소\ 수평\ 순간격 + d_b$$

③ 균열제어 측면에서 철근의 배치간격의 적합 여부 검토

$$s_{min} \le s \le s_{max} \quad (적합)$$

✤ 6 기둥

1. 개요

1) 기둥의 종류 (12①)

① 띠철근기둥
② 나선철근기둥
③ 매입형 합성기둥
④ 강관 속을 콘크리트로 채운 기둥 (콘크리트충전 강관 기둥, CFT 기둥)

2) 등가환산단면적(등가단면적)

$$A_e = A_c + nA_{st} = A_g - A_{st} + nA_{st} = A_g + (n-1)A_{st}$$

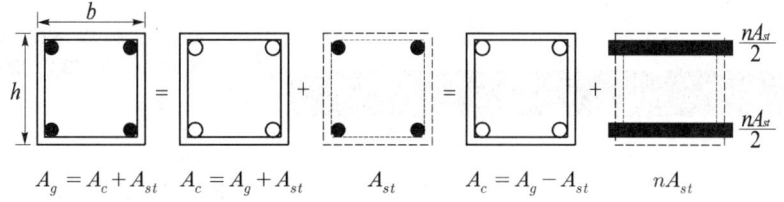

$A_g = A_c + A_{st}$ 　$A_c = A_g + A_{st}$ 　A_{st} 　$A_c = A_g - A_{st}$ 　nA_{st}

3) 기둥의 구조상세와 구조제한 (22②)

구분	내용
축방향 주철근의 순간격	최소 순간격 $\ge \max\left(40\,mm,\ 1.5\,d_b,\ \frac{4}{3}G\right)$
축방향 주철근의 단면적	전체 단면적 A_g의 0.01배 이상, 0.08배 이하 ($1\% \le \rho_g \le 8\%$)
축방향 주철근의 겹침이음 제한	축방향 주철근이 겹침이음되는 경우의 철근비는 0.04를 초과하지 않아야 한다.

핵심 Point

● 기호
- n : 주철근의 개수
- b_w : 보부재의 너비(mm)
- d_s : 스터럽의 지름(mm)
- d_b : 주철근의 지름(mm)
- G : 굵은골재의 공칭 최대치수 (mm)

● 균열제어 측면에서 철근의 배치간격의 적합 여부 (16①)

1. 휨철근(주철근)의 중심간격 (s)
$$s = \frac{1}{(n-1)}[b_w - (c_c - d_t) \times 2 - d_b]$$

2. 휨철근(주철근)의 최소 수평 중심간격 (s_{min})
최소 수평 순간격
$$= \max\left(25\,mm,\ 1.0\,d_b,\ \frac{4}{3}G\right)$$
$s_{min} =$ 최소 수평 순간격 $+ d_b$

3. 휨철근(주철근)의 최대 중심 간격 (s_{max})
$$s_{max} = \min\left[375\left(\frac{\kappa_{cr}}{f_s}\right) - 2.5c_c,\ 300\left(\frac{\kappa_{cr}}{f_s}\right)\right]$$

4. 균열제어 측면에서 철근의 배치간격의 적합 여부 검토
$s_{min} \le s \le s_{max}$

● 매입형 합성기둥 (12①)
강구조에서 H형강 또는 십자형 형강의 강재 기둥을 콘크리트 속에 매입한 후 그 주위에 철근을 배근하고 콘크리트가 타설되어 일체가 되도록 한 것으로서, 초고층 구조물 하층부의 복합구조로 많이 채택되는 구조

● 기호
- ρ_g : 기둥 전체단면적 A_g에 대한 압축부재의 축방향 주철근 단면적의 비

● 기둥에서 최대 철근비 8%의 제한 이유 (참고)
① 철근량이 너무 많으면 콘크리트의 시공에 지장이 있다.
② 철근의 가공 및 조립 비용으로 인해 비경제적이 된다.
③ 과다한 철근 배근으로 인해 연성확보에 어려움이 있다.

4) 횡방향 보강철근

(1) 횡방향 보강철근의 사용 목적 (11③)
  ① 주철근의 좌굴방지   ② 주철근의 위치확보
  ③ 전단보강   ④ 피복두께 유지

(2) 띠철근의 수직간격 (12②, 14①, 21②)

$$수직간격 \leq \min(16d_b,\ 48d_t,\ D_{\min})$$

(3) 나선철근의 지름 및 순간격
  ① 나선철근의 지름은 10mm 이상이다.
  ② 나선철근의 순간격은 25mm 이상, 75mm 이하이다.
  ③ 나선철근의 정착은 나선철근의 끝에서 추가로 심부 주위를 1.5회전만큼 더 확보하여야 한다.

2. 중심축하중을 받는 단주의 최대 축하중

1) 띠철근 기둥의 최대 설계축하중 (12③, 13①, 19①, 22①)

$$P_d = \phi P_{n,\max} = \alpha \phi P_0 = 0.80\phi\{0.85f_{ck}(A_g - A_{st}) + f_y A_{st}\}$$

2) 나선철근 기둥의 최대 설계축하중

$$P_d = \phi P_{n,\max} = \alpha \phi P_0 = 0.85\phi\{0.85f_{ck}(A_g - A_{st}) + f_y A_{st}\}$$

7 슬래브

1. 슬래브의 종류

1) 보 슬래브 구조 (11①, 13②, 19③)

1방향 슬래브	2방향 슬래브
$\lambda = \dfrac{l_y}{l_x} > 2$	$\lambda = \dfrac{l_y}{l_x} \leq 2$

2) 평 슬래브 구조
  ① 플랫 슬래브(무량판 구조)   ② 장선 슬래브
  ③ 플랫 플레이트(평판 슬래브)   ④ 와플 슬래브

핵심 Point

● 기둥에서 최소 철근비 1%의 제한 이유 (참고)
① 철근의 양이 너무 적으면 배치효과가 없다.
② 시공시 재료분리로 인한 부분적 결함을 보완한다.
③ 예상치 않은 편심하중으로 인해 발생하는 휨모멘트에 저항한다.
④ 콘크리트의 크리프 및 건조수축의 영향을 줄인다.

● 압축부재의 철근량 제한 (22②)
① 비합성 압축부재의 축방향 주철근 단면적은 전체 단면적 A_g의 (0.01)배 이상, (0.08)배 이하로 한다.
② 축방향 주철근이 겹침이음되는 경우의 철근비는 (0.04)를 초과하지 않도록 한다.

● 횡방향 보강철근의 사용 목적 (11③)
① 주철근의 좌굴방지
② 주철근의 위치확보
③ 전단보강
④ 피복두께 유지

● 띠철근의 최대 수직간격 (12②, 14①, 22②)

● 띠철근 기둥의 최대 설계축하중 (12③, 13①, 19①, 22①)

● 기호
d_t : 띠철근의 공칭지름 (mm)
$D_{\min}$: 기둥 단면의 최소치수(mm)
A_g : 기둥의 전체 단면적
  ($A_g = \pi h^2/4$, mm²)
A_{ch} : 나선철근의 바깥선을 지름으로 한 심부 단면적
  ($A_{ch} = \pi d_c^2/4$)
f_{yt} : 나선철근의 설계기준항복강도 (MPa)
α : 우발편심을 고려한 계수 (띠철근 기둥 : $\alpha = 0.80$, 나선철근 기둥 : $\alpha = 0.85$)
A_{st} : 주철근의 공칭단면적 (mm²)

Lesson 03

다음 평 슬래브 구조의 그림에서 해당되는 이름을 적어시오. (예상)

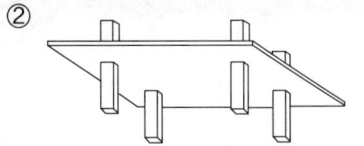

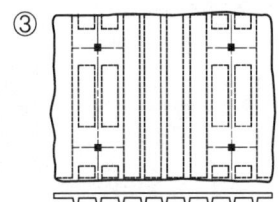

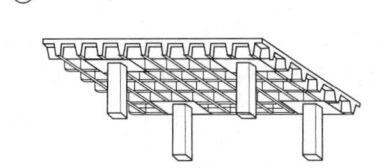

정답
① 플랫 슬래브
② 플랫 플레이트
③ 1방향 장선 슬래브
④ 와플 슬래브(2방향 장선 슬래브)

핵심 Point

● 나선철근 기둥의 단면 (참고)

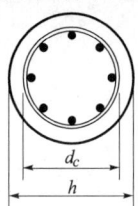

● 1방향 슬래브의 종류 (예상)
① 장선 슬래브(조이스트 슬래브, 리브드, 슬래브)
② 중공 슬래브(보이드 슬래브)
③ $\lambda > 2$인 사변 고정 슬래브

● 2방향 슬래브의 종류 (예상)
① 플랫 슬래브
② 플랫 플레이트
③ 2방향 장선 슬래브 (와플 슬래브)
④ $\lambda \leq 2$인 사변 고정 슬래브

● 기호
l_x : 단변방향 순경간 (순스팬, 안목길이)
l_y : 장변방향 순경간 (순스팬, 안목길이)
h_f : 슬래브 전체두께(mm)

● 1방향 슬래브와 2방향 슬래브의 구분 (11①, 13②, 19③)
① 1방향 슬래브 : $\lambda > 2$
② 2방향 슬래브 : $\lambda \leq 2$
여기서,
$\lambda = \dfrac{\text{장변방향 순간격}}{\text{단변방향 순간격}}$

● 1방향 슬래브의 근사해석에서 모멘트계수의 사용조건 (참고)
① 2경간 이상인 경우
② 서로 인접한 2경간의 차이가 짧은 경간의 20% 이상 차이가 나지 않을 경우
③ 등분포하중이 작용하는 경우
④ 활하중이 고정하중의 3배를 초과하지 않는 경우
⑤ 부재의 단면 크기가 일정한 경우

2. 1방향 슬래브의 설계

1) 근사해석법에 의한 휨모멘트 및 전단력

정모멘트 및 전단력의 l_n은 순경간이다.

구분	내용
최대 전단력 (단부)	$V_{\max} = 1.15\left(\dfrac{wl_n}{2}\right)$
최대 휨모멘트 (중앙부, 단부)	① 2경간인 경우 : $M^+_{\max} = +\dfrac{wl_n^2}{14}$, $M^-_{\max} = -\dfrac{wl_n^2}{9}$ ② 3경간이고 외측 단부조건이 보인 경우 : $M^+_{\max} = +\dfrac{wl_n^2}{11}$, $M^-_{\max} = -\dfrac{wl_n^2}{10}$ ③ 3경간이고 외측 단부조건이 기둥인 경우 : $M^+_{\max} = +\dfrac{wl_n^2}{14}$, $M^-_{\max} = -\dfrac{wl_n^2}{10}$

2) 1방향 슬래브의 구조상세

(1) 1방향 슬래브의 최소두께

1방향 슬래브의 두께 ≥ (아래 표, 100mm)

【처짐계산을 하지 않는 경우 1방향 슬래브 및 보의 최소두께】

부재	최소두께, h			
	단순지지	1단 연속	양단 연속	캔틸레버
1방향 슬래브	$l/20$	$l/24$	$l/28$	$l/10$
① 보 ② 리브가 있는 1방향 슬래브	$l/16$	$l/18.5$	$l/21$	$l/8$

(2) 철근의 간격(s)

주철근 (정철근 및 부철근의 중심간격)	최대 휨모멘트 발생 단면	$s \leq \min(2h_f, \ 300mm)$
	기타의 단면	$s \leq \min(3h_f, \ 450mm)$
1방향 철근콘크리트 슬래브의 수축·온도철근의 간격 (정철근 및 부철근의 직각방향)		$s \leq \min(5h_f, \ 450mm)$

(3) 1방향 철근콘크리트 슬래브의 수축·온도철근비(ρ) (20③)

$f_y \leq 400MPa$	$\rho_{\min} = 0.0020$
$f_y > 400MPa$	$\rho_{\min} = \max\left[0.0014, \ 0.0020\left(\dfrac{400}{f_y}\right)\right]$

(주) 최소 철근비는 콘크리트의 전체 단면적 $A_g (=bh_f)$에 대한 수축·온도철근의 단면적의 비이다. 따라서 최소 철근량은 $A_{s,\min} = \rho_{\min} bh_f$ 이다.

3. 2방향 슬래브의 설계

1) 직접설계법

(1) 제한사항

① 각 방향으로 3경간 이상이 연속되어야 한다.
② (장변경간/단변경간)≤2인 직사각형이어야 한다.
③ 각 방향으로 연속한 받침부 중심간 경간 차이는 긴 경간의 1/3 이하이어야 한다.
④ 연속한 기둥 중심선을 기준으로 기둥의 어긋남은 그 방향 경간의 10%까지 허용된다.
⑤ 모든 하중은 등분포된 연직하중이며, 활하중/고정하중≤2이어야 한다.
⑥ 4변이 모두 보로 지지될 때, 0.2≤직교하는 보의 상대강성≤5.0

(2) 모멘트산정

① 전체 정적 계수모멘트

$$M_o = \frac{w_u l_2 l_n^2}{8}$$

핵심 Point

● 단위폭 1m에 대한 수축·온도 철근량과 배치 개수 (20③)
① 1방향 슬래브에서 수축·온도철근으로 배치되는 이형철근의 최소 철근비
$\rho_{\min} = 0.0020$
($f_y \leq 400MPa$인 경우)
② 최소 철근량
$A_{s,\min} = \rho_{\min} bh_f$
③ 배치 개수
$n = \dfrac{A_{s,\min}}{a_1}$
여기서,
a_1 : 단일 철근의 단면적(mm^2)
b : 단위폭 1m(mm)
h_f : 슬래브의 전체 두께(mm)
$A_{s,\min}$: 단위폭 1m 내의 전체 사용 철근의 최소 단면적(mm^2/m)

● 2방향 슬래브의 대표적인 설계방법 (참고)
① 직접설계법
② 등가골조법

● 기호
w_u : 단위면적당 계수하중
l_n : 모멘트 계산방향의 순경간, $l_n \geq 0.65l_1$
l_2 : l_n의 수직방향의 중심간 간격(양쪽 경간이 다를 경우 평균값)

② 내부경간의 정계수 및 부계수 휨모멘트
  ㉠ 부계수 휨모멘트(단 부) : $M_u^- = 0.65\,M_o$
  ㉡ 정계수 휨모멘트(중앙부) : $M_u^+ = 0.35\,M_o$

2) 등가골조법

① 직접설계법을 적용할 수 없는 경우 또는 풍하중이나 지진하중과 같은 횡하중이 작용하는 경우, 슬래브의 설계는 등가골조법(Equivalent Frame Method)으로 할 수 있다.

② 등가골조법은 3차원 건축물 전체는 가로방향 및 세로방향의 기둥선에서 취한 2차원의 등가골조로 분할하여 모멘트분배법 등을 이용하여 계수휨모멘트(소요휨모멘트)와 계수전단력(소요전단력)을 산정한다. 이 때 부재의 강성 계산은 철근 단면은 고려하지 않고 콘크리트 단면만 고려한다.

4. 플랫 슬래브(Flat Slab : 무량판 구조)

1) 정의

건축물의 외부 테두리보를 제외하고 내부에는 보 없이 기둥머리와 지판(Drop Panel)에 의해 하중이 기둥으로 전달되며, 2방향으로 철근이 배치된 콘크리트 슬래브이다.

2) 구조제한 (11③, 21①)

구분	내용
구성	슬래브, 지판, 기둥머리(주두), 기둥으로 구성된다.
슬래브 두께(h_f)	100 mm 이상이다 (단, 최상층의 경우 일반 슬래브의 두께 규정을 따를 수 있다).
기둥의 너비(D)	$D \geq \max$(기둥 중심간 거리/20, 300mm, 층고/15)
철근 배치	2방향으로 배치한다.
기타	① 지판은 받침부 중심선에서 각 방향 받침부 중심간 경간의 1/6 이상을 각 방향으로 연장시킨다. ② 지판의 슬래브 아래로 돌출한 두께는 돌출부를 제외한 슬래브 두께의 1/4 이상으로 한다.

● 플랫 슬래브에서 지판의 최소크기와 최소두께 산정 (11③, 21①)
① 지판의 너비는 받침부 중심선에서 각 방향 받침부 중심간 경간의 1/6 이상을 각 방향으로 연장시킨다.
② 지판의 슬래브 아래로 돌출한 두께는 돌출부를 제외한 슬래브 두께의 1/4 이상으로 한다.

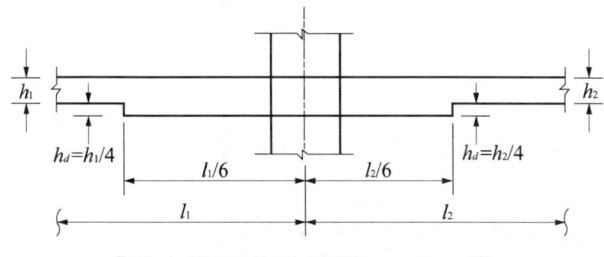

【 평 슬래브 구조의 지판(Drop Panel) 】

3) 플랫 슬래브 구조에서 2방향 전단에 대한 보강방법 4가지 (14③)
① 슬래브의 두께를 두껍게 한다.
② 기둥머리에 지판(Drop Panel)을 배치한다.
③ 기둥의 크기를 증가시키거나 기둥머리를 배치해서 주변길이를 증가시킨다.
④ 전단보강철근을 배치한다.

㈜ 민창식, 「철근콘크리트공학」, 구미서관, 2010, p.742.

8 기초, 벽체와 옹벽

1. 독립기초의 설계

1) 확대기초 넓이의 결정

(1) 지반의 순허용지내력(q_a) 결정

$$q_a = 허용지내력 - (흙과\ 콘크리트의\ 무게 + 표면재하)$$

(2) 기초판의 크기(A)의 결정

$$A \geq \frac{N}{q_a}$$

(3) 설계용 계수하중(N_u)과 기초지반 반력(q_u) (11③)

$$q_u = \frac{N_u}{A}$$

(4) 유효높이(d)의 결정
① 직접기초(독립기초)의 경우 : 150 mm 이상
② 말뚝기초의 경우 : 300 mm 이상
(주) 흙에 묻혀 있는 콘크리트에 대한 철근의 피복두께 : 75 mm 이상

2) 휨모멘트에 대한 설계

(1) 휨모멘트에 대한 위험단면
① 콘크리트 기둥, 받침대 또는 벽체를 지지하는 기초판은 기둥 및 받침대 또는 벽체의 외면
② 조적조 벽체를 지지하는 기초판은 벽체 중심과 단부 사이의 중간

③ 강재 밑판(베이스 플레이트)을 갖는 기둥을 지지하는 기초판은 기둥 외측면과 강재 밑판 단부 사이의 중간

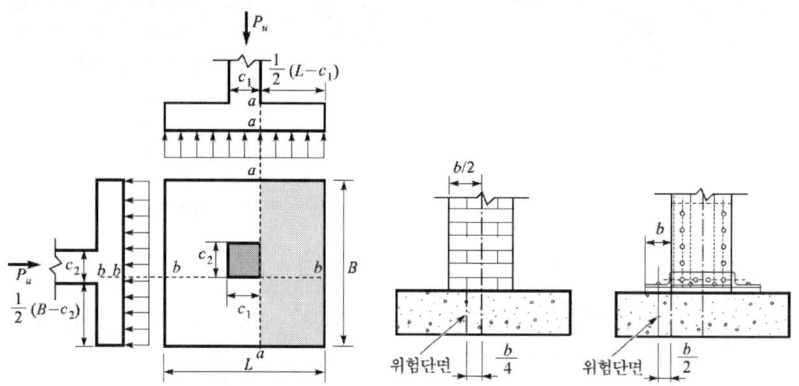

(a) 콘크리트 기둥, 받침대 또는 벽체   (b) 조적조 벽체   (c) 강재 기둥

【 휨모멘트에 대한 위험단면 】

> **핵심 Point**
> • 기초의 최소두께 (예상)
> ① 직접기초(독립기초) : 150mm+ 75mm 이상
> ② 말뚝기초 : 300mm+75mm 이상

(2) 기초판의 휨모멘트에 대한 설계

① 기초판의 휨모멘트에 대한 소요강도

$$M_u = q_u \times (B \times F) \times \frac{F}{2} \text{ 또는 } M_u = \frac{1}{8} q_u B(L-c_1)^2$$

여기서, $F = \frac{1}{2}(L-c_1)$ 이고, 기초판 상부의 사각형 기둥의 너비는 $c_1 = c_2$ 이다.

② 철근량 산정

$$A_s = \rho B d$$

여기서, $\rho = \frac{\eta(0.85 f_{ck})}{f_y}\left[1 - \sqrt{1 - \frac{2R_n}{\eta(0.85 f_{ck})}}\right]$, $R_n = \frac{M_u}{\phi B d^2}$

③ 기초판의 최소 철근비 검토

㉠ $f_y \leq 400 \text{ MPa}$: $\rho_{\min} = 0.0020$

㉡ $f_y > 400 \text{ MPa}$: $\rho_{\min} = \max\left[0.0014,\ 0.0020\left(\frac{400}{f_y}\right)\right]$

④ 1방향 기초판 또는 2방향 정사각형 기초판의 휨철근은 기초판 전체 너비에 걸쳐 균등하게 배치한다.

⑤ 2방향 직사각형 기초판의 각 방향에 대한 휨철근 배치 (15③, 20④)
㉠ 장변방향의 철근은 단변너비 전체에 걸쳐 등간격으로 배치한다.
㉡ 단변방향으로 배치해야 할 전체 철근량 (A_{sL})에서 다음 식으로 계산되는 양 (A_{s1})을 단변길이만큼의 중앙구간 (B 구간)에 균등

> • 기초판의 2방향 슬래브에서 단변방향의 철근배근량 (15③, 20④)
> $A_{s1} = \gamma_s A_{sL} = \left(\frac{2}{\beta+1}\right) A_{sL}$
>
> • 휨철근의 배치
>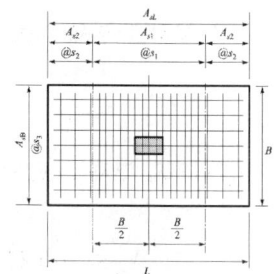

하게 배치하고, 나머지 철근량은 중앙구간 이외의 양쪽구간 [양쪽 $(L-B)/2$ 구간]에 등간격으로 배치한다.

$$A_{s1} = \gamma_s A_{sL} = \left(\frac{2}{\beta+1}\right) A_{sL}$$

3) 전단력에 대한 설계

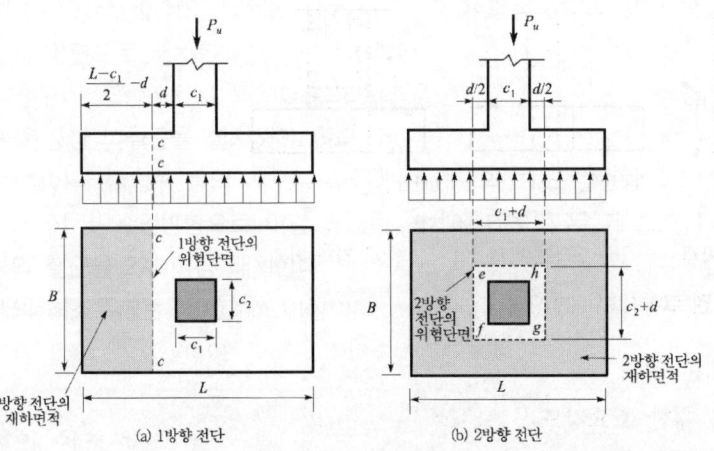

【전단에 대한 위험단면】

(1) 1방향 전단설계(위험단면은 기둥전면에 d인 단면 c~c)

$$V_u \leq \phi V_n = \phi V_c \quad (\phi = 0.75)$$
$$V_u = q_u B\left(\frac{L-c_1}{2} - d\right) \text{이고} \quad V_c = \frac{1}{6}\lambda\sqrt{f_{ck}}\,Bd$$

(2) 2방향 전단설계(위험단면은 기둥전면에 $d/2$ 인 곳) (13①, 17②, 18①)

$$V_u \leq \phi V_n = \phi V_c \quad (\phi = 0.75)$$
$$V_u = q_u[BL - (c_1+d)(c_2+d)] \text{이고} \quad V_c = v_c b_0 d$$

4) 지압에 대한 설계

(1) 지지된 부재(기둥 또는 벽) 콘크리트의 지압강도

$$N_u \leq \phi(0.85 f_{ck} A_1) \quad (\phi = 0.65)$$

(2) 지지 부재(기초)의 지압강도

$$N_u \leq \phi\left(0.85 f_{ck} \sqrt{\frac{A_2}{A_1}}\right) A_1 \leq \phi\, 0.85 f_{ck}(2 A_1) \quad (\phi = 0.65)$$

핵심 Point

● 기호
- A_{s1} : 중앙구간에 배치할 철근량
- A_{sL} : 단변방향으로 배치해야 할 전체 철근량
- β : 장변과 단변의 비, 즉 $\beta = \dfrac{L}{B}$
- L : 기초판에서 장변의 길이
- B : 기초판에서 단변의 길이
- $\gamma_s = \left(\dfrac{2}{\beta+1}\right)$

● 1방향 슬래브의 주철근 배치 (참고)

대부분의 힘이 단변방향으로 흐르기 때문에 단변방향으로 주철근을 배치하고, 장변방향으로 온도철근을 배치한다(온도에 의한 수축 방지).

● 2방향 뚫림전단 저항면적 (13①, 17②, 18①)
$A = b_0 d$

● 기호
- v_c : 콘크리트 재료의 공칭전단 응력강도
- b_0 : 위험단면의 둘레길이
  $b_0 = 2[(c_1+d)+(c_2+d)]$
  정사각형 기둥이면,
  $b_0 = 4(c_1+d)$
- c_1 : 사각형 기둥의 너비
- c_2 : 사각형 기둥의 너비
  정사각형 기둥이면, $c_1 = c_2$
- d : 슬래브의 유효두께
- λ : 경량콘크리트계수
- A_1 : 지지된 부재(기둥 등)의 단면적
- A_2 : 지지된 부재(기둥 등)의 단면적과 닮은꼴이고, 중심이 같은 지지부 표면의 최대 면적

(3) 다우얼(Dowel) 설계

① 기둥의 지압력이 지압강도를 초과할 경우, 축방향 주철근을 지지부재(기초)까지 연장(다우얼 사용)한다.
② 현장 타설기둥의 경우 다우얼의 최소 인장보강철근 $A_s = 0.005 A_g$ 이고 A_g는 기둥의 총단면이다.
③ 지압강도를 초과하지 않는 경우라도 최소 보강근을 기둥 또는 벽과 기초의 접촉면을 관통하여 4본 이상 배근이다.
④ 연결철근의 지름은 기둥철근 지름보다 3mm 이상 커서는 안 된다.

2. 벽체

1) 최소 철근비

이형철근	항복강도(f_y)	최소 수직철근비 ($\rho_{v,\min}$)	최소 수평철근비 ($\rho_{h,\min}$)
D16 이하	400 MPa 이상	0.0012	$0.0020\left(\dfrac{400}{f_y}\right)$
	400 MPa 미만	0.0015	0.0025
D16 초과	–	0.0015	0.0025

(주) 최소 철근비는 벽체의 전체 단면적에 대한 철근비이다.

2) 철근배근의 상세 (20②)

① 두께 250 mm 이상의 벽체에 대해 수직 및 수평철근을 벽면에 평행하게 양면으로 배치하고 다음 규정을 따른다.
  ㉠ 벽체의 외측면 철근은 각 방향에 대하여 전체 소요철근량의 1/2 이상, 2/3 이하로 하며, 외측면으로부터 50mm 이상, 벽두께의 1/3 이내에 배치한다.
  ㉡ 벽체의 내측면 철근은 각 방향에 대해 소요철근량의 잔여분을 내측면으로부터 20mm 이상, 벽두께의 1/3 이내에 배치한다.
② 수직 및 수평철근간격은 $\min(3h, 450\text{mm})$ 이하로 한다. 여기서, h는 벽두께이다.

3) 벽체의 최소두께

① 내력벽의 벽체두께(h)는 $\max(l/25, 100\text{ mm})$ 이상이다.
  여기서, l은 수직 또는 수평받침점 간의 거리 중 작은 값이다.
② 지하실 외벽 및 기초 벽체의 두께(h)는 200mm 이상이다.

핵심 Point

● 기둥 저면에서 기초로의 힘의 전달방법 중 보강근에 의한 방법의 종류 (예상)
① 주철근의 연장
② 다우얼 철근
③ 앵커볼트
④ 기계적이음

● 내력벽체에서 f_y=400MPa 이고, D16인 경우의 최소 철근비 (예상)
① 최소 수직철근비 $\rho_{v,\min}$=0.0012
② 최소 수평철근비 $\rho_{h,\min}$=0.0020

● 벽체의 철근배근 상세 (20②)
벽체 또는 슬래브에서 휨주철근의 간격은 벽체나 슬래브 두께의 (3)배 이하로 하여야 하고, 또한 (450)mm 이하로 하여야 한다. 다만, 콘크리트 장선구조의 경우 이 규정이 적용되지 않는다.

● 벽체의 설계축하중 산정 (17①, 19②)

● 기호
A_g : 압축을 받는 벽체의 전체 유효면적
l_c : 받침부간 수직거리
k : 유효길이계수
① 상·하단 횡구속벽체

양단 또는 한단이 회전구속	0.8
양단이 비회전구속	1.0

② 비횡구속벽체: 2.0

● 옹벽의 안정성 검토 내용 (예상)
① 활동에 대한 안정

4) 벽체의 설계축하중 (17①, 19②)

$$\phi P_{nw} = 0.55 \phi f_{ck} A_g \left[1 - \left(\frac{kl_c}{32h}\right)^2\right] (\phi = 0.65)$$

예제 2

내력벽체에서 다음 설명의 ( ) 안에 알맞은 말을 적으시오. (예상)
① 두께 ( )mm 이상의 벽체에 대해 수직 및 수평철근을 벽면에 평행하게 양면으로 배치한다.
② 수직철근이 집중배치된 벽체부분의 수직철근비가 ( )배 이상인 경우 횡방향 띠철근을 설치해야 한다.
③ 모든 창이나 출입구 등의 개구부 주위에는 기준의 최소 철근량 이외에도 수직 및 수평방향으로 이열 배근된 벽체에 대하여 두 개 ( ) 이상의 철근을 2개 이상 배치한다.
④ 벽체의 최소두께는 ( )mm 이상이다.

정답 ① 250   ② 0.01   ③ D16   ④ 100

3. 옹벽의 안정성

구분	내용
활동에 대한 안정	$F_s = \dfrac{H_r}{H} = \dfrac{수평\ 저항력}{수평력} \geq 1.5$
전도에 대한 안정	$F_s = \dfrac{M_r}{M} = \dfrac{저항\ 모멘트}{전도\ 모멘트} \geq 2.0$
침하(최대 지반반력)에 대한 안정	$\left.\begin{array}{c} q_{max} \\ q_{min} \end{array}\right\} = \dfrac{P}{A} \pm \dfrac{M}{I} y \leq q_a$

Point
① 활동에 대한 안정
② 전도에 대한 안정
③ 침하(최대 지반반력)에 대한 안정

• 기호
H_r : 활동을 억제하기 위해 저판에 작용하는 총마찰력
H : 주동토압의 수평분력
M_r : 콘크리트와 흙의 중량에 의한 저항 모멘트
M : 주동토압의 수평분력에 의한 전도 모멘트
q_a : 기초지반의 허용지지력
P : 기초저면의 축력
A : 기초저면의 단면적
M : 기초저면의 휨모멘트
I : 기초저면의 단면2차 모멘트

Lesson 03

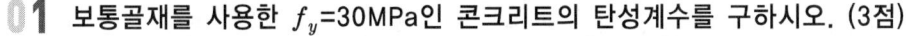

01 보통골재를 사용한 f_y=30MPa인 콘크리트의 탄성계수를 구하시오. (3점)   •14 ②, 17 ②

정답 $f_{ck} \leq 40\,\text{MPa}$인 경우, $\Delta f = 4\,\text{MPa}$
$f_{cm} = f_{ck} + \Delta f = 30 + 4 = 34\,\text{MPa}$
$E_c = 8,500 \sqrt[3]{f_{cm}} = 8,500 \sqrt[3]{34} = 27,537\,\text{MPa}$

02 강도설계법에서 보통골재를 사용한 콘크리트의 설계기준압축강도 $f_{ck} = 24\,\text{MPa}$인 콘크리트의 탄성계수를 구하고 탄성계수비를 결정하시오. (4점)   •11 ③, 15 ③, 20 ⑤

가. 콘크리트의 탄성계수 : _____

나. 탄성계수비 : _____

정답 가. 콘크리트의 탄성계수
$f_{ck} \leq 40\,\text{MPa}$인 경우, $\Delta f = 4\,\text{MPa}$
$f_{cm} = f_{ck} + \Delta f = 24 + 4 = 28\,\text{MPa}$
$E_c = 8,500 \sqrt[3]{f_{cm}} = 8,500 \times \sqrt[3]{28} = 25,811\,\text{MPa}$

나. 탄성계수비
$n = \dfrac{E_s}{E_c} = \dfrac{2.0 \times 10^5}{8,500\sqrt[3]{f_{cm}}} = \dfrac{23.53}{\sqrt[3]{f_{cm}}} = \dfrac{23.53}{\sqrt[3]{28}} = 7.75$

03 다음 ( ) 안에 알맞은 내용을 쓰시오. (4점)   •19 ②

> KDS(Korea Design Standard)에서는 재령 28일인 보통중량골재를 사용한 콘크리트의 탄성계수를 $E_c = 8,500 \sqrt[3]{f_{cm}}$ (MPa)로 제시하고 있으며 여기서, $f_{cm} = f_{ck} + \Delta f$이고, Δf : Δf는 f_{ck}가 40 MPa 이하면 (①) MPa, 60 MPa 이상이면 (②) MPa이며, 그 사이는 직선보간으로 구한다.

① _____   ② _____

정답 ① 4   ② 6

04 철근콘크리트구조설계에서 강도감소계수의 사용이유를 4가지 쓰시오. (예상)

① _____ ② _____
③ _____ ④ _____

정답
① 재료의 공칭값과 실제 강도와의 차이
② 부재를 제작 또는 시공할 때 설계도와의 차이
③ 내력의 추정과 해석에 관련된 불확실성의 고려
④ 재료강도의 가변성에 따른 설계시 예상했던 값과의 차이
⑤ 크기가 다른 철근을 연결하여 사용하는데 따른 부재의 실제 강도와의 차이
⑥ 구조물의 구조부재의 중요성 및 구조물의 교체에 따른 비용 절감

05 철근의 응력-변형률 곡선에서 해당하는 4개의 주요 영역과 6개의 주요 포인트에 관련된 용어를 쓰시오. (3점)
•11 ②, 15 ①, 22 ①

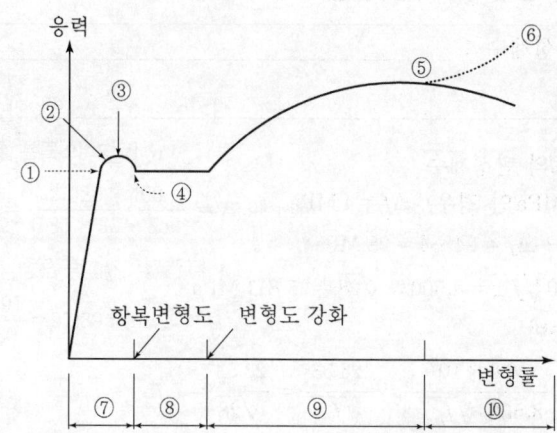

① _____ ② _____
③ _____ ④ _____
⑤ _____ ⑥ _____
⑦ _____ ⑧ _____
⑨ _____ ⑩ _____

정답
① 비례한계점   ② 탄성한계점
③ 상항복점   ④ 하항복점
⑤ 인장강도점(극한강도점) ⑥ 파괴점
⑦ 탄성영역   ⑧ 소성영역
⑨ 변형률경화영역   ⑩ 파괴영역(넥킹구간)

06 콘크리트 설계기준압축강도 $f_{ck}=30\mathrm{MPa}$일 때 압축응력등가블록의 깊이계수 β_1을 구하시오. (3점)

•14 ①

정답 콘크리트 강도에 따른 중립축 위치와 관련된 계수(압축응력등가블록의 깊이계수), β_1
$f_{ck}=30$ MPa ≤ 40 MPa이므로 $\beta_1 = 0.80$이다.

07 강도설계법에서 단근 직사각형 보의 단면이 $b=300$ mm, $d=500$ mm일 때, 균형철근비는 얼마인가? (단, $f_{ck}=24$ MPa, $f_y=400$ MPa의 도막되지 않은 철근이고, 철근비는 소수 넷째짜리까지 표현하시오.)

(예상)

정답 $\rho_b = 0.85\beta_1 \cdot \dfrac{f_{ck}}{f_y} \cdot \dfrac{600}{600+f_y} = 0.85 \times 0.80 \times \dfrac{24}{400} \times \left(\dfrac{600}{600+400}\right) = 0.0254$

08 스팬 8m인 철근콘크리트 단순보에서 보의 중앙에 집중고정하중 20kN, 집중활하중 30kN이 작용할 때 최대계수휨모멘트는 얼마인가? (4점)

•13 ②

정답 (1) 집중하중에 대한 계수하중
$P_u = 1.2P_D + 1.6P_L = 1.2 \times 20 + 1.6 \times 30 = 72.0$ kN
(2) 최대계수휨모멘트
$M_{u,\max} = \dfrac{P_u l}{4} = \dfrac{72.0 \times 8}{4} = 144.0$ kN

09 철근콘크리트 단근 직사각형보의 등가압축응력블록 깊이(a)은 몇 mm인가? (단, $f_{ck}=24$ MPa, $f_y=400$ MPa이고, 보의 너비(b)는 500 mm, 인장철근은 4-D25이다. D25의 단면적은 507 mm^{2}이다.)

(예상)

정답 $a = \dfrac{A_s f_y}{0.85 f_{ck} b} = \dfrac{(507 \times 4) \times 400}{0.85 \times 24 \times 500} = 79.5$ mm

10 철근콘크리트의 단근보를 강도설계법으로 설계할 경우 콘크리트가 받는 압축력은 몇 kN인가? (단, $f_{ck}=27$ MPa, 보의 너비 300 mm, 압축응력블록의 깊이 $a=120$ mm이다.) (예상)

정답 $C=0.85f_{ck}ab=0.85\times27\times120\times300=826.2\times10^3$ N $=826.2$ kN

11 다음 그림과 같은 단면의 보에서 압축연단에서 중립축까지의 거리 c를 구하라. (단, $f_{ck}=35$MPa, $f_y=400$MPa, $A_s=2,028$mm²이다.) (5점)

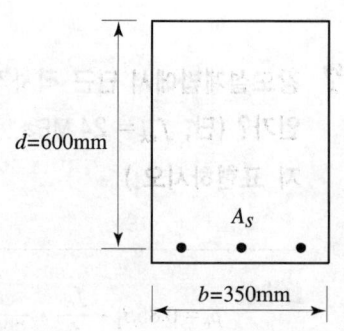

정답 (1) β_1의 결정
　　　　$f_{ck}\leq40$MPa인 경우 $\beta_1=0.80$이다.
　　(2) 등가직사각형 블록의 깊이 a
　　　　$a=\dfrac{A_sf_y}{0.85f_{ck}b}=\dfrac{2,028\times400}{0.85\times35\times350}=77.91$ mm
　　(3) 압축연단에서 중립축까지의 거리 c
　　　　$c=\dfrac{a}{\beta_1}=\dfrac{77.91}{0.80}=97.39$ mm

12 보의 너비는 400 mm, 유효높이는 650 mm, 인장철근은 6-D25인 철근콘크리트 단근보의 공칭 휨모멘트(휨강도) 값은 몇 kN·m인가? (여기서, $f_{ck}=30$ MPa, $f_y=400$ MPa, D25의 단면적은 507 mm²이다. 최소 철근비 조건을 만족하고 콘크리트의 압축파괴보다 철근의 인장파괴가 선행한다고 가정한다.) (예상)

정답 (1) 등가직사각형 블록의 깊이 a의 산정
　　　　$a=\dfrac{A_sf_y}{0.85f_{ck}b}=\dfrac{(507\times6)\times400}{0.85\times30\times400}=119$mm
　　(2) 공칭 휨강도 M_n의 산정
　　　　$M_n=A_sf_y\left(d-\dfrac{a}{2}\right)=(507\times6)\times400\times\left(650-\dfrac{119}{2}\right)$
　　　　　　$=718.5\times10^6$ N·mm $=718.5$ kN·m

13 철근콘크리트 강도설계법에서 균형철근비의 정의를 쓰시오. (3점)   •12 ①

> **정답** 균형철근비는 인장철근의 응력 f_s가 설계기준항복강도 f_y에 대응하는 변형률 ε_y에 도달하고, 동시에 압축 콘크리트의 변형률 ε_c가 가정된 극한변형률 ε_{cu}인 0.0033에 도달한 단면의 인장철근비이다. 또한 이러한 상태의 보를 균형철근보라 한다.

14 강도설계법에 따른 다음 그림과 같은 콘크리트 단근보의 균형 철근비 및 최대 철근량을 구하시오. (단, f_{ck}=27 MPa, f_y=300 MPa, E_s=200,000 MPa) (4점)   •13 ③, 16 ①

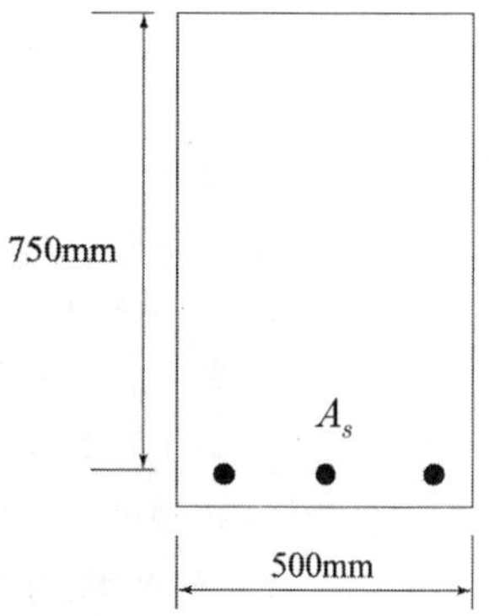

750mm
A_s
500mm

가. 균형철근비(ρ_b 단, 소수점 다섯째자리까지 구하시오.) : _____

나. 최대 철근량($A_{s,\max}$) : _____

> **정답** 가. 균형철근비(ρ_b)
> ① $f_{ck} \leq 40$ MPa이므로 $\beta_1 = 0.80$이다.
> ② $\rho_b = 0.85\beta_1 \cdot \dfrac{f_{ck}}{f_y} \cdot \dfrac{600}{600+f_y} = 0.85 \times 0.80 \times \dfrac{27}{300} \times \dfrac{600}{600+300} = 0.04080$
>
> 나. 최대 철근량($A_{s,\max}$)
> ① $\varepsilon_y = f_y/E_s = 300/200,000 = 0.0015$
> ② $\rho_{\max} = \left(\dfrac{0.0033+\epsilon_y}{0.0033+0.0050}\right)\rho_b = \left(\dfrac{0.0033+0.0015}{0.0033+0.0050}\right) = 0.578\rho_b = 0.02360$
> ③ $A_{s,\max} = \rho_{\max} bd = 0.02360 \times 500 \times 750 = 8,848.2\,\text{mm}^2$

15 철근콘크리트 보가 고정하중과 활하중에 의한 휨모멘트가 M_D=150kN·m, M_L=130kN·m이고 전단력이 V_D=120kN, V_L=110kN이 작용할 경우 공칭휨강도 M_n과 공칭전단강도 V_n을 각각 산정하시오. (단, 강도감소계수는 휨에 대해 ϕ=0.85이고, 전단에 대해 ϕ=0.75이다.) (4점)

•11 ②, 22 ③

가. 공칭휨강도 M_n : _____

나. 공칭전단강도 V_n : _____

정답 가. 공칭휨강도 M_n

(1) 하중조합

① $M_u = 1.4 M_D = 1.4 \times 150 = 210 \text{ kN} \cdot \text{m}$

② $M_u = 1.2 M_D + 1.6 M_L = 1.2 \times 150 + 1.6 \times 130 = 388 \text{ kN} \cdot \text{m}$

따라서 소요휨강도(계수휨모멘트)는 $M_u = 388 \text{ kN} \cdot \text{m}$ 이다.

(2) 공칭휨강도 M_n

$$M_n = \frac{M_u}{\phi} = \frac{388}{0.85} = 456.47 \text{ kN} \cdot \text{m}$$

나. 공칭전단강도 V_n

(1) 하중조합

① $V_u = 1.4 V_D = 1.4 \times 120 = 168 \text{ kN}$

② $V_u = 1.2 V_D + 1.6 V_L = 1.2 \times 120 + 1.6 \times 110 = 320 \text{ kN}$

따라서 소요전단강도(계수전단력) $V_u = 320 \text{ kN}$ 이다.

(2) 공칭전단강도 V_n

$$V_n = \frac{V_u}{\phi} = \frac{320}{0.75} = 426.67 \text{ kN} \cdot \text{m}$$

16 그림과 같은 철근콘크리트 단순보에서 계수집중하중(P_u)의 최대값(kN)을 구하시오. (단, 보통중량콘크리트 f_{ck}=27MPa, f_y=400MPa, 인장철근 단면적 A_s=1,500mm², 휨에 대한 강도감소계수 ϕ=0.85를 적용한다.) (4점)

•14 ②

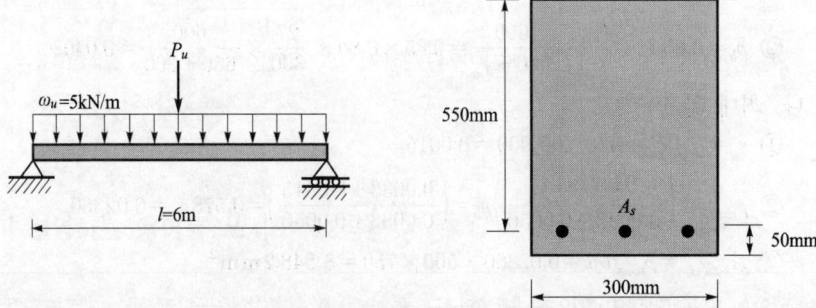

정답 (1) 등가직사각형 블록의 깊이 a

$$a = \frac{A_s f_y}{0.85 f_{ck} b} = \frac{1,500 \times 400}{0.85 \times 27 \times 300} = 87.1 \text{ mm}$$

(2) 단면의 검토와 강도감소계수 : $\phi = 0.85$

(3) 설계휨강도 $M_d = \phi M_n$

$$M_d = \phi M_n = \phi A_s f_y \left(d - \frac{a}{2}\right)$$
$$= 0.85 \times 1,500 \times 400 \times \left(500 - \frac{87.1}{2}\right) = 232.79 \times 10^6 \text{ N} \cdot \text{mm} = 232.79 \text{ kN} \cdot \text{m}$$

(4) 계수하중에 의한 소요 휨강도 M_u

$$M_u = \frac{P_u l}{4} + \frac{w_u l^2}{8} = \frac{P_u \times 6}{4} + \frac{5 \times 6^2}{8} = 1.5 P_u + 22.5 \text{ kN} \cdot \text{m}$$

(5) 최대 계수집중하중의 산정

$M_u \leq M_d = \phi M_n$
$M_u = 1.5 P_u + 22.5 \text{ kN} \cdot \text{m} \leq M_d = \phi M_n = 232.79 \text{ kN} \cdot \text{m}$
$\therefore P_u \leq 140.19 \text{ kN}$

따라서 최대 계수집중하중 $P_{u,\max} = 140.19 \text{ kN}$이다.

17 보의 너비 $b = 300$ mm, 유효깊이 $d = 540$ mm인 단근 직사각형 보에서 설계휨모멘트 $M_d = 208$ kN·m를 받도록 설계하려고 한다. 이때 필요한 철근량(mm²)은 얼마인가? [단, $f_{ck} = 24$ MPa, $f_y = 400$ MPa, $a = 93$ mm이고 콘크리트의 압축파괴보다 철근의 인장파괴가 선행(저보강보)하고 또한 강도감소계수 $\phi = 0.85$로 가정한다.]

(예상)

정답 (1) $f_{ck} \leq 40$ MPa이므로 $\beta_1 = 0.80$이다.

(2) 철근량 A_s의 산정

$M_d = \phi M_n \; (\phi = 0.85)$

$$M_d = \phi M_n = \phi A_s f_y \left(d - \frac{a}{2}\right)$$

$$A_s = \frac{M_d}{\phi f_y \left(d - \frac{a}{2}\right)} = \frac{208 \times 10^6}{0.85 \times 400 \times \left(540 - \frac{93}{2}\right)} = 1,240 \text{ mm}^2$$

(3) 최소 철근량 검토

① 균열휨모멘트

$f_r = 0.63 \lambda \sqrt{f_{ck}} = 0.63 \times 1.0 \times \sqrt{24} = 3.09 \text{ MPa}$

$I_g = \frac{bh^3}{12} = \frac{300 \times 600^3}{12} = 5,400.0 \times 10^6 \text{ mm}^4$

$y_t = \frac{h}{2} = \frac{600}{2} = 300 \text{ mm}$

$M_{cr} = \frac{f_r I_g}{y_t} = \frac{3.09 \times (5,400.0 \times 10^6)}{300} = 55.6 \times 10^6 \text{ N} \cdot \text{mm} = 55.6 \text{ kN} \cdot \text{m}$

② 최소 철근량 검토

$\phi M_n = M_d = 208.0 \text{ kN} \cdot \text{m}$

$1.2 M_{cr} = 1.2 \times 55.6 = 66.7 \text{ kN} \cdot \text{m}$

∴ $\phi M_n = 208.0 \text{ kN} \cdot \text{m} \geq 1.2 M_{cr} = 66.7 \text{ kN} \cdot \text{m}$　　　　OK

18 그림과 같은 철근콘크리트보가 f_{ck}=21MPa, f_y=400MPa이고 D22(단면적 387mm²)일 때 강도감소계수 ϕ=0.85가 적합인지 부적합인지를 판단하시오. (4점)　•11 ②

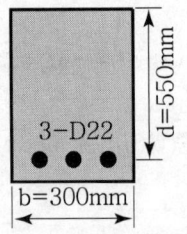

정답 (1) β_1과 ε_{cu}의 결정

$f_{ck} \leq$ 40MPa인 경우 β_1=0.80이고, ε_{cu}=0.0033이다.

(2) 등가직사각형 블록의 깊이 a의 산정

$a = \dfrac{A_s f_y}{0.85 f_{ck} b} = \dfrac{(387 \times 3) \times 400}{0.85 \times 21 \times 300} = 86.7 \text{ mm}$

(3) 강도감소계수 ϕ

$c = \dfrac{a}{\beta_1} = \dfrac{86.7}{0.80} = 108.4 \text{ mm}$

$\epsilon_t = \left(\dfrac{d_t - c}{c}\right)\epsilon_{cu} = \left(\dfrac{550 - 108.4}{108.4}\right) \times 0.0033 = 0.0134$

$\epsilon_t = 0.0134 \geq \epsilon_{tt} = 0.0050$ 이므로 인장지배 단면이다.

∴ ϕ = 0.85 (적합)

19 다음과 같이 설명하는 용어를 쓰시오. (2점)　•18 ②, 21 ③

압축연단 콘크리트가 가정된 극한변형률 0.0033에 도달할 때 최외단 인장철근의 순인장변형률 ϵ_t가 0.0050 이상인 단면

정답 인장지배 단면

(주) 인장지배 단면은 압축콘크리트의 변형률(ε_c)이 가정된 극한변형률 ε_{cu}인 0.0033에 도달할 때 ($\varepsilon_c = \varepsilon_{cu} = 0.0033$), 최외단 인장철근의 순인장변형률($\varepsilon_t$)가 인장지배 변형률 한계($\varepsilon_{tt}$=0.0050) 이상 ($\varepsilon_t \geq \varepsilon_{tt} =$

0.0050)인 단면이다. 다만 철근의 항복강도 f_y가 400 MPa을 초과하는 경우에는 인장지배 변형률 한계(ε_u)를 철근 항복변형률의 2.5배($2.5\varepsilon_y$)로 한다.

20 철근콘크리트구조에서 인장지배 단면 규정은 철근의 항복강도 f_y를 기준으로 두 가지로 구분된다. 다음 표의 빈칸을 최외단 인장철근의 순인장변형률 ε_t, 항복변형률 ε_y로 표현하시오. (2점)

•20 ②

$f_y \leq$ 400MPa	$f_y >$ 400MPa

정답

$f_y \leq$ 400MPa	$f_y >$ 400MPa
$\varepsilon_t \geq \varepsilon_{tt} = 0.0050$	$\varepsilon_t \geq \varepsilon_{tt} = 2.5\varepsilon_y$

여기서, ε_{tt}는 인장지배변형률 한계이다.

21 그림과 같은 철근콘크리트 보에서 최외단 인장철근의 순인장변형률(ε_t)를 산정하고, 이 보의 지배 단면(인장지배 단면, 압축지배 단면 또는 변화구간 단면)을 구분하시오. (단, $A_s = 1,927\,\mathrm{mm}^2$, $f_{ck} = 24\,\mathrm{MPa}$, $f_y = 400\,\mathrm{MPa}$, $E_s = 200,000\,\mathrm{MPa}$) (4점)

•12 ①, 18 ③

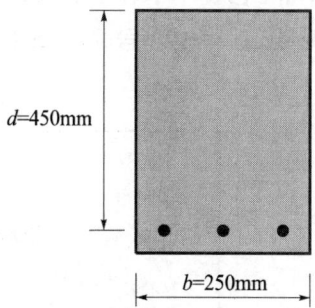

정답 (1) β_1과 ε_{cu}의 결정

$f_{ck} \leq$ 40MPa인 경우 $\beta_1 = 0.80$이고, $\varepsilon_{cu} = 0.0033$이다.

(2) 등가직사각형 블록의 깊이 a

$$a = \frac{A_s f_y}{0.85 f_{ck} b} = \frac{1,927 \times 400}{0.85 \times 24 \times 250} = 151\,\mathrm{mm}$$

(3) 중립축의 깊이 c

$$c = \frac{a}{\beta_1} = \frac{151}{0.80} = 188.8\,\mathrm{mm}$$

(4) 순인장변형률 산정

$$\varepsilon_t = \left(\frac{d-c}{c}\right)\varepsilon_{cu} = \left(\frac{450-188.8}{188.8}\right) \times 0.0033 = 0.0046$$

(5) 지배단면의 구분

$\varepsilon_{tc} = \varepsilon_y = 0.0020$

$\varepsilon_{tc} = 0.0020 < \varepsilon_t = 0.0046 < \varepsilon_{tt} = 0.0050$ 이므로 변화구간 단면이다.

22. 휨부재에서 최외단 순인장변형률 $\varepsilon_t = 0.0040$일 때 기타철근을 사용한 압축부재에 대한 강도감소계수 ϕ를 구하시오. (단, $f_y = 400\text{MPa}$이다.) (4점) • 12 ②, 14 ③, 15 ①, 16 ③

정답
① 인장철근의 압축지배변형률 한계: $\varepsilon_{tc} = \varepsilon_y = 0.0020$ ($\varepsilon_y = f_y/E_s$)
② 인장철근의 인장지배변형률 한계: $\varepsilon_{tt} = 0.0050$
③ 최외단 인장철근의 순인장변형률: $\varepsilon_t = 0.0040$
④ $\varepsilon_{tc} = 0.0020 < \varepsilon_t = 0.0040 < \varepsilon_{tt} = 0.0050$ ∴ 변화구간 단면
⑤ 따라서 강도감소계수 ϕ는 다음과 같다.

$$\phi = 0.65 + (\varepsilon_t - 0.0020) \times \frac{200}{3} = 0.65 + (0.0040 - 0.0020) \times \frac{200}{3} = 0.783 \quad \therefore \phi = 0.78$$

23. 그림과 같은 철근콘크리트 보에서 중립축거리(c)가 250mm일 때 강도감소계수 ϕ를 산정하시오. (단, ϕ의 계산값은 소수 셋째자리에서 반올림하여 소수 둘째자리까지 표현하시오.) (4점)

• 20 ③

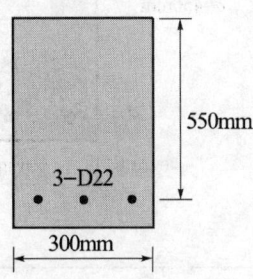

정답
① 순인장변형률 ε_t의 산정

$d_t = d = 550 \text{ mm}$

$$\varepsilon_t = \left(\frac{d_t - c}{c}\right)\varepsilon_{cu} = \left(\frac{550-250}{250}\right) \times 0.0033 = 0.00396$$

② 강도감소계수 ϕ의 산정

$\varepsilon_{tc} = \varepsilon_y = 0.0020$

$\varepsilon_{tc} = 0.0020 < \varepsilon_t = 0.00396 < \varepsilon_{tt} = 0.0050$ 이므로 변화구간 단면이다.

$$\phi = 0.65 + (\epsilon_t - 0.0020) \times \frac{200}{3} = 0.65 + (0.00396 - 0.0020) \times \frac{200}{3} = 0.781$$
$$\therefore \ \phi = 0.78$$

24 강도설계법에서 $b = 350$ mm, $d = 540$ mm, 5-D22로 설계된 철근콘크리트 단근보에서 설계휨강도(M_d)는 몇 kN·m인가? (단, 사용재료는 $f_{ck} = 24$ MPa, $f_y = 400$ MPa이고, 1-D22의 단면적은 387.1 mm²이다. 인장지배 단면으로 가정하고, 최소 철근량 조건을 만족하는 것으로 가정한다.)

(예상)

정답 (1) $f_{ck} \leq 40$ MPa이므로 $\beta_1 = 0.80$이다.
(2) 등가직사각형 블록의 깊이 a
$$a = \frac{A_s f_y}{0.85 f_{ck} b} = \frac{(387.1 \times 5) \times 400}{0.85 \times 24 \times 350} = 108 \text{ mm}$$
(3) 단면의 검토와 강도감소계수 ϕ
  인장지배 단면이므로 $\phi = 0.85$이다.
(4) 공칭 휨강도 M_n의 산정
$$M_n = A_s f_y \left(d - \frac{a}{2} \right) = (387.1 \times 5) \times 400 \times \left(540 - \frac{108}{2} \right) = 376.3 \times 10^6 \text{ N} \cdot \text{mm} = 376.3 \text{ kN} \cdot \text{m}$$
(5) 설계휨강도 $M_d = \phi M_n$의 산정
$$M_d = \phi M_n = 0.85 \times 376.3 = 319.9 \text{ kN} \cdot \text{m}$$

25 철근콘크리트 대칭 T형 보의 유효너비 b_e를 결정하는 기준을 3가지 쓰시오. (3점)   •11 ③

① _____   ② _____   ③ _____

정답 대칭 T형 보의 유효너비 b_e는 다음 중 가장 작은 값으로 한다.
① $16 h_f + b_w$
② 양쪽 슬래브의 중심간 거리
③ 보의 순경간의 $\frac{1}{4}$

여기서, h_f는 슬래브의 두께, b_w는 보의 너비를 의미한다.

26. 다음과 같은 조건의 대칭 T형 보의 유효너비(b_e)을 구하시오. (4점)

┤보기├

- 슬래브의 두께(t_f) : 200mm
- 복부폭(b_w) : 300mm
- 양쪽 슬래브의 중심간 거리 : 3,000mm
- 보 경간(Span) : 6,000mm

정답 (1) $16h_f + b_w = 16 \times 200 + 300 = 3,500$ mm

(2) 양쪽 슬래브의 중심간 거리 = 3,000mm

(3) 보의 순경간의 $\dfrac{1}{4} = 6,000 \times \dfrac{1}{4} = 1,500$ mm

따라서 플랜지의 유효너비(b_e)는 위의 값 중 가장 작은 값이므로 1,500 mm이다.

27. 그림과 같은 T형보의 압축연단에서 중립축까지의 거리(c)를 구하시오. (단, 보통중량콘크리트 f_{ck}=30MPa, f_y=400MPa, 인장철근 단면적 A_s=2,000mm²) (4점)

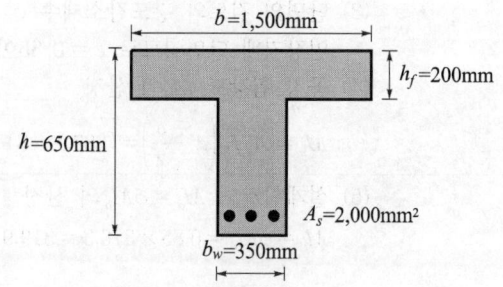

정답 (1) β_1의 결정

$f_{ck} \le 40$ MPa이므로 $\beta_1 = 0.80$이다.

(2) 등가직사각형 블록의 깊이 a의 산정과 중립축의 위치

$$a = \dfrac{A_s f_y}{0.85 f_{ck} b} = \dfrac{2,000 \times 400}{0.85 \times 30 \times 1,500} = 20.9 \text{ mm}$$

따라서 $a = 20.9$ mm $\le h_f = 200$ mm이므로 이 보의 중립축은 플랜지에 위치하며, 유효너비 $b = 1,500$ mm를 단면의 너비로 하는 직사각형 보가 된다.

(3) 압축연단에서 중립축까지의 거리 c 산정

등가직사각형 압축응력블록의 깊이 $a = \beta_1 c$로부터 산정한다.

$$c = \dfrac{a}{\beta_1} = \dfrac{20.9}{0.80} = 26.2 \text{ mm}$$

28 전단철근의 종류를 4가지 쓰시오. (예상)

① _____ ② _____
③ _____ ④ _____

정답
① 부재 축에 직각인 스터럽
② 부재 축에 직각으로 배치된 용접철망
③ 주인장철근에 45° 이상의 각도로 설치된 스터럽
④ 주인장철근에 30° 이상의 각도로 구부린 굽힘철근
⑤ 스터럽과 굽힘철근의 조합
⑥ 나선철근, 원형 띠철근 또는 후프철근

29
다음과 같은 전단력도에서 V_s값의 산정결과, $V_s > \frac{1}{3}\lambda\sqrt{f_{ck}}\,b_w\,d$로 검토 되었다. 수직 스터럽을 배치하여야 하는 구간 내에서 수직 스터럽의 최대 간격을 구하시오. 단, 단면의 적합성은 확보되었고 보의 유효깊이는 550 mm이다. (4점)   •19 ③

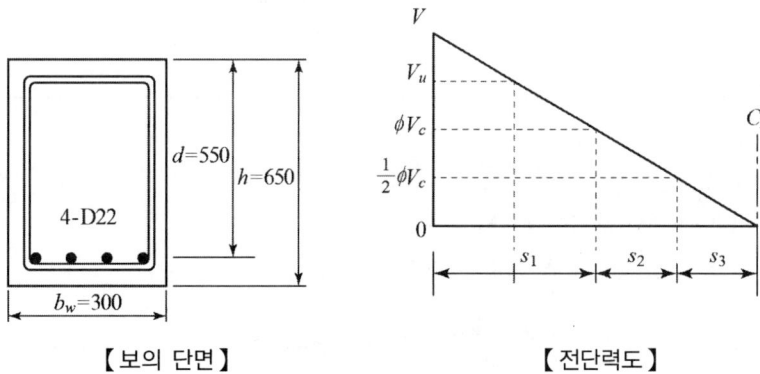

【 보의 단면 】   【 전단력도 】

정답
① 간격제한에 의한 수직 스터럽의 최대 간격
$$s \leq \min\left(\frac{d}{2},\ 600\,\mathrm{mm}\right) = \min\left(\frac{550}{2},\ 600\right) = \min(275,\ 600) = 275\,\mathrm{mm}$$

② $V_s > \frac{1}{3}\lambda\sqrt{f_{ck}}\,b_w\,d$인 경우 위의 최대 간격의 1/2이하로 한다.

∴ 수직 스터럽의 최대 간격은 275/2=137.5 mm이다.

30 극한강도설계법에서 V_s = 210 kN, d = 500 mm, f_{yt} = 300 MPa, A_v = 253.4 mm²(U형, 1-D13) 일 때 수직 스터럽의 최대 간격(mm)은 얼마인가? (예상)

정답 $s \leq \dfrac{A_v f_{yt} d}{V_s} = \dfrac{253.4 \times 300 \times 500}{210 \times 10^3} = 181$ mm

31 강도설계법에 의한 철근콘크리트 보의 전단설계에서 그림과 같은 보가 지지할 수 있는 최대 전단강도(kN)는 얼마인가? (단, 사용재료는 보통중량콘크리트로써 f_{ck} = 24 MPa, f_{yt} = 400 MPa, ϕ = 0.75 이다.)

• 22 ③

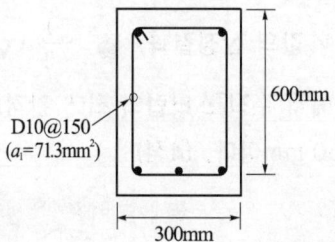

정답 $V_d = \phi V_n = \phi(V_c + V_s)$
$\phi = 0.75$
$\lambda = 1.0$ (∵ 보통중량콘크리트)
$V_c = \dfrac{1}{6} \lambda \sqrt{f_{ck}} \, b_w d = \dfrac{1}{6} \times 1.0 \times \sqrt{24} \times 300 \times 600 = 146{,}969$ N
$V_s = \dfrac{A_v f_{yt} d}{s} = \dfrac{(71.3 \times 2) \times 400 \times 600}{150} = 228{,}160$ N
$V_d = \phi V_n = \phi(V_c + V_s) = 0.75 \times (146{,}969 + 228{,}160) = 281.35 \times 10^3$ N = 281.35 kN

32 강도설계법의 직사각형 보에 계수 전단력 V_u = 350 kN이 작용할 때 전단철근의 간격 s는 최대 몇 mm 이하라야 하는가? (단, 수직 스터럽의 단면적 A_v = 700 mm², b_w = 350 mm, d = 600 mm, f_{ck} = 24 MPa, f_{yt} = 400 MPa의 도막되지 않은 철근이다. 보통중량콘크리트로써 단면의 적합성 검토와 전단철근의 간격제한은 모두 만족하는 것으로 가정한다.) (예상)

정답 수직 스터럽 s의 결정

$\lambda = 1.0$ (∵ 보통중량콘크리트)

$V_c = \dfrac{1}{6}\lambda\sqrt{f_{ck}}\,b_w d = \dfrac{1}{6}\times 1.0 \times \sqrt{24}\times 350 \times 600 = 171.5\times 10^3\,\text{N}$

$V_u = 350\times 10^3\,\text{N} > \phi V_c = 0.75\times 171.5\times 10^3\,\text{N} = 128.6\times 10^3\,\text{N}$

전단철근의 간격 s는 다음과 같다.

$s \leq \dfrac{\phi A_v f_{yt} d}{V_u - \phi V_c} = \dfrac{0.75\times 700 \times 400 \times 600}{350\times 10^3 - 128.6\times 10^3} = 569.1\,\text{mm}$

33 보의 유효깊이 $d=550$ mm, 보의 너비 $b_w=300$ mm인 보에서 스터럽이 부담할 전단력 $V_s=200$ kN일 경우, 전단철근의 간격은? (단, 전단철근면적 $A_v=142$ mm²(2-D10), 스터럽의 설계기준 항복강도 $f_{yt}=400$ MPa, 콘크리트 압축강도 $f_{ck}=24$ MPa) (4점) •15 ①

정답 전단철근의 간격(s)

$s \leq \dfrac{\phi A_v f_{yt} d}{V_u - \phi V_c} = \dfrac{A_v f_{yt} d}{V_s} = \dfrac{142\times 400 \times 550}{200\times 10^3} = 156.2\,\text{mm}$

34 강도설계법에 의한 철근콘크리트 보의 전단설계에서 계수 전단력 $V_u=75$ kN을 전단철근의 보강 없이 지지하고자 할 경우 보 단면의 최소 복부 너비 b_w는 몇 mm인가? (단, 사용재료는 보통중량콘크리트로써 $f_{ck}=24$ MPa, $f_{yt}=400$ MPa이고 $\phi=0.75$, $d=550$ mm이다.) (예상)

정답 $V_u \leq \dfrac{1}{2}\phi V_c$ 인 경우 전단철근을 배근하지 않아도 된다.

$\phi = 0.75$

$\lambda = 1.0$

$V_c = \dfrac{1}{6}\lambda\sqrt{f_{ck}}\,b_w d = \dfrac{1}{6}\times 1.0 \times \sqrt{24}\times b_w \times 550 = 449 b_w\,(\text{N})$

$75\times 10^3\,\text{N} \leq \dfrac{1}{2}\times 0.75 \times 449 \times b_w\,(\text{N})$

$b_w \geq 445\,\text{mm}$ ∴ b_w가 최소 445 mm 이상이어야 한다.

35 스팬 6m의 단순보에 $w_D = 15\text{kN/m}$, $w_L = 12\text{kN/m}$가 작용하는 경우, 보의 전단설계를 위한 최대 전단력 V_u는 얼마인가? (단, 보의 단면 $b_m \times d = 300\text{mm} \times 500\text{mm}$이다.) (4점)   •15 ③

정답 ① 하중조합
$$w_u = 1.2w_D + 1.6w_L = 1.2 \times 15 + 1.6 \times 12 = 37.2 \text{ kN/m}$$
② 최대 계수전단강도
$$V_{u,\max} = \frac{w_u L}{2} = \frac{37.2 \times 6}{2} = 111.6 \text{ kN}$$
③ 전단설계를 위한 최대 전단력
$$V_u = V_{u,\max} - w_u \times d = 111.6 - 27.2 \times 0.5 = 93.0 \text{ kN}$$

36 철근의 부착과 정착을 구분하여 설명하시오. (예상)

① 부착 : _____
② 정착 : _____

정답 ① 부착 : 철근과 주위 콘크리트의 경계면에서 활동에 저항하는 것이다.
② 정착 : 철근의 끝부분이 콘크리트 속에서 빠져 나오지 않는 것이다.

37 콘크리트 속에 있는 철근의 정착방법을 4가지 적으시오. (예상)

① _____   ② _____
③ _____   ④ _____

정답 ① 묻힘길이에 의한 정착
② 갈고리에 의한 정착
③ 정착기구를 사용하는 기계적 정착
④ 이들 세 가지 중 두 가지 이상의 조합에 의한 정착

38 f_{ck}=30 MPa, f_y=400 MPa인 보통 콘크리트에 D22(공칭지름 22.2mm), 경량콘크리트계수 λ=1.0일 때 묻힘길이에 의한 인장 이형철근의 기본정착길이(mm)를 산정하시오. (3점)

•13 ②, 17 ①

정답 묻힘길이에 의한 인장 이형철근의 기본정착길이
$\lambda = 1.0$ ($\because$ 보통중량콘크리트)
$$l_{db} = \frac{0.6\, d_b f_y}{\lambda \sqrt{f_{ck}}} = \frac{0.6 \times 22.2 \times 400}{1.0 \times \sqrt{30}} = 973 \text{ mm}$$

39 묻힘길이에 의한 인장 이형철근의 정착길이를 다음과 같은 식으로 계산할 때 α, β, γ, λ가 의미하는 바를 쓰시오. (4점)

•18 ②

$$\frac{0.90\,d_b f_y}{\lambda\,\sqrt{f_{ck}}}\,\frac{\alpha\,\beta\,\gamma}{\left(\dfrac{c+K_{tr}}{d_b}\right)}$$

① α : _____ ② β : _____
③ γ : _____ ④ λ : _____

정답 ① α : 철근배치 위치계수   ② β : 철근 도막계수
③ γ : 철근의 크기계수   ④ λ : 경량콘크리트계수

40 라멘 구조의 보-기둥 접합부에서 구조해석결과 보의 상단의 부모멘트 소요철근량이 $1{,}550\,\mathrm{mm}^2$이며, 이에 대하여 실제로는 4-D25($A_s = 2{,}027\,\mathrm{mm}^2$, 공칭지름 25.4mm)가 배근되었다. 또한 D10@200(공칭지름 9.63mm)의 스터럽은 l_d의 전 구간에 설계기준의 규정된 최소 철근량 이상의 스터럽을 배근하였으며 주철근의 순간격은 50 mm이고 철근에 대한 피복두께는 40 mm로 하였다. 단, 사용재료는 $f_y = f_{yt} = 400\,\mathrm{MPa}$의 도막을 하지 않은 철근이고, $f_{ck} = 27\,\mathrm{MPa}$의 보통중량콘크리트이다. 묻힘길이에 의한 인장 이형철근의 최소 정착길이(mm)를 기본정착길이에 보정계수를 곱하는 방법에 의해 산정하시오.

(예상)

정답 (1) 묻힘길이에 의한 인장 이형철근의 기본정착길이
$\lambda = 1.0$ ($\because$ 보통중량콘크리트)
$$l_{db} = \frac{0.6\,d_b f_y}{\lambda\,\sqrt{f_{ck}}} = \frac{0.6 \times 25.4 \times 400}{1.0 \times \sqrt{27}} = 1{,}173\,\mathrm{mm}$$
(2) 보정계수
① 철근의 순간격 및 피복두께 조건
ⓐ 철근의 순간격 $= \{350 - (40 + 9.53) \times 2 - 25.4 \times 4\}/3 = 49.8\,\mathrm{mm} \geq d_b = 25.4\,\mathrm{mm}$
ⓑ 피복두께 $= 40\,\mathrm{mm} \geq d_b = 25.4\,\mathrm{mm}$
ⓒ l_d의 전 구간에 설계기준에서 규정된 최소 철근량 이상의 스터럽이 배근된 경우이다. 따라서 주철근이 D25 철근이므로 보정계수는 $\alpha\beta$이다.
② 상부철근이므로 $\alpha = 1.3$이고 $\beta = 1.0$이다.
(3) 묻힘길이에 의한 인장 이형철근의 정착길이
$l_d \geq \max(1.3 \times 1 \times 1{,}173,\ 300) = \max(1{,}525,\ 300) = 1{,}525\,\mathrm{mm}$
(4) 초과 철근량에 대한 감소계수의 적용
(소요 A_s)/(배근 A_s) $= 1{,}550/2{,}027 = 0.76$
따라서 묻힘길이에 의한 인장 이형철근의 정착길이는 다음과 같다.
$l_d \geq \max(0.76 \times 1{,}525,\ 300) = \max(1{,}159,\ 300) = 1{,}159\,\mathrm{mm}$

41 보통중량콘크리트로써 보에서 압축을 받는 D22(공칭지름 22.2mm) 철근의 묻힘길이에 의한 압축 이형철근의 기본정착길이를 산정하시오. (단, $f_{ck}=24\text{MPa}$, $f_y=400\text{MPa}$이다.) (3점)

• 12 ②, 20 ④

정답 묻힘길이에 의한 압축 이형철근의 기본정착길이 l_{db}
$\lambda = 1.0$
$l_{db} = \max\left(\dfrac{0.25\,d_b f_y}{\lambda\sqrt{f_{ck}}},\ 0.043\,d_b f_y\right)$
$\quad = \max\left(\dfrac{0.25 \times 22.2 \times 400}{1.0 \times \sqrt{24}},\ 0.043 \times 22.2 \times 400\right) = \max(453,\ 382) = 453\,\text{mm}$
∴ $l_{db} = 453\,\text{mm}$
∴ 묻힘길이에 의한 압축 이형철근의 기본정착길이 l_{db}는 최소 453mm이다.

42 정사각형 확대기초에서 기둥의 압축력 P_u에 대한 연결철근(다우얼)은 해석결과 소요철근량 $A_s = 1,250\,\text{mm}^2$이고 실제 배근된 철근은 4-D22($A_s = 1,548\,\text{mm}^2$, 공칭지름 22.2mm)이다. 이와 같은 확대기초에서 연결철근(다우얼)의 정착길이(mm)를 산정하시오. (단, 사용재료는 보통중량콘크리트로써 $f_{ck}=24\text{MPa}$이고, $f_y=400\text{MPa}$의 도막을 하지 않은 철근이다. 또한 초과 철근량에 대한 보정계수는 0.81로 가정한다.) (예상)

정답 (1) 묻힘길이에 의한 압축 이형철근의 정착길이
$d_b = 22.2\,\text{mm}$
$\lambda = 1.0$ (∵ 보통중량콘크리트)
$l_{db} = \max\left(\dfrac{0.25\,d_b f_y}{\lambda\sqrt{f_{ck}}},\ 0.043\,d_b f_y\right)$
$\quad = \max\left(\dfrac{0.25 \times 22.2 \times 400}{1.0 \times \sqrt{24}},\ 0.043 \times 22.2 \times 400\right) = \max(453,\ 382) = 453\,\text{mm}$
∴ $l_{db} = 453\,\text{mm}$
(2) 초과 철근량에 대한 보정계수를 묻힘길이에 의한 압축 이형철근의 정착길이
보정계수=0.81
∴ $l_d \geq \max(0.81 \times 453,\ 200) = \max(367,\ 200) = 367\,\text{mm}$

43 철근콘크리트 보의 춤이 700mm이고, 부모멘트를 받는 상부단면에 HD25 철근(공칭지름 25.4mm)이 배근되어 있을 때, 철근의 인장 정착길이를 구하시오. (단, f_{ck} = 27MPa, f_y = 400MPa이며, 철근의 순간격과 피복두께는 철근지름 이상임, 상부철근 보정계수는 1.3 적용, 도막되지 않는 철근, 보통중량 콘크리트 사용) (3점)

•19 ①, 22 ②

정답 (1) 묻힘길이에 의한 인장 이형철근의 정착길이
  $l_d \geq \max(\text{보정계수} \times l_{db},\ 300\text{mm})$
  여기서, $l_{db} = \dfrac{0.6\,d_b f_y}{\sqrt{f_{ck}}}$

(2) 보정계수 :
  D22 이상의 철근으로 철근의 순간격 $\geq d_b$이고, 피복두께 $\geq d_b$이면서, l_d의 전 구간에 설계기준의 규정된 최소 철근량 이상의 스터럽 또는 띠철근이 배근된 경우의 보정계수는 $\alpha\beta\lambda$이다.
  여기서, α : 철근배근 위치계수 – 상부철근으로 정착길이 또는 이음부 아래 300mm 이상 콘크리트에 묻힌 수평철근임으로 α=1.3
    β : 에폭시 도막계수 – 도막되지 않은 철근임으로 β=1.0
    λ : 경량콘크리트계수 – 보통중량콘크리트임으로 λ=1.0

(3) 묻힘길이에 의한 인장 이형철근의 기본정착길이 l_{db}
  $l_{db} = \dfrac{0.6\,d_b f_y}{\sqrt{f_{ck}}} = \dfrac{0.6 \times 25.4 \times 400}{\sqrt{27}} = 1{,}173\,\text{mm}$

(4) 묻힘길이에 의한 인장 이형철근의 정착길이 l_d
  $l_d \geq \max(\text{보정계수} \times l_{db},\ 300\text{ mm})$
   $= \max(1.3 \times 1.0 \times 1.0 \times 1{,}173,\ 300\text{mm})$
   $= \max(1{,}525,\ 300\text{ mm}) = 1{,}525\text{mm}$
  따라서 묻힘길이에 의한 인장 이형철근의 정착길이는 최소 1,525 mm이다.

44 사용재료는 도막되지 않은 철근이며, 보통중량콘크리트로써 f_{ck} = 24 MPa, f_y = 400 MPa으로 된 부재에 표준갈고리를 둔다면 표준갈고리를 갖는 인장 이형철근의 최소 기본정착길이(mm)는 얼마인가? (단, D25철근의 공칭지름은 25.4 mm이다.)

(예상)

정답 표준갈고리를 갖는 인장 이형철근의 기본정착길이
  $\beta = 1.0$ ($\because$ 도막되지 않은 철근)
  $\lambda = 1.0$ ($\because$ 보통중량콘크리트)
  $l_{hb} = \dfrac{0.24\beta\,d_b f_y}{\lambda\sqrt{f_{ck}}} = \dfrac{0.24 \times 1.0 \times 25.4 \times 400}{1.0 \times \sqrt{24}} = 498\,\text{mm}$

45 구조물의 구조설계 시 만족해야할 사항을 3가지 쓰시오. (예상)

① _____ ② _____ ③ _____

정답 ① 안전성 ② 사용성 ③ 내구성

46 압축강도 (f_{ck})가 21 MPa인 모래경량콘크리트의 휨파괴계수 (f_r)를 구하시오. (3점) •19 ②

정답 (1) 모래경량콘크리트의 경량콘크리트계수
$\lambda = 0.85$
(2) 콘크리트의 파괴계수(휨인장강도) f_r
$f_r = 0.63\lambda\sqrt{f_{ck}} = 0.63 \times 0.85 \times \sqrt{21} = 2.454 \to 2.45\,\text{MPa}$

47 단면의 크기가 $b = 300\,\text{mm}$, $h = 500\,\text{mm}$인 단면의 균열휨모멘트 M_{cr}은 몇 kN · m인가? (단, 보통중량콘크리트이며, $f_{ck} = 24\,\text{MPa}$, $f_y = 400\,\text{MPa}$이다.) (4점) •12 ③, 20 ⑤

정답 (1) 총단면에 대한 단면2차 모멘트 I_g
$I_g = \dfrac{bh^3}{12} = \dfrac{300 \times 500^3}{12} = 3{,}125 \times 10^6\,\text{mm}^4$
(2) 보통중량콘크리트의 경량콘크리트계수
$\lambda = 1.0$
(3) 콘크리트의 파괴계수(휨인장강도) f_r
$f_r = 0.63\lambda\sqrt{f_{ck}} = 0.63 \times 1.0 \times \sqrt{24} = 3.086\,\text{MPa}$
(4) 균열휨모멘트 M_{cr}
$y_t = \dfrac{h}{2} = \dfrac{500}{2} = 250\,\text{mm}$
$M_{cr} = \dfrac{f_r I_g}{y_t} = \dfrac{3.086 \times (3{,}125 \times 10^6)}{250} = 38.6 \times 10^6\,\text{N}\cdot\text{mm} = 38.6\,\text{kN}\cdot\text{m}$

48 다음 그림과 같은 직사각형 단면을 가진 단순보에서 등분포하중이 작용할 경우, 최대 휨모멘트와 균열휨모멘트 그리고 균열 발생 여부를 판정하시오. (단, 콘크리트의 설계기준압축강도 f_{ck} = 24 MPa 이고, 경량콘크리트계수는 1.0을 적용한다.) (5점)

•16 ②

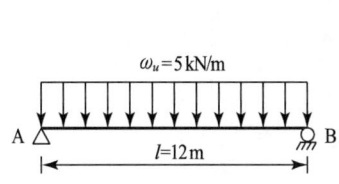
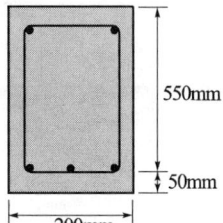

(1) 최대 휨모멘트 : _____

(2) 균열휨모멘트 : _____

(3) 균열 발생 여부의 판단 : _____

정답 (1) 최대 휨모멘트

$$M_{\max} = \frac{w_u l^2}{8} = \frac{5 \times 12^2}{8} = 90.0 \text{ kN} \cdot \text{m}$$

(2) 균열휨모멘트

① 총단면에 대한 단면2차 모멘트 I_g

$$I_g = \frac{bh^3}{12} = \frac{200 \times 600^3}{12} = 3,600 \times 10^6 \text{ mm}^4$$

② 경량콘크리트계수 λ

$\lambda = 1.0$

③ 콘크리트의 파괴계수(휨인장강도) f_r

$f_r = 0.63 \lambda \sqrt{f_{ck}} = 0.63 \times 1.0 \times \sqrt{24} = 3.086 \text{ MPa}$

④ 균열휨모멘트 M_{cr}

$$y_t = \frac{h}{2} = \frac{600}{2} = 300 \text{ mm}$$

$$M_{cr} = \frac{f_r I_g}{y_t} = \frac{3.086 \times 3,600 \times 10^6}{300} = 37.0 \times 10^6 \text{ N} \cdot \text{mm} = 37.0 \text{ kN} \cdot \text{m}$$

(3) 균열 발생 여부의 판단

$M_{\max} = 90.0 \text{ kN} \cdot \text{m} > M_{cr} = 37.0 \text{ kN} \cdot \text{m}$

∴ 단면에 균열이 발생된다.

49 그림과 같은 단근 직사각형 보의 균열단면2차 모멘트(mm^4)는? (단, 탄성계수비 $n=8$, 1-D19 의 $A_s=286.5\ mm^2$, $n-n=$ 중립축) (예상)

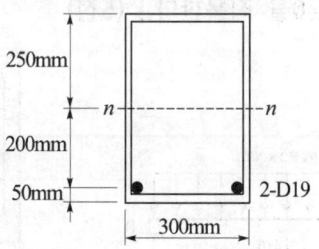

정답 $I_{cr}=\dfrac{bc^3}{3}+nA_s(d-c)^2=\dfrac{300\times 250^3}{3}+8\times(2\times 286.5)\times(450-250)^2=2,043\times 10^6\ mm^4$

50 강도설계법에서 보의 스팬 $l=8\ m$인 보통 콘크리트 보가 단순지지일 때 처짐을 계산하지 않고 정할 수 있는 보의 최소두께(mm)는? ($f_y=400\ MPa$, $m_c=2,300\ kg/m^3$) (예상)

정답 보가 단순지지되었을 경우 처짐을 계산하지 않고 정할 수 있는 보의 최소두께 :
$$h_{min}=\dfrac{l}{16}=\dfrac{8,000}{16}=500\ mm$$

51 다음과 같은 조건인 경우 부재의 최종적인 총처짐(mm)은 얼마인가? (4점)　•13 ②, 18 ③, 21 ③

[조건]
① 인장철근만 배근된 직사각형 단순보
② 순간처짐 : 5mm
③ 장기처짐계수 $\lambda_\Delta=\dfrac{\xi}{1+50\rho'}$ 을 적용
④ 시간경과계수 : 2.0

정답 ① 순간처짐=5.0mm
② 압축철근비 : $\rho'=\dfrac{A_s'}{bd}=\dfrac{0}{bd}=0$
③ $\lambda_\Delta=\dfrac{\xi}{1+50\rho'}=\dfrac{2.0}{1+50\times 0}=2.0$
④ 장기처짐=$\lambda_\Delta\times$순간처짐=$2.0\times 5=10.0\ mm$
⑤ 총처짐=순간처짐+장기처짐=$5.0+10.0=15.0\ mm$

52

인장철근비 0.0025, 압축철근비 0.0160의 철근콘크리트 직사각형 단면의 보에 하중이 작용하여 순간처짐이 2cm 발생하였다. 3년 지속하중이 작용할 경우 총처짐량(순간처짐+장기처짐)을 구하시오. (단, 시간경과계수는 다음 표를 참조) (4점) •15 ②

기간(월)	1	3	6	12	18	24	36	48	60 이상
ξ	0.5	1.0	1.2	1.4	1.6	1.7	1.8	1.9	2.0

정답 ① 순간처짐 = 20.0mm
② 압축철근비 : $\rho' = 0.016$
③ 지속하중의 재하기간에 따른 ξ 값(3년=3×12=36개월)
 $\xi = 1.8$
④ $\lambda_\Delta = \dfrac{\xi}{1+50\rho'} = \dfrac{1.8}{1+50 \times 0.016} = 1.0$
⑤ 장기처짐 = λ_Δ × 순간처짐 = 1.0 × 20 = 20.0mm
⑥ 총처짐 = 순간처짐+장기처짐 = 20.0+20.0 = 40.0mm

53

다음과 같은 조건을 갖는 철근콘크리트 보의 총처짐(mm)을 구하시오. (3점) •16 ③, 21 ②

[조건]
① 순간처짐(즉시처짐) : 20mm
② 단면 : $b_w \times d = 400\,mm \times 600\,mm$
③ 지속하중의 재하기간에 따른 시간경과계수 : $\xi = 2.0$
④ 압축철근량 : $A_s' = 1,000\,mm^2$

정답 ① 순간처짐 = 20.0 mm
② 압축철근비 : $\rho' = \dfrac{A_s'}{b_w d} = \dfrac{1,000}{400 \times 500} = 0.005$
③ $\lambda_\Delta = \dfrac{\xi}{1+50\rho'} = \dfrac{2.0}{1+50 \times 0.005} = 1.6$
④ 장기처짐 = λ_Δ × 순간처짐 = 1.6 × 20.0 = 32.0 mm
⑤ 총처짐 = 순간처짐+장기처짐 = 20.0+32.0 = 52.0 mm

54 큰 처짐에 의하여 손상되기 쉬운 칸막이벽이나 기타 구조물을 지지 또는 부착하지 않은 부재의 경우 다음 표에서 정한 최소두께를 적용하여야 한다. 표의 ( ) 안에 알맞은 내용을 써 넣으시오. (단, 표의 값은 보통중량콘크리트와 설계기준항복강도 400MPa 철근을 사용한 부재에 대한 값임) (3점)
•19 ①, 22 ②

【처짐을 계산하지 않는 경우의 보 또는 1방향 슬래브의 최소두께】

부재	최소두께, $h(l\ :\ 경간)$
• 단순지지 된 1방향 슬래브	$\dfrac{l}{(\ ①\ )}$
• 1단 연속된 보	$\dfrac{l}{(\ ②\ )}$
• 양단 연속된 리브가 있는 1방향 슬래브	$\dfrac{l}{(\ ③\ )}$

① _____ ② _____ ③ _____

정답 ① 20   ② 18.5   ③ 21

---

55 그림과 같이 부재의 최대 휨모멘트가 발생하는 단면에 철근을 배근할 경우 철근의 최대 및 최소 중심간격(mm)을 결정하고, 균열제어 측면에서 철근의 배치간격의 적합 여부를 검토하시오. 단, 건조환경에 노출되어 있으며, 사용재료는 $f_y = 400\ \text{MPa}$이고, $f_s = \dfrac{2}{3}f_y$로 가정하고, D25의 공칭지름은 25.4mm, D13의 공칭지름은 12.7mm이다. (예상)

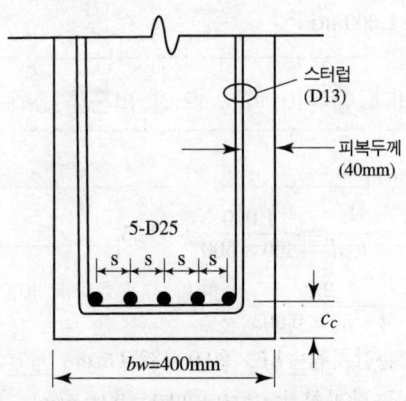

정답 (1) 휨철근(주철근)의 중심간격(주철근 : 5-D25, 스터럽 : D13)

$$s = \dfrac{1}{(5-1)} \times \{400 - (40 + 12.7) \times 2 - 25\} = 67\ \text{mm}$$

(2) 휨철근의 최소 수평 중심간격 s_{min}(주철근 : D25)

최소 수평 순간격 $= \max\left(25mm,\ 1.0d_b,\ \dfrac{4}{3}G\right) = \max(25,\ 25.4) = 25.4mm$

∴ $s_{min} =$ 최소 수평 순간격 $+ d_b = 25.4 + 25.4 = 50.8 \rightarrow 51\ mm$

(3) 휨철근의 최대 중심간격 s_{max}, 보의 휨철근 배치 간격

① 인장연단에서 가장 가까이에 위치한 철근의 응력

$f_s = \dfrac{2}{3}f_y = \dfrac{2}{3} \times 400 = 266.7\ MPa$

② 인장철근(주철근)의 표면과 콘크리트 표면 사이의 순피복두께 c_c

$c_c = 40 + 12.7 = 52.7\ mm$

③ 철근의 노출 조건을 고려한 계수

$\kappa_{cr} = 280$

④ 휨철근의 최대 중심간격

$s_{max} = \min\left[375\left(\dfrac{\kappa_{cr}}{f_s}\right) - 2.5c_c,\ 300\left(\dfrac{\kappa_{cr}}{f_s}\right)\right] = \min\left[375 \times \left(\dfrac{280}{266.7}\right) - 2.5 \times 52.7,\ 300 \times \left(\dfrac{280}{266.7}\right)\right]$

$= \min[262.0,\ 315.0] = 262.0 \rightarrow 262\ mm$

(4) 균열제어 측면에서 철근의 배치간격의 적합여부 검토

$s_{min} = 51\ mm \leq s = 67\ mm \leq s_{max} = 262\ mm$ OK

∴ 균열제어 측면에서 철근의 배치간격의 적합여부 검토결과 적합하다.

56 철근콘크리트구조의 휨부재에서 압축철근의 사용 이유를 4가지 쓰시오. (4점)   •17 ①

① _____ ② _____

③ _____ ④ _____

정답 ① 콘크리트의 크리프 변형을 억제하여 장기처짐을 감소시킨다.
② 연성거동을 증진시킨다.
③ 시공시 철근의 조립을 편리하게 한다.(늑근의 위치를 고정시킬 수 있다.)
④ 인장 철근비를 최대 철근비 이하로 하면서 설계강도를 증진시킨다.
⑤ 지진하중 등과 같이 정(+), 부(-) 모멘트가 반복되는 하중에 효과적이다.

57 너비 $b_w = 400mm$인 보에 3-D22 (공칭지름 22.2mm)를 배근할 경우 균열제어 측면에서 철근의 배치간격의 적합 여부를 검토하시오. [단, 사용재료는 $f_y = 400MPa$의 도막하지 않은 철근이고, κ_{cr}은 210, 철근의 응력은 근사값 $\dfrac{2}{3}f_y$ 사용, 피복두께는 40mm, 스터럽은 D10 (공칭지름 9.53mm) 사용하며 최종 답은 적합 또는 부적합으로 표기할 것] (4점)   •16 ①

정답 (1) 문제의 조건

$n = 3$(주철근의 개수), $b_w = 400\,\text{mm}$(보 부재의 너비)

$d_s = 9.53\,\text{mm}$(스터럽의 지름), $d_b = 22.2\,\text{mm}$(주철근의 지름)

$f_y = 400\,\text{MPa}$(철근의 설계기준항복강도)

$f_s = \dfrac{2}{3}f_y = \dfrac{2}{3} \times 400 = 266.7\,\text{MPa}$

$c_c =$ 피복두께 $+ d_s = 40 + 9.53 = 49.53\,\text{mm}$ (순피복두께)

피복두께 $= 40\,\text{mm}$

$\kappa_{cr} = 210$

(2) 휨철근(주철근)의 중심간격 (s)

$s = \dfrac{1}{(n-1)}\left[b_w - (\text{피복두께} + d_s) \times 2 - d_b\right] = \dfrac{1}{(3-1)}\{400 - (40 + 9.53) \times 2 - 22.2\}$

$= 139.4 \to 139\,\text{mm}$

(3) 휨철근(주철근)의 최소 수평 중심간격 ($s_{\min}$)

최소 수평 순간격 $= \max\left(25\,\text{mm},\ 1.0d_b,\ \dfrac{4}{3}G\right) = \max(25,\ 1.0 \times 22.2)$

$= \max(25,\ 22.2) = 25\,\text{mm}$

$s_{\min} =$ 최소 수평 순간격 $+ d_b = 25 + 22.2 = 47.2 \to 47\,\text{mm}$

(4) 휨철근(주철근)의 최대 중심 간격 ($s_{\max}$)

$s_{\max} = \min\left[375\left(\dfrac{\kappa_{cr}}{f_s}\right) - 2.5c_c,\ 300\left(\dfrac{\kappa_{cr}}{f_s}\right)\right] = \min\left[375 \times \left(\dfrac{210}{266.7}\right) - 2.5 \times 49.53,\ 300 \times \left(\dfrac{210}{266.7}\right)\right]$

$= \min(171.5,\ 236.2) = 171.5 \to 172\,\text{mm}$

(5) 균열제어 측면에서 철근의 배치간격의 적합 여부 검토

$s_{\min} = 47\,\text{mm} \le s = 139\,\text{mm} \le s_{\max} = 172\,\text{mm}$ OK

∴ 균열제어 측면에서 철근의 배치간격의 적합 여부 검토결과 적합하다.

58 철근콘크리트 기둥의 설계시 최소 철근비 1%의 제한 이유를 4가지 쓰시오. (예상)

① _____ ② _____

③ _____ ④ _____

정답 ① 철근의 양이 너무 적으면 배치효과가 없다.
② 시공시 재료분리로 인한 부분적 결함을 보완한다.
③ 예상치 않은 편심하중으로 인해 발생하는 휨모멘트에 저항한다.
④ 콘크리트의 크리프 및 건조수축의 영향을 줄인다.

Lesson 03

59 철근콘크리트구조 압축부재의 철근량 제한에 관한 내용이다. 다음 ( ) 안에 적절한 수치를 기입하시오. (3점)　　　　　　　　　　　　　　　　　　　　　　　　　　　　　•22 ②

> ┤보기├
> 비합성 압축부재의 축방향 주철근 단면적은 전체 단면적 A_g의 (①)배 이상, (②) 배 이하로 하여야 한다. 축방향 주철근이 겹침이음되는 경우의 철근비는 (③)를 초과하지 않도록 하여야 한다.

①＿＿＿＿＿＿＿＿　② ＿＿＿＿＿＿＿＿　③ ＿＿＿＿＿＿＿＿

정답 ① 0.01　　　② 0.08　　　③ 0.04

---

60 철근콘크리트구조의 기둥에서 횡방향보강 철근인 띠철근의 사용목적을 2가지 쓰시오.　•11 ③

① ＿＿＿＿＿＿＿＿＿＿＿＿＿＿　② ＿＿＿＿＿＿＿＿＿＿＿＿＿＿

정답 ① 주철근의 좌굴방지　② 주철근의 위치확보
　　　③ 전단보강　　　　　　④ 피복두께 유지

---

61 다음의 [보기]에서 설명하는 구조의 명칭을 쓰시오. (2점)　　　　　　　　　　•12 ①

> ┤보기├
> 강구조에서 H형강 또는 십자형 형강의 강재 기둥을 콘크리트 속에 매입한 후 그 주위에 철근을 배근하고 콘크리트가 타설되어 일체가 되도록 한 것으로서, 초고층 구조물 하층부의 복합구조로 많이 채택되는 구조

정답 매입형 합성기둥

---

62 다음 보기의 (　) 안을 채우시오. (2점)　　　　　　　　　　　　　　　　　•14 ①

> ┤보기├
> 기둥의 띠철근 수직간격은 축방향주철근 지름의 (①)배, 띠철근 지름의 (②)배, 기둥 단면의 최소치수 이하 중 작은 값으로 한다.

① ＿＿＿＿＿＿＿＿＿＿＿＿＿＿　② ＿＿＿＿＿＿＿＿＿＿＿＿＿＿

정답 ① 16　　　② 48

63 그림과 같은 철근콘크리트 기둥에서 띠철근(Hoop)의 최대 수직간격을 산정하시오. (3점)

•12 ②, 21 ②

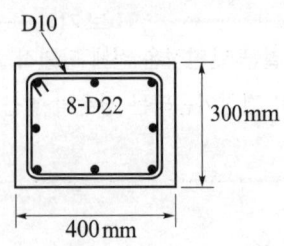

정답 띠철근 간격

$\leq \min(16 \times d_b,\ 48 \times d_t,\ D_{\min}) = \min(16 \times 22,\ 48 \times 10,\ 300) = \min(352,\ 480,\ 300) = 300\,\mathrm{mm}$

∴ 띠철근의 최대 수직간격은 300mm이다.

64 강도설계법에 의한 철근콘크리트 기둥 설계 시 그림과 같은 단주의 최대 설계축하중(kN)은?
(단, $f_{ck} = 27\,\mathrm{MPa}$, $f_y = 400\,\mathrm{MPa}$, 8-D22 단면적 3,097 mm²이다.) (3점) •12 ③, 13 ①, 19 ①, 22 ①

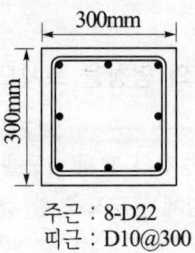

주근 : 8-D22
띠근 : D10@300

정답 단주의 최대 설계축하중

$\phi P_{n,\max} = \alpha \phi P_0 = \alpha \phi \{0.85 f_{ck}(A_g - A_{st}) + f_y A_{st}\}$
$= 0.80 \times 0.65 \times \{0.85 \times 27 \times (300 \times 300 - 3{,}097) + 400 \times 3{,}097\}$
$= 1{,}681.3 \times 10^3\,\mathrm{N} = 1{,}681.3\,\mathrm{kN}$

65 철근콘크리트 구조에서 1방향 슬래브와 2방향 슬래브를 구분하여 설명하시오. (단, λ=장변방향 순간격/단변방향 순간격이다.) (3점)

•11 ①, 13 ②, 19 ③

① 1방향 슬래브 : _____

② 2방향 슬래브 : _____

정답 ① 1방향 슬래브 : $\lambda > 2$
② 2방향 슬래브 : $\lambda \leq 2$
여기서, $\lambda = \dfrac{장변방향\ 순간격}{단변방향\ 순간격}$

66 슬래브의 경간이 3경간 이상인 철근콘크리트의 1방향 슬래브의 설계에서 모멘트계수를 사용하여 전단력과 휨모멘트를 결정할 경우 최대 전단력과 최대 휨모멘트는? (단, l_n은 부재의 순경간이고, w_u은 계수 등분포하중이다.) (예상)

① 최대 전단력 : _____

② 최대 휨모멘트 : _____

정답 ① 최대 전단력 : $V = 1.15\dfrac{w_u l_n}{2}$

② 최대 휨모멘트 : $M = \dfrac{w_u l_n}{10}$

67 보통콘크리트를 사용한 양단 연속 1방향 슬래브 스팬이 4.2m일 때 처짐을 계산하지 않는 경우 강도설계법에서 최소두께(mm)는? (예상)

정답 양단 연속 1방향 슬래브에서 처짐을 고려하지 않는 경우의 최소두께는 $l/28$

$\therefore h = \dfrac{4,200}{28} = 150\,\text{mm}$

68 강도설계법에서 1방향 슬래브의 건조수축 및 온도철근비는 최소 얼마인가? (단, $f_y = 400\text{MPa}$ 이하 이형철근) (예상)

정답 1방향 슬래브의 최소 철근비 $\therefore \rho_{\min} = 0.0020$ (단, $f_y \leq 400\text{ MPa}$)

69 1방향 슬래브의 두께가 250mm일 때 단위폭 1m에 대한 수축·온도철근량과 D13($a_1 = 126.7\text{mm}^2$) 철근을 배근할 때 요구되는 배치 개수를 구하시오. (단, $f_y = 400\text{MPa}$) (4점) •20 ③

정답 (1) 1방향 슬래브에서 수축·온도철근으로 배치되는 이형철근의 최소 철근비
$\rho_{\min} = 0.0020$ (단, $f_y \leq 400$ MPa)

(2) 최소 철근량 :
  최소 철근비는 콘크리트의 전체 단면적 $A_g(=bh_f)$에 대한 수축·온도철근의 단면적의 비이다.
  따라서 최소 철근량은 $A_{s,\min} = \rho_{\min} bh_f$이다.
  $\therefore A_{s,\min} = \rho_{\min} bh_f = 0.0020 \times 1,000 \times 250 = 500 \text{ mm}^2/\text{m}$

(3) 배치 개수
$n = \dfrac{A_{s,\min}}{a_1} = \dfrac{500}{126.7} = 3.9 \rightarrow 4\,EA$

여기서, a_1 : 단일 철근의 단면적(mm^2)
    h_f : 슬래브의 전체 두께(mm)

70 강도설계법에서 1방향 슬래브 설계 시 휨철근에 직각방향으로 배근되는 D10철근의 최대 간격(mm)은? [단, 슬래브 두께는 150mm, $f_y = 400$MPa, 철근(D10) 1개의 단면적은 71mm²이다.] (예상)

정답 (1) 수축·온도철근의 철근비에 따른 철근의 간격
$\rho_{\min} = 0.0020$ (단, $f_y \leq 400$ MPa)
$A_{s,\min} = \rho_{\min} \times h \times 1,000 = 0.0020 \times 150 \times 1,000 = 300\text{mm}^2/\text{m}$
$s \leq 1,000 \times \dfrac{a}{A_{s,\min}} = 1,000 \times \dfrac{71}{300} = 237\text{mm}$

(2) 수축·온도철근의 간격
$s \leq \min(5h, 450\text{mm}) = \min(5 \times 150, 450) = 450\text{mm}$
따라서, $s \leq 237$mm 이므로 철근의 최대간격은 237mm이다.

71 단면방향 순경간 6m, 장변방향 순경간 8m인 4변고정 슬래브에서 굽힘철근의 단부로부터의 굽힘위치는 단변방향과 장변방향의 경우 각각 얼마(mm)인가? (예상)

① 단변방향 : _____

② 장변방향 : _____

정답 굽힘위치 = $\dfrac{l_x}{4} = \dfrac{6,000}{4} = 1,500$mm (장변과 단변의 굽힘위치는 동일) 여기서, l_x : 단변방향 순경간
$\therefore$ 단변방향과 장변방향 모두 1,500 mm이다.

72 그림과 같은 설계조건에서 플랫 슬래브의 지판(Drop Panel, 드롭 패널)의 최소크기와 최소두께를 산정하시오. (단, 슬래브 두께 h_f는 200mm) (4점) •11 ③, 21 ①

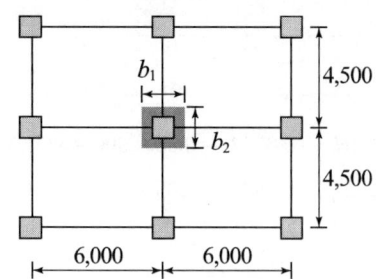

(1) 지판의 최소크기($b_1 \times b_2$) : _____

(2) 지판의 최소두께($h_{\min}$) : _____

정답 (1) 지판의 최소크기($b_1 \times b_2$)

지판은 받침부 중심선에서 각 방향 받침부 중심간 경간의 1/6 이상을 각 방향으로 연장시킨다.

$b_1 = \dfrac{6,000}{6} + \dfrac{6,000}{6} = 2,000 \text{ mm}$

$b_2 = \dfrac{4,500}{6} + \dfrac{4,500}{6} = 1,500 \text{ mm}$

∴ $b_1 \times b_2 = 2,000 \text{ mm} \times 1,500 \text{ mm}$

(2) 지판의 최소두께($h_{\min}$)

지판의 슬래브 아래로 돌출한 두께는 돌출부를 제외한 슬래브 두께의 1/4 이상으로 한다.

$h_{\min} = \dfrac{h_f}{4} = \dfrac{200}{4} = 50 \text{ mm}$

73 플랫 슬래브(플레이트) 구조에서 2방향 전단에 대한 보강방법을 4가지 적으시오. (4점) •14 ③

① _____ ② _____

③ _____ ④ _____

정답 ① 슬래브의 두께를 두껍게 한다.
② 기둥머리에 지판(Drop Panel)을 배치한다.
③ 기둥의 크기를 증가시키거나 기둥머리를 배치해서 주변길이를 증가시킨다.
④ 전단보강철근을 배치한다.

74 보가 있는 2방향 슬래브를 강도설계법에서 직접설계법으로 계산할 때 $M_o = 900\text{kN} \cdot \text{m}$로 산정되었다. 내부 스팬의 부계수 휨모멘트(kN·m)와 정계수 휨모멘트(kN·m)를 산정하시오. (예상)

① 부계수 휨모멘트 : _____

② 정계수 휨모멘트 : _____

정답 ① 부계수 휨모멘트 : $M_u^- = 0.65 M_o = 0.65 \times 900 = 585 \text{kN} \cdot \text{m}$
② 정계수 휨모멘트 : $M_u^+ = 0.35 M_o = 0.35 \times 900 = 315 \text{kN} \cdot \text{m}$

75 강도설계법 구조기준에서 말뚝기초의 경우 기초판 상단에서부터 하단철근까지의 최소 깊이(mm)는? (예상)

정답 기초판 상단에서 하단철근까지 최소 깊이
① 일반기초 : 150mm 이상   ② 말뚝기초 : 300mm 이상

76 흙의 허용지내력이 $q_a = 500\text{kN/m}^2$이고 기둥의 축하중과 기초의 자중의 합이 10,000kN 일 때 독립기초의 기초판 최소 면적(m²)은? (예상)

정답 기초판의 면적(A)의 결정
$N = 10,000\text{kN}$(사용하중)
$q_a = 500\text{kN/m}^2$(허용지내력)
$A \geq \dfrac{N}{q_a} = \dfrac{10,000}{500} = 20\text{m}^2$

77 기초 설계에 있어 장기 500kN(자중포함)의 사용하중을 받을 경우 장기 허용지내력도 100kN/m²의 지반에서 적당한 정사각형 기초판의 한 변의 최소크기(m)는? (예상)

정답 $N = 500\text{kN}$(사용하중)
$q_a = 100\text{kN/m}^2$(허용지내력)
$A \geq \dfrac{N}{q_a} = \dfrac{500}{100} = 5\text{m}^2$
정사각형 기초판의 한 변의 최소크기 $l = \sqrt{A} \geq \sqrt{5} = 2.24\text{m}$

78 한 변의 길이가 1.8m인 정사각형 기초판 바깥면에 작용하는 총토압(kPa)을 계산하라. 단, 흙의 단위질량 $\rho_s = 2,082 \text{ kg/m}^3$이고, 철근콘크리트의 단위질량 $\rho_c = 2,400 \text{ kg/m}^3$이다. (6점) •11 ③

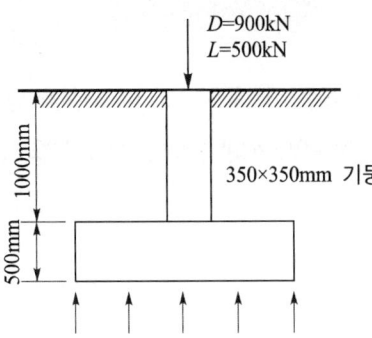

정답 (1) 흙과 철근콘크리트의 단위무게 계산
① 흙의 단위무게 : $\gamma_s = 2,082 \text{kg/m}^3 \times 9.8 \text{m/sec}^2 = 20,404 \text{ N/m}^3$
② 철근콘크리트의 단위무게 : $\gamma_c = 2,400 \text{kg/m}^3 \times 9.8 \text{m/sec}^2 = 23,520 \text{ N/m}^3$
(2) 기초판의 바닥에 작용하는 모든 하중계산
① 기초의 고정하중 : $1.8 \times 1.8 \times 0.5 \times 23,520 = 38,102.4 \text{ N} = 38.10 \text{ kN}$
② 기둥의 고정하중 : $0.35 \times 0.35 \times 1.0 \times 23,520 = 2,881.2 \text{ N} = 2.88 \text{ kN}$
③ 흙의 무게 : $1.0 \times (1.8^2 - 0.35^2) \times 20,404 = 63,609.5 \text{ N} = 63.61 \text{ kN}$
④ 사용하중 : $900 + 500 = 1,400 \text{ kN}$
⑤ 총하중 : $N = 38.10 + 2.88 + 63.61 + 1,400 = 1,504.59 \text{ kN}$
(3) 총토압
$$q_{gr} = \frac{N}{A} = \frac{1,504.59}{1.8 \times 1.8} = 464.38 \text{ kN/m}^3 = 464.38 \text{ kPa}$$

79 다음과 같은 조건의 기초판 밑면에 발생하는 설계용 토압(kPa)은 얼마인가? (6점)   (예상)

> 기초판 1.8m×1.8m×0.5m, 기둥 0.35m×0.35m×1m
> 철근콘크리트의 중량 2,400kg/m³, 흙의 중량 2,082kg/m³

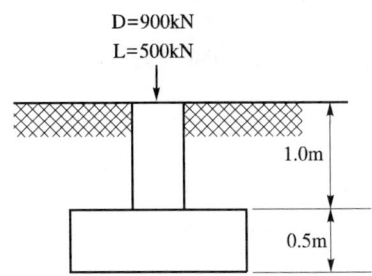

정답 설계용 토압

$$q_u = \frac{1.2D+1.6L}{A} = \frac{1.2 \times 900 + 1.6 \times 500}{1.8 \times 1.8} = 580.25 \text{ kPa}$$

80 그림과 같이 계수하중 하의 기둥 하중(N_u)이 600kN을 받는 철근콘크리트 기초에서 벽길이 1m당 위험단면의 휨모멘트(kN·m)는? (예상)

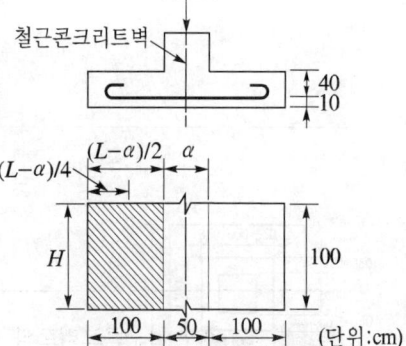

정답 철근콘크리트 벽체를 지지하는 기초판의 휨모멘트에 대한 위험단면은 벽체의 외면이다.

$$q_u = \frac{N_u}{A} = \frac{600}{1 \times 2.5} = 240 \text{kN/m}^2$$

$$M_u = q_u \times (B \times F) \times \frac{F}{2} = 240 \times (1 \times 1) \times \frac{1}{2} = 120 \text{kN} \cdot \text{m}$$

여기서, $F = \frac{1}{2}(L - c_1) = \frac{1}{2} \times (2.5 - 0.5) = 1 \text{ m}$

81 그림과 같은 정방형 독립기초 저면에 작용하는 기초지반 반력(q_u)이 $q_u = 140 \text{ kN/m}^2$일 때, 휨에 대한 위험단면의 휨모멘트(kN·m)는? (예상)

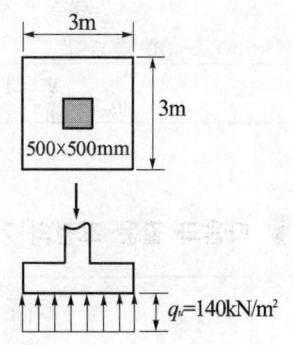

정답

$$q_u = \frac{N_u}{A} = 140 \text{kN/m}^2$$

$$M_u = q_u \times (B \times F) \times \frac{F}{2} = 140 \times (3 \times 1.25) \times \frac{1.25}{2} = 328 \text{kN} \cdot \text{m}$$

여기서, $F = \frac{1}{2}(L - c_1) = \frac{1}{2} \times (3.0 - 0.5) = 1.25 \text{ m}$

82 단면이 600mm×600mm인 정사각형 기둥을 지지하는 독립기초판의 유효높이 d를 1m로 할 경우, 뚫림전단에 대한 위험단면의 둘레길이 b_0(mm)는?

(예상)

정답 정사각형 독립기초에서 뚫림전단의 위험단면은 기둥전면에 $d/2$ 만큼 떨어진 곳이므로 다음과 같다.
(1) 각종 치수
   $c_1 = c_2$ = 기둥의 너비 = 600 mm
   d = 슬래브의 유효깊이 = 1,000 mm
(2) 정사각형 독립기초에서 위험단면의 둘레길이
   $b_0 = 4(c_1 + d) = 4 \times (600 + 1,000) = 6,400 \,\text{mm}$

83 그림과 같은 독립기초에서 2방향 전단(Punching Shear, 뚫림전단) 응력산정을 위한 위험단면의 단면적(m^2)을 구하시오. (3점)

•13 ①, 18 ①

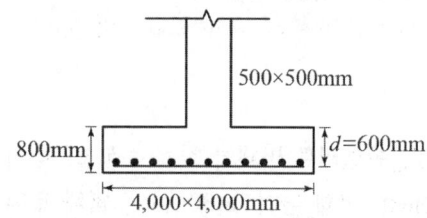

정답 2방향 전단에 대한 위험단면은 지지면에서 $d/2$만큼 떨어진 곳이다.
(1) 각종 치수
   $c_1 = c_2$ = 기둥의 너비 = 500 mm
   d = 슬래브의 유효깊이 = 600 mm
(2) 정사각형 독립기초에서 위험단면의 둘레길이
   $b_0 = 4(c_1 + d) = 4 \times (500 + 600) = 4,400 \,\text{mm}$
(3) 2방향 전단(뚫림전단)에 대한 저항면적
   $A = b_0 d = 4,400 \times 600 = 2.64 \times 10^6 \,\text{mm}^2 = 2.64 \,\text{m}^2$

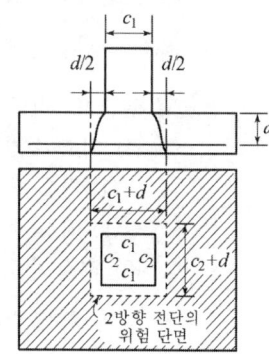

84. 그림과 같은 독립기초에서 뚫림전단(Punching Shear) 응력을 계산할 때 검토하는 저항면적(m^2)은? (4점)
•13 ①, 17 ②

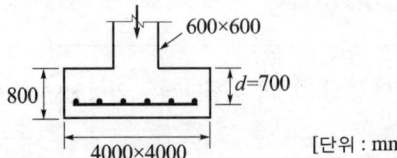

[단위 : mm]

정답 2방향 전단에 대한 위험단면은 지지면에서 $d/2$만큼 떨어진 곳이다.

(1) 각종 치수
- $c_1 = c_2$ = 기둥의 너비 = 600 mm
- d = 슬래브의 유효깊이 = 700 mm

(2) 정사각형 독립기초에서 위험단면의 둘레길이
$b_0 = 4(c_1+d) = 4 \times (600+700) = 5,200$ mm

(3) 2방향 전단(뚫림전단)에 대한 저항면적
$A = b_0 d = 5,200 \times 700 = 3.64 \times 10^6 \, mm^2 = 3.64 \, m^2$

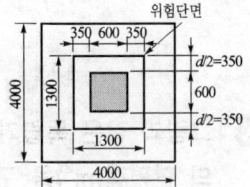

85. 다음 조건을 만족하는 철근콘크리트 벽체의 최소 수직철근량과 최소 수평철근량은 얼마(mm^2)인가? (조건, 벽체길이 : 3,000mm, 벽체 높이 : 2,600mm, 벽체 두께 : 200mm, f_y = 400MPa, D16) (예상)

① 최소 수직철근량 : _____

② 최소 수평철근량 : _____

정답 철근콘크리트 벽체의 최소 철근량($f_y \geq 400MPa$, D16 이하인 경우)

(1) 최소 수직철근량
 ① 최소 수직철근비 : $\rho_{v,min} = 0.0012$
 ② 최소 수직철근량 : $A_{s,min} = \rho_{v,min} \, b \, l = 0.0012 \times 200 \times 3000 = 720 mm^2$

(2) 최소 수평철근량
 ① 최소 수평철근비 : $\rho_{h,min} = 0.0020 \left(\dfrac{400}{f_y}\right) = 0.0020 \times \left(\dfrac{400}{400}\right) = 0.0020$
 ② 최소 수평철근량 : $A_{s,min} = \rho_{h,min} \, b \, h = 0.0020 \times 200 \times 2600 = 1,040 mm^2$

86
강도설계법에서 기초판의 크기가 2m×4m일 때 단변방향으로의 소요 전체 철근량이 4,800mm² 이다. 유효너비 내에 배근하여야 할 철근량을 구하시오. (4점)

•15 ③, 20 ④

정답 단변방향으로 배치해야 할 전체 철근량(A_{sL})에서 다음 식으로 계산되는 양(A_{s1})을 단변길이만큼의 중앙구간에 균등하게 배치하고, 나머지 철근량은 중앙구간 이외의 양쪽구간에 등간격으로 배치한다.

(1) $\beta = \dfrac{L}{B} = \dfrac{4.0}{2.0} = 2.00$

(2) $\gamma_s = \left(\dfrac{2}{\beta+1}\right) = \left(\dfrac{2}{2.00+1}\right) = \dfrac{2}{3}$

(3) 단변방향으로 배치해야 할 전체 철근량
$A_{sL} = 4,800 \text{mm}^2$

(4) 유효너비(중앙구간) 내에 배근하여야 하는 철근량
$A_{s1} = \gamma_s A_{sL} = \dfrac{2}{3} \times 4,800 = 3,200 \text{mm}^2$

여기서, A_{s1} : 중앙구간에 배치할 철근량
A_{sL} : 단변방향으로 배치해야 할 전체 철근량
β : 장변과 단변의 비, 즉 $\beta = \dfrac{L}{B}$

87
다음 ( ) 안에 알맞은 수치를 쓰시오. (2점)

•20 ②

> 벽체 또는 슬래브에서 휨주철근의 간격은 벽체나 슬래브 두께의 (①)배 이하로 하여야 하고, 또한 (②)mm 이하로 하여야 한다. 다만, 콘크리트 장선구조의 경우 이 규정이 적용되지 않는다.

① _____ ② _____

정답 ① 3   ② 450

88
벽체의 높이가 3.6m인 철근콘크리트 벽체의 설계축하중(kN)을 산정하시오. (단, 벽체는 양단이 횡구속되어 있고 또한 회전구속 되어 있다. 또한 벽체 단면 두께 $h=150$ mm이고 압축을 받는 벽체의 전체 유효면적 $A_g = 0.12 \text{ m}^2$이며, $f_{ck} = 27$MPa이다.) (4점)

•17 ①

정답 벽체의 설계축하중
$$\phi P_{nw} = 0.55 \phi f_{ck} A_g \left[1 - \left(\dfrac{kl_c}{32h}\right)^2\right] = 0.55 \times 0.65 \times 27 \times 120,000 \times \left[1 - \left(\dfrac{1.0 \times 3,600}{32 \times 150}\right)^2\right]$$
$$= 506.76 \times 10^3 \text{N} = 506.76 \text{ kN}$$

여기서, $\phi = 0.65$
A_g : 압축을 받는 벽체의 전체 유효면적 ($A_g = 0.12\,\mathrm{m}^2 = 120{,}000\,\mathrm{mm}^2$)
l_c : 받침부간 수직거리 ($l_c = 3.6\,\mathrm{m} = 3{,}600\,\mathrm{mm}$)
k : 유효길이계수 ($k = 1.0$)

상·하단 횡구속벽체	양단 또는 한단이 회전구속	0.8
	양단이 비회전구속	1.0
비횡구속벽체		2.0

89 다음 설계조건에 따라 철근콘크리트 벽체에 대한 설계축하중 ϕP_{nw}를 구하시오. (4점) •19 ②

[설계 조건]
- 벽두께 $h = 200\,\mathrm{mm}$
- 벽체 지점간 높이 $l_c = 3{,}200\,\mathrm{mm}$
- 벽체유효수평길이 $b_e = 2{,}000\,\mathrm{mm}$
- 유효길이계수 $k = 0.8$
- $f_{ck} = 24\,\mathrm{MPa}$, $f_y = 400\,\mathrm{MPa}$
- $\phi P_{nw} = 0.55\phi f_{ck} A_g \left[1 - \left(\dfrac{kl_c}{32h}\right)^2\right]$

정답 벽체의 설계축하중
$\phi = 0.65$
$\phi P_{nw} = 0.55\phi f_{ck} A_g \left[1 - \left(\dfrac{kl_c}{32h}\right)^2\right] = 0.55 \times 0.65 \times 24 \times (2{,}000 \times 200) \times \left[1 - \left(\dfrac{0.8 \times 3{,}200}{32 \times 200}\right)^2\right]$
$= 2{,}882{,}880\,\mathrm{N} = 2{,}882.9\,\mathrm{kN}$

90 철근콘크리트 구조의 옹벽설계에서 안정성 검토 내용을 3가지 적으시오. (예상)

① _____ ② _____ ③ _____

정답 ① 활동에 대한 안정 ② 전도에 대한 안정
③ 침하(최대 지반반력)에 대한 안정

Lesson 03. 강구조

1 강구조설계 일반

1. 강재

1) 화학적 조성에 따른 구조용 강재의 분류

(1) 탄소강
  ① 가격이 싸고 성질이 우수하여 가장 널리 사용된다.
  ② 탄소량이 증가하면 강도는 증가하나, 연성이나 용접성은 떨어진다.

(2) TMCP강(제어열처리강)
  ① 용접성과 내진성이 뛰어난 극후판의 고강도 강재이다.
  ② 높은 강도와 인성을 갖는 강재이다.
  ③ 적은 탄소량으로 우수한 용접성을 나타낸다.
  ④ 판두께 40 mm 이상의 후판이라도 항복강도의 저하가 없다.

2) 구조용 강재

(1) 구조용 강재의 KS규격과 성질 (20①)
  ① SS계열 : 일반구조용 압연강재
  ② SM계열 : 용접구조용 압연강재
  ③ SMA계열 : 용접구조용 내후성 열간 압연강재
  ④ SN계열 : 건축구조용 압연강재(용접성, 냉강가공성, 인장강도 등이 우수하다.)
  ⑤ SHN : 건축구조용 열간압연 H형강(국내의 H제철에서 국내 최초로 개발한 건축구조용 압연 H형강이다.)
  ⑥ TMCP : 제어열처리강. 두께 40 mm 이상 80 mm 이하의 후판에서도 항복강도가 저하하지 않는다.
  ⑦ HSA : 건축용 고성능강재(초고강도 성능, 연쇄붕괴 안전성 및 내진성을 갖춘 고성능강재이다.)

핵심 Point

● 강구조설계의 적용기준 (참고)
철근콘크리트구조는 KDS 14 31 00(2017)와 KDS 41 30 00(2022)의 최신 기준을 반영하였음.

● 루더선(Luder's Line) (참고)
강재의 인장 파단면에서 강재의 축선과 45° 기울기를 갖는 미끄럼면에서 특유한 모양으로 발생되며, 이 미끄럼의 모양 또는 미끄럼면과 표면이 만나는 선이다.

● 가공경화 (참고)
변형도 이력에서 응력을 가한 후 제거했다 다시 가하면 탄성한도(항복점)가 높아지는 현상이다.

● 바우싱거효과 (참고)
일반적인 철강 재료에서 인장하중의 재하에 의한 항복점과 압축하중에 의한 항복점은 거의 같다. 이와 같은 철강 재료에 대하여 항복점 이상의 탄성한계를 초과하여 인장하중을 가한 후에 반대하중인 압축하중을 가하면 인장에 대한 항복점(또는 탄성한도)보다 낮은 응력상태에서 재료가 항복하게 되는 현상이다.

● TMCP강(제어열처리강)의 특징 (참고)
① 용접성과 내진성이 뛰어난 극후판의 고강도 강재이다.
② 높은 강도와 인성을 갖는 강재이다.
③ 적은 탄소량으로 우수한 용접성을 나타낸다.
④ 판두께 40 mm 이상의 후판이라도 항복강도의 저하가 없다.

(2) 강재 기호의 의미 (15③, 21③)

　① 첫 번째 S : 강재
　② 두 번째 문자 : 제품의 형상이나 용도 및 강종
　③ 숫자 : 강재의 항복강도(MPa), 재료의 종류, 번호의 숫자
　④ A, B, C : A, B, C 순으로 용접성이 양호한 고품질의 강

(3) 구조용 강재의 명칭

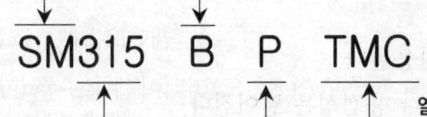

[구조용 강재의 명칭]

(4) 형강의 단면형상 및 치수 표기 (11①, 14①, 19②)

강재의 치수는 단면 각 부의 치수를 밀리미터(mm)로 나타내고 길이를 미터(m)로 나타낸다.

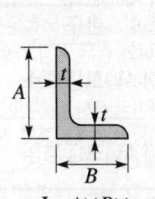 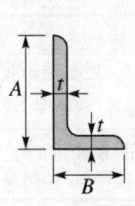 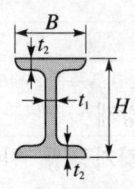 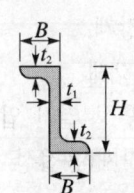

(a) 등변산형강　(b) 부등변산형강　(c) I형강　(d) Z형강
(등변 ㄱ형강)　(부등변 ㄱ형강)

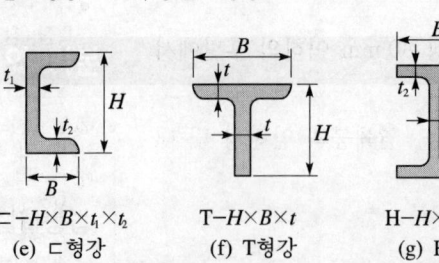

(e) ㄷ형강　(f) T형강　(g) H형강

[형강의 단면형상과 치수 표기법]

핵심 Point

- 강재의 재질표시 (20①)
① SS : 일반구조용 압연강재
② SM : 용접구조용 압연강재
③ SMA : 용접구조용 내후성 열간 압연강재
④ SN : 건축구조용 압연강재
⑤ SHN : 건축구조용 열간압연 H형강
⑥ TMCP : 제어열처리강

- H형강과 ㄷ형강 강재의 표시법 (11①, 19②)
① H형강의 표시

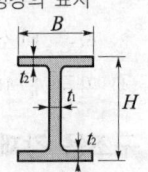

H−H×B×t₁×t₂

② ㄷ형강의 표시

ㄷ−H×B×t
(또는 C−H×B×t)

- H형강, C형강, L형강의 표시 (14①)

- SM355 강재 기호의 의미 (15③, 21③)
① SM : 용접구조용 압연강재
② 355 : 항복강도 355 MPa

Lesson 04

2. 재료의 강도

1) 구조용 강재의 재료강도(MPa)

강도	강재기호 / 판 두께	SS235	SS275	SS315	SM275	SM355	SM420	SM460
F_y	16mm 이하	235	275	315	275	355	420	460
	16mm 초과 40mm 이하	225	265	305	265	345	410	450
	40mm 초과 75mm 이하	205	245	295	255	335	400	430
	75mm 초과 100mm 이하	205	245	295	245	325	390	420
	100mm 초과	195	235	275	235	305	380	-
F_u	-	330	410	490	410	490	520	570

강도	강재기호 / 판 두께	SN275	SN355	SN460	SHN275	SHN355	SHN420	SHN460
F_y	6mm 초과 40mm 이하	275	355	460	275	355	420	460
	40mm 초과 100mm 이하	255	335	440				
F_u	100mm 이하	410	490	570	410	490	520	570

2) 고장력볼트의 재료강도(MPa)

강도 \ 강종	F8T	F10T	F13T
F_y	640	900	1170
F_u	800	1000	1300

3) 볼트의 재료강도(MPa)

강종	4.6 (KS B 1002에 따른 강도 등급)
F_y	240
F_u	400

4) 용접재료의 강도(MPa)

용접재료의 강도는 항복강도 F_y와 최소 인장강도 F_u 값에 따라 정한다.

용접재료	F_y	F_u	용접재료	F_y	F_u
KS D 7004 연강용 피복아크 용접봉	345	420	KS D 7006 고장력강용 피복아크 용접봉	390	490
				410	520

핵심 Point

• 기호
  F_y : 강재의 항복강도
  F_u : 강재의 최소 인장강도

• SS275의 항복강도 F_y와 최소 인장강도 F_u는 얼마인가? (예상)
  ① F_y=275 MPa
  ② F_u=410 MPa

• 강재의 항복비 (19②, 22①)
  $\dfrac{F_y}{F_u} < 1.0$

• 한계상태의 종류 (19③, 22①)
  ① 강도 한계상태는 항복, 소성 힌지의 형성, 골조 또는 부재의 안정성, 인장파괴, 피로파괴 등 안정성과 최대 하중지지력에 대한 한계상태이다.
  ② 사용성 한계상태는 구조물의 외형, 유지 및 관리, 내구성, 사용자의 안락감 또는 기계류의 정상적인 기능 등을 유지하기 위한 구조물의 능력에 영향을 미치는 한계상태이다.

5) 강의 정수(定數)

재료 \ 정수	탄성계수, E (MPa)	전단탄성계수, G (MPa)	푸아송비 (ν)	선팽창계수 α (1/℃)
강재	210,000	81,000	0.30	0.000012

3. 수직하중의 흐름

수직하중→바닥판→작은보→큰보→기둥→기초→지반

4. 강구조의 설계법

1) 한계상태설계법 (LRFD, LSD)

(1) 한계상태설계법의 개념 (19③)

하중저항계수설계법이라고도 한다. 하중에 대한 불확실성을 하중계수를 통하여 반영하고, 재료강도 등에 대한 불확실성은 저항계수(강도감소계수, 강도저항계수)를 통하여 반영한다.

(2) 강도 한계상태의 기본식

$$R_u \leq \phi R_n$$

(3) 한계상태설계법에서의 하중조합

강구조의 하중조합은 철근콘크리트구조의 하중조합과 동일하다.

(4) 소요강도와 공칭강도

구분	내용
소요강도(R_u)	계수하중의 가장 불리한 하중조합으로 구조해석하여 산정한 부재나 접합부의 부재력(R_u)이다.
공칭강도(R_n)	기준에서 정의된 공식과 규정된 재료강도 및 부재치수를 사용하여 계산된 구조물 또는 부재의 이상적인 강도이다.

2 접합의 기본

1. 일반사항

1) 강재의 접합방법

① 파스너에 의한 접합 ② 마찰력에 의한 접합
③ 야금적 접합 ④ 접착에 의한 접합

핵심 Point

- 수직하중의 흐름 (예상)
  수직하중 → 바닥판 → 작은보
  → 큰보 → 기둥 → 기초 → 지반

- LRFD에서 주요 강도감소계수 (예상)
  (1) 인장재
    ① 총단면의 항복:
      $\phi_t = 0.90$
    ② 유효순단면의 파단:
      $\phi_t = 0.75$
  (2) 압축재 : $\phi_c = 0.90$
  (3) 휨재 : $\phi_b = 0.90$
  (4) 전단재 : $\phi_v = 1.00$ 또는
      $\phi_v = 0.90$

- 기호
  R_u : 소요강도
  R_n : 공칭강도
  ϕR_n : 설계강도
  ϕ : 강도감소계수 (강도저항계소 또는 강도저감계수, 일반적으로 1 이하이다.)

- 강재의 완전탄소성 응력-변형도 곡선 (참고)

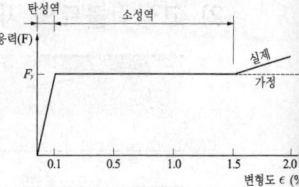

- 단순보의 항복모멘트(M_y)와 소성모멘트(M_p) (참고)

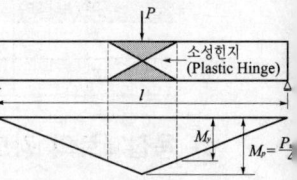

- 기호
  M_p : 소성모멘트
  M_y : 항복모멘트
  Z : 소성단면계수
    ($Z = M_p/F_y$)
  S : 탄성단면계수
    ($S = M_y/F_y$)

2) 접합부의 최소강도

접합부의 설계강도는 45kN 이상 지지하도록 설계한다.

3) 기둥-보의 접합 (12②, 14③, 22①)

① 기둥-보 접합부는 작용하중을 보로부터 기둥으로 전달하기 위한 구조이다.

② 기둥-보의 접합은 모멘트-회전능력의 관계로부터 단순접합(전단접합), 완전강접합, 부분강접합(반강접합)으로 분류한다.

③ 강구조에서 기둥-보의 접합방법으로는 완전용접, 용접과 고장력볼트의 병용, 엔드 플레이트, 스플릿 티 등이 있다.

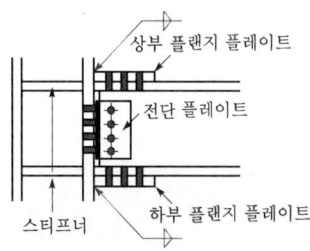

4) 접합부의 형식 (15②, 21①)

접합부 형식		내용
단순접합 (전단접합)		① 접합된 부재 간에 무시해도 좋을 정도로 약한 휨모멘트를 전달하는 접합부이다. ② 접합부 내의 축방향력과 전단력을 전달한다. ③ 접합부에서 회전에 대한 구속이 없다고 가정한다. ④ 단부를 단순지점으로 가정하며, 보의 휨모멘트를 기둥이 부담할 수 없다.
모멘트 접합	완전강접합	① 접합되는 부재사이에 무시할 정도의 상대 회전 변형이 발생하면서 모멘트를 전달할 수 있는 접합부이다. ② 접합부 내의 축방향력, 전단력, 휨모멘트 등을 전달한다. ③ 단부를 고정지점으로 가정하며, 보의 휨모멘트를 기둥이 일부 부담한다.
	부분강접합 (반강접합)	접합된 부재간 무시할 수 없는 회전을 갖고 모멘트에 저항하는 접합부이다.

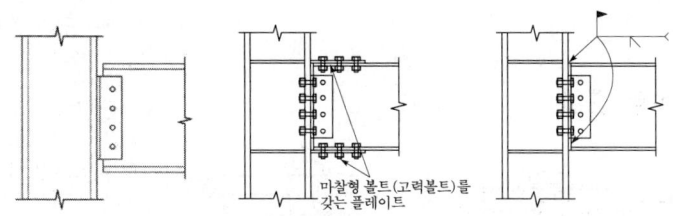

(a) 단순접합 (b) 볼트접합에 의한 완전강접합 (c) 용접접합에 의한 완전강접합

【단순접합과 완전강접합】

핵심 Point

- 접합부의 최소 설계 강도 (예상)
  45 kN

- 접합부의 형식 (예상)
  ① 강접합
  ② 부분강접합(반강접합)
  ③ 단순접합(전단접합)

- 기둥-보의 접합부 명칭 (12②, 14③, 22①)

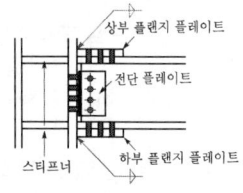

- 전단접합의 도식과 설명 (15②)
  ① 전단접합의 도식

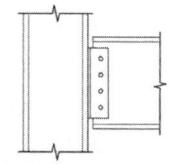

② 전단접합
접합된 부재 간에 무시해도 좋을 정도로 약한 휨모멘트를 전달하는 접합부이며, 접합부 내의 축방향력과 전단력을 전달한다.

- 전단접합과 모멘트접합(강접합)의 도식과 설명 (21①)
  ① 전단접합
  ② 강접합

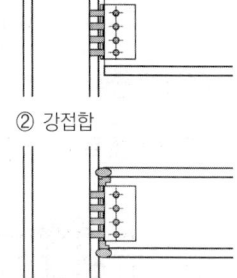

5) 이음부의 각종 길이 및 거리

(1) 이음부의 설계세칙

구분	내용
필릿용접 이음부의 길이	필릿 사이즈의 10배 이상 또한 30 mm 이상
겹침이음의 원칙 및 겹침길이	① 응력을 전달하는 겹침이음은 2열 이상의 필릿용접을 원칙으로 한다. ② 겹침길이 : 얇은 쪽 판두께의 5배 이상 또한 25mm 이상
고장력볼트의 구멍중심간 거리	공칭지름의 2.5배를 최소거리로 하고 3배를 표준거리로 한다.
고장력볼트 구멍중심에서 볼트머리 또는 너트가 접하는 접합부재의 연단까지의 최대거리	판두께의 12배 이하 또한 150 mm 이하

(2) 고장력볼트의 공칭구멍 치수(mm)

고장력볼트의 호칭	공칭지름	표준구멍의 지름	대형구멍의 지름	단슬롯구멍 (너비×길이)	장슬롯구멍 (너비×길이)
M16	16	18	20	18×22	18×40
M20	20	22	24	22×26	22×50
M22	22	24	28	24×30	24×55
M24	24	27	30	27×32	27×60
M27	27	30	35	30×37	30×67

(3) 고장력볼트의 구멍중심에서 피접합재의 연단까지 최소거리(mm)

고장력볼트의 호칭	공칭지름	연단부의 가공방법	
		전단절단, 수동가스절단	압연형강, 자동가스절단, 기계가공마감
M16	16	28	22
M20	20	34	26
M22	22	38	28
M24	24	42	30
M27	27	48	34

2. 고장력볼트

1) 고장력볼트의 접합방법에 따른 종류

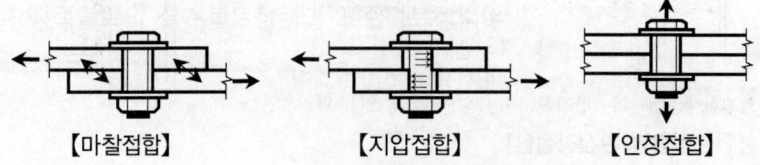

【마찰접합】　　【지압접합】　　【인장접합】

● 고장력볼트의 구멍 중심간 거리(피치) (예상)
① 최소피치 : $2.5d$
② 표준피치 : $3.0d$
여기서, d는 고장력볼트의 공칭지름

● 고장력볼트 표준구멍의 지름 (참고)

$d < 24 : d_h = d + 2$
$d \geq 24 : d_h = d + 3$

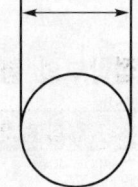

d : 고장력볼트의 공칭지름 (mm)
d_h : 고장력볼트의 구멍지름 (mm)

● 접합재와 접합부재(피접합재) (참고)
① 접합재: 강구조 이음 및 접합에서 볼트와 같은 접합용 조임쇠의 총칭이다. 파스너, 연결재 또는 긴결재라고도 한다.
② 접합부재(피접합재) : 강판 및 형강 등의 모재, Base Metal 등과 같이 접합재에 의해 접합되는 부재이다.

● 고장력볼트에서 기준의 설계볼트장력 이상이 나오도록 조이는 방법 (참고)
① 너트회전법
② 직접인장측정법
③ 토크관리법
④ 토크시어볼트

2) 접합부의 힘의 작용 및 파괴형태

(1) 접합부의 힘의 작용형태(접합형태) (14③)

① 1면 전단접합   ② 2면 전단접합   ③ 인장접합

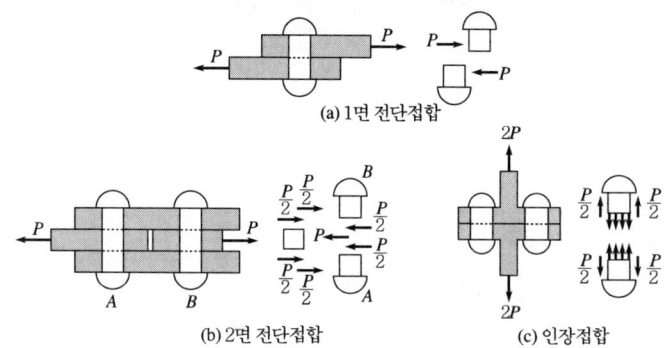

【접합부의 힘의 작용형태(접합형태)】

(2) 접합부의 파괴형태

① 모재의 인장파괴   ② 접합재(볼트)의 전단파괴
③ 지압파괴   ④ 연단부파괴

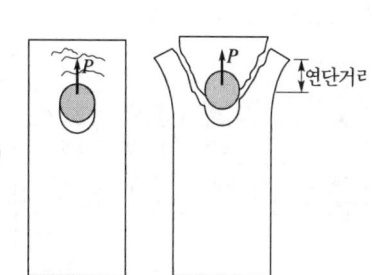

(a) 모재의 인장 파괴 (b) 접합재(볼트)의 (c) 지압파괴 (d) 연단부파괴
    (측단부파괴)   전단파괴

【볼트접합부의 파괴형태】

3) 고장력볼트의 기계적 성질

고장력볼트의 등급	항복강도(MPa)	인장강도(MPa)	연신률(%)	수축율(%)
F8T	640 이상	800~1000	16 이상	45 이상
F10T	900 이상	1000~1200	14 이상	40 이상
F13T	1170 이상	1300~1500	12 이상	35 이상

4) 일반볼트 및 고장력볼트 접합부의 설계 기본식

일반볼트 및 고장력볼트에서 설계강도 ϕR_n은 다음 식을 만족해야 한다.

$$R_u \leq \phi R_n$$

핵심 Point

● 고장력볼트접합에서 ( ) 안에 적당한 말을 적으시오. (참고)

접합부 마찰면의 밀착성 유지에 주의하며, 구멍을 중심으로 지름의 2배 이상 범위의 녹, 흑피 등을 (**숏블라스트**) 또는 (**샌드블라스트**)로 제거하고, 건축물의 경우 마찰면에 페인트를 칠하지 않고, 미끄럼계수가 (0.5) 이상 확보되도록 표면처리 한다.

● 고장력볼트의 접합방법 (예상)
① 마찰접합
② 지압접합
③ 인장접합

● 접합에서 접합부의 힘의 작용형태 (14③)
① 1면 전단접합
② 2면 전단접합
③ 인장접합

● 접합에서 접합부의 파괴형태 (예상)
① 모재의 인장파괴(측단부파괴)
② 접합재의 전단파괴
③ 지압파괴
④ 연단부파괴

● 고장력볼트의 기호 : F10T (예상)
① F : Friction Grip Joint
② 10 : 인장강도 1,000MPa
③ T : Tensile Strength

5) 일반볼트 및 고장력볼트(접합재)의 강도

(1) 밀착조임된 볼트의 설계인장강도 또는 설계전단강도 (13①, 17①)

$$\phi R_n = \phi F_n A_b (\text{N}) \ (\phi = 0.75)$$

(2) 공칭인장강도(F_{nt})

$$F_{nt} = 0.75 F_u (\text{MPa})$$

(3) 공칭전단강도(F_{nv})

① 나사부가 전단(剪斷) 면에 포함될 경우

$$F_{nv} = 0.40 F_u (\text{MPa})$$

② 나사부가 전단(剪斷) 면에 포함되지 않을 경우

$$F_{nv} = 0.50 F_u (\text{MPa})$$

(주) SS400 일반볼트는 나사산의 위치에 상관없이 나사부가 전단(剪斷) 면에 포함되는 것으로 가정한다.

(4) 고장력볼트 및 볼트의 인장강도와 공칭강도(MPa)

강도 \ 강종	고장력볼트			일반볼트
	F8T	F10T	F13T	SS400
인장강도, F_u	800	1,000	1,300	400
공칭인장강도, F_{nt} ($F_{nt}=0.75F_u$)	600	750	975	300
지압접합의 공칭전단강도, F_{nv} / 나사부가 전단 면에 포함될 경우	320	400	520	160
지압접합의 공칭전단강도, F_{nv} / 나사부가 전단 면에 포함되지 않을 경우	400	500	650	160

6) 일반볼트 또는 고장력볼트구멍의 설계지압강도

(1) 사용하중상태에서 볼트구멍의 변형이 설계에 고려될 경우

$$\phi R_n = \phi 1.2 L_c t F_u \leq \phi 2.4 \, d \, t \, F_u \ (\text{N}) \ (\phi = 0.75)$$

(2) 사용하중상태에서 볼트구멍의 변형이 설계에 고려되지 않을 경우

$$\phi R_n = \phi 1.5 L_c t F_u \leq \phi 3.0 \, d \, t \, F_u \ (\text{N}) \ (\phi = 0.75)$$

(3) 고장력볼트의 설계볼트장력과 표준볼트장력(kN)

$$T_o = (0.7 F_u)(0.75 A_b)(\text{N})$$

핵심 Point

- 고장력볼트의 설계인장강도 (예상)
  $\phi R_n = \phi F_{nt} A_b (\text{N})$로부터
  $\phi R_n = \phi 0.75 F_u A_b (\text{N})$

- 고장력볼트에서 나사부가 전단 면에 포함될 경우의 설계전단강도 (13①)
  $\phi R_n = \phi F_{nv} A_b (\text{N})$로부터
  $\phi R_n = \phi 0.40 F_u A_b (\text{N})$

- 기호
  d : 볼트 공칭지름 (mm)
  t : 피접합재의 두께 (mm)
  A_b : 볼트의 공칭단면적(mm^2)
  F_n : 공칭인장강도 F_{nt} 또는 공칭전단강도 F_{nv}(MPa)
  F_u : 피접합재의 공칭인장강도 (MPa)
  L_c : 하중방향 순간격, 구멍의 끝과 피접합재의 끝 또는 인접구멍의 끝까지의 거리 (mm)

- 하중방향 순간격, L_c (참고)

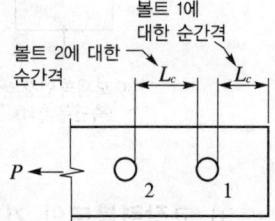

- 기호
  F_u : 고장력볼트의 인장강도 (MPa)
  A_b : 고장력볼트의 공칭단면적(mm^2)

볼트 등급	볼트 호칭	공칭단면적 (mm²)	설계볼트장력* T_0(kN)	표준볼트장력 $1.1 T_0$(kN)
F8T	M16	201	84	93
	M20	314	132	146
	M22	380	160	176
	M24	453	190	209
F10T	M16	201	106	117
	M20	314	165	182
	M22	380	200	220
	M24	453	237	261
F13T	M16	201	137	151
	M20	314	214	236
	M22	380	259	285
	M24	453	309	339

(주) 1. 설계볼트장력은 볼트의 인장강도의 0.7배에 볼트의 유효단면적을 곱한 값
2. 볼트의 유효단면적은 공칭단면적의 0.75배

7) 미끄럼 한계상태에 대한 마찰접합의 설계미끄럼강도 (14②, 15③)

$$\phi R_n = \phi \mu h_f T_o N_s \text{ (N)}$$

① 표준구멍 또는 하중방향에 수직인 단슬롯에 대하여, $\phi = 1.00$
② 대형구멍 또는 하중방향에 평행한 단슬롯에 대하여, $\phi = 0.85$
③ 장슬롯구멍에 대하여, $\phi = 0.70$

여기서, μ : 미끄럼계수
  $\mu = 0.50$ (페인트칠하지 않은 블라스트 청소된 마찰면)
  h_f : 끼움재계수
  $h_f = 1.00$: 끼움재를 사용하지 않는 경우
  $h_f = 0.85$: 끼움재 내 하중의 분산을 위하여 볼트를 추가하지 않은 경우로서 접합되는 재료 사이에 2개 이상의 끼움재가 있는 경우
  T_o : 고장력볼트의 설계볼트장력 (kN)
  N_s : 전단 면의 수

8) 접합부재(피접합재)의 설계강도

(1) 접합부재의 설계인장강도 (11③, 22②)

① 접합부재의 총단면의 인장항복에 대한 설계인장강도

$$\phi R_n = \phi F_y A_g \text{ (N)} \quad (\phi = 0.90)$$

② 접합부재의 유효순단면의 인장파단에 대한 설계인장강도

$$\phi R_n = \phi F_u A_e \text{ (N)} \quad (\phi = 0.75)$$

핵심 Point

● 미끄럼 한계상태에 대한 마찰접합의 설계미끄럼강도 (15③)
$\phi R_n = \phi \mu h_f T_o N_s$ (N)

● 고장력볼트의 미끄럼 한계상태에 대한 설계미끄럼강도와 볼트 개수 검토 (14②)
(1) 설계미끄럼강도 ϕR_n
  $\phi R_n = \phi \mu h_f T_o N_s$ (N)
(2) 고장력볼트 개수의 검토
  $P_u \leq \phi R_n$ OK

● 접합부재의 인장항복에 대한 설계인장강도 산정 (11③, 22②)
$\phi R_n = \phi F_y A_g$ (N)
$\phi = 0.90$
A_b : 고장력볼트의 공칭단면적 (mm²) 총단면적(mm2)
A_e : 유효단면적 (mm²).
  볼트 접합부의 경우에는
  $A_e = A_n \leq 0.85 A_g$
A_{nv} : 전단저항 순단면적(mm²)
A_{nt} : 인장저항 순단면적(mm²)
A_{gv} : 전단저항 총단면적(mm²)
A_{gt} : 인장저항 총단면적(mm²)
U_{bs} : 인장응력이 균일할 경우 1.0, 불균일할 경우 0.5

(2) 접합부재의 설계전단강도

① 접합부재의 총단면의 전단항복에 대한 설계전단강도
$$\phi R_n = \phi 0.6 F_y A_{gv} \text{ (N)} \ (\phi = 1.00)$$
② 접합부재의 순단면의 전단파단에 대한 설계전단강도
$$\phi R_n = \phi 0.6 F_u A_{nv} \text{ (N)} \ (\phi = 0.75)$$

(3) 접합부재의 설계블록전단강도
$$\phi R_n = \phi [0.6 F_u A_{nv} + U_{bs} F_u A_{nt}] \leq \phi [0.6 F_y A_{gv} + U_{bs} F_u A_{nt}] \text{ (N)}$$
$$(\phi = 0.75)$$

핵심 Point

- A_v와 A_t (참고)

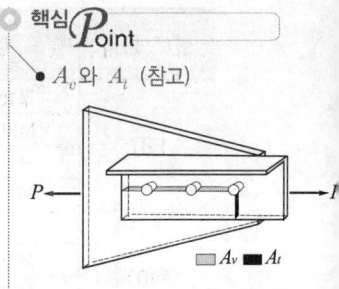

- 용접의 명칭 (참고)
  ① 그루브용접
    =홈용접
    =맞댐용접
  ② 필릿용접
    =모살용접

- 유효길이와 유효목두께 (참고)

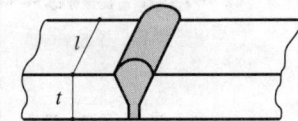

3. 용접

1) 그루브용접(맞댐용접, 홈용접)

(1) 개요

접합하는 두 부재간의 사이를 트이게 하여(홈, Groove), 그 사이에 용착금속으로 채워 용접하는 것으로 맞댐용접 또는 홈용접이라고도 한다.

(2) 유효단면적

유효단면적	유효단면적=유효길이×유효목두께
유효길이	유효길이=재축에 직각으로 측정한 접합부의 너비 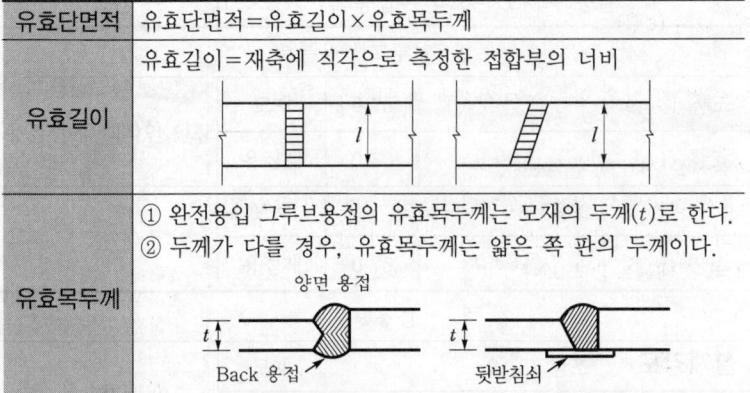
유효목두께	① 완전용입 그루브용접의 유효목두께는 모재의 두께(t)로 한다. ② 두께가 다를 경우, 유효목두께는 얇은 쪽 판의 두께이다.

(주) 유효길이는 양 끝에 엔드탭을 사용할 경우에는 그루브용접 총길이로, 엔드탭을 사용하지 않을 경우에는 그루브용접 총길이에 용접모재두께의 2배를 공제한 값으로 한다.

2) 필릿용접(모살용접)

(1) 개요

용접되는 부재의 교차되는 면 사이에 일반적으로 삼각형의 단면이 만들어지는 용접으로 모살용접이라고도 한다.

(2) 유효단면적 (08③)

유효단면적	유효단면적=유효길이×유효목두께
유효길이	유효길이=필릿용접의 총길이(용접길이)$-2 \times s$
유효목두께	유효목두께(a)=필릿사이즈(s)의 0.7배($a = 0.7s$)

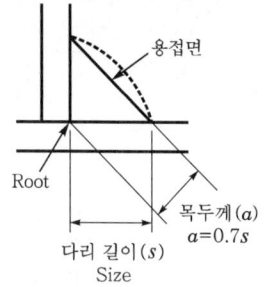 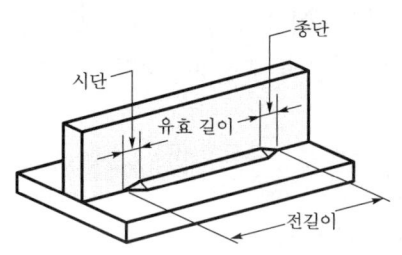

(3) 필릿용접의 사이즈(치수)

① 필릿용접의 최소 사이즈(치수, s, mm)

접합부의 얇은 쪽 모재 두께(t)	필릿용접의 최소 사이즈(s)
$t \leq 6$	3
$6 < t \leq 13$	5
$13 < t \leq 19$	6
$19 < t$	8

(주) 필릿용접의 최소 사이즈는 접합부의 얇은 쪽 모재 두께를 기준으로 한다.

② 필릿용접의 최대 사이즈(mm)

접합재 단부 판두께(t)	필릿사이즈(s)
$t < 6$	$s \leq t$
$t \geq 6$	$s = t - 2$

(주) 필릿용접의 최대 사이즈는 접합부의 두꺼운 쪽 모재 두께를 기준으로 한다.

③ 강도를 기반으로 하여 설계되는 필릿용접의 최소 유효길이

$$\text{최소 유효용접길이} \geq 4s \text{ 또는 } s \leq \text{유효용접길이}/4$$

④ 평판인장재의 단부에 길이방향으로 필릿용접이 될 경우 각 필릿용접 길이(l)는 수직방향 간격(w)보다 길게 하여야 한다.

4) 용접부의 강도

(1) 용접의 설계 기본식

용접에서 설계강도 ϕR_n은 다음 식을 만족해야 한다.

$$R_u \leq \phi R_n$$

● 길이방향으로 필릿용접이 될 경우($l \geq w$)

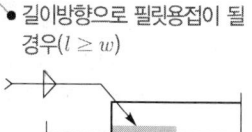
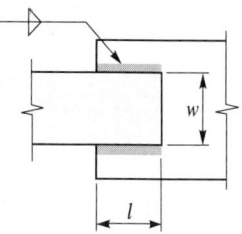

(2) 접합부재(Base Metal)의 설계강도식

접합부재(강판 및 형강 등의 모재)의 설계인장강도, 설계전단강도 및 설계블록전단강도 등을 산정하기 위한 기본식이다.

$$\phi R_n = \phi F_{nBM} A_{BM} \text{ (N)}$$

(3) 용접재(Weld Metal)의 설계강도식 (11③, 13③, 16①, 17② ③)

부분용입 그루브용접 및 필릿용접 등에서 용접재의 설계인장강도 및 설계전단강도 등을 산정하기 위한 기본식이다.

$$\phi R_n = \phi F_{nw} A_{we} \text{ (N)}$$

여기서, ϕ, F_{nBM}, F_{nw}은 다음 표와 같다.

하중 유형 및 방향	적용 재료	ϕ	공칭강도 (F_{nBM}, F_{nw}) (MPa)	유효면적 (A_{BM}, A_{we}) (mm²)
완전용입 그루브용접					
용접선에 직각인 인장	용접부 강도는 모재와 동일			
용접선에 직각인 압축	용접부 강도는 모재와 동일			
전단	용접부 강도는 모재와 동일			
부분용입 그루브용접					
용접선에 직각인 인장	모재	0.75	F_u	2. 8) 참조
	용접재	0.80	$0.60 F_w$	3. 1) 참조
전단	모재		2. 8) 참조	
	용접재	0.75	$0.60 F_w$	3. 1) 참조
필릿용접					
전단	모재		2. 8) 참조	
	용접재	0.75	$0.60 F_w$	3. 1) 참조

1) F_w는 용접재의 등급강도 곧 용접재의 인장강도(F_u)이다.
2) 원칙적으로 매칭용접재(Matching Weld Metal)는 용접재의 공칭인장강도가 모재의 공칭인장강도와 같거나 거의 동등한 수준을 지칭한다.

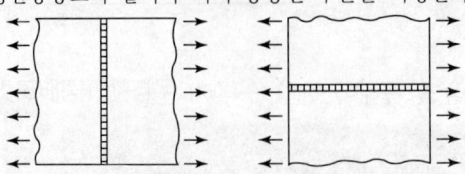

(a) 용접축에 직각인 인장   (b) 용접축에 평행한 인장

【용접축에 직각인 인장과 평행한 인장】

핵심 Point

● 기호
- a : 유효목두께($a = 0.7s$)
- l : 용접의 총길이(mm)
- l_e : 용접의 유효길이 ($l_e = l - 2s$)
- s : 필릿용접의 사이즈(mm)
- A_{BM} : 접합부재(모재)의 단면적(mm²)
- A_w : 용접재의 유효단면적 (mm²)
- F_{nBM} : 접합부재(모재)의 공칭강도(MPa)
- F_{nw} : 용접재의 공칭강도 (MPa)
- F_y : 접합부재(모재)의 항복강도(MPa)
- F_u : 접합부재(모재)의 최소인장강도(MPa)
- F_{uw} : 용접재의 인장강도 (MPa)
- R_u : 소요강도(N)
- R_n : 공칭강도(N)
- ϕ : 강도감소계수

● 필릿용접부에서 용접재의 설계전단강도 (11③, 13③, 16①, 17② ③)
$$\phi R_n = \phi F_{nw} A_{we}$$
$$= \phi (0.6 F_{uw})(a l_e)$$

● 표의 2. 8), 3. 1) (참고)
① 2.8) : 2. 고장력볼트 8) 접합부재(피접합재)의 설계강도
② 3.1) : 3. 용접 1) 그루브용접

● 용접부의 설계 시 고려해야 할 강도 (참고)
용접부에서는 용접에 의한 설계강도 그리고 접합부재(모재)의 설계강도를 함께 고려하여 접합부의 설계강도를 결정한다.

(4) 완전용입 그루브용접의 강도

① 용접선에 직각인 인장에 대한 설계강도
다음 값 중에서 작은 값으로 산정한다.

> ⓐ 총단면의 인장항복에 의한 설계인장강도
> $$\phi R_n = \phi F_{nBM} A_{BM} = \phi F_y A_g \text{ (N)} \; (\phi = 0.90)$$
>
> ⓑ 유효순단면의 인장파단에 의한 설계인장강도
> $$\phi R_n = \phi F_{nBM} A_{BM} = \phi F_u A_e \text{ (N)} \; (\phi = 0.75)$$

② 용접선에 평행한 전단에 대한 설계강도
다음 값 중에서 작은 값으로 산정한다.

> ⓐ 총단면의 전단항복에 대한 설계전단강도
> $$\phi R_n = \phi F_{nBM} A_{BM} = \phi F_y A_{gv} \text{ (N)} \; (\phi = 1.00)$$
>
> ⓑ 유효순단면의 전단파단에 대한 설계전단강도
> $$\phi R_n = \phi F_{nBM} A_{BM} = \phi F_u A_{nv} \text{ (N)} \; (\phi = 0.75)$$

여기서,
A_e : 인장에 대한 유효순단면적(mm^2)
$A_e = U A_n$
A_g : 인장에 대한 총단면적(mm^2)
A_{gv} : 전단에 대한 총단면적(mm^2)
A_{nv} : 전단에 대한 유효순단면적(mm^2)
F_y : 접합부재의 항복강도(MPa)
F_u : 접합부재의 최소 인장강도(MPa)
U : 전단지연계수
U_{bs} : 인장응력이 균일할 경우 1.0, 불균일할 경우 0.5

(주1) 용접에서는 볼트처럼 구멍에 의한 결손 단면이 발생하지 않으므로 순단면적 A_n은 총단면적 A_g와 같다.
(주2) U_{bs}에 있어 강판, 형강 그리고 대부분의 플랜지 일부를 잘라낸 보는 인장응력이 균일한 경우로 U_{bs}=1.0이다.

(5) 필릿용접에서 용접선에 평행한 전단에 대한 설계강도

필릿용접의 용접부 강도 산정은 유효목두께(a)와 유효용접길이(l_e)의 곱인 유효단면적에 용접부재의 공칭강도를 곱하여 산정한다.

$$\phi R_n = \phi (0.60 F_{uw}) A_{we} = \phi F_{nw} A_{we} \text{ (N)} \; (\phi = 0.75)$$

여기서,
ϕ : 강도감소계수
F_{nw} : 용접재의 공칭강도(MPa)

핵심 Point

● 접합부재와 용접재 (참고)
① 접합부재(Base Metal, 모재)는 용접 등에 의해 접합되어지는 강판 및 형강 등의 모재(강재)를 의미
② 용접재(Weld Metal)는 용융상태에서 강재 면을 결합시키는 재료를 의미

● 용접선에 직각인 인장에 대한 설계강도 (참고)
완전용입 그루브용접에서 용접선에 직각인 인장에 대한 용접재의 공칭강도, F_{nw}는 모재와 동일한 것으로 가정하므로 연결부는 이음부에서 완전히 연속된 것이 된다. 따라서 완전용입 그루브용접에서 용접선에 직각인 인장의 힘을 받는 용접부를 설계하는 것은 모재를 설계하는 것과 같고 용접부의 강도 산정은 일반적인 접합부재의 강도 산정과 같다.

● 용접선에 평행한 전단에 대한 설계강도 (참고)
완전용입 그루브용접에서 용접선에 평행한 전단이 작용할 경우, 전단에 대한 용접재의 공칭강도, F_{nw}는 모재와 동일한 것으로 가정하므로 완전용입 그루브용접에서 전단을 받는 용접부를 설계하는 것은 모재를 설계하는 것과 같고, 용접부의 강도 산정은 일반적인 접합부재의 강도 산정과 같다.

● 필릿용접의 용접길이에서 전단력, 압축력 또는 인장력 등의 하중이 작용할 수 있지만 일반적으로 필릿용접은 전단력에 가장 약하므로 항상 전단력에 파괴된다고 가정한다.

F_{uw} : 용접재의 인장강도(MPa)
A_{we} : 용접재의 유효단면적(mm^2). $A_{we} = l_e \times a = l_e \times (0.7s)$
a : 유효목두께($a = 0.7s$)
s : 필릿용접의 사이즈(mm)
l_e : 용접의 유효길이($l_e = l - 2s$)
l : 용접의 총길이(mm)

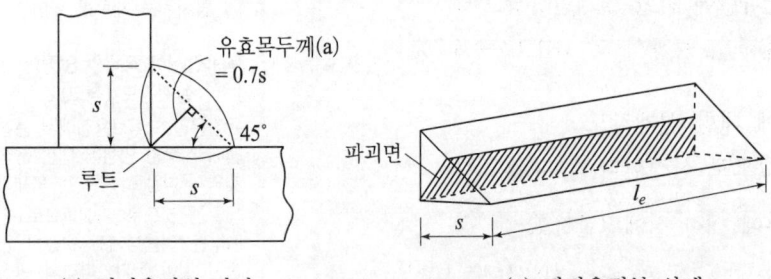

(a) 필릿용접의 단면　　　　(b) 필릿용접부 상세

【필릿용접의 단면과 상세】

✿ 3　인장재

1. 총단면적과 순단면적

1) 총단면적 (13①, 20②)

부재의 총단면적 A_g는 부재 축에 직각방향으로 측정된 각 요소 단면의 합이다.

● 인장재의 총단면적과 순단면적 (13①, 17③, 18②, 20②)

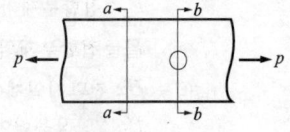

2) 순단면적 (13①, 17③, 18②, 20②)

(1) 정렬배치인 경우

$$A_n = A_g - n\,d_h\,t \ (\text{mm}^2)$$

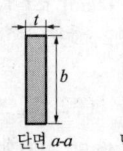

① 총단면적 : $A_g = bt$
② 순단면적 : $A_n = bt - d_h t$

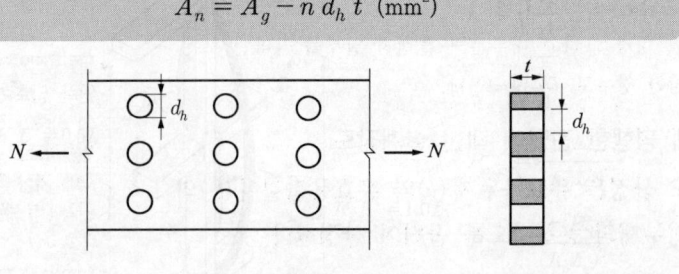

● 불규칙배치(엇모배치)인 경우의 순단면적 산정 (15②)

(2) 불규칙배치(엇모배치)인 경우 (15②)

$$A_n = A_g - n\,d_h\,t + \Sigma \frac{s^2}{4g} t \ (\text{mm}^2)$$

● ㄱ형강 인장재의 총단면적과 순단면적 산정 (13①)

2. 유효순단면적

시어래그의 영향을 고려한 유효순단면적, A_e은 다음과 같다.

$$A_e = UA_n \text{ (mm}^2\text{)}$$

여기서, U : 전단뒤짐(전단지연)에 의한 감소계수

【 인장재접합부의 전단지연계수 】

인장부 재형식	요소 설명	전단지연계수, U	예제
강판 (판재)	인장력이 볼트를 통해 단면요소에 직접 전달되는 인장재	$U=1.0$	
	인장력이 용접을 통해 단면요소에 직접 전달되는 인장재(부재 축에 길이방향 용접은 제외)	$U=1.0$	
	부재 축에 직각으로 용접	$U=1.0$	
	부재 축에 길이방향 용접	$l \geq 2w$: $U=1.00$ $2w > l \geq 1.5w$: $U=0.87$ $1.5w > l \geq w$: $U=0.75$	
H형강 또는 T형강	하중방향으로 1열에 3개 이상의 파스너로 접합한 플랜지의 경우	$b_f \geq 2/3d$: $U=0.90$ $b_f < 2/3d$: $U=0.85$	
	하중방향으로 1열에 4개 이상의 파스너로 접합한 웨브의 경우	$U=0.70$	

(주) 볼트 접합된 강판은 $A_e = A_n \leq 0.85 A_g \, (U=1.0)$

3. 인장재의 설계

1) 인장재의 설계 기본식

인장재에서 설계인장강도 $\phi_t P_n$은 다음 식을 만족해야 한다.

$$P_u \leq \phi_t P_n$$

핵심 Point

● 고장력볼트의 표준구멍의 지름 (참고)
① $d < 24$: $d_h = d + 2.0$
② $d \geq 24$: $d_h = d + 3.0$

● 기호
n : 인장력에 의한 파단선상에 있는 구멍의 수
d_h : 파스너 구멍의 지름 (mm)
d : 파스너의 공칭지름 (mm)
t : 부재의 두께 (mm)
s : 2개의 연속된 구멍의 응력방향 중심간격 (피치, mm)
g : 파스너 게이지선 사이의 응력 수직방향 중심간격 (게이지, mm)

● 시어래그(Shear Lag, 전단지연)
접합부에서 접합의 중심이 인장재의 중심과 일치하지 않을 경우 편심이 발생한다. 편심이 발생하는 접합부에서의 인장력은 접합면을 통해 전단응력의 형태로 전체 단면으로 전달되고 인장력이 불균등하게 발생하는 현상이다.

2) 인장재의 설계인장강도

다음 값 중 가장 작은 값으로 한다.

① 총단면의 항복에 의한 설계인장강도
$$\phi_t P_n = \phi_t F_y A_g \text{ (N)} \ (\phi_t = 0.90)$$
② 유효순단면의 파단에 의한 설계인장강도
$$\phi_t P_n = \phi_t F_u A_e \text{ (N)} \ (\phi_t = 0.75)$$

3) 인장재의 세장비 제한

$$\frac{L}{r} \leq 300$$

핵심 Point

● 기호
r : 좌굴 축에 대한 단면2차 반경 (mm)
A_e : 유효순단면적 (mm²)
A_g : 부재의 총단면적 (mm²)
F_y : 항복강도 (MPa)
F_u : 인장강도 (MPa)
L : 부재의 비지지길이 (mm)
P_u : 소요인장강도 (N)
P_n : 공칭인장강도 (N)

4 압축재

1. 압축재의 좌굴이론

1) 좌굴하중 및 좌굴응력

(1) 좌굴하중 (12②③, 15②, 21②)

$$P_{cr} = \frac{\pi^2 EA}{\left(\frac{KL}{r}\right)^2} = \frac{\pi^2 r^2 EA}{(KL)^2} = \frac{\pi^2 EI}{(KL)^2} \text{ (N)}$$

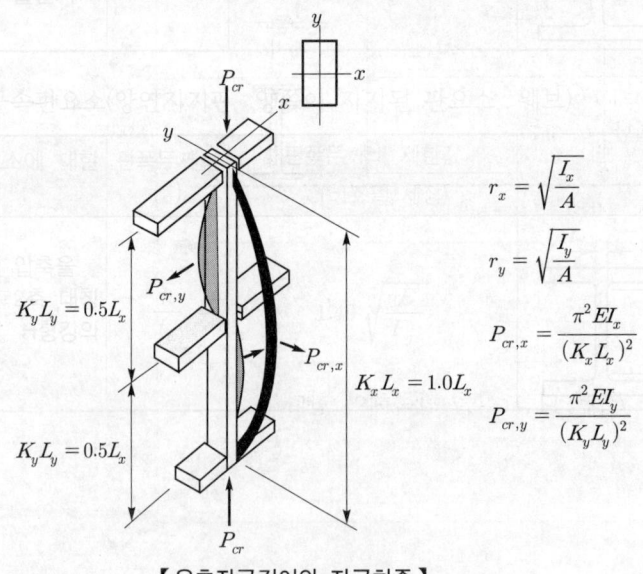

【유효좌굴길이와 좌굴하중】

● 기호
E : 탄성계수
$\lambda = KL/r$: 세장비
KL : 압축재의 유효좌굴 길이 (mm)
K : 유효좌굴길이계수
$r = \sqrt{\dfrac{I}{A}}$: 단면2차 반경 (mm)
A : 단면적 (mm²)
$I = r^2 A$: 단면2차 모멘트 (mm⁴)

● 좌굴하중을 x, y축의 양방향에 대해 고려할 경우 $P_{cr} = \min(P_{cr,x}, P_{cr,y})$ 이다.

● 좌굴하중 산정 (12②③, 15②, 21②)

(2) 좌굴응력

$$F_{cr} = \frac{P_{cr}}{A} = \frac{\pi^2 E}{(KL/r)^2} \text{ (MPa)}$$

2) 유효좌굴길이계수와 유효좌굴길이 (12①, 18②, 19②, 22①)

단부 구속조건	양단 힌지	양단 고정	1단 힌지 타단고정	1단 자유 타단고정
좌굴형태				
유효좌굴길이계수(K)	1.0	0.5	0.7	2.0
유효좌굴길이(KL)	1.0L	0.5L	0.7L	2.0L

2. 압축재의 세장비 제한 (13①, 18③)

$$\frac{KL}{r} \leq 200$$

3. 강재 단면의 분류

1) 국부좌굴

(1) 개요

국부좌굴은 플랜지 또는 웨브가 세장하여 압축응력에 의해 이들 부재가 좌굴하는 것이며, 플랜지와 웨브의 판폭두께비 제한으로 제어한다.

(2) 압축력을 받는 강재 단면의 분류

요소		내용
비세장판단면 ($\lambda \leq \lambda_r$)	조밀단면 (콤팩트단면)	압축 판요소의 판폭두께비 λ가 λ_p를 초과하지 않는 단면 ($\lambda \leq \lambda_p$)
	비조밀단면 (비콤팩트단면)	압축 판요소의 판폭두께비 λ가 λ_p를 초과하고 λ_r을 초과하지 않는 단면($\lambda_p < \lambda \leq \lambda_r$)
세장판단면 ($\lambda > \lambda_r$)		압축 판요소의 판폭두께비 λ가 λ_r를 초과하는 단면 ($\lambda > \lambda_r$)

핵심 Point

● 유효좌굴길이 (12①, 18②, 19②, 22①)

● 기호
KL : 유효좌굴길이 (mm)
r : 좌굴 축에 대한 단면2차 반경 (mm)

● 기둥의 세장비 산정(13①, 18③)

$$\frac{KL}{r} = \frac{KL}{\sqrt{\dfrac{I}{A}}}$$

● 기호
λ : 판요소의 판폭두께비
λ_p : 조밀판요소(콤팩트요소)의 한계판폭두께비
λ_r : 비조밀판요소(비콤팩트요소)의 한계판폭두께비

2) 비구속판요소와 구속판요소

(1) 비구속판요소와 구속판요소

구 분	내 용
비구속판 요소 (자유돌출판)	플랜지의 내민부분과 같이 한쪽이 웨브에 의해 지지된 경우이다.
구속판 요소 (양연지지판)	웨브가 양쪽의 플랜지에 의해 지지된 경우이다.

(2) 비구속판요소(자유돌출판, 한쪽만 지지된 판요소)의 폭

① I, H형강과 T형강 플랜지에 대한 폭 b는 전체 플랜지폭 b_f의 1/2이다.

② ㄱ형강, ㄷ형강 및 Z형강의 다리에 대한 폭 b는 전체 공칭치수이다.

(3) 구속판요소(양연지지판, 양쪽이 지지된 판요소)의 폭

압연이나 성형단면의 웨브에 대하여, h는 각 플랜지에서 필릿이나 모서리 반경을 감한 플랜지 사이의 순간격이다.

(4) 압축요소의 판폭두께비 제한값 (17①, 18①, 20③)

① 비구속판요소(자유돌출판, 한쪽만 지지된 판요소, 플랜지)

판요소에 대한 설명	판폭두께비 (λ)	판폭두께비 제한값 λ_r(비조밀/세장)	예
균일 압축을 받는 압연 H형강의 플랜지	$\dfrac{b}{t_f}$	$0.56\sqrt{\dfrac{E}{F_y}}$	

② 구속판요소(양연지지판, 양쪽이 지지된 판요소, 웨브)

판요소에 대한 설명	판폭두께비 (λ)	판폭두께비 제한값 λ_r(비조밀/세장)	예
균일 압축을 받는 2축 대칭 압연 H형강의 웨브	$\dfrac{h}{t_w}$	$1.49\sqrt{\dfrac{E}{F_y}}$	

핵심 Point

● 비구속판요소와 구속판요소 (참고)

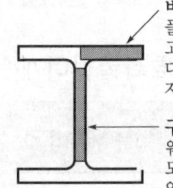

비구속판요소 : 플랜지는 한쪽은 고정되어 있고 다른 쪽은 자유이다.

구속판요소 : 웨브는 양쪽 모두 고정되어 있다.

● 비구속판요소폭과 두께

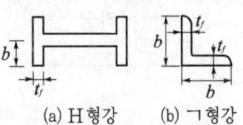

(a) H형강   (b) ㄱ형강

● 구속판요소폭과 두께

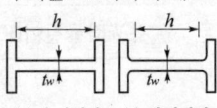

(a) 용접형강   (b) 압연형강

● 압연H형강의 판폭두께비 관련기호

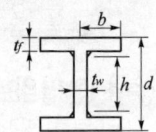

● 기호

b : 압축을 받는 다리부분의 외측 폭 (mm)
d : 보나 거더의 전체 높이 (mm)
t_f 또는 t : 플랜지 또는 부재의 두께 (mm)
t_w : 웨브의 두께 (mm)
h : 압연강재에서 필릿 또는 코너 반경을 제외한 플랜지 간의 순거리 (mm)

● H형강의 판폭두께비 (17①, 18①, 20③)

1. 비구속판요소 (플랜지)의 판폭두께비 계산
   ① $b = b_f/2$
   ② $\lambda = b/t$

2. 구속판요소 (웨브)의 판폭두께비 계산
   ① $h = d - 2t_f - 2r$
   ② $\lambda = h/t_w$

4. 설계압축강도

1) 압축재의 설계 기본식

압축재의 설계압축강도 $\phi_c P_n$은 다음 식을 만족해야 한다.

$$P_u \leq \phi_c P_n = \phi_c F_{cr} A_g \text{ (N)} \quad (\phi_c = 0.90)$$

2) 비세장판단면을 가진 부재의 휨좌굴에 임계 휨좌굴강도

【 휨좌굴강도 F_{cr} 】

구분	휨좌굴강도(F_{cr}, MPa)
$\dfrac{KL}{r} \leq 4.71\sqrt{\dfrac{E}{F_y}}$ 또는 $\dfrac{F_y}{F_e} \leq 2.25$	$F_{cr} = \left[0.658^{\frac{F_y}{F_e}} \right] F_y$
$\dfrac{KL}{r} > 4.71\sqrt{\dfrac{E}{F_y}}$ 또는 $\dfrac{F_y}{F_e} > 2.25$	$F_{cr} = 0.877 F_e$

※ 5 휨재

1. 개요

(1) 강구조 보의 응력분담은 플랜지(Flange)가 휨모멘트를 주로 부담하며 웨브(Web)는 전단력을 주로 부담한다.
(2) 하이브리드보란 용접 H형강에서 웨브는 저강도의 일반강재를 사용하고 플랜지는 고강도의 강재를 사용하여 경제성을 증가시킨 보이다.
(3) 장스팬 보나 하중이 커서 휨강성이 크게 요구되는 경우 커버플레이트보, 플레이트거더, 허니컴보 및 트러스보 등이 사용된다.

2. 강구조 보

1) 플레이트거더(Plate Girder, 판보)

(1) 개요
① 강판과 L형강 등을 접합하여 I자형의 단면으로 만든 보로서 보의 깊이가 커서 모멘트와 전단력이 큰 곳에 사용된다.
② 플레이트거더의 구성요소는 커버플레이트, 웨브플레이트, 플랜지앵글, 스티프너, 필러 등이다.

핵심 Point

● 기호
r : 좌굴 축에 대한 단면2차반경 (mm)
A_g : 부재의 총단면적 (mm²)
E : 강재의 탄성계수 (MPa)
F_{cr} : 휨좌굴강도 (MPa)
F_e : 탄성좌굴강도,
$$F_e = \frac{\pi^2 E}{\left(\dfrac{KL}{r}\right)^2} \text{ (MPa)}$$
F_y : 강재의 항복강도 (MPa)
L : 부재의 횡좌굴에 대한 비지지길이(mm)
K : 유효좌굴길이계수

● 압축재의 설계압축강도 (예상)
$\phi_c P_n = \phi_c F_{cr} A_g$

● 강구조 보의 단면 (참고)

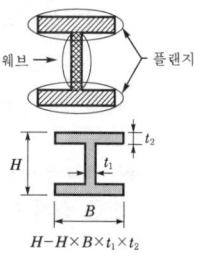

● 강구조 보에서 휨모멘트와 전단력이 작용할 경우 플랜지와 웨브의 응력분담 (예상)
① 플랜지 : 휨모멘트
② 웨브 : 전단력

● 강구조 보에서 플랜지와 웨브의 단면이 부족할 경우 대표적인 보강방법 (예상)
① 플랜지 : 커버플레이트
② 웨브 : 스티프너

● 스티프너(Stiffener) (예상)
웨브플레이트의 두께가 높이에 비해 작을 경우 보의 웨브나 판재에 부착된 ㄱ형강 혹은 강판 등의 보강 부재이다.

(2) 구조제한

① 커버플레이트는 플랜지 보강용으로 휨모멘트에 저항한다.
② 커버플레이트 수는 4장 이하, 플랜지 단면적의 70% 이하이다.
④ 커버플레이트는 계산상 필요한 위치에서 300 mm 이상의 여장(餘長, 여유길이)을 둔다.
⑤ 플랜지는 플랜지앵글, 커버플레이트 및 웨브 단면의 1/6로 구성되며, 그 기능은 휨에 의한 인장 및 압축력을 부담한다.
⑦ 웨브플레이트의 좌굴방지를 위해 스티프너를 설치한다.

2) 합성보(Composite Beam)

강구조 보와 철근콘크리트 슬래브가 일체가 되어 합성작용을 하도록 강재보의 플랜지와 슬래브가 전단연결재(Shear Connector, 스터드볼트 등)로 연결된 보이다.

3) 스티프너

종류	내용
하중점 스티프너	집중하중이 작용하는 곳에 보강한다.
중간 스티프너	① 보 전체를 통해 재축에 직각 방향으로 보강한다. ② 전단좌굴에 대해 효과적이다. ③ 중간 스티프너의 주된 사용목적은 웨브플레이트의 좌굴방지이다.
수평 스티프너	① 보의 재축 방향으로 웨브판을 보강한다. ② 휨, 압축좌굴에 대해 효과적이다.

3. 판폭두께비

1) 휨요소의 판폭두께비 제한값

(1) 비구속판요소(자유돌출판, 한쪽만 지지된 판요소)

판요소에 대한 설명	판폭두께비 (λ)	판폭두께비 제한값		예
		λ_p (조밀/비조밀)	λ_r (비조밀/세장)	
휨을 받는 압연 H형강의 플랜지	$\dfrac{b}{t_f}$	$0.38\sqrt{\dfrac{E}{F_y}}$	$1.0\sqrt{\dfrac{E}{F_y}}$	

핵심 Point

● 플레이트거더의 구성 요소 (예상)
① 커버플레이트
② 웨브플레이트
③ 플랜지앵글
④ 스티프너
⑤ 필러

커버 플레이트(Cover Plate)
플랜지 앵글(Flange Angle)
웨브 플레이트(Web Plate)
스티프너(Stiffener)

● 전단연결재 (Shear Connector) (예상)
합성보에서 바닥슬래브와 강구조 보를 일체화시켜 그 접합부에 발생되는 전단력을 부담시키기 위한 철물

● 전단연결재의 사용 부재 (예상)
① 합성보
② 합성기둥
③ 데크플레이트

● 전단연결재의 종류 (예상)
① 스터드 볼트
② ㄷ형강
③ 나선철근

● 기호
λ : 압축요소의 판폭두께비
λ_p : 조밀판요소의 한계판폭두께비
λ_r : 비조밀판요소의 한계판폭두께비

● 합성보 (참고)

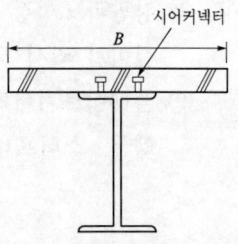
시어커넥터

(2) 구속판요소(양연지지판, 양쪽이 지지된 판요소)

판요소에 대한 설명	판폭두께비 (λ)	판폭두께비 제한값		예
		λ_p(조밀)	λ_r(비조밀)	
휨을 받는 2축 대칭 압연 H형강의 웨브	$\dfrac{h}{t_w}$	$3.76\sqrt{\dfrac{E}{F_y}}$	$5.70\sqrt{\dfrac{E}{F_y}}$	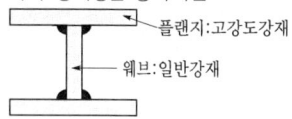

4. 휨재의 거동

1) 휨변형과 응력도

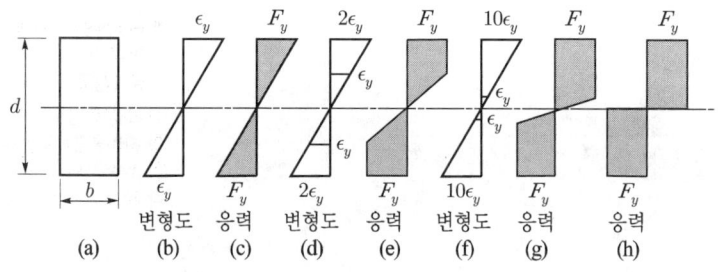

【 휨모멘트의 증가에 따른 변형도 및 응력변화 】

(1) 항복모멘트(M_y)

그림 (c)와 같이 보 단면의 최외연 섬유가 강재의 항복강도에 도달할 때의 단면이 저항하는 휨강도이다.

$$M_y = F_y S \ (\text{N} \cdot \text{mm})$$

(2) 전소성모멘트(M_p)

그림 (h)와 같이 보 단면의 전부분이 항복강도에 도달하는 소성상태일 때의 단면이 저항하는 휨강도이다.

$$M_p = F_y Z \ (\text{N} \cdot \text{mm})$$

2) 전단중심 (12②, 19①, 20⑤)

전단중심(S_c)은 임의 단면의 보에서 작용하는 하중의 위치에 따라 보에 비틀림이 생기지 않고 휨변형만 발생하게 하는 위치이다. 전단중심을 벗어나 하중이 작용하면 편심에 의해 비틀림모멘트가 발생한다.

핵심 Point

● 하이브리드보에 대한 설명 (참고)

용접 H형강에서 웨브는 저강도의 일반강재를 사용하고 플랜지는 고강도의 강재를 사용하여 경제성을 증가시킨 보

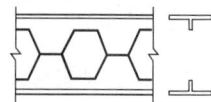

● 장스팬 보나 하중이 커서 휨강성이 크게 요구되는 경우 대표적인 보의 형식 (참고)
① 커버플레이트보
② 플레이트거더
③ 플레이트거더
④ 허니컴보
⑤ 트러스보

● 허니컴보 (참고)

● 기호
b : 압축을 받는 다리부분의 외측 너비 (mm)
d : 보나 거더의 전체 높이 (mm)
h : 압연강재에서 필릿 또는 코너 반경을 제외한 플랜지 간의 순거리 (mm)
t_f 또는 t : 플랜지 또는 부재의 두께 (mm)
t_w : 웨브의 두께 (mm)
F_y : 강재의 항복강도 (MPa)
S : 보 단면의 탄성단면계수 (mm³)
Z : 보 단면의 소성단면계수 (mm³)

● 전단중심 (20⑤)
임의 단면의 보에서 작용하는 하중의 위치에 따라 보에 비틀림이 생기지 않고 휨변형만 발생하게 하는 위치

● 부재 단면의 형상에 따른 전단중심 (12②, 19①)

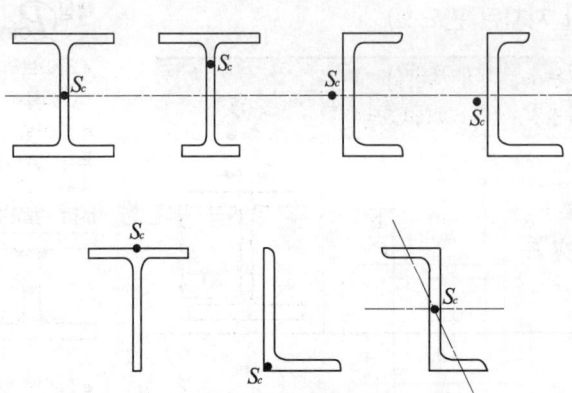

【부재 단면의 형상에 따른 전단중심】

5. 휨강도

1) 횡비틀림좌굴 보정계수 C_b

$$C_b = \frac{12.5 M_{\max}}{2.5 M_{\max} + 3 M_A + 4 M_B + 3 M_C}$$

2) 보의 설계휨강도

휨부재에서 설계휨강도 $\phi_b M_n$은 다음 식을 만족해야 한다.

$$M_u \leq \phi_b M_n \ (\phi_b = 0.90)$$

6. 전단강도

1) 개요

전단에 대한 강도감소계수 ϕ_v는 다음과 같다.

① $h/t_w \leq 2.24\sqrt{E/F_y}$ 인 압연 H형강의 웨브 : $\phi_v = 1.0$

② 위 ①을 제외한 나머지 모든 단면의 부재 : $\phi_v = 0.90$

2) 구속웨브를 갖는 부재의 설계전단강도

(1) 웨브면내에 전단력을 받는 1축 또는 2축대칭단면의 웨브에 적용하며 구속판요소웨브의 설계전단강도 $\phi_v V_n$은 다음과 같다.

$$\phi_v V_n = \phi_v 0.6 F_y A_w C_v \ (\text{N})$$

(2) $\dfrac{h}{t_w} \leq 2.24\sqrt{\dfrac{E}{F_y}}$ 인 압연 H형강 웨브의 전단상수 C_v

$$\phi_v = 1.00 \text{ 또한 } C_v = 1.0$$

핵심 Point

● 기호

$M_{\max}$: 비지지구간에서 최대모멘트 절대값 (N·mm)
M_A : 비지지구간에서 1/4지점의 모멘트 절대값 (N·mm)
M_B : 비지지구간에서 2/4지점의 모멘트 절대값 (N·mm)
M_C : 비지지구간에서 3/4지점의 모멘트 절대값 (N·mm)
L_b : 보의 비지지길이 (mm)

● 휨부재에서 설계휨강도를 결정할 때 고려되는 강도의 종류 (참고)

① 소성휨강도
② 횡비틀림좌굴강도(횡좌굴강도)
③ 플랜지의 국부좌굴강도
④ 웨브의 국부좌굴강도

● 기호

h : 압연강재에서 필릿 또는 코너반경을 제외한 플랜지간 순거리(mm) 또는 용접한 경우에는 플랜지간 순거리 (mm)
t_w : 웨브의 두께 (mm)
V_u : 소요전단강도 (N, kN)
V_n : 공칭전단강도 (N, kN)
ϕ_v : 강도감소계수 ($\phi_v = 0.90$ 또는 $\phi_v = 1.0$)
A_w : 웨브의 단면적 (mm^2)

(3) 웨브만이 전단력을 부담하는 것으로 가정하며, 웨브의 전단면적 A_w는 부재 전체 높이 d에 웨브의 두께 t_w를 곱하여 산정 $(A_w = d\,t_w)$한다.

핵심 Point

● 기호
t_w : 웨브 두께(mm)
F_{yw} : 웨브 항복강도 (MPa)
k : 플랜지 바깥쪽 면에서부터 웨브 필릿선단까지의 거리 (mm, $k = t_f + r$)
N : 지압부의 길이 (mm)

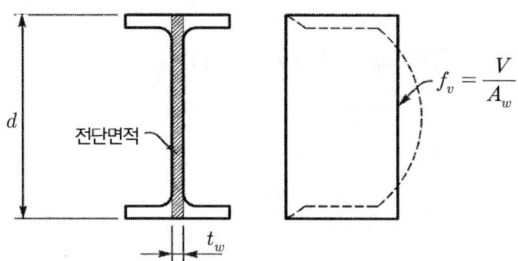

7. 집중하중을 받는 웨브의 국부 공칭강도

① 인장 또는 압축 집중력의 작용점과 재단까지의 거리 x가 부재의 높이 d 이상 떨어져 있을 때 $(x > d)$

$$\phi R_n = \phi(5k + N)\,F_{yw}\,t_w \;\; (\text{N}) \;\; (\phi = 1.0)$$

② 인장 또는 압축 집중력의 작용점과 재단까지의 거리 x가 부재의 높이 d 보다 작은 거리에 있을 때 $(x \le d)$

$$\phi R_n = \phi(2.5k + N)\,F_{yw}\,t_w \;\; (\text{N}) \;\; (\phi = 1.0)$$

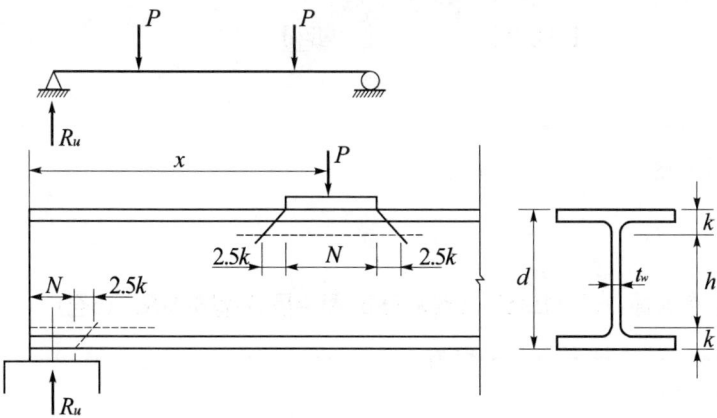

【웨브의 국부휨강도】

기출 및 예상 문제

01 다음 형강을 단면 형상의 표시방법에 따라 표시하시오. (2점)   •19 ②

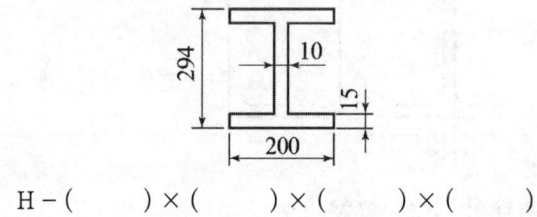

H - ( ) × ( ) × ( ) × ( )

정답 H-294 × 200 × 10 × 15

02 다음 그림과 같은 H형강과 ㄷ형강의 표시법에 따라 표기하시오. (2점)   •11 ①

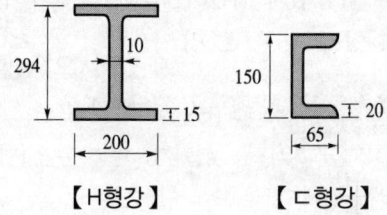

【H형강】　　【ㄷ형강】

① _____　② _____

정답 ① H-294×200×10×15
　　　② ㄷ-150×65×20

03 다음 보기에서 제시하는 형강을 개략적으로 스케치하고 치수를 기입하시오. (6점)   •14 ①

―| 보기 |―
① $H-294\times200\times10\times15$
② $C-150\times65\times20$
③ $L-100\times100\times7$

정답

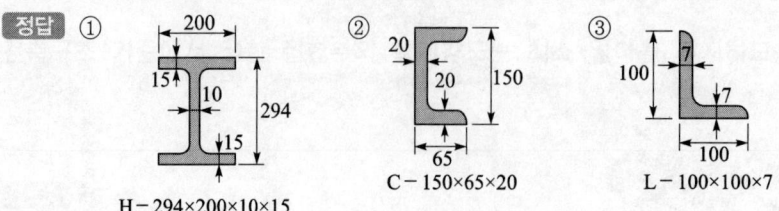

① H-294×200×10×15
② C-150×65×20
③ L-100×100×7

04 다음 강재의 구조적 특성을 간단히 설명하시오. (4점)   •20 ①

① SN강 : _____

② TMCP강 : _____

정답 ① SN강 : 건축구조용 압연강재로 용접성, 냉강가공성, 인장강도 등이 우수하다.
② TMCP강 : 제어열처리강으로 두께 40mm 이상 80mm 이하의 후판에서 도 항복강도가 저하하지 않는다.

05 구조용 강재 SM355에 대하여 각각 의미하는 바를 쓰시오. (4점)   •15 ③, 21 ③

① SM : _____

② 355 : _____

정답 ① SM : 용접구조용 압연강재
② 355 : 강재의 항복강도 355MPa

06 강재의 두께가 40mm 이하인 SS275의 항복강도 F_y와 최소 인장강도 F_u는 얼마인가? (예상)

① 항복강도 F_y : _____

② 최소 인장강도 F_u : _____

정답 ① 항복강도 F_y = 275 MPa
② 최소 인장강도 F_u = 410 MPa

07 강재의 항복비(Yield Strength Ratio)에 대하여 설명하시오. (2점)   •19 ②, 22 ①

_____

정답 항복비 $= \dfrac{\text{항복강도}}{\text{최소 인장강도}} = \dfrac{F_y}{F_u}$

(주) SS275의 경우 $F_y = 275\,\text{MPa}$, $F_u = 410\,\text{MPa}$이므로 항복비는 다음과 같다.

항복비 $= \dfrac{F_y}{F_u} = \dfrac{275}{410} = 0.67$

08 구조물을 안전하게 설계하고자 할 때 강도한계상태에 대한 안전을 확보해야 한다. 뿐만 아니라 사용성 한계상태를 고려하여야하는데 여기서 사용성 한계상태란 무엇인가? (2점) •19 ③, 22 ①

정답 사용성 한계상태는 구조물의 외형, 유지 및 관리, 내구성, 사용자의 안락감 또는 기계류의 정상적인 기능 등을 유지하기 위한 구조물의 능력에 영향을 미치는 한계상태이다.

09 다음 보기를 참고하여 수직하중의 흐름을 적으시오. (예상)

────┤ 보기 ├────
㉮ 기초　　　㉯ 작은보　　　㉰ 지반
㉱ 바닥판　　㉲ 수직하중　㉳ 큰보
㉴ 기둥

정답 ㉲ → ㉱ → ㉯ → ㉳ → ㉴ → ㉮ → ㉰

09 다음 (　) 안에 적당한 수치를 적으시오. (예상)

────┤ 보기 ├────
고강도강에서 항복점이 분명하지 않은 경우 선형탄석 구간의 기울기를 (①)%로 오프셋하여 만나는 점을 항복강도(F_y)로 하거나, (②)%의 총변형도에 해당하는 응력을 항복강도(F_y)로 정의한다.

정답 ① 0.2　② 0.5

10 강재의 접합에서 접합재의 사용에 따른 강재의 접합방법의 종류를 4가지 적으시오. (예상)

①＿＿＿＿＿＿＿＿＿＿　②＿＿＿＿＿＿＿＿＿＿
③＿＿＿＿＿＿＿＿＿＿　④＿＿＿＿＿＿＿＿＿＿

정답 ① 파스너에 의한 접합　② 마찰력에 의한 접합
　　 ③ 야금적 접합　　　　 ④ 접착에 의한 접합

11 건축구조 기준에서 정한 접합부의 설계강도는 최소 얼마를 지지하도록 설계되어야 하는가? (예상)

정답 45 kN

12 강구조에서 부재와 부재의 접합부형식의 종류를 3가지 적으시오. (예상)

① _____ ② _____ ③ _____

정답 ① 완전강접합   ② 부분강접합(반강접합)   ③ 단순접합(전단접합)

13 강구조 접합부에서 전단접합과 모멘트접합(강접합)을 도식하고 설명하시오. (6점) •15 ②, 21 ①

전단접합	모멘트접합

정답

전단접합	모멘트접합
접합된 부재 간에 무시해도 좋을 정도로 약한 휨모멘트를 전달하는 접합부이며, 접합부 내의 축방향력과 전단력을 전달한다.	접합되는 부재사이에 무시할 정도의 상대 회전 변형이 발생하면서 모멘트를 전달할 수 있는 접합부이며, 접합부 내의 축방향력, 전단력, 휨모멘트 등을 전달한다.

14 다음 그림과 같은 강구조의 보-기둥의 모멘트 접합부 상세이다. 기호로 지적된 부분의 명칭을 적으시오. (3점) •12 ②, 14 ③, 22 ①

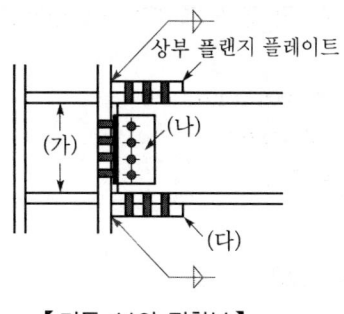

【 기둥-보의 접합부 】

(가) _____ (나) _____ (다) _____

정답 (가) 스티프너   (나) 전단 플레이트   (다) 하부 플랜지 플레이트

15 다음 그림과 같은 접합에서 접합부의 힘의 작용형태에 따른 명칭을 쓰시오. (6점)

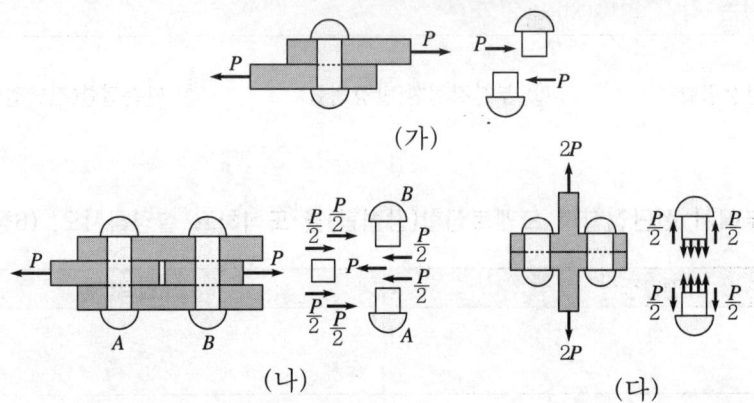

(가) _____ (나) _____ (다) _____

정답 (가) 1면 전단접합
(나) 2면 전단접합
(다) 인장접합

16 그림과 같은 접합부에서 아래 조건에 따른 고장력볼트에서 나사부가 전단 면에 포함될 경우의 소요전단강도(kN)를 산정하시오. (단, 사용강재는 SS275이다.) (4점)

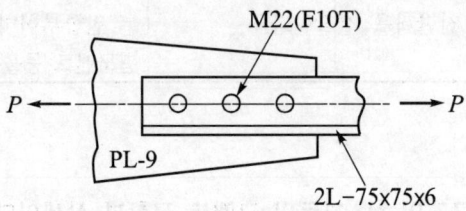

정답 1. 나사부가 전단면에 포함될 경우 F10T의 공칭전단강도 F_{nv}
   $F_u = 1,000 \text{ MPa}$
   $F_{nv} = 0.40 F_u = 0.40 \times 1,000 = 400 \text{ MPa}$

2. 고장력볼트 1개의 설계전단강도
   $\phi R_n = \phi F_{nv} A_b \ (\phi = 0.75)$
   $F_{nv} = 400 \text{ MPa}$
   $A_b = \left(\dfrac{\pi \times 20^2}{4} \right) = 380 \text{ mm}^2$
   $\phi R_n = \phi F_{nv} A_b = 0.75 \times 400 \times 380 = 114.0 \times 10^3 \text{ N} = 114.0 \text{ kN}$

3. 2면 전단인 고장력볼트 3개의 설계전단강도
   $2 \times 3 \times 114.0 = 684.0 \text{ kN}$

17 고장력볼트(F10T)의 공칭인장강도(F_{nt})와 나사부가 전단 면에 포함될 경우의 지압접합의 공칭전단강도(F_{nv})는 각각 얼마(MPa)인가? (예상)

① 공칭인장강도 : _____

② 공칭전단강도 : _____

정답 고장력볼트의 인장강도 (F10T) : $F_u = 1,000$ MPa

① 공칭인장강도
$$F_{nt} = 0.75 F_u = 0.75 \times 1,000 = 750 \text{ MPa}$$

② 나사부가 전단(剪斷) 면에 포함될 경우의 공칭전단강도
$$F_{nv} = 0.40 F_u = 0.40 \times 1,000 = 400 \text{ MPa}$$

18 그림과 같은 접합부에서 고장력볼트 구멍의 설계지압강도(kN)를 산정하시오. (단, 사용강재는 SS275이다. 또한 표준구멍이고 사용하중상태에서 볼트구멍의 변형이 설계에 고려될 경우로 가정한다.) (예상)

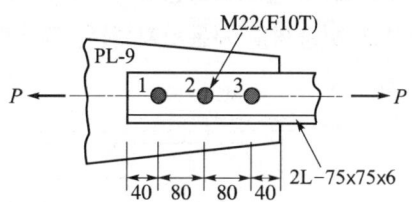

정답 ㄱ형강 두 개의 두께는 12 mm이고 플레이트 한 개의 두께는 9 mm이므로 플레이트에 대해 설계지압강도를 산정하면 된다.

1. 강재의 재료강도 (SS275)
   $F_y = 275$ MPa
   $F_u = 410$ MPa

2. 관련 치수 및 상수
   고장력볼트 M22에 대한 표준구멍의 지름=24 mm($d_n = d+2 = 22+2 = 24$mm)
   $$L_{c1} = 40 - \frac{24}{2} = 28 \text{ mm}$$
   $$L_{c2} = 80 - 24 = 56 \text{ mm}$$
   $$L_{c3} = L_{c2} = 56 \text{ mm}$$
   $t = 9$ mm
   $F_u = 400$ MPa
   $d = 22$ mm

3. 고장력볼트 구멍의 지압강도 검토
   (1) 볼트 3에서 볼트 한 개의 지압강도
   $$\phi R_n = \phi 1.2 L_c t F_u \leq \phi 2.4 d t F_u$$
   $$\phi 1.2 L_c t F_u = 0.75 \times 1.2 \times 28 \times 9 \times 410 = 93.0 \times 10^3 \text{ N} = 93.0 \text{ kN}$$

$$\phi 2.4\,d\,t\,F_u = 0.75 \times 2.4 \times 22 \times 9 \times 410 = 146.1 \times 10^3 \text{ N} = 146.1 \text{ kN}$$
$$\phi R_n = \phi 1.2\,L_c\,t\,F_u = 93.0 \text{ kN} \leq \phi 2.4\,d\,t\,F_u = 146.1 \text{ kN} \quad\quad \text{OK}$$
$$\therefore \phi R_n = 93.0 \text{ kN}$$

(2) 볼트 2와 1에서 볼트 한 개의 지압강도

$$\phi R_n = \phi 1.2\,L_c\,t\,F_u \leq \phi 2.4\,d\,t\,F_u$$
$$\phi 1.2\,L_c\,t\,F_u = 0.75 \times 1.2 \times 56 \times 9 \times 410 = 186.0 \times 10^3 \text{ N} = 186.0 \text{ kN}$$
$$\phi 2.4\,d\,t\,F_u = 0.75 \times 2.4 \times 22 \times 9 \times 410 = 146.1 \times 10^3 \text{ N} = 146.1 \text{ kN}$$
$$\phi R_n = \phi 1.2\,L_c\,t\,F_u = 186.0 \text{ kN} \leq \phi 2.4\,d\,t\,F_u = 146.1 \text{ kN} \quad\quad \text{NG}$$
$$\therefore \phi R_n = 146.1 \text{ kN}$$

(3) 고장력볼트 접합부에서 모든 고장력볼트에 대한 설계지압강도

$$\phi R_n = 1 \times 93.0 + 2 \times 146.1 = 385.2 \text{ kN}$$

19 다음 그림과 같은 경우 마찰접합에 의한 설계미끄럼강도를 계산하시오. (단, 강재의 재질은 SS275, 고장력볼트는 M22(F10T), 설계볼트장력 T_0=200kN, 표준구멍이며, 페인트칠하지 않은 블라스트 청소된 마찰면이고 끼움재를 사용하지 않은 경우이다.) •15 ③

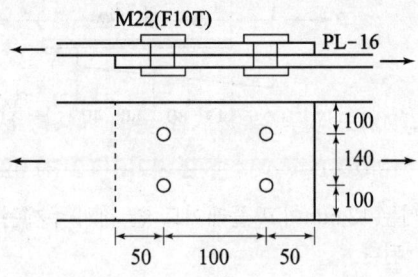

정답 (1) 고장력볼트 1개의 미끄럼 한계상태에 대한 설계미끄럼강도

$\phi = 1.0$ (표준구멍)
$\mu = 0.5$ (페인트칠하지 않은 블라스트 청소된 마찰면)
$h_f = 1.0$ (끼움재를 사용하지 않은 경우)
$T_o = 200 \text{ kN}$
$N_s = 1$ (1면 전단)
$\phi R_n = \phi\,\mu\,h_f\,T_o\,N_s = 1.0 \times 0.5 \times 1.0 \times 200 \times 1 = 100.0 \text{ kN}$

(2) 고장력볼트 4개에 대한 설계미끄럼강도

$\phi R_n = 4 \times 100.0 = 400.0 \text{ kN}$

20 고장력볼트로 접합된 큰보와 작은보의 접합부의 사용성 한계상태에 대한 설계미끄럼강도를 계산하여 볼트 개수가 적절한지 검토하시오. (단, 사용된 고장력볼트는 M22(F10T)이며 표준구멍을 적용, 고장력볼트 설계볼트장력 T_o=200kN, 미끄럼계수 μ=0.5, 끼움재계수 h_f=1.00, 고장력볼트의 설계미끄럼강도 $\phi R_n = \phi \cdot \mu \cdot h_f \cdot T_o \cdot N_s$ 식으로 검토한다.) (5점)   •14 ②

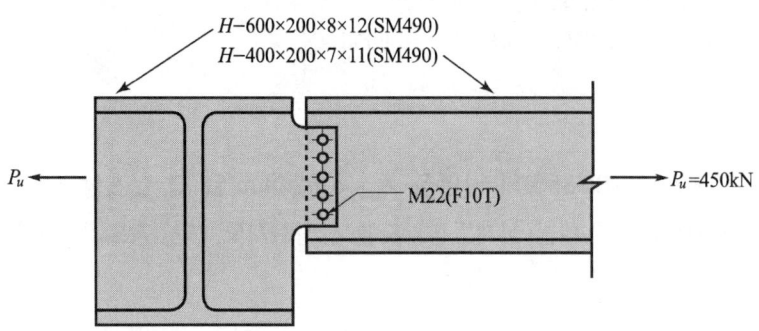

정답 고장력볼트의 미끄럼 한계상태에 대한 설계미끄럼강도 검토
(1) 고장력볼트 1개의 미끄럼 한계상태에 대한 설계미끄럼강도 ϕR_n 산정
$\phi = 1.0$ (표준구멍)
$\mu = 0.5$ (페인트칠하지 않은 블라스트 청소된 마찰면)
$h_f = 1.0$ (끼움재를 사용하지 않는 경우)
$T_o = 200$ kN
$N_s = 1$ (1면 전단)
$\phi R_n = \phi \mu h_f T_o N_s = 1.0 \times 0.5 \times 1.0 \times 200 \times 1 = 100$ kN

(2) 고장력볼트 5개에 대한 설계미끄럼강도 검토
$P_u = 450$ kN
$\phi R_n = 5 \times 100 = 500$ kN
$P_u = 450$ kN $\leq \phi R_n = 5 \times 100 = 500$ kN
∴ 고장력볼트 개수는 적절하다.

21 H-300×300×10×15의 H형강 보가 볼트접합되었을 경우 접합부재의 설계인장강도(kN)는 얼마인가? (단, H-300×300×10×15의 단면적은 $A_g = 11,980$ mm²이고, 사용강재는 SS275이다. 또한 접합부재의 인장파단에 대한 유효단면적 $A_e = 0.85 A_g$로 한다.) (예상)

정답 SS275의 경우, $F_y = 275$MPa이고 $F_u = 410$MPa이다.

1. 접합부재(H형강)의 총단면의 인장항복에 대한 설계인장강도
   $\phi R_n = \phi F_y A_g = 0.90 \times 275 \times 11{,}980 = 2{,}965.1 \times 10^3 \text{ N} = 2{,}965.1 \text{ kN}$

2. 접합부재(H형강)의 유효순단면의 인장파단에 대한 설계인장강도
   $\phi R_n = \phi F_u A_e = 0.75 \times 410 \times (0.85 \times 11{,}980) = 3{,}131.3 \times 10^3 \text{ N} = 3{,}131.3 \text{ kN}$

3. 접합부재(H형강)의 설계인장강도
   $\phi R_n = \min(2{,}965.1,\ 3{,}131.3) = 2{,}965.1 \text{ kN}$

22 H-250×175×7×11 (SM355)의 단면적 A_g=5,624mm²일 때 한계상태설계법에 의한 접합부재의 총단면의 인장항복에 대한 설계인장강도를 산정하시오. (단, 강도감소계수 ϕ = 0.90을 적용한다.) (3점)
●11 ②, 22 ②

정답 접합부재(H형강)의 총단면의 인장항복에 대한 설계인장강도
SM355($t \le 40\text{mm}$)의 경우, $F_y = 355 \text{ MPa}$이다.
$\phi R_n = \phi F_y A_g = 0.90 \times 355 \times 5{,}624 = 1{,}796.9 \times 10^3 \text{ N} = 1{,}796.9 \text{ kN}$

23 그림과 같은 인장 접합부재에서 형강에 대한 설계블록전단강도(kN)의 값은 얼마인가? (단, 강재는 SS275이고, 고장력볼트는 M20 (F10T)이다. 또한 $U_{bs} = 1.0$이고, 가셋 플레이트는 블록전단강도가 충분한 것으로 가정한다.)
(예상)

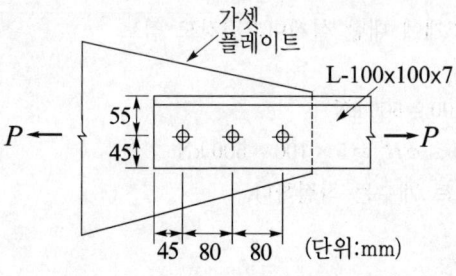

정답 1. 접합부의 관련 재료의 강도 (SS275)
   $F_y = 275 \text{MPa}$
   $F_u = 410 \text{MPa}$
2. 각종 치수 및 단면적
   $t = 7 \text{ mm}$
   $d_h = d + 2 = 20 + 2 = 20 \text{mm}$

$A_{gv} = (45+80+80) \times 7 = 1,435 \text{mm}^2$

$A_{nv} = [(45+80+80) - 2.5 holes \times 22] \times 7 = 1,050 \text{mm}^2$

$A_{gt} = 45 \times 7 = 315 \text{mm}^2$

$A_{nt} = (45 - 0.5 hole \times 22) \times 7 = 238 \text{mm}^2$

3. 설계블록전단강도

$U_{bs} = 1.0$

$\phi R_n = \phi [0.6 F_u A_{nv} + U_{bs} F_u A_{nt}] = 0.75 \times [0.6 \times 410 \times 1,050 + 1.0 \times 410 \times 238] = 266,910 \text{ N}$

$\phi [0.6 F_y A_{gv} + U_{bs} F_u A_{nt}] = 0.75 \times [0.6 \times 275 \times 1,435 + 1.0 \times 410 \times 238] = 250,766 \text{ N}$

$\phi R_n = \phi [0.6 F_u A_{nv} + U_{bs} F_u A_{nt}] = 266,910 \text{ N} \leq \phi [0.6 F_y A_{gv} + U_{bs} F_u A_{nt}] = 250,766 \text{ N}$ NG

∴ $\phi R_n = 250.8 \times 10^3 \text{ N} = 250.8 \text{ kN}$

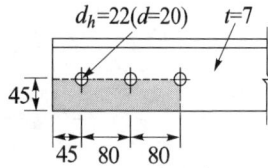

24 그림과 같은 필릿용접부에서 설계블록전단강도(kN)는 얼마인가? (단, 사용강재는 SS275이다.)

(예상)

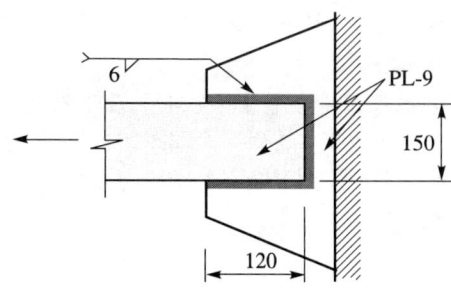

[정답] 1. 접합부의 관련 재료의 강도 (SS275)

$F_y = 275 \text{MPa}$

$F_u = 410 \text{MPa}$

2. 각종 총단면적과 순단면적

$A_{gv} = 2 \times 120 \times 9 = 2,160 \text{ mm}^2$

$A_{nv} = A_{gv} = 2,160 \text{ mm}^2$

$A_{gt} = 150 \times 9 = 1,350 \text{ mm}^2$

$A_{nt} = A_{gt} = 1,350 \text{ mm}^2$

3. 설계블록전단강도

$U_{bs} = 1.0$

$$\phi R_n = \phi F_{nBM} A_{BM}$$
$$= \phi [0.6 F_u A_{nv} + U_{bs} F_u A_{nt}] = 0.75 \times [0.6 \times 410 \times 2{,}160 + 1.0 \times 410 \times 1{,}350] = 813{,}645 \text{ N}$$
$$\phi [0.6 F_y A_{gv} + U_{bs} F_u A_{nt}] = 0.75 \times [0.6 \times 275 \times 2{,}160 + 1.0 \times 410 \times 1{,}350] = 682{,}425 \text{ N}$$
$$\phi R_n = \phi [0.6 F_u A_{nv} + U_{bs} F_u A_{nt}] = 813{,}645 \text{ N} \leq \phi [0.6 F_y A_{gv} + U_{bs} F_u A_{nt}] = 682{,}425 \text{ N} \quad \text{NG}$$
$$\therefore \phi R_n = 682.4 \times 10^3 \text{ N} = 682.4 \text{ kN}$$

25 다음과 같이 그루브용접된 부재가 용접선에 직각인 인장력을 받고 있을 경우, 용접부의 설계인장강도(kN)는? (단, 완전용입용접이고 용접의 유효길이 $l_e = 150$ mm이며, 강재는 SS275, $t \leq 40$ mm이다.) (예상)

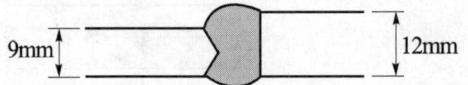

정답

1. 강재의 재료강도(SS275)
   $F_y = 275$MPa, $F_u = 410$MPa

2. 완전용입 그루브용접에서 용접부의 설계인장강도
   (1) 모재의 두께가 다를 경우, 얇은 쪽의 판두께를 사용한다.
   (2) 완전용입 그루브용접에서 용접선에 직각인 인장의 경우 공칭강도 F_{nw}는 모재와 동일하다.
       즉, $F_{nw} = F_y$ 또는 $F_{nw} = F_u$이다.
   (3) 강도감소계수 ϕ도 모재의 인장력에 대한 값과 같다.
   (4) 완전용입 그루브용접에서 용접부의 설계인장강도 산정
       ① 접합부재의 총단면의 인장항복에 대한 설계인장강도 ($\phi = 0.90$)
          $$\phi R_n = \phi F_{nw} A_{we} = \phi F_y A_g$$
          $l_e = 150$ mm
          $a = t = 9$ mm
          $A_g = l_e \times a = 150 \times 9 = 1{,}350 \text{ mm}^2$
          $\phi R_n = \phi F_{nw} A_{we} = \phi F_y A_g = 0.9 \times 275 \times 1{,}350 = 334.1 \times 10^3 \text{ N} = 334.1 \text{ kN}$
       ② 접합부재의 유효순단면의 인장파단에 대한 설계인장강도 ($\phi = 0.75$)
          $$\phi R_n = \phi F_{nw} A_{we} = \phi F_u A_e$$
          $A_e = A_g = 1{,}350 \text{ mm}^2$
          $\phi R_n = \phi F_{nw} A_{we} = \phi F_u A_e = 0.9 \times 410 \times 1{,}350 = 498.2 \times 10^3 \text{ N} = 498.2 \text{ kN}$
       ③ 완전용입 그루브용접에서 용접부의 설계인장강도
          $\phi R_n = \min(334.1, 498.2) = 334.1 \text{ kN}$

   (주1) 예제와 같은 용접의 경우, 단면 결손이 없으므로 총단면적과 유효순단면적은 같다. 따라서 두 식에 따라 완전용입 그루브용접의 설계인장강도는 접합부재 (강판)의 총단면의 인장항복 (항복한계상태)에 대한 설계인장강도 값이다.

26 완전용입용접으로 그루브용접된 부재에 인장력이 고정하중(D)에 의해 100 kN, 활하중(L)에 의해 80 kN이 작용할 경우, 인장력에 대한 용접의 최소 유효길이(mm)는? (단, 강재는 SS275, $t=12$ mm이다.)

(예상)

정답 1. 강재의 재료강도 (SS275)

$F_y = 275\text{MPa}$

$F_u = 410\text{MPa}$

2. 소요강도 (R_u)

$R_u = 1.2P_D + 1.6P_L = 1.2 \times 100 + 1.6 \times 80 = 248 \text{ kN}$

3. 완전용입 그루브용접에서 용접부의 설계인장강도 (R_d)

   (1) 완전용입 그루브용접에서 용접선에 직각인 인장의 경우 공칭강도 F_{nw}는 모재와 동일하다.
       즉, $F_{nw} = F_y$ 또는 $F_{nw} = F_u$이다.
   (2) 강도감소계수 ϕ도 모재의 인장력에 대한 값과 같다.
   (3) 완전용입 그루브용접에서 용접부의 설계인장강도 산정

   ① 접합부재의 총단면의 인장항복에 대한 설계인장강도 ($\phi = 0.90$)

   $\phi R_n = \phi F_{nw} A_{we} = \phi F_y A_g$

   $l_e = l$

   $a = t = 12 \text{ mm}$

   $A_g = l_e \times a = l_e \times 12 = 12 l_e \text{ mm}^2$

   $\phi R_n = \phi F_{nw} A_{we} = \phi F_y A_g = 0.9 \times 275 \times 12 l_e = 2{,}970 l_e \text{ (N)}$

   ② 접합부재의 유효순단면의 인장파단에 대한 설계인장강도 ($\phi = 0.75$)

   $\phi R_n = \phi F_{nw} A_{we} = \phi F_u A_e$

   $A_e = A_g = 12 l_e \text{ mm}^2$

   $\phi R_n = \phi F_{nw} A_{we} = \phi F_u A_e = 0.9 \times 410 \times 12 l_e = 4{,}428 l_e \text{ (N)}$

   ③ 완전용입 그루브용접에서 용접부의 설계인장강도

   $\phi R_n = \min(2{,}970 l_e,\ 4{,}428 l_e) = 2{,}970 l_e \text{ (N)}$

   (4) 용접의 최소 유효길이

   $R_u = 248 \text{ kN} = 248 \times 10^3 \text{ N} \leq \phi R_n = 2{,}970 l_e \text{ (N)}$

   $l_e \geq \dfrac{248 \times 10^3}{2{,}970} = 83.5 \text{ mm}$

   ∴ 용접의 최소 유효길이는 83.5 mm이다.

   (주1) 예제와 같은 용접의 경우, 단면 결손이 없으므로 총단면적과 유효순단면적은 같다. 따라서 두 식에 따라 완전용입 그루브용접의 최소 유효길이는 접합부재(강판)의 총단면의 인장항복(항복한계상태)에 대한 설계인장강도 식으로부터 산정된다.

27 그림과 같이 완전용입 그루브용접으로 두 판이 용접되었고 소요강도 R_u가 1,200kN일 경우, 용접부의 설계강도에 대한 최소 판두께 $t_{\min}$을 결정하시오. (단, 사용강재는 SS275이다.) (예상)

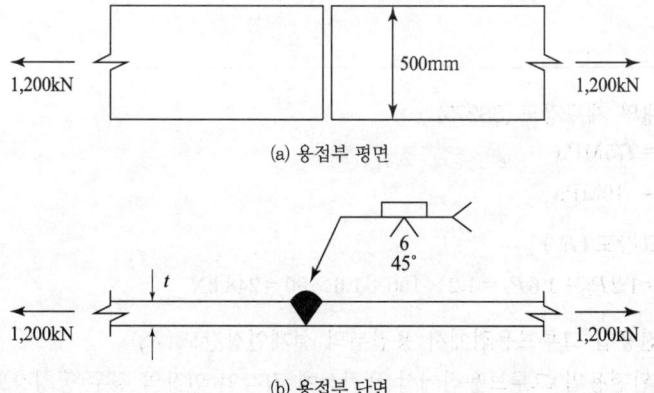

(a) 용접부 평면

(b) 용접부 단면

정답

1. 강재의 재료강도 (SS275)
   $F_y = 275\text{MPa}$
   $F_u = 410\text{MPa}$

2. 소요강도
   $R_u = 1,200 \text{ kN}$

3. 완전용입 그루브용접에서 용접부 설계강도에 대한 접합부재 (강판)의 최소 판두께
   완전용입 그루브용접에서 용접선에 직각인 인장에 대한 용접재의 공칭강도와 강도감소계수는 모재와 동일하다.

   (1) 강판의 총단면의 인장항복 (항복한계상태)
   $R_u \leq \phi R_n = \phi F_{nBM} A_{BM} = \phi F_y A_g$
   $\phi = 0.90$
   $l_e = l = 500 \text{ mm}$
   $a = t$
   $A_g = l_e \times a = 500 \times t$
   $R_u = 1,200 \times 10^3 \text{ N} \leq \phi R_n = \phi F_y A_g = 0.9 \times 275 \times (500 \times t) \text{ (N)}$
   $t \geq \dfrac{1,200 \times 10^3}{0.9 \times 275 \times 500} = 9.7 \text{ mm}$

   (2) 강판의 유효순단면의 인장파단 (파단한계상태)
   $R_u \leq \phi R_n = \phi F_{nBM} A_{BM} = \phi F_u A_e$
   $\phi = 0.75$
   $A_e = A_g = l_e \times a = 500 \times t$
   $R_u = 1,200 \times 10^3 \text{ N} \leq \phi R_n = \phi F_u A_e = 0.75 \times 410 \times (500 \times t) \text{ (N)}$
   $t \geq \dfrac{1,200 \times 10^3}{0.75 \times 410 \times 500} = 7.8 \text{ mm}$

(3) 강판의 최소 판두께

$t_{min} = \max(9.7, 7.8) = 9.7 \text{ mm}$

(주1) 예제에서 강판의 총단면적 $A_g = 500 \times t$이고 유효순단면적 $A_e = 500 \times t$로 같을 경우 두 식으로부터 $0.9 \times 275 < 0.75 \times 410$이 되어 최소 판두께는 0.9×235와 관련된 식으로부터 산정됨을 알 수 있다.

28
그림과 같이 완전용입 맞댐용접으로 두 판이 용접되었고 소요강도 R_u가 1,200kN일 경우, 용접부의 설계강도에 대한 최소 판두께 t_{min}을 결정하시오. (단, 사용강재는 SS400이다.)   (예상)

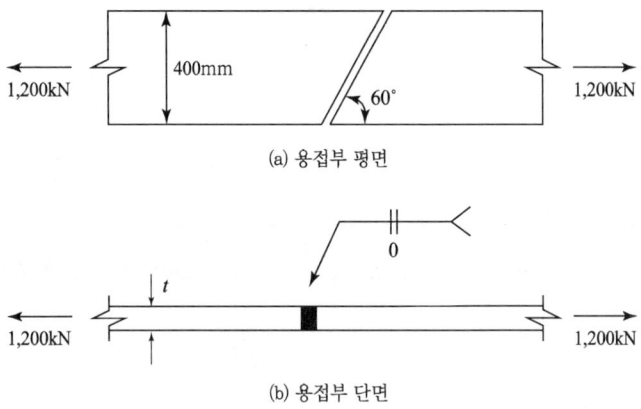

(a) 용접부 평면

(b) 용접부 단면

정답

1. 강재의 재료강도 (SS275)

   $F_y = 275 \text{MPa}, \ F_u = 410 \text{MPa}$

2. 소요강도

   $R_u = 1,200 \text{ kN}$

3. 완전용입 그루브용접에서 용접부 설계강도에 대한 접합부재 (강판)의 최소 판두께

   (1) 강판의 총단면의 인장항복 (항복한계상태)

   $R_u \leq \phi R_n = \phi F_{nBM} A_{BM} = \phi F_y A_g$

   $\phi = 0.90$

   $l_e = l = 400 \text{ mm}$

   $a = t$

   $A_g = l_e \times a = 400 \times t$

   $R_u = 1,200 \times 10^3 \text{ N} \leq \phi R_n = \phi F_y A_g = 0.9 \times 275 \times (400 \times t) \text{ (N)}$

   $t \geq \dfrac{1,200 \times 10^3}{0.9 \times 275 \times 400} = 12.1 \text{ mm}$

   (2) 강판의 유효순단면의 인장파단 (파단한계상태)

   $R_u \leq \phi R_n = \phi F_{nBM} A_{BM} = \phi F_u A_e$

   $\phi = 0.75$

   $A_e = A_g = l_e \times a = 400 \times t$

$$R_u = 1{,}200 \times 10^3 \, \text{N} \leq \phi R_n = \phi F_u A_e = 0.75 \times 410 \times (400 \times t) \, (\text{N})$$

$$t \geq \frac{1{,}200 \times 10^3}{0.75 \times 410 \times 400} = 9.8 \, \text{mm}$$

(3) 강판의 최소 판두께

$$t_{\min} = \max(12.1, \, 9.8) = 12.1 \, \text{mm}$$

29 그림과 같은 용접에서 용접기호를 설명하시오. (예상)

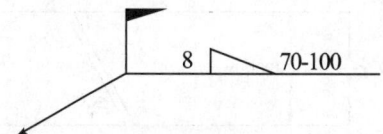

[정답] 용접치수 8 mm, 용접길이 70 mm, 용접피치 100 mm인 화살표 반대쪽의 단속모살 현장용접

30 그림과 같이 필릿용접 시 유효목두께는 몇 mm 인가? (예상)

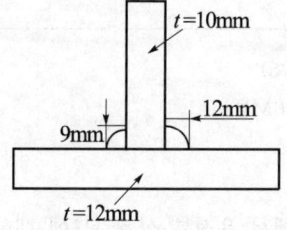

[정답] 필릿용접의 유효목두께에서 필릿용접의 사이즈가 다를 경우 작은 값으로 한다.
$s = 9 \, \text{mm}$
$\therefore a = 0.7s = 0.7 \times 9 = 6.3 \, \text{mm}$

31 용접치수 10 mm로 400 mm 길이가 일직선으로 필릿용접 되었을 때 필릿용접의 유효단면적(mm^2)은 얼마인가? (예상)

정답 필릿용접의 유효면적
① 유효용접길이 (l) = 용접길이 $-2s$ = $400 - 2 \times 10 = 380$ mm
② 유효목두께 (a) = $0.7s = 0.7 \times 10 = 7$ mm
③ 유효단면적 (A_{we}) = $l \times a = 380 \times 7 = 2,660$ mm²

32 필릿사이즈 (s)가 6mm이며, 유효용접길이 (l_e)는 200mm이다. 필릿용접재의 설계전단강도(kN)는 얼마인가? (단, 사용강재는 SS275이고, 용접재는 KS D 7004 연강용 피복아크 용접봉으로 F_y=345MPa이고 F_u=420MPa이다. 그리고 용접 사이즈와 용접길이는 관련기준을 만족하는 것으로 한다.)

(예상)

정답 1. 용접재의 인장강도(KS D 7004 연강용 피복아크 용접봉)
$F_w = F_u = 420$ MPa
(주1) 강판의 인장강도와 용접재의 인장강도는 다름에 주의한다.

2. 필릿용접(모살용접)재의 설계전단강도
(1) 용접재의 공칭강도
$F_{nw} = 0.60 F_w = 0.6 \times 420 = 252$ MPa
(2) 용접의 유효길이
$l_e = 200$ mm
(3) 필릿 사이즈
$s = 6$ mm
(4) 용접의 유효목두께
$a = 0.7s = 0.7 \times 6 = 4.2$ mm
(5) 용접의 유효단면적
$A_{we} = l_e \times a = 200 \times 4.2 = 840$ mm²
(6) 용접재의 설계전단강도 ($\phi = 0.75$)
$\phi R_n = \phi F_{nw} A_{we} = \phi (0.60 F_w) A_{we} = 0.75 \times 252 \times 840 = 158.8 \times 10^3$ N = 158.8 kN

33 그림과 같은 필릿용접부에서 용접재의 설계전단강도(kN)는 얼마인가? (단, 사용강재는 SS275이고, 용접재는 KS D 7004 연강용 피복아크 용접봉으로 F_y=345MPa이고 F_u=420MPa이다.) (4점)

•11 ③

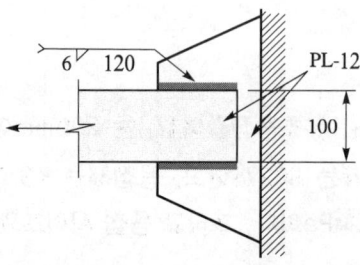

정답 1. 용접재의 인장강도(KS D 7004 연강용 피복아크 용접봉)
  $F_w = F_u = 420\,\text{MPa}$

2. 용접 사이즈와 용접길이의 검토
  (1) 모재 두께 $t=12\,\text{mm}$인 경우 필릿용접의 최소 사이즈 $s_{\min}=5\,\text{mm}$
  (2) 필릿용접의 최대 사이즈 $s_{\max}=t-2=12-2=10\,\text{mm}$
  (3) $s_{\min}=5\,\text{mm}<s=6\,\text{mm}<s_{\max}=10\,\text{mm}$ OK
  (4) 용접의 유효길이 $=l_e$
             $=l-2s=120-2\times6=108\,\text{mm} \geq 4s=4\times6=24\,\text{mm}$ OK
  (5) $l=120\,\text{mm} \geq w=100\,\text{mm}$ OK

3. 용접재의 설계전단강도
  (1) 용접재의 공칭강도
    $F_{nw}=0.60F_w=0.6\times420=252\,\text{MPa}$
  (2) 용접의 유효길이
    $l_e=2(l-2s)=2\times(120-2\times6)=216\,\text{mm}$
  (3) 용접의 사이즈
    $s=6\,\text{mm}$
  (4) 용접의 유효목두께
    $a=0.7s=0.7\times6=4.2\,\text{mm}$
  (5) 용접의 유효단면적
    $A_{we}=l_e\times a=216\times4.2=907\,\text{mm}^2$
  (6) 용접재의 설계전단강도 ($\phi=0.75$)
    $\phi R_n = \phi F_{nw}A_{we}=\phi(0.60F_w)A_{we}=0.75\times252\times907=171.4\times10^3\,\text{N}=171.4\,\text{kN}$

34 그림과 같은 필릿용접부에서 용접의 설계전단강도는 얼마인가? (단, 사용강재는 SS275이고, 용접재는 KS D 7004 연강용 피복아크 용접봉으로 F_y=325MPa이고 F_u=420MPa이다.)
(4점)

•13 ③, 17 ③

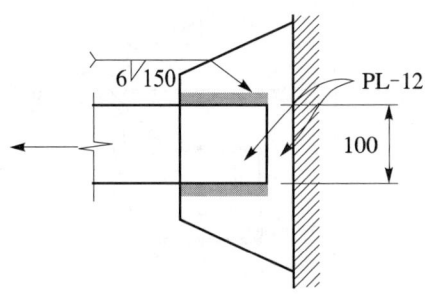

[정답] 1. 용접재의 인장강도 (KS D 7004 연강용 피복아크 용접봉)
  $F_w = F_u = 420 \text{ MPa}$

2. 용접 사이즈와 용접길이의 검토
  (1) 모재 두께 $t = 12 \text{ mm}$ 인 경우 필릿용접의 최소 사이즈 $s_{\min} = 5 \text{ mm}$
  (2) 필릿용접의 최대 사이즈 $s_{\max} = t - 2 = 12 - 2 = 10 \text{ mm}$
  (3) $s_{\min} = 5 \text{ mm} < s = 6 \text{ mm} < s_{\max} = 10 \text{ mm}$ OK
  (4) 용접의 유효길이 $= l_e$
  $= l - 2s = 150 - 2 \times 6 = 138 \text{ mm} \geq 4s = 4 \times 6 = 24 \text{ mm}$ OK
  (5) $l = 150 \text{ mm} \geq w = 100 \text{ mm}$ OK

3. 용접재의 설계전단강도
  (1) 용접재의 공칭강도
  $F_{nw} = 0.60 F_w = 0.6 \times 420 = 252 \text{ MPa}$
  (2) 용접의 유효길이
  $l_e = 2(l - 2s) = 2 \times (150 - 2 \times 6) = 276 \text{ mm}$
  (3) 용접의 사이즈
  $s = 6 \text{ mm}$
  (4) 용접의 유효목두께
  $a = 0.7s = 0.7 \times 6 = 4.2 \text{ mm}$
  (5) 용접의 유효단면적
  $A_{we} = l_e \times a = 276 \times 4.2 = 1,159 \text{ mm}^2$
  (6) 용접재의 설계전단강도 ($\phi = 0.75$)
  $\phi R_n = \phi F_{nw} A_{we} = \phi (0.60 F_w) A_{we} = 0.75 \times 252 \times 1,159 = 219.1 \times 10^3 \text{ N} = 219.1 \text{ kN}$

35 SS275 ($F_y = 275$ MPa)을 사용한 그림과 같은 필릿용접 부위의 설계강도 (ϕR_n)를 구하시오. (단, $\phi R_n = \phi F_{nw} A_{we}$, $\phi = 0.75$, $F_{nw} = 0.6 F_w$이고 KS D 7004 연강용 피복아크 용접봉이다.) (4점)

•16 ①

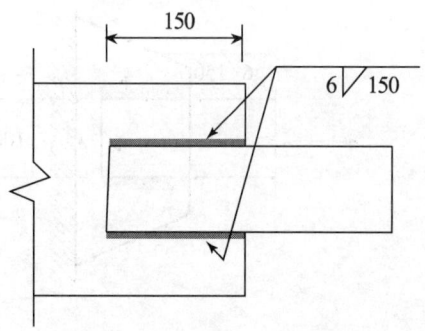

정답 1. 접합부재(강판) 및 용접재의 재료강도 (SS275, KS D 7004 연강용 피복아크 용접봉)
   (1) 강판의 항복강도 : $F_y = 275$ MPa
   (2) 강판의 인장강도 : $F_u = 410$ MPa
   (3) 용접재의 인장강도 : $F_w = F_u = 420$ MPa
   (주1) 강판의 인장강도와 용접재의 인장강도는 다름에 주의한다.

2. 용접 사이즈와 용접길이의 검토
   (1) 용접 사이즈에 대한 검토는 접합부재(강판)의 두께가 주어지지 않으므로 검토할 수 없다.
   (2) 용접의 유효길이 = l_e
   $= l - 2s = 150 - 2 \times 6 = 138$ mm $\geq 4s = 4 \times 6 = 24$ mm   OK

3. 필릿용접부의 설계강도
   (1) 접합부재(강판)의 총단면 인장항복 및 유효순단면의 인장파단에 대한 설계인장강도, 접합부재의 총단면 전단항복 및 순단면의 전단파단에 대한 설계전단강도 그리고 설계블록전단강도는 문제 조건에서 접합부재의 두께와 폭이 주어지지 않았으므로 산정할 수 없다.
   (2) 용접재의 설계전단강도
   ① 용접재의 공칭강도
   $F_{nw} = 0.60 F_w = 0.6 \times 420 = 252$ MPa
   ② 용접의 유효길이
   $l_e = 2(l - 2s) = 2 \times (150 - 2 \times 6) = 276$ mm
   ③ 용접의 사이즈
   $s = 6$ mm
   ④ 용접의 유효목두께
   $a = 0.7s = 0.7 \times 6 = 4.2$ mm
   ⑤ 용접의 유효단면적
   $A_{we} = l_e \times a = 276 \times 4.2 = 1,159$ mm^2
   ⑥ 용접재의 설계전단강도 ($\phi = 0.75$)
   $\phi R_n = \phi F_{nw} A_{we} = \phi (0.60 F_w) A_{we} = 0.75 \times 252 \times 1,159 = 219.1 \times 10^3$ N $= 219.1$ kN

(3) 용접부의 설계강도

$\phi R_n = 219.1 \text{ kN}$

따라서 필릿용접부의 설계강도는 $\phi R_n = 219.1 \text{ kN}$ 이고, 용접재의 설계전단강도가 지배한다.

36
접합부재(강판)의 두께(t)는 9mm이고, 필릿 사이즈(s)가 6mm이며, 용접의 유효길이(l_e)가 200mm인 필릿용접부에 용접의 길이방향으로 전단력이 작용할 경우, 필릿용접부에서 접합부재의 설계전단강도와 용접재의 설계전단강도만 고려할 경우, 필릿용접부의 설계전단강도는 얼마인가? (단, 사용강재는 SS275이고, 용접재는 KS D 7004 연강용 피복아크 용접봉으로 F_y=325MPa 이고 F_u=420MPa이다.)

(예상)

정답
1. 접합부재(강판) 및 용접재의 재료강도 (SS275, KS D 7004 연강용 피복아크 용접봉)
   (1) 강판의 항복강도 : $F_y = 275 \text{ MPa}$
   (2) 강판의 인장강도 : $F_u = 410 \text{ MPa}$
   (3) 용접재의 인장강도 : $F_w = F_u = 420 \text{ MPa}$

2. 용접 사이즈와 용접길이의 검토
   (1) 강판 두께 $t = 9 \text{ mm}$ 인 경우 필릿용접의 최소 사이즈 $s_{\min} = 5 \text{ mm}$
   (2) 필릿용접의 최대 사이즈 $s_{\max} = t - 2 = 9 - 2 = 7 \text{ mm}$
   (3) $s_{\min} = 5 \text{ mm} < s = 6 \text{ mm} < s_{\max} = 7 \text{ mm}$ OK
   (4) 용접의 유효길이 $l_e = 200 \text{ mm} \geq 4s = 4 \times 6 = 24 \text{ mm}$ OK

3. 필릿용접부의 설계전단강도
   (1) 접합부재(강판)의 총단면의 전단항복에 대한 설계전단강도
      ① 강판의 전단저항 총단면적
      $A_{gv} = 200 \times 9 = 1,800 \text{ mm}^2$
      ② 강판의 설계전단항복강도 ($\phi = 1.0$)
      $\phi R_n = \phi F_{nBM} A_{BM} = \phi 0.6 F_y A_{gv} = 1.0 \times 0.6 \times 275 \times 1,800 = 297.0 \times 10^3 \text{ N} = 297.0 \text{ kN}$
   (2) 접합부재(강판)의 순단면의 전단파단에 대한 설계전단강도
      ① 강판의 전단저항 순단면적
      $A_{nv} = A_{gv} = 1,800 \text{ mm}^2$
      ② 강판의 설계전단파단강도 ($\phi = 0.75$)
      $\phi R_n = \phi F_{nBM} A_{BM} = \phi 0.6 F_u A_{nv} = 0.75 \times 0.6 \times 410 \times 1,800 = 332.1 \times 10^3 \text{ N} = 332.1 \text{ kN}$
   (3) 용접재의 설계전단강도
      ① 용접재의 공칭강도
      $F_{nw} = 0.60 F_w = 0.6 \times 420 = 252 \text{ MPa}$
      ② 용접의 유효길이
      $l_e = 200 \text{ mm}$

③ 필릿 사이즈
$s = 6\,\mathrm{mm}$
④ 용접의 유효목두께
$a = 0.7\,s = 0.7 \times 6 = 4.2\,\mathrm{mm}$
⑤ 용접의 유효단면적
$A_{we} = l_e \times a = 200 \times 4.2 = 840\,\mathrm{mm}^2$
⑥ 용접재의 설계전단강도 ($\phi = 0.75$)
$\phi R_n = \phi F_{nw} A_{we} = \phi(0.60 F_w) A_{we} = 0.75 \times 252 \times 840 = 158.8 \times 10^3\,\mathrm{N} = 158.8\,\mathrm{kN}$

(4) 용접부의 설계전단강도
$\phi R_n = \min(253.8,\ 324.0,\ 158.8) = 158.8\,\mathrm{kN}$

따라서 필릿용접부의 설계전단강도는 $\phi R_n = 158.8\,\mathrm{kN}$이다.

(주) 접합부재(강판)에 대한 설계강도 산정에서는 강판(SN355)의 강도를 사용하지만 용접의 유효길이를 산정하기 위한 용접재의 설계강도에서는 용접재(KS D 7004)의 강도를 사용함에 주의하여야 한다.

37 다음 조건에서의 용접의 최소 유효길이(l_e)를 산출하시오. (4점) •17 ②

┤조건├
① 강판(모재) : SN355 ($F_y = 355\,\mathrm{MPa},\ F_u = 490\,\mathrm{MPa}$)
② 용접재료 : KS D 7004 연강용 피복아크 용접봉 ($F_y = 345\,\mathrm{MPa},\ F_u = 420\,\mathrm{MPa}$)
③ 필릿용접의 사이즈 : $s = 5\,\mathrm{mm}$
④ 하중 : 고정하중 20 kN, 활하중 30 kN

정답

1. 소요강도
$R_u = 1.4 P_D = 1.4 \times 20 = 28\,\mathrm{kN}$
$R_u = 1.2 P_D + 1.6 P_L = 1.2 \times 20 + 1.6 \times 30 = 72\,\mathrm{kN}$
$\therefore R_u = \max(28,\ 72) = 72\,\mathrm{kN}$

2. 필릿용접부에서 용접재의 설계전단강도
 (1) 용접재의 용접재의 최소 인장강도
 $F_w = F_u = 420\,\mathrm{MPa}$
 (2) 용접재의 공칭강도
 $F_{nw} = 0.60 F_w = 0.6 \times 420 = 252\,\mathrm{MPa}$
 (3) 필릿 사이즈
 $s = 5\,\mathrm{mm}$
 (4) 용접의 유효목두께
 $a = 0.7\,s = 0.7 \times 5 = 3.5\,\mathrm{mm}$

(5) 용접의 유효단면적
$$A_{we} = l_e \times a = l_e \times 3.5 = 3.5\, l_e\, \text{mm}^2$$
(6) 용접재의 설계전단강도 ($\phi = 0.75$)
$$\phi R_n = \phi F_{nw} A_{we} = \phi(0.60 F_w) A_{we} = 0.75 \times 252 \times 3.5 l_e = 661.5 l_e\, \text{N}$$

3. 용접의 최소 유효길이
$$R_u = 72\,\text{kN} = 72 \times 10^3\,\text{N} \leq \phi R_n = 661.5 l_e\,\text{N}$$
$$l_e \geq \frac{72 \times 10^3}{661.5} = 108.84\,\text{mm}$$
∴ 용접의 최소 유효길이는 108.84mm이다.

38 다음 그림과 같이 H형강의 보에 T형강이 4개의 고장력볼트에 의해 행거 형태로 접합되어 있다. 고장력볼트 4개 (F10T)의 설계인장강도는 얼마인가? (단, 사용강재는 SS275이고 T형 단면에서 행거 플랜지(다리)의 강성이 충분히 강하여 강성이 확보된 것으로 가정한다.)   (예상)

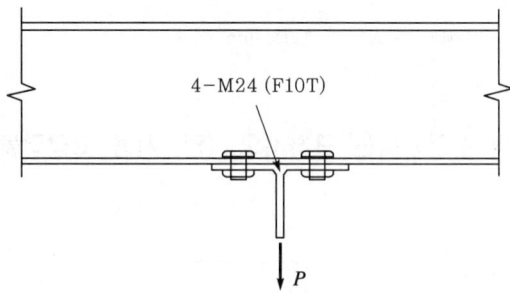

정답 1. 고장력볼트의 인장강도 F_u와 공칭인장강도 F_{nt} 산정 (F10T)
(1) $F_u = 1,000\,\text{MPa}$
(2) $F_{nt} = 0.75 F_u = 0.75 \times 1,000 = 750\,\text{MPa}$

2. 고장력볼트 1개의 설계인장강도
$$\phi R_n = \phi F_{nt} A_b = 0.75 \times 750 \times \left(\frac{\pi \times 24^2}{4}\right) = 254.5 \times 10^3\,\text{N} = 254.5\,\text{kN}$$

3. 고장력볼트 4개의 설계인장강도
$$\phi R_n = 4 \times 254.5 = 1,018.0\,\text{kN}$$

39 접합의 중심이 인장재의 중심과 일치하지 않아 편심이 발생하는 접합부에서의 인장력은 접합면을 통해 전단응력의 형태로 전체 단면으로 전달되고 인장력이 불균등하게 발생하는 현상은?   (예상)

정답 시어래그 (Shear Lag, 전단지연)

40 다음 그림과 같은 인장재 L-100×100×7의 순단면적(mm^2)을 구하시오. (3점) • 17 ③

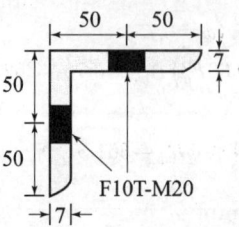

정답 1. 고장력볼트의 구멍지름 (M20)
$d_h = d + 2 = 20 + 2 = 22mm$
2. 총단면적
$A_g = (200 - 7) \times 7 = 1,351\, mm^2$
3. 순단면적
$A_n = A_g - nd_h t = 1,351 - 2 \times 22 \times 7 = 1,043\, mm^2$

41 그림과 같은 인장부재의 순단면적을 구하시오. (단, 사용 고장력볼트는 M20이며, 판 두께는 6mm이다.) (4점) • 15 ②, 18 ②

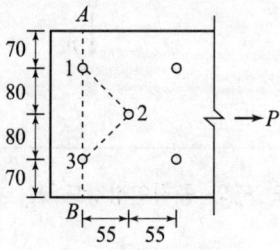

정답 1. 고장력볼트의 구멍지름 (M20)
$d_h = d + 2 = 20 + 2 = 22mm$
2. 총단면적
$A_g = 300 \times 6 = 1,800 mm^2$
3. 파단선에 따른 순단면적
 (1) 파단선 A-1-3-B
 $A_n = A_g - nd_h t = 1,800 - 2 \times 22 \times 6 = 1,536 mm^2$
 (2) 파단선 A-1-2-3-B
 $A_n = A_g - nd_h t + \Sigma \frac{s^2}{4g} t$
 $= 1,800 - 3 \times 22 \times 6 + \frac{55^2}{4 \times 80} \times 6 + \frac{55^2}{4 \times 80} \times 6 = 1,517 mm^2$
∴ 순단면적은 가장 작은 $1,517mm^2$가 된다.

42 아래 그림과 같은 인장재의 총단면적과 순단면적(mm²)을 구하라. (단, 사용된 고장력볼트는 M20이고 ㄱ형강은 L-150×150×12이고 $A_g = 3,477\text{mm}^2$이다.) (3점)

•13 ①, 20 ②

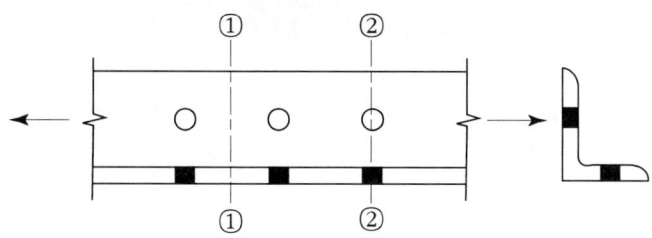

정답 1. 고장력볼트의 구멍지름 (M20)
$$d_h = d + 2 = 20 + 2 = 22 \text{ mm}$$

2. 총단면적 (①-① 단면)
$$A_g = 3,477 \text{ mm}^2$$

3. 파단선에 따른 순단면적 (②-② 단면)
$$A_n = A_g - n\, d_h\, t = 3,477 - 2 \times 22 \times 12 = 2,949 \text{ mm}^2$$

43 아래 그림과 같이 용접된 부재에 인장력이 작용할 경우 설계인장강도만을 고려한 접합부의 강판의 최대 계수인장하중(kN)을 산정하라. (단, 강재의 종류는 SS275이고, 거셋플레이트의 3면에 용접되었다.)

(예상)

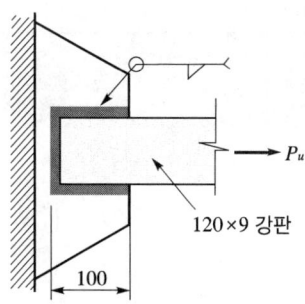

정답 1. 접합부재 (강판)의 재료강도 (SS275)
$$F_y = 275\text{MPa}$$
$$F_u = 410\text{MPa}$$

2. 접합부재 (강판)의 총단면적 A_g와 유효순단면적 A_e 산정
$$A_g = 120 \times 9 = 1,080 \text{mm}^2$$
$$A_n = A_g = 1,080 \text{mm}^2$$
$$U = 1.0$$
$$A_e = UA_n = 1.0 \times 1,080 = 1,080 \text{mm}^2$$

3. 접합부재(강판)의 계수인장하중 산정
   (1) 총단면의 인장항복에 대한 설계인장강도
      $\phi_t P_n = \phi_t F_y A_g = 0.9 \times 275 \times 1{,}080 = 267.3 \times 10^3 \text{ N} = 267.3 \text{ kN}$
   (2) 유효순단면의 인장파단에 대한 설계인장강도
      $\phi_t P_n = \phi_t F_u A_e = 0.75 \times 410 \times 1{,}080 = 332.1 \times 10^3 \text{ N} = 332.1 \text{ kN}$
   (3) 따라서 설계인장강도는 $\phi_t P_n = \min(267.3,\ 332.1) = 267.3 \text{ kN}$이고, $P_u \leq \phi_t P_n$이므로 최대 계수인장하중(소요인장강도)는 $P_u = 267.3 \text{ kN}$이다.

44. 기둥의 재질과 단면적 및 길이가 같은 다음 4개의 장주를 유효좌굴길이가 큰 순서대로 나열하시오. (3점)

• 18 ②, 22 ①

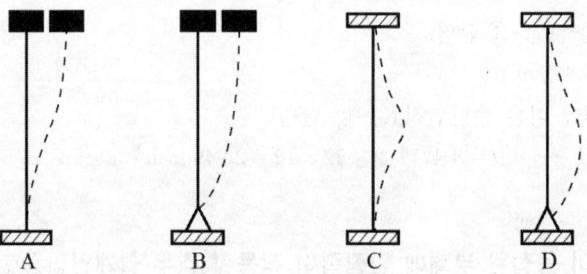

[정답] B → A → D → C

(주1) 유효좌굴길이(KL) : B($2.0L$) → A($1.0L$) → D($0.7L$) → C($0.5L$)

(주2) 유효좌굴길이계수(K)

단부 구속조건	양단 고정	1단 힌지, 타단 고정	양단 힌지	1단 회전구속, 이동자유, 타단 고정	1단 회전자유, 이동자유, 타단 고정	1단 회전구속, 이동자유, 타단 힌지
좌굴형태						
유효좌굴길이 계수 K	0.50	0.70	1.0	1.0	2.0	2.0
절점 조건 범례	회전구속, 이동구속 : 고정단 회전자유, 이동구속 : 힌지 회전구속, 이동자유 : 큰 보강성과 작은 기둥강성인 라멘 회전자유, 이동자유 : 자유단					

45 기둥의 재질과 단면 크기가 모두 같은 그림과 같은 4개의 장주의 유효좌굴길이계수와 유효좌굴길이를 쓰시오. (4점)

•12 ①

단부 구속조건	1단 힌지, 타단 고정	1단 자유, 타단 고정	양단 고정	양단 힌지
조건	a	$\dfrac{a}{2}$	$2a$	$\dfrac{a}{2}$
유효좌굴길이계수, K값				
유효좌굴길이, KL				

정답

단부 구속조건	1단 힌지, 타단 고정	1단 자유, 타단 고정	양단 고정	양단 힌지
부재길이, L	a	$\dfrac{a}{2}$	$2a$	$\dfrac{a}{2}$
유효좌굴길이계수, K	0.7	2.0	0.5	1.0
유효좌굴길이, KL	$0.7a$	$2.0 \times \dfrac{a}{2} = 1.0a$	$0.5 \times 2a = 1.0a$	$1.0 \times \dfrac{a}{2} = 0.5a$

46 다음 그림과 같이 각 부재에 대한 부재길이가 제시되어 있다. 지점 조건에 따른 각 부재의 유효좌굴길이를 구하시오. (4점)

•19 ②

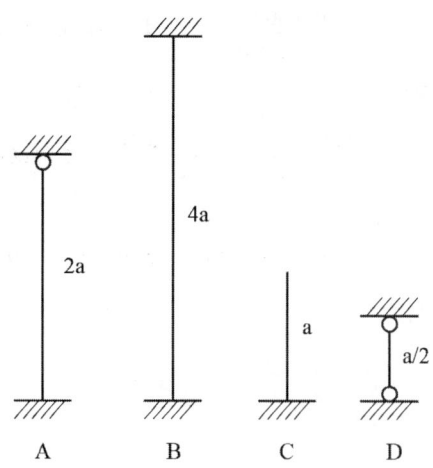

정답

단부 구속조건	1단 힌지, 타단 고정	양단 고정	1단 자유, 타단 고정	양단 힌지
부재길이, L	$2a$	$4a$	a	$a/2$
유효좌굴길이계수, K	0.7	0.5	2.0	1.0
유효좌굴길이, KL	$2a \times 0.7 = 1.4a$	$4a \times 0.5 = 2.0a$	$a \times 2.0 = 2.0a$	$a/2 \times 1.0 = 0.5a$

47 1단 자유, 타단 고정인 길이 2.5m의 압축력을 받는 강구조 기둥의 탄성 좌굴하중(오일러의 좌굴하중)은 몇 kN인가? (단, 단면2차 모멘트 $I = 798,000 \text{ mm}^4$, 탄성계수 $E = 210,000 \text{ MPa}$이다.) (3점)

• 12 ②, 15 ②, 21 ②

정답 (1) 1단 자유, 타단 고정인 경우의 유효좌굴길이

$KL = 2.0L$

(2) 탄성 좌굴하중

$$P_{cr} = \frac{\pi^2 EI}{(KL)^2} = \frac{\pi^2 EI}{(2L)^2} = \frac{\pi^2 \times (210,000) \times (798,000)}{(2 \times 2,500)^2} = 66.16 \times 10^3 \text{ N} = 66.16 \text{ kN}$$

48 일반구조용 압연강재 H-250×250×9×14의 압축부재가 유효좌굴길이 $KL_x = 5.0$m 그리고 $KL_y = 2.5$m이며, 단부의 조건이 양단힌지로 되어 있을 때 좌굴하중 P_{cr}(kN)은? (단, $A_g = 9,218 \text{mm}^2$, $I_x = 108 \times 10^6 \text{ mm}^4$, $I_y = 36.5 \times 10^6 \text{ mm}^4$이다.) (예상)

정답 1. x축에 대한 좌굴하중

$$P_{cr,x} = \frac{\pi^2 EI_x}{(KL_x)^2} = \frac{\pi^2 \times 210,000 \times (108 \times 10^6)}{(5,000)^2} = 8,953.71 \times 10^3 \text{ N} = 8,953.71 \text{ kN}$$

2. y축에 대한 좌굴하중

$$P_{cr,y} = \frac{\pi^2 EI_y}{(KL_y)^2} = \frac{\pi^2 \times 210,000 \times (36.5 \times 10^6)}{(2,500)^2} = 12,104.08 \times 10^3 \text{ N} = 12,104.08 \text{ kN}$$

3. 압축부재의 좌굴하중

$P_{cr} = \min(P_{cr,x}, P_{cr,y}) = \min(8,953.71, 12,104.08) = 8,953.71 \text{ kN}$

49 1단 고정, 타단 자유인 길이 2.5m인 압축력을 받는 H형강(H-100×100×6×8)의 탄성 좌굴하중 P_{cr} (kN)을 구하시오. (단, $I_x = 3,830 \times 10^3 \text{ mm}^4$, $I_y = 1,340 \times 10^3 \text{ mm}^4$, $E = 210,000 \text{ MPa}$ 이다.) (4점)

•12 ③

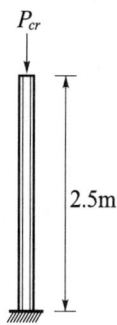

정답 x축 및 y축의 양방향에 대해 좌굴하중을 고려할 경우 $P_{cr} = \min(P_{crx}, P_{cry})$가 된다.

$P_{cr} = \dfrac{\pi^2 EI}{(KL)^2}$ 이고, E와 KL이 동일 할 경우 I에 의해 좌굴하중이 결정된다.

즉, $I = \min(I_x, I_y) = I_y$ 이므로 I_y를 P_{cr}에 대입하여 좌굴하중을 산정한다.

그리고 1단 고정, 타단 자유인 경우의 유효좌굴길이 KL은 $2.0L$이다.

$P_{cr} = \dfrac{\pi^2 EI}{(KL)^2} = \dfrac{\pi^2 \times 210,000 \times 134 \times 10^4}{(2 \times 2,500)^2} = 111.09 \times 10^3 \text{ N} = 111.09 \text{ kN}$

50 일반구조용 압연강재 H-300×300×10×15의 압축부재가 x 방향에 대한 길이는 L_x=5 m이며 양단힌지로 되어 있다. 또한 y 방향에 대해서는 부재 길이의 중간에 횡지지되어 있다. 이 압축부재의 좌굴응력(MPa)은 얼마인가? (단, A_g= 11,980 mm^2, I_x=204×10^6 mm^4, I_y=67.5×10^6 mm^{4}이다.)

(예상)

정답 1. 좌굴하중 산정
  (1) x축에 대한 좌굴하중

$$P_{cr,x} = \dfrac{\pi^2 EI_x}{(KL_x)^2} = \dfrac{\pi^2 \times 210,000 \times (204 \times 10^6)}{(5,000)^2} = 16,912.55 \times 10^3 \text{ N} = 16,912.55 \text{ kN}$$

  (2) y축에 대한 좌굴하중

$$P_{cr,y} = \dfrac{\pi^2 EI_y}{(KL_y)^2} = \dfrac{\pi^2 \times 210,000 \times (67.5 \times 10^6)}{(2,500)^2} = 22,384.26 \times 10^3 \text{ N} = 22,384.26 \text{ kN}$$

  (3) 압축부재의 좌굴하중

$$P_{cr} = \min(P_{cr,x}, P_{cr,y}) = \min(16,912.55, 22,384.26) = 16,912.55 \text{ kN}$$

2. 좌굴응력 산정

$$F_{cr} = \dfrac{P_{cr}}{A_g} = \dfrac{16,612.55 \times 10^3}{11,980} = 1,403.38 \text{ MPa}$$

51 콘크리트 직사각형 기둥 (150 mm×200 mm)이 양단힌지로 지지되었을 경우, 약축에 대한 세장비가 150이 되기 위한 기둥의 길이를 산정하시오. (4점)

●13 ①, 18 ③

정답 ① 약축에 대한 단면2차 모멘트
$$I_y = \frac{200 \times 150^3}{12} = 56.25 \times 10^6 \text{ mm}^4$$
② 단면적
$$A = 200 \times 150 = 30 \times 10^3 \text{ mm}^2$$
③ 약축에 대한 단면2차 반경
$$r_y = \sqrt{\frac{I_y}{A}} = \sqrt{\frac{56.25 \times 10^6}{30 \times 10^3}} = 43.3 \text{ mm}$$
④ 기둥의 길이
$$\frac{KL}{r_y} = \frac{1.0 \times L}{43.3} = 150$$
$$\therefore L = 150 \times 43.3 = 6495 \text{ mm} = 6.495 \text{ m}$$

52 균일 압축력을 받는 압연 H형강 H-400×200×8×13 ($r = 16\text{mm}$)에 대한 압축판요소의 판폭두께비를 계산하시오. (4점)

●17 ①, 18 ①, 20 ③

정답 1. 비구속판요소(플랜지)의 판폭두께비 계산
$$b = \frac{b_f}{2} = \frac{200}{2} = 100\text{mm}$$
$$\lambda = \frac{b}{t} = \frac{100}{13} = 7.69$$
2. 구속판요소(웨브)의 판폭두께비 계산
$$h = d - 2t_f - 2r = 400 - 2 \times 13 - 2 \times 16 = 342 \text{ mm}$$
$$\lambda = \frac{h}{t_w} = \frac{342}{8} = 42.75$$

53 균일 압축력을 받는 압연 H형강 H-390×300×10×16 ($r=22\text{mm}$)에 대한 압축판요소의 판폭두께비를 검토하고, 국부좌굴에 대한 압축재 단면을 분류하시오. (단, 사용강재는 SS275이다.)

(예상)

[정답] 1. 강재의 재료강도 (SS275)

$F_y = 275$MPa

$F_u = 410$MPa

2. 판폭두께비 검토

   (1) 비구속판요소 (플랜지)의 판폭두께비 검토

   $$b = \frac{b_f}{2} = \frac{300}{2} = 150\text{mm}$$

   $$\lambda = \frac{b}{t} = \frac{150}{16} = 9.4$$

   $$\lambda_r = 0.56\sqrt{\frac{E}{F_y}} = 0.56 \times \sqrt{\frac{210,000}{275}} = 15.48$$

   $\lambda = 9.4 \leq \lambda_r = 15.48$ ∴ 비조밀판요소

   (2) 구속판요소 (웨브)의 판폭두께비 검토

   $$h = d - 2t_f - 2r = 390 - 2 \times 16 - 2 \times 22 = 314\text{mm}$$

   $$\lambda = \frac{h}{t_w} = \frac{314}{10} = 31.4$$

   $$\lambda_r = 1.49\sqrt{\frac{E}{F_y}} = 1.49 \times \sqrt{\frac{210,000}{275}} = 41.17$$

   $\lambda = 31.4 \leq \lambda_r = 41.17$ ∴ 비조밀판요소

   따라서 이 부재는 단면을 구성하는 모든 압축판요소가 비조밀판요소인 경우이므로 비조밀단면이 된다.

54 비조밀단면을 가진 압축재 H-250×250×9×14 (A_g=9,218 mm²)가 균일압축을 받을 경우, 이 기둥의 설계압축강도 $\phi_c P_n$(kN)은 얼마인가? (단, SS275, $t \leq 40$ mm이고, 세장비 KL/r=80이다.)

(예상)

[정답] 1. 구분 (SS275의 경우, $F_y = 275$MPa이다.)

   $$\frac{KL}{r} = 80.0 \leq 4.71\sqrt{\frac{E}{F_y}} = 4.71 \times \sqrt{\frac{210,000}{275}} = 130.2$$

2. 탄성좌굴강도

   $$F_e = \frac{\pi^2 E}{\left(\frac{KL}{r}\right)^2} = \frac{\pi^2 \times 210,000}{(80.0)^2} = 323.8 \text{ MPa}$$

3. 비조밀단면을 가진 부재의 휨좌굴강도

   $$F_{cr} = \left[0.658^{\frac{F_y}{F_e}}\right]F_y = \left[0.658^{\frac{275}{323.8}}\right] \times 275 = 192.7 \text{ MPa}$$

4. 기둥의 설계압축강도

   $$\phi_c P_n = \phi_c F_{cr} A_g = 0.90 \times 192.7 \times 9,218 = 1,598.77 \times 10^3 \text{ N} = 1,598.77 \text{ kN}$$

55 비조밀단면을 가진 부재 H-250×250×9×14 (A_g=9,218 mm²)가 균일 압축을 받을 경우, 이 기둥의 설계압축강도 $\phi_c P_n$(kN)은 얼마인가? (단, SS275, $t \leq 40$ mm이고, 세장비 KL/r=150이다.)

(예상)

정답 1. 구분 (SS275의 경우, F_y = 275MPa 이다.)

$$\frac{KL}{r} = 150.0 > 4.71\sqrt{\frac{E}{F_y}} = 4.71 \times \sqrt{\frac{210,000}{275}} = 130.2$$

2. 탄성좌굴강도

$$F_e = \frac{\pi^2 E}{\left(\frac{KL}{r}\right)^2} = \frac{\pi^2 \times 210,000}{(150)^2} = 92.1 \text{ MPa}$$

3. 비조밀단면을 가진 부재의 휨좌굴강도
   $F_{cr} = 0.877 F_e = 0.877 \times 92.1 = 80.8$ MPa

4. 기둥의 설계압축강도
   $\phi_c P_n = \phi_c F_{cr} A_g = 0.90 \times 80.8 \times 9,218 = 670.33 \times 10^3$ N = 670.33 kN

56 바닥슬래브와 강구조 보를 일체화시켜 그 접합부에 발생되는 전단력을 부담시키기 위한 철물을 무엇이라 하는가?

(예상)

정답 전단연결재(Shear Connector, 시어커넥터)

57 스티퍼너의 종류를 3가지 쓰시오.

(예상)

① _____ ② _____ ③ _____

정답 ① 하중점 스티프너　② 중간 스티프너　③ 수평 스티프너

58 강구조 부재에서 비틀림이 생기지 않고 휨변형만 유발하는 위치를 전단중심(Shear Center)이라 한다. 다음 형강들에 대하여 전단중심의 위치를 각 단면에 점(•)으로 표기하시오. (3점) •12 ②, 19 ①

정답

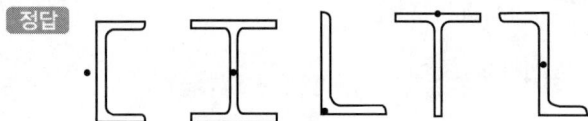

59 임의 단면의 보에서 작용하는 하중의 위치에 따라 보에 비틀림이 생기지 않고 휨변형만 발생하게 하는 위치를 무엇이라 하는가? (예상)

정답 전단중심

60 휨을 받는 압연 H형강 H-450×200×9×14 ($r=18$, SS275)의 보에서 플랜지에 대한 판폭두께비를 검토하면 어떤 요소인가? (예상)

정답 H형강 보의 플랜지에 대한 판폭두께비 검토(SS275의 경우, $F_y = 275\text{MPa}$ 이다.)

$$b = \frac{b_f}{2} = \frac{200}{2} = 100 \text{ mm}$$

$$\lambda = \frac{b}{t_f} = \frac{100}{14} = 7.14$$

$$\lambda_p = 0.38\sqrt{\frac{E}{F_y}} = 0.38 \times \sqrt{\frac{210,000}{275}} = 10.51$$

$$\lambda = 7.14 \leq \lambda_p = 10.51 \quad \therefore \text{ 조밀판요소}$$

61 휨을 받는 압연 H형강 H-300×150×6.5×9 ($r=13$, SS275)의 보에서 웨브에 대한 판폭두께비를 검토하면 어떤 요소인가? (예상)

정답 1. 강재의 재료강도 (SS275)

$F_y = 275\text{MPa}$

$F_u = 410\text{MPa}$

2. H형강 보의 웨브에 대한 판폭두께비 검토

$h = d - 2t_f - 2r = 300 - 2 \times 9 - 2 \times 13 = 256 \text{ mm}$

$\lambda = \frac{h}{t_w} = \frac{256}{6.5} = 39.38$

$$\lambda_p = 3.76\sqrt{\frac{E}{F_y}} = 3.76 \times \sqrt{\frac{210{,}000}{275}} = 103.90$$

$\lambda = 39.38 \leq \lambda_p = 103.90$ ∴ 조밀판요소

62 휨을 받는 압연 H형강 H-450×200×9×14 ($r=18$, SN355)의 보에 대한 판폭두께비를 확인하여 어떤 단면인지 분류하라. (예상)

정답 1. 강재의 재료강도 (SN355)
   $F_y = 355\,\text{MPa}$
   $F_u = 490\,\text{MPa}$

2. H형강 휨재(보 부재)의 판폭두께비 검토
   (1) 비구속판요소 (플랜지)의 판폭두께비 검토
   $$b = \frac{b_f}{2} = \frac{200}{2} = 100\,\text{mm}$$
   $$\lambda = \frac{b}{t_f} = \frac{100}{14} = 7.14$$
   $$\lambda_p = 0.38\sqrt{\frac{E}{F_y}} = 0.38 \times \sqrt{\frac{210{,}000}{355}} = 9.24$$
   $\lambda = 7.14 \leq \lambda_p = 9.24$ ∴ 조밀판요소

   (2) 구속판요소 (웨브)의 판폭두께비 검토
   $h = d - 2t_f - 2r = 450 - 2\times 14 - 2\times 18 = 386\,\text{mm}$
   $$\lambda = \frac{h}{t_w} = \frac{386}{9} = 42.89$$
   $$\lambda_p = 3.76\sqrt{\frac{E}{F_y}} = 3.76 \times \sqrt{\frac{210{,}000}{355}} = 91.45$$
   $\lambda = 42.89 \leq \lambda_p = 91.45$ ∴ 조밀판요소
   따라서 이 부재는 단면을 구성하는 모든 압축판요소가 조밀판요소이므로 조밀단면이 된다.

63 휨을 받는 압연 H형강 H-300×150×6.5×9인 보의 강축에 대한 항복모멘트와 전소성모멘트는 각각 몇 kN인가? [단, 사용강재는 SS275 ($t \leq 49\,\text{mm}$)이고, 단면의 각 방향에 대한 탄성단면계수는 $S_x = 481\times 10^5\,\text{mm}^3$, $S_y = 67.7\times 10^3\,\text{mm}^3$이고, 단면의 각 방향에 대한 소성단면계수는 $Z_x = 542\times 10^3\,\text{mm}^3$, $Z_y = 105\times 10^3\,\text{mm}^3$이다.] (예상)

정답 1. 강재의 재료강도 (SS275)
$F_y = 275\text{MPa}, \quad F_u = 410\text{MPa}$

2. 강축에 대한 항복모멘트와 전소성모멘트
① 강축에 대한 항복모멘트
$M_y = F_y S_x = 275 \times (4.81 \times 10^5) = 132.28 \times 10^6 \text{ N} \cdot \text{mm} = 132.28 \text{ kN} \cdot \text{m}$

② 강축에 대한 전소성모멘트
$M_p = F_y Z_x = 275 \times (5.42 \times 10^5) = 149.05 \times 10^6 \text{ N} \cdot \text{mm} = 149.05 \text{ kN} \cdot \text{m}$

64 H-500×200×10×16 ($r=20$ mm)의 보에 전단력 150 kN이 작용할 때 발생되는 전단응력도 (MPa)의 크기는? (예상)

정답 $f_v = \dfrac{V}{A_w} = \dfrac{V}{d \times t_w} = \dfrac{150 \times 10^3}{500 \times 10} = 30 \text{ MPa}$

65 압연 H형강 H-400×200×8×13 ($r=16$)인 보의 LRFD에 의한 설계전단강도(kN)는 얼마인가? (단, 강재는 SN355이다.) (예상)

정답 1. 강재의 재료강도 (SN355)
$F_y = 355 \text{ MPa}$
$F_u = 490 \text{ MPa}$

2. 단면치수
$t_w = 8 \text{ mm}$
$d = 400 \text{ mm}$
$h = 400 - 2 \times 13 - 2 \times 16 = 342 \text{ mm}$

3. 강도감소계수 ϕ_v와 웨브의 전단상수 C_v 산정
$\dfrac{h}{t_w} = \dfrac{342}{8} = 42.8 \leq 2.24\sqrt{\dfrac{E}{F_{yw}}} = 2.24 \times \sqrt{\dfrac{210,000}{355}} = 54.48$
$\therefore \phi_v = 1.00, \quad C_v = 1.0$

4. 설계전단강도 $\phi_v V_n$
$\phi_v V_n = \phi_v 0.6 F_y A_w C_v = 1.0 \times 0.6 \times 355 \times (400 \times 8) \times 1.0 = 681.60 \times 10^3 \text{ N} = 681.60 \text{ kN}$

참·고·문·헌

1. 강병두 외1인, 「건축일반구조」, 구미서관, 2008.
2. 김정수 외5인, 「건축일반구조학」, 문운당, 2004.
3. 강병두 외2인, 「구조역학 입문」, 구미서관, 2010.
4. 장동찬 외2인, 「해법 건축구조역학」, 기문당, 2007.
5. 안형준 외3인, 「건축구조역학」, 구미서관, 2009.
6. 김대현 외4인, 「건축구조역학」, 구미서관, 2007.
7. 한상철 외4인, 「구조역학」, 구미서관, 2009.
8. 김근덕 외4인, 「건축구조역학」, 기문당, 2008.
9. 민창식, 「철근콘크리트공학」, 구미서관, 2008.
10. 김상식, 「철근콘크리트 구조설계」, 문운당, 2008.
11. 변동균 외2인, 「철근콘크리트」, 동명사, 2008.
12. 강병두 외1인, 「강구조설계」, 구미서관, 2016.
13. 한국강구조학회, 「강구조설계」, 구미서관, 2011.
14. 권영봉 역, 「강구조공학」, 씨아이알, 2008.
15. 김상식 외1인, 「강구조설계」, 문운당, 2010.
16. 대한건축학회, 국토교통부 제정 건축물 강구조 설계기준(KDS 41 30), 2018, 2019, 2022.
17. 한국콘크리트학회, 국토교통부 제정 강구조 설계 등(KDS 14 30), 2016, 2017.

건/축/기/사/실/기

제6편

과년도 출제 문제

- 2018년
- 2020년
- 2022년
- 2019년
- 2021년
- 2023년

2018년 1회(2018.4.14 시행)

01 아일랜드식 터파기 공법의 시공순서에서 번호에 들어갈 내용을 쓰시오. (3점)

흙막이 설치 → (①) → (②) → (③) → (④) → 지하구조물 완성

① _____   ② _____
③ _____   ④ _____

02 다음 용어를 정의하시오. (4점)

가. 이형철근 : _____
나. 배력철근 : _____

03 보링의 목적을 3가지 쓰시오. (3점)

① _____
② _____
③ _____

04 고강도 콘크리트의 폭렬현상에 대하여 설명하시오. (3점)

_____
_____

05 언더피닝을 해야 하는 경우를 2가지 쓰시오. (4점)

① _____

② _____

06 합성수지 중에서 열가소성수지와 열경화성수지를 2가지씩 기재하시오. (4점)

가. 열가소성수지

① _____ ② _____

나. 열경화성수지

① _____ ② _____

07 바닥 미장면적이 1,000m²일 때, 1일 10인 작업 시 작업 소요일을 구하시오. (단, 다음과 같은 품셈을 기준으로 하며, 계산과정을 쓰시오.) (3점)

【 바닥 미장 품셈(m²당) 】

구분	단위	수량
미장공	인	0.05

_____
_____

08 금속공사에서 사용되는 철물이 뜻하는 다음 용어를 설명하시오. (4점)

가. 메탈라스(Metal Lath) : _____

나. 펀칭메탈(Punching Metal) : _____

09 목재의 방부처리법 중에서 방부제처리법에 대한 종류를 3가지 쓰시오. (3점)

① _____ ② _____ ③ _____

10 다음에 설명된 공법의 명칭을 쓰시오. (4점)

> 가. 무량판구조에서 2방향 장선 바닥판구조가 가능하도록 특수 상자모양으로 된 기성재 거푸집
> 나. 시스템거푸집으로 한 구간 콘크리트 타설 후 다음 구간으로 수평이동이 가능한 거푸집
> 다. 유닛거푸집을 설치하여 요크로 거푸집을 끌어올리면서 연속해서 콘크리트를 타설 가능한 수직활동 거푸집
> 라. 아연도금 철판을 절곡 제작하여 거푸집으로 사용하여 콘크리트 타설 후 사용 철판을 바닥하부 마감재로 사용

가. _____ 나. _____
다. _____ 라. _____

11 벽면적 100m²에 표준형 벽돌 1.5B로 쌓을 때 붉은벽돌의 소요량을 산출하시오. (4점)

_____
_____

12 다음 그림을 보고 줄눈 이름을 쓰시오. (4점)

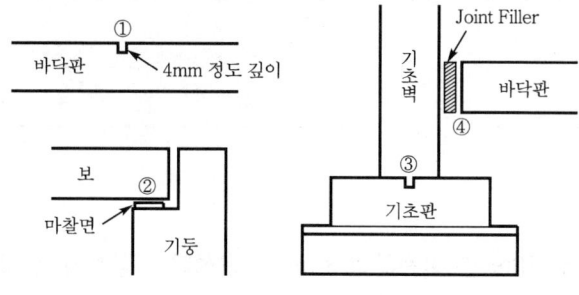

① _____ ② _____
③ _____ ④ _____

13 다음 표는 건축공사표준시방서 기준에 따른 거푸집널 존치기간 중의 평균기온이 10℃ 이상인 경우에 콘크리트의 압축강도 시험을 하지 않고 거푸집을 떼어 낼 수 있는 콘크리트의 재령(일)을 나타낸 표이다. 빈 칸에 알맞은 숫자를 쓰시오. (4점)

【기초, 보 옆, 기둥 및 벽의 거푸집널 존치기간을 정하기 위한 콘크리트의 재령】

시멘트의 종류 평균기온	조강포틀랜드 시멘트	보통포틀랜드시멘트 고로슬래그시멘트(1종)	고로슬래그시멘트(2종) 포틀랜드포졸란 시멘트(2종)
20℃ 이상	①	③	5일
10℃ 이상 20℃ 미만	②	6일	④

① _____   ② _____
③ _____   ④ _____

14 기준점(Bench Mark)의 정의 및 설치시 주의사항을 2가지만 쓰시오. (4점)

가. 정의 : _____

나. 주의사항
    ① _____   ② _____

15 블록의 1급 압축강도는 8MPa 이상으로 규정되어 있다. 현장에 반입된 블록의 규격은 390×190×190mm일 때, 압축강도시험을 실시한 결과 600kN, 500kN, 550kN에서 파괴되었다면 평균 압축강도를 구하고, 규격을 상회하고 있는지 여부에 따라 합격 및 불합격을 판정하시오. (단, 구멍부분을 공제한 중앙부의 순단면적은 46,000mm²이다.) (4점)

① 평균 압축강도(f_c) : _____

② 판정 : _____

16 흐트러진 상태의 흙 30m³를 이용하여 30m²의 면적에 다짐상태로 60cm 두께를 터돋우기 할 때 시공 완료된 다음의 흐트러진 상태로 토량을 산출하시오. (단, 이 흙의 L = 1.2이고, C = 0.9이다.) (3점)

17 다음 설명하는 용어를 쓰시오. (3점)

> 드라이비트 건이라는 일종의 못 박기 총을 사용하여 콘크리트나 강재 등에 박는 특수 못이다. 머리가 달린 것을 H형, 나사로 된 것을 T형이라고 한다.

---

18 공동도급의 종류를 3가시 쓰시오. (3점)

① _____
② _____
③ _____

---

19 다음 작업 리스트에서 네트워크 공정표를 작성하고, 각 작업의 여유시간을 구하시오. (10점)

작업명	작업일수	선행작업	비고
A	5	없음	
B	6	A	
C	5	A	① CP는 굵은선으로 표시하시오.
D	4	A	② 각 결합점과 작업은 다음과 같이 표시한다.
E	3	B	
F	7	B, C, D	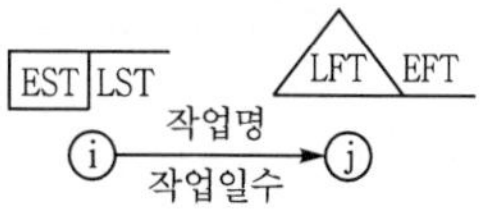
G	8	D	
H	6	E	
I	5	E, F	
J	8	E, F, G	
K	7	H, I, J	

가. 네트워크 공정표

나. 여유시간

20 강구조의 주각부는 고정주각, 핀주각, 매입형주각 등 3가지로 구분된다. 그림에 적합한 주각부의 명칭을 쓰시오. (6점)

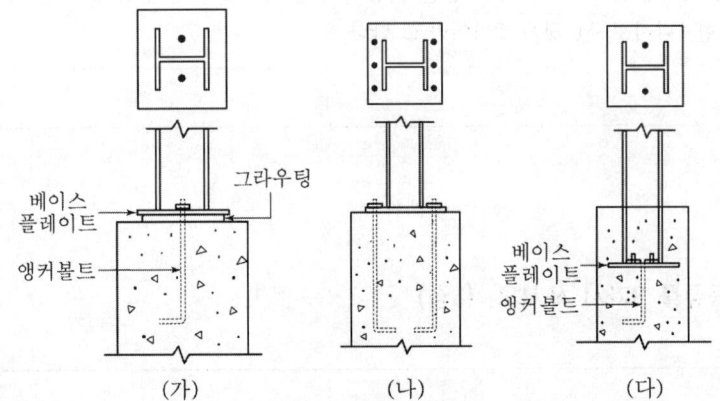

가. _____

나. _____

다. _____

21 용접부를 주어진 [조건]에 따라 용접기호를 도면에 표기하시오. (4점)

┤조건├
① 개선각 45°   ② 화살표 방향
③ 현장용접   ④ 간격 3mm

22 흙막이의 계측관리시 계측에 사용되는 측정장비 3가지를 쓰시오. (3점)

① _____ ② _____ ③ _____

23 H-400×300×9×14 형강의 플랜지의 판폭 두께비를 구하시오. (4점)

24 독립기초의 2방향 전단(Punching Shear)의 응력산정을 위한 위험단면의 단면적을 구하시오. (3점)

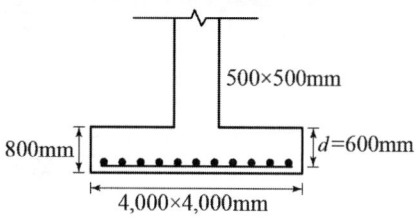

25 다음 그림에서 부재 T에 발생하는 부재력을 산정하시오. (3점)

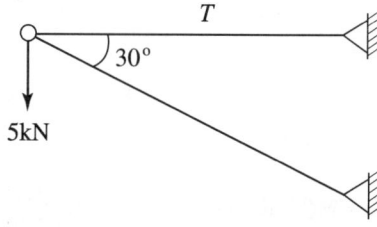

26 다음과 같은 캔틸레버보의 수직반력과 점 C의 휨모멘트를 구하시오. (3점)

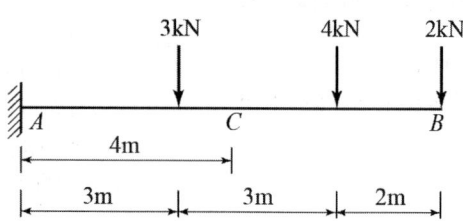

2018년 1회 해설 및 정답

01 ① 중앙부 굴착
② 중앙부 기초구조물 축조
③ 버팀대 설치
④ 주변부 흙파기

02 가. 이형철근 : 철근과 콘크리트와의 부착력을 증가시키기 위해 마디와 리브가 있는 철근으로 SD400과 같이 표기하며 숫자 400은 설계기준 항복강도 f_y =400 MPa 이상을 의미한다. 또한 철근 호칭은 D25와 같이 표기하며, 숫자는 철근의 지름을 의미한다.
나. 배력철근 : 하중을 분산시키거나 균열을 제어할 목적으로 주철근과 직각에 가까운 방향으로 배치한 보조 철근이다.

03 ① 토질의 분포파악
② 토층의 구성파악
③ 토질 주상도 작성
④ 지하수위 조사
⑤ 토질시험을 위한 교란시료 및 불교란시료 채취
⑥ 보링 공내에 표준관입시험 등의 원위치시험

04 고강도 콘크리트에서 화재 시 급격한 고온에 의해 내부 수증기압이 발생하고, 이 수증기압이 콘크리트의 인장강도보다 크게 되면 콘크리트 부재의 표면이 심한 폭음과 함께 박리 및 탈락되는 현상이다.

05 ① 기존 건축물의 기초 지지력이 불충분하여 기초 지정을 보강할 경우
② 기초의 지지면을 더 깊은 경질지반에 기초를 옮길 경우
③ 기울어진 건축물을 바로 세울 경우
④ 인접 터파기에서 기존 건축물의 침하방지가 필요한 경우

06 가. 열가소성수지
① 염화비닐수지   ② 폴리에틸렌수지
③ 아크릴수지
나. 열경화성수지
① 페놀수지   ② 멜라민수지
③ 에폭시수지   ④ 폴리에스테르수지
⑤ 프란수지

07 ① 바닥미장 1일 품셈 : 0.05인/m²/일
② 작업 소요일 : $\dfrac{1{,}000\text{m}^2 \times 0.05\text{인/m}^2/\text{일}}{10\text{인}}$ =5일

08 가. 메탈라스(Metal Lath)
얇은 철판에 자름금을 내어 당겨 늘린 것
나. 펀칭메탈(Punching Metal)
얇은 철판에 각종 모양을 도려낸 것

09 ① 크레오소트유
② 콜타르칠
③ 아스팔트 방부칠
(주1) 목재의 방부처리 방법은 ① 가압주입법 ② 침지법 ③ 방부제칠 ④ 표면탄화법 등이 있고 위 문제는 이 중에서 방부제칠에 대한 문제이다.

10 가. 와플폼   나. 트래블링폼
다. 슬라이딩폼   라. 데크플레이트

11 붉은벽돌의 소요량
100×224×1.03=23,072매

12 ① 조절줄눈(Control Joint)
② 미끄럼줄눈(Sliding Joint)
③ 시공줄눈(Construction Joint)
④ 신축줄눈(Expansion Joint)

13 ① 2일   ② 3일   ③ 4일(3일)   ④ 8일(6일)
(주) 괄호 밖은 KCS 14 20 12 기준이고, 괄호 안은 KCS 21 50 05 기준이다.

14 가. 정의 : 건축공사 중 건축물의 고저에 기준이 되도록 건축물 인근에 높이의 기준을 설치하는 표시물이다.
나. 주의사항
① 이동의 염려가 없는 곳에 설치한다.
② 현장 어디서나 바라보기 좋고 공사에 지장이 없는 곳에 설치한다.
③ 최소 2개소 이상, 여러 곳에 설치한다.
④ 지면(GL)에서 0.5~1m 위치에 설치한다.

15 ① 평균 압축강도(f_c)

$$f_c = \frac{\sum_{i=1}^{n} P_i}{A} \div n = \left(\frac{600,000 + 500,000 + 550,000}{390 \times 190}\right) \div 3$$
$$= 7.42 \text{MPa}(\text{N/mm}^2)$$

② 판정 : 불합격
$$(\because 7.42\text{MPa} < 8.0\text{MPa})$$

16 ① 흐트러진 상태에서 다져진 후 토량
$$30 \times \left(\frac{C}{L}\right) = 30 \times \left(\frac{0.9}{1.2}\right) = 22.5\text{m}^3$$

② 터돋우기 후 남는 토량
$$22.5 - (30 \times 0.6) = 4.5\text{m}^3$$

∴ 다져진 상태에서 흐트러진 상태로 남는 토량
$$4.5 \times \left(\frac{L}{C}\right) = 4.5 \times \left(\frac{1.2}{0.9}\right) = 6.0\text{m}^3$$

[해설]
① C/L : 흐트러진 상태의 토량 → 다져진 상태의 토량
② L/C : 다져진 상태의 토량 → 흐트러진 상태의 토량

17 드라이브 핀
(주1) 드라이비트 건은 콘크리트 못을 박을 때 화약의 폭발력을 이용하여 박는 공구이며 총은 드라이브 핀의 크기에 따라 여러 종이 사용된다. 드라이브 핀에는 콘크리트용과 철재용이 있으며, 머리가 달린 것을 H형, 나사로된 것을 T형이라 한다.

18 ① 공동이행방식
② 분담이행방식
③ 주계약자형 공동도급방식

19 가. 네트워크 공정표

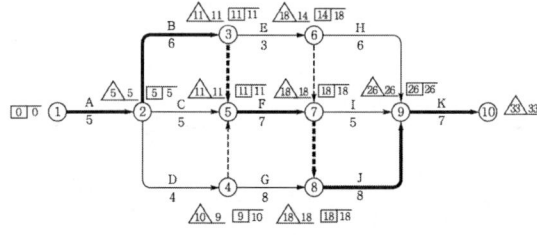

나. 여유시간

작업명	TF	FF	DF	CP
A	0	0	0	*
B	0	0	0	*
C	1	1	0	
D	1	0	1	
E	4	0	4	
F	0	0	0	*
G	1	1	0	
H	6	6	0	
I	3	3	0	
J	0	0	0	*
K	0	0	0	*

20 가. 핀주각   나. 고정주각
다. 매입형주각

21

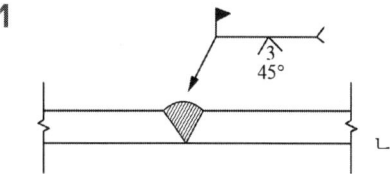

22 ① Earth(Soil) Pressure Gauge(토압계)
② Strain Gauge(변형계)
③ Level and Staff(지표면 침하계)
④ Inclinometer(지중 경사계)
⑤ Load Cell(하중계)

23 플랜지의 판폭두께비(λ) 계산
$$b = \frac{b_f}{2} = \frac{300}{2} = 150 \text{ mm}$$
$$\lambda = \frac{b}{t_f} = \frac{150}{14} = 10.71$$

24 2방향 전단(뚫림전단)에 대한 위험단면은 지지면에서 $d/2$만큼 떨어진 곳이다.

1. 각종 치수
   c_1 = 기둥의 폭 = 500 mm
   d = 전자산업기사 필기 본문상세 원여슬래브의 유효 깊이 = 600 mm

2. 정사각형 독립기초에서 위험단면의 둘레길이
   $b_0 = 4(c_1 + d) = 4 \times (500 + 600) = 4,400$ mm

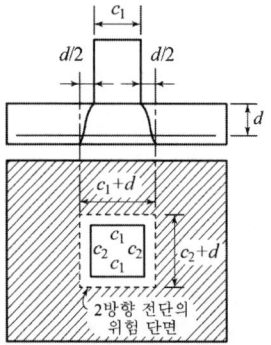

3. 2방향 전단 (뚫림전단)에 대한 저항면적
   $A = b_0 d = 4,400 \times 600 = 2.64 \times 10^6$ mm^2 = 2.64 m^2

25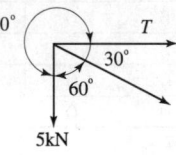

사인법칙(라미의 정리)을 이용하여 다음과 같이 산정한다.

$$\frac{5}{\sin 30°} = \frac{T}{\sin 60°}$$

$$T = 5 \times \left(\frac{\sin 60°}{\sin 30°}\right) = 5\sqrt{3} = 8.66 \text{ kN (인장)}$$

∴ $T = 5\sqrt{3}$ kN(인장) 또는 $T = 8.66$ kN(인장)

26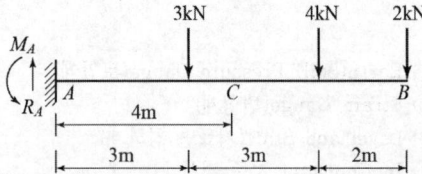

1. 수직반력

   $\Sigma Y = 0(+;\uparrow)$: $\Sigma Y = R_A - 3 - 4 - 2 = 0$

   ∴ $R_A = 9$ kN (상향)

2. 점 C의 휨모멘트

   1) 지점 A의 반력 모멘트

   $\Sigma M = 0(+;\curvearrowleft)$:

   $\Sigma M_A = -M_A + 3 \times 3 + 4 \times 6 + 2 \times 8 = 0$

   ∴ $M_A = 49$ kN·m (반시계방향)

   2) 점 C의 휨모멘트

   $M_C = -M_a + R_A \times 4 - 3 \times 1$
   $= -49 + 9 \times 4 - 3 \times 1 = -16$ kN·m

   (주1) 점 C의 전단력을 산정하면,
   $V_C = R_A - 3 = 9 - 3 = 6$ kN 이다.

2018년 2회(2018.6.30 시행)

01 다음 콘크리트 줄눈에 관한 용어를 간단히 설명하시오. (6점)

　가. 콜드조인트(Cold Joint) : _____

　나. 조절줄눈(Control Joint) : _____

　다. 신축줄눈(Expansion Joint) : _____

02 다음은 입찰에 관한 종류이다. 간단히 설명하시오. (6점)

　가. 지명경쟁입찰 : _____

　나. 특명입찰 : _____

　다. 공개경쟁입찰 : _____

03 강구조공사의 내화피복 공법 중 습식 공법에 대하여 설명하고 습식 공법의 종류 3가지 및 각 종류에 해당하는 재료를 1가지씩 쓰시오. (4점)

　가. 습식 공법 : _____

　나. 습식 공법의 종류 및 재료

　　① _____　② _____　③ _____

04 목재의 건조방법 중 인공건조법의 종류를 3가지 쓰시오. (3점)

　① _____
　② _____
　③ _____

05 콘크리트가 슬럼프손실이 발생하는 경우를 2가지만 쓰시오. (4점)

① _____

② _____

06 흙의 성질 중 예민비의 식과 설명하시오. (4점)

가. 예민비 식 : _____

나. 설명 : _____

07 섬유보강 콘크리트에 사용되는 섬유의 종류를 3가지 쓰시오. (3점)

① _____

② _____

③ _____

08 돌을 이용한 공사를 진행하다 석재가 깨진 경우 사용되는 접착제를 기재하시오. (3점)

_____

_____

09 블록 벽체의 결함 중 습기, 빗물 침투현상의 원인을 4가지 쓰시오. (4점)

① _____ ② _____

③ _____ ④ _____

10 일반적인 건축물의 철근조립 순서를 |보기|에서 골라 쓰시오. (3점)

|보기|
㉮ 기둥철근   ㉯ 기초철근   ㉰ 보철근
㉱ 바닥철근   ㉲ 계단철근   ㉳ 벽철근

11 수장공사 시 실 내부의 벽 하부에 1~1.5m 정도의 높이까지 널을 댄 판벽의 명칭을 쓰시오. (2점)

12 다음 도면의 줄기초 도면을 보고 주어진 조건에 따라 터파기된 토량을 6t 트럭으로 운반하였을 경우, 트럭의 운반 대수를 산정하시오. (단, 토량의 할증은 25%이며, 토량의 자연산태의 단위중량은 1,600kg/m³이다.) (4점)

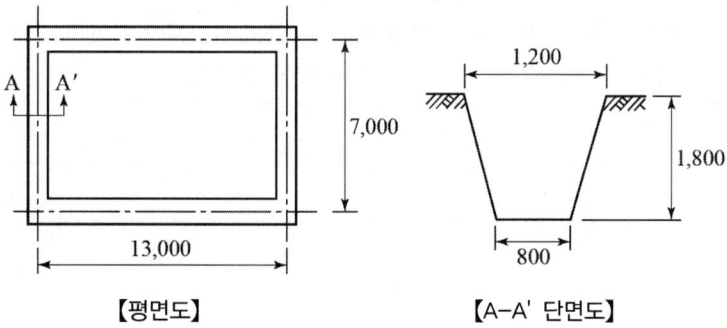

【평면도】　　　【A-A' 단면도】

가. 터파기량 : _____

나. 잔토처리량의 중량 : _____

다. 6t 트럭 운반대수 : _____

13 공사의 실비를 건축주와 도급자가 확인, 정산하고 건축주는 미리정한 보수율에 따라 도급자에게 그 보수액을 지불하는 도급방식을 무엇이라고 하는가? (3점)

14 매스 콘크리트의 온도균열의 기본 대책을 [보기]에서 골라 기호를 쓰시오. (3점)

┤보기├
① 응결촉진제 사용　　② 중용열시멘트 사용
③ Pre Cooling　　　　④ 단위시멘트량 감소
⑤ 잔골재율 증가　　　⑥ 물시멘트비 증가

15 다음 (　)에 알맞은 수치를 기재하시오. (4점)

보강콘크리트블록공사에서 블록 안에 들어가는 세로근의 정착길이는 철근지름의 (가)배 이상이어야 하며, 이때 철근의 피복두께는 (나)mm 이상이어야 한다.

가. _____
나. _____

16 거푸집의 종류 중 터널폼에 대한 정의를 간단히 설명하시오. (3점)

17 작업리스트에 따라 네트워크 공정표를 작성하시오. (8점)

작업명	작업일수	선행작업	비고
A	2	없음	① CP는 굵은선으로 표시한다. ② 각 결합점에서는 다음과 같이 표시한다.
B	3	없음	
C	5	A	
D	5	A, B	
E	2	A, B	
F	3	C, D, E	
G	5	E	

18 특기시방서상 철근의 항복강도는 240MPa 이상으로 규정되어 있다. 건설공사 현장에 반입된 철근을 KS 규격에 의거 중앙부 지름 14mm, 표점거리 50mm로 가공하여 인장시험을 하였더니 38,160N, 40,750N 및 39,270N에서 항복현상이 나타났다. 평균 항복강도를 구하고 특기시방서상 규정과 비교하여 합격 여부를 판정하시오. (5점)

① 평균 항복강도(f_y) : _____

② 판정 : _____

19 다음은 토공사에 사용되는 기계 기구의 설명이다. ( ) 안에 알맞은 장비명을 기재하시오. (4점)

가. 장비가 서 있는 곳보다 높은 곳의 굴착에 사용된다.
나. 장기가 서 있는 곳보다 낮은 연질의 흙을 긁어모으거나 판다.

가. (_____)

나. (_____)

20 대리석 분말 또는 세라믹 분말제에 특수 혼화제를 첨가한 레디믹스트 모르타르를 현장에서 물과 혼합하여 뿜칠로 전체 표면을 1~3mm 두께로 얇게 바르는 미장공법을 쓰시오. (3점)

21 다음 그림과 같은 단면에 대한 x축 y축에 대한 단면2차 모멘트의 비 $\dfrac{I_x}{I_y}$는 얼마인가? (4점)

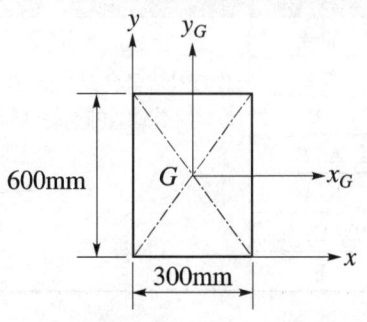

22 묻힘길이에 의한 인장 이형철근의 정착길이를 다음과 같은 식으로 계산할 때 α, β, γ, λ가 의미하는 바를 쓰시오. (4점)

$$\dfrac{0.90\,d_b\,f_y}{\lambda\,\sqrt{f_{ck}}}\,\dfrac{\alpha\,\beta\,\gamma}{\left(\dfrac{c+K_{tr}}{d_b}\right)}$$

① α : _____
② β : _____
③ γ : _____
④ λ : _____

23 기둥의 재질과 단면적 및 길이가 같은 다음 4개의 장주를 유효좌굴길이가 큰 순서대로 나열하시오. (3점)

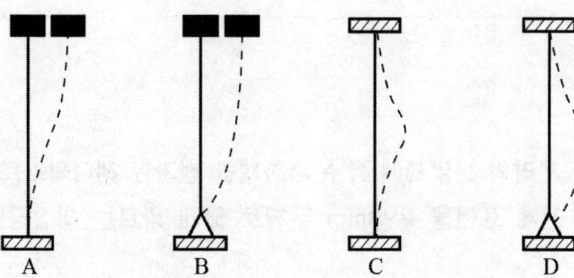

24 다음과 같은 인장재의 순단면적을 구하시오. (단, 판재의 두께는 10mm이며, 구멍크기는 22mm 이다.) (4점)

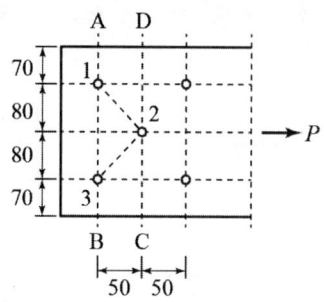

25 다음과 같은 독립기초에서 최대 압축응력을 구하시오. (4점)

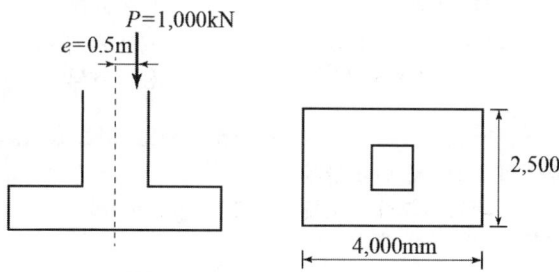

26 다음과 같이 설명하는 용어를 쓰시오. (2점)

압축연단 콘크리트가 가정된 극한변형률 0.0033에 도달할 때 최외단 인장철근의 순인장변형률 ε_t가 0.0050 이상인 단면

2018년 2회 해설 및 정답

01 가. 콜드조인트(Cold Joint) : 기계고장, 휴식시간 등의 요인으로 콘크리트 타설 작업이 중단됨으로써 다음 배치의 콘크리트를 이어치기할 때 먼저 친 콘크리트가 응결 또는 경화함에 따라 일체화되지 않음으로 생기는 줄눈이다.

나. 조절줄눈(Control Joint) : 균열을 전체 벽면 중의 일정한 곳에만 일어나도록 유도하는 줄눈이다.

다. 신축줄눈(Expansion Joint) : 온도변화에 따른 팽창, 수축 혹은 부동침하, 진동 등에 의해 균열이 예상되는 위치에 설치하는 줄눈이다.

02 가. 지명경쟁입찰 : 해당 공사에 적격이라고 인정되는 수 개의 도급업자를 정하여 입찰시키는 방법이다.

나. 특명입찰 : 해당 공사에 가장 적격한 단일 도급업자를 지명하여 입찰시키는 방법이다.

다. 공개경쟁입찰 : 입찰 참가자를 공모하여 모두 참가할 수 있는 기회를 준다. 그러나 부적격업자에게 낙찰될 우려가 있다.

03 가. 습식 공법 : 강구조에서 화재 등으로 인한 강재의 온도상승을 막고 화재로부터 보호하기 위해 모르타르, 콘크리트 벽돌 등의 습식 재료로 내화피복을 한 것이다.

나. 습식 공법의 종류 및 재료
① 뿜칠 공법 : 암면, 모르타르, 플라스터
② 타설 공법 : 콘크리트, 경량콘크리트
③ 미장 공법 : 철망 모르타르
④ 조적 공법 : 벽돌, 블록

04 ① 훈연건조
② 전열건조
③ 연소가스건조
④ 진공건조
⑤ 약품건조

05 ① 온도가 높을수록 발생한다.
② 운반거리가 멀면 발생한다.
③ 운반이 지연되었을 경우 발생한다.
④ 수분이 증발할 경우 발생한다.

06 가. 예민비 = $\dfrac{\text{자연시료의 강도}}{\text{이긴시료의 강도}}$

나. 설명 : 흙의 이김에 의해서 약해지는 정도를 표시하는 것으로 이긴시료의 강도에 대한 자연시료의 강도의 비이다.

07 ① 강섬유   ② 유리섬유
③ 탄소섬유   ④ 비닐론섬유

08 에폭시수지 접착제(에폭시 접착제)

09 ① 이질재와의 접합부 불량
② 사춤 모르타르의 충전 부족
③ 치장줄눈의 시공 불량
④ 물흘림, 물끊기 불량
⑤ 조적조쌓기 완료 후 비계장선 등의 구멍 메우기 불충분
⑥ 채양 등 돌출부 위에 물이 괴는 부분에 접속되는 조적벽

10 ⑭ → ㉮ → ⑯ → ㉠ → ㉣ → ⑮

11 징두리판벽

12 가. 터파기량
$h = 1.8 \text{ m}, \ a = 1.2 \text{ m}, \ b = 0.8 \text{ m}$
평균폭 = $\dfrac{a+b}{2} = \dfrac{1.2+0.8}{2} = 1.0 \text{ m}$
줄기초의 전체길이 $(\Sigma L) = (13+7) \times 2 = 40 \text{ m}$
터파기량(V) = $\dfrac{a+b}{2} \times h \times \Sigma L$
$= 1.0 \times 1.8 \times 40$
$= 72.0 \text{m}^3$

나. 잔토처리량의 중량
잔토처리량의 중량 = 터파기량 × 흙의 단위중량
$= 72 \times 1.6 \text{ t/m}^3 = 115.2 \text{t}$

(주1) 잔토처리량을 산정할 경우 부피증가에 의한 토량의 할증을 고려해야 하나 중량은 변화가 없음으로 주의한다.

다. 6t 트럭 운반대수
6t 트럭 운반대수 = $\dfrac{115.2}{6} = 19.2$ 대

13 실비정산보수가산도급

14 ②, ③, ④

> 참고
> 1. 온도균열의 원인
>   ① 수화반응에 따른 콘크리트 내부와 외부의 온도 차에 의한 균열이다.
>   ② 단위시멘트량이 많을 경우, 부재단면이 큰 경우(최소 800mm 이상) 그리고 콘크리트 내·외부의 온도 차가 큰 경우(약 25℃ 이상)에 발생된다.
> 2. 수화열에 의한 온도균열에 대한 대책
>   ① 단위시멘트량을 줄임
>   ② 타설 후 파이프 냉각을 통해 내부온도를 하강 (파이프쿨링 방법)
>   ③ 사전 냉각방식을 통해 사용 재료를 냉각(프리쿨링 방법)
>   ④ 콘크리트의 슬럼프치는 15cm 이하
>   ⑤ 콘크리트의 타설온도는 35℃ 이하
>   ⑥ 한 구획의 타설길이는 30~40m 정도

15 가. 40
　　나. 20

16 터널폼은 한 구획 전체의 벽판과 바닥면을 ㄱ자형, ㄷ자형의 기성재 거푸집으로 아파트 공사에 주로 사용되는 거푸집이다.

17 네트워크 공정표

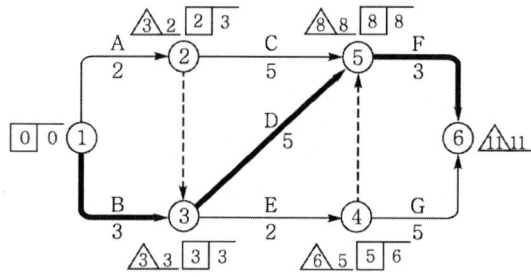

18 ① 평균 항복강도(f_y)

$$f_y = \frac{\sum_{i=1}^{n} P_{yi}}{A} \div n = \left\{ \frac{(38,160 + 40,750 + 39,270)}{\left(\frac{\pi \times 14^2}{4}\right)} \right\} \div 3$$

$$= 255.90 \text{MPa}(\text{N/mm}^2)$$

② 판정 : 불합격(∵ 255.90MPa > 240.0MPa)

19 가. 파워셔블
　　나. 드래그라인

20 수지미장 또는 수지 플라스터 바름

21 (1) x축에 대한 단면2차 모멘트 I_x

$$I_x = I_{xG} + Ay^2$$
$$= \frac{300 \times 600^3}{12} + (300 \times 600) \times 300^2$$
$$= 21,600 \times 10^6 \text{mm}^4$$

(2) y축에 대한 단면2차 모멘트 I_y

$$I_y = I_{yG} + Ax^2$$
$$= \frac{600 \times 300^3}{12} + (600 \times 300) \times 150^2$$
$$= 5,400 \times 10^6 \text{mm}^4$$

(3) 단면2차 모멘트의 비 $\frac{I_x}{I_y}$

$$\frac{I_x}{I_y} = \frac{21,600 \times 10^6}{5,400 \times 10^6} = 4.0$$

22 ① α : 철근배치 위치계수
② β : 철근 도막계수
③ γ : 철근의 크기계수
④ λ : 경량콘크리트계수

23 B → A → D → C
(주1) 유효좌굴길이(KL)
　　B($2.0L$) → A($1.0L$) → D($0.7L$) → C($0.5L$)
(주2) 유효좌굴길이계수(K)

단부 구속조건	양단 고정	1단 힌지 타단 고정	양단 힌지	1단 회전구속, 이동자유, 타단 고정	1단 회전 자유, 이동자유, 타단 고정	1단 회전구속, 이동자유, 타단 힌지
좌굴형태						
이론적인 K값	0.50	0.70	1.0	1.0	2.0	2.0
권장하는 설계 K값	0.65	0.80	1.0	1.2	2.1	2.4
절점 조건 범례	회전구속, 이동구속 : 고정단 회전자유, 이동구속 : 힌지 회전구속, 이동자유 : 큰 보강성과 작은 기둥강성인 라멘 회전자유, 이동자유 : 자유단					

24 1. 고장력볼트의 구멍지름
   $d_h = 22$ mm
2. 총단면적
   $A_g = 300 \times 10 = 3,000$ mm^2
3. 파단선에 따른 순단면적
   (1) 파단선 A-1-3-B
   $A_n = A_g - n d_h t = 3,000 - 2 \times 22 \times 10$
   $= 2,560$ mm^2
   (2) 파단선 A-1-2-3-B
   $A_n = A_g - n d_h t + \dfrac{s^2}{4g_1}t + \dfrac{s^2}{4g_2}t$
   $= 3,000 - 3 \times 22 \times 10 + \dfrac{50^2}{4 \times 80} \times 10 + \dfrac{50^2}{4 \times 80} \times 10$
   $= 2,496$ mm^2
   ∴ 순단면적은 가장 작은 2,496mm^{2}가 된다.

25 $P = 1,000$ kN $= 1.0 \times 10^6$ N
$M = Pe = 1,000 \times 0.5 = 500$ kN·m $= 500 \times 10^6$ N·mm
$A = 2,500 \times 4,000 = 10.0 \times 10^6$ m^2
$Z = \dfrac{bh^2}{6} = \dfrac{2,500 \times 4,000^2}{6} = 6,667 \times 10^6$ mm^3
$\sigma_{\max} = -\dfrac{P}{A} - \dfrac{M}{Z} = -\dfrac{1.0 \times 10^6}{10.0 \times 10^6} - \dfrac{500 \times 10^6}{6,667 \times 10^6}$
$= -0.175$ MPa (압축)

26 인장지배 단면

> [참고]
> 인장지배 단면은 압축콘크리트의 변형률(ε_c)이 가정된 극한변형률 ε_{cu}인 0.0033에 도달할 때 ($\varepsilon_c = \varepsilon_{cu} = 0.0033$), 최 외단 인장철근의 순인장변형률($\varepsilon_t$)가 인장지배 변형률 한계($\varepsilon_{tt} = 0.0050$) 이상 ($\varepsilon_t \geq \varepsilon_{tt} = 0.0050$)인 단면이다. 다만 철근의 항복강도 f_y가 400 MPa을 초과하는 경우에는 인장지배 변형률 한계(ε_u)를 철근 항복변형률의 2.5배($2.5\varepsilon_y$)로 한다.

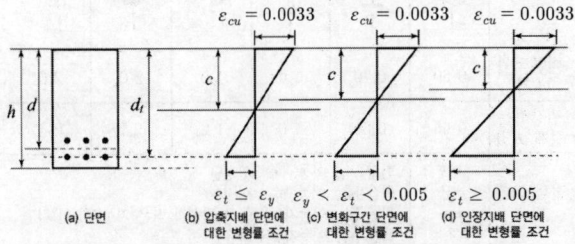

그림. 각종 단면 조건에 대한 변형률 분포
(SD400의 경우 $\varepsilon_y = 0.0020$)

2018년 3회(2018.11.10 시행)

01 시공계획서 제출 시 환경관리 및 친환경관리에 대해 제출해야 할 서류에 포함될 내용을 4가지 쓰시오. (4점)

① _____
② _____
③ _____
④ _____

02 다음 프리스트레스트 콘크리트와 관련된 용어를 간단히 설명하시오. (4점)

가. 프리텐션법 : _____

나. 포스트텐션법 : _____

03 다음 용어를 간단히 설명하시오. (4점)

① 슬립폼(Slip Form)
_____

② 트래블링폼(Travelling Form)
_____

04 Genecon(종합건설업 면허제도)에 관하여 간단히 설명하시오. (3점)

_____
_____

05 강구조공사에서 현장 세우기용 기계의 종류를 3가지 쓰시오. (3점)

① _____
② _____
③ _____

06 언더피닝을 설명하고, 그 공법을 2가지 쓰시오. (4점)

가. 언더피닝 :
나. 종류 : ① _____
② _____

07 다음 ( )에 알맞은 용어를 기재하시오. (4점)

가. 슬래브에 배근되는 철근이 거푸집에 밀착하는 것을 방지하기 위한 간격재(굄재)
나. 벽거푸집이 오므라지는 것을 방지하고 간격을 유지하기 위한 격리재
다. 콘크리트에 달대와 같은 설치물을 고정하기 위하여 매입하는 철물
라. 거푸집의 간격을 유지하며 벌어지는 것을 막는 긴장재

가. _____ 나. _____
다. _____ 라. _____

08 공사현장에서 절단이 불가능하여 사용치수로 주문 제작해야 하는 유리의 명칭 2가지를 쓰시오. (2점)

가. _____
나. _____

09 다음 철근콘크리트 부재의 부피와 중량을 산출하시오. (4점)

> 1. 기둥 : 450mm×600mm, 길이 4m, 수량 50개
> 2. 보 : 300mm×400mm, 길이 1m, 수량 150개

가. 부피 : _____

나. 중량 : _____

10 시멘트의 응결시간에 영향을 미치는 요소를 3가지 설명하시오. (3점)

① _____
② _____
③ _____

11 염화물이 철근에 부식을 초래하는 것과 관련된 철근부식 방지대책 4가지를 기재하시오. (4점)

① _____
② _____
③ _____
④ _____

12 강구조 부재의 공장 가공이 완료되는 단계에서 강재면에 녹막이칠을 1회 하고 현장으로 운반하는데, 이때 녹막이칠을 하지 않은 부분에 대하여 3가지를 쓰시오. (3점)

① _____
② _____
③ _____

13 조적구조의 안전에 대한 내용이다. 아래 (   )을 채우시오. (2점)

> 조적조 대린벽으로 구획된 벽길이는 (①)m 이하이어야 하며, 내력벽으로 둘러싸인 바닥면적은 (②)m² 이하이어야 한다.

① _____ ② _____

14 조적조를 바탕으로 하는 지상부 건축물의 외부벽면 방수 방법의 내용을 3가지 쓰시오. (3점)

① _____
② _____
③ _____

15 커튼월공사에서 구조물을 신축하기 전에 실시하는 Mock-Up Test의 시험항목을 4가지만 쓰시오. (4점)

① _____
② _____
③ _____
④ _____

16 공동도급(Joint Venture)의 장점을 4가지만 쓰시오. (3점)

① _____
② _____
③ _____
④ _____

17 다음 데이터를 네트워크 공정표로 작성하고, 각 작업의 여유시간을 구하시오. (8점)

작업명	작업일수	선행작업	비고
A	2	없음	
B	3	없음	
C	5	없음	EST LST / LFT EFT 로 표기하고, 주공정선은 굵은선으로 표기하시오.
D	4	없음	
E	7	A, B, C	
F	4	B, C, D	

가. 네트워크 공정표   나. 여유시간

18 다음 용어를 간단히 설명하시오. (4점)

가. 콜드조인트(Cold Joint) : _____

나. 블리딩(Bleeding) : _____

19 두께 0.15m, 너비 6m, 길이 100m의 도로를 $6m^3$ 레미콘을 이용하여 하루 8시간 작업하는 경우 레미콘의 배차 간격은? (단, 낭비시간은 없는 것으로 한다.) (4점)

20 목재에 가능한 방부처리법(난연처리법)을 3가지 쓰시오. (3점)

① _____
② _____
③ _____

21 다음 용어에 대해 기술하시오. (4점)

　가. 적산 : _____

　나. 견적 : _____

22 다음과 같은 트러스에서 F_1, F_2, F_3의 부재력을 구하시오. (6점)

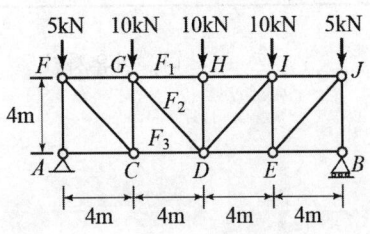

[풀이]
반력: 대칭이므로 $V_A = V_B = 20$ kN

단면법으로 G-H, G-D, C-D를 절단하여 좌측부분 검토

① $\Sigma M_D = 0$: $20 \times 8 - 5 \times 8 - 10 \times 4 - F_1 \times 4 = 0$
 → $F_1 = 20$ kN (압축)

② $\Sigma F_y = 0$: $20 - 5 - 10 - F_2 \cdot \sin 45° = 0$
 → $F_2 = 5\sqrt{2} \approx 7.07$ kN (인장)

③ $\Sigma M_G = 0$: $-20 \times 4 + 5 \times 0 + F_3 \times 4 = 0$
 → $F_3 = 15$ kN (인장)

23 그림과 같은 사각형 기둥의 양단이 핀으로 지지되었을 때, 약축에 대한 세장비가 150이 되기 위해 필요한 기둥의 길이(m)를 구하시오. (3점)

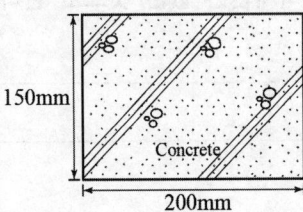

[풀이]
약축 방향 최소 단면2차반경:
$$r_{min} = \frac{h_{min}}{\sqrt{12}} = \frac{150}{\sqrt{12}} = 43.30 \text{ mm}$$

세장비 $\lambda = \dfrac{L}{r_{min}} = 150$

$$L = 150 \times 43.30 = 6495 \text{ mm} \approx 6.50 \text{ m}$$

24 다음과 같은 전단력도를 보고 최대 휨모멘트를 구하시오. (4점)

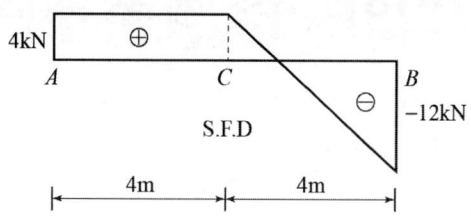

25 인장철근만 배근된 철근콘크리트 직사각형 단순보에 순간처짐이 5mm 발생, 5년 이상 지속하중이 작용할 경우 총처짐량을 구하시오. (단, 지속하중에 대한 5년의 시간경과계수 (ξ)=2.0이다.) (3점)

26 그림과 같은 철근콘크리트 보에서 최외단 인장철근의 순인장변형률(ε_t)를 산정하고, 이 보의 지배단면(인장지배 단면, 압축지배 단면 또는 변화구간 단면)을 구분하시오. (단, $A_s = 1{,}927\,\mathrm{mm^2}$, $f_{ck} = 24\,\mathrm{MPa}$, $f_y = 400\,\mathrm{MPa}$, $E_s = 200{,}000\,\mathrm{MPa}$) (4점)

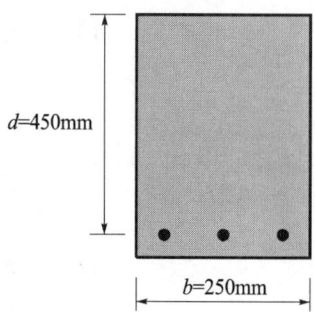

2018년 3회 해설 및 정답

01 ① 식물 및 수목 등의 자연환경보전 및 복원
② 소음 및 진동 대책 및 저감
③ 폐기물의 절약과 재활용
④ 경관훼손의 저감
⑤ 건설폐자재의 재활용
⑥ 재생자원의 이용

02 가. 프리텐션법 : PS 강재에 인장력을 가한 상태에서 콘크리트를 타설, 경화한 후에 긴장을 풀어주는 방법이다.
나. 포스트텐션법 : 콘크리트를 쳐서 경화한 후에 미리 묻어둔 시스관 내에 PS 강재를 삽입하여 긴장시킨 후 정착하고 그라우팅하는 방법이다.

03 ① 슬립폼 : 전망탑, 급수탑 등 단면형상에 변화가 있는 수직으로 연속된 콘크리트구조물에 사용되는 거푸집
② 트래블링폼 : 장선, 멍에, 동바리 등이 일체로 유닛화한 대형, 수평이동 거푸집

04 Genecon(종합건설업 면허제도, General Construction)은 엄격한 자격요건을 갖추면서 프로젝트의 전 단계에 걸쳐 공사를 추진할 수 있는 능력을 갖춘 종합건설업 면허제도이다.

05 ① 가이데릭 ② 스티프레그데릭
③ 타워크레인 ④ 트럭크레인

06 가. 언더피닝 : 굴착공사 중, 기존 건축물의 지반이 연약할 경우 기존 건축물의 기초와 지정을 보강하는 공법이다.
나. 종류
① 2중 널말뚝 공법
② 현장타설 콘크리트말뚝 공법
③ 강재말뚝 공법
④ 모르타르 및 약액주입공법

07 가. 간격재(Spacer)
나. 격리재(Separator)
다. 인서트(Insert)
라. 긴결재(Form Tie, 긴장재)

08 가. 강화유리
나. 복층유리
다. 스테인드글라스
라. 유리블록

09 가. 부피
(1) 기둥 : $0.45\,m \times 0.6\,m \times 4\,m \times 50\,EA = 54.0\,m^3$
(2) 보 : $0.3\,m \times 0.4\,m \times 1\,m \times 150\,EA = 18.0\,m^3$
계 : $54.0 + 18.0 = 72.0\,m^3$

나. 중량
(1) 기둥 : $0.45\,m \times 0.6\,m \times 4\,m \times 50\,EA \times 2.4\,t/m^3$
$= 54.0\,m^3 \times 2.4\,t/m^3 = 129.6\,t$
(2) 보 : $0.3\,m \times 0.4\,m \times 1\,m \times 150\,EA \times 2.4\,t/m^3$
$= 18.0\,m^3 \times 2.4\,t/m^3 = 43.2\,t$
계 : $129.6 + 43.2 = 172.8\,t$

10 ① 분말도가 크면 빠르다.
② 석고량이 적을수록 빠르다.
③ 온도가 높을수록 빠르다.
④ 습도가 낮을수록 빠르다.
⑤ W/C가 낮을수록 빠르다.
⑥ 시멘트가 풍화되면 늦어진다.
⑦ 알루민산3석회(C_3A) 성분이 많을수록 빠르다.

11 ① 염분 제거
② 염분의 고정화
③ 에폭시코팅 철근 사용
④ 아연도금 철근 사용
⑤ 내식성 철근 사용
⑥ 콘크리트에 방청제 혼합

12 ① 현장 용접부에서 100mm 이내
② 고장력볼트 접합부 마찰면
③ 콘크리트 부착 또는 매입 부분
④ 밀착 또는 회전하는 기계깎기 마무리면
⑤ 철골조립에 의해 맞닿는면
⑥ 밀폐되는 내면

13 ① 10
② 80

14 ① 피막도료칠(도막방수)
② 방수 모르타르바름(시멘트액체방수)
③ 타일, 판돌붙임(수밀재 붙임)

15 ① 예비시험　② 기밀시험
③ 정압수밀시험　④ 동압수밀시험
⑤ 구조시험

16 ① 융자력 증대　② 위험의 분산
③ 시공의 확실성　④ 상호기술의 확충
⑤ 공사 도급경쟁 완화수단

17 가. 네트워크 공정표

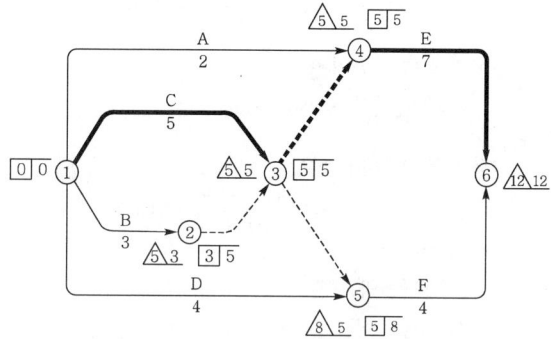

나. 여유시간

작업명	TF	FF	DF	CP
A	3	3	0	
B	2	2	0	
C	0	0	0	*
D	4	1	3	
E	0	0	0	*
F	3	3	0	

(주) B작업에서 후속작업의 EST는 3이 아닌 5임에 주의할 것

18 가. 콜드조인트(Cold Joint) : 콘크리트의 작업관계로 경화된 콘크리트에 새로 콘크리트를 타설할 경우 발생하는 줄눈이다.

나. 블리딩(Bleeding) : 아직 굳지 않은 시멘트 풀, 모르타르 및 콘크리트에 있어서 물이 윗면에 스며 오르는 현상이다.

19 ① 레미콘 작업량 $= 0.15\,\text{m} \times 6\,\text{m} \times 100\,\text{m} = 90\,\text{m}^3$

② 레미콘 대수 $= \dfrac{90\,\text{m}^3}{6\,\text{m}^3/\text{대}} = 15$ 대 (절상)

③ 레미콘 배차간격 회수 $= 14$ 회
(레미콘 배차간격 회수=레미콘 대수-1)

④ 레미콘 배차간격 $= \dfrac{8시간 \times 60분/시간}{14회}$
$= 34.286 \to 34$ 분/회(절하)

(주1) 문제의 모든 조건을 동일하고, $6\,\text{m}^3$ 레미콘이 $7\,\text{m}^3$ 레미콘일 경우, 다음과 같다.

① 레미콘 작업량 $= 0.15\,\text{m} \times 6\,\text{m} \times 100\,\text{m} = 90\,\text{m}^3$

② 레미콘 대수 $= \dfrac{90\,\text{m}^3}{7\,\text{m}^3/\text{대}} = 12.857 \to 13$ 대(절상)

③ 레미콘 배차간격 회수 $= 12$ 회(레미콘 배차회수=레미콘 대수-1)

④ 레미콘 배차간격 $= \dfrac{8시간 \times 60분/시간}{12회}$
$= 40$ 분/회 (절하)

20 ① 가압주입법　② 침지법
③ 방부제칠　④ 표면탄화법

21 가. 적산 : 공사에 필요한 재료 및 품의 수량 등의 공사량을 산출하는 기술활동이다.

나. 견적 : 산출한 공사량에 적당한 단가를 곱하여 총공사비를 산출하는 기술활동이다.

22 1. 반력 산정

$$R_A = R_B = \frac{1}{2} \times (5 + 10 + 10 + 10 + 5) = 20\,\text{kN}(\uparrow)$$

2. 부재력 산정

1) F_1

절단법(단면법)을 이용하여 다음과 같이 산정한다.

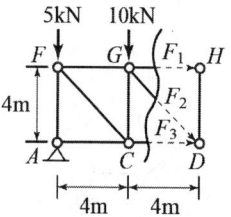

$\Sigma M = 0 (+;\curvearrowright) : \Sigma M_D$
$= 20 \times 8 - 5 \times 8 - 10 \times 4 + F_1 \times 4 = 0$
$\therefore F_1 = -20\,\text{kN}$ (압축)

2) F_2

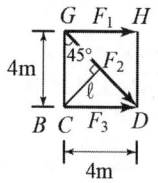

$\sin 45° = \dfrac{l}{4}, \quad l = 4\sin 45°$

$\Sigma M = 0(+;\curvearrowleft)$:
$\Sigma M_C = 20 \times 4 - 5 \times 4 + F_1 \times 4 + F_2 \times 4\sin 45°$
$\qquad = 20 \times 4 - 5 \times 4 - 20 \times 4 + F_2 \times 4\sin 45° = 0$
$\therefore F_2 = 5\sqrt{2} = 7.07$ kN (인장)

3) F_3
$\Sigma M = 0(+;\curvearrowleft)$:
$\Sigma M_G = 20 \times 4 - 5 \times 4 - F_3 \times 4 = 0$
$\therefore F_3 = 15$ kN (인장)

23 세장비(λ) : $\lambda = \dfrac{l_k}{i} = 150$

여기서, l_k : 부재의 유효좌굴길이
[양단 핀(힌지) : $l_k = 1.0l$]
i : 단면2차 반경
$(i = \sqrt{\dfrac{I_{xG}}{A}} = \sqrt{\dfrac{\left(\dfrac{bh^3}{12}\right)}{(bh)}} = \dfrac{h}{2\sqrt{3}})$

따라서, $\lambda = \dfrac{1.0l}{\dfrac{h}{2\sqrt{3}}} = 150$

$\therefore l = 150\left(\dfrac{h}{2\sqrt{3}}\right) = 150 \times \left(\dfrac{150}{2\sqrt{3}}\right)$
$\qquad = 6.495 \times 10^3$ mm $= 6.5$ m

24 임의의 점의 휨모멘트는 전단력도의 면적과 같다. 그리고 최대 휨모멘트는 전단력이 영(0)인 곳에서 발생한다. 전단력이 영(0)인 위치는 다음과 같다.

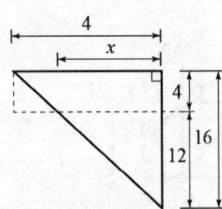 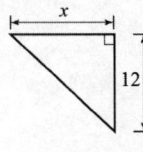

$4 : 16 = x : 12 \qquad x = \dfrac{4 \times 12}{16} = 3$ m

전단력이 영(0)인 곳을 중심으로 전단력도의 오른쪽의 면적을 고려하여 최대 휨모멘트를 산정하면 다음과 같다.

$M_{\max} = \dfrac{1}{2} \times 3 \times 12 = 18$ kN · m

또는 전단력이 영(0)인 곳을 중심으로 전단력도의 왼쪽의 면적을 고려하여도 다음과 같이 동일한 결과가 된다.

$M_{\max} = 4 \times 4 + \dfrac{1}{2} \times 1 \times 4 = 18$ kN · m

25 ① 순간처짐 $= 5.0$ mm
② 압축철근비 : $\rho' = 0$
③ 지속하중의 재하기간에 따른 ξ값 : $\xi = 2.0$
④ $\lambda_\Delta = \dfrac{\xi}{1 + 50\rho'} = \dfrac{2.0}{1 + 50 \times 0} = 2.0$
⑤ 장기처짐 $= \lambda_\Delta \times$ 순간처짐
$\qquad = 2.0 \times 5.0 = 10.0$ mm
⑥ 총처짐 $=$ 순간처짐 $+$ 장기처짐 $= 5.0 + 10.0 = 15.0$ mm

26 (1) β_1의 결정
$f_{ck} \leq 40$ MPa인 경우 $\beta_1 = 0.80$이고, $\epsilon_{cu} = 0.0033$

(2) 등가직사각형 블록의 깊이 a
$a = \dfrac{A_s f_y}{0.85 f_{ck} b} = \dfrac{1,927 \times 400}{0.85 \times 24 \times 250} = 151$ mm

(3) 중립축의 깊이 c
$c = \dfrac{a}{\beta_1} = \dfrac{151}{0.80} = 188.8$ mm

(4) 순인장변형률 산정
$\epsilon_t = \left(\dfrac{d-c}{c}\right)\epsilon_{cu} = \left(\dfrac{450 - 188.8}{188.8}\right) \times 0.0033$
$\quad = 0.0046$

(5) 지배단면의 구분
$\epsilon_{tc} = \epsilon_y = 0.0020$
$\epsilon_{tc} = 0.0020 < \epsilon_t = 0.0046 < \epsilon_{tt} = 0.0050$이므로 변화구간 단면이다.

2019년 1회(2019.4.13 시행)

01 목재의 건조방법 중 천연건조의 장점을 2가지만 쓰시오. (4점)

①　_____

②　_____

02 콘크리트 구조물의 화재 시 급격한 고열현상에 의하여 발생하는 폭렬현상에 대한 방지대책을 2가지만 쓰시오. (4점)

①　_____

②　_____

03 콘크리트의 워커빌리티 측정시험의 종류를 3가지만 쓰시오. (3점)

①　_____

②　_____

③　_____

04 어스앵커(Earth Anchor) 공법에 대하여 설명하시오. (3점)

_____

_____

05 다음 [보기]에서 설명하는 구조의 명칭을 쓰시오. (3점)

| 보기 |
강구조물 주위에 철근배근을 하고 그 위에 콘크리트를 타설하여 일체가 되게 한 것으로 초고층 구조물 하층부의 복합구조물로 많이 사용된다.

06 다음 설명에 해당되는 용접 결함의 용어를 쓰시오. (4점)

① 용접봉의 피복제 용해물인 회분이 용착금속 내에 혼합된 것
② 용융금속이 응고할 때 방출되어야 할 가스가 남아서 생기는 용접부의 빈자리
③ 용접금속과 모재가 융합되지 않고 단순히 겹쳐지는 것
④ 용접금속이 홈에 차지 않고 가장자리가 남게 된 부분

① _____ ② _____
③ _____ ④ _____

07 금속커튼월의 성능시험관련 실물모형시험(Mock-Up Test)에서의 시험종목을 4가지만 쓰시오. (단, KCS 기준) (4점)

① _____ ② _____
③ _____ ④ _____

08 다음 용어를 설명하시오. (4점)

① 밀시트(Mill Sheet) : _____
② 뒷댐재(Back Strip) : _____

09 시트방수의 장단점을 각각 2가지씩 쓰시오. (4점)

    가. 장점

        ① _____

        ② _____

    나. 단점

        ① _____

        ② _____

10 다음 보기에서 설명하는 구조의 명칭은 무엇인가? (2점)

┤ 보기 ├

구조물의 기초부분 등에 적층고무 또는 미끄럼받이 등을 넣어서 지진에 대한 건축물의 흔들림을 감소시키는 구조

_____

11 숏크리트(Shotcrete)공법의 정의를 설명하고, 공법의 장·단점을 각각 2가지씩 쓰시오. (6점)

    (1) 정의

    _____

    _____

    (2) 장점

        ① _____

        ② _____

    (3) 단점

        ① _____

        ② _____

12 파워셔블의 1시간당 추정 굴착작업량을 다음 |조건|일 때 산출하시오. (단, 단위를 명기하시오.) (4점)

| 조건 |
㉮ $q=0.8m^3$,   ㉯ $f=0.7$,   ㉰ $E=0.83$,   ㉱ $k=0.8$,   ㉲ $C_m=40sec$

13 다음 그림과 같은 단면의 철근콘크리트 띠철근 기둥에서 최대 설계축하중 ϕP_n (kN)를 구하시오. (단, $f_{ck}=24$MPa, $f_y=400$MPa, 8-HD22, HD22 한 개의 단면적은 387mm², 강도감소계수는 0.65) (3점)

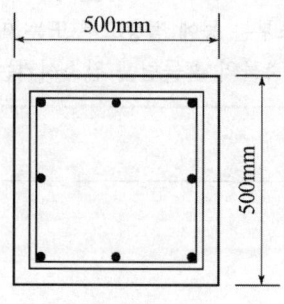

14 커튼월의 알루미늄바에서 누수방지 대책을 시공적인 측면에서 4가지만 쓰시오. (4점)

① _____
② _____
③ _____
④ _____

15 그림과 같은 3회전단형 라멘에서 A지점의 수평 반력을 구하시오. (3점)

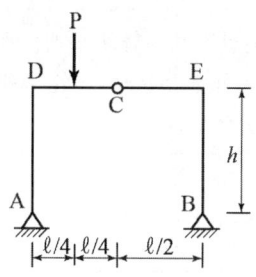

16 다음은 콘크리트의 압축강도를 시험하지 않을 경우 거푸집널의 해체시기를 나타낸 표이다. 빈칸에 알맞은 기간을 써 넣으시오. (단, 기초, 보, 기둥 및 벽의 측면의 경우) (4점)

시멘트의 종류 평균기온	조강포틀랜드시멘트	보통포틀랜드시멘트
20℃ 이상	(①)일	(③)일
10℃ 이상 20℃ 미만	(②)일	(④)일

① _____ ② _____
③ _____ ④ _____

17 강구조 부재의 접합에 사용되는 고장력볼트 중 볼트의 장력관리를 손쉽게 하기 위한 목적으로 개발된 것으로 본조임 시 전용조임기를 사용하여 볼트의 핀테일이 파단될 때까지 조임 시공하는 볼트의 명칭을 쓰시오. (3점)

18 다음에서 설명하는 줄눈의 명칭을 쓰시오. (2점)

> 콘크리트 경화 시 수축에 의한 균열을 방지하고 슬래브에서 발생하는 수평 움직임을 조절하기 위하여 설치한다. 벽과 슬래브, 외기에 접하는 부분 등 균열이 예상되는 위치에 약한 부분을 인위적으로 만들어 다른 부분의 균열을 억제하는 역할을 한다.

---

19 사운딩시험(Sounding Test)에 대하여 설명하고 그 종류를 2가지만 쓰시오. (4점)

가. 사운딩시험

나. 종류
① _____
② _____

---

20 다음 데이터를 네트워크 공정표로 작성하고, 각 작업의 여유시간을 구하시오. (10점)

작업명	선행작업	작업일수	비 고
A	–	3	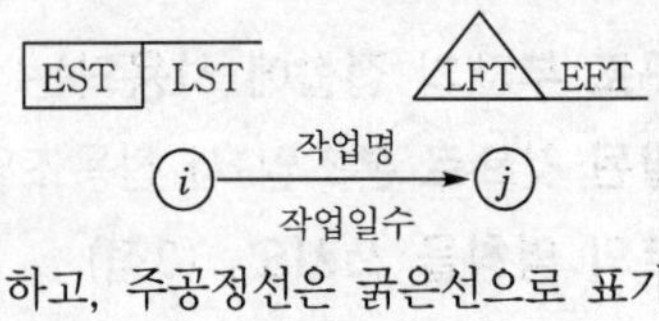 EST｜LST △LFT＼EFT 로 표기하고, 주공정선은 굵은선으로 표기하시오.
B	–	2	
C	–	4	
D	C	5	
E	B	2	
F	A	3	
G	A, C, E	3	
H	D, F, G	4	

가. 네트워크 공정표   나. 여유시간

21 기초구조를 기초와 지정으로 나눌 때 각각의 역할에 대하여 설명하시오. (4점)

　가. 기초 : _____

　나. 지정 : _____

22 콘크리트의 응력·경화 시 콘크리트의 온도 상승 후 냉각하면서 발생하는 온도균열에 대한 방지대책을 3가지만 쓰시오. (3점)

　① _____
　② _____
　③ _____

23 다음 유리에 대하여 설명하시오. (4점)

　가. 저방사(Low-E)유리
　_____
　_____

　나. 접합유리
　_____
　_____

24 철근콘크리트 보의 춤이 700mm이고, 부모멘트를 받는 상부단면에 HD25 철근(공칭지름 25.4mm)이 배근되어 있을 때, 철근의 인장 정착길이를 구하시오. (단, f_{ck} = 27MPa, f_y = 400MPa이며, 철근의 순간격과 피복두께는 철근지름 이상임, 상부철근 보정계수는 1.3 적용, 도막되지 않는 철근, 보통중량콘크리트 사용) (3점)

　_____
　_____

25 큰 처짐에 의하여 손상되기 쉬운 칸막이벽이나 기타 구조물을 지지 또는 부착하지 않은 부재의 경우 다음 표에서 정한 최소두께를 적용하여야 한다. 표의 ( ) 안에 알맞은 내용을 써 넣으시오. (단, 표의 값은 보통중량콘크리트와 설계기준항복강도 400MPa 철근을 사용한 부재에 대한 값임)

【 처짐을 계산하지 않는 경우의 보 또는 1방향 슬래브의 최소두께 】

부재	최소두께, $h(l\ :\ 경간)$
• 단순지지 된 1방향 슬래브	$\dfrac{l}{(\ ①\ )}$
• 1단 연속된 보	$\dfrac{l}{(\ ②\ )}$
• 양단 연속된 리브가 있는 1방향 슬래브	$\dfrac{l}{(\ ③\ )}$

① _____
② _____
③ _____

26 강구조 부재에서 비틀림이 생기지 않고 휨변형만 유발하는 위치를 전단중심(Shear Center)이라 한다. 다음 형강들에 대하여 전단중심의 위치를 각 단면에 점(•)으로 표기하시오. (3점)

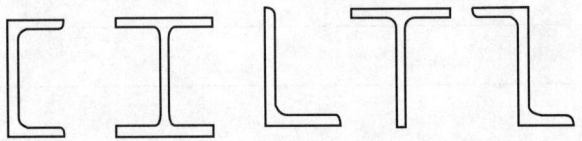

2019년 1회 해설 및 정답

01 천연건조(자연건조)의 장점
① 특별한 건조장치가 필요 없기 때문에 시설과 작업 비용이 적게 든다.
② 열에너지가 절약된다.
③ 작업이 비교적 간단하여 목재 손상이 적고 특수한 건조기술이 덜 요구된다.

(주1) 천연건조의 단점
① 천연건조는 건조시간이 길다.
② 기건 함수율 이하로 건조할 수 없다.
③ 기후와 입지 등 천연건조의 영향을 많이 받는다.
④ 넓은 장소가 필요하다.

02 ① 섬유의 혼입
② 철근의 피복두께 증가
③ 단위수량의 감소
④ 흡수율이 적은 골재의 사용
⑤ 내화피복 또는 단열시공

03 ① 슬럼프시험   ② 흐름시험
③ 구관입시험   ④ 리몰딩시험
⑤ 비비시험

04 버팀대 대신 흙막이벽의 바깥쪽에 어스앵커를 설치하여 토압을 지지하면서 굴착하는 공법

05 철골철근콘크리트구조(SRC조)

06 ① 슬래그 감싸들기
② 공기구멍(블로홀)
③ 오버랩
④ 언더컷

07 ① 예비시험   ② 기밀시험
③ 정압수밀시험   ④ 동압수밀시험
⑤ 구조시험

08 ① 밀시트(Mill Sheet) : 강재 제조업체가 발행하는 품질보증서이다.
② 뒷댐재(Back Strip, 뒷받침쇠) : 그루브용접을 한쪽 면으로만 실시하는 경우, 충분한 용접을 확보하고 용융금속의 용락을 방지할 목적으로 루트 뒷면에 금속판 등으로 받치는 받침쇠이다.

09 가. 장점
① 신장성과 내후성이 우수하다.
② 방수성능이 우수하다.
③ 시공이 간단하다.
④ 공기단축이 가능하다
나. 단점
① 보호누름이 필요하다.
② 결함부의 발견이 매우 어렵다.

10 면진구조

11 가. 숏크리트 : 압축공기로 모르타르를 뿜칠하여 시공하는 공법으로 뿜칠 콘크리트라고도 한다.
나. 장점
① 거푸집이 불필요다.
② 급속 시공이 가능하다.
③ 곡면 시공이 가능하다.
다. 단점
① 리바운딩이 되기 쉽다.
② 평활한 표면이 곤란하다.

12
$$Q = \frac{3{,}600 \times q \times k \times f \times E}{C_m}$$
$$= \frac{3{,}600 \times 0.8 \times 0.8 \times 0.7 \times 0.83}{40}$$
$$= 33.466 \rightarrow 33.47 \text{m}^3/\text{hr}$$

여기서, q : 디퍼(Dipper) 또는 버킷의 공칭용량(m^3)
k : 디퍼 또는 버킷계수
f : 토량환산계수
E : 작업효율
C_m : 1회 사이클 소요시간(sec)

13 단주의 최대 설계축하중
$$\phi P_{n,\max} = \alpha \phi P_0$$
$$= \alpha \phi \{0.85 f_{ck}(A_g - A_{st}) + f_y A_{st}\}$$
$$= 0.80 \times 0.65 \times \{0.85 \times 24 \times (500 \times 500$$
$$- 8 \times 387) + 400 \times (8 \times 387)\}$$
$$= 3{,}263.1 \times 10^3 \text{ N}$$
$$= 3{,}263.1 \text{ kN}$$

14 ① 멀리온과 패널의 이음매 처리 철저
② Closed Joint System의 경우 이음새 없이 시공
③ Open Joint System의 경우 누수 차단 철저
④ 용도에 적합한 실란트 사용

15 힘의 평형방정식으로부터 반력 산정
① $\Sigma X = H_A - H_F = 0$
② $\Sigma Y = R_A - P + R_F = 0$
③ $\Sigma M_{D(DA)} = R_A \times \dfrac{l}{2} - H_A \times h - P \times \dfrac{l}{4} = 0$
④ $\Sigma M_{D(DF)} = H_F \times h - R_F \times \dfrac{l}{2} = 0$
⑤ ①식으로부터 $H_A = H_F$
⑦ ②식으로부터 $R_A = P - R_F$
⑧ ⑦식을 ③에 대입하여 정리하여 4를 곱하면,
$(P - R_F) \times \dfrac{l}{2} - H_A \times h - P \times \dfrac{l}{4} = 0$
$\dfrac{Pl}{4} - \dfrac{R_F l}{2} - H_A h = 0$
$Pl - 2R_F l - 4H_A h = 0$
⑨ ⑥식을 ④식에 대입하여 정리하여 4를 곱하면,
$H_A \times h - \dfrac{R_F l}{2} = 0$
$4H_A h - 2R_F l = 0$
$\therefore 2R_F l = 4H_A h$
⑩ ⑨식을 ⑧식에 대입하면
$Pl - 4H_A h - 4H_A h = 0$
$8H_A h = Pl$
$\therefore H_A = \dfrac{Pl}{8h} \;(\rightarrow)$

16 ① 2 ② 3
③ 4(3) ④ 6(4)
(주) 괄호 밖은 KCS 14 20 12 기준이고, 괄호 안은 KCS 21 50 05 기준이다.

17 T/S 고장력볼트 또는 토크-전단형 고장력 또는 볼트축 전단형볼트

18 조절줄눈(Control Joint)
(주1) 신축줄눈은 온도변화에 따른 팽창, 수축 혹은 부동침하, 진동 등에 의해 균열이 예상되는 위치에 설치하는 줄눈이다. 조절줄눈은 균열을 전체 벽면 또는 바닥판 중의 일정한 곳에만 일어나도록 유도하는 줄눈으로써 수축에 의하여 표면에 균열이 생기는 것을 방지하기 위해 설치하는 줄눈이다.

19 가. 사운딩시험 : 로드에 붙인 저항체를 지중에 넣고 관입, 회전, 인발 등의 저항으로부터 토층의 성상을 탐사하는 방법이다.
나. 종류
① 표준관입시험
② 스웨덴식 관입시험
③ 화란식 관입시험
④ 베인테스트

20 가. 네트워크 공정표

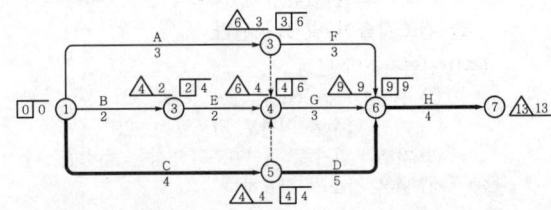

나. 여유시간

작업명	D	EST	EFT	LST	LFT	TF	FF	DF	CP
A	3	0	3	3	6	6−3=3	3−3=0	3	
B	2	0	2	2	4	4−2=2	2−2=0	2	
C	4	0	4	0	4	4−4=0	4−4=0	0	*
D	5	4	9	4	9	9−9=0	9−9=0	0	*
E	2	2	4	4	6	6−4=2	4−4=0	2	
F	3	3	6	6	9	9−6=3	9−6=3	0	
G	3	4	7	6	9	9−7=2	9−7=2	0	
H	4	9	13	9	13	13−13=0	13−13=0	0	*

21 가. 기초 : 기초슬래브와 지정을 총칭한 것으로 건축물의 최하부에서 건물의 상부하중을 받아 지반에 안전하게 전달하는 구조부분이다.
나. 지정 : 기초슬래브를 지지하기 위한 것으로 기초판 하부에 보강한 구조부분이다.

22 ① 수화열이 낮은 중용열시멘트를 사용한다.
② 단위시멘트량을 적게 한다.
③ 단위수량을 적게 한다.
④ AE 감수제 지연형, 감수제 지연형을 사용하여 수화반응을 억제한다.
⑤ 굵은골재의 최대 치수를 크게 한다.
⑥ 프리쿨링 또는 파이프쿨링 등의 냉각 방법을 사용한다.

23 가. **저방사(Low-E)유리** : 열적외선을 반사하는 은소 재도막으로 코팅하여 방사율과 열관료율을 낮추고 가시광선 투과율을 높인 유리로서, 일반적으로 복층유리로 제조하여 사용한다.

나. **접합유리** : 두 장 이상의 유리를 합성수지로 겹 붙여 댄 것이다.

24 묻힘길이에 의한 인장 이형철근의 정착길이를 산정한다.

$l_d \geq \max(보정계수 \times l_{db}, 300\text{mm})$

여기서, $l_{db} = \dfrac{0.6 d_b f_y}{\sqrt{f_{ck}}}$

보정계수 : D22 이상의 철근으로 철근의 순간격 $\geq d_b$이고, 피복두께$\geq d_b$이면서, l_d의 전 구간에 설계기준의 규정된 최소 철근량 이상의 스터럽 또는 띠철근이 배근된 경우의 보정계수는 $\alpha\beta\lambda$이다.

여기서, α : 철근배근 위치계수 – 상부철근으로 정착길이 또는 이음부 아래 300mm 이상 콘크리트에 묻힌 수평철근임으로 $\alpha=1.3$

β : 에폭시 도막계수 – 도막되지 않은 철근임으로 $\beta=1.0$

λ : 경량콘크리트계수 – 보통중량콘크리트임으로 $\lambda=1.0$

묻힘길이에 의한 인장 이형철근의 기본정착길이 l_{db}

$l_{db} = \dfrac{0.6 d_b f_y}{\sqrt{f_{ck}}} = \dfrac{0.6 \times 25.4 \times 400}{\sqrt{27}} = 1,173\text{ mm}$

묻힘길이에 의한 인장 이형철근의 정착길이 l_d
$l_d \geq \max(보정계수 \times l_{db},\ 300\text{ mm})$
$= \max(1.3 \times 1.0 \times 1.0 \times 1,173,\ 300\text{mm})$
$= \max(1,525,\ 300\text{ mm}) = 1,525\text{mm}$

따라서 묻힘길이에 의한 인장 이형철근의 정착길이는 최소 1,525 mm이다.

25 ① 20
② 18.5
③ 21

26

2019년 2회(2019.6.29 시행)

01 다음 설명에 알맞은 계약방식을 쓰시오. (4점)

가. (_____) : 발주측이 프로젝트 공사비를 부담하는 것이 아니라 민간부분 수주측이 설계, 시공 후 일정기간 시설물을 운영하여 투자금을 회수하고 시설물과 운영권을 무상으로 발주측에 이전하는 방식

나. (_____) : 사회간접시설을 민간부분 주도하에 설계, 시공 후 소유권을 공공부분에 먼저 이양하고, 약정기간 동안 그 시설물을 운영하여 투자금액을 회수하는 방식

다. (_____) : 민간부분이 설계, 시공 주도 후 그 시설물의 운영과 함께 소유권도 민간에 이전되는 방식

라. (_____) : 건축주는 발주시에 설계도서를 사용하지 않고 요구성능만을 표시하고 시공자는 거기에 맞는 시공법, 재료 등을 자유로이 선택할 수 있는 일종의 특명입찰방식

가. _____ 나. _____
다. _____ 라. _____

02 벽면의 면적이 20m²인 칸막이벽을 표준형 벽돌 1.5B 두께로 쌓고자 한다. 이 때 현장에 반입하여야 할 벽돌의 수량 (소요량)을 산출하시오. (단, 줄눈의 너비는 10 mm를 기준으로 한다. 최종 결과값의 소숫점 이하는 올림하여 정수매로 표기한다.) (3점)

_____
_____
_____

03 한중 콘크리트 시공 시 발생이 우려되는 초기동해의 방지대책을 2가지만 쓰시오. (2점)

① _____
② _____

04 다음 그림과 같이 각 부재에 대한 부재길이가 제시되어 있다. 지점 조건에 따른 각 부재의 유효좌굴길이를 구하시오. (4점)

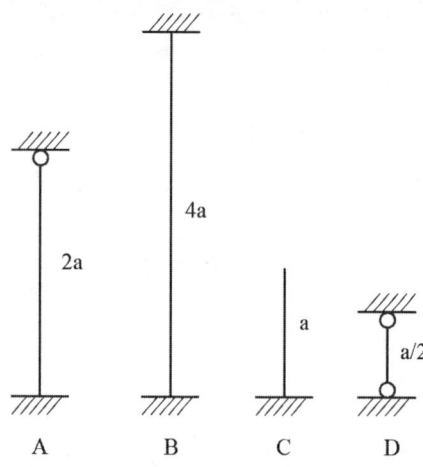

05 흙막이공사에서 역타설 공법(Top-Down Method)의 장점을 4가지 쓰시오. (4점)

① _____
② _____
③ _____
④ _____

06 커튼월에서 발생하는 다음과 같은 누수처리 방식에 대해 기술하시오. (4점)

가. Closed Joint System

나. Open Joint System

07 금속판 지붕공사에서 금속기와의 설치순서를 맞게 나열하시오. (4점)

```
┤보기├
① 서까래 설치(방부처리를 할 것)
② 금속기와 사이즈에 맞는 간격으로 기와걸이 미송각재를 설치
③ 경량철골 설치
④ Purlin 설치(지붕레벨고정)
⑤ 부식방지를 위한 강구조 부재 용접부위의 방청도장 실시
⑥ 금속기와 설치
```

08 다음은 슬러리월(Slurry Wall) 공법에 관한 설명이다. ( ) 안에 알맞은 용어를 각각 쓰시오. (3점)

특수 굴착기와 공벽붕괴방지용 (①)을(를) 이용, 지중굴착하여 여기에 (②)을(를) 세우고 (③)을(를) 타설하여 연속적으로 벽체를 형성하는 공법이다. 타 흙막이 벽에 비하여 차수효과가 높으며 역타공법 적용시나 인접 건축물에 피해가 예상될 때 적용하는 저소음, 저진동 공법이다.

① _____
② _____
③ _____

09 매스 콘크리트의 시공과 관련된 다음 용어에 대하여 설명하시오. (4점)

가. 선행냉각(Pre-Cooling)

나. 관로식냉각(Pipe-Cooling)

10 기둥축소(Column Shortening)현상에 대한 다음 항목에 대하여 설명하시오. (5점)

　가. 발생원인
　_____

　나. 기둥축소 현상이 건축물에 끼치는 영향 3가지
　　① _____　② _____　③ _____

11 압축강도(f_{ck})가 21 MPa인 모래경량콘크리트의 휨파괴계수(f_r)를 구하시오. (3점)
_____

12 그림과 같은 단순보에서 최대 휨응력은 얼마인지 구하시오. (단, 보의 길이는 9m, 자중은 무시한다.) (3점)

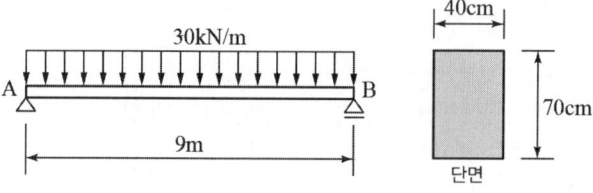

13 다음 그림에서와 같이 터파기를 했을 경우 인접건물의 주위 지반이 침하할 수 있는 원인을 3가지 쓰시오. (단, 일반적으로 인접하는 건물보다 깊게 파는 경우) (3점)

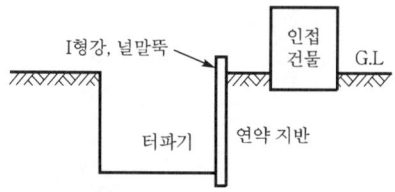

① _____　② _____　③ _____

14 다음 데이터를 네트워크 공정표로 작성하고 각 작업의 여유시간을 구하시오. (10점)

작업명	선행작업	공기	비 고
A	없음	5	EST LST △ LFT EFT
B	없음	6	
C	A	5	ⓘ ─작업명→ ⓙ 로 표기하고
D	A, B	2	공사일수
E	A	3	주공정선은 굵은 선으로 표시하시오.
F	C, E	4	단, Bar Chart로 전환하는 경우
G	D	2	▬ 작업일수 ☐ F.F ☐ D.F로 표기
H	G, F	3	

가. 네트워크 공정표   나. 여유시간

15 다음 그림과 같은 철근콘크리트 구조물에서 벽체와 기둥의 거푸집 면적을 각각 산출하시오. (6점)

- 구조물 : 5 m × 8 m (외곽선 기준 평면 크기), 높이 3 m, 기둥과 벽체는 모두 철근콘크리트로 구성됨.
- 기둥 사이즈 : 400 mm × 400 mm
- 벽체 두께 : 200 mm
- 기둥과 벽체는 콘크리트 타설작업 시 분리 타설함.

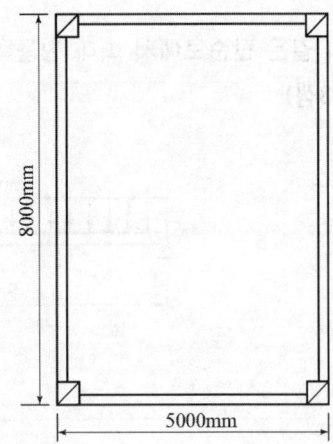

가. 벽체의 거푸집면적 : _____

나. 기둥의 거푸집면적 : _____

16 대형 시스템 거푸집 중에서 갱폼(Gang Form)의 장·단점을 각각 2가지씩 쓰시오. (4점)

가. 장점

① _____   ② _____

나. 단점

① _____   ② _____

17 다음 부정정보에서 각 지점의 반력을 구하시오. (3점)

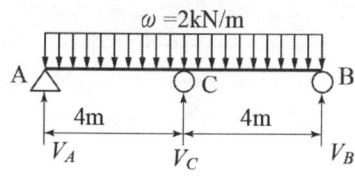

18 시트방수의 단점을 2가지만 쓰시오. (2점)

①

②

19 다음 설계조건에 따라 철근콘크리트 벽체에 대한 설계축하중 ϕP_{nw}를 구하시오. (4점)

[설계 조건]
- 벽두께 $h = 200$ mm
- 벽체 지점간 높이 $l_c = 3,200$ mm
- 벽체유효수평길이 $b_e = 2,000$ mm
- 유효길이계수 $k = 0.8$
- $f_{ck} = 24$ MPa, $f_y = 400$ MPa
- $\phi P_{nw} = 0.55 \phi f_{ck} A_g \left[1 - \left(\dfrac{kl_c}{32h} \right)^2 \right]$

20 다음 보기는 T/S(Torque Shear) 고장력볼트의 순서와 관련된 내용이다. 시공순서에 알맞게 번호를 나열하시오. (3점)

> ┤보기├
> ① 팁 레버를 잡아당겨 내측 소켓에 들어있는 핀테일(Pintail)을 제거
> ② 렌치의 스위치를 켜 외측 소켓이 회전하며 핀테일이 절단 시까지 볼트를 체결
> ③ 핀테일이 절단되었을 때 외측 소켓이 너트로부터 분리되도록 렌치를 잡아당김.
> ④ 핀테일에 내측 소켓을 끼우고 렌치를 살짝 걸어 너트에 외측 소켓이 맞춰지도록 함.

21 강구조의 내화피복공법 중 습식 공법의 종류를 3가지만 쓰시오. (3점)

① _____
② _____
③ _____

22 다음 ( ) 안에 알맞은 내용을 쓰시오. (4점)

> KDS(Korea Design Standard)에서는 재령 28일인 보통중량골재를 사용한 콘크리트의 탄성계수를 $E_c = 8,500 \sqrt[3]{f_{cm}}$ (MPa)로 제시하고 있으며 여기서, $f_{cm} = f_{ck} + \Delta f$이고, $\Delta f : \Delta f$는 f_{ck}가 40 MPa 이하면 (①) MPa, 60 MPa 이상이면 (②) MPa이며, 그 사이는 직선보간으로 구한다.

① _____
② _____

23 굵은골재를 물 속에서 채취하여 표면건조포화상태의 질량이 2,000g, 절대건조상태의 질량이 1,992g, 수중에서의 질량이 1,300g이라면 이때의 흡수율(%)을 구하시오. (4점)

24 다음 형강을 단면 형상의 표시방법에 따라 표시하시오. (2점)

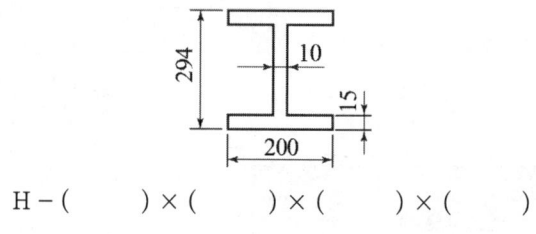

H – (　　) × (　　) × (　　) × (　　)

25 철근콘크리트의 알칼리골재반응을 방지하기 위한 대책을 3가지 쓰시오. (3점)
① _____
② _____
③ _____

26 강재의 재료특성과 관련된 다음 용어에 대하여 설명하시오. (2점)
항복비 : _____

2019년 2회 해설 및 정답

01 가. BOT 방식
　　나. BTO 방식
　　다. BOO 방식
　　라. 성능발주 방식

02 붉은벽돌의 소요량
　　$20 \times 224 \times 1.03 = 4,163.4 \rightarrow 4,165$매

03 ① 물결합재비(물시멘트비)를 60% 이하로 유지
　　② AE제 사용
　　③ 보온양생

04

단부 구속조건	1단 힌지, 타단 고정	양단 고정	1단 자유, 타단 고정	양단 힌지
부재길이, L	$2a$	$4a$	a	$a/2$
유효좌굴 길이계수, K	0.7	0.5	2.0	1.0
유효좌굴 길이, KL	$2a \times 0.7$ $=1.4a$	$4a \times 0.5$ $=2.0a$	$a \times 2.0$ $=2.0a$	$a/2 \times 1.0$ $=0.5a$

05 ① 지상, 지하 동시 작업으로 공기단축
　　② 전천후 시공 가능
　　③ 1층 슬래브를 선시공함으로써 작업공간 활용 가능
　　④ 인접건물에 악영향이 적음
　　⑤ 굴착소음방지 및 분진방지
　　⑥ 흙막이의 우수한 안정성

06 가. Closed Joint System
　　커튼월 접합부를 실(Seal)재로 완전히 밀폐시켜 틈새를 없애는 방식이다. 실재의 외기 노출로 인해 성능저하의 우려가 있다.
　　나. Open Joint System
　　커튼월의 내측 및 외측벽 사이에 공간을 두고 외기압과 같은 기압을 유지하여 배수하는 방식이다. 기밀 실재가 외기에 노출되지 않아 성능 유지에 유리하다.

07 ③ → ④ → ⑤ → ① → ② → ⑥

08 ① 안정액(벤토나이트용액)
　　② 철근망
　　③ 콘크리트

09 가. 선행냉각(Pre-Cooling)
　　콘크리트를 타설하기 전에 콘크리트의 온도를 제어하기 위해 얼음이나 액체질소 등으로 콘크리트의 원재료를 냉각시키는 방법이다.
　　나. 관로식냉각(Pipe-Cooling)
　　콘크리트를 타설한 후 콘크리트의 내부온도를 제어하기 위해 미리 묻어 둔 파이프 내부에 냉수 또는 공기를 강제적으로 순환시켜 콘크리트를 냉각시키는 방법이다.

10 가. 발생원인
　　① 탄성 축소
　　② 크리프
　　③ 건조수축
　　나. 기둥축소 현상이 건축물에 끼치는 영향 3가지
　　① 기둥의 심한 축소현상으로 기본설계와는 다른 층고 발생
　　② 기둥별 부담하중 차이로 슬래브나 보와 같은 수평부재의 초기 위치 변화 발생
　　③ 마감재(외장재), 파이프나 엘리베이터 레일과 같은 비구조재에 영향을 주어 균열, 비틀림 등의 사용성 문제 발생
　　(주1) 기둥축소량(Column Shortening, 칼럼 쇼트닝)의 정의 : 건축물이 초고층화, 대형화됨에 따라 강구조 기둥의 높이 증가와 하중의 증가로 인해 수직하중이 증대되어 발생되는 기둥의 수축량이다.

11 ① 경량콘크리트계수 $\lambda = 0.85$
　　② 휨파괴계수 $f_r = 0.63\lambda\sqrt{f_{ck}}$
　　$\quad\quad = 0.63 \times 0.85 \times \sqrt{21}$
　　$\quad\quad = 2.45 \rightarrow 2.5\,\text{MPa}$

12 (1) 최대 휨모멘트
　　$M_{max} = \dfrac{wl^2}{8} = \dfrac{30 \times 9^2}{8} = 303.75\,\text{kN}\cdot\text{m}$
　　$\quad\quad = 303.75 \times 10^6\,\text{N}\cdot\text{mm}$

(2) 단면계수

$$Z = \frac{400 \times 700^2}{6} = 32.7 \times 10^6 \text{ mm}^3$$

(3) 최대 휨응력

$$\sigma_{\max} = \frac{M_{\max}}{I} y = \frac{M_{\max}}{Z} = \frac{303.75 \times 10^6}{32.7 \times 10^6}$$

$$= 9.29 \to 9.3 \text{ MPa}$$

13 ① 히빙파괴
② 보일링
③ 파이핑 현상
④ 지하수위 변화
⑤ 흙막이벽 배면의 뒤채움 불량

14 ① 네트워크 공정표

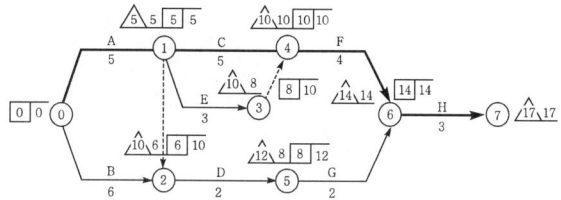

② 여유시간

작업명	TF	FF	DF	CP
A	0	0	0	*
B	4	0	4	
C	0	0	0	*
D	4	0	4	
E	2	2	0	
F	0	0	0	*
G	4	4	0	
H	0	0	0	*

15 가. 벽체의 거푸집 면적
$\{(5.0-0.4\times2)+(6.0-0.4\times2)\}\times2\times3\times2\text{sides}$
$= 112.8 \text{m}^2$

나. 기둥의 거푸집 면적
$(0.4+0.4)\times2\times3\times4\text{EA} = 19.2 \text{ m}^2$

16 가. 장점
① 조립, 해체가 생략되어 인력 절감
② 줄눈의 감소로 마감 단순화 및 비용 절감
③ 기능공의 기능도에 적은 영향

나. 단점
① 대형 양중 장비가 필요
② 초기 투자비 과다
③ 기능공의 교육 및 작업숙달기간이 필요

17 (1) 구조물의 변형일치

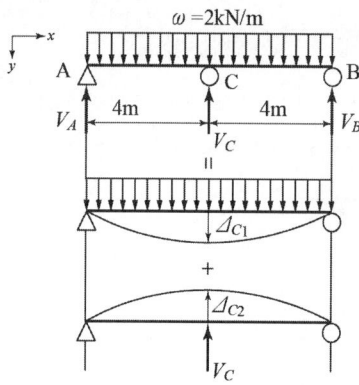

(2) 적합방정식
지점 C의 처짐, $\Delta_C = 0$이므로
$\Delta_C = \Delta_{C1} + \Delta_{C2} = 0$이다.

(3) 하중 w만 작용하는 정정구조물의 처짐
$\Delta_{C1} = \dfrac{5wl^4}{384EI}$ (하향)

(4) 부정정반력 V_C만 작용하는 정정구조물의 처짐
$\Delta_{C2} = -\dfrac{V_C l^3}{48EI}$ (상향)

(5) 실제구조물의 지점반력 산정

① $\Delta_C = 0$:

$$\Delta_C = \Delta_{C1} + \Delta_{C2} = \frac{5wl^4}{384EI} - \frac{V_C l^3}{48EI} = 0$$

$$\therefore V_C = \frac{5wl}{8} = \frac{5\times2\times8}{8} = 10.0 \text{ kN}$$

② $\Sigma M = 0 (+;\curvearrowright)$:

$$\Sigma M_A = w \times l \times \frac{l}{2} - V_C \times \frac{l}{2} - V_B \times l = 0$$

$$\therefore V_B = \frac{wl}{2} - \frac{V_C}{2} = \frac{wl}{2} - \left(\frac{5wl}{8}\right)\times\frac{1}{2}$$

$$= \frac{3wl}{16} = \frac{3\times2\times8}{16} = 3.0 \text{ kN}$$

③ $\Sigma Y = 0 (+; \uparrow)$:

$$\Sigma Y = V_A - w \times l + V_C + V_B = 0$$

$$\therefore V_A = w\times l - V_C - V_B = wl - \frac{5wl}{8} - \frac{3wl}{16}$$

$$= \frac{3wl}{16} = \frac{3\times2\times8}{16} = 3.0 \text{ kN}$$

④ $\Sigma X = 0 (+; \to)$:

$$\Sigma X = H_A = 0 \quad \therefore H_A = 0$$

18 ① 보호누름이 필요하다.
② 결함부의 발견이 매우 어렵다.

19 $\phi = 0.65$

$$\phi P_{nw} = 0.55\phi f_{ck} A_g \left[1 - \left(\frac{kl_c}{32h}\right)^2\right]$$
$$= 0.55 \times 0.65 \times 24 \times (2,000 \times 200) \times \left[1 - \left(\frac{0.8 \times 3,200}{32 \times 200}\right)^2\right]$$
$$= 2,882,880 \text{ N} = 2,882.9 \text{ kN}$$

20 ④ → ② → ③ → ①

21 ① 타설 공법
② 조적 공법
③ 미장 공법
④ 뿜칠 공법

22 ① 4
② 6

23 흡수율 $= \dfrac{\text{흡수량}}{\text{절대건조상태의 질량}} \times 100$

$= \dfrac{\text{표면건조포화상태의 질량} - \text{절대건조상태의 질량}}{\text{절대건조상태의 질량}} \times 100$

$= \dfrac{2,000 - 1,992}{1,992} \times 100 = 0.40\,\%$

24 H - 294 × 200 × 10 × 15

25 ① 반응성 골재의 사용금지
② 저알칼리시멘트 사용
③ 콘크리트 1m³당 총알칼리량 저감
④ 방수성 마감
⑤ 혼화제를 사용하여 수분의 이동 감소

26 항복비 $= \dfrac{\text{항복강도}}{\text{최소인장강도}} = \dfrac{F_y}{F_u}$

2019년 3회(2019.11.9 시행)

01 언더피닝을 설명하고, 그 공법을 2가지 쓰시오. (4점)

가. 언더피닝
_____

나. 종류
① _____ ② _____

02 콘크리트의 계속타설 중의 이어치기 허용 시간간격에 대해 다음 빈칸을 완성하시오. (4점)

외기온도	이어치기 허용 시간간격
25℃ 이상	(①) 시간 이내
25℃ 미만	(②) 시간 이내

① _____
② _____

03 인텔리전트 빌딩의 Access Floor(액세스 플로어)에 관하여 서술하시오. (2점)
_____

04 지반개량 공법 3가지를 쓰시오. (3점)
① _____
② _____
③ _____

05 다음 공사관리 계약 방식에 대해 설명하시오. (4점)

가. CM for Fee 방식(용역형 CM)

나. CM at Risk 방식(시공책임형 CM)

06 다음 용어를 설명하시오. (4점)

가. 예민비

나. 지내력시험

07 히빙파괴의 정의와 형상을 표현하시오. (5점)

가. 히빙파괴의 정의

나. 히빙파괴의 형상

08 지하실 외벽의 경우에 안방수와 바깥방수를 다음의 관점에서 각각 비교하여 쓰시오. (5점)

구분	안방수	바깥방수
① 사용환경		
② 공사시기		
③ 내수압성		
④ 경제성		
⑤ 보호누름		

09 다음 데이터를 네트워크 공정표로 작성하고, 각 작업의 여유시간을 구하시오. (10점)

작업명	작업일수	선행작업	비고
A	5	없음	
B	3	없음	EST LST LFT EFT
C	2	없음	작업명
D	2	A, B	(i)─작업일수─(j)
E	5	A, B, C	로 일정 및 작업을 표기하고, 주공정선은 굵은선으로 표기하시오.
F	4	A, C	

가. 네트워크 공정표   나. 여유시간

10 다음을 용어를 설명하시오. (4점)

가. 코너비드

나. 차폐용 콘크리트

11 강재 밀시트(Mill Sheet)에서 확인할 수 있는 사항 1가지를 쓰시오. (3점)

12 다음 그림에서 한 층분의 물량을 산출하시오. (10점)

- 부재치수(단위 : mm)
- 전 기둥(C_1) : 500×500
- 슬래브두께(t) : 120
- G_1, G_2 : 400×600
- G_3 : 400×700
- B_1 : 300×600
- 층고 : 3,600

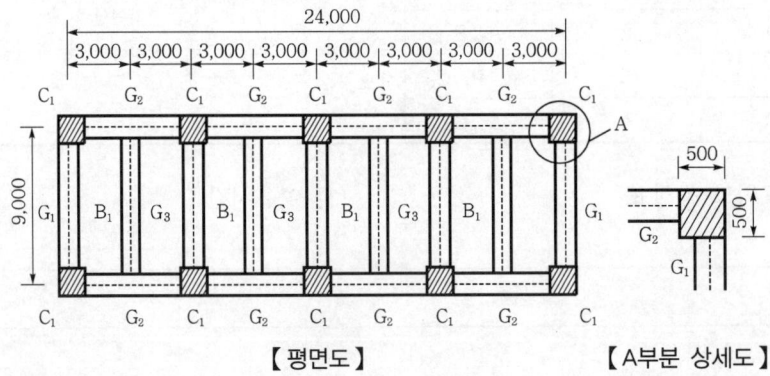

【평면도】　　　【A부분 상세도】

(1) 전체 콘크리트량(m^3)

(2) 전체 거푸집 면적(m^2)

(3) 시멘트(포대 수), 모래(m^3), 자갈량(m^3)을 계산하시오.(단, (1)항에 의거 산출된 물량을 이용하되 배합비는 1 : 3 : 6이며, 약산식을 사용한다.)

13 다음 용어를 설명하시오. (4점)

가. 골재의 흡수량

나. 골재의 함수량

14 강구조의 공장 가공이 완료되는 단계에서 강재면에 녹막이칠을 1회 하고 현장으로 운반하는데, 이 때 녹막이칠을 하지 않은 부분에 대하여 3가지를 쓰시오. (3점)

① _____
② _____
③ _____

15 다음 용어를 설명하시오. (4점)

① 스칼럽(Scallop) : _____
② 엔드탭(End Tap) : _____

16 목재의 방부처리 방법을 3가지 쓰고, 그 내용을 설명하시오. (3점)

① _____
② _____
③ _____

17 Ready Mixed Concrete의 규격(25-30-210)에 대하여 3가지의 수치가 뜻하는 바를 쓰시오. (단, 단위까지 명확히 기재하시오.) (3점)

18 시험에 관계되는 것을 |보기|에서 골라 번호를 쓰시오. (4점)

보기
㉮ 딘월 샘플링(Thin Wall Sampling)　㉯ 베인시험(Vane Test)
㉰ 표준관입시험　㉱ 정량분석시험

① 진흙의 점착력　② 지내력
③ 연한점토　④ 염분

① _____ ② _____ ③ _____ ④ _____

19 벽돌벽의 표면에 생기는 백화현상을 설명하시오. (2점)

20 조립분해를 반복하지 않고 대형틀을 단순화하여 한 번에 연결하고 해체할 수 있는 거푸집 판 중 장선, 멍에, 서포트 등을 일체로 하여 수평, 수직이 가능한 바닥전용 거푸집의 명칭은? (2점)

21 'LCC(Life Cycle Cost)'에 대해 간단히 설명하시오. (3점)

22 철근콘크리트구조에서 1방향 슬래브와 2방향 슬래브를 구분하여 설명하시오. (단, λ=장변방향 순간격/단변방향 순간격이다.) (4점)

① 1방향 슬래브

② 2방향 슬래브

23 구조물을 안전하게 설계하고자 할 때 강도한계상태에 대한 안전을 확보해야 한다. 뿐만 아니라 사용성 한계상태를 고려하여야 하는데 여기서 사용성 한계상태란 무엇인가? (2점)

24 다음과 같은 전단력도에서 V_s값의 산정결과, $V_s > \frac{1}{3}\lambda\sqrt{f_{ck}}\,b_w\,d$로 검토되었다. 수직 스터럽을 배치하여야 하는 구간 내에서 수직 스터럽의 최대 간격을 구하시오. (단, 단면의 적합성은 확보되었고 보의 유효깊이는 550 mm이다.) (4점)

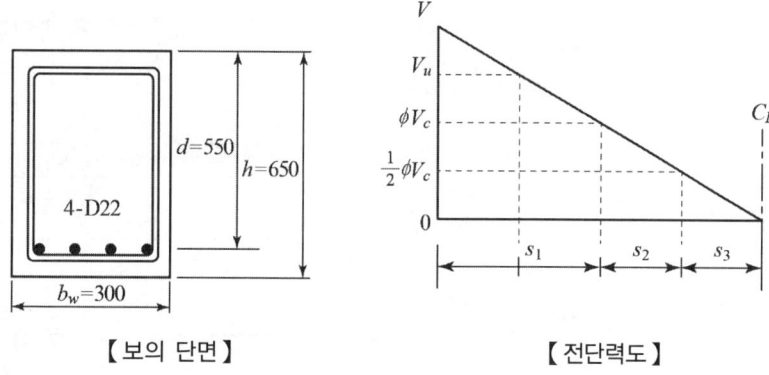

【 보의 단면 】　　【 전단력도 】

25 다음 내민보의 전단력도와 휨모멘트도를 작성하시오. (4점)

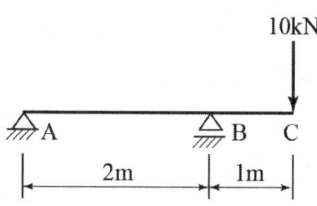

2019년 3회 해설 및 정답

01 가. 언더피닝
굴착공사 중, 기존 건축물의 지반이 연약할 경우 기존 건축물의 기초와 지정을 보강하는 공법이다.

나. 종류
① 2중 널말뚝 공법
② 현장타설 콘크리트말뚝 공법
③ 강재말뚝 공법
④ 모르타르 및 약액주입 공법

02 ① 2.0
② 2.5

03 정방형의 바닥 패널을 지주대로 지지시켜 전산실, 강의실, 회의실 등에 공조설비, 배관설비 등의 설치를 위해 사용되는 이중 바닥구조

04 ① 재하법
② 치환법
③ 탈수법
④ 다짐법
⑤ 응결법(주입법)
⑥ 동결법
⑦ 전기화학 고결법

05 가. CM for Fee 방식 : 발주자와 시공자가 직접 계약을 하고 CM은 설계 및 시공에 직접 관여하지 않고 건설사업 수행에 관한 발주자에 대한 대리인 및 조정자의 역할만을 하는 방식
나. CM at Risk 방식 : 발주자와 CM이 계약을 하고 발주자와 합의된 계약 조건하에서 CM이 시공자 역할까지 하면서 하도급자를 선정하고 이윤을 추구할 수 있도록 하는 방식

06 가. 예민비 : 흙의 이김에 의해서 약해지는 정도를 표시하는 것
나. 지내력시험 : 평판재하 또는 시험말뚝을 이용하여 기초지반의 지지력 산정과 지반반력계수를 산정하는 시험

07 가. 히빙파괴의 정의
연약 점토지반에서 흙의 중량과 지표 적재하중으로 인해 흙이 안으로 밀려 불룩하게 되는 현상

나. 히빙파괴의 형상

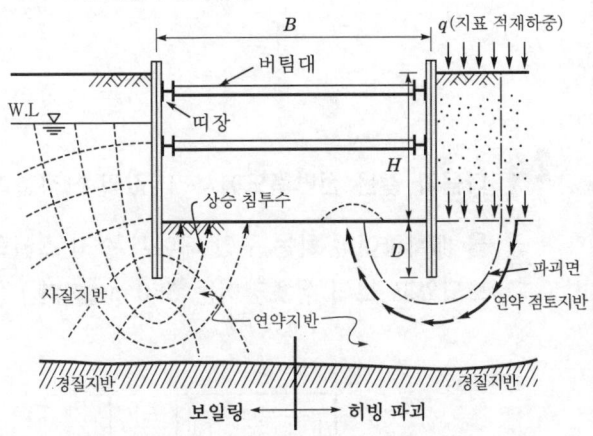

08

구분	안방수	바깥방수
① 사용환경	수압이 적고 얕은 지하실	수압이 크고 깊은 지하실
② 공사시기	자유롭다.	본 공사에 선행
③ 내수압성	적다.	크다.
④ 경제성	저가	고가
⑤ 보호누름	필요	없어도 무방

09 가. 네트워크 공정표

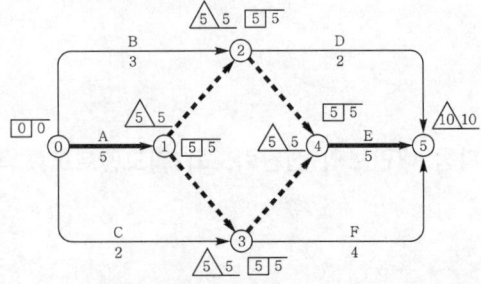

나. 여유시간

작업명	TF	FF	DF	CP
A	0	0	0	*
B	2	2	0	
C	3	3	0	
D	3	3	0	
E	0	0	0	*
F	1	1	0	

10 가. 코너비드 : 벽, 기둥 등의 모서리에 대어 미장바름을 보호하는 철물이다.

나. 차폐용 콘크리트 : 주로 생물체의 방호를 위하여 X선, γ선 및 중성자선을 차폐할 목적으로 중량 골재를 사용하여 기건비중 2.5~6.9, 단위중량 2.5t/m³ 이상인 콘크리트이다.

11 ① 제품의 생산정보 (제품치수, 제품번호, 수량, 중량, 제강번호)
② 기계적 성질 (항복강도, 인장강도)
③ 화학 성분

12

구분	수량산출근거	계
1. 전체 콘크리트량	(1) 기둥 : $0.5 \times 0.5 \times (3.6-0.12) \times 10EA$ $= 8.70m^3$ (2) 보 ① G_1 : $0.4 \times (0.6-0.12) \times 8.4 \times 2EA = 3.226m^3$ ② $G_2(l_0=5.45)$: $0.4 \times (0.6-0.12) \times 5.45 \times 4EA = 4.186m^3$ ③ $G_2(l_0=5.5)$: $0.4 \times (0.6-0.12) \times 5.5 \times 4EA = 4.224m^3$ ④ G_3 : $0.4 \times (0.7-0.12) \times 8.4 \times 3EA = 5.846m^3$ ⑤ B_1 : $0.3 \times (0.6-0.12) \times 8.6 \times 4EA = 4.954m^3$ ∴ 소계 : $3.226+4.186+4.224+5.846+4.954$ $= 22.436m^3$ (3) 슬래브 : $9.4 \times 24.4 \times 0.12 = 27.523m^3$ ∴ 합계 : $8.70+22.436+27.523$ $= 58.659 \rightarrow 58.66m^3$	58.66m³
2. 거푸집면적	(1) 기둥 : $(0.5+0.5) \times 2 \times (3.6-0.12) \times 10EA$ $= 69.60m^2$ (2) 보 ① G_1 : $(0.6-0.12) \times 8.4 \times 2sides \times 2EA = 16.128m^2$ ② $G_2(l_0=5.45)$: $(0.6-0.12) \times 5.45 \times 2 \times 4EA = 20.928m^2$ ③ $G_2(l_0=5.5)$: $(0.6-0.12) \times 5.5 \times 2 \times 4EA = 21.120m^2$ ④ G_3 : $(0.7-0.12) \times 8.4 \times 2 \times 3EA = 29.232m^2$ ⑤ B_1 : $(0.6-0.12) \times 8.6 \times 2 \times 4EA = 33.024m^2$ ∴ 소계 : $16.128+20.928+21.120+29.232$ $+33.024 = 120.432m^2$ (3) 슬래브 : $9.4 \times 24.4 + (9.4+24.4) \times 2 \times 0.12$ $= 237.472m^2$ ∴ 합계 : $69.60+120.432+237.472$ $= 427.504 \rightarrow 427.50m^2$	427.50m²

3. 시멘트량·모래량·자갈량	(1) 콘크리트 1m³당 재료량(1:3:6) $V = 1.1m + 0.57n$ $= 1.1 \times 3 + 0.57 \times 6 = 6.72m^3$	
	(2) 전체 시멘트의 소요량 $C = \dfrac{37.5}{V} \times$ 전체 콘크리트물량 $= \dfrac{37.5}{6.72} \times 58.66 = 327.3 \rightarrow 328$포대	328포대
	(3) 모래량 $S = \dfrac{m}{V} \times$ 전체 콘크리트물량 $= \dfrac{3}{6.72} \times 58.66$ $= 26.188 \rightarrow 26.19m^3$	26.19m³
	(4) 자갈량 $G = \dfrac{n}{V} \times$ 전체 콘크리트물량 $= \dfrac{6}{6.72} \times 58.66$ $= 52.375 \rightarrow 52.38m^3$	52.38m³

참고

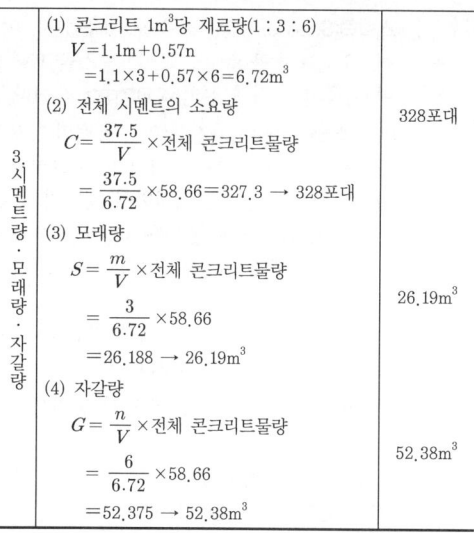

【보 단면치수 상세】

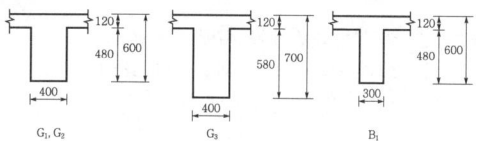

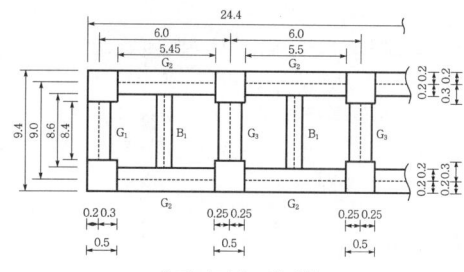

【평면치수 상세】

13 가. 골재의 흡수량 : 표면건조포수상태의 골재 중에 포함되는 물의 양

나. 골재의 함수량 : 습윤상태의 골재가 함유하는 전 수량

14 ① 현장 용접부에서 100mm 이내
② 고장력볼트 접합부 마찰면
③ 콘크리트 부착 또는 매입 부분
④ 밀착 또는 회전하는 기계깎기 마무리면
⑤ 강구조 조립에 의해 맞닿는면
⑥ 밀폐되는 내면

15 ① 스캘럽(Scallop) : 강구조 부재의 용접 시, 이음이나 접합부위에서 용접선이 교차하는 것을 피하기 위하여 한쪽의 부재에 설치(모따기)한 홈이다.
② 엔드탭(End Tap) : 개선이 있는 용접의 양끝의 전체단면을 완전한 용접으로 하기 위해 그리고 공기구멍, 크레이터 등의 용접결함이 생기기 쉬운 용접비드의 시작과 끝 지점에 용접을 하기 위해 용접접합 하는 모재의 양단에 부착하는 보조 강판이다.

16 ① 가압주입법 : 방부제 용액을 고기압(7~12기압)으로 가압 주입하여 방부처리
② 침지법 : 방부제 용액 중에 담가 공기를 차단하여 방부처리
③ 방부제칠 : 목재를 충분히 건조 후 솔 등으로 약제를 도포 및 뿜칠하여 방부처리
④ 표면탄화법 : 목재에서 균에게 양분을 제공하는 표면을 3~10mm 정도 태워 방부처리

17 ① 25 : 굵은골재의 최대 치수(mm)
② 30 : 콘크리트의 호칭강도(MPa)
③ 210 : 슬럼프값(mm)

18 ① 나 ② 다
③ 가 ④ 라

19 백화현상 : 벽 표면에서 침투하는 빗물에 의해 모르타르의 석회분이 유출하여 모르타르 중의 석회분이 수산화석회로 되어 표면에 유출될 때 공기중의 탄산가스 또는 벽돌의 유황성분과 결합하여 흰 가루가 생기는 현상

20 트래블링폼

21 건축물의 기획, 설계, 시공에서부터 완공된 후의 유지관리 및 해체까지 이어지는 일련의 과정을 건물의 생애(수명)라 한다. 이러한 건물의 생애기간동안 소요되는 초기투자비 및 유지관리비 등의 총비용이다.

22 ① 1방향 슬래브 : $\lambda > 2$
② 2방향 슬래브 : $\lambda \leq 2$
여기서, $\lambda = \dfrac{장변방향\ 순간격}{단변방향\ 순간격}$

23 사용성 한계상태는 구조물의 외형, 유지 및 관리, 내구성, 사용자의 안락감 또는 기계류의 정상적인 기능 등을 유지하기 위한 구조물의 능력에 영향을 미치는 한계상태이다.

24 ① 간격제한에 의한 수직 스터럽의 최대 간격
$$s \leq \min\left(\dfrac{d}{2},\ 600\text{mm}\right) = \min\left(\dfrac{550}{2},\ 600\right)$$
$$= \min(275,\ 600) = 275\text{ mm}$$
② $V_s > \dfrac{1}{3}\lambda\sqrt{f_{ck}}\,b_w\,d$ 인 경우 위의 최대 간격의 1/2이하로 한다.
∴ 수직 스터럽의 최대 간격은 275/2=137.5 mm이다.

25

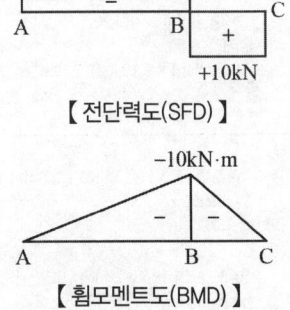

1. 반력 산정
힘의 평형방정식($\Sigma X=0$, $\Sigma Y=0$, $\Sigma M=0$)으로부터 반력을 산정한다.
① $\Sigma M = 0(+;\curvearrowright) : \Sigma M_A = 10 \times 6 - R_B \times 4 = 0$
∴ $R_B = 15$ kN (↑)
② $\Sigma Y = 0(+;\uparrow) : \Sigma Y = -R_A + R_B - 10 = 0$
∴ $R_A = 5$ kN (↓)

2. 전단력도와 휨모멘트도

2020년 1회(2020.5.24 시행)

01 BOT(Build-Operate-Transfer Contract) 방식을 설명하고 이와 유사한 방식을 2가지만 쓰시오. (4점)

(1) BOT 방식 : _____

(2) 유사한 방식

① _____
② _____

02 지하구조물은 지하수위에서 구조물 밑면까지의 깊이만큼 부력을 받아 건물이 부상하게 되는데, 이것에 대한 방지대책을 2가지 기술하시오. (2점)

① _____
② _____

03 다음 용어를 간단히 설명하시오. (4점)

(1) 레이턴스(Laitance) : _____

(2) 크리프(Creep) : _____

04 벽, 기둥 등의 모서리는 손상되기 쉬우므로 별도의 마감재를 감아 대거나 미장면의 모서리를 보호하면서 벽, 기둥을 마무리 하는 보호용 재료를 무엇이라고 하는가? (2점)

_____

05 다음 |조건|에서 콘크리트 1m³를 생산하는 데 필요한 시멘트, 모래, 자갈의 중량을 산출하시오. (8점)

┤ 조건 ├
㉮ 단위수량 : 160kg/m³ ㉯ 물시멘트비 : 50% ㉰ 잔골재율 : 40%
㉱ 시멘트 비중 : 3.15 ㉲ 잔골재 비중 : 2.5 ㉳ 굵은골재 비중 : 2.6
㉴ 공기량 : 1%

06 ALC(Autoclaved Lightweight Concrete, 경량기포콘크리트) 제조시 필요한 재료를 2가지만 쓰시오. (4점)

① _____
② _____

07 압밀(Consolidation)과 다짐(Compaction)의 차이점을 비교하여 설명하시오. (3점)

08 목구조에서 횡력(수평력)을 보강하는 부재를 3가지 쓰시오. (3점)

① _____
② _____
③ _____

09 다음 데이터를 이용하여 네트워크 공정표를 작성하고, 각 작업의 여유시간을 계산하시오. (10점)

작업명	작업일수	선행작업	비고
A	5	없음	
B	2	없음	EST LST ／LFT＼EFT
C	4	없음	ⓘ─작업명─→ⓙ 작업일수
D	4	A, B, C	로 일정 및 작업을 표기하고, 주공정선은 굵은선으로 표기한
E	3	A, B, C	다. 또한 여유시간 계산시는 각 작업의 실제적인 의미의 여유
F	2	A, B, C	시간으로 계산한다.(더미의 여유시간은 고려하지 않을 것)

가. 네트워크 공정표

나. 여유시간

10 SPS(Strut as Permanent System Method) 공법의 장점을 4가지 쓰시오. (4점)

① _____
② _____
③ _____
④ _____

11 매스 콘크리트 수화열 저감대책(온도균열 기본대책)을 3가지 쓰시오. (3점)

① _____
② _____
③ _____

12 다음 용어를 간단히 설명하시오. (4점)

(1) 시공줄눈(Construction Joint)
___

(2) 신축줄눈(Expansion Joint)
___

13 강구조공사에서 용접부의 비파괴시험 방법의 종류를 3가지 쓰시오. (3점)

① _____ ② _____ ③ _____

14 커튼월 조립방식에 의한 분류에서 각 설명에 해당하는 방식을 번호로 쓰시오. (3점)

┤보기├
① Stick Wall 방식   ② Window Wall 방식   ③ Unit Wall 방식

(1) 구성 부재 모두가 공장에서 조립된 프리패브(Pre-Fab) 형식으로 창호와 유리, 패널의 일괄발주 방식으로, 이 방식은 업체의 의존도가 높아서 현장상황에 융통성을 발휘하기가 어려움

(2) 구성 부재를 현장에서 조립·연결하여 창틀이 구성되는 형식으로 유리는 현장에서 주로 끼우며, 현장 적응력이 우수하여 공기조절이 가능

(3) 창호와 유리, 패널의 개별발주 방식으로 창호 주변이 패널로 구성됨으로써 창호의 구조가 패널 트러스에 연결할 수 있어서 재료의 사용 효율이 높아 비교적 경제적인 시스템 구성이 가능한 방식
___

15 강구조에서 메탈터치(Metal Touch)에 대한 용어의 정의를 간단히 설명하시오. (3점)
___

16 기초의 부동침하는 구조적으로 문제를 일으키게 된다. 이러한 기초의 부동침하를 방지하기 위한 대책 중 기초구조 부분에 처리할 수 있는 사항을 2가지 기술하시오. (4점)

① _____

② _____

17 입찰방식 중 적격심사 낙찰제에 관하여 간단히 설명하시오. (2점)

_____

_____

18 아래 그림은 철근콘크리트구조의 경비실건물이다. 주어진 평면도 및 단면도를 보고 C_1, G_1, G_2, S_1에 해당되는 부분의 1층과 2층 콘크리트량과 거푸집량을 산출하시오. (8점)

단, 1) 기둥단면(C_1) : 30cm×30cm

2) 보단면(G_1, G_2) : 30cm×60cm

3) 슬라브두께(S_1) : 13cm

4) 층고 : 단면도 참조

    단, 단면도에 표기된 1층 바닥선 이하는 계산하지 않는다.

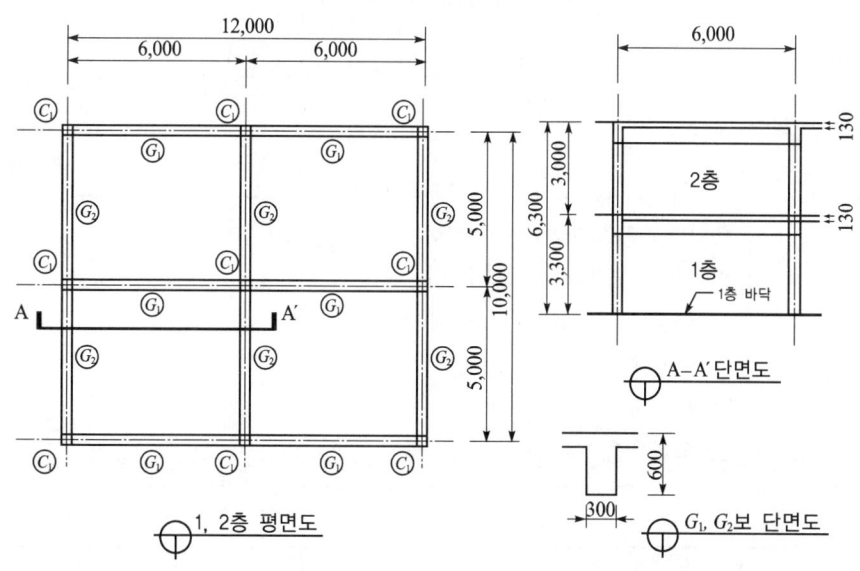

19 다음에 해당되는 콘크리트에 사용되는 굵은골재의 최대 치수를 기재하시오. (3점)

(1) 일반적인 경우 ··· (   ) mm
(2) 단면이 큰 경우 ··· (   ) mm
(3) 무근콘크리트 ··· (   ) mm

20 품질관리 도구 중 특성요인도(Characteristic Diagram)에 대해 간단히 설명하시오. (3점)

21 재령 28일 콘크리트 표준공시체(ϕ150mm×300mm)에 대한 압축강도시험 결과, 파괴하중이 450kN일 때 콘크리트의 압축강도 f_c(MPa)를 구하시오. (3점)

22 H형강을 사용한 그림과 같은 단순지지된 강구조 보의 최대 처짐(mm)을 구하시오. (단, 강구조 보의 자중은 무시한다.) (3점)

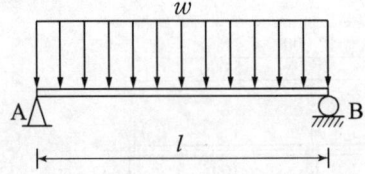

―| 보기 |―
① H-500×200×10×16(SS275)
② 탄성단면계수 $S_x = 2,590\text{cm}^3$
③ 단면2차 모멘트 $I_x = 4,870\text{cm}^4$
④ 탄성계수 $E = 210,000\text{MPa}$
⑤ $l = 7\text{m}$
⑥ 고정하중 : 10kN/m, 활하중 : 18kN/m

23 다음 강재의 구조적 특성을 간단히 설명하시오. (4점)

(1) SN강

(2) TMCP강

24 그림과 같은 캔틸레버보의 점 A의 수직 반력과 모멘트 반력을 구하시오. (3점)

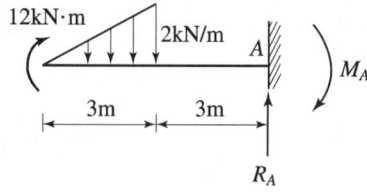

25 인장력을 받는 이형철근 및 이형철선의 겹침이음길이는 A급과 B급으로 분류되며, 다음 값 이상, 또한 300mm 이상이어야 한다. 괄호 안에 알맞은 수치를 쓰시오. (단, l_d는 묻힘길이에 의한 인장 이형철근의 정착길이) (3점)

(1) A급 이음 : (   ) l_d

(2) B급 이음 : (   ) l_d

26 다음 그림을 보고 물음에 답하시오. (4점)

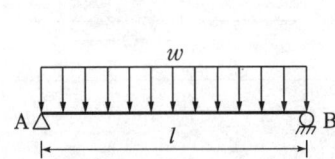
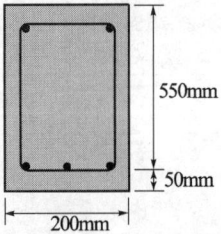

┤보기├
① $w = 5\text{kN/m}$ (자중 포함) ② 경간(Span) : $l = 12\text{m}$
③ $f_{ck} = 24\text{MPa}$ ④ $f_y = 400\text{MPa}$
⑤ 보통중량콘크리트 사용

가. 최대휨모멘트

나. 균열휨모멘트

다. 균열 발생 여부의 판단

2020년 1회 해설 및 정답

01 (1) BOT 방식 : 사회간접시설의 확충을 위해 민간이 자금조달과 시설준공(Build) → 민간이 투자비 회수를 위해 일정기간 운영(Operate) → 소유권을 정부에 이전(Transfer)

(2) 유사한 방식
① BTO ② BOO
③ BLT ④ BTL

02 ① 영구배수 공법
② 사하중 공법
③ 부력방지용 영구앵커 공법
④ 인장파일 공법
⑤ 조합형 공법

03 (1) 레이턴스(Laitance) : 콘크리트를 부어넣은 후 블리딩 수의 증발에 따라 그 표면에 나오는 백색의 미세한 물질

(2) 크리프(Creep) : 하중의 증가 없이 시간이 경과함에 따라 콘크리트에 발생되는 소성변형

04 코너비드

05 (1) 시멘트의 중량

$\dfrac{W}{C} = 50\% = 0.5$

$\therefore C = \dfrac{W}{0.5} = \dfrac{160}{0.5} = 320\text{kg/m}^3$

(2) 전체 골재(모래+자갈)의 체적

$V_{s+g} = 1 - (V_a + V_w + V_c)$

① 공기의 체적 : $V_a = 1\% = 0.01\text{m}^3$

② 물의 체적 : $V_w = \dfrac{w_w}{G_w} = \dfrac{0.16}{1} = 0.16\text{m}^3$

③ 시멘트의 체적 : $V_c = \dfrac{w_c}{G_c} = \dfrac{0.320}{3.15}$
$= 0.102\text{m}^3$

$\therefore V_{s+g} = 1 - (V_a + V_w + V_c)$
$= 1 - (0.01 + 0.16 + 0.102)$
$= 0.728\text{m}^3$

(3) 모래의 체적

V_s = 전체 골재의 체적 × 잔골재율
$= V_{s+g} \times (S/A) = 0.728 \times 0.4 = 0.291\text{m}^3$

(4) 자갈의 체적

$V_g = V_{s+g} - V_s = 0.728 - 0.291 = 0.437\text{m}^3$

(5) 모래의 중량

$w_s = V_s \times G_s = 0.291 \times 2.5 = 0.728\text{t/m}^3$
$= 728.0\text{kg/m}^3$

(6) 자갈의 중량

$w_g = V_g \times G_g = 0.437 \times 2.6 = 1.136\text{t/m}^3$
$= 1,136.0\text{kg/m}^3$

∴ 콘크리트 1m³를 생산하는 데 필요한 시멘트, 모래, 자갈의 중량은 다음과 같다.
가. 시멘트의 중량 : 320kg/m³
나. 모래의 중량 : 728.0kg/m³
다. 자갈의 중량 : 1,136.0kg/m³

[해설]
① 비중=중량/체적
② 체적(V)=중량(w)/비중(G)
③ 물시멘트비는 중량비
④ 잔골재율은 용적비
⑤ 잔골재율(S/A) : S/A = $\dfrac{\text{잔골재의 절대용적}}{\text{전체 골재의 절대용적}}$

06 ① 석회질 원료(석회, 시멘트)
② 규산질 원료(고로슬래그, 플라이애시)
③ 기포제

(주1) ALC의 재료 [KS F 2701(2012년 기준)]
1. 석회질 원료
(1) 석회
(2) 시멘트
① 포틀랜드 시멘트(KS L 5201)
② 고로슬래그 시멘트(KS L 5210)
③ 플라이애시 시멘트(KS L 5211)
2. 규산질 원료
(1) 규석 (2) 규사
(3) 고로슬래그 (4) 플라이애시
3. 기포제

(주2) 경량골재의 주원료(KCS 14 20 20(2021년 개정 기준))
팽창성 혈암, 팽창성 점토, 플라이 애시 등

07 ① 압밀은 점토지반에서 재하(在荷, Loading)에 의해 간극수가 제거되어 침하되는 현상이다.
② 다짐은 사질지반에서 재하(在荷, Loading)에 의해 공기가 제거되어 침하되는 현상이다.

08 ① 가새 ② 버팀대 ③ 귀잡이

09 가. 네트워크 공정표

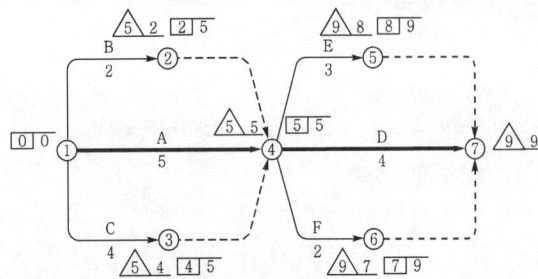

나. 여유시간

작업명	TF	FF	DF	CP
A	0	0	0	*
B	3	3	0	
C	1	1	0	
D	0	0	0	*
E	1	1	0	
F	2	2	0	

(주) 1. B, C작업에 대한 후속작업의 EST는 넘버링 더미에 의해 D, E, F작업의 EST인 5가 된다.
  2. E작업에 대한 후속작업의 EST는 9가 된다.

10 ① 지상, 지하 동시 작업으로 공기단축
  ② 전천후 시공 가능
  ③ 1층 슬래브를 부분적으로 선시공함으로써 작업공간 활용 가능
  ④ 인접건물에 악영향이 적음
  ⑤ 굴착소음방지 및 분진방지
  ⑥ 흙막이의 우수한 안정성
  ⑦ 가설 버팀대의 설치 및 해체 공정이 없음

11 ① 수화열이 낮은 중용열 시멘트를 사용한다.
  ② 단위시멘트량을 적게 한다.
  ③ 단위수량을 적게 한다.
  ④ AE 감수제 지연형, 감수제 지연형을 사용하여 수화반응을 억제한다.
  ⑤ 굵은골재의 최대 치수를 크게 한다.
  ⑥ 프리 쿨링, 파이프 쿨링 등의 냉각 방법을 사용한다.

12 (1) 시공줄눈(Construction Joint) : 시공상 콘크리트를 한 번에 계속하여 부어 나가지 못할 때 생기는 줄눈이다.
  (2) 신축줄눈(Expansion Joint) : 온도변화에 따른 팽창, 수축 혹은 부동침하, 진동 등에 의해 균열이 예상되는 위치에 설치하는 줄눈이다.

13 ① 방사선 투과시험(RT)
  ② 초음파 탐상시험(UT)
  ③ 자분(자기분말) 탐상시험(MT)
  ④ 침투 탐상시험(PT)

14 (1) ③   (2) ①   (3) ②

15 강구조 기둥의 이음부를 가공하여 상하부 기둥의 밀착을 좋게 하여 일정 이상의 축력을 하부 기둥 밀착면에 직접 전달시키는 이음 방법이다.

16 ① 마찰말뚝을 사용할 것
  ② 지하실을 설치할 것
  ③ 경질지반에 지지할 것
  ④ 복합기초를 사용할 것

17 적격심사 낙찰제는 국고 등의 부담이 되는 경쟁입찰에서는 예정가격 이하의 최저가격으로 입찰한 자의 순으로 당해 계약이행능력을 심사하여 낙찰자로 결정하는 제도이다.

18

구분	수량산출근거	계
1. 콘크리트량	(1) 기둥 ① 1층(C_1) : $0.3 \times 0.3 \times (3.3-0.13) \times 9EA = 2.568m^3$ ② 2층(C_1) : $0.3 \times 0.3 \times (3.0-0.13) \times 9EA = 2.325m^3$ (2) 보 ① 1층+2층(G_1) : $0.3 \times (0.6-0.13) \times 5.7 \times 12EA = 9.644m^3$ ② 1층+2층(G_2) : $0.3 \times (0.6-0.13) \times 4.7 \times 12EA = 7.952m^3$ (3) 슬래브 1층+2층(S_1) : $12.3 \times 10.3 \times 0.13 \times 2EA = 32.939m^3$ ∴ 합계 : $2.568+2.325+9.644+7.952+32.939$ $=55.428 \rightarrow 55.43m^3$	$55.43m^3$
2. 거푸집면적	(1) 기둥 ① 1층(C_1) : $(0.3+0.3) \times 2 \times (3.3-0.13) \times 9EA = 34.236m^2$ ② 2층(C_1) : $(0.3+0.3) \times 2 \times (3.0-0.13) \times 9EA = 30.996m^2$ (2) 보 ① 1층+2층(G_1) : $(0.6-0.13) \times 5.7 \times 12EA \times 2 = 64.296m^2$ ② 1층+2층(G_2) : $(0.6-0.13) \times 4.7 \times 12EA \times 2 = 53.016m^2$ (3) 슬래브 1층+2층(S_1) : $\{12.3 \times 10.3+(12.3+10.3) \times 2 \times 0.13\} \times 2EA$ $=265.132m^2$ ∴ 합계 : $34.236+30.996+64.296+53.016+265.132$ $=447.676 \rightarrow 447.68m^2$	$447.68m^2$

19 (1) 일반적인 경우 : 20mm 또는 25mm
   (2) 단면이 큰 경우 : 40mm
   (3) 무근콘크리트 : 40mm

20 원인과 결과의 상호관계를 쉽게 이해할 수 있도록 화살표를 이용하여 나타낸 그림으로 생선뼈모양을 닮았다고 해서 생선뼈 그림(Fish Bone Diagram)이라고도 한다.

21 압축강도(f_c)
$$f_c = \frac{P_c}{A}$$
$$= \frac{4P_c}{\pi d^2} = \frac{4 \times 450 \times 10^3}{\pi \times 150^2}$$
$$= 25.465 \to 25.46 \, \text{N/mm}^2 \, (\text{MPa})$$

22 (1) 사용하중(w)
$$w = 1.0w_D + 1.0w_L = 1.0 \times 10 + 1.0 \times 18$$
$$= 28 \text{kN/m} = 28 \text{N/mm}$$
   (2) 최대 처짐($\Delta_{\max}$)
$$\Delta_{\max} = \frac{5wl^4}{384EI} = \frac{5 \times 28 \times (7 \times 10^3)^4}{384 \times 210,000 \times (4,870 \times 10^4)}$$
$$= 85.59 \text{mm}$$

23 (1) SN강 : 건축구조용 압연강재로 용접성, 냉강가공성, 인장강도 등이 우수하다.
   (2) TMCP강 : 제어열처리강으로 두께 40mm 이상 80mm 이하의 후판에서 도 항복강도가 저하하지 않는다.

24 ① $\Sigma M = 0(+; \curvearrowleft)$:
$$\Sigma M_A = 12 - \left(\frac{1}{2} \times 2 \times 3\right) \times \left(3 \times \frac{1}{3} + 3\right) + M_A = 0$$
$$\therefore M_A = 0 \, \text{kN} \cdot \text{m}$$
   ② $\Sigma Y = 0(+; \uparrow)$: $\Sigma Y = \frac{1}{2} \times 2 \times 3 + R_A = 0$
$$\therefore R_A = 3 \, \text{kN}(\uparrow)$$
   ③ $\Sigma X = 0(+; \to)$: $\Sigma X = H_A = 0$
$$\therefore H_A = 0 \, \text{kN}$$

25 (1) A급 이음 : $1.0l_d$
   (2) B급 이음 : $1.3l_d$

26 가. 최대휨모멘트
$$M_{\max} = \frac{w_u l^2}{8} = \frac{5 \times 12^2}{8} = 90.0 \, \text{kN} \cdot \text{m}$$

나. 균열휨모멘트
   (1) 총단면에 대한 단면2차 모멘트 I_g
$$I_g = \frac{bh^3}{12} = \frac{200 \times 600^3}{12} = 3,600 \times 10^6 \, \text{mm}^4$$
   (2) 경량콘크리트계수 λ
$$\lambda = 1.0$$
   (3) 콘크리트의 파괴계수(휨인장강도) f_r
$$f_r = 0.63\lambda \sqrt{f_{ck}} = 0.63 \times 1.0 \times \sqrt{24}$$
$$= 3.086 \, \text{MPa}$$
   (4) 균열휨모멘트 M_{cr}
$$y_t = \frac{h}{2} = \frac{600}{2} = 300 \, \text{mm}$$
$$M_{cr} = \frac{f_r I_g}{y_t} = \frac{3.086 \times 3,600 \times 10^6}{300}$$
$$= 37.0 \times 10^6 \, \text{N} \cdot \text{mm} = 37.0 \, \text{kN} \cdot \text{m}$$

다. 균열 발생 여부의 판단
$$M_{\max} = 90.0 \, \text{kN} \cdot \text{m} > M_{cr} = 37.0 \, \text{kN} \cdot \text{m}$$
∴ 단면에 균열이 발생된다.

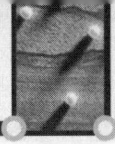

2020년 2회(2020.7.25 시행)

01 슬러리월(Slurry Wall) 공법의 장점과 단점을 각각 2가지씩 쓰시오. (4점)

(1) 장점
① _____
② _____

(2) 단점
① _____
② _____

02 강관말뚝 지정의 특징을 3가지 쓰시오. (3점)

① _____ ② _____ ③ _____

03 샌드드레인(Sand Drain) 공법을 설명하시오. (3점)

_____
_____

04 콘크리트를 타설할 때 거푸집의 측압이 증가되는 요인을 4가지 쓰시오. (4점)

① _____
② _____
③ _____
④ _____

05 목재의 섬유포화점을 설명하고, 섬유포화점과 관련하여 함수율 증감에 따른 강도의 변화에 대하여 설명하시오. (3점)

가. 목재의 섬유포화점
___

나. 목재의 함수율 증감에 따른 강도의 변화
___

06 고강도 콘크리트의 폭렬현상에 대하여 설명하시오. (3점)
___
___

07 다음의 용어를 설명하시오. (4점)

가. 부대입찰제 : ___
___

나. 대안입찰제 : ___
___

08 다음 표는 건축공사표준시방서 기준에 따른 거푸집널 존치기간 중의 평균기온이 10℃ 이상인 경우에 콘크리트의 압축강도 시험을 하지 않고 거푸집을 떼어 낼 수 있는 콘크리트의 재령(일)을 나타낸 표이다. 빈 칸에 알맞은 숫자를 쓰시오. (4점)

【기초, 보 옆, 기둥 및 벽의 거푸집널 존치기간을 정하기 위한 콘크리트의 재령】

평균기온 \ 시멘트의 종류	조강포틀랜드 시멘트	보통포틀랜드시멘트 고로슬래그시멘트(1종)	고로슬래그시멘트(2종) 포틀랜드포졸란 시멘트(2종)
20℃ 이상	(①)일	(③)일	5일
10℃ 이상 20℃ 미만	(②)일	6일	(④)일

09 프리스트레스트 콘크리트(Pre-Stressed Concrete)의 프리텐션(Pre-Tension)방식과 포스트텐션(Post-Tension)방식에 대하여 설명하시오. (4점)

(1) 프리텐션(Pre-Tension)방식
_____

(2) 포스트텐션(Post-Tension)방식
_____

10 열가소성수지와 열경화성수지의 종류를 각각 2가지씩 쓰시오. (4점)

(1) 열가소성수지

① _____   ② _____

(2) 열경화성수지

① _____   ② _____

11 드라이비트 건이라는 일종의 못 박기 총을 사용하여 콘크리트나 강재 등에 박는 특수 못이다. 머리가 달린 것을 H형, 나사로 된 것을 T형이라고 한다. 이 특수 못을 무엇이라 하는가? (3점)
_____
_____

12 한국산업규격(KS)에 명시된 속빈 콘크리트블록의 치수를 3가지 쓰시오. (3점)

① _____
② _____
③ _____

13
강구조 내화피복 공법의 재료를 각각 2가지씩 쓰시오. (3점)

공법	재료	
타설 공법	①	②
조적 공법	③	④
미장 공법	⑤	⑥

① _____ ② _____ ③ _____
④ _____ ⑤ _____ ⑥ _____

14
용접부의 검사항목이다. 보기에서 골라 알맞은 고정에 해당 번호를 쓰시오. (3점)

―보기―
① 아크 전압   ② 용접 속도
③ 청소 상태   ④ 홈 각도, 간격 및 치수
⑤ 부재의 밀착   ⑥ 필릿의 크기
⑦ 균열, 언더컷 유무 ⑧ 밑면 따내기

(1) 용접착수 전 : _____
(2) 용접착수 중 : _____
(3) 용접착수 후 : _____

15
보의 단면으로 늑근(Stirrup 철근)과 주철근(인장철근)까지 그림으로 도시한 후 피복두께의 정의와 철근 피복두께의 유지목적을 2가지 적으시오. (5점)

(1) 그림

(2) 피복두께의 정의
_____

(3) 피복두께의 유지목적
    ① _____
    ② _____

16 시스템비계에 설치하는 일체형작업발판의 장점을 3가지만 적으시오. (3점)

① _____ ② _____ ③ _____

17 그림과 같은 용접 표시에서 알 수 있는 사항을 기입하시오. (3점)

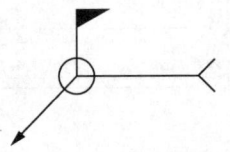

_____

18 다음 그림과 같은 온통기초에서 터파기량, 되메우기량, 잔토처리량, 흙막이면적을 산출하시오. (단, 토량환산계수 L=1.3으로 한다.) (9점)

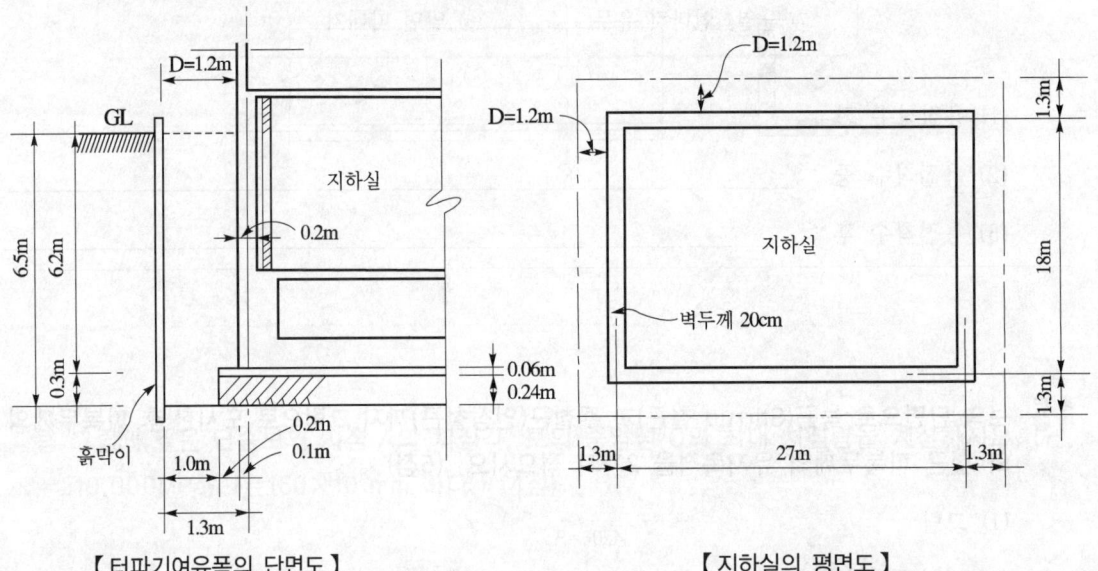

【터파기여유폭의 단면도】　　【지하실의 평면도】

① 터파기량 : _____

② 되메우기량 : _____

③ 잔토처리량 : _____

④ 흙막이면적 : _____

19 공기단축 기법 중에서 MCX(Minimum Cost Expediting) 기법의 순서를 |보기|에서 찾아 쓰시오. (4점)

---|보기|---
㉮ 우선 비용구배가 최소인 작업을 단축한다.
㉯ 보조 주공정선(Sub-Critical Path)의 발생을 확인한다.
㉰ 단축한계까지 단축한다.
㉱ 단축가능한 작업이어야 한다.
㉲ 주공정선(Critical Path)상의 작업을 선택한다.
㉳ 보조 주공정선의 동시 단축경로를 고려한다.
㉴ 앞의 순서를 반복하여 시행한다.

20 다음 데이터를 이용하여 네트워크 공정표를 작성하고, 각 작업의 여유시간을 계산하시오. (10점)

작업명	작업일수	선행작업	비고
A	5	없음	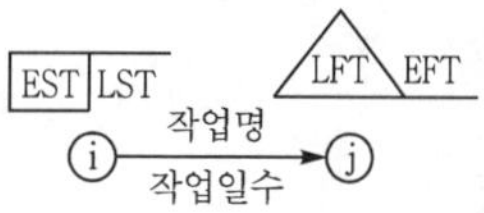
B	2	없음	
C	4	없음	로 일정 및 작업을 표기하고, 주공정선은 굵은선으로 표기한다. 또한 여유시간 계산시는 각 작업의 실제적인 의미의 여유시간으로 계산한다.(더미의 여유시간은 고려하지 않을 것)
D	4	A, B, C	
E	3	A, B, C	
F	2	A, B, C	

가. 네트워크 공정표

나. 여유시간

21 다음 그림과 같은 3회전단형 라멘에서 지점 A의 반력을 구하시오. (3점)

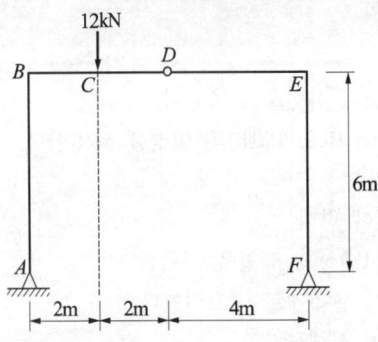

22 아래 그림과 같은 인장재의 총단면적과 순단면적(mm²)을 구하라. (단, 사용된 고장력볼트는 M20이고 ㄱ형강은 L-150×150×12이고 $A_g = 3,477mm^2$이다.) (3점)

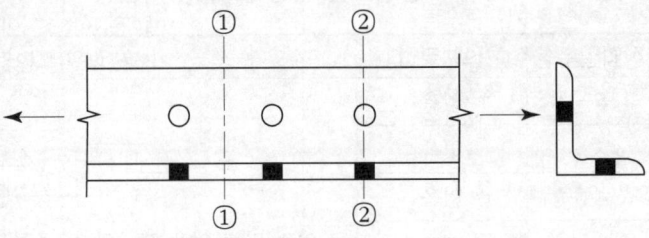

23 다음 그림과 같은 단순보의 지점 A의 처짐각, 보의 중앙점 C의 최대 처짐량을 계산하시오. (단, $E=210,000MPa$, $I=160\times10^6mm^4$이다.) (4점)

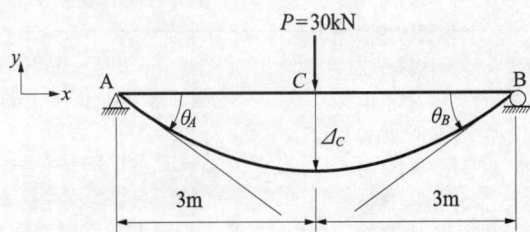

24 그림과 같은 무근콘크리트 단순보에서 $P=12$kN의 하중에서 파괴되었을 때 최대 휨응력을 구하시오. (4점)

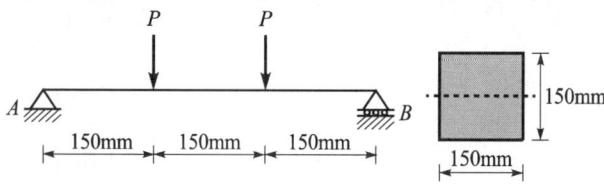

25 다음 괄호 안에 알맞은 수치를 쓰시오. (2점)

> 벽체 또는 슬래브에서 휨주철근의 간격은 벽체나 슬래브 두께의 (①)배 이하로 하여야 하고, 또한 (②)mm 이하로 하여야 한다. 다만, 콘크리트 장선구조의 경우 이 규정이 적용되지 않는다.

① _____

② _____

26 철근콘크리트구조에서 인장지배 단면 규정은 철근의 항복강도 f_y를 기준으로 2가지로 구분된다. 다음 표의 빈칸을 최외단 인장철근의 순인장변형률 ϵ_t, 항복변형률 ϵ_y로 표현하시오. (2점)

$f_y \leq 400$MPa	$f_y > 400$MPa

2020년 2회 해설 및 정답

01 (1) 장점
① 저소음, 저진동
② 도심근접 시공 유리
③ 흙막이, 구조체, 옹벽, 차수벽 역할
④ 강성, 차수성 우수
⑤ 자유로운 형상, 치수가 가능
⑥ 깊은 심도까지 가능

(2) 단점
① 공사비가 고가
② 콘크리트의 품질관리에 유의
③ 수평방향의 연속성이 결여
④ 고도의 경험과 기술이 필요
⑤ 연결부의 구조적 처리가 미흡

02 ① 경질지반에도 사용 가능
② 지지력이 크다.
③ 이음이 안전하고 길이 조절이 용이
④ RC말뚝에 비해 경량이고 운반 용이
⑤ 상부구조와 결합이 용이
⑥ 휨강성이 크다.
⑦ 균질한 재료의 대량생산 가능
⑧ 재질에 대한 신뢰성 확보
⑨ 지중에서 부식 우려
⑩ 재료비가 고가

03 연약 점토질지반의 탈수를 이용해 지반을 개량하기 위한 공법으로 지반에 구멍을 뚫고 모래를 넣은 후, 성토 및 기타 하중을 가하여 점토질 지반을 압밀함으로써 탈수하는 공법이다.

04 ① 슬럼프는 슬럼프값이 클수록 측압은 크다.
② 배합은 부배합이 빈배합보다 측압은 크다.
③ 벽두께(거푸집의 수평단면)은 단면이 두꺼울수록 측압은 크다.
④ 부어넣기 속도가 빠를수록 측압은 크다.
⑤ 부어넣기 방법은 높은 곳에서 낙하시켜 충격을 주면 측압은 크다.
⑥ 대기 중의 습도는 습도가 높을수록 측압은 크다.
⑦ 콘시스턴시는 묽은 콘크리트일수록 측압은 크다.
⑧ 콘크리트의 비중은 비중이 클수록 측압은 크다.
⑨ 콘크리트의 온도 및 기온은 온도가 낮을수록 측압은 크다.
⑩ 거푸집 표면의 평활도는 표면이 평활할수록 측압은 크다.
⑪ 거푸집의 투수성 및 누수성은 투수성 및 누수성이 작을수록 측압은 크다.
⑫ 바이브레이터의 사용은 바이브레이터를 사용하여 다질수록 측압은 크다.
⑬ 시멘트의 종류는 응결시간이 빠른 것을 사용할수록 측압은 작다.
⑭ 거푸집의 강성은 거푸집의 강성이 클수록 측압은 크다.
⑮ 철골 또는 철근량은 철골 또는 철근량이 작을수록 측압은 크다.

05 가. 목재의 섬유포화점
목재의 세포 내에서 자유수는 모두 증발되고 세포벽은 결합수로 포화되어 있는 상태이며, 일반적으로 함수율 30% 정도에 해당된다.

나. 목재의 함수율 증감에 따른 강도의 변화
섬유포화점보다 높은 함수율 상태에서는 함수율 변화에 따른 목재 성질의 변화가 없지만, 섬유포화점보다 낮은 함수율 상태에서는 함수율의 변화에 따라서 수축이 일어나고 강도가 증가된다.

06 고강도 콘크리트에서 화재 시 급격한 고온에 의해 내부 수증기압이 발생하고, 이 수증기압이 콘크리트의 인장강도보다 크게 되면 콘크리트 부재의 표면이 심한 폭음과 함께 박리 및 탈락되는 현상이다.

07 가. 부대입찰제
입찰자로 하여금 산출내역서에 입찰금액을 구성하는 공사 중 하도급 부분, 하도급 금액 및 하수급인 등 하도급에 관한 사항을 기재하여 제출토록 하는 제도이다.

나. 대안입찰제
도급자가 당초 작성한 설계서 상의 공종 중에서 대체가 가능한 공종에 대하여 기본방침의 변동 없이 대체될 수 있는 동등 이상의 기능 및 효과를 가진 신공법, 신기술, 공기단축 등에 반영될 설계로서 당해 설계상의 가격이 당초 작성된 설계서 상의 가격보다 낮고 공사기간이 당초 작성된 설계서 상의 기간을 초과하지 아니하는 방법을 제시하여 입찰하는 방식이다.

08 ① 2　　② 3
　　③ 4(3)　　④ 8(6)
　　(주) 괄호 밖은 KCS 14 20 12 기준이고, 괄호 안은 KCS 21 50 05 기준이다.

09 (1) 프리텐션(Pre-Tension)방식
　　PS 강재에 인장력을 가한 상태에서 콘크리트를 타설, 경화한 후에 긴장을 풀어주는 방법이다.
　　(2) 포스트텐션(Post-Tension)방식
　　콘크리트를 쳐서 경화한 후에 미리 묻어둔 시스관 내에 PS 강재를 삽입하여 긴장시킨 후 정착하고 그라우팅하는 방법이다.

10 (1) 열가소성수지
　　　① 염화비닐수지
　　　② 폴리에틸렌수지
　　　③ 아크릴수지
　　(2) 열경화성수지
　　　① 페놀수지
　　　② 멜라민수지
　　　③ 에폭시수지
　　　④ 폴리에스테르수지
　　　⑤ 프란수지

11 드라이브 핀
　　(주) 드라이비트 건은 콘크리트 못을 박을 때 화약의 폭발력을 이용하여 박는 공구이며 총은 드라이브 핀의 크기에 따라 여러 종이 사용된다. 드라이브 핀에는 콘크리트용과 철재용이 있으며, 머리가 달린 것을 H형, 나사로 된 것을 T형이라 한다.

12 KS F 4002(2016년) 기준
　　① 390×190×210mm　② 390×190×190mm
　　② 390×190×150mm　③ 390×190×100mm

13 (1) 타설 공법
　　　① 콘크리트
　　　② 경량콘크리트
　　(2) 조적 공법
　　　③ 벽돌
　　　④ 콘크리트블록 또는 경량콘크리트블록, 돌
　　(3) 미장 공법
　　　⑤ 철망모르타르
　　　⑥ 철망파라이트모르타르

14 (1) 용접착수 전 : ③, ④, ⑤
　　(2) 용접착수 중 : ①, ②, ⑧
　　(3) 용접착수 후 : ⑥, ⑦

15 (1) 그림

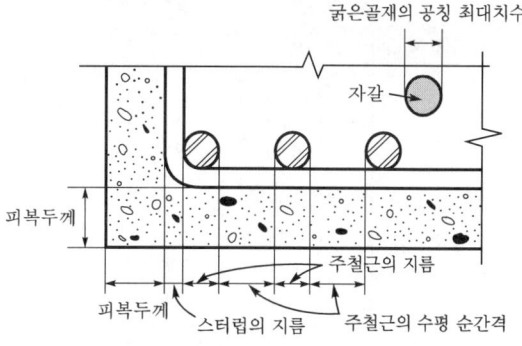

　　(2) 피복두께의 정의
　　콘크리트의 표면에서 제일 외측에 가까운 철근(띠철근 혹은 스터럽)의 표면까지의 거리이다.
　　(3) 피복두께의 유지목적
　　　① 내구성
　　　② 내화성
　　　③ 부착성
　　　④ 콘크리트 타설시의 유동성 확보

16 ① 조립식 구조로 견고하며 비틀림이나 이탈이 없다.
　　② 설치 및 해체 작업의 안정성 확보된다.
　　③ 고층 설치와 큰 하중에도 비계는 구조적으로 안전하다.
　　④ 조립식 구조로 시공속도가 빠르다.
　　⑤ 넓은 작업 공간이 확보 가능하다.
　　⑥ 현장 사용 여건에 따라 설치 폭이 조절 가능하다.

17 ① 온둘레현장용접
　　② 특별지시

18

구 분	수량산출근거	계
1. 터파기량(V)	$V = (27 + 1.3 \times 2) \times (18 + 1.3 \times 2) \times 6.5$ $= 3,963.44 m^3$	$3,963.44 m^3$
2. 되메우기량(V-S)	(1) 되메우기량 = 터파기량(V) - GL이하 기초구조부체적(S) (2) 터파기량(V) = $3,963.44 m^3$ (3) GL이하 기초구조부체적(S) = 잡석다짐량 + 버림콘크리트량 + 지하실부분 ① 잡석다짐량 = {27 + (0.1 + 0.2) × 2} × {18 + (0.1 + 0.2) × 2} × 0.24 = $123.206 m^3$	$740.18 m^3$

2. 되메우기량(V-S)	② 버림콘크리트량 = {27+(0.1+0.2)×2} × {18+(0.1+0.2)×2} × 0.06 = 30.802m³ ③ 지하실부분 = (27+0.1×2)×(18 +0.1×2)× 6.2 = 3,069.248m³ ∴ GL이하 기초구조 부체적(S)=123.206 +30.802+3,069.248 = 3,223.256 → 3,223.26m³ (4) 되메우기량 = V-S = 3,963.44-3,223.26 = 740.18m³	
3. 잔토처리량 (C=1.0, L=1.3)	잔토처리량 = {V-(V-S)×1/C}×L = S×L=3,223.26×1.3 = 4,190.238 → 4,190.24m³	4,190.24m³
4. 흙막이 면적	A = {(27+1.3×2)+(18 +1.3×2)}×2×6.5 = 652.60m²	652.60m²

19 ㉮ → ㉱ → ㉠ → ㉢ → ㉡ → ㉯ → ㉰

20 가. 네트워크 공정표

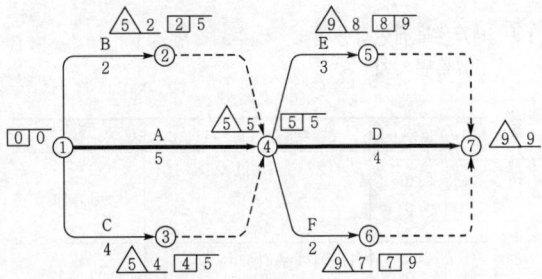

나. 여유시간

작업명	TF	FF	DF	CP
A	0	0	0	*
B	3	3	0	
C	1	1	0	
D	0	0	0	*
E	1	1	0	
F	2	2	0	

(주) 1. B, C작업에 대한 후속작업의 EST는 넘버링 더미에 의해 D, E, F작업의 EST인 ⑤가 된다.
2. E작업에 대한 후속작업의 EST는 ⑨가 된다.

21

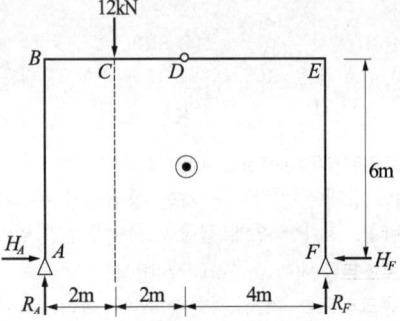

반력 산정(힘의 평형방정식으로부터 반력 산정)

① $\Sigma M = 0(+;\circlearrowleft)$: $\Sigma M_F = R_A \times 8 - 12 \times 6 = 0$
∴ $R_A = 9$ kN

② $\Sigma Y = 0(+;\uparrow)$:
$\Sigma Y = R_A - 12 + R_F = 9 - 12 + R_F = 0$
∴ $R_F = 3$ kN

③ $\Sigma M = 0(+;\circlearrowleft)$:
$\Sigma M_{D(DA)} = R_A \times 4 - H_A \times 6 - 12 \times 2$
$= 9 \times 4 - H_A \times 6 - 12 \times 2 = 0$
∴ $H_A = 2$ kN

④ $\Sigma X = 0(+;\rightarrow)$: $\Sigma X = H_A - H_F = 2 - H_F = 0$
∴ $H_F = 2$ kN

∴ 지점 A의 반력은 다음과 같다.
$R_A = 9$ kN
$H_A = 2$ kN

22 1. 고장력볼트의 구멍지름(M20)
$d_h = d + 2 = 20 + 2 = 22$ mm

2. 총단면적(①-① 단면)
$A_g = 3,477$ mm²

3. 파단선에 따른 순단면적(②-② 단면)
$A_n = A_g - n\,d_h\,t = 3,477 - 2 \times 22 \times 12$
$= 2,949$ mm²

23 (1) 지점 A의 처짐각
$\theta_A = -\dfrac{Pl^2}{16EI} = -\dfrac{(30 \times 10^3) \times (6,000^2)}{16 \times (210,000) \times (160 \times 10^6)}$
$= -0.002009$ rad (시계방향)

(2) 보의 중앙 점 C의 최대 처짐량
$\Delta_C = -\dfrac{Pl^3}{48EI} = -\dfrac{(30 \times 10^3) \times (6,000^3)}{48 \times (210,000) \times (160 \times 10^6)}$
$= -4.02$ mm (하향)

[해설]

(1) 실제 보의 BMD(휨모멘트도)

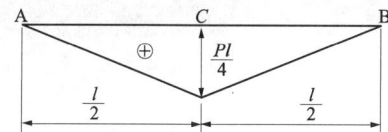

(2) $\dfrac{M}{EI}$을 하중으로 재하

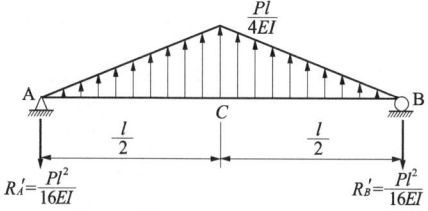

(3) 처짐각 θ_A, θ_B의 산정

실제 보의 θ_A는 $\dfrac{M}{EI}$을 하중으로 재하시킨 공액보에서 점 A의 전단력(반력)이다.

$R_A' = \dfrac{1}{2} \times \left(\dfrac{Pl}{4EI}\right) \times \left(\dfrac{l}{2}\right) = \dfrac{Pl^2}{16EI}$ (↓)

$\therefore \theta_A = V_A' = -\dfrac{Pl^2}{16EI}$ (시계방향)

실제 보의 θ_B는 $\dfrac{M}{EI}$을 하중으로 재하시킨 공액보에서 점 B의 전단력이다.

$\therefore \theta_B = V_B' = -\dfrac{Pl^2}{16EI} + \dfrac{1}{2} \times \left(\dfrac{Pl}{4EI}\right) \times \left(\dfrac{l}{2}\right) \times 2$

$= \dfrac{Pl^2}{16EI}$ (반시계방향)

(4) 처짐 Δ_C의 산정

실제 보의 Δ_C는 $\dfrac{M}{EI}$을 하중으로 재하시킨 공액보에서 점 C의 휨모멘트이다.

$M_C' = -\dfrac{Pl^2}{16EI} \times \left(\dfrac{l}{2}\right) + \dfrac{1}{2} \times \left(\dfrac{Pl}{4EI}\right) \times \left(\dfrac{l}{2}\right) \times \left(\dfrac{l}{2} \times \dfrac{1}{3}\right)$

$= -\dfrac{Pl^3}{48EI}$

$\therefore \Delta_C = M_C' = -\dfrac{Pl^3}{48EI}$ (하향)

24 (1) 최대 휨모멘트

$M_{max} = Pl = (12 \times 10^3) \times 150$
$= 1,800 \times 10^3 \text{ N} \cdot \text{mm}$

(2) 단면계수

$Z = \dfrac{bh^2}{6} = \dfrac{150 \times 150^2}{6} = 562,500 \text{ mm}^2$

(3) 최대 휨응력

$\sigma_{max} = \dfrac{M_{max}}{I} y = \dfrac{M_{max}}{Z} = \dfrac{1,800 \times 10^3}{562,500}$
$= 3.20 \text{N/mm}^2 \text{(MPa)}$

25 ① 3

② 450

(주) KDS 14 20 50(2021년 개정 기준)
벽체 또는 슬래브에서 휨 주철근의 간격은 벽체나 슬래브 두께의 3배 이하로 하여야 하고, 또한 450 mm 이하로 하여야 한다. 다만, 콘크리트 장선구조의 경우 이 규정이 적용되지 않는다.

26

$f_y \leq 400\text{MPa}$	$f_y > 400\text{MPa}$
$\epsilon_t \geq \epsilon_{tt} = 0.0050$	$\epsilon_t \geq \epsilon_{tt} = 2.5\epsilon_y$

여기서, ϵ_{tt}는 인장지배변형률 한계이다.

(주) KDS 14 20 20(2021년 개정 기준)
압축연단 콘크리트가 가정된 극한변형률에 도달할 때 최외단 인장철근의 순인장변형률 ϵ_t가 0.005의 인장지배변형률 한계 이상인 단면을 인장지배 단면이라고 한다. 다만, 철근의 항복강도가 400 MPa을 초과하는 경우에는 인장지배변형률 한계를 철근 항복변형률의 2.5배로 한다.

2020년 3회(2020.10.17 시행)

01 기준점(Bench Mark)을 설명하시오. (3점)

02 굴착공사 시 발생하는 Heaving파괴와 Boiling현상에 대한 방지대책을 3가지 쓰시오. (4점)

가. Heaving 파괴에 대한 방지대책

① _____ ② _____ ③ _____

나. Boiling 현상에 대한 방지대책

① _____ ② _____ ③ _____

03 지반개량을 위한 탈수법 중 다음 공법에 대하여 설명하시오. (4점)

가. 페이퍼드레인 공법 : _____

나. 생석회 공법 : _____

04 특기시방서상 철근의 인장강도가 240MPa 이상으로 규정되어 있다. 건설공사 현장에 반입된 철근을 KS 규격에 의거 중앙부 지름 14mm, 표점거리 50mm로 가공하여 인장강도를 실험하였더니 37,200N, 40,570N 및 38,150N에서 파괴되었다. 평균 인장강도를 구하고, 특기시방서의 규정과 비교하여 합격 여부를 판정하시오. (5점)

① 평균 인장강도(f_t) : _____

② 판정 : _____

05 밀도가 2.65g/cm³이고 단위용적질량이 1,600kg/m³인 골재가 있다. 이 골재의 공극률(%)을 구하시오. (4점)

06 ALC(Autoclaved Lightweight Concrete, 경량기포콘크리트) 제조시 필요한 재료를 2가지와 기포도입방법을 쓰시오. (3점)

(1) 재료
  ① _____
  ② _____

(2) 기포도입방법

07 콘크리트 구조물의 균열발생시 보강 방법을 3가지 쓰시오. (3점)

① _____ ② _____ ③ _____

08 그림과 같은 철근콘크리트 보에서 중립축거리(c)가 250mm일 때 강도감소계수 ϕ를 산정하시오. (단, ϕ의 계산값은 소수 셋째자리에서 반올림하여 소수 둘째자리까지 표현하시오.) (4점)

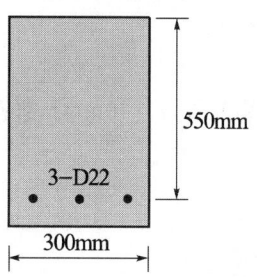

09 다음 그림의 헌치 보에 대하여, 콘크리트량과 거푸집량을 구하시오. (단, 거푸집 면적은 보의 하부면도 산출할 것.) (6점)

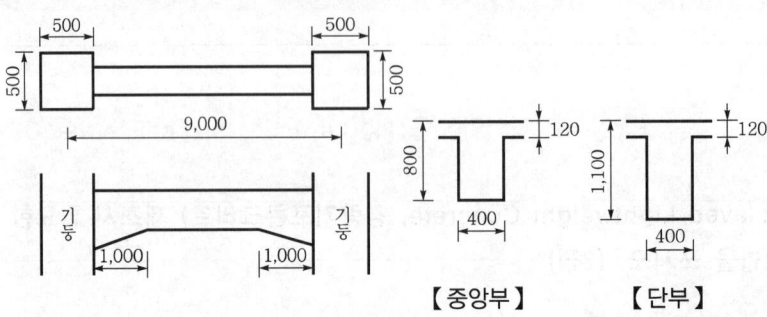

【중앙부】　　【단부】

---

10 강구조공사의 내화피복 공법 중 습식 공법에 대하여 설명하고 습식 공법의 종류 3가지 및 각 종류에 해당하는 재료를 1가지씩 쓰시오. (5점)

가. 습식 공법 : _____

나. 습식 공법의 종류 및 재료

　① _____
　② _____
　③ _____

---

11 H-400×200×8×13(필릿의 반지름 $r=16mm$) 형강의 플랜지와 웨브의 판폭두께비를 구하시오. (4점)

(1) 플랜지 : _____

(2) 웨브 : _____

12 다음 [보기]에서 설명하는 볼트의 명칭을 쓰시오. (3점)

> ─┤ 보기 ├─
> 철근콘크리트 슬래브와 강재 보의 전단력을 전달하도록 강재에 용접되고 콘크리트 속에 매입된 시어커넥터(Shear Connector)에 사용되는 볼트

_____

13 벽돌벽의 표면에 생기는 백화의 정의와 대책을 3가지 쓰시오. (4점)

가. 정의 : _____

나. 대책
   ① _____
   ② _____
   ③ _____

14 석재공사 진행 중 석재가 깨진 경우 이것을 접착할 수 있는 대표적인 접착제를 1가지 쓰시오. (2점)

_____

15 벽돌 표준형 1,000장을 1.5B 두께로 쌓을 수 있는 벽면적(m²)을 구하시오. (단, 할증률은 고려하지 않는다.) (4점)

_____

16 금속공사에서 사용되는 철물이 뜻하는 다음 용어를 설명하시오. (4점)

　가. 메탈라스(Metal Lath) : _____

　나. 펀칭메탈(Punching Metal) : _____

17 VE의 사고방식 4가지를 쓰시오. (4점)

　① _____　② _____
　③ _____　④ _____

18 다음 용어를 설명하시오. (4점)

　(1) LCC : _____

　(2) VE(Value Engineering) : _____

19 그림과 같은 구조물에서 T부재에 발생하는 부재력을 구하시오. (단, 인장은 +, 압축은 −로 표시한다.) (3점)

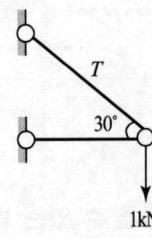

20 그림과 같은 단면의 x축에 대한 단면2차 모멘트를 계산하시오. (3점)

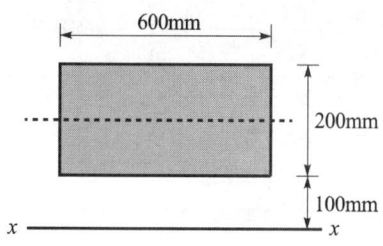

21 다음 데이터를 네트워크 공정표로 작성하시오. (6점)

작업명	작업일수	선행작업	비고
A	5	없음	(1) 결합점에서는 다음과 같이 표시한다.
B	4	A	
C	2	없음	
D	4	없음	
E	3	C, D	(2) 주공정선은 굵은선으로 표시한다.

22 레미콘 공장을 현장에서 선정할 때 고려해야 할 유의사항을 3가지 쓰시오. (3점)

① _____ ② _____ ③ _____

23 1방향 슬래브의 두께가 250mm일 때 단위폭 1m에 대한 수축·온도철근량과 D13(a_1=126.7mm^2) 철근을 배근할 때 요구되는 배치 개수를 구하시오. (단, f_y=400MPa) (4점)

24 강구조 공사에서 다음 상황에 맞는 용접기호를 완성하시오. (6점)

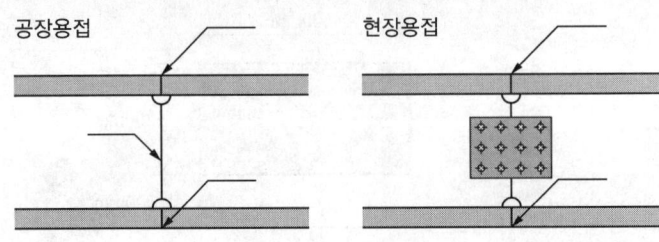

25 콘크리트로 바탕 슬래브 위에 보기에 있는 항목을 이용하여 작업을 수행할 때 하단부터 상단까지의 가장 적합한 시공순서를 보기에서 골라 번호로 쓰시오. (4점)

|보기|
① 무근콘크리트   ② 고름모르타르   ③ 목재 데크
④ 보호모르타르   ⑤ 시트방수

26 도장공사에서 유성니스(Vanish)에 사용되는 재료 2가지를 쓰시오. (2점)

① _____

② _____

2020년 3회 해설 및 정답

01 건축공사 중 건축물의 고저에 기준이 되도록 건축물 인근에 높이의 기준을 설치하는 표시물

02 가. 히빙파괴에 대한 방지대책
① 흙막이를 경질지반까지 도달
② 지반개량
③ 지반 위의 하중 제거

나. 보일링현상에 대한 방지대책
① 흙막이를 경질지반까지 도달
② 웰포인트공법으로 지하수위 저하
③ 약액주입 등으로 굴착지면의 지수

03 가. 페이퍼 드레인 공법
점토질지반에서 모래말뚝 대신 흡수지를 삽입하여 탈수시키는 공법이다.

나. 생석회 공법
점토질지반에서 모래말뚝 대신 산화칼슘(생석회)을 채워 넣어 탈수시키는 공법이다.

04 ① 평균 인장강도(f_t)

$$f_t = \frac{\sum_{i=1}^{n} P_i}{A} \div n = \left\{ \frac{(37,200+40,570+38,150)}{\left(\frac{\pi \times 14^2}{4}\right)} \right\} \div 3$$

$$= 251.01 \text{MPa}(\text{N/mm}^2)$$

② 판정 : 합격
($\because$ 251.01MPa > 240.0MPa)

05 ① 골재의 비중(G) : $G = 2.65$
② 단위용적 중량(M) : $M = 1.60 \text{tf/m}^3$
③ 공극률 $= \frac{(G \times 0.999) - M}{G \times 0.999} \times 100$

$= \frac{(2.65 \times 0.999) - 1.60}{2.65 \times 0.999} \times 100 = 39.56\%$

06 (1) 재료
① 석회질 원료(석회, 시멘트)
② 규산질 원료(고로슬래그, 플라이애시)
③ 기포제

(2) 기포도입방법
① 발포법
② 기포법

(주1) ALC의 재료(KS F 2701(2012년 기준))
  1. 석회질 원료
    (1) 석회
    (2) 시멘트
      ① 포틀랜드 시멘트(KS L 5201)
      ② 고로슬래그 시멘트(KS L 5210)
      ③ 플라이애시 시멘트(KS L 5211)
  2. 규산질 원료
    (1) 규석
    (2) 규사
    (3) 고로슬래그
    (4) 플라이애시
  3. 기포제

(주2) 경량골재의 주원료[KCS 14 20 20(2021년 개정 기준)]
팽창성 혈암, 팽창성 점토, 플라이 애시 등

(주3) 발포법과 기포법
① 발포법 : 시멘트 슬러지 중에서 화학반응을 이용해 가스를 발생시키는 방법
② 기포법 : 시멘트 슬러지 중에 기포제를 이용해 기포를 발생시키는 방법

07 ① 탄소섬유접착 공법
② 강판접착 공법
③ 앵커접합 공법
④ 단면증가법

08 ① 순인장변형률 ϵ_t의 산정
$d_t = d = 550$ mm

$\varepsilon_t = \left(\frac{d_t - c}{c}\right)\varepsilon_{cu} = \left(\frac{550-250}{250}\right) \times 0.0033 = 0.00396$

② 강도감소계수 ϕ의 산정
$\varepsilon_{tc} = \varepsilon_y = 0.0020$

$\varepsilon_{tc} = 0.0020 < \varepsilon_t = 0.00396 < \varepsilon_{tt} = 0.0050$이므로 변화구간 단면이다.

$\phi = 0.65 + (\varepsilon_t - 0.0020) \times \frac{200}{3}$

$= 0.65 + (0.00396 - 0.0020) \times \frac{200}{3} = 0.781$

$\therefore \phi = 0.78$

09

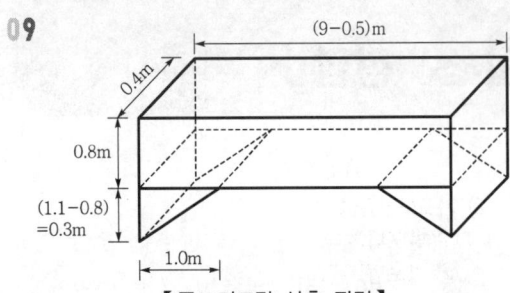
【콘크리트량 산출 관련】

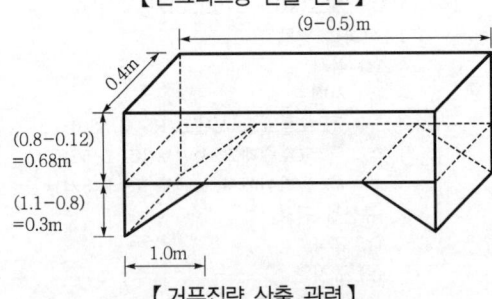
【거푸집량 산출 관련】

(1) 콘크리트량(보의 콘크리트량 산출은 상단 그림 참조)

$0.4 \times 0.8 \times (9-0.5) + \frac{1}{2} \times 1 \times 0.3 \times 0.4 \times 2EA$

$= 2.84 m^3$

(2) 거푸집량(보의 콘크리트량 산출은 하단 그림 참조)

① 옆면 : $\left\{0.68 \times (9-0.5) + \frac{1}{2} \times 1 \times 0.3 \times 2EA\right\}$
$\times 2sides = 12.16 m^2$

② 밑면 : $0.4 \times (9-1 \times 2 - 0.5) + 0.4 \times \sqrt{1^2 + 0.3^2}$
$\times 2EA = 3.44 m^2$

∴ 합계 : $12.16 + 3.44 = 15.60 m^2$

(주) 단일보에 대한 물량 산출시, 슬래브의 두께를 고려하여 산출해야 한다.

10 가. 습식 공법 : 강구조에서 화재 등으로 인한 강재의 온도상승을 막고 화재로부터 보호하기 위해 모르타르, 콘크리트 벽돌 등의 습식 재료로 내화피복을 한 것이다.

나. 습식 공법의 종류 및 재료
① 뿜칠 공법 : 암면, 모르타르, 플라스터
② 타설 공법 : 콘크리트, 경량콘크리트
③ 미장 공법 : 철망모르타르
④ 조적 공법 : 벽돌, 블록

11 (1) 플랜지(비구속판요소)의 판폭두께비

$b = \frac{b_f}{2} = \frac{200}{2} = 100mm$

$\lambda_f = \frac{b}{t_f} = \frac{100}{13} = 7.69$

(2) 웨브(구속판요소)의 판폭두께비

$h = d - 2t_f - 2r = 400 - 2 \times 13 - 2 \times 16 = 342mm$

$\lambda_w = \frac{h}{t_w} = \frac{342}{8} = 42.75$

12 스터드볼트

13 가. 정의 : 벽 표면에서 침투하는 빗물에 의해 모르타르의 석회분이 유출하여 모르타르 중의 석회분이 수산화석회로 되어 표면에 유출될 때 공기 중의 탄산가스 또는 벽돌의 유황성분과 결합하여 흰 가루가 생기는 현상

나. 대책
① 양질의 벽돌 사용
② 줄눈 모르타르에 방수제 혼합
③ 빗물이 침입하지 않도록 벽면에 비막이 설치
④ 벽돌표면에 파라핀 도료를 발라 염류의 유출 방지
⑤ 낮은 물시멘트비로 시공
⑥ 비나 눈이 오면 작업중지

14 에폭시수지 접착제(에폭시 접착제)

15 벽면적 $= \frac{1,000}{224} = 4.464 \rightarrow 4.46 m^2$

16 가. 메탈 라스(Metal Lath)
얇은 철판에 자름금을 내어 당겨 늘린 것

나. 펀칭 메탈(Punching Metal)
얇은 철판에 각종 모양을 도려낸 것

17 ① 고정관념의 제거
② 사용자중심의 사고
③ 기능중심의 접근
④ 조직적 노력

18 (1) LCC : 건축물의 기획, 설계, 시공에서 부터 완공된 후의 유지관리 및 해체까지 이어지는 일련의 과정을 건물의 생애(수명)라 한다. 이러한 건물의 생애기간동안 소요되는 초기투자비 및 유지관리비 등의 총비용이다.

(2) VE(Value Engineering) : 발주자가 요구하는 성능, 품질을 보장하면서 가장 저렴한 값으로 공사를 수행하기 위한 수단을 찾고자 하는 체계적이고 과학적인 공사 방법이다.

19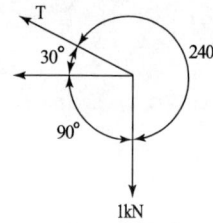

사인법칙(라미의 정리)을 이용하여 다음과 같이 산정한다.

$$\frac{1}{\sin 30°} = \frac{T}{\sin 90°}$$

$T = 1 \times \frac{\sin 90°}{\sin 30°} = 2$ kN (인장)

20 x축에 대한 단면2차 모멘트

$I_x = I_{xG} + Ay^2 = \frac{600 \times 200^3}{12} + (600 \times 200) \times 200^2$

$\quad = 5,200 \times 10^6 \text{ mm}^4$

21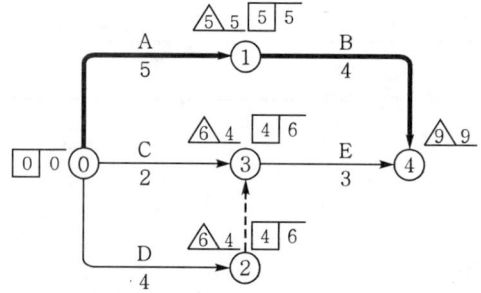

22
① 운반시간
② 배출시간
③ 콘크리트의 제조능력
④ 운반 차량의 수
⑤ 공장의 제조설비
⑥ 품질관리 상태

23 1. 1방향 슬래브에서 수축·온도철근으로 배치되는 이형철근의 최소 철근비

$f_y \leq 400$MPa	$\rho_{\min} = 0.0020$
$f_y > 400$MPa	$\rho_{\min} = \max\left[0.0014, \ 0.0020\left(\frac{400}{f_y}\right)\right]$

$\therefore \rho_{\min} = 0.0020$

2. 최소 철근량 : 최소 철근비는 콘크리트의 전체 단면적 $A_g(=bh_f)$에 대한 수축·온도철근의 단면적의 비이다. 따라서 최소 철근량은 $A_{s,\min} = \rho_{\min} bh_f$이다.

$\therefore A_{s,\min} = \rho_{\min} bh_f = 0.0020 \times 1,000 \times 250$
$\quad\quad\quad = 500 \text{ mm}^2/\text{m}$

3. 배치 개수

$n = \frac{A_{s,\min}}{a_1} = \frac{500}{126.7} = 3.9 \to 4\,EA$

여기서, a_1 : 단일 철근의 단면적(mm²)
$\quad\quad A_{s,\min}$: 단위폭 1 m 내의 전체 사용 철근의 최소 단면적(mm²/m)

24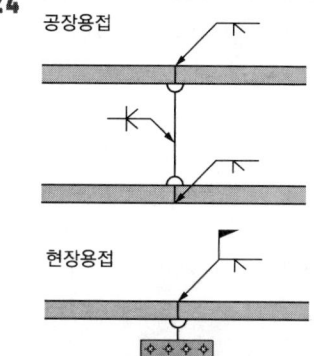

공장용접

현장용접

25 ② → ⑤ → ④ → ① → ③

26 ① 건성류
② 휘발성용제

2020년 4회(2020.11.14 시행)

01 다음 그림과 같은 조적구조 평면에서 평규준틀과 귀규준틀의 수량을 산정하시오. (단, 도면의 설명이 없는 벽체는 내력벽이다.) (4점)

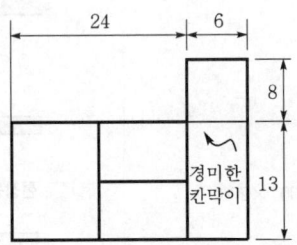

02 지반조사를 위한 보링의 종류를 3가지 쓰시오. (3점)

① _____ ② _____ ③ _____

03 지하연속벽(Slurry Wall)공법에 사용되는 안정액의 기능을 2가지 쓰시오. (4점)

① _____

② _____

04 흙막이의 계측관리시 계측에 사용되는 측정장비 3가지를 쓰시오. (3점)

① _____ ② _____ ③ _____

05 흐트러진 상태의 흙 30m³를 이용하여 30m²의 면적에 다짐상태로 60cm 두께를 터돋우기 할 때 시공 완료된 다음의 흐트러진 상태로 토량을 산출하시오. (단, 이 흙의 $L=1.2$이고, $C=0.9$이다.) (3점)

_____

_____

06 기초와 지정의 차이점을 기술하시오. (4점)

가. 기초 : _____

나. 지정 : _____

07 철근의 이음 방법에는 콘크리트와의 부착력에 의한 (①) 외에, (②) 또는 연결재를 사용한 (③)이 있다. (3점)

① _____ ② _____ ③ _____

08 염분을 포함한 바닷모래를 골재로 사용하는 경우 철근부식에 대한 방청상 유효한 조치를 4가지 쓰시오. (4점)

① _____

② _____

③ _____

④ _____

09 섬유보강 콘크리트에 사용되는 섬유의 종류를 3가지 쓰시오. (3점)

① _____ ② _____ ③ _____

10 매스 콘크리트(Mass Concrete) 시공에서 콘크리트 재료의 일부 또는 전부를 냉각시켜 콘크리트의 온도를 낮추는 방법을 무엇이라 하는가? (3점)

11 지름 300mm, 길이 500mm의 콘크리트 시험체의 할렬 인장강도시험에서 최대 하중이 100kN으로 나타나면 이 시험체의 인장강도를 구하시오. (3점)

12 보통중량콘크리트로써 보에서 압축을 받는 D22 철근(공칭지름 22.2mm)의 묻힘길이에 의한 압축 이형철근의 기본정착길이를 산정하시오. (단, f_{ck} =24MPa, f_y =400MPa이다.) (3점)

13 철근콘크리트 기초판의 크기가 2m×4m일 때 단변방향으로의 소요 전체 철근량이 4,800mm²이다. 유효폭 내에 배근하여야 할 철근량을 구하시오. (3점)

14 강구조공사 용접방법 중 다음에 설명하는 용접방법을 기재하시오. (4점)

(1) 한쪽 또는 양쪽 부재의 끝을 용접이 양호하게 될 수 있도록 끝 단면을 비스듬히 절단(개선)하여 용접하는 방법

(2) 두 부재를 일정한 각도로 접합한 후 2장의 판재를 겹치거나 T자형, 十자형의 교차부를 등변 삼각형 모양으로 접합부를 용접하는 방법

(1) _____
(2) _____

15 강구조 부재 용접접합부에 있어서 용접이음새나 받침쇠의 관통을 위해 또한 용접이음새끼리 교차를 피하기 위해 설치하는 원호상의 구멍을 무엇이라 하는지 용어를 쓰고, 간단히 그 모양을 그림으로 도시하시오. (5점)

(1) 용어 : _____
(2) 그림 : _____

16 강합성 데크플레이트 구조에 사용되는 시어커넥터(Shear Connector)의 역할에 대하여 설명하시오. (3점)

17 강구조에서 칼럼쇼트닝(Column Shortening)에 대하여 기술하시오. (3점)

18 강구조 주각부는 고정주각, 핀주각, 매입형주각 등 3가지로 구분된다. 그림에 적합한 주각부의 명칭을 쓰시오. (6점)

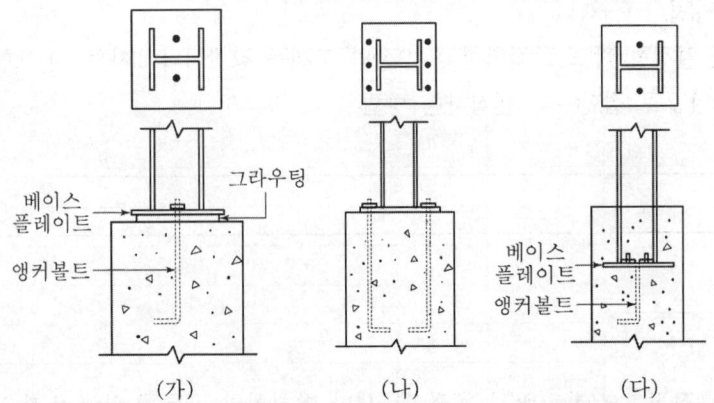

가. _____

나. _____

다. _____

19 블록 벽체의 결함 중 습기, 빗물 침투현상의 원인을 4가지 쓰시오. (4점)

① _____ ② _____

③ _____ ④ _____

20 기존의 멤브레인(Membrane) 계통의 방수를 하지 않고 수중, 지하구조물의 콘크리트 강도 증진 및 수밀성, 내구성 향상과 콘크리트 성능개선 효과 등을 동시에 얻고자 콘크리트 구조물 단면 전체를 방수화 하는 공법의 명칭을 쓰시오. (3점)

21 커튼월공사에서 발생될 수 있는 유리의 열 파손 메커니즘(Mechanism)에 대해 설명하시오. (3점)

22 다음 공사관리 계약 방식에 대해 설명하시오. (4점)

　　가. CM for Fee 방식(용역형 CM)

　　나. CM at Risk 방식(시공책임형 CM)

23 민간 주도하에 Project(시설물) 완공 후 발주처(정부)에게 소유권을 양도하고 발주처의 시설물 임대료를 통하여 투자비가 회수되는 민간투자사업 계약방식의 명칭은? (3점)

24 히스토그램(Histogram)의 작업순서를 |보기|에서 골라 순서를 기호로 쓰시오. (3점)

> ─────────| 보기 |─────────
> ㉮ 히스토그램과 규격값을 대조하여 안정 상태인지 검토한다.
> ㉯ 히스토그램을 작성한다.
> ㉰ 도수분포도를 만든다.
> ㉱ 데이터에서 최소값과 최대값을 구하여 전 범위를 구한다.
> ㉲ 구간폭을 정한다.
> ㉳ 데이터를 수집한다.

25 다음 데이터를 이용하여 정상공기를 산출한 결과 지정공기보다 3일이 지연되는 결과이었다. 공기를 조정하여 3일의 공기를 단축한 네트워크 공정표를 작성하고, 아울러 총공사금액을 산출하시오. (10점)

작업명	선행작업	비용구배 (Cost Slope) (원/일)	표준(Normal)		특급(Crash)		비고
			공기(일)	공비(원)	공기(일)	공비(원)	
A	없음	–	3	7,000	3	7,000	단축된 공정표에서 CP는 굵은 선으로 표기하고, 각 결합점에서는 EST|LST LFT|EFT ⓘ─작업명─ⓙ 작업일수 로 표기한다.(단, 정상공기는 답지에 표기하지 않고, 시험지 여백을 이용할 것)
B	A	1,000	5	5,000	3	7,000	
C	A	1,500	6	9,000	4	12,000	
D	A	3,000	7	6,000	4	15,000	
E	B	500	4	8,000	3	8,500	
F	B	1,000	10	15,000	6	19,000	
G	C, E	2,000	8	6,000	5	12,000	
H	D	4,000	9	10,000	7	18,000	
I	F, G, H	–	2	3,000	2	3,000	

가. 단축한 네트워크 공정표

나. 총공사금액

26 그림과 같은 캔틸레버보의 점 A로부터 우측으로 4m 위치인 점 C의 전단력과 휨모멘트를 구하시오. (4점)

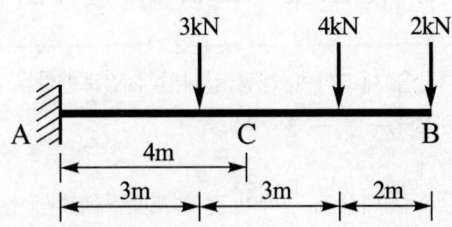

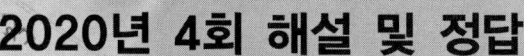

2020년 4회 해설 및 정답

01 ① 평규준틀 : 6개소
② 귀규준틀 : 5개소

참고
• 규준틀의 설치위치

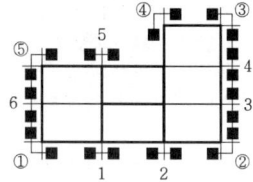

02 ① 오거 보링
② 수세식 보링
③ 충격식 보링
④ 회전식 보링

03 ① 슬라임의 부유 배제
② 굴착면의 붕괴방지
③ 지수효과
④ 굴착부의 마찰저항 감소
(주1) 벤토나이트(Bentonite, 안정액) 용액의 사용 목적과 같다.

04 ① Earth(Soil) Pressure Gauge(토압계)
② Strain Gauge(변형계)
③ Level and Staff(지표면 침하계)
④ Inclinometer(지중 경사계)
⑤ Load Cell(하중계)

05 ① 흐트러진 상태에서 다져진 후 토량
$30 \times \left(\dfrac{C}{L}\right) = 30 \times \left(\dfrac{0.9}{1.2}\right) = 22.5 \text{m}^3$

② 터돋우기 후 남는 토량
$22.5 - (30 \times 0.6) = 4.5 \text{m}^3$

∴ 다져진 상태에서 흐트러진 상태로 남는 토량
$4.5 \times \left(\dfrac{L}{C}\right) = 4.5 \times \left(\dfrac{1.2}{0.9}\right) = 6.0 \text{m}^3$

해설
① C/L : 흐트러진 상태의 토량 → 다져진 상태의 토량
② L/C : 다져진 상태의 토량 → 흐트러진 상태의 토량

06 가. 기초 : 기초 슬래브와 지정을 총칭한 것으로 기초 구조라고도 함
나. 지정 : 슬래브를 지지하기 위한 것으로 잡석, 말뚝 등의 부분

07 ① 겹침이음
② 용접이음
③ 기계적 이음

08 ① 염분제거
② 염분의 고정화
③ 에폭시코팅 철근 사용
④ 아연도금 철근 사용
⑤ 내식성 철근 사용
⑥ 콘크리트에 방청제 혼합

09 ① 강섬유 ② 유리섬유
③ 탄소섬유 ④ 비닐론섬유

10 프리쿨링(Pre-Cooling, 선행냉각)
(주1) 프리쿨링(Pre-Cooling, 선행냉각) : 매스 콘크리트의 시공에서 콘크리트를 타설하기 전에 콘크리트의 온도를 제어하기 위해 얼음이나 액체질소 등으로 콘크리트의 원재료의 일부 또는 전부를 냉각시키는 방법이다.
(주2) 파이프쿨링(Pipe-Cooling, 관료식냉각) : 매스 콘크리트의 시공에서 콘크리트를 타설한 후 콘크리트의 내부 온도를 제어하기 위해 미리 묻어둔 파이프 내부에 냉수를 강제적으로 순환시켜 콘크리트를 냉각하는 방법이다.

11 인장강도(f_{sp})
$f_{sp} = \dfrac{2P}{\pi l d} = \dfrac{2 \times 100{,}000}{\pi \times 500 \times 300} = 0.42 \text{MPa}$

12 묻힘길이에 의한 압축 이형철근의 기본정착길이 l_{db}
$\lambda = 1.0$
$l_{db} = \dfrac{0.25 d_b f_y}{\lambda \sqrt{f_{ck}}} = \dfrac{0.25 \times 22.2 \times 400}{1.0 \times \sqrt{24}} = 453 \text{ mm}$

$l_{db} = 449\text{mm} \geq 0.043 d_b f_y = 0.043 \times 22.2 \times 400 = 382\text{mm}$

∴ 묻힘길이에 의한 압축 이형철근의 기본정착길이 l_{db}는 최소 453mm이다.

13 단변방향으로 배치해야 할 전체 철근량(A_{sL})에서 다음 식으로 계산되는 양(A_{s1})을 단변길이만큼의 중앙구간에 균등하게 배치하고, 나머지 철근량은 중앙구간 이외의 양쪽구간에 등간격으로 배치한다.

(1) $\beta = \dfrac{L}{B} = \dfrac{4.0}{2.0} = 2.00$

(2) $\gamma_s = \left(\dfrac{2}{\beta+1}\right) = \left(\dfrac{2}{2.00+1}\right) = \dfrac{2}{3}$

(3) 단변방향으로 배치해야 할 전체 철근량
$A_{sL} = 4{,}800\text{mm}^2$

(4) 유효폭(중앙구간) 내에 배근하여야 하는 철근량
$A_{s1} = \gamma_s A_{sL} = \dfrac{2}{3} \times 4{,}800 = 3{,}200\text{mm}^2$

여기서, A_{s1} : 중앙구간에 배치할 철근량

A_{sL} : 단변방향으로 배치해야 할 전체 철근량

β : 장변과 단변의 비, 즉 $\beta = \dfrac{L}{H}$

14 (1) 그루브용접(맞댐용접, 홈용접)
(2) 필릿용접(모살용접)

15 (1) 용어 : 스캘럽(Scallop)
(2)

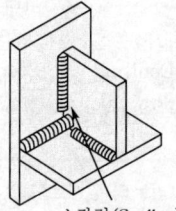

스캘럽(Scallop)

(주1) 스캘럽(Scallop)은 강구조 부재의 용접 시 이음 및 접합부위의 용접선이 교차되어 재용접된 부위가 열 영향을 받아 취약해지기 때문에 모재에 부채꼴모양의 모따기를 한 것이다.

16 합성보에서 슬래브와 강구조 보를 일체화시켜 전단력에 저항하도록 한 부재이다. 전단 연결재의 종류로는 스터드 볼트, ㄷ형강, 나선철근 등이 있다.

17 건축물이 초고층화되거나 대형화됨에 따라 강구조 구조물의 높이 증가와 하중의 증가로 인해 기둥에 작용하는 수직하중이 증대되어 발생되는 기둥의 수축량이다.

18 가. 핀주각
나. 고정주각
다. 매입형주각

19 ① 이질재와의 접합부 불량
② 사춤 모르타르의 충전 부족
③ 치장줄눈의 시공 불량
④ 물흘림, 물끊기 불량
⑤ 조적조쌓기 완료 후 비계장선 등의 구멍 메우기 불충분
⑥ 채양 등 돌출부 위에 물이 괴는 부분에 접속되는 조적벽

20 구체방수, 콘크리트구체방수 또는 수밀콘크리트
(주) 콘크리트에 방수제를 혼입하여 방수효과를 갖는 것은 방수공사가 아닌 콘크리트공사에 해당되며, 이러한 방법은 구체방수 또는 수밀콘크리트(KCS 14 20 30, KS F 4926)라 할 수 있다.

21 유리가 두꺼울 경우, 열 축적이 커지게 되므로 유리 단면의 중앙부와 주변부의 온도차이가 발생되며 이로 인한 유리의 열팽창 차이로 유리가 파손하게 된다.

22 가. CM for Fee 방식 : 발주자와 시공자가 직접 계약을 하고 CM은 설계 및 시공에 직접 관여하지 않고 건설사업 수행에 관한 발주자에 대한 대리인(Agent) 및 조정자(Coordinator)의 역할만을 하는 방식이다.

나. CM at Risk 방식 : 발주자와 CM이 계약을 하고 발주자와 합의된 계약 조건하에서 CM이 시공자 역할까지 하면서 하도급자를 선정하고 이윤을 추구할 수 있도록 하는 방식이다.

23 BTL(Build-Transfer-Lease) : 사회간접시설의 확충을 위해 민간이 자금조달 및 시설준공(Build) → 소유권을 정부에 이전(Transfer) → 민간이 투자비 회수를 위해 정부와 약정기간 동안 운영업자에게 리스로 임대(Lease)
(주) 최종 수요자에게 사용료를 부과해 투자비 회수가 어려운 시설을 짓는 데 주로 적용

24 ㉼ → ㉣ → ㉤ → ㉢ → ㉡ → ㉮

25 가. 단축한 네트워크 공정표

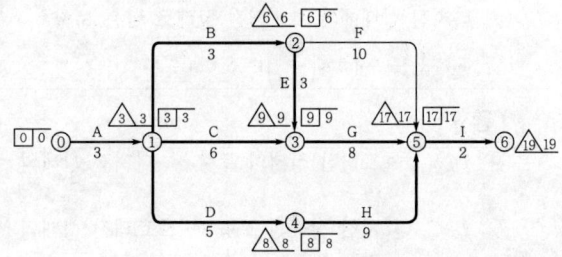

나. 총공사금액
① 표준공사비 : 69,000원
② 추가공사비 : E+2(B+D)이므로
  EC=500+2×(1,000+3,000)=8,500원
③ 총공사비=표준공사비+추가공사비 :
  69,000+8,500=77,500원

[해설]
(1) 표준 네트워크 공정표

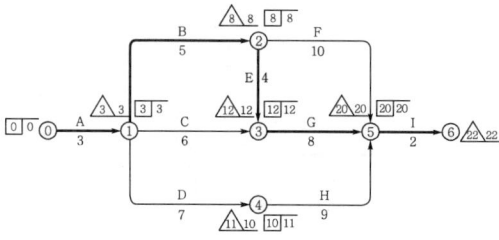

(2) 공기를 3일 단축한 네트워크 공정표 작성

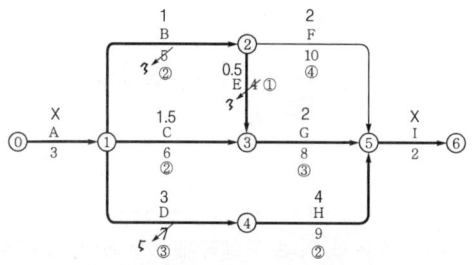

단축단계	공기단축			Path				비고
	Act.	일수	생성 CP	단축불가 Path	A-B-F-I (20일)	A-B-E-G-I (22일)	A-C-G-I (19일)	A-D-H-I (21일)	
1단계	E	1	D, H	E	20	21	19	21	
2단계	B, D	2	C	B	18	19	19	19	(주)1

(주) 병렬단축 : 경우의 수는 다음과 같고, 비용구배(CS)가 최소인 곳에서 단축

작업명	비용구배(CS)
B+D	4,000
B+H	5,000
G+D	5,000
G+H	6,000

(3) 공기단축한 네트워크 공정표

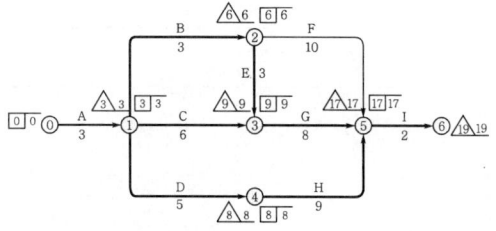

(4) 총공사금액
총공사비=표준공사비+추가공사비
① 표준공사비(NC, Normal Cost) : 69,000원
  (Normal의 소요공사비 합계
  =7,000+5,000+9,000+6,000+8,000+
  15,000+6,000+10,000+3,000=69,000원)
② 추가공사비(EC, Extra Cost) : E+2(B+D)
  이므로
  EC=500+2×(1,000+3,000)=8,500원
③ 총공사비 : 69,000+8,500=77,500원

26 (1) 반력 산정

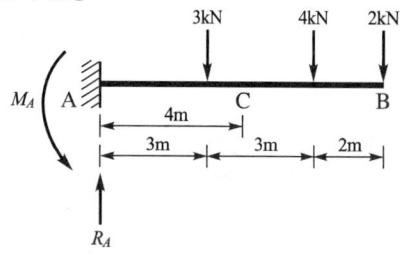

① $\Sigma M=0(+;\curvearrowright)$:
  $\Sigma M_A = -M_A + 3\times3 + 4\times6 + 2\times8 = 0$
  ∴ $M_A = 37\text{kN}\cdot\text{m}(\curvearrowright)$
② $\Sigma Y = 0(+;\uparrow)$:
  $\Sigma Y = R_A - 3 - 4 - 2 = 0$
  ∴ $R_A = 9\text{kN}(\uparrow)$

(2) 점 C의 전단력
  $V_C = 9 - 3 = 6\text{kN}$

(3) 점 C의 휨모멘트
  $M_C = -37 - 3\times1 = -40\text{kN}\cdot\text{m}$

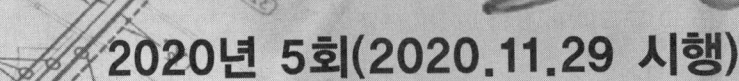

2020년 5회(2020.11.29 시행)

01 시공계획서 제출 시 환경관리 및 친환경관리에 대해 제출해야 할 서류에 포함될 내용을 4가지 쓰시오. (4점)

① _____
② _____
③ _____
④ _____

02 다음이 설명하는 시공기계를 쓰시오. (4점)

─┤ 보기 ├─
(1) 사질지반의 굴착이나 지하연속벽, 케이슨 기초 같은 좁은 곳의 수직굴착에 사용되며, 토사채취에도 사용된다. 최대 18m 정도 깊이까지 굴착이 가능하다.
(2) 지반보다 낮은 곳(기계의 위치보다 낮은 곳)의 굴착에 적합한 토공장비

(1) _____
(2) _____

03 탑다운 공법(Top-Down Method) 공법은 지하구조물의 시공순서를 지상에서부터 시작하여 점차 깊은 지하로 진행하며 완성하는 공법으로서 여러 장점이 있다. 이 중 작업공간이 협소한 부지를 넓게 쓸 수 있는 이유를 기술하시오. (3점)

_____
_____

04 매입말뚝 중에서 마이크로 말뚝의 정의와 장점 2가지를 쓰시오. (4점)

(1) 정의 : _____

(2) 장점 : _____

05 수중에서 타설하는 콘크리트 타설 시 콘크리트 피복두께를 얼마 이상으로 하여야 하는가? (2점)

_____

06 다음의 첫 번째 그림을 참조하여 콘크리트 측압의 변화를 2회로 나누어 타설하는 경우와 2차 타설 시의 측압으로 구분하여 도시하시오. (단, 최대 측압 부분은 굵은선으로 표시하시오.) (4점)

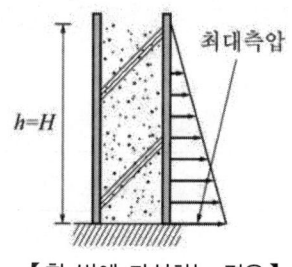
【한 번에 타설하는 경우】

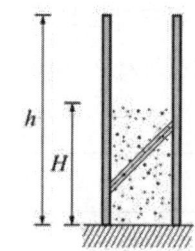
【2회로 나누어 타설하는 경우】

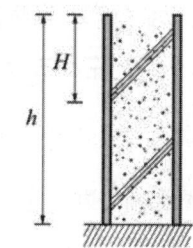
【2차 타설 시의 측압】

07 다음 콘크리트공사용 거푸집에 대하여 설명하시오. (4점)

가. 슬라이딩폼 : _____

나. 터널폼 : _____

08 어떤 골재의 비중이 2.65이고, 단위용적질량이 1,800kg/m³이라면 이 골재의 실적률을 구하시오. (3점)

09 고강도 콘크리트의 폭렬현상에 대하여 설명하시오. (3점)

10 강도설계법에서 보통골재를 사용한 콘크리트의 설계기준압축강도 f_{ck}=24 MPa인 콘크리트의 탄성계수를 구하고 탄성계수비를 결정하시오. (4점)

　가. 콘크리트의 탄성계수 : _____

　나. 탄성계수비 : _____

11 다음과 같은 조건의 대칭 T형 보의 유효너비(b_e)을 구하시오. (4점)

　　　　　┤보기├
　　• 슬래브의 두께(t_f) : 200mm
　　• 복부폭(b_w) : 300mm
　　• 양쪽 슬래브의 중심간 거리 : 3,000mm
　　• 보 경간(Span): 6,000mm

12 다음과 같은 조건의 외력에 대한 균열휨모멘트(M_{cr})를 구하시오. (4점)

┤보기├
- 단면의 크기 : $b \times h = 300\text{mm} \times 600\text{mm}$
- 보통중량콘크리트르의 설계기준압축강도 : $f_{ck} = 30\text{MPa}$
- 철근의 설계기준항복강도 : $f_y = 400\text{MPa}$

13 온도조절철근(Temperature Bar)의 배근목적에 대하여 간단히 설명하시오. (2점)

14 강구조공사의 접합방법 중 용접의 단점을 2가지 쓰시오. (4점)

① _____

② _____

15 강구조공사의 절단가공에서 절단 방법의 종류를 3가지 쓰시오. (3점)

① _____ ② _____ ③ _____

16 부재 단면에 비틀림이 생기지 않고 휨변형만 유발하는 위치를 무엇이라 하는가? (2점)

17 벽돌벽의 표면에 생기는 백화현상을 설명하시오. (4점)

_____
_____

18 목재의 인공건조법의 종류를 3가지 쓰시오. (3점)

① _____
② _____
③ _____

19 대리석 분말 또는 세라믹 분말제에 특수 혼화제를 첨가한 레디믹스트 모르타르를 현장에서 물과 혼합하여 뿜칠로 전체 표면을 1~3mm 두께로 얇게 바르는 미장공법을 쓰시오. (3점)

_____

20 미장공사와 관련된 다음 용어를 설명하시오. (4점)

① 손질바름 : _____
② 실러바름 : _____

21 다음 |보기|의 미장재료에서 기경성과 수경성 미장재료를 구분하여 쓰시오. (4점)

┤보기├
진흙, 모르타르, 회반죽, 무수석고 플라스터, 돌로마이트 플라스터, 석고 플라스터

① 기경성 미장재료 : _____
② 수경성 미장재료 : _____

22 그림과 같은 창고를 시멘트벽돌로 신축하고자할 때, 벽돌쌓기량(매)과 내외벽 시멘트 미장할 때 미장면적을 구하시오. (10점)

단, ① 벽두께는 외벽 1.5B쌓기, 칸막이벽 1.0B쌓기로 하고 벽높이는 안팎 공히 3.6m로 가정하며, 벽돌은 표준형(190×90×57)으로 할증률은 5%이다.

② 창문틀 규격은

①/D : 2.2×2.4m   ②/D : 0.9×2.4m   ③/D : 0.9×2.1m

①/W : 1.8×1.2m   ②/W : 1.2×1.2m

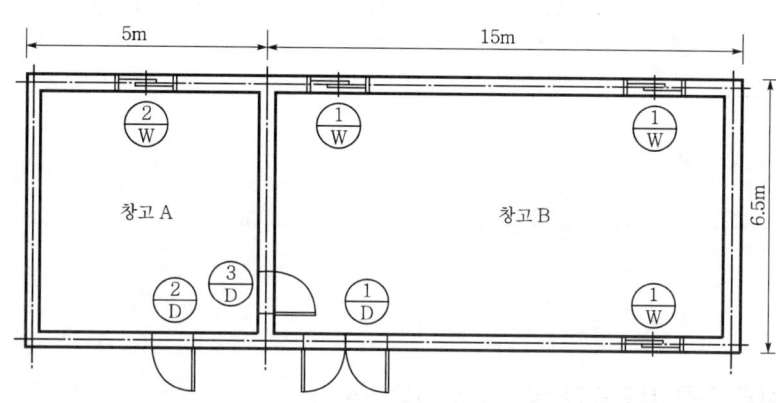

23 다음 용어를 설명하시오. (4점)

(1) 로이유리(Low-Emissivity Glass) : _____

(2) 단열간봉(Warm-edge Space) : _____

24 민간 주도하에 Project(시설물) 완공 후 발주처(정부)에게 소유권을 양도하고 발주처의 시설물 임대료를 통하여 투자비가 회수되는 민간투자사업 계약방식의 명칭은? (3점)

25 다음 데이터를 네트워크 공정표로 작성하시오. (8점)

작업명	작업일수	선행작업	비고
A	5	없음	
B	2	없음	• 주공정선은 굵은선으로 표시한다.
C	4	없음	• 각 결합점 일정계산은 PERT 기법에 의거 다음과 같이 계산한다.
D	5	A, B, C	
E	3	A, B, C	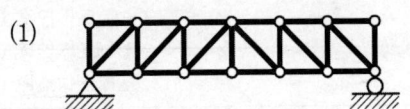
F	2	A, B, C	
G	4	D, E	(단, 결합점 번호는 반드시 기입한다.)
H	5	D, E, F	
I	4	D, F	

• 네트워크 공정표

26 다음 그림과 같은 트러스의 명칭을 쓰시오. (4점)

(1) _____

(2) _____

2020년 4회 해설 및 정답

01 ① 식물 및 수목 등의 자연환경보전 및 복원
    ② 소음 및 진동 대책 및 저감
    ③ 폐기물의 절약과 재활용
    ④ 경관훼손의 저감
    ⑤ 건설폐자재의 재활용
    ⑥ 재생자원의 이용

02 (1) 크램셀   (2) 드래그셔블(백호)

03 탑다운 공법(Top-Down Method) 공법은 1층 바닥의 구조체가 완료되면 1층 바닥을 작업장으로 이용할 수 있다. 따라서 작업공간이 협소한 부지를 넓게 쓸 수 있다.

04 (1) 정의 : 소형시공장비를 사용할 수 있는 마이크로파일(미니파일)을 마찰말뚝처럼 사용하여 지반의 강성을 높여 지반보강을 통해 부력을 방지하는 방법이다.
    (2) 장점 : ① 주변 마찰력을 이용하므로 지반개량효과도 얻을 수 있다.
              ② 소형장비를 사용하므로 협소한 공간에서 시공이 용이하다.

05 100mm

06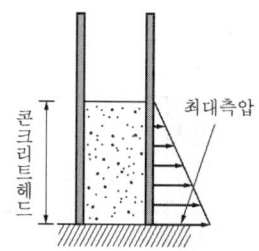
    【2회로 나누어 타설하는 경우】

    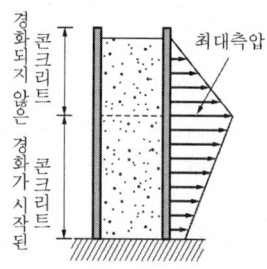
    【2차 타설 시의 측압】

07 가. 슬라이딩폼 : 사일로, 교각, 건물의 코어부분 등 단면형상의 변화가 없는 수직으로 연속된 콘크리트 구조물에 사용되는 거푸집
    나. 터널폼 : ㄱ자형, ㄷ자형의 기성재 거푸집으로 아파트공사에 주로 사용되는 거푸집

08 실적률 $= \dfrac{M}{G \times 0.999} \times 100$
        $= \dfrac{1.8}{2.65 \times 0.999} \times 100 = 68.0\%$

09 고강도 콘크리트에서 화재 시 급격한 고온에 의해 내부 수증기압이 발생하고, 이 수증기압이 콘크리트의 인장강도보다 크게 되면 콘크리트 부재의 표면이 심한 폭음과 함께 박리 및 탈락되는 현상이다.

10 가. 콘크리트의 탄성계수
    $f_{ck} \leq 40 \text{ MPa}$이면, $\Delta f = 4 \text{ MPa}$
    $f_{cm} = f_{ck} + \Delta f = 24 + 4 = 28 \text{ MPa}$
    $E_c = 8,500 \sqrt[3]{f_{cm}} = 8,500 \sqrt[3]{28} = 25,811 \text{ MPa}$

    나. 탄성계수비
    $E_s = 2.0 \times 10^5 \text{ MPa}$
    $E_c = 25,811 \text{ MPa}$
    $n = \dfrac{E_s}{E_c} = \dfrac{2.0 \times 10^5}{25,811} = 7.749 \to 7.75$

11 T형 보(플랜지)의 유효너비(b_e)
    (1) $16 h_f + b_w = 16 \times 200 + 300 = 3,500 \text{ mm}$
    (2) 양쪽 슬래브의 중심간 거리 $= 3,000 \text{ mm}$
    (3) 보의 경간의 $\dfrac{1}{4} = 6,000 \times \dfrac{1}{4} = 1,500 \text{ mm}$
    따라서 플랜지의 유효너비(b_e)은 1,500 mm이다.

12 균열휨모멘트(M_{cr})
    $f_r = 0.63\lambda \sqrt{f_{ck}} = 0.63 \times 1.0 \times \sqrt{30} = 3.45 \text{ MPa}$
    $I_g = \dfrac{bh^3}{12} = \dfrac{300 \times 600^3}{12} = 5,400.0 \times 10^6 \text{ mm}^4$
    $y_t = \dfrac{h}{2} = \dfrac{600}{2} = 300 \text{ mm}$
    $M_{cr} = \dfrac{f_r I_g}{y_t} = \dfrac{3.45 \times (5,400.0 \times 10^6)}{300}$
    $= 62.1 \times 10^6 \text{ N} \cdot \text{mm} = 62.1 \text{ kN} \cdot \text{m}$

13 온도조절철근(Temperature Bar)은 수축과 온도변화에 따른 콘크리트의 균열을 방지하고, 응력을 분포시킬 목적으로 주철근과 직각방향으로 배치한 보조적인 철근이다.

14 ① 접합부 검사가 곤란
② 숙련공이 필요
③ 용접부의 취성파괴 우려
④ 피로강도가 낮음
⑤ 용접열에 의한 변형, 왜곡
⑥ 응력집중에 민감

15 ① 기계절단
② 가스절단
③ 플라즈마절단
④ 레이저절단

16 전단중심

17 백화현상 : 벽 표면에서 침투하는 빗물에 의해 모르타르의 석회분이 유출하여 모르타르 중의 석회분이 수산화석회로 되어 표면에 유출될 때 공기중의 탄산가스 또는 벽돌의 유황성분과 결합하여 흰 가루가 생기는 현상

18 ① 훈연건조
② 전열건조
③ 연소가스건조
④ 진공건조
⑤ 약품건조

19 수지미장 또는 수지 플라스터 바름

20 ① 손질바름
콘크리트, 콘크리트블록 바탕에서 초벌바름하기 전에 마감두께를 균등하게 할 목적으로 모르타르 등으로 미리 요철을 조정하는 것

② 실러바름
바탕의 흡수 조정, 바름재와 바탕과의 접착력 증진 등을 위하여 합성수지 에멀션 희석액 등을 바탕에 바르는 것

21 ① 기경성 미장재료
진흙, 회반죽, 돌로마이트 플라스터

② 수경성 미장재료
모르타르, 무수석고 플라스터, 석고 플라스터

22

구분	수량 산출근거	계
(1) 벽돌쌓기량	① 외벽(1.5B) : $51.84 \times 3.6 - 15.36$ $= 171.264 m^2$ $\therefore 171.264 \times 224 = 38,363.1$ $\rightarrow 38,364$매 ② 내벽(1.0B) : $(6.5 - 0.29 \times 2) \times 3.6 - 1.89$ $= 19.422 m^2$ $\therefore 19.422 \times 149 = 2,893.9 \rightarrow 2,894$매 $\therefore$ 소요량 : $(38,364 + 2,894) \times 1.05$ $= 43,320.9 \rightarrow 43,321$매	43,321매
(2) 미장면적	(1) 외부 $(20 + 6.5) \times 2 \times 3.6 - 15.36 = 175.44 m^2$ (2) 내부 ① 창고(A) $\left\{ \left(5 - 0.29 - \dfrac{0.19}{2}\right) + (6.5 - 0.29 \times 2) \right\}$ $\times 2 \times 3.6 - (0.9 \times 2.4 + 0.9 \times 2.1$ $+ 1.2 \times 1.2) = 70.362 m^2$ ② 창고(B) $\left\{ \left(15 - 0.29 - \dfrac{0.19}{2}\right) + (6.5 - 0.29 \times 2) \right\}$ $\times 2 \times 3.6 - (2.2 \times 2.4 + 1.8 \times 1.2 \times 3$ $+ 0.9 \times 2.1) = 134.202 m^2$ $\therefore$ 합계 : $175.44 + 70.362 + 134.202$ $= 380.004 \rightarrow 380.00 m^2$	380.00m²

[해설]

(1) 문제의 치수가 외벽 중심간 치수가 아님에 주의한다.

(2) 외벽의 중심간 길이(ΣL_1)

$$\Sigma L_1 = \left\{ \left(20 - \dfrac{0.29}{2} \times 2\right) + \left(6.5 - \dfrac{0.29}{2} \times 2\right) \right\} \times 2$$
$$= 51.84 m$$

(3) 개구부 면적

외부	①/D	2.2×2.4×1EA	
	②/D	0.9×2.4×1EA	
	①/W	1.8×1.2×3EA	15.36m²
	②/W	1.2×1.2×1EA	
내부	③/D	0.9×2.1×1EA	1.89m²

(4) 도면의 치수가 벽체 중심선으로 주어지는 경우도 있으므로 유의한다.

(5) 벽돌쌓기 정미량
① 1.0B 표준형 벽돌 : 149매/m²
② 1.5B 표준형 벽돌 : 224매/m²

23 (1) 로이유리(Low-Emissivity Glass) : 열적외선을 반사하는 은소재도막으로 코팅하여 방사율과 열관류율을 낮추고 가시광선 투과율을 높인 유리로서, 일반적으로 복층유리로 제조하여 사용한다.

(2) 단열간봉(Warm-edge Space) : 복층유리의 간격을 유지하며 열전달을 차단하는 자재이며, 고단열 및 결로방지를 위한 목적으로 적용된다.

24 BTL

(주1) BTL(Build-Transfer-Lease) : 사회간접시설의 확충을 위해 민간이 자금조달과 시설준공(Build) → 소유권을 정부에 이전(Transfer) → 민간이 투자비 회수를 위해 정부와 약정기간 동안 운영업자에게 리스로 임대(Lease)

(주2) 최종 수요자에게 사용료를 부과해 투자비 회수가 어려운 시설을 짓는 데 주로 적용

25 • 네트워크 공정표

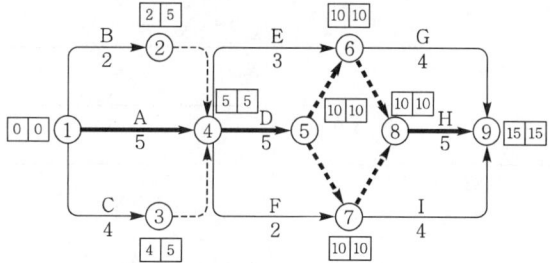

26 (1) 하우 트러스
(2) 플랫 트러스

2021년 1회(2021.4.25 시행)

01 BOT(Build-Operate-Transfer contract)방식을 설명하시오. (3점)

02 굵은골재의 최대치수 25mm, 4kg을 물속에서 채취하여 표면건조포수상태의 질량이 3.95kg, 절대건조질량이 3.60kg, 수중에서의 질량이 2.45kg일 때 흡수율과 밀도를 구하시오. (단, 물의 밀도 : 1g/cm³) (6점)

(1) 흡수율 : _____

(2) 표건상태 밀도 : _____

(3) 진밀도 : _____

03 재령 28일 콘크리트 표준공시체(ϕ150mm×300mm)에 대한 압축강도시험 결과 파괴하중이 500kN일 때, 이 콘크리트의 압축강도 f_c(MPa)를 구하시오. (3점)

04 다음 설명에 해당하는 흙파기공법의 명칭을 쓰시오. (4점)

> ① 구조물 측벽이나 주열선 부분만을 먼저 파내고 그 부분의 기초와 지하구조체를 축조한 다음 중앙부의 나머지 부분을 파내어 지하구조물을 완성하는 공법
> ② 중앙부의 흙을 먼저 파고, 그 부분에 기초 또는 지하구조체를 축조한 후, 이것을 지점으로 흙막이 버팀대를 경사지게 또는 수평으로 가설하여 널말뚝 부근의 흙을 파내고 지하 구조체를 완성하는 공법

① _____

② _____

05 다음이 설명하는 적당한 벽돌 쌓기 방법을 쓰시오. (2점)

① 담 또는 처마 부분에 내쌓기를 할 때 45° 각도로 모서리면이 돌출되어 나오도록 쌓는 방법
② 난간벽과 같이 상부 하중을 지지하지 않는 벽에 있어서 장식적인 효과를 기대하기 위하여 벽체에 구멍을 내어 쌓는 방법

① _____
② _____

06 다음 조건으로 요구하는 산출량을 구하시오. (단, $L=1.3$, $C=0.9$) (9점)

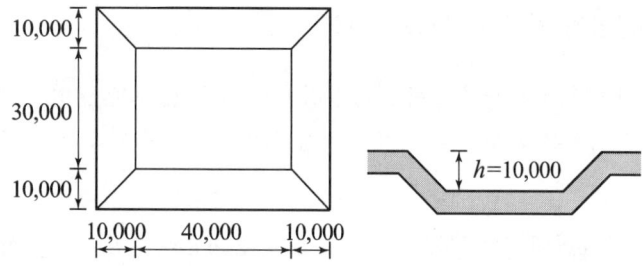

(1) 터파기량을 산출하시오.

(2) 운반대수를 산출하시오(운반대수는 1대의 적재량은 12m³).

(3) 5,000m²에 흙을 이용하여 성토하여 다짐할 때 표고는 몇 m인지 구하시오. (단, 비탈면은 수직으로 생각함.)

(1) _____
(2) _____
(3) _____

07 흙의 함수량 변화와 관련하여 ( ) 안을 적당한 용어로 채우시오. (2점)

흙이 소성 상태에서 반고체 상태로 옮겨지는 경계의 함수비를 (①)라 하고, 액성 상태에서 소성 상태로 옮겨지는 함수비를 (②)라고 한다.

① _____ ② _____

08 콘크리트 구조물의 압축강도를 추정하고 내구성 진단, 균열의 위치, 철근의 위치 등을 파악하는데 있어서 구조체를 파괴하지 않고, 비파괴적인 방법으로 측정하는 검사방법 3가지를 쓰시오. (3점)

(1) _____ (2) _____ (3) _____

09 다음 용어를 설명하시오. (4점)

(1) 기준점 : _____

(2) 방호선반 : _____

10 다음 지반탈수공법의 명칭을 쓰시오. (4점)

(1) 점토질지반의 대표적인 탈수공법으로서 지반에 지름 40~60cm의 구멍을 뚫고 모래를 넣은 후, 성토 및 기타 하중을 가하여 점토질 지반을 압밀하므로써 탈수하는 공법을 무슨 공법이라고 하는가?

(2) 사질지반의 대표적인 탈수공법으로서 지름 약 20cm 특수파이프를 상호 2m 내외 간격으로 관입하여 모래를 투입한 후 진동다짐하여 탈수통로를 형성시켜서 탈수하는 공법을 무슨 공법이라고 하는가?

(1) _____

(2) _____

11 종합심사 낙찰제에 관하여 간단히 설명하시오. (2점)

_____

_____

12 다음 용어를 간단히 설명하시오. (4점)

(1) 데크플레이트(Deck plate) : _____

(2) 시어커넥터(Shear Connector) : _____

13 경량철골 칸막이 공사에 관한 내용이다. 보기의 항목을 이용하여 순서대로 번호로 나열하시오. (3점)

① 벽체틀 설치   ② 단열재 설치   ③ 바탕 처리   ④ 석고보드 설치   ⑤ 마감(벽지마감)

14 다음 데이터를 네트워크 공정표로 작성하고, 각 작업의 여유시간을 구하시오. (10점)

작업명	작업일수	선행작업	비고
A	3	없음	
B	4	없음	(1) 결합점에서는 다음과 같이 표시한다.
C	5	없음	
D	6	A, B	
E	7	B	
F	4	D	
G	5	D, E	
H	6	C, F, G	(2) 주공정선은 굵은선으로 표시한다.
I	7	F, G	

15 TQC의 7도구에 대한 설명이다. 해당되는 도구명을 쓰시오. (3점)

① 계량치의 데이터가 어떠한 분포를 하고 있는지 알아보기 위하여 작성하는 그림
② 불량 등 발생건수를 분류 항목별로 나누어 크기 순서대로 나열해 놓은 그림
③ 결과에 원인이 어떻게 관계하고 있는가를 한 눈에 알 수 있도록 작성한 그림

① _____   ② _____   ③ _____

16 목공사에서 방충 및 방부처리된 목재를 사용해야 하는 경우를 2가지 쓰시오. (4점)

(1) _____

(2) _____

17 두꺼운 유리나 색유리에서 많이 발생하는 유리의 열파(열파손) 현상을 설명하시오. (3점)

18 안방수와 바깥방수의 차이점을 3가지 이상 설명하시오. (3점)

(1) _____
(2) _____
(3) _____

19 철근콘크리트공사에 이용되는 스페이서(Spacer) 용도에 대하여 쓰시오. (2점)

20 알루미늄 거푸집을 일반합판 거푸집과 비교하여 골조품질과 거푸집 해체작업 시 발생될 수 있는 장점에 대하여 설명하시오. (2점)

(1) 골조품질 : _____
(2) 해체작업 : _____

21 한중 콘크리트 초기양생 시 주의해야 할 점 3가지를 쓰시오. (3점)

(1) _____
(2) _____
(3) _____

22 그림과 같은 하중이 작용하는 3회전단형 라멘의 휨모멘트도를 그리시오. (단, 라멘의 바깥은 -, 안쪽은 +이며, 이를 그림에 표기할 것) (3점)

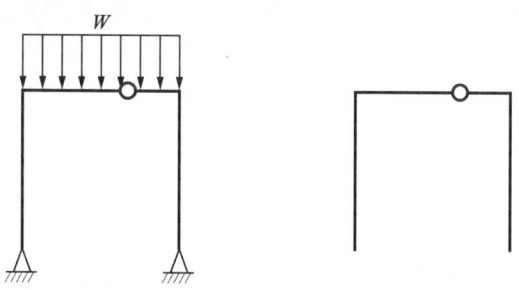

23 그림과 같은 설계조건에서 플랫 슬래브의 지판(Drop Panel, 드롭 패널)의 최소크기와 최소두께를 산정하시오. (단, 슬래브 두께 h_f는 200mm) (4점)

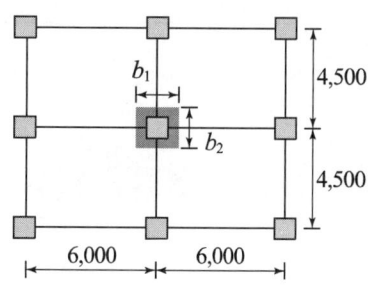

(1) 지판의 최소 크기 : _____

(2) 지판의 최소 두께 : _____

24 굳지 않는 콘크리트의 성질을 설명한 다음 내용에 적합한 용어를 쓰시오. (4점)

(1) 단위 물량 다소에 따르는 혼합물의 묽기 정도 (_____)

(2) 작업의 난이정도, 재료분리에 저항하는 정도 (_____)

25 건축공사표준시방서에 따른 금속재 커튼월과 관련된 Mock-up Test(실물대 모형시험)의 시험항목을 4가지 쓰시오. (4점)

(1) _____ (2) _____
(3) _____ (4) _____

26 강구조 접합부에서 전단접합과 모멘트접합(강접합)을 도식하고 설명하시오. (6점)

전단접합	모멘트접합

2021년 1회 해설 및 정답

01 민간부분 수주측이 설계, 시공 후 일정기간 시설물을 운영하여 투자금을 회수하고 시설물과 운영권을 무상으로 발주측에 이전하는 방식

02 (1) 흡수율 = $\dfrac{3.95-3.60}{3.60} \times 100 = 9.72\%$

   (2) 표건상태밀도 = $\dfrac{3.95}{3.95-2.45} = 2.63$

   (3) 진밀도 = $\dfrac{3.60}{3.60-2.45} = 3.13$

03 $f_c = \dfrac{P}{A} = \dfrac{4P}{\pi d^2} = \dfrac{4 \times (500 \times 10^3)}{\pi \times 150^2} = 28.294\,\text{N/mm}^2$
   $= 28.294\,\text{MPa}$
   ∴ $f_c = 28.29\,\text{N/mm}^2\,(\text{MPa})$

04 ① 트렌치컷 공법
   ② 아일랜드컷 공법

05 ① 엇모쌓기
   ② 영롱쌓기

06 (1) $V = \dfrac{10}{6}[(2 \times 60 + 40) \times 50 + (2 \times 40 + 60) \times 30]$
   $= 20,333.333\,\text{m}^3$

   (2) $\dfrac{20,333.33 \times 1.3}{12} = 2,202.777 ≒ 2,203$대

   (3) $\dfrac{20,333.33 \times 0.9}{5,000} = 3.659 ≒ 3.66\,\text{m}$

07 ① 소성한계(plastic limit)
   ② 액성한계(liquid limit)

08 (1) 슈미트해머법(반발경도법)
   (2) 공진법
   (3) 음속법(초음파 속도법)
   (4) 복합법(반발경도법+음속법)
   ※ 철근탐사법 등

09 (1) 기준점 : 건축공사 중 건축물의 고저에 기준이 되도록 건축물 인근에 설치하는 표시물이다.
   (2) 방호선반 : 상부에서 작업도중 자재나 공구 등의 낙하로 인한 재해를 방지하기 위하여 개구부 및 비계 외부 안전 통로 출입구 상부에 설치하는 낙하물방지망 대신 설치하는 목재 또는 금속 판재이다.

10 (1) 샌드드레인 공법
   (2) 웰포인트 공법

11 종합심사 낙찰제는 예정가격 이하로 입찰한 입찰자 중 각 입찰자의 입찰가격, 공사수행능력 및 사회적 책임 등을 종합 심사하여 합산점수가 가장 높은 자를 낙찰자로 결정하는 제도이다.

12 (1) 강구조의 보에 걸어 지주 없이 쓰이는 바닥판이며, 거푸집으로 사용될 수 있도록 제작된 골형 플레이트이다.
   (2) 합성구조에서 양재간에 발생하는 전단력의 전달, 보강 및 일체성 확보를 위해 설치하는 연결재료

13 ③ → ① → ② → ④ → ⑤

14
작업명	TF	FF	DF	CP
A	2	1	1	
B	0	0	0	※
C	12	11	1	
D	1	0	1	
E	0	0	0	※
F	2	2	0	
G	0	0	0	※
H	1	1	0	
I	0	0	0	※

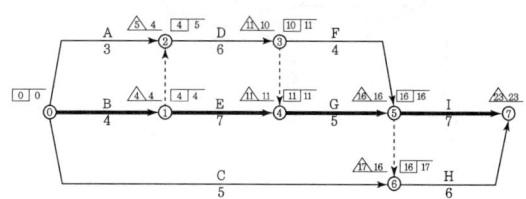

15 ① 히스토그램
   ② 파레토도
   ③ 특성요인도

16 ① 콘크리트, 벽돌 등의 투습성 재질의 접합부
② 외부에 직접 노출되는 부위
③ 급수, 배수관이 접하는 부위
④ 모르타르 등의 바탕으로 사용되는 부위
⑤ 지면 또는 콘크리트 바닥면으로부터 300mm 이내에 설치되는 부재

17 유리의 중앙부와 유리 Frame이 면하는 주변부와의 온도차이로 인한 팽창, 수축 차이때문에 응력이 생겨서 유리가 파손되는 현상

18 (1) 안방수는 공사가 간단하나 바깥방수는 복잡하다.
(2) 안방수는 보호누름이 필요하나 바깥방수는 없어도 된다.
(3) 안방수는 비교적 저렴하고 바깥방수는 비교적 고가이다.

19 바닥이나 벽 철근이 거푸집에 밀착되는 것을 방지하는 간격재(굄재) 용도
※ 피복두께유지 및 철근간격 유지 용도

20 (1) 골조품질 : 골조의 수직, 수평의 정밀도가 우수하며, 면처리(견출) 작업이 감소된다.
(2) 해체작업 : 거푸집 해체 시 소음이 감소되고, 해체작업의 안정성이 향상된다.

21 (1) 초기 동해의 방지에 필요한 압축강도 5 MPa이 초기양생기간 내에 얻어지도록 한다.
(2) 소요 압축강도가 얻어질 때까지 콘크리트의 온도를 5℃ 이상으로 유지한다.
(3) 소요 압축강도에 도달한 후 2일간은 구조물의 어느 부분이라도 0℃ 이상이 되도록 유지한다.

22

23 (1) 지판의 최소크기($b_1 \times b_2$)
지판은 받침부 중심선에서 각 방향 받침부 중심 간 경간의 1/6 이상을 각 방향으로 연장시킨다.
$b_1 = \dfrac{6,000}{6} + \dfrac{6,000}{6} = 2,000$ mm
$b_2 = \dfrac{4,500}{6} + \dfrac{4,500}{6} = 1,500$ mm
∴ $b_1 \times b_2 = 2,000$ mm $\times 1,500$ mm

(2) 지판의 최소두께(h_{min})
지판의 슬래브 아래로 돌출한 두께는 돌출부를 제외한 슬래브 두께의 1/4 이상으로 한다.
$h_{min} = \dfrac{h_f}{4} = \dfrac{200}{4} = 50$ mm

24 (1) 반죽질기(Consistency)
(2) 시공연도(Workability)

25 (1) 예비시험
(2) 기밀시험
(3) 정압수밀시험
(4) 동압수밀시험
※ 구조시험

26

전단접합	모멘트접합
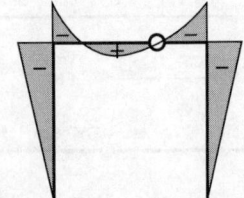	
접합된 부재 간에 무시해도 좋을 정도로 약한 휨모멘트를 전달하는 접합부이며, 접합부 내의 축방향력과 전단력을 전달한다.	접합되는 부재사이에 무시할 정도의 상대 회전 변형이 발생하면서 모멘트를 전달할 수 있는 접합부이며, 접합부 내의 축방향력, 전단력, 휨모멘트 등을 전달한다.

2021년 2회(2021.7.10 시행)

01 콘크리트 응결경화 시 콘크리트 온도상승 후 냉각하면서 발생하는 온도균열 방지대책을 3가지 쓰시오. (3점)

(1) _____
(2) _____
(3) _____

02 콘크리트 구조물의 화재 시 급격한 고열현상에 의하여 발생하는 폭렬현상(Explosive Fracture) 방지대책을 2가지 쓰시오. (4점)

(1) _____
(2) _____

03 다음의 용어를 설명하시오. (4점)

(1) 슬럼프플로(Slump Flow) : _____
(2) 조립률(Fineness Modulus) : _____

04 다음에 제시한 흙막이 구조물 계측기 종류에 적합한 설치 위치를 한 가지씩 기입하시오. (4점)

(1) 하중계 : _____
(2) 토압계 : _____
(3) 변형률계 : _____
(4) 경사계 : _____

05 흙막이공사에서 역타설 공법(Top Down Method)의 장점을 3가지 쓰시오. (3점)

(1) _____
(2) _____
(3) _____

06 샌드드레인(Sand Drain) 공법을 설명하시오. (3점)

_____
_____

07 시멘트 500포의 공사현장에서 필요한 시멘트 창고의 면적을 구하시오. (단, 쌓기 단수는 12단) (3점)

_____
_____

08 그림과 같은 용접부의 기호에 대해 기호의 수치를 모두 표기하여 제작 상세를 표시하시오. (4점)

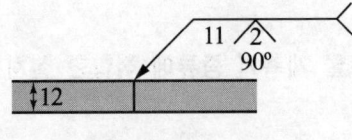

_____
_____

09 그림과 같이 배근된 철근콘크리트 기둥에서 띠철근의 최대 수직간격을 구하시오. (3점)

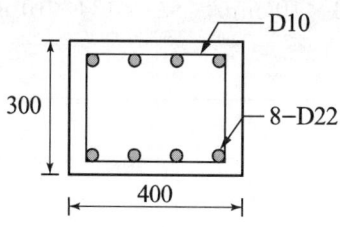

10 철근콘크리트 보의 총처짐(mm)을 구하시오. (4점)

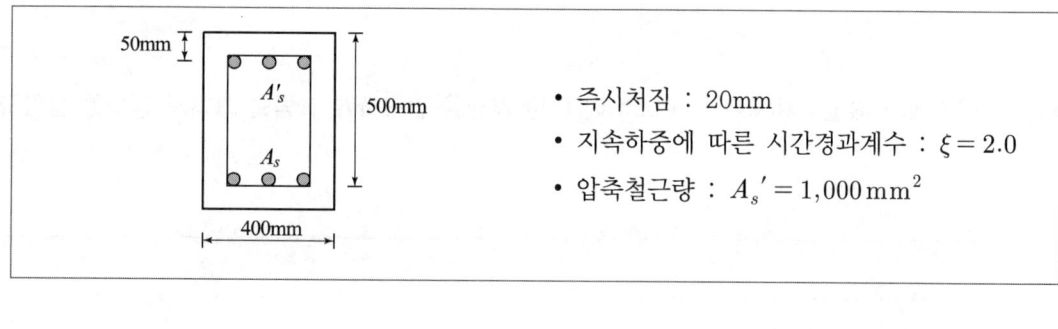

- 즉시처짐 : 20mm
- 지속하중에 따른 시간경과계수 : $\xi = 2.0$
- 압축철근량 : $A_s' = 1,000\,mm^2$

11 다음 ( ) 안에 적당한 용어나 수치를 기입하시오. (3점)

높은 외부기온으로 인하여 콘크리트의 슬럼프저하나 수분의 급격한 증발 등의 염려가 있을 경우 시공되는 콘크리트로써 일평균기온이 25℃를 넘는 시기에 혼합·운반·타설 및 양생을 하는 경우 (①) 콘크리트의 적용을 받도록 규정하고 있다. 또한 이 콘크리트는 콘크리트를 비빈 후 즉시 타설하여야 하며, 지연형 감수제를 사용하는 등의 일반적인 대책을 강구한 경우라도 (②) 시간 이내에 타설하여야 하며, 콘크리트를 타설할 때의 콘크리트 온도는 (③)℃ 이하로 한다.

① _____ ② _____ ③ _____

12 1단 자유, 타단 고정, 길이 2.5m인 압축력을 받는 $H-100\times100\times6\times8$ 기둥의 탄성 좌굴하중을 구하시오. (단, $I_x = 383\times10^4\,\text{mm}^4$, $I_y = 134\times10^4\,\text{mm}^4$, $E = 210,000\,\text{MPa}$) (4점)

13 강구조공사의 기초 Anchor Bolt는 구조물 전체의 집중하중을 지탱하는 중요한 부분이다. Anchor Bolt 매입공법의 종류 3가지를 쓰시오. (3점)

(1) _____
(2) _____
(3) _____

14 강구조에서 메탈터치(Metal Touch)에 대한 개념을 간략하게 그림을 그려서 정의를 설명하시오. (4점)

15 강구조 용접결함 중 오버랩(Overlap)과 언더컷(Undercut)을 개략적으로 도시하시오. (4점)

16 목구조 1층 마루널 시공순서를 보기에서 보고 번호순서대로 나열하시오. (3점)

보기
① 동바리 ② 멍에 ③ 장선 ④ 마루널 ⑤ 동바리돌

17 목재의 방부처리방법을 3가지 쓰고 간단히 설명하시오. (3점)

(1) _____

(2) _____

(3) _____

18 벽돌벽 표면에 생기는 백화현상의 방지대책을 4가지 쓰시오. (4점)

(1) _____   (2) _____

(3) _____   (4) _____

19 다음은 조적공사와 관련된 내용이다. ( ) 안을 채우시오. (5점)

> (1) 벽돌쌓기 시 가로줄눈 및 세로줄눈의 너비는 도면 또는 공사시방서에서 정한 바가 없을 때에는 (①)mm를 표준으로 한다.
> (2) 벽돌쌓기는 도면 또는 공사시방서에서 정한 바가 없을 때에는 영식쌓기 또는 (②)쌓기로 한다.
> (3) 하루의 쌓기높이는 (③)m를 표준으로 하고, 최대 (④)m 이하로 한다.
> (4) 벽돌벽이 블록벽과 서로 직각으로 만날 때에는 연결철물을 만들어 블록 (⑤)켜마다 보강하여 쌓는다.

① _____   ② _____

③ _____   ④ _____

⑤ _____

20 TQC에 이용되는 7가지 도구 중 4가지를 쓰시오. (3점)

(1) _____   (2) _____

(3) _____   (4) _____

21 다음이 설명하는 용어를 쓰시오. (2점)

> 수장공사 시 실 내부의 바닥에서 1~1.5m 정도의 높이까지 널을 댄 것

22 다음은 천장공사와 관련된 내용이다. ( ) 안을 채우시오. (4점)

> (1) 금속계 천장에서 달대볼트의 설치에서 반자틀받이 행어를 고정하는 달대볼트는 천장재가 떨어지지 않도록 인서트, 용접 등의 적절한 공법으로 설치한다. 달대볼트는 주변부의 단부로부터 150 mm 이내에 배치하고 간격은 900 mm 정도로 한다. 달대볼트는 수직으로 설치한다. 또한 천장 깊이가 1.5 m 이상인 경우에는 가로, 세로 (①) m 정도의 간격으로 달대볼트의 흔들림 방지용 보강재를 설치한다.
> (2) 시스템 천장에서 현장타설 콘크리트 및 프리캐스트 콘크리트 부재에 설치할 경우, 미리 설치한 강제 인서트나 앵커볼트에 달대볼트를 반자틀받이에 대해 (②) mm 간격 이내로 설치하고, 또한 재하에 대해서 충분한 내력이 확보되도록 한다.

① _____ ② _____

23 다음 도면을 보고 옥상방수면적(m²), 누름콘크리트량(m³), 보호벽돌량(매)를 구하시오. (단, 벽돌의 규격은 190×90×57) (6점)

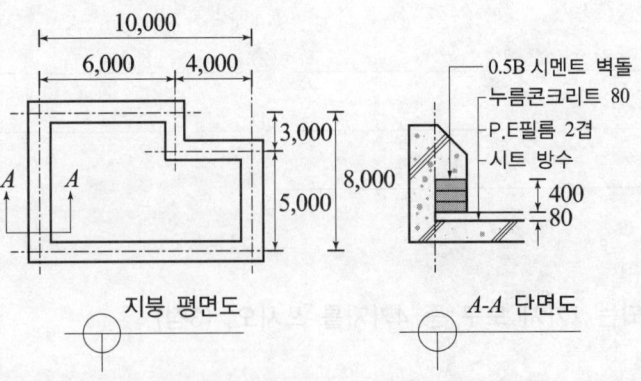

24 다음 데이터를 네트워크 공정표로 작성하고, 각 작업의 여유시간을 구하시오. (10점)

작업명	작업일수	선행작업	비고
A	5	없음	
B	6	A	
C	5	A	(1) 결합점에서는 다음과 같이 표시한다.
D	4	A	
E	3	B	
F	7	B, C, D	
G	8	D	
H	6	E	(2) 주공정선은 굵은선으로 표시한다.
I	5	E, F	
J	8	E, F, G	
K	7	H, I, J	

25 용수철에 단위하중이 작용할 때 용수철계수 k를 구하시오. (단, 하중 P, 길이 L, 단면적 A, 탄성계수 E) (4점)

26 다음과 같은 작업 Data에서 비용구배(Cost Slope)가 가장 큰 작업부터 순서대로 작업명을 쓰시오. (3점)

작업명	정상계획		급속계획	
	공기(일)	비용(원)	공기(일)	비용(원)
A	2	2,000	1	3,000
B	4	3,000	2	6,000
C	8	5,000	3	8,000

2021년 2회 해설 및 정답

01
(1) 수화열이 낮은 중용열시멘트를 사용한다.
(2) 단위시멘트량을 적게 한다.
(3) 단위수량을 적게 한다.
(4) AE 감수제 지연형, 감수제 지연형을 사용하여 수화반응을 억제한다.
(5) 굵은골재의 최대 치수를 크게 한다.
(6) 프리쿨링 또는 파이프쿨링 등의 냉각 방법을 사용한다.

02
(1) 강섬유를 혼입한다.
(2) 철근의 피복두께를 증가시킨다.
(3) 단위수량을 감소시킨다.
(4) 흡수율이 적은 골재를 사용한다.
(5) 내화피복 또는 단열시공을 한다.

03
(1) 슬럼프플로(Slump Flow)
아직 굳지 않은 콘크리트의 유동성 정도를 나타내는 지표로 슬럼프콘을 들어 올린 후에 원 모양으로 퍼진 콘크리트의 지름을 측정하여 나타낸다.
(2) 조립률(Fineness Modulus)
골재의 입도를 수량적으로 나타낸 것으로 체가름 시험에 의해 구한다.

04
(1) 하중계 : 버팀대 또는 Earth Anchor 설치 지점
(2) 토압계 : 흙막이벽의 인접지점
(3) 변형률계 : 버팀대 또는 흙막이 벽체
(4) 경사계 : 흙막이 및 인접 구조물의 주변지반

05
(1) 지상, 지하 동시 작업으로 공기단축
(2) 전천후 시공 가능
(3) 1층 슬래브를 선시공함으로써 작업공간 활용 가능
(4) 인접건물에 악영향이 적음
(5) 굴착소음방지 및 분진방지
(6) 흙막이의 우수한 안정성

06 연약 점토질지반의 탈수를 이용해 지반을 개량하기 위한 공법으로 지반에 구멍을 뚫고 모래를 넣은 후, 성토 및 기타 하중을 가하여 점토질 지반을 압밀함으로써 탈수하는 공법

07 $A = 0.4 \times \dfrac{500}{12} = 16.67\,\text{m}^2$

08
① V형 완전용입 그루브용접
② 개선깊이(홈의 길이) : 11mm
③ 루트간격(트임새 간격) : 2mm
④ 개선각(홈의 각도) : 90°

09
(1) 22mm×16 = 352mm
(2) 10mm×48 = 480mm
(3) 기둥의 최소폭 : 300mm → 지배

10
(1) 순간처짐 = 20.0 mm
(2) 압축철근비 : $\rho' = \dfrac{A_s'}{b_w d} = \dfrac{1,000}{400 \times 500} = 0.005$
(3) $\lambda_\Delta = \dfrac{\zeta}{1+50\rho'} = \dfrac{2.0}{1+50 \times 0.005} = 1.6$
(4) 장기처짐 = $\lambda_\Delta \times$ 순간처짐
 $= 1.6 \times 20.0 = 32.0$ mm
(5) 총처짐 = 순간처짐 + 장기처짐
 $= 20.0 + 32.0 = 52.0$ mm

11
① 서중(하절기)
② 1.5
③ 35

12
① 1단 자유, 타단 고정인 경우의 유효좌굴길이
$KL = 2.0L$
② 탄성 좌굴하중
$P_{cr} = \dfrac{\pi^2 \times 210,000 \times 134 \times 10^4}{(2 \times 2,500)^2}$
$= 111.09 \times 10^3\,\text{N} = 111.09\,\text{kN}$

13
(1) 고정매입공법
(2) 가동매입공법
(3) 나중매입공법

14
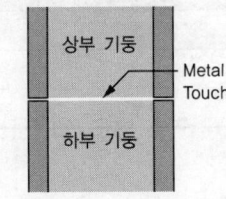
강구조 기둥의 이음부를 가공하여 상하부 기둥의 밀착을 좋게 하여 일정 이상의 축력을 하부 기둥 밀착면에 직접 전달시키는 이음 방법

15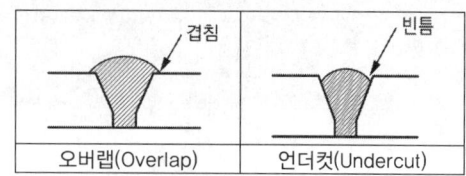

16 ⑤ → ① → ② → ③ → ④

17 (1) 가압주입법 : 방부제 용액을 고기압(7~12기압)으로 가압 주입하여 방부처리
(2) 침지법 : 방부제 용액 중에 담가 공기를 차단하여 방부처리
(3) 방부제칠 : 목재를 충분히 건조 후 솔 등으로 약제를 도포 및 뿜칠하여 방부처리
(4) 표면탄화법 : 목재에서 균에게 양분을 제공하는 표면을 3~10mm 정도 태워 방부처리

18 (1) 양질의 벽돌 사용
(2) 줄눈 모르타르에 방수제 혼합
(3) 빗물이 침입하지 않도록 벽면에 비막이 설치
(4) 벽돌표면에 파라핀 도료를 발라 염류의 유출 방지
(5) 낮은 물시멘트비로 시공
(6) 비나 눈이 오면 작업 중지

19 ① 10
② 화란식
③ 1.2
④ 1.5
⑤ 3

20 (1) 히스토그램
(2) 특성요인도
(3) 파레토도
(4) 체크시트
※ 각종 그래프, 산점도, 층별

21 징두리판벽

22 ① 1.8
② 1,600
(주) KCS 41 52 00 (3. 시공) (2021), 천장공사 참고

23 (1) 옥상방수면적
$(6\times8)+(4\times5)+\{(10+8)\times2\times0.48\}=85.28\,\text{m}^2$

(2) 누름콘크리트량
$\{(6\times8)+(4\times5)\}\times0.08=5.44\,\text{m}^3$

(3) 보호벽돌 소요량
$\{(10-0.09)+(8-0.09)\}\times2\times0.4\times75매=1,069.2$
→ 1,070매

24

작업명	TF	FF	DF	CP
A	0	0	0	※
B	0	0	0	※
C	1	1	0	
D	1	0	1	
E	4	0	4	
F	0	0	0	※
G	1	1	0	
H	6	6	0	
I	3	3	0	
J	0	0	0	※
K	0	0	0	※

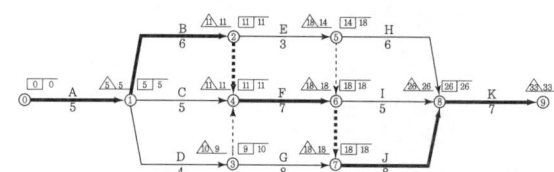

25 (1) 힘(P), 변위(ΔL), 용수철계수(k)의 관계식 :
$P=k\cdot\Delta L$

(2) 변위 $\Delta L=\dfrac{PL}{EA}$을 대입하면
$P=k\cdot\Delta L=k\cdot\dfrac{PL}{EA}$ 으로부터 $k=\dfrac{EA}{L}$

26 (1) $A=\dfrac{3,000-2,000}{2-1}=1,000$원/일

(2) $B=\dfrac{6,000-3,000}{4-2}=1,500$원/일

(3) $C=\dfrac{8,000-5,000}{8-3}=600$원/일

∴ B-A-C

2021년 3회(2021.11.14 시행)

01 보링(Boring) 중에서 수세식 보링(Wash Boring)과 회전식 보링(Rotary Boring)에 대해 설명하시오. (4점)

   (1) 수세식 보링(Wash Boring) : _____

   (2) 회전식 보링(Rotary Boring) : _____

02 CFT 구조를 간단히 설명하시오. (3점)

03 다음이 설명하는 적합한 입찰방식의 명칭을 쓰시오. (3점)

> 추정가격이 건설공사의 경우 81억 원 미만이거나 전문공사의 경우 10억 원 미만인 공사계약의 경우에는 법인등기부상 본점소재지를 기준으로 하여 입찰참가자의 자격을 제한하여 경쟁입찰을 하게 함으로서 비교적 소규모 공사를 당해 지역업체가 수주토록 하는 제도

04 목공사에서 활용되는 이음(Connection)과 맞춤(Joint)에 대해 설명하시오. (4점)

   (1) 이음(Connection) : _____

   (2) 맞춤(Joint) : _____

05 기준점(Bench Mark) 설치 시 주의사항을 2가지 쓰시오. (4점)

(1) _____

(2) _____

06 지반조사 방법 중 사운딩(Sounding) 시험의 정의를 간략히 설명하고 종류를 2가지 쓰시오. (4점)

(1) 정의 : _____

(2) 종류 : ① _____ ② _____

07 BOT(Build-Operate-Transfer) 방식을 설명하시오. (3점)

_____
_____

08 두께 0.15m, 폭 6m, 길이 100m 도로를 6m³ 레미콘을 이용하여 하루 8시간 작업 시 레미콘 배차 간격은 몇 분(min)인가? (4점)

_____
_____

09 흙막이 붕괴원인의 하나인 히빙파괴(Heaving Failure)에 대하여 간단히 설명하시오. (3점)

_____
_____

10 다음에서 설명하는 강구조공사에 사용되는 알맞은 용어를 쓰시오. (2점)

> Blow Hole, Crater 등의 용접결함이 생기기 쉬운 용접 Bead의 시작과 끝 지점에 용접을 하기 위해 용접 접합하는 모재의 양단에 부착하는 보조강판

11 방수공법 중 콘크리트에 방수제를 직접 넣어서 방수하는 공법을 무엇이라고 하는가? (3점)

12 목재에 가능한 방부처리법을 3가지 쓰시오. (3점)

 (1) _____
 (2) _____
 (3) _____

13 벽돌벽의 표면에 생기는 백화현상의 정의와 발생방지 대책을 2가지 쓰시오. (4점)

 (1) 정의 : _____
 (2) 대책 : ① _____
     ② _____

14 KS 규격상 시멘트의 오토클레이브 팽창도는 0.80% 이하로 규정되어 있다. 반입된 시멘트의 안정성 시험결과가 다음과 같다고 할 때 팽창도 및 합격여부를 판정하시오. (4점)

[안정성 시험결과]
- 시험 전 시험체의 유효표점길이 254mm
- 오토클레이브 시험 후 시험체의 길이 255.78mm

(1) 팽창도 : _____
(2) 판정 : _____

15 공사시공 현장에서 공사 중 환경관리와 민원예방을 위해 설치운영 하는 비산먼지 방지시설의 종류를 2가지 쓰시오. (2점)

(정답예시 : 방진막. 단, 예시를 정답란에 쓰면 채점대상에서 제외함.)

(1) _____
(2) _____

16 시트(Sheet) 방수공법의 단점을 2가지 쓰시오. (4점)

(1) _____
(2) _____

17 콘크리트의 알칼리골재반응을 방지하기 위한 대책을 2가지 쓰시오. (4점)

(1) _____
(2) _____

18 강구조공사에서 습식 내화피복 공법의 종류를 4가지 쓰시오. (4점)

(1) _____
(2) _____
(3) _____
(4) _____

19 인장철근만 배근된 철근콘크리트 직사각형 단순보에 하중이 작용하여 순간처짐이 5mm 발생하였다. 5년 이상 지속하중이 작용할 경우 총처짐량(순간처짐+장기처짐)을 구하시오. (단, 장기처짐계수 $\lambda_\Delta = \dfrac{\xi}{1+50\rho}$ 을 적용하며 시간경과계수는 2.0으로 한다.) (4점)

_____
_____

20 강재의 종류 중 SM355에서 SM의 의미와 355가 의미하는 바를 각각 쓰시오. (4점)

(1) SM : _____
(2) 355 : _____

21 그림과 같은 원형 단면에서 너비 b, 높이 $h=2b$의 직사각형 단면을 얻기 위한 단면계수 Z를 지름 D의 함수로 표현하시오. (지름이 D인 원에 내접하는 밑변이 b이고 $h=2b$) (4점)

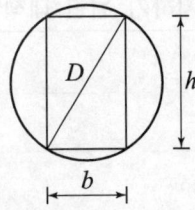

22 다음 물음에 대해 답하시오. (6점)

(1) 큰보(Girder)와 작은보(Beam)를 간단히 설명하시오.
  ① 큰보(Girder) : _____
  ② 작은보(Beam) : _____

(2) 다음 그림의 ( ) 안을 큰보와 작은보 중에서 선택하여 채우시오.

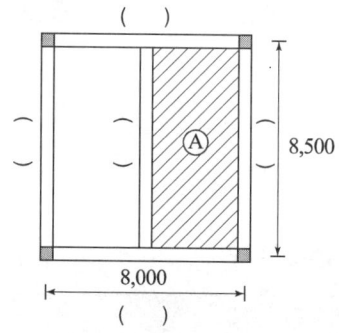

(3) 위 그림의 빗금친 A부분의 변장비를 계산하고 1방향 슬래브인지 2방향 슬래브인지에 대해 동그라미를 치시오. (단, 기둥 500×500, 큰보 500×600, 작은 500×550이고, 변장비를 구할 때 기둥 중심치수를 적용한다.)

_____

23 다음이 설명하는 구조의 명칭을 쓰시오. (3점)

| 건축물의 기초 부분 등에 적층고무 또는 미끄럼받이 등을 넣어서 지진에 대한 건축물의 흔들림을 감소시키는 구조 |

_____
_____

24 인장지배 단면의 정의에 대해 기술하시오. (3점)

_____
_____

25 다음의 내용을 읽고 ( ) 안에 적절한 단어나 수치를 써 넣으시오. (4점)

> 조적조의 기초는 일반적으로 (①)로 한다. 내력벽의 최소 두께는 (②)mm 이상이어야 하고, 대린벽으로 구획된 내력벽의 길이는 (③)m 이하이어야 하며, 한 층에서 내력벽으로 둘러싸인 바닥면적은 (④)m² 이하이어야 한다.

26 다음 데이터를 이용하여 물음에 답하시오. (10점)

작업명	선행작업	작업일수	비용구배(원)	비고
A	없음	5	10,000	(1) 결합점에서의 일정은 다음과 같이 표시하고, 주공정선은 굵은선으로 표시한다.
B	없음	8	15,000	
C	없음	15	9,000	
D	A	3	공기단축불가	
E	A	6	25,000	
F	B, D	7	30,000	(2) 공기단축은 Activity I에서 2일, Activity H에서 3일, Activity C에서 5일
G	B, D	9	21,000	
H	C, E	10	8,500	
I	H, F	4	9,500	
J	G	3	공기단축불가	(3) 표준공기 시 총공사비는 1,000,000원이다.
K	I, J	2	공기단축불가	

(1) 표준(Normal) Network를 작성하시오.
(2) 공기를 10일 단축한 Network를 작성하시오.
(3) 공기단축된 총공사비를 산출하시오.

2021년 3회 해설 및 정답

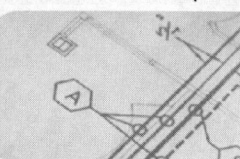

01 (1) 수세식 보링(Wash Boring)
  비교적 연약한 토사에 수압을 이용하여 탐사하는 방식이며, 깊이 30cm 정도의 연질층에 사용하며, 외경 50~60mm관을 이용하여 천공하면서 흙과 물을 동시에 배출시키는 방법
  (2) 회전식 보링(Rotary Boring)
  지층 변화를 연속적으로 정확히 알고자 할 때 사용하는 방식이며, 충격날을 회전시켜 천공하므로 토층이 흐트러질 우려가 적은 방법

02 강관의 구속효과에 의해 충전콘크리트의 내력상승과 충전콘크리트에 의한 강관의 국부좌굴 보강효과에 의해 뛰어난 변형저항 능력을 발휘하는 구조

03 지역 제한경쟁입찰

04 (1) 이음(Connection) : 목재의 두 부재를 부재의 길이 방향으로 길게 접합하는 것이다.
  (2) 맞춤(Joint) : 목재의 두 부재를 서로 경사 또는 직각 방향으로 접합하는 것이다.

05 (1) 지면에서 0.5~1.0m 공사에 지장이 없는 곳에 설치
  (2) 이동의 염려가 없는 곳에 설치하며, 필요에 따라 보조기준점을 1~2개소 설치

06 (1) 정의 : Rod 선단에 설치한 저항체를 땅속에 삽입하여서 관입, 회전, 인발 등의 저항으로 토층의 성상을 탐사하는 방법
  (2) 종류 : ① 베인시험
         ② 표준관입시험

07 사운딩시험은 로드에 붙인 저항체를 지중에 넣고 관입, 회전, 인발 등의 저항으로부터 토층의 성상을 탐사하는 방법이다.

08 (1) 소요 콘크리트량 : $0.15 \times 6 \times 100 = 90\,m^3$
  (2) 6m³ 레미콘 차량대수 : $\frac{90}{6} = 15$
  (3) 배차 간격 : $\frac{8 \times 60}{15} = 32분$

09 Sheet Pile 등의 흙막이 벽의 좌측과 우측의 토압의 차에 의해 흙막이벽 밑으로 흙이 미끄러져 들어오는 현상

10 엔드탭(End Tab)

11 구체방수, 콘크리트구체방수 또는 수밀콘크리트
  (주) 콘크리트에 방수제를 혼입하여 방수효과를 갖는 것은 방수공사가 아닌 콘크리트공사에 해당되며, 이러한 방법은 구체방수 또는 수밀콘크리트(KCS 14 20 30, KS F 4926)라 할 수 있다.

12 (1) 가압주입법
  (2) 침지법
  (3) 방부제칠
  (4) 표면탄화법

13 (1) 백화현상의 정의
  시멘트 중의 수산화칼슘이 공기 중의 탄산가스와 반응하여 벽체의 표면에 생기는 흰 결정체
  (2) 방지 대책
    ① 흡수율이 작은 소성이 잘된 벽돌 사용
    ② 처마 또는 차양의 설치로 빗물 차단

14 (1) 팽창도 : $\frac{255.78 - 254}{254} \times 100 = 0.70\%$
  (2) 판정 : $0.70\% \leq 0.80\%$ 이므로 합격

15 (1) 방진망(수직보호망)
  (2) 세륜, 세차시설
  (3) 공사장 살수시설

16 (1) 보호누름이 필요하다.
  (2) 결함부의 발견이 어렵다.

17 (1) 반응성 골재의 사용금지
  (2) 저알칼리시멘트 사용
  (3) 콘크리트 1m³당 총알칼리량 저감
  (4) 방수성 마감
  (5) 혼화제를 사용하여 수분의 이동 감소

18 (1) 타설 공법   (2) 조적 공법
  (3) 미장 공법   (4) 뿜칠 공법

19 (1) $\lambda_\Delta = \dfrac{2.0}{1+50(0)} = 2$

(2) 장기처짐＝탄성처짐×λ_Δ＝5×2＝10mm

(3) 총처짐＝5＋10＝15mm

20 (1) SM : 용접구조용 압연강재

(2) 355 : 항복강도 355 MPa

21 (1) 직각삼각형에서 피타고라스의 정리

$D^2 = b^2 + h^2 = b^2 + (2b)^2 = 5b^2$

$\therefore b = \dfrac{\sqrt{5}}{5}D$

(2) 직각삼각형의 단면계수

$Z = \dfrac{bh^2}{6} = \dfrac{b(2b)^2}{6} = \dfrac{2}{3}b^3$

$= \dfrac{2}{3}\left(\dfrac{\sqrt{5}}{5}D\right)^3 = 2\dfrac{\sqrt{5}}{75}D^3 = 0.06D^3$

22 (1) ① 큰보(Girder) : 기둥과 기둥 사이의 보
② 작은보(Beam) : 큰보와 큰보 사이의 보

(2)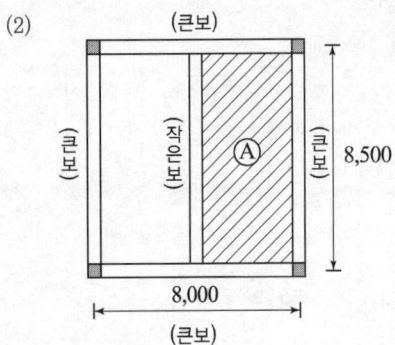

(3) $A = \dfrac{8,500}{4,000} = 2.125 > 2$

1방향 슬래브

23 면진구조

24 인장지배 단면은 압축콘크리트의 변형률(ε_c)이 가정된 극한변형률 ε_{cu}인 0.0033에 도달할 때 ($\varepsilon_c = \varepsilon_{cu} = 0.0033$), 최 외단 인장철근의 순인장변형률($\varepsilon_t$)가 인장지배 변형률 한계($\varepsilon_{tt} = 0.0050$) 이상 ($\varepsilon_t \geq \varepsilon_{tt} = 0.0050$)인 단면이다. 다만 철근의 항복강도 f_y가 400 MPa을 초과하는 경우에는 인장지배 변형률 한계(ε_u)를 철근 항복변형률의 2.5배 ($2.5\varepsilon_y$)로 한다.

25 ① 연속기초 또는 줄기초
② 190
③ 10
④ 80

26 (1) 표준 네트워크 공정표

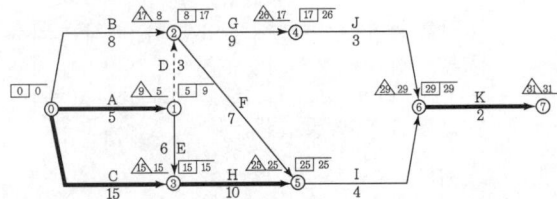

(2) 단축한 네트워크 공정표

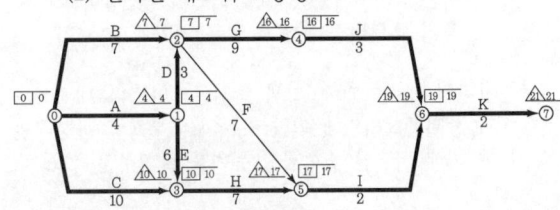

(3) 공기단축 시 총공사비 ＝ 1일 표준공사비＋10일 단축 시 추가공사비
＝1,000,000＋114,500＝1,114,500원

	단축대상	추가비용
30일	H	8,500
29일	H	8,500
28일	H	8,500
27일	C	9,000
26일	C	9,000
25일	C	9,000
24일	C	9,000
23일	I	9,500
22일	I	9,500
21일	A+B+C	34,000

2022년 1회(2022.5.7 시행)

01 수평버팀대식 흙막이에 작용하는 응력이 아래의 그림과 같을 때 (　)에 알맞은 말을 ㅣ보기ㅣ에서 골라 기호를 쓰시오. (3점)

ㅣ보기ㅣ
㉮ 수동토압　　㉯ 정지토압
㉰ 주동토압　　㉱ 버팀대의 하중
㉲ 버팀대의 반력　㉳ 지하수압

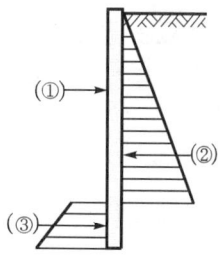

① _____　② _____　③ _____

02 철근의 응력-변형률 곡선에서 해당하는 4개의 주요 영역과 6개의 주요 포인트에 관련된 용어를 쓰시오. (5점)

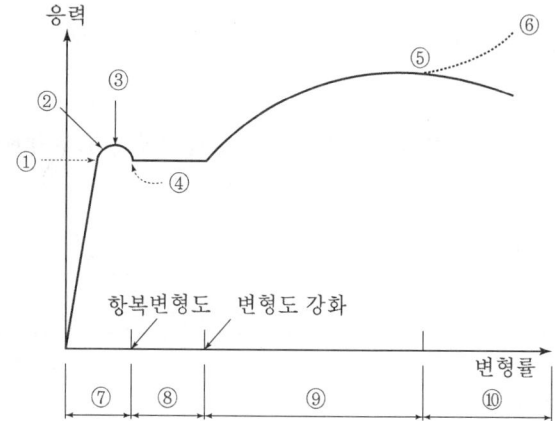

① _____　② _____
③ _____　④ _____
⑤ _____　⑥ _____
⑦ _____　⑧ _____
⑨ _____　⑩ _____

03 강재의 항복비(Yield Strength Ratio)에 대하여 설명하시오. (2점)

04 수중에 있는 골재를 채취하였을 때의 질량이 1,300g이고 표면건조포화상태의 질량은 2,000g이며, 이 시료를 완전히 건조시켰을 때의 질량은 1,992g일 때 흡수율을 구하시오. (4점)

05 현장에 도착한 굳지 않은 콘크리트의 타설 중 품질을 확인하는 시험의 종류 3가지를 나열하시오. (3점)

① _____ ② _____ ③ _____

06 지름 300mm, 길이 500mm의 콘크리트 시험체의 할렬 인장강도시험에서 최대하중이 100kN으로 나타나면 이 시험체의 인장강도를 구하시오. (3점)

07 콘크리트의 크리프(Creep) 현상에 대하여 쓰시오. (3점)

08 다음 그림과 같은 철근콘크리트 구조물에서 벽체와 기둥의 거푸집면적을 각각 산출하시오. (6점)

- 구조물 : 5 m × 8 m (외곽선 기준 평면 크기), 높이 3 m, 기둥과 벽체는 모두 철근콘크리트로 구성됨.
- 기둥 사이즈 : 400 mm × 400 mm
- 벽체 두께 : 200 mm
- 기둥과 벽체는 콘크리트 타설작업 시 분리 타설함.

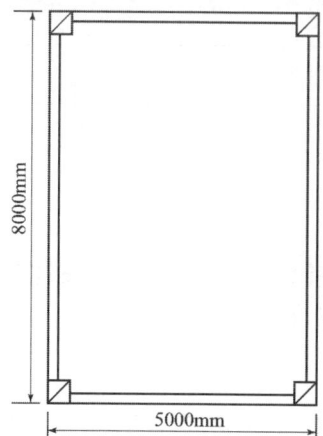

가. 벽체의 거푸집면적

나. 기둥의 거푸집면적

09 강도설계법에 의한 철근콘크리트 기둥 설계시 그림과 같은 단주의 최대 설계축하중(kN)은? (단, f_{ck} =27 MPa, f_y =400 MPa, 8-D22 단면적 3,097 mm²이다.) (3점)

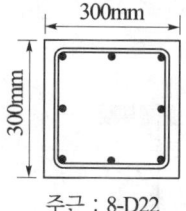

주근 : 8-D22
띠근 : D10@300

10 강구조의 공장 가공이 완료되는 단계에서 강재면에 녹막이도장을 1회하고 현장으로 운반하는데, 이때 녹막이도장을 하지 않은 부분에 대하여 4가지를 쓰시오. (4점)

① _____ ② _____
③ _____ ④ _____

11 다음 그림과 같은 강구조의 보-기둥의 모멘트 접합부 상세이다. 기호로 지적된 부분의 명칭을 적으시오. (3점)

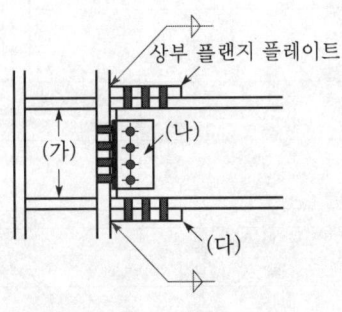

【 기둥-보의 접합부 】

(가) _____ (나) _____ (다) _____

12 기둥의 재질과 단면적 및 길이가 같은 다음 4개의 장주를 유효좌굴길이가 큰 순서대로 나열하시오. (3점)

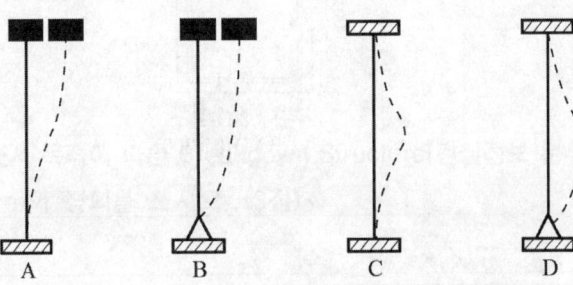

13 구조물을 안전하게 설계하고자 할 때 강도한계상태에 대한 안전을 확보해야 한다. 뿐만 아니라 사용성 한계상태를 고려하여야하는데 여기서 사용성 한계상태란 무엇인가? (2점)

14 다음 (   )에 알맞은 수치를 기재하시오. (4점)

| 보강콘크리트블록공사에서 블록 안에 들어가는 세로근의 정착길이는 철근지름의 (①)배 이상이어야 하며, 이때 철근의 피복두께는 (②)mm 이상이어야 한다. |

① _____ ② _____

15 벽면적 20m²에 표준형 벽돌 1.5B로 쌓을 때 붉은벽돌의 소요량을 산출하시오. (3점)

16 다음 표에 제시된 창호 재료의 종류 및 기호를 참고하여, 아래의 창호 기호 표를 완성하시오. (6점)

기호	재료종류
A	알루미늄
P	플라스틱
S	강철
W	목재

영문기호	창호구별
D	문
W	창
S	셔터

구분	창	문
강철재	③	④
목재	①	②
알루미늄재	⑤	⑥

17 'LCC(Life Cycle Cost)'에 대해 간단히 설명하시오. (3점)

18 다음은 입찰에 관한 종류이다. 간단히 설명하시오. (3점)
  (1) 지명경쟁입찰 :
  (2) 특명입찰 :
  (3) 공개경쟁입찰 :

19 VE(Value Engineering) 개념에서 V=F/C식의 각 기호를 설명하시오. (3점)
  ①
  ②
  ③

20 공사내용의 분류방법에서 목적에 따른 Breakdown Structure(건설정보 분류체계)에서 WBS(Work Breakdown Structure)의 정의를 쓰시오. (3점)

21
다음이 설명하는 용어를 쓰시오. (4점)

① 보나 트러스 등에서 그의 정상적 위치 또는 형상으로부터 상향으로 구부려 올리는 것이나 구부려 올린 크기
② 거푸집의 일부로 소정의 형상과 치수의 콘크리트가 되도록 고정 또는 지지하기 위한 지주

① _____
② _____

22
작업발판 일체형 거푸집의 종류를 3가지 쓰시오. (3점)

① _____
② _____
③ _____

23
조적공사의 인방보와 관련된 건축공사표준시방서 규정과 관련하여 다음 ( )을 채우시오. (3점)

> 인방보의 양 끝을 벽체의 블록에 (①)mm 이상 걸치고, 또한 위에서 오는 하중을 전달할 충분한 길이로 한다. 인방보 상부의 벽은 균열이 생기지 않도록 벽과 강하게 연결되도록 철근이나 (②)로 보강연결하거나 인방보 좌우단 상향으로 (③)를 둔다.

① _____ ② _____ ③ _____

24
다음 용어를 설명하시오. (4점)

(1) 공칭강도(Nominal Strength) : _____
(2) 설계강도(Design Strength) : _____

25 그림과 같은 단순보에 모멘트하중 M이 작용할 경우 지점 A의 처짐각을 구하시오. (단, 부재의 탄성계수는 E, 단면2차 모멘트는 I 이다.) (4점)

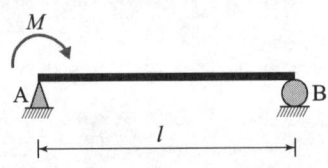

26 다음 데이터를 네트워크 공정표로 작성하고, 각 작업의 여유시간을 구하시오. (10점)

작업명	선행작업	작업일수	비 고
A	-	3	
B	-	2	
C	-	4	EST LST / LFT EFT
D	C	5	i → 작업명 작업일수 → j
E	B	2	
F	A	3	로 표기하고, 주공정선은 굵은선으로 표기하시오.
G	A, C, E	3	
H	D, F, G	4	

가. 네트워크 공정표

나. 여유시간

2022년 1회 해설 및 정답

01 ① ㉻
② ㉼
③ ㉮

02 ① 비례한계점
② 탄성한계점
③ 상항복점
④ 하항복점
⑤ 인장강도점(극한강도점)
⑥ 파괴점
⑦ 탄성영역
⑧ 소성영역
⑨ 변형률경화영역
⑩ 파괴영역(넥킹구간)

03 항복비 = $\dfrac{\text{항복강도}}{\text{최소인장강도}} = \dfrac{F_y}{F_u}$

(주) SS275의 경우 $F_y = 275$ MPa, $F_u = 410$ MPa이므로 항복비는 다음과 같다.

항복비 = $\dfrac{F_y}{F_u} = \dfrac{275}{410} = 0.67$

04 흡수율 = $\dfrac{\text{흡수량}}{\text{절건상태의 질량}} \times 100$

$= \dfrac{2,000 - 1,992}{1,992} \times 100 = 0.40\%$

05 ① 슬럼프시험
② 공기량시험
③ 단위용적질량시험
④ 염화물함유량시험

06 할렬 인장강도(f_{sp})

$f_{sp} = \dfrac{2P}{\pi l d} = \dfrac{2 \times 100,000}{\pi \times 500 \times 300} = 0.42$ MPa

07 하중의 증가 없이 시간이 경과함에 따라 콘크리트에 발생되는 소성변형

08 가. 벽체의 거푸집 면적 :
$\{(5.0 - 0.4 \times 2) + (6.0 - 0.4 \times 2)\} \times 2 \times 3 \times 2\,\text{sides}$
$= 112.8\,\text{m}^2$

나. 기둥의 거푸집 면적
$(0.4 + 0.4) \times 2 \times 3 \times 4\,\text{EA} = 19.2\,\text{m}^2$

09 단주의 최대 설계축하중
$\phi P_{n,\max} = \alpha \phi P_0$
$= \alpha \phi \{0.85 f_{ck}(A_g - A_{st}) + f_y A_{st}\}$
$= 0.80 \times 0.65 \times \{0.85 \times 27 \times$
$(300 \times 300 - 3,096) + 400 \times 3,097\}$
$= 1,681.3 \times 10^3$ N $= 1,681.3$ kN

10 ① 현장 용접부에서 100 mm 이내
② 고장력볼트 접합부 마찰면
③ 콘크리트 부착 또는 매입 부분
④ 밀착 또는 회전하는 기계깎기 마무리면
⑤ 철골 조립에 의해 맞닿는 면
⑥ 밀폐되는 내면

11 (가) 스티프너
(나) 전단 플레이트
(다) 하부 플랜지 플레이트

12 B → A → D → C

(주1) 유효좌굴길이(KL)
B(2.0L) → A(1.0L) → D(0.7L) → C(0.5L)

(주2) 유효좌굴길이계수(K)

단부 구속조건	양단 고정	1단 힌지 타단 고정	양단 힌지	1단 회전구속 이동자유, 타단 고정	1단 회전 자유 이동자유, 타단 고정	1단 회전구속, 이동자유, 타단 힌지
좌굴형태						
이론적인 K값	0.50	0.70	1.0	1.0	2.0	2.0
권장하는 설계 K값	0.65	0.80	1.0	1.2	2.1	2.4
절점 조건 범례	회전구속, 이동구속 : 고정단 회전자유, 이동구속 : 힌지 회전구속, 이동자유 : 큰 보강성과 작은 기둥강성인 라멘 회전자유, 이동자유 : 자유단					

13 사용성 한계상태는 구조물의 외형, 유지 및 관리, 내구성, 사용자의 안락감 또는 기계류의 정상적인 기능 등을 유지하기 위한 구조물의 능력에 영향을 미치는 한계상태이다.

14 ① 40   ② 20

15 붉은벽돌의 소요량
20×224×1.03=4,163.4 → 4,165매

16

구분	창	문
강철재	③SW	④SD
목재	①WW	②WD
알루미늄재	⑤AW	⑥AD

17 건축물의 기획, 설계, 시공에서부터 완공된 후의 유지관리 및 해체까지 이어지는 일련의 과정을 건물의 생애(수명)라 한다. 이러한 건물의 생애기간 동안 소요되는 초기투자비 및 유지관리비 등의 총비용이다.

18 (1) **지명경쟁입찰** : 해당 공사에 적격이라고 인정되는 수 개의 도급업자를 정하여 입찰시키는 방법이다.
(2) **특명입찰** : 해당 공사에 가장 적격한 단일 도급업자를 지명하여 입찰시키는 방법이다.
(3) **공개경쟁입찰** : 입찰 참가자를 공모하여 모두 참가할 수 있는 기회를 준다. 그러나 부적격업자에게 낙찰될 우려가 있다.

19 ① V : 가치(Value)
② F : 기능(Function)
③ C : 비용(Cost)

20 WBS는 작업분류체계를 말하며, 건설분야에서 발생되는 모든 공사내용을 작업의 공종에 따라 분류한 것이다.

21 ① 캠버(솟음)
② 동바리

22 ① 갱폼
② 클라이밍폼
③ 슬라이딩폼

23 ① 200
② 블록 메시
③ 컨트롤조인트

24 (1) **공칭강도(Nominal Strength)** : 공식과 재료강도 및 부재치수를 사용하여 계산된 구조물, 부재 또는 단면의 저항능력을 말하며, 강도감소계수 또는 저항계수를 적용하지 않은 강도이다.

(2) **설계강도(Design Strength)** : 구조물, 부재 또는 단면의 공칭강도에 강도감소계수 또는 저항계수를 곱한 구조물, 부재 또는 단면의 강도이다.

25 (1) 실제 보의 BMD(휨모멘트도)

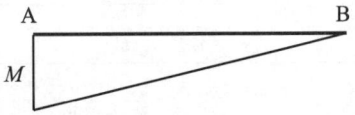

(2) $\dfrac{M}{EI}$을 하중으로 재하

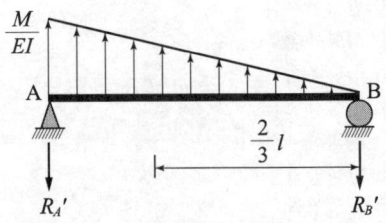

(3) 처짐각 θ_A, θ_B의 산정
(θ_A는 공액보에서 점 A의 전단력)

$R_A' = \dfrac{1}{2} \times \left(\dfrac{M}{EI}\right) \times l \times \dfrac{2}{3} = \dfrac{Ml}{3EI}$ (↓)

∴ $\theta_A = V_A' = -\dfrac{Ml}{3EI}$ (시계방향)

26 가. 네트워크 공정표

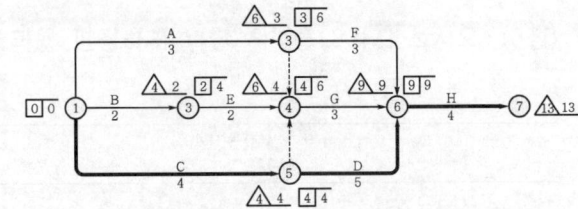

나. 여유시간

작업명	D	EST	EFT	LST	LFT	TF	FF	DF	CP
A	3	0	3	3	6	6-3=3	3-3=0	3	
B	2	0	2	2	4	4-2=2	2-2=0	2	
C	4	0	4	0	4	4-4=0	4-4=0	0	*
D	5	4	9	4	9	9-9=0	9-9=0	0	*
E	2	2	4	6	6	6-4=2	4-4=0	2	
F	3	3	6	6	9	9-6=3	9-6=3	0	
G	3	4	7	6	9	9-7=2	9-7=2	0	
H	4	9	13	9	13	13-13=0	13-13=0	0	*

2022년 2회(2022.7.24 시행)

01 기준점(Bench Mark)의 정의 및 설치시 주의사항을 3가지만 쓰시오. (5점)

가. 정의 : _____

나. 주의사항

① _____

② _____

③ _____

02 점토의 흐트러뜨리지 않은 공시체의 밀도시험과 함수비시험을 행한 결과 다음 표와 같은 시험결과를 얻었다. 이 결과를 근거로 함수비, 간극비, 포화도를 쓰시오. (3점)

시험의 종류	시험결과
토립자 밀도	• 토립자의 체적 : $11.06cm^3$
함수비	• 흙과 용기의 질량 : 92.58g • 건조한 흙과 용기의 질량 : 78.95g • 용기의 질량 : 49.32g
습윤밀도	• 흙의 체적 : $26.22cm^3$

① 함수비 : _____

② 간극비 : _____

③ 포화도 : _____

03 흙의 성질 중 예민비의 식과 용어를 기재하시오. (4점)

(1) 식 : _____

(2) 설명 : _____

04 흙막이공사에서 역타설 공법(Top Down Method)의 장점을 3가지 쓰시오. (3점)

① _____
② _____
③ _____

05 흐트러진 상태의 흙 30m³를 이용하여 30m²의 면적에 다짐상태로 60cm 두께를 터돋우기 할 때 시공 완료된 다음의 흐트러진 상태로 토량을 산출하시오. (단, 이 흙의 $L=1.2$이고, $C=0.9$이다.) (4점)

_____
_____

06 지반개량 공법 중 약액주입법 시공 후 주입효과를 판정하기 위한 시험을 3가지 쓰시오. (3점)

① _____
② _____
③ _____

07 철근콘크리트공사를 하면서 철근 간격을 일정하게 유지하는 이유를 3가지 쓰시오. (3점)

① _____
② _____
③ _____

08 다음 콘크리트공사용 거푸집에 대하여 설명하시오. (4점)

　가. 슬라이딩폼(Sliding Form)
　_____

　나. 와플폼(Waffle Form)
　_____

09 다음 용어에 대해 기술하시오. (3점)

　① 골재의 흡수량 : _____
　② 골재의 함수량 : _____

10 철콘크리트의 소성수축균열(Plastic shrinkage crack)에 관하여 설명하시오. (3점)
_____
_____

11 철근콘크리트구조 압축부재의 철근량 제한에 관한 내용이다. 다음 (　) 안에 적절한 수치를 기입하시오. (3점)

> 비합성 압축부재의 축방향 주철근 단면적은 전체 단면적 A_g의 (　①　)배 이상, (　②　)배 이하로 하여야 한다. 축방향 주철근이 겹침이음되는 경우의 철근비는 (　③　)를 초과하지 않도록 하여야 한다.

　①　_____　②　_____　③　_____

12 큰 처짐에 의하여 손상되기 쉬운 칸막이벽이나 기타 구조물을 지지 또는 부착하지 않은 부재의 경우 다음 표에서 정한 최소두께를 적용하여야 한다. 표의 ( ) 안에 알맞은 내용을 써 넣으시오. (단, 표의 값은 보통중량콘크리트와 설계기준항복강도 400MPa 철근을 사용한 부재에 대한 값임) (3점)

【처짐을 계산하지 않는 경우의 보 또는 1방향 슬래브의 최소두께】

부재	최소두께, h (l : 경간)
• 단순지지 된 1방향 슬래브	$\dfrac{l}{(\text{①})}$
• 1단 연속된 보	$\dfrac{l}{(\text{②})}$
• 양단 연속된 리브가 있는 1방향 슬래브	$\dfrac{l}{(\text{③})}$

① _____   ② _____   ③ _____

13 철근콘크리트 보의 춤이 700mm이고, 부모멘트를 받는 상부단면에 HD25 철근(공칭지름 25.4mm)이 배근되어 있을 때, 철근의 인장 정착길이를 구하시오. (단, f_{ck} = 27MPa, f_y = 400MPa이며, 철근의 순간격과 피복두께는 철근지름 이상임, 상부철근 보정계수는 1.3 적용, 도막되지 않은 철근, 보통중량 콘크리트 사용) (3점)

14 강구조 부재의 접합에 사용되는 고장력볼트 중 볼트의 장력관리를 손쉽게 하기 위한 목적으로 개발된 것으로 본조임 시 전용조임기를 사용하여 볼트의 핀테일이 파단될 때까지 조임 시공하는 볼트의 명칭을 쓰시오. (3점)

15 다음의 고장력볼트의 조임방법 중 너트회전법에 대한 그림을 보고, 합격 또는 불합격 여부를 판정하고 불합격은 그 이유를 간단히 쓰시오. (6점)

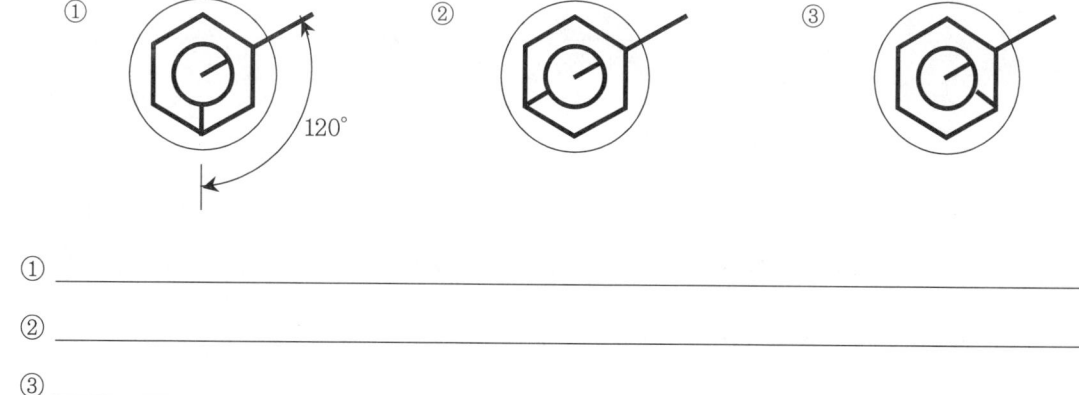

① _____
② _____
③ _____

16 강구조공사 용접결함 중 슬래그 감싸들기의 원인 및 대책 2가지를 쓰시오. (3점)

가. 원인
① _____ ② _____

나. 대책
① _____ ② _____

17 다음 용어를 설명하시오. (6점)

① 스칼럽(Scallop) : _____

② 엔드탭(End Tab) : _____

18 강재 밀시트(Mill Sheet)에서 확인할 수 있는 사항 1가지를 쓰시오. (2점)

_____

19 H-250×175×7×11 (SM355)의 단면적 $A_g = 5,624\text{mm}^2$일 때 한계상태설계법에 의한 접합부재의 총단면의 인장항복에 대한 설계인장강도를 산정하시오. (단, 강도감소계수 $\phi = 0.90$을 적용한다.) (3점)

20 조적공사 시 기준이 되는 세로규준틀의 설치위치 1개소와 표시하는 사항 2가지를 쓰시오. (4점)

가. 세로규준틀의 설치위치 : _____

나. 세로규준틀의 기입사항

① _____
② _____

21 목재의 건조방법 중 천연건조의 장점을 2가지만 쓰시오. (4점)

① _____
② _____

22 바닥강화재(Hardner)는 시멘트계 바닥 바탕의 내마모성, 내화학성 및 분진방지성을 증진시켜 주는 역할을 한다. 바닥강화재 중 침투식액상 바닥강화재의 시공 시 주의사항을 2가지 적으시오. (4점)

① _____
② _____

23 다음 용어를 설명하시오. (6점)

(가) 복층유리 : _____

(나) 배강도유리 : _____

24 그림과 같은 구조물에서 T부재에 발생하는 부재력을 구하시오. (단, 인장은 +, 압축은 −로 표시한다.) (3점)

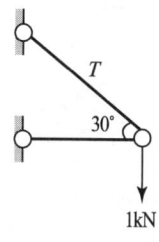

25 다음과 그림과 같은 부정정 라멘구조의 휨모멘트도(BMD)를 그리시오. (4점)

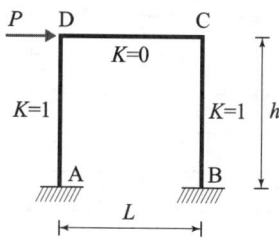

26. 다음 네트워크 공정표를 완성하고 아래 표의 일정계산, 여유시간 및 주공정선(CP)과 관련된 빈칸을 모두 채우시오. (단, CP에 해당하는 작업은 ※로 표시 하시오.) (10점)

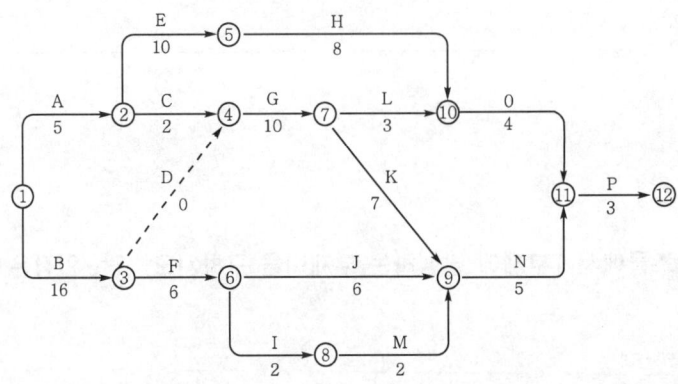

가. 네트워크 공정표

나. 일정계산, 여유시간 및 주공정선(CP)

작업명	EST	EFT	LST	LFT	TF	FF	DF	CP
A	0	5	9	14	9	0	9	
B	0	16	0	16	0	0	0	※
C	5	7	14	16	9	9	0	
D	16	16	16	16	0	0	0	※
E	5	15	16	26	11	0	11	
F	16	22	21	27	5	0	5	
G	16	26	16	26	0	0	0	※
H	15	23	26	34	11	6	5	
I	22	24	29	31	7	0	7	
J	22	28	27	33	5	5	0	
K	26	33	26	33	0	0	0	※
L	26	29	31	34	5	0	5	
M	24	26	31	33	7	7	0	
N	33	38	33	38	0	0	0	※
O	29	33	34	38	5	5	0	
P	38	41	38	41	0	0	0	※

2022년 2회 해설 및 정답

01 가. 정의
    건축공사 중 건축물의 고저에 기준이 되도록 건축물 인근에 높이의 기준을 설치하는 표시물
  나. 주의사항
    ① 이동의 염려가 없는 곳에 설치한다.
    ② 현장 어디서나 바라보기 좋고 공사에 지장이 없는 곳에 설치한다.
    ③ 최소 2개소 이상, 여러 곳에 설치한다.
    ④ 지면(GL)에서 0.5~1m 위치에 설치한다.

02 물 1g=1cm³이다. 즉, 물의 부피와 물의 질량은 같은 값이다.
  ① 함수비 = $\dfrac{\text{물의 질량}}{\text{흙입자의 질량}} \times 100 = \dfrac{M_W}{M_S} \times 100$
  $= \dfrac{(92.58-78.95)}{(78.95-49.32)} \times 100 = 46.0\%$
  ② 간극비 = $\dfrac{\text{간극의 부피}}{\text{흙입자의 부피}} = \dfrac{V_V}{V_S}$
  $= \dfrac{(26.22-11.06)}{11.06} = 1.37$
  ③ 포화도 = $\dfrac{\text{물의 부피}}{\text{간극부분의 부피}} \times 100 = \dfrac{V_W}{V_V} \times 100$
  $= \dfrac{(92.58-78.95)}{(26.22-11.06)} \times 100 = 89.91\%$

03 (1) 식
  예민비 = $\dfrac{\text{자연시료의 강도}}{\text{이긴시료의 강도}}$
  (2) 설명
  흙의 이김에 의해서 약해지는 정도를 표시하는 것으로 이긴시료의 강도에 대한 자연시료의 강도의 비이다.

04 ① 지상, 지하 동시 작업으로 공기단축
  ② 전천후 시공 가능
  ③ 1층 슬래브를 선시공함으로써 작업공간 활용 가능
  ④ 인접건물에 악영향이 적음
  ⑤ 굴착소음방지 및 분진방지
  ⑥ 흙막이의 우수한 안정성

05 ① 흐트러진 상태에서 다져진 후 토량
  $30 \times \left(\dfrac{C}{L}\right) = 30 \times \left(\dfrac{0.9}{1.2}\right) = 22.5\text{m}^3$
  ② 터돋우기 후 남는 토량
  $22.5 - (30 \times 0.6) = 4.5\text{m}^3$
  ∴ 다져진 상태에서 흐트러진 상태로 남는 토량
  $4.5 \times \left(\dfrac{L}{C}\right) = 4.5 \times \left(\dfrac{1.2}{0.9}\right) = 6.0\text{m}^3$

06 ① 현장투수시험
  ② 색소판별법
  ③ 표준관입시험

07 ① 콘크리트 타설 시의 유동성 확보
  ② 재료분리 방지
  ③ 소요강도 확보

08 가. 슬라이딩폼
    사일로, 교각, 건물의 코어부분 등 단면형상의 변화가 없는 수직으로 연속된 콘크리트 구조물에 사용되는 거푸집
  나. 와플폼
    격자천장형식을 만들 때 사용되는 거푸집

09 ① 골재의 흡수량
    표면건조포화상태의 골재 중에 포함되는 물의 양
  ② 골재의 함수량
    습윤상태의 골재가 함유하는 전수량

10 굳지 않은 콘크리트가 경화할 때 수분 증발량이 블리딩량을 초과할 경우 인장응력에 의해 콘크리트 표면에 발생하는 균열이다.

11 ① 0.01
  ② 0.08
  ③ 0.04

12 ① 20
  ② 18.5
  ③ 21

13 묻힘길이에 의한 인장 이형철근의 정착길이를 산정한다.

$l_d \geq \max(보정계수 \times l_{db},\ 300\,mm)$

여기서, $l_{db} = \dfrac{0.6 d_b f_y}{\sqrt{f_{ck}}}$

보정계수 : D22 이상의 철근으로 철근의 순간격 $\geq d_b$이고, 피복두께 $\geq d_b$이면서, l_d의 전 구간에 설계기준의 규정된 최소 철근량 이상의 스터럽 또는 띠철근이 배근된 경우의 보정계수는 $\alpha\beta\lambda$이다.

여기서, α : 철근배근 위치계수 – 상부철근으로 정착길이 또는 이음부 아래 300mm 이상 콘크리트에 묻힌 수평철근임으로 $\alpha = 1.3$

β : 에폭시 도막계수 – 도막되지 않은 철근임으로 $\beta = 1.0$

λ : 경량콘크리트계수 – 보통중량콘크리트임으로 $\lambda = 1.0$

묻힘길이에 의한 인장 이형철근의 기본정착길이 l_{db}

$l_{db} = \dfrac{0.6 d_b f_y}{\sqrt{f_{ck}}} = \dfrac{0.6 \times 25.4 \times 400}{\sqrt{27}} = 1,173\ mm$

묻힘길이에 의한 인장 이형철근의 정착길이 l_d

$l_d \geq \max(보정계수 \times l_{db},\ 300\ mm)$
$= \max(1.3 \times 1.0 \times 1.0 \times 1,173,\ 300 mm)$
$= \max(1,525,\ 300\ mm) = 1,525\ mm$

따라서 묻힘길이에 의한 인장 이형철근의 정착길이는 최소 1,525 mm이다.

14 T/S 고장력볼트 또는 토크-전단형 고장력 또는 볼트축 전단형볼트

15 ① 합격
② 불합격, 회전 과다
③ 불합격, 회전 부족

16 가. 원인
① 용접전류의 불안정
② 운봉속도의 부적당
③ 용접봉의 결함

나. 대책
① 적정전류의 공급
② 용접속도의 준수
③ 적당한 용접봉의 선택

17 ① 스캘럽(Scallop) : 강구조 부재의 용접 시, 이음이나 접합부위에서 용접선이 교차하는 것을 피하기 위하여 한쪽의 부재에 설치(모따기)한 홈이다.

② 엔드탭(End Tab) : 개선이 있는 용접의 양끝의 전체 단면을 완전한 용접으로 하기 위해 그리고 공기구멍, 크레이터 등의 용접결함이 생기기 쉬운 용접 비드의 시작과 끝 지점에 용접을 하기 위해 용접접합 하는 모재의 양단에 부착하는 보조 강판이다.

18 ① 제품의 생산정보(제품치수, 제품번호, 수량, 중량, 제강번호)
② 기계적 성질(항복강도, 인장강도)
③ 화학 성분

19 접합부재(H형강)의 총단면의 인장항복에 대한 설계인장강도 SM355($t \leq 40 mm$)의 경우, $F_y = 355\,MPa$이다.

$\phi R_n = \phi F_y A_g$
$= 0.90 \times 355 \times 5,624$
$= 1,796.9 \times 10^3\ N = 1,796.9\ kN$

20 가. 세로규준틀의 설치위치
① 건물의 모서리
② 벽의 교차부(구석)
③ 긴 벽의 중앙부

나. 세로규준틀의 기입사항
① 쌓기 단수(켜수)
② 줄눈의 위치
③ 창문틀의 위치 및 치수
④ 매입철물의 위치
⑤ 테두리보 및 인방보의 설치위치

21 ① 특별한 건조장치가 필요 없기 때문에 시설과 작업 비용이 적게 든다.
② 열에너지가 절약된다.
③ 작업이 비교적 간단하여 목재 손상이 적고 특수한 건조기술이 덜 요구된다.

22 ① 바닥강화 시공 시 외기기온이 5℃ 이하가 되면 작업을 중지한다.
② 타설된 면에 비나 눈의 피해가 없도록 보양 조치한

23 (가) 복층유리 : 건조 공기층을 사이에 두고 판유리를 이중으로 접합하여 테두리를 둘러서 밀봉한 유리이다.

(나) 배강도유리 : 판유리를 열처리하여 유리 표면에 적절한 크기의 압축응력층을 만들어 파괴강도를 증대시킨 유리이다.

24 사인법칙을 이용하여 다음과 같이 산정한다.

$$\frac{1}{\sin 30°} = \frac{T}{\sin 90°}$$

$$T = 1 \times \frac{\sin 90°}{\sin 30°} = 2 \text{ kN (인장)}$$

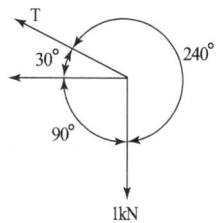

25

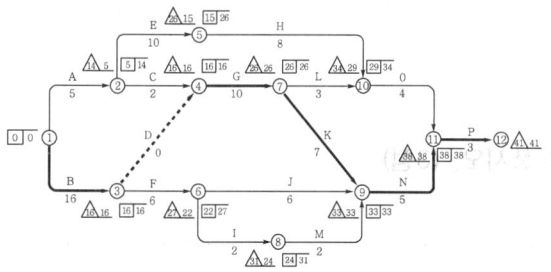

26 가. 네트워크 공정표

나. 일정계산, 여유시간 및 주공정선(CP)

Act	공기(D)	EST	EFT	LST	LFT	TF	FF	DF	CP
A	5	0	5	9	14	9	0	9	
B	16	0	16	0	16	0	0	0	※
C	2	5	7	14	16	9	9	0	
D	0	16	16	16	16	0	0	0	※
E	10	5	15	16	26	11	0	11	
F	6	16	22	21	27	5	0	5	
G	10	16	26	16	26	0	0	0	※
H	8	15	23	26	34	11	6	5	
I	2	22	24	29	31	7	0	7	
J	6	22	28	27	33	5	5	0	
K	7	26	33	26	33	0	0	0	※
L	3	26	29	31	34	5	0	5	
M	2	24	26	31	33	7	7	0	
N	5	33	38	33	38	0	0	0	※
O	4	29	33	34	38	5	5	0	
P	3	38	41	38	41	0	0	0	※

2022년 3회(2022.11.19 시행)

01 다음 설명에 해당하는 보링 방법을 쓰시오. (4점)

― 보기 ―
① 충격날을 60~70cm 정도 낙하시키고 그 낙하충격에 의해 파쇄된 토사를 퍼내어 지층상태를 판단하는 방법
② 충격날을 회전시켜 천공하므로 토층이 흐트러질 우려가 적은 방법
③ 오거를 회전시키면서 지중에 압입, 굴착하고 여러 번 오거를 인발하여 교란시료를 채취하는 방법
④ 깊이 30cm 정도의 연질층에 사용하며, 외경 50~60mm관을 이용하여 천공하면서 흙과 물을 동시에 배출시키는 방법

① _____ ② _____
③ _____ ④ _____

02 언더피닝을 해야 적용해야 하는 경우를 2가지 쓰시오. (3점)

① _____
② _____
③ _____

03 지하구조물은 지하수위에서 구조물 밑면까지의 깊이만큼 부력을 받아 건물이 부상하게 되는데, 이것에 대한 방지대책을 3가지 기술하시오. (3점)

① _____
② _____
③ _____

과년도 출제 문제

04 다음 기초에 소요되는 콘크리트량(m³), 철근(kg), 거푸집량(m²)의 정리말을 산출하시오.
(단, $D16=1.56kg/m$, $D13=0.995kg/m$이며, 이음길이는 무시한다.) (6점)

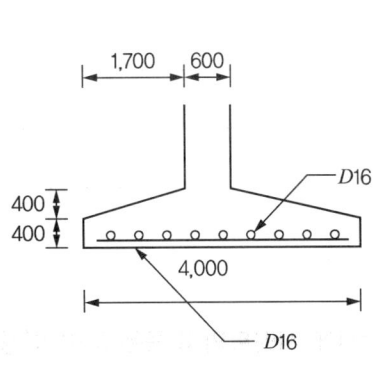

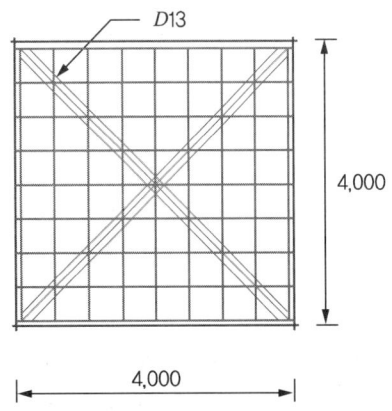

① 콘크리트량(m³) : _____

② 철근량(kg) : _____

③ 거푸집량(m²) : _____

---

05 다음에 설명된 공법의 명칭을 쓰시오. (4점)

> ① 무량판구조에서 2방향 장선 바닥판구조가 가능하도록 특수 상자 모양으로 된 기성재 거푸집
> ② 시스템거푸집으로 한 구간 콘크리트 타설 후 다음 구간으로 수평이동이 가능한 거푸집
> ③ 유닛거푸집을 설치하여 요크로 거푸집을 끌어올리면서 연속해서 콘크리트를 타설 가능한 수직활동 거푸집
> ④ 아연도금 철판을 절곡 제작하여 거푸집으로 사용하여 콘크리트 타설 후 사용 철판을 바닥하부 마감재로 사용

① _____ ② _____

③ _____ ④ _____

06 KS L 5201 규정에서 정한 포틀랜드시멘트의 종류를 5가지 쓰시오. (5점)

① _____
② _____
③ _____
④ _____
⑤ _____

07 건설공사 현장에 시멘트가 반입되었다. 특기시방서에 시멘트의 비중은 3.10 이상으로 규정되어 있다고 할 때, 르 샤틀리에 비중병을 이용하여 KS 규격에 의거 시멘트 비중을 시험한 결과에 대하여 시멘트의 비중을 구하고, 자재품질관리상 합격 여부를 판정하시오. (단, 시험결과 비중병에 광유를 채웠을 때의 최소눈금은 0.5cc, 실험에 사용한 시멘트량은 100g, 광유에 시멘트를 넣은 후의 눈금은 32.2cc이었다.) (4점)

① 시멘트의 비중 : _____

② 판정 : _____

08 시멘트 분말도시험의 종류를 2가지 쓰시오. (2점)

① _____
② _____

09 콘크리트 배합 시 잔골재를 세척해사로 사용했을 때, 콘크리트의 염화물 함량을 측정한 결과 염화물이온량이 0.3kg/m³~0.6kg/m³이었다. 이때 철근부식에 대한 방청상 유효한 조치를 3가지 쓰시오. (3점)

① _____
② _____
③ _____

10 다음에 설명에 해당하는 알맞은 줄눈(Joint)을 적으시오. (2점)

> 콘크리트 시공과정 중 휴식시간 등으로 응결하기 시작한 콘크리트에 새로운 콘크리트를 이어칠 때 일체화가 저해되어 생기게 되는 줄눈

___

11 Remicon(보통-25-24-150)의 현장도착 시 송장 표기에 대해 각각 의미하는 내용을 간단히 쓰시오. (4점)

① ___
② ___
③ ___
④ ___

12 다음 콘크리트의 균열보수법에 대하여 설명하시오. (4점)

가. 표면처리 공법 : ___

나. 주입 공법 : ___

13 강구조공사에 있어서 강구조 습식 내화피복 공법의 종류를 4가지 쓰시오. (4점)

① ___
② ___
③ ___
④ ___

14 고장력볼트접합은 3가지(마찰접합, 지압접합, 인장접합)로 구분된다. 다음 그림을 보고 해당하는 접합명을 쓰시오. (3점)

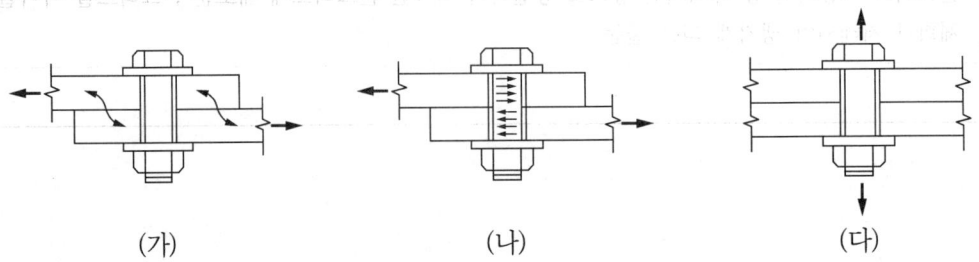

(가) : _____

(나) : _____

(다) : _____

15 강구조의 용접과정에 따른 검사순서를 쓰고, 각 검사단계의 검사항목을 |보기|에서 골라 번호를 쓰시오. (3점)

┌─────────── 보기 ───────────┐
㉮ 절단검사   ㉯ 운봉검사   ㉰ 트임새 모양
㉱ X선 및 γ선 투과검사   ㉲ 모아대기검사   ㉳ 구속법검사
㉴ 초음파검사   ㉵ 전류검사   ㉶ 침투수압검사
㉷ 자세의 적부검사   ㉸ 용접봉검사

① _____ : _____

② _____ : _____

③ _____ : _____

16 다음 용어를 설명하시오. (4점)

① 스칼럽(Scallop) : _____

② 뒷댐재(Back Strip) : _____

17 강구조공사에서 열간압연강재에서 발생할 수 있는 라멜러 테어링(Lameller Tearing)에 대해 간단히 설명하시오. (3점)

18 조적조를 바탕으로 하는 지상부 건축물의 외부벽면 방수 방법의 내용을 3가지 쓰시오. (3점)

① _____
② _____
③ _____

19 평지붕 외단열 시트 방수공법의 시공순서를 보기에서 골라 번호로 쓰시오. (4점)

┤ 보기 ├
① 누름콘크리트   ② PE 필름   ③ 단열재
④ 시트 방수   ⑤ 바탕콘크리트 타설

20 다음 데이터를 네트워크 공정표로 작성하고, 각 작업의 여유시간을 구하시오. (10점)

작업명	작업일수	선행작업	비고
A	5	없음	
B	6	없음	
C	5	A, B	EST|LST △LFT\EFT
D	7	A, B	(i)─작업명→(j) 로 일정 및 작업을 표기하고, 주
E	3	B	작업일수
F	4	B	공정선은 굵은선으로 표기하시오.
G	2	C, E	
H	4	C, D, E, F	

가. 네트워크 공정표 : _____

나. 여유시간 : _____

21 그림과 같은 트러스의 부재 U_2, L_2의 부재력(kN)을 절단법으로 구하시오. (단, −는 압축력, +는 인장력으로 부호를 반드시 표시하시오.) (4점)

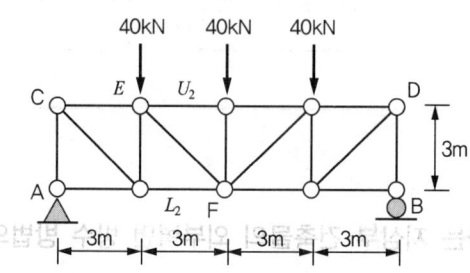

22 철근콘크리트 보가 고정하중과 활하중에 의한 휨모멘트가 M_D =150kN·m, M_L =130kN·m이고 전단력이 V_D =120kN, V_L =110kN이 작용할 경우 공칭휨강도 M_n과 공칭전단강도 V_n을 각각 산정하시오. (단, 강도감소계수는 휨에 대해 ϕ=0.85이고, 전단에 대해 ϕ=0.75이다.) (4점)

가. 공칭휨강도 M_n : _____

나. 공칭전단강도 V_n : _____

23 강도설계법에 의한 철근콘크리트 보의 전단설계에서 그림과 같은 보가 지지할 수 있는 최대 설계전단강도(kN)는 얼마인가? (단, 사용재료는 보통중량콘크리트로써 f_{ck} =24 MPa, f_{yt} =400 MPa, ϕ=0.75이다.) (4점)

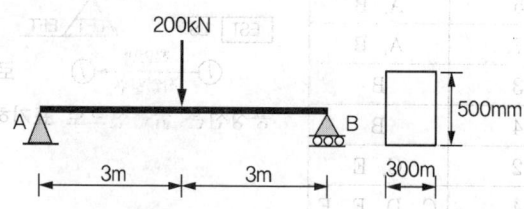

2022년 3회 해설 및 정답

01
① 충격식 보링
② 회전식 보링
③ 오거 보링
④ 수세식 보링

02
① 기존 건축물의 기초 지지력이 불충분하여 기초 지정을 보강할 경우
② 기초의 지지면을 더 깊은 경질지반에 기초를 옮길 경우
③ 기울어진 건축물을 바로 세울 경우
④ 인접 터파기에서 기존 건축물의 침하방지가 필요한 경우

03
① **영구배수 공법**: 구조물 하부로 침투 유입되는 지하수를 유공관의 끝 부분에 집수정을 설치하여 강제로 영구히 배수하는 방법이다.
② **사하중 공법**: 구조물 자중이 부력보다 크도록 하는 방법이다.
③ **부상방지용 영구앵커 공법**: 기초바닥 아래 암반층에 부상방지용 록앵커를 설치하여 강제적으로 저항시키는 방법이다.
④ **인장파일 공법**: 미니파일(마이크로파일)을 마찰말뚝처럼 사용하여 지반의 강성을 높여 지반보강을 통해 부력을 방지하는 방법이다.

04

구분	수량 산출근거	계
콘크리트량	$V = V_1 + V_2$ $V = (4.0 \times 4.0 \times 0.4) + \dfrac{0.4}{6} \times \{(2 \times 4.0 + 0.6) \times 4.0 + (2 \times 0.6 + 4.0) \times 0.6\}$ $= 8.901$ $\rightarrow 8.90\text{m}^3$	8.90m³
철근량	(1) 기초판 ① 가로근(D16) : 9EA×4.0=36.0m ② 세로근(D16) : 9EA×4.0=36.0m ③ 대각선근(D13) : 6EA×$\sqrt{4^2+4^2}$ =33.941m (2) 총 철근량 ① D13 : 33.941×0.995=33.77kg ② D16 : (36.0+36.0)×1.56 =112.32kg ∴ 합계 : 33.77+112.32=146.09kg	146.09kg
거푸집량	(1) 거푸집의 경사면 각도 $\theta = \tan^{-1}\left(\dfrac{0.4}{1.7}\right) = 13.2° < 30°$ $\theta < 30°$이면 경사면에 거푸집이 필요 없다. (2) 거푸집량 4.0×0.4×4sides=6.40m²	6.40m²

05
① 와플폼
② 트래블링폼
③ 슬라이딩폼
④ 데크플레이트

06
① 보통포틀랜드시멘트
② 중용열포틀랜드시멘트
③ 조강포틀랜드시멘트
④ 저열포틀랜드시멘트
⑤ 내황산염포틀랜드시멘트

07
① 시멘트의 비중
$= \dfrac{M}{V_2 - V_1} = \dfrac{100}{32.2 - 0.5} = 3.15$
② 판정 : 합격
($\because 3.15 > 3.10$)

08
① 공기투과장치에 의한 시험(비표면적시험)
② 표준체에 의한 시험

09
① 염분제거
② 염분의 고정화
③ 에폭시도막철근 사용
④ 아연도금철근 사용
⑤ 내식성 철근 사용
⑥ 콘크리트에 방청제 혼합

10 콜드조인트(Cold Joint)

11
① 보통 : 사용 골재의 종류
② 25 : 굵은골재의 최대 치수(mm)
③ 30 : 콘크리트의 호칭강도(MPa)
④ 210 : 슬럼프값(mm)

12 가. 표면처리 공법 : 미세한 균열 부위에 퍼터수지로 충전하고 균열표면에 보수재료를 씌우는 공법
  나. 주입 공법 : 균열 부위에 주입 파이프를 설치하여 보수재를 저압·저속으로 주입하는 공법

13 ① 타설 공법
  ② 조적 공법
  ③ 미장 공법
  ④ 뿜칠 공법

14 (가) 마찰접합
  (나) 지압접합
  (다) 인장접합

15 ① 용접착수 전 : ㉰, ㉫, ㉴, ㉳
  ② 용접작업 중 : ㉯, ㉵, ㉮
  ③ 용접완료 후 : ㉮, ㉱, ㉲, ㉳

16 ① 스캘럽(Scallop) : 강구조 부재의 용접 시, 이음이나 접합부위에서 용접선이 교차하는 것을 피하기 위하여 한쪽의 부재에 설치(모따기)한 홈이다.
  ② 뒷댐재(Back Strip, 뒷받침쇠) : 그루브용접을 한쪽 면으로만 실시하는 경우, 충분한 용접을 확보하고 용융금속의 용락을 방지할 목적으로 루트 뒷면에 금속판 등으로 받치는 받침쇠이다.

17 열간압연강재는 압연이 진행되는 방향의 단면과 압연 진행과 교차되는 방향의 단면이 서로 다른 기계적인 성질을 갖는다. 탄성 범위 안에서는 서로 비슷한 거동을 하는 것으로 보이나 실제로는 압연 진행 방향과 교차되는 단면의 연성능력은 진행 방향의 단면에 비해 떨어진다.

18 ① 피막도료칠(도막방수)
  ② 방수 모르타르 바름(시멘트 액체방수)
  ③ 타일, 판돌붙임(수밀재 붙임)

19 ⑤→②→③→④→①

20 가. 네트워크 공정표

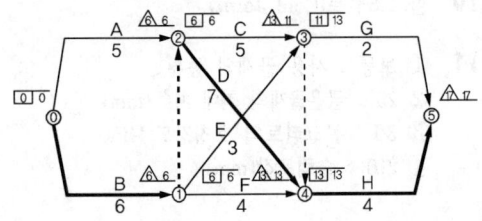

나. 여유시간

작업명	TF	FF	DF	CP
A	1	1	0	
B	0	0	0	*
C	2	0	2	
D	0	0	0	*
E	4	2	2	
F	3	3	0	
G	4	4	0	
H	0	0	0	*

21 (1) 반력 산정(힘의 평형방정식으로부터 반력 산정)
  ① $\Sigma M = 0(+;\curvearrowleft)$:
    $\Sigma M_B = R_A \times 12 - 40 \times 9 - 40 \times 6 - 40 \times 3 = 0$
    $\therefore R_A = +60.0 \text{ kN}(\uparrow)$
  ② $\Sigma Y = 0(+;\uparrow)$:
    $\Sigma Y = R_A - 40 - 40 - 40 + R_B = 0$
    $\therefore R_B = +60.0 \text{ kN}(\uparrow)$

(2) 절단법(단면법)을 이용한 부재력 산정

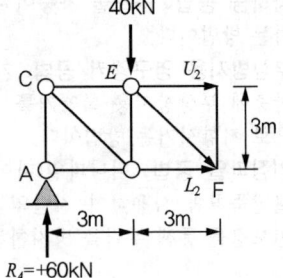

① $\Sigma M = 0(+;\curvearrowleft)$:
  $\Sigma M_F = +60 \times 6 - 40 \times 3 + U_2 \times 3 = 0$
  $\therefore U_2 = -80 \text{ kN}(압축)$
② $\Sigma M = 0(+;\curvearrowleft)$:
  $\Sigma M_E = +60 \times 3 - L_2 \times 3 = 0$
  $\therefore L_2 = +60 \text{ kN}(인장)$

22 가. 공칭휨강도 M_n
(1) 하중조합
  ① $M_u = 1.4M_D = 1.4 \times 150 = 210 \text{ kN} \cdot \text{m}$
  ② $M_u = 1.2M_D + 1.6M_L = 1.2 \times 150 + 1.6 \times 130$
    $= 388 \text{ kN} \cdot \text{m}$
  따라서 소요휨강도(계수휨모멘트)
  $M_u = 388 \text{ kN} \cdot \text{m}$ 이다.
(2) 공칭휨강도 M_n
  $M_n = \dfrac{M_u}{\phi} = \dfrac{388}{0.85} = 456.47 \text{ kN} \cdot \text{m}$

나. 공칭전단강도 V_n
  (1) 하중조합
    ① $V_u = 1.4 V_D = 1.4 \times 120 = 168$ kN
    ② $V_u = 1.2 V_D + 1.6 V_L = 1.2 \times 120 + 1.6 \times 110$
       $= 320$ kN
    따라서 소요전단강도(계수전단력)
       $V_u = 320$ kN 이다.
  (2) 공칭전단강도 V_n
    $V_n = \dfrac{V_u}{\phi} = \dfrac{320}{0.75} = 426.67$ kN·m

23 $V_d = \phi V_n = \phi(V_c + V_s)$
$\phi = 0.75$
$\lambda = 1.0$ (∵ 보통중량콘크리트)
$V_c = \dfrac{1}{6} \lambda \sqrt{f_{ck}} \, b_w d$
$\quad = \dfrac{1}{6} \times 1.0 \times \sqrt{24} \times 300 \times 600 = 146,969$ N
$V_s = \dfrac{A_v f_{yt} d}{s}$
$\quad = \dfrac{(71.3 \times 2) \times 400 \times 600}{150} = 228,160$ N
$V_d = \phi V_n = \phi(V_c + V_s)$
$\quad = 0.75 \times (146,969 + 228,160)$
$\quad = 281.35 \times 10^3$ N $= 281.35$ kN

2023년 1회(2023.4.23 시행)

01 강구조공사를 시공할 때 베이스플레이트(Base Plate)의 시공 시에 사용되는 충전재의 명칭을 쓰시오. (4점)

_____

02 레디믹스트콘크리트(Ready Mixed Concrete)가 현장에 도착했을 때 검사 사항을 4가지 쓰시오. (4점)

① _____ ② _____
③ _____ ④ _____

03 이어치기 시간이란 1층에서 콘크리트 타설, 비비기부터 시작해서 2층에 콘크리트를 마감하는 데까지 소요되는 시간이다. 계속 타설 중의 이어치기 시간간격의 한도는 외기온도가 25℃ 미만일 때는 (①)분, 25℃ 이상에서는 (②)분으로 한다. (4점)

① _____ ② _____

04 철근콘크리트 대칭 T형 보에서 압축을 받는 플랜지 부분의 유효너비를 결정할 때 세 가지 조건에 의하여 산출된 값 중 가장 작은 값으로 유효너비를 결정하는데, 유효너비를 결정하는 3가지 기준을 쓰시오. (3점)

① _____
② _____
③ _____

05 다음 데이터를 이용하여 표준 네트워크 공정표를 작성하고 아울러 3일 공기단축한 네트워크 공정표 및 총공사금액을 산출하시오. (10점)

Activity	Normal		Crash		비고
	Time	Cost(원)	Time	Cost(원)	
A(0→1)	3	20,000	2	26,000	표준 네트워크 공정표에서의 일정은 다음과 같이 표시하고, 주공정선은 굵은선으로 표시한다. $\boxed{EST \mid LST} \ \triangle\!\!\!\!\triangle \ {LFT \mid EFT}$ $\underset{소요일수}{\overset{작업명}{(i) \longrightarrow (j)}}$
B(0→2)	7	40,000	5	50,000	
C(1→2)	5	45,000	3	59,000	
D(1→4)	8	50,000	7	60,000	
E(2→3)	5	35,000	4	44,000	
F(2→4)	4	15,000	3	20,000	
G(3→5)	3	15,000	3	15,000	
H(4→5)	7	60,000	7	60,000	

(1) 표준 네트워크 공정표를 작성하시오. (결합점에서 EST, LST, LFT, EFT를 표시할 것)

(2) 3일 공기단축한 네트워크 공정표를 작성하시오. (결합점에서 EST, LST, LFT, EFT를 표시할 것)

(3) 3일 공기단축 시 총공사비를 산출하시오.

06 Remicon(25-30-180)은 Ready Mixed Concerte의 규격에 대한 수치이다. 이 3가지의 수치가 뜻하는 바를 간단히 쓰시오.

(1) 25 : _____

(2) 30 : _____

(3) 180 : _____

07 커튼월 공사에서 구조체의 층간변위, 커튼월의 열팽창, 변위 등을 해결하기 위한 긴결방법 3가지를 쓰시오. (3점)

① _____ ② _____ ③ _____

08 다음이 설명하는 용어를 쓰시오. (3점)

―| 보기 |―
드라이비트 건이라는 일종의 못 박기 총을 사용하여 콘크리트나 강재 등에 박는 특수 못이다. 머리가 달린 것을 H형, 나사로 된 것을 T형이라고 한다.

09 Fast Track Method에 대해 간단히 설명하시오. (3점)

10 $L-100\times100\times7$ 인장재의 순단면적(mm^2)을 구하시오. (3점)

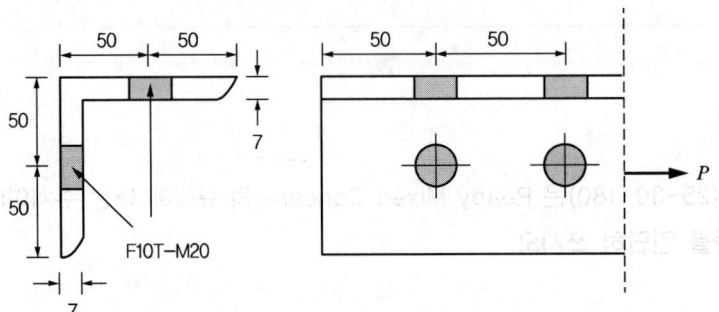

11 보링(Boring)의 정의와 종류 3가지를 쓰시오. (4점)

　(1) 정의:

　(2) 종류:

12 다음 괄호 안에 알맞은 숫자를 쓰시오. (3점)

| 보기 |
| 강도설계 또는 한계상태설계를 수행할 경우, 각 설계법에 적용하는 하중조합에서 지진하중에 대한 하중계수는 (　　) 로(으로) 한다.

___

13 지하구조물은 지하수위에서 구조물 밑면까지의 깊이만큼 부력을 받아 건물이 부상하게 되는데, 이것에 대한 방지대책을 4가지 기술하시오. (4점)

(1) _____
(2) _____
(3) _____
(4) _____

14 고강도 콘크리트의 폭렬현상에 대하여 설명하시오. (3점)

___

15 다음에서 설명하는 강구조 볼트접합의 용어를 쓰시오. (3점)

① 볼트 등의 접합재 구멍의 중심 간 간격
② 볼트 등의 접합재를 치는데 한 열의 기준이 되는 중심선
③ 볼트 중심을 연결한 선 사이의 중심간격

① _____ ② _____ ③ _____

16 LOB(Line Of Balance)에 대하여 간단히 설명하시오. (3점)

___

17 흙막이공사의 지하연속벽(Slurry Wall)공법에 사용되는 안정액의 기능을 2가지 쓰시오. (4점)

①
②

18 그림과 같은 겔버보의 A, B, C의 지점반력을 구하시오. (3점)

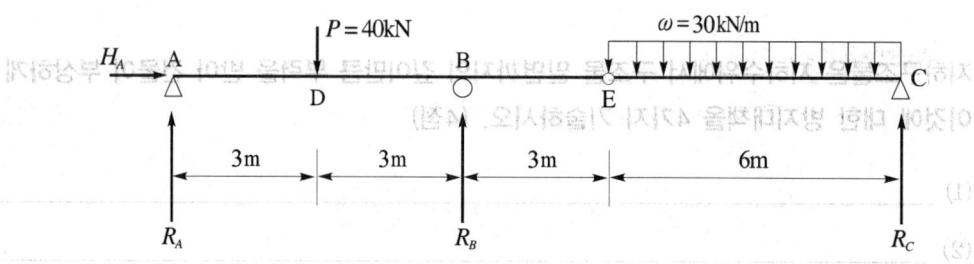

19 ALC(Autoclaved Lightweight Concrete)를 제조하기 위한 재료 2가지와 기포제조방법을 쓰시오. (3점)

(1) 재료 :
(2) 기포제조방법 :

20 자연상태의 시료를 운반하여 압축강도를 시험한 결과 8MPa이었고 그 시료를 이긴시료로 하여 압축강도를 시험한 결과는 5MPa이었다면 이 흙의 예민비는? (3점)

21 다음 그림과 같은 트러스 구조의 부정정 차수를 구하고, 안정구조인지 불안정구조인지를 판별하시오. (3점)

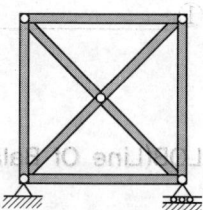

22 그림과 같은 단면의 단면2차모멘트 $I_x = 64,000 \text{cm}^4$, 단면2차반경 $i_x = \dfrac{20}{\sqrt{3}}$ cm일 때 너비 b와 높이 h를 구하시오. (4점)

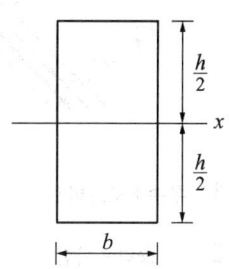

23 현장에 반입된 2급 블록의 품질시험을 위하여 압축강도를 실시한 결과 500kN, 600kN, 550kN에서 파괴되었다면 현장에 반입된 블록의 평균 압축강도를 구하고, 2급 블록 규격의 합격 및 불합격을 판정하시오. (4점) (단, 블록구멍을 공제한 중앙부의 순단면적은 46,000mm²이고, 규격은 390×190×190mm이다.)

① 평균 압축강도(f_c) : _____

② 판정 : _____

24 압밀(Consolidation)과 다짐(Compaction)의 차이점을 비교하여 설명하시오. (3점)

25 다음 조건의 철근콘크리트 부재의 부피와 중량을 구하시오. (4점)

(1) 보 : 단면 300mm×400mm, 길이 1m, 150개

① 부피 : _____

② 중량 : _____

(2) 기둥 : 단면 450mm×600mm, 길이 4m, 50개

① 부피 : _____

② 중량 : _____

26 석재공사 진행 중 석재가 깨진 경우 이것을 접착할 수 있는 대표적인 접착제를 1가지 쓰시오. (3점)

2023년 1회 해설 및 정답

01 무수축모르타르

02 ① 슬럼프시험 ② 공기량시험
③ 단위용적질량시험 ④ 염화물함유량시험

03 ① 150 ② 120

04 대칭 T형 보의 유효너비 b_e는 다음 중 가장 작은 값으로 한다.
① $16h_f + b_w$
② 양쪽 슬래브의 중심 간 거리
③ 보의 순경간의 $\frac{1}{4}$
여기서, h_f는 슬래브의 두께, b_w는 보의 너비를 의미한다.

05 (1) 표준 네트워크 공정표

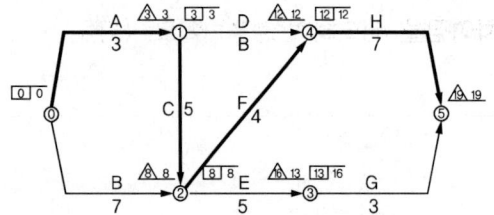

(2) 3일 공기단축한 네트워크 공정표

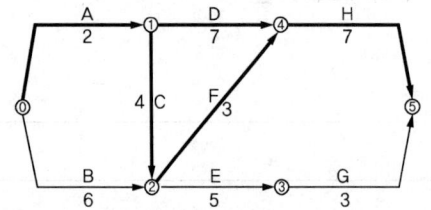

(3) 3일 공기단축 시 총공사비

단축단계	공기단축			Path				
	Act.	일수	생성 CP	단축불가 Path	A-D-H F-H (18일)	A-C-F-H E-G (19일)	A-C-E-G (16일)	B-F-H (18일)	B-E-G (15일)
1단계	F	1	D	F	18	18	16	17	15
2단계	A	1	B	A	17	17	15	17	15
3단계	B, C, D	1	–	D	16	16	14	16	14

총공사비 = 표준공사비 + 추가공사비
① 표준공사비(NC, Normal Cost) : 280,000원
② 추가공사비(EC, Extra Cost) : A+B+C+D+F 이므로

EC = 6,000 + 5,000 + 7,000 + 10,000 + 5,000 = 33,000원
③ 총공사비 : 280,000 + 33,000 = 313,000원

06 (1) 25 : 굵은골재의 최대 치수(mm)
(2) 30 : 콘크리트의 호칭강도(MPa)
(3) 180 : 슬럼프값(mm)

07 ① 슬라이드방식
② 회전방식
③ 고정방식

08 드라이브 핀(Drive Pin)

09 Fast Track Method(설계·시공병행 방식)는 건설사업의 공사시행 방식 중에서 설계가 완벽하게 완료되지 않은 상태에서 부분적으로 완성된 설계도서를 바탕으로 시공하며, 시공과정 중에 나머지 설계부분을 완성하는 방법이다.

10 1. 고장력볼트의 구멍지름(M20)
$d_h = d + 2 = 20 + 2 = 22\text{mm}$
2. 총단면적 $A_g = (200-7) \times 7 = 1,351\text{mm}^2$
3. 순단면적
$A_n = A_g - nd_h t = 1,351 - 2 \times 22 \times 7 = 1,043\text{mm}^2$

11 (1) 정의
지중에 철관을 꽂아 천공한 후 토질의 시료를 채취하여 지층의 상황을 판단하는 토질조사법이다.
(2) 종류
① 오거 보링 ② 수세식 보링
③ 충격식 보링 ④ 회전식 보링

12 1.0

13 ① 영구배수 공법: 구조물 하부로 침투 유입되는 지하수를 유공관의 끝 부분에 집수정을 설치하여 강제로 영구히 배수하는 방법이다.
② 사하중 공법: 구조물 자중이 부력보다 크도록 하는 방법이다.
③ 부상방지용 영구앵커 공법: 기초바닥 아래 암반층에 부상방지용 록앵커를 설치하여 강제적으로 저항시키는 방법이다.

④ 인장파일 공법: 미니파일(마이크로파일)을 마찰말뚝처럼 사용하여 지반의 강성을 높여 지반보강을 통해 부력을 방지하는 방법이다.

14 고강도 콘크리트에서 화재 시 급격한 고온에 의해 내부 수증기압이 발생하고, 이 수증기압이 콘크리트의 인장강도보다 크게 되면 콘크리트 부재 표면이 심한 폭음과 함께 박리 및 탈락하는 현상이다.

15 ① 피치
② 게이지라인
③ 게이지

16 초고층건축물 공사와 같은 반복적인 작업에서 각 작업조의 생산성은 유지시키면서, 그 생산성을 직선의 기울기로 작도하고 도식화하는 기법이다.

17 ① 슬라임의 부유 배제
② 굴착면의 붕괴방지
③ 지수효과
④ 굴착부의 마찰저항 감소

18 (1) 단순보와 내민보로 분리
① 단순보 : E−C
② 내민보 : A−D−B−E

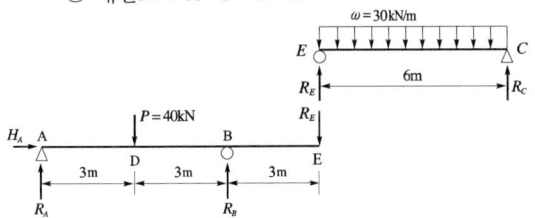

(2) 단순보의 해석(부재 EC의 전체에 등분포하중이 작용)
① $R_E = \dfrac{30 \times 6}{2} = 90$ kN
② $R_C = 90$ kN

(3) 내민보의 해석(힘의 평형방정식으로부터 반력 산정)
① $\Sigma M = 0(+;\curvearrowleft)$:
  $\Sigma M_A = 40 \times 3 - R_B \times 6 + R_E \times 9$
  $= 40 \times 3 - R_B \times 6 + 90 \times 9 = 0$
  $\therefore R_B = 155$ kN

② $\Sigma Y = 0(+;\uparrow)$:
  $\Sigma Y = R_A - 40 + R_B - R_E$
  $= R_A - 40 + 155 - 90 = 0$
  $\therefore R_A = -25$ kN

③ $\Sigma X = 0(+;\rightarrow) : \Sigma X = H_A = 0$
  $\therefore H_A = 0$ kN

19 (1) 재료
① 석회질 원료(석회, 시멘트)
② 규산질 원료(고로슬래그, 플라이애시)
③ 기포제

(2) 기포제조방법
① 발포법
② 기포법

20 예민비 $= \dfrac{\text{자연시료의 강도}}{\text{이긴시료의 강도}} = \dfrac{8}{6} = 1.60$

21 (1) 전체 부정정 차수
$N = (r + m + f) - 2j$
$= (3 + 8 + 0) - 2 \times 5 = 1$
$\therefore$ 1차 부정정

(2) 안정과 불안정
내적 안정이면서 외적 안정

22 1. 단면2차 반경 i_x
$i_x = \sqrt{\dfrac{I_x}{A}}$ 로부터 $i_x^2 = \dfrac{I_x}{A}$ 이다.

2. 단면적 A
$A = \dfrac{I_x}{i_x^2}$ 이므로 $A = \dfrac{I_x}{i_x^2} = \dfrac{640{,}000}{\left(\dfrac{20}{\sqrt{3}}\right)^2} = 4{,}800 \text{cm}^2$ 이다.

3. 높이 h
단면2차 모멘트 $I_x = \dfrac{bh^3}{12} = \dfrac{Ah^2}{12}$ 로부터
$h = \sqrt{\dfrac{12 I_x}{A}} = \sqrt{\dfrac{12 \times 640{,}000}{4{,}800}} = 40$ cm 이다.

4. 너비 b
단면적 $A = bh$ 로부터 $b = \dfrac{A}{h} = \dfrac{480}{40} = 12$ 이다.

23 압축강도는
$f_c = \dfrac{P}{A} = \dfrac{\text{최대하중}}{\text{전단면적(공동부 포함)}}$ 이고, 2급 블록은 6.0MPa 이상이므로

① 평균 압축강도
$f_c = \dfrac{\sum_{i=1}^{n} P_i}{A} \div n$
$= \left(\dfrac{500{,}000 + 600{,}000 + 550{,}000}{390 \times 190}\right) \div 3$
$= 7.42 \text{MPa}(\text{N/mm}^2)$

② 판정 : 합격($\because$ 7.42MPa > 6.0MPa)

24 ① 압밀은 점토지반에서 재하(在荷, Loading)에 의해 간극수가 제거되어 침하되는 현상이다.
② 다짐은 사질지반에서 재하(在荷, Loading)에 의해 공기가 제거되어 침하되는 현상이다.

25 (1) 보
① 부피 : $0.3\,\text{m} \times 0.4\,\text{m} \times 1.0\,\text{m} \times 150\,EA$
       $= 18.00\,\text{m}^3$
② 중량 : $18.00\,\text{m}^3 \times 2{,}400\,\text{kg/m}^3 = 43{,}200.00\,\text{kg}$

(2) 기둥
① 부피 : $0.45\,\text{m} \times 0.6\,\text{m} \times 4.0\,\text{m} \times 50\,EA = 54.00\,\text{m}^3$
② 중량 : $54.00\,\text{m}^3 \times 2{,}400\,\text{kg/m}^3 = 129{,}600.00\,\text{kg}$

26 에폭시수지 접착제(에폭시 접착제)

2023년 2회(2023.7.22 시행)

01 다음이 설명하는 낙찰제도의 명칭을 쓰시오. (4점)

(1) 입찰에서 제시한 가격과 기술능력, 공사경험, 경영상태 등 계약수행능력을 종합평가하여 낙찰자를 결정하는 제도
(2) 사회적 책임점수를 포함한 공사수행 능력점수와 입찰금액 점수를 합산하여 가장 높은 점수를 획득한 입찰자를 낙찰시키는 제도

① _____
② _____

02 다음의 [보기]에서 설명하는 구조의 명칭을 쓰시오. (2점)

┤ 보기 ├

강구조에서 H형강 또는 십자형 형강의 강재 기둥을 콘크리트 속에 매입한 후 그 주위에 철근을 배근하고 콘크리트가 타설되어 일체가 되도록 한 것으로서, 초고층 구조물 하층부의 복합구조로 많이 채택되는 구조

03 다음 표는 건축공사표준시방서 기준에 따른 거푸집널 존치기간 중의 평균기온이 10℃ 이상인 경우에 콘크리트의 압축강도 시험을 하지 않고 거푸집을 떼어 낼 수 있는 콘크리트의 재령(일)을 나타낸 표이다. 빈칸에 알맞은 숫자를 쓰시오. (4점)

【콘크리트의 압축강도를 시험하지 않을 경우 거푸집널의 해체 시기(기초, 보, 기둥 및 벽의 측면)】

시멘트의 종류 평균기온	조강포틀랜드시멘트	보통포틀랜드시멘트 고로슬래그시멘트(1종)	고로슬래그시멘트(2종) 포틀랜드포졸란시멘트(2종)
20℃ 이상	(①)일	(③)일	5일
10℃ 이상 20℃ 미만	(②)일	6일	(④)일

① _____ ② _____ ③ _____ ④ _____

04 다음 그림과 같은 온통기초에서 터파기량, 되메우기량, 잔토처리량, 흙막이면적을 산출하시오.
(단, 토량환산계수 L=1.3으로 한다.) (9점)

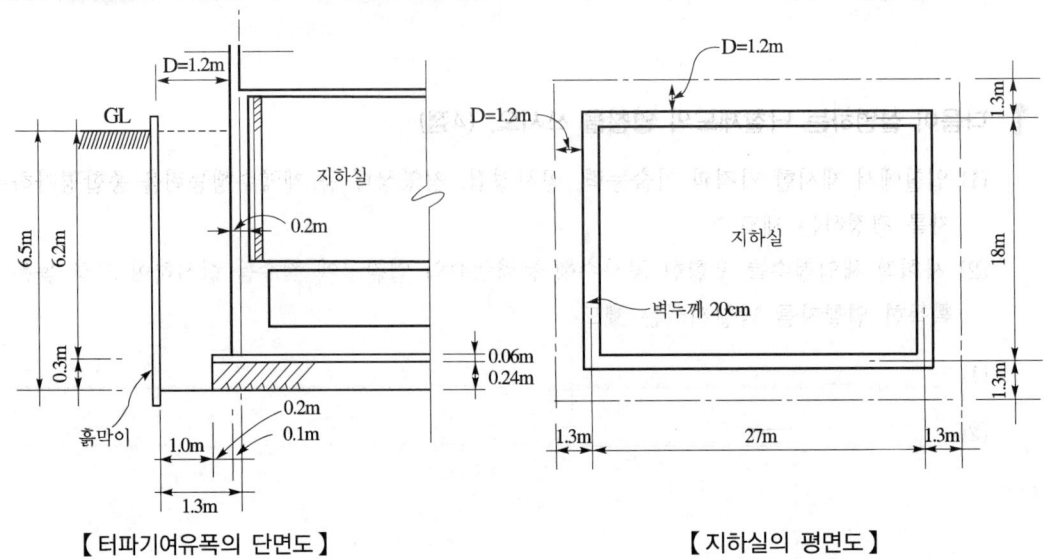

【 터파기여유폭의 단면도 】　　　　　【 지하실의 평면도 】

① 터파기량 : _____

② 되메우기량 : _____

③ 잔토처리량 : _____

④ 흙막이면적 : _____

05 기초의 부동침하는 구조적으로 문제를 일으키게 된다. 이러한 기초의 부동침하를 방지하기 위한 대책 중 기초구조물의 부동침하 방지대책 2가지를 쓰시오. (4점)

① _____

② _____

06 지하구조물은 지하수위에서 구조물 밑면까지의 깊이만큼 부력을 받아 건물이 부상하게 되는데, 이것에 대한 방지대책을 2가지 기술하시오. (2점)

① _____

② _____

07
다음 데이터를 이용하여 정상공기를 산출한 결과 지정공기보다 3일이 지연되는 결과이었다. 공기를 조정하여 3일의 공기를 단축한 네트워크 공정표를 작성하고, 아울러 총공사금액을 산출하시오. (10점)

작업명	선행 작업	비용구배 (Cost Slope) (원/일)	표준(Normal) 공기(일)	표준(Normal) 공비(원)	특급(Crash) 공기(일)	특급(Crash) 공비(원)	비고
A	없음	–	3	7,000	3	7,000	단축된 공정표에서 CP는 굵은 선으로 표기하고, 각 결합점에서는 EST LST / LFT EFT, ⓘ 작업명 작업일수 ⓘ 로 표기한다. (단, 정상공기는 답지에 표기하지 않고, 시험지 여백을 이용할 것)
B	A	1,000	5	5,000	3	7,000	
C	A	1,500	6	9,000	4	12,000	
D	A	3,000	7	6,000	4	15,000	
E	B	500	4	8,000	3	8,500	
F	B	1,000	10	15,000	6	19,000	
G	C, E	2,000	8	6,000	5	12,000	
H	D	4,000	9	10,000	7	18,000	
I	F, G, H	–	2	3,000	2	3,000	

가. 단축한 네트워크 공정표

나. 총공사금액

08
미장재료 중 기경성(氣硬性)과 수경성(水硬性) 재료를 각각 2가지씩 쓰시오. (4점)

(1) 기경성 미장재료

　① _____
　② _____

(2) 수경성 미장재료

　① _____
　② _____

09
다세대주택의 필로티구조에서 전이보(Transfer Girder)의 1층 구조와 2층 구조가 상이한 이유를 설명하시오. (4점)

10 다음 빈칸에 알맞은 용어 또는 숫자를 기입하시오. (4점)

> ┤보기├
> 설계볼트장력은 고장력볼트 설계미끄럼강도를 구하기 위한 값으로 미끄럼계수는 최소 (①) 이상으로 하고, 현장시공에서의 (②)볼트장력은 (③)볼트장력에 (④)%를 할증한 값으로 한다.

① _____ ② _____ ③ _____ ④ _____

11 기둥의 재질과 단면 크기가 모두 같은 그림과 같은 4개의 장주의 유효좌굴길이계수와 유효좌굴길이를 쓰시오. (4점)

단부 구속조건	1단 힌지, 타단 고정	1단 자유, 타단 고정	양단 고정	양단 힌지
조건	a	$\dfrac{a}{2}$	$2a$	$\dfrac{a}{2}$
유효좌굴길이계수, K값				
유효좌굴길이, KL				

12 그림과 같은 단면의 x축에 대한 단면2차 모멘트를 계산하시오. (3점)

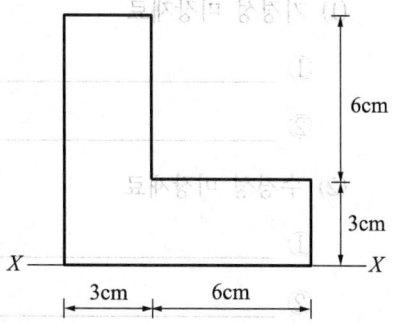

13 가설출입구 설치 시 고려사항을 3가지 작성하시오. (3점)

① _____
② _____
③ _____

14 지반조사 시 실시하는 보링(Boring)의 종류를 3가지 쓰시오. (3점)

① _____
② _____
③ _____

15 레디믹스트콘크리트 배합에 대한 내용 중 빈칸에 알맞은 용어를 쓰시오. (3점)

┤보기├

콘크리트 배합 시 레디믹스트콘크리트 배합표에 보통 골재는 (①)상태의 질량, 인공경량골재는 (②)상태의 질량을 표시한다. (③)의 경우는 혼화재를 사용할 때로 물에 대한 시멘트와 혼화재의 질량 백분율로 계산하여 고려한다.

① _____ ② _____ ③ _____

16 아래 평면의 건물높이가 13.5m일 때 비계면적을 산출하시오. (단, 도면의 단위는 mm이며, 비계 형태는 쌍줄비계로 한다.) (5점)

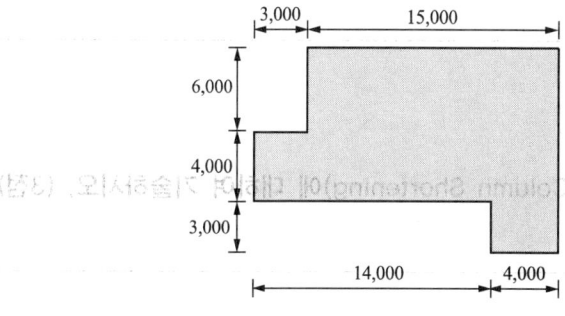

17 연약지반에서 지반개량 공법을 3가지 쓰시오. (3점)

① _____
② _____
③ _____

18 다음은 KDS(건축구조기준)에서 규정하고 있는 철근의 간격과 관련한 설명이다. 괄호를 채우시오. (3점)

> 철근과 철근의 수평 순간격은 굵은 골재 최대치수 (①)배 이상, (②)mm 이상, 이형철근 공칭지름의 (③)배 이상으로 한다.

① _____ ② _____ ③ _____

19 생콘크리트 측압에서 콘크리트 헤드(Concrete Head)에 대하여 간략하게 쓰시오. (3점)

20 다음에서 설명하는 줄눈의 명칭을 쓰시오. (2점)

> 콘크리트 경화 시 수축에 의한 균열을 방지하고 슬래브에서 발생하는 수평 움직임을 조절하기 위하여 설치한다. 벽과 슬래브, 외기에 접하는 부분 등 균열이 예상되는 위치에 약한 부분을 인위적으로 만들어 다른 부분의 균열을 억제하는 역할을 한다.

21 강구조에서 칼럼쇼트닝(Column Shortening)에 대하여 기술하시오. (3점)

22 강구조 세우기에서 주각부 현장 시공순서를 쓰시오. (4점)

> ① 기초상부 고름질　　② 가조립
> ③ 변형 바로잡기　　　④ 앵커볼트 설치
> ⑤ 강구조 세우기　　　⑥ 강구조 도장

23 강합성 데크플레이트 구조에 사용되는 시어커넥터(Shear Connector)의 역할에 대하여 설명하시오. (3점)

___

24 목공사에서 방충 및 방부처리된 목재를 사용해야 하는 경우를 2가지 쓰시오. (4점)

① _____

② _____

25 시방서와 설계도의 내용이 서로 달라서 시공상 부적당하다고 판단될 때 현장 책임자는 공사감리자와 협의하고 즉시 알려야 한다. 다음 [보기]에서 건축물의 설계도서 작성기준에서 시방서와 설계도서의 우선순위를 중요도에 따라 나열하시오. (4점)

보기
① 공사(산출)내역서　　② 공사시방서　　③ 설계도면
④ 전문시방서　　　　　⑤ 표준시방서

___

26 그림과 같은 비틀림모멘트(T)가 작용하는 원형 강관의 비틀림전단응력(τ_t)을 기호로 표현하시오. (3점)

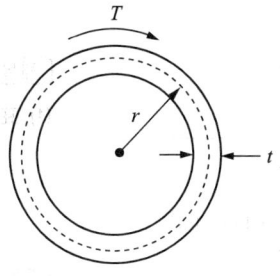

2023년 2회 해설 및 정답

01 (1) 적격심사 낙찰제 (2) 종합심사 낙찰제

02 매입형 합성기둥

03 ① 2 ② 3 ③ 4 ④ 8

04

구분	수량산출근거	계
1. 터파기량 (V)	V=(27+1.3×2)×(18+1.3×2)×6.5 =3,963.44m³	3,963.44m³
2. 되메우기량 (V−S)	(1) 되메우기량=터파기량(V)−GL 이하 기초구조부체적(S) (2) 터파기량(V)=3,963.44m³ (3) GL이하 기초구조 부체적(S)=잡석다짐량+버림콘크리트량+지하실부분 ① 잡석다짐량 ={27+(0.1+0.2)×2}×{18+(0.1+0.2)×2}×0.24 =123.206m³ ② 버림콘크리트량 ={27+(0.1+0.2)×2}×{18+(0.1+0.2)×2}×0.06 =30.802m³ ③ 지하실부분 =(27+0.1×2)×(18+0.1×2)×6.2 =3,069.248m³ ∴ GL 이하 기초구조 부체적(S)=123.206+30.802+3,069.248=3,223.256 → 3,223.26m³ (4) 되메우기량=V−S =3,963.44−3,223.26 =740.18m³	740.18m³
3. 잔토처리량 (C=1.0, L=1.3)	$=\{V-(V-S)\times\frac{1}{C}\}\times L$ =S×L=3,223.26×1.3 =4,190.238 → 4,190.24m³	4,190.24m³
4. 흙막이 면적	A={(27+1.3×2)+(18+1.3×2)}×2×6.5=652.60m²	652.60m²

05 ① 마찰말뚝을 사용할 것
② 지하실을 설치할 것
③ 경질지반에 지지할 것
④ 복합기초를 사용할 것

06 ① 영구배수 공법: 구조물 하부로 침투 유입되는 지하수를 유공관의 끝 부분에 집수정을 설치하여 강제로 영구히 배수하는 방법이다.
② 사하중 공법: 구조물 자중이 부력보다 크도록 하는 방법이다.
③ 부상방지용 영구앵커 공법: 기초바닥 아래 암반층에 부상방지용 록앵커를 설치하여 강제적으로 저항시키는 방법이다.
④ 인장파일 공법: 미니파일(마이크로파일)을 마찰말뚝처럼 사용하여 지반의 강성을 높여 지반보강을 통해 부력을 방지하는 방법이다.

07 가. 단축한 네트워크 공정표

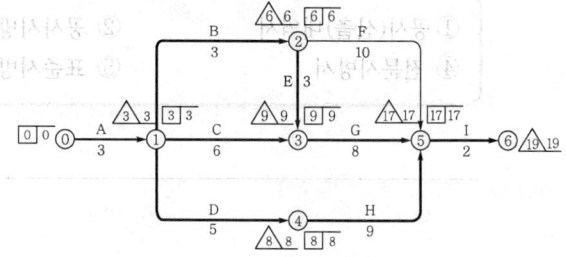

나. 총공사금액
① 표준공사비 : 69,000원
② 추가공사비 : E+2(B+D)이므로
   EC=500+2×(1,000+3,000)=8,500원
③ 총공사비=표준공사비+추가공사비 :
   69,000+8,500=77,500원

[해설]
(1) 표준 네트워크 공정표

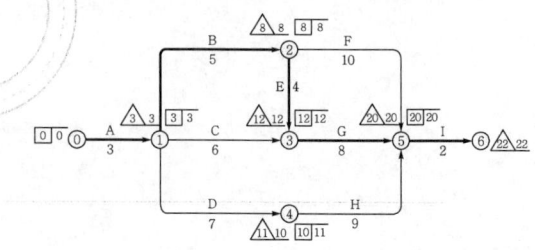

(2) 공기를 3일 단축한 네트워크 공정표 작성

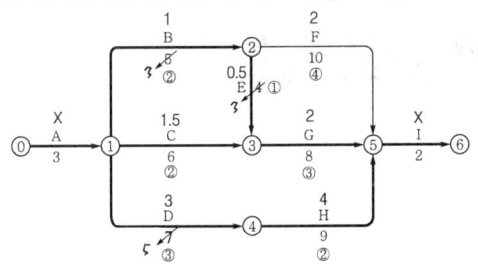

④ 아스팔트 모르타르
⑤ 마그네시아 시멘트

(2) 수경성 미장재료
① 순석고 플라스트
② 킨즈시멘트(무수석고 플라스터)
③ 시멘트 모르타르

단축단계	공기단축			Path				비고
	Act.	일수	생성 CP	단축불가 Path	A-B-F-I (20일)	A-B-E-G-I (22일)	A-C-G-I (19일)	A-D-H-I (21일)	
1단계	E	1	D, H	E	20	21	19	21	
2단계	B, D	2	C	B	18	19	19	19	(주)1

(주) 병렬단축 : 경우의 수는 다음과 같고, 비용구배(CS)가 최소인 곳에서 단축

작업명	비용구배(CS)
B+D	4,000
B+H	5,000
G+D	5,000
G+H	6,000

(3) 공기단축한 네트워크 공정표

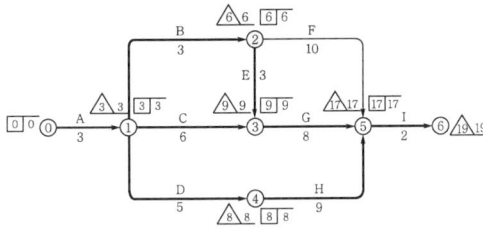

(4) 총공사금액
   총공사비 = 표준공사비 + 추가공사비
   ① 표준공사비(NC, Normal Cost) : 69,000원
      (Normal의 소요공사비 합계
      = 7,000 + 5,000 + 9,000 + 6,000 + 8,000 +
      15,000 + 6,000 + 10,000 + 3,000 = 69,000원)
   ② 추가공사비(EC, Extra Cost) : E + 2(B+D)
      이므로
      EC = 500 + 2×(1,000 + 3,000) = 8,500원
   ③ 총공사비 : 69,000 + 8,500 = 77,500원

08 (1) 기경성 미장재료
    ① 진흙질
    ② 회반죽
    ③ 돌로마이트 플라스터

09 필로티구조(상부벽식-하부골조 구조)는 상부구조의 경우 내력벽의 벽식구조이며, 하부구조의 경우 기둥과 보의 라멘구조로 이루어져 있다. 상부구조의 벽식구조에서 하부구조의 라멘구조로 구조형식이 바뀌는 층에 상부구조의 하중을 하부구조에 전달시키기 위해서 전이보(전이층)를 설치한다.

10 ① 0.5
   ② 표준
   ③ 설계
   ④ 10

11
단부 구속조건	1단 힌지, 타단 고정	1단 자유, 타단 고정	양단 고정	양단 힌지
부재길이, L	a	$\dfrac{a}{2}$	$2a$	$\dfrac{a}{2}$
유효좌굴 길이계수, K	0.7	2.0	0.5	1.0
유효좌굴 길이, KL	$0.7a$	$2.0 \times \dfrac{a}{2}$ $=1.0a$	$0.5 \times 2a$ $=1.0a$	$1.0 \times \dfrac{a}{2}$ $=0.5a$

12 $I_x = \dfrac{3 \times 9^3}{12} + (3 \times 9) \times 4.5^2 + \dfrac{6 \times 3^3}{12} + (6 \times 3) \times 1.5^2$
   $= 783.00 \text{cm}^4$

13 ① 대지 내에 진입이 용이하고 자재 야적이 유리한 위치에 설치한다.
   ② 가급적 도로에 설치되어 있는 전주, 가로등, 가로수 등에 의해 출입에 지장을 주지 않는 곳에 설치한다.
   ③ 인접도로의 차량 흐름에 영향을 주지 않는 곳에 설치한다.
   ④ 유효폭, 전면 도로폭에 의한 진입각도를 확인하여 설치한다.
   ⑤ 차량의 회전범위를 고려하여 설치한다.
   ⑥ 유효높이, 출입문 위에 설치되는 횡방향 부재 등에 의한 통행 차량의 적재 높이를 고려하여 설치한다.

14 ① 오거 보링
　　② 수세식 보링
　　③ 충격식 보링
　　④ 회전식 보링

15 ① 표면건조포화
　　② 절대건조
　　③ 물-결합재

16 쌍줄비계면적 = 비계둘레길이(L)×건물높이(h)
　　　　　　　　= {(18+13)×2+0.9×8}×13.5
　　　　　　　　= 934.20m²

17 ① 재하법
　　② 치환법
　　③ 탈수법
　　④ 다짐법
　　⑤ 응결법(주입법)
　　⑥ 동결법
　　⑦ 전기화학 고결법

18 ① 4/3
　　② 25
　　③ 1.0

19 타설된 콘크리트 윗면으로부터 최대 측압면까지의 거리

20 조절줄눈(Control Joint)

21 건축물이 초고층화되거나 대형화됨에 따라 강구조 구조물의 높이 증가와 하중의 증가로 인해 기둥에 작용하는 수직하중이 증대되어 발생되는 기둥의 수축량이다.

22 ④ → ① → ⑤ → ② → ③ → ⑥

23 합성보에서 슬래브와 강구조 보를 일체화시켜 전단력에 저항하도록 한 부재이다. 전단 연결재의 종류로는 스터드볼트, ㄷ형강, 나선철근 등이 있다.

24 ① 콘크리트, 벽돌 등의 투습성 재질의 접합부
　　② 외부에 직접 노출되는 부위
　　③ 급수, 배수관이 접하는 부위
　　④ 모르타르 등의 바탕으로 사용되는 부위
　　⑤ 지면 또는 콘크리트 바닥면으로부터 300mm 이내에 설치되는 부재

25 ②, ③, ④, ⑤, ①

26 $\tau_t = \dfrac{T}{2t \cdot A_m} = \dfrac{T}{2t \cdot \pi r^2}$

2023년 3회(2023.11.5 시행)

01 건설업의 TQC에 이용되는 도구 중 다음을 설명하시오. (4점)

① 파레토도 : _____

② 특성요인도 : _____

③ 층별 : _____

④ 산점도 : _____

02 아래 그림은 철근콘크리트조 경비실건물이다. 주어진 평면도 및 단면도를 보고 C_1, G_1, G_2, S_1에 해당하는 부분의 1층과 2층 콘크리트량과 거푸집량을 산출하시오. (8점)

단, 1) 기둥단면(C_1) : 30cm×30cm

2) 보단면(G_1, G_2) : 30cm×60cm

3) 슬라브두께(S_1) : 13cm

4) 층고 : 단면도 참조(단, 단면도에 표기된 1층 바닥선 이하는 계산하지 않는다.)

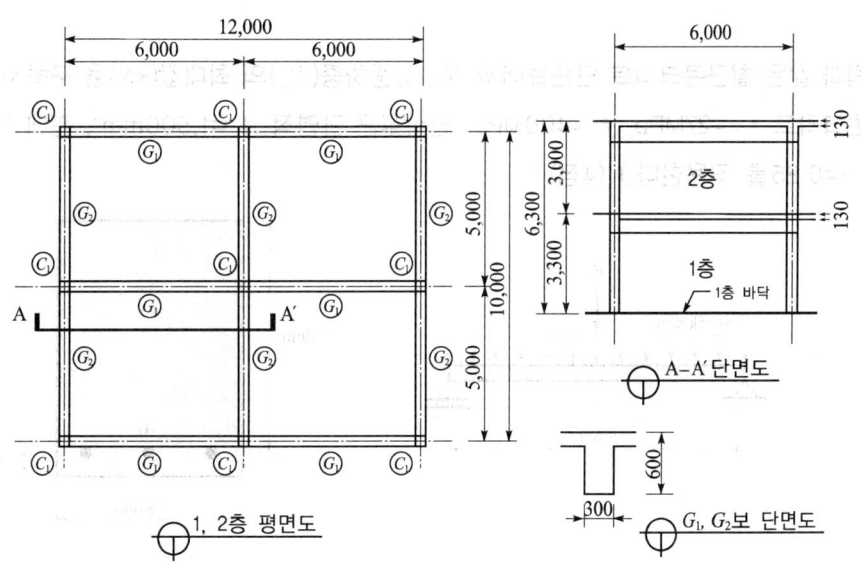

03 시공이 빠르고 이음이 없는 수밀한 콘크리트 구조물을 완성할 수 있는 벽체전용시스템 거푸집의 종류를 3가지 쓰시오. (3점)

① _____ ② _____ ③ _____

04 다음 용어의 정의를 쓰시오. (4점)
① 접합유리 : _____
② 로이유리(Low-Emissivity Glass) : _____

05 매스콘크리트(Mass Concrete) 시공과 관련된 선형냉각(Pre-Cooling)에 대해 설명하고, 공법에 사용되는 재료를 2가지 쓰시오. (4점)

(1) 선형냉각 : _____
(2) 사용되는 재료 : _____

06 그림과 같은 철근콘크리트 단순보에서 계수집중하중(P_u)의 최대값(kN)을 구하시오. (단, 보통중량콘크리트 f_{ck}=27MPa, f_y=400MPa, 인장철근 단면적 A_s=1,500mm², 휨에 대한 강도감소계수 ϕ=0.85를 적용한다.) (4점)

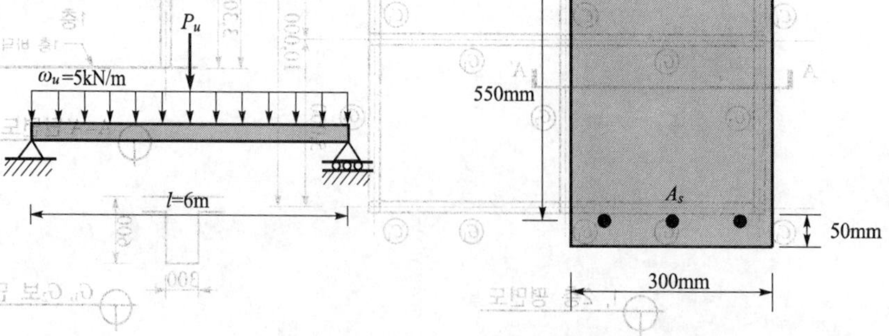

07 컨소시엄(Consortium)공사에 있어서 페이퍼 조인트(Paper Joint)에 관하여 기술하시오. (3점)

---

08 주어진 자료(DATA)에 의하여 다음 물음에 답하시오. (10점)

작업명	선행작업	표준(Normal)		급속(Crash)		비고
		공기(일)	공비(원)	공기(일)	공비(원)	
A	없음	5	170,000	4	210,000	
B	없음	18	300,000	13	450,000	결합점에서의 일정은 다음과 같이 표시하고, 주공정선은 굵은선으로 표시한다.
C	없음	16	320,000	12	480,000	
D	A	8	200,000	6	260,000	
E	A	7	110,000	6	140,000	
F	A	6	120,000	4	200,000	
G	D, E, F	7	150,000	5	220,000	

(1) 표준 네트워크 공정표를 작성하시오.(결합점에서 EST, LST, LFT, EFT를 표시할 것)

(2) 표준공사 시 총공사비를 산출하시오.

(3) 4일 공기단축시 총공사비를 산출하시오.

---

09 다음 조건에서의 용접의 최소 유효길이(l_e)를 산출하시오. (4점)

┤ 조건 ├

① 강판(모재) : SN355 ($F_y = 355\,\text{MPa}$, $F_u = 490\,\text{MPa}$)
② 용접재료 : KS D 7004 연강용 피복아크 용접봉 ($F_y = 345\,\text{MPa}$, $F_u = 420\,\text{MPa}$)
③ 필릿용접의 사이즈 : $s = 5\,\text{mm}$
④ 하중 : 고정하중 20 kN, 활하중 30 kN

10 다음 보기에서 설명하는 강구조공사에 사용되는 알맞은 용어를 쓰시오. (3점)

> ┤보기├
> 강구조 부재 용접 시 이음 및 접합수위의 용접선이 교차되어 재용접된 부위가 열 영향을 받아 취약해지기 때문에 모재에 부채꼴 모양의 모따기를 한 것

11 다음은 지반의 종류와 허용지내력을 나타내고 있다. 괄호에 적당한 지내력과 단기허용지내력과 장기허용지내력의 관계를 쓰시오. (4점)

가. 장기허용지내력도
① 경암반 (㉮)kN/m^2
② 연암반 (㉯)kN/m^2
③ 자갈과 모래와의 혼합물 (㉰)kN/m^2
④ 모래 (㉱)kN/m^2

나. 단기허용지내력도
단기허용지내력도=장기허용지내력도×(㉲)

㉮ _____ ㉯ _____ ㉰ _____
㉱ _____ ㉲ _____

12 지지조건은 양단 힌지이고, 기둥의 길이 3m, 직경 100mm 원형 단면의 세장비를 구하시오. (3점)

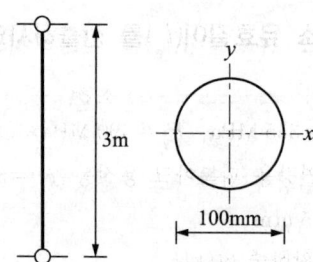

13 숏크리트(Shotcrete)공법의 정의를 설명하고, 공법의 장·단점을 각각 2가지씩 쓰시오. (4점)

(1) 정의 _____

(2) 장점
① _____
② _____

(3) 단점
① _____
② _____

14 다음 용어를 설명하시오. (4점)

(1) 물시멘트비(Water Cement Ratio) : _____

(2) 물결합재비(Water Binder Ratio) : _____

15 흙막이공사의 지하연속벽(Slurry Wall)공법에 사용되는 안정액의 기능을 2가지 쓰시오. (4점)

① _____ ② _____

16 한중 콘크리트의 특성에 대해 ( ) 안에 알맞은 내용을 쓰시오. (3점)

> 한중 콘크리트의 특징은 일평균기온 (①) 이하로 예상되며, 한중 콘크리트의 문제점에 대한 대책으로 W/C비는 원칙적으로 (②) 이하이어야 하며, (③)를/을 사용해야 한다.

① _____ ② _____ ③ _____

17 그림과 같은 T형 단면의 x축에 대한 단면2차 모멘트를 계산하시오. (단, 그림상의 단위는 cm이고, x축은 도심축이다.) (3점)

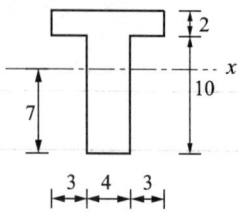

18 목재면 바니시칠 공정의 작업순서를 |보기|에서 골라 기호로 쓰시오. (4점)

|보기|
㉮ 색올림   ㉯ 왁스 문지름
㉰ 바탕처리   ㉱ 눈먹임

19 다음 용어를 설명하시오. (4점)

(1) 솟음(Camber) :

(2) 토핑콘크리트(Topping Concrete) :

20 다음 평면도에서 평규준틀과 귀규준틀의 개수를 구하시오. (4점)

① 귀규준틀 : (   )개소
② 평규준틀 : (   )개소

① _____   ② _____

21 다음에 설명된 용어를 쓰시오. (3점)

> ① 가장 오래된 타일붙이기 방법으로 타일 뒷면에 붙임 모르타르를 얹어 바탕 모르타르에 누르거나 하여 1매씩 붙이는 방법
> ② 평평하게 만든 바탕 모르타르 위에 붙임 모르타르를 만들고, 그 위에 타일을 두드려 누르거나 닿으면서 붙이는 방법
> ③ 온도변화에 따른 팽창, 수축 또는 부동침하, 진동 등에 의해 균열이 예상되는 위치에 설치하는 줄눈

① _____ ② _____ ③ _____

22 시멘트 500포의 공사현장에서 필요한 시멘트 창고의 면적을 구하시오. (단, 쌓기 단수는 12단) (3점)

23 그림과 같은 구조물의 지점반력을 구하시오. (3점)

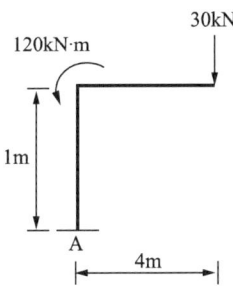

24 콘크리트에서 크리프(Creep) 현상에 대하여 설명하시오. (3점)

25 다음이 설명하는 용어를 쓰시오. (3점)

> 공사의 실비를 건축주와 도급자가 확인, 정산하고 건축주는 미리 정한 보수율에 따라 도급자에게 그 보수액을 지불하는 방식

26 다음이 설명하는 용어를 쓰시오. (3점)

> 영구배수공법의 일종으로 쇄석 대신 사용되고, 배수관 또는 양수관으로 물을 흘려 보내기 위해 롤 형태의 보드를 옹벽 뒤에 부탁하여 시공하는 배수자재

2023년 3회 해설 및 정답

01 ① 파레토도 : 불량 등 발생건수를 분류 항목별로 나누어 크기 순서대로 나누어 놓은 그림
② 특성요인도 : 결과에 원인이 어떻게 관계하고 있는가를 한눈으로 알 수 있도록 작성한 그림
③ 층별 : 집단을 구성하고 있는 많은 데이터를 어떤 특징에 따라 몇 개의 부분집단으로 나누는 것
④ 산점도 : 대응되는 2개의 짝으로 된 데이터를 그래프 용지 위에 점으로 나타낸 그림

02

구분	수량 산출근거	계
1. 콘크리트량	(1) 기둥 ① 1층(C_1) : $0.3 \times 0.3 \times (3.3-0.13) \times 9EA$ $= 2.568m^3$ ② 2층(C_1) : $0.3 \times 0.3 \times (3.0-0.13)$ $\times 9EA = 2.325m^3$ (2) 보 ① 1층+2층(G_1) : $0.3 \times (0.6-0.13) \times$ $5.7 \times 12EA = 9.644m^3$ ② 1층+2층(G_2) : $0.3 \times (0.6-0.13) \times$ $4.7 \times 12EA = 7.952m^3$ (3) 슬래브 1층+2층(S_1) : $12.3 \times 10.3 \times 0.13 \times 2EA$ $= 32.939m^3$ ∴ 합계 : $2.568+2.325+9.644+7.952+$ $32.939 = 55.428 \rightarrow 55.43m^3$	$55.43m^3$
2. 거푸집면적	(1) 기둥 ① 1층(C_1) : $(0.3+0.3) \times 2 \times (3.3-0.13)$ $\times 9EA = 34.236m^2$ ② 2층(C_1) : $(0.3+0.3) \times 2 \times (3.0-0.13)$ $\times 9EA = 30.996m^2$ (2) 보 ① 1층+2층(G_1) : $(0.6-0.13) \times 5.7 \times$ $12EA \times 2 = 64.296m^2$ ② 1층+2층(G_2) : $(0.6-0.13) \times 4.7 \times$ $12EA \times 2 = 53.016m^2$ (3) 슬래브 1층+2층(S_1) : $\{12.3 \times 10.3 + (12.3+$ $10.3) \times 2 \times 0.13\} \times 2EA$ $= 265.132m^2$ ∴ 합계 : $34.236+30.996+64.296+$ $53.016+265.132$ $= 447.676 \rightarrow 447.68m^2$	$447.68m^2$

03 ① 갱폼
② 클라이밍폼
③ 슬라이딩폼
④ 슬립폼

04 ① 접합유리 : 두 장 이상의 유리를 합성수지로 겹붙여 댄 것
② 로이유리 : 열적외선을 반사하는 은소재도막으로 코팅하여 방사율과 열관료율을 낮추고 가시광선 투과율을 높인 유리로서, 일반적으로 복층유리로 제조하여 사용한다.

05 (1) 선형냉각 : 매스콘크리트의 시공에서 콘크리트를 타설하기 전에 콘크리트의 온도를 제어하기 위해 콘크리트의 원재료의 일부 또는 전부를 냉각시키는 방법이다.
(2) 사용되는 재료 : 얼음, 액체질소

06 (1) 등가직사각형 블록의 깊이 a
$$a = \frac{A_s f_y}{0.85 f_{ck} b} = \frac{1,500 \times 400}{0.85 \times 27 \times 300} = 87.1 mm$$
(2) 단면의 검토와 강도감소계수 : $\phi = 0.85$
(3) 설계휨강도 $M_d = \phi M_n$
$$M_d = \phi M_n = \phi A_s f_y \left(d - \frac{a}{2}\right)$$
$$= 0.85 \times 1,500 \times 400 \times \left(500 - \frac{87.1}{2}\right)$$
$$= 232.79 \times 10^6 N \cdot mm = 232.79 kN \cdot m$$
(4) 계수하중에 의한 소요 휨강도 M_u
$$M_u = \frac{P_u l}{4} + \frac{w_u l^2}{8} = \frac{P_u \times 6}{4} + \frac{5 \times 6^2}{8}$$
$$= 1.5 P_u + 22.5 kN \cdot m$$
(5) 최대 계수집중하중의 산정
$$M_u \leq M_d = \phi M_n$$
$$M_u = 1.5 P_u + 22.5 kN \cdot m \leq M_d$$
$$= \phi M_n = 232.79 kN \cdot m$$
∴ $P_u \leq 140.19 kN$
따라서 최대 계수집중하중 $P_{u,max} = 140.19 kN$ 이다.

07 서류상(명목상)으로는 공동도급의 형태를 취하지만, 실질적으로는 한 회사가 공사 전체를 진행하고 나머지 회사는 하도급의 형태 또는 단순 이익배당 형태로 참여하는 서류상의 공동도급 방식

08 (1) 표준 네트워크 공정표

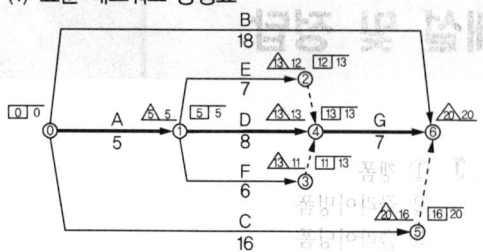

(2) 표준공사 시 총공사비
170,000+300,000+320,000+200,000
+110,000+120,000+150,000
=1,370,000원

(3) 3일 공기단축시 총공사비

단축단계	공기단축			Path				
	Act.	일수	생성 CP	단축불가 Path	B (18일)	A-E-G (19일)	A-D-G (20일)	A-F-G (18일)	C (16일)
1단계	D	1	E		18	19	19	18	16
2단계	G	1	B	—	18	18	18	17	16
3단계	B, G	1	—	G	17	17	17	16	16
4단계	A, B	1	C	A	16	16	16	15	16

총공사비 = 표준공사비 + 추가공사비
① 표준공사비(NC, Normal Cost) : 1,370,000원
② 추가공사비(EC, Extra Cost) : A+2B+D+2G
이므로
EC = 40,000 + 2×30,000 + 30,000 + 2×35,000
   = 200,000원
③ 총공사비 : 1,370,000 + 200,000 = 1,570,000원

09 1. 소요강도
$R_u = 1.4P_D = 1.4 \times 20 = 28$ kN
$R_u = 1.2P_D + 1.6P_L = 1.2 \times 20 + 1.6 \times 30 = 72$ kN
∴ $R_u = \max(28, 72) = 72$ kN

2. 필릿용접부에서 용접재의 설계전단강도
(1) 용접재의 용접재의 최소 인장강도
$F_w = F_u = 420$ MPa
(2) 용접재의 공칭강도
$F_{nw} = 0.60F_w = 0.6 \times 420 = 252$ MPa
(3) 필릿 사이즈
$s = 5$ mm
(4) 용접의 유효목두께
$a = 0.7s = 0.7 \times 5 = 3.5$ mm
(5) 용접의 유효단면적
$A_{we} = l_e \times a = l_e \times 3.5 = 3.5\, l_e$ mm²

(6) 용접재의 설계전단강도 ($\phi = 0.75$)
$\phi R_n = \phi F_{nw} A_{we} = \phi(0.60F_w) A_{we}$
$= 0.75 \times 252 \times 3.5 l_e = 661.5 l_e$ N

3. 용접의 최소 유효길이
$R_u = 72$ kN $= 72 \times 10^3$ N $\leq \phi R_n = 661.5 l_e$ N
$l_e \geq \dfrac{72 \times 10^3}{661.5} = 108.84$ mm
∴ 용접의 최소 유효길이는 108.84mm이다.

10 스캘럽(Scallop)

11 ㉮ 4,000
㉯ 2,000
㉰ 200
㉱ 100
㉲ 2

12 $\dfrac{KL}{r} = \dfrac{KL}{\sqrt{\dfrac{I}{A}}} = \dfrac{1.0L}{\sqrt{\dfrac{\left(\dfrac{\pi D^4}{64}\right)}{\left(\dfrac{\pi D^2}{4}\right)}}} = \dfrac{4L}{D}$

$= \dfrac{4 \times (3 \times 10^3)}{100} = 120$

13 (1) 정의 : 압축공기로 모르타르를 뿜칠하여 시공하는 공법으로 뿜칠 콘크리트라고도 한다.
(2) 장점
① 거푸집이 불필요다.
② 급속 시공이 가능하다.
③ 곡면 시공이 가능하다.
(3) 단점
① 리바운딩이 되기 쉽다.
② 평활한 표면이 곤란하다.

14 (1) 물시멘트비(Water Cement Ratio) : 모르타르 또는 콘크리트에 포함된 시멘트풀 중의 시멘트에 대한 물의 질량비이다.
(2) 물결합재비(Water Binder Ratio) : 모르타르 또는 콘크리트에 포함된 시멘트풀 중의 결합재(시멘트+혼화재)에 대한 물의 질량비이다.

15 ① 슬라임의 부유 배제
② 굴착면의 붕괴방지
③ 지수효과
④ 굴착부의 마찰저항 감소

16 ① 4℃
② 60%
③ AE제

17 $I_x = \frac{10 \times 2^3}{12} + (10 \times 2) \times \left(3 + \frac{2}{2}\right)^2 + \frac{4 \times 10^3}{12}$

$\quad\quad + (4 \times 10) \times \left(7 - \frac{10}{2}\right)^2$

$\quad = 820 \text{cm}^4$

18 ㉰ → ㉱ → ㉮ → ㉯

19 (1) 솟음(Camber) : 바닥판 및 보의 중앙부는 처짐 변형을 감안하여 스팬의 1/300~1/500 정도 치켜 올리는 기구이다.
(2) 토핑콘크리트(Topping Concrete) : 바닥판의 높이를 조절하거나 하중을 균일하게 분포시킬 목적으로 프리스트레스트 또는 기성콘크리트(PC) 바닥판 위에 타설하는 현장타설콘크리트이다.

20 ① 6
② 6

21 ① 떠붙임 공법
② 압착붙임 공법
③ 신축줄눈(Expansion Joint)

22 $A = 0.4 \times \frac{500}{12} = 16.67 \text{m}^2$

23 (1) 반력의 가정 : M_A, R_A, H_A
(2) 힘의 평형방정식으로부터 반력 산정
① $\Sigma M = 0(+;\curvearrowleft) : \Sigma M_B = M_A + 30 \times 4 - 120 = 0$
$\quad \therefore M_A = 0.00 \text{ kN} \cdot \text{m}$
② $\Sigma Y = 0(+;\uparrow) : \Sigma Y = R_A - 30 = 0$
$\quad \therefore R_A = 30.00 \text{ kN}(\uparrow)$
③ $\Sigma X = 0(+;\rightarrow) : \Sigma X = H_A - 0 = 0$
$\quad \therefore H_A = 0.00 \text{ kN}$

24 하중의 증가 없이 시간이 경과함에 따라 콘크리트에 발생되는 소성변형

25 실비정산보수가산도급(Cost Plus Fee Contract)

26 드레인보드(Drain Board)

건축기사 실기

정가 ▮ 48,000원

지은이 ▮ 강 병 두
펴낸이 ▮ 차 승 녀
펴낸곳 ▮ 도서출판 건기원

2010년 1월 25일 제1판 제1인쇄 발행
2011년 2월 10일 제2판 제1인쇄 발행
2012년 1월 16일 제3판 제1인쇄 발행
2013년 2월 8일 제4판 제1인쇄 발행
2014년 2월 25일 제5판 제1인쇄 발행
2015년 3월 10일 제6판 제1인쇄 발행
2017년 2월 20일 제7판 제1인쇄 발행
2018년 2월 5일 제8판 제1인쇄 발행
2020년 1월 30일 제9판 제1인쇄 발행
2023년 2월 10일 제10판 제1인쇄 발행
2025년 2월 25일 제11판 제1인쇄 발행

주소 ▮ 경기도 파주시 연다산길 244(연다산동 186-16)
전화 ▮ (02)2662-1874~5
팩스 ▮ (02)2665-8281
등록 ▮ 제11-162호, 1998. 11. 24

● 건기원은 여러분을 책의 주인공으로 만들어 드리며 출판 윤리 강령을 준수합니다.
● 본 수험서를 복제 · 변형하여 판매 · 배포 · 전송하는 일체의 행위를 금하며, 이를 위반할 경우 저작권법 등에 따라 처벌받을 수 있습니다.

ISBN 979-11-5767-883-9 13540

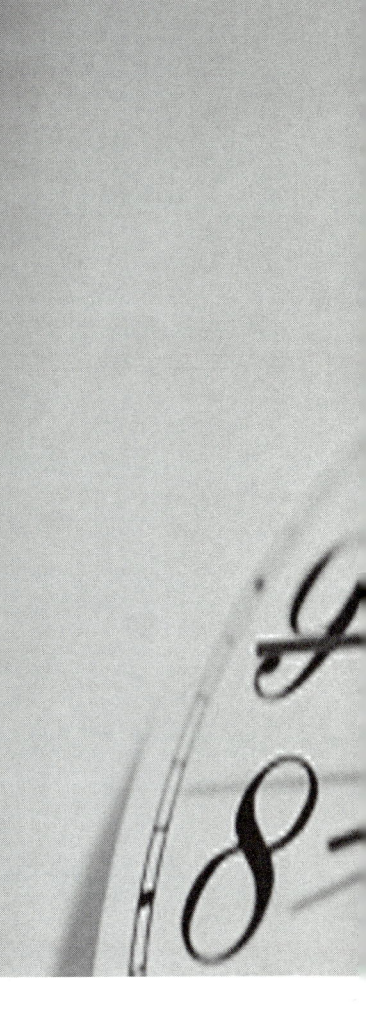

건축기사 실기

정가 | 46,000원

지은이 | 강 병 우
펴낸이 | 김 승 기
펴낸곳 | 도서출판 건기원

2010년 1월 25일 제1판 제1인쇄 발행
2011년 2월 10일 제2판 제1인쇄 발행
2012년 1월 16일 제3판 제1인쇄 발행
2013년 2월 8일 제4판 제1인쇄 발행
2014년 2월 25일 제5판 제1인쇄 발행
2015년 3월 10일 제6판 제1인쇄 발행
2017년 2월 20일 제7판 제1인쇄 발행
2018년 2월 5일 제8판 제1인쇄 발행
2020년 1월 30일 제9판 제1인쇄 발행
2023년 2월 10일 제10판 제1인쇄 발행
2025년 2월 25일 제11판 제1인쇄 발행

주소 | (경기도 파주시) 안디서길 244 (야디산동 186-16)
전화 | (02)2665-1874~5
팩스 | (02)2665-8281
등록 | 제11-162호, 1998. 11. 24

● 본 교재를 복사·번역하여 판매·배포·방송하는 일체의 행위를 금하며, 이를 위반할 경우 저작권법에 의해 처벌받을 수 있습니다.

ISBN 979-11-5767-883-9 13540